Linux 内核完全剖析

——基于 0.12 内核

赵　炯　编著

机械工业出版社

本书对早期 Linux 内核（v0.12）全部代码文件进行了详细、全面的注释和说明，旨在帮助读者用较短的时间对 Linux 的工作机理获得全面而深刻的理解，为进一步学习和研究 Linux 打下坚实的基础。虽然选择的版本较低，但该内核已能够正常编译运行，并且其中已包括了 Linux 工作原理的精髓。书中首先以 Linux 源代码版本的变迁为主线，介绍了 Linux 的历史，同时着重说明了各个内核版本的主要区别和改进，给出了选择 0.12 版内核源代码作为研究对象的原因。在正式描述内核源代码之前，概要介绍了运行 Linux 的 PC 的硬件组成结构、编制内核使用的汇编语言和 C 语言扩展部分，并且重点说明了 80x86 处理器在保护模式下运行的编程方法。接着详细介绍了 Linux 内核源代码目录树组织结构，并依据该结构对所有内核程序和文件进行了注释和详细说明。有关代码注释的章节安排基本上都分为具体研究对象的概述、每个文件的功能介绍、代码内注释、代码中难点及相关资料介绍等部分。为了加深读者对内核工作原理的理解，书中最后一章给出了围绕 Linux 0.12 系统的多个实验，其中涉及的程序均可从本书配套网站（www.oldlinux.org）上下载。

本书适合 Linux 爱好者作为学习内核工作原理的自学参考书籍，也适合作为高校计算机专业学生学习操作系统课程的辅助和实践教材，还可供一般技术人员作为开发嵌入式系统的参考书使用。

图书在版编目（CIP）数据

Linux 内核完全剖析——基于 0.12 内核/ 赵炯编著. —北京：机械工业出版社，2009.1（2023.7 重印）

ISBN 978-7-111-25047-0

Ⅰ. L… Ⅱ. 赵… Ⅲ. Linux 操作系统 Ⅳ. TP316.89

中国版本图书馆 CIP 数据核字（2008）第 134851 号

机械工业出版社（北京市百万庄大街 22 号 邮政编码 100037）

策划编辑：车 忱

责任编辑：车 忱

责任印制：刘 媛

涿州市般润文化传播有限公司印刷

2023 年 7 月 • 第 1 版第 12 次印刷

184mm×260mm • 60.25 印张 • 1494 千字

标准书号：ISBN 978-7-111-25047-0

定价：129.00 元

电话服务　　　　　　　　网络服务

客服电话：010-88361066　机　工　官　网：www.cmpbook.com

　　　　　010-88379833　机　工　官　博：weibo.com/cmp1952

　　　　　010-68326294　金　　书　　网：www.golden-book.com

封底无防伪标均为盗版　　机工教育服务网：www.cmpedu.com

序

本书是一本有关 Linux 操作系统内核基本工作原理的入门读物。

本书的主要目标

本书的主要目标是使用尽量少的篇幅，对完整的 Linux 内核源代码进行解剖，使读者对操作系统的基本功能和实际实现方式获得全方位的理解。

本书读者应是知晓 Linux 系统的一般使用方法或具有一定的编程基础，但比较缺乏阅读目前最新内核源代码的基础知识，又急切希望能够进一步理解 UNIX 类操作系统内核工作原理和实际代码实现的爱好者。这部分读者的水平应该界于初级与中级水平之间。目前，这部分读者人数在 Linux 爱好者中所占的比例是很高的，而面向这部分读者以比较易懂和有效的手段讲解内核的书籍资料不多。

现有书籍不足之处

目前已有的描述 Linux 内核的书籍，均尽量选用最新 Linux 内核版本（例如 Fedora 8 使用的 2.6.24 稳定版等）进行描述，但由于目前 Linux 内核整个源代码的大小已经非常大（例如 2.2.20 版就已具有 268 万行代码！），因此这些书籍仅能对 Linux 内核源代码进行选择性或原理性的说明，许多系统实现细节被忽略。因此并不能使读者对实际 Linux 内核有清晰而完整的理解。

Scott Maxwell 的《Linux 内核源代码分析》基本上是面对 Linux 中、高级水平的读者，需要较为全面的基础知识才能完全理解。而且可能是由于篇幅所限，该书并没有对所有 Linux 内核代码进行注释，略去了很多内核实现细节，例如内核中使用的各个头文件(*.h)、生成内核代码映像文件的工具程序、各个 make 文件的作用和实现等均没有涉及。因此对于处于初、中级水平之间的读者来说阅读该书有些困难。

John Lions 的《莱昂氏 UNIX 源代码分析》虽然是一本学习 UNIX 类操作系统内核源代码很好的书，但是由于其采用的是 UNIX V6 版，其中系统调用等部分代码是用早已废弃的 PDP-11 系列机的汇编语言编制的，因此在阅读和理解与硬件部分相关的源代码时就会遇到较大的困难。

A. S. Tanenbaum 的《操作系统：设计与实现》是有关操作系统内核实现很好的入门书籍，但该书所叙述的 MINIX 系统是一种基于消息传递的内核实现机制，与 Linux 内核的实现有所区别。因此在学习该书之后，并不能很顺利地即刻着手进一步学习较新的 Linux 内核源代码实现。

在使用这些书籍进行学习时会有一种“盲人摸象”的感觉，不容易真正理解 Linux 内核系统具体实现的整体概念，尤其是对那些 Linux 系统初学者，或刚学会如何使用 Linux 系统的人在使用那些书学习内核原理时，内核的整体运作结构并不能清晰地在脑海中形成。这在本人多年的 Linux 内核学习过程中也深有体会。在 1991 年 10 月，Linux 的创始人 Linus Torvalds 在开发出 Linux 0.03 版后写的一篇文章中也提到了同样的问题。在这篇题为《Linux--a Free unix-386 Kernel》[⊖] 的文章中，他说：“开发 Linux 是为了那些操作系统爱好者和计算机科学系的学生使用、学习和娱乐”。“自由软件基金会的 GNU Hurd 系统如果开发出来就已经显得太庞大而不适合学习和理解。”而现今流行的 Linux 系统要比当年 GNU 的 Hurd 系统更为庞大和复杂，因此

⊖原文可参见：http://oldlinux.org/Linus/

同样也已经不适合作为操作系统初学者的入门学习起点。这也是作者基于 Linux 早期内核版本写作本书的动机之一。

阅读早期内核的其他好处

目前，已经出现不少基于 Linux 早期内核而开发的专门用于嵌入式系统的内核版本，如 DJJ 的 x86 操作系统、μClinux 等（在 www.linux.org 上有专门目录），世界上也有许多人认识到通过早期 Linux 内核源代码学习的好处，目前国内也已经有人正在组织人力注释出版类似本文的书籍。因此，通过阅读 Linux 早期内核版本的源代码，的确是学习 Linux 系统的一种行之有效的途径，并且对研究和应用 Linux 嵌入式系统也有很大的帮助。

在对早期内核源代码的注释过程中，作者发现，早期内核源代码几乎就是目前所使用的较新内核的一个精简版本。其中已经包括了目前新版本中几乎所有的基本功能原理的内容。正如《系统软件：系统编程导论》一书的作者 Leland L. Beck 在介绍系统程序以及操作系统设计时，引入了一种极其简化的简单指令计算机(SIC)系统来说明所有系统程序的设计和实现原理，从而既避免了实际计算机系统的复杂性，又能透彻地说明问题。这里选择 Linux 的早期内核版本作为学习对象，其指导思想与 Leland 是一致的。这对 Linux 内核学习的入门者来说，是最理想的选择之一。

对于那些已经比较熟悉内核工作原理的人，为了能让自己在实际工作中对系统的实际运转机制不产生一种空中楼阁的感觉，因此也有必要阅读内核源代码。

当然，使用早期内核作为学习的对象也有不足之处。所选用的 Linux 早期内核版本不支持虚拟文件系统（VFS）和网络系统也不包含对现有内核中复杂子系统的说明，而仅支持 a.out 执行文件。但由于本书是作为 Linux 内核工作机理实现的入门教材，因此这也正是选择早期内核版本的优点之一。通过学习本书，可以为进一步学习这些高级内容打下坚实的基础。

阅读完整源代码的重要性和必要性

正如 Linux 系统的创始人在一篇新闻组投稿上所说的，要理解一个软件系统的真正运行机制，一定要阅读其源代码。系统本身是一个完整的整体，具有很多看似不重要的细节，但是若忽略这些细节，就会对整个系统的理解带来困难，并且不能真正了解一个实际系统的实现方法和手段。

虽然阅读一些操作系统原理经典书籍如 M. J. Bach 的《UNIX 操作系统设计》，能够对 UNIX 类操作系统的工作原理有一些定了解，但实际上对操作系统的真正组成和内部关系实现的理解仍不是很清晰。正如 Tanenbaum 所说的，“许多操作系统教材都是重理论而轻实践”，“多数书籍和课程为调度算法耗费大量的时间和篇幅而完全忽略 I/O。其实，前者通常不足一页代码，而后者往往要占到整个系统三分之一的代码总量。”内核中大量的重要细节均未提到。因此并不能让读者理解一个真正的操作系统实现的奥妙所在。只有在详细阅读过完整的内核源代码之后，才会对系统有一种豁然开朗的感觉，对整个系统的运作过程有深刻的理解。以后再选择最新的或较新内核源代码进行学习时，也不会遇到大问题，基本上都能顺利地理解新代码的内容。

如何选择要阅读的内核代码版本

那么，如何选择既能达到上述要求，又不被太多的内容而搞乱头脑，学习效率又高呢？作者通过对大量内核版本进行比较和选择后，最终选择了与目前 Linux 内核基本功能较为相近，又非常短小的 0.12 版内核作为入门学习的最佳版本。下图是对一些主要 Linux 内核版本行数的统计。

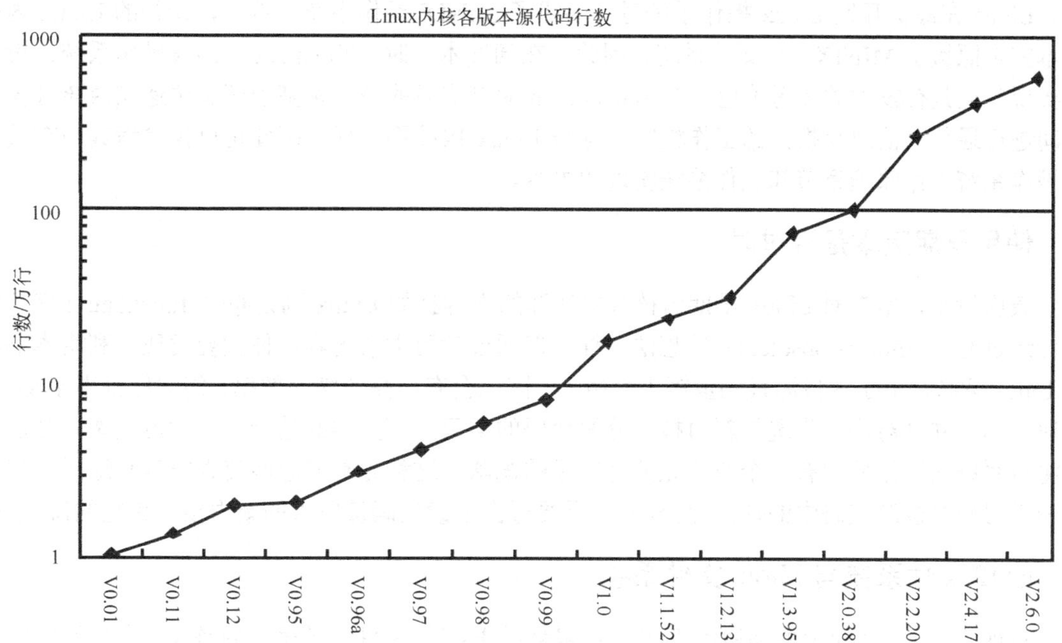

目前的 Linux 内核源代码量都在几百万行的数量上，2.6.0 版内核代码行数约为 592 万行，极其庞大，对这些版本进行完全注释和说明几乎是不可能的。而 0.12 版内核不超过 2 万行代码量，因此完全可以在一本书中解释和注释清楚。麻雀虽小，五脏俱全。为了对所研究的系统有感性的了解，并能利用实验来加深对原理的理解，作者还专门重建了基于该内核的可运行的 Linux 0.12 系统。由于其中含有 GNU gcc 编译环境，因此使用该系统也能做一些简单的开发工作。

另外，使用该版本可以避免涉及较新内核版本中已经变得越来越复杂的各子系统（如 VFS、ext2 或 ext3 文件系统、网络子系统、新的复杂的内存管理机制等）。

阅读本书需具备的基础知识

在阅读本书时，读者必须具备一些基本的 C 语言知识和 Intel CPU 汇编语言知识。有关 C 语言最佳的参考资料仍然是 Brian W. Kernighan 和 Dennis M. Ritchie 编写的《The C Programming Language》一书。而汇编语言的资料则可以参考任意一本讲解与 Intel CPU 相关的汇编语言教材。另外，还需要一些嵌入式汇编语言的资料。有关嵌入式汇编的权威信息都包含在 GNU gcc 编译器手册中。我们也可以从 Internet 上搜索到一些有关嵌入式汇编的比较有价值的短文。本书中也包含了一些关于嵌入式汇编的基本语法说明。

除此之外，还希望读者具备以下一些基础知识或者有相关的参考书籍在身边。其一是有关 80x86 处理器结构和编程的知识或资料。例如，可以从网上下载的 80x86 编程手册（80386 Programmer's Reference Manual）；其二是有关 80x86 硬件体系结构和接口编程的知识或资料（有关这方面的资料很多）；其三还应具备使用 Linux 系统的简单技能。

另外，由于 Linux 系统内核的实现最早是根据 M. J. Bach 的《UNIX 操作系统设计》一书的基本原理开发的，源代码中许多变量或函数的名称都来自该书，因此在阅读本书时若能适当参考该书，会更易于理解内核源代码。

Linus 在最初开发 Linux 操作系统时，参照了 MINIX 操作系统。例如，最初的 Linux 内核版本完全照搬了 MINIX 1.0 文件系统。因此，在阅读本书时，Tanenbaum 的《操作系统：设计与实现》也具有较大的参考价值。但 Tanenbaum 的书描述的是一种基于消息传递在内核各模块之间进行通信（信息交换）的工作机制，这与 Linux 内核不一样，因此可以仅参考其中有关一般操作系统工作原理章节和文件系统实现的内容。

使用早期版本是否过时

表面看来，本书对 Linux 早期内核版本注释的内容犹如 Linux 刚公布时 Tanenbaum 就认为其已经过时（Linux is obsolete）的想法一样，但通过学习本书内容，你就会发现，利用本书学习 Linux 内核，由于内核源代码量短小而精干，因此会有极高的学习效率，能够做到事半功倍，快速入门。并且对进一步选择新内核部分源代码的学习打下坚实的基础。在学习完本书之后，你将对系统的运作原理有一个非常完整而实际的概念。这种完整概念能使人很容易地进一步选择和学习新内核源代码中的任何部分，而不需要再去啃读代码量巨大的新内核中完整的源代码。

Ext2 文件系统与 Minix 文件系统

目前，Linux 系统上所使用的 Ext2（或最新的 Ext3）文件系统是在内核 1.x 之后开发的。其功能详尽并且性能也非常稳定，是目前 Linux 操作系统上默认的标准文件系统。但是，作为对 Linux 操作系统完整工作原理入门学习所使用的部分，原则上是越精简越好。为了对一个操作系统有完整的理解，并且不受其中各子系统中复杂和过多的细节的干扰，在选择学习剖析用的内核版本时，只要系统的部分代码内容能说明实际工作原理，就越简单越好。

Linux 内核 0.12 版仅包含最为简单的 MINIX 1.0 文件系统，对于理解一个操作系统中文件系统的实际组成和工作原理已经足够。这也是选择 Linux 早期内核版本进行学习的主要原因之一。

在完整阅读本书之后，相信您定会发出这样的感叹：对于 Linux 内核系统，我现在终于入门了！此时，您应该有十分的把握去进一步学习最新 Linux 内核中各部分的工作原理和过程了。

本书与《Linux 内核完全剖析》的主要区别

本书采用了 Linux 0.12 版内核作为学习和剖析对象，而作者的《Linux 内核完全剖析》（机械工业出版社，2006）则是围绕着 Linux 0.11 内核版本进行描述的。Linux 0.12 版内核发布于 1992 年年初，它改正了 0.11 版中存在的一些错误，并提供了一些新的功能。Linux 0.12 版内核增加的新功能主要有：符号链接、虚拟终端支持、select()函数支持和数学协处理器模拟代码实现。由于该版本内核在稳定性方面的出色表现，Linus 曾提及 0.12 版内核是他在内核开发过程中最为满意的版本之一。

本书包含《Linux 内核完全剖析》的所有内容，并在此基础上添加了一些与 0.12 版内核新功能相关的硬件信息。例如本书提供了比较完整的有关数学协处理器的资料。在写作布局和风格上本书保持着与《Linux 内核完全剖析》相同的风格。书中章节设置顺序和注释风格没有变化。

当然，本书也改正了《Linux 内核完全剖析》中的一些明显错误。这要感谢读者对本书提供的反馈以及热情的支持。

同济大学
赵炯　博士

目　录

第1章 概　　述

本章首先回顾了 Linux 操作系统的诞生、开发和成长过程，由此读者可以理解本书选择 Linux 系统早期版本作为学习对象的一些原因；然后具体说明了选择早期 Linux 内核版本进行学习的优点和不足之处以及如何开始进一步学习；最后对各章的内容进行了简要介绍。

1.1 Linux 的诞生和发展

Linux 操作系统是 UNIX 操作系统的一种克隆系统。它诞生于 1991 年 10 月 5 日（这是第一次正式向外公布的时间）。此后借助于 Internet 网络，经过全世界计算机爱好者的共同努力，现已成为当今使用最多的一种 UNIX 类操作系统，并且使用人数还在迅猛增长。

Linux 操作系统的诞生、发展和成长过程依赖于以下五个重要支柱：UNIX 操作系统、MINIX 操作系统、GNU 计划、POSIX 标准和 Internet。下面根据这五个基本线索来回顾一下 Linux 的酝酿过程、开发历程以及最初的发展。首先分别介绍其中的四个基本要素，然后根据 Linux 的创始人 Linus Torvalds 从对计算机感兴趣而自学计算机知识，到心里开始酝酿编制一个自己的操作系统，到最初 Linux 内核 0.01 版公布以及从此如何艰难地一步一个脚印地在全世界黑客的帮助下推出比较完善的 1.0 版本这段经过，对 Linux 的早期发展历史进行详细介绍。

当然，目前 Linux 内核版本已经开发到了 2.6.x 版。而大多数 Linux 系统中所用到的内核是稳定的 2.6.12 版内核（其中第 2 个数字若是奇数则表示正在开发的版本，不能保证系统的稳定性）。对于 Linux 的一般发展史，许多文章和书籍都有介绍，这里不再重复。

1.1.1 UNIX 操作系统的诞生

UNIX 操作系统最早是美国贝尔实验室的 Ken Thompson 于 1969 年夏在 DEC PDP-7 小型计算机上开发的一个分时操作系统。

Ken Thompson 为了能在闲置不用的 PDP-7 计算机上运行他非常喜欢的星际旅行（Star Trek）游戏，于 1969 年夏天趁他夫人回家乡加利福尼亚度假期间，在一个月内开发出了 UNIX 操作系统的原型。当时使用的是 BCPL 语言（基本组合编程语言），后经 Dennis Ritchie 于 1972 年用移植性很强的 C 语言进行了改写，使得 UNIX 系统在大学得到了推广。

1.1.2 MINIX 操作系统

MINIX 系统是由 Andrew S. Tanenbaum 开发的。Tanenbaum 在荷兰阿姆斯特丹的 Vrije 大学数学与计算机科学系工作，是 ACM 和 IEEE 的资深会员（全世界也只有很少人是两会的资深会员），发表了 100 多篇文章，编写了 5 本计算机书籍。

Tanenbaum 虽出生在美国纽约，却是荷兰侨民（1914 年他的祖辈来到美国）。他在纽约上中学，在 M. I. T 上大学，在加州大学伯克利分校念博士学位。由于读博士后的缘故，他来到了家乡荷兰，从此就与家乡一直有来往，后来就在 Vrije 大学教书、带研究生。阿姆斯特丹是个常年阴雨绵绵的城市，但对于 Tanenbaum 来说，这最好不过了，因为在这样的环境下他就可以经常待在家中摆弄他的计算机了。

MINIX 是他 1987 年编写的，主要用于帮助学生学习操作系统原理。到 1991 年时版本是 1.5。目前已发展到 3.1 版。当时该操作系统在大学中可免费使用。当然目前 MINIX 系统已经是完全免费的，可以从许多 FTP 上下载。

对于 Linux 系统，Tanenbaum 后来曾表示对其开发者 Linus 的称赞。但他认为，Linux 的发展的很重要的原因是由于他为了保持 MINIX 的小型化，能让学生在一个学期内就能学完，因而没有采纳许多人对 MINIX 扩展的建议。因此在这样的前提下激发了 Linus 编写 Linux 系统。当然，Linus 也正好抓住了这个好时机。

作为一个操作系统，MINIX 也许并不优秀，但它同时提供了用 C 语言和汇编语言编写的系统源代码。这是第一次使得有抱负的程序员或黑客能够阅读操作系统的源代码。在当时，这种源代码是软件商们一直小心守护着的秘密。

1.1.3 GNU 计划

GNU 计划和自由软件基金会（the Free Software Foundation，FSF）是由 Richard M. Stallman 于 1984 年一手创办的，旨在开发一个类似 UNIX 并且是自由软件的完整操作系统：GNU 系统（GNU 是“GNU's Not UNIX”的递归缩写，它的发音为“guh-NEW”）。到 20 世纪 90 年代初，GNU 项目已经开发出许多高质量的自由软件，其中包括有名的 EMACS 编辑系统、Bash 程序、GCC 系列编译程序、GDB 调试程序等。这些软件为 Linux 操作系统的开发创造了一个合适的环境。这是 Linux 能够诞生的基础之一。

现在，各种以 Linux 为核心的 GNU 操作系统正在被广泛使用。虽然这些系统通常被称做“Linux”，但是 Stallman 认为，严格地说，它们应该被称为 GNU/Linux。

1.1.4 POSIX 标准

POSIX（Portable Operating System Interface for Computing Systems）是由 IEEE 和 ISO/IEC 开发的一组标准。该标准基于现有的 UNIX 实践和经验，描述了操作系统的调用服务接口，用于保证编制的应用程序可以在源代码一级上在多种操作系统上移植和运行。它是在 20 世纪 80 年代早期一个 UNIX 用户组的工作基础上取得的。该 UNIX 用户组原来试图将 AT&T 的 System V 操作系统和 Berkeley CSRG 的 BSD 操作系统的调用接口之间的区别重新调和集成，并于 1984 年制定了 usr/group 标准。

1985 年，IEEE 操作系统技术委员会标准小组委员会（TCOS-SS）开始在 ANSI 的支持下责成 IEEE 标准委员会制定有关程序源代码可移植性操作系统服务接口正式标准。到了 1986 年 4 月，IEEE 制定出了试用标准。第一个正式标准是在 1988 年 9 月份批准的（IEEE 1003.1-1988），即以后经常提到的 POSIX.1 标准。

到 1989 年，POSIX 的工作被转移至 ISO/IEC 社团，并由 15 个工作组继续将其制定成 ISO 标准。到 1990 年，POSIX.1 与已经通过的 C 语言标准联合，正式批准为 IEEE 1003.1-1990（也是 ANSI 标准）和 ISO/IEC 9945-1:1990 标准。

POSIX.1 仅规定了系统服务应用程序编程接口（API），仅概括了基本的系统服务标准。因此工作组期望对系统的其他功能也制定出标准。这样，IEEE POSIX 的工作就展开了。刚开始有 10 个批准的计划在进行，有约 300 人参加每季度为期一周的会议。着手的工作有命令与工具标准（POSIX.2）、测试方法标准（POSIX.3）、实时 API（POSIX.4）等。到了 1990 年上半年已经有 25 个计划在进行，并且有 16 个工作组参与了进来。与此同时，还有一些组织也在制定类似的标准，如 X/Open、AT&T 和 OSF 等。

在 20 世纪 90 年代初，POSIX 标准的制定正处在最后投票敲定的时候，那是 1991～1993 年间。此时正是 Linux 刚刚起步的时候，这个 UNIX 标准为 Linux 提供了极为重要的信息，使得 Linux 能够在标准的指导下进行开发，并能够与绝大多数 UNIX 操作系统兼容。在最初的 Linux 内核源代码中（0.01 版、0.11 版和 0.12 版）就已经为 Linux 系统与 POSIX 标准的兼容做好了准备工作。在 Linux 0.01 版内核的 include/unistd.h 文件中就已经定义了几个有关 POSXI 标准要求的符号常数，而且 Linus 在注释中已写道："OK，这也许是个玩笑，但我正在着手研究它呢"。

1991 年 7 月 3 日，Linus 在 comp.os.minix 上发布的信息就已经提到了正在搜集 POSIX 的资料。其中透露了他正在着手一个操作系统的开发，并且在开发之初已经想到要实现与 POSIX 兼容的问题了。

1.1.5 Linux 操作系统的诞生

在 1981 年，IBM 公司推出了享誉全球的微型计算机 IBM PC。在 1981～1991 年间，MS-DOS 操作系统一直是微型计算机操作系统的主宰。此时计算机硬件价格虽然逐年下降，但软件价格仍然居高不下。当时 Apple 的 Mac 操作系统可以说是性能最好的，但是其天价使得没人能够轻易靠近。

当时的另一个计算机技术阵营就是 UNIX 世界。但是 UNIX 操作系统就不仅是价格昂贵的问题了。为了寻求高利润，UNIX 经销商们把价格抬得极高，PC 小用户根本不能靠近它。曾经获得贝尔实验室的许可而能在大学中用于教学的 UNIX 源代码也一直被小心地守卫着不许公开。对于广大的 PC 用户，软件行业的大型供应商们始终没有给出有效地解决这个问题的手段。

正在此时，出现了 MINIX 操作系统，并且有一本描述其设计实现原理的书同时发行。由于 Tanenbaum 的这本书写得非常详细，并且叙述得有条有理，于是几乎全世界的计算机爱好者都开始看这本书，以期能理解操作系统的工作原理。其中也包括 Linux 系统的创始者 Linus Benedict Torvalds。

当时（1991 年），Linus 是赫尔辛基大学计算机科学系的二年级学生，也是一个自学的计算机黑客。这个 21 岁的芬兰年轻人喜欢鼓捣他的计算机，测试计算机的性能和限制。但当时他所缺乏的就是一个专业级的操作系统。

在同一年间，GNU 计划已经开发出了许多工具软件。其中最受期盼的 GNU C 编译器已经出现，但还没有开发出免费的 GNU 操作系统。即使是教学使用的 MINIX 操作系统也开始有了版权，需要购买才能得到源代码。虽然 GNU 的操作系统 HURD 一直在开发之中，但在当时看来不能在几年内完成。

为了能更好地学习计算机知识（或许也只是为了兴趣☺），Linus 使用圣诞节的压岁钱和贷款购买了一台 386 兼容电脑，并从美国邮购了一套 MINIX 系统软件。就在等待 MINIX 期间，Linus 认真学习了有关 Intel 80386 的硬件知识。为了能通过 Modem 拨号连接到学校的主机上，他使用汇编语言并利用 80386 CPU 的多任务特性编制出一个终端仿真程序。此后为了将自己的一台老式电脑上的软件复制到新电脑上，他还为软盘驱动器、键盘等硬件设备编制出相应的驱动程序。

通过编程实践，并在学习过程中认识到 MINIX 系统的诸多限制（当时的 MINIX 虽然很好，但只是一个用于教学目的简单操作系统，而不是一个强大的实用操作系统），而且通过上述实践 Linus 已经有了一些类似于操作系统硬件设备驱动程序的代码，于是他开始有了编制一个新操作系统的想法。此时 GNU 计划已经开发出许多工具软件，其中最受期盼的 GNU C 编译器已经出现。虽然 GNU 的免费操作系统 HURD 正在开发中，但 Linus 已经等不急了。

从 1991 年 4 月起，他通过修改终端仿真程序和硬件驱动程序，开始编制自己的操作系统。最初，他的目的很简单，只是为了学习 Intel 386 体系结构保护模式运行方式下的编程技术。但后来 Linux 的发展却与他的初衷完全不同。根据 Linus 在 comp.os.minix 新闻组上发布的消息，我们可以知道他逐步从学习 MINIX 系统阶段发展到开发自己的 Linux 系统的过程。

Linus 第 1 次向 comp.os.minix 投递消息是在 1991 年 3 月 29 日。所发帖子的题目是"gcc on minix-386 doesn't optimize",是有关 gcc 编译器在 MINIX-386 系统上运行优化的问题(MINIX-386 是一个由 Bruce Evans 改进的利用 Intel 386 特性的 32 位 MINIX 系统)。由此可知,Linus 在 1991 年初期就已经开始深入研究了 MINIX 系统，并在这段时间有了改进 MINIX 操作系统的思想。在进一步学习 MINIX 系统之后，这个想法逐步演变成想重新设计一个基于 Intel 80386 体系结构的新操作系统的构思。

他在回答有人提出 MINIX 上的一个问题时，所说的第一句话就是"阅读源代码"。他认为答案就在源程序中。这也说明了对于学习系统软件来说，我们不光需要懂得系统的基本工作原理，还需要结合实际系统，学习实际系统的实现方法。因为理论毕竟是理论，其中省略了许多枝节，而这些枝节问题虽然没有太多的理论含量，却是一个系统必要的组成部分，就像麻雀身上的一根根羽毛。

从 1991 年 4 月开始,Linus 几乎花费了全部时间研究 MINIX-386 系统(Hacking the kernel),并且尝试着移植 GNU 的软件(GCC、Bash、GDB 等)到该系统上。4 月 13 日,他在 comp.os.minix 上宣布，已经成功地将 Bash 移植到了 MINIX 上，而且已经对它爱不释手，不能离开这个 Shell 软件了。

第一个与 Linux 有关的消息是在 1991 年 7 月 3 日在 comp.os.minix 上发布的（当然，那时还不存在 Linux 这个名称，当时 Linus 脑子里想的名称可能是 FREAX，FREAX 的英文含义是怪诞的、怪物、异想天开等)。其中透露了他正在进行 Linux 系统的开发，并且已经想到要实现与 POSIX 兼容的问题了。

在 Linus 另一个发布的消息中（1991 年 8 月 25 日，comp.os.minix)，他向所有 MINIX 用户询问:"你最想在 MINIX 系统中见到什么功能？"（"What would you like to see in minix?"），在该消息中他首次透露出正在开发一个（免费的）386（486）操作系统，并且说只是兴趣而已，代码不会很大，也不会像 GNU 的那样专业。希望大家反馈一些对于 MINIX 系统中喜欢哪些特色不喜欢什么等信息，并且说新开发的系统刚开始与 MINIX 很像（并且使用了 MINIX 的文件系统)，并且已经成功地将 Bash（1.08 版）和 GCC（1.40 版）移植到了新系统上，再过几个月就会很实用了。

最后 Linus 声明，他开发的操作系统没有使用一行 MINIX 的源代码；而且由于使用了 386 的任务切换特性，所以该操作系统不好移植（没有可移植性)，并且只能使用 AT 硬盘。对于 Linux 的移植性问题，Linus 当时并没有考虑。但是目前 Linux 几乎可以运行在任何一种硬件体系结构上。

到了 1991 年的 10 月 5 日，Linus 在 comp.os.minix 新闻组上发布消息，正式向外宣布 Linux 内核系统的诞生（Free minix-like kernel sources for 386-AT)。这段消息可以称为 Linux 的诞生宣言，并且一直广为流传。因此 10 月 5 日对 Linux 社区来说是一个特殊的日子，许多后来 Linux 的新版本发布时都选择了这个日子。所以 RedHat 公司选择这个日子发布它的新系统也不是偶然的。

1.1.6 Linux 操作系统版本的变迁

Linux 操作系统从诞生到 1.0 版的正式出现，共发布了如表 1-1 中所示的一些主要版本。Linus

在 2003 年 9 月开始学习使用版本管理工具 BitKeeper 时又把以上这些 1.0 之前的所有版本浏览了一遍。实际上，Linux 系统并没有 0.00 这个版本，但是自从 Linus 在自己的 80386 兼容机上实验成功在时钟中断控制下两个任务相互切换运行时，在某种程度上更增强了他开发自己操作系统的想法。因此我们也将其列为一个版本。Linux 0.01 版内核于 1991 年 9 月 17 日编制完成。但是 Linus 还根本没有版权意识，所以仅在该版的 include/string.h 文件中出现一次版权所有信息。该版本内核的键盘驱动程序仅硬编码进芬兰语代码，因此也只支持芬兰键盘。它只支持 8MB 物理内存。由于 Linus 的一次操作失误，导致随后的 0.02、0.03 版内核源代码被破坏丢失。

表 1-1　Linux 内核早期的主要版本

版本号	发布/编制日期	说明
0.00	1991.2～4	两个进程，分别在屏幕上显示“AAA...”和“BBB...”（注：没有发布）
0.01	1991.9.17	第一个正式向外公布的 Linux 内核版本。多线程文件系统、分段和分页内存管理。还不包含软盘驱动程序
0.02	1991.10.5	该版本以及 0.03 版是内部版本，目前已经无法找到。特点同上
0.10	1991.10	由 Ted Ts’o 发布的 Linux 内核版本。增加了内存分配库函数。在 boot 目录中含有一个把 as86 汇编语法转换成 gas 汇编语法的脚本程序
0.11	1991.12.8	基本可以正常运行的内核版本。支持硬盘和软驱设备以及串行通信
0.12	1992.1.15	主要增加了数学协处理器的软件模拟程序。增加了作业控制、虚拟控制台、文件符号链接和虚拟内存对换（swapping）功能
0.95.x（即 0.13）	1992.3.8	加入虚拟文件系统支持，但还是只包含一个 MINIX 文件系统。增加了登录功能。改善了软盘驱动程序和文件系统的性能。改变了硬盘命名和编号方式。原命名方式与 MINIX 系统的相同，此时改成与现在 Linux 系统的相同。支持 CDROM
0.96.x	1992.5.12	开始加入 UNIX Socket 支持。增加了 ext 文件系统 alpha 测试程序。SCSI 驱动程序被正式加入内核。软盘类型自动识别。改善了串行驱动、高速缓冲、内存管理的性能，支持动态链接库，并开始能运行 X-Windows 程序。原汇编语言编制的键盘驱动程序已用 C 重写。与 0.95 内核代码比较有很大的修改
0.97.x	1992.8.1	增加了对新的 SCSI 驱动程序的支持；动态高速缓冲功能；msdos 和 ext 文件系统支持；总线鼠标驱动程序。内核被映射到线性地址 3GB 开始处
0.98.x	1992.9.28	改善对 TCP/IP（0.8.1）网络的支持，纠正了 extfs 的错误。重写了内存管理部分（mm），每个进程有 4GB 逻辑地址空间（内核占用 1GB）。从 0.98.4 开始每个进程可同时打开 256 个文件（原来是 32 个），并且进程的内核堆栈独立使用一个内存页面
0.99.x	1992.12.13	重新设计进程对内存的使用分配，每个进程有 4GB 线性空间。不断地在改进网络代码。NFS 支持
1.0	1994.3.14	第一个正式版

现存的 0.10 版内核代码是 Ted Ts'o 当时保存下来的版本，Linus 自己的已经丢失。这个版本要比前几个版本有很大的进步，在这个版本内核的系统上已经能够使用 GCC 编译内核，并且开始支持加载/卸载（mount/umount）文件系统的操作。从这个内核版本开始，Linus 为每个文件都添加了版权信息：“(C) 1991　Linus Torvalds”。该版本的其他一些变化还包括：把原来的引导程序 boot/boot.s 分割成 boot/bootsect.s 和 boot/setup.s 两个程序；最多支持 16MB 物理内存；为驱动程序和内存管理程序分别建立了自己的子目录；增加了软盘驱动程序；支持文件预读操作；支持 dev/port 和 dev/null 设备；重写了 kernel/signal.c 代码，添加了对 sigaction()的支持等。

相对 0.10 版来说，Linux 0.11 版的改动较小。但这个版本也是第一个比较稳定的版本，并且开始有其他人员参与内核开发。这个版本中主要增添的功能有：①执行程序的需求加载；②启动时可执行/etc/rc 初始文件；③建立起数学协处理器仿真程序框架程序结构；④Ted Ts'o 增加了对脚本程序的处理代码；⑤Galen Hunt 添加了对多种显示卡的支持；⑥John T. Kohl 修改了

kernel/console.c 程序，使控制台支持鸣叫功能和 KILL 字符；⑦提供了对多种语言键盘的支持。

Linux 0.12 是 Linus 比较满意的内核版本，也是一个更稳定的内核。在 1991 年的圣诞节期间，他编制完成了虚拟内存管理代码，从而在只有 2MB 内存的机器上也能使用像 gcc 这种“大型”软件。这个版本让 Linus 觉得发布 1.0 内核版本已经不是什么遥遥无期的事了。因此，他立刻把下一个版本（0.13 版）提升为 0.95 版。Linus 这样做的另一个意思是让大家不要觉得离 1.0 版还很遥远。但是由于 0.95 版发布得太仓促，其中还包含较多错误，因此当 0.95 版刚发布时曾有较多 Linux 爱好者在使用中遇到问题。当时 Linus 觉得就好像遇到了一个大灾难。不过此后他接受了这次的教训，以后每次发布新的内核版本时，他都会进行更周密的测试，并且让几个好朋友先试用后才会正式公布出来。0.12 版内核的主要变化之处有：①Ted Ts'o 添加了终端信号处理支持；②启动时可以改变使用的屏幕行列值；③改正了一个文件 IO 引起的竞争条件；④增加了对共享库的支持，节省了内存使用量；⑤符号链接处理；⑥删除目录系统调用；⑦Peter MacDonald 实现了虚拟终端支持，使得 Linux 比当时的某些商业版 UNIX 还要更胜一筹；⑧实现对 select()函数的支持，这是 Peter MacDonald 根据一些人为 MINIX 提供的补丁程序修改而成的，但是 MINIX 却没有采纳这些补丁程序；⑨可重新执行的系统调用；⑩Linus 编制完成数学协处理器仿真代码等。

0.95 版是第一个使用 GNU GPL 版权的 Linux 内核版本。该版本实际上有 3 个子版本，由于 1992 年 3 月 8 日发布第 1 个 0.95 版时遇到了一些问题，因此此后不到 10 天（3 月 17 日）就立刻发布了另一个 0.95a 版，并在 1 个月后（4 月 9 日）又发布了 0.95c+版本。该版本的最大改进之处是开始采用虚拟文件系统（VFS）结构。虽然当时仍然只支持 MINIX 文件系统，但是程序结构已经为支持多种文件系统进行了大范围调整。有关 MINIX 文件系统的代码被放进了单独的 MINIX 子目录中。0.95 版内核的其他一些变化部分有：①增加了登录界面；②Ross Biro 添加了调试代码（ptrace）；③软盘驱动器磁道缓冲；④非阻塞管道文件操作；⑤系统重启（Ctrl-Alt-Del）；⑥swapon()系统调用，从而可以实时选择交换设备；⑦支持递归符号链接；⑧支持 4 个串行端口；⑨支持硬盘分区；⑩支持更多种类键盘；⑪James Wiegand 编制了最初的并行口驱动程序等。

另外，从 0.95 版开始，对内核的许多改进工作（提供补丁程序）均以其他人为主了，而 Linus 的主要任务是对内核的维护和决定是否采用某个补丁程序。到现在为止，最新的内核版本是 2008 年 4 月 4 日公布的 2.6.25 版。其中包括大约 16000 个文件，使用 gzip 压缩后源代码软件包也有 58MB 左右！各个主要稳定版本的最新版见表 1-2。

表 1-2 新内核源代码大小

内核版本号	发布日期	源代码大小（经 gzip 压缩后）/MB
2.0.40	2004.2.8	7.2
2.2.26	2004.2.25	19
2.4.31	2005.6.1	37
2.6.14	2005.11.9	47
2.6.25	2008.4.17	58

1.1.7 Linux 名称的由来

Linux 操作系统刚开始时并没有被称为 Linux，Linus 给他的操作系统取名为 FREAX，其英文含义是怪诞的、怪物、异想天开等意思。在他将新的操作系统上载到 ftp.funet.fi 服务器上时，管理员 Ari Lemke 很不喜欢这个名称。他认为既然是 Linus 的操作系统就取其谐音 Linux 作为该操作系统的名称吧，于是 Linux 这个名称就开始流传下来。

在 Linus 的自传《Just for Fun》一书中，Linus 解释说[⊖]：

"坦白地说，我从来没有想到过要用 Linux 这个名称来发布这个操作系统，因为这个名字有些太自负了。而我为最终发布版准备的是什么名字呢？Freax。实际上，内核代码中某些早期的 Makefile——用于描述如何编译源代码的文件——中就已经有"Freax"这个名字了，大约存在了半年左右。但其实这也没什么关系，在当时还不需要一个名字，因为我还没有向任何人发布过内核代码。

"而 Ari Lemke，他坚持要用自己的方式将内核代码放到 ftp 站点上，并且非常不喜欢 Freax 这个名字。他坚持要用现在这个名字（Linux），我承认当时我并没有跟他多争论。但这都是他取的名字。所以我可以光明正大地说我并不自负，或者部分坦白地说我并没有本位主义思想。但我想，好吧，这也是个好名字，而且以后为这事我总能说服别人，就像我现在做的这样。"

1.1.8　早期 Linux 系统开发的主要贡献者

从 Linux 早期源代码中可以看出，Linux 系统的早期主要开发人员除了 Linus 本人以外，最著名的人员之一就是 Theodore Ts'o（Ted Ts'o）。他于 1990 年毕业于 MIT 计算机科学专业。在大学时代他就积极参加学校中举办的各种学生活动。他喜欢烹饪、骑自行车，当然还有就是 Hacking on Linux（研究 Linux）。后来他开始喜欢起业余无线电报运动。目前他在 IBM 工作从事系统编程及其他重要事务。他还是国际网络设计、操作、销售和研究者开放团体 IETF 的成员。

Linux 在世界范围内的流行也有他很大的功劳。早在 Linux 操作系统刚问世时，他就怀着极大的热情为 linux 的发展提供了 Maillist，几乎是在 Linux 刚开始发布时起，他就一直在为 Linux 做出贡献。他也是最早向 Linux 内核添加程序的人（Linux 内核 0.10 版中的虚拟盘驱动程序 ramdisk.c 和内核内存分配程序 kmalloc.c）。目前，他仍然从事着与 Linux 有关的工作。在北美洲地区他最早设立了 Linux 的 ftp 站点（tsx-11.mit.edu），而且该站点至今仍然为广大 Linux 用户提供服务。他对 Linux 作出的最大贡献之一是提出并实现了 ext2 文件系统。该文件系统曾是 Linux 世界中事实上的文件系统标准。后来他又推出了 ext3 文件系统。该系统大大提高了文件系统的稳定性和访问效率。作为对他的推崇，第 97 期（2002 年 5 月）的 Linux Journal 期刊将他作为了封面人物，并对他进行了采访。目前，他为 IBM Linux 技术中心工作，并从事着有关 Linux 标准规范（Linux Standard Base，LSB）等方面的工作。

Linux 社区中另一位著名人物是 Alan Cox。他原工作于英国威尔士斯旺西大学（Swansea University）。刚开始他特别喜欢玩电脑游戏，尤其是 MUD（Multi-User Dungeon or Dimension，多用户网络游戏）。在 20 世纪 90 年代早期 games.mud 新闻组的 posts 中你可以找到他发表的大量帖子。他甚至为此还写了一篇 MUD 的发展史（A history of MUD，rec.games.mud 新闻组，1992 年 3 月 9 日）。

由于 MUD 游戏与网络密切相关，慢慢地他迷上了计算机网络。为了玩游戏并提高电脑运行游戏的速度以及网络传输速率，他需要选择一个最为满意的操作平台。于是他开始接触各种类型的操作系统。由于没钱，即使 MINIX 系统他也买不起。当 Linux 0.1x 和 386BSD 发布时，

⊖Linus Torvalds：《Just for Fun》第 84～88 页。

他考虑良久总算购置了一台 386SX 电脑。由于 386BSD 需要数学协处理器支持，而采用 Intel 386SX CPU 的电脑是不带数学协处理器的，所以他安装了 Linux 系统。于是他开始学习带有免费源代码的 Linux，并开始对 Linux 系统产生了兴趣，尤其是有关网络方面的实现。在关于 Linux 单用户运行模式问题的讨论中，他甚至赞叹 Linux 实现得巧妙（beautifully）。

Linux 0.95 版发布之后，他开始为 Linux 系统编写补丁程序（修改程序，记得他最早的两个补丁程序，都没有被 Linus 采纳），并成为 Linux 系统上 TCP/IP 网络代码的最早使用人之一。后来他加入了 Linux 的开发队伍，并成为维护 Linux 内核源代码的主要负责人之一。也可以说，成为了 Linux 社团中继 Linus 之后最为重要的人物。以后 Microsoft 公司曾经邀请他加盟，但他却干脆地拒绝了。从 2001 年开始，他负责维护 Linux 内核 2.4.x 的代码。而 Linus 主要负责开发最新开发版内核的研制（奇数版，例如 2.5.x 版）。

《内核黑客手册》（The Linux Kernel Hackers' Guide）一书的作者 Michael K. Johnson 也是最早接触 Linux 操作系统的人之一（从 0.97 版）。他还是著名的 Linux 文档计划（Linux Document Project，LDP）的发起者之一。曾经在 Linux Journal 杂志社工作，目前在 RedHat 公司工作。

Linux 系统并不是仅有这些中坚力量就能发展成今天这个规模的，还有许多计算机高手对 Linux 做出了极大的贡献，这里就不一一列举了。主要贡献者的具体名单可参见 Linux 内核中的 CREDITS 文件，其中以字母顺序列出了对 Linux 做出较大贡献的近 400 人的名单列表，包括他们的 E-mail 和通信地址、主页以及主要贡献事迹等信息。

通过上述说明，我们可以对 Linux 的五大支柱归纳如下。

UNIX 操作系统——UNIX 于 1969 年诞生在 Bell 实验室。Linux 就是 UNIX 的一种克隆系统。UNIX 的重要性就不用多说了。

MINIX 操作系统——MINIX 操作系统也是 UNIX 的一种克隆系统，它于 1987 年由著名计算机教授 Andrew S. Tanenbaum 开发完成。由于 MINIX 系统的出现并且提供源代码（只能免费用于大学内）在全世界的大学中刮起了学习 UNIX 系统的旋风。Linux 刚开始就是参照 MINIX 系统开发的。

GNU 计划——开发 Linux 操作系统用到的工具，以及 Linux 上所用大多数软件基本上都出自 GNU 计划。Linux 只是操作系统的一个内核，没有 GNU 软件环境（比如说 Bash），则 Linux 将寸步难行。

POSIX 标准——该标准在推动 Linux 操作系统以后朝着正规路上发展起着重要的作用，是 Linux 前进的灯塔。

Internet——如果没有 Internet，没有遍布全世界的无数计算机黑客的无私奉献，那么 Linux 最多只能发展到 0.13（0.95）版的水平。

1.2 内容综述

本文将主要对 Linux 的早期内核 0.12 版进行详细描述和注释。Linux 0.12 版发布于 1992 年 1 月 15 日。在发布时包括以下文件：

- bootimage-0.12.Z——具有美国键盘代码的压缩启动映像文件。
- rootimage-0.12.Z——以 1200KB 压缩的根文件系统映像文件。
- linux-0.12.tar.Z——内核源代码文件。大小为 130KB，展开后也仅有 463KB。
- as86.tar.Z——Bruce Evans 的二进制执行文件，是 16 位的汇编程序和装入程序。

- INSTALL-0.11——更新过的安装信息文件。

bootimage-0.12.Z 和 rootimage-0.12.Z 是压缩的软盘映像（Image）文件。bootimage 是引导启动 Image 文件，其中主要包括磁盘引导扇区代码、操作系统加载程序和内核执行代码。PC 启动时 ROM BIOS 中的程序会把默认启动驱动器上的引导扇区代码和数据读入内存，而引导扇区代码则负责把操作系统加载程序和内核执行代码读入内存中，然后把控制权交给操作系统加载程序，进一步准备内核的初始化操作。最终加载程序会把控制权交给内核代码。内核代码若要正常运行就需要文件系统的支持。rootimage 就是用于向内核提供最基本支持的根文件系统，其中包括操作系统最起码的一些配置文件和命令执行程序。对于 Linux 系统中使用的 UNIX 类文件系统，其中主要包括一些规定的目录、配置文件、设备驱动程序、开发程序以及所有其他用户数据或文本文件等。这两个盘合起来就相当于一张可启动的 DOS 操作系统盘。

as86.tar.Z 是 16 位汇编器链接程序软件包。linux-0.12.tar.Z 是压缩的 Linux 0.12 内核源代码。INSTALL-0.11 是 Linux 0.11 系统的简单安装说明文档，它同样适用于使用 0.12 内核的 Linux 系统。

目前，除了原来的 rootimage-0.12.Z 文件，其他 4 个文件均能找到。不过作者已经利用 Internet 上的资源为 Linux 0.12 重新制作出了一个完全可以使用的 rootimage-0.12 根文件系统。并重新为其编译出能在 0.12 环境下使用的 gcc 1.40 编译器，配置出可用的实验开发环境。目前，这些文件均可以从 oldlinux.org 网站上下载。具体下载目录位置是：

- http://oldlinux.org/Linux.old/images/。该目录中含有已经制作好的内核映像文件 bootimage 和根文件系统映像文件 rootimage。
- http://oldlinux.org/Linux.old/kernels/。该目录中含有内核源代码程序，包括本书所描述的 Linux 0.12 内核源代码程序。
- http://oldlinux.org/Linux.old/bochs/。该目录中含有已经设置好的运行在计算机仿真系统 Bochs 下的 Linux 系统。
- http://oldlinux.org/Linux.old/Linux-0.12/。该目录中含有可以在 Linux 0.12 系统中使用的其他一些工具程序和原来发布的一些安装说明文档。

本书主要分析 linux-0.12 内核中的所有源代码程序，对每个源程序文件都进行了详细注释，包括对 Makefile 文件的注释。分析过程主要是按照计算机启动过程进行的。因此分析的连贯性到初始化结束内核开始调用 shell 程序为止。其余的各个程序均针对其自身进行分析，没有连贯性，因此可以根据自己的需要进行阅读。但在分析时还是提供了一些应用实例。

在分析所有程序的过程中如果遇到作者认为是较难理解的语句时，将会给出相关知识的详细介绍。比如，在遇到对中断控制器进行输入/输出操作时，将对 Intel 中断控制器（8259A）芯片给出详细的说明，并列出使用的命令和方法。这样做有助于加深读者对代码的理解，又能更好地了解所用硬件的使用方法，作者认为这种解读方法要比单独列出一章内容来总体介绍硬件或其他知识要效率高得多。

拿 Linux 0.12 版内核来“开刀”是为了提高我们认识 Linux 运行机理的效率。Linux 0.12 版整个内核源代码只有 463KB 左右，其中包括的内容基本上都是 Linux 的精髓。而目前最新的 2.6.XX 版内核非常大，有 200MB，即使你花一生的经历来阅读也未必能全部看完。也许你要问，既然要从简入手，为什么不分析更小的 Linux 0.01 版内核源代码呢？它只有 240KB 左右。主要原因是因为 0.01 版的内核代码有太多不足之处，甚至还没有包括对软盘的驱动程序，也没有很好地涉及数学协处理器的使用以及对登录程序的说明，并且其引导启动程序的结构也与目前的版本不太一样，而 0.12 版的引导启动程序结构则与现在的基本上是一样的。另外一个原因是可以找到 0.12 版早期的已经编译制作好的内核映像文件（bootimage-0.12），可以用来进行引导演示。如果再配上简单的根文件系统映像文件（rootimage-0.12），那么它就可以正常运行了。

拿 Linux 0.12 版进行学习也有不足之处。比如该内核版本中尚不包括有关专门的进程等待队列、TCP/IP 网络等方面的一些当前非常重要的代码，对内存的分配和使用与现今的内核也有所区别。但好在 Linux 中的网络代码基本上是自成一体的，与内核机制关系不是非常大，因此可以在了解了 Linux 工作的基本原理之后再去分析这些代码。

本文对 Linux 内核中所有的代码都进行了说明。为了保持结构的完整性，对代码的说明是以内核中源代码的组成结构来进行的，基本上是以每个源代码中的目录为一章内容进行介绍。介绍的源程序文件的次序可参见每章的文件列表索引。整个 Linux 内核源代码的目录结构如表 1-3 所示。所有目录结构均以 linux 为当前目录。

表 1-3　Linux/目录

名称	大小/B	最后修改日期	名称	大小/B	最后修改日期
boot/		1992-01-16 14:37:00	lib/		1992-01-16 14:37:00
fs/		1992-01-16 14:37:00	mm/		1992-01-16 14:37:00
include/		1992-01-16 14:37:00	tools/		1992-01-16 14:37:00
init/		1992-01-16 14:37:00	Makefile	3091	1992-01-13 03:48:56
kernel/		1992-01-16 14:37:00			

本书内容可以分为 5 个部分。第 1 部分包括第 1～4 章，是基础知识部分。操作系统与运行的硬件环境密切相关。如果想彻底理解操作系统运行全过程，那么就需要了解它的硬件运行环境，尤其是处理器多任务运行机制。这部分较为详细地介绍了微型计算机硬件组成、编制 Linux 内核程序使用的编程语言以及 Intel 80x86 保护模式下的编程原理。第 2 部分包括第 5～7 章，描述内核引导启动和 32 位运行方式的准备阶段，学习内核的初学者应该全部进行阅读。第 3 部分第 8～13 章，是内核代码的主要部分。其中第 8 章内容可以作为阅读这部分后续章节的主要线索来进行。第 14～16 章是第 4 部分内容，可以作为阅读第 3 部分源代码的参考信息。最后一部分仅包括第 17 章内容，其中介绍了如何使用 PC 模拟软件系统 Bochs 针对 Linux 0.12 内核进行各种实验活动。

第 2 章首先基于传统微机系统的硬件组成框图，主要介绍 Linux 内核运行之上的 IBM PC/AT386 微机的组成部分。介绍各个主要部分的功能和相互关系。同时也与目前最新微机的组成框图作简单比较。这样能够为那些没有学过计算机组成原理的读者提供足够的有关信息。

第 3 章介绍 Linux 0.12 内核中使用的编程语言、目标文件格式和编译环境，主要目标是提供阅读 Linux 0.12 内核源代码所需要的汇编语言和 GNU C 语言扩展知识。本章首先比较详细地介绍了 as86 和 GNU as 汇编程序的语法和使用方法，然后对 GNU C 语言中的内联汇编、语句表达式、寄存器变量以及内联函数等常用 C 语言扩展内容进行说明，同时详细描述了 C 和汇编函数之间的相互调用机制。最后简单描述了 Makefile 文件的使用方法。

第 4 章概要描述 80x86 CPU 的体系结构以及保护模式下编程的一些基础知识，为准备阅读基于 80x86 CPU 的 Linux 内核源代码打下扎实基础。其中主要包括 80x86 基础知识、保护模式内存管理、中断和异常处理、任务管理以及一个简单的多任务内核示例。

第 5 章概要地描述了 Linux 操作系统的体系结构、内核源代码文件放置的组织结构以及每个文件的大致功能。还介绍了 Linux 对物理内存的使用分配方式、内核的几种堆栈及其使用方式和虚拟线性地址的使用分配。最后开始注释内核程序包中 linux/目录下看到的第一个文件，即内核代码的总体 Makefile 文件的内容。该文件是所有内核源程序的编译管理配置文件，供编译管理工具软件 make 使用。

第 6 章将详细注释 boot/目录下的 3 个汇编程序，其中包括磁盘引导程序 bootsect.S、获取 BIOS 中参数的 setup.s 汇编程序和 32 位运行启动代码程序 head.s。这 3 个汇编程序完成了把内核从块设备上引导加载到内存的工作，并对系统配置参数进行探测，完成了进入 32 位保护模式运行之前的所有工作。为内核系统执行进一步的初始化工作做好了准备。

第 7 章主要介绍 init/目录中内核系统的初始化程序 main.c。它是内核完成所有初始化工作并进入正常运行的关键地方。在完成了系统所有的初始化工作后，创建了用于 shell 的进程。在介绍该程序时将需要查看其所调用的其他程序，因此对后续章节的阅读可以按照这里调用的顺序进行。由于内存管理程序的函数在内核中被广泛使用，因此该章内容应该最先选读。当你能真正看懂直到 main.c 程序为止的所有程序时，你应该已经对 Linux 内核有了一定的了解，可以说已经有一半入门了，但你还需要对文件系统、系统调用、各种驱动程序等进行更深一步的阅读。

第 8 章主要介绍 kernel/目录中的所有程序。其中最重要的部分是进程调度函数 schedule()、sleep_on()函数和有关系统调用的程序。此时你应该已经对其中的一些重要程序有所了解。从本章内容开始，我们会遇到很多 C 语言程序中嵌入的汇编语句。有关嵌入式汇编语句的基本语法请参见第 3 章的说明。

第 9 章对 kernel/blk_drv/目录中的块设备程序进行了注释说明。该章主要含有硬盘、软盘等块设备的驱动程序，主要用来与文件系统和高速缓冲区打交道，含有较多与硬件相关的内容。因此，在阅读这章内容时需参考一些硬件资料。最好能首先浏览一下文件系统的章节。

第 10 章对 kernel/chr_drv/目录中的字符设备驱动程序进行注释说明。这一章中主要涉及串行线路驱动程序、键盘驱动程序和显示器驱动程序。这些驱动程序构成了 0.12 内核支持的串行终端和控制台终端设备。因此本章也含有较多与硬件有关的内容。在阅读时需要参考一下相关硬件的书籍。

第 11 章介绍 kernel/math/目录中的数学协处理器的仿真程序。

第 12 章介绍内核源代码 fs/目录中的文件系统程序，在看这章内容时建议你能够暂停一下而去阅读 Tanenbaum 的《操作系统：设计与实现》一书中有关 MINIX 文件系统的章节，因为最初的 Linux 系统只支持 MINIX 一种文件系统，Linux 0.12 版也不例外。

第 13 章解说 mm/目录中的内存管理程序。要透彻地理解这方面的内容，就需要对 Intel 80x86 微处理器的保护模式运行方式有足够的理解，因此在阅读本章程序时，除了可以参考本章在适当地方包含的 80x86 保护模式运行方式概要说明以外，还应该同时参考第 4 章内容。由于本章以源代码中的运用实例作为对象进行解说，因此读者可以更好地理解内存管理的工作原理。

现有的 Linux 内核分析书籍一般都缺乏对内核头文件的描述，因此对于一个初学者来讲，在阅读内核程序时会遇到许多障碍。本书第 14 章对 include/目录中的所有头文件进行了详细说明，基本上对每一个定义、每一个常量或数据结构都进行了详细注释。虽然该章内容主要是为阅读其他章节中的程序作参考使用的，但是若想彻底理解内核的运行机制，仍然需要了解这些头文件中的许多细节。

第 15 章介绍了 Linux 0.12 版内核源代码 lib/目录中的所有文件。这些库函数文件主要向编译系统等系统程序提供了接口函数，对以后理解系统软件会有较大的帮助。由于这个版本较低，所以这里的内容并不是很多，因此我们可以很快地看完。这也是我们为什么选择 0.12 版的原因之一。

第 16 章介绍 tools/目录下的 build.c 程序。这个程序并不会包括在编译生成的内核映像（image）文件中，它仅用于将内核中的磁盘引导程序块与其他主要内核模块连接成一个完整的内核映像（kernel image）文件。

第 17 章介绍了学习内核源代码时的实验环境以及动手实施各种实验的方法。主要介绍了在 Bochs 仿真系统下使用和编译 Linux 内核的方法以及磁盘镜像文件的制作方法。还说明了如何修改 Linux 0.12 源代码的语法使其能在 RedHat Linux 9 系统下顺利编译出正确的内核来。

最后是附录。

为了便于查阅，在本书的附录中还单独列出了内核中要用到的有关 PC 硬件方面的信息。在参考文献中，仅给出了在阅读源代码时可以参考的书籍、文章等信息，并没有包罗万象地给出一大堆的繁杂凌乱的文献列表。比如在引用 Linux 文档项目（Linux Document Project,LDP）中的文件时，会明确地列出具体需要参考哪一篇 HOWTO 文章，而并不是仅仅给出 LDP 的网址了事。

Linus 在最初开发 Linux 操作系统内核时，主要参考了 3 本书。一本是 M. J. Bach 著的《UNIX 操作系统设计》，该书描述了 UNIX System V 内核的工作原理和数据结构。Linus 使用了该书中很多函数的算法，Linux 内核源代码中很多重要函数的名称都取自该书。因此，在阅读本书时，这是一本必不可少的内核工作原理方面的参考书籍。另一本是 John H. Crawford 等编著的《Programming the 80386》，是讲解 80x86 下保护模式编程方法的好书。还有一本就是 Tanenbaum 著的《操作系统：设计与实现》一书的第 1 版。Linus 主要使用了该书中描述的 MINIX 文件系统 1.0 版，而且在早期的 Linux 内核中也仅支持该文件系统，所以在阅读本书有关文件系统一章内容时，文件系统的工作原理方面的知识完全可以从 Tanenbaum 的书中获得。

在对每个程序进行解说时，我们首先简单说明程序的主要用途和目的、输入输出参数以及与其他程序的关系，然后列出程序的完整代码，并在其中对代码进行详细注释。注释时对源程序代码或文字不作任何方面的改动或删除，因为 C 语言是一种英语类语言，程序中原有的少量英文注释对常数符号、变量名等也提供了不少有用的信息。在代码之后是对程序更为深入的解剖，并对代码中出现的一些语言或硬件方面的相关知识进行说明。如果在看完这些信息后回头再浏览一遍程序，你会有更深一层的体会。

对于阅读本书所需要的一些基本概念知识的介绍都散布在各个章节相应的地方，这样做主要是便于读者找到它们，而且在结合源代码阅读时，对一些基本概念能有更深的理解。

最后要说明的是，当你已经完全理解了本文所解说的一切时，并不代表你已经成为一个 Linux 行家了，你只是刚刚踏上 Linux 的征途，具有了一定的成为一个 Linux 内核高手的初步知识。这时你应该去阅读更多的源代码，最好是循序渐进地从 1.0 版本开始直到最新的正在开发中的奇数编号的版本。在撰写这本书时最新的 Linux 内核是 2.6.14 版。当你能快速理解这些开发中的最新版本甚至能提出自己的建议和补丁（patch）程序时，我也甘拜下风了。

1.3 本章小结

本章首先阐述了 Linux 诞生和发展不可缺少的五大支柱：UNIX 最初的开放源代码版本为 Linux 提供了实现的基本原理和算法；Richard Stallman 的 GNU 计划为 Linux 系统提供了丰富且免费的各种实用工具；POSIX 标准的出现为 Linux 提供了实现与标准兼容系统的参考指南；Tanenbaum 操作系统为 Linux 的诞生起到了不可或缺的参考作用；Internet 是 Linux 成长和壮大的必要环境。最后本章概述了书中的基本内容。

第 2 章　微型计算机组成结构

任何一个系统都由 4 个基本部分组成，其模型如图 2-1 所示。其中输入部分用于接收进入系统的信息或数据，经过处理中心加工后再由输出部分送出；能源部分为整个系统提供操作运行的能源供给（包括输入和输出部分操作所需要的能量）。

计算机系统也不例外，它也主要由这四部分组成。不过在内部，计算机系统的处理中心与输入/输出部分之间的通道或接口都是共享使用的，因此图 2-1b 应该更能恰当地抽象表示一个计算机系统。当然，对计算机或很多复杂系统来说，其中各个子部分都可以独立地看做一个完整的子系统，并且也能使用这个模型来描述，而一个完整的计算机系统整体则由这些子系统构成。

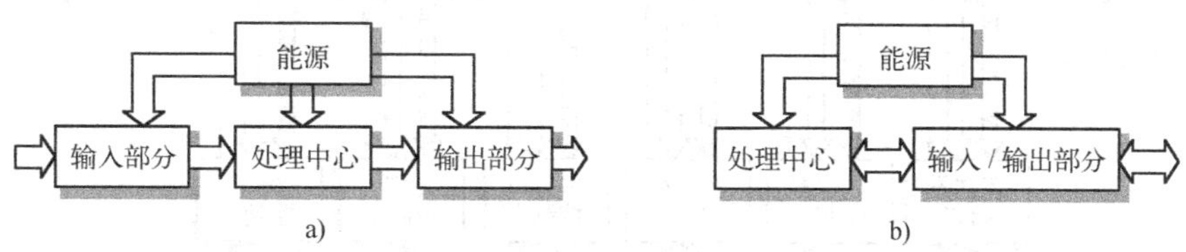

图 2-1　系统基本组成

计算机系统可分为硬件部分和软件部分，但两者互相依存。硬件部分是计算机系统的可见部分，是软件运行和存储的平台。软件是一种控制硬件操作和动作的指令流。犹如存储于人类大脑中的信息和思维控制着人体的思想和动作一样，软件可以看做是计算机“大脑”中的信息和思维。本书描述的主题就是一个计算机系统的运行机制，主要说明系统的处理中心、输入/输出部分的硬件组成原理和软件控制的实现。在硬件方面，我们概要说明基于 Intel 80x86 的中央处理器（Central Processing Unit，CPU）的 IBM PC 及其兼容机的硬件系统，计算机的 CPU 芯片可以直接看做系统的处理中心，它通过总线接口与其他部分相连；而对于运行在其上的软件，我们则专门详细描述 Linux 操作系统内核的实现。

可见，操作系统与所运行的硬件环境密切相关。如果想彻底理解操作系统运行全过程，那么就需要了解它的运行硬件环境。本章基于传统微机系统的硬件组成框图，介绍了微机中各个主要部分的功能。这些内容已基本能够建立起阅读 Linux 0.12 内核的硬件基础。为了便于说明，术语 PC/AT 将用来表示具有 80386 或以上 CPU 的 IBM PC 及其兼容微机，而 PC 则用来泛指所有微机，包括 IBM PC/XT 及其兼容微机。

2.1　微型计算机组成原理

我们从俯瞰的角度来说明采用 80386 或以上 CPU 的 PC 系统组成结构。一个传统微型计算机硬件组成结构如图 2-2 所示。其中，CPU 通过地址线、数据线和控制信号线组成的本地总线（或称为内部总线）与系统其他部分进行数据通信。地址线用于提供内存或 I/O 设备的地址，即指明需要读/写数据的具体位置。数据线用于在 CPU 和内存或 I/O 设备之间提供数据传输的通道，而控制线则负责指挥执行的具体读/写操作。对于使用 80386 CPU 的 PC，其内部地址线和数据线都分别有 32 根，即都是 32 位的。因此地址寻址空间范围有 2^{32}B，即 0～4GB。

图中上部控制器和存储器接口通常都集成在计算机主板上。这些控制器都是以一块大规模集成电路芯片为主组成的功能电路。例如，中断控制器由 Intel 8259A 或其兼容芯片构成；DMA 控制器通常采用 Intel 8237A 芯片构成；定时计数器的核心则是 Intel 8253/8254 定时芯片；键盘控制器使用的是 Intel 8042 芯片与键盘中的扫描电路进行通信。

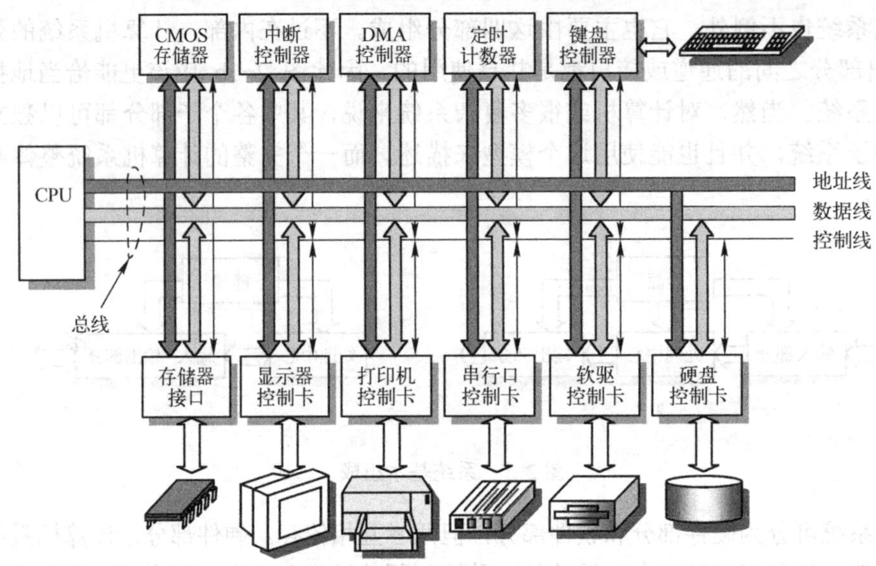

图 2-2 传统 IBM PC 及其兼容机的组成框图

图中下方的控制卡（或者称为适配器）则是通过扩展插槽与主板上的系统总线连接。总线插槽是系统地址总线、数据总线和控制线与扩展设备控制器的标准连接接口。这些总线接口标准通常有工业标准结构（Industry Standard Architecture，ISA）总线、扩展工业标准结构（Extended ISA，EISA）总线、外围组件互连（Peripheral Component Interconnect，PCI）总线、加速图形端口（Accelerated Graphics Port，AGP）视频总线等。这些总线接口的主要区别在于数据传输速率和控制灵活性方面。随着计算机硬件的发展，传输速率更高、控制更灵活的总线接口还在不断推出，例如采用串行通信点对点技术的高速 PCIE（PCI Express）总线。最初的 80386 机器上只有 ISA 总线，因此系统与外部 I/O 设备最多只能使用 16 位数据线进行数据传输。

随着计算机技术的发展，很多原来使用控制卡来完成的功能（如硬盘控制器功能）都已经集成在计算机主机板上少数几个超大规模集成电路芯片中，几个甚至是一个这样的芯片就确定了主机板的主要特性和功能，并且为了让系统的不同部分都能达到其最高传输速率，总线结构也发生了很大变化。现代 PC 的组成结构通常可以使用图 2-3 来描述。除了 CPU 以外，现代 PC 主板主要由 2 个超大规模芯片构成的芯片组或芯片集（Chipsets）组成：北桥（Northbridge）芯片和南桥（Southbridge）芯片。北桥芯片用于与 CPU、内存和 AGP 视频接口，这些接口具有很高的传输速率。北桥芯片还起着存储器控制作用，因此 Intel 把该芯片标号为 MCH（Memory Controller Hub）芯片。南桥芯片用来管理低、中速的组件，如 PCI 总线、IDE 硬盘接口、USB 端口等，因此南桥芯片的名称为 ICH（I/O Controller Hub）。之所以用“南、北”桥来分别统称这两个芯片，是由于在 Intel 公司公布的典型 PC 主板上，它们分别位于主板的下端和上端（即地图上的南部和北部），并起着与 CPU 进行通道桥接的作用。

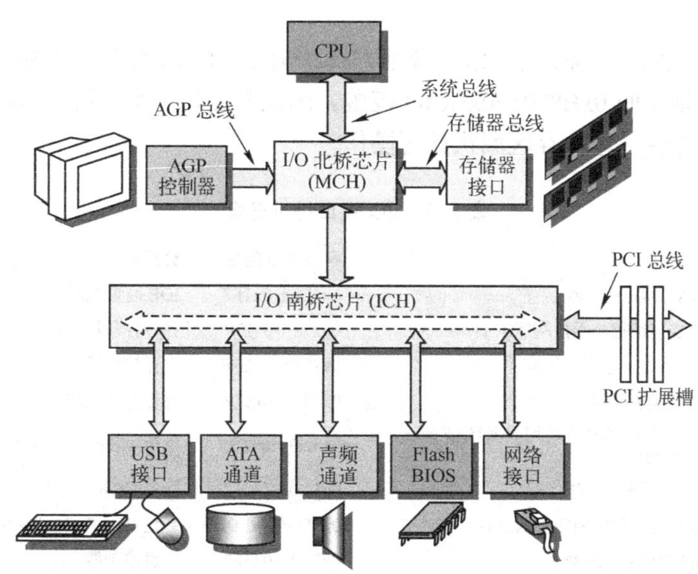

图 2-3　现代 PC 芯片集框图

虽然总线接口发生了很大变化，甚至今后北桥和南桥芯片都将合二为一，但是对于编程人员来说，这些变化仍然与传统的 PC 结构兼容。因此为传统 PC 硬件结构编制的程序仍然能运行于现在的 PC 上。这个结论可以从 Intel 的开发手册上得到证实。所以为了便于入门，我们仍然以传统 PC 结构为框架来讨论和学习 PC 的组成和编程方法。当然，这些方法仍然适合于现代 PC 结构。下面概要说明图 2-2 中各个主要控制器和控制卡的工作原理，而它们的实际编程方法则推迟到阅读内核相应源代码时再作详细介绍。

2.2　I/O 端口寻址和访问控制方式

2.2.1　I/O 端口和寻址

CPU 为了访问 I/O 接口控制器或控制卡上的数据和状态信息，需要首先指定它们的地址。这种地址就称为 I/O 端口地址或者简称端口。通常，一个 I/O 控制器包含访问数据的数据端口、输出命令的命令端口和访问控制器执行状态的状态端口。端口地址的设置方法一般有两种：统一编址和独立编址。

端口统一编址的原理是把 I/O 控制器中的端口地址归入存储器寻址地址空间范围内。因此这种编址方式也称为存储器映像编址。CPU 访问一个端口的操作与访问内存的操作一样，也使用访问内存的指令。端口独立编址的方法是把 I/O 控制器和控制卡的寻址空间单独作为一个独立的地址空间对待，称为 I/O 地址空间。每个端口有一个 I/O 地址与之对应，并且使用专门的

I/O 指令来访问端口。

IBM PC 及其兼容机主要使用独立编址方式，采用了一个独立的 I/O 地址空间对控制设备中的寄存器进行寻址和访问。使用 ISA 总线结构的传统 PC，其 I/O 地址空间范围是 0x000～0x3FF，有 1024 个 I/O 端口地址可供使用。各个控制器和控制卡所默认分配使用的端口地址范围见表 2-1。关于这些端口的使用和编程方法将在后面具体涉及相关硬件时再详细进行说明。

另外，IBM PC 也部分地使用了统一编址方式。例如，CGA 显示卡上显示内存的地址就直接占用了存储器地址空间 0xB800～0xBC00 范围。因此若要让一个字符显示在屏幕上，可以直接使用内存操作指令往这个内存区域执行写操作。

表 2-1　I/O 端口地址分配

端口地址范围	分配说明	端口地址范围	分配说明
0x000～0x01F	8237A DMA 控制器 1	0x1F0～0x1F7	IDE 硬盘控制器 0
0x020～0x03F	8259A 可编程中断控制器 1	0x278～0x27F	并行打印机端口 2
0x040～0x05F	8253/8254A 定时计数器	0x2F8～0x2FF	串行控制器 2
0x060～0x06F	8042 键盘控制器	0x378～0x37F	并行打印机端口 1
0x070～0x07F	访问 CMOS RAM/实时时钟 RTC（Real Time Clock）端口	0x3B0～0x3BF	单色 MDA 显示控制器
0x080～0x09F	DMA 页面寄存器访问端口	0x3C0～0x3CF	彩色 CGA 显示控制器
0x0A0～0x0BF	8259A 可编程中断控制器 2	0x3D0～0x3DF	彩色 EGA/VGA 显示控制器
0x0C0～0x0DF	8237A DMA 控制器 2	0x3F0～0x3F7	软盘控制器
0x0F0～0x0FF	协处理器访问端口	0x3F8～0x3FF	串行控制器 1
0x170～0x177	IDE 硬盘控制器 1		

对于使用 EISA 或 PCI 等总线结构的现代 PC，有 64KB 的 I/O 地址空间可供使用。在普通 Linux 系统下通过查看/proc/ioports 文件可以得到相关控制器或设置使用的 I/O 地址范围：

```
[root@plinux root]# cat /proc/ioports
0000-001f : dma1
0020-003f : pic1
0040-005f : timer
0060-006f : keyboard
0070-007f : rtc
0080-008f : dma page reg
00a0-00bf : pic2
00c0-00df : dma2
00f0-00ff : fpu
0170-0177 : ide1
01f0-01f7 : ide0
02f8-02ff : serial(auto)
0376-0376 : ide1
03c0-03df : vga+
03f6-03f6 : ide0
03f8-03ff : serial(auto)
0500-051f : PCI device 8086:24d3 (Intel Corp.)
0cf8-0cff : PCI conf1
da00-daff : VIA Technologies, Inc. VT6102 [Rhine-II]
  da00-daff : via-rhine
e000-e01f : PCI device 8086:24d4 (Intel Corp.)
  e000-e01f : usb-uhci
```

```
e100-e11f : PCI device 8086:24d7 (Intel Corp.)
  e100-e11f : usb-uhci
e200-e21f : PCI device 8086:24de (Intel Corp.)
  e200-e21f : usb-uhci
e300-e31f : PCI device 8086:24d2 (Intel Corp.)
  e300-e31f : usb-uhci
f000-f00f : PCI device 8086:24db (Intel Corp.)
  f000-f007 : ide0
  f008-f00f : ide1
[root@plinux root]#
```

2.2.2 接口访问控制

PC 的 I/O 接口数据传输控制方式一般可采用程序循环查询方式、中断处理方式和 DMA 传输方式。顾名思义，程序循环查询方式是指 CPU 通过在程序中循环查询指定设备控制器中的状态来判断是否可以与设备进行数据交换。这种方式不需要过多硬件支持，使用和编程都比较简单，但是特别耗费宝贵的 CPU 时间。因此在多任务操作系统中除非等待时间极短或必须，否则就不应该使用这种方式。在 Linux 操作系统中，只有在设备或控制器能够立刻返回信息时才会在很少的几个地方采用这种方式。

中断处理控制方式需要有中断控制器的支持。在这种控制方式下，只有当 I/O 设备通过中断向 CPU 提出处理请求时，CPU 才会暂时中断当前执行的程序转而去执行相应的 I/O 中断处理服务过程。当执行完该中断处理服务过程后，CPU 又会继续执行刚才被中断的程序。在 I/O 控制器或设备发出中断请求时，CPU 通过使用中断向量表（或中断描述符表）来寻址相应的中断处理服务过程的入口地址。因此采用中断控制方式时需要首先设置好中断向量表，并编制好相应的中断处理服务过程。Linux 操作系统中大多数设备 I/O 控制都采用中断处理方式。

直接存储器访问（Direct Memory Access，DMA）方式用于 I/O 设备与系统内存之间进行批量数据传送，整个操作过程需要使用专门的 DMA 控制器来进行而无需 CPU 插手。由于在传输过程中无须软件介入，因此操作效率很高。在 Linux 操作系统中，软盘驱动程序使用中断和 DMA 方式配合来实现数据的传输工作。

2.3 主存储器、BIOS 和 CMOS 存储器

2.3.1 主存储器

1981 年 IBM PC 刚推出时系统只带有 640KB 的 RAM 主存储器（简称内存）。由于所采用的 8088/8086 CPU 只有 20 根地址线，因此内存寻址范围最高为 1024KB（1MB）。在当时 DOS 操作系统流行的年代，640KB 或 1MB 内存容量基本上能满足普通应用程序的运行。随着计算机软件和硬件技术的高速发展，目前的计算机通常都配置有 512MB 或者更多的物理内存容量，并且都采用 Intel 32 位 CPU，即都是 PC/AT 计算机。因此 CPU 的物理内存寻址范围已经高达 4GB（通过采用 CPU 的新特性，系统甚至可以寻址 64GB 的物理内存容量）。但是为了与原来的 PC 在软件上兼容，系统 1MB 以下物理内存使用分配上仍然保持与原来的 PC 基本一致，只是原来系统

ROM 中的基本输入输出程序 BIOS 一直处于 CPU 能寻址的内存最高端位置处，而 BIOS 原来所在的位置将在计算机开机初始化时被用做 BIOS 的影子（Shadow）区域，即 BIOS 代码仍然会被复制到这个区域中，如图 2-4 所示。

当计算机上电初始化时，物理内存被设置成从地址 0 开始的连续区域。除了地址从 0xA0000～0xFFFFF（640KB～1MB，共 384KB）和 0xFFFE0000～0xFFFFFFFF（4GB 处的最后 64KB）范围以外的所有内存都可用做系统内存。这两个特定范围被用于 I/O 设备和 BIOS 程序。假如我们的计算机中有 16MB 的物理内存，那么在 Linux 0.1x 系统中，0～640KB 将被用做存放内核代码和数据。Linux 内核不使用 BIOS 功能，也不使用 BIOS 设置的中断向量表。640KB～1MB 之间的 384KB 仍然保留用作图中指明的用途。其中地址从 0xA0000 开始的 128KB 用做显示内存缓冲区，随后部分用于其他控制卡的 ROM BIOS 或其映射区域，而 0xF0000～1MB 范围用于高端系统 ROM BIOS 的映射区。1MB～16MB 将被内核用做可分配的主内存区。另外高速缓冲区和内存虚拟盘也会占用内核代码和数据后面的一部分内存区域。该区域通常会跨越 640KB～1MB 的区域。

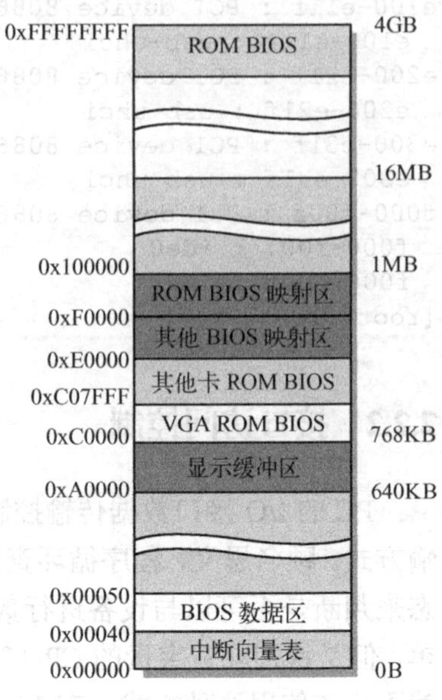

图 2-4 PC/AT 内存使用区域图

2.3.2 基本输入/输出程序 BIOS

存放在 ROM 中的系统 BIOS 程序主要用于计算机开机时执行系统各部分的自检，建立起操作系统需要使用的各种配置表，如中断向量表、硬盘参数表。并且把处理器和系统其余部分初始化到一个已知状态，而且还为 DOS 等操作系统提供硬件设备接口服务。但是由于 BIOS 提供的这些服务不具备可重入性（即其中程序不可并发运行），并且从访问效率方面考虑，因此除了在初始化时会利用 BIOS 提供一些系统参数以外，Linux 操作系统在运行时并不使用 BIOS 中的功能。

当计算机系统上电开机或者按了机箱上的复位按钮时，CPU 会自动把代码段寄存器 CS 设置为 0xF000，其段基地址则被设置为 0xFFFF0000，段长度设置为 64KB。而 IP 被设置为 0xFFF0，因此此时 CPU 代码指针指向 0xFFFFFFF0 处，即 4GB 空间的最后 64KB 的最后 16B 处。由图 2-4 可知，这里正是系统 ROM BIOS 存放的位置，并且 BIOS 会在这里存放一条跳转指令 JMP，跳转到 BIOS 代码中 64KB 范围内的某一条指令开始执行。由于目前 PC/AT 中 BIOS 容量大多有 1MB～2MB，并存储在闪存（Flash Memory）ROM 中，因此为了能够执行或访问 BIOS 中超过 64KB 范围而又远远不在 0～1MB 地址空间中的其他 BIOS 代码或数据，BIOS 程序会首先使用 32 位访问方式把数据段寄存器的访问范围设置成 4GB（而非原来的 64KB），这样 CPU 就可以在 0～4GB 范围内执行和操作数据。此后，BIOS 在执行了一些列硬件检测和初始化操作之后，就会把与原来 PC 兼容的 64KB BIOS 代码和数据复制到内存低端 1MB 末端的 64KB 处，然后跳转到这个地方并让 CPU 真正运行在实地址模式下，如图 2-5 所示。最后 BIOS 就会从硬盘或其他块设备把操作系统引导程序加载到内存 0x7c00 处，并跳转到这个地方继续执行引导程序。

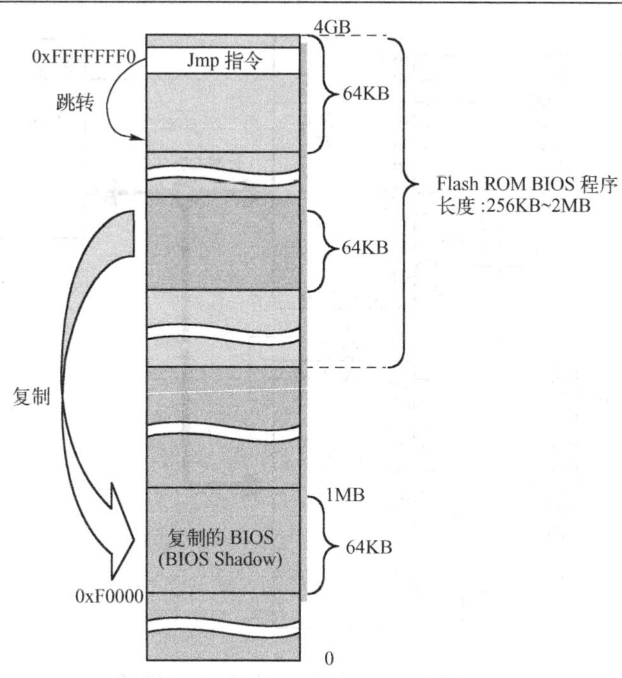

图 2-5　Flash ROM BIOS 位置和复制映射区域

2.3.3　CMOS 存储器

在 PC/AT 中，除需要使用内存和 ROM BIOS 以外，还使用只有很少存储容量的（只有 64B 或 128B）CMOS（Complementary Metal Oxide Semiconductor，互补金属氧化物半导体）存储器来存放计算机的实时时钟信息和系统硬件配置信息。这部分内存通常和实时时钟芯片（Real Time Chip）做在一块集成电路中。CMOS 内存的地址空间在基本内存地址空间之外，需要使用 I/O 指令来访问。

2.4　控制器和控制卡

2.4.1　中断控制器

IBM PC/AT 80x86 兼容机使用两片级联的 8259A 可编程中断控制芯片组成一个中断控制器，用于实现 I/O 设备的中断控制数据存取方式，并且能为 15 个设备提供独立的中断控制功能，如图 2-6 所示。在计算机刚开机初始化期间，ROM BIOS 会分别对两片 8259A 芯片进行初始化，并分别把 15 级中断优先级分配给时钟定时器、键盘、串行口、打印口、软盘控制、协处理器和硬盘等设备或控制器使用。同时在内存开始处 0x000～0xFFF 区域内建立一个中断向量表。但是由于这些设置违背了 Intel 公司的要求（后面章节将会详细说明），因此 Linux 操作系统在内核初始化期间又重新对 8259A 进行了设置。有关中断控制器工作原理和编程方法的详细说明请参见后续章节。

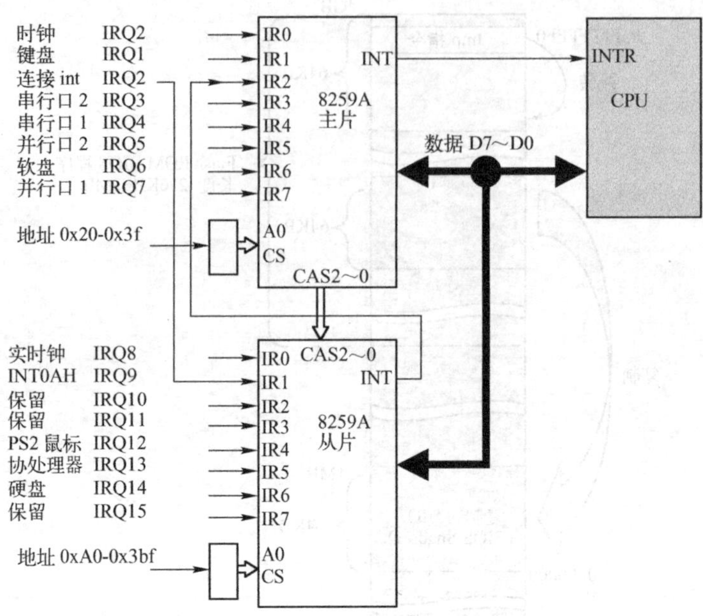

图 2-6 PC/AT 兼容机级联式 8259A 控制系统

当一台 PC 刚上电开机时，图 2-6 中的硬件中断请求号会被 ROM BIOS 设置成如表 2-2 所示的对应中断向量号。Linux 操作系统并不直接使用这些 PC 默认设置好的中断向量号。当 Linux 系统执行初始化操作时，它会重新设置中断请求号与中断向量号的对应关系。

表 2-2 开机时 ROM BIOS 设置的硬件请求处理中断号

中断请求号	BIOS 设置的中断号	用途	中断请求号	BIOS 设置的中断号	用途
IRQ0	0x08 （8）	8253 发出的 100Hz 时钟中断	IRQ8	0x70 （112）	实时钟中断
IRQ1	0x09 （9）	键盘中断	IRQ9	0x71 （113）	改向至 INT 0x0A
IRQ2	0x0A （10）	接连从芯片	IRQ10	0x72 （114）	保留
IRQ3	0x0B （11）	串行口 2	IRQ11	0x73 （115）	保留（网络接口）
IRQ4	0x0C （12）	串行口 1	IRQ12	0x74 （116）	PS/2 鼠标口中断
IRQ5	0x0D （13）	并行口 2	IRQ13	0x75 （117）	数学协处理器中断
IRQ6	0x0E （14）	软盘驱动器	IRQ14	0x76 （118）	硬盘中断
IRQ7	0x0F （15）	并行口 1	IRQ15	0x77 （119）	保留

2.4.2 DMA 控制器

如前所述，DMA 控制器的主要功能是通过让外部设备直接与内存传输数据来增强系统的性能。通常它由机器上的 Intel 8237 芯片或其兼容芯片实现。通过对 DMA 控制器进行编程，外设与内存之间的数据传输能在不受 CPU 控制的条件下进行。因此在数据传输期间，CPU 可以做其他事情。

在 PC/AT 中，使用了两片 8237 芯片，因此 DMA 控制器有 8 个独立的通道可使用。其中后 4 个是 16 位通道。软盘控制器被专门指定使用 DMA 通道 2。在使用一个通道之前必须首先对其设置。这牵涉对 3 个端口的操作，分别是页面寄存器端口、（偏移）地址寄存器端口和数据计数寄存器端口。由于 DMA 寄存器是 8 位的，而地址和计数值是 16 位值，因此各自需要发送两次。

2.4.3　定时/计数器

Intel 8253/8254 是一个可编程定时/计数器（Programmable Interval Timer，PIT）芯片，用于处理计算机中的精确时间延迟。该芯片提供了 3 个独立的 16 位计数器通道。每个通道可工作在不同的工作方式下，并且这些工作方式均可以使用软件来设置。在软件中进行延时的一种方法是执行循环操作语句，但这样做很耗 CPU 时间。若机器中采用了 8253/8254 芯片，那么程序员就可以配置 8253 以满足自己的要求并且使用其中一个计数器通道达到所期望的延时。在延时到后，8253/8254 将会向 CPU 发送一个中断信号。

对于 PC/AT 及其兼容机系统采用的是 8254 芯片。3 个定时/计数器通道被分别用于时钟计时中断信号、动态内存 DRAM 刷新定时电路和主机扬声器音调合成。Linux 0.12 操作系统只对通道 0 进行了重新设置，使得该计数器工作在方式 3 下，并且每间隔 10ms 发出一个信号以产生中断请求信号（IRQ0）。这个间隔定时产生的中断请求就是 Linux 0.12 内核工作的脉搏，它用于定时切换当前执行的任务和统计每个任务使用的系统资源量（时间）。

2.4.4　键盘控制器

我们现在使用的键盘是 IBM 公司于 1984 年研制的 PC/AT 的兼容键盘，通常称为 AT-PS/2 兼容键盘并具有 101～104 个按键。键盘上有一个称为键盘编码器的处理器（Intel 8048 或兼容芯片）专门用来扫描收集所有按键按下和松开的状态信息（即扫描码），并发送到主机主板上键盘控制器中。当一个键被按下时，键盘发送的扫描码称为接通扫描码（Make code），或简称为接通码；当一个被按下的键放开时发送的扫描码被称为断开扫描码（Break code），或简称为断开码。

主机键盘控制器专门用来对接收到的键盘扫描码进行解码，并把解码后的数据发送到操作系统的键盘数据队列中。因为每个按键的接通和断开码都是不同的，所以键盘控制器根据扫描码就可以确定用户在操作哪个键。整个键盘上所有按键的接通和断开码就组成了键盘的一个扫描码集（Scan Code Set）。根据计算机的发展，目前已有三套扫描码集可供使用。

- 第一套扫描码集：原始 XT 键盘扫描码集。目前的键盘已经很少发送这类扫描码。
- 第二套扫描码集：现代键盘默认使用的扫描码集，通常称为 AT 键盘扫描码集。
- 第三套扫描码集：PS/2 键盘扫描码集。原 IBM 推出 PS/2 微机时使用的扫描码集，已很少使用。

AT 键盘默认发送的是第二套扫描码集。虽然如此，主机键盘控制器为了与 PC/XT 的软件兼容，仍然会把所有接收到的第二套键盘扫描码转换成第一套扫描码，如图 2-7 所示。因此，我们在为键盘控制器进行编程时通常只需要了解第一套扫描码集即可。这也是后面涉及键盘编程内容时只给出 XT 键盘扫描码集的原因。

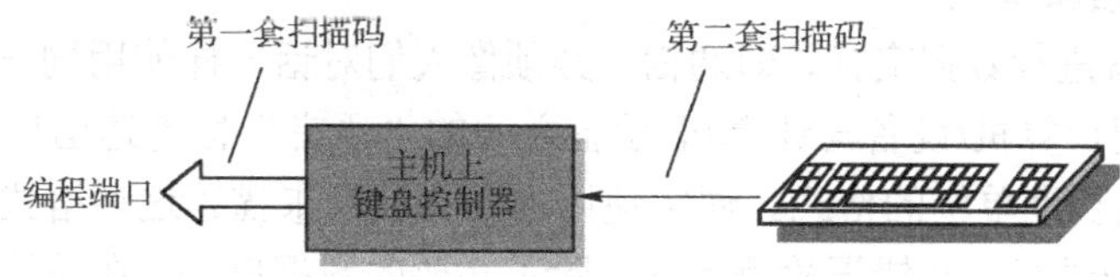

图 2-7　键盘控制器对扫描码集的转换

键盘控制器通常采用 Intel 8042 单片微处理器芯片或其兼容电路。现在的 PC 都已经将键盘控制器集成在主板芯片组中，但是功能仍然与使用 8042 芯片的控制器相兼容。键盘控制器接收键盘发送来的 11 位串行格式数据。其中第 1 位是起始位，第 2～9 位是 8 位键盘扫描码，第 10 位是奇校验位，第 11 位是停止位。参见下节对串行控制卡的说明。键盘控制器在收到 11 位的串行数据后就将键盘扫描码转换成 PC/XT 标准键盘兼容的系统扫描码，然后通过中断控制器 IRQ1 引脚向 CPU 发送中断请求。当 CPU 响应该中断请求后，就会调用键盘中断处理程序来读取控制器中的 XT 键盘扫描码。

当一个键被按下时，我们可以从键盘控制器端口接收到一个 XT 键盘接通码。这个扫描码仅表示键盘上某个位置处的键被按下，但还没有对应到某个字符代码上。接通码的宽度通常都是 1B。例如，按下键“A”的接通码是 30（0x1E)。当一个按下的键被松开时，从键盘控制器端口收到的就是一个断开码。对于 XT 键盘（即键盘控制器编程端口收到的扫描码)，断开码是其接通码加上 0x80，即最高有效位（位 7）置位时的接通码。例如，上述“A”键的断开码就是 0x80 + 0x1E = 0x9E。

但是对于那些 PC/XT 标准 83 键键盘以后新添加的（“扩展的”）AT 键盘上的按键（如右边的 Ctrl 键和右边的 Alt 键等)，则其接通和断开扫描码通常有 2～4B，并且第 1 个字节一定是 0xE0。例如，按下左边的非扩展 Ctrl 键时会产生 1B 接通码 0x1D，而按下右边的 Ctrl 键时就会产生扩展的 2B 接通码 0xE0、0x1D。对应的断开码是 0xE0、0x9D。表 2-3 中是几个接通和断开扫描码的例子。另外，附录中还给出了完整的第一套扫描码集。

表 2-3　键盘控制器编程端口接收到的第一套扫描码集接通和断开扫描码示例

按键	接通扫描码	断开扫描码	说明
A	0x1E	0x9E	非扩展的普通键
9	0x0A	0x8A	非扩展的普通键
功能键 F9	0x43	0xC3	非扩展的普通键
方向键向右键	0xe0, 0x4D	0xe0, 0xCD	扩展键
右 Ctrl 键	0xe0, 0x1D	0xe0, 0x9D	扩展键
左 Shift 键 + G 键	0x2A, 0x22	0xAA, 0xA2	先按并且后释放 Shift 键

另外，键盘控制器 8042 的输出端口 P2 用于其他目的。其 P20 引脚用于实现 CPU 的复位操作，P21 引脚用于控制 A20 信号线的开启与否。当该输出端口位 1（P21）为 1 时就开启（选通）了 A20 信号线，为 0 则禁止 A20 信号线。现今的主板上已经不再包括独立的 8042 芯片了，但是主板上其他集成电路会为兼容目的而模拟 8042 芯片的功能。因此现在键盘的编程仍然采用 8042 的编程方法。

2.4.5　串行控制卡

1. 异步串行通信原理

两台计算机/设备进行数据交换，即通信，必须像人们对话一样使用同一种语言。在计算机通信术语中，我们把计算机/设备与计算机/设备之间的“语言”称为通信协议。通信协议规定了传送一个有效数据长度单位的格式。通常使用术语“帧”来描述这种格式。为了能让通信双方确定收/发的顺序和进行一些错误检测操作，除了必要的数据以外，在传输的 1 帧信息中还包含起始同步和错误检测作用的其他信息。例如，在开始传输数据信息之前先发送起始同步或通信控制信息，并且在发送完需要的数据信息之后再传输一些校验信息等，如图 2-8 所示。

起始同步信息 | 传输的实际数据 | 校验等信息

图 2-8　通信帧的一般结构

串行通信是指在线路上以位数据流一次一个位进行传输的通信方式。串行通信可分为异步和同步串行通信两种类型。它们之间的主要区别在于传输时同步的通信单位或帧的长度不同。异步串行通信以一个字符作为一个通信单位或一帧进行传输，而同步串行通信则以多个字符或字节组成的序列作为一帧数据进行传输。若再以人们之间的对话作比喻，那么异步通信如同对话双方讲话速度很慢，说话时一个字（Word）一个字地“蹦”出来，在说出每个字后可以停顿任意长时间。而同步通信则如同通信双方以连贯的一句话作为对话单位。可以看出，实际上如果我们把传输单位缩小到一个位时（对话时用字母），那么以一个字符进行传输的异步串行通信也可以看做一种同步传输通信方式。因此异步和同步通信的区分主要是一种习惯或惯例上的划分。

2．异步串行传输格式

异步串行通信传输的帧格式如图 2-9 所示。传输一个字符由起始位、数据位、奇偶校验位和停止位构成。其中起始位起同步作用，值恒为 0。数据位是传输的实际数据，即一个字符的代码。其长度可以是 5～8 位。奇偶校验位可有可无，由程序设定。停止位恒为 1，可由程序设定为 1、1.5 或 2 个位。在通信之前，双方必须设置成相同的格式。例如，具有相同数量的数据位和停止位。在异步通信规范中，把传送 1 称为传号（MARK），传送 0 称为空号（SPACE）。因此在下面的描述中，我们就使用这两个术语。

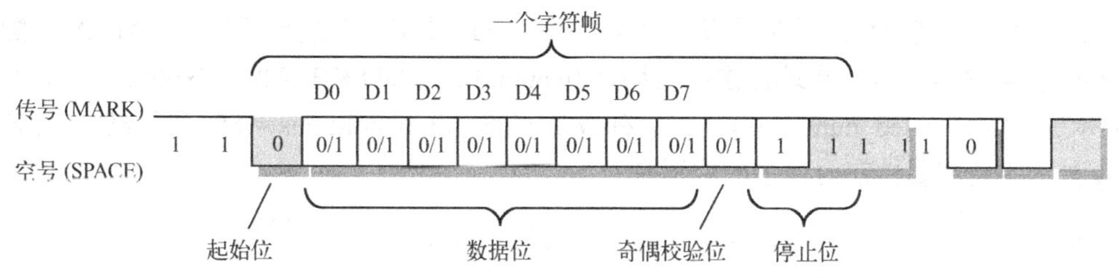

图 2-9　异步串行通信字符传输格式

当无数据传输时，发送方处于传号（MARK）状态，持续发送 1。若需要发送数据，则发送方需要首先发送一个位间隔时间的空号起始位。接收方收到空号后，就开始与发送方同步，然后接收随后的数据。若程序中设置了奇偶校验位，那么在数据传输完之后还需要接收奇偶校验位。最后是停止位。在一个字符帧发送完后可以立刻发送下一个字符帧，也可以暂时发送传号，等一会儿再发送字符帧。

在接收一个字符帧时，接收方可能会检测到下列 3 种错误之一：①奇偶校验错误。此时程序应该要求对方重新发送该字符；②过速错误。由于程序取字符速度慢于接收速度，就会发生这种错误。此时应该修改程序加快取字符频率；③帧格式错误。在要求接收的格式信息不正确时会发生这种错误。例如，在应该收到停止位时却收到了空号。通常，造成这种错误的情况除了线路干扰以外，很可能是通信双方的帧格式设置的不同。

3. 串行控制器

为实现串行通信，PC 上通常都带有 2 个符合 RS-232C 标准的串行接口，并使用通用异步接收发送设备（Universal Asyncronous Receiver/Transmitter，UART）处理串行数据的收发工作。PC 上的串行接口通常使用 25 芯或 9 芯的 DB-25 或 DB-9 连接器，主要用来连接 MODEM 设备进行工作，因此 RS-232C 标准规定了很多 MODEM 专用接口引线。

以前的 PC 都使用国家半导体公司的 NS8250 或 NS16450 UART 芯片，现在的 PC 则使用了 16650A 及其兼容芯片，但都与 NS8250/16450 芯片兼容。NS8250/16450 与 16650A 芯片的主要区别在于 16650A 芯片还另外支持 FIFO 传输方式。在这种方式下，UART 可以在接收或发送了最多 16 个字符后才引发一次中断，从而可以减轻系统和 CPU 的负担。当 PC 上电启动时，系统 RESET 信号通过 NS8250 的 MR 引脚使得 UART 内部寄存器和控制逻辑复位。此后若要使用 UART 就需要对其进行初始化编程操作，以设置 UART 的工作波特率、数据位数以及工作方式等。

2.4.6 显示控制

IBM PC/AT 及其兼容机可以使用彩色和单色显示卡。IBM 最早推出的 PC 视频系统标准有单色 MDA 标准和彩色 CGA 标准以及 EGA 和 VGA 标准。以后推出的所有高级显示卡（包括现在的 AGP 显示卡）虽然都具有极高的图形处理速度和智能加速处理功能，但它们还是都支持这几种最初的标准。Linux 0.1x 操作系统仅使用了这几种标准都支持的文本显示方式。

1. MDA 显示标准

单色显示适配器（Monochrome Display Adapter，MDA）仅支持黑白两色显示。并且只支持独有的文本字符显示方式（BIOS 显示方式 7）。其屏幕显示规格是 80 列×25 行（列号 x=0～79；行号 y = 0～24），共可显示 2000 个字符。每个字符还带有 1 个属性字节，因此显示 1 屏（1 帧）内容需要占 4KB。其中偶地址字节存放字符代码，奇地址字节存放显示属性。MDA 卡配置有 8KB 显示内存。在 PC 内存寻址范围中占用从 0xb0000 开始的 8KB 空间（0xb0000～0xb2000）。如果显示屏行数是 video_num_lines = 25；列数是 video_num_columns = 80，那么位于屏幕列行值 x、y 处的字符和属性在内存中的位置是：

```
字符字节位置 = 0xb0000 + video_num_columns×2×y + x×2;
属性字节位置 = 字符字节位置 + 1;
```

在 MDA 单色文本显示方式中，每个字符的属性字节格式见表 2-4。其中，D7 置 1 会使字符闪烁；D3 置 1 使字符高亮度显示。它与图 2-10 中的彩色文本字符的属性字节基本一致，但只有两种颜色：白色（0x111）和黑色（0x000）。它们的组合效果也列在了表 2-4 中。

表 2-4　单色显示字符属性字节设置

背景色 D6D5D4	前景色 D2D1D0	属性值无闪低亮	显示效果
0 0 0	0 0 0	0x00	字符不可见
0 0 0	1 1 1	0x07	黑色背景上显示白色字符（正常显示）
0 0 0	0 0 1	0x01	黑色背景上显示白色带下划线字符
1 1 1	0 0 0	0x70	白色背景上显示黑色字符（反显）
1 1 1	1 1 1	0x77	显示白色方块

2．CGA 显示标准

彩色图形适配器（Color Graphics Adapter，CGA）支持 7 种彩色和图形显示方式（BIOS 显示方式 0～6）。在 80 列×25 行的文本字符显示方式下，有单色和 16 色两种显示方式（BIOS 显示方式 2～3）。CGA 卡标配有 16KB 显示内存（占用内存地址范围 0xb8000～0xbc000），因此其中共可存放 4 帧显示信息。同样，在每一帧 4KB 显示内存中，偶地址字节存放字符代码，奇地址字节存放字符显示属性。但在 console.c 程序中只使用了其中 8KB 显示内存（0xb8000～0xba000）。在 CGA 彩色文本显示方式中，每个显示字符的属性字节格式定义如图 2-10 所示。

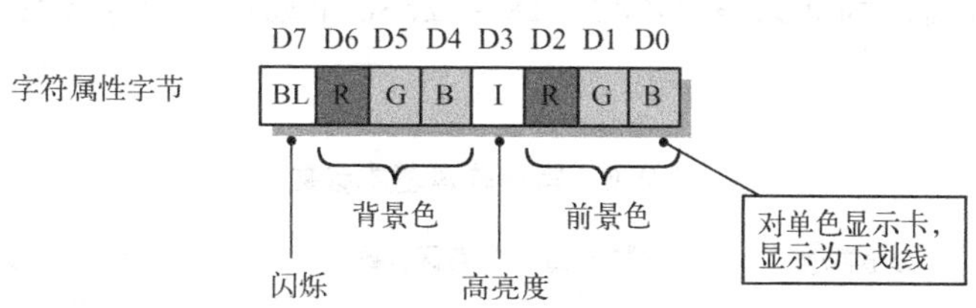

图 2-10　字符属性格式定义

与单色显示一样，图中 D7 置 1 用于让显示字符闪烁；D3 置 1 让字符高亮度显示；位 D6、D5、D4 和 D2、D1、D0 可以分别组合出 8 种颜色。前景色与高亮度位组合可以显示另外 8 种字符颜色。这些组合的颜色见表 2-5。

表 2-5　前景色和背景色（左半部分）

IRGB	值	颜色名称	IRGB	值	颜色名称
0000	0x00	黑色（Black）	1000	0x08	深灰（Dark grey）
0001	0x01	蓝色（Blue）	1001	0x09	淡蓝（Light blue）
0010	0x02	绿色（Green）	1010	0x0a	淡绿（Light green）
0011	0x03	青色（Cyan）	1011	0x0b	淡青（Light cyan）
0100	0x04	红色（Red）	1100	0x0c	淡红（Light red）
0101	0x05	品红（Magenta）	1101	0x0d	淡品红（Light magenta）
0110	0x05	棕色（Brown）	1110	0x0e	黄色（Yellow）
0111	0x07	灰白（Light grey）	1111	0x0f	白色（White）

3．EGA/VGA 显示标准

增强型图形适配器（Enhanced Graphics Adapter，EGA）和视频图形阵列（Video Graphics Adapter，VGA）除兼容或支持 MDA 和 CGA 的显示方式以外，还支持其他在图形显示方面的增强显示方式。在与 MDA 和 CGA 兼容的显示方式下，占用的内存地址起始位置和范围都分别相同。但 EGA/VGA 都标配有起码 32KB 的显示内存。在图形方式下占用从 0xa0000 开始的物理内存地址空间。

2.4.7　软盘和硬盘控制器

PC 的软盘控制子系统由软盘片和软盘驱动器组成。由于软盘可以存储程序和数据并且携带方便，因此长期以来软盘驱动器是 PC 上的标准配置设备之一。 硬盘也是由盘片和驱动器组成，但是通常硬盘的金属盘片固定在驱动器中，不可拆卸。由于硬盘具有很大的存储容量，并且读写速度很快，因此它是 PC 中容量最大的外部存储设备，通常也称为外存。软盘和硬盘都是利用磁性介质保存信息，具有类似的存储工作方式。

在盘片上存储数据的基本方式是利用盘片表面上的一层磁性介质在磁化后的剩磁状态。软盘通常使用聚酯薄膜作基片，而硬盘片则通常使用金属铝合金作基片。一张软盘中含有一张聚酯薄膜圆盘片，使用上下两个磁头在盘片两面读写数据，盘片旋转速率大约为 300r/min。对于一个容量为 1.44MB 的软盘，其盘片两面各被划成 80 个磁道，每个磁道可存储 18 个扇区的数据，因此共有 2×80×18 = 2880 个扇区。表 2-6 给出了几种常用类型软盘的基本参数。

表 2-6 常用软盘基本参数

盘类型和容量	磁道数/面	扇区数/磁道	扇区总数	转速/(r/min)	数据传输速率/(Kbit/s)
5¼英寸 360KB	40	9	720	300	250
3½英寸 720KB	80	9	1440	360	250
5¼英寸 1.2MB	80	15	2400	360	500
3½英寸 1.44MB	80	18	2880	360	500
3½英寸 2.88MB	80	36	5760	360	1000

硬盘中通常至少包括 2 张或者更多张金属盘片，因此具有两个以上的读写磁头。例如，对于包含 2 个盘片的硬盘中就具有 4 个物理磁头（见图 2-11），含有 4 个盘片的硬盘中有 8 个读写磁头。硬盘的转速很快，通常在 4500～10000r/min，因此硬盘数据的传输速率通常可达几十兆位/秒。

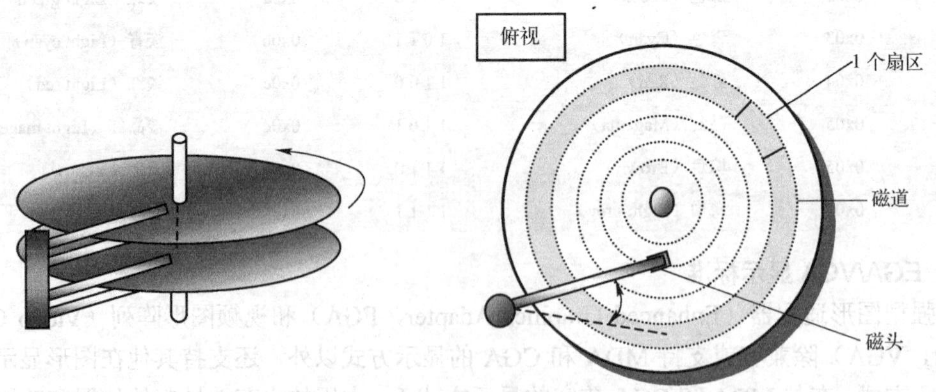

图 2-11 具有 2 张盘片的典型硬盘内部结构

位于磁盘表面的磁头上分别有一个读线圈和写线圈。在读数据操作过程中，磁头首先移动到旋转的磁盘的某个位置上。由于磁盘在旋转，磁介质相对磁头做匀速运动，因此磁头实际上在切割磁介质上的磁力线，从而在读线圈中产生感应电流。根据磁盘表面剩磁状态方向的不同，在线圈中感应产生的电流方向也不同，因此磁盘上记录着的 0 和 1 数据就被读出，从而可从磁盘上顺序读出位数据流。由于磁头读取的每个磁道上都有存放信息的特定格式，因此通过识别所读位数据流中的格式，磁盘电路就可以区分并读取磁道上各扇区中的数据，如图 2-12 所示。其中，GAP 是间隔字段，用于起隔离作用。通常 GAP 是 12 字节的 0。每个扇区地址场的地址字段存放着相关扇区的柱面号、磁头号（面号）和扇区号，因此通过读取地址场中的地址信息就可以唯一地确定一个扇区。

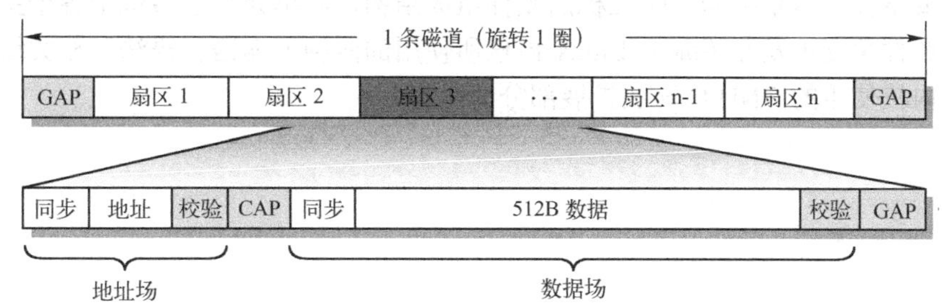

图 2-12　盘片磁道格式示意图

为了读写磁盘（软盘和硬盘）上的数据，就必须使用磁盘控制器。磁盘控制器是 CPU 与驱动器之间的逻辑接口电路，它从 CPU 接收请求命令，向驱动器发送寻道、读/写和控制信号，并且控制和转换数据流形式。控制器与驱动器之间传输的数据包括图中的扇区地址信息以及定时和时钟信息。控制器必须从实际读/写数据中分离出这些地址信息和一些编码、解码等控制信息。另外，与驱动器之间的数据传输是串行位数据流，因此控制器需要在并行字节数据和串行位流数据之间进行转换。

PC/AT 中软盘驱动控制器（Floppy Disk Controller，FDC）采用的是 NEC μPD765 或其兼容芯片。它主要用于接收 CPU 发出的命令，并根据命令要求向驱动器输出各种硬件控制信号，如图 2-13 所示。在执行读/写操作时，它需要完成数据的转换（串-并）、编码和校验操作，并且时刻监视驱动器的运行状态。

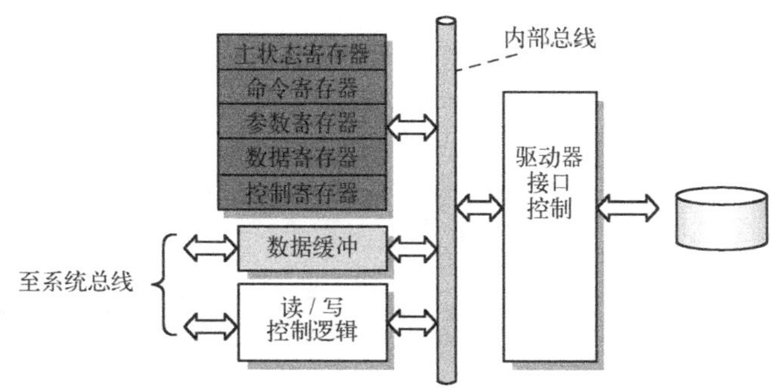

图 2-13　磁盘控制器内部示意图

对磁盘控制器的编程过程就是通过 I/O 端口设置控制器中的相关寄存器内容，并通过寄存器获取操作的结果信息。至于扇区数据的传输，软盘控制器与 PC/AT 硬盘控制器不同。软盘控制器电路采用 DMA 信号，因此需要使用 DMA 控制器实施数据传输。而 AT 硬盘控制器采用高速数据块进行传输，不需要 DMA 控制器的介入。

由于软盘片容量小，存取速度慢，而且比较容易损坏（发霉或划伤），因此目前计算机中已经很少配置软盘驱动器，取而代之的是容量较大并且更容易携带的 U 盘。

2.5 本章小结

硬件是操作系统运行的基础平台。了解操作系统运行的硬件环境是深入理解运行其上的操作系统的必要条件。本章根据传统微机的硬件组成结构，简单介绍了微机中各个主要部分。下一章我们从软件角度出发介绍编制 Linux 内核所使用的两种汇编语言语法和相关编译器，同时也介绍编制内核使用的 GNU C 语法扩展部分的内容

第 3 章　内核编程语言和环境

语言编译过程就是把人类能理解的高级语言转换成计算机硬件能理解和执行的二进制机器指令的过程。这种转换过程通常会产生一些效率不是很高的代码，所以对一些运行效率要求高或性能影响较大的部分代码通常就会直接使用汇编语言来编写，或者对高级语言编译产生的汇编程序再进行人工修改优化处理。本章主要描述 Linux 0.12 内核中使用的编程语言、目标文件格式和编译环境，主要目标是提供阅读 Linux 0.12 内核源代码所需要的汇编语言和 GNU C 语言扩展知识。首先比较详细地介绍了 as86 和 GNU as 汇编程序的语法和使用方法，然后对 GNU C 语言中的内联汇编、语句表达式、寄存器变量以及内联函数等内核源代码中常用的 C 语言扩展内容进行了介绍，同时详细描述了 C 和汇编函数之间的相互调用机制。因为理解目标文件格式是了解汇编器如何工作的重要前提之一，所以在介绍两种汇编语言时会首先简单介绍一下目标文件的基本格式，并在本章稍后部分再比较详细地给出 Linux 0.12 系统中使用的 a.out 目标文件格式。最后简单描述了 Makefile 文件的使用方法。

本章内容是阅读 Linux 内核源代码时的参考信息。因此可以先大致浏览一下本章内容，然后阅读随后章节，在遇到问题时再回过头来参考本章内容。

3.1 as86 汇编器

在 Linux 0.1x 系统中使用了两种汇编器（Assembler）。一种是能产生 16 位代码的 as86 汇编器，使用配套的 ld86 链接器；另一种是 GNU 的汇编器 gas（as），使用 GNU ld 链接器来链接产生的目标文件。这里我们首先说明 as86 汇编器的使用方法，as 汇编器的使用方法放在下一节中进行说明。

as86 和 ld86 是由 MINIX-386 的主要开发者之一 Bruce Evans 编写的 Intel 8086、80386 汇编编译程序和链接程序。在刚开始开发 Linux 内核时 Linus 就已经把它移植到了 Linux 系统上。它虽然可以为 80386 处理器编制 32 位代码，但是 Linux 系统仅用它来创建 16 位的启动引导扇区程序 boot/bootsect.s 和实模式下初始设置程序 boot/setup.s 的二进制执行代码。该编译器快速小巧，并具有一些 GNU gas 没有的特性，例如宏以及更多的错误检测手段。不过该编译器的语法与 GNU as 汇编编译器的语法不兼容，而更近似于微软的 MASM、Borland 公司的 Turbo ASM 和 NASM 等汇编器的语法。这些汇编器都使用了 Intel 的汇编语言语法（如操作数的次序与 GNU as 的相反等）。

as86 的语法是基于 MINIX 系统的汇编语言语法，而 MINIX 系统的汇编语法则是基于 PC/IX 系统的汇编器语法。PC/IX 是很早以前在 Intel 8086 CPU 上运行的一个类 UNIX 操作系统，Tanenbaum 就是在 PC/IX 系统上进行 MINIX 系统开发工作的。

Bruce Evans 是 MINIX 操作系统 32 位版本的主要修改编制者之一，他与 Linux 的创始人 Linus Torvalds 是好友。在 Linux 内核开发初期，Linus 从 Bruce Evans 那里学到了不少有关类 UNIX 操作系统的知识。MINIX 操作系统的不足之处也是两个好朋友探讨得出的结果。MINIX 的这些缺点正是激发 Linus 在 Intel 80386 体系结构上开发一个全新概念操作系统的主要动力之一。

Linus 曾经说过："Bruce 是我的英雄"，因此我们可以说 Linux 操作系统的诞生与 Bruce Evans 也有着密切的关系。

有关这个编译器和链接器的源代码可以从 FTP 服务器 ftp.funet.fi 上或从网站 www.oldlinux.org 下载。现代 Linux 系统上可以直接安装包含 as86/ld86 的 RPM 软件包，如 dev86-0.16.3-8.i386.rpm。由于 Linux 系统仅使用 as86 和 ld86 编译和链接上面提到的两个 16 位汇编程序 bootsect.S 和 setup.s，因此这里仅介绍这两个程序中用到的一些汇编程序语法和汇编命令（汇编指示符）的作用和用途。

3.1.1 as86 汇编语言语法

汇编器专门用来把低级汇编语言程序编译成含机器码的二进制程序或目标文件。汇编器会把输入的一个汇编语言程序（如 srcfile）编译成目标文件（objfile）。汇编的命令行基本格式是：

```
as [选项] -o objfile srcfile
```

其中，选项用来控制编译过程以产生指定格式和设置的目标文件。输入的汇编语言程序 srcfile 是一个文本文件。该文件内容必须是由换行字符结尾的一系列文本行组成。虽然 GNU as 可使用分号在一行上包含多个语句，但通常在编制汇编语言程序时每行只包含一条语句。

语句可以是只包含空格、制表符和换行符的空行，也可以是赋值语句（或定义语句）、伪操作符语句和机器指令语句。赋值语句用于给一个符号或标识符赋值。它由标识符后跟一个等于号，再跟一个表达式组成，如"BOOTSEG = 0x07C0"。伪操作符语句是汇编器使用的指示符，它通常并不会产生任何代码。它由伪操作码和 0 个或多个操作数组成。每个操作码都由一个点字符"."开始。点字符"."本身是一个特殊的符号，它表示编译过程中的位置计数器。其值是点符号出现处机器指令第 1 个字节的地址。

机器指令语句是可执行机器指令的助记符，它由操作码和 0 个或多个操作数构成。另外，任何语句之前都可以有标号。标号是由一个标识符后跟一个冒号":"组成。在编译过程中，当汇编器遇到一个标号，那么当前位置计数器的值就会赋值给这个标号。因此一条汇编语句通常由标号（可选）、指令助记符（指令名）和操作数 3 个字段组成，标号位于一条指令的第 1 个字段。它代表其所在位置的地址，通常指明一个跳转指令的目标位置。最后还可以跟随用注释符开始的注释部分。

汇编器编译产生的目标文件 objfile 通常至少包含 3 个段或区⊖（section），即正文段（.text）、数据段（.data）和未初始化数据段（.bss）。正文段（或称为代码段）是一个已初始化过的段，通常其中包含程序的执行代码和只读数据。数据段也是一个已初始化过的段，其中包含可读/写的数据。而未初始化数据段是一个未初始化的段。通常汇编器产生的输出目标文件中不会为该段保留空间，但在目标文件链接成执行程序被加载时操作系统会把该段的内容全部初始化为 0。在编译过程中，汇编语言程序中会产生代码或数据的语句，都会在这 3 个中的一个段中生成

⊖有关目标文件中术语"section"对应的中文名称有多种。在 UNIX 操作系统早期阶段，该术语在目标文件中均称为"segment"。这是因为早期目标文件中的段可以直接对应到计算机处理器中段的概念上。但是由于现在目标文件中的段的概念已经与处理器中的段寄存器没有直接对应关系，并且容易把这两者混淆起来，因此现在英文文献中均使用"section"取代目标文件中的"segment"命名。这也可以从 GNU 使用手册的各个版本变迁中观察到。section 的中文译法有"段"、"区"、"节"、"部分"和"区域"等几种。本书在不至于混淆处理器段概念的前提下会根据所述内容把"section"称为"段"、"区"或"部分"，但主要采用"区"这个名称。

代码或数据。编译产生的字节会从“.text”段开始存放。我们可以使用段控制伪操作符来更改写入的段。目标文件格式将在后面“Linux 0.12 目标文件格式”一节中详细说明。

3.1.2　as86 汇编语言程序

下面以一个简单的框架示例程序 boot.s 来说明 as86 汇编程序的结构以及程序中语句的语法，然后给出编译链接和运行方法，最后分别列出 as86 和 ld86 的使用方法和编制选项。示例程序如下：

```
 1 !
 2 ! boot.s -- bootsect.S 的框架程序。用代码 0x07 替换串 msg1 中 1 字符，然后在屏幕第 1 行上显示。
 3 !
 4 .globl begtext,begdata,begbss,endtext,enddata,endbss  ! 全局标识符，供 ld86 链接使用。
 5 .text                                ! 正文段。
 6 begtext:
 7 .data                                ! 数据段。
 8 begdata:
 9 .bss                                 ! 未初始化数据段。
10 begbss:
11 .text                                ! 正文段。
12 BOOTSEG = 0x07c0                     ! BIOS 加载 bootsect 代码的原始段地址。
13
14 entry start                          ! 告知链接程序，程序从 start 标号处开始执行。
15 start:
16         jmpi    go,BOOTSEG           ! 段间跳转。BOOTSEG 指出跳转段地址，标号 go 是偏移地址。
17 go:     mov     ax,cs                ! 段寄存器 cs 值-->ax，用于初始化数据段寄存器 ds 和 es。
18         mov     ds,ax
19         mov     es,ax
20         mov     [msg1+17],ah            ! 0x07-->替换字符串中 1 个点符号，喇叭将会鸣一声。
21         mov     cx,#20               ! 共显示 20 个字符，包括回车换行符。
22         mov     dx,#0x1004           ! 字符串将显示在屏幕第 17 行、第 5 列处。
23         mov     bx,#0x000c           ! 字符显示属性（红色）。
24         mov     bp,#msg1             ! 指向要显示的字符串（中断调用要求）。
25         mov     ax,#0x1301           ! 写字符串并移动光标到串结尾处。
26         int     0x10                 ! BIOS 中断调用 0x10，功能 0x13，子功能 01。
27 loop0:  jmp     loop0                ! 死循环。
28 msg1:   .ascii  "Loading system ..."! 调用 BIOS 中断显示的信息。共 20 个 ASCII 码字符。
29         .byte 13,10
30 .org 510                             ! 表示以后语句从地址 510（0x1FE）开始存放。
31         .word 0xAA55                 ! 有效引导扇区标志，供 BIOS 加载引导扇区使用。
32 .text
33 endtext:
34 .data
35 enddata:
36 .bss
37 endbss:
```

这个示例是 bootsect.S 的一个框架程序，能编译生成引导扇区代码。其中为了说明某些语句的使用方法，特意加入了无意义的第 20 行语句。

我们首先介绍该程序的功能，然后详细说明各语句的作用。该程序是一个简单的引导扇区启动程序。编译链接产生的执行程序可以放入软盘第 1 个扇区直接用来引导计算机启动。启动后会在屏幕第 17 行第 5 列处显示出红色字符串“Loading system…”，并且光标下移一行。然后程序就在第 27 行上死循环。

该程序开始的 3 行是注释语句。在 as86 汇编语言程序中，凡是以感叹号“!”或分号“;”开始的语句其后面均为注释文字。注释语句可以放在任何语句的后面，也可以从一个新行开始。

第 4 行上的“.globl”是汇编指示符（或称为汇编伪指令、伪操作符）。汇编指示符均以一个字符“.”开始，并且不会在编译时产生任何代码。汇编指示符由一个伪操作码，后跟 0 个或多个操作数组成。例如第 4 行上的“globl”是一个伪操作码，而其后面的“begtext, begdata, begbss”等标号就是它的操作数。标号是后面带冒号的标识符，如第 6 行上的 begtext:。但是在引用一个标号时无须带冒号。

通常，各汇编器都支持很多不同的伪操作符，但是下面仅说明 Linux 系统 bootsect.S 和 setup.s 汇编语言程序用到的和一些常用的 as86 伪操作符。

.globl 伪操作符用于定义随后的标号标识符是外部的或全局的，并且即使不使用也强制引入。

第 5 行～11 行上除定义了 3 个标号外，还定义了 3 个伪操作符：.text、.data、.bss。它们分别对应汇编程序编译产生目标文件中的 3 个段，即正文段、数据段和未初始化数据段。.text 用于标识正文段的开始位置，并把当前段切换到 text 段；.data 用于标识数据段的开始位置，并把当前段切换到 data 段；而.bss 则用于标识一个未初始化数据段的开始，并把当前段改变成 bss 段。因此行 5～11 用于在每个段中定义一个标号，最后再切换到 text 段开始编写随后的代码。这里把 3 个段都定义在同一重叠地址范围中，因此本示例程序实际上不分段。

第 12 行定义了一个赋值语句“BOOTSEG = 0x07c0”。等号“=”（或符号 EQU）用于定义标识符 BOOTSEG 所代表的值，因此这个标识符可称为符号常量。这个值与 C 语言中的写法一样，可以使用十进制、八进制和十六进制。

第 14 行上的标识符 entry 是保留关键字，用于迫使链接器 ld86 在生成的可执行文件中包括进其后指定的标号 start。通常在链接多个目标文件生成一个可执行文件时应该在其中一个汇编程序中用关键词 entry 指定一个入口标号，以便调试。但是在我们这个示例中以及 Linux 内核 boot/bootsect.S 和 boot/setup.s 汇编程序中完全可以省略这个关键词，因为我们并不希望在生成的纯二进制执行文件中包括任何符号信息。

第 16 行上是一个段间（Inter-segment）远跳转语句，就跳转到下一条指令。由于当 BIOS 把程序加载到物理内存 0x7c00 处并跳转到该处时，所有段寄存器（包括 CS）默认值均为 0，即此时 CS:IP=0x0000:0x7c00。因此这里使用段间跳转语句就是为了给 CS 赋段值 0x7c0。该语句执行后 CS:IP = 0x07C0:0x0005。随后的两条语句分别给 DS 和 ES 段寄存器赋值，让它们都指向 0x7c0 段。这样便于对程序中的数据（字符串）进行寻址。

第 20 行上的 MOV 指令用于把 ah 寄存器中 0x7c0 段值的高字节（0x07）存放到内存中字符串 msg1 最后一个“.”位置处。这个字符将导致 BIOS 中断在显示字符串时鸣叫一声。使用这条语句主要是为了说明间接操作数的用法。在 as86 中，间接操作数需要使用方括号对。另外一些寻址方式如下：

```
! 直接寄存器寻址。跳转到 bx 值指定的地址处，即把 bx 的值复制到 IP 中。
    mov     bx,ax
    jmp     bx
! 间接寄存器寻址。bx 值指定内存位置处的内容作为跳转的地址。
    mov     [bx],ax
    jmp     [bx]
! 把立即数 1234 放到 ax 中。把 msg1 地址值放到 ax 中。
```

```
    mov      ax,#1234
    mov      ax,#msg1
! 绝对寻址。把内存地址 1234（msg1）处的内容放入 ax 中。
    mov      ax,1234
    mov      ax,msg1
    mov      ax,[msg1]
! 索引寻址。把第 2 个操作数所指内存位置处的值放入 ax 中。
    mov      ax,msg1[bx]
    mov      ax,mgs1[bx*4+si]
```

第 21～25 行的语句分别用于把立即数放到相应的寄存器中。立即数前一定要加井号“#”，否则将作为内存地址使用而使语句变成绝对寻址语句，见上面示例。另外，把一个标号（如 msg1）的地址值放入寄存器中时也一定要在前面加“#”，否则会变成把 msg1 地址处的内容放到寄存器中。

第 26 行是 BIOS 屏幕显示中断调用 int 0x10。这里使用其功能 19、子功能 1。该中断的作用是把一字符串（msg1）写到屏幕指定位置处。寄存器 cx 中是字符串长度值，dx 中是显示位置值，bx 中是显示使用的字符属性，es:bp 指向字符串。

第 27 行是一个跳转语句，跳转到当前指令处。因此这是一个死循环语句。这里采用死循环语句是为了让显示的内容能够停留在屏幕上而不被删除。死循环语句是调试汇编程序时常用的方法。

第 28～29 行定义了字符串 msg1。定义字符串需要使用伪操作符.ascii，并且需要使用双引号括住字符串。伪操作符.asciiz 还会自动在字符串后添加一个 NULL（0）字符。另外，第 29 行上定义了回车和换行（13,10）两个字符。定义字符需要使用伪操作符.byte，并且需要使用单引号把字符括住，如“'D'”。当然我们也可以像示例中一样直接写出字符的 ASCII 码。

第 30 行上的伪操作符语句.org 定义了当前汇编的位置。这条语句会把汇编器编译过程中当前段的位置计数器值调整为该伪操作符语句上给出的值。对于本示例程序，该语句把位置计数器设置为 510，并在此处（第 31 行）放置了有效引导扇区标志字 0xAA55。伪操作符.word 用于在当前位置定义一个双字节内存对象（变量），其后可以是一个数或者是一个表达式。由于后面没有代码或数据了，因此我们可以据此确定 boot.s 编译出来的执行程序应该正好为 512B。

第 32～37 行又在 3 个段中分别放置了 3 个标号。分别用来表示 3 个段的结束位置。这样设置可以用来在链接多个目标模块时区分各个模块中各段的开始和结束位置。由于内核中的 bootsect.S 和 setup.s 程序都是单独编译链接的程序，各自期望生成的都是纯二进制文件而并没有与其他目标模块文件进行链接，因此示例程序中声明各个段的伪操作符（.text、.data 和.bss）都完全可以省略，即把程序中第 4～11 行和 32～37 行全部删除也能编译链接产生出正确的结果。

3.1.3　as86 汇编语言程序的编译和链接

现在我们说明如何编译链接示例程序 boot.s 来生成我们需要的引导扇区程序 boot。编译和链接上面示例程序需要执行以下前两条命令：

```
[/root]# as86 -0 -a -o boot.o boot.s              // 编译。生成与 as 部分兼容的目标文件。
[/root]# ld86 -0 -s -o boot boot.o                // 链接。去掉符号信息。
[/root]# ls -l boot*
-rwx--x--x   1 root     root        544 May 17 00:44 boot
-rw-------   1 root     root        249 May 17 00:43 boot.o
-rw-------   1 root     root        767 May 16 23:27 boot.s
```

```
[/root]# dd bs=32 if=boot of=/dev/fd0 skip=1       // 写入软盘或 Image 盘文件中。
16+0 records in
16+0 records out
[/root]# _
```

其中第 1 条命令利用 as86 汇编器对 boot.s 程序进行编译，生成 boot.o 目标文件。第 2 条命令使用链接器 ld86 对目标文件执行链接操作，最后生成 MINIX 结构的可执行文件 boot。其中选项-0 用于生成 8086 的 16 位目标程序；-a 用于指定生成与 GNU as 和 ld 部分兼容的代码。-s 选项用于告诉链接器要去除最后生成的可执行文件中的符号信息。-o 指定生成的可执行文件名称。

从上面 ls 命令列出的文件名中可以看出，最后生成的 boot 程序并不是前面所说的正好 512B，而是长了 32B。这 32B 就是 MINIX 可执行文件的头结构（其详细结构说明请参见第 16 章）。为了能使用这个程序引导启动机器，需要人工去掉这 32B。去掉该头结构的方法有以下几种：

- 使用二进制编辑程序删除 boot 程序前 32B，并存盘。
- 使用较新的 Linux 系统（如 Fedora 9）上的 as86 编译链接程序，它们具有可生成不带 MINIX 头结构的纯二进制执行文件的选项，请参考相关系统的在线手册页（man as）。
- 利用 Linux 系统的 dd 命令。

上面列出的第 3 条命令就是利用 dd 命令来去除 boot 中的前 32B，并把输出结果直接写到软盘或 Bochs 模拟系统的软盘映像文件中（有关 Bochs PC 模拟系统的使用方法请参考第 17 章）。若在 Bochs 模拟系统中运行该程序，可得到如图 3-1 所示的画面。

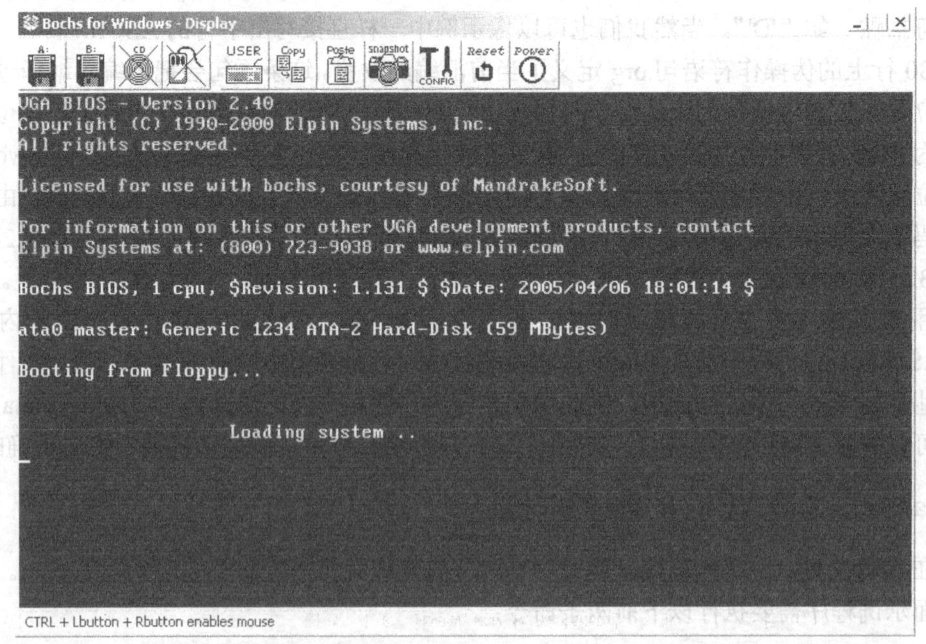

图 3-1　在 Bochs 模拟系统中运行 boot 引导程序的显示结果

3.1.4　as86 和 ld86 使用方法和选项

as86 和 ld86 的使用方法和选项如下：

as 的使用方法和选项：

```
as [-03agjuw] [-b [bin]] [-lm [list]] [-n name] [-o objfile] [-s sym] srcfile

默认设置（除了以下默认值以外，其他选项默认为关闭或无；若没有明确说明 a 标志，则不会有输出）：
-3   使用 80386 的 32 位输出；
list 在标准输出上显示；
name 源文件的基本名称（即不包括“.”后的扩展名）；

各选项含义：
-0  使用 16bit 代码段；
-3  使用 32bit 代码段；
-a  开启与 GNU as、ld 的部分兼容性选项；
-b  产生二进制文件，后面可以跟文件名；
-g  在目标文件中仅存入全局符号；
-j  使所有跳转语句均为长跳转；
-l  产生列表文件，后面可以跟随列表文件名；
-m  在列表中扩展宏定义；
-n  后面跟随模块名称（取代源文件名称放入目标文件中）；
-o  产生目标文件，后跟目标文件名（objfile）；
-s  产生符号文件，后跟符号文件名；
-u  将未定义符号作为输入的未指定段的符号；
-w  不显示警告信息；
```

ld 链接器的使用语法和选项如下：

```
对于生成 Minix a.out 格式的版本：
ld [-03Mims[-]] [-T textaddr] [-llib_extension] [-o outfile] infile...

对于生成 GNU-Minix 的 a.out 格式的版本：
ld [-03Mimrs[-]] [-T textaddr] [-llib_extension] [-o outfile] infile...

默认设置(除了以下默认值以外，其他选项默认为关闭或无)：
-03        32 位输出；
outfile       a.out 格式输出；

-0  产生具有 16bit 魔数的头结构，并且对-lx 选项使用 i86 子目录；
-3  产生具有 32bit 魔数的头结构，并且对-lx 选项使用 i386 子目录；
-M  在标准输出设备上显示已链接的符号；
-T  后面跟随正文基地址（使用适合于 strtoul 的格式）；
-i  分离的指令与数据段（I&D）输出；
-lx 将库/local/lib/subdir/libx.a 加入链接的文件列表中；
-m  在标准输出设备上显示已链接的模块；
-o  指定输出文件名，后跟输出文件名；
-r  产生适合于进一步重定位的输出；
-s  在目标文件中删除所有符号。
```

3.2 GNU as 汇编

上节介绍的 as86 汇编器仅用于编译内核中的 boot/bootsect.S 引导扇区程序和实模式下的设置程序 boot/setup.s。内核中其余所有汇编语言程序（包括 C 语言产生的汇编程序）均使用 gas 来编译，并与 C 语言程序编译产生的模块链接。本节以 80x86 CPU 硬件平台为基础介绍 Linux

内核中使用汇编程序语法和 GNU as 汇编器（简称 as 汇编器）的使用方法。我们首先介绍 as 汇编语言程序的语法，然后给出常用汇编伪指令（指示符）的含义和使用方法。带有详细说明信息的 as 汇编语言程序实例将在下一章最后给出。

由于操作系统许多关键代码要求有很高的执行速度和效率，因此在一个操作系统源代码中通常就会包含大约 10%的起关键作用的汇编语言代码。Linux 操作系统也不例外，它的 32 位初始化代码、所有中断和异常处理过程接口程序以及很多宏定义都使用了 as 汇编语言程序或扩展的嵌入汇编语句。是否能够理解这些汇编语言程序的功能也就无疑成为理解一个操作系统具体实现的关键之一。

在编译 C 语言程序时，GNU gcc 编译器会首先输出一个作为中间结果的 as 汇编语言文件，然后 gcc 会调用 as 汇编器把这个临时汇编语言程序编译成目标文件。即实际上 as 汇编器最初是专门用于汇编 gcc 产生的中间汇编语言程序的，并非作为一个独立的汇编器使用。因此，as 汇编器也支持很多 C 语言特性，这包括字符、数字和常数表示方法以及表达式形式等方面。

GNU as 汇编器最初是仿照 BSD 4.2 的汇编器进行开发的。现在的 as 汇编器能够配置成产生很多不同格式的目标文件。虽然编制的 as 汇编语言程序与具体采用或生成什么格式的目标文件关系不大，但是在下面介绍中若涉及目标文件格式时，我们将围绕 Linux 0.12 系统采用的 a.out 目标文件格式进行说明。

3.2.1 编译 as 汇编语言程序

使用 as 汇编器编译一个 as 汇编语言程序的基本命令行格式如下：

```
as [ 选项 ] [ -o objfile ] [ srcfile.s ...]
```

其中，objfile 是 as 编译输出的目标文件名；srcfile.s 是 as 的输入汇编语言程序名。

如果没有使用输出文件名，那么 as 会编译输出名称为 a.out 的默认目标文件。在 as 程序名之后，命令行上可包含编译选项和文件名。所有选项可随意放置，但是文件名的放置次序同编译结果密切相关。

一个程序的源程序可以放置在一个或多个文件中，程序的源代码无论怎样分割或放置在几个文件中都不会改变程序的语义。程序的源代码是所有这些文件按次序的组合结果。每次运行 as 编译器，它只编译一个源程序。但一个源程序可由多个文本文件组成（终端的标准输入也是一个文件）。

我们可以在 as 命令行上给出零个或多个输入文件名。as 将会按从左到右的顺序读取这些输入文件的内容。在命令行上任何位置处的参数若没有特定含义的话，将会被作为一个输入文件名看待。如果在命令行上没有给出任何文件名，那么 as 将试图从终端或控制台标准输入中读取输入文件内容。在这种情况下，若已没有内容要输入时就需要手工键入 Ctrl-D 组合键来告知 as 汇编器。若想在命令行上明确指出把标准输入作为输入文件，那么就需要使用参数“—”。

as 的输出文件是输入的汇编语言程序编译生成的二进制数据文件，即目标文件。除非我们使用选项“-o”指定输出文件的名称，否则 as 将产生名为 a.out 的输出文件。目标文件主要用于作为链接器 ld 的输入文件。目标文件中包含已汇编过的程序代码、协助 ld 产生可执行程序的信息，可能还包含调试符号信息。Linux 0.12 系统中使用的 a.out 目标文件格式将在本章后面进行说明。

假如要单独编译 boot/head.s 汇编程序，那么可以在命令行上键入如下形式的命令：

```
[/usr/src/linux/boot]# as  -o head.o head.s
[/usr/src/linux/boot]# ls -l head*
-rw-rwxr-x   1 root    root       26449 May 19 22:04 head.o
-rw-rwxr-x   1 root    root        5938 Nov 18  1991 head.s
[/usr/src/linux/boot]#
```

3.2.2　as 汇编语法

为了维持与 gcc 输出汇编程序的兼容性，as 汇编器使用 AT&T 系统 V 的汇编语法（下面简称为 AT&T 语法）。这种语法与 Intel 汇编程序使用的语法（简称 Intel 语法）很不一样，它们之间的主要区别有以下几点：

- AT&T 语法中立即操作数前面要加一个字符“$”；寄存器操作数名前要加字符百分号“%”；绝对跳转/调用（相对于与程序计数器有关的跳转/调用）操作数前面要加星号“*”。而 Intel 汇编语法没有这些限制。
- AT&T 语法与 Intel 语法使用的源和目的操作数次序正好相反。AT&T 的源和目的操作数是从左到右“源，目的”。例如 Intel 的语句 add eax, 4 对应 AT&T 的 addl $4, %eax。
- AT&T 语法中内存操作数的长度（宽度）由操作码最后一个字符来确定。操作码后缀 b、w 和 l 分别指示内存引用宽度为 8 位字节（byte）、16 位字（word）和 32 位长字（long）。Intel 语法则通过在内存操作数前使用前缀 byte prt、word ptr 和 dword ptr 来达到同样目的。因此，Intel 的语句 mov al, byte ptr foo 对应于 AT&T 的语句 movb $foo, %al。
- AT&T 语法中立即形式的远跳转和远调用为 ljmp/lcall $section, $offset，而 Intel 的是 jmp/call far section:offset。同样，AT&T 语法中远返回指令 lret $stack-adjust 对应 Intel 的 ret far stack-adjust。
- AT&T 汇编器不提供对多代码段程序的支持，UNIX 类操作系统要求所有代码在一个段中。

1．汇编程序预处理

as 汇编器具有对汇编语言程序内置的简单预处理功能。该预处理功能会调整并删除多余的空格字符和制表符；删除所有注释语句并且使用单个空格或一些换行符替换它们；把字符常数转换成对应的数值。但是该预处理功能不会对宏定义进行处理，也没有处理包含文件的功能。如果需要这方面的功能，那么可以让汇编语言程序使用大写的后缀“.S”，让 as 使用 gcc 的 CPP 预处理功能。

由于 as 汇编语言程序除了使用 C 语言注释语句（即“/*…*/”）以外，还使用“#”号作为单行注释开始字符，因此若在汇编之前不对程序执行预处理，那么程序中包含的所有以“#”号开始的指示符或命令均会被当做注释。

2．符号、语句和常数

符号（Symbol）是由字符组成的标识符，组成符号的有效字符取自大小写字符集、数字和 3 字符“-”、“.”、“$”。符号不允许用数字字符开始，并且大小写含义不同。在 as 汇编程序中符号长度没有限制，并且符号中所有字符都是有效的。符号使用其他字符（如空格、换行符）或者文件的开始来界定开始和结束处。

语句（Statement）以换行符或者行分割字符“;”作为结束。文件最后语句必须以换行符作为结束。

若在一行的最后使用反斜杠字符“\”（在换行符前），那么就可以让一条语句使用多行。当

as 读取到反斜杠加换行符时，就会忽略这两个字符。

语句由零个或多个标号（Label）开始，后面可以跟随一个确定语句类型的关键符号。标号由符号后面跟随一个冒号（“:”）构成。关键符号确定了语句余下部分的语义。如果该关键符号以一个“.”开始，那么当前语句就是一个汇编命令（或称为伪指令、指示符）。如果关键符号以一个字母开始，那么当前语句就是一条汇编语言指令语句。因此一条语句的通用格式为：

```
标号:   汇编命令      注释部分（可选）
或
标号:   指令助记符 操作数 1，操作数 2        注释部分（可选）
```

常数是一个数字，可分为字符常数和数字常数两类。字符常数还可分为字符串和单个字符；而数字常数可分为整数、大数和浮点数。

字符串必须用双引号括住，并且其中可以使用反斜杠“\”来转义包含特殊字符。例如“\\”表示一个反斜杠字符。其中第 1 个反斜杠是转义指示字符，说明把第 2 个字符看做一个普通反斜杠字符。常用转义符序列见表 3-1。反斜杠后若是其他字符，那么该反斜杠将不起作用并且 as 汇编器将会发出警告信息。

汇编程序中使用单个字符常数时可以写成在该字符前加一个单引号，例如“A”表示值 65、“C”表示值 67。表 3-1 中的转义码也同样可以用于单个字符常数。例如，“\\”表示一个普通反斜杠字符常数。

表 3-1 as 汇编器支持的转义字符序列

转义码	说明
\b	退格符（Backspace），值为 0x08
\f	换页符（FormFeed），值为 0x0C
\n	换行符（Newline），值为 0x0A
\r	回车符（Carriage-Return），值为 0x0D
\NNN	3 个八进制数表示的字符代码
\xNN...	16 进制数表示的字符代码
\\	表示一个反斜杠字符
\"	表示字符串中的一个双引号""

整数数字常数有 4 种表示方法，即使用 0b 或 0B 开始的二进制数（0～1）、以 0 开始的八进制数（0～7）、以非 0 数字开始的十进制数（0～9）和使用 0x 或 0X 开头的十六进制数（0～9a～fA～F）。若要表示负数，只需在前面添加负号“–”。

大数（Bignum）是位数超过 32 位二进制位的数，其表示方法与整数的相同。汇编程序中对浮点常数的表示方法与 C 语言中的基本一样。由于内核代码中几乎不用浮点数，因此这里不再对其进行说明。

3.2.3 指令语句、操作数和寻址

指令（Instructions）是 CPU 执行的操作，通常也称做操作码（Opcode）。操作数（Operand）是指令操作的对象。而地址（Address）是指定数据在内存中的位置。指令语句是程序运行时刻执行的一条语句，它通常可包含 4 个部分：

- 标号（可选）。

- 操作码（指令助记符）。
- 操作数（由具体指令指定）。
- 注释。

一条指令语句可以含有 0 个或最多 3 个用逗号分开的操作数。对于具有两个操作数的指令语句，第 1 个是源操作数，第 2 个是目的操作数，即指令操作结果保存在第 2 个操作数中。

操作数可以是立即数（即值是常数值的表达式）、寄存器（值在 CPU 的寄存器中）或内存（值在内存中）。一个间接操作数（Indirect Operand）含有实际操作数值的地址值。AT&T 语法通过在操作数前加一个“*”字符来指定一个间接操作数。只有调转/调用指令才能使用间接操作数。见下面对跳转指令的说明。

- 立即操作数前需要加一个“$”字符前缀。
- 寄存器名前需要加一个“%”字符前缀。
- 内存操作数由变量名或者含有变量地址的一个寄存器指定。变量名隐含指出了变量的地址，并指示 CPU 引用该地址处内存的内容。

1. 指令操作码的命名

AT&T 语法中指令操作码名称（即指令助记符）最后一个字符用来指明操作数的宽度。字符 b、w 和 l 分别指定 byte、word 和 long 类型的操作数。如果指令名称没有带这样的字符后缀，并且指令语句中不含内存操作数，那么 as 就会根据目的寄存器操作数来尝试确定操作数宽度。例如，指令语句“mov %ax, %bx”等同于“movw %ax, %bx”。同样，语句“mov $1, %bx”等同于“movw $1, %bx”。

AT&T 与 Intel 语法中几乎所有指令操作码的名称都相同，但仍有几个例外。符号扩展和零扩展指令都需要 2 个宽度来指明，即需要为源和目的操作数指明宽度，AT&T 语法中通过使用两个操作码后缀来做到。AT&T 语法中符号扩展和零扩展的基本操作码名称分别是 movs...和 movz...，Intel 中分别是 movsx 和 movzx。两个后缀就附在操作码基本名上。例如，“使用符号扩展从%al 移动到%edx”的 AT&T 语句是“movsbl %al, %edx”，即从 byte 到 long 是 bl，从 byte 到 word 是 bw、从 word 到 long 是 wl。AT&T 语法与 Intel 语法中转换指令的对应关系见表 3-2。

表 3-2 AT&T 语法与 Intel 语法中转换指令的对应关系

AT&T	Intel	说明
cbtw	cbw	把%al 中的字节值符号扩展到%ax 中
cwtl	cwde	把%ax 符号扩展到%eax 中
cwtd	cwd	把%ax 符号扩展到%dx:%ax 中
cltd	cdq	把%eax 符号扩展到%edx:%eax 中

2. 指令操作码前缀

操作码前缀用于修饰随后的操作码。它们用于重复字符串指令、提供区覆盖、执行总线锁定操作或指定操作数和地址宽度。通常操作码前缀可作为一条没有操作数的指令独占一行并且必须直接位于所影响指令之前，但是最好与它修饰的指令放在同一行上。例如，串扫描指令 scas 使用前缀执行重复操作：

```
repne scas %es:(%edi), %al
```

部分操作码前缀见表 3-3。

表 3-3 操作码前缀列表

操作码前缀	说明
cs, ds, ss, es, fs, gs	区覆盖操作码前缀。通过指定使用 区:内存操作数 内存引用形式会自动添加这种前缀
data16, addr16	操作数/地址宽度前缀。这两个前缀会把 32 位操作数/地址改变成 16 位的操作数/地址。但请注意，as 并不支持 16 位寻址方式
lock	总线锁存前缀。用于在指令执行期间禁止中断（仅对某些指令有效，请参见 80x86 手册）
wait	协处理器指令前缀。等待协处理器完成当前指令的执行。对于 80386/80387 组合用不着这个前缀
rep, repe, repne	串指令操作前缀，使串指令重复执行%ecx 中指定的次数

3. 内存引用

Intel 语法的间接内存引用形式：

```
section:[base + index*scale + disp]
```

对应于如下 AT&T 语法形式：

```
section:disp(base, index, scale)
```

其中 base 和 index 是可选的 32 位基寄存器和索引寄存器；disp 是可选的偏移值；scale 是比例因子，取值范围是 1、2、4 和 8，scale 乘以索引 index 用来计算操作数地址。如果没有指定 scale，则 scale 取默认值 1。section 为内存操作数指定可选的段寄存器，并且会覆盖操作数使用的当前默认段寄存器。请注意，如果指定的段覆盖寄存器与默认操作的段寄存器相同，则 as 就不会为汇编的指令再输出相同的段前缀。以下是几个 AT&T 和 Intel 语法形式的内存引用例子：

```
movl var, %eax                    # 把内存地址 var 处的内容放入寄存器%eax 中。
movl %cs:var, %eax                # 把代码段中内存地址 var 处的内容放入%eax 中。
movb $0x0a,%es:(%ebx)             # 把字节值 0x0a 保存到 es 段的%ebx 指定的偏移处。
movl $var, %eax                   # 把 var 的地址放入%eax 中。
movl array(%esi), %eax            # 把 array+%esi 确定的内存地址处的内容放入%eax 中。
movl (%ebx, %esi, 4), %eax        # 把%ebx+%esi*4 确定的内存地址处的内容放入%eax 中。
movl array(%ebx, %esi, 4), %eax   # 把array + %ebx+%esi*4 确定的内存地址处的内容放入%eax 中。
movl -4(%ebp), %eax               # 把 %ebp -4 内存地址处的内容放入%eax 中，使用默认段%ss。
movl foo(,%eax,4), %eax       # 把内存地址 foo + eax * 4 处内容放入%eax 中，使用默认段%ds。
```

4. 跳转指令

跳转指令用于把执行点转移到程序另一个位置处继续执行下去。这些跳转的目的位置通常使用一个标号来表示。在生成目标代码文件时，汇编器会确定所有带有标号的指令的地址，并且把跳转到的指令的地址编码到跳转指令中。跳转指令可分为无条件跳转和条件跳转两大类。条件跳转指令将依赖于执行指令时标志寄存器中某个相关标志的状态来确定是否进行跳转，而无条件跳转则不依赖于这些标志。

JMP 是无条件跳转指令，并可分为直接（direct）跳转和间接（indirect）跳转两类，而条件跳转指令只有直接跳转的形式。对于直接跳转指令，跳转到的目标指令的地址是作为跳转指令的一部分直接编码进跳转指令中；对于间接跳转指令，跳转的目的位置取自某个寄存器或某个内存位置中。直接跳转语句的写法是给出跳转目标处的标号；间接跳转语句的写法是必须使用一个星字符“*”作为操作指示符的前缀字符，并且该操作指示符使用与 movl 指令相同的语法。下面是直接和间接跳转的几个例子。

```
jmp NewLoc             # 直接跳转。无条件直接跳转到标号 NewLoc 处继续执行。
jmp *%eax              # 间接跳转。寄存器%eax 的值是跳转的目标位置。
jmp *(%eax)            # 间接跳转。从%eax 指明的地址处读取跳转的目标位置。
```

同样，与指令计数器 PC⊖无关的间接调用的操作数也必须有一个"*"作为前缀字符。若没有使用"*"字符，那么 as 汇编器就会选择与指令计数 PC 相关的跳转标号。还有，其他任何具有内存操作数的指令都必须使用操作码后缀（b、w 或 l）指明操作数的大小（byte、word 或 long）。

3.2.4 区与重定位

区（Section）（也称为段、节或部分）用于表示一个地址范围，操作系统将会以相同的方式对待和处理在该地址范围中的数据信息。例如，可以有一个"只读"的区，只能从该区中读取数据而不能写入。区的概念主要用来表示编译器生成的目标文件（或可执行程序）中不同的信息区域，例如目标文件中的正文区或数据区。若要正确理解和编制一个 as 汇编语言程序，我们就需要了解 as 产生的输出目标文件的格式安排。有关 Linux 0.12 内核使用的 a.out 格式目标文件格式的详细说明将在本章后面给出，这里首先对区的基本概念作一简单介绍，以理解 as 汇编器产生的目标文件基本结构。

链接器 ld 会把输入的目标文件中的内容按照一定规律组合生成一个可执行程序。当 as 汇编器输出一个目标文件时，该目标文件中的代码被默认设置成从地址 0 开始。此后 ld 将会在链接过程中为不同目标文件中的各个部分分配不同的最终地址位置。ld 会把程序中的字节块移动到程序运行时的地址处。这些块是作为固定单元进行移动的。它们的长度以及字节次序都不会被改变。这样的固定单元就被称做区（或段、部分）。而为区分配运行时刻的地址的操作就被称为重定位（Relocation）操作，其中包括调整目标文件中记录的地址，从而让它们对应到恰当的运行时刻地址上。

as 汇编器输出产生的目标文件中至少具有 3 个区，分别被称为正文（text）、数据（data）和 bss 区。每个区都可能是空的。如果没有使用汇编命令把输出放置在.text 或.data 区中，这些区会仍然存在，但内容是空的。在一个目标文件中，其 text 区从地址 0 开始，随后是 data 区，再后面是 bss 区。

当一个区被重定位时，为了让链接器 ld 知道哪些数据会发生变化以及如何修改这些数据，as 汇编器也会往目标文件中写入所需要的重定位信息。为了执行重定位操作，在每次涉及目标文件中的一个地址时，ld 必须知道：

- 目标文件中对一个地址的引用是从什么地方算起的？
- 该引用的字节长度是多少？
- 该地址引用的是哪个区？（地址）-（区的开始地址）的值等于多少？
- 对地址的引用与指令计数器 PC 相关吗？

实际上，as 使用的所有地址都可表示为：（区）+（区中偏移）。另外，as 计算的大多数表达式都有这种与区相关的特性。在下面说明中，我们使用记号"{secname N}"来表示区 secname 中偏移 N。

除了 text、data 和 bss 区，我们还需要了解绝对地址区（absolute 区）。当链接器把各个目标文件组合在一起时，absolute 区中的地址将始终不变。例如，ld 会把地址{absolute 0}"重定位"到运行时刻地址 0 处。尽管链接器在链接后决不会把两个目标文件中的 data 区安排成重叠地址处，但是目标文件中的 absolute 区必会重叠而覆盖。

⊖这里符号 PC 是指 CPU 的程序指令指针计数器（Program Counter）。

另外，还有一种名为“未定义的”区（Undefined Section）。在汇编时不能确定所在区的任何地址都被设置成{undefined U}，其中 U 将会在以后填上。因为数值总是有定义的，所以出现未定义地址的唯一途径仅涉及未定义的符号。对一个称为公共块（Common Block）的引用就是这样一种符号：在汇编时它的值未知，因此它在 undefined 区中。

类似地，区名也用于描述已链接程序中区的组。链接器 ld 会把程序所有目标文件中的 text 区放在相邻的地址处。我们习惯上所说的程序的 text 区实际上是指其所有目标文件 text 区组合构成的整个地址区域。对程序中 data 和 bss 区的理解也同样如此。

1. 链接器涉及的区

链接器 ld 只涉及如下 4 类区：

- text 区、data 区。这两个区用于保存程序。as 和 ld 会分别独立而同等地对待它们。对其中 text 区的描述也同样适合于 data 区。然而当程序在运行时，通常 text 区是不会改变的。text 区通常会被进程共享，其中含有指令代码和常数等内容。程序运行时 data 区的内容通常是会变化的，例如，C 变量一般就存放在 data 区中。
- bss 区。在程序开始运行时这个区中含有 0 值字节。该区用于存放未初始化的变量或作为公共变量存储空间。虽然程序每个目标文件 bss 区的长度信息很重要，但是由于该区中存放的是 0 值字节，因此无须在目标文件中保存 bss 区。设置 bss 区的目的就是为了从目标文件中明确地排除 0 值字节。
- absolute 区。该区的地址 0 总是“重定位”到运行时刻地址 0 处。如果你不想让 ld 在重定位操作时改变你所引用的地址，那么就使用这个区。从这种观点来看，我们可以把绝对地址称做“不可重定位的”，即在重定位操作期间它们不会改变。
- undefined 区。对不在先前所述各个区中对象的地址引用都属于本区。

图 3-2 中是 3 个理想化的可重定位区的例子。这个例子使用传统的区名称：.text 和.data。其中水平轴表示内存地址。后面小节中将会详细说明 ld 链接器的具体操作过程。

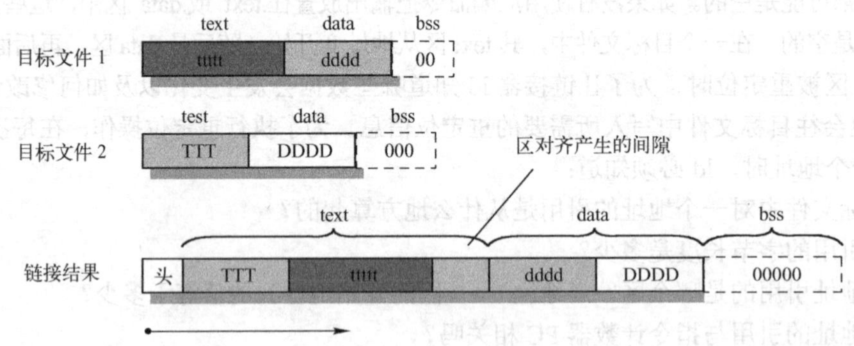

图 3-2 链接两个目标文件产生已链接程序的例子

2. 子区

汇编取得的字节数据通常位于 text 或 data 区中。有时候在汇编源程序某个区中可能分布着一些不相邻的数据组，但是你可能会想让它们在汇编后聚集在一起存放。as 汇编器允许你利用子区（Subsection）来达到这个目的。在每个区中，可以有编号为 0～8192 的子区存在。编制在同一个子区中的对象会在目标文件中与该子区中其他对象放在一起。例如，编译器可能想把常数存放在 text 区中，但是不想让这些常数散布在被汇编的整个程序中。在这种情况下，编译器就可以在每个会输出的代码区之前使用.text 0 子区，并且在每组会输出的常数之前使用.text 1 子区。

使用子区是可选的。如果没有使用子区，那么所有对象都会被放在子区 0 中。子区会以其从小到大的编号顺序出现在目标文件中，但是目标文件中并不包含表示子区的任何信息。处理目标文件的 ld 以及其他程序并不会看到子区的踪迹，它们只会看到由所有 text 子区组成的 text 区和由所有 data 子区组成的 data 区。为了指定随后的语句被汇编到哪个子区中，可在".text 表达式"或".data 表达式"中使用数值参数。表达式结果应该是绝对值。如果只指定了.text，那么就会默认使用.text 0。同样地，.data 表示使用.data 0。

每个区都有一个位置计数器（Location Counter），它会对每个汇编进该区的字节进行计数。由于子区是仅供 as 汇编器使用方便而设置的，因此并不存在子区计数器。虽然没有什么直接操作一个位置计数器的方法，但是汇编命令.align 可以改变其值，并且任何标号定义都会取用位置计数器的当前值。正在执行语句汇编处理的区的位置计数器被称为当前活动计数器。

3. bss 区

bss 区用于存储局部公共变量。你可以在 bss 区中分配空间，但是在程序运行之前不能在其中放置数据。因为当程序刚开始执行时，bss 区中所有字节内容都将被清零。.lcomm 汇编命令用于在 bss 区中定义一个符号；.comm 可用于在 bss 区中声明一个公共符号。

3.2.5 符号

在程序编译和链接过程中，符号（Symbol）是一个比较重要的概念。程序员使用符号来命名对象，链接器使用符号进行链接操作，而调试器利用符号进行调试。

标号（Label）是后面紧随一个冒号的符号。此时该符号代表活动位置计数器的当前值，并且可作为指令的操作数使用。我们可以使用等号"="给一个符号赋予任意数值。

符号名以一个字母或"."、"_"字符之一开始。局部符号用于协助编译器和程序员临时使用名称。在一个程序中共有 10 个局部符号名（"0"～"9"）可供重复使用。为了定义一个局部符号，只要写出形如"N:"的标号（其中 N 代表任何数字）。若是引用前面最近定义的这个符号，需要写成"Nb"；若需引用下一个定义的局部标号，则需要写成"Nf"。其中"b"意思是向后（backwards），"f"表示向前（Forwards）。局部标号在使用方面没有限制，但是在任何时候我们只能向前/向后引用最远 10 个局部标号。

1. 特殊点符号

特殊符号"."表示 as 汇编的当前地址。因此表达式"mylab: .long ."就会把 mylab 定义为包含它自己所处的地址值。给"."赋值就如同汇编命令".org"的作用。因此表达式".=.+4"与".space 4"完全相同。

2. 符号属性

除了名字以外，每个符号都有"值"和"类型"属性。根据输出的格式不同，符号也可以具有辅助属性。如果不定义就使用一个符号，as 就会假设其所有属性均为 0。这指示该符号是一个外部定义的符号。

符号的值通常是 32 位的。对于标出 text、data、bss 或 absolute 区中一个位置的符号，其值是从区开始到标号处的地址值。对于 text、data 和 bss 区，一个符号的值通常会在链接过程中由于 ld 改变区的基地址而变化，absolute 区中符号的值不会改变。这也是为何称它们是绝对符号的原因。

ld 会对未定义符号的值进行特殊处理。如果未定义符号的值是 0，则表示该符号在本汇编源程序中没有定义，ld 会尝试根据其他链接的文件来确定它的值。在程序使用了一个符号但没有对符号进行定义，就会产生这样的符号。若未定义符号的值不为 0，那么该符号值就表示是.comm 公共声明的需要保留的公共存储空间字节长度。符号指向该存储空间的第一个地址处。

符号的类型属性含有用于链接器和调试器的重定位信息、指示符号是外部的标志以及一些其他可选信息。对于 a.out 格式的目标文件，符号的类型属性存放在一个 8 位字段中（n_type 字节）。其含义请参见有关 include/a.out.h 文件的说明。

3.2.6 as 汇编命令

汇编命令是指示汇编器操作方式的伪指令。汇编命令用于要求汇编器为变量分配空间、确定程序开始地址、指定当前汇编的区、修改位置计数器值等。所有汇编命令的名称都以“.”开始，其余是字符，并且大小写无关。但是通常都使用小写字符。下面我们给出一些常用汇编命令的说明。

1. .align abs-expr1, abs-expr2, abs-expr3

.align 是存储对齐汇编命令，用于在当前子区中把位置计数器值设置（增加）到下一个指定存储边界处。第 1 个绝对值表达式 abs-expr1（Absolute Expression）指定要求的边界对齐值。对于使用 a.out 格式目标文件的 80x86 系统，该表达式值是位置计数器值增加后其二进制值最右面 0 值位的个数，即是 2 的幂值。例如，“.align 3”表示把位置计数器值增加到 8 的倍数上。如果位置计数器值本身就是 8 的倍数，那么就无需改变。但是对于使用 ELF 格式的 80x86 系统，该表达式值直接就是要求对齐的字节数。例如“.align 8”就是把位置计数器值增加到 8 的倍数上。

第 2 个表达式给出用于对齐而填充的字节值。该表达式与其前面的逗号可以省略。若省略，则填充字节值是 0。第 3 个可选表达式 abs-expr3 用于指示对齐操作允许填充跳过的最大字节数。如果对齐操作要求跳过的字节数大于这个最大值，那么该对齐操作就被取消。若想省略第 2 个参数，可以在第 1 和第 3 个参数之间使用两个逗号。

2. .ascii "string"...

从位置计数器所指当前位置为字符串分配空间并存储字符串，可使用逗号分开写出多个字符串。例如，“.ascii "Hello world!", "My assembler"”。该汇编命令会让 as 把这些字符串汇编在连续的地址位置处，每个字符串后面不会自动添加 0（NULL）字节。

3. .asciz "string"...

该汇编命令与“.ascii”类似，但是每个字符串后面会自动添加 NULL 字符。

4. .byte expressions

该汇编命令定义 0 个或多个用逗号分开的字节值。每个表达式的值是 1 字节。

5. .comm symbol, length

在 bss 区中声明一个命名的公共区域。在 ld 链接过程中，某个目标文件中的一个公共符号会与其他目标文件中同名的公共符号合并。如果 ld 没有找到一个符号的定义，而只是一个或多个公共符号，那么 ld 就会分配指定长度 length 字节的未初始化内存。length 必须是一个绝对值表达式，如果 ld 找到多个长度不同但同名的公共符号，ld 就会分配长度最大的空间。

6．.data subsection

该汇编命令通知 as 把随后的语句汇编到编号为 subsection 的 data 子区中。如果省略编号，则默认使用编号 0。编号必须是绝对值表达式。

7．.desc symbol, abs-expr

用绝对表达式的值设置符号 symbol 的描述符字段 n_desc 的 16 位值。仅用于 a.out 格式的目标文件。参见有关 include/a.out.h 文件的说明。

8．.fill repeat, size, value

该汇编命令会产生数个（repeat 个）大小为 size 字节的重复拷贝。大小值 size 可以为 0 或某个值，但是若 size 大于 8，则限定为 8。每个重复字节内容取自一个 8 字节数。高 4 字节为 0，低 4 字节是数值 value。这 3 个参数值都是绝对值，size 和 value 是可选的。如果第 2 个逗号和 value 省略，value 默认为 0 值；如果后两个参数都省略，则 size 默认为 1。

9．.global symbol　（或者.globl symbol）

该汇编命令会使得链接器 ld 能看见符号 symbol。如果在我们的目标文件中定义了符号 symbol，那么它的值将能被链接过程中的其他目标文件使用。若目标文件中没有定义该符号，那么它的属性将从链接过程中其他目标文件的同名符号中获得。这是通过设置符号 symbol 类型字段中的外部位 N_EXT 来做到的。参见 include/a.out.h 文件中的说明。

10．.int expressions

该汇编命令在某个区中设置 0 个或多个整数值（80386 系统为 4B，同.long）。每个用逗号分开的表达式的值就是运行时刻的值，如“.int 1234, 567, 0x89AB”。

11．.lcomm symbol, length

为符号 symbol 指定的局部公共区域保留长度为 length 字节的空间。所在的区和符号 symbol 的值是新的局部公共块的值。分配的地址在 bss 区中，因此在运行时刻这些字节值被清零。由于符号 symbol 没有被声明为全局的，因此链接器 ld 看不见。

12．.long expressions

含义与.int 相同。

13．.octa bignums

这个汇编命令指定 0 个或多个用逗号分开的 16B 大数（.byte, .word, .long, .quad, .octa 分别对应 1、2、4、8 和 16 字节数）。

14.org new_lc, fill

这个汇编命令会把当前区的位置计数器设置为值 new_lc。new_lc 是一个绝对值（表达式），或者是具有相同区作为子区的表达式，即不能使用.org 跨越各区。如果 new_lc 的区不对，那么.org 就不会起作用。请注意，位置计数器是基于区的，即以每个区作为计数起点。

当位置计数器值增长时，所跳跃过的字节将被填入值 fill。该值必须是绝对值。如果省略了逗号和 fill，则 fill 默认为 0 值。

15．.quad bignums

这个汇编命令指定 0 个或多个用逗号分开的 8B 大数 bignum。如果大数放不进 8B 中，则取低 8B。

16．.short expressions　（同.word expressions）

这个汇编命令指定某个区中 0 个或多个用逗号分开的 2 字节数。对于每个表达式，在运行时刻都会产生一个 16 位的值。

17．.space size, fill

该汇编命令产生 size 个字节，每个字节填值 fill。这个参数为绝对值。如果省略了逗号和 fill，那么 fill 的默认值就是 0。

18．.string "string"

定义一个或多个用逗号分开的字符串。在字符串中可以使用转义字符。每个字符串都自动附加一个 NULL 字符结尾。例如，".string "\n\nStarting", "other strings""。

19．.text subsection

通知 as 把随后的语句汇编进编号为 subsection 的子区中。如果省略了编号 subsection，则使用默认编号值 0。

20．.word expressions

对于 32 位机器，该汇编命令含义与.short 相同。

3.2.7　编写 16 位代码

虽然 as 通常用来编写纯 32 位的 80x86 代码，但是 1995 年后它对编写运行于实模式或 16 位保护模式的代码也提供有限的支持。为了让 as 汇编时产生 16 位代码，需要在运行于 16 位模式的指令语句之前添加汇编命令".code16"，并且使用汇编命令".code32"让 as 汇编器切换回 32 位代码汇编方式。

as 不区分 16 位和 32 位汇编语句，在 16 位和 32 位模式下每条指令的功能完全一样而与模式无关。as 总是为汇编语句产生 32 位的指令代码而不管指令将运行在 16 位还是 32 位模式下。如果使用汇编命令".code16"让 as 处于 16 位模式下，那么 as 会自动为所有指令加上一个必要的操作数宽度前缀而让指令运行在 16 位模式。请注意，因为 as 为所有指令添加了额外的地址和操作数宽度前缀，所以汇编产生的代码长度和性能会受到影响。

由于在 1991 年开发 Linux 内核 0.12 时 as 汇编器还不支持 16 位代码，因此在编写和汇编 0.12 内核实模式下的引导启动代码和初始化汇编程序时使用了前面介绍的 as86 汇编器。

3.2.8　AS 汇编器命令行选项

-a：开启程序列表。

-f：快速操作。

-o：指定输出的目标文件名。

-R：组合数据区和代码区。

-W：取消警告信息。

3.3　C 语言程序

GNU gcc 对 ISO 标准 C89 描述的 C 语言进行了一些扩展，其中一些扩展部分已经包括进 ISO C99 标准中。本节给出内核中经常用到的一些 gcc 扩充语句的说明。在后面章节的程序注释中也会随时对遇到的扩展语句给出简单的说明。

3.3.1　C 程序编译和链接

使用 gcc 汇编器编译 C 语言程序时通常会经过 4 个处理阶段，即预处理阶段、编译阶段、汇编阶段和链接阶段，如图 3-3 所示。

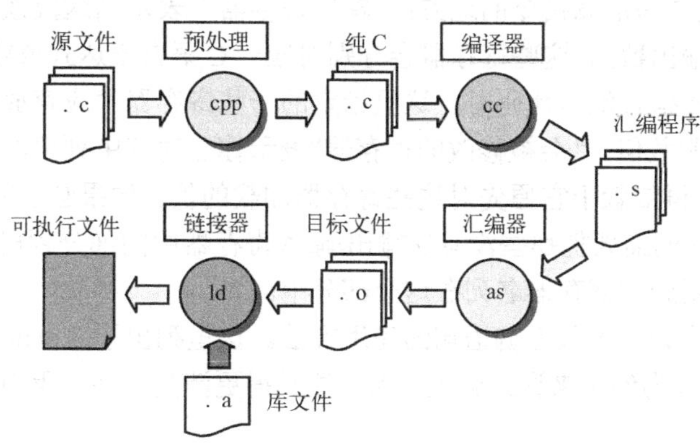

图 3-3　C 程序编译过程

在预处理阶段中，gcc 会把 C 程序传递给 C 前处理器 cpp，对 C 语言程序中指示符和宏进行替换处理，输出纯 C 语言代码；在编译阶段，gcc 把 C 语言程序编译生成对应的与机器相关的 as 汇编语言代码；在汇编阶段，as 汇编器会把汇编代码转换成机器指令，并以特定二进制格式输出保存在目标文件中；最后 GNU ld 链接器把程序的相关目标文件组合链接在一起，生成程序的可执行映像文件。调用 gcc 的命令行格式与编译汇编语言的格式类似：

```
gcc [ 选项 ] [ -o outfile ] infile ...
```

其中 infile 是输入的 C 语言文件；outfile 是编译产生的输出文件。

对于某次编译过程，并非一定要全部执行这 4 个阶段，使用命令行选项可以令 gcc 编译过程在某个处理阶段后就停止执行。例如，使用“-S”选项可以让 gcc 在输出了 C 程序对应的汇编语言程序之后就停止运行；使用“-c”选项可以让 gcc 只生成目标文件而不执行链接处理，如下所示。

```
gcc -o hello hello.c          // 编译 hello.c 程序，生成执行文件 hello。
gcc -S -o hello.s hello.c     // 编译 hello.c 程序，生成对应汇编程序 hello.s。
gcc -c -o hello.o hello.c     // 编译 hello.c 程序，生成对应目标文件 hello.o 而不链接。
```

在编译像 Linux 内核这样的包含很多源程序文件的大型程序时，通常使用 make 工具软件对整个程序的编译过程进行自动管理，详见后面说明。

3.3.2　嵌入汇编

本节介绍内核 C 语言程序中接触到的嵌入式汇编（内联汇编）语句。由于在编制 C 程序过程中一般很少用到嵌入式汇编代码，因此这里有必要对其基本格式和使用方法进行说明。具有输入和输出参数的嵌入汇编语句的基本格式为：

```
asm("汇编语句"
    : 输出寄存器
    : 输入寄存器
    : 会被修改的寄存器);
```

除第 1 行以外，后面带冒号的行若不使用就都可以省略。其中，“asm”是内联汇编语句关键词；“汇编语句”是你写汇编指令的地方；“输出寄存器”表示当这段嵌入汇编执行完之后，哪些寄存器用于存放输出数据。这些寄存器会分别对应一C 语言表达式值或一个内存地址；“输入寄存器”表示在开始执行汇编代码时，这里指定的一些寄存器中应存放的输入值，它们也分别对应着一C 变量或常数值。“会被修改的寄存器”表示你已对其中列出的寄存器中的值进行了改动，gcc 编译器不能再依赖于它原先对这些寄存器加载的值。如果必要的话，gcc 需要重新加载这些寄存器。因此我们需要把那些没有在输出/输入寄存器中的部分列出，但是在汇编语句中明确使用到或隐含使用到的寄存器名列在这个部分中。

下面我们用例子来说明嵌入汇编语句的使用方法。这里列出了 kernel/traps.c 文件中第 22 行开始的一段代码作为例子来详细解说。为了能看得更清楚一些，我们对这段代码进行了重新排列和编号。

```
01  #define get_seg_byte(seg,addr) \
02  ({ \
03  register char __res; \                         // 定义了一个寄存器变量__res。
04  __asm__("push %%fs; \                          // 首先保存 fs 寄存器原值（段选择符）。
05          mov %%ax,%%fs; \                       // 然后用 seg 设置 fs。
06          movb %%fs:%2,%%al; \                   // 取 seg:addr 处 1 字节内容到 al 寄存器中。
07          pop %%fs" \                            // 恢复 fs 寄存器原内容。
08          :"=a" (__res) \                        // 输出寄存器列表。
09          :"0" (seg),"m" (*(addr))); \           // 输入寄存器列表。
10  __res;})
```

这段代码定义了一个嵌入汇编语言宏函数。通常使用汇编语句最方便的方式是把它们放在一个宏内。用圆括号括住的组合语句（花括号中的语句）“({})”可以作为表达式使用，其中最后一行（第 10 行）的变量__res 是该表达式的输出值，见下一节说明。

因为宏语句需要定义在一行上，因此这里使用反斜杠“\”将这些语句连成一行。这条宏定义将被替换到程序中引用该宏名称的地方。第 1 行定义了宏的名称，即宏函数名称 get_seg_byte (seg,addr)。第 3 行定义了一个寄存器变量__res。该变量将被保存在一个寄存器中，以便快速访问和操作。如果想指定寄存器（例如 eax），那么我们可以把该句写成“register char __res asm ("ax");”，其中 asm 也可以写成__asm__。第 4 行上的__asm__表示嵌入汇编语句的开始。第 4～7 行的 4 条语句是 AT&T 格式的汇编语句。另外，为了让 gcc 编译产生的汇编语言程序中寄存器名称前有一个百分号“%”，在嵌入汇编语句寄存器名称前就必须写上两个百分号“%%”。

第 8 行即输出寄存器，该语句的含义是在这段代码运行结束后将 eax 所代表的寄存器的值放入__res 变量中，作为本函数的输出值，“=a”中的“a”称为加载代码，“=”表示这是输出寄存器，并且其中的值将被输出值替代。加载代码是 CPU 寄存器、内存地址以及一些数值的简写字母代号。表 3-4 中是一些常用的寄存器加载代码及其具体的含义。第 9 行表示在这段代码开始运行时将 seg 放到 eax 寄存器中，“0”表示使用与上面相同位置上的输出寄存器。而(*(addr))表示一个内存偏移地址值。为了在上面汇编语句中使用该地址值，嵌入汇编程序规定把输出和输入寄存器统一按顺序编号，顺序是从输出寄存器序列从左到右从上到下以“%0”开始，分别记为%0、%1、…%9。因此，输出寄存器的编号是%0（这里只有一个输出寄存器），输入寄存器前一部分("0" (seg))的编号是%1，而后部分的编号是%2。上面第 6 行上的%2 即代表

(*(addr))这个内存偏移量。

表 3-4　常用寄存器加载代码说明

代码	说明	代码	说明
a	使用寄存器 eax	m	使用内存地址
b	使用寄存器 ebx	o	使用内存地址并可以加偏移值
c	使用寄存器 ecx	I	使用常数 0-31
d	使用寄存器 edx	J	使用常数 0-63
S	使用 esi	K	使用常数 0-255
D	使用 edi	L	使用常数 0-65535
q	使用动态分配字节可寻址寄存器（eax、ebx、ecx 或 edx）	M	使用常数 0-3
r	使用任意动态分配的寄存器	N	使用 1 字节常数（0-255）
g	使用通用有效的地址即可（eax、ebx、ecx、edx 或内存变量）	O	使用常数 0-31
A	使用 eax 与 edx 联合(64 位)	=	输出操作数。输出值将替换前值
+	表示操作数可读可写	&	早期会变的（earlyclobber）操作数。表示在使用完操作数之前，内容会被修改

现在我们来研究第 4～7 行代码的作用。第一句将 fs 段寄存器的内容入栈；第二句将 eax 中的段值赋给 fs 段寄存器；第三句是把 fs:(*(addr))所指定的字节放入 al 寄存器中。当执行完汇编语句后，输出寄存器 eax 的值将被放入__res，作为该宏函数（块结构表达式）的返回值。

通过上面的分析知道，宏名称中的 seg 代表一指定的内存段值，而 addr 表示一内存偏移地址量。到现在为止，应该很清楚这段程序的功能了吧！该宏函数的功能是从指定段和偏移值的内存地址处取 1 字节。再看下一个例子。

```
01  asm("cld\n\t"
02     "rep\n\t"
03     "stol"
04     : /* 没有输出寄存器 */
05     : "c"(count-1), "a"(fill_value), "D"(dest)
06      : "%ecx", "%edi");
```

1～3 行是通常的汇编语句，用来清方向位，重复保存值。其中头两行中的字符“\n\t”是用于 gcc 预处理程序输出程序列表时能排得整齐而设置的，字符的含义与 C 语言中的相同。即 gcc 的运作方式是先产生与 C 程序对应的汇编程序，然后调用汇编器对其进行编译产生目标代码。如果在写程序和调试程序时想看看 C 对应的汇编程序，那么就需要得到预处理程序输出的汇编程序结果（这是编写和调试高效的代码时常用的做法）。为了预处理输出的汇编程序格式整齐，就可以使用“\n”、“\t”这两个格式符号。

第 4 行说明这段嵌入汇编程序没有用到输出寄存器。第 5 行的含义是：将 count-1 的值加载到 ecx 寄存器中（加载代码是"c"），fill_value 加载到 eax 中，dest 放到 edi 中。为什么要让 gcc 编译程序去做这样的寄存器值的加载，而不是程序员自己做呢？因为 gcc 在它进行寄存器分配时可以进行某些优化工作。例如 fill_value 值可能已经在 eax 中。如果是在一个循环语句中，则 gcc 就可能在整个循环操作中保留 eax，这样就可以在每次循环中少用一个 movl 语句。

最后一行的作用是告诉 gcc 这些寄存器中的值已经改变了。在 gcc 知道你拿这些寄存器做些什么后，能够对 gcc 的优化操作有所帮助。下面的例子不是让你自己指定哪个变量使用哪个寄存器，而是让 gcc 为你选择。

```
asm("leal (%1, %1, 4), %0"
     : "=r"(y)
     : "0"(x));
```

指令“leal”用于计算有效地址，但这里用它来进行一些简单计算。第 1 条汇编语句“leal (r1, r2,4), r3” 语句表示 r1+r2*4→r3。这个例子可以非常快地将 x 乘 5。其中"%0"、"%1"是指 gcc 自动分配的寄存器。这里"%1"代表输入值 x 要放入的寄存器，"%0"表示输出值寄存器。输出寄存器代码前一定要加等于号。如果输入寄存器的代码是 0 或为空时，则说明使用与相应输出一样的寄存器。所以，如果 gcc 将 r 指定为 eax 的话，那么上面汇编语句的含义即为

```
"leal (eax,eax,4), eax"
```

注意：在执行代码时，如果不希望汇编语句被 gcc 优化而作修改，就需要在 asm 符号后面添加关键词 volatile，见下面所示。这两种声明的区别在于程序兼容性方面。建议使用后一种声明方式。

```
asm volatile (……);
或者更详细的说明为:
__asm__ __volatile__ (……);
```

关键词 volatile 也可以放在函数名前来修饰函数，用来通知 gcc 编译器该函数不会返回。这样就可以让 gcc 产生更好一些的代码。另外，对于不会返回的函数，这个关键词也可以用来避免 gcc 产生假警告信息。例如 mm/memory.c 中的如下语句说明函数 do_exit() 和 oom() 不会再返回到调用者代码中：

```
volatile void do_exit(long code);

static inline volatile void oom(void)
{
        printk("out of memory\n\r");
        do_exit(SIGSEGV);
}
```

下面再举一个较长的例子，读者如果能看懂，那就说明嵌入汇编代码对你来说基本没问题了。这段代码是从 include/string.h 文件中摘取的，是 strncmp()字符串比较函数的一种实现。同样，其中每行中的“\n\t”是用于 gcc 预处理程序输出列表的美观而设置的。

```
//// 字符串 1 与字符串 2 的前 count 个字符进行比较。
// 参数：cs - 字符串 1，ct - 字符串 2，count - 比较的字符数。
// %0 - eax(__res)返回值，%1 - edi(cs)串 1 指针，%2 - esi(ct)串 2 指针，%3 - ecx(count)。
// 返回：如果串 1 > 串 2，则返回 1；串 1 = 串 2，则返回 0；串 1 < 串 2，则返回-1。
extern inline int strncmp(const char * cs,const char * ct,int count)
{
register int __res ;                            // __res 是寄存器变量。
__asm__("cld\n"                                 // 清方向位。
        "1:\tdecl %3\n\t"                       // count--。
        "js 2f\n\t"                             // 如果 count<0，则向前跳转到标号 2。
```

```
        "lodsb\n\t"                     // 取串 2 的字符 ds:[esi]→al，并且 esi++。
        "scasb\n\t"                     // 比较 al 与串 1 的字符 es:[edi]，并且 edi++。
        "jne 3f\n\t"                    // 如果不相等，则向前跳转到标号 3。
        "testb %%al,%%al\n\t"           // 该字符是 NULL 字符吗?
        "jne 1b\n"                      // 不是，则向后跳转到标号 1，继续比较。
        "2:\txorl %%eax,%%eax\n\t"      // 是 NULL 字符，则 eax 清零（返回值）。
        "jmp 4f\n"                      // 向前跳转到标号 4，结束。
        "3:\tmovl $1,%%eax\n\t"         // eax 中置 1。
        "jl 4f\n\t"                     // 如果前面比较中串 2 字符<串 1 字符，则返回 1，结束。
        "negl %%eax\n"                  // 否则 eax = -eax，返回负值，结束。
        "4:"
        :"=a" (__res):"D" (cs),"S" (ct),"c" (count):"si","di","cx");
return __res;                           // 返回比较结果。
}
```

3.3.3 圆括号中的组合语句

花括号“{...}”用于把变量声明和语句组合成一个复合语句（组合语句）或一个语句块，这样在语义上这些语句就等同于一条语句。组合语句的右花括号后面不需要使用分号。圆括号中的组合语句，即形如“({...})”的语句，可以在 GNU C 中当一个表达式使用。这样就可以在表达式中使用 loop、switch 语句和局部变量，因此这种形式的语句通常称为语句表达式。语句表达式具有如下形式：

```
  ({ int y = foo(); int z;
   if (y > 0) z = y;
   else z = -y;
    3 + z; })
```

其中组合语句中最后一条语句必须是后面跟随一个分号的表达式。这个表达式（“3 + z”）的值即用做整个圆括号括住语句的值。如果最后一条语句不是表达式，那么整个语句表达式就具有 void 类型，因此没有值。另外，这种表达式中语句声明的任何局部变量都会在整块语句结束后失效。这个示例语句可以像如下形式的赋值语句来使用：

```
  res = x + ({略……}) + b;
```

当然，人们通常不会像上面这样写语句，这种语句表达式通常都用来定义宏。例如内核源代码 init/main.c 程序中读取 CMOS 时钟信息的宏定义：

```
#define CMOS_READ(addr) ({ \          // 最后反斜杠起连接两行语句的作用。
outb_p(0x80|addr,0x70); \             // 首先向 I/O 端口 0x70 输出欲读取的位置 addr。
inb_p(0x71); \                        // 然后从端口 0x71 读入该位置处的值作为返回值。
})
```

再看一个 include/asm/io.h 头文件中的读 I/O 端口 port 的宏定义，其中最后变量 _v 的值就是 inb()的返回值。

```
#define inb(port) ({ \
unsigned char _v; \
__asm__ volatile ("inb %%dx,%%al":"=a" (_v):"d" (port)); \
_v; \
})
```

3.3.4 寄存器变量

GNU C 对 C 语言的另一个扩充是允许我们把一些变量值放到 CPU 寄存器中，即所谓寄存器变量。这样 CPU 就不用经常花费较长时间访问内存去取值。寄存器变量可以分为两种：全局寄存器变量和局部寄存器变量。全局寄存器变量会在程序的整个运行过程中保留寄存器专门用于几个全局变量。相反，局部寄存器变量不会保留指定的寄存器，而仅在内嵌 asm 汇编语句中作为输入或输出操作数时使用专门的寄存器。gcc 编译器的数据流分析功能本身有能力确定指定的寄存器何时含有正在使用的值，何时可派其他用场。当 gcc 数据流分析功能认为存储在某个局部寄存器变量值无用时就可能将其删除，并且对局部寄存器变量的引用也可能被删除、移动或简化。因此，若不想让 gcc 作这些优化改动，最好在 asm 语句中加上 volatile 关键字。

如果想在嵌入汇编语句中把汇编指令的输出直接写到指定的寄存器中，那么此时使用局部寄存器变量就很方便。由于 Linux 内核中通常只使用局部寄存器变量，因此这里我们只对局部寄存器变量的使用方法进行讨论。在 GNU C 程序中我们可以在函数中用如下形式定义一个局部寄存器变量：

```
register int res __asm__("ax");
```

这里 ax 是变量 res 希望使用的寄存器。定义这样一个寄存器变量并不会专门保留这个寄存器不派其他用途。另外，gcc 并不保证编译出的代码会把变量一直放在指定的寄存器中。因此在嵌入汇编的指令部分最好不要明确地引用该寄存器并且假设该寄存器肯定引用的是该变量值。然而把该变量用做 asm 的操作数还是能够保证指定的寄存器被用做该操作数。

3.3.5 内联函数

在程序中，通过把一个函数声明为内联（inline）函数，就可以让 gcc 把函数的代码集成到调用该函数的代码中去。这样处理可以去掉函数调用时进入/退出时间开销，从而肯定能够加快执行速度。因此把一个函数声明为内联函数的主要目的就是能够尽量快速地执行函数体。另外，如果内联函数中有常数值，那么在编译期间 gcc 就可能用它来进行一些简化操作，因此并非所有内联函数的代码都会被嵌入进去。内联函数方法对程序代码的长度影响并不明显。使用内联函数的程序编译产生的目标代码可能会长一些也可能会短一些，这需要根据具体情况来定。

内联函数嵌入调用者代码中的操作是一种优化操作，因此只有进行优化编译时才会执行代码嵌入处理。若编译过程中没有使用优化选项“-O”，那么内联函数的代码就不会被真正地嵌入到调用者代码中，而是只作为普通函数调用来处理。把一个函数声明为内联函数的方法是在函数声明中使用关键词“inline”，例如内核文件 fs/inode.c 中的如下函数：

```
inline int inc(int *a)
{
        (*a)++;
}
```

函数中的某些语句用法可能会使得内联函数的替换操作无法正常进行，或者不适合进行替换操作。例如使用了可变参数、内存分配函数 malloca()、可变长度数据类型变量、非局部 goto 语句以及递归函数。编译时可以使用选项 `-Winline` 让 gcc 对标志成 `inline` 但不能被替换的函数给出警告信息以及不能替换的原因。

当在一个函数定义中既使用 inline 关键词，又使用 static 关键词，即像下面文件 fs/inode.c 中的内联函数定义一样，那么如果所有对该内联函数的调用都被替换而集成在调用者代码中，并且程序中没有引用过该内联函数的地址，则该内联函数自身的汇编代码就不会被引用。在这种情况下，除非我们在编译过程中使用选项 -fkeep-inline-functions，否则 gcc 就不会再为该内联函数自身生成实际汇编代码。由于某些原因，一些对内联函数的调用并不能被集成到函数中去。特别是在内联函数定义之前的调用语句是不会被替换集成的，并且也都不能是递归定义的函数。如果存在一个不能被替换集成的调用，那么内联函数就会像平常一样被编译成汇编代码。当然，如果程序中有引用内联函数地址的语句，那么内联函数也会像平常一样被编译成汇编代码。因为对内联函数地址的引用是不能被替换的。

```
static inline void wait_on_inode(struct m_inode * inode)
{
        cli();
        while (inode->i_lock)
                sleep_on(&inode->i_wait);
        sti();
}
```

请注意，内联函数功能已经被包括在 ISO 标准 C99 中，但是该标准定义的内联函数与 gcc 的定义有较大区别。ISO 标准 C99 的内联函数语义定义等同于这里使用组合关键词 inline 和 static 的定义，即“省略”了关键词 static。若在程序中需要使用 C99 标准的语义，那么就需要使用编译选项-std=gnu99。不过为了兼容起见，在这种情况下还是最好使用 inline 和 static 组合。以后 gcc 将最终默认使用 C99 的定义，在希望仍然使用这里定义的语义时，就需要使用选项 -std=gnu89 来指定。

若一个内联函数的定义没有使用关键词 static，那么 gcc 就会假设其他程序文件中也对这个函数有调用。因为一个全局符号只能被定义一次，所以该函数就不能在其他源文件中再进行定义。因此这里对内联函数的调用就不能被替换集成。因此，一个非静态的内联函数总是会被编译出自己的汇编代码来。在这方面，ISO 标准 C99 对不使用 static 关键词的内联函数定义等同于这里使用 static 关键词的定义。

如果在定义一个函数时还指定了 inline 和 extern 关键词，那么该函数定义仅用于内联集成，并且在任何情况下都不会单独产生该函数自身的汇编代码，即使明确引用了该函数的地址也不会产生。这样的一个地址会变成一个外部引用，就好像你仅仅声明了函数而没有定义函数一样。

关键词 inline 和 extern 组合在一起的作用几乎类同一个宏定义。使用这种组合方式就是把带有组合关键词的一个函数定义放在.h 头文件中，并且把不含关键词的另一个相同函数定义放在一个库文件中。此时头文件中的定义会让绝大多数对该函数的调用被替换嵌入。如果还有未被替换的对该函数的调用，那么就会使用（引用）程序文件中或库中的副本。Linux 0.1x 内核源代码中文件 include/string.h、lib/strings.c 就是这种使用方式的一个例子。例如，string.h 中定义了如下函数：

```
// 将字符串(src)复制到另一字符串(dest)，直到遇到 NULL 字符后停止。
// 参数：dest - 目的字符串指针，src - 源字符串指针。%0 - esi(src)，%1 - edi(dest)。
extern inline char * strcpy(char * dest,const char *src)
{
__asm__("cld\n"                              // 清方向位。
        "1:\tlodsb\n\t"                      // 加载 DS:[esi]处 1 字节→al，并更新 esi。
        "stosb\n\t"                          // 存储字节 al→ES:[edi]，并更新 edi。
        "testb %%al,%%al\n\t"                // 刚存储的字节是 0?
        "jne 1b"                             // 不是则向后跳转到标号 1 处，否则结束。
        ::"S" (src),"D" (dest):"si","di","ax");
return dest;                                 // 返回目的字符串指针。
}
```

而在内核函数库目录中，lib/strings.c 文件把关键词 inline 和 extern 都定义为空，如下所示。因此实际上就在内核函数库中又包含了 string.h 文件所有这类函数的一个副本，即又对这些函数重新定义了一次，并且“消除”了两个关键词的作用。

```
#define extern                               // 定义为空。
#define inline                               // 定义为空。
#define __LIBRARY__
#include <string.h>

```

此时库函数中重新定义的上述 strcpy()函数变成如下形式：

```
char * strcpy(char * dest,const char *src)  // 去掉了关键词 inline 和 extern。
{
__asm__("cld\n"                              // 清方向位。
        "1:\tlodsb\n\t"                      // 加载 DS:[esi]处 1 字节→al，并更新 esi。
        "stosb\n\t"                          // 存储字节 al→ES:[edi]，并更新 edi。
        "testb %%al,%%al\n\t"                // 刚存储的字节是 0?
        "jne 1b"                             // 不是则向后跳转到标号 1 处，否则结束。
        ::"S" (src),"D" (dest):"si","di","ax");
return dest;                                 // 返回目的字符串指针。
}
```

3.4 C 与汇编程序的相互调用

为了提高代码执行效率，内核源代码中有的地方直接使用了汇编语言编制。这就会涉及在两种语言编制的程序之间的相互调用问题。本节首先说明 C 语言函数的调用机制，然后举例说明两者函数之间的调用方法。

3.4.1 C 函数调用机制

在 Linux 内核程序 boot/head.s 执行完基本初始化操作之后，就会跳转去执行 init/main.c 程序。那么 head.s 程序是如何把执行控制转交给 init/main.c 程序的呢？即汇编程序是如何调用执行 C 语言程序的？这里我们首先描述一下 C 函数的调用机制、控制权传递方式，然后说明 head.s

程序跳转到 C 程序的方法。

函数调用操作包括从一块代码到另一块代码之间的双向数据传递和执行控制转移。数据传递通过函数参数和返回值来进行。另外，我们还需要在进入函数时为函数的局部变量分配存储空间，并且在退出函数时收回这部分空间。Intel 80x86 CPU 为控制传递提供了简单的指令，而数据的传递和局部变量存储空间的分配与回收则通过栈操作来实现。

1. 栈帧结构和控制转移权方式

大多数 CPU 上的程序实现使用栈来支持函数调用操作。栈被用来传递函数参数、存储返回信息、临时保存寄存器原有值以备恢复以及用来存储局部数据。单个函数调用操作所使用的栈部分被称为栈帧（stack frame）结构，其一般结构如图 3-4 所示。栈帧结构的两端由两个指针来指定。寄存器 ebp 通常用做帧指针（frame pointer），而 esp 则用作栈指针（stack pointer）。在函数执行过程中，栈指针 esp 会随着数据的入栈和出栈而移动，因此函数中对大部分数据的访问都基于帧指针 ebp 进行。

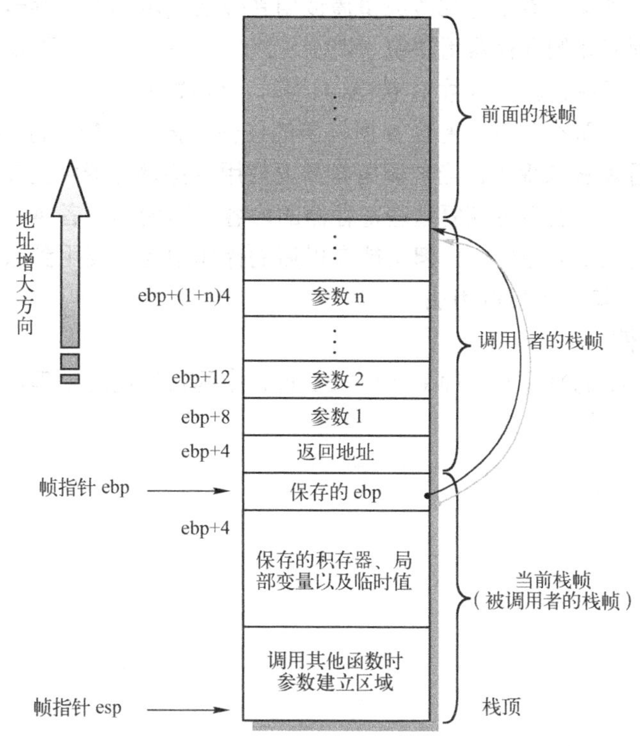

图 3-4 栈中帧结构示意图

对于函数 A 调用函数 B 的情况，传递给 B 的参数包含在 A 的栈帧中。当 A 调用 B 时，函数 A 的返回地址（调用返回后继续执行的指令地址）被压入栈中，栈中该位置也明确指明了 A 栈帧的结束处。而 B 的栈帧则从随后的栈部分开始，即图中保存帧指针（ebp）的地方开始。再随后则用于存放任何保存的寄存器值以及函数的临时值。

B 函数同样也使用栈来保存不能放在寄存器中的局部变量值。例如由于通常 CPU 的寄存器数量有限而不能够存放函数的所有局部数据，或者有些局部变量是数组或结构，因此必须使用数组或结构引用来访问。另外，C 语言的地址操作符“&”被应用到一个局部变量上时，我们就需要为该变量生成一个地址，即为变量的地址指针分配一空间。最后，B 函数会使用栈来保存调用任何其他函数的参数。

栈是往低（小）地址方向扩展的，而 esp 指向当前栈顶处的元素。通过使用 push 和 pop 指令我们可以把数据压入栈中或从栈中弹出。对于没有指定初始值的数据所需要的存储空间，我们可以通过把栈指针递减适当的值来做到。类似地，通过增加栈指针值我们可以回收栈中已分配的空间。

指令 CALL 和 RET 用于处理函数调用和返回操作。调用指令 CALL 的作用是把返回地址压入栈中并且跳转到被调用函数开始处执行。返回地址是程序中紧随调用指令 CALL 后面一条指令的地址。因此当被调函数返回时就会从该位置继续执行。返回指令 RET 用于弹出栈顶处的地址并跳转到该地址处。在使用该指令之前，应该先正确处理栈中内容，使得当前栈指针所指位置内容正是先前 CALL 指令保存的返回地址。另外，若返回值是一个整数或一个指针，那么寄存器 eax 将被默认用来传递返回值。

尽管某一时刻只有一个函数在执行，但我们还是需要确定在一个函数（调用者）调用其他函数（被调用者）时，被调用者不会修改或覆盖调用者今后要用到的寄存器内容。因此 Intel CPU 采用了所有函数必须遵守的寄存器用法统一惯例。该惯例指明，寄存器 eax、edx 和 ecx 的内容必须由调用者自己负责保存。当函数 B 被 A 调用时，函数 B 可以在不用保存这些寄存器内容的情况下任意使用它们而不会毁坏函数 A 所需要的任何数据。另外，寄存器 ebx、esi 和 edi 的内容则必须由被调用者 B 来保护。当被调用者需要使用这些寄存器中的任意一个时，必须首先在栈中保存其内容，并在退出时恢复这些寄存器的内容。因为调用者 A（或者一些更高层的函数）并不负责保存这些寄存器内容，但可能在以后的操作中还需要用到原先的值。还有寄存器 ebp 和 esp 也必须遵守第二个惯例用法。

2．函数调用举例

作为一个例子，我们来观察下面 C 程序 exch. c 中函数调用的处理过程。该程序交换两个变量中的值，并返回它们的差值。

```
void swap(int * a, int *b)
{
      int c;
      c = *a; *a = *b; *b = c;
}

int main()
{
      int a, b;
      a = 16; b = 32;
      swap(&a, &b);
      return (a - b);
}
```

其中函数 swap()用于交换两个变量的值。C 程序中的主程序 main()也是一个函数（将在下面说明），它在调用了 swap()之后返回交换后的结果。这两个函数的栈帧结构如图 3-5 所示。可以看出，函数 swap()从调用者 main()的栈帧中获取其参数。图中的位置信息相对于寄存器 ebp 中的帧指针。栈帧左边的数字指出了相对于帧指针的地址偏移值。在像 gdb 这样的调试器中，这些数值都用 2 的补码表示。例如，-4 被表示成 0xFFFFFFFC，-12 会被表示成 0xFFFFFFF4。

调用者 main()的栈帧结构中包括局部变量 a 和 b 的存储空间，相对于帧指针位于-4 和-8 偏移处。由于我们需要为这两个局部变量生成地址，因此它们必须保存在栈中而非简单地存放在寄存器中。

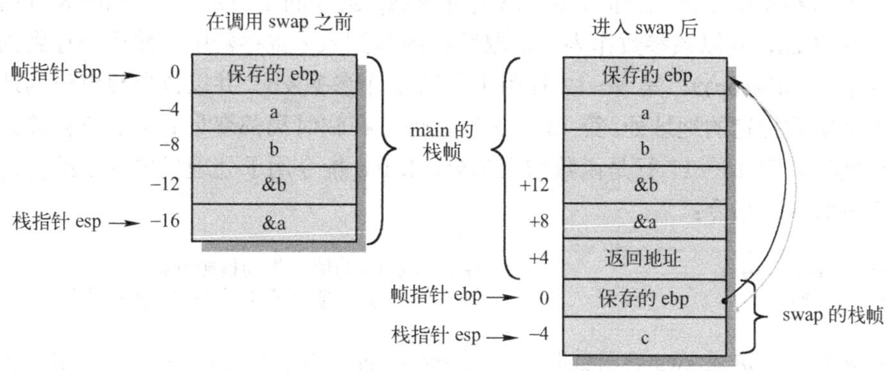

图 3-5　调用函数 main 和 swap 的栈帧结构

使用命令“gcc -Wall -S –o exch.s exch.c”可以生成该 C 语言程序的汇编程序 exch.s 代码，如下所示（删除了几行与讨论无关的伪指令）。

```
.text
_swap:
      pushl %ebp               # 保存原 ebp 值，设置当前函数的帧指针。
      movl %esp,%ebp
      subl $4,%esp             # 为局部变量 c 在栈内分配空间。
      movl 8(%ebp),%eax        # 取函数第 1 个参数，该参数是一个整数类型值的指针。
      movl (%eax),%ecx         # 取该指针所指位置的内容，并保存到局部变量 c 中。
      movl %ecx,-4(%ebp)
      movl 8(%ebp),%eax        # 再次取第 1 个参数，然后取第 2 个参数。
      movl 12(%ebp),%edx
      movl (%edx),%ecx         # 把第 2 个参数所指内容放到第 1 个参数所指的位置。
      movl %ecx,(%eax)
      movl 12(%ebp),%eax       # 再次取第 2 个参数。
      movl -4(%ebp),%ecx       # 然后把局部变量 c 中的内容放到这个指针所指位置处。
      movl %ecx,(%eax)
      leave                    # 恢复原 ebp、esp 值（即 movl %ebp,%esp; popl %ebp;）。
      ret
_main:
      pushl %ebp               # 保存原 ebp 值，设置当前函数的帧指针。
      movl %esp,%ebp
      subl $8,%esp             # 为整型局部变量 a 和 b 在栈中分配空间。
      movl $16,-4(%ebp)        # 为局部变量赋初值（a=16，b=32）。
      movl $32,-8(%ebp)
      leal -8(%ebp),%eax       # 为调用 swap()函数作准备，取局部变量 b 的地址，
      pushl %eax               # 作为调用的参数并压入栈中。即先压入第 2 个参数。
      leal -4(%ebp),%eax       # 再取局部变量 a 的地址，作为第 1 个参数入栈。
      pushl %eax
      call _swap               # 调用函数 swap()。
      movl -4(%ebp),%eax       # 取第 1 个局部变量 a 的值，减去第 2 个变量 b 的值。
      subl -8(%ebp),%eax
      leave                    # 恢复原 ebp、esp 值（即 movl %ebp,%esp; popl %ebp;）。
      ret
```

这两个函数均可以划分成三个部分："设置"，初始化栈帧结构；"主体"，执行函数的实际计算操作；"结束"，恢复栈状态并从函数中返回。对于 swap() 函数，其设置部分代码是 3～5 行。前两行用来设置保存调用者的帧指针和设置本函数的栈帧指针，第 5 行通过把栈指针 esp 下移 4 字节为局部变量 c 分配空间。6～15 行是 swap 函数的主体部分。第 6～8 行用于取调用者的第 1 个参数&a，并以该参数作为地址取所存内容到 ecx 寄存器中，然后保存到为局部变量分配的空间中（-4(%ebp)）。第 9～12 行用于取第 2 个参数&b，并以该参数值作为地址取其内容放到第 1 个参数指定的地址处。第 13～15 行把保存在临时局部变量 c 中的值存放到第 2 个参数指定的地址处。第 16～17 行是函数结束部分。leave 指令用于处理栈内容以准备返回，它的作用等价于下面两个指令：

```
        movl %ebp,%esp                    # 恢复原 esp 的值（指向栈帧开始处）。
        popl %ebp                         # 恢复原 ebp 的值（通常是调用者的帧指针）。
```

这部分代码恢复了在进入 swap()函数时寄存器 esp 和 ebp 的原有值，并执行返回指令 ret。

第 19～21 行是 main()函数的设置部分，在保存和重新设置帧指针之后，main()为局部变量 a 和 b 在栈中分配了空间。第 22～23 行为这两个局部变量赋值。从第 24～28 行可以看出，main()中是如何调用 swap()函数的。其中首先使用 leal 指令（取有效地址）获得变量 b 和 a 的地址并分别压入栈中，然后调用 swap()函数。变量地址压入栈中的顺序正好与函数申明的参数顺序相反。即函数最后一个参数首先压入栈中，而函数的第 1 个参数则是最后一个在调用函数指令 call 之前压入栈中的。第 29～30 行将两个已经交换过的数字相减，并放在 eax 寄存器中作为返回值。

从以上分析可知，C 语言在调用函数时是在堆栈上临时存放被调函数参数的值，即 C 语言是传值类语言，没有直接的方法可用来在被调用函数中修改调用者变量的值。因此为了达到修改的目的就需要向函数传递变量的指针（即变量的地址）。

3. main()也是一个函数

上面这段汇编程序是使用 gcc 1.40 编译产生的，可以看出其中有几行多余的代码。可见当时的 gcc 编译器还不能产生最高效率的代码，这也是为什么某些关键代码需要直接使用汇编语言编制的原因之一。另外，上面提到 C 程序的主程序 main()也是一个函数。这是因为在编译链接时它将会作为 crt0.s 汇编程序的函数被调用。crt0.s 是一个桩（stub）程序，名称中的"crt"是"C run-time"的缩写。该程序的目标文件将被链接在每个用户执行程序的开始部分，主要用于设置一些初始化全局变量等。Linux 0.12 中 crt0.s 汇编程序如下所示。其中已建立并初始化全局变量_environ 供程序中的其他模块使用。

```
.text
.globl _environ                   # 声明全局变量 _environ（对应 C 程序中的 environ 变量）。

__entry:                          # 代码入口标号。
        movl 8(%esp), %eax        # 取程序的环境变量指针 envp 并保存在_environ 中。
        movl %eax, _environ       # envp 是 execve() 函数在加载执行文件时设置的。
        call _main                # 调用我们的主程序。其返回状态值在 eax 寄存器中。
        pushl %eax                # 压入返回值作为 exit() 函数的参数并调用该函数。
1:      call _exit
        jmp 1b                    # 控制应该不会到达这里。若到达这里则继续执行 exit()。
.data
_environ:                         # 定义变量_environ，为其分配一个长字空间。
```

```
        .long 0
```

通常使用 gcc 编译链接生成执行文件时，gcc 会自动把该文件的代码作为第一个模块链接在可执行程序中。在编译时使用显示详细信息选项“-v”就可以明显地看出这个链接操作过程：

```
[/usr/root]# gcc -v -o exch exch.s
gcc version 1.40
 /usr/local/lib/gcc-as -o exch.o exch.s
 /usr/local/lib/gcc-ld -o exch /usr/local/lib/crt0.o exch.o /usr/local/lib/gnulib -lc
 /usr/local/lib/gnulib
[/usr/root]#
```

因此在通常的编译过程中，我们无需特别指定 stub 模块 crt0.o，但是若想根据上面给出的汇编程序手工使用 ld（gld）从 exch.o 模块链接产生可执行文件 exch，那么就需要在命令行上特别指明 crt0.o 这个模块，并且链接的顺序应该是 crt0.o、所有程序模块、库文件。

为了使用 ELF 格式的目标文件以及建立共享库模块文件，现在的 gcc 编译器（2.x）已经把这个 crt0 扩展成几个模块：crt1.o、crti.o、crtbegin.o、crtend.o 和 crtn.o。这些模块的链接顺序为 crt1.o、crti.o、crtbegin.o（crtbeginS.o）、所有程序模块、crtend.o（crtendS.o）、crtn.o、库模块文件。gcc 的配置文件 specfile 指定了这种链接顺序。其中，ctr1.o、crti.o 和 crtn.o 由 C 库提供，是 C 程序的“启动”模块；crtbegin.o 和 crtend.o 是 C++语言的启动模块，由编译器 gcc 提供；而 crt1.o 则与 crt0.o 的作用类似，主要用于在调用 main()之前做一些初始化工作，全局符号_start 就定义在这个模块中。

crtbegin.o 和 crtend.o 主要用于 C++语言，在.ctors 和.dtors 区中执行全局构造（constructor）和析构（destructor）函数。crtbeginS.o 和 crtendS.o 的作用与前两者类似，但用于创建共享模块中。crti.o 用于在.init 区中执行初始化函数 init()。.init 区中包含进程的初始化代码，即当程序开始执行时，系统会在调用 main()之前先执行.init 中的代码。crtn.o 则用于在.fini 区中执行进程终止退出处理函数 fini()函数，即当程序正常退出时（main()返回之后），系统会安排执行.fini 中的代码。

boot/head.s 程序中第 136～140 行就是用于为跳转到 init/main.c 中的 main()函数做准备工作。第 139 行上的指令在栈中压入了返回地址，而第 140 行则压入了 main()函数代码的地址。当 head.s 最后在第 218 行上执行 ret 指令时就会弹出 main()的地址，并把控制权转移到 init/main.c 程序中。

3.4.2 在汇编程序中调用 C 函数

从汇编程序中调用 C 语言函数的方法实际上在上面已经给出。在上面 C 语言例子对应的汇编程序代码中，我们可以看出汇编程序语句是如何调用 swap()函数的。现在我们对调用方法作一总结。

在汇编程序调用一个 C 函数时，程序需要首先按照逆向顺序把函数参数压入栈中，即函数最后（最右边的）一个参数先入栈，而最左边的第 1 个参数在最后调用指令之前入栈，如图 3-6 所示。然后执行 CALL 指令去执行被调用的函数。在调用函数返回后，程序需要再把先前压入栈中的函数参数清除掉。

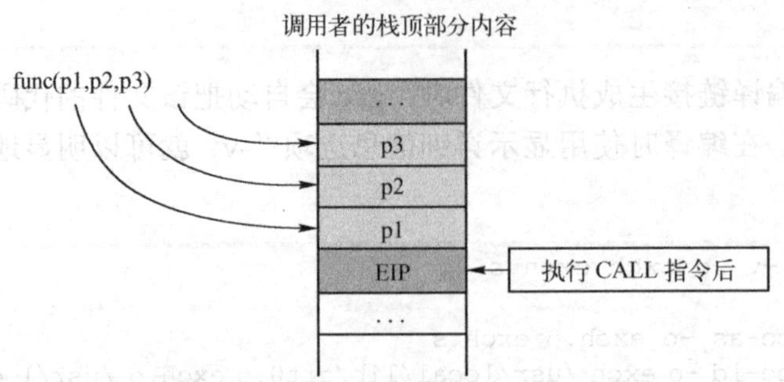

图 3-6 调用函数时压入堆栈的参数

在执行 CALL 指令时，CPU 会把 CALL 指令的下一条指令的地址压入栈中（见图 3-6 中的 EIP）。如果调用还涉及代码特权级变化，那么 CPU 会进行堆栈切换，并且把当前堆栈指针、段描述符和调用参数压入新堆栈中。由于 Linux 内核中只使用中断门和陷阱门方式处理特权级变化时的调用情况，并没有使用 CALL 指令来处理特权级变化的情况，因此这里对特权级变化时的 CALL 指令使用方式不再进行说明。

汇编中调用 C 函数比较“自由”，只要是在栈中适当位置的内容就都可以作为参数供 C 函数使用。这里仍然以图 3-6 中具有 3 个参数的函数调用为例，如果我们没有专门为调用函数 func()压入参数就直接调用它的话，那么 func()函数仍然会把存放 EIP 位置以上的栈中其他内容作为自己的参数使用。如果我们为调用 func()而仅仅明确地压入了第 1、第 2 个参数，那么 func()函数的第 3 个参数 p3 就会直接使用 p2 前的栈中内容。在 Linux 0.1x 内核代码中就有几处使用了这种方式。例如在 kernel/sys_call.s 汇编程序中第 231 行上调用 copy_process()函数（kernel/fork.c 中第 68 行）的情况。在汇编程序函数_sys_fork 中虽然只把 5 个参数压入了栈中，但是 copy_process()却带有多达 17 个参数（见下面的程序）。

```
// kernel/sys_call.s 汇编程序_sys_fork 部分。
226         push %gs
227         pushl %esi
228         pushl %edi
229         pushl %ebp
230         pushl %eax
231         call _copy_process              # 调用 C 函数 copy_process() (kernel/fork.c,68)。
232         addl $20,%esp                   # 丢弃这里所有压栈内容。
233 1:      ret
```

```
// kernel/fork.c 程序。
68 int copy_process(int nr,long ebp,long edi,long esi,long gs,long none,
69              long ebx,long ecx,long edx, long orig_eax,
70              long fs,long es,long ds,
71              long eip,long cs,long eflags,long esp,long ss)
```

我们知道，参数越是最后入栈，越是靠近 C 函数参数左侧。因此实际上调用 copy_process()函数之前入栈 5 个寄存器值就是 copy_process()函数的最左面的 5 个参数。按顺序它们分别对应为入栈的 eax（nr）、ebp、edi、esi 和寄存器 gs 的值。而随后的其余参数实际上直接对应堆栈上已有的内容。这些内容是从进入系统调用中断处理过程开始，直到调用本系统调用处理过程时逐步入栈的各寄存器的值。

参数 none 是 sys_call.s 程序第 99 行上利用地址跳转表 sys_call_table[](定义在 include/linux/sys.h，93 行）调用_sys_fork 时的下一条指令的返回地址值。随后的参数是刚进入 system_call 时在 85～91 行压入栈的寄存器 ebx、ecx、edx、原 eax 和段寄存器 fs、es、ds。最后 5 个参数是 CPU 执行中断指令压入返回地址 eip 和 cs、标志寄存器 eflags、用户栈地址 esp 和 ss。因为系统调用涉及程序特权级变化，所以 CPU 会把标志寄存器值和用户栈地址也压入堆栈。在调用 C 函数 copy_process()返回后，_sys_fork 也只把自己压入的 5 个参数丢弃掉，栈中其他值均保存着。其他采用上述用法的函数还有 kernel/signal.c 中的 do_signal()、fs/exec.c 中的 do_execve()等，请读者自行分析。

另外，我们说汇编程序调用 C 函数比较自由的另一个原因是我们可以根本不用 CALL 指令而采用 JMP 指令来同样达到调用函数的目的。方法是在参数入栈后把下一条要执行的指令地址人工压入栈中，然后直接使用 JMP 指令跳转到被调用函数开始地址处去执行函数。此后当函数执行完成时就会执行 RET 指令，把人工压入栈中的下一条指令地址弹出，作为函数返回的地址。Linux 内核中也有多处用到了这种函数调用方法，例如 kernel/asm.s 程序第 62 行调用执行 traps.c 中的 do_int3()函数的情况。

3.4.3　在 C 程序中调用汇编函数

从 C 程序中调用汇编程序函数的方法与汇编程序中调用 C 函数的原理相同，但 Linux 内核程序中不常使用。调用方法的着重点仍然是对函数参数在栈中位置的确定上。当然，如果调用的汇编语言程序比较短，那么可以直接在 C 程序中使用上面介绍的内联汇编语句来实现。下面举例说明编制这类程序的方法。包含两个函数的汇编程序 callee.s 如下。

```
/*
  本汇编程序利用系统调用 sys_write()实现显示函数 int mywrite(int fd, char * buf, int count)。
  函数 int myadd(int a, int b, int * res) 用于执行 a+b = res 运算。若函数返回 0，则说明溢出。
  注意：如果在现在的 Linux 系统（如 RedHat 9）下编译，则请去掉函数名前的下划线'_'。
*/
SYSWRITE = 4                            # sys_write()系统调用号。
.globl _mywrite, _myadd
.text
_mywrite:
        pushl   %ebp
        movl    %esp, %ebp
        pushl   %ebx
        movl    8(%ebp), %ebx           # 取调用者第 1 个参数：文件描述符 fd。
        movl    12(%ebp), %ecx          # 取第 2 个参数：缓冲区指针。
        movl    16(%ebp), %edx          # 取第 3 个参数：显示字符数。
        movl    $SYSWRITE,%eax          # %eax 中放入系统调用号 4。
        int     $0x80                   # 执行系统调用。
        popl    %ebx
        movl    %ebp, %esp
        popl    %ebp
        ret
_myadd:
        pushl   %ebp
        movl    %esp, %ebp
        movl    8(%ebp), %eax           # 取第 1 个参数 a。
        movl    12(%ebp), %edx          # 取第 2 个参数 b。
        xorl    %ecx, %ecx              # %ecx 为 0 表示计算溢出。
```

```
	addl	%eax, %edx		# 执行加法运算。
	jo	1f			# 若溢出则跳转。
	movl	16(%ebp), %eax		# 取第 3 个参数的指针。
	movl	%edx, (%eax)		# 把计算结果放入指针所指位置处。
	incl	%ecx			# 没有发生溢出，于是设置无溢出返回值。
1:	movl	%ecx, %eax		# %eax 中是函数返回值。
	movl	%ebp, %esp
	popl	%ebp
	ret
```

该汇编文件中的第 1 个函数 mywrite() 利用系统中断 0x80 调用系统调用 sys_write(int fd, char *buf, int count) 实现在屏幕上显示信息。对应的系统调用功能号是 4（参见 include/unistd.h），3 个参数分别为文件描述符、显示缓冲区指针和显示字符数。在执行 int 0x80 之前，寄存器%eax 中需要放入调用功能号（4），寄存器%ebx、%ecx 和%edx 要按调用规定分别存放 fd、buf 和 count。函数 mywrite()的调用参数个数和用途与 sys_write()完全一样。

第 2 个函数 myadd(int a, int b, int *res) 执行加法运算。其中参数 res 是运算的结果。函数返回值用于判断是否发生溢出。如果返回值为 0 表示计算已发生溢出，结果不可用。否则计算结果将通过参数 res 返回给调用者。

注意：如果在现在的 Linux 系统（如 RedHat 9）下编译 callee.s 程序，则请去掉函数名前的下画线“_”。调用这两个函数的 C 程序 caller.c 如下所示。

```
/*
 调用汇编函数 mywrite(fd, buf, count) 显示信息；调用 myadd(a, b, result) 执行加运算。
 如果 myadd() 返回 0，则表示加函数发生溢出。首先显示开始计算信息，然后显示运算结果。
*/
int main()
{
	char buf[1024];
	int a, b, res;
	char * mystr = "Calculating...\n";
	char * emsg  = "Error in adding\n";

	a = 5; b = 10;
	mywrite(1, mystr, strlen(mystr));
	if (myadd(a, b, &res)){
		sprintf(buf, "The result is %d\n", res);
		mywrite(1, buf, strlen(buf));
	} else {
		mywrite(1, emsg, strlen(emsg));
	}
	return 0;
}
```

该函数首先利用汇编函数 mywrite()在屏幕上显示开始计算的信息"Calculating..."，然后调用加法计算汇编函数 myadd()对 a 和 b 两个数进行运算，并在第 3 个参数 res 中返回计算结果。最后利用 mywrite()函数把格式化的结果信息字符串显示在屏幕上。如果函数 myadd()返回 0，则表示加函数发生溢出，计算结果无效。这两个文件的编译和运行结果如下：

```
[/usr/root]# as -o callee.o callee.s
[/usr/root]# gcc -o caller caller.c callee.o
```

```
[/usr/root]# ./caller
Calculating...
The result is 15
[/usr/root]#
```

3.5　Linux 0.12 目标文件格式

为了生成内核代码文件，Linux 0.12 使用了两种编译器。第一种是汇编编译器 as86 和相应的链接程序（或称为链接器）ld86。它们专门用于编译和链接运行在实地址模式下的 16 位内核引导扇区程序 bootsect.S 和设置程序 setup.s。第二种是 GNU 的汇编器 as（gas）和 C 语言编译器 gcc 以及相应的链接程序 gld。编译器用于为源程序文件产生对应的二进制代码和数据目标文件。链接程序用于对相关的所有目标文件进行组合处理，形成一个可被内核加载执行的目标文件，即可执行文件。

本节首先简单说明编译器产生的目标文件结构，然后描述链接器如何把需要链接在一起的目标文件模块组合在一起，以生成二进制可执行映像文件或一个大的模块文件。最后说明 Linux 0.12 内核二进制代码文件 Image 的生成原理和过程。这里给出了 Linux 0.12 内核支持的 a.out 目标文件格式的信息。as86 和 ld86 生成的是 MINIX 专门的目标文件格式，将在涉及这种格式的 16 章中给出。因为 MINIX 目标文件结构与 a.out 目标文件格式类似，所以这里不对其进行说明。有关目标文件和链接程序的基本工作原理可参见 John R. Levine 著的“Linkers & Loaders”一书。

为便于描述，这里把编译器生成的目标文件称为目标模块文件（简称模块文件），而把链接程序输出产生的可执行目标文件称为可执行文件。并且把它们统称为目标文件。

3.5.1　目标文件格式

在 Linux 0.12 系统中，GNU gcc 或 gas 编译输出的目标模块文件和链接程序所生成的可执行文件都使用了 UNIX 传统的 a.out 格式。这是一种被称为汇编与链接输出（Assembly & linker editor output）的目标文件格式。对于具有内存分页机制的系统来说，这是一种简单有效的目标文件格式。a.out 格式文件由一个文件头和随后的代码区（text section，也称为正文段）、已初始化数据区（data section，也称为数据段）、重定位信息区、符号表以及符号名字符串构成，如图 3-7 所示。其中代码区和数据区通常也被分别称为正文段（代码段）和数据段。

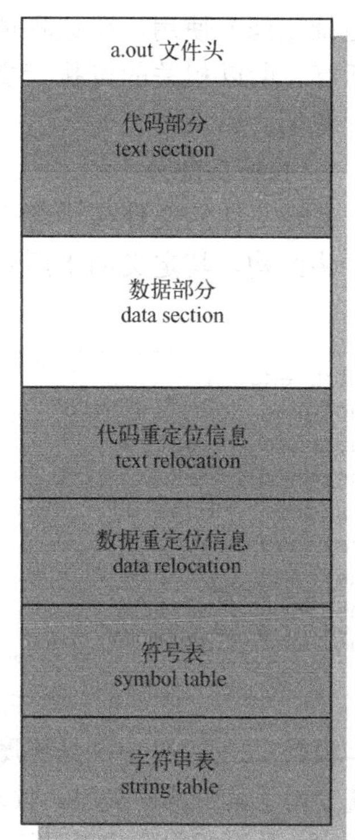

图 3-7　a.out 格式的目标文件

a.out 格式 7 个区的基本定义和用途是：

● 执行头部分（exec header）。执行文件头部分。该部分中含有一些参数（exec 结构），是有关目标文件的整体结构信息。例如代码和数据区的长度、未初始化数据区的长度、对应源程序文件名以及目标文件创建时间等。内核使用这些参数把执行文件加载到内存中并执行，而链接程序（ld）使用这些参数将一些模块文件组合成一个可执行文件。这是目标文件唯一必要的组成部分。

- 代码区（text segment）。由编译器或汇编器生成的二进制指令代码和数据信息，含有程序执行时被加载到内存中的指令代码和相关数据。能以只读形式加载。
- 数据区（data segment）。由编译器或汇编器生成的二进制指令代码和数据信息，这部分含有已经初始化过的数据，总是被加载到可读写的内存中。
- 代码重定位部分（text relocation）。这部分含有供链接程序使用的记录数据。在组合目标模块文件时用于定位代码段中的指针或地址。当链接程序需要改变目标代码的地址时就需要修正和维护这些地方。
- 数据重定位部分（data relocation）。类似于代码重定位部分的作用，但是用于数据段中指针的重定位。
- 符号表部分（symbol table）。这部分同样含有供链接程序使用的记录数据。这些记录数据保存着模块文件中定义的全局符号以及需要从其他模块文件中输入的符号，或者是由链接器定义的符号，用于在模块文件之间对命名的变量和函数（符号）进行交叉引用。
- 字符串表部分（string table）。该部分含有与符号名相对应的字符串，供调试程序调试目标代码，与链接过程无关。这些信息可包含源程序代码和行号、局部符号以及数据结构描述信息等。

对于一个指定的目标文件并非一定会包含所有以上信息。由于 Linux 0.12 系统使用了 Intel CPU 的内存管理功能，因此它会为每个执行程序单独分配一个 64MB 的地址空间（逻辑地址空间）使用。在这种情况下，因为链接器已经把执行文件处理成从一个固定地址开始运行，所以相关的可执行文件中就不再需要重定位信息。下面对其中几个重要区或部分进行说明。

1. 执行头部分

目标文件的文件头中含有一个长度为 32B 的 exec 数据结构，通常称为文件头结构或执行头结构。其定义如下所示。有关 a.out 结构的详细信息请参见 include/a.out.h 文件后的介绍。

```
struct exec {
  unsigned long a_magic        // 执行文件魔数。使用 N_MAGIC 等宏访问。
  unsigned a_text              // 代码长度，字节数。
  unsigned a_data              // 数据长度，字节数。
  unsigned a_bss               // 文件中的未初始化数据区长度，字节数。
  unsigned a_syms              // 文件中的符号表长度，字节数。
  unsigned a_entry             // 执行开始地址。
  unsigned a_trsize            // 代码重定位信息长度，字节数。
  unsigned a_drsize            // 数据重定位信息长度，字节数。
}
```

根据 a.out 文件中头结构魔数字段的值，可以把 a.out 格式的文件分成几种类型。Linux 0.12 系统使用了其中两种类型：模块目标文件使用了 OMAGIC（Old Magic）类型的 a.out 格式，它指明文件是目标文件或者是不纯的可执行文件。其魔数是 0x107（八进制 0407）。而执行文件则使用了 ZMAGIC 类型的 a.out 格式，它指明文件为需求分页处理（demand-paging，即需求加载，load on demand）的可执行文件。其魔数是 0x10b（八进制 0413）。这两种格式的主要区别在于它们对各个部分的存储分配方式上。虽然该结构的总长度只有 32B，但是对于一个 ZMAGIC 类型的执行文件来说，其文件开始部分却需要专门留出 1KB 的空间给头结构使用。除被头结构占用的 32B 以外，其余部分均为 0。从 1024 字节之后才开始放置程序的正文段和数据段等信息。而对于一个 OMAGIC 类型的.o 模块文件来说，文件开始部分的 32 字节头结构后面紧接着就是代码区和数据区。

执行头结构中的 a_text 和 a_data 字段分别指明后面只读的代码段和可读写数据段的字节长度。a_bss 字段指明内核在加载目标文件时数据段后面未初始化数据区域（bss 段）的长度。由于 Linux 在分配内存时会自动对内存清零，因此 bss 段不需要被包括在模块文件或执行文件中。为了形象地表示目标文件逻辑地具有一个 bss 段，在后面图示中将使用虚线框来表示目标文件中的 bss 段。

a_entry 字段指定了程序代码开始执行的地址，而 a_syms、a_trsize 和 a_drsize 字段则分别说明了数据段后符号表、代码和数据段重定位信息的大小。对于可执行文件来说并不需要符号表和重定位信息，因此除非链接程序为了调试目的而包括了符号信息，执行文件中的这几个字段的值通常为 0。

2. 重定位信息部分

Linux 0.12 系统的模块文件和执行文件都是 a.out 格式的目标文件，但是只有编译器生成的模块文件中包含用于链接程序的重定位信息。代码段和数据段的重定位信息均有重定位记录（项）构成，每个记录的长度为 8B，其结构如下所示：

```
struct relocation_info
{
  int r_address;                  // 段内需要重定位的地址。
  unsigned int r_symbolnum:24;    // 含义与 r_extern 有关。指定符号表中一个符号或者一个段。
  unsigned int r_pcrel:1;         // 1 位。PC 相关标志。
  unsigned int r_length:2;        // 2 位。指定要被重定位字段长度（2 的次方）。
  unsigned int r_extern:1;        // 外部标志位。1 - 以符号的值重定位。0 - 以段的地址重定位。
  unsigned int r_pad:4;           // 没有使用的 4 个位，但最好将它们复位掉。
};
```

重定位项的功能有两个。一是当代码段被重定位到一个不同的基地址处时，重定位项则用于指出需要修改的地方。二是在模块文件中存在对未定义符号引用时，当此未定义符号最终被定义时链接程序就可以使用相应重定位项对符号的值进行修正。由上面重定位记录项的结构可以看出，每个记录项含有模块文件代码区（代码段）和数据区（数据段）中需要重定位处长度为 4B 的地址以及规定如何具体进行重定位操作的信息。地址字段 r_address 是指可重定位项从代码段或数据段开始算起的偏移值。2bit 的长度字段 r_length 指出被重定位项的长度，0 到 3 分别表示被重定位项的宽度是 1B、2B、4B 或 8B。标志位 r_pcrel 指出被重定位项是一个“PC 相关的”项，即它作为一个相对地址被用于指令当中。外部标志位 r_extern 控制着 r_symbolnum 的含义，指明重定位项参考的是段还是一个符号。如果该标志值是 0，那么该重定位项是一个普通的重定位项，此时 r_symbolnum 字段指定在哪个段中寻址定位。如果该标志是 1，那么该重定位项是对一个外部符号的引用，此时 r_symbolnum 指定目标文件中符号表中的一个符号，需要使用符号的值进行重定位。

3. 符号表和字符串部分

目标文件的最后部分是符号表和相关的字符串表。符号表记录项的结构如下所示：

```
struct nlist {
  union {
    char        *n_name;            // 字符串指针。
    struct nlist *n_next;           // 或者是指向另一个符号项结构的指针。
    long         n_strx;            // 或者是符号名称在字符串表中的字节偏移值。
  } n_un;
  unsigned char n_type;             // 该字节分成 3 个字段，参见 a.out.h 文件 146-154 行。
  char        n_other;              // 通常不用。
  short       n_desc;               //
  unsigned long n_value;            // 符号的值。
};
```

由于 GNU gcc 编译器允许任意长度的标识符，因此标识符字符串都位于符号表后的字符串表中。每个符号表记录项长度为 12 字节，其中第一个字段给出了符号名字符串（以 null 结尾）在字符串表中的偏移位置。类型字段 n_type 指明了符号的类型。该字段的最后一个位用于指明符号是否为外部的（全局的）。如果该位为 1 的话，那么说明该符号是一个全局符号。链接程序并不需要局部符号信息，但可供调试程序使用。n_type 字段的其余位用来指明符号类型。a.out.h 头文件中定义了这些类型值常量符号。符号的主要类型包括：

- text、data 或 bbs 指明是本模块文件中定义的符号。此时符号的值是模块中该符号的可重定位地址。
- abs 指明符号是一个绝对的（固定的）不可重定位的符号。符号的值就是该固定值。
- undef 指明是一个本模块文件中未定义的符号。此时符号的值通常是 0。

但作为一种特殊情况，编译器能够使用一个未定义的符号来要求链接程序为指定的符号名保留一块存储空间。如果一个未定义的外部（全局）符号具有非零值，那么对链接程序而言该值就是程序希望指定符号寻址的存储空间的大小值。在链接操作期间，如果该符号确实没有定义，那么链接程序就会在 bss 段中为该符号名建立一块存储空间，空间的大小是所有被链接模块中该符号值最大的一个。这就是 bss 段中所谓的公共块（common block）定义，主要用于支持未初始化的外部（全局）数据。例如程序中定义的未初始化的数组。如果该符号在任意一个模块中已经被定义了，那么链接程序就会使用该定义而忽略该值。

3.5.2 Linux 0.12 中的目标文件格式

在 Linux 0.12 系统中，可以使用 objdump 命令来查看模块文件或执行文件中文件头结构的具体值。例如，下面列出了 hello.o 目标文件及其执行文件中文件头的具体值。

```
[/usr/root]# gcc -c -o hello.o hello.c
[/usr/root]# gcc -o hello hello.o
[/usr/root]#
[/usr/root]# hexdump -x hello.o
0000000   0107   0000   0028   0000   0000   0000   0000   0000
0000010   0024   0000   0000   0000   0010   0000   0000   0000
0000020   6548   6c6c   2c6f   7720   726f   646c   0a21   0000
0000030   8955   68e5   0000   0000   e3e8   ffff   31ff   ebc0
0000040   0003   0000   c3c9   0000   0019   0000   0002   0d00
0000050   0014   0000   0004   0400   0004   0000   0004   0000
```

```
0000060   0000   0000   0012   0000   0005   0000   0010   0000
0000070   0018   0000   0001   0000   0000   0000   0020   0000
0000080   6367   5f63   6f63   706d   6c69   6465   002e   6d5f
0000090   6961   006e   705f   6972   746e   0066
000009c
[/usr/root]# objdump -h hello.o
hello.o:
magic: 0x107 (407)machine type: 0 flags: 0x0 text 0x28 data 0x0 bss 0x0
nsyms 3 entry 0x0 trsize 0x10 drsize 0x0
[/usr/root]#
[/usr/root]# hexdump -x hello | more
0000000   010b   0000   3000   0000   1000   0000   0000   0000
0000010   069c   0000   0000   0000   0000   0000   0000   0000
0000020   0000   0000   0000   0000   0000   0000   0000   0000
*
0000400   448b   0824   00a3   0030   e800   001a   0000   006a
0000410   dbe8   000d   eb00   00f9   6548   6c6c   2c6f   7720
0000420   726f   646c   0a21   0000   8955   68e5   0018   0000
......
--More--q
[/usr/root]#
[/usr/root]# objdump -h hello
hello:
magic: 0x10b (413)machine type: 0 flags: 0x0 text 0x3000 data 0x1000 bss 0x0
nsyms 141 entry 0x0 trsize 0x0 drsize 0x0
[/usr/root]#
```

可以看出，hello.o 模块文件的魔数是 0407（OMAGIC），代码段紧跟在头结构之后。除了文件头结构以外，还包括一个长度为 0x28 字节的代码段和一个具有 3 个符号项的符号表以及长度为 0x10 字节的代码段重定位信息。其余各段的长度均为 0。对应的执行文件 hello 的魔数是 0413（ZMAGIC），代码段从文件偏移位置 1024 字节开始存放。代码段和数据段的长度分别为 0x3000 和 0x1000 字节，并带有包含 141 个项的符号表。可以使用命令 strip 删除执行文件中的符号表信息。例如下面我们删除了 hello 执行文件中的符号信息。可以看出 hello 执行文件的符号表长度变成了 0，并且 hello 文件的长度也从原来的 20591 字节减小到 17412 字节。

```
[/usr/root]# ll hello
-rwx--x--x   1 root    4096       20591 Nov 14 18:30 hello
[/usr/root]# objdump -h hello
hello:
magic: 0x10b (413)machine type: 0flags: 0x0text 0x3000 data 0x1000 bss 0x0
nsyms 141 entry 0x0 trsize 0x0 drsize 0x0

[/usr/root]# strip hello
[/usr/root]# ll hello
-rwx--x--x   1 root    4096       17412 Nov 14 18:33 hello
[/usr/root]# objdump -h hello
hello:
magic: 0x10b (413)machine type: 0flags: 0x0text 0x3000 data 0x1000 bss 0x0
nsyms 0 entry 0x0 trsize 0x0 drsize 0x0
[/usr/root]#
```

磁盘上 a.out 执行文件的各区在进程逻辑地址空间中的对应关系如图 3-8 所示。Linux 0.12

系统中进程的逻辑空间大小是 64MB。对于 ZMAGIC 类型的 a.out 执行文件，它的代码区的长度是内存页面的整数倍。由于 Linux 0.12 内核使用需求页技术，即在一页代码实际要使用的时候才被加载到物理内存页面中，而在进行加载操作的 fs/execve()函数中仅仅为其设置了分页机制的页目录项和页表项，因此需求页技术可以加快程序的加载速度。

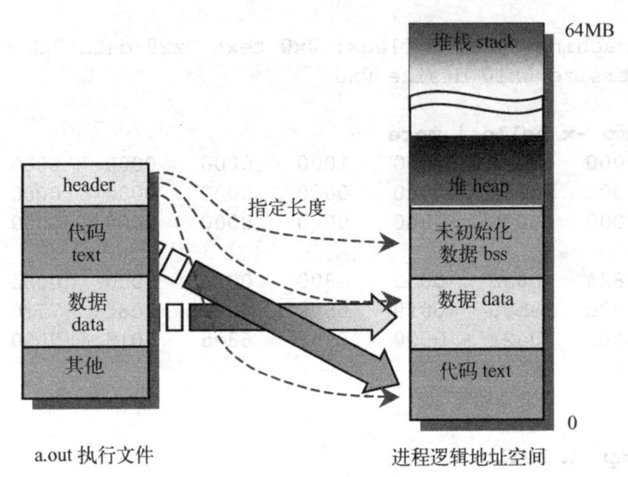

图 3-8 a.out 执行文件映射到进程逻辑地址空间

图中 bss 是进程的未初始化数据区，用于存放静态的未初始化数据。在开始执行程序时 bss 的第 1 页内存会被设置为全 0。图中 heap 是堆空间区，用于分配进程在执行过程中动态申请的内存空间。

3.5.3 链接程序输出

链接程序对输入的一个或多个模块文件以及相关的库函数模块进行处理，最终生成相应的二进制执行文件或一个由所有模块组合而成的大模块文件。在这个过程中，链接程序的首要任务是给执行文件（或者输出的模块文件）进行存储空间分配操作。一旦存储位置确定，链接程序就可以继续执行符号绑定操作和代码修正操作。因为模块文件中定义的大多数符号与文件中的存储位置有关，所以在符号对应的位置确定之前符号是没有办法解析的。

每个模块文件中包括几种类型的段，链接程序的第二个任务就是把所有模块中相同类型的段组合连接在一起，在输出文件中为指定段类型形成单一一个段。例如，链接程序需要把所有输入模块文件中的代码段合并成一个段放在输出的执行文件中。

对于 a.out 格式的模块文件来说，由于段类型是预先知道的，因此链接程序对 a.out 格式的模块文件进行存储分配比较容易。例如，对于具有两个输入模块文件和需要连接一个库函数模块的情况，其存储分配情况如图 3-9 所示。每个模块文件都有一个代码段（text）、数据段（data）和一个 bss 段，也许还会有一些看似外部（全局）符号的公共块。链接程序会收集每个模块文件包括任何库函数模块中的代码段、数据段和 bss 段的大小。在读入并处理了所有模块之后，任何具有非零值的未解析的外部符号都将作为公共块来看待，并且把它们分配存储在 bss 段的末尾处。

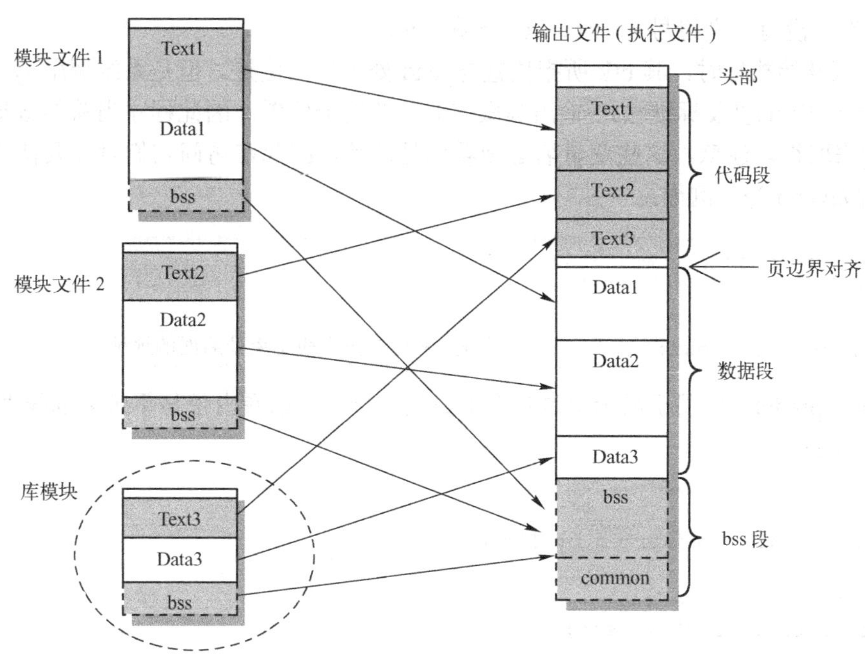

图 3-9　目标文件的链接操作

此后链接程序就可以为所有段分配地址。对于 Linux 0.12 系统中使用的 ZMAGIC 类型的 a.out 格式，输出文件中的代码段被设置成从固定地址 0 开始。数据段则从代码段后下一个页面边界开始。bss 段则紧随数据段开始放置。在每个段内，链接程序会把输入模块文件中的同类型段顺序存放，并按字进行边界对齐。

当 Linux 0.12 内核加载一个可执行文件时，它会根据文件头部结构中的信息首先判断文件是不是一个合适的可执行文件，即其魔数类型是否为 ZMAGIC，然后系统在用户态堆栈顶部为程序设置环境参数和命令行上输入的参数信息块并为其构建一个任务数据结构。接着在设置了一些相关寄存器值后利用堆栈返回技术去执行程序。执行程序映像文件中的代码和数据将会在实际执行到或用到时利用需求加载技术（Load on demand）动态加载到内存中。

Linux 0.12 内核的编译是根据内核的配置文件 Makefile 使用 make 命令指挥编译器和链接程序操作而完成的。在编译过程中 make 还利用内核源代码 tools/目录下的 build.c 程序编译生成了一个用于组合所有模块的临时工具程序 build。由于内核是由引导启动程序利用 ROM BIOS 中断调用加载到内存中的，因此编译产生的内核各模块中的执行头结构部分需要去掉。工具程序 build 的主要功能就是分别去掉 bootsect、setup 和 system 文件中的执行头结构，然后把它们顺序组合在一起产生一个名为 Image 的内核映像文件。

3.5.4　链接程序预定义变量

在链接过程中，链接器 ld 和 ld86 会使用变量记录执行程序中每个段的逻辑地址。因此在程序中可以通过访问这几个外部变量来获得程序中段的位置。链接器预定义的外部变量通常至少有 etext、_etext、edata、_edata、end 和_end。

变量名_etext 和 etext 的地址是程序正文段结束后的第 1 个地址；_edata 和 edata 的地址是初始化数据区后面的第 1 个地址；_end 和 end 的地址是未初始化数据区（bss）后的第 1 个地址位置。带下划线“_”前缀的名称等同于不带下划线的对应名称，它们之间的唯一区别在于 ANSI、

POSIX 等标准中没有定义符号 etext、edata 和 end。

当程序刚开始执行时，其 brk 所指位置与_end 处于相同位置。但是系统调用 sys_brk()、内存分配函数 malloc()以及标准输入/输出等操作会改变这个位置。因此程序当前的 brk 位置需要使用 sbrk()来取得。注意，这些变量名必须看作是地址。因此在访问它们时需要使用取地址前缀“&”，例如&end 等。例如：

```
extern int _etext;
int et;

(int *) et = &_etext;           // 此时 et 含有正文段结束处后面的地址。
```

下面程序 predef.c 可用于显示出这几个变量的地址。可以看出带与不带下划线“_”符号的地址值是相同的。

```
/*
 Print the symbols predefined by linker.
*/
extern int end, etext, edata;
extern int _etext, _edata, _end;
int main()
{
    printf("&etext=%p, &edata=%p, &end=%p\n",
           &etext, &edata, &end);
    printf("&_etext=%p, &_edata=%p, &_end=%p\n",
           &_etext, &_edata, &_end);
    return 0;
}
```

在 Linux 0.1X 系统下运行该程序可以得到以下结果。请注意，这些地址都是程序地址空间中的逻辑地址，即从执行程序被加载到内存位置开始算起的地址。

```
[/usr/root]# gcc -o predef predef.c
[/usr/root]# ./predef
&etext=4000, &edata=44c0, &end=48d8
&_etext=4000, &_edata=44c0, &_end=48d8
[/usr/root]#
```

如果在现代的 Linux 系统（例如 RedHat 9）中运行这个程序，就可得到以下结果。我们知道现在 Linux 系统中程序代码从其逻辑地址 0x08048000 处开始存放，因此可知这个程序的代码段长度是 0x41b 字节。

```
[root@plinux]# ./predef
&etext=0x804841b, &edata=0x80495a8, &end=0x80495ac
&_etext=0x804841b, &_edata=0x80495a8, &_end=0x80495ac
[root@plinux]#
```

Linux 0.1x 内核在初始化块设备高速缓冲区时（fs/buffer.c），就使用了变量名_end 来获取内核映像文件 Image 在内存中的末端后的位置，并从这个位置起开始设置高速缓冲区。

3.5.5 System.map 文件

当运行 GNU 链接器 gld（ld）时若使用了“-M”选项，或者使用 nm 命令，则会在标准输出设备（通常是屏幕）上打印出链接映像（link map）信息，即是指由链接程序产生的目标程序内存地址映像信息。其中列出了程序段装入到内存中的位置信息。具体来讲有如下信息：

- 目标文件及符号信息映射到内存中的位置。
- 公共符号如何放置。
- 链接中包含的所有文件成员及其引用的符号。

通常我们会把发送到标准输出设备的链接映像信息重定向到一个文件中（例如 System.map）。在编译内核时，linux/Makefile 文件产生的 System.map 文件就用于存放内核符号表信息。符号表是所有内核符号及其对应地址的一个列表，当然也包括上面说明的_etext、_edata 和_end 等符号的地址信息。随着每次内核的编译，就会产生一个新的对应 System.map 文件。当内核运行出错时，通过 System.map 文件中的符号表解析，就可以查到一个地址值对应的变量名，或反之。

利用 System.map 符号表文件，在内核或相关程序出错时，就可以获得我们比较容易识别的信息。符号表的样例如下所示：

```
c03441a0 B dmi_broken
c03441a4 B is_sony_vaio_laptop
c03441c0 b dmi_ident
c0344200 b pci_bios_present
c0344204 b pirq_table
```

其中每行说明一个符号，第 1 栏指明符号值（地址）；第 2 栏是符号类型，指明符号位于目标文件的哪个区（sections）或其属性；第 3 栏是对应的符号名称。

第 2 栏中的符号类型指示符通常有表 3-5 所示的几种，另外还有一些与采用的目标文件格式相关。如果符号类型是小写字符，则说明符号是局部的；如果是大写字符，则说明符号是全局的（外部的）。参见文件 include/a.out.h 中 nlist{}结构 n_type 字段的定义（第 110～185 行）。

表 3-5　目标文件符号列表文件中的符号类型

符号类型	名称	说明
A	Absolute	符号的值是绝对值，并且在进一步链接过程中不会被改变
B	BSS	符号在未初始化数据区或区（section）中，即在 BSS 段中
C	Common	符号是公共的。公共符号是未初始化的数据。在链接时，多个公共符号可能具有同一名称。如果该符号定义在其他地方，则公共符号被看作是未定义的引用
D	Data	符号在已初始化数据区中
G	Global	符号是在小对象已初始化数据区中的符号。某些目标文件的格式允许对小数据对象（例如一个全局整型变量）可进行更有效的访问
I	Inderect	符号是对另一个符号的间接引用
N	Debugging	符号是一个调试符号
R	Read only	符号在一个只读数据区中
S	Small	符号是小对象未初始化数据区中的符号
T	Text	符号是代码区中的符号
U	Undefined	符号是外部的，并且其值为 0（未定义）
-	Stabs	符号是 a.out 目标文件中的一个 stab 符号，用于保存调试信息
?	Unknown	符号的类型未知，或者与具体文件格式有关

可以看出名称为 dmi_broken 的变量位于内核地址 0xc03441a0 处。

System.map 位于使用它的软件（例如内核日志记录后台程序 klogd）能够寻找到的地方。在系统启动时，如果没有以一个参数的形式为 klogd 给出 System.map 的位置，则 klogd 将会在三个地方搜寻 System.map。依次为：

```
/boot/System.map
/System.map
/usr/src/linux/System.map
```

尽管内核本身实际上不使用 System.map，但其他程序，像 klogd、lsof、ps 以及 dosemu 等许多软件都需要有一个正确的 System.map 文件。利用该文件，这些程序就可以根据已知的内存地址查找出对应的内核变量名称，便于对内核的调试工作。

3.6 Make 程序和 Makefile 文件

从前面给出的程序例子可知，当创建由一个或少数几个源程序生成的执行执行时，只需要在命令行上键入几个简单的命令即可做到。但是对于像内核这样的大型程序来说，若仅使用手工键入一行行命令来编译所有代码文件，其繁杂程度是极大的。make 程序正是设计用于自动处理这类情况的最佳工具，其主要功能是能够自动地确定在一个包含很多源文件的大型程序中哪些文件需要被重新编译，并对这些文件发出重新编译的命令。下面以编译 C 程序为例说明 make 的简要使用方法，但你可以将其应用于任何可使用 shell 命令进行编译的编程语言。有关 make 的详细使用方法请参考《GNU make 使用手册》。本书论坛上有其中文版可供下载。

为了使用 make 工具程序，需要先编写一个名称为 Makefile（或 makefile）的文本文件供 make 执行时使用。Makefile 文件中主要包含一些 make 要遵守的执行规则和要求执行的命令等内容，用于告诉 make 需要对所涉及的源文件做哪些操作和处理以生成相应的目标文件。

3.6.1 Makefile 文件内容

一个 Makefile 文件可以包括五种元素：显式规则、隐含规则、变量定义、指示符和注释信息。

显式规则（explicit rules）用于指定何时以及怎样重新编译一个或多个被称作规则的目标（rule’s targets）的文件。规则中明确列出了目标所依赖的被称为目标的先决条件（或依赖）的其他文件，同时也会给出用于创建或更新目标的命令。

隐含规则（implicit rules）则是根据目标和对象的名称来确定何时和如何重新编译一个或多个被称作规则的目标的文件。这种规则描述了目标是如何依赖于与目标名称相类似的文件，并会给出用于创建或更新这样的一个目标文件。

变量定义（variable definitions）用于在一行上为一个变量定义一个文本字符串。该变量可在后续语句中被替换。例如后面例子中的变量 objects 定义了所有.o 文件的列表。

指示符（directives）是 make 的一个命令，用于指示其在读取 Makefile 文件时执行的特定操作。这些操作可包括读取另一个 makefile 文件；确定使用或忽略 makefile 文件的某部分内容和从包含多行的字符串中定义一个变量。

注释（comments）是指 Makefile 文件中以“#”字符开始的文字部分。如果确实需要使用“#”字符，我们需要对其进行转义，即在该字符前添加一个反斜杠字符（“\#”）。注释可以出现在 Makefile 文件的任何地方。另外，Makefile 文件中以制表符 TAB 开始的一行命令脚本会被完整地被传递给 shell，shell 会判断这是一条命令还是只是一个注释信息。

一旦编写好一个适当的 Makefile 文件，那么每次修改源程序后我们就可以在 shell 命令行上简单地键入“make”来执行所有必要的程序更新操作。make 会根据 Makefile 中的内容以及文件的最后更新时间来确定哪些文件需要被更新（重新编译）。对于每个需要被更新的文件，make 会执行 Makefile 文件中记录的相关命令。

3.6.2　Makefile 文件中的规则

简单的 Makefile 文件中含有一些如下形式的规则。这些规则主要用来描述操作对象（源文件和目标文件）之间的依赖关系。

```
target（目标）…: prerequisites（先决条件）…
                 command（命令）
                 …
                 …
```

其中，target（目标）对象通常是指程序生成的一个文件的名称，例如它可以是一个可执行文件或者是一个以“.o”结尾的目标文件（Object File）。目标也可以是所要采取活动的名称，例如“清理”（“clean”）。这里请注意，由于“target”和“object file”中的“object”通常都被译成中文的“目标”，因此为了区别，我们把“target”译作“目标”或直接用其英文，而把 object file 译为“.o 文件”。

prerequisite（先决条件或称依赖对象）是用以创建 target 所必要或者依赖的一系列文件或其他目标。target 通常依赖于多个这样的必要文件或目标文件。

command（命令）是指 make 所执行的操作，通常就是一些 shell 命令，是生成 target 需要执行的操作。当先决条件中一个或多个文件的最后修改时间比 target 文件的要新时，规则的命令就会被执行。另外，一个规则中可以有多个命令，每个命令占用规则中单独一行。请注意，我们需要在写每个命令之前键入一个制表符（按 Tab 键产生）！

通常，命令存在于具有先决条件的规则中，并且在任何先决条件发生改变时用于创建一个 target 文件。然而规则中并不一定要有先决条件。例如与 target“clean”相关的含有删除命令的规则并不含有先决条件。

此时，一个规则说明了如何以及何时重新创建某些文件，而这些文件是某些具体规则的目标。make 会依据先决条件来执行命令以创建或更新 target。一个规则也可以说明如何以及何时执行一个操作。

除了规则以外，一个 Makefile 文件中也可以包含其他文字。但是对于一个简单的 Makefile 文件来说通常只需要包含一些规则就够了。有些规则可能会比前面给出的规则形式复杂得多，但基本上都是类似的。

3.6.3　Makefile 文件示例

下面我们讨论一个简单的 Makefile 文件，该文件描述了如何编译和链接一个由 8 个 C 源文件和 3 个头文件构成的文本编辑器程序。

当 make 依据 Makefile 文件中的内容重新编译 C 文件时，仅会对每个修改过的 C 文件进行重新编译。当然，如果一个.h 头文件被修改过了，那么为了确保程序被正确编译，每一个包含该头文件的 C 代码文件都会被重新编译。每次编译操作都会产生一个与源程序对应的目标文件。最终结果是，若任何修改过的源代码文件被编译过，那么产生的所有.o 目标文件（包括刚编译得到的和未修改源代码以前编译得到的）都需要链接在一起以生成一个新的可执行编辑器程序。

Makefile 示例文件中的内容描述了一个名为 edit 的执行文件依赖于 8 个目标文件的方式，以及这 8 个目标文件又是如何依赖于 8 个 C 源文件和 3 个头文件的。在该例子中，所有 C 文件都包含了“defs.h”头文件，但只有那些定义了编辑命令的 C 文件包含“command.h”，而且只有改变编辑缓冲的底层 C 文件包含“buffer.h”头文件。

```
edit : main.o kbd.o command.o display.o insert.o search.o files.o utils.o
       cc -o edit main.o kbd.o command.o display.o insert.o search.o files.o utils.o

main.o : main.c defs.h
       cc -c main.c
kbd.o : kbd.c defs.h command.h
       cc -c kbd.c
command.o : command.c defs.h command.h
       cc -c command.c
display.o : display.c defs.h buffer.h
       cc -c display.c
insert.o : insert.c defs.h buffer.h
       cc -c insert.c
search.o : search.c defs.h buffer.h
       cc -c search.c
files.o : files.c defs.h buffer.h command.h
       cc -c files.c
utils.o : utils.c defs.h
       cc -c utils.c
clean :
        rm edit main.o kbd.o command.o display.o insert.o search.o files.o utils.o
```

要使用该 Makefile 创建执行文件“edit”，只需在命令行上简单地键入 make 即可。

若要使用该 Makefile 从当前目录中删除编译得到的执行文件和所有目标文件，只需键入 make clean。

在该 Makefile 文件中，规则的目标包括执行文件“edit”和.o 目标文件（object file）“main.o”、“kbd.o”等。先决条件（或依赖条件）文件是诸如“main.c”和“defs.h”等源文件。实际上我们可以看出，每个“.o”文件既是一个规则的目标，也是另一规则的必要前提文件。而命令则包括“cc –c main.c”、“cc –c kbd.c”等。

当目标是一个文件时，那么当其先决条件中的任何依赖文件被修改过时就需要进行重新编译或链接。当然，先决条件中本身也是目标的文件应该首先加以更新。在该例子中，“edit”依赖于 8 个.o 目标文件；而.o 目标文件“main.o”依赖于源文件“main.c”和头文件“defs.h”。

Makefile 中规则的目标和先决条件的下一行是 shell 命令。这些 shell 命令指明如何使用先决条件中的文件来更新或生成 target 目标文件。注意，我们需要在每个命令行之前键入一个制表符，以区别 Makefile 中的命令行和其他行。make 所做的就是当 target 需要更新时执行规则中的命令。

目标“clean”并不是一个文件，而仅是一个操作（活动）的名称。因为我们通常并不要求在其规则中执行该操作，所以“clean”不是任何其他规则的先决条件。其结果是若不明确指明，make 不会执行这个规则。注意该规则（目标）不仅不是任何其他规则的先决条件，它也不包含也不需要任何先决条件。因此这个规则的唯一目的就是去执行指定的命令。对于此类规则，其目标并不引用或依赖任何其他文件，而仅指明特定的操作，这种目标称为伪目标（phony target）。

3.6.4　make 处理 Makefile 文件的方式

默认情况下，make 会从 Makefile 文件中第一个目标开始执行（不包括以“.”开始的目标）。该目标被称为 Makefile 的默认最终目标（default goal）。最终目标就是 make 努力尝试更新的目标。

在上面的例子中，默认最终目标就是更新或创建执行程序“edit”，因此我们把相应的规则放在了 Makefile 的最前面。当我们在命令行上键入命令 make 时，make 就会读取 Makefile 并开始处理这第一个规则。在例子中，首条规则虽然是重新链接生成“edit”，但在 make 可以完全处理这条规则之前，它必须首先处理“edit”所依赖文件的规则。在例子中就是需要首先创建或更新那些.o 目标文件。每一个.o 文件都会根据其自身的规则进行处理，即通过编译各自的源文件生成各自的.o 目标文件。如果作为目标先决条件的任何源文件或头文件比.o 目标文件要新。或者.o 目标文件不存在，就需要进行重新编译以更新或创建相应的.o 目标文件。

对于 Makefile 中其他的一些规则，若其目标（文件）出现在最终目标的先决条件中，则也会被处理。若最终目标（或任何目标）并不依赖于某些其他规则，则 make 并不会处理这些规则，除非我们主动要求 make 去处理。例如当运行 make 时，我们可以在命令行上给出 Makefile 中某个特定规则的目标名称，以执行该目标指定的更新操作，例如使用命令 make clean。

在重新编译一个.o 目标文件之前，make 会首先考虑更新其先决条件、源文件和头文件。但该 Makefile 文件没有为源文件和头文件指定任何操作，即源文件和头文件不是任何规则的目标，因此 make 不会对这些源文件进行任何处理。

在重新编译好所需要的.o 目标文件之后，make 会决定是否执行重新链接以生成更新过的编辑程序“edit”。这只有当“edit”不存在或者任何.o 目标文件比“edit”新时才会进行。如果一个.o 目标文件刚被重新编译过，那么它就会比“edit”新，此时 make 就会重新链接生成新的“edit”。

因此，如果我们修改了文件“insert.c”并运行 make，make 就会编译该源文件以更新相应的“insert.o”，然后链接“edit”。若我们修改了头文件“command.h”并运行 make，make 就会重新编译目标文件“kbd.o”、“command.o”和“files.o”，然后链接生成新的执行文件“edit”。

总体来说，Make 程序会使用 Makefile 文件内容来判断哪些.o 目标文件需要被更新，然后确定其中哪些目标确实需要被更新。如果.o 目标文件要比其所有相关文件都要新，则说明该.o 目标文件已经是最新的而无需再作更新处理。当然，作为第一个最终目标的输入条件（先决条件）中的所有必需目标都会先期执行更新处理。

3.6.5 Makefile 中的变量

在上面的例子中，我们需要在“edit”的规则中两次列出所有的.o 目标文件（如下所示）：

```
edit : main.o kbd.o command.o display.o insert.o search.o files.o utils.o
      cc -o edit main.o kbd.o command.o display.o insert.o search.o files.o utils.o
```

这种重复信息很容易出错。如果我们在程序中添加了一个新的.o 目标文件，那么就有可能在一个列表中添加了这个.o 目标文件名，但忘记在另一个地方也同时加入。通过使用一个变量，我们就有可能减少这种出错的危险并且也使得 Makefile 看上去更简明一些。使用变量可以让我们定义一次文本字符串，随后可以在多个地方进行替换。

对于 Makefile，典型的做法是定义一个名称为 objects、OBJECTS、objs、OBJS、obj 或者 OBJ 的变量来表示所有.o 目标文件的列表。我们通常会在 Makefile 中使用如下一行来定义一个变量 objects：

```
objects = main.o kbd.o command.o display.o insert.o search.o files.o utils.o
```

此后，在每一处需要列出.o 目标文件表的地方都可以通过写上“$(objects)”来替换变量的值。

3.6.6 让 make 自动推断命令

我们并不需要为编译每个 C 源程序而在规则中给出相关命令，因为 make 自身能够判断出来：它有一个隐含规则，该规则会根据目标文件的命名形式使用“cc –c”命令根据相应的.c 文件更新对应的.o 文件。例如，它会使用命令“cc –c main.c –o main.o”把“main.c”编译成“main.o”。因此我们可以省略.o 目标文件规则中的命令。

当一个.c 文件被以这种方式自动地使用，那么它也会被自动地添加到先决条件（依赖关系）中。因此我们可以省略规则先决条件中的“.c”文件——假定我们同时省略了命令。

下面是包括这两种改变和使用了变量的完整 Makefile 例子：

```
objects = main.o kbd.o command.o display.o insert.o search.o files.o utils.o

edit : $(objects)
    cc -o edit $(objects)
main.o : defs.h
kbd.o : defs.h command.h
command.o : defs.h command.h
display.o : defs.h buffer.h
insert.o : defs.h buffer.h
search.o : defs.h buffer.h
files.o : defs.h buffer.h command.h
utils.o : defs.h

clean :
       -rm edit $(objects)
```

这就是我们平时实际编写 Makefile 文件的样式。因为隐含规则使编译工作变得很方便，所以很重要。我们会经常使用它们。

3.6.7 隐含规则中的自动变量

如果通过目录搜寻一个先决条件（依赖对象）在另一个目录中被找到，此时规则的命令将被如期执行。因此我们必须小心地设置命令，使得命令能够在此目录中找到需要的先决条件。这可通过使用自动变量来做到。属于隐含规则的自动变量是一种在命令行上能够根据具体情况被自动替换的变量。自动变量的值是在规则命令执行前被设置。例如，自动变量“$^”的值表示规则的所有先决条件，包括它们所处目录的名称；“$<”的值表示规则中的第一个先决条件；“$@”表示目标对象（另外还有一些自动变量的含义请参考 make 手册）。有时，先决条件还常包含头文件，而这些头文件并不愿在命令中说明。此时自动变量“$<”正是第一个先决条件。例如：

```
foo.o : foo.c defs.h hack.h
        cc -c $(CFLAGS) $< -o $@
```

其中的“$<”就会被自动替换成 foo.c，而$@则会被替换为 foo.o。

为了让 make 能使用习惯用法来更新一个目标，我们可以不指定命令，写一个不带命令的规则或者不写规则。此时 make 程序将会根据源程序文件的类型（程序的扩展名）来判断要使用哪个隐含规则。

另外，还有一种被称为后缀规则的隐含规则。它是为 make 程序定义隐含规则的老式方法（现在这种规则已经不用了，取而代之的是使用更通用更清晰的模式匹配规则）。因为在 Linux 0.1x 内核的 Makefile 文件中使用了这种规则，所以这里对其作一些简单说明。下面的例子就是一种双后缀规则的应用。双后缀规则是用一对后缀定义的：源后缀和目标后缀。相应的隐式先决条件是通过使用文件名中的源后缀替换目标后缀后得到。因此，此时下面的“$<”值是“*.c”文件名。而这条 make 规则的含义是将“*.c”程序编译成“*.s”代码。

```
.c.s:
        $(CC) $(CFLAGS) \
        -nostdinc -Iinclude -S -o $*.s $<
```

通常，命令是属于一个具有先决条件（依赖对象）的规则，并在任何先决条件改变时用于生成一个目标（target）文件。然而，为目标而指定命令的规则也并不一定要有先决条件。例如，与目标 clean 相关的含有删除（delete）命令的规则并不需要有先决条件。此时，一个规则说明了如何以及何时来重新制作某些文件，而这些文件是特定规则的目标。make 根据先决条件来执行命令以创建或更新目标。一个规则也可以说明如何及何时执行一个操作。

Makefile 文件也可以含有除规则以外的其他文字，但简单的 Makefile 文件只需要含有适当的规则。规则可能看上去要比上面的模板复杂得多，但本质是一样的。

Makefile 文件最后还可以包含一些说明文件之间引用的依赖关系，这些依赖关系用于 make 来确定是否需要重建一个目标。比如当某个头文件被改动过后，make 就通过这些依赖关系，重新编译与该头文件有关的所有*.c 文件。有关依赖关系的例子请参考内核源代码中的 Makefile 文件。

3.7 本章小结

本章以几个可运行的汇编语言程序为描述对象，详细说明了 as86 和 GNU as 汇编语言的基本语言和使用方法。同时对 Linux 内核使用的 C 语言扩展语句进行了详细介绍。对于学习操作系统来说，系统支持的目标文件结构有着非常重要的作用，因此本章对 Linux 0.12 中使用的 a.out 目标文件格式作了详细介绍。

下一章我们将围绕 Intel 80x86 处理器，详细地说明其运行在保护模式下的工作原理。并给出一个保护模式多任务程序示例，通过阅读这个示例，我们可以对操作系统最初如何“旋转”起来有一个基本了解，并为继续阅读完整的 Linux 0.12 内核源代码打下坚实基础。

第 4 章　80x86 保护模式及其编程

本书介绍的 Linux 操作系统基于 Intel 公司 80x86 及相关外围硬件组成的 PC 系统。有关 80x86 CPU 系统编程的最佳参考书籍当然是 Intel 公司发行的一套三卷的英文版《IA-32 Intel 体系结构软件开发者手册》，尤其是其中的第 3 卷《系统编程指南》，是理解基于 80x86 CPU 的操作系统工作原理或进行系统编程必不可少的参考资料。实际上，本章内容就主要取自该书。这些资料可以从 Intel 公司的网站上免费下载。本章概要描述 80x86 CPU 的体系结构以及保护模式下编程的一些基础知识，为准备阅读基于 80x86 CPU 的 Linux 内核源代码打下坚实基础。其主要内容包括：80x86 基础知识；保护模式内存管理；各种保护措施；中断和异常处理；任务管理；保护模式编程的初始化；一个简单的多任务内核例子。

本章最后部分介绍的一个简单多任务内核是基于 Linux 0.12 内核的一个简化实例。该实例用于演示内存分段管理和任务管理的实现方法，没有包括分页机制内容。但若能彻底理解这个实例的运作机制，那么在随后阅读 Linux 内核源代码时就不应该再遇到什么大问题了。

若读者对这部分内容已经比较熟悉，那么可以直接阅读本章最后给出的一个可运行的内核实例。当然，在阅读内核源代码时读者可以随时回过头来参考本章内容。因此并不勉强读者完全理解本章内容之后才开始阅读后续章节中的 Linux 内核代码。

4.1　80x86 系统寄存器和系统指令

为了协助处理器执行初始化和控制系统操作，80x86 提供了一个标志寄存器 EFLAGS 和几个系统寄存器，除了一些通用状态标志外，EFLAGS 中还包含几个系统标志。这些系统标志用于控制任务切换、中断处理、指令跟踪以及访问权限。系统寄存器用于内存管理和控制处理器操作，含有分段和分页处理机制系统表的基地址、控制处理器操作的位标志位。

4.1.1　标志寄存器

标志寄存器 EFLAGS 中的系统标志和 IOPL 字段用于控制 I/O 访问、可屏蔽硬件中断、调试、任务切换以及虚拟 8086 模式，如图 4-1 所示。通常只允许操作系统代码有权修改这些标志。EFLAGS 中的其他标志是一些通用标志（进位 CF、奇偶 PF、辅助进位 AF、零标志 ZF、负号 SF、方向 DF、溢出 OF）。我们仅对 EFLAGS 中的系统标志进行说明。

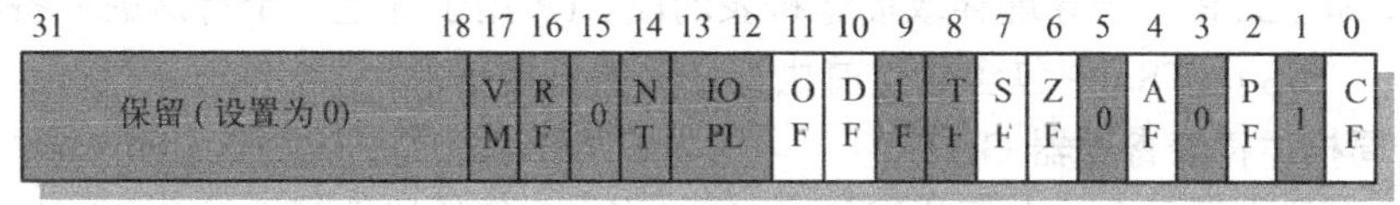

图 4-1　标志寄存器 EFLAGS 中的系统标志

（1）TF：位 8 是跟踪标志（Trap Flag）。当设置该位时可为调试操作启动单步执行方式；复位时则禁止单步执行。在单步执行方式下，处理器会在每个指令执行之后产生一个调试异常，这样我们就可以观察执行程序在执行每条指令后的状态。如果程序使用 POPF、POPFD 或 IRET 指令设置了 TF 标志，那么在随后指令之后处理器就会产生一个调试异常。

（2）IOPL：位 13、12 是 I/O 特权级（I/O Privilege Level）字段。该字段指明当前运行程序或任务的 I/O 特权级 IOPL。当前运行程序或任务的 CPL 必须小于或等于这个 IOPL 才能访问 I/O 地址空间。只有当 CPL 为特权级 0 时，程序才可以使用 POPF 或 IRET 指令修改这个字段。IOPL 也是控制对 IF 标志修改的机制之一。

（3）NT：位 14 是嵌套任务标志（Nested Task）。它控制着被中断任务和调用任务之间的链接关系。在使用 CALL 指令、中断或异常执行任务调用时，处理器会设置该标志。在通过使用 IRET 指令从一个任务返回时，处理器会检查并修改这个 NT 标志。使用 POPF/POPFD 指令也可以修改这个标志，但是在应用程序中改变这个标志的状态会产生不可预料的异常。

（4）RF：位 16 是恢复标志（Resume Flag）。该标志用于控制处理器对断点指令的响应。当设置时，这个标志会临时禁止断点指令产生的调试异常；当该标志复位时，则断点指令将会产生异常。RF 标志的主要功能是允许在调试异常之后重新执行一条指令。当调试软件使用 IRETD 指令返回被中断程序之前，需要设置堆栈上 EFLAGS 内容中的 RF 标志，以防止指令断点造成另一个异常。处理器会在指令返回之后自动清除该标志，从而再次允许指令断点异常。

（5）VM：位 17 是虚拟 8086 方式（Virtual 8086 Mode）标志。当设置该标志时，就开启虚拟 8086 方式；当复位该标志时，则回到保护模式。

4.1.2 内存管理寄存器

处理器提供了 4 个内存管理寄存器（GDTR、LDTR、IDTR 和 TR），用于指定内存分段管理所用系统表的基地址，如图 4-2 所示。处理器为这些寄存器的加载和保存提供了特定的指令。有关系统表的作用请参见 4.2 节“保护模式内存管理”中的详细说明。

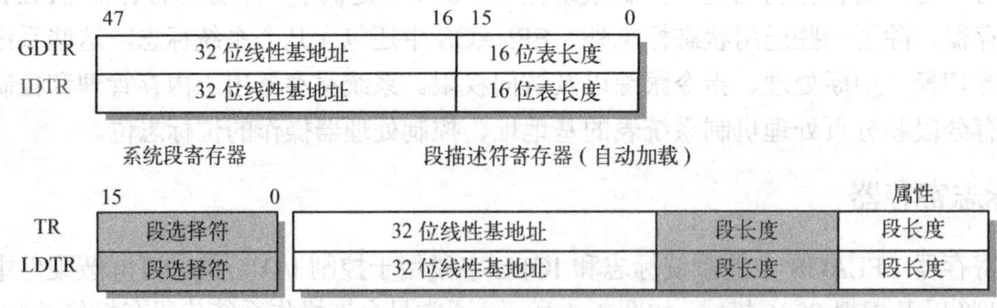

图 4-2 内存管理寄存器

GDTR、LDTR、IDTR 和 TR 都是段基址寄存器，这些段中含有分段机制的重要信息表。GDTR、IDTR 和 LDTR 用于寻址存放描述符表的段。TR 用于寻址一个特殊的任务状态段（Task State Segment，TSS）。TSS 中包含着当前执行任务的重要信息。

（1）全局描述符表寄存器 GDTR

GDTR 寄存器中用于存放全局描述符表 GDT 的 32 位的线性基地址和 16 位的表限长值。基地址指定 GDT 表中字节 0 在线性地址空间中的地址，表长度指明 GDT 表的字节长度值。指令 LGDT 和 SGDT 分别用于加载和保存 GDTR 寄存器的内容。在机器刚加电或处理器复位后，基地址被默认地设置为 0，而长度值被设置成 0xFFFF。在保护模式初始化过程中必须给 GDTR

加载一个新值。

（2）中断描述符表寄存器 IDTR

与 GDTR 的作用类似，IDTR 寄存器用于存放中断描述符表 IDT 的 32 位线性基地址和 16 位表长度值。指令 LIDT 和 SIDT 分别用于加载和保存 IDTR 寄存器的内容。在机器刚加电或处理器复位后，基地址被默认地设置为 0，而长度值被设置成 0xFFFF。

（3）局部描述符表寄存器 LDTR

LDTR 寄存器中用于存放局部描述符表 LDT 的 32 位线性基地址、16 位段限长和描述符属性值。指令 LLDT 和 SLDT 分别用于加载和保存 LDTR 寄存器的段描述符部分。包含 LDT 表的段必须在 GDT 表中有一个段描述符项。当使用 LLDT 指令把含有 LDT 表段的选择符加载进 LDTR 时，LDT 段描述符的段基地址、段限长度以及描述符属性会被自动地加载到 LDTR 中。当进行任务切换时，处理器会把新任务 LDT 的段选择符和段描述符自动地加载进 LDTR 中。在机器加电或处理器复位后，段选择符和基地址被默认地设置为 0，而段长度被设置成 0xFFFF。

（4）任务寄存器 TR

TR 寄存器用于存放当前任务 TSS 段的 16 位段选择符、32 位基地址、16 位段长度和描述符属性值。它引用 GDT 表中的一个 TSS 类型的描述符。指令 LTR 和 STR 分别用于加载和保存 TR 寄存器的段选择符部分。当使用 LTR 指令把选择符加载进任务寄存器时，TSS 描述符中的段基地址、段限长度以及描述符属性会被自动加载到任务寄存器中。当执行任务切换时，处理器会把新任务的 TSS 的段选择符和段描述符自动加载进任务寄存器 TR 中。

4.1.3　控制寄存器

控制寄存器（CR0～CR3）用于控制和确定处理器的操作模式以及当前执行任务的特性，如图 4-3 所示。CR0 中含有控制处理器操作模式和状态的系统控制标志；CR1 保留不用；CR2 含有导致页错误的线性地址；CR3 中含有页目录表物理内存基地址，因此该寄存器也被称为页目录基地址寄存器 PDBR（Page-Directory Base address Register）。

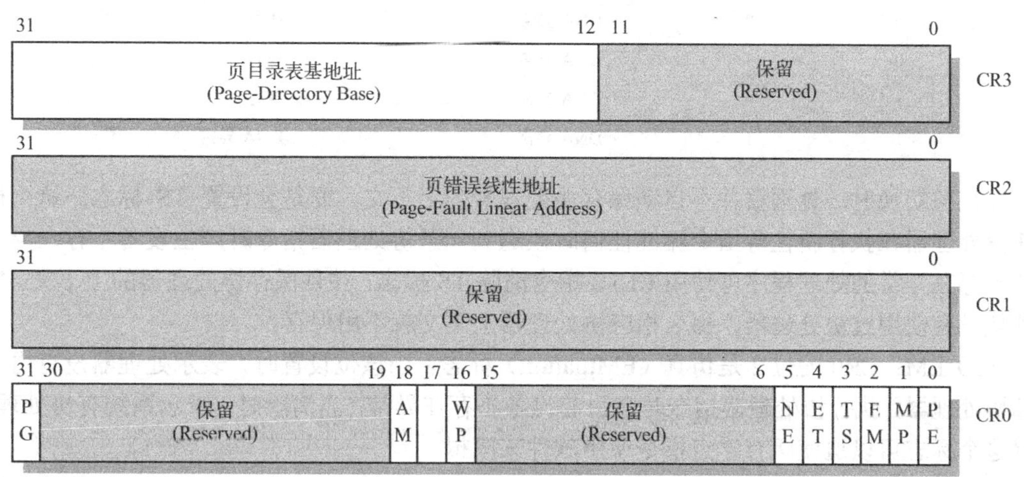

图 4-3　控制寄存器 CR0～CR3

1. CR0 中协处理器控制位

CR0 的 4 个位：扩展类型位 ET、任务切换位 TS、仿真位 EM 和数学存在位 MP 用于控制

80x86 浮点（数学）协处理器的操作。有关协处理器的详细说明请参见第 11 章内容。CR0 的 ET 位（标志）用于选择与协处理器进行通信所使用的协议，即指明系统中使用的是 80387 还是 80287 协处理器。TS、MP 和 EM 位用于确定浮点指令或 WAIT 指令是否应该产生一个设备不存在（Device Not Available，DNA）异常。这个异常可用来仅为使用浮点运算的任务保存和恢复浮点寄存器。对于没有使用浮点运算的任务，这样做可以加快它们之间的切换操作。

（1）ET：CR0 的位 4 是扩展类型（Extension Type）标志。当该标志为 1 时，表示指明系统中有 80387 协处理器，并使用 32 位协处理器协议。ET=0 指明使用 80287 协处理器。如果仿真位 EM=1，则该位将被忽略。在处理器复位操作时，ET 位会被初始化指明系统中使用的协处理器类型。如果系统中有 80387，则 ET 被设置成 1，否则若有一个 80287 或者没有协处理器，则 ET 被设置成 0。

（2）TS：CR0 的位 3 是任务已切换（Task Switched）标志。该标志用于推迟保存任务切换时的协处理器内容，直到新任务开始实际执行协处理器指令。处理器在每次任务切换时都会设置该标志，并且在执行协处理器指令时测试该标志。

如果设置了 TS 标志并且 CR0 的 EM 标志为 0，那么在执行任何协处理器指令之前会产生一个设备不存在异常。如果设置了 TS 标志但没有设置 CR0 的 MP 和 EM 标志，那么在执行协处理器指令 WAIT/FWAIT 之前不会产生设备不存在异常。如果设置了 EM 标志，那么 TS 标志对协处理器指令的执行无影响，见表 4-1。

表 4-1 CR0 中标志 EM、MP 和 TS 的不同组合对协处理器指令动作的影响

CR0 中的标志			指令类型	
EM	MP	TS	浮点	WAIT/FWAIT
0	0	0	执行	执行
0	0	1	设备不存在（DNA）异常	执行
0	1	0	执行	执行
0	1	1	DNA 异常	DNA 异常
1	0	0	DNA 异常	执行
1	0	1	DNA 异常	执行
1	1	0	DNA 异常	执行
1	1	1	DNA 异常	DNA 异常

在任务切换时，处理器并不自动保存协处理器的上下文，而是会设置 TS 标志。这个标志会使得处理器在执行新任务指令流的任何时候遇到一条协处理器指令时产生设备不存在异常。设备不存在异常的处理程序可使用 CLTS 指令清除 TS 标志，并且保存协处理器的上下文。如果任务从没有使用过协处理器，那么相应协处理器上下文就不用保存。

（3）EM：CR0 的位 2 是仿真（EMulation）标志。当该位设置时，表示处理器没有内部或外部协处理器，执行协处理器指令时会引起设备不存在异常；当清除时，表示系统有协处理器。设置这个标志可以迫使所有浮点指令使用软件来模拟。

（4）MP：CR0 的位 1 是监控协处理器（Monitor coProcessor 或 Math Present）标志。用于控制 WAIT/FWAIT 指令与 TS 标志的交互作用。如果 MP=1、TS=1，那么执行 WAIT 指令将产生一个设备不存在异常；如果 MP=0，则 TS 标志不会影响 WAIT 的执行。

2. CR0 中保护控制位

（1）PE：CR0 的位 0 是启用保护（Protection Enable）标志。当设置该位时即开启了保护模式；当复位时即进入实地址模式。这个标志仅开启段级保护，而并没有启用分页机制。若要启用分页机制，那么 PE 和 PG 标志都要置位。

（2）PG：CR0 的位 31 是分页（Paging）标志。当设置该位时即开启了分页机制；当复位时则禁止分页机制，此时所有线性地址等同于物理地址。在开启这个标志之前必须已经或者同时开启 PE 标志。即若要启用分页机制，那么 PE 和 PG 标志都要置位。

（3）WP：对于 Intel 80486 或以上的 CPU，CR0 的位 16 是写保护（Write Proctect）标志。当设置该标志时，处理器会禁止超级用户程序（例如特权级 0 的程序）向用户级只读页面执行写操作；当该位复位时则反之。该标志有利于 UNIX 类操作系统在创建进程时实现写时复制（Copy on Write）技术。

（4）NE：对于 Intel 80486 或以上的 CPU，CR0 的位 5 是协处理器错误（Numeric Error）标志。当设置该标志时，就启用了 x87 协处理器错误的内部报告机制；若复位该标志，那么就使用 PC 形式的 x87 协处理器错误报告机制。当 NE 为复位状态并且 CPU 的 IGNNE 输入引脚有信号时，那么数学协处理器 x87 错误将被忽略。当 NE 为复位状态并且 CPU 的 IGNNE 输入引脚无信号时，那么非屏蔽的数学协处理器 x87 错误将导致处理器通过 FERR 引脚在外部产生一个中断，并且在执行下一个等待形式浮点指令或 WAIT/FWAIT 指令之前立刻停止指令执行。CPU 的 FERR 引脚用于仿真外部协处理器 80387 的 ERROR 引脚，因此通常连接到中断控制器输入请求引脚上。NE 标志、IGNNE 引脚和 FERR 引脚用于利用外部逻辑来实现 PC 形式的外部错误报告机制。

启用保护模式 PE（Protected Enable）位（位 0）和开启分页 PG（Paging）位（位 31）分别用于控制分段和分页机制。PE 用于控制分段机制。如果 PE=1，处理器就工作在开启分段机制环境下，即运行在保护模式下。如果 PE=0，则处理器关闭了分段机制，并如同 8086 工作于实地址模式下。PG 用于控制分页机制。如果 PG=1，则开启了分页机制。如果 PG=0，分页机制被禁止，此时线性地址被直接作为物理地址使用。

如果 PE=0、PG=0，处理器工作在实地址模式下；如果 PG=0、PE=1，处理器工作在没有开启分页机制的保护模式下；如果 PG=1、PE=0，此时由于不在保护模式下不能启用分页机制，因此处理器会产生一个一般保护异常，即这种标志组合无效；如果 PG=1、PE=1，则处理器工作在开启了分页机制的保护模式下。

当改变 PE 和 PG 位时，必须小心。只有当执行程序至少有部分代码和数据在线性地址空间和物理地址空间中具有相同地址时，我们才能改变 PG 位的设置。此时这部分具有相同地址的代码在分页和未分页世界之间起着桥梁的作用。无论是否开启分页机制，这部分代码都具有相同的地址。另外，在开启分页（PG=1）之前必须先刷新页高速缓冲 TLB。

在修改该了 PE 位之后程序必须立刻使用一条跳转指令，以刷新处理器执行管道中已经获取的不同模式下的任何指令。在设置 PE 位之前，程序必须初始化几个系统段和控制寄存器。在系统刚上电时，处理器被复位成 PE=0 和 PG=0（即实模式状态），以允许引导代码在启用分段和分页机制之前能够初始化这些寄存器和数据结构。

3. CR2 和 CR3

CR2 和 CR3 用于分页机制。CR3 含有存放页目录表页面的物理地址，因此 CR3 也被称为 PDBR。因为页目录表页面是页对齐的，所以该寄存器只有高 20 位是有效的。而低 12 位保留供更高级处理器使用，因此在往 CR3 中加载一个新值时低 12 位必须设置为 0。

使用 MOV 指令加载 CR3 时具有让页高速缓冲无效的副作用。为了减少地址转换所要求的总线周期数量，最近访问的页目录和页表会被存放在处理器的页高速缓冲器件中，该缓冲器件被称为转换查找缓冲区（Translation Lookaside Buffer，TLB）。只有当 TLB 中不包含要求的页表项时才会使用额外的总线周期从内存中读取页表项。

即使 CR0 中的 PG 位处于复位状态（PG=0），我们也能先加载 CR3。以允许对分页机制进行初始化。当切换任务时，CR3 的内容也会随之改变。但是如果新任务的 CR3 值与原任务的一样，处理器就无需刷新页高速缓冲。这样共享页表的任务可以执行得更快。

CR2 用于出现页异常时报告出错信息。在报告页异常时，处理器会把引起异常的线性地址存放在 CR2 中。因此操作系统中的页异常处理程序可以通过检查 CR2 的内容来确定线性地址空间中哪一个页面引发了异常。

4.1.4 系统指令

系统指令用于处理系统级功能，如加载系统寄存器、管理中断等。大多数系统指令只能由处于特权级 0 的操作系统软件执行，其余一些指令可以在任何特权级上执行，因此应用程序也能使用。表 4-2 中列出了我们将用到的一些系统指令。其中还指出了它们是否受到保护。

表 4-2 常用系统指令列表

指令	指令全名	受保护	说明
LLDT	Load LDT Register	是	加载局部描述符表寄存器 LDTR。从内存加载 LDT 段选择符和段描述符到 LDTR 寄存器中
SLDT	Store LDT Regiter	否	保存局部描述符表寄存器 LDTR。把 LDTR 中的 LDT 段选择符到内存中或通用寄存器中
LGDT	Load GDT Register	是	加载全局描述符表寄存器 GDTR。把 GDT 表的基地址和长度从内存加载到 GDTR 中
SGDT	Store GDT Register	否	保存全局描述符表寄存器 GDTR。把 GDTR 中 IDT 表的基地址和长度保存到内存中
LTR	Load Task Register	是	加载任务寄存器 TR。把 TSS 段选择符（和段描述符）加载到任务寄存器中
STR	Store Task Register	否	保存任务寄存器 TR。把 TR 中当前任务 TSS 段选择符保存到内存或通用寄存其中
LIDT	Load IDT Register	是	加载中断描述符表寄存器 IDTR。把 IDT 表的基地址和长度从内存加载到 IDTR 中
SIDT	Store IDT Register	否	保存中断描述符表寄存器 IDTR。把 IDTR 中 IDT 表的基地址和长度保存到内存中
MOV CRn	Move Control Registers	是	加载和保存控制寄存器 CR0、CR1、CR2 或 CR3
LMSW	Load Machine State Word	是	加载机器状态字（对应 CR0 寄存器位 15～0）。该指令用于兼容 80286 处理器
SMSW	Store Machine State Word	否	保存机器状态字。该指令用于兼容 80286 处理器
CLTS	Clear TS flag	是	清除 CR0 中的任务已切换标志 TS。用于处理设备（协处理器）不存在异常
LSL	Load Segment Limit	否	加载段限长
HLT	Halt Processor	否	停止处理器执行

4.2　保护模式内存管理

4.2.1　内存寻址

内存是指一组有序字节组成的数组，每个字节有唯一的内存地址。内存寻址则是指对存储在内存中的某个指定数据对象的地址进行定位。这里，数据对象是指存储在内存中的一个指定数据类型的数值或字符串。80x86 支持多种数据类型：1 字节、2 字节（1 个字）或 4 字节（双字或长字）的无符号整型数或带符号整型数，以及多字节字符串等。通常，字节中某一位的定位或寻址可以基于字节来寻址，因此最小数据类型的寻址是对 1 字节数据（数值或字符）的定位。通常内存地址从 0 开始编址，对于 80x86 CPU 来说，其地址总线宽度为 32 位，因此一共有 2^{32} 个不同物理地址，即内存物理地址空间有 4GB，总共可以寻址 4GB 的物理内存。对于多字节数据类型（例如 2 字节整数数据类型），在内存中这些字节相邻存放。80x86 首先存放低值字节，随后地址处存放高值字节。因此 80x86 CPU 是一种先存小值（Little Endian）的处理器。

对于 80x86 CPU，一条指令主要由操作码（Opcode）和操作对象即操作数（Oprand）构成。操作数可以位于一个寄存器中，也可以在内存中。若要定位内存中的操作数，就要进行内存寻址。80x86 有许多指令的操作数涉及内存寻址，并且针对所寻址对象数据类型的不同，也有很多不同的寻址方案可供选择。

为了进行内存寻址，80x86 使用了一种称为段（Segment）的寻址技术。这种寻址技术把内存空间分成一个或多个称为段的线性区域，从而对内存中一个数据对象的寻址就需要使用一个段的起始地址（即段地址）和一个段内偏移地址两部分构成。段地址部分使用 16 位的段选择符指定，其中 14 位可以选择 2^{14} 即 16384 个段。段内偏移地址部分使用 32 位的值来指定，因此段内地址可以是 0～4GB。即一个段的最大长度可达 4GB。程序中由 16 位的段和 32 位的偏移构成的 48 位地址或长指针称为一个逻辑地址（虚拟地址）。它唯一确定了一个数据对象的段地址和段内偏移地址。而仅由 32 位偏移地址或指针指定的地址是基于当前段的对象地址。

80x86 为段部分提供了 6 个存放段选择符的段寄存器：CS、DS、ES、SS、FS 和 GS。其中 CS 总是用于寻址代码段，而堆栈段则专门使用 SS 段寄存器。在任何指定时刻由 CS 寻址的段称为当前代码段。此时 EIP 寄存器中包含了当前代码段内下一条要执行指令的段内偏移地址。因此要执行指令的地址可表示成 CS:[EIP]。后面将说明的段间控制转移指令可以被用来为 CS 和 EIP 赋予新值，从而可以把执行位置改变到其他的代码段中。这样。就实现了在不同段中程序的控制传递。

由段寄存器 SS 寻址的段称为当前堆栈段。栈顶由 ESP 寄存器内容指定。因此堆栈顶处地址是 SS:[ESP]。另外 4 个段寄存器是通用段寄存器。当指令中没有指定所操作数据的段时，那么 DS 将是默认的数据段寄存器。

为了指定内存操作数的段内偏移地址，80x86 指令规定了计算偏移量的很多方式，称为指令寻址方式。指令的偏移量由 3 部分相加组成：基地址寄存器、变址寄存器和一个偏移常量。三者关系如下：

偏移地址=基地址 +（变址×比例因子）+偏移量

4.2.2　地址变换

任何完整的内存管理系统都包含两个关键部分：保护和地址变换。提供保护措施可以防止一个任务访问另一个任务或操作系统的内存区域。地址变换能够让操作系统在给任务分配内存时具有灵活性，并且因为我们可以让某些物理地址不被任何逻辑地址所映射，所以在地址变换过程中同时也提供了内存保护功能。

正如上面提到的，计算机中的物理内存是字节的线性数组，每字节具有一个唯一的物理地址；程序中的地址是由两部分构成的逻辑地址。这种逻辑地址并不能直接用于访问物理内存，而需要使用地址变换机制将它变换或映射到物理内存地址上。内存管理机制即用于将这种逻辑地址转换成物理内存地址。

为了减少确定地址变换所需要的信息，变换或映射通常以内存块作为操作单位。分段机制和分页机制是两种广泛使用的地址变换技术。它们的不同之处在于逻辑地址如何组织成被映射的内存块、变换信息如何指定以及编程人员如何进行操作。分段和分页操作都使用驻留在内存中的表来指定它们各自的变换信息。这些表只能由操作系统访问，以防止应用程序擅自修改。

80x86 在从逻辑地址到物理地址变换过程中使用了分段和分页两种机制，如图 4-4 所示。第一阶段使用分段机制把程序的逻辑地址变换成处理器可寻址内存空间（称为线性地址空间）中的地址。第二阶段使用分页机制把线性地址转换为物理地址。在地址变换过程中，第一阶段的分段变换机制总是使用的，而第二阶段的分页机制则是供选用的。如果没有启用分页机制，那么分段机制产生的线性地址空间就直接映射到处理器的物理地址空间上。物理地址空间定义为处理器在其地址总线上能够产生的地址范围。

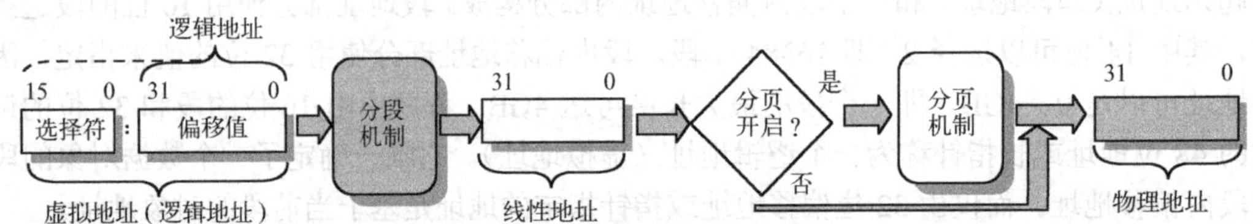

图 4-4　虚拟地址（逻辑地址）到物理地址的变换过程

1. 分段机制

分段提供了隔绝各个代码、数据和堆栈区域的机制，因此多个程序（或任务）可以运行在同一个处理器上而不会互相干扰。分页机制为传统需求页、虚拟内存系统提供了实现机制。其中虚拟内存系统用于实现程序代码按要求被映射到物理内存中。分页机制当然也能用于提供多任务之间的隔离措施。

如图 4-5 所示，分段提供了一种机制，用于把处理器可寻址的线性地址空间划分成一些较小的称为段的受保护地址空间区域。段可以用来存放程序的代码、数据和堆栈，或者用来存放系统数据结构（如 TSS 或 LDT）。如果处理器中有多个程序或任务在运行，那么每个程序可分配各自的一套段。此时处理器就可以加强这些段之间的界限，并且确保一个程序不会通过访问另一个程序的段而干扰程序的执行。分段机制还允许对段进行分类。这样，对特定类型段的操作能够受到限制。

一个系统中所有使用的段都包含在处理器线性地址空间中。为了定位指定段中的一个字节，程序必须提供一个逻辑地址。逻辑地址包括一个段选择符和一个偏移量。段选择符是一个段的唯一标识。另外，段选择符提供了段描述符表（如全局描述符表 GDT）中一个数据结构（称为段描述符）的偏移量。每个段都有一个段描述符。段描述符指明段的大小、访问权限和段的特权级、段类型以及段的第 1 字节在线性地址空间中的位置（称为段的基地址）。逻辑地址的偏移量部分加到段的基地址上就可以定位段中某字节的位置。因此基地址加上偏移量就形成了处理器线性地址空间中的地址。

线性地址空间与物理地址空间具有相同的结构。相对于二维的逻辑地址空间来说，它们都是一维地址空间。虚拟地址（逻辑地址）空间可包含最多 16K 个段，而每个段最长可达 4GB（2^{32}B），使得虚拟地址空间容量达到 64TB（2^{46}）。线性地址空间和物理地址空间都是 4GB。实际上，如果禁用分页机制，那么线性地址空间就是物理地址空间。

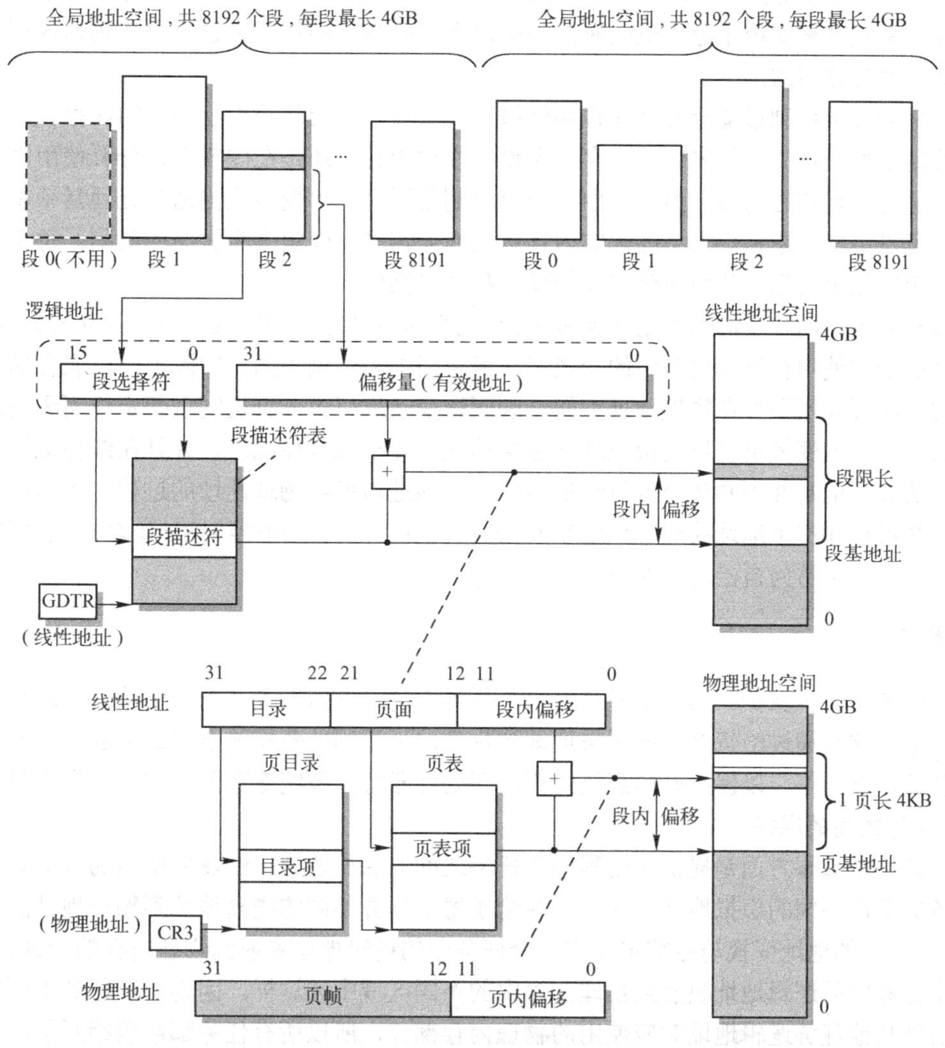

图 4-5　逻辑地址、线性地址和物理地址之间的变换

2. 分页机制

因为多任务系统通常定义的线性地址空间都要比其含有的物理内存容量大得多，所以需要使用某种“虚拟化”线性地址空间的方法，即使用虚拟存储技术。虚拟存储是一种内存管理技

术，使用这种技术可让编程人员产生内存空间要比计算机中实际物理内存容量大很多的错觉。利用这种错觉，我们可以随意编制大型程序而无需考虑实际物理内存究竟有多少。

分页机制支持虚拟存储技术。在使用虚拟存储的环境中，大容量的线性地址空间需要使用小块的物理内存（RAM 或 ROM）以及某些外部存储空间（如大容量硬盘）来模拟。当使用分页时，每个段被划分成页面（通常每页为 4KB 大小），页面会被存储于物理内存中或硬盘上。操作系统通过维护一个页目录和一些页表来留意这些页面。当程序（或任务）试图访问线性地址空间中的一个地址位置时，处理器就会使用页目录和页表把线性地址转换成一个物理地址，然后在该内存位置上执行所要求的操作（读或写）。

如果当前被访问的页面不在物理内存中，处理器就会中断程序的执行（通过产生一个页错误异常）。然后操作系统就可以从硬盘上把该页面读入物理内存中，并继续执行刚才被中断的程序。当操作系统严格实现了分页机制时，那么对于正确执行的程序来说页面在物理内存和硬盘之间的交换就是透明的。

80x86 的分页机制最适合支持虚拟存储技术。分页机制会使用大小固定的内存块，而分段管理则使用了大小可变的块来管理内存。无论在物理内存中还是在硬盘上，分页使用固定大小的块更为适合管理物理内存。另一方面，分段机制使用大小可变的块更适合处理复杂系统的逻辑分区。可以定义与逻辑块大小匹配的内存单元而无需受到固定大小页面的限制。每个段都可以作为一个单元来处理，从而简化了段的保护和共享操作。

分段和分页是两种不同的地址变换机制，它们都对整个地址变换操作提供独立的处理阶段。尽管两种机制都使用存储在内存中的变换表，但所用的表结构不同。实际上，段表存储在线性地址空间，而页表则保存在物理地址空间。因而段变换表可由分页机制重新定位而无需段机制的信息或合作。段变换机制把虚拟地址（逻辑地址）变换成线性地址，并且在线性地址空间中访问自己的表，但是并不知晓分页机制把这些线性地址转换到物理地址的过程。类似地，分页机制也不知道程序产生地址的虚拟地址空间。分页机制只是简单地把线性地址转换成物理地址，并且在物理内存中访问自己的转换表。

4.2.3 保护

80x86 支持两类保护。其一是通过给每个任务不同的虚拟地址（逻辑地址）空间来完全隔离各个任务。这是通过给每个任务逻辑地址到物理地址不同的变换映射来做到的。另一个保护机制对任务进行操作，以保护操作系统内存段和处理器特殊系统寄存器不被应用程序访问。

1. 任务之间的保护

保护的一个重要方面是提供应用程序各任务之间的保护能力。80x86 使用的方法是通过把每个任务放置在不同的虚拟地址空间中，并给予每个任务不同的逻辑地址到物理地址的变换映射。每个任务中的地址变换功能被定义成一个任务中的逻辑地址映射到物理内存的一部分区域，而另一个任务中的逻辑地址映射到物理内存中的不同区域中。这样，因为一个任务不可能生成能够映射到其他任务逻辑地址对应使用的物理内存部分，所以所有任务都被隔绝开了。只需给每个任务各自独立的映射表，每个任务就会有不同的地址变换函数。在 80x86 中，每个任务都有自己的段表和页表。当处理器切换去执行一个新任务时，任务切换的关键部分就是切换到新任务的变换表。

通过在所有任务中安排具有相同的虚拟到物理地址映射部分，并且把操作系统存储在这个公共的虚拟地址空间部分，操作系统可以被所有任务共享。这个所有任务都具有的相同虚拟地址空间部分被称为全局地址空间（Global Address Space）。这也正是现代 Linux 操作系统使用虚拟地址空间的方式。

每个任务唯一的虚拟地址空间部分被称为局部地址空间（Local Address Space）。局部地址空间含有需要与系统中其他任务区别开的私有的代码和数据。由于每个任务中具有不同的局部地址空间，因此两个不同任务中对相同虚拟地址处的引用将转换到不同的物理地址处。这使得操作系统可以给予每个任务的内存相同的虚拟地址，但仍然能隔绝每个任务。另一方面，所有任务在全局地址空间中对相同虚拟地址的引用将被转换到同一个物理地址处。这给公共代码和数据（如操作系统）的共享提供了支持。

2．特权级保护

在一个任务中，定义了 4 个执行特权级（Privilege Levels），用于依据段中含有数据的敏感度以及任务中不同程序部分的受信程度，来限制对任务中各段的访问。最敏感的数据被赋予了最高特权级，它们只能被任务中最受信任的部分访问。不太敏感的数据被赋予较低的特权级，它们可以被任务中较低特权级的代码访问。

特权级用数字 0～3 表示，其中 0 具有最高特权级；而 3 则是最低特权级。每个内存段都与一个特权级相关联。这个特权级限制具有足够特权级的程序来访问一个段。我们知道，处理器从 CS 寄存器指定的段中取得和执行指令，当前特权级（Current Privilege Level）即 CPL 就是当前活动代码段的特权级，并且它定义了当前所执行程序的特权级别。CPL 确定了哪些段能够被程序访问。

每当程序企图访问一个段时，当前特权级就会与段的特权级进行比较，以确定是否有访问许可。在给定 CPL 级别上执行的程序允许访问同级别或低级别的数据段。任何对高级别段的引用都是非法的，并且会引发一个异常来通知操作系统。

每个特权级都有自己的程序栈，以避免使用共享栈带来的保护问题。当程序从一个特权级切换到另一个特权级上执行时，堆栈段也随之改换到新级别的堆栈中。

4.3 分段机制

分段机制可用于实现多种系统设计。这些设计范围从使用分段机制的最小功能来保护程序的平坦模型，到使用分段机制创建一个可同时可靠地运行多个程序（或任务）的具有稳固操作环境的多段模型。

多段模型能够利用分段机制全部功能提供由硬件增强的代码、数据结构、程序和任务的保护措施。通常，每个程序（或任务）都使用自己的段描述符表以及自己的段。对程序来说段能够完全是私有的，或者是程序之间共享的。对所有段以及系统上运行程序各自执行环境的访问都由硬件控制。

访问检查不仅能够用来保护对段界限以外地址的引用，而且也能用来在某些段中防止执行不允许的操作。例如，因为代码段被设计成只读形式的段，因此可以用硬件来防止对代码段执行写操作。段中的访问权限信息也可以用来设置保护环或级别。保护级别可用于保护操作系统程序不受应用程序非法访问。

4.3.1 段的定义

在上一节概述中已经提到，保护模式中 80x86 提供了 4GB 的物理地址空间。这是处理器在其地址总线上可以寻址的地址空间。这个地址空间是平坦的，地址范围从 0 到 0xFFFFFFFF。这个物理地址空间可以映射到读写内存、只读内存以及内存映射 I/O 中。分段机制就是把虚拟地址空间中的虚拟内存组织成一些长度可变的称为段的内存块单元。80386 虚拟地址空间中的虚拟地址（逻辑地址）由一个段部分和一个偏移部分构成。段是虚拟地址到线性地址转换机制的基础。每个段由以下几个参数定义：

（1）段基地址（Base Address）：指定段在线性地址空间中的开始地址。基地址是线性地址，对应于段中偏移 0 处。

（2）段限长（Limit）：是虚拟地址空间中段内最大可用偏移位置。它定义了段的长度。

（3）段属性（Attributes）：指定段的特性。例如该段是否可读、可写或可作为一个程序执行；段的特权级等。

段限长定义了在虚拟地址空间中段的大小。段基址和段限长定义了段所映射的线性地址范围或区域。段内 0 到 limit 的地址范围对应线性地址中范围 Base 到 Base+Limit。偏移量大于段限长的虚拟地址是无意义的，如果使用则会导致异常。另外，若访问一个段并没有得到段属性许可则也会导致异常。例如，如果你试图写一个只读的段，那么 80386 就会产生一个异常。另外，多个段映射到线性地址中的范围可以部分重叠或覆盖，甚至完全重叠，如图 4-6 所示。在本书介绍的 Linux 0.1x 系统中，一个任务的代码段和数据段的段限长相同，并被映射到线性地址完全相同而重叠的区域上。

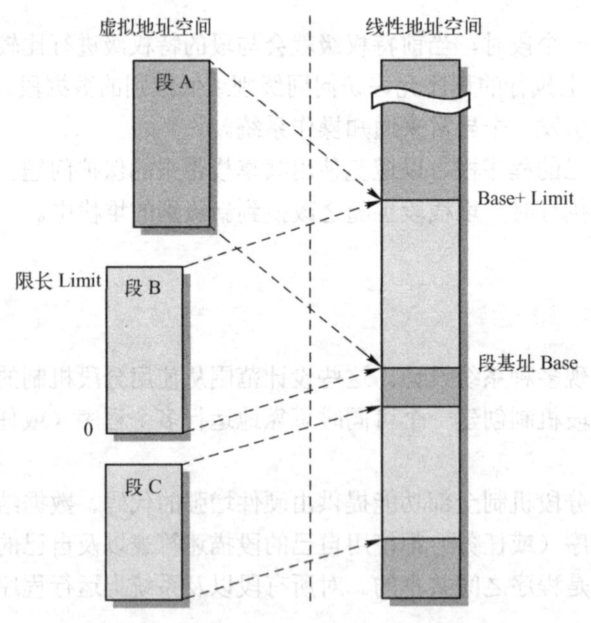

图 4-6　虚拟（逻辑）地址空间中的段映射到线性地址空间

段的基地址、段限长以及段的保护属性存储在一个称为段描述符（Segment Descriptor）的结构项中。在逻辑地址到线性地址的转换映射过程中会使用这个段描述符。段描述符保存在内存中的段描述符表（Descriptor Table）中。段描述符表是包含段描述符项的一个简单数组。前面介绍的段选择符即用于通过指定表中一个段描述符的位置来指定相应的段。

即使利用段的最小功能，使用逻辑地址也能访问处理器地址空间中的每个字节。逻辑地址由 16 位的段选择符和 32 位的偏移量组成，如图 4-7 所示。段选择符指定字节所在的段，而偏移量指定该字节在段中相对于段基地址的位置。处理器会把每个逻辑地址转换成线性地址。线性地址是处理器线性地址空间中的 32 位地址。与物理地址空间类似，线性地址空间也是平坦的 4GB 地址空间，地址范围从 0 到 0xFFFFFFFF。线性地址空间中含有为系统定义的所有段和系统表。

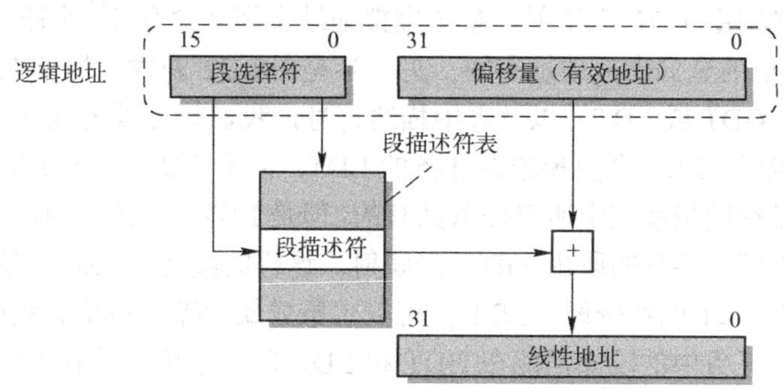

图 4-7　逻辑地址到线性地址的变换过程

为了把逻辑地址转换成一个线性地址，处理器会执行以下操作：

（1）使用段选择符中的偏移值（段索引）在 GDT 或 LDT 表中定位相应的段描述符（仅当一个新的段选择符加载到段寄存器中时才需要这一步）。

（2）利用段描述符检验段的访问权限和范围，以确保该段是可访问的并且偏移量位于段界限内。

（3）把段描述符中取得的段基地址加到偏移量上，最后形成一个线性地址。

如果没有开启分页，那么处理器直接把线性地址映射到物理地址，即线性地址被送到处理器地址总线上。如果对线性地址空间进行了分页处理，那么就会使用二级地址转换把线性地址转换成物理地址。页转换将在稍后进行说明。

4.3.2　段描述符表

段描述符表是段描述符的一个数组，如图 4-8 所示。描述符表的长度可变，最多可以包含 8192 个 8 字节描述符。有两种描述符表：全局描述符表 GDT（Global Descriptor Table）和局部描述符表 LDT（Local Descriptor Table）。

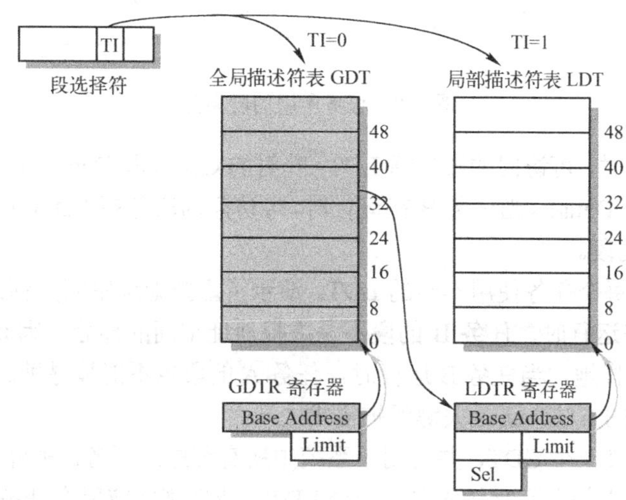

图 4-8　段描述符表结构

描述符表存储在由操作系统维护着的特殊数据结构中，并且由处理器的内存管理硬件来引用。这些特殊结构应该保存在仅由操作系统软件访问的受保护的内存区域中，以防止应用程序修改其中的地址转换信息。虚拟地址空间被分割成大小相等的两半。一半由 GDT 来映射变换到线性地址，另一半则由 LDT 来映射。整个虚拟地址空间共含有 2^{14} 个段：一半空间（即 2^{13} 个段）是由 GDT 映射的全局虚拟地址空间，另一半是由 LDT 映射的局部虚拟地址空间。通过指定一个描述符表（GDT 或 LDT）以及表中描述符号，我们就可以定位一个描述符。

当发生任务切换时，LDT 会更换成新任务的 LDT，但是 GDT 并不会改变。因此，GDT 所映射的一半虚拟地址空间是系统中所有任务共有的，但是 LDT 所映射的另一半则在任务切换时被改变。系统中所有任务共享的段由 GDT 来映射。这样的段通常包括含有操作系统的段以及所有任务各自的包含 LDT 的特殊段。LDT 段可以想象成属于操作系统的数据。

图 4-9 表明一个任务中的段如何能在 GDT 和 LDT 之间分开。图中共有 6 个段，分别用于两个应用程序（A 和 B）以及操作系统。系统中每个应用程序对应一个任务，并且每个任务有自己的 LDT。应用程序 A 在任务 A 中运行，拥有 LDT_A，用来映射段 $Code_A$ 和 $Data_A$。类似地，应用程序 B 在任务 B 中运行，使用 LDT_B 来映射 $Code_B$ 和 $Data_B$ 段。包含操作系统内核的两个段 $Code_{OS}$ 和 $Data_{OS}$ 使用 GDT 来映射，这样它们可以被两个任务所共享。两个 LDT 段：LDT_A 和 LDT_B 也使用 GDT 来映射。

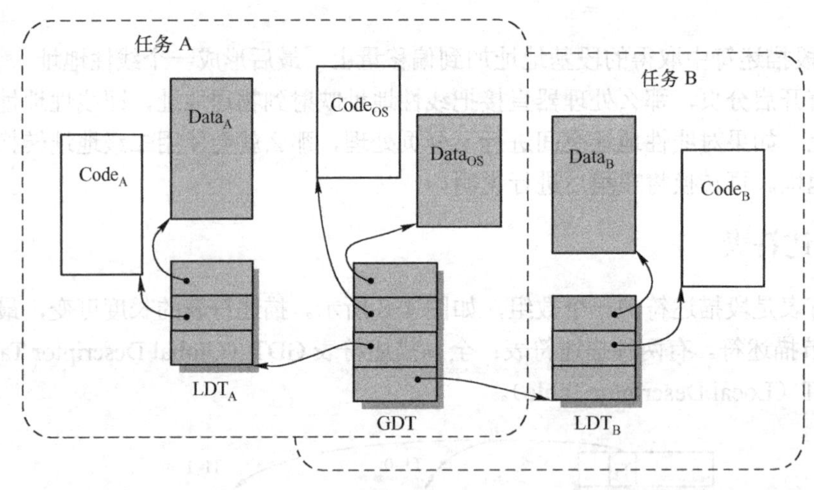

图 4-9　任务所用的段类型

当任务 A 在运行时，可访问的段包括 LDT_A 映射的 $Code_A$ 和 $Data_A$ 段，加上 GDT 映射的操作系统的段 $Code_{OS}$ 和 $Data_{OS}$。当任务 B 在运行时，可访问的段包括 LDT_B 映射的 $Code_B$ 和 $Data_B$ 段，加上 GDT 映射的段。

这个例子通过让每个任务使用不同的 LDT，演示了虚拟地址空间如何能够被组织成隔离每个任务。当任务 A 在运行时，任务 B 的段不是虚拟地址空间的部分，因此任务 A 没有办法访问任务 B 的内存。同样地，当任务 B 运行时，任务 A 的段也不能被寻址。这种使用 LDT 来隔离每个应用程序任务的方法，正是关键保护需求之一。

每个系统必须定义一个 GDT，并可用于系统中所有程序或任务。另外，可选定义一个或多个 LDT。例如，可以为每个运行任务定义一个 LDT，或者某些或所有任务共享一个 LDT。

GDT 本身并不是一个段，而是线性地址空间中的一个数据结构。GDT 的基线性地址和长度值必须加载进 GDTR 寄存器中。GDT 的基地址应该进行内存 8 字节对齐，以得到最佳处理器性能。GDT 的限长以字节为单位。与段类似，限长值加上基地址可得到最后表中最后 1 字节的有效地址。限长为 0 表示有 1 个有效字节。因为段描述符总是 8 字节长，因此 GDT 的限长值应该设置成总是 8 的倍数减 1（即 $8n-1$）。

处理器并不使用 GDT 中的第 1 个描述符。把这个“空描述符”的段选择符加载进一个数据段寄存器（DS、ES、FS 或 GS）并不会产生一个异常，但是若使用这些加载了空描述符的段选择符访问内存时就肯定会产生一般保护性异常。通过使用这个段选择符初始化段寄存器，那么意外引用未使用的段寄存器肯定会产生一个异常。

LDT 表存放在 LDT 类型的系统段中。此时 GDT 必须含有 LDT 的段描述符。如果系统支持多 LDT 的话，那么每个 LDT 都必须在 GDT 中有一个段描述符和段选择符。一个 LDT 的段描述符可以存放在 GDT 表的任何地方。

访问 LDT 需使用其段选择符。为了在访问 LDT 时减少地址转换次数，LDT 的段选择符、基地址、段限长以及访问权限需要存放在 LDTR 寄存器中。

当保存 GDTR 寄存器内容时（使用 SGDT 指令），一个 48 位的“伪描述符”被存储在内存中。为了在用户模式（特权级 3）避免对齐检查出错，伪描述符应该存放在一个奇字地址处（即地址 MOD 4 = 2）。这会让处理器先存放一个对齐的字，随后是一个对齐的双字（4 字节对齐处）。用户模式程序通常不会保存伪描述符，但是可以通过使用这种对齐方式来避免产生一个对齐检查出错的可能性。当使用 SIDT 指令保存 IDTR 寄存器内容时也需要使用同样的对齐方式。然而，当保存 LDTR 或任务寄存器（分别使用 SLTR 或 STR 指令）时，伪描述符应该存放在双字对齐的地址处（即 地址 MOD 4 = 0）。

4.3.3 段选择符

段选择符（或称段选择子）是段的一个 16 位标识符，如图 4-10 所示。段选择符并不直接指向段，而是指向段描述符表中定义段的段描述符。段选择符的 3 个字段分别是：

- 请求特权级 RPL（Requested Privilege Level）。
- 表指示标志 TI（Table Indcx）。
- 索引值（Index）。

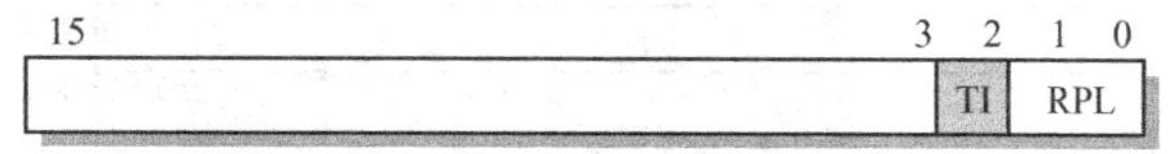

图 4-10　段选择符结构

请求特权级字段 RPL 提供了段保护信息，将在后面作详细说明。表索引字段 TI 用来指出包含指定段描述符的段描述符表 GDT 或 LDT。TI=0 表示描述符在 GDT 中；TI=1 表示描述符在 LDT 中。索引字段给出了描述符在 GDT 或 LDT 表中的索引项号。可见，选择符通过定位段表中的一个描述符来指定一个段，并且描述符中包含访问一个段的所有信息，如段的基地址、段长度和段属性。

例如，图 4-11a 中选择符（0x08）指定了 GDT 中具有 RPL=0 的段 1，其索引字段值是 1，TI 位是 0，指定 GDT 表。图 4-11b 中选择符（0x10）指定了 GDT 中具有 RPL=0 的段 2，其索引字段值是 2，TI 位是 0，指定 GDT 表。图 4-11c 中选择符（0x0f）指定了 LDT 中具有 RPL=3

的段 1，其索引字段值是 1，TI 位是 1，指定 LDT 表。图 4-11d 中选择符（0x17）指定了 LDT 中具有 RPL=3 的段 2，其索引字段值是 2，TI 位是 1，指定 LDT 表。实际上，图中的前 4 个选择符 a～d 分别就是 Linux 0.1x 内核的内核代码段、内核数据段、任务代码段和任务数据段的选择符。图 4-11e 中的选择符（0xffff）指定 LDT 表中 RPL=3 的段 8191。其索引字段值是 0b1111111111111（即 8191），TI 位等于 1，指定 LDT 表。

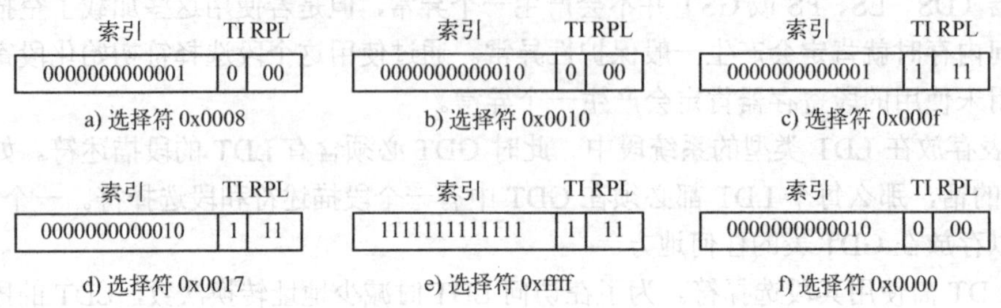

图 4-11　段选择符示例

另外，处理器不使用 GDT 表中的第 1 项。指向 GDT 该项的选择符（即索引值为 0，TI 标志为 0 的选择符）用作“空选择符”，如图 4-11f 所示。当把空选择符加载到一个段寄存器（除了 CS 和 SS 以外）中时，处理器并不产生异常。但是当使用含有空选择符的段寄存器用于访问内存时就会产生异常。当把空选择符加载到 CS 或 SS 段寄存器中时将会导致一个异常。

对应用程序来说段选择符是作为指针变量的一部分而可见，但选择符的值通常是由链接编辑器或链接加载程序进行设置或修改，而非应用程序。

为减少地址转换时间和编程复杂性，处理器提供可存放最多 6 个段选择符的寄存器（如图 4-12 所示），即段寄存器。每个段寄存器支持特定类型的内存引用（代码、数据或堆栈）。原则上执行每个程序都起码需要把有效的段选择符加载到代码段（CS）、数据段（DS）和堆栈段（SS）寄存器中。处理器还另外提供 3 个辅助的数据段寄存器（ES、FS 和 GS），以便当前执行程序（或任务）能够访问其他几个数据段。

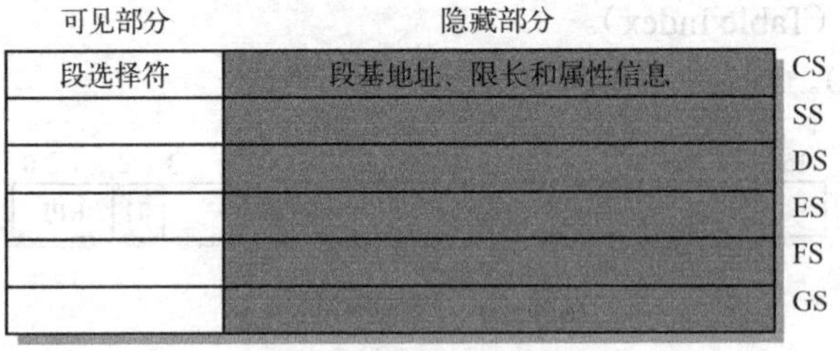

可见部分　隐藏部分
段选择符　段基地址、限长和属性信息　CS
SS
DS
ES
FS
GS

图 4-12　段寄存器结构

对于访问某个段的程序，必须已经把段选择符加载到一个段寄存器中。因此，尽管一个系统可以定义很多的段，但同时只有 6 个段可供立即访问。若要访问其他段就需要加载这些段的选择符。

另外，为了避免每次访问内存时都去引用描述符表，去读和解码一个段描述符，每个段寄存器都有一个“可见”部分和一个“隐藏”部分（隐藏部分也被称为“描述符缓冲”或“影子寄存器”）。当一个段选择符被加载到一个段寄存器可见部分中时，处理器也同时把段选择符指向的段描述符中的段地址、段限长以及访问控制信息加载到段寄存器的隐藏部分中。缓冲在段寄存器（可见和隐藏部分）中的信息使得处理器可以在进行地址转换时不再需要花费时间从段描述符中读取基地址和限长值。

由于影子寄存器含有描述符信息的一个副本，因此操作系统必须确保对描述符表的改动反映在影子寄存器中。否则描述符表中一个段的基地址或限长被修改过，但改动却没有反映到影子寄存器中。处理这种问题最简捷的方法是在对描述符表中的描述符作过任何改动之后就立刻重新加载 6 个段寄存器。这将把描述符表中的相应段信息重新加载到影子寄存器中，并为加载段寄存器，提供了两类加载指令：

（1）像 MOV、POP、LDS、LES、LSS、LGS 以及 LFS，这些指令显式地直接引用段寄存器。

（2）隐式加载指令，例如使用长指针的 CALL、JMP 和 RET 指令、IRET、INTn、INTO 和 INT3 等指令。这些指令在操作过程中会附带改变 CS 寄存器（和某些其他段寄存器）的内容。

MOV 指令当然也可以用于把段寄存器可见部分内容存储到一个通用寄存器中。

4.3.4　段描述符

前面我们已经说明了使用段选择符来定位描述符表中的一个描述符。段描述符是 GDT 和 LDT 表中的一个数据结构项，用于向处理器提供有关一个段的位置和大小信息以及访问控制的状态信息。每个段描述符的长度是 8 字节，含有 3 个主要字段：段基地址、段限长和段属性。段描述符通常由编译器、链接器、加载器或者操作系统来创建，但绝不是应用程序。图 4-13 给出了所有类型段描述符的一般格式。

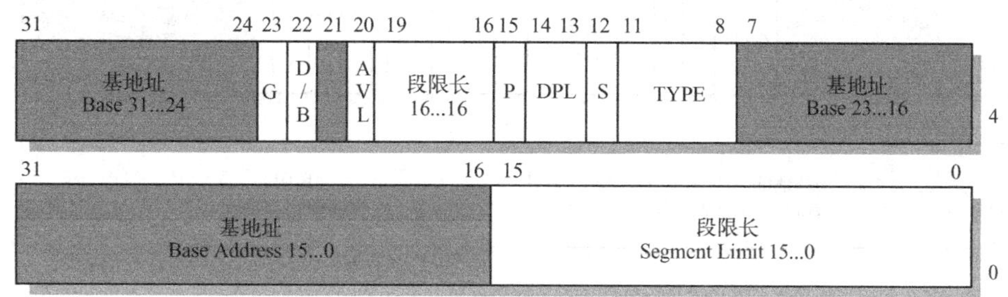

图 4-13　段描述符通用格式

一个段描述符中各字段和标志的含义如下：

（1）段限长字段 Limit（Segment limit field）：用于指定段的长度。处理器会把段描述符中两个段限长字段组合成一个 20 位的值，并根据颗粒度标志 G 来指定段限长 Limit 值的实际含义。如果 G=0，则段长度 Limit 范围可从 1B～1MB，单位是 1B；如果 G=1，则段长度 Limit 范围可从 4KB～4GB，单位是 4KB。

根据段类型中的段扩展方向标志 E，处理器以两种不同方式使用段限长 Limit。对于向上扩展的段（简称上扩段），逻辑地址中的偏移值范围可以从 0 到段限长值 Limit。大于段限长 Limit 的偏移值将产生一般保护性异常。对于向下扩展的段（简称下扩段），段限长 Limit 的含义相反。根据默认栈指针大小标志 B 的设置，偏移值范围可从段限长 Limit 到 0xFFFFFFFF 或 0xFFFF。而小于段限长 Limit 的偏移值将产生一般保护性异常。对于下扩段，减小段限长字段中的值会在该段地址空间底部分配新的内存，而不是在顶部分配。80x86 的栈总是向下扩展的，因此这种实现方式很适合扩展堆栈。

（2）基地址字段 Base（Base address field）：该字段定义在 4GB 线性地址空间中一个段字节 0 所处的位置。处理器会把 3 个分立的基地址字段组合形成一个 32 位的值。段基地址应该对齐 16 字节边界。虽然这不是要求的，但通过把程序的代码和数据段对齐在 16 字节边界上，可以让程序具有最佳性能。

（3）段类型字段 TYPE（Type field）：用行指定段或门（Gate）的类型、说明段的访问种类以及段的扩展方向。该字段的解释依赖于描述符类型标志 S 指明是一个应用（代码或数据）描述符还是一个系统描述符。TYPE 字段的编码对代码、数据或系统描述符都不同，如图 4-14 所示。

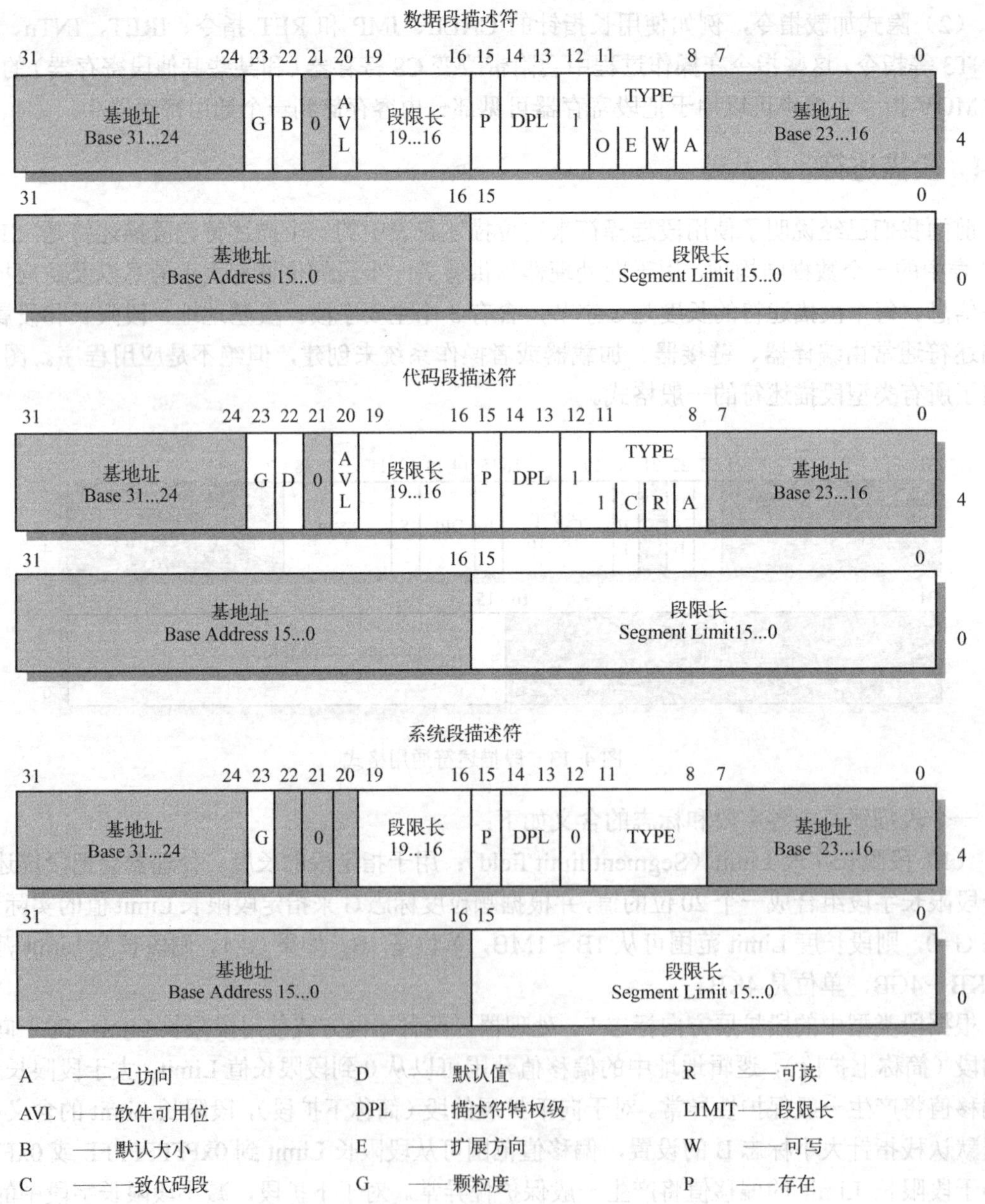

图 4-14　代码段、数据段和系统段描述符格式

（4）描述符类型标志 S（Descriptor type flag）：用于指明一个段描述符是系统段描述符（当 S=0）还是代码或数据段描述符（当 S=1）。

（5）描述符特权级字段 DPL（Descriptor privilege level）：用于指明描述符的特权级。特权级范围从 0 到 3。0 级特权级最高，3 级最低。DPL 用于控制对段的访问。

（6）段存在标志 P（Segment present）：用于指出一个段是在内存中（P=1）还是不在内存中（P=0）。当一个段描述符的 P 标志为 0 时，那么把指向这个段描述符的选择符加载进段寄存器将导致产生一个段不存在异常。内存管理软件可以使用这个标志来控制在某一给定时间实际需要把那个段加载进内存中。这个功能为虚拟存储提供了除分页机制以外的控制。图 4-15 给出了当 P=0 时的段描述符格式。当 P 标志为 0 时，操作系统可以自由使用格式中标注为可用（Available）的字段位置来保存自己的数据，例如有关不存在段实际在什么地方的信息。

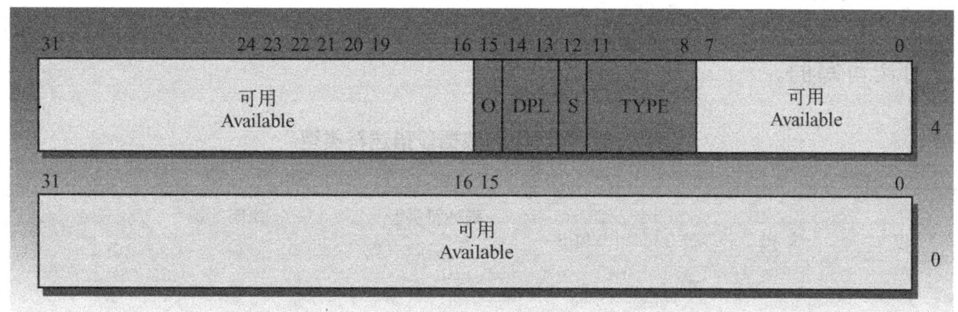

图 4-15　当存在位 P=0 时的段描述符格式

（7）D/B（默认操作大小/默认栈指针大小和/或上界限）标志（Default operation size/default stack pointer size and/or upper bound）：根据段描述符描述的是一个可执行代码段、下扩数据段还是一个堆栈段，这个标志具有不同的功能。（对于 32 位代码和数据段，这个标志应该总是设置为 1；对于 16 位代码和数据段，这个标志被设置为 0。）

- 可执行代码段。此时这个标志称为 D 标志并用于指出该段中的指令引用有效地址和操作数的默认长度。如果该标志置位，则默认值是 32 位地址和 32 位或 8 位的操作数；如果该标志为 0，则默认值是 16 位地址和 16 位或 8 位的操作数。指令前缀 0x66 可以用来选择非默认值的操作数大小；前缀 0x67 可用来选择非默认值的地址大小。
- 栈段（由 SS 寄存器指向的数据段）。此时该标志称为 B（Big）标志，用于指明隐含堆栈操作（如 PUSH、POP 或 CALL）时的栈指针大小。如果该标志置位，则使用 32 位栈指针并存放在 ESP 寄存器中；如果该标志为 0，则使用 16 位栈指针并存放在 SP 寄存器中。如果堆栈段被设置成一个下扩数据段，这个 B 标志也同时指定了堆栈段的上界限。
- 下扩数据段。此时该标志称为 B 标志，用于指明堆栈段的上界限。如果设置了该标志，则堆栈段的上界限是 0xFFFFFFFF（4GB）；如果没有设置该标志，则堆栈段的上界限是 0xFFFF（64KB）。

（8）颗粒度标志 G（Granularity）：该字段用于确定段限长字段 Limit 值的单位。如果颗粒度标志为 0，则段限长值的单位是字节；如果设置了颗粒度标志，则段限长值使用 4KB 单位。（这个标志不影响段基地址的颗粒度，基地址的颗粒度总是字节单位。）若设置了 G 标志，那么当使用段限长来检查偏移值时，并不会去检查偏移值的 12 位最低有效位。例如，当 G=1 时，段限长为 0 表明有效偏移值为 0～4095。

（9）可用和保留位（Available and reserved bits）：段描述符第 2 个双字的位 20 可供系统软件使用；位 21 是保留位并应该总是设置为 0。

4.3.5 代码和数据段描述符类型

当段描述符中 S（描述符类型）标志被置位，则该描述符用于代码或数据段。此时类型字段中最高位（第 2 个双字的位 11）用于确定是数据段的描述符（复位）还是代码段的描述符（置位）。

对于数据段的描述符，类型字段的低 3 位（位 8、9、10）被分别用于表示已访问 A（Accessed）、可写 W（Write-enable）和扩展方向 E（Expansion-direction），参见表 4-3 中有关代码和数据段类型字段位的说明。根据可写位 W 的设置，一个数据段可以是只读的，也可以是可读可写的。

表 4-3 代码段和数据段描述符类型

类型（TYPE）字段					描述符类型	说明
十进制	位 11	位 10	位 9	位 8		
		E	W	A		
0	0	0	0	0	数据	只读
1	0	0	0	1	数据	只读，已访问
2	0	0	1	0	数据	可读/写
3	0	0	1	1	数据	可读/写，已访问
4	0	1	0	0	数据	向下扩展，只读
5	0	1	0	1	数据	向下扩展，只读，已访问
6	0	1	1	0	数据	向下扩展，可读/写
7	0	1	1	1	数据	向下扩展，可读/写，已访问
		C	R	A		
8	1	0	0	0	代码	仅执行
9	1	0	0	1	代码	仅执行，已访问
10	1	0	1	0	代码	执行/可读
11	1	0	1	1	代码	执行/可读，已访问
12	1	1	0	0	代码	一致性段，仅执行
13	1	1	0	1	代码	一致性段，仅执行，已访问
14	1	1	1	0	代码	一致性段，执行/可读
15	1	1	1	1	代码	一致性段，执行/可读，已访问

堆栈段必须是可读/写的数据段。若使用不可写数据段的选择符加载到 SS 寄存器中，

将导致一个一般保护异常。如果堆栈段的长度需要动态地改变，那么堆栈段可以是一个向下扩展的数据段（扩展方向标志置位）。这里，动态改变段限长将导致栈空间被添加到栈底部。

已访问位指明自从上次操作系统复位该位之后一个段是否被访问过。每当处理器把一个段的段选择符加载进段寄存器，它就会设置该位。该位需要明确地清除，否则一直保持置位状态。该位可用于虚拟内存管理和调试。

对于代码段，类型字段的低 3 位被解释成已访问 A（Accessed）、可读 R（Read-enable）和一致的 C（Conforming）。根据可读 R 标志的设置，代码段可以是只能执行、可执行/可读。当常数或其他静态数据以及指令码被放在了一个 ROM 中时就可以使用一个可执行/可读代码段。这里，通过使用带 CS 前缀的指令或者把代码段选择符加载进一个数据段寄存器（DS、ES、FS 或 GS），我们可以读取代码段中的数据。在保护模式下，代码段是不可写的。

代码段可以是一致性的或非一致性的。向更高特权级一致性代码段的执行控制转移，允许程序以当前特权级继续执行。向一个不同特权级的非一致性代码段的转移将导致一般保护异常，除非使用了一个调用门或任务门（有关一致性和非一致性代码段的详细信息请参见“直接调用或跳转到代码段”）。不访问保护设施的系统工具以及某些异常类型（例如除出错、溢出）的处理过程可以存放在一致性代码段中。需要防止低特权级程序或过程访问的工具应该存放在非一致性代码段中。

所有数据段都是非一致性的，即意味着它们不能被低特权级的程序或过程访问。然而，与代码段不同，数据段可以被更高特权级的程序或过程访问，而无须使用特殊的访问门。

如果 GDT 或 LDT 中一个段描述符被存放在 ROM 中，那么若软件或处理器试图更新（写）在 ROM 中的段描述符时，处理器就会进入一个无限循环。为了防止这个问题，需要存放在 ROM 中的所有描述符的已访问位应该预先设置成置位状态。同时，删除操作系统中任何试图修改 ROM 中段描述符的代码。

4.3.6　系统描述符类型

当段描述符中的 S 标志（描述符类型）是复位状态（0）的话，那么该描述符是一个系统描述符。处理器能够识别以下一些类型的系统段描述符：

- 局部描述符表（LDT）的段描述符。
- 任务状态段（TSS）描述符。
- 调用门描述符。
- 中断门描述符。
- 陷阱门描述符。
- 任务门描述符。

这些描述符类型可分为两大类：系统段描述符和门描述符。系统段描述符指向系统段（如 LDT 和 TSS 段），门描述符就是一个“门”，对于调用、中断或陷阱门，其中含有代码段的选择符和段中程序入口点的指针；对于任务门，其中含有 TSS 的段选择符。表 4-4 给出了系统段描述符和门描述符类型字段的编码。

表 4-4 系统段和门描述符类型

类型（TYPE）字段					说明	
十进制	位 11	位 10	位 9	位 8		
0	0	0	0	0	Reserved	保留
1	0	0	0	1	16-Bit TSS (Available)	16 位 TSS（可用）
2	0	0	1	0	LDT	LDT
3	0	0	1	1	16-Bit TSS (Busy)	16 位 TSS（忙）
4	0	1	0	0	16-Bit Call Gate	16 位调用门
5	0	1	0	1	Task Gate	任务门
6	0	1	1	0	16-Bit Interrupt Gate	16 位中断门
7	0	1	1	1	16-Bit Trap Gate	16 位陷阱门
8	1	0	0	0	Reserved	保留
9	1	0	0	1	32-Bit TSS (Available)	32 位 TSS（可用）
10	1	0	1	0	Reserved	保留
11	1	0	1	1	32-Bit TSS (Busy)	32 位 TSS（忙）
12	1	1	0	0	32-Bit Call gate	32 位调用门
13	1	1	0	1	Reserved	保留
14	1	1	1	0	32-Bit Interrupt Gate	32 位中断门
15	1	1	1	1	32-Bit Trap Gate	32 位陷阱门

有关 TSS 状态段和任务门的使用方法将在 4.7 节中进行说明，调用门的使用方法将在 4.5 节中说明，中断和陷阱门的使用方法将在 4.6 节中说明。

4.4 分页机制

分页机制是 80x86 内存管理机制的第二部分。它在分段机制的基础上完成虚拟（逻辑）地址到物理地址转换的过程。分段机制把逻辑地址转换成线性地址，而分页则把线性地址转换成物理地址。分页可以用于任何一种分段模型。处理器分页机制会把线性地址空间（段已映射到其中）划分成页面，然后这些线性地址空间页面被映射到物理地址空间的页面上。分页机制有几种页面级保护措施，可和分段机制保护机制合用或替代分段机制的保护措施。例如，在基于页面的基础上可以加强读/写保护。另外，在页面单元上，分页机制还提供了用户—超级用户两级保护。

我们通过设置控制寄存器 CR0 的 PG 位可以启用分页机制。如果 PG=1，则启用分页操作，处理器会使用本节描述的机制将线性地址转换成物理地址。如果 PG=0，则禁用分页机制，此时分段机制产生的线性地址被直接用作物理地址。

前面介绍的分段机制在各种可变长度的内存区域上操作。与分段机制不同，分页机制对固定大小的内存块（称为页面）进行操作。分页机制把线性和物理地址空间都划分成页面。线性地址空间中的任何页面可以被映射到物理地址空间的任何页面上。图 4-16 示出了分页机制如何把线性和物理地址空间都划分成各个页面，并在这两个空间之间提供了任意映射。图中的箭头把线性地址空间中的页面与物理地址空间中的页面对应了起来。

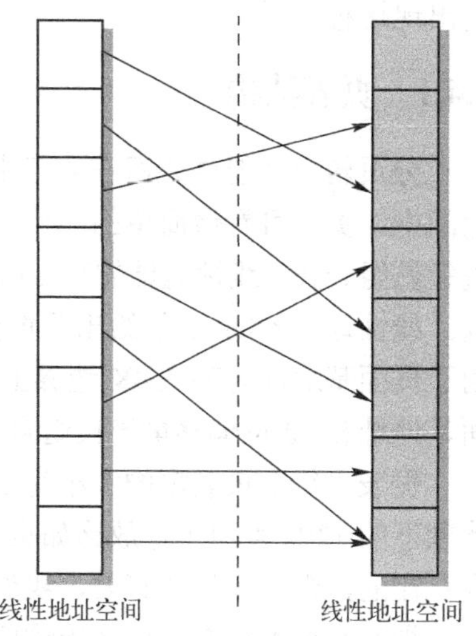

图 4-16　线性地址空间页面到物理地址空间页面对应示意图

80x86 使用 4K（2^{12}）字节固定大小的页面。每个页面均是 4KB，并且对齐于 4K 地址边界处。这表示分页机制把 2^{32}B（4GB）的线性地址空间划分成 2^{20}（1M = 1048576）个页面。分页机制通过把线性地址空间中的页面重新定位到物理地址空间中进行操作。由于 4KB 大小的页面作为一个单元进行映射，并且对齐于 4K 边界，因此线性地址的低 12 位可作为页内偏移量直接作为物理地址的低 12 位。分页机制执行的重定位功能可看做把线性地址的高 20 位转换到对应物理地址的高 20 位。

另外，线性到物理地址的转换功能被扩展成允许一个线性地址被标注为无效的，而非让其产生一个物理地址。在两种情况下一个页面可以被标注为无效的：①操作系统不支持的线性地址；②对应在虚拟内存系统中的页面在磁盘上而非在物理内存中。在第一种情况下，产生无效地址的程序必须被终止。在第二种情况下，该无效地址实际上是请求操作系统虚拟内存管理器把对应页面从磁盘上加载到物理内存中，以供程序访问。因为无效页面通常与虚拟存储系统相关，因此它们被称为不存在的页面，并且由页表中称为存在（present）的属性来确定。

在保护模式中，80x86 允许线性地址空间直接映射到大容量的物理内存（如 4GB 的 RAM）上，或者（使用分页）间接地映射到较小容量的物理内存和磁盘存储空间中。这后一种映射线性地址空间的方法被称为虚拟存储或者需求页（Demand-paged）虚拟存储。

当使用分页时，处理器会把线性地址空间划分成固定大小的页面（长度 4KB），这些页面可以映射到物理内存中或磁盘存储空间中。当一个程序（或任务）引用内存中的逻辑地址时，处理器会把该逻辑地址转换成一个线性地址，然后使用分页机制把该线性地址转换成对应的物理地址。

如果包含线性地址的页面当前不在物理内存中，处理器就会产生一个页错误异常。页错误异常的处理程序通常就会让操作系统从磁盘中把相应页面加载到物理内存中（操作过程中可能还会把物理内存中不同的页面写到磁盘上）。当页面加载到物理内存中之后，从异常处理过程的返回操作会使得导致异常的指令被重新执行。处理器用于把线性地址转换成物理地址时所需的信息及处理器产生页错误异常（若必要的话）所需的信息都存储于页目录和页表中。

分页与分段最大的不同之处在于分页使用了固定长度的页面。段的长度通常与存放在其中的代码或数据结构具有相同的长度。与段不同，页面有固定的长度。如果仅使用分段地址转换，那么存储在物理内存中的一个数据结构将包含其所有的部分。但如果使用了分页，那么一个数据结构就可以一部分存储于物理内存中，而另一部分保存在磁盘中。

为了减少地址转换所要求的总线周期数量，最近访问的页目录和页表会被存放在处理器的缓冲器件中。该缓冲器件被称为转换查找缓冲区（Translation Lookaside Buffer，TLB）。TLB 可以满足大多数读页目录和页表的请求而无需使用总线周期。只有当 TLB 中不包含要求的页表项时才会使用额外的总线周期从内存中读取页表项，通常在一个页表项很长时间没有访问过时才会出现这种情况。

4.4.1 页表结构

分页转换功能由驻留在内存中的表来描述，该表称为页表（page table），存放在物理地址空间中。页表可看做简单的 2^{20} 个物理地址数组。线性到物理地址的映射功能可以简单地看做进行数组查找。线性地址的高 20 位构成这个数组的索引值，用于选择对应页面的物理（基）地址。线性地址的低 12 位给出了页面中的偏移量，加上页面的基地址最终形成对应的物理地址。由于页面基地址对齐在 4K 边界上，因此页面基地址的低 12 位肯定是 0。这意味着高 20 位的页面基地址和 12 位偏移量连接组合在一起就能得到对应的物理地址。

页表中每个页表项的大小为 32 位。由于只需要其中的 20 位来存放页面的物理基地址，因此剩下的 12 位可用于存放诸如页面是否存在等的属性信息。如果线性地址索引的页表项被标注为存在的，则表示该项有效，我们可以从中取得页面的物理地址。如果页表项中信息表明（说明、指明）页不存在，那么当访问对应物理页面时就会产生一个异常。

1．两级页表结构

页表含有 2^{20}（1M）个表项，而每项占用 4B。如果作为一个表来存放的话，它们最多将占用 4MB 的内存。因此为了减少内存占用量，80x86 使用了两级表。由此，高 20 位线性地址到物理地址的转换也被分成两步来进行，每步使用（转换）其中的 10bit。

第一级表称为页目录（page directory）。它被存放在 1 页 4K 页面中，具有 2^{10}（1K）个 4B 长度的表项。这些表项指向对应的二级表。线性地址的最高 10 位（位 31～22）用作一级表（页目录）中的索引值来选择 2^{10} 个二级表之一。

第二级表称为页表（page table），它的长度也是 1 个页面，最多含有 1K 个 4B 的表项。每个 4B 表项含有相关页面的 20 位物理基地址。二级页表使用线性地址中间 10 位（位 21～12）作为表项索引值，以获取含有页面 20 位物理基地址的表项。该 20 位页面物理基地址和线性地址中的低 12 位（页内偏移）组合在一起就得到了分页转换过程的输出值，即对应的最终物理地址。

图 4-17 给出了二级表的查找过程。其中 CR3 寄存器指定页目录表的基地址。线性地址的高 10 位用于索引这个页目录表，以获得指向相关第二级页表的指针。线性地址中间 10 位用于索引二级页表，以获得物理地址的高 20 位。线性地址的低 12 位直接作为物理地址低 12 位，从而组成一个完整的 32 位物理地址。

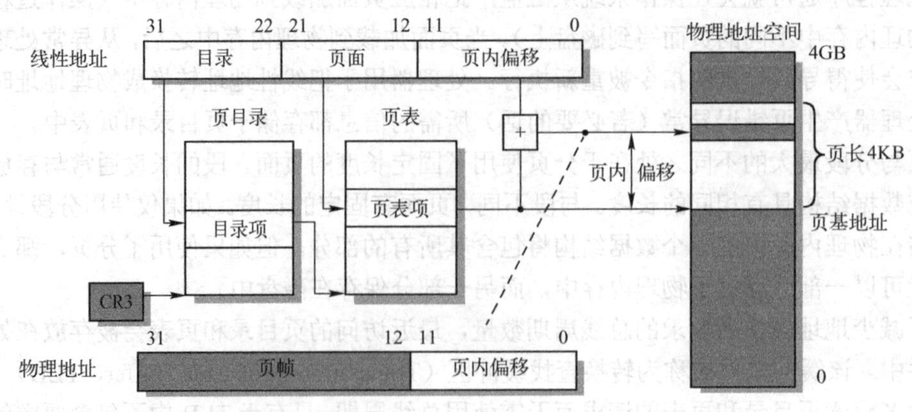

图 4-17　线性地址和物理地址之间的变换

2．不存在的页表

使用二级表结构，并没有解决需要使用 4MB 内存来存放页表的问题。实际上，我们把问题搞得有些复杂了。因为我们需要另增一个页面来存放目录表。然而，二级表结构允许页表被分散在内存各个页面中，而不需要保存在连续的 4MB 内存块中。另外，并不需要为不存在的或线性地址空间未使用部分分配二级页表。虽然目录表页面必须总是存在于物理内存中，但是二级页表可以在需要时再分配。这使得页表结构的大小对应于实际使用的线性地址空间大小。

页目录表中每个表项也有一个存在（present）属性，类似于页表中的表项。页目录表项中的存在属性指明对应的二级页表是否存在。如果目录表项指明对应的二级页表存在，那么通过访问二级表，表查找过程第 2 步将同如上描述继续下去。如果存在位表明对应的二级表不存在，那么处理器就会产生一个异常来通知操作系统。页目录表项中的存在属性使得操作系统可以根据实际使用的线性地址范围来分配二级页表页面。

目录表项中的存在位还可以用于在虚拟内存中存放二级页表。这意味着在任何时候只有部分二级页表需要存放在物理内存中，而其余的可保存在磁盘上。处于物理内存中页表对应的页目录项将被标注为存在，以表明可用它们进行分页转换。处于磁盘上的页表对应的页目录项将被标注为不存在。由于二级页表不存在而引发的异常会通知操作系统把缺少的页表从磁盘上加载进物理内存。把页表存储在虚拟内存中减少了保存分页转换表所需要的物理内存量。

4.4.2　页表项格式

页目录和页表的表项格式如图 4-18 所示。其中位 31～12 含有物理地址的高 20 位，用于定位物理地址空间中一个页面（也称为页帧）的物理基地址。表项的低 12 位含有页属性信息。前文已经讨论过存在属性，这里简要说明其余属性的功能和用途。

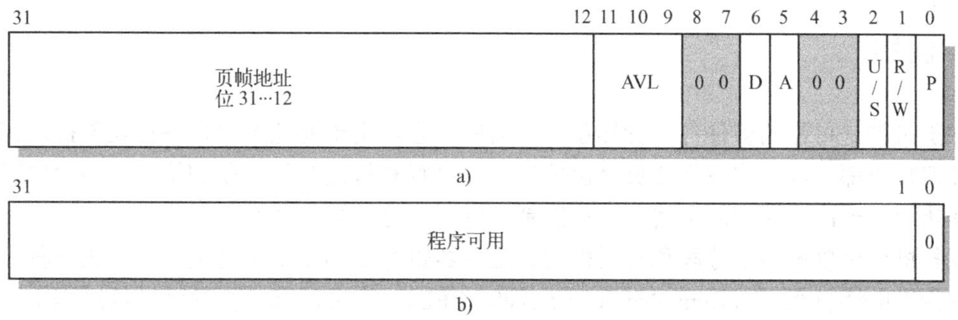

图 4-18　页目录和页表的表项格式

- P——位 0 是存在（Present）标志，用于指明表项对地址转换是否有效。P=1 表示有效；P=0 表示无效。在页转换过程中，如果说涉及的页目录或页表的表项无效，则会导致一个异常。如果 P=0，那么除表示表项无效外，其余位可供程序自由使用，如图 4-18b 所示。例如，操作系统可以使用这些位来保存已存储在磁盘上的页面的序号。
- R/W——位 1 是读/写（Read/Write）标志。如果等于 1，表示页面可以被读、写或执行。如果为 0，表示页面只读或可执行。当处理器运行在超级用户特权级（级别 0、1 或 2）时，则 R/W 位不起作用。页目录项中的 R/W 位对其所映射的所有页面起作用。
- U/S——位 2 是用户/超级用户（User/Supervisor）标志。如果为 1，那么运行在任何特权级上的程序都可以访问该页面。如果为 0，那么页面只能被运行在超级用户特权级（0、

1 或 2）上的程序访问。页目录项中的 U/S 位对其所映射的所有页面起作用。

- A——位 5 是已访问（Accessed）标志。当处理器访问页表项映射的页面时，页表表项的这个标志就会被置为 1。当处理器访问页目录表项映射的任何页面时，页目录表项的这个标志就会被置为 1。处理器只负责设置该标志，操作系统可通过定期地复位该标志来统计页面的使用情况。
- D——位 6 是页面已被修改（Dirty）标志。当处理器对一个页面执行写操作时，就会设置对应页表表项的 D 标志。处理器并不会修改页目录项中的 D 标志。
- AVL——该字段保留专供程序使用。处理器不会修改这几位，以后的升级处理器也不会。

4.4.3 虚拟存储

页目录和页表表项中的存在标志 P 为使用分页技术的虚拟存储提供了必要的支持。若线性地址空间中的页面存在于物理内存中，则对应表项中的标志 P=1，并且该表项中含有相应物理地址。页面不在物理内存中的表项其标志 P = 0。如果程序访问物理内存中不存在的页面，处理器就会产生一个缺页异常。此时操作系统就可以利用这个异常处理过程把缺少的页面从磁盘上调入物理内存中，并把相应物理地址存放在表项中。最后在返回程序重新执行引起异常的指令之前设置标志 P=1。

已访问标志 A 和已修改标志 D 可以用于有效地实现虚拟存储技术。通过周期性地检查和复位所有 A 标志，操作系统能够确定哪些页面最近没有访问过。这些页面可以成为移出到磁盘上的候选者。假设当一页面从磁盘上读入内存时，其脏标志 D=0，那么当页面再次被移出到磁盘上时，若 D 标志还是为 0，则该页面就无需被写入磁盘中。若此时 D=1，则说明页面内容已被修改过，于是就必须将该页面写到磁盘上。

4.5 保护

保护机制是可靠的多任务运行环境所必需的。它可用于避免各个任务相互干扰。在软件开发的任何阶段都可以使用段级和页级保护来协助寻找和检测设计问题和错误。当程序对错误内存空间执行了一次非期望的引用，保护机制可以阻止这种操作并且报告此类事件。

保护机制可以被用于分段和分页机制。处理器寄存器的 2 个位定义了当前执行程序的特权级，称为当前特权级（Current Privilege Level，CPL）。在分段和分页地址转换过程中，处理器将对 CPL 进行验证。

通过设置控制寄存器 CR0 的 PE 标志（位 0）可以让处理器工作在保护模式下，从而也就开启了分段保护机制。一旦进入保护模式，处理器中并不存在明确的控制标志来停止或启用保护机制。不过基于特权级的保护机制部分可以通过把所有段选择符和段描述符的特权级都设置为 0 级来隐含地关闭。这种处理方式可以在段之间禁止特权级保护壁垒，但是其他段长度和段类型检查等保护机制仍然起作用。

设置控制寄存器 CR0 的 PG 标志（位 31）可以开启分页机制，同时也开启了分页保护机制。同样，处理器中也没有相关的标志用来在分页开启条件下禁止或开启页级保护机制。但是通过设置每个页目录项和页表项的读/写（R/W）标志和用户/超级用户（U/S）标志，我们可以禁止页级保护机制。设置这两个标志可以使得每个页面都可以被任意读/写，因此实际上也就禁止了页级保护。

对于分段级保护机制，处理器使用段寄存器中选择符（RPL 和 CPL）和段描述符中各个字段执行保护验证。对于分页机制，则主要利用页目录和页表项中的 R/W 和 U/S 标志来实现保护操作。

4.5.1 段级保护

在保护模式下，80x86 提供了段级和页级保护机制。这种保护机制根据特权级（4 级段保护和 2 级页保护）提供了对某些段和页面的访问限制能力。例如，操作系统代码和数据存放在要比普通应用程序具有高特权级的段中。此后处理器的保护机制将会限制应用程序只能按照受控制的和规定的方式访问操作系统的代码和数据。

当使用保护机制时，每个内存引用都将受到检查以验证内存引用符合各种保护要求。因为检查操作是与地址变换同时进行的，所以处理器性能并没有受到影响。所进行的保护检查可分为以下几类：段界限检查、段类型检查、特权级检查、可寻址范围限制、过程入口点限制、指令集限制。

所有违反保护的操作都将导致产生一个异常。下面各节描述保护模式下的保护机制。

1. 段限长 Limit 检查

段描述符的段限长（或称段界限）字段用于防止程序或过程寻址到段外内存位置。段限长的有效值依赖于颗粒度 G 标志的设置状态。对于数据段，段限长还与标志 E（扩展方向）和标志 B（默认栈指针大小和/或上界限）有关。E 标志是数据段类型的段描述符中类型字段的一个位。

当 G 标志清零时（字节颗粒度），有效的段长度是 20 位的段描述符中段限长字段 Limit 的值。在这种情况下，Limit 的范围从 0 到 0xFFFFF（1MB）。当 G 标志置位时（4KB 页颗粒度），处理器把 Limit 字段的值乘上一个因子 4K。在这种情况下，有效的 Limit 范围是从 0xFFF 到 0xFFFFFFFF（4GB）。请注意，当设置了 G 标志时，段偏移（地址）的低 12 位不会与 Limit 进行对照检查。例如，当段限长 Limit 等于 0 时，偏移值 0 到 0xFFF 仍然是有效的。

除了下扩段以外的所有段类型，有效 Limit 的值是段中允许被访问的最后一个地址，它要比段长度小 1 字节。任何超出段限长字段指定的有效地址范围都将导致产生一个一般保护异常。

对于下扩数据段，段限长具有同样的功能，但其含义不同。这里，段限长指定了段中最后一个不允许访问的地址，因此在设置了 B 标志的情况下，有效偏移范围是从（有效段偏移+1）到 0xFFFF FFFF；当 B 清零时，有效偏移值范围是从（有效段偏移+1）到 0xFFFF。当下扩段的段限长为 0 时，段会有最大长度。

除了对段限长进行检查，处理器也会检查描述符表的长度。GDTR、IDTR 和 LDTR 寄存器中包含有 16 位的限长值，处理器用它来防止程序在描述符表的外面选择描述符。描述符表的限长值指明了表中最后一个有效字节。因为每个描述符是 8 字节长，因此含有 N 个描述符项的表应该具有限长值 $8N-1$。

选择符可以具有 0 值。这样的选择符指向 GDT 表中的第一个不用的描述符项。尽管这个空选择符可以被加载进一个段寄存器中，但是任何使用这种描述符引用内存的企图都将产生一个一般保护性异常。

2. 段类型检查

除了应用程序代码和数据段有描述符以外，处理器还有系统段和门两种描述符类型。这些数据结构用于管理任务以及异常和中断。请注意，并非所有的描述符都定义一个段，门描述符中存放有指向一个过程入口点的指针。段描述符在两个地方含有类型信息，即描述符中的 S 标志和类型字段 TYPE。处理器利用这些信息对由于非法使用段或门导致的编程错误进行检测。

S 标志用于指出一个描述符是系统类型的还是代码或数据类型的。TYPE 字段另外提供了 4 位用于定义代码、数据和系统描述符的各种类型。上一节的表给出了代码和数据描述符 TYPE 字段的编码；另一个表给出了系统描述符 TYPE 字段的编码。

当操作段选择符和段描述符时，处理器会随时检查类型信息。主要在以下两种情况下检查类型信息：

（1）当一个描述符的选择符加载进一个段寄存器中。此时某些段寄存器只能存放特定类型的描述符，例如：

- CS 寄存器中只能被加载进一个可执行段的选择符。
- 不可读可执行段的选择符不能被加载进数据段寄存器中。
- 只有可写数据段的选择符才能被加载进 SS 寄存器中。

（2）当指令访问一个段，而该段的描述符已经加载进段寄存器中，指令只能使用某些预定义的方法来访问某些段。

- 任何指令不能写一个可执行段。
- 任何指令不能写一个可写位没有置位的数据段。
- 任何指令不能读一个可执行段，除非可执行段设置了可读标志。

3. 特权级

处理器的段保护机制可以识别 0～3 级共 4 个特权级（或特权层），数值越大，特权越小。图 4-19 示出了这些特权级如何能被解释成保护环形式。环中心（保留给最高级的代码、数据和堆栈）用于含有最紧要软件的段，通常用于操作系统核心部分。中间两个环用于较为紧要的软件。只使用 2 个特权级的系统应该使用特权级 0 和 3。

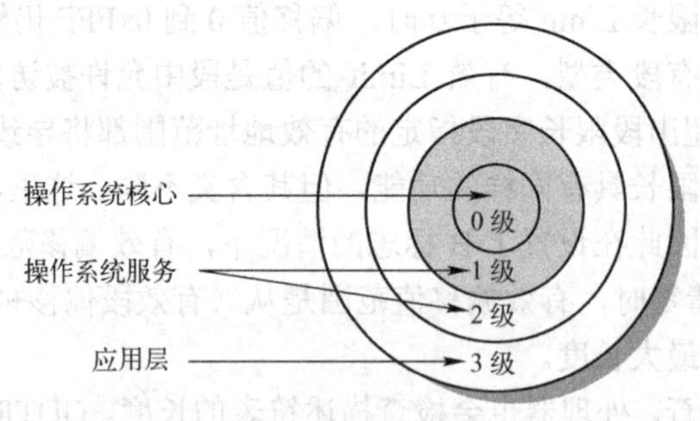

图 4-19 处理器特权级示意图

处理器利用特权级来防止运行在较低特权级的程序或任务访问具有较高特权级的一个段，除非是在受控的条件下。当处理器检测到一个违反特权级的操作时，它就会产生一个一般保护性异常。

为了在各个代码段和数据段之间进行特权级检测处理，处理器可以识别以下 3 种类型的特权级：

（1）当前特权级 CPL（Current Privilege Level）。CPL 是当前正在执行程序或任务的特权级。它存放在 CS 和 SS 段寄存器的位 0 和位 1 中。通常，CPL 等于当前代码段的特权级。当程序把控制转移到另一个具有不同特权级的代码段中时，处理器就会改变 CPL。当访问一个一致性（conforming）代码段时，则处理器对 CPL 的设置有些不同。特权级值高于（即低特权级）或等于一致代码段 DPL 的任何段都可以访问一致代码段，并且当处理器访问一个特权级不同于 CPL 的一致代码段时，CPL 并不会被修改成一致代码段的 DPL。

（2）描述符特权级 DPL（Descriptor Privilege Level）。DPL 是一个段或门的特权级。它存放在段或门描述符的 DPL 字段中。在当前执行代码段试图访问一个段或门时，段或门的 DPL 会用来与 CPL 以及段或门选择符中的 RPL（见下面说明）作比较。根据被访问的段或门的类型不同，DPL 也有不同的含义：

- 数据段（Data Segment）。其 DPL 指出允许访问本数据段的程序或任务应具有的最大特权级数值。例如，如果数据段的特权级 DPL 是 1，那么只有运行在 CPL 为 0 或 1 的程序可以访问这个段。
- 非一致代码段（Nonconforming Code Segment）（不使用调用门）。其 DPL 指出程序或任务访问该段必须具有的特权级。例如，某个非一致代码段的 DPL 是 0，那么只有运行在 CPL 为 0 的程序能够访问这个段。
- 调用门（Call Gate）。其 DPL 指出访问调用门的当前执行程序或任务可处于的最大特权级数值（这与数据段的访问规则相同）。
- 一致和非一致代码段（通过调用门访问）。其 DPL 指出允许访问本代码段的程序或任务应具有的最小特权级数值。例如，一致代码段的 DPL 是 2，那么运行在 CPL 为 0 的程序就不能访问这个代码段。
- 任务状态段 TSS。其 DPL 指出访问 TSS 的当前执行程序或任务可处于的最大特权级数值（这与数据段的访问规则相同）。

（3）请求特权级 RPL（Request Privilege Level）。RPL 是一种赋予段选择符的超越特权级，它存放在选择符的位 0 和位 1 中。处理器会同时检查 RPL 和 CPL，以确定是否允许访问一个段。即使程序或任务具有足够的特权级（CPL）来访问一个段，但是如果提供的 RPL 特权级不足则访问也将被拒绝。即：如果段选择符的 RPL 的数值大于 CPL，那么 RPL 将覆盖 CPL（而使用 RPL 作为检查比较的特权级），反之亦然，即始终取 RPL 和 CPL 中数值最大的特权级作为访问段时的比较对象。因此，RPL 可用来确保高特权级的代码不会代表应用程序去访问一个段，除非应用程序自己具有访问这个段的权限。

当段描述符的段选择符被加载进一个段寄存器时就会进行特权级检查操作，但用于数据访问的检查方式和那些用于在代码段之间进行程序控制转移的检查方式不一样。因此下面分两种访问情况来考虑。

4.5.2　访问数据段时的特权级检查

为了访问数据段中的操作数，数据段的段选择符必须被加载进数据段寄存器（DS、ES、FS 或 GS）或堆栈段寄存器（SS）中。（可以使用指令 MOV、POP、LDS、LES、LFS、LGS 和 LSS 来加载段寄存器）。在把一个段选择符加载进段寄存器中之前，处理器会进行特权级检查，如图 4-20 所示。它会把当前运行程序或任务的 CPL、段选择符的 RPL 和段描述符的 DPL 进行比较。只有当段的 DPL 数值大于或等于 CPL 和 RPL 两者时，处理器才会把选择符加载进段寄存器中；否则，就会产生一个一般保护异常，并且不加载段选择符。

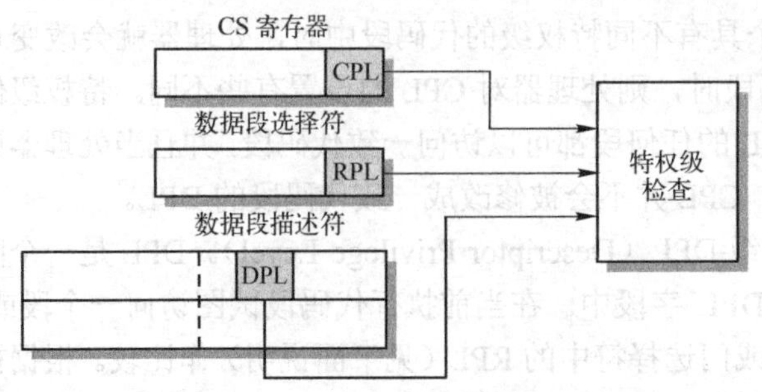

图 4-20 访问数据段时的特权级检查

可知一个程序或任务可寻址的区域随着其 CPL 的改变而变化。当 CPL 是 0 时，此时所有特权级上的数据段都可被访问；当 CPL 是 1 时，只有在特权级 1～3 的数据段可被访问；当 CPL 是 3 时，只有处于特权级 3 的数据段可被访问。

另外，有可能会把数据保存在代码段中。例如，当代码和数据是在 ROM 中时。因此，有些时候我们会需要访问代码段中的数据。此时可以使用以下方法来访问代码段中的数据：

（1）把非一致可读代码段的选择符加载进一个数据段寄存器中。

（2）把一致可读代码段的选择符加载进一个数据段寄存器中。

（3）使用代码段覆盖前缀（CS）来读取一个选择符已经在 CS 寄存器中的可读代码段。

访问数据段的相同规则也适用方法 1。方法 2 则是总是有效的，因为一致代码段的特权级等同于 CPL，而不管代码段的 DPL。方法 3 也总是有效的，因为 CS 寄存器选择的代码段的 DPL 与 CPL 相同。

当使用堆栈段选择符加载 SS 段寄存器时也会执行特权级检查。这里与堆栈段相关的所有特权级必须与 CPL 匹配。即 CPL、堆栈段选择符的 RPL 以及堆栈段描述符的 DPL 都必须相同。如果 RPL 或 DPL 与 CPL 不同，处理器就会产生一个一般保护性异常。

4.5.3 代码段之间转移控制时的特权级检查

对于将程序控制权从一个代码段转移到另一个代码段，目标代码段的段选择符必须加载进代码段寄存器（CS）中。作为这个加载过程的一部分，处理器会检测目标代码段的段描述符并执行各种限长、类型和特权级检查。如果这些检查都通过了，则目标代码段选择符就会加载进 CS 寄存器，于是程序的控制权就被转移到新代码段中，程序将从 EIP 寄存器指向的指令处开始执行。

程序的控制转移使用指令 JMP、RET、INT 和 IRET 以及异常和中断机制来实现。异常和中断是一些特殊实现，将在后面描述，本节主要说明 JMP、CALL 和 RET 指令的实现方法。JMP 或 CALL 指令可以利用以下 4 种方法之一来引用另外一个代码段：

- 目标操作数含有目标代码段的段选择符。
- 目标操作数指向一个调用门描述符，而该描述符中含有目标代码段的选择符。
- 目标操作数指向一个 TSS，而该 TSS 中含有目标代码段的选择符。
- 目标操作数指向一个任务门，该任务门指向一个 TSS，而该 TSS 中含有目标代码段的选择符。

下面描述前两种引用类型，后两种将在 4.7 节中进行说明。

1. 直接调用或跳转到代码段

JMP、CALL 和 RET 指令的近转移形式只是在当前代码段中执行程序控制转移，因此不会执行特权级检查。JMP、CALL 或 RET 指令的远转移形式会把控制转移到另外一个代码段中，因此处理器一定会执行特权级检查。

当不通过调用门把程序控制权转移到另一个代码段时，处理器会验证 4 种特权级和类型信息，如图 4-21 所示。

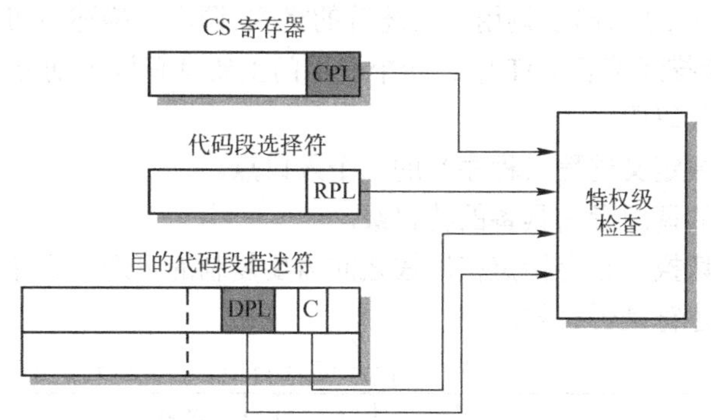

图 4-21　直接调用或跳转到代码段时的特权级检查

- 当前特权级 CPL（这里，CPL 是执行调用的代码段的特权级，即含有执行调用或跳转程序的代码段的 CPL）。
- 含有被调用过程的目的代码段段描述符中的描述符特权级 DPL。
- 目的代码段的段选择符中的请求特权级 RPL。
- 目的代码段描述符中的一致性标志 C。它确定了一个代码段是非一致代码段还是一致代码段。

处理器检查 CPL、RPL 和 DPL 的规则依赖于一致标志 C 的设置状态。当访问非一致代码段时（C=0），调用者（程序）的 CPL 必须等于目的代码段的 DPL，否则将会产生一般保护异常。指向非一致代码段的段选择符的 RPL 对检查所起的作用有限。RPL 在数值上必须小于或等于调用者的 CPL 才能使得控制转移成功完成。当非一致代码段的段选择符被加载进 CS 寄存器中时，特权级字段不会改变，即它仍然是调用者的 CPL。即使段选择符的 RPL 与 CPL 不同，这也是正确的。

当访问一致代码段时（C=1），调用者的 CPL 可以在数值上大于或等于目的代码段的 DPL。仅当 CPL < DPL 时，处理器才会产生一般保护异常。对于访问一致代码段，处理器忽略对 RPL 的检查。对于一致代码段，DPL 表示调用者对代码段进行成功调用可以处于的最低数值特权级。

当程序控制被转移到一个一致代码段中，CPL 并不改变，即使目的代码段的 DPL 在数值上小于 CPL。这是 CPL 与可能的当前代码段 DPL 不相同的唯一一种情况。同样，由于 CPL 没有改变，因此堆栈也不会切换。

大多数代码段都是非一致代码段。对于这些段，程序的控制权只能转移到具有相同特权级的代码段中，除非转移是通过一个调用门进行，见下面说明。

2. 门描述符

为了对具有不同特权级的代码段提供受控的访问，处理器提供了称为门描述符的特殊描述符集。共有 4 种门描述符：

- 调用门（Call Gate），类型 TYPE=12。
- 陷阱门（Trap Gate），类型 TYPE=15。
- 中断门（Interrupt Gate），类型 TYPE=14。

● 任务门（Task Gate），类型 TYPE=5。

任务门用于任务切换，将在 4.7 节说明。陷阱门和中断门是调用门的特殊类，专门用于调用异常和中断的处理程序，这将在 4.6 节进行说明。本节仅说明调用门的使用方法。

调用门用于在不同特权级之间实现受控的程序控制转移。它们通常仅用于使用特权级保护机制的操作系统中。图 4-22 给出了调用门描述符的格式。调用门描述符可以存放在 GDT 或 LDT 中，但是不能放在中断描述符表 IDT 中。一个调用门主要具有以下功能：

- 指定要访问的代码段。
- 在指定代码段中定义过程（程序）的一个入口点。
- 指定访问过程的调用者需具备的特权级。
- 若会发生堆栈切换，它会指定在堆栈之间需要复制的可选参数个数。
- 指明调用门描述符是否有效。

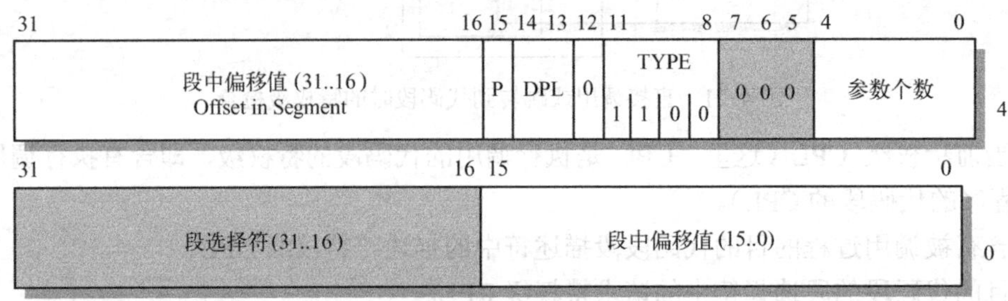

图 4-22 调用门描述符格式

调用门中的段选择符字段指定要访问的代码段。偏移值字段指定段中入口点。这个入口点通常是指定过程的第一条指令。DPL 字段指定调用门的特权级，从而指定通过调用门访问特定过程所要求的特权级。标志 P 指明调用门描述符是否有效。参数个数字段（Param Count）指明在发生堆栈切换时从调用者堆栈复制到新堆栈中的参数个数。Linux 内核中并没有用到调用门。这里对调用门进行说明是为 4.6 节介绍利用中断和异常门进行处理作准备。

3. 通过调用门访问代码段

为了访问调用门，我们需要为 CALL 或 JMP 指令的操作数提供一个远指针。该指针中的段选择符用于指定调用门，而指针的偏移值虽然需要但 CPU 并不会用它。该偏移值可以设置为任意值，如图 4-23 所示。

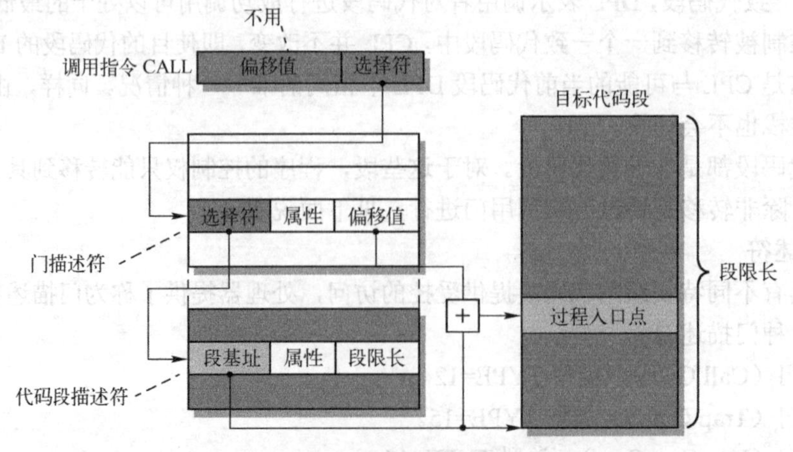

图 4-23 门调用操作过程

当处理器访问调用门时，它会使用调用门中的段选择符来定位目的代码段的段描述符。然后 CPU 会把代码段描述符的基地址与调用门中的偏移值进行组合，形成代码段中指定程序入口点的线性地址。

通过调用门进行程序控制转移时，CPU 会对当前特权级 CPL、调用门选择符中的请求特权级 RPL、调用门描述符中的描述符特权级 DPL 和目的代码段描述符中的 DPL 四种不同的特权级进行检查，以确定控制转移的有效性，如图 4-24 所示。

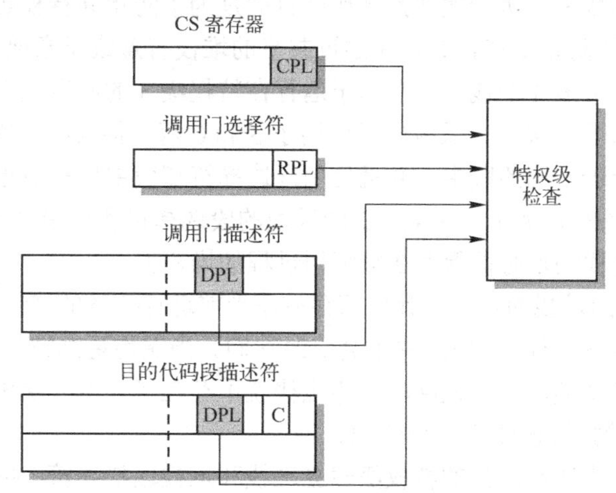

图 4-24　通过调用进行控制转移的特权级检查

另外，目的代码段描述符中的一致性标志 C 也将受到检查。

CALL 指令和 JMP 指令具有不同的特权级检测规则，见表 4-5。调用门描述符的 DPL 字段指明了调用程序能够访问调用门的数值最大的特权级（最小特权级），即为了访问调用门，调用者程序的特权级 CPL 必须小于或等于调用门的 DPL。调用门段选择符的 RPL 也要同调用 CPL 一样遵守相同的规则，即 RPL 也必须小于或等于调用门的 DPL。

表 4-5　CALL 指令和 JMP 指令的特权级检查规则

指令	特权级检查规则
CALL	CPL 小于或等于调用门的 DPL；RPL 小于或等于调用门的 DPL 对于一致性和非一致性代码段都只要求 DPL 小于或等于 CPL
JMP	CPL 小于或等于调用门的 DPL；RPL 小于或等于调用门的 DPL 对于一致性代码段要求 DPL 小于或等于 CPL；对于非一致性代码段只要求 DPL 等于 CPL

如果调用者与调用门之间的特权级检查成功通过，CPU 就会接着把调用者的 CPL 与代码段描述符的 DPL 进行比较检查。在这方面，CALL 指令和 JMP 指令的检查规则就不同了。只有 CALL 指令可以通过调用门把程序控制转移到特权级更高的非一致性代码段中，即可以转移到 DPL 小于 CPL 的非一致性代码段中去执行。而 JMP 指令只能通过调用门把控制转移到 DPL 等于 CPL 的非一致性代码段中。但 CALL 指令和 JMP 指令都可以把控制转移到更高特权级的一致性代码段中，即转移到 DPL 小于或等于 CPL 的一致性代码段中。

如果一个调用把控制转移到了更高特权级的非一致性代码段中，那么 CPL 就会被设置为目的代码段的 DPL 值，并且会引起堆栈切换。但是如果一个调用或跳转把控制转移到更高级别的一致性代码段上，那么 CPL 并不会改变，并且也不会引起堆栈切换。

调用门可以让一个代码段中的过程被不同特权级的程序访问。例如，位于一个代码段中的操作系统代码可能含有操作系统自身和应用软件都允许访问的代码（比如处理字符 I/O 的代码)。因此可以为这些过程设置一个所有特权级代码都能访问的调用门。另外可以专门为仅用于操作系统的代码设置一些更高特权级的调用门。

4．堆栈切换

每当调用门用于把程序控制转移到一个更高级别的非一致性代码段时，CPU 会自动切换到目的代码段特权级的堆栈去。执行栈切换操作的目的是为了防止高特权级程序由于栈空间不足而引起崩溃，同时也为了防止低特权级程序通过共享的堆栈有意或无意地干扰高特权级的程序。

每个任务只能定义最多 4 个栈。一个用于运行在特权级 3 的应用程序代码，其他分别用于用到的特权级 2、1 和 0。如果一个系统中只使用了 3 和 0 两个特权级，那么每个任务就只需设置两个栈。每个栈都位于不同的段中，并且使用段选择符和段中偏移值指定。

当特权级 3 的程序在执行时，特权级 3 的堆栈的段选择符和栈指针会被分别存放在 SS 和 ESP 中，并且在发生堆栈切换时被保存在被调用过程的堆栈上。

特权级 0、1 和 2 的堆栈的初始指针值都存放在当前运行任务的 TSS 段中。TSS 段中这些指针都是只读值。在任务运行时 CPU 并不会修改它们。当调用更高特权级程序时，CPU 才用它们来建立新堆栈。当从调用过程返回时，相应栈就不存在了。下一次再调用该过程时，就会再次使用 TSS 中的初始指针值建立一个新栈。

操作系统需要负责为所有用到的特权级建立堆栈和堆栈段描述符，并且在任务的 TSS 中设置初始指针值。每个栈必须可读可写，并且具有足够的空间来存放以下信息：

- 调用过程的 SS、ESP、CS 和 EIP 寄存器内容。
- 被调用过程的参数和临时变量所需使用的空间。
- 当隐含调用一个异常或中断过程时标志寄存器 EFLAGS 和出错码使用的空间。

由于一个过程可调用其他过程，因此每个栈必须有足够大的空间来容纳多帧（多套）上述信息。

当通过调用门执行一个过程调用而造成特权级改变时，CPU 就会执行以下步骤切换堆栈并开始在新的特权级上执行被调用过程（如图 4-25 所示）：

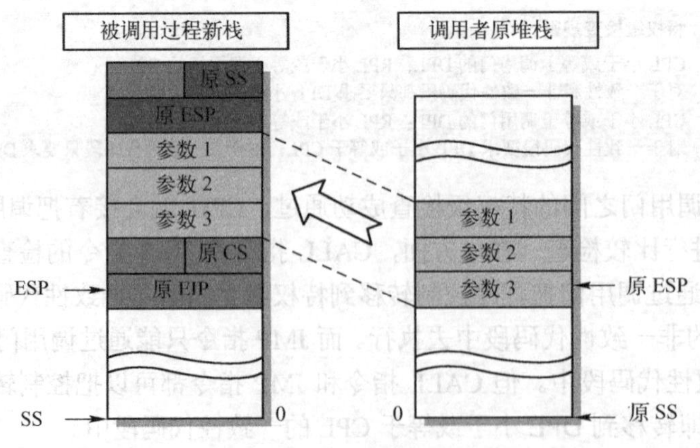

图 4-25　不同特权级之间调用时的栈切换

1）使用目的代码段的 DPL（即新的 CPL）从 TSS 中选择新栈的指针。从当前 TSS 中读取新栈的段选择符和栈指针。在读取栈段选择符、栈指针或栈段描述符过程中，任何违反段界限的错误都将导致产生一个无效 TSS 异常。

2）检查栈段描述符特权级和类型是否有效，若无效则同样产生一个无效 TSS 异常。

3）临时保存 SS 和 ESP 寄存器的当前值，把新栈的段选择符和栈指针加载到 SS 和 ESP 中。然后把临时保存的 SS 和 ESP 内容压入新栈中。

4）把调用门描述符中指定参数个数的参数从调用过程栈复制到新栈中。调用门中参数个数值最大为 31，如果个数为 0，则表示无参数，不需复制。

5）把返回指令指针（即当前 CS 和 EIP 内容）压入新栈。把新（目的）代码段选择符加载到 CS 中，同时把调用门中偏移值（新指令指针）加载到 EIP 中。最后开始执行被调用过程。

5．从被调用过程返回

指令 RET 用于执行近返回（near return）、同特权级远返回（far return）和不同特权级的远返回。该指令用于从使用 CALL 指令调用的过程中返回。近返回仅在当前代码段中转移程序控制权，因此 CPU 仅进行界限检查。对于相同特权级的远返回，CPU 同时从堆栈中弹出返回代码段的选择符和返回指令指针。由于通常情况下这两个指针是 CALL 指令压入栈中的，因此它们应该是有效的。但是 CPU 还是会执行特权级检查以应付当前过程可能修改指针值或者堆栈出现问题时的情况。

会发生特权级改变的远返回仅允许返回到低特权级程序中，即返回到的代码段 DPL 在数值上要大于 CPL。CPU 会使用 CS 寄存器中选择符的 RPL 字段来确定是否要求返回到低特权级。如果 RPL 的数值要比 CPL 大，就会执行特权级之间的返回操作。当执行远返回到一个调用过程时，CPU 会执行以下步骤：

1）检查保存的 CS 寄存器中 RPL 字段值，以确定在返回时特权级是否需要改变。

2）弹出并使用被调用过程堆栈上的值加载 CS 和 EIP 寄存器。在此过程中会对代码段描述符和代码段选择符的 RPL 进行特权级与类型检查。

3）如果 RET 指令包含一个参数个数操作数并且返回操作会改变特权级，那么就在弹出栈中 CS 和 EIP 值之后把参数个数值加到 ESP 寄存器值中，以跳过（丢弃）被调用者栈上的参数。此时 ESP 寄存器指向原来保存的调用者堆栈的指针 SS 和 ESP。

4）把保存的 SS 和 ESP 值加载到 SS 和 ESP 寄存器中，从而切换回调用者的堆栈。而此时被调用者堆栈的 SS 和 ESP 值被抛弃。

5）如果 RET 指令包含一个参数个数操作数，则把参数个数值加到 ESP 寄存器值中，以跳过（丢弃）调用者栈上的参数。

6）检查段寄存器 DS、ES、FS 和 GS 的内容。如果其中有指向 DPL 小于新 CPL 的段（一致代码段除外），那么 CPU 就会用 NULL 选择符加载这个段寄存器。

4.5.4　页级保护

页目录和页表表项中的读写标志 R/W 和用户/超级用户标志 U/S 提供了分段机制保护属性的一个子集。分页机制只识别两级权限。特权级 0、1 和 2 被归类为超级用户级，而特权级 3 为普通用户级。普通用户级的页面可以被标志成只读/可执行或可读/可写/可执行。超级用户级的页面对于超级用户来讲总是可读/可写/可执行的，但普通用户不可访问，如表 4-6 所示。对于分段机制，在最外层用户级执行的程序只能访问用户级的页面，但是在任何超级用户级（0、1、2）执行的程序不仅可以访问用户级的页面，也可以访问超级用户级的页面。与分段机制不同的是，在内层超级用户级执行的程序对任何页面都具有可读/可写/可执行权限，包括那些在用户级标注为只读/可执行的页面。

表 4-6 普通用户和超级用户对页面的访问限制

U/S	R/W	用户允许的访问	超级用户允许的访问
0	0	无	读/写/执行
0	1	无	读/写/执行
1	0	读/执行	读/写/执行
1	1	读/写/执行	读/写/执行

正如在整个 80x86 地址转换机制中分页机制是在分段机制之后实施一样，页级保护也是在分段机制提供的保护措施之后发挥作用。首先，所有段级保护被检查和测试。如果通过检查，就会再进行页级保护检查。例如，仅当一个字节位于级别 3 上执行的程序可访问的段中，并且处于标志为用户级页面中时，这个内存中的字节才可被级别 3 上的程序访问。仅当分段和分页都允许写时，才能对页面执行写操作。如果一个段是读/写类型的段，但是地址对应的相应页面被标注为只读/可执行，那么还是不能对页面执行写操作。如果段的类型是只读/可执行，那么无论对应页面被赋予何种保护属性，页面始终是没有写权限的。可见分段和分页的保护机制就像串联电路，其中哪个开关没有合上线路都不会通。

类似地，一个页面的保护属性由页目录和页表中表项的"串行"或"与"操作构成，见表 4-7 所示。页表表项中的 U/S 标志和 R/W 标志应用于该表项映射的单个页面。页目录项中的 U/S 和 R/W 标志则对该目录项所映射的所有页面起作用。页目录和页表的组合保护属性由两者属性的"与"（AND）操作构成，因此保护措施非常严格。

表 4-7 页目录项和页表项对页面的"串行"保护

页目录项 U/S	页表项 U/S	组合的 U/S	页目录项 R/W	页表项 R/W	组合的 R/W
0	0	0	0	0	0
0	1	0	0	1	0
1	0	0	1	0	0
1	1	1	1	1	1

提供一些有关操作系统软件修改页表项内容所需遵守的规则。分页转换缓冲要求所有系统必须遵守这些规则。为了避免每次内存应用都要访问驻留内存的页表，从而加快速度，最近使用的线性到物理地址的转换信息被保存在处理器内的页转换高速缓冲中。处理器在访问内存中的页表之前会首先利用缓冲中的信息。只有当必要的转换信息不在高速缓冲中时，处理器才会搜寻内存中的页目录和页表。页转换高速缓冲作用类似于前面描述的加速段转换的段寄存器的影子描述符寄存器。页转换高速缓冲的另一个术语称为转换查找缓冲（Translation Lookaside Buffer，TLB）。

80x86 处理器并没有维护页转换高速缓冲和页表中数据的相关性，但是需要操作系统软件来确保它们一致，即处理器并不知道什么时候页表被软件修改过了。因此操作系统必须在改动过页表之后刷新高速缓冲以确保两者一致。通过简单地重新加载寄存器 CR3，我们就可以完成对高速缓冲的刷新操作。

有一种特殊情况，在这种情况下修改页表项不需要刷新页转换高速缓冲，即当不存在页面的表项被修改时，即使把 P 标志从 0 改成 1 来标注表项对页转换有效，也不需要刷新高速缓冲。因为无效的表项不会被存入高速缓冲中。所以在把一个页面从磁盘调入内存以使页面存在时，我们不需要刷新页转换高速缓冲。

4.5.5　组合页级和段级保护

当启用了分页机制，CPU 会首先执行段级保护，然后再处理页级保护。如果 CPU 在任何一级检测到一个保护违规错误，则会放弃内存访问并产生一个异常。如果是段机制产生的异常，那么就不会再产生一个页异常。

页级保护不能替代或忽略段级保护。例如，若一个代码段被设定为不可写，那么代码段被分页后，即使页面的 R/W 标志被设置成可读可写也不会让页面可写。此时段级保护检查会阻止任何对页面的写操作企图。页级保护可被用来增强段级保护。例如，一个可读可写数据段被分页，那么页级保护机制可用来对个别页面进行写保护。

4.6　中断和异常处理

中断（Interrupt）和异常（Exception）是指明系统、处理器或当前执行程序（或任务）的某处出现一个事件，该事件需要处理器进行处理。通常，这种事件会导致执行控制被强迫从当前运行程序转移到被称为中断处理程序（interrupt handler）或异常处理程序（exception handler）的特殊软件函数或任务中。处理器响应中断或异常所采取的行动被称为中断/异常服务（处理）。

通常，中断发生在程序执行的随机时刻，以响应硬件发出的信号。系统硬件使用中断来处理外部事件，例如要求为外部设备提供服务。当然，软件也能通过执行 INT n 指令产生中断。

异常发生在处理器执行一条指令时，检测到一个出错条件时发生，例如被 0 除出错条件。处理器可以检测到各种出错条件，包括违反保护机制、页错误以及机器内部错误。

对应用程序和操作系统来说，80x86 的中断和异常处理机制可以透明地处理发生的中断和异常事件。当收到一个中断或检测到一个异常时，处理器会自动地把当前正在执行的程序或任务挂起，并开始运行中断或异常处理程序。当处理程序执行完毕，处理器就会恢复并继续执行被中断的程序或任务。被中断程序的恢复过程并不会失去程序执行的连贯性，除非从异常中恢复是不可能的或者中断导致当前运行程序被终止。本节描述保护模式中处理器中断和异常的处理机制。

4.6.1　异常和中断向量

为了有助于处理异常和中断，每个需要被处理器进行特殊处理的处理器定义的异常和中断条件都被赋予了一个标识号，称为向量（vector）。处理器把赋予异常或中断的向量用作中断描述符表 IDT（Interrupt Descriptor Table）中的一个索引号，来定位一个异常或中断的处理程序入口点位置。

允许的向量号范围是 0～255。其中 0～31 保留用作 80x86 处理器定义的异常和中断，不过目前该范围内的向量号并非每个都已定义了功能，未定义功能的向量号将留作今后使用。

范围在 32～255 的向量号用于用户定义的中断。这些中断通常用于外部 I/O 设备，使得这些设备可以通过外部硬件中断机制向处理器发送中断。表 4-8 中给出了为 80x86 定义的异常和 NMI 中断分配的向量。对于每个异常，该表给出了异常类型以及是否会产生一个错误码并保存在堆栈上。同时还给出了每个预先定义好的异常和 NMI 中断源。

表 4-8 保护模式下的异常和中断

向量号	助记符	说明	类型	错误号	产生源
0	#DE	除出错	故障	无	DIV 或 IDIV 指令
1	#DB	调试	故障/陷阱	无	任何代码或数据引用，或是 INT 1 指令
2	--	NMI 中断	中断	无	非屏蔽外部中断
3	#BP	断点	陷阱	无	INT 3 指令
4	#OF	溢出	陷阱	无	INTO 指令
5	#BR	边界范围超出	故障	无	BOUND 指令
6	#UD	无效操作码（未定义操作码）	故障	无	UD2 指令或保留的操作码。（Pentium Pro 中加入的新指令）
7	#NM	设备不存在（无数学协处理器）	故障	无	浮点或 WAIT/FWAIT 指令
8	#DF	双重错误	异常终止	有（0）	任何可产生异常、NMI 或 INTR 的指令
9	--	协处理器段超越（保留）	故障	无	浮点指令(386 以后的 CPU 不产生该异常)
10	#TS	无效的任务状态段 TSS	故障	有	任务交换或访问 TSS
11	#NP	段不存在	故障	有	加载段寄存器或访问系统段
12	#SS	堆栈段错误	故障	有	堆栈操作和 SS 寄存器加载
13	#GP	一般保护错误	故障	有	任何内存引用和其他保护检查
14	#PF	页面错误	故障	有	任何内存引用
15	--	（Intel 保留，请勿使用）		无	
16	#MF	x87 FPU 浮点错误（数学错误）	故障	无	x87 FPU 浮点或 WAIT/FWAIT 指令
17	#AC	对起检查	故障	有（0）	对内存中任何数据的引用
18	#MC	机器检查	异常终止	无	错误码（若有）和产生源与 CPU 类型有关（奔腾处理器引进）
19	#XF	SIMD 浮点异常	故障	无	SSE 和 SSE2 浮点指令（PIII 处理器引进）
20-31	--	（Intel 保留，请勿使用）			
32-255	--	用户定义（非保留）中断	中断		外部中断或者 INT n 指令

4.6.2 中断源和异常源

1. 中断源

处理器从两种地方接收中断：

- 外部（硬件产生）的中断。
- 软件产生的中断。

外部中断通过处理器芯片上两个引脚（INTR 和 NMI）接收。当引脚 INTR 接收到外部发生的中断信号时，处理器就会从系统总线上读取外部中段控制器（如 8259A）提供的中断向量号。当引脚 NMI 接收到信号时，就产生一个非屏蔽中断。它使用固定的中断向量号 2。任何通过处理器 INTR 引脚接收的外部中断都被称为可屏蔽硬件中断，包括中断向量号 0～255。标志寄存器 EFLAGS 中的 IF 标志可用来屏蔽所有这些硬件中断。

通过在指令操作数中提供中断向量号，INT n 指令可用于从软件中产生中断。例如，指令 INT 0x80 会执行 Linux 的系统中断调用中断 0x80。向量 0～255 中的任何一个都可以用作 INT 指令的中断号。然而，如果使用了处理器预先定义的 NMI 向量，那么处理器对它的响应将与普通方式产生的该 NMI 中断不同。如果 NMI 的向量号 2 用于该 INT 指令，就会调用 NMI 的中断处理器程序，但是此时并不会激活处理器的 NMI 处理硬件。

注意，EFLAGS 中的 IF 标志不能够屏蔽使用 INT 指令从软件中产生的中断。

2. 异常源

处理器接收的异常也有两个来源：

- 处理器检测到的程序错误异常。
- 软件产生的异常。

在应用程序或操作系统执行期间，如果处理器检测到程序错误，就会产生一个或多个异常。80x86 处理器为其检测到的每个异常定义了一个向量。异常可以被细分为故障、陷阱和中止，见后面说明。

指令 INT 0、INT 3 和 BOUND 指令可以用来从软件中产生异常。这些指令可对指令流中指定点执行的特殊异常条件进行检查。例如，INT 3 指令会产生一个断点异常。

INT n 指令可用于在软件中模拟指定的异常，但有一个限制。如果 INT 指令中的操作数 n 是 80x86 异常的向量号之一，那么处理器将为该向量号产生一个中断，该中断就会去执行与该向量有关的异常处理程序。但是因为这实际上是一个中断，所以处理器并不会把一个错误号压入堆栈，即使硬件产生的该向量相关的中断通常会产生一个错误码。对于那些会产生错误码的异常，异常的处理程序会试图从堆栈上弹出错误码。因此，如果使用 INT 指令来模拟产生一个异常，处理程序则会把 EIP（正好处于缺少的错误码位置处）弹出堆栈，从而会造成返回位置错误。

4.6.3 异常分类

根据异常被报告的方式以及导致异常的指令是否能够被重新执行，异常可被细分成故障（Fault）、陷阱（Trap）和中止（Abort）。

- Fault 是一种通常可以被纠正的异常，并且一旦被纠正程序就可以继续运行。当出现一个 Fault，处理器会把机器状态恢复到产生 Fault 的指令之前的状态。此时异常处理程序的返回地址会指向产生 Fault 的指令，而不是其后面一条指令。因此在返回后产生 Fault 的指令将被重新执行。
- Trap 是一个引起陷阱的指令被执行后立刻会报告的异常。Trap 也能够让程序或任务连贯地执行。Trap 处理程序的返回地址指向引起陷阱指令的随后一条指令，因此在返回后会执行下一条指令。
- Abort 是一种不会总是报告导致异常的指令的精确位置的异常，并且不允许导致异常的程序重新继续执行。Abort 用于报告严重错误，例如硬件错误以及系统表中存在不一致性或非法值。

4.6.4 程序或任务的重新执行

为了让程序或任务在一个异常或中断处理完之后能重新恢复执行，除了中止之外的所有异常都能报告精确的指令位置，并且所有中断保证是在指令边界上发生。

对于故障类异常，处理器产生异常时保存的返回指针指向出错指令。因为，当程序或任务在故障处理程序返回后重新开始执行时，原出错指令会被重新执行。重新执行引发出错的指令通常用于处理访问指令操作数受阻的情况。Fault 最常见的一个例子是页面故障（Page-fault）异常。当程序引用不在内存中页面上的一个操作数时就会出现这种异常。当页故障异常发生时，异常处理程序可以把该页面加载到内存中并通过重新执行出错指令来恢复程序执行。为了确保重新执行对于当前执行程序具有透明性，处理器会保存必要的寄存器和堆栈指针信息，以使得自己能够返回到执行出错指令之前的状态。

对于陷阱类异常，处理器产生异常时保存的返回指针指向引起陷阱操作的后一条指令。如果在一条执行控制转移的指令执行期间检测到一个 Trap，则返回指令指针会反映出控制的转移情况。例如，在执行 JMP 指令时检测到一个 Trap 异常，那么返回指令指针会指向 JMP 指令的目标位置，而非 JMP 指令随后的一条指令。

中止类异常不支持可靠地重新执行程序或任务。中止异常的处理程序通常用来收集异常发生时有关处理器状态的诊断信息，并且尽可能恰当地关闭程序和系统。

中断会严格地支持被中断程序的重新执行而不会丢失任何连贯性。中断所保存的返回指令指针指向处理器获取中断时将要执行的下一条指令边界处。如果刚执行的指令有一个重复前缀，则中断会在当前重复结束并且寄存器已为下一次重复操作设置好时发生。

4.6.5 开启和禁止中断

标志寄存器 EFLAGS 的中断允许标志 IF（Interrupt enable Flag）能够禁止为处理器 INTR 引脚上收到的可屏蔽硬件中断提供服务。当 IF=0 时，处理器禁止发送到 INTR 引脚的中断；当 IF=1 时，则发送到 INTR 引脚的中断信号会被处理器处理。

IF 标志并不影响发送到 NMI 引脚的非屏蔽中断，也不影响处理器产生的异常。如同 EFLAGS 中的其他标志一样，处理器在响应硬件复位操作时会清除 IF 标志（IF=0）。

IF 标志可以使用指令 STI 和 CLI 来设置或清除。只有当程序的 CPL 小于或等于 IOPL 时才可执行这两条指令，否则将引发一般保护性异常。IF 标志也会受以下操作的影响：

- PUSHF 指令会把 EFLAGS 内容存入堆栈中，并且可以在那里被修改。而 POPF 指令可用于把已被修改过的标志内容放入 EFLAGS 寄存器中。
- 任务切换、POPF 和 IRET 指令会加载 EFLAGS 寄存器。因此，它们可用来修改 IF 标志。
- 当通过中断门处理一个中断时，IF 标志会被自动清除（复位），从而会禁止可屏蔽硬件中断。但如果是通过陷阱门来处理一个中断，则 IF 标志不会被复位。

4.6.6 异常和中断的优先级

如果在一条指令边界有多个异常或中断等待处理时，处理器会按规定的次序对它们进行处理。表 4-9 给出了异常和中断源类的优先级。处理器会首先处理最高优先级类中的异常或中断。低优先级的异常会被丢弃，而低优先级的中断则会保持等待。当中断处理程序返回到产生异常和/或中断的程序或任务时，被丢弃的异常会重新发生。

表 4-9 异常和中断的优先级

优先级	说明
1（最高）	硬件复位：RESET
2	任务切换陷阱：TSS 中设置了 T 标志
3	外部硬件介入
4	前一指令陷阱：断点、调试陷阱异常
5	外部中断：NMI 中断、可屏蔽硬件中断
6	代码断点错误
7	取下一条指令错误：违反代码段限长、代码页错误
8	下一条指令译码错误：指令长度>15 字节、无效操作码、协处理器不存在
9（最低）	执行指令错误：溢出、边界检查、无效 TSS、段不存在、堆栈错、一般保护、数据页、对齐检查、浮点异常

4.6.7　中断描述符表

中断描述符表（Interrupt Descriptor Table，IDT）将每个异常或中断向量分别与它们的处理过程联系起来。与 GDT 和 LDT 表类似，IDT 也是由 8 字节长描述符组成的一个数组。与 GDT 不同的是，表中第 1 项可以包含描述符。为了构成 IDT 表中的一个索引值，处理器把异常或中断的向量号乘以 8。因为最多只有 256 个中断或异常向量，所以 IDT 无需包含多于 256 个描述符。IDT 中可以含有少于 256 个描述符，因为只有可能发生的异常或中断才需要描述符。不过 IDT 中所有空描述符项应该设置其存在位（标志）为 0。

IDT 表可以驻留在线性地址空间的任何地方，处理器使用 IDTR 寄存器来定位 IDT 表的位置。这个寄存器中含有 IDT 表 32 位的基地址和 16 位的长度（限长）值，如图 4-26 所示。IDT 表基地址应该对齐在 8 字节边界上以提高处理器的访问效率。限长值是以字节为单位的 IDT 表的长度。

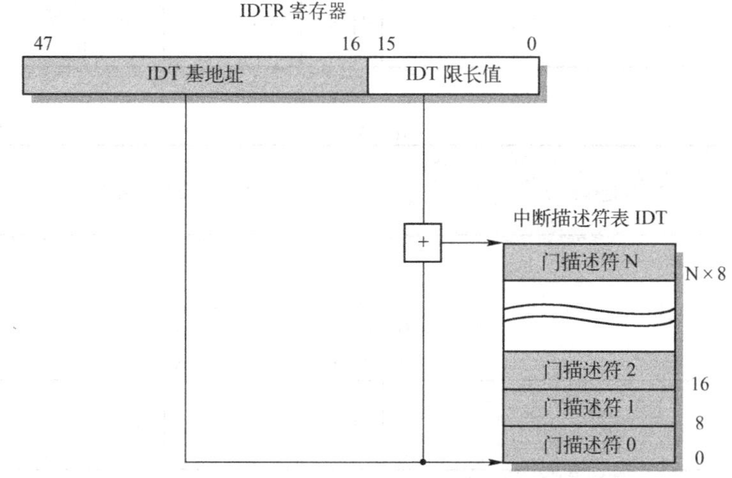

图 4-26　中断描述符表 IDT 和寄存器 IDTR

LIDT 和 SIDT 指令分别用于加载和保存 IDTR 寄存器的内容。LIDT 指令用于把内存中的限长值和基地址操作数加载到 IDTR 寄存器中。该指令仅能由当前特权级 CPL 是 0 的代码执行，通常被用于创建 IDT 时的操作系统初始化代码中。SIDT 指令用于把 IDTR 中的基地址和限长内容复制到内存中。该指令可在任何特权级上执行。

如果中断或异常向量引用的描述符超过了 IDT 的界限，处理器会产生一个一般保护性异常。

4.6.8　IDT 描述符

IDT 表中可以存放 3 种类型的门描述符：中断门（Interrupt gate）描述符、陷阱门（Trap gate）描述符、任务门（Task gate）描述符。

图 4-27 给出了这三种门描述符的格式。中断门和陷阱门含有一个长指针（即段选择符和偏移值），处理器使用这个长指针把程序执行权转移到代码段中异常或中断的处理过程中。这两个段的主要区别在于处理器操作 EFLAGS 寄存器 IF 标志上。IDT 中任务门描述符的格式与 GDT 和 LDT 中任务门的格式相同。任务门描述符中含有一个任务 TSS 段的选择符，该任务用于处

理异常或中断。

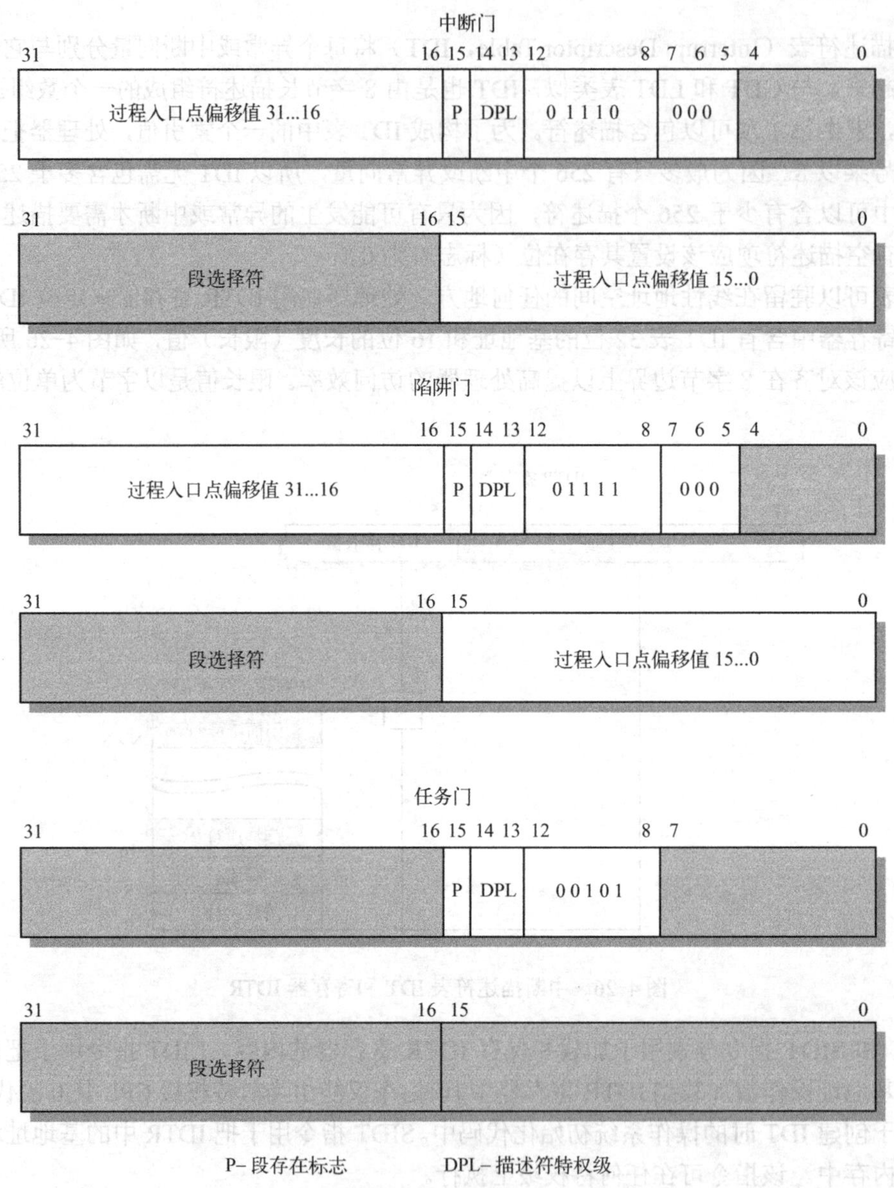

图 4-27　中断门、陷阱门和任务门描述符格式

4.6.9　异常与中断处理

处理器对异常和中断处理过程的调用操作方法与使用 CALL 指令调用程序过程和任务的方法类似。当响应一个异常或中断时，处理器使用异常或中断的向量作为 IDT 表中的索引。如果索引值指向中断门或陷阱门，则处理器使用与 CALL 指令操作调用门类似的方法调用异常或中断处理过程。如果索引值指向任务门，则处理器使用与 CALL 指令操作任务门类似的方法进行任务切换，执行异常或中断的处理任务。

异常或中断门引用运行在当前任务上下文中的异常或中断处理过程，如图 4-28 所示。门中的段选择符指向 GDT 或当前 LDT 中的可执行代码段描述符。门描述符中的偏移字段指向异常或中断处理过程的开始处。

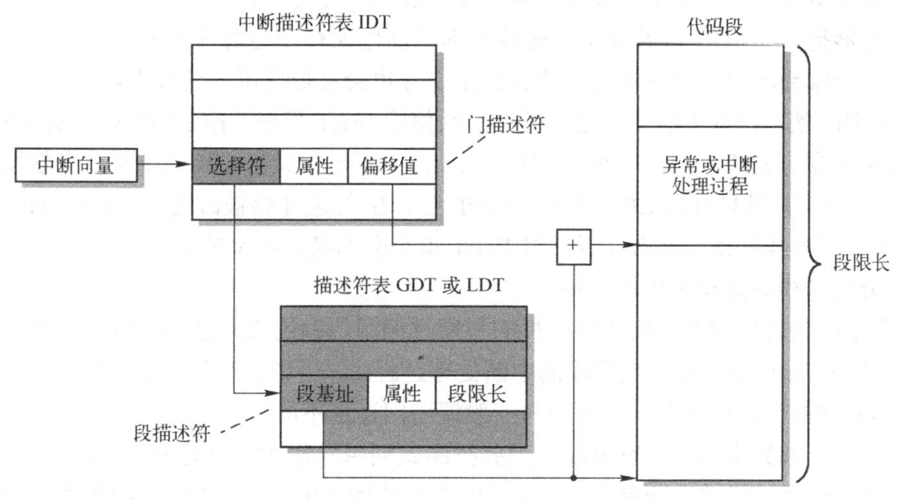

图 4-28　中断过程调用

当处理器执行异常或中断处理过程调用时会进行以下操作：

（1）如果处理过程将在高特权级（如 0 级）上执行时就会发生堆栈切换操作。堆栈切换过程如下：

- 处理器从当前执行任务的 TSS 段中得到中断或异常处理过程使用的堆栈的段选择符和栈指针（例如 tss.ss0、tss.esp0）。然后处理器会把被中断程序（或任务）的栈选择符和栈指针压入新栈中，如图 4-29 所示。

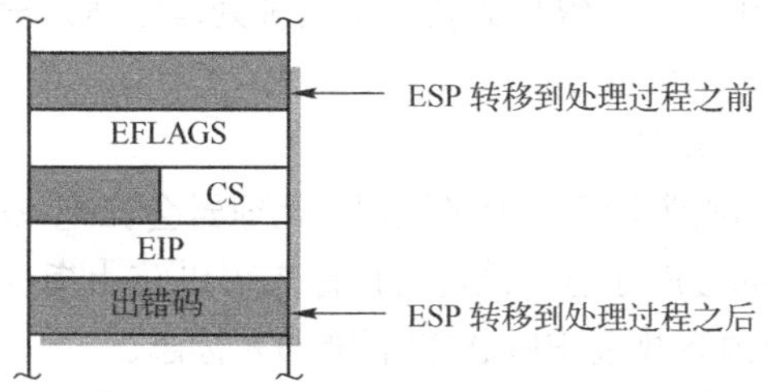

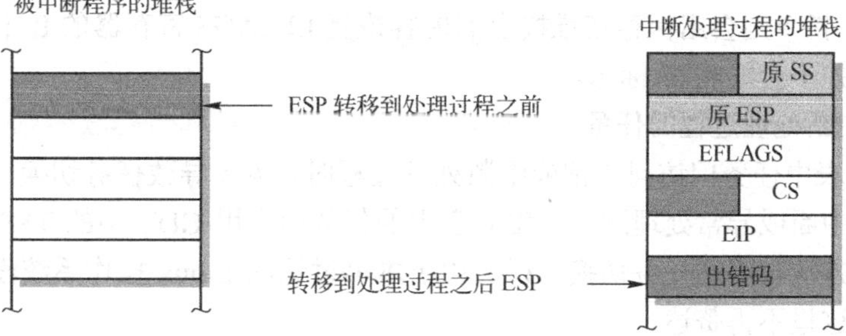

图 4-29　转移到中断处理过程时堆栈的使用方法

- 接着处理器会把 EFLAGS、CS 和 EIP 寄存器的当前值也压入新栈中。
- 如果异常会产生一个错误号，那么该错误号也会被最后压入新栈中。

（2）如果处理过程将在被中断任务同一个特权级上运行，那么：

- 处理器把 EFLAGS、CS 和 EIP 寄存器的当前值保存在当前堆栈上。
- 如果异常会产生一个错误号，那么该错误号也会被最后压入新栈中。

为了从中断处理过程中返回，处理过程必须使用 IRET 指令。IRET 指令与 RET 指令类似，但 IRET 还会把保存的寄存器内容恢复到 EFLAGS 中。不过只有当 CPL 是 0 时才会恢复 EFLAGS 中的 IOPL 字段，并且只有当 CPL 不大于 IOPL 时，IF 标志才会被改变。 如果当调用中断处理过程时发生了堆栈切换，那么在返回时 IRET 指令会切换到原来的堆栈。

（1）异常和中断处理过程的保护

异常和中断处理过程的特权级保护机制与通过调用门调用普通过程类似。处理器不允许把控制转移到比 CPL 更低特权级代码段的中断处理过程中，否则将产生一个一般保护性异常。另外，中断和异常的保护机制在以下方面与一般调用门过程不同：

- 因为中断和异常向量没有 RPL，因此在隐式调用异常和中断处理过程时不会检查 RPL。
- 只有当一个异常或中断是由 INT n、INT 3 或 INT 0 指令产生时，处理器才会检查中断或陷阱门中的 DPL。此时 CPL 必须小于或等于门的 DPL。这个限制可以防止运行在特权级 3 的应用程序使用软件中断访问重要的异常处理过程，例如页错误处理过程，假设这些处理过程已被存放在更高特权级的代码段中。对于硬件产生的中断和处理器检测到的异常，处理器会忽略中断门和陷阱门中的 DPL。

因为异常和中断通常不会定期发生，因此这些有关特权级的规则有效地增强了异常和中断处理过程能够运行的特权级限制。我们可以利用以下技术之一来避免违反特权级保护：

- 异常或中断处理程序可以存放在一个一致性代码段中。这个技术可以用于只需访问堆栈上数据的处理过程（如除出错异常）。如果处理程序需要数据段中的数据，那么特权级 3 必须能够访问这个数据段。但这样一来就没有保护可言了。
- 处理过程可以放在具有特权级 0 的非一致代码段中。这种处理过程总是可以执行的，与被中断程序或任务的当前特权级 CPL 无关。

（2）异常或中断处理过程的标志使用方式

当通过中断门或陷阱门访问一个异常或中断处理过程时，处理器会在把 EFLAGS 寄存器内容保存到堆栈上之后清除 EFLAGS 中的 TF 标志。清除 TF 标志可以防止指令跟踪影响中断响应。而随后的 IRET 指令会用堆栈上的内容恢复 EFLAGS 的原 TF 标志。

中断门与陷阱门唯一的区别在于处理器操作 EFLAGS 寄存器 IF 标志的方法。当通过中断门访问一个异常或中断处理过程时，处理器会复位 IF 标志以防止其他中断干扰当前中断处理过程。随后的 IRET 指令则会用保存在堆栈上的内容恢复 EFLAGS 寄存器的 IF 标志。而通过陷阱门访问处理过程并不会影响 IF 标志。

（3）执行中断处理过程的任务

当通过 IDT 表中任务门访问异常或中断处理过程时，就会导致任务切换。从而可以在一个专用任务中执行中断或异常处理过程。IDT 表中的任务门引用 GDT 中的 TSS 描述符。切换到处理过程任务的方法与普通任务切换一样。由于本书讨论的 Linux 操作系统没有使用这种中断处理方式，因此这里不再赘述。

4.6.10　中断处理任务

当通过 IDT 中任务门来访问异常或中断处理过程时就会导致任务切换。使用单独的任务来处理异常或中断有如下好处：

- 被中断程序或任务的完整上下文会被自动保存。
- 在处理异常或中断时，新的 TSS 可以允许处理过程使用新特权级 0 的堆栈。在当前特权级 0 的堆栈已毁坏时如果发生了一个异常或中断，那么在为中断过程提供一个新特权级 0 的堆栈条件下，通过任务门访问中断处理过程能够防止系统崩溃。
- 通过使用单独的 LDT 给中断或异常处理任务独立的地址空间，可以把它与其他任务隔离开来。

使用独立任务处理异常或中断的不足之处是：在任务切换时必须对大量机器状态进行保存，使得它比使用中断门的响应速度要慢，导致中断延时增加。

IDT 中的任务门会引用 GDT 中的 TSS 描述符，如图 4-30 所示。切换到句柄任务的过程与普通任务切换过程相同。到被中断任务的反向链接会被保存在句柄任务 TSS 的前一任务链接字段中。如果一个异常会产生一个出错码，则该出错码会被复制到新任务堆栈上。

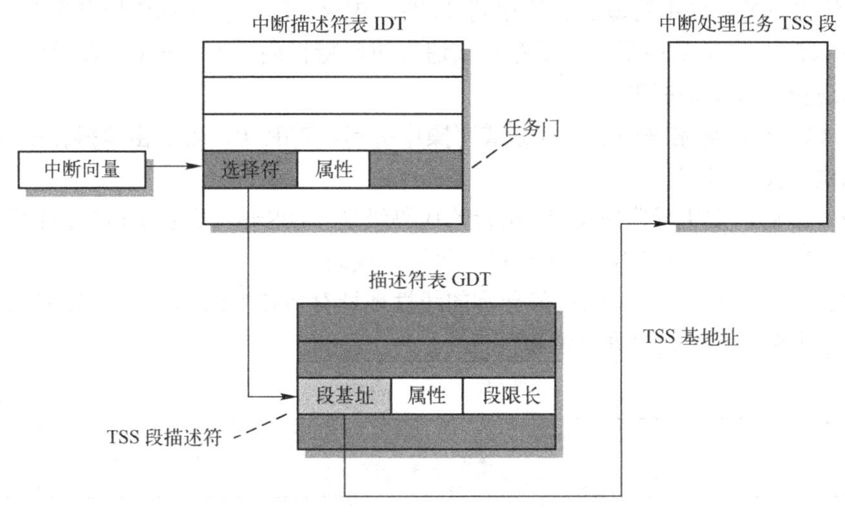

图 4-30　中断处理任务切换

当异常或中断句柄任务用于操作系统中时，实际上有两种分派调度任务的机制：操作系统软件调度和处理器中断机制的硬件调度。使用软件调度方法时需要考虑到中断开启时采用中断处理任务。

4.6.11　错误码

当异常条件与一个特定的段相关时，处理器会把一个错误码压入异常处理过程的堆栈上。错误码的格式如图 4-31 所示。错误码很像一个段选择符，但是最低 3 位不是 TI 和 RPL 字段，而是以下 3 个标志：

- 位 0 是外部事件 EXT（External event）标志。当置位时，表示执行程序以外的事件造成了异常，如硬件中断。

- 位 1 是描述符位置 IDT（Descriptor location）标志。当该位置位时，表示错误码的索引部分指向 IDT 中的一个门描述符。当该位复位时，表示索引部分指向 GDT 或 LDT 中的一个段描述符。
- 位 2 是 GDT/LDT 表选择标志 TI。只有当位 1 的 IDT=0 才有用。当该 TI=1 时，表示错误码的索引部分指向 LDT 中的一个描述符。当 TI=0 时，说明错误码中的索引部分指向 GDT 表中的一个描述符。

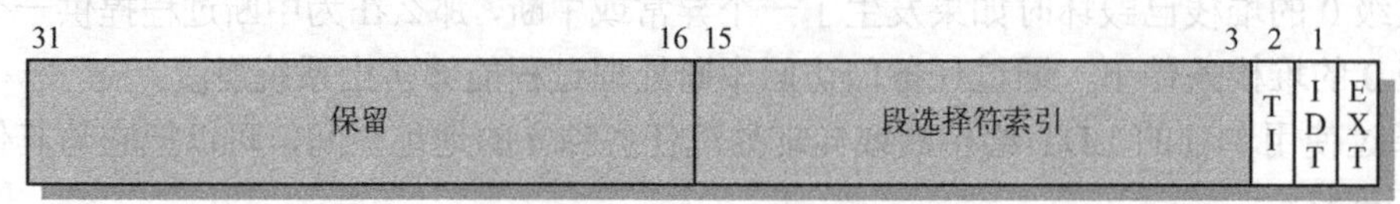

图 4-31 错误码格式

段选择索引字段提供了错误码引用的 IDT、GDT 或者当前 LDT 中段或门描述符的索引值。在某些情况下错误码是空的（即低 16 位全 0）。空错误码表示错误不是由于引用某个特定段造成，或者是在操作中引用了一个空段描述符。

页故障（Page-fault）异常的错误码格式与上面的不同，如图 4-32 所示。只有最低 3 位有用，它们的名称与页表项中的最后 3 位相同（U/S、W/R、P）。含义和作用分别是：

- 位 0（P），异常是由于页面不存在或违反访问特权而引发。P=0，表示页不存在；P=1 表示违反页级保护权限。
- 位 1（W/R），异常是由于内存读或写操作引起。W/R=0，表示由读操作引起；W/R=1，表示由写操作引起。
- 位 2（U/S），发生异常时 CPU 执行的代码级别。U/S=0，表示 CPU 正在执行超级用户代码；U/S=1，表示 CPU 正在执行一般用户代码。

另外，处理器还会把引起页面故障异常的线性地址存放在 CR2 中。页出错异常处理程序可以使用这个地址来定位相关的页目录和页表项。

图 4-32 页面故障错误码格式

注意，错误不会被 IRET 指令自动弹出堆栈，因此中断处理程序在返回之前必须清除堆栈上的错误码。另外，虽然处理产生的某些异常会产生错误码并会自动保存到处理过程的堆栈中，但是外部硬件中断或程序执行 INT n 指令产生的异常并不会把错误码压入堆栈中。

4.7 任务管理

任务（Task）是处理器可以分配、调度、执行和挂起的一个工作单元。它可用于执行程序、任务或进程、操作系统服务、中断或异常处理过程和内核代码。

80x86 提供了一种机制，这种机制可用来保存任务的状态、分派任务执行以及从一个任务切换到另一个任务。当工作在保护模式下，处理器所有运行都在任务中。即使是简单系统也必须至少定义一个任务。更为复杂的系统可以使用处理器的任务管理功能来支持多任务应用。

80x86 提供了多任务的硬件支持。任务是一个正在运行的程序，或者是一个等待准备运行的程序。通过中断、异常、跳转或调用，我们可以执行一个任务。当这些控制转移形式之一和某个描述符表中指定项的内容一起使用时，那么这个描述符就是一类导致新任务开始执行的描述符。描述符表中与任务相关的描述符有两类：任务状态段描述符和任务门。当执行权传给这任何一类描述符时，都会造成任务切换。

任务切换很像过程调用，但会保存更多的处理器状态信息。任务切换会把控制权完全转移到一个新的执行环境，即新任务的执行环境。这种转移操作要求保存处理器中几乎所有寄存器的当前内容，包括标志寄存器 EFLAGS 和所有段寄存器。与过程不同，任务不可重入。任务切换不会把任何信息压入堆栈中，处理器的状态信息都被保存在内存中称为任务状态段（Task state segment）的数据结构中。

4.7.1　任务的结构和状态

一个任务由两部分构成：任务执行空间和 TSS。任务执行空间包括代码段、堆栈段和一个或多个数据段，如图 4-33 所示。如果操作系统使用了处理器的特权级保护机制，那么任务执行空间就需要为每个特权级提供一个独立的堆栈空间。TSS 指定了构成任务执行空间的各个段，并且为任务状态信息提供存储空间。在多任务环境中，TSS 也为任务之间的链接提供了处理方法。

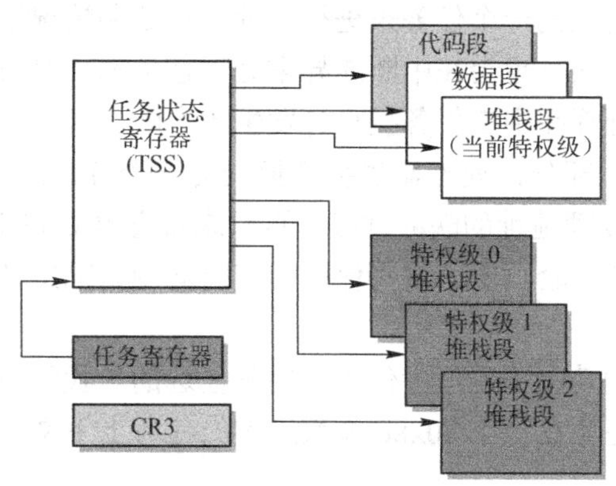

图 4-33　任务的结构和状态

一个任务的使用由指向其 TSS 的段选择符来指定。当一个任务被加载进处理器中执行时，那么该任务的段选择符、基地址、段限长以及 TSS 段描述符属性就会被加载进任务寄存器 TR（Task Register）中。如果使用了分页机制，那么任务使用的页目录表基地址就会被加载进控制寄存器 CR3 中。当前执行任务的状态由处理器的以下内容组成：

- 所有通用寄存器和段寄存器信息。
- 标志寄存器 EFLAGS、程序指针 EIP、控制寄存器 CR3、任务寄存器和 LDTR 寄存器。
- 段寄存器指定的任务当前执行空间。
- I/O 映射位图基地址和 I/O 位图信息（在 TSS 中）。
- 特权级 0、1 和 2 的堆栈指针（在 TSS 中）。

- 链接至前一个任务的链指针（在 TSS 中）。

4.7.2 任务的执行

软件或处理器可以使用以下方法之一来调度执行一个任务：

- 使用 CALL 指令明确地调用一个任务。
- 使用 JMP 指令明确地跳转到一个任务（Linux 内核使用的方式）。
- （由处理器）隐含地调用一个中断句柄处理任务。
- 隐含地调用一个异常句柄处理任务。

所有这些调度任务执行的方法都会使用一个指向任务门或任务 TSS 段的选择符来确定一个任务。当使用 CALL 或 JMP 指令调度一个任务时，指令中的选择符既可以直接选择任务的 TSS，也可以选择存放有 TSS 选择符的任务门。当调度一个任务来处理一个中断或异常时，IDT 中该中断或异常表项必须是一个任务门，并且其中含有中断或异常处理任务的 TSS 选择符。

当调度一个任务执行时，当前正在运行任务和调度任务之间会自动地发生任务切换操作。在任务切换期间，当前运行任务的执行环境（称为任务的状态或上下文）会被保存到它的 TSS 中并且暂停该任务的执行。此后新调度任务的上下文会被加载进处理器中，并且从加载的 EIP 指向的指令处开始执行新任务。

如果当前执行任务（调用者）调用了被调度的新任务（被调用者），那么调用者的 TSS 段选择符会被保存在被调用者 TSS 中，从而提供了一个返回调用者的链接。对于所有 80x86 处理器，任务是不可递归调用的，即任务不能调用或跳转到自己。

中断或异常可以通过切换到一个任务来进行处理。在这种情况下，处理器不仅能够执行任务切换来处理中断或异常，而且也会在中断或异常处理任务返回时自动地切换回被中断的任务中去。这种操作方式可以处理在中断任务执行时发生的中断。

作为任务切换操作的一部分，处理器也会切换到另一个 LDT，从而允许每个任务对基于 LDT 的段具有不同逻辑到物理地址的映射。同时，页目录寄存器 CR3 也会在切换时被重新加载，因此每个任务可以有自己的一套页表。这些保护措施能够用来隔绝各个任务并且防止它们相互干扰。

使用处理器的任务管理功能来处理多任务应用是任选的。我们也可以使用软件来实现多任务，使得每个软件定义的任务在一个 80x86 体系结构的任务上下文中执行。

4.7.3 任务管理数据结构

处理器定义了以下支持多任务的寄存器和数据结构：任务状态段 TSS、TSS 描述符、任务寄存器 TR、任务门描述符和标志寄存器 EFLAGS 中的 NT 标志。使用这些数据结构，处理器可以从一个任务切换到另一个任务，同时保存原任务的上下文，以允许任务重新执行。

1．任务状态段

用于恢复一个任务执行的处理器状态信息被保存在称为任务状态段（Task State Segment，TSS）的段中。图 4-34 给出了 32 位 CPU 使用的 TSS 的格式。TSS 段中各字段可分成两大类：动态字段和静态字段。

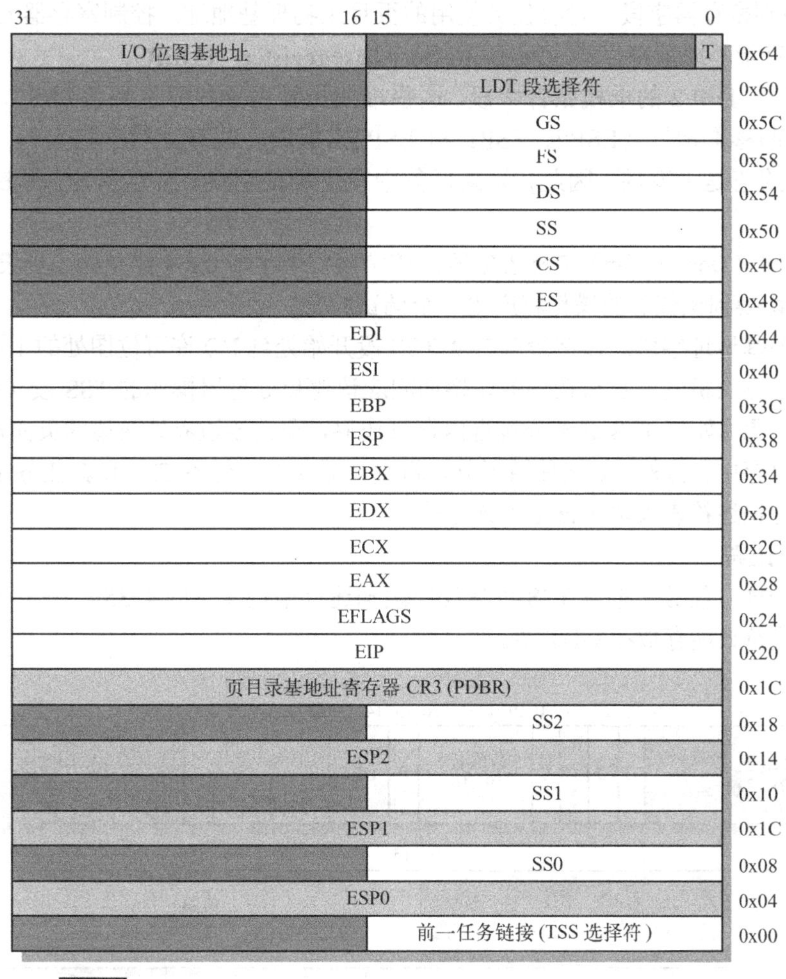

图 4-34　32 位任务状态段 TSS 格式

（1）动态字段。当任务切换而被挂起时，处理器会更新动态字段的内容。这些字段包括：

- 通用寄存器字段。用于保存 EAX、ECX、EDX、EBX、ESP、EBP、ESI 和 EDI 寄存器的内容。
- 段选择符字段。用于保存 ES、CS、SS、DS、FS 和 GS 段寄存器的内容。
- 标志寄存器 EFLAGS 字段。在切换之前保存 EFLAGS。
- 指令指针 EIP 字段。在切换之前保存 EIP 寄存器内容。
- 先前任务链接字段。含有前一个任务 TSS 段选择符（在调用、中断或异常激发的任务切换时更新）。该字段（通常也称为后链接字段（Back link field））允许任务使用 IRET 指令切换到前一个任务。

（2）静态字段。处理器会读取静态字段的内容，但通常不会改变它们。这些字段内容是在任务被创建时设置的。这些字段有：

- LDT 段选择符字段。含有任务的 LDT 段的选择符。

● CR3 控制寄存器字段。含有任务使用的页目录物理基地址。控制寄存器 CR3 通常也被称为页目录基地址寄存器（Page directory base register，PDBR）。

● 特权级 0、1 和 2 的堆栈指针字段。这些堆栈指针由堆栈段选择符（SS0、SS1 和 SS2）和栈中偏移量指针（ESP0、ESP1 和 ESP2）组成。注意，对于指定的一个任务，这些字段的值是不变的。因此，如果任务中发生堆栈切换，寄存器 SS 和 ESP 的内容将会改变。

● 调试陷阱（Debug Trap）T 标志字段。该字段位于字节 0x64 位 0 处。当设置了该位时，处理器切换到该任务的操作将产生一个调试异常。

● I/O 位图基地址字段。该字段含有从 TSS 段开始处到 I/O 许可位图处的 16 位偏移值。

如果使用了分页机制，那么在任务切换期间应该避免处理器操作的 TSS 段（前 104 字节）中含有内存页边界。如果 TSS 这部分包含内存页边界，那么该边界处两边的页面都必须同时并且连续存在于内存中。另外，如果使用了分页机制，那么与原任务 TSS 和新任务 TSS 相关的页面，以及对应的描述符表表项应该是可读写的。

2. TSS 描述符

与其他段一样，任务状态段 TSS 也是使用段描述符来定义。图 4-35 给出了 TSS 描述符的格式。TSS 描述符只能存放在 GDT 中。

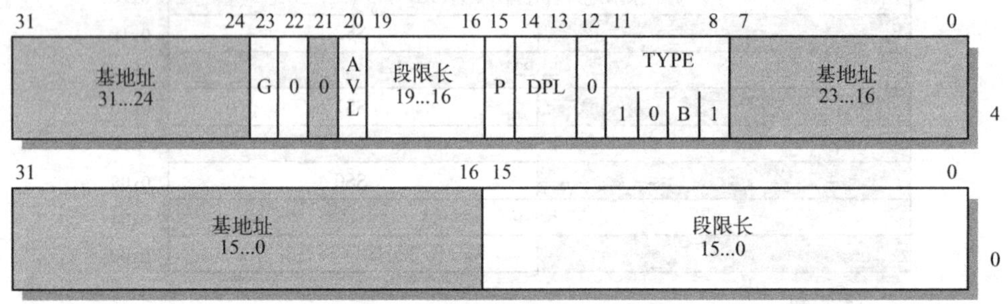

图 4-35 TSS 段描述符格式

类型字段 TYPE 中的忙标志 B 用于指明任务是否处于忙状态。忙状态的任务是当前正在执行的任务或等待执行（被挂起）的任务。值为 0b1001 的类型字段表明任务处于非活动状态；而值为 0b1011 的类型字段表示任务正忙。任务是不可以递归执行的，因此处理器使用忙标志 B 来检测任何企图对被中断执行任务的调用。

其中基地址、段限长、描述符特权级 DPL、颗粒度 G 和存在位具有与数据段描述符中相应字段同样的功能。当 G=0 时，限长字段必须具有等于或大于 103（0x67）的值，即 TSS 段的最小长度不得小于 104 字节。如果 TSS 段中还包含 I/O 许可位图，那么 TSS 段长度需要大一些。另外，如果操作系统还想在 TSS 段中存放其他一些信息，那么 TSS 段就需要更大的长度。

使用调用或跳转指令，任何可以访问 TSS 描述符的程序都能够造成任务切换。可以访问 TSS 描述符的程序其 CPL 数值必须小于或等于 TSS 描述符的 DPL。在大多数系统中，TSS 描述符的 DPL 字段值应该设置成小于 3。这样，只有具有特权级的软件可以执行任务切换操作。然而在多任务应用中，某些 TSS 的 DPL 可以设置成 3，以使得在用户特权级上也能进行任务切换操作。

可访问一个 TSS 段描述符并没有给程序读写该描述符的能力。若想读或修改一个 TSS 段描述符，可以使用映射到内存相同位置的数据段描述符（即别名描述符）来操作。把 TSS 描述符加载进任何段寄存器将导致一个异常。企图使用 TI 标志置位的选择符（即当前 LDT 中的选择符）来访问 TSS 段也将导致异常。

3．任务寄存器

任务寄存器（Task Register，TR）中存放着 16 位的段选择符以及当前任务 TSS 段的整个描述符（不可见部分）。这些信息是从 GDT 中当前任务的 TSS 描述符中复制过来的。处理器使用任务寄存器 TR 的不可见部分来缓冲 TSS 段描述符内容。

指令 LTR 和 STR 分别用于加载和保存任务寄存器的可见部分，即 TSS 段的选择符。LTR 指令只能被特权级 0 的程序执行。LTR 指令通常用于系统初始化期间给 TR 寄存器加载初值（如任务 0 的 TSS 段选择符），随后在系统运行期间，TR 的内容会在任务切换时自动被改变。

4．任务门描述符

任务门描述符（Task Gate Descriptor）提供对一个任务间接、受保护的引用，其格式如图 4-36 所示。任务门描述符可以被存放在 GDT、LDT 或 IDT 表中。

任务门描述符中的 TSS 选择符字段指向 GDT 中的一个 TSS 段描述符。这个 TSS 选择符字段中的 RPL 域不用。任务门描述符中的 DPL 用于在任务切换时控制对 TSS 段的访问。当程序通过任务门调用或跳转到一个任务时，程序的 CPL 以及指向任务门的门选择符的 RPL 值必须小于或等于任务门描述符中的 DPL。请注意，当使用任务门时，目标 TSS 段描述符的 DPL 忽略不用。

程序可以通过任务门描述符或者 TSS 段描述符来访问一个任务。图 4-36 示出了 LDT、GDT 和 IDT 表中的任务门如何都指向同一个任务。

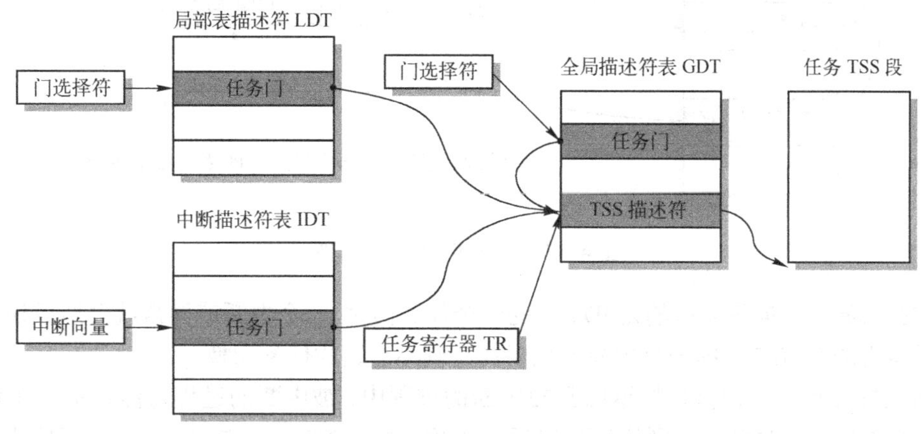

图 4-36　引用同一任务的任务门

4.7.4　任务切换

处理器可使用以下 4 种方式之一执行任务切换操作：

（1）当前任务对 GDT 中的 TSS 描述符执行 JMP 或 CALL 指令。

（2）当前任务对 GDT 或 LDT 中的任务门描述符执行 JMP 或 CALL 指令。

（3）中断或异常向量指向 IDT 表中的任务门描述符。

（4）当 EFLAGS 中的 NT 标志置位时当前任务执行 IRET 指令。

JMP、CALL 和 IRET 指令以及中断和异常都是处理器的普通机制，可用于不发生任务切换的环境中。对于 TSS 描述符或任务门的引用（当调用或跳转到一个任务），或者 NT 标志的状态（当执行 IRET 指令时）确定了是否会发生任务切换。

为了进行任务切换，JMP 或 CALL 指令能够把控制转移到 TSS 描述符或任务门上。使用这两种方式的作用相同，都会导致处理器把控制转移到指定的任务中，如图 4-37 所示。

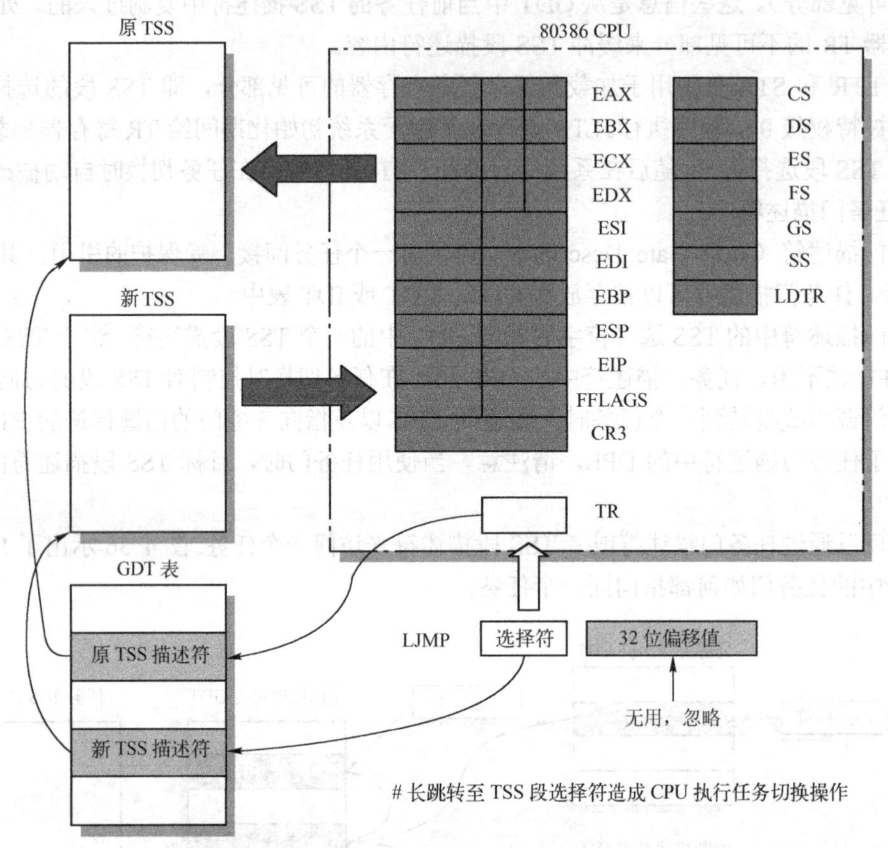

图 4-37　任务切换操作示意图

当中断或异常的向量索引的是 IDT 中的一个任务门时，一个中断或异常就会造成任务切换。如果向量索引的是 IDT 中的一个中断或陷阱门，则不会造成任务切换。

中断服务过程总是把执行权返回到被中断的过程中，被中断的过程可能在另一个任务中。如果 NT 标志处于复位状态，则执行一般返回处理。如果 NT 标志是置位状态，则返回操作会产生任务切换。切换到的新任务由中断服务过程 TSS 中的 TSS 选择符（前一任务链接字段）指定。

当切换到一个新任务时，处理器会执行以下操作：

1）从作为 JMP 或 CALL 指令操作数中，或者从任务门中，或者从当前 TSS 的前一任务链接字段（对于由 IRET 引起的任务切换）中取得新任务的 TSS 段选择符。

2）检查当前任务是否允许切换到新任务。把数据访问特权级规则应用到 JMP 和 CALL 指令上。当前任务的 CPL 和新任务段选择符的 RPL 必须小于或等于 TSS 段描述符的 DPL，或者引用的是一个任务门。无论目标任务门或 TSS 段描述符的 DPL 是何值，异常、中断（除了使用 INT n 指令产生的中断）和 IRET 指令都允许执行任务切换。对于 INT n 指令产生的中断将检查 DPL。

3）检查新任务的 TSS 描述符是标注为存在的（P=1），并且 TSS 段长度有效（大于 0x67）。当试图执行会产生错误的指令时，都会恢复对处理器状态的任何改变。这使得异常处理过程的返回地址指向出错指令，而非出错指令随后的一条指令。因此异常处理过程可以处理出错条件并且重新执行任务。异常处理过程的介入处理对应用程序来说是完全透明的。

4）如果任务切换产生自 JMP 或 IRET 指令，处理器就会把当前任务（老任务）TSS 描述符中的忙标志 B 复位；如果任务切换是由 CALL 指令、异常或中断产生，则忙标志 B 不动。

5）如果任务切换由 IRET 产生，则处理器会把临时保存的 EFLAGS 映像中的 NT 标志复位；如果任务切换由 CALL、JMP 指令或者异常或中断产生，则不用改动上述 NT 标志。

6）把当前任务的状态保存到当前任务的 TSS 中。处理器会从任务寄存器中取得当前任务 TSS 的基地址，并且把以下寄存器内容复制到当前 TSS 中：所有通用寄存器、段寄存器中的段选择符、标志寄存器 EFLAGS 以及指令指针 EIP。

7）如果任务切换是由 CALL 指令、异常或中断产生，则处理器就会把从新任务中加载的 EFLAGS 中的 NT 标志置位。如果任务切换产生自 JMP 或 IRET 指令，就不改动新加载 EFLAGS 中的标志。

8）如果任务切换是由 CALL、JMP 指令或者异常或中断产生的，处理器就会设置新任务 TSS 描述符中的忙标志 B。如果任务切换由 IRET 产生，则不去改动 B 标志。

9）使用新任务 TSS 的段选择符和描述符加载任务寄存器 TR（包括隐藏部分）。设置 CR0 寄存器的 TS 标志。

10）把新任务的 TSS 状态加载进处理器。这包括 LDTR 寄存器、PDBR（CR3）寄存器、EFLAGS 寄存器、EIP 寄存器以及通用寄存器和段选择符。在此期间检测到的任何错误都将出现在新任务的上下文中。

11）开始执行新任务（对于异常处理过程，新任务的第一条指令显现出还没有执行）。

当成功地进行了任务切换操作，当前执行任务的状态总是会被保存起来。当任务恢复执行时，任务将从保存的 EIP 指向的指令处开始执行，并且所有寄存器都恢复到任务挂起时的值。

当执行任务切换时，新任务的特权级与原任务的特权级没有任何关系。新任务在 CS 寄存器的 CPL 字段指定的特权级上开始运行。因为各个任务通过它们独立的地址空间和 TSS 段相互隔绝，并且特权级规则已经控制对 TSS 的访问，所以在任务切换时软件不需要再进行特权级检查。

每次任务切换都会设置控制寄存器 CR0 中的任务切换标志 TS。该标志对系统软件非常有用。系统软件可用 TS 标志来协调处理器和浮点协处理器之间的操作。TS 标志表明协处理器中的上下文可能与当前任务的不一致。

4.7.5 任务链

TSS 的前一任务链接（Backlink）字段以及 EFLAGS 中的 NT 标志用于返回到前一个任务操作中。NT 标志指出了当前执行的任务是否嵌套在另一个任务中执行，并且当前任务的前一任务链接字段中存放着嵌套层中更高层任务的 TSS 选择符（若有的话），如图 4-38 所示。

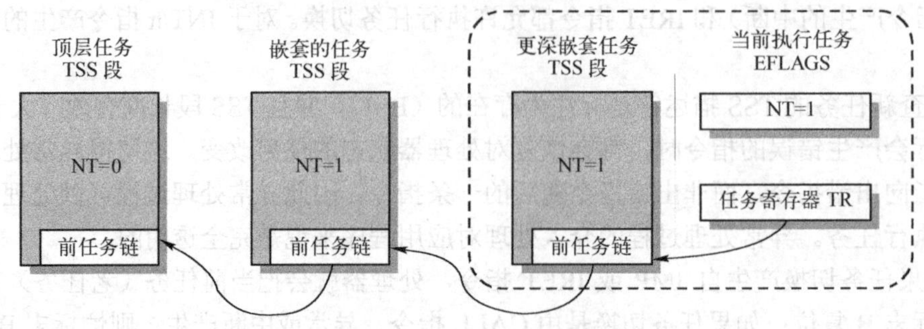

图 4-38　任务链示意图

当 CALL 指令、中断或异常造成任务切换，处理器把当前 TSS 段的选择符复制到新任务 TSS 段的前一任务链接字段中，然后在 EFLAGS 中设置 NT 标志。NT 标志指明 TSS 的前一任务链接字段中存放有保存的 TSS 段选择符。如果软件使用 IRET 指令挂起新任务，处理器就会使用前一任务链接字段中值和 NT 标志返回到前一个任务。即如果 NT 标志是置位的话，处理器会切换到前一任务链接字段指定的任务去执行。

注意，当任务切换是由 JMP 指令造成的，那么新任务就不会是嵌套的，即 NT 标志会被设置为 0，并且不使用前一任务链接字段。JMP 指令用于不希望出现嵌套的任务切换中。

表 4-10 总结了任务切换期间，忙标志 B（在 TSS 段描述符中）、NT 标志、前一任务链接字段和 TS 标志（在 CR0 中）的用法。注意，运行于任何特权级上的程序都可以修改 NT 标志，因此任何程序都可以设置 NT 标志并执行 IRET 指令。这种做法会让处理器去执行当前任务 TSS 的前一任务链接字段指定的任务。为了避免这种伪造的任务切换执行成功，操作系统应该把每个 TSS 的该字段初始化为 0。

表 4-10　任务切换对忙标志、NT 标志、前一任务链字段和 TS 标志的影响

标志或字段	JMP 指令的影响	CALL 指令或中断的影响	IRET 指令的影响
新任务忙标志 B	设置标志。以前须已被清除	设置标志。以前须已被清除	不变。必须已被设置
老任务忙标志 B	被清除	不变。当前处于设置状态	设置标志
新任务 NT 标志	设置成新任务 TSS 中的值	设置标志	设置成新任务 TSS 中的值
老任务 NT 标志	不变	不变	清除标志
新任务链接字段	不变	存放老任务 TSS 段选择符	不变
老任务链接字段	不变	不变	不变
CR0 中 TS 标志	设置标志	设置标志	设置标志

4.7.6　任务地址空间

任务的地址空间由任务能够访问的段构成。这些段包括代码段、数据段、堆栈段、TSS 中引用的系统段以及任务代码能够访问的任何其他段。这些段都被映射到处理器的线性地址空间中，并且随后被直接地或者通过分页机制映射到处理器的物理地址空间中。

TSS 中的 LDT 字段可以用于给出每个任务自己的 LDT。对于一个给定的任务，通过把与任务相关的所有段描述符放入 LDT 中，任务的地址空间就可以与其他任务隔绝开来。

当然，几个任务也可以使用同一个 LDT。这是一种简单而有效的允许某些任务互相通信或控制的方法，而无须抛弃整个系统的保护屏障。

因为所有任务都可以访问 GDT，所以也同样可以创建通过此表访问的共享段。

如果开启了分页机制，则 TSS 中的 CR3 寄存器字段可以让每个任务有它自己的页表。或者，几个任务能够共享相同页表集。

1. 把任务映射到线性和物理地址空间

有两种方法可以把任务映射到线性地址空间和物理地址空间：

（1）所有任务共享一个线性到物理地址空间的映射。当没有开启分页机制时，就只能使用这个办法。不开启分页时，所有线性地址映射到相同的物理地址上。当开启了分页机制，那么通过让所有任务使用一个页目录，我们就可以使用这种从线性到物理地址空间的映射形式。如果支持需求页虚拟存储技术，则线性地址空间可以超过现有物理地址空间的大小。

（2）每个任务有自己的线性地址空间，并映射到物理地址空间。通过让每个任务使用不同的页目录，我们就可以使用这种映射形式。因为每次任务切换都会加载 PDBR（控制寄存器 CR3），所以每个任务可以有不同的页目录。

不同任务的线性地址空间可以映射到完全不同的物理地址上。如果不同页目录的条目（表项）指向不同的页表，而且页表也指向物理地址中不同的页面上，那么各个任务就不会共享任何物理地址。

对于映射任务线性地址空间的这两种方法，所有任务的 TSS 都必须存放在共享的物理地址空间区域中，并且所有任务都能访问这个区域。为了让处理器执行任务切换而读取或更新 TSS 时，TSS 地址的映射不会改变，就需要使用这种映射方式。GDT 所映射的线性地址空间也应该映射到共享的物理地址空间中。否则就丧失了 GDT 的作用。

2. 任务逻辑地址空间

为了在任务之间共享数据，可使用下列方法之一来为数据段建立共享的逻辑到物理地址空间的映射：

（1）通过使用 GDT 中的段描述符。所有任务必须能够访问 GDT 中的段描述符。如果 GDT 中的某些段描述符指向线性地址空间中的一些段，并且这些段被映射到所有任务共享的物理地址空间中，那么所有任务都可以共享这些段中的代码和数据。

（2）通过共享的 LDT。两个或多个任务可以使用相同的 LDT，如果它们的 TSS 中 LDT 字段指向同一个 LDT。如果一个共享的 LDT 中某些段描述符指向映射到物理地址空间公共区域的段，那么共享 LDT 的所有任务可以共享这些段中的所有代码和数据。这种共享方式要比通过 GDT 来共享好，因为这样做可以把共享局限于指定的一些任务中。系统中有与此不同 LDT 的其他任务没有访问这些共享段的权利。

（3）通过映射到线性地址空间公共地址区域的不同 LDT 中的段描述符。如果线性地址空间中的这个公共区域对每个任务都映射到物理地址空间的相同区域，那么这些段描述符就允许任务共享这些段。这样的段描述符通常称为别名段。这个共享方式要比上面给出的方式更好，因为 LDT 中的其他段描述符可以指向独立的未共享线性地址区域。

4.8 保护模式编程初始化

我们知道，80x86 可以工作在几种模式下。当机器上电或硬件复位时，处理器工作在 8086 处理器兼容的实地址模式下，并且从物理地址 0xFFFFFFF0 处开始执行软件初始化代码（通常在 EPROM 中）。软件初始化代码首先必须设置基本系统功能操作必要的数据结构信息，例如处理中断和异常的实模式 IDT 表（即中断向量表）。如果处理器将仍然工作在实模式下，软件必须加载操作系统模块和相应数据以允许应用程序在实模式下可靠地运行。如果处理器将要工作在保护模式下，那么操作系统软件就必须加载保护模式操作必要的数据结构信息，然后切换到保护模式。

4.8.1 进入保护模式时的初始化操作

保护模式所需要的一些数据结构由处理器内存管理功能确定。处理器支持分段模型，可以使用从单个、统一的地址空间平坦模型到每个任务都具有几个受保护地址空间的高度结构化的多段模型。分页机制能够用来部分在内存、部分在磁盘上的大型数据结构信息。这两种地址转换形式都需要操作系统在内存中为内存管理硬件设置所要求的数据结构。因此在处理器能够被切换到保护模式下运行之前，操作系统加载和初始化软件（bootsect.S、setup.s 和 head.s）必须在内存中先设置好保护模式下使用的数据结构的基本信息。这些数据结构包括以下几种：

- 保护模式中断描述符表 IDT。
- 全局描述符表 GDT。
- 任务状态段 TSS。
- 局部描述符表 LDT。
- 若使用分页机制，则起码需要设置一个页目录和一个页表。
- 处理器切换到保护模式下运行的代码段。
- 含有中断和异常处理程序的代码模块。

在能够切换到保护模式之前，软件初始化代码还必须设置以下系统寄存器：

- 全局描述符表基地址寄存器 GDTR。
- 中断描述符表基地址寄存器 IDTR。
- 控制寄存器 CR1～CR3。

在初始化了这些数据结构、代码模块和系统寄存器之后，通过设置 CR0 寄存器的保护模式标志 PE（位 0），处理器就可以切换到保护模式下运行。

1. 保护模式系统结构表

软件初始化期间在内存中设置的保护模式系统表主要依赖于操作系统将要支持的内存管理类型：平坦的、平坦并支持分页的、分段的或者分段并支持分页的。

为了实现无分页的平坦内存模型，软件初始化代码必须至少设置具有一个代码段和一个数据段的 GDT 表。当然 GDT 表第 1 项还需要放置一个空描述符。堆栈可以放置在普通可读写数据段中，因此并不需要专门的堆栈描述符。支持分页机制的平坦内存模型还需要一个页目录和至少一个页表。在可以使用 GDT 表之前，必须使用 LGDT 指令把 GDT 表的基地址和长度值加载到 GDTR 寄存器中。

而多段模型则还需要用于操作系统的其他段，以及用于每个应用程序的段和 LDT 表段。LDT 表的段描述符要求存放在 GDT 表中。某些操作系统会为应用程序另行分配新段和新的 LDT 段。这种做法为动态编程环境提供了最大灵活性，例如 Linux 操作系统就使用了这种方式。像过程控制器那样的嵌入式系统可以预先为固定数量的应用程序分配固定数量的段和 LDT，这是实现实时系统软件环境结构的一种简单而有效的方法。

2. 保护模式异常和中断初始化

软件初始化代码必须设置一个保护模式 IDT，其中最少应含有处理器可能产生的每个异常向量对应的门描述符。如果使用了中断或陷阱门，那么门描述符可以都指向包含中断和异常处理过程的同一个代码段。若使用了任务门，那么每个使用任务门的异常处理过程都需要一个 TSS 以及相关的代码、数据和堆栈段。如果允许硬件产生中断，那么必须在 IDT 中为一个或多个中断处理过程设置门描述符。

在可以使用 IDT 之前，必须使用 LIDT 指令把 IDT 表基地址和长度加载到 IDTR 寄存器中。

3．分页机制初始化

分页机制由控制寄存器 CR0 中的 PG 标志设置。当这个标志被清 0 时（即硬件复位时的状态），分页机制被关闭；当设置了 PG 标志，就开启分页机制。在设置 PG 标志之前，必须先初始化以下数据结构和寄存器：

- 软件必须在物理内存中建立至少一个页目录和一个页表。如果页目录表中含有指向自身的目录项时，可以不使用页表。此时页目录表和页表被存放在同一页面中。
- 把页目录表的物理基地址加载到 CR3 寄存器中。
- 处理器处于保护模式下。如果满足所有其他限制，则 PG 和 PE 标志可以同时设置。

为保持兼容性，设置 PG 标志（以及 PE 标志）时必须遵守以下规则：

- 设置 PG 标志的指令应该立刻跟随一条 JMP 指令。MOV CR0 指令后面的 JMP 指令会改变执行流，所以它会清空 80x86 处理器已经取得或已译码的指令。然而，Pentium 及以上处理器使用了分支目标缓冲器（Branch Target Buffer，BTB）为分支代码定向，因此不必为分支指令刷新队列。
- 设置 PG 标志到跳转指令 JMP 之间的代码必须来自对等映射（即跳转之前的线性地址与开启分页后的物理地址相同）的一个页面上。

4．多任务初始化

如果要使用多任务机制，或者允许改变特权级，那么软件初始化代码必须至少设置一个 TSS 及相应的 TSS 段描述符（因为特权级 0、1 和 2 的各栈段指针需要从 TSS 中取得）。在创建 TSS 描述符时不要将其标注为忙（不要设置忙标志），该标志仅由处理器在执行任务切换时设置。与 LDT 段描述符相同，TSS 的描述符也存放在 GDT 中。

在处理器切换到保护模式之后，可以用 LTR 指令把 TSS 段描述符的选择符加载到任务寄存器 TR 中。这个指令会把 TSS 标记成忙状态（B=1），但是并不执行任务切换操作。然后处理器可以使用这个 TSS 来定位特权级 0、1 和 2 的堆栈。在保护模式中，软件进行第一次任务切换之前必须首先加载 TSS 段的选择符，因为任务切换会把当前任务状态复制到该 TSS 中。

在 LTR 指令执行之后，随后对任务寄存器的操作由任务切换进行。与其他的段和 LDT 类似，TSS 段和 TSS 段描述符可以预先设置好，也可以在需要时进行设置。

4.8.2　模式切换

为了让处理器工作在保护模式下，必须从实地址模式下进行模式切换操作。一旦进入保护模式，软件通常不会再需要回到实地址模式。为了还能运行为实地址模式编制的程序，通常在虚拟 8086 模式中运行比再切换回实模式下运行更为方便。

1．切换到保护模式

在切换到保护模式之前，必须首先加载一些起码的系统数据结构和代码模块。一旦建立了这些系统表，软件初始化代码就可以切换到保护模式中。通过执行在 CR0 寄存器中设置 PE 标志的 MOV CR0 指令，我们就可以进入保护模式（在同一个指令中，CR0 的 PG 标志可用于开启分页机制）。刚进入保护模式中运行时，特权级是 0。为了保证程序的兼容性，切换操作应该按照以下步骤进行：

1）禁止中断。使用 CLI 指令可以禁止可屏蔽硬件中断。NMI 会由硬件电路来禁止。同时软件应该确保在模式切换操作期间不产生异常和中断。

2）执行 LGDT 指令把 GDT 表的基地址加载进 GDTR 寄存器。

3）执行在控制寄存器 CR0 中设置 PE 标志（可选同时设置 PG 标志）的 MOV CR0 指令。

4）在 MOV CR0 指令之后立刻执行一个远跳转 JMP 或远调用 CALL 指令。这个操作通常是远跳转到或远调用指令流中的下一条指令。

5）若要使用局部描述符表，则执行 LLDT 指令把 LDT 段的选择符加载到 LDTR 寄存器中。

6）执行 LTR 指令，用初始保护模式任务的段选择符或者可写内存区域的段描述符加载任务寄存器 TR。这个可写内存区域用于在任务切换时存放任务的 TSS 信息。

7）在进入保护模式后，段寄存器仍然含有在实地址模式时的内容。步骤 4 中的 JMP 或 CALL 指令会重置 CS 寄存器。执行以下操作之一可以更新其余段寄存器的内容：其余段寄存器的内容可通过重新加载或切换到一个新任务来更新。

8）执行 LIDT 指令把保护模式 IDT 表的基地址和长度加载到 IDTR 寄存器中。

9）执行 STI 指令开启可屏蔽硬件中断，并且执行必要的硬件操作开启 NMI 中断。

另外，MOV CR0 指令之后紧接着的 JMP 或 CALL 指令会改变执行流。如果开启了分页机制，那么 MOV CR0 指令到 JMP 或 CALL 指令之间的代码必须来自对等映射（即跳转之前的线性地址与开启分页后的物理地址相同）的一个页面上。而 JMP 或 CALL 指令跳转到的目标指令并不需要处于对等映射页面上。

2. 切换回实地址模式

若想切换回实地址模式，则可以使用 MOV CR0 指令把控制寄存器 CR0 中的 PE 标志清 0。重新进入实地址模式的过程应该按照以下步骤进行：

1）禁止中断。使用 CLI 指令可以禁止可屏蔽硬件中断。NMI 会由硬件电路来禁止。同时软件应该确保在模式切换操作期间不产生异常和中断。

2）如果已开启分页机制，那么需要执行：

- 把程序的控制转移到对等映射的线性地址处（即线性地址等于物理地址）。
- 确保 GDT 和 IDT 在对等映射的页面上。
- 清除 CR0 中的 PG 标志。
- CR3 寄存器中设置为 0x00，用于刷新 TLB 缓冲。

3）把程序的控制转移到长度为 64KB（0xFFFF）的可读段中。这步操作使用实模式要求的段长度加载 CS 寄存器。

4）使用指向含有以下设置值的描述符的选择符来加载 SS、DS、ES、FS 和 GS 段寄存器。

- 段限长 Limit = 64KB。
- 字节颗粒度（G=0）。
- 向上扩展（E=0）。
- 可写（W=1）。
- 存在（P=1）。

5）执行 LIDT 指令来指向在 1MB 实模式地址范围内的实地址模式中断表。

6）清除 CR0 中的 PE 标志来切换到实地址模式。

7）执行一个远跳转指令跳转到一个实模式程序中。这步操作会刷新指令队列并且为 CS 寄存器加载合适的基地址和访问权限值。

8）加载实地址模式程序代码会使用的 SS、DS、ES、FS 和 GS 寄存器。

9）执行 STI 指令开启可屏蔽硬件中断，并且执行必要的硬件操作开启 NMI 中断。

4.9　一个简单的多任务内核实例

作为对本章和前几章内容的总结，本节完整描述了一个简单多任务内核的设计和实现方法。这个内核示例中包含两个特权级 3 的用户任务和一个系统调用中断过程。我们首先说明这个简单内核的基本结构和加载运行的基本原理，然后描述它是如何被加载进机器 RAM 中以及两个任务是如何进行切换运行的。最后我们给出实现这个简单内核的源程序：启动引导程序 boot.s 和保护模式多任务内核程序 head.s。

4.9.1　多任务程序结构和工作原理

本节给出的内核实例由 2 个文件构成。一个是使用 as86 语言编制的引导启动程序 boot.s，用于在计算机系统加电时从启动盘上把内核代码加载到内存中；另一个是使用 GNU as 汇编语言编制的内核程序 head.s，其中实现了两个运行在特权级 3 上的任务在时钟中断控制下相互切换运行，并且还实现了在屏幕上显示字符的一个系统调用。我们把这两个任务分别称为任务 A 和任务 B（或任务 0 和任务 1），它们会调用这个显示系统调用在屏幕上分别显示出字符“A”和“B”，直到每 10ms 切换到另一个任务。任务 A 连续循环地调用系统调用在屏幕上显示字符“A”；任务 B 则一直显示字符“B”。若要终止这个内核实例程序，则需要重新启动机器，或者关闭运行的模拟 PC 运行环境软件。

boot.s 程序编译出的代码共 512B，将被存放在软盘映像文件的第一个扇区中，如图 4-39 所示。PC 在加电启动时，ROM BIOS 中的程序会把启动盘上第一个扇区加载到物理内存 0x7c00（31KB）位置开始处，并把执行权转移到 0x7c00 处开始运行 boot 程序代码。

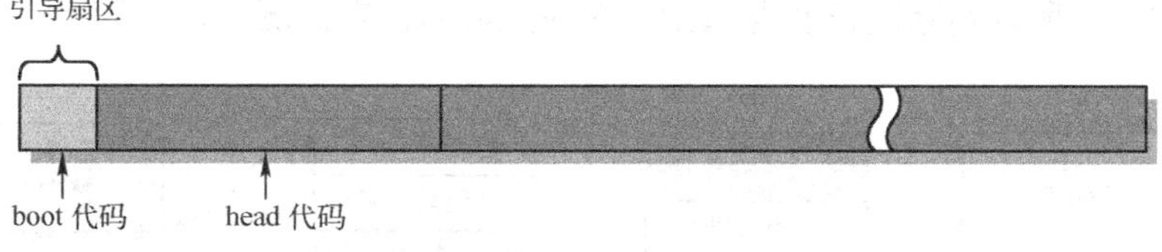

图 4-39　软盘映像文件示意图

boot 程序的主要功能是把软盘或映像文件中的 head 内核代码加载到内存某个指定位置处，并在设置好临时 GDT 表等信息后，把处理器设置成运行在保护模式下，然后跳转到 head 代码处去运行内核代码。实际上，boot.s 程序会首先利用 ROM BIOS 中断 int 0x13 把软盘中的 head 代码读入到内存 0x10000（64KB）位置开始处，然后再把这段 head 代码移动到内存 0 开始处。最后设置控制寄存器 CR0 中的开启保护运行模式标志，并跳转到内存 0 处开始执行 head 代码。boot 程序代码在内存中移动 head 代码的示意图如图 4-40 所示。

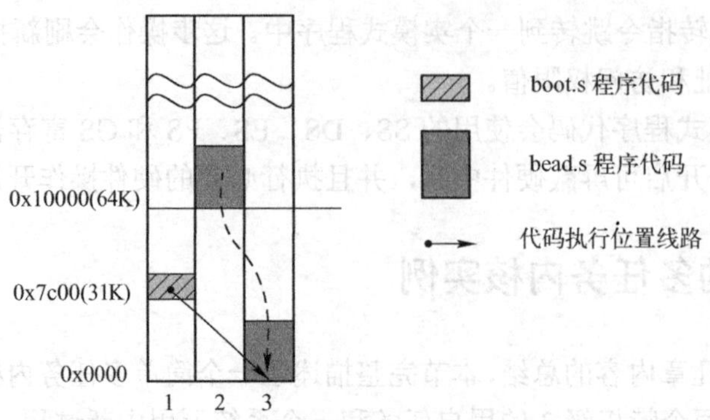

图 4-40　内核示例代码在物理内存中的移动和分布情况

把 head 内核代码移动到物理内存 0 开始处的主要原因是为了设置 GDT 表时可以简单一些，因而也能让 head.s 程序尽量短一些。但是我们不能让 boot 程序把 head 代码从软盘或映像文件中直接加载到内存 0 处。因为加载操作需要使用 ROM BIOS 提供的中断过程，而 BIOS 使用的中断向量表正处于内存 0 开始的地方，并且在内存 1KB 开始处是 BIOS 程序使用的数据区，所以若直接把 head 代码加载到内存 0 处将使得 BIOS 中断过程不能正常运行。当然我们也可以把 head 代码加载到内存 0x10000 处后就直接跳转到该处运行 head 代码，使用这种方式的源程序可从 oldlinux.org 网站下载，见下面说明。

head.s 程序运行在 32 位保护模式下，其中主要包括初始设置的代码、时钟中断 int 0x08 的过程代码、系统调用中断 int 0x80 的过程代码以及任务 A 和任务 B 等的代码和数据。其中初始设置工作主要包括：①重新设置 GDT 表；②设置系统定时器芯片；③重新设置 IDT 表并且设置时钟和系统调用中断门；④移动到任务 A 中执行。

在虚拟地址空间中 head.s 程序的内核代码和任务代码分配图如图 4-41 所示。实际上，本内核示例中所有代码和数据段都对应到物理内存同一个区域上，即从物理内存 0 开始的区域。GDT 中全局代码段和数据段描述符的内容都设置为：基地址为 0x0000；段限长值为 0x07ff。因为颗粒度为 1，所以实际段长度为 8MB。而全局显示数据段被设置成：基地址为 0xb8000；段限长值为 0x0002，所以实际段长度为 8KB，对应到显示内存区域上。

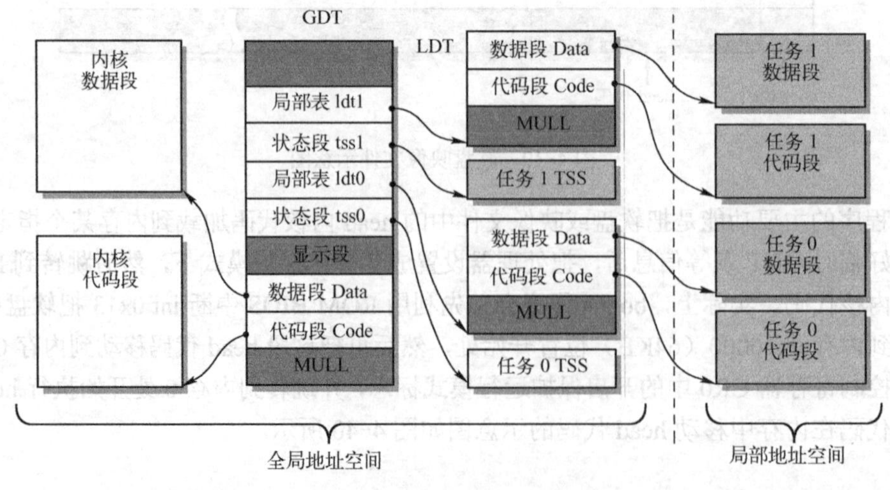

图 4-41　内核和任务在虚拟地址空间中的分配示意图

两个任务在 LDT 中代码段和数据段描述符的内容也都设置为：基地址为 0x0000；段限长值为 0x03ff，实际段长度为 4MB。因此在线性地址空间中这个“内核”的代码和数据段与任务的代码和数据段都从线性地址 0 开始并且由于没有采用分页机制，所以它们都直接对应物理地址 0 开始处。在 head 程序编译出的目标文件中以及最终得到的软盘映像文件中，代码和数据的组织形式如图 4-42 所示。

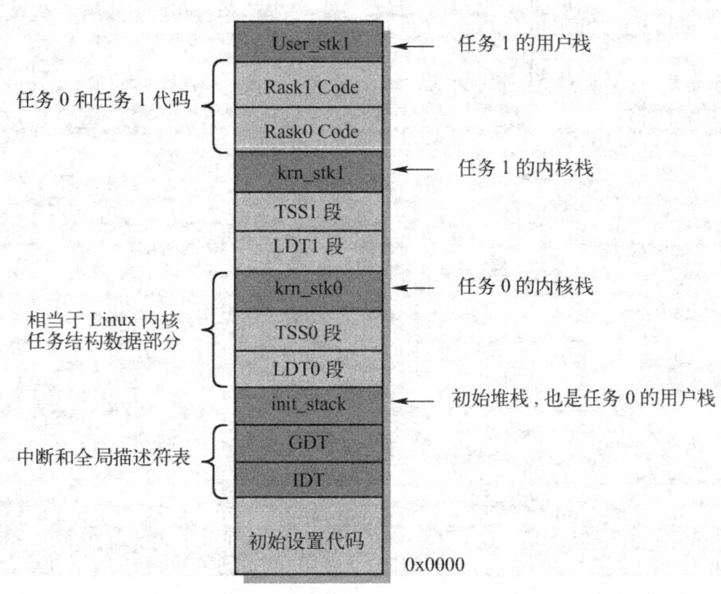

图 4-42　内核映像文件和内存中 head 代码和数据分布示意图

由于处于特权级 0 的代码不能直接把控制权转移到特权级 3 的代码中执行，但中断返回操作是可以的，因此当初始化 GDT、IDT 和定时芯片结束后，我们就利用中断返回指令 IRET 来启动第 1 个任务。具体实现方法是在初始堆栈 init_stack 中人工设置一个返回环境，即把任务 0 的 TSS 段选择符加载到任务寄存器 LTR 中、LDT 段选择符加载到 LDTR 中以后，把任务 0 的用户栈指针（0x17:init_stack）和代码指针（0x0f:task0）以及标志寄存器值压入栈中，然后执行中断返回指令 IRET。该指令会弹出堆栈上的堆栈指针作为任务 0 用户栈指针，恢复假设的任务 0 的标志寄存器内容，并且弹出栈中代码指针放入 CS:EIP 寄存器中，从而开始执行任务 0 的代码，完成了从特权级 0 到特权级 3 代码的控制转移。

为了每隔 10ms 切换运行的任务，head.s 程序中把定时器芯片 8253 的通道 0 设置成每经过 10ms 就向中断控制芯片 8259A 发送一个时钟中断请求信号。PC 的 ROM BIOS 开机时已经在 8259A 中把时钟中断请求信号设置成中断向量 8，因此我们需要在中断 8 的处理过程中执行任务切换操作。任务切换的实现方法是查看 current 变量中当前运行任务号。如果 current 当前是 0，就利用任务 1 的 TSS 选择符作为操作数执行远跳转指令，从而切换到任务 1 中执行，否则反之。

每个任务在执行时，会首先把一个字符的 ASCII 码放入寄存器 AL 中，然后调用系统中断调用 int 0x80，而该系统调用处理过程则会调用一个简单的字符写屏子程序，把寄存器 AL 中的字符显示在屏幕上，同时把字符显示的屏幕的下一个位置记录下来，作为下一次显示字符的屏幕位置。在显示过一个字符后，任务代码会使用循环语句延迟一段时间，然后又跳转到任务代码开始处继续循环执行，直到运行了 10ms 而发生了定时中断，从而代码会切换到另一个任务去运行。对于任务 A，寄存器 AL 中将始终存放字符“A”，而任务 B 运行时 AL 中始终存放字符“B”。因此在程序运行时我们将看到一连串的字符“A”和一连串的字符“B”连续不断地间隔显示在屏幕上，如图 4-43 所示。

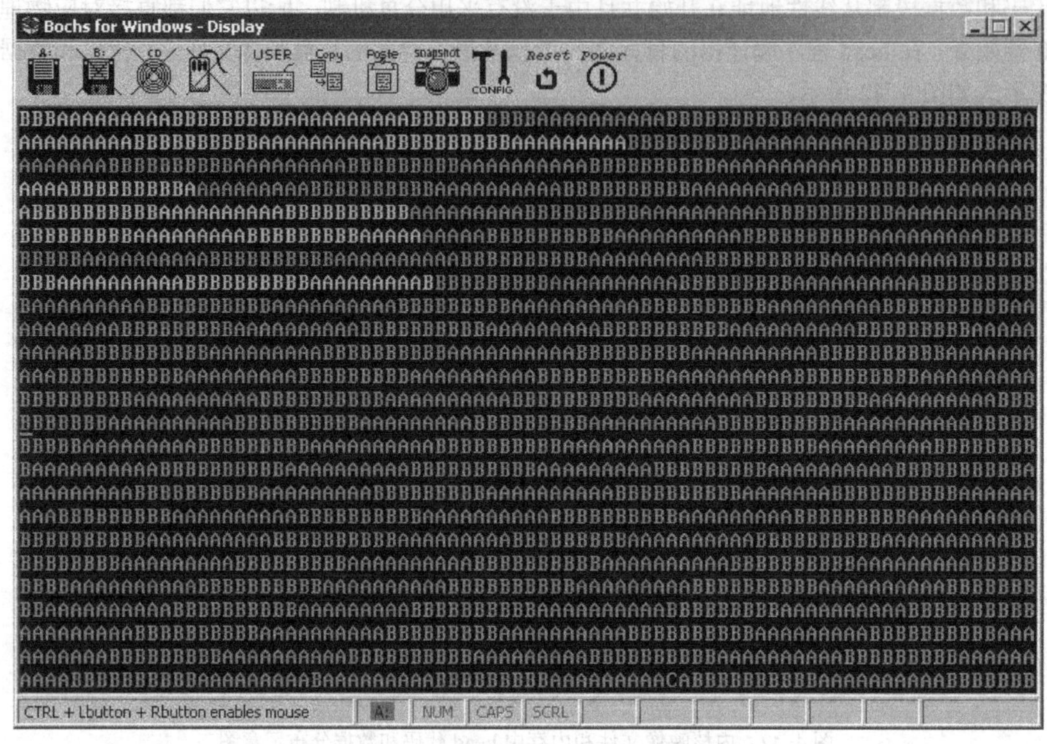

图 4-43 简单内核运行的屏幕显示情况

图4-43是我们在Bochs模拟软件中运行这个内核示例的屏幕显示情况。细心的读者会发现，在图中底端一行上显示出一个字符“C”。这是由于 PC 偶然产生了一个不是时钟中断和系统调用中断的其他中断。因为我们已经在程序中给所有其他中断安装了一个默认中断处理程序。当出现一个其他中断时，系统就会运行这个默认中断处理程序，于是就会在屏幕上显示一个字符“C”，然后退出中断。

下面给出 boot.s 和 head.s 程序的详细注释。有关这个简单内核示例的编译和运行方法请参考第 17 章。

4.9.2 引导启动程序 boot.s

为了尽量让程序简单，这个引导启动扇区程序仅能够加载长度不超过 16 个扇区的 head 代码，并且直接使用了 ROM BIOS 默认设置的中断向量号，即定时中断请求处理的中断号仍然是 8。这与 Linux 系统中使用的不同。Linux 系统会在内核初始化时重新设置 8259A 中断控制芯片，并把时钟中断请求信号对应到中断 0x20 上，详细说明参见第 6 章。

```
! boot.s 程序
! 首先利用 BIOS 中断把内核代码（head 代码）加载到内存 0x10000 处，然后移动到内存 0 处。
! 最后进入保护模式，并跳转到内存 0（head 代码）开始处继续运行。
BOOTSEG = 0x07c0                        ! 引导扇区（本程序）被 BIOS 加载到内存 0x7c00 处。
SYSSEG  = 0x1000                        ! 内核（head）先加载到 0x10000 处，然后移动到 0x0 处。
SYSLEN  = 17                            ! 内核占用的最大磁盘扇区数。
```

```
entry start
start:
       jmpi    go,#BOOTSEG          ! 段间跳转至 0x7c0:go 处。当本程序刚运行时所有段寄存器值
go:     mov     ax,cs               ! 均为 0。该跳转语句会把 CS 寄存器加载为 0x7c0（原为 0）。
       mov     ds,ax                ! 让 DS 和 SS 都指向 0x7c0 段。
       mov     ss,ax
       mov     sp,#0x400            ! 设置临时栈指针。其值需大于程序末端并有一定空间即可。
! 加载内核代码到内存 0x10000 开始处。
load_system:
       mov     dx,#0x0000           ! 利用 BIOS 中断 int 0x13 功能 2 从启动盘读取 head 代码。
       mov     cx,#0x0002           ! DH - 磁头号；DL - 驱动器号；CH - 10 位磁道号低 8 位；
       mov     ax,#SYSSEG           ! CL - 位 7、6 是磁道号高 2 位，位 5～0 起始扇区号（从 1 计）。
       mov     es,ax                ! ES:BX - 读入缓冲区位置（0x1000:0x0000）。
       xor     bx,bx                ! AH - 读扇区功能号；AL - 需读的扇区数（17）。
       mov     ax,#0x200+SYSLEN
       int     0x13
       jnc     ok_load              ! 若没有发生错误则跳转继续运行，否则死循环。
die:    jmp     die
! 把内核代码移动到内存 0 开始处。共移动 8KB（内核长度不超过 8KB）。
ok_load:
       cli                          ! 关中断。
       mov     ax, #SYSSEG          ! 移动开始位置 DS:SI = 0x1000:0；目的位置 ES:DI=0:0。
       mov     ds, ax
       xor     ax, ax
       mov     es, ax
       mov     cx, #0x1000          ! 设置共移动 4K 次，每次移动一个字（word）。
       sub     si,si
       sub     di,di
       rep     movw                 ! 执行重复移动指令。
! 加载 IDT 和 GDT 基地址寄存器 IDTR 和 GDTR。
       mov     ax, #BOOTSEG
       mov     ds, ax               ! 让 DS 重新指向 0x7c0 段。
       lidt    idt_48               ! 加载 IDTR。6 字节操作数：2 字节表长度，4 字节线性基地址。
       lgdt    gdt_48               ! 加载 GDTR。6 字节操作数：2 字节表长度，4 字节线性基地址。
! 设置控制寄存器 CR0（即机器状态字），进入保护模式。段选择符值 8 对应 GDT 表中第 2 个段描述符。
       mov     ax,#0x0001           ! 在 CR0 中设置保护模式标志 PE（位 0）。
       lmsw    ax                   ! 然后跳转至段选择符值指定的段中，偏移 0 处。
       jmpi    0,8                  ! 注意此时段值已是段选择符。该段的线性基地址是 0。
! 下面是全局描述符表 GDT 的内容。其中包含 3 个段描述符。第 1 个不用，另 2 个是代码和数据段描述符。
gdt:    .word   0,0,0,0             ! 段描述符 0，不用。每个描述符项占 8 字节。
       .word   0x07FF               ! 段描述符 1。8Mb - 段限长值=2047 (2048*4096=8MB)。
       .word   0x0000               ! 段基地址=0x00000。
       .word   0x9A00               ! 是代码段，可读/执行。
       .word   0x00C0               ! 段属性颗粒度=4KB，80386。
       .word   0x07FF               ! 段描述符 2。8Mb - 段限长值=2047 (2048*4096=8MB)。
       .word   0x0000               ! 段基地址=0x00000。
       .word   0x9200               ! 是数据段，可读写。
       .word   0x00C0               ! 段属性颗粒度=4KB，80386。
! 下面分别是 LIDT 和 LGDT 指令的 6 字节操作数。
idt_48: .word   0                   ! IDT 表长度是 0。
```

```
        .word  0,0                 ! IDT 表的线性基地址也是 0。
gdt_48: .word   0x7ff              ! GDT 表长度是 2KB，可容纳 256 个描述符项。
        .word  0x7c00+gdt,0        ! GDT 表的线性基地址在 0x7c0 段的偏移 gdt 处。
.org 510
        .word   0xAA55             ! 引导扇区有效标志。必须处于引导扇区最后 2 字节处。
```

4.9.3　多任务内核程序 head.s

在进入保护模式后，head.s 程序重新建立和设置 IDT、GDT 表的主要原因是为了让程序在结构上比较清晰，也为了与后面 Linux 0.12 内核源代码中这两个表的设置方式保持一致。当然，就本程序来说我们完全可以直接使用 boot.s 中设置的 IDT 和 GDT 表位置，填入适当的描述符项即可。

```
# head.s 包含 32 位保护模式初始化设置代码、时钟中断代码、系统调用中断代码和两个任务的代码。
# 在初始化完成之后程序移动到任务 0 开始执行，并在时钟中断控制下进行任务 0 和 1 之间的切换操作。
LATCH           = 11930            # 定时器初始计数值，即每隔 10ms 发送一次中断请求。
SCRN_SEL         = 0x18            # 屏幕显示内存段选择符。
TSS0_SEL         = 0x20            # 任务 0 的 TSS 段选择符。
LDT0_SEL         = 0x28            # 任务 0 的 LDT 段选择符。
TSS1_SEL         = 0X30            # 任务 1 的 TSS 段选择符。
LDT1_SEL         = 0x38            # 任务 1 的 LDT 段选择符。
.text
startup_32:
# 首先加载数据段寄存器 DS、堆栈段寄存器 SS 和堆栈指针 ESP。所有段的线性基地址都是 0。
        movl $0x10,%eax            # 0x10 是 GDT 中数据段选择符。
        mov %ax,%ds
        lss init_stack,%esp
# 在新的位置重新设置 IDT 和 GDT 表。
        call setup_idt             # 设置 IDT。先把 256 个中断门都填默认处理过程的描述符。
        call setup_gdt             # 设置 GDT。
        movl $0x10,%eax            # 在改变了 GDT 之后重新加载所有段寄存器。
        mov %ax,%ds
        mov %ax,%es
        mov %ax,%fs
        mov %ax,%gs
        lss init_stack,%esp
# 设置 8253 定时芯片。把计数器通道 0 设置成每隔 10ms 向中断控制器发送一个中断请求信号。
        movb $0x36, %al            # 控制字：设置通道 0 工作在方式 3、计数初值采用二进制。
        movl $0x43, %edx           # 8253 芯片控制字寄存器写端口。
        outb %al, %dx
        movl $LATCH, %eax          #初始计数值设置为 LATCH（1193180/100），即频率 100Hz。
        movl $0x40, %edx           # 通道 0 的端口。
        outb %al, %dx              # 分两次把初始计数值写入通道 0。
        movb %ah, %al
        outb %al, %dx
# 在 IDT 表第 8 和第 128（0x80）项处分别设置定时中断门描述符和系统调用陷阱门描述符。
        movl $0x00080000, %eax     # 中断程序属内核，即 EAX 高字是内核代码段选择符 0x0008。
        movw $timer_interrupt, %ax     # 设置定时中断门描述符。取定时中断处理程序地址。
        movw $0x8E00, %dx          # 中断门类型是 14（屏蔽中断），特权级 0 或硬件使用。
        movl $0x08, %ecx           # 开机时 BIOS 设置的时钟中断向量号 8。这里直接使用它。
        lea idt(,%ecx,8), %esi     # 把 IDT 描述符 0x08 地址放入 ESI 中，然后设置该描述符。
        movl %eax,(%esi)
        movl %edx,4(%esi)
        movw $system_interrupt, %ax    # 设置系统调用陷阱门描述符。取系统调用处理程序地址。
```

```
        movw $0xef00, %dx           # 陷阱门类型是 15，特权级 3 的程序可执行。
        movl $0x80, %ecx            # 系统调用向量号是 0x80。
        lea idt(,%ecx,8), %esi      # 把 IDT 描述符项 0x80 地址放入 ESI 中，然后设置该描述符。
        movl %eax,(%esi)
        movl %edx,4(%esi)
# 好了，现在我们为移动到任务 0（任务 A）中执行来操作堆栈内容，在堆栈中人工建立中断返回时的场景。
        pushfl                      # 复位标志寄存器 EFLAGS 中的嵌套任务标志。
        andl $0xffffbfff, (%esp)
        popfl
        movl $TSS0_SEL, %eax        # 把任务 0 的 TSS 段选择符加载到任务寄存器 TR。
        ltr %ax
        movl $LDT0_SEL, %eax        # 把任务 0 的 LDT 段选择符加载到局部描述符表寄存器 LDTR。
        lldt %ax                    # TR 和 LDTR 只需人工加载一次，以后 CPU 会自动处理。
        movl $0, current            # 把当前任务号 0 保存在 current 变量中。
        sti                         # 现在开启中断，并在栈中营造中断返回时的场景。
        pushl $0x17                 # 把任务 0 当前局部空间数据段（堆栈段）选择符入栈。
        pushl $init_stack           # 把堆栈指针入栈（也可以直接把 ESP 入栈）。
        pushfl                      # 把标志寄存器值入栈。
        pushl $0x0f                 # 把当前局部空间代码段选择符入栈。
        pushl $task0                # 把代码指针入栈。
        iret                        # 执行中断返回指令，从而切换到特权级 3 的任务 0 中执行。

# 以下是设置 GDT 和 IDT 中描述符项的子程序。
setup_gdt:                          # 使用 6 字节操作数 lgdt_opcode 设置 GDT 表位置和长度。
        lgdt lgdt_opcode
        ret
# 这段代码暂时设置 IDT 表中所有 256 个中断门描述符都为同一个默认值，均使用默认的中断处理过程
# ignore_int。设置的具体方法是：首先在 eax 和 edx 寄存器对中分别设置好默认中断门描述符的 0～3
# 字节和 4～7 字节的内容，然后利用该寄存器对循环往 IDT 表中填充默认中断门描述符内容。
setup_idt:                          # 把所有 256 个中断门描述符设置为使用默认处理过程。
        lea ignore_int,%edx         # 设置方法与设置定时中断门描述符的方法一样。
        movl $0x00080000,%eax       # 选择符为 0x0008。
        movw %dx,%ax
        movw $0x8E00,%dx            # 中断门类型，特权级为 0。
        lea idt,%edi
        mov $256,%ecx               # 循环设置所有 256 个门描述符项。
rp_idt: movl %eax,(%edi)
        movl %edx,4(%edi)
        addl $8,%edi
        dec %ecx
        jne rp_idt
        lidt lidt_opcode            # 最后用 6 字节操作数加载 IDTR 寄存器。
        ret

# 显示字符子程序。取当前光标位置并把 AL 中的字符显示在屏幕上。整屏可显示 80×25 个字符。
write_char:
        push %gs                    # 首先保存要用到的寄存器，EAX 由调用者负责保存。
        pushl %ebx
        mov $SCRN_SEL, %ebx         # 然后让 GS 指向显示内存段（0xb8000）。
        mov %bx, %gs
        movl scr_loc, %bx           # 再从变量 scr_loc 中取目前字符显示位置值。
        shl $1, %ebx                # 因为在屏幕上每个字符还有一个属性字节，因此字符
        movb %al, %gs:(%ebx)        # 实际显示位置对应的显示内存偏移地址要乘 2。
        shr $1, %ebx                # 把字符放到显示内存后把位置值除 2 加 1，此时位置值对
        incl %ebx                   # 应下一个显示位置。如果该位置大于 2000，则复位成 0。
        cmpl $2000, %ebx
```

```
        jb 1f
        movl $0, %ebx
1:      movl %ebx, scr_loc          # 最后把这个位置值保存起来（scr_loc），
        popl %ebx                   # 并弹出保存的寄存器内容，返回。
        pop %gs
        ret

# 以下是 3 个中断处理程序：默认中断、定时中断和系统调用中断。
# ignore_int 是默认的中断处理程序，若系统产生了其他中断，则会在屏幕上显示一个字符“C”。
.align 2
ignore_int:
        push %ds
        pushl %eax
        movl $0x10, %eax            # 首先让 DS 指向内核数据段，因为中断程序属于内核。
        mov %ax, %ds
        movl $67, %eax              # 在 AL 中存放字符“C”的代码，调用显示程序显示在屏幕上。
        call write_char
        popl %eax
        pop %ds
        iret

# 这是定时中断处理程序。其中主要执行任务切换操作。
.align 2
timer_interrupt:
        push %ds
        pushl %eax
        movl $0x10, %eax            # 首先让 DS 指向内核数据段。
        mov %ax, %ds
        movb $0x20, %al             # 然后立刻允许其他硬件中断，即向 8259A 发送 EOI 命令。
        outb %al, $0x20
        movl $1, %eax               # 接着判断当前任务，若是任务 1 则去执行任务 0，或反之。
        cmpl %eax, current
        je 1f
        movl %eax, current          # 若当前任务是 0，则把 1 存入 current，并跳转到任务 1
        ljmp $TSS1_SEL, $0          # 去执行。注意跳转的偏移值无用，但需要写上。
        jmp 2f
1:      movl $0, current            # 若当前任务是 1，则把 0 存入 current，并跳转到任务 0
        ljmp $TSS0_SEL, $0          # 去执行。
2:      popl %eax
        pop %ds
        iret

# 系统调用中断 int 0x80 处理程序。该示例只有一个显示字符功能。
.align 2
system_interrupt:
        push %ds
        pushl %edx
        pushl %ecx
        pushl %ebx
        pushl %eax
        movl $0x10, %edx            # 首先让 DS 指向内核数据段。
        mov %dx, %ds
        call write_char             # 然后调用显示字符子程序 write_char，显示 AL 中的字符。
        popl %eax
        popl %ebx
        popl %ecx
```

```
        popl %edx
        pop %ds
        iret

/*******************************************/
current:.long 0                     # 当前任务号（0 或 1）。
scr_loc:.long 0                     # 屏幕当前显示位置。按从左上角到右下角顺序显示。

.align 2
lidt_opcode:
        .word 256*8-1               # 加载 IDTR 寄存器的 6 字节操作数：表长度和基地址。
        .long idt
lgdt_opcode:
        .word (end_gdt-gdt)-1       # 加载 GDTR 寄存器的 6 字节操作数：表长度和基地址。
        .long gdt

.align 3
idt:    .fill 256,8,0               # IDT 空间。共 256 个门描述符，每个 8 字节，占用 2KB。

gdt:    .quad 0x0000000000000000        # GDT 表。第 1 个描述符不用。
        .quad 0x00c09a00000007ff        # 第 2 个是内核代码段描述符。其选择符是 0x08。
        .quad 0x00c09200000007ff        # 第 3 个是内核数据段描述符。其选择符是 0x10。
        .quad 0x00c0920b80000002        # 第 4 个是显示内存段描述符。其选择符是 0x18。
        .word 0x68, tss0, 0xe900, 0x0   # 第 5 个是 TSS0 段的描述符。其选择符是 0x20
        .word 0x40, ldt0, 0xe200, 0x0   # 第 6 个是 LDT0 段的描述符。其选择符是 0x28
        .word 0x68, tss1, 0xe900, 0x0   # 第 7 个是 TSS1 段的描述符。其选择符是 0x30
        .word 0x40, ldt1, 0xe200, 0x0   # 第 8 个是 LDT1 段的描述符。其选择符是 0x38
end_gdt:
        .fill 128,4,0                   # 初始内核堆栈空间。
init_stack:                             # 刚进入保护模式时用于加载 SS:ESP 堆栈指针值。
        .long init_stack                # 堆栈段偏移位置。
        .word 0x10                      # 堆栈段同内核数据段。

# 下面是任务 0 的 LDT 表段中的局部段描述符。
.align 3
ldt0:   .quad 0x0000000000000000        # 第 1 个描述符，不用。
        .quad 0x00c0fa00000003ff        # 第 2 个局部代码段描述符，对应选择符是 0x0f。
        .quad 0x00c0f200000003ff        # 第 3 个局部数据段描述符，对应选择符是 0x17。
# 下面是任务 0 的 TSS 段的内容。注意其中标号等字段在任务切换时不会改变。
tss0:   .long 0                         /* back link */
        .long krn_stk0, 0x10            /* esp0, ss0 */
        .long 0, 0, 0, 0, 0             /* esp1, ss1, esp2, ss2, cr3 */
        .long 0, 0, 0, 0, 0             /* eip, eflags, eax, ecx, edx */
        .long 0, 0, 0, 0, 0             /* ebx esp, ebp, esi, edi */
        .long 0, 0, 0, 0, 0, 0          /* es, cs, ss, ds, fs, gs */
        .long LDT0_SEL, 0x8000000       /* ldt, trace bitmap */

        .fill 128,4,0                   # 这是任务 0 的内核栈空间。
krn_stk0:

# 下面是任务 1 的 LDT 表段内容和 TSS 段内容。
.align 3
ldt1:   .quad 0x0000000000000000        # 第 1 个描述符，不用。
        .quad 0x00c0fa00000003ff        # 选择符是 0x0f，基地址 = 0x00000。
        .quad 0x00c0f200000003ff        # 选择符是 0x17，基地址 = 0x00000。
```

```
tss1:   .long 0                         /* back link */
        .long krn_stk1, 0x10            /* esp0, ss0 */
        .long 0, 0, 0, 0, 0             /* esp1, ss1, esp2, ss2, cr3 */
        .long task1, 0x200              /* eip, eflags */
        .long 0, 0, 0, 0                /* eax, ecx, edx, ebx */
        .long usr_stk1, 0, 0, 0         /* esp, ebp, esi, edi */
        .long 0x17,0x0f,0x17,0x17,0x17,0x17   /* es, cs, ss, ds, fs, gs */
        .long LDT1_SEL, 0x8000000       /* ldt, trace bitmap */

        .fill 128,4,0                # 这是任务 1 的内核栈空间。其用户栈直接使用初始栈空间。
krn_stk1:

# 下面是任务 0 和任务 1 的程序，它们分别循环显示字符“A”和“B”。
task0:
        movl $0x17, %eax             # 首先让 DS 指向任务的局部数据段。
        movw %ax, %ds                # 因为任务没有使用局部数据，所以这两句可省略。
        movl $65, %al                # 把需要显示的字符“A”放入 AL 寄存器中。
        int $0x80                    # 执行系统调用，显示字符。
        movl $0xfff, %ecx            # 执行循环，起延时作用。
1:      loop 1b
        jmp task0                    # 跳转到任务代码开始处继续显示字符。
task1:
        movl $66, %al                # 把需要显示的字符“B”放入 AL 寄存器中。
        int $0x80                    # 执行系统调用，显示字符。
        movl $0xfff, %ecx            # 延时一段时间，并跳转到开始处继续循环显示。
1:      loop 1b
        jmp task1

        .fill 128,4,0                # 这是任务 1 的用户栈空间。
usr_stk1:
```

第 5 章　Linux 内核体系结构

本章首先概要介绍了 Linux 内核的编制模式和体系结构，然后详细描述了 Linux 内核源代码目录的组织形式以及子目录中各个代码文件的主要功能以及基本调用的层次关系。接下来就切入正题，从内核源文件 Linux/目录下的第 1 个文件 Makefile 开始，对每一行代码进行详细注释说明。本章内容可以看做对内核源代码的总结概述，也可以作为阅读后续章节的参考信息。对于较难理解的地方可以先跳过，待阅读到后面相关内容时再返回来参考本章内容。在阅读本章之前请先复习或学习有关 80x86 保护模式运行方式工作原理。

一个完整可用的操作系统主要由 4 部分组成：硬件、操作系统内核、操作系统服务和用户应用程序，如图 5-1 所示。用户应用程序是指那些字处理程序、Internet 浏览器程序或用户自行编制的各种应用程序；操作系统服务程序是指那些向用户提供的服务被看做操作系统部分功能的程序。在 Linux 操作系统上，这些程序包括 X 窗口系统、shell 命令解释系统以及那些内核编程接口等系统程序；操作系统内核程序即是本书所感兴趣的部分，它主要用于对硬件资源的抽象和访问调度。

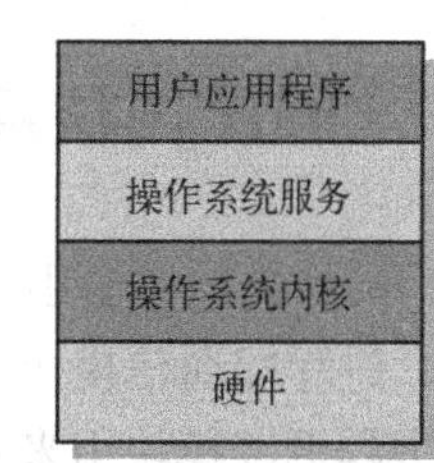

图 5-1　操作系统组成

Linux 内核的主要用途就是为了与计算机硬件进行交互，实现对硬件的编程控制和接口操作，调度对硬件资源的访问，并为计算机上的用户程序提供一个高级的执行环境和对硬件的虚拟接口。在本章中，我们首先基于 Linux 0.12 版的内核源代码，简明地描述 Linux 内核的基本体系结构、主要构成模块。然后对源代码中出现的几个重要数据结构进行说明。最后描述了构建 Linux 0.12 内核编译实验环境的方法。

5.1　Linux 内核模式

目前，操作系统内核的结构模式主要可分为整体式的单内核模式和层次式的微内核模式。而本书所注释的 Linux 0.12 内核，则是采用了单内核模式。单内核模式的主要优点是内核代码结构紧凑、执行速度快，不足之处主要是层次结构性不强。

在单内核模式的系统中，操作系统所提供服务的流程为：应用主程序使用指定的参数值执行系统调用指令（int x80），使 CPU 从用户态（User Mode）切换到核心态（Kernel Model），然后操作系统根据具体的参数值调用特定的服务程序，而这些服务程序则根据需要再调用底层的一些支持函数以完成特定的功能。在完成了应用程序所要求的服务后，操作系统又使 CPU 从核心态切换回用户态，从而返回到应用程序中继续执行后面的指令。因此概要地讲，单内核模式的内核也可粗略地分为 3 个层次：调用服务的主程序层、执行系统调用的服务层和支持系统调用的底层函数。如图 5-2 所示。

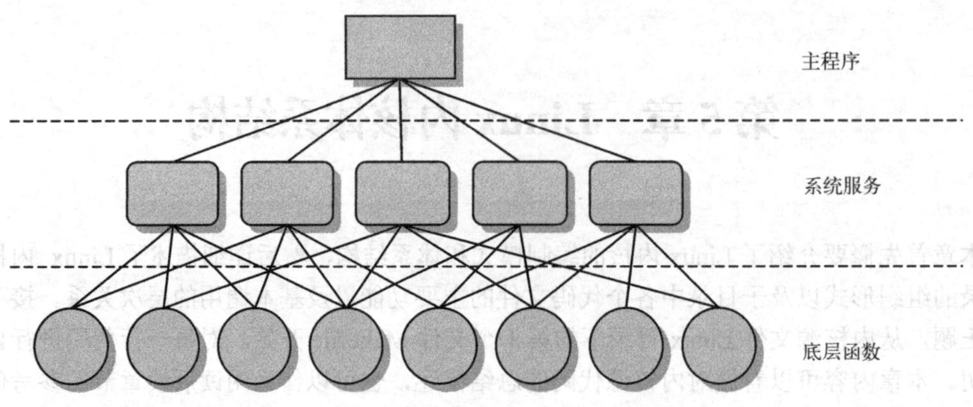

图 5-2 单内核模式的简单结构模型

5.2 Linux 内核系统体系结构

Linux 内核主要由 5 个模块构成，它们分别是：进程调度模块、内存管理模块、文件系统模块、进程间通信模块和网络接口模块。

进程调度模块用来负责控制进程对 CPU 资源的使用。所采取的调度策略是各进程能够公平合理地访问 CPU，同时保证内核能及时地执行硬件操作。内存管理模块用于确保所有进程能够安全地共享机器主内存区，同时，内存管理模块还支持虚拟内存管理方式，使得 Linux 支持进程使用比实际内存空间更多的内存容量。并可以利用文件系统把暂时不用的内存数据块交换到外部存储设备上去，当需要时再交换回来。文件系统模块用于支持对外部设备的驱动和存储。虚拟文件系统模块通过向所有的外部存储设备提供一个通用的文件接口，隐藏了各种硬件设备的不同细节。从而提供并支持与其他操作系统兼容的多种文件系统格式。进程间通信模块子系统用于支持多种进程间的信息交换方式。网络接口模块提供对多种网络通信标准的访问并支持许多网络硬件。

这几个模块之间的依赖关系如图 5-3 所示。其中的连线代表它们之间的依赖关系，虚线和虚框部分表示 Linux 0.12 中还未实现的部分（从 Linux 0.95 版才开始逐步实现虚拟文件系统，而网络接口的支持到 0.96 版才有）。

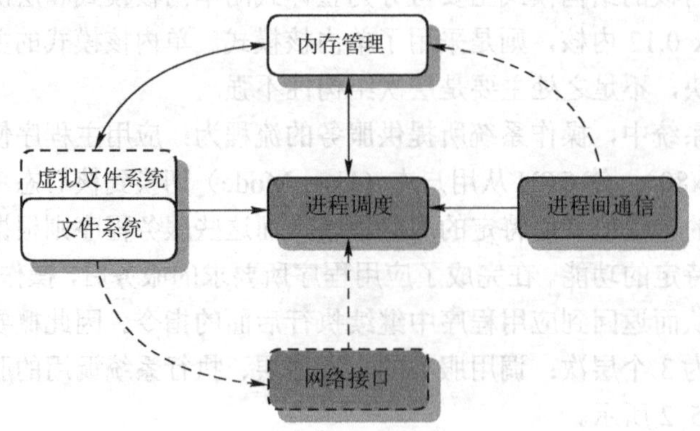

图 5-3 Linux 内核系统模块结构及相互依赖关系

由图可以看出，所有的模块都与进程调度模块存在依赖关系。因为它们都需要依靠进程调度程序来挂起（暂停）或重新运行它们的进程。通常，一个模块会在等待硬件操作期间被挂起，而在操作完成后才可继续运行。例如，当一个进程试图将一数据块写到软盘上去时，软盘驱动程序就可能在启动软盘旋转期间将该进程置为挂起等待状态，而在软盘进入到正常转速后再使得该进程能继续运行。另外 3 个模块也是由于类似的原因而与进程调度模块存在依赖关系。

其他几个模块的依赖关系有些不太明显，但同样也很重要。进程调度子系统需要使用内存管理来调整一特定进程所使用的物理内存空间。进程间通信子系统则需要依靠内存管理器来支持共享内存通信机制。这种通信机制允许两个进程访问内存的同一个区域以进行进程间信息的交换。虚拟文件系统也会使用网络接口来支持网络文件系统（NFS），同样也能使用内存管理子系统提供内存虚拟盘（ramdisk）设备。而内存管理子系统也会使用文件系统来支持内存数据块的交换操作。

若从单内核模式结构模型出发，我们还可以根据 Linux 0.12 内核源代码的结构将内核主要模块绘制成图 5-4 所示的框图结构。

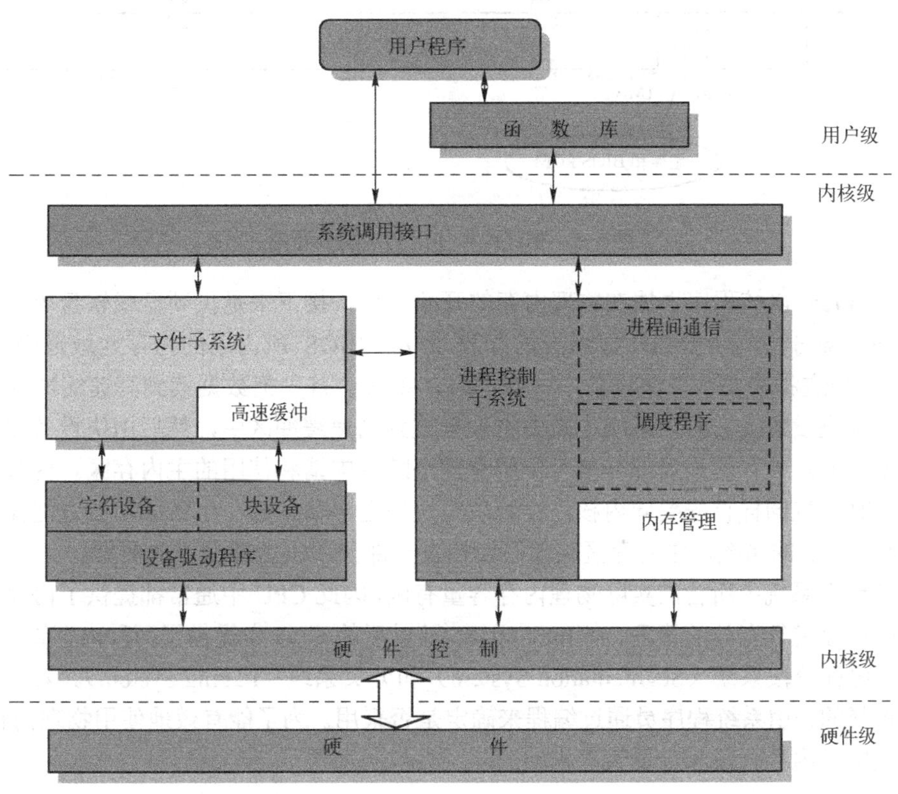

图 5-4　内核结构

其中内核级中的几个方框，除了硬件控制方框以外，其他粗线方框分别对应内核源代码的目录组织结构。

除了这些图中已经给出的依赖关系以外，所有这些模块还会依赖于内核中的通用资源。这些资源包括内核所有子系统都会调用的内存分配和回收函数、打印警告或出错信息函数以及一些系统调试函数。

5.3 Linux 内核对内存的管理和使用

本节首先说明 Linux 0.12 系统中比较直观的物理内存使用情况，然后结合 Linux 0.12 内核中的应用情况，再分别概要描述内存的分段和分页管理机制以及 CPU 多任务操作和保护方式。最后综合说明 Linux 0.12 系统中内核代码和数据以及各个任务的代码和数据在虚拟地址、线性地址和物理地址之间的对应关系。

5.3.1 物理内存

在 Linux 0.12 内核中，为了有效地使用机器中的物理内存，在系统初始化阶段内存被划分成几个功能区域，如图 5-5 所示。

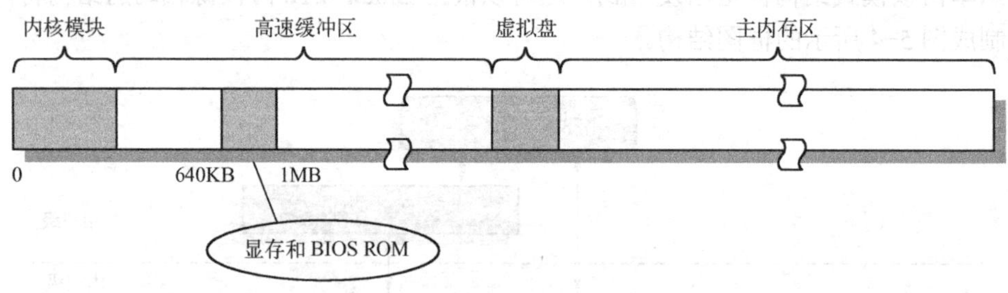

图 5-5 物理内存使用的功能分布图

其中，Linux 内核程序占据在物理内存的开始部分，接下来是供硬盘或软盘等块设备使用的高速缓冲区部分（其中要扣除显示卡内存和 ROM BIOS 所占用的内存地址范围 640KB～1MB）。当一个进程需要读取块设备中的数据时，系统会首先把数据读到高速缓冲区中；当有数据需要写到块设备上去时，系统也是先将数据放到高速缓冲区中，然后由块设备驱动程序写到相应的设备上。内存的最后部分是可供所有程序随时申请和使用的主内存区。内核程序在使用主内存区时，也同样首先要向内核内存管理模块提出申请，并在申请成功后方能使用。对于含有 RAM 虚拟盘的系统，主内存区头部还要划去一部分，供虚拟盘存放数据。

由于计算机系统中所含的实际物理内存容量有限，因此 CPU 中通常都提供了内存管理机制对系统中的内存进行有效的管理。在 Intel 80386 及以后的 CPU 中提供了两种内存管理（地址变换）系统：内存分段系统（Segmentation System）和分页系统（Paging System）。其中分页管理系统是可选择的，由系统程序员通过编程来确定是否采用。为了能有效地使用物理内存，Linux 系统同时采用了内存分段和分页管理机制。

5.3.2 内存地址空间概念

Linux 0.12 内核中，在进行地址映射操作时，我们需要首先分清 3 种地址以及它们之间的变换概念：程序（进程）的虚拟和逻辑地址、CPU 的线性地址、实际物理内存地址。

虚拟地址（Virtual Address）是指由程序产生的由段选择符和段内偏移地址两部分组成的地址。因为这两部分组成的地址并没有直接用来访问物理内存，而是需要通过分段地址变换机制处理或映射后才对应到物理内存地址上，因此这种地址被称为虚拟地址。虚拟地址空间由 GDT 映射的全局地址空间和由 LDT 映射的局部地址空间组成。选择符的索引部分由 13 位表示，加上区分 GDT 和 LDT 的 1 位，因此 Intel 80x86 CPU 共可以索引 16384 个选择符。若每个段的长度都取最大值 4GB，则最大虚拟地址空间范围是 16384×4GB = 64TB。

逻辑地址（Logical Address）是指由程序产生的与段相关的偏移地址部分。在 Intel 保护模式下即是指程序执行代码段限长内的偏移地址（假定代码段、数据段完全一样）。应用程序员仅需与逻辑地址打交道，而分段和分页机制对他来说是完全透明的，仅由系统编程人员涉及。不过有些资料并不区分逻辑地址和虚拟地址的概念，而是将它们统称为逻辑地址。

线性地址（Linear Address）是虚拟地址到物理地址变换之间的中间层，是处理器可寻址的内存空间（称为线性地址空间）中的地址。程序代码会产生逻辑地址，或者说是段中的偏移地址，加上相应段的基地址就生成了一个线性地址。如果启用了分页机制，那么线性地址可以再经变换以产生一个物理地址。若没有启用分页机制，那么线性地址直接就是物理地址。Intel 80386 的线性地址空间容量为 4GB。

物理地址（Physical Address）是指出现在 CPU 外部地址总线上的寻址物理内存的地址信号，是地址变换的最终结果地址。如果启用了分页机制，那么线性地址会使用页目录和页表中的项变换成物理地址。如果没有启用分页机制，那么线性地址就直接成为物理地址了。

虚拟存储（或虚拟内存）（Virtual Memory）是指计算机呈现出要比实际拥有的内存大得多的内存量。因此它允许程序员编制并运行比实际系统拥有的内存大得多的程序。这使得许多大型项目也能够在具有有限内存资源的系统上实现。一个很恰当的比喻是：你不需要很长的轨道就可以让一列火车从上海开到北京。你只需要足够长的铁轨（比如说 3km）就可以完成这个任务。采取的方法是把后面的铁轨立刻铺到火车的前面，只要你的操作足够快并能满足要求，列车就能像在一条完整的轨道上运行。这也就是虚拟内存管理需要完成的任务。在 Linux 0.12 内核中，给每个程序（进程）都划分了总容量为 64MB 的虚拟内存空间。因此程序的逻辑地址范围是 0x0000000 到 0x4000000。

如上所述，有时我们也把逻辑地址称为虚拟地址。因为逻辑地址与虚拟内存空间的概念类似，并且也与实际物理内存容量无关。

5.3.3　内存分段机制

在内存分段系统中，一个程序的逻辑地址通过分段机制自动地映射（变换）到中间层的 4GB（2^{32}B）线性地址空间中。程序每次对内存的引用都是对内存段中内存的引用。当程序引用一个内存地址时，通过把相应的段基址加到程序员看得见的逻辑地址上就形成了一个对应的线性地址。此时若没有启用分页机制，则该线性地址就被送到 CPU 的外部地址总线上，用于直接寻址对应的物理内存。如图 5-6 所示。

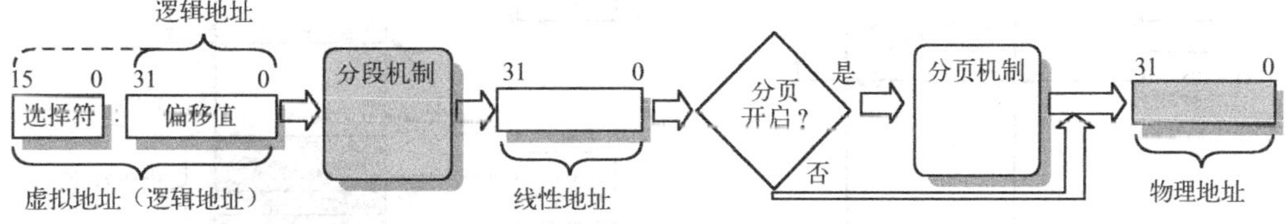

图 5-6　虚拟地址（逻辑地址）到物理地址的变换过程

CPU 进行地址变换（映射）的主要目的是为了解决虚拟内存空间到物理内存空间的映射问题。虚拟内存空间的含义是指一种利用二级或外部存储空间，使程序能不受实际物理内存量限制而使用内存的一种方法。通常虚拟内存空间要比实际物理内存量大得多。

那么虚拟存储管理是怎样实现的呢？原理与上述列车运行的比喻类似。首先，当一个程序需要使用一块不存在的内存时（即在内存页表项中已标出相应内存页面不在内存中），CPU 就需要一种方法来得知这个情况。这是通过 80386 的页错误异常中断来实现的。当一个进程引用一个不存在页面中的内存地址时，就会触发 CPU 产生页出错异常中断，并把引起中断的线性地址放到 CR2 控制寄存器中。因此处理该中断的过程就可以知道发生页异常的确切地址，从而可以把进程要求的页面从二级存储空间（如硬盘上）加载到物理内存中。如果此时物理内存已经被全部占用，那么可以借助二级存储空间的一部分作为交换缓冲区（Swapper）把内存中暂时不使用的页面交换到二级缓冲区中，然后把要求的页面调入内存中。这也就是内存管理的缺页加载机制，在 Linux 0.12 内核中是在程序 mm/memory.c 中实现。

Intel CPU 使用段（Segment）的概念来对程序进行寻址。每个段定义了内存中的某个区域以及访问的优先级等信息。假定大家知晓实模式下内存寻址原理，现在我们根据 CPU 在实模式和保护模式下寻址方式的不同，用比较的方法来简单说明 32 位保护模式运行机制下内存寻址的主要特点。

在实模式下，寻址一个内存地址主要是使用段和偏移值，段值被存放在段寄存器中（如 ds），并且段的长度被固定为 64KB。段内偏移地址存放在任意一个可用于寻址的寄存器中（如 si）。因此，根据段寄存器和偏移寄存器中的值，就可以算出实际指向的内存地址，如图 5-7a 所示。

而在保护模式运行方式下，段寄存器中存放的不再是被寻址段的基地址，而是一个段描述符表（Segment Descriptor Table）中某一描述符项在表中的索引值。索引值指定的段描述符项中含有需要寻址的内存段的基地址、段的长度值和段的访问特权级别等信息。寻址的内存位置是由该段描述符项中指定的段基地址值与一个段内偏移值组合而成。段的长度可变，由描述符中的内容指定。可见，和实模式下的寻址相比，段寄存器值换成了段描述符表中相应段描述符的索引值以及段表选择位和特权级，称为段选择符（Segment Selector），但偏移值还是使用了原实模式下的概念。这样，在保护模式下寻址一个内存地址就需要比实模式下多一个环节，即需要使用段描述符表。这是由于在保护模式下访问一个内存段需要的信息比较多，而一个 16 位的段寄存器放不下这么多内容。示意图如图 5-7b 所示。注意，如果你不在一个段描述符中定义一个内存线性地址空间区域，那么该地址区域就完全不能被寻址，CPU 将拒绝访问该地址区域。

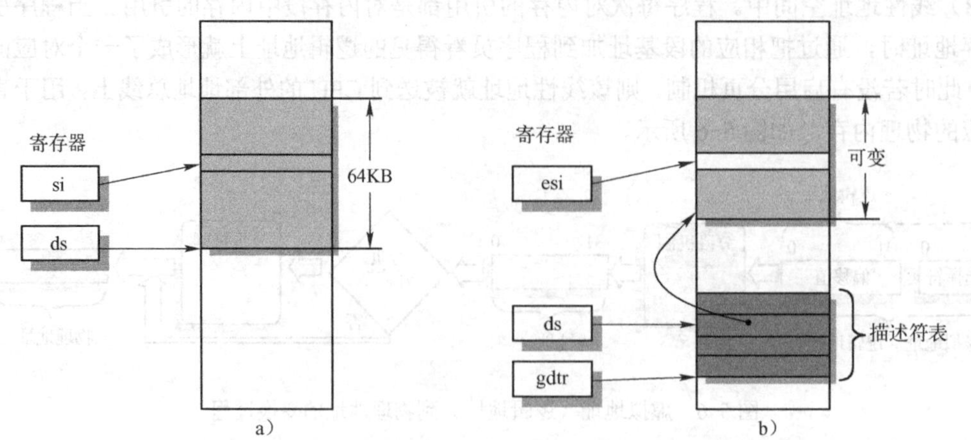

图 5-7 实模式与保护模式下寻址方式的比较

a) 实模式下寻址 b) 保护模式下寻址

每个描述符占用 8 字节，其中含有所描述段在线性地址空间中的起始地址（基址）、段的长度、段的类型（如代码段和数据段）、段的特权级和其他一些信息。一个段可以定义的最大长度是 4GB。

保存描述符项的描述符表有 3 种类型，每种用于不同目的。全局描述符表（Global Descriptor Table，GDT）是主要的基本描述符表，该表可被所有程序用于引用访问一个内存段。中断描述符表（Interrupt Descriptor Table，IDT）保存了定义中断或异常处理过程的段描述符。IDT 表直接替代了 8086 系统中的中断向量表。为了能在 80x86 保护模式下正常运行，必须为 CPU 定义一个 GDT 表和一个 IDT 表。最后一种类型的表是局部描述符表（Local Descriptor Table，LDT）。该表应用于多任务系统中。通常每个任务使用一个 LDT 表。作为对 GDT 表的扩充，每个 LDT 表为对应任务提供了更多的可用描述符项，因而也为每个任务提供了可寻址内存空间的范围。这些表可以保存在线性地址空间的任何地方。为了让 CPU 能定位 GDT 表、IDT 表和当前的 LDT 表，需要为 CPU 分别设置 GDTR、IDTR 和 LDTR 三个特殊寄存器。这些寄存器中将存储对应表的 32 位线性基地址和表的限长字节值。表限长值是表的长度值减 1。

当 CPU 要寻址一个段时，就会使用 16 位的段寄存器中的选择符来定位一个段描述符。在 80x86 CPU 中，段寄存器中的值右移 3 位即是描述符表中一个描述符的索引值。13 位的索引值最多可定位 8192（0～8191）个描述符项。选择符中位 2（TI）用来指定使用哪个表。若该位是 0 则选择符指定的是 GDT 表中的描述符，否则是 LDT 表中的描述符。

每个程序都可由若干个内存段组成。程序的逻辑地址（或称为虚拟地址）即是用于寻址这些段和段中具体地址位置。在 Linux 0.12 中，程序逻辑地址到线性地址的变换过程使用了 CPU 的全局段描述符表 GDT 和局部段描述符表 LDT。由 GDT 映射的地址空间称为全局地址空间，由 LDT 映射的地址空间则称为局部地址空间，而这两者构成了虚拟地址的空间。具体的使用方式如图 5-8 所示。

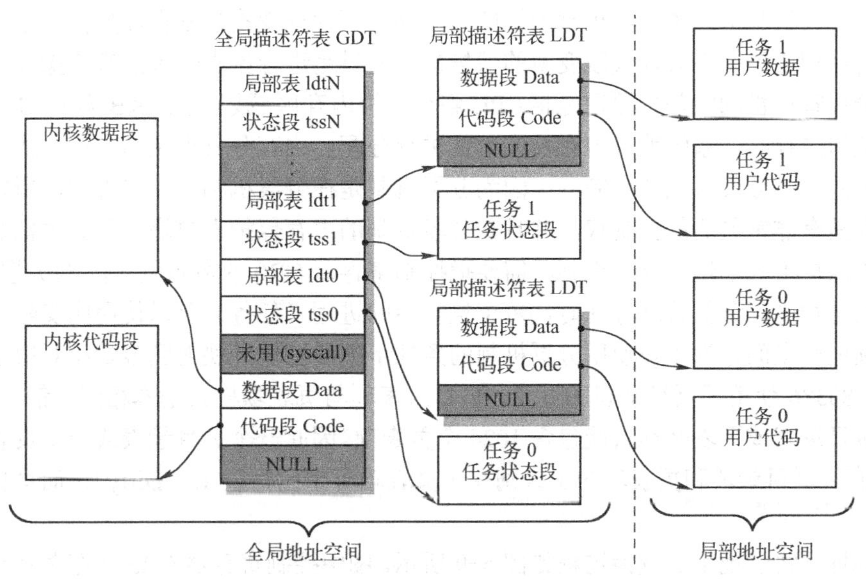

图 5-8　Linux 系统中虚拟地址空间分配图

图中画出了具有两个任务时的情况。可以看出，每个任务的局部描述符表 LDT 本身也是由 GDT 中描述符定义的一个内存段，在该段中存放着对应任务的代码段和数据段描述符，因此

LDT 段很短，其段限长通常只要大于 24 字节即可。同样，每个任务的任务状态段 TSS 也是由 GDT 中描述符定义的一个内存段，其段限长也只要满足能够存放一个 TSS 数据结构就够了。

对于中断描述符表 IDT，它保存在内核代码段中。由于在 Linux 0.12 内核中，内核和各任务的代码段和数据段都分别被映射到线性地址空间中相同基址处，且段限长也一样，因此内核的代码段和数据段是重叠的，各任务的代码段和数据段分别也是重叠的，如 5-10 和图 5-11 所示。任务状态段（Task State Segment，TSS）用于在任务切换时 CPU 自动保存或恢复相关任务的当前执行上下文（CPU 当前状态）。例如对于切换出的任务，CPU 就把其寄存器等信息保存在该任务的 TSS 段中，同时 CPU 使用新切换进任务的 TSS 段中的信息来设置各寄存器，以恢复该任务的执行环境，参见图 4-37。在 Linux 0.12 中，每个任务的 TSS 段内容被保存在该任务的任务数据结构中。另外，Linux 0.12 内核中没有使用到 GDT 表中第 4 个描述符（图中 syscall 描述符项）。从如下所示的 include/linux/sched.h 文件中第 201 行上的原英文注释可以猜想到，Linus 当时设计内核时曾经想把系统调用的代码放在这个独立的段中。

```
200 /*
201  * Entry into gdt where to find first TSS. 0-nul, 1-cs, 2-ds, 3-syscall
202  * 4-TSS0, 5-LDT0, 6-TSS1 etc ...
203  */
```

5.3.4 内存分页管理

若采用了分页机制，则此时线性地址只是一个中间结果，还需要使用分页机制进行变换，再最终映射到实际物理内存地址上。与分段机制类似，分页机制允许我们重新定向（变换）每次内存引用，以适应我们的特殊要求。使用分页机制最普遍的场合是当系统内存实际上被分成很多凌乱的块时,它可以建立一个大而连续的内存空间映像，好让程序不用操心和管理这些分散的内存块。分页机制增强了分段机制的性能。另外，页地址变换建立在段变换基础之上，任何分页机制的保护措施并不会取代段变换的保护措施而只是进行更进一步的检查操作。

内存分页管理机制的基本原理是将 CPU 整个线性内存区域划分成 4KB 为 1 页的内存页面。程序申请使用内存时，系统就以内存页为单位进行分配。内存分页机制的实现方式与分段机制很相似，但并不如分段机制那么完善。因为分页机制是在分段机制之上实现的，所以其结果是对系统内存具有非常灵活的控制权，并且在分段机制的内存保护上更增加了分页保护机制。为了在 80x86 保护模式下使用分页机制，需要把控制寄存器 CR0 的最高位（位 31）置位。

在使用这种内存分页管理方法时，每个执行中的进程（任务）可以使用比实际内存容量大得多的连续地址空间。为了在使用分页机制的条件下把线性地址映射到容量相对很小的物理内存空间上，80386 使用了页目录表和页表。页目录表项与页表项格式基本相同，都占用 4 字节，并且每个页目录表或页表必须只能包含 1024 个页表项。因此一个页目录表或一个页表分别共占用 1 页内存。页目录项和页表项的小区别在于页表项有个已写位 D（Dirty），而页目录项则没有。

线性地址到物理地址的变换过程如图 5-9 所示。图中控制寄存器 CR3 保存着是当前页目录表在物理内存中的基地址（因此 CR3 也被称为页目录基地址寄存器 PDBR）。32 位的线性地址被分成三个部分，分别用来在页目录表和页表中定位对应的页目录项和页表项以及在对应的物理内存页面中指定页面内的偏移位置。因为 1 个页表可有 1024 项，因此一个页表最多可以映射 1024×4KB＝4MB 内存；又因为一个页目录表最多有 1024 项，对应 1024 个二级页表，因此一个页目录表最多可以映射 1024×4MB = 4GB 容量的内存。即一个页目录表就可以映射整个线性地址空间范围。

由于 Linux 0.1x 系统中内核和所有任务都共用同一个页目录表，使得任何时刻处理器线性地址空间到物理地址空间的映射函数都一样。因此为了让内核和所有任务都不互相重叠和干扰，它们都必须从虚拟地址空间映射到线性地址空间的不同位置，即占用不同的线性地址空间范围。

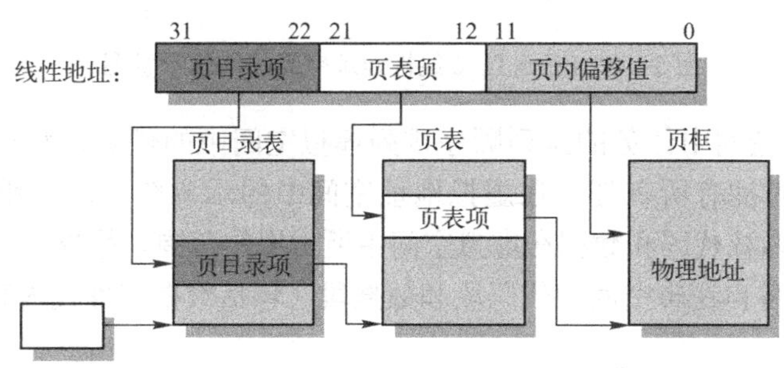

图 5-9　线性地址到物理地址的变换示意图

对于 Intel 80386 系统，其 CPU 可以提供多达 4GB 的线性地址空间。一个任务的虚拟地址需要首先通过其局部段描述符变换为 CPU 整个线性地址空间中的地址，然后再使用页目录表 PDT（一级页表）和页表 PT（二级页表）映射到实际物理地址页上。为了使用实际物理内存，每个进程的线性地址通过二级内存页表动态地映射到主内存区域的不同物理内存页上。由于 Linux 0.12 中把每个进程最大可用虚拟内存空间定义为 64MB，因此每个进程的逻辑地址通过加上(任务号)×64MB，即可转换为线性空间中的地址。不过在注释中，在不至于搞混的情况下我们有时将进程中的此类地址简单地称为逻辑地址或线性地址。

对于 Linux 0.12 系统，内核设置全局描述符表 GDT 中的段描述符项数最大为 256，其中 2 项空闲、2 项系统使用，每个进程使用两项。因此，此时系统可以最多容纳(256-4)/2 =126 个任务，并且虚拟地址的范围是((256-4)/2)×64MB 约等于 8GB。但 0.12 内核中人工定义最大任务数 NR_TASKS = 64 个，每个任务逻辑地址范围是 64MB，并且各个任务在线性地址空间中的起始位置是(任务号)×64MB。因此全部任务所使用的线性地址空间范围是 64MB×64 =4GB，如图 5-10 所示。图中示出了当系统具有 4 个任务时的情况。内核代码段和数据段被映射到线性地址空间的开始 16MB 部分，并且代码和数据段都映射到同一个区域，完全互相重叠。而第 1 个任务（任务 0）是由内核"人工"启动运行的，其代码和数据包含在内核代码和数据中，因此该任务所占用的线性地址空间范围比较特殊。任务 0 的代码段和数据段的长度是从线性地址 0 开始的 640KB 范围，其代码和数据段也完全重叠，并且与内核代码段和数据段有重叠的部分。实际上，Linux 0.12 中所有任务的指令空间 I（Instruction）和数据空间 D（Data）都合用一块内存，即一个进程的所有代码、数据和堆栈部分都处于同一内存段中，也即是 I&D 不分离的一种使用方式。

任务 1 的线性地址空间范围也只有从 64MB 开始的 640KB 长度。它们之间的详细对应关系见后面说明。任务 2 和任务 3 分别被映射线性地址 128MB 和 192MB 开始的地方，并且它们的逻辑地址范围均是 64MB。由于 4GB 地址空间范围正好是 CPU 的线性地址空间范围和可寻址的最大物理地址空间范围，而且在把任务 0 和任务 1 的逻辑地址范围看做 64MB 时，系统中同时可有任务的逻辑地址范围总和也是 4GB，因此在 0.12 内核中比较容易混淆 3 种地址概念。

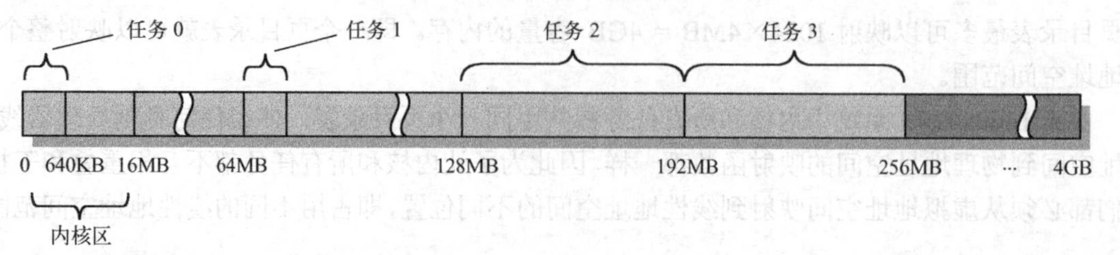

图 5-10 Linux 0.12 线性地址空间的使用示意图

如果也按照线性空间中任务的排列顺序排列虚拟空间中的任务，那么我们可以在拥有图 5-11 所示系统的同时拥有所有任务在虚拟地址空间中的示意图，所占用虚拟空间范围也是 4GB。其中没有考虑内核代码和数据在虚拟空间中所占用的范围。另外，在图中对于进程 2 和进程 3 还分别给出了各自逻辑空间中代码段和数据段（包括数据和堆栈内容）的位置示意图。

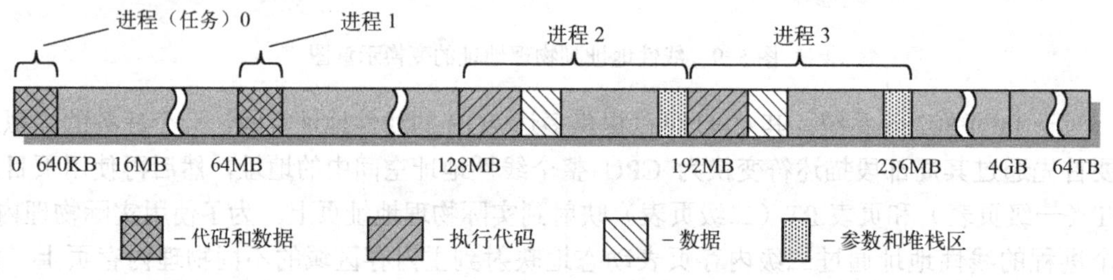

图 5-11 Linux 0.12 系统任务在虚拟空间中顺序排列所占的空间范围

还应注意，进程逻辑地址空间中代码段（Code Section）和数据段（Data Section）的概念与 CPU 分段机制中的代码段和数据段不是同一个概念。CPU 分段机制中段的概念确定了在线性地址空间中一个段的用途以及被执行或访问的约束和限制，每个段可以设置在 4GB 线性地址空间中的任何地方，它们可以相互独立也可以完全重叠或部分重叠。而进程在其逻辑地址空间中的代码段和数据段则是指由编译器在编译程序和操作系统在加载程序时规定的在进程逻辑空间中顺序排列的代码区域、初始化和未初始化的数据区域以及堆栈区域。进程逻辑地址空间中代码段和数据段等结构形式如图 5-12 所示，图中的 nr 是任务号。有关逻辑地址空间的说明请参见第 13 章。

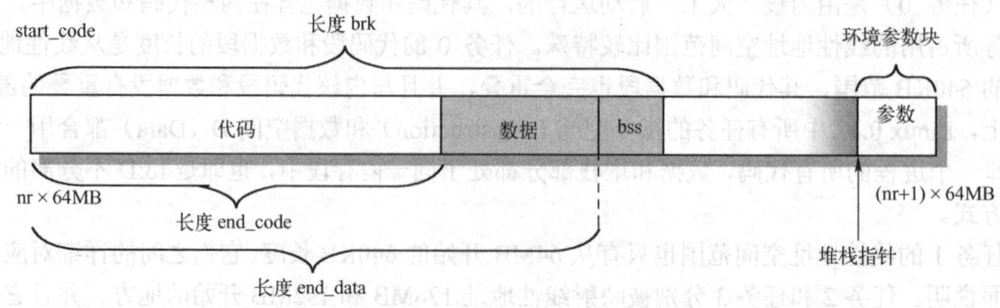

图 5-12 进程代码和数据在其逻辑地址空间中的分布

5.3.5 CPU 多任务和保护方式

Intel 80x86 CPU 共分 4 个保护级，0 级具有最高优先级，而 3 级的优先级最低。Linux 0.12 操作系统使用了 CPU 的 0 和 3 两个保护级。内核代码本身会由系统中的所有任务共享。而每个任务则都有自己的代码和数据区，这两个区域保存于局部地址空间，因此系统中的其他任务是看不见的（不能访问的）。而内核代码和数据是由所有任务共享的，因此它们保存在全局地址空间中。图 5-13 给出了这种结构的示意图。图中同心圆代表 CPU 的保护级别（保护层），这里仅使用了 CPU 的 0 级和 3 级。而径向射线则用来区分系统中的各个任务。每条径向射线指出了各任务的边界。除了每个任务虚拟地址空间的全局地址区域，任务 1 中的地址与任务 2 中相同地址处是无关的。

当一个任务（进程）执行系统调用而陷入内核代码中执行时，我们就称进程处于内核运行态（或简称为内核态）。此时处理器处于特权级最高的（0 级）内核代码中执行。当进程处于内核态时，执行的内核代码会使用当前进程的内核栈。每个进程都有自己的内核栈。当进程在执行用户自己的代码时，则称其处于用户运行态（用户态），即此时处理器在特权级最低的（3 级）用户代码中运行。当正在执行用户程序而突然被中断程序中断时，此时用户程序也可以象征性地称为处于进程的内核态。因为中断处理程序将使用当前进程的内核栈。这与处于内核态的进程的状态有些类似。进程的内核态和用户态将在 5.7 节中作更详细的说明。

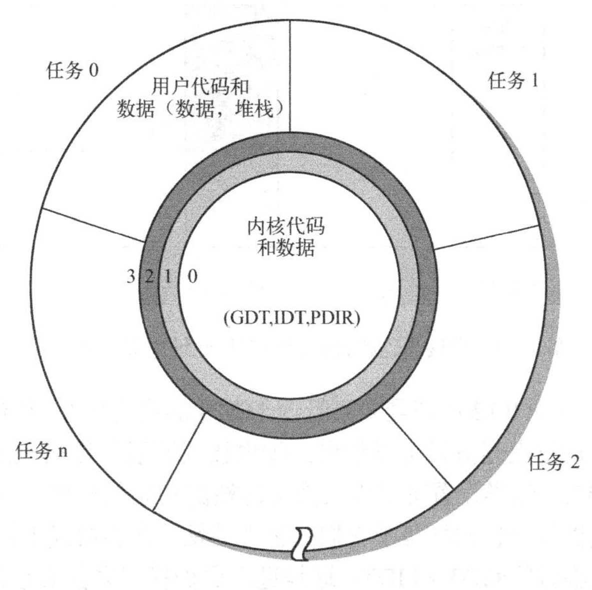

图 5-13 多任务系统

5.3.6 虚拟地址、线性地址和物理地址之间的关系

前面我们根据内存分段和分页机制详细说明了 CPU 的内存管理方式。现在我们以 Linux 0.12 系统为例，详细说明内核代码和数据以及各任务的代码和数据在虚拟地址空间、线性地址空间和物理地址空间中的对应关系。由于任务 0 和任务 1 的生成或创建过程比较特殊，我们将对它们分别进行描述。

1．内核代码和数据的地址

对于 Linux 0.12 内核代码和数据来说，在 head.s 程序的初始化操作中已经把内核代码段和数据段都设置成为长度为 16MB 的段。在线性地址空间中这两个段的范围重叠，都是从线性地址 0 开始到地址 0xFFFFFF 共 16MB 地址范围。在该范围中含有内核所有的代码、内核段表（GDT、IDT、TSS）、页目录表和内核的二级页表、内核局部数据以及内核临时堆栈（将被用作第 1 个任务，即任务 0 的用户堆栈）。其页目录表和二级页表已设置成把 0～16MB 的线性地址空间一一对应到物理地址上，占用了 4 个目录项，即 4 个二级页表。因此对于内核代码或数据的地址来说，我们可以直接把它们看做物理内存中的地址。此时内核的虚拟地址空间、线性地址空间和物理地址空间三者之间的关系可用图 5-14 来表示。

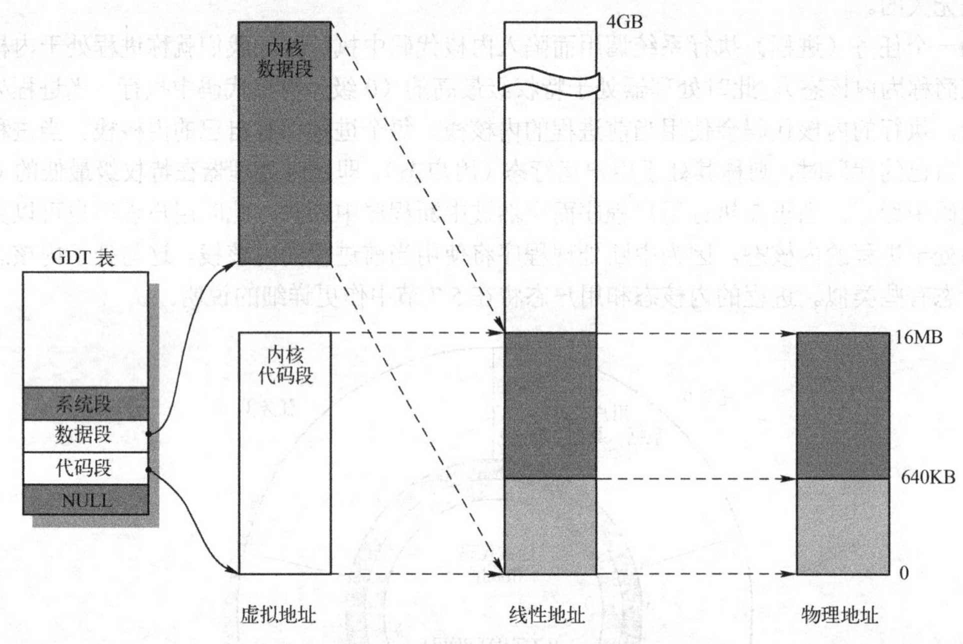

图 5-14　内核代码和数据段在三种地址空间中的关系

因此，默认情况下 Linux 0.12 内核最多可管理 16MB 的物理内存，共有 4096 个物理页面（页帧），每个页面 4KB。通过上述分析可以看出：①内核代码段和数据段区域在线性地址空间和物理地址空间中是一样的。这样设置可以大大简化内核的初始化操作。②GDT 和 IDT 在内核数据段中，因此它们的线性地址也同样等于它们的物理地址。在实模式下的 setup.s 程序初始化操作中，我们曾经设置过临时的 GDT 和 IDT，这是进入保护模式之前必须设置的。由于这两个表当时处于物理内存大约 0x90200 处，而进入保护模式后内核系统模块处于物理内存 0 开始位置，并且 0x90200 处的空间将被挪作他用（用于高速缓冲），因此在进入保护模式后，在运行的第 1 个程序 head.s 中我们需要重新设置这两个表。即设置 GDTR 和 IDTR 指向新的 GDT 和 IDT，描述符也需要重新加载。但由于开启分页机制时这两个表的位置没有变动，因此无须重新建立或移动表位置。③除任务 0 以外，所有其他任务使用的物理内存页面与线性地址中的页面至少有部分不同，因此内核需要动态地在主内存区中为它们作映射操作，动态地建立页目录项和页表项。虽然任务 1 的代码和数据也在内核中，但由于其需要另行分配获得内存，因此也需要自己的映射表项。

虽然 Linux 0.12 默认可管理 16MB 物理内存，但是系统中并不是一定要有这些物理内存。机器中只要有 4MB（甚至 2MB）物理内存就完全可以运行 Linux 0.12 系统了。若机器只有 4MB 物理内存，那么此时内核 4MB～16MB 地址范围就会映射到不存在的物理内存地址上。但这并不妨碍系统的运行。因为在初始化时内核内存管理程序会知道机器中所含物理内存量的确切大小，因而不会让 CPU 分页机制把线性地址页面映射到不存在的 4MB～16MB 中去。内核中这样的默认设置主要是为了便于系统物理内存的扩展，实际并不会用到不存在的物理内存区域。如果系统有多于 16MB 的物理内存，由于在 init/main.c 程序中初始化时限制了对 16MB 以上内存的使用，并且这里内核也仅映射了 0～16MB 的内存范围，因此在 16MB 之上的物理内存将不会用到。

通过在这里为内核增加一些页表，并且对 init/main.c 程序稍作修改，我们可以对此限制进行扩展。例如在系统中有 32MB 物理内存的情况下，我们就需要为内核代码和数据段建立 8 个二级页表项来把 32MB 的线性地址范围映射到物理内存上。

2. 任务 0 的地址对应关系

任务 0 是系统中人工启动的第 1 个任务。它的代码段和数据段长度被设置为 640KB。该任务的代码和数据直接包含在内核代码和数据中，是从线性地址 0 开始的 640KB 内容，因此它可以直接使用内核代码已经设置好的页目录和页表进行分页地址变换。同样，它的代码和数据段在线性地址空间中也是重叠的。对应的任务状态段 TSS0 也是手工预设置好的，并且位于任务 0 数据结构信息中，参见 include/linux/sched.h 第 156 行开始的数据。TSS0 段位于内核 sched.c 程序的代码中，长度为 104 字节，具体位置可参见图 5-24 中“任务 0 结构信息”一项所示。3 个地址空间中的映射对应关系如图 5-15 所示。

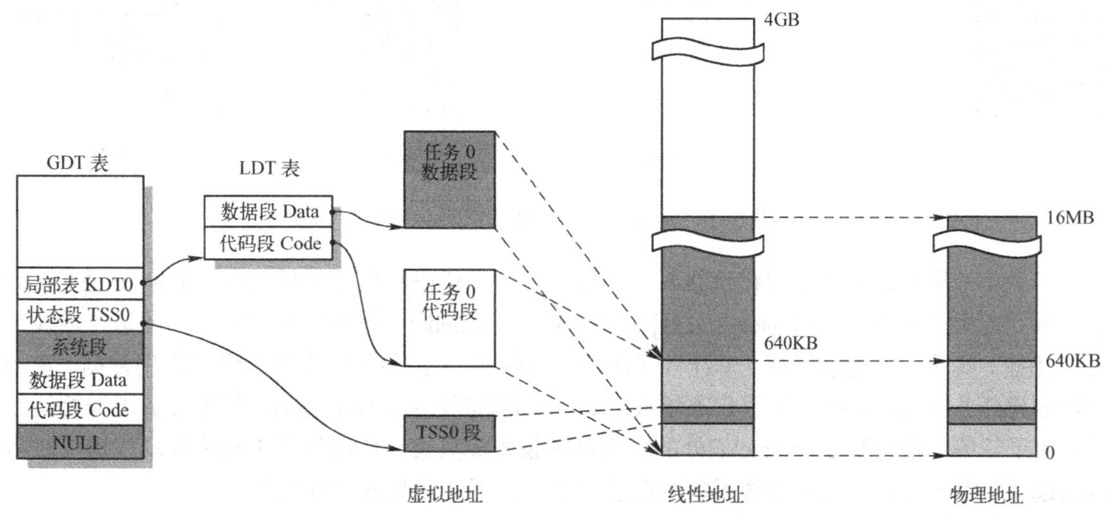

图 5-15　任务 0 在 3 个地址空间中的相互关系

由于任务 0 直接被包含在内核代码中，因此不需要为其再另外分配内存页。它运行时所需要的内核态堆栈和用户态堆栈空间也都在内核代码区中，并且由于在内核初始化时（head.s）这些内核页面在页表项中的属性都已经被设置成了 0b111，即对应页面用户可读写并且存在，因此用户堆栈 user_stack[]空间虽然在内核空间中，但任务 0 仍然能对其进行读写操作。

3．任务 1 的地址对应关系

与任务 0 类似，任务 1 也是一个特殊的任务。它的代码也在内核代码区域中。与任务 0 不同的是在线性地址空间中，系统在使用 fork()创建任务 1（init 进程）时为存放任务 1 的二级页表而在主内存区申请了一页内存来存放，并复制了父进程（任务 0）的页目录和二级页表项。因此任务 1 有自己的页目录和页表表项，它把任务 1 占用的线性空间范围 64～128MB（实际上是 64MB～64MB+640KB）也同样映射到了物理地址 0～640KB 处。此时任务 1 的长度也是 640KB，并且其代码段和数据段相重叠，只占用一个页目录项和一个二级页表。另外，系统还会为任务 1 在主内存区域中申请一页内存用来存放它的任务数据结构和用作任务 1 的内核堆栈空间。任务数据结构（也称进程控制块 PCB）信息中包括任务 1 的 TSS 段结构信息，如图 5-16 所示。

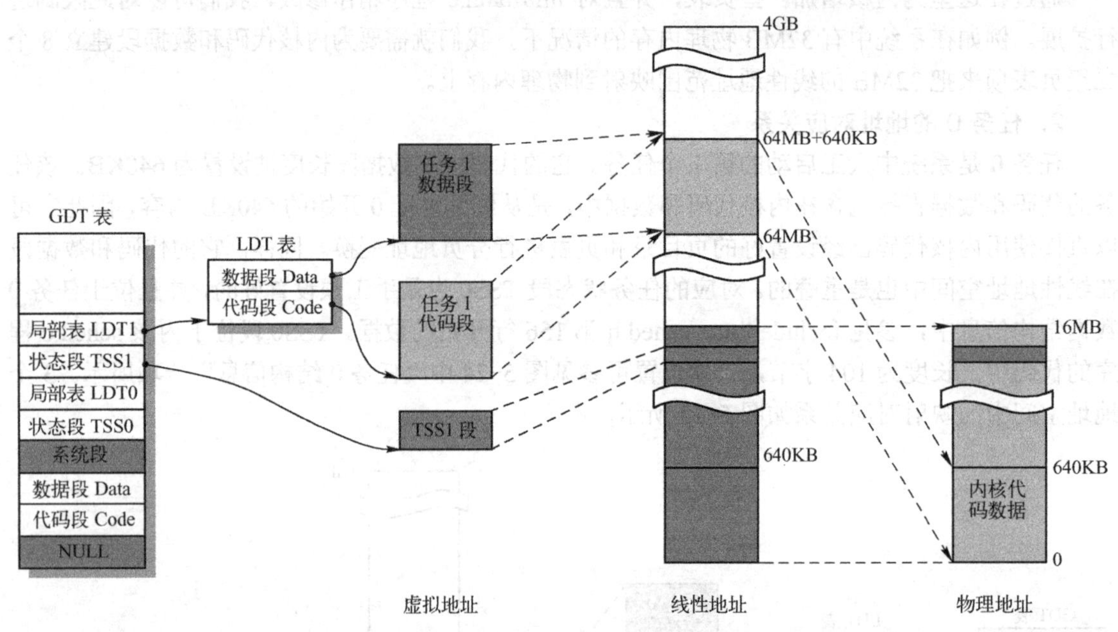

图 5-16 任务 1 在 3 种地址空间中的关系

任务 1 的用户态堆栈空间将直接共享使用处于内核代码和数据区域（线性地址 0～640KB）中任务 0 的用户态堆栈空间 user_stack[]（参见 kernel/sched.c，第 82～87 行），因此这个堆栈需要在任务 1 实际使用之前保持“干净”，以确保被复制用于任务 1 的堆栈不含有无用数据。在刚开始创建任务 1 时，任务 0 的用户态堆栈 user_stack[]与任务 1 共享使用，但当任务 1 开始运行时，由于任务 1 映射到 user_stack[]处的页表项被设置成只读，使得任务 1 在执行堆栈操作时将会引起写页面异常，从而由内核另行分配主内存区页面作为堆栈空间使用。

4．其他任务的地址对应关系

对于被创建的从任务 2 开始的其他任务，它们的父进程都是 init（任务 1）进程。我们已经知道，在 Linux 0.12 系统中共可以有 64 个进程同时存在。下面我们以任务 2 为例来说明其他任何任务对地址空间的使用情况。

从任务 2 开始，如果任务号以 nr 来表示，那么任务 nr 在线性地址空间中的起始位置将被设定在 nr×64MB 处。例如任务 2 的开始位置= nr×64MB = 2×64MB = 128MB。任务代码段和数据段的最大长度被设置为 64MB，因此任务 2 占有的线性地址空间范围是 128MB～192MB，共占用 64MB/4MB = 16 个页目录项。虚拟空间中任务代码段和数据段都被映射到线性地址空间相同的范围，因此它们也完全重叠。图显示出了任务 2 的代码段和数据段在 3 种地址空间中的对应关系。

在任务 2 被创建出来之后，将在其中运行 execve()函数来执行 shell 程序。当内核通过复制任务 1 刚创建任务 2 时，除了占用线性地址空间范围不同外（128MB～128MB+640KB），此时任务 2 的代码和数据在 3 种地址空间中的关系与任务 1 的类似。当任务 2 的代码（init()）调用 execve()系统调用开始加载并执行 shell 程序时，该系统调用会释放掉从任务 1 复制的页目录和页表表项及相应内存页面，然后为新的执行程序 shell 重新设置相关页目录和页表表项。图给出的是任务 2 中开始执行 shell 程序时的情况，即任务 2 原先复制任务 1 的代码和数据被 shell 程序的代码段和数据段替换后的情况。图中显示出已经映射了一页物理内存页面的情况。这里请注意，在执行 execve()函数时，系统虽然在线性地址空间为任务 2 分配了 64MB 的空间范围，但是内核并不会立刻为其分配和映射物理内存页面。只有当任务 2 开始执行时由于发生缺页而引起异常时才会由内存管理程序为其在主内存区中分配并映射一页物理内存到其线性地址空间中。这种分配和映射物理内存页面的方法称为需求加载（load on demand），请参见第 13 章中的相关描述。

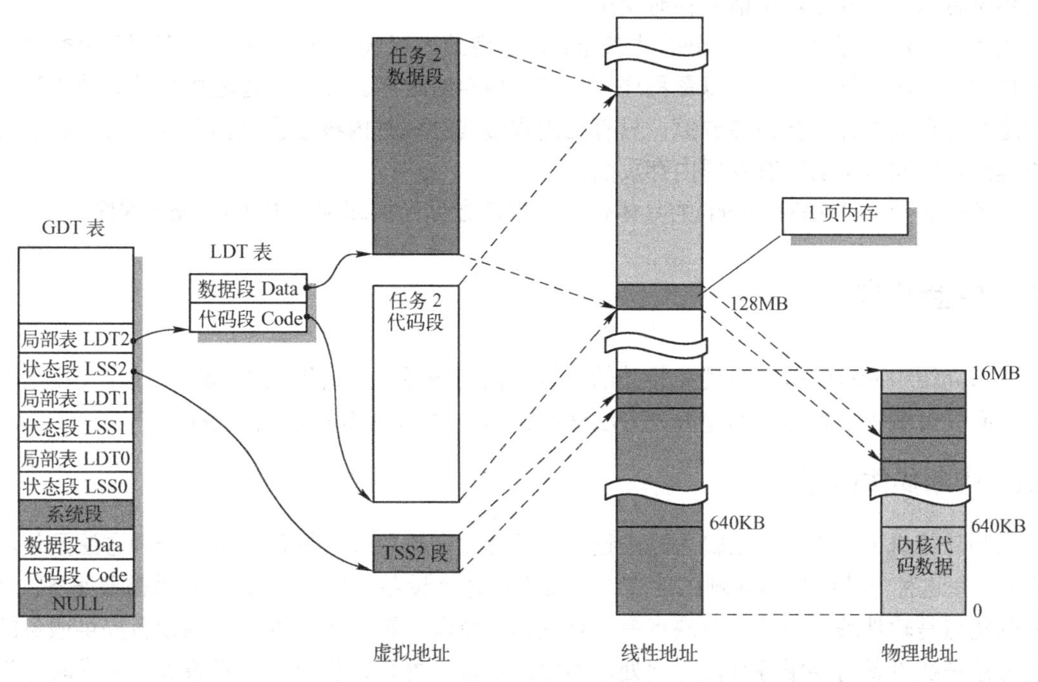

图 5-17　其他任务地址空间中的对应关系

从 Linux 内核 0.99 版以后，对内存空间的使用方式发生了变化。每个进程可以单独享用整个 4GB 的地址空间范围。如果我们能理解本节说描述的内存管理概念，那么对于现在所使用的 Linux 2.x 内核中所使用的内存管理原理也能立刻明白。由于篇幅所限，这里对此不再说明。

5.3.7　用户申请内存的动态分配

当用户应用程序使用 C 函数库中的内存分配函数 malloc()申请内存时，这些动态申请的内存容量或大小均由高层次的 C 库函数 malloc()来进行管理，内核本身并不会插手管理。因为内核已经为每个进程（除了任务 0 和 1，它们与内核代码一起常驻内存中）在 CPU 的 4GB 线性地址空间中分配了 64MB 的空间，所以只要进程执行时寻址的范围在它的 64MB 范围内，内核也同样会通过内存缺页管理机制自动为寻址对应的页面分配物理内存页面并进行映射操作。但是内核会为进程使用的代码和数据空间维护一个当前位置值 brk，这个值保存在每个进程的数据结构中。它指出了进程代码和数据（包括动态分配的数据空间）在进程地址空间中的末端位置。当 malloc()函数为程序分配内存时，它会通过系统调用 brk()把程序要求新增的空间长度通知内核，内核代码从而可以根据 malloc()所提供的信息来更新 brk 的值，但并此时并不为新申请的空间映射物理内存页面。只有当程序寻址到某个不存在对应物理页面的地址时，内核才会进行相关物理内存页面的映射操作。

若进程代码寻址的某个数据所在的页面不存在，并且该页面所处位置属于进程堆范围，即不属于其执行文件映像文件对应的内存范围中，那么 CPU 就会产生一个缺页异常，并在异常处理程序中为指定的页面分配并映射一页物理内存页面。至于用户程序此次申请内存的字节长度数量和在对应物理页面中的具体位置，则均由 C 库中内存分配函数 malloc()负责管理。内核以页面为单位分配和映射物理内存，该函数则具体记录用户程序使用了一页内存的多少字节。剩余的容量将保留给程序再申请内存时使用。

当用户使用内存释放函数 free()动态释放已申请的内存块时，C 库中的内存管理函数就会把所释放的内存块标记为空闲，以备程序再次申请内存时使用。在这个过程中内核为该进程所分配的这个物理页面并不会被释放掉。只有当进程最终结束时内核才会全面收回已分配和映射到该进程地址空间范围的所有物理内存页面。

有关库函数 malloc()和 free()的具体代码实现请参见内核库中的 lib/malloc.c 程序。

5.4　中断机制

本节介绍中断机制基本原理和相关的可编程控制器硬件逻辑以及 Linux 系统中使用中断的方法。有关可编程控制器的具体编程方法请参见第 6 章 setup.S 程序后的说明。

5.4.1　中断操作原理

微型计算机系统通常包括输入输出设备。处理器向这些设备提供服务的一种方法是使用轮询方式。在这种方法中处理器顺序地查询系统中的每个设备，“询问”它们是否需要服务。这种方法的优点是软件编程简单，但缺点是太耗处理器资源，影响系统性能。向设备提供服务的另一种方法是在设备需要服务时自己向处理器提出请求。处理器也只有在设备提出请求时才为其提供服务。

当设备向处理器提出服务请求时，处理器会在执行完当前的一条指令后立刻应答设备的请求，并转而执行该设备的相关服务程序。当服务程序执行完成后，处理器会接着去做刚才被中断的程序。这种处理方式就叫做中断（Interrupt）方法，而设备向处理器发出的服务请求则称为中断请求（Interrupt Request，IRQ）。处理器响应请求而执行的设备相关程序则被称为中断服务程序或中断服务过程（Interrupt Service Routine，ISR）。

可编程中断控制器（Programmable Interrupt Controller，PIC）是微机系统中管理设备中断请求的管理者。它通过连接到设备的中断请求引脚接受设备发出的终端服务请求信号。当设备激活其中断请求 IRQ 信号时，PIC 立刻会检测到。在同时收到几个设备的中断服务请求的情况下，PIC 会对它们进行优先级比较并选出最高优先级的中断请求进行处理。如果此时处理器正在执行一个设备的中断服务过程，那么 PIC 还需要把选出的中断请求与正在处理的中断请求的优先级进行比较，并基于该比较结果来确定是否向处理器发出一个中断信号。当 PIC 向处理器的 INT 引脚发出一个中断信号时，处理器会立刻停下当时所做的事情并询问 PIC 需要执行哪个中断服务请求。PIC 则通过向数据总线发送出与中断请求对应的中断号来告知处理器要执行哪个中断服务过程。处理器则根据读取的中断号通过查询中断向量表（或 32 位保护模式下的中断描述符表）取得相关设备的中断向量（即中断服务程序的地址）并开始执行中断服务程序。当中断服务程序执行结束，处理器就继续执行被中断信号打断的程序。

以上描述的是输入输出设备的中断服务处理过程。但是中断方法并非一定与硬件相关，它也可以用于软件中。通过使用 int 指令并使用其操作数指明中断号，就可以让处理器去执行相应的中断处理过程。PC/AT 系列微机共提供了对 256 个中断的支持，其中大部分都用于软件中断或异常，异常是处理器在处理过程中检测到错误而产生的中断操作。只有下面提及的一些中断被用于设备上。

5.4.2 80x86 微机的中断子系统

在使用 80x86 组成的微机系统中采用了 8259A 可编程中断控制器芯片。每个 8259A 芯片可以管理 8 个中断源。通过多片级联方式，8259A 能构成最多管理 64 个中断向量的系统。在 PC/AT 系列兼容机中，使用了两片 8259A 芯片，共可管理 15 级中断向量。其级联示意图如图 5-18 所示。其中从芯片的 INT 引脚连接到主芯片的 IR2 引脚上，即 8259A 从芯片发出的中断信号将作为 8259A 主芯片的 IRQ2 输入信号。主 8259A 芯片的端口基地址是 0x20，从芯片是 0xA0。IRQ9 引脚的作用与 PC/XT 的 IRQ2 相同，即 PC/AT 机利用硬件电路把使用 IRQ2 的设备的 IRQ2 引脚重新定向到了 PIC 的 IRQ9 引脚上，并利用 BIOS 中的软件把 IRQ9 的中断 int 71 重新定向到了 IRQ2 的中断 int 0x0A 的中断处理过程。这样一来可使得任何使用 IRQ2 的 PC/XT 的 8 位适配卡在 PC/AT 中仍然能正常使用。做到了 PC 系列的向下兼容。

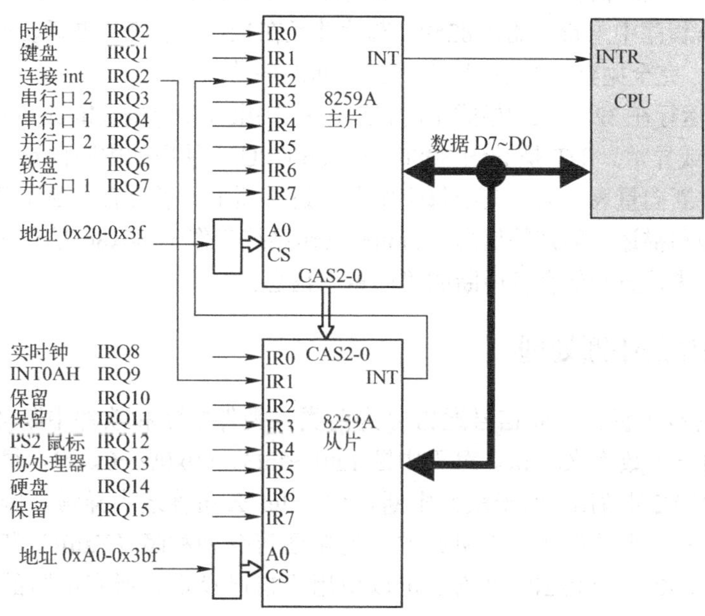

图 5-18 PC/AT 微机级联式 8259 控制系统

在总线控制器控制下，8259A 芯片可以处于编程状态和操作状态。编程状态是 CPU 使用 IN 或 OUT 指令对 8259A 芯片进行初始化编程的状态。一旦完成了初始化编程，芯片即进入操作状态，此时芯片即可随时响应外部设备提出的中断请求（IRQ0～IRQ15），同时系统还可以使用操作命令字随时修改其中断处理方式。通过中断判优选择，芯片将选中当前最高优先级的中断请求作为中断服务对象，并通过 CPU 引脚 INT 通知 CPU 外中断请求的到来，CPU 响应后，芯片从数据总线 D7～D0 将编程设定的当前服务对象的中断号送出，CPU 由此获取对应的中断向量值，并执行中断服务程序。

5.4.3 中断向量表

上节已指出 CPU 是根据中断号获取中断向量值，即对应中断服务程序的入口地址值。因此为了让 CPU 由中断号查找到对应的中断向量，就需要在内存中建立一张查询表，即中断向量表（在 32 位保护模式下该表称为中断描述符表）。80x86 微机支持 256 个中断，对应每个中断需要安排一个中断服务程序。在 80x86 实模式运行方式下，每个中断向量由 4 字节组成。这 4 字节指明了一个中断服务程序的段值和段内偏移值。因此整个向量表的长度为 1KB。当 80x86 微机启动时，ROM BIOS 中的程序会在物理内存开始地址 0x0000:0x0000 处初始化并设置中断向量表，而各中断的默认中断服务程序则在 BIOS 中给出。由于中断向量表中的向量是按中断号顺序排列，因此给定一个中断号 N，那么它对应的中断向量在内存中的位置就是 0x0000:N×4，即对应的中断服务程序入口地址保存在物理内存 0x0000:N×4 位置处。

在 BIOS 执行初始化操作时，它设置了两个 8259A 芯片支持的 16 个硬件中断向量和 BIOS 提供的中断号为 0x10～0x1f 的中断调用功能向量等。对于实际没有使用的向量则填入临时的哑中断服务程序的地址。以后在系统引导加载操作系统时会根据实际需要修改某些中断向量的值。例如，对于 DOS 操作系统，它会重新设置中断 0x20～0x2f 的中断向量值。而对于 Linux 系统，除了在刚开始加载内核时需要用到 BIOS 提供的显示和磁盘读操作中断功能，在内核正常运行之前则会在 setup.s 程序中重新初始化 8259A 芯片并且在 head.s 程序中重新设置一张中断向量表（中断描述符表）。完全抛弃了 BIOS 所提供的中断服务功能。

当 Intel CPU 运行在 32 位保护模式下时，需要使用中断描述符表（Interrupt Descriptor Table，IDT）来管理中断或异常。IDT 是 Intel 8086～80186 CPU 中使用的中断向量表的直接替代物。其作用也类似于中断向量表，只是其中每个中断描述符项中除了含有中断服务程序地址以外，还包含有关特权级和描述符类别等信息。Linux 操作系统工作于 80x86 的保护模式下，因此它使用中断描述符表来设置和保存各中断的“向量”信息。

5.4.4 Linux 内核的中断处理

对于 Linux 内核来说，中断信号通常分为两类：硬件中断和软件中断(异常)。每个中断由 0～255 之间的一个数字来标识。对于中断 int0～int31（0x00～0x1f），每个中断的功能由 Intel 公司固定设定或保留用，属于软件中断，但 Intel 公司称之为异常。因为这些中断是在 CPU 执行指令时探测到异常情况而引起的。通常还可分为故障（Fault）和陷阱（traps）两类。中断 int32～int255 （0x20～0xff）可以由用户自己设定。所有中断的分类以及执行后 CPU 的动作方式见表 5-1。

表 5-1　中断分类以及中断退出后 CPU 的处理方式

中断	名称	CPU 检测方式	处理方式
硬件	Maskable 可屏蔽中断	CPU 引脚 INTR	清标志寄存器 eflags 的 IF 标志可屏蔽中断
	Nonmaskable 不可屏蔽中断	CPU 引脚 NMI	不可屏蔽中断
软件	Fault 错误	在错误发生之前检测到	CPU 重新执行引起错误的指令
	Trap 陷阱	在错误发生之后检测到	CPU 继续执行后面的指令
	Abort 放弃（终止）	在错误发生之后检测到	引起这种错误的程序应该被终止

在 Linux 系统中，将 int32～int47（0x20～0x2f）对应于 8259A 中断控制芯片发出的硬件中断请求信号 IRQ0～IRQ15（见表 5-2），并把程序编程发出的系统调用（system call）中断设置为 int128（0x80）。系统调用中断是用户程序使用操作系统资源的唯一界面接口。

表 5-2　Linux 系统中 8259A 芯片中断请求发出的中断号列表

中断请求号	中断号	用途
IRQ0	0x20（32）	8253 发出的 100Hz 时钟中断
IRQ1	0x21（33）	键盘中断
IRQ2	0x22（34）	接连从芯片
IRQ3	0x23（35）	串行口 2
IRQ4	0x24（36）	串行口 1
IRQ5	0x25（37）	并行口 2
IRQ6	0x26（38）	软盘驱动器
IRQ7	0x27（39）	并行口 1
IRQ8	0x28（40）	实时钟中断
IRQ9	0x29（41）	保留
IRQ10	0x2a（42）	保留
IRQ11	0x2b（43）	保留（网络接口）
IRQ12	0x2c（44）	PS/2 鼠标口中断
IRQ13	0x2d（45）	数学协处理器中断
IRQ14	0x2e（46）	硬盘中断
IRQ15	0x2f（47）	保留

在系统初始化时，内核在 head.s 程序中首先使用一个哑中断向量（中断描述符）对中断描述符表（Interrupt Descriptor Table，IDT）中所有 256 个描述符进行了默认设置（boot/head.s，78）。这个哑中断向量指向一个默认的“无中断”处理过程（boot/head.s，150）。当发生了一个中断而又没有重新设置过该中断向量时就会显示信息“未知中断（Unknown interrupt）”。这里对所有 256 项都进行设置可以有效防止出现一般保护性错误（A gerneal protection fault）（异常 13）；否则，如果设置的 IDT 少于 256 项，那么在一个要求的中断所指定的描述符项大于设置的最大描述符项时，CPU 就会产生一个一般保护出错（异常 13）。另外，如果硬件出现问题而没有把设备的向量放到数据总线上，此时 CPU 通常会从数据总线上读入全 1（0xff）作为向量，因此会去读取 IDT 表中的第 256 项，这样也会造成一般保护出错。对于系统中需要使用的一些中断，内核会在其继续初始化的处理过程中（init/main.c）重新设置这些中断的中断描述符项，

让它们指向对应的实际处理过程。通常，异常中断处理过程（int0～int 31）都在 traps.c 的初始化函数中进行了重新设置（kernl/traps.c，第 185 行），而系统调用中断 int128 则在调度程序初始化函数中进行了重新设置（kernel/sched.c，第 417 行）。

另外，在设置中断描述符表 IDT 时 Linux 内核使用了中断门和陷阱门两种描述符。它们之间的区别在于对标志寄存器 EFLAGS 中的中断允许标志 IF 的影响。由中断门描述符执行的中断会复位 IF 标志，因此可以避免其他中断干扰当前中断的处理，随后的中断结束指令 iret 会从堆栈上恢复 IF 标志的原值；而通过陷阱门执行的中断则不会影响 IF 标志。参见第 11 章中对 include/asm/system.h 文件的说明。

5.4.5 标志寄存器的中断标志

为了避免竞争条件和中断对临界代码区的干扰，在 Linux 0.12 内核代码中许多地方使用了 cli 和 sti 指令。cli 指令用来复位 CPU 标志寄存器中的中断标志，使得系统在执行 cli 指令后不会响应外部中断。sti 指令用来设置标志寄存器中的中断标志，以允许 CPU 能识别并响应外部设备发出的中断。当进入可能引起竞争条件的代码区时，内核中就会使用 cli 指令来关闭对外部中断的响应，而在执行完竞争代码区时内核就会执行 sti 指令以重新允许 CPU 响应外部中断。例如，在修改文件超级块的锁定标志和任务进入/退出等待队列操作时都需要首先使用 cli 指令关闭 CPU 对外部中断的响应，在操作完成之后再使用 sti 指令开启对外部中断的响应。如果不使用 cli、sti 指令对，即在需要修改一个文件超级块时不使用 cli 来关闭对外部中断的响应，那么在修改之前判断出该超级块锁定标志没有置位而想设置这个标志时，若此时正好发生系统时钟中断而切换到其他任务去运行，并且碰巧其他任务也需要修改这个超级块，那么此时这个其他任务会先设置超级块的锁定标志并且对超级块进行修改操作。当系统又切换回原来的任务时，此时该任务不再判断锁定标志就继续执行设置超级块的锁定标志，从而造成两个任务对临界代码区的同时操作，引起超级块数据不一致，严重时会导致内核系统崩溃。

5.5 Linux 的系统调用

5.5.1 系统调用接口

系统调用（通常称为 syscalls）接口是 Linux 内核与上层应用程序进行交互通信的唯一接口，如图 5-4 所示。从对中断机制的说明可知，用户程序通过直接或间接（通过库函数）调用中断 int 0x80，并在 eax 寄存器中指定系统调用功能号，即可使用内核资源，包括系统硬件资源。不过通常应用程序都是使用具有标准接口定义的 C 函数库中的函数间接地使用内核的系统调用，如图 5-19 所示。

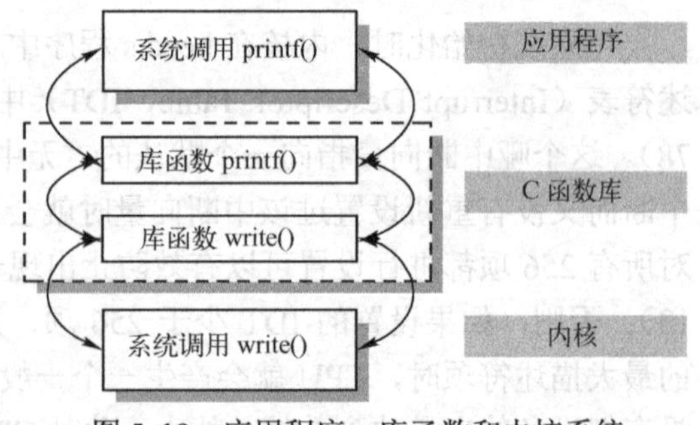

图 5-19 应用程序、库函数和内核系统调用之间的关系

通常，系统调用使用函数形式进行调用，因此可带有一个或多个参数。对于系统调用执行的结果，它会在返回值中表示出来。通常负值表示错误，而 0 则表示成功。在出错的情况下，错误的类型码被存放在全局变量 errno 中。通过调

用库函数 perror()，我们可以打印出该错误码对应的出错字符串信息。

在 Linux 内核中，每个系统调用都具有唯一的一个系统调用功能号。这些功能号定义在文件 include/unistd.h 中第 62 行开始处。例如，write 系统调用的功能号是 4，定义为符号__NR_write。这些系统调用功能号实际上对应于 include/linux/sys.h 中定义的系统调用处理程序指针数组表 sys_call_table[]中项的索引值。因此 write()系统调用的处理程序指针就位于该数组的项 4 处。

当我们想在自己的程序中使用这些系统调用符号时，需要像下面所示在包括进文件“<unistd.h>”之前定义符号“__LIBRARY__”。

```
#define __LIBRARY__
#include <unistd.h>
```

另外，我们从 sys_call_table[]中可以看出，内核中所有系统调用处理函数的名称基本上都是以符号“sys_”开始的。例如系统调用 read()在内核源代码中的实现函数就是 sys_read()。

5.5.2　系统调用处理过程

当应用程序经过库函数向内核发出一个中断调用 int 0x80 时，就开始执行一个系统调用。其中寄存器 eax 中存放着系统调用号，而携带的参数可依次存放在寄存器 ebx、ecx 和 edx 中。因此 Linux 0.12 内核中用户程序能够向内核最多直接传递 3 个参数，当然也可以不带参数。处理系统调用中断 int 0x80 的过程是程序 kernel/system_call.s 中的 system_call。

为了方便执行系统调用，内核源代码在 include/unistd.h 文件（150～200 行）中定义了宏函数_syscalln()，其中 n 代表携带的参数个数，可以是 0～3。因此最多可以直接传递 3 个参数。若需要传递大块数据给内核，则可以传递这块数据的指针值。例如对于 read()系统调用，其定义是：

```
int read(int fd, char *buf, int n);
```

若在用户程序中直接执行对应的系统调用，那么该系统调用的宏的形式为：

```
#define __LIBRARY__
#include <unistd.h>

_syscall3(int, read, int, fd, char *, buf, int, n)
```

因此我们可以在用户程序中直接使用上面的_syscall3()来执行一个系统调用 read()，而不用通过 C 函数库作中介。实际上，C 函数库中函数最终调用系统调用的形式和这里给出的完全一样。

对于 include/unistd.h 中给出的每个系统调用宏，都有 2+2×n 个参数。其中第 1 个参数对应系统调用返回值的类型；第 2 个参数是系统调用的名称；随后是系统调用所携带参数的类型和名称。这个宏会被扩展成包含内嵌汇编语句的 C 函数，如下所示。

```
int read(int fd, char *buf, int n)
{
    long __res;
    __asm__ volatile (
        "int $0x80"
        : "=a" (__res)
```

```
    : "0" (__NR_read), "b" ((long)(fd)), "c" ((long)(buf)), "d" ((long)(n)));
  if (__res>=0)
      return int __res;
  errno=-__res;
  return -1;
}
```

可以看出，这个宏经过展开就是一个读操作系统调用的具体实现。其中使用了嵌入汇编语句以功能号__NR_read（3）执行了 Linux 的系统中断调用 0x80。该中断调用在 eax（__res）寄存器中返回了实际读取的字节数。若返回的值小于 0，则表示此次读操作出错，于是将出错号取反后存入全局变量 errno 中，并向调用程序返回-1 值。

如果有某个系统调用需要多于 3 个参数，那么内核通常采用的方法是直接把这些参数作为一个参数缓冲块，并把这个缓冲块的指针作为一个参数传递给内核。因此对于多于 3 个参数的系统调用，我们只需要使用带一个参数的宏_syscall1()，把第一个参数的指针传递给内核即可。例如，select()函数系统调用具有 5 个参数，但我们只需传递其第 1 个参数的指针，参见对 fs/select.c 程序的说明。

当进入内核中的系统调用处理程序 kernel/sys_call.s 后，system_call 的代码会首先检查 eax 中的系统调用功能号是否在有效系统调用号范围内，然后根据 sys_call_table[]函数指针表调用执行相应的系统调用处理程序。

```
  call _sys_call_table(,%eax, 4)            // kernel/sys_call.s 第 99 行。
```

这句汇编语句操作数的含义是间接调用地址在_sys_call_table + %eax * 4 处的函数。由于 sys_call_table[]指针每项 4 字节，因此这里需要给系统调用功能号乘上 4。然后用所得到的值从表中获取被调用处理函数的地址。

5.5.3 Linux 系统调用的参数传递方式

关于 Linux 用户进程向系统中断调用过程传递参数方面，Linux 系统使用了通用寄存器传递方法，例如寄存器 ebx、ecx 和 edx。这种使用寄存器传递参数方法的一个明显优点就是：当进入系统中断服务程序而保存寄存器值时，这些传递参数的寄存器也被自动地放在了内核态堆栈上，因此用不着再专门对传递参数的寄存器进行特殊处理。这种方法是 Linus 当时所知的最简单最快速的参数传递方法。另外还有一种使用 Intel CPU 提供的系统调用门（System Call Gate）的参数传递方法，它在进程用户态堆栈和内核态堆栈自动复制传递的参数。但这种方法使用起来步骤比较复杂。

另外，在每个系统调用处理函数中应该对传递的参数进行验证，以保证所有参数都合法、有效。尤其是对用户提供的指针，应该严格地进行审查，以保证指针所指的内存区域范围有效，并且具有相应的读写权限。

5.6 系统时间和定时

5.6.1 系统时间

为了让操作系统能自动地准确提供当前时间和日期信息，PC/AT 微机系统中提供了用电池供电的实时钟（Real Time，RT）电路支持。通常，这部分电路与保存系统信息的 CMOS RAM 集成在一个芯片上，因此这部分电路被称为 RT/CMOS RAM 电路。PC/AT 微机或其兼容机中使用了 Motorola 公司的 MC146818 芯片。

在初始化时，Linux 0.12 内核通过 init/main.c 程序中的 time_init()函数读取这块芯片中保存的当前时间和日期信息，并通过 kernel/mktime.c 程序中的 kernel_mktime()函数转换成从 1970 年 1 月 1 日午夜 0 时开始计起到当前的以秒为单位的时间，我们称之为 UNIX 日历时间。该时间确定了系统开始运行的日历时间，被保存在全局变量 startup_time 中供内核所有代码使用。用户程序可以使用系统调用 time()来读取 startup_time 的值，而超级用户则可以通过系统调用 stime()来修改这个系统时间值。

另外，再通过下面介绍的从系统启动开始计数的系统滴答值 jiffies，程序就可以唯一地确定运行时刻的当前时间值。由于每个滴答定时值是 10ms，因此内核代码中定义了一个宏来方便代码对当前时间的访问。这个宏定义在 include/linux/sched.h 文件第 192 行上，其形式如下：

```
#define CURRENT_TIME (startup_time + jiffies/HZ)
```

其中，HZ = 100，是内核系统时钟频率。当前时间宏 CURRENT_TIME 被定义为系统开机时间 startup_time 加上开机后系统运行的时间 jiffies/100。在修改一个文件的被访问时间或其 i 节点的被修改时间时均使用了这个宏。

5.6.2　系统定时

在 Linux 0.12 内核的初始化过程中，PC 的可编程定时芯片 Intel 8253（8254）的计数器通道 0 被设置成运行在方式 3 下（方波发生器方式），并且初始计数值 LATCH 被设置成每隔 10ms 在通道 0 输出端 OUT 发出一个方波上升沿。由于 8254 芯片的时钟输入频率为 1.193180MHz，因此初始计数值 LATCH=1193180/100，约为 11931。由于 OUT 引脚被连接到可编程中断控制芯片的 0 级上，因此系统每隔 10ms 就会发出一个时钟中断请求（IRQ0）信号。这个时间节拍就是操作系统运行的脉搏，我们称之为 1 个系统滴答或一个系统时钟周期。因此每经过 1 个滴答时间，系统就会调用一次时钟中断处理程序（timer_interrupt）。

时钟中断处理程序 timer_interrupt 主要用来通过 jiffies 变量来累计自系统启动以来经过的时钟滴答数。每当发生一次时钟中断 jiffies 值就增 1。然后调用 C 语言函数 do_timer()作进一步的处理。调用时所带的参数 CPL 是从被中断程序的段选择符（保存在堆栈中的 CS 段寄存器值）中取得当前代码特权级 CPL。

do_timer()函数则根据特权级对当前进程运行时间作累计。如果 CPL=0，则表示进程运行在内核态时被中断，因此内核就会把进程的内核态运行时间统计值 stime 增 1，否则把进程用户态运行时间统计值增 1。如果软盘处理程序 floppy.c 在操作过程中添加过定时器，则对定时器链表进行处理。若某个定时器时间到（递减后等于 0），则调用该定时器的处理函数。然后对当前进程运行时间进行处理，把当前进程运行时间片减 1。时间片是一个进程在被切换掉之前所能持续运行的 CPU 时间，其单位是上面定义的滴答数。如果进程时间片值递减后还大于 0，表示其时间片还没有用完，于是就退出 do_timer()继续运行当前进程。如果此时进程时间片已经递减为 0，表示该进程已经用完了此次使用 CPU 的时间片，于是程序就会根据被中断程序的级别来确定进一步处理的方法。若被中断的当前进程是工作在用户态的（特权级别大于 0），则 do_timer()就会调用调度程序 schedule()切换到其他进程去运行。如果被中断的当前进程工作在内核态，即在内核程序中运行时被中断，则 do_timer()会立刻退出。因此这样的处理方式决定了 Linux 系统的进程在内核态运行时不会被调度程序切换。即进程在内核态程序中运行时是不可抢占的（nonpreemptive）⊖，但当处于用户态程序中运行时则是可以被抢占的（preemptive）。

注意，上述定时器专门用于软盘马达开启和关闭定时操作。这种定时器类似现代 Linux 系统中的动态定时器（Dynamic Timer），仅供内核使用。这种定时器可以在需要时动态地创建，而在定时到期时动态地撤销。在 Linux 0.12 内核中定时器同时最多可以有 64 个。定时器的处理代码在 sched.c 程序 283～368 行。

5.7 Linux 进程控制

程序是一个可执行的文件，而进程（process）是一个执行中的程序实例。利用分时技术，在 Linux 操作系统上同时可以运行多个进程。分时技术的基本原理是把 CPU 的运行时间划分成一个个规定长度的时间片(time slice)，让每个进程在一个时间片内运行。当进程的时间片用完时系统就利用调度程序切换到另一个进程去运行。因此实际上对于具有单个 CPU 的机器来说某一时刻只能运行一个进程。但由于每个进程运行的时间片很短（例如 15 个系统滴答=150ms），所以表面看来好像所有进程在同时运行着。

对于 Linux 0.12 内核来讲，系统最多可有 64 个进程同时存在。除了第 1 个进程用“手工”建立以外，其余的都是现有进程使用系统调用 fork 创建的新进程，被创建的进程称为子进程（child process），创建者则称为父进程（parent process）。内核程序使用进程标识号（process ID，pid）来标识每个进程。进程由可执行的指令代码、数据和堆栈区组成。进程中的代码和数据部分分别对应一个执行文件中的代码段、数据段。每个进程只能执行自己的代码和访问自己的数据及堆栈区。进程之间的通信需要通过系统调用来进行。对于只有一个 CPU 的系统，在某一时刻只能有一个进程正在运行。内核通过调度程序分时调度各个进程运行。

我们已经知道，Linux 系统中一个进程可以在内核态（kernel mode）或用户态（user mode）下执行，并且分别使用各自独立的内核态堆栈和用户态堆栈。用户堆栈用于进程在用户态下临时保存调用函数的参数、局部变量等数据；内核堆栈则含有内核程序执行函数调用时的信息。

另外，在 Linux 内核中，进程通常被称做任务（task），而把运行在用户空间的程序称作进程。本书将在尽量遵守这个默认规则的同时混用这两个术语。

5.7.1 任务数据结构

内核程序通过进程表对进程进行管理，每个进程在进程表中占有一项。在 Linux 系统中，进程表项是一个 task_struct 任务结构指针。任务数据结构定义在头文件 include/linux/sched.h 中。有些书上称其为进程控制块（Process Control Block，PCB）或进程描述符（Processor Descriptor，PD）。其中保存着用于控制和管理进程的所有信息。主要包括进程当前运行的状态信息、信号、进程号、父进程号、运行时间累计值、正在使用的文件和本任务的局部描述符以及任务状态段信息。该结构每个字段的具体含义如下所示。

⊖从 Linux 2.4 内核起，Robert Love 开发出了可抢占式的内核升级包。这使得在内核空间低优先级的进程也能被高优先级的进程抢占，从而能使系统响应性能最大提高 200%。参见 Robert Love 编著的《Linux 内核开发》一书。

```
struct task_struct {
  long state;                    // 任务的运行状态（-1 不可运行，0 可运行(就绪)，>0 已停止）。
  long counter;                  // 任务运行时间计数(递减)（滴答数），运行时间片。
  long priority;                 // 优先数。任务开始运行时 counter=priority，越大运行越长。
  long signal;                   // 信号位图，每个位代表一种信号，信号值=位偏移值+1。
  struct sigaction sigaction[32];    // 信号执行属性结构，对应信号将要执行的操作和标志信息。
  long blocked;                  // 进程信号屏蔽码（对应信号位图）。
  int exit_code;                 // 任务停止执行后的退出码，其父进程会来取。
  unsigned long start_code;          // 代码段地址。
  unsigned long end_code;            // 代码长度（字节数）。
  unsigned long end_data;            // 代码长度 + 数据长度（字节数）。
  unsigned long brk;                 // 总长度（字节数）。
  unsigned long start_stack;         // 堆栈段地址。
  long pid;                          // 进程标识号（进程号）。
  long pgrp;                         // 进程组号。
  long session;                      // 会话号。
  long leader;                       // 会话首领。
  int groups[NGROUPS];               // 进程所属组号。一个进程可属于多个组。
  task_struct *p_pptr;               // 指向父进程的指针。
  task_struct *p_cptr;               // 指向最新子进程的指针。
  task_struct *p_ysptr;              // 指向比自己后创建的相邻进程的指针。
  task_struct *p_osptr;              // 指向比自己早创建的相邻进程的指针。
  unsigned short uid;                // 用户标识号（用户 id）。
  unsigned short euid;               // 有效用户 id。
  unsigned short suid;               // 保存的用户 id。
  unsigned short gid;                // 组标识号（组 id）。
  unsigned short egid;               // 有效组 id。
  unsigned short sgid;               // 保存的组 id。
  long alarm;                        // 报警定时值（滴答数）。
  long utime;                        // 用户态运行时间（滴答数）。
  long stime;                        // 系统态运行时间（滴答数）。
  long cutime;                       // 子进程用户态运行时间。
  long cstime;                       // 子进程系统态运行时间。
  long start_time;                   // 进程开始运行时刻。
  struct rlimit rlim[RLIM_NLIMITS];      // 进程资源使用统计数组。
  unsigned int flags;                // 各进程的标志，在下面第 149 行开始定义（还未使用）。
  unsigned short used_math;          // 标志：是否使用了协处理器。
  int tty;                           // 进程使用 tty 终端的子设备号。-1 表示没有使用。
  unsigned short umask;              // 文件创建属性屏蔽位。
  struct m_inode * pwd;              // 当前工作目录 i 节点结构指针。
  struct m_inode * root;             // 根目录 i 节点结构指针。
  struct m_inode * executable;       // 执行文件 i 节点结构指针。
  struct m_inode * library;          // 被加载库文件 i 节点结构指针。
  unsigned long close_on_exec;       // 执行时关闭文件句柄位图标志。（参见 include/fcntl.h)
  struct file * filp[NR_OPEN];       // 文件结构指针表，最多 32 项。表项号即是文件描述符的值。
  struct desc_struct ldt[3];         // 局部描述符表。0-空，1-代码段 cs，2-数据和堆栈段 ds&ss。
  struct tss_struct tss;             // 进程的任务状态段信息结构。
};
```

（1）long state 字段含有进程的当前状态代号。如果进程正在等待使用 CPU 或者进程正被运行，那么 state 的值是 TASK_RUNNING。如果进程正在等待某一事件的发生因而处于空闲状态，那么 state 的值就是 TASK_INTERRUPTIBLE 或者 TASK_UNINTERRUPTIBLE。这两个值含义的区别在于处于 TASK_INTERRUPTIBLE 状态的进程能够被信号唤醒并激活，而处于 TASK_UNINTERRUPTIBLE 状态的进程则通常是在直接或间接地等待硬件条件的满足因而不会接受任何信号。TASK_STOPPED 状态用于说明一个进程正处于停止状态。例如进程在收到一个相关信号时（如 SIGSTOP、SIGTTIN 或 SIGTTOU 等）或者当进程被另一个进程使用 ptrace 系统调用监控并且控制权在监控进程中时。TASK_ZOMBIE 状态用于描述一个进程已经被终止，但其任务数据结构项仍然存在于任务结构表中。一个进程在这些状态之间的转换过程见下节说明。

（2）long counter 字段保存着进程在被暂时停止本次运行之前还能执行的时间滴答数，即在正常情况下还需要经过几个系统时钟周期才切换到另一个进程。调度程序会使用进程的 counter 值来选择下一个要执行的进程，因此 counter 可以看作是一个进程的动态特性。在一个进程刚被创建时 counter 的初值等于 priority。

（3）long priority 用于给 counter 赋初值。在 Linux 0.12 中这个初值为 15 个系统时钟周期时间（15 个嘀嗒）。当需要时调度程序会使用 priority 的值为 counter 赋一个初值，参见 sched.c 程序和 fork.c 程序。当然，priority 的单位也是时间滴答数。

（4）long signal 字段是进程当前所收到信号的位图，共 32 位，每位代表一种信号，信号值=位偏移值+1。因此 Linux 内核最多有 32 个信号。在每个系统调用处理过程的最后，系统会使用该信号位图对信号进行预处理。

（5）struct sigaction sigaction[32] 结构数组用来保存处理各信号所使用的操作和属性。数组的每一项对应一个信号。

（6）long blocked 字段是进程当前不想处理的信号的阻塞位图。与 signal 字段类似，其每一位代表一种被阻塞的信号。

（7）int exit 字段是用来保存程序终止时的退出码。在子进程结束后父进程可以查询它的这个退出码。

（8）unsigned long start_code 字段是进程代码在 CPU 线性地址空间中的开始地址，在 Linux 0.1x 内核中其值是 64MB 的整数倍。

（9）unsigned long end_code 字段保存着进程代码的字节长度值。

（10）unsigned long end_data 字段保存着进程的代码长度 + 数据长度的总字节长度值。

（11）unsigned long brk 字段也是进程代码和数据的总字节长度值（指针值），但是还包括未初始化的的数据区 bss，参见图 13-6。这是 brk 在一个进程开始执行时的初值。通过修改这个指针，内核可以为进程添加和释放动态分配的内存。这通常是通过调用 malloc()函数并通过 brk 系统调用由内核进行操作。

（12）unsigned long start_stack 字段值指向进程逻辑地址空间中堆栈的起始处。同样请参见图 13-6 中的堆栈指针位置。

（13）long pid 是进程标识号，即进程号。它被用来唯一地标识进程。

（14）long pgrp 是指进程所属进程组号。

（15）long session 是进程的会话号，即所属会话的进程号。

（16）long leader 是会话首进程号。有关进程组和会话的概念请参见第 7 章程序列表后的说明。

（17）int groups[NGROUPS] 是进程所属各个组的组号数组。一个进程可属于多个组。

（18）task_struct *p_pptr 是指向父进程任务结构的指针。

（19）task_struct *p_cptr 是指向最新子进程任务结构的指针。

（20）task_struct *p_ysptr 是指向比自己后创建的相邻进程的指针。

（21）task_struct *p_osptr 是指向比自己早创建的相邻进程的指针。以上 4 个指针的关系参见图 5-20。在 Linux 0.11 内核的任务数据结构中专门有一个父进程号字段 father，但是 0.12 内核中已经不用。此时我们可以使用进程的 pptr->pid 来取得父进程的进程号。

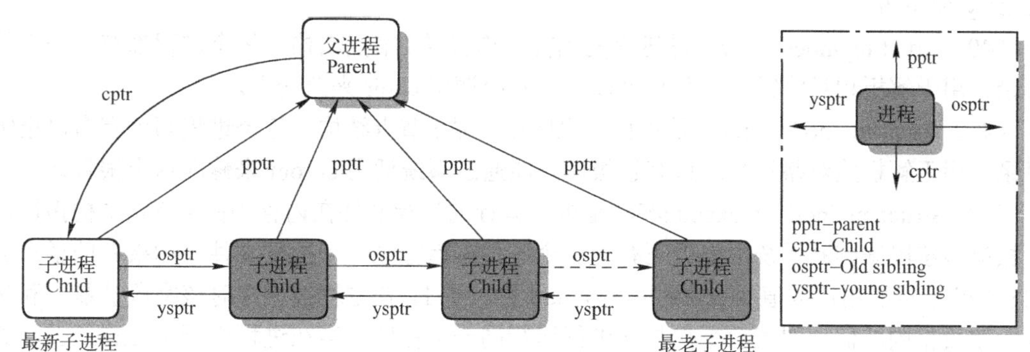

图 5-20　进程指针间的关系

（22）unsigned short uid 是拥有该进程的用户标识号（用户 id）。

（23）unsigned short euid 是有效用户标识号，用于指明访问文件的权力。

（24）unsigned short suid 是保存的用户标识号。当执行文件的设置用户 ID 标志（set-user-ID）置位时，suid 中保存着执行文件的 uid；否则，suid 等于进程的 euid。

（25）unsigned short gid 是用户所属组标识号（组 id）。指明了拥有该进程的用户组。

（26）unsigned short egid 是有效组标识号，用于指明该组用户访问文件的权限。

（27）unsigned short sgid 是保存的用户组标识号。当执行文件的设置组 ID 标志（set-group-ID）置位时，sgid 中保存着执行文件的 gid；否则，sgid 等于进程的 egid。有关这些用户号和组号的描述请参见第 5 章 sys.c 程序前的概述。

（28）long timeout 内核定时超时值。

（29）long alarm 是进程的报警定时值（滴答数）。如果进程使用系统调用 alarm()设置过该字段值（alarm()在 kernel/sched.c 第 370 行开始处。内核会把该函数以秒为单位的参数值转换成滴答值，加上系统当前时间滴答值之后保存在该字段中），那么此后当系统时间滴答值超过了 alarm 字段值时，内核就会向该进程发送一个 SIGALRM 信号。默认时该信号会终止程序的执行。当然我们也可以使用信号捕捉函数（signal()或 sigaction()）来捕捉该信号进行指定的操作。

（30）long utime 是累计进程在用户态运行的时间（滴答数）。

（31）long stime 是累计进程在系统态（内核态）运行的时间（滴答数）。

（32）long cutime 是累计进程的子进程在用户态运行的时间（滴答数）。

（33）long cstime 是累计进程的子进程内核态运行的时间（滴答数）。

（34）long start_time 是进程生成并开始运行的时刻。

（35）struct rlimit rlim[RLIM_NLIMITS]　进程资源使用统计数组。

（36）unsigned int flags 各进程的标志，0.12 内核还未使用。

（37）unsigned short used_math 是一个标志，指明本进程是否使用了协处理器。

（38）int tty 是进程使用 tty 终端的子设备号。-1 表示没有使用。

（39）unsigned short umask 是进程创建新文件时所使用的 16 位属性屏蔽字（每位表示文

件的一种属性），即新建文件所设置的访问属性。若屏蔽字某位被置位，则表示对应的属性被禁止（屏蔽）掉。该属性屏蔽字会与创建文件时给出的属性值一起使用（mode &~umask）以作为新建文件的实际访问属性。有关屏蔽字和文件属性各位的具体含义请参见文件 include/fcntl.h 和 include/sys/state.h。

（40）struct m_inode * pwd 是进程的当前工作目录 i 节点结构。每个进程都有一个当前工作目录，用于解析相对路径名，并且可以使用系统调用 chdir 来改变之。

（41）struct m_inode * root 是进程自己的根目录 i 节点结构。每个进程都可有自己指定的根目录，用于解析绝对路径名。只有超级用户能通过系统调用 chroot 来修改这个根目录。

（42）struct m_inode * executable 是进程运行的执行文件在内存中的 i 节点结构指针。系统可根据该字段来判断系统中是否还有另一个进程在运行同一个执行文件。如果有的话那么这个内存中 i 节点引用计数值 executable->i_count 会大于 1。在进程被创建时该字段被赋予和父进程同一字段相同的值，即表示正在与父进程运行同一个程序。当在进程中调用 exec()类函数而去执行一个指定的执行文件时，该字段值就会被替换成 exec()函数所执行程序的内存 i 节点指针。当进程调用 exit()函数而执行退出处理时该字段所指内存 i 节点的引用计数会被减 1，并且该字段将被置空。该字段的主要作用体现在 memory.c 程序的 share_page()函数中。该函数代码根据进程的 executable 所指节点的引用计数可判断系统中当前运行的程序是否有多个副本存在（至少 2 个）。若是，则在它们之间尝试页面共享操作。

在系统初始化时，在第 1 次调用执行 execve()函数之前，系统创建的所有任务的 executable 都是 0。这些任务包括任务 0、任务 1 以及任务 1 直接创建的没有执行过 execve()的所有任务，即代码直接包含在内核代码中的所有任务的 executable 都是 0。因为任务 0 的代码包含在内核代码中，它不是由系统从文件系统上加载运行的执行文件，因此内核代码中固定设置它的 executable 值为 0。另外，创建新进程时，fork()会复制父进程的任务数据结构，因此任务 1 的 executable 也是 0。但在执行了 execve()之后，executable 就被赋予了被执行文件的内存 i 节点的指针。此后所有任务的该值就均不会为 0 了。

（43）unsigned long close_on_exec 是一个进程文件描述符（文件句柄）位图标志。每个位代表一个文件描述符，用于确定在调用系统调用 execve()时需要关闭的文件描述符（参见 include/fcntl.h）。当一个程序使用 fork()函数创建了一个子进程时，通常会在该子进程中调用 execve()函数加载执行另一个新程序。此时子进程将完全被新程序替换掉，并在子进程中开始执行新程序。若一个文件描述符在 close_on_exec 中的对应位是置位状态，那么在子进程执行 execve()调用时对应打开着的文件描述符将被关闭，即在新程序中该文件描述符被关闭；否则，该文件描述符将始终处于打开状态。

（44）struct file * filp[NR_OPEN] 是进程使用的所有打开文件的文件结构指针表，最多 32 项。文件描述符的值即是该结构中的索引值。其中每一项用于文件描述符定位文件指针和访问文件。

（45）struct desc_struct ldt[3] 是该进程局部描述符表结构。定义了该任务在虚拟地址空间中的代码段和数据段。其中数组项 0 是空项，项 1 是代码段描述符，项 2 是数据段（包含数据和堆栈）描述符。

（46）struct tss_struct tss 是进程的任务状态段（Task State Segment，TSS）信息结构。在任务从执行中被切换出时 tss_struct 结构保存了当前处理器的所有寄存器值。当任务又被 CPU 重新执行时，CPU 就会利用这些值恢复到任务被切换出时的状态，并开始执行。

当一个进程在执行时，CPU 的所有寄存器中的值、进程的状态以及堆栈中的内容被称为该进程的上下文。当内核需要切换（switch）至另一个进程时，它就需要保存当前进程的所有状态，即保存当前进程的上下文，以便在再次执行该进程时，能够恢复到切换时的状态执行下去。在 Linux 中，当前进程上下文均保存在进程的任务数据结构中。在发生中断时，内核就在被中断进程的上下文中，在内核态下执行中断服务例程。但同时会保留所有需要用到的资源，以便中断服务结束时能恢复被中断进程的执行。

5.7.2 进程运行状态

一个进程在其生存期内，可处于一组不同的状态下，称为进程状态，如图 5-21 所示。进程状态保存在进程任务结构的 state 字段中。当进程正在等待系统中的资源而处于等待状态时，则称其处于睡眠等待状态。在 Linux 系统中，睡眠等待状态分为可中断的和不可中断的等待状态。

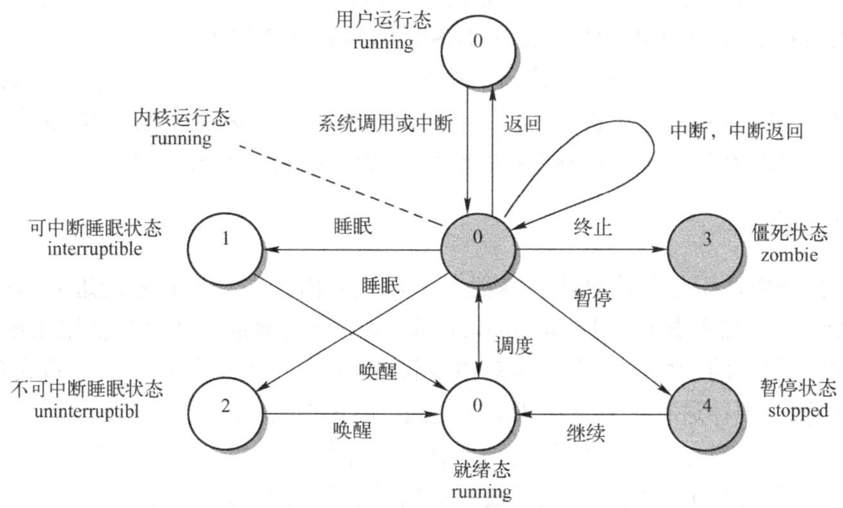

图 5-21 进程状态及转换关系

（1）运行状态（TASK_RUNNING）。当进程正在被 CPU 执行，或已经准备就绪随时可由调度程序执行，则称该进程为处于运行状态（running）。若此时进程没有被 CPU 执行，则称其处于就绪运行状态。见图 5-21 中 3 个标号为 0 的状态。进程可以在内核态运行，也可以在用户态运行。当一个进程在内核代码中运行时，我们称其处于内核运行态，或简称为内核态；当一个进程正在执行用户自己的代码时，我们称其为处于用户运行态（用户态）。当系统资源已经可用时，进程就被唤醒而进入准备运行状态，该状态称为就绪态。这些状态（图中中间一列）在内核中表示方法相同，都被称为处于 TASK_RUNNING 状态。当一个新进程刚被创建出后就处于本状态中（最下一个 0 处）。

（2）可中断睡眠状态（TASK_INTERRUPTIBLE）。当进程处于可中断等待（睡眠）状态时，系统不会调度该进程执行。当系统产生一个中断或者释放了进程正在等待的资源，或者进程收到一个信号，都可以唤醒进程转换到就绪状态（即可运行状态）。

（3）不可中断睡眠状态（TASK_UNINTERRUPTIBLE）。除了不会因为收到信号而被唤醒，该状态与可中断睡眠状态类似。但处于该状态的进程只有被使用 wake_up()函数明确唤醒时才能转换到可运行的就绪状态。该状态通常在进程需要不受干扰地等待或者所等待事件会很快发生时使用。

（4）暂停状态（TASK_STOPPED）。当进程收到信号 SIGSTOP、SIGTSTP、SIGTTIN 或 SIGTTOU 时就会进入暂停状态。可向其发送 SIGCONT 信号让进程转换到可运行状态。进程在调试期间接收到任何信号均会进入该状态。在 Linux 0.12 中，还未实现对该状态的转换处理。处于该状态的进程将被作为进程终止来处理。

（5）僵死状态（TASK_ZOMBIE）。当进程已停止运行，但其父进程还没有调用 wait()询问其状态时，则称该进程处于僵死状态。为了了让父进程能够获取其停止运行的信息，此时子进程的任务数据结构信息还需要保留着。一旦父进程调用 wait()取得了子进程的信息，则处于该状态进程的任务数据结构就会被释放。

当一个进程的运行时间片用完，系统就会使用调度程序强制切换到其他的进程去执行。另外，如果进程在内核态执行时需要等待系统的某个资源，此时该进程就会调用 sleep_on()或 interruptible_sleep_on()自愿地放弃 CPU 的使用权，而让调度程序去执行其他进程。进程则进入睡眠状态（TASK_UNINTERRUPTIBLE 或 TASK_INTERRUPTIBLE）。

只有当进程从“内核运行态”转移到“睡眠状态”时，内核才会进行进程切换操作。在内核态下运行的进程不能被其他进程抢占，而且一个进程不能改变另一个进程的状态。为了避免进程切换时造成内核数据错误，内核在执行临界区代码时会禁止一切中断。

5.7.3　进程初始化

在 boot/目录中，引导程序把内核从磁盘上加载到内存中，并让系统进入保护模式下运行后，就开始执行系统初始化程序 init/main.c。该程序首先确定如何分配使用系统物理内存，然后调用内核各部分的初始化函数分别对内存管理、中断处理、块设备和字符设备、进程管理以及硬盘和软盘硬件进行初始化处理。在完成了这些操作之后，系统各部分已经处于可运行状态。此后程序把自己“手工”移动到任务 0（进程 0）中运行，并使用 fork()调用首次创建出进程 1。在进程 1 中程序将继续进行应用环境的初始化并执行 shell 登录程序。而原进程 0 则会在系统空闲时被调度执行，此时任务 0 仅执行 pause()系统调用，其中又会去执行调度函数。

“移动到任务 0 中执行”这个过程由宏 move_to_user_mode（include/asm/system.h）完成。它把 main.c 程序执行流从内核态（特权级 0）移动到了用户态（特权级 3）的任务 0 中继续运行。在移动之前，系统在对调度程序的初始化过程（sched_init()）中，首先对任务 0 的运行环境进行了设置。这包括人工预先设置好任务 0 数据结构各字段的值（include/linux/sched.h）、在全局描述符表中添入任务 0 的任务状态段（TSS）描述符和局部描述符表（LDT）的段描述符，并把它们分别加载到任务寄存器 tr 和局部描述符表寄存器 ldtr 中。

这里需要强调的是，内核初始化是一个特殊过程，内核初始化代码也即是任务 0 的代码。从任务 0 数据结构中设置的初始数据可知，任务 0 的代码段和数据段的基址是 0，段限长是 640KB。而内核代码段和数据段的基址是 0，段限长是 16MB，因此任务 0 的代码段和数据段分别包含在内核代码段和数据段中。内核初始化程序 main.c 就是任务 0 中的代码，只是在移动到任务 0 之前系统正以内核态特权级 0 运行着 main.c 程序。宏 move_to_user_mode 的功能就是把运行特权级从内核态的 0 级变换到用户态的 3 级，但是仍然继续执行原来的代码指令流。

在移动到任务 0 的过程中，宏 move_to_user_mode 使用了中断返回指令造成特权级改变的方法。使用这种方法进行控制权转移是由 CPU 保护机制造成的。CPU 允许低级别（如特权级 3）代码通过调用门或中断、陷阱门来调用或转移到高级别代码中运行，但反之则不行。因此内核采用了这种模拟 IRET 返回低级别代码的方法。该方法的主要思想是在堆栈中构筑中断返回指令需要的内容，把返回地址的段选择符设置成任务 0 代码段选择符，其特权级为 3。此后执行中断返回指令 iret 时将导致系统 CPU 从特权级 0 跳转到外层的特权级 3 上运行。图 5-22 所示为特权级发生变化时的中断返回堆栈结构示意图。

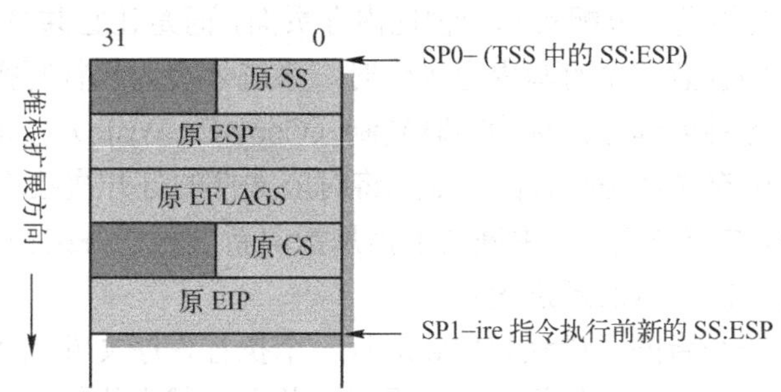

图 5-22 特权级发生变化时中断返回堆栈结构示意图

宏 move_to_user_mode 首先往内核堆栈中压入任务 0 堆栈段（即数据段）选择符和内核堆栈指针。然后压入标志寄存器内容。最后压入任务 0 代码段选择符和执行中断返回后需要执行的下一条指令的偏移位置。该偏移位置是 iret 后的一条指令处。

当执行 iret 指令时，CPU 把返回地址送入 CS:EIP 中，同时弹出堆栈中标志寄存器内容。由于 CPU 判断出目的代码段的特权级是 3，与当前内核态的 0 级不同。于是 CPU 会把堆栈中的堆栈段选择符和堆栈指针弹出到 SS:ESP 中。由于特权级发上了变化，段寄存器 DS、ES、FS 和 GS 的值变得无效，此时 CPU 会把这些段寄存器清零。因此在执行了 iret 指令后需要重新加载这些段寄存器。此后，系统就开始以特权级 3 运行在任务 0 的代码上。所使用的用户态堆栈还是原来在移动之前使用的堆栈。而其内核态堆栈则被指定为其任务数据结构所在页面的顶端开始（PAGE_SIZE + (long)&init_task）。由于以后在创建新进程时，需要复制任务 0 的任务数据结构，包括其用户堆栈指针，因此要求任务 0 的用户态堆栈在创建任务 1（进程 1）之前保持“干净”状态。

5.7.4 创建新进程

Linux 系统中创建新进程使用 fork()系统调用。所有进程都是通过复制进程 0 而得到的，都是进程 0 的子进程。

在创建新进程的过程中，系统首先在任务数组中找出一个还没有被任何进程使用的空项（空槽）。如果系统已经有 64 个进程在运行，则 fork()系统调用会因为任务数组表中没有可用空项而出错返回。然后系统为新建进程在主内存区中申请一页内存来存放其任务数据结构信息，并复制当前进程任务数据结构中的所有内容作为新进程任务数据结构的模板。为了防止这个还未处理完成的新建进程被调度函数执行，此时应该立刻将新进程状态置为不可中断的等待状态（TASK_UNINTERRUPTIBLE）。

随后对复制的任务数据结构进行修改。把当前进程设置为新进程的父进程，清除信号位图并复位新进程各统计值，并设置初始运行时间片值为 15 个时间滴答数（150ms）。接着根据当前进程设置任务状态段（TSS）中各寄存器的值。由于创建进程时新进程返回值应为 0，所以需要设置 tss.eax = 0。新建进程内核态堆栈指针 tss.esp0 被设置成新进程任务数据结构所在内存页面的顶端，而堆栈段 tss.ss0 被设置成内核数据段选择符。tss.ldt 被设置为局部表描述符在 GDT 中的索引值。如果当前进程使用了协处理器，则还需要把协处理器的完整状态保存到新进程的 tss.i387 结构中。

此后系统设置新任务的代码和数据段基址、限长，并复制当前进程内存分页管理的页表。注意，此时系统并不为新的进程分配实际的物理内存页面，而是让它共享其父进程的内存页面。只有当父进程或新进程中任意一个有写内存操作时，系统才会为执行写操作的进程分配相关的独自使用的内存页面。这种处理方式称为写时复制（Copy On Write）技术。

随后，如果父进程中有文件是打开的，则应将对应文件的打开次数增 1。接着在 GDT 中设置新任务的 TSS 和 LDT 描述符项，其中基地址信息指向新进程任务结构中的 tss 和 ldt。最后再将新任务设置成可运行状态并返回新进程号。

另外请注意，创建一个新的子进程和加载运行一个执行程序文件是两个不同的概念。当创建子进程时，它完全复制了父进程的代码和数据区，并会在其中执行子进程部分的代码。而执行块设备上的一个程序时，一般是在子进程中运行 exec()系统调用来操作的。在进入 exec()后，子进程原来的代码和数据区就会被清掉（释放）。待该子进程开始运行新程序时，由于此时内核还没有从块设备上加载该程序的代码，CPU 就会立刻产生代码页面不存在的异常（Fault），此时内存管理程序就会从块设备上加载相应的代码页面，然后 CPU 重新执行引起异常的指令。到此时新程序的代码才真正开始被执行。

5.7.5 进程调度

内核中的调度程序用于选择系统中下一个要运行的进程。这种选择运行机制是多任务操作系统的基础。可以将调度程序看做在所有处于运行状态的进程之间分配 CPU 运行时间的管理代码。由前面描述可知，Linux 进程是抢占式的，但被抢占的进程仍然处于 TASK_RUNNING 状态，只是暂时没有被 CPU 运行。进程的抢占发生在进程处于用户态执行阶段，在内核态执行时是不能被抢占的。

为了能让进程有效地使用系统资源，又能使进程有较快的响应时间，就需要对进程的切换调度采用一定的调度策略。在 Linux 0.12 中采用了基于优先级排队的调度策略。

1. 调度程序

schedule()函数首先扫描任务数组。通过比较每个就绪态（TASK_RUNNING）任务的运行时间递减滴答计数 counter 的值来确定当前哪个进程运行的时间最少。哪一个的值大，就表示运行时间还不长，于是就选中该进程，并使用任务切换宏函数切换到该进程运行。

如果此时所有处于 TASK_RUNNING 状态进程的时间片都已经用完，系统就会根据每个进程的优先权值 priority，对系统中所有进程（包括正在睡眠的进程）重新计算每个任务需要运行的时间片值 counter。计算的公式是：

$$\text{counter} = \frac{\text{counter}}{2} + \text{priority}$$

这样，正在睡眠的进程被唤醒时就具有较高的时间片 counter 值。然后 schedule()函数重新扫描任务数组中所有处于 TASK_RUNNING 状态的进程，并重复上述过程，直到选择出一个进程为止。最后调用 switch_to()执行实际的进程切换操作。

如果此时没有其他进程可运行，系统就会选择进程 0 运行。对于 Linux 0.12 来说，进程 0 会调用 pause()把自己置为可中断的睡眠状态并再次调用 schedule()。不过在调度进程运行时，schedule()并不在意进程 0 处于什么状态。只要系统空闲就调度进程 0 运行。

2. 进程切换

每当选择出一个新的可运行进程时，schedule()函数就会调用定义在 include/asm/system.h 中的 switch_to()宏执行实际进程切换操作。该宏会把 CPU 的当前进程状态（上下文）替换成新进程的状态。在进行切换之前，switch_to()首先检查要切换到的进程是否就是当前进程，如果是则什么也不做，直接退出；否则，就首先把内核全局变量 current 置为新任务的指针，然后长跳转到新任务的任务状态段 TSS 组成的地址处，造成 CPU 执行任务切换操作。此时 CPU 会把其所有寄存器的状态保存到当前任务寄存器 TR 中 TSS 段选择符所指向的当前进程任务数据结构的 tss 结构中，然后把新任务状态段选择符所指向的新任务数据结构中 tss 结构中的寄存器信息恢复到 CPU 中，系统就正式开始运行新切换的任务了。这个过程可参见图 4-37。

5.7.6 终止进程

当一个进程结束了运行或在半途中止了运行，那么内核就需要释放该进程所占用的系统资源。这包括进程运行时打开的文件、申请的内存等。

当一个用户程序调用 exit()系统调用时，就会执行内核函数 do_exit()。该函数会首先释放进程代码段和数据段占用的内存页面，关闭进程打开着的所有文件，对进程使用的当前工作目录、根目录和运行程序的 i 节点进行同步操作。如果进程有子进程，则让 init 进程作为其所有子进程的父进程。如果进程是一个会话头进程并且有控制终端，则释放控制终端，并向属于该会话的所有进程发送挂断信号 SIGHUP，这通常会终止该会话中的所有进程。然后把进程状态置为僵死状态 TASK_ZOMBIE。并向其原父进程发送 SIGCHLD 信号，通知其某个子进程已经终止。最后 do_exit()调用调度函数去执行其他进程。由此可见在进程被终止时，它的任务数据结构仍然保留着。因为其父进程还需要使用其中的信息。

在子进程执行期间，父进程通常使用 wait()或 waitpid()函数等待其某个子进程终止。当等待的子进程被终止并处于僵死状态时，父进程就会把子进程运行所使用的时间累加到自己的进程中，最终释放已终止子进程任务数据结构所占用的内存页面，并置空子进程在任务数组中占用的指针项。

5.8 Linux 系统中堆栈的使用方法

本节内容概要描述了 Linux 内核从开机引导到系统正常运行过程中对堆栈的使用方式。这部分内容的说明与内核代码关系比较密切，可以先跳过。在开始阅读相应代码时再回来仔细研究。

Linux 0.12 系统中共使用了 4 种堆栈。第 1 种是系统引导初始化时临时使用的堆栈；第 2 种是进入保护模式之后提供内核程序初始化使用的堆栈，位于内核代码地址空间固定位置处。该堆栈也是后来任务 0 使用的用户态堆栈；第 3 种是每个任务通过系统调用，执行内核程序时使用的堆栈，我们称之为任务的内核态堆栈。每个任务都有自己独立的内核态堆栈；第 4 种是任务在用户态执行的堆栈，位于任务（进程）逻辑地址空间近末端处。

使用多个栈或在不同情况下使用不同栈的主要原因有两个。首先是由于从实模式进入保护模式，使得 CPU 对内存寻址访问方式发生了变化，因此需要重新调整设置栈区域。另外，为了解决不同 CPU 特权级共享使用堆栈带来的保护问题，执行 0 级的内核代码和执行 3 级的用户代码需要使用不同的栈。当一个任务进入内核态运行时，就会使用其 TSS 段中给出的特权级 0 的堆栈指针 tss.ss0、tss.esp0，即内核栈。原用户栈指针会被保存在内核栈中。而当从内核态返回用户态时，就会恢复使用用户态的堆栈。下面分别对它们进行说明。

5.8.1 初始化阶段

（1）开机初始化时(bootsect.S，setup.s)

当 bootsect 代码被 ROM BIOS 引导加载到物理内存 0x7c00 处时，并没有设置堆栈段，当然程序也没有使用堆栈。直到 bootsect 被移动到 0x9000:0 处时，才把堆栈段寄存器 SS 设置为 0x9000，堆栈指针 esp 寄存器设置为 0xff00，即堆栈顶端在 0x9000:0xff00 处，参见 boot/bootsect.s 第 61、62 行。setup.s 程序中也沿用了 bootsect 中设置的堆栈段。这就是系统初始化时临时使用的堆栈。

（2）进入保护模式时(head.s)

从 head.s 程序起，系统开始正式在保护模式下运行。此时堆栈段被设置为内核数据段（0x10），堆栈指针 esp 设置成指向 user_stack 数组的顶端（参见 head.s，第 31 行），保留了 1 页内存（4KB）作为堆栈使用。user_stack 数组定义在 sched.c 的 67～72 行，共含有 1024 个长字。它在物理内存中的位置示意图可参见图 5-23。此时该堆栈是内核程序自己使用的堆栈。其中给出的地址是大约值，它们与编译时的实际设置参数有关。这些地址位置是从编译内核时生成的 system.map 文件中查到的。

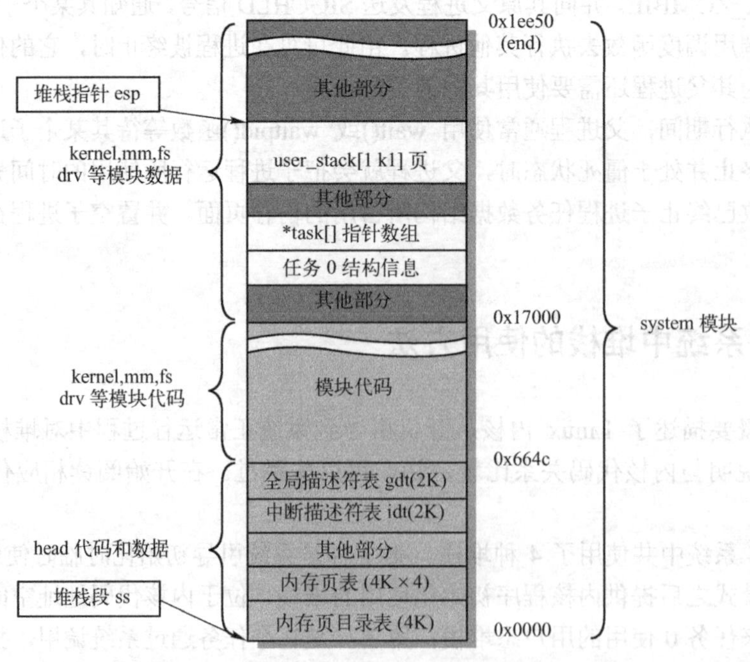

图 5-23 刚进入保护模式时内核使用的堆栈示意图

（3）初始化时(main.c)

在 init/main.c 程序中，在执行 move_to_user_mode()代码把控制权移交给任务 0 之前，系统一直使用上述堆栈。而在执行过 move_to_user_mode()之后，main.c 的代码被“切换”成任务 0 中执行。通过执行 fork()系统调用，main.c 中的 init()将在任务 1 中执行，并使用任务 1 的堆栈。而 main()本身则在被“切换”成为任务 0 后，仍然继续使用上述内核程序自己的堆栈作为任务 0 的用户态堆栈。关于任务 0 所使用堆栈的详细描述见后面说明。

5.8.2 任务的堆栈

每个任务都有两个堆栈，分别用于用户态和内核态程序的执行，并且分别称为用户态堆栈和内核态堆栈。除了处于不同 CPU 特权级中，这两个堆栈之间的主要区别在于任务的内核态堆栈很小，所保存的数据量最多不能超过 4096 – 任务数据结构块个字节，大约为 3KB。而任务的用户态堆栈却可以在用户的 64MB 空间内延伸。

（1）在用户态运行时

每个任务（除了任务 0 和任务 1）有自己的 64MB 地址空间。当一个任务（进程）刚被创建时，它的用户态堆栈指针被设置在其地址空间的靠近末端（64MB 顶端）部分。实际上末端部分还要包括执行程序的参数和环境变量，然后才是用户堆栈空间，如图 5-24 所示。应用程序在用户态下运行时就一直使用这个堆栈。堆栈实际使用的物理内存则由 CPU 分页机制确定。由于 Linux 实现了写时复制功能（Copy on Write），因此在进程被创建后，若该进程及其父进程都没有使用堆栈，则两者共享同一堆栈对应的物理内存页面。只有当其中一个进程执行堆栈写操作（如 push 操作）时内核内存管理程序才会为写操作进程分配新的内存页面。而进程 0 和进程 1 的用户堆栈比较特殊，见后面说明。

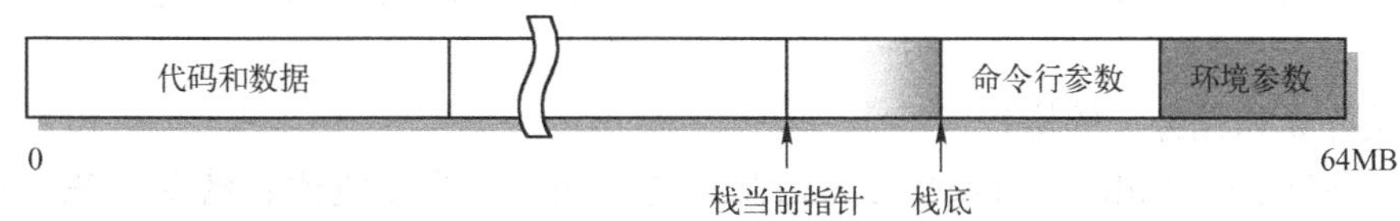

图 5-24　逻辑空间中的用户态堆栈

（2）在内核态运行时

每个任务都有自己的内核态堆栈，用于任务在内核代码中执行期间。其所在线性地址中的位置由该任务 TSS 段中 ss0 和 esp0 两个字段指定。ss0 是任务内核态堆栈的段选择符，esp0 是堆栈栈底指针。因此每当任务从用户代码转移进入内核代码中执行时，任务的内核态栈总是空的。任务内核态堆栈被设置在位于其任务数据结构所在页面的末端，即与任务的任务数据结构（task_struct）放在同一页面内。这是在建立新任务时，fork()程序在任务 tss 段的内核级堆栈字段（tss.esp0 和 tss.ss0）中设置的，参见 kernel/fork.c，92 行：

```
p->tss.esp0 = PAGE_SIZE + (long)p;
p->tss.ss0 = 0x10;
```

其中，p 是新任务的任务数据结构指针，tss 是任务状态段结构。内核为新任务申请内存用作保存其 task_struct 结构数据，而 tss 结构（段）是 task_struct 中的一个字段。该任务的内核堆栈段值 tss.ss0 也被设置成为 0x10（即内核数据段选择符），而 tss.esp0 则指向保存 task_struct 结构页面的末端。如图 5-25 所示。实际上 tss.esp0 被设置成指向该页面（外）上一字节处（图中堆栈底处）。这是因为 Intel CPU 执行堆栈操作时是先递减堆栈指针 esp 值，然后在 esp 指针处保存入栈内容。

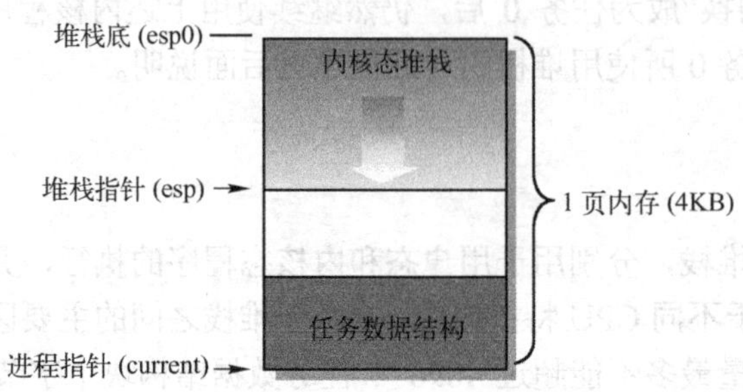

图 5-25 进程的内核态堆栈示意图

为什么从主内存区申请得来的用于保存任务数据结构的一页内存也能被设置成内核数据段中的数据呢，即 tss.ss0 为什么能被设置成 0x10 呢？这是因为用户内核态栈仍然属于内核数据空间。我们可以从内核代码段的长度范围来说明。在 head.s 程序的末端，分别设置了内核代码段和数据段的描述符，段长度都被设置成了 16MB。这个长度值是 Linux 0.12 内核所能支持的最大物理内存长度（参见 head.s，110 行开始的注释）。因此，内核代码可以寻址到整个物理内存范围中的任何位置，当然也包括主内存区。每当任务执行内核程序而需要使用其内核栈时，CPU 就会利用 TSS 结构把它的内核态堆栈设置成由 tss.ss0 和 tss.esp0 这两个值构成。在任务切换时，老任务的内核栈指针 esp0 不会被保存。对 CPU 来讲，这两个值是只读的。因此每当一个任务进入内核态执行时，其内核态堆栈总是空的。

（3）任务 0 和任务 1 的堆栈

任务 0（空闲进程 idle）和任务 1（初始化进程 init）的堆栈比较特殊，需要特别予以说明。任务 0 和任务 1 的代码段和数据段相同，限长也都是 640KB，但它们被映射到不同的线性地址范围中。任务 0 的段基地址从线性地址 0 开始，而任务 1 的段基地址从 64MB 开始。但是它们全都映射到物理地址 0～640KB 范围中。这个地址范围也就是内核代码和基本数据所存放的地方。在执行了 move_to_user_mode()之后，任务 0 和任务 1 的内核态堆栈分别位于各自任务数据结构所在页面的末端，而任务 0 的用户态堆栈就是前面进入保护模式后所使用的堆栈，即 sched.c 的 user_stack[]数组的位置。由于任务 1 在创建时复制了任务 0 的用户堆栈，因此刚开始时任务 0 和任务 1 共享使用同一个用户堆栈空间。但是当任务 1 开始运行时，由于任务 1 映射到 user_stack[]处的页表项被设置成只读，使得任务 1 在执行堆栈操作时将会引起写页面异常，从而内核会使用写时复制机制（关于写时复制技术的说明请参见第 13 章）为任务 1 另行分配主内存区页面作为堆栈空间使用。只有到此时，任务 1 才开始使用自己独立的用户堆栈内存页面。因此任务 0 的堆栈需要在任务 1 实际开始使用之前保持“干净”，即任务 0 此时不能使用堆栈，以确保复制的堆栈页面中不含有任务 0 的数据。

任务 0 的内核态堆栈是在其人工设置的初始化任务数据结构中指定的，而它的用户态堆栈是在执行 move_to_user_mode()时，在模拟 iret 返回之前的堆栈中设置的，参见图 5-22 所示。我们知道，当进行特权级会发生变化的控制权转移时，目的代码会使用新特权级的堆栈，而原特权级代码堆栈指针将保留在新堆栈中。因此这里先把任务 0 用户堆栈指针压入当前处于特权级 0 的堆栈中，同时把代码指针也压入堆栈，然后执行 IRET 指令即可实现把控制权从特权级 0 的代码转移到特权级 3 的任务 0 代码中。在这个人工设置内容的堆栈中，原 esp 值被设置成仍然是 user_stack 中原来的位置值，而原 ss 段选择符被设置成 0x17，即设置成用户态局部表 LDT 中的数据段选择符。然后把任务 0 代码段选择符 0x0f 压入堆栈作为栈中原 CS 段的选择符，把下一条指令的指针作为原 EIP 压入堆栈。这样，通过执行 IRET 指令即可“返回”到任务 0 的代码中继续执行了。

5.8.3　任务内核态堆栈与用户态堆栈之间的切换

在 Linux 0.12 系统中，所有中断服务程序都属于内核代码。如果一个中断产生时任务正在用户代码中执行，那么该中断就会引起 CPU 特权级从 3 级到 0 级的变化，此时 CPU 就会进行用户态堆栈到内核态堆栈的切换操作。CPU 会从当前任务的任务状态段 TSS 中取得新堆栈的段选择符和偏移值。因为中断服务程序在内核中，属于 0 级特权级代码，所以 48 位的内核态堆栈指针会从 TSS 的 ss0 和 esp0 字段中获得。在定位了新堆栈（内核态堆栈）之后，CPU 就会首先把原用户态堆栈指针 ss 和 esp 压入内核态堆栈，随后把标志寄存器 eflags 的内容和返回位置 cs、eip 压入内核态堆栈。

内核的系统调用是一个软件中断，因此任务调用系统调用时就会进入内核并执行内核中的中断服务代码。此时内核代码就会使用该任务的内核态堆栈进行操作。同样，当进入内核程序时，由于特权级别发生了改变（从用户态转到内核态），用户态堆栈的堆栈段和堆栈指针以及 eflags 会被保存在任务的内核态堆栈中。而在执行 iret 退出内核程序返回到用户程序时，将恢复用户态的堆栈和 eflags。这个过程如图 5-26 所示。

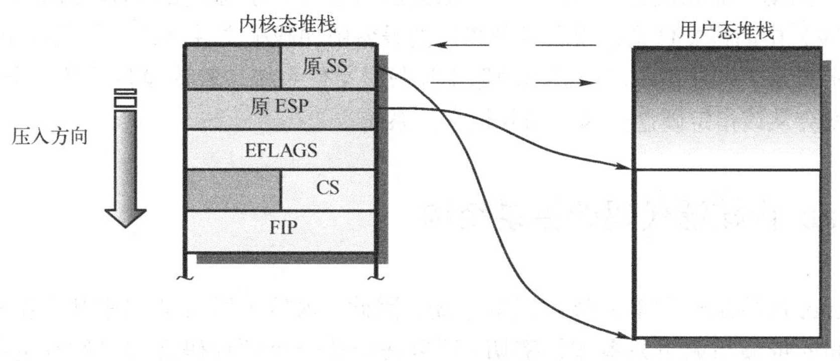

图 5-26　内核态和用户态堆栈的切换

如果一个任务正在内核态中运行，那么若 CPU 响应中断就不再需要进行堆栈切换操作，因为此时该任务运行的内核代码已经在使用内核态堆栈，并且不涉及优先级别的变化，所以 CPU 仅把 eflags 和中断返回指针 cs、eip 压入当前内核态堆栈，然后执行中断服务过程。

5.9 Linux 0.12 采用的文件系统

内核代码若要正常运行就需要文件系统的支持。用于向内核提供最基本信息和支持的是根文件系统，即 Linux 系统引导启动时，默认使用的文件系统是根文件系统。其中包括操作系统最起码的一些配置文件和命令执行程序。对于 Linux 系统中使用的 UNIX 类文件系统，其中主要包括一些规定的目录、配置文件、设备驱动程序、开发程序以及所有其他用户数据或文本文件等。其中一般都包括以下一些子目录和文件：

`etc/`	主要含有一些系统配置文件；
`dev/`	含有设备特殊文件，用于使用文件操作语句操作设备；
`bin/`	存放系统执行程序，如 sh、mkfs、fdisk 等；
`usr/`	存放库函数、手册和其他一些文件；
`usr/bin`	存放用户常用的普通命令；
`var/`	用于存放系统运行时可变的数据或者日志等信息。

存放文件系统的设备就是文件系统设备。比如，对于一般用户使用的 Windows 2000 操作系统，硬盘 C 盘就是文件系统设备，而硬盘上按一定规则存放的文件就组成文件系统，Windows 2000 有 NTFS 或 FAT32 等文件系统。而 Linux 0.12 内核所支持的文件系统是 MINIX 1.0 文件系统。目前，Linux 系统上使用最广泛的则是 ext2 或 ext3 文件系统。

本书第 1 章中介绍的在软盘上运行的 Linux 0.12 系统，就是由简单的 2 张软盘（bootimage 盘和 rootimage 盘）组成的。其中 bootimage 是引导启动 Image 文件，主要包括磁盘引导扇区代码、操作系统加载程序和内核执行代码；rootimage 是用于向内核提供最基本支持的根文件系统。这两个盘合起来就相当于一张可启动的 DOS 操作系统盘。

当 Linux 启动盘加载根文件系统时，会根据启动盘上引导扇区第 509、510 字节处一个字（ROOT_DEV）中的根文件系统设备号从指定的设备中加载根文件系统。如果这个设备号是 0 的话，则表示需要从引导盘所在当前驱动器中加载根文件系统。若该设备号是一个硬盘分区设备号的话，就会从该指定硬盘分区中加载根文件系统。

5.10 Linux 内核源代码的目录结构

由于 Linux 内核是一种单内核模式的系统，因此，内核中所有的程序几乎都有紧密的联系，它们之间的依赖和调用关系非常密切。所以在阅读一个源代码文件时往往需要参阅其他相关的文件。因此有必要在开始阅读内核源代码之前，先熟悉一下源代码文件的目录结构和安排。

这里我们首先列出 Linux 内核完整的源代码目录，包括其中的子目录。然后逐一介绍各个目录中所包含程序的主要功能，使得整个内核源代码的安排形式能在我们的头脑中建立起一个大概的框架，以便下一章开始的源代码阅读工作。

当我们使用 tar 命令将 linux-0.12.tar.gz 解开时，内核源代码文件被放到了 linux/目录中。其目录结构如图 5-27 所示。

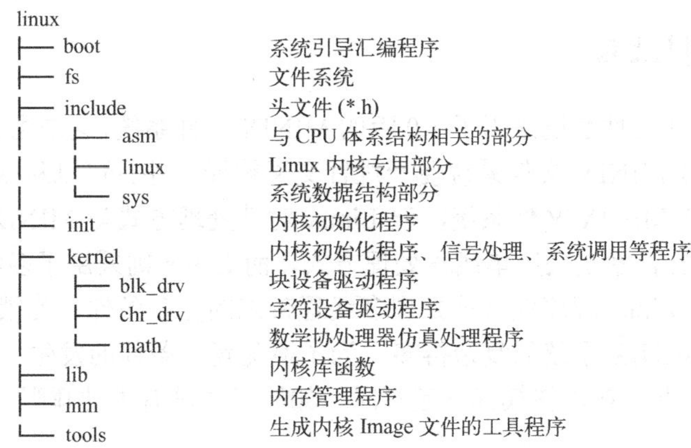

图 5-27　Linux 内核源代码目录结构

该内核版本的源代码目录中含有 14 个子目录，总共包括 102 个代码文件。下面逐个对这些子目录中的内容进行描述。

5.10.1　内核主目录 linux

linux 目录是源代码的主目录，在该主目录中除了包括所有的 14 个子目录以外，还含有唯一的一个 Makefile 文件。该文件是编译辅助工具软件 make 的参数配置文件。make 工具软件的主要用途是通过识别哪些文件已被修改过，从而自动地决定在一个含有多个源程序文件的程序系统中哪些文件需要被重新编译。因此，make 工具软件是程序项目的管理软件。

linux 目录下的这个 Makefile 文件还嵌套地调用了所有子目录中包含的 Makefile 文件。这样，当 linux 目录（包括子目录）下的任何文件被修改过时，make 都会对其进行重新编译。因此为了编译整个内核所有的源代码文件，只要在 linux 目录下运行一次 make 软件即可。

5.10.2　引导启动程序目录 boot

boot 目录中含有 3 个汇编语言文件，是内核源代码文件中最先被编译的程序。这 3 个程序完成的主要功能是当计算机加电时引导内核启动，将内核代码加载到内存中，并做一些进入 32 位保护运行方式前的系统初始化工作。其中 bootsect.S 和 setup.s 程序需要使用 as86 软件来编译，使用的是 as86 的汇编语言格式（与微软的类似），而 head.s 需要用 GNU as 来编译，使用的是 AT&T 格式的汇编语言。这两种汇编语言在下一章的代码注释里以及代码列表后面的说明中会有简单的介绍。

bootsect.S 程序是磁盘引导块程序，编译后会驻留在磁盘的第一个扇区中（引导扇区，0 磁道(柱面)，0 磁头，第 1 个扇区)。在 PC 加电 ROM BIOS 自检后，将被 BIOS 加载到内存 0x7C00 处运行。

setup.s 程序主要用于读取机器的硬件配置参数，并把内核模块 system 移动到适当的内存位置处。

head.s 程序会被编译连接在 system 模块的最前部分，主要进行硬件设备的探测设置和内存管理页面的初始设置工作。

5.10.3 文件系统目录 fs

Linux 0.12 内核的文件系统采用了 1.0 版的 MINIX 文件系统，这是由于 Linux 是在 MINIX 系统上开发的，采用 MINIX 文件系统便于进行交叉编译，并且可以从 MINIX 中加载 Linux 分区。虽然使用的是 MINIX 文件系统，但 Linux 对其处理方式与 MINIX 系统不同。主要的区别在于 MINIX 对文件系统采用单线程处理方式，而 Linux 则采用了多线程方式。由于采用了多线程处理方式，Linux 程序就必须处理多线程带来的竞争条件、死锁等问题，因此 Linux 文件系统代码要比 MINIX 系统的复杂得多。为了避免竞争条件的发生，Linux 系统对资源分配进行了严格检查，并且在内核模式下运行时，如果任务没有主动睡眠（调用 sleep()），就不让内核切换任务。

fs/目录是文件系统实现程序的目录，共包含 18 个 C 语言程序。这些程序之间的主要引用关系如图 5-28 所示。图中每个方框代表一个文件，从上到下按基本引用关系放置。其中各文件名均略去了扩展名.c，虚线框中的程序文件不属于文件系统，带箭头的线条表示引用关系，粗线条表示有相互引用关系。

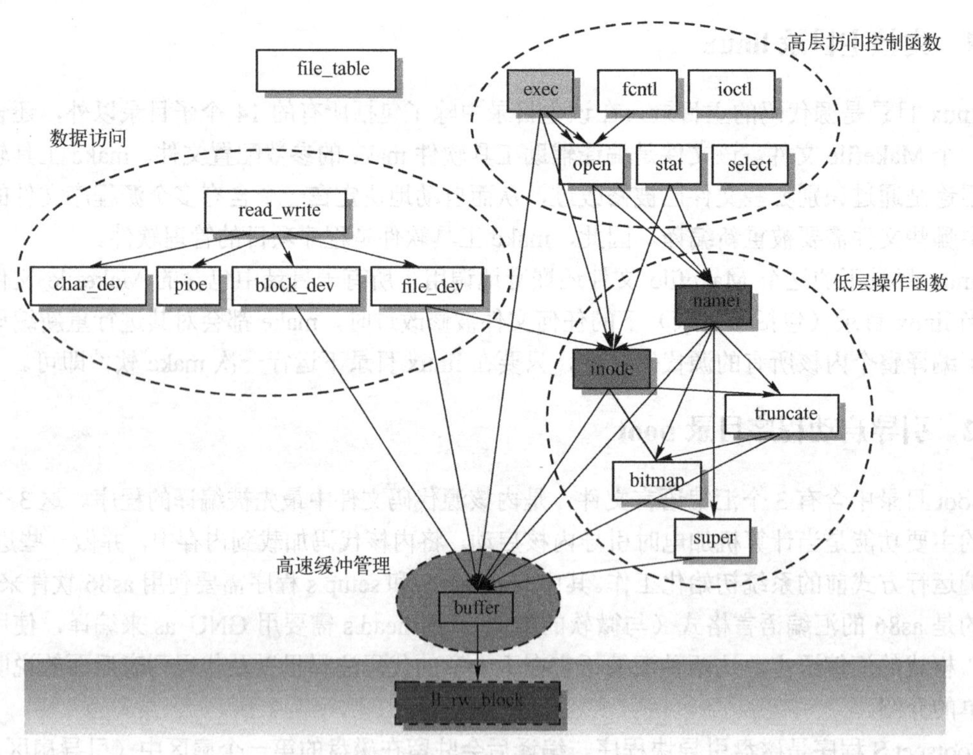

图 5-28 fs 目录中各程序中函数之间的引用关系

由图可以看出，该目录中的程序可以划分成 4 个部分：高速缓冲区管理、低层文件操作、文件数据访问和文件高层函数，在对本目录中的文件进行注释说明时，我们也将分成这 4 个部分来描述。

对于文件系统，我们可以将它看成是内存高速缓冲区的扩展部分。所有对文件系统中数据的访问，都需要首先读取到高速缓冲区中。本目录中的程序主要用来管理高速缓冲区中缓冲块的使用分配和块设备上的文件系统。管理高速缓冲区的程序是 buffer.c，而其他程序则主要都是用于文件系统管理。

在 file_table.c 文件中，目前仅定义了一个文件句柄（描述符）结构数组。ioctl.c 文件将引用 kernel/chr_drv/tty.c 中的函数，实现字符设备的 I/O 控制功能。exec.c 程序主要包含一个执行程序函数 do_execve()，它是所有 exec()函数簇中的主要函数。fcntl.c 程序用于实现文件 I/O 控制的系统调用函数。read_write.c 程序用于实现文件读/写和定位 3 个系统调用函数。stat.c 程序中实现了两个获取文件状态的系统调用函数。open.c 程序主要包含实现修改文件属性和创建与关闭文件的系统调用函数。

char_dev.c 主要包含字符设备读写函数 rw_char()。pipe.c 程序中包含管道读写函数和创建管道的系统调用。file_dev.c 程序中包含基于 i 节点和描述符结构的文件读写函数。namei.c 程序主要包括文件系统中目录名和文件名的操作函数和系统调用函数。block_dev.c 程序包含块数据读和写函数。inode.c 程序中包含针对文件系统 i 节点操作的函数。truncate.c 程序用于在删除文件时释放文件所占用的设备数据空间。bitmap.c 程序用于处理文件系统中 i 节点和逻辑数据块的位图。super.c 程序中包含对文件系统超级块的处理函数。buffer.c 程序主要用于对内存高速缓冲区进行处理。虚线框中的 ll_rw_block 是块设备的底层读函数，它并不在 fs 目录中，而是 kernel/blk_drv/ll_rw_block.c 中的块设备读写驱动函数。放在这里只是让读者清楚地看到，文件系统对于块设备中数据的读写，都需要通过高速缓冲区与块设备的驱动程序（ll_rw_block()）来操作来进行，文件系统程序集本身并不直接与块设备的驱动程序打交道。

在对程序进行注释过程中，我们将另外给出这些文件中各个主要函数之间的调用层次关系。

5.10.4 头文件主目录 include

头文件目录中总共有 32 个.h 头文件。其中主目录下有 13 个，asm 子目录中有 4 个，linux 子目录中有 10 个，sys 子目录中有 5 个。这些头文件各自的功能如下，具体的作用和所包含的信息请参见第 14 章。

<a.out.h>：a.out 头文件，定义了 a.out 执行文件格式和一些宏。

<const.h>：常数符号头文件，目前仅定义了 i 节点中 i_mode 字段的各标志位。

<ctype.h>：字符类型头文件，定义了一些有关字符类型判断和转换的宏。

<errno.h>：错误号头文件，包含系统中各种出错号。(Linus 从 minix 中引进的)。

<fcntl.h>：文件控制头文件，用于文件及其描述符的操作控制常数符号的定义。

<signal.h>：信号头文件，定义信号符号常量，信号结构以及信号操作函数原型。

<stdarg.h>：标准参数头文件，以宏的形式定义变量参数列表。主要说明了一个类型（va_list）和 3 个宏（va_start, va_arg 和 va_end），用于 vsprintf、vprintf、vfprintf 函数。

<stddef.h>：标准定义头文件，定义了 NULL, offsetof(TYPE, MEMBER)。

<string.h>：字符串头文件，主要定义了一些有关字符串操作的嵌入函数。

<termios.h>：终端输入输出函数头文件，主要定义控制异步通信口的终端接口。

<time.h>：时间类型头文件，主要定义了 tm 结构和一些有关时间的函数原形。

<unistd.h>：Linux 标准头文件，定义了各种符号常数和类型，并声明了各种函数。如，定义了__LIBRARY__，则还包括系统调用号和内嵌汇编_syscall0()等。

<utime.h>：用户时间头文件，定义了访问和修改时间结构以及 utime()原型。

（1）体系结构相关头文件子目录 include/asm

这些头文件主要定义了一些与 CPU 体系结构密切相关的数据结构、宏函数和变量。共 4 个文件。

<asm/io.h>：I/O 头文件，以宏的嵌入汇编程序形式定义对 I/O 端口操作的函数。

<asm/memory.h>：内存拷贝头文件，含有 memcpy()嵌入式汇编宏函数。

<asm/segment.h>：段操作头文件，定义了有关段寄存器操作的嵌入式汇编函数。

<asm/system.h>：系统头文件，定义了设置或修改描述符/中断门等的嵌入式汇编宏。

（2）Linux 内核专用头文件子目录 include/linux

<linux/config.h>：内核配置头文件，定义键盘语言和硬盘类型（HD_TYPE）可选项。

<linux/fdreg.h>：软驱头文件，含有软盘控制器参数的一些定义。

<linux/fs.h>：文件系统头文件，定义文件表结构（file,buffer_head,m_inode 等）。

<linux/hdreg.h>：硬盘参数头文件，定义访问硬盘寄存器端口、状态码和分区表等信息。

<linux/head.h>：head 头文件，定义了段描述符的简单结构，和几个选择符常量。

<linux/kernel.h>：内核头文件，含有一些内核常用函数的原形定义。

<linux/mm.h>：内存管理头文件，含有页面大小定义和一些页面释放函数原型。

<linux/sched.h>： 调度程序头文件，定义了任务结构 task_struct、初始任务 0 的数据，以及一些有关描述符参数设置和获取的嵌入式汇编函数宏语句。

<linux/sys.h>：系统调用头文件，含有 72 个系统调用 C 函数处理程序,以“sys_”开头。

<linux/tty.h>：tty 头文件，定义了有关 tty_io，串行通信方面的参数、常数。

（3）系统专用数据结构子目录 include/sys

<sys/stat.h>： 文件状态头文件，含有文件或文件系统状态结构 stat{}和常量。

<sys/times.h>：定义了进程中运行时间结构 tms 以及 times()函数原型。

<sys/types.h>：类型头文件，定义了基本的系统数据类型。

<sys/utsname.h>：系统名称结构头文件。

<sys/wait.h>：等待调用头文件，定义系统调用 wait()和 waitpid()及相关常数符号。

5.10.5 内核初始化程序目录 init

该目录中仅包含一个文件 main.c。用于执行内核所有的初始化工作，然后移到用户模式创建新进程，并在控制台设备上运行 shell 程序。

程序首先根据机器内存的多少对缓冲区内存容量进行分配，如果还设置了要使用虚拟盘，则在缓冲区内存后面也为它留下空间。之后就进行所有硬件的初始化工作，包括人工创建第一个任务（task 0），并设置了中断允许标志。在执行从核心态移到用户态之后，系统第一次调用创建进程函数 fork()，创建出一个用于运行 init()的进程，在该子进程中，系统将进行控制台环境设置，并且再生成一个子进程用来运行 shell 程序。

5.10.6 内核程序主目录 kernel

linux/kernel 目录中共包含 12 个代码文件和一个 Makefile 文件，另外还有 3 个子目录。所有处理任务的程序都保存在 kernel/目录中，其中包括像 fork、exit、调度程序以及一些系统调用程序等。还包括处理中断异常和陷阱的处理过程。子目录中包括了低层的设备驱动程序，如 get_hd_block 和 tty_write 等。由于这些文件中代码之间调用关系复杂，因此这里就不详细列出各文件之间的引用关系图，但仍然可以进行大概分类，如图 5-29 所示。

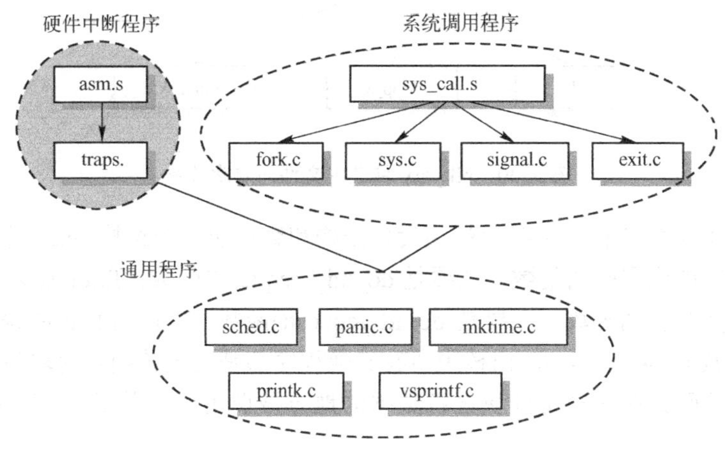

图 5-29　各文件的调用层次关系

asm.s 程序用于处理系统硬件异常所引起的中断，对各硬件异常的实际处理程序则是在 traps.c 文件中，在各个中断处理过程中，将分别调用 traps.c 中相应的 C 语言处理函数。

exit.c 程序主要包括用于处理进程终止的系统调用。包含进程释放、会话（进程组）终止和程序退出处理函数以及杀死进程、终止进程、挂起进程等系统调用函数。

fork.c 程序给出了 sys_fork()系统调用，其中使用了两个 C 语言函数：find_empty_process() 和 copy_process()。

mktime.c 程序包含一个内核使用的时间函数 mktime(),用于计算从 1970 年 1 月 1 日 0 时起到开机当日的秒数，作为开机秒时间。仅在 init/main.c 中被调用一次。

panic.c 程序包含一个显示内核出错信息并停机的函数 panic()。

printk.c 程序包含一个内核专用信息显示函数 printk()。

sched.c 程序中包括有关调度的基本函数(sleep_on、wakeup、schedule 等)以及一些简单的系统调用函数。另外还有几个与定时相关的软盘操作函数。

signal.c 程序中包括了有关信号处理的 4 个系统调用以及一个在对应的中断处理程序中处理信号的函数 do_signal()。

sys.c 程序包括很多系统调用函数，其中有些还没有实现。

system_call.s 程序实现了 Linux 系统调用（int 0x80）的接口处理过程，实际的处理过程则包含在各系统调用相应的 C 语言处理函数中，这些处理函数分布在整个 Linux 内核代码中。

vsprintf.c 程序实现了现在已经归入标准库函数中的字符串格式化函数。

（1）块设备驱动程序子目录 kernel/blk_drv

通常情况下，用户是通过文件系统来访问设备的，因此设备驱动程序为文件系统实现了调用接口。在使用块设备时，由于其数据吞吐量大，为了能够高效率地使用块设备上的数据，在用户进程与块设备之间使用了高速缓冲机制。在访问块设备上的数据时，系统首先以数据块的形式把块设备上的数据读入到高速缓冲区中，然后再提供给用户。blk_drv 子目录共包含 4 个 C 文件和 1 个头文件。头文件 blk.h 是块设备程序专用的，所以与 C 文件放在一起。这几个文件之间的大致关系，如图 5-30 所示。

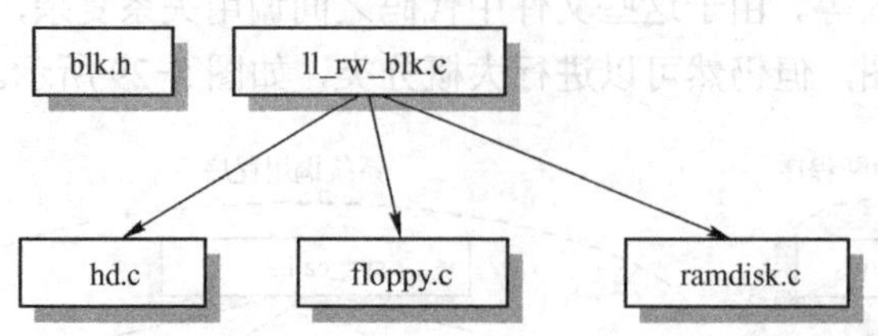

图 5-30　blk_drv 目录中文件的层次关系

blk.h 中定义了 3 个 C 程序中共用的块设备结构和数据块请求结构。hd.c 程序主要实现对硬盘数据块进行读/写的底层驱动函数，主要是 do_hd__request()函数；floppy.c 程序中主要实现了对软盘数据块的读/写驱动函数，主要是 do_fd_request()函数。ll_rw_blk.c 中程序实现了低层块设备数据读/写函数 ll_rw_block()，内核中所有其他程序都是通过该函数对块设备进行数据读写操作。你将看到该函数在许多访问块设备数据的地方被调用，尤其是在高速缓冲区处理文件 fs/buffer.c 中。

（2）字符设备驱动程序子目录 kernel/chr_drv

字符设备程序子目录共含有 4 个 C 语言程序和 2 个汇编程序文件。这些文件实现了对串行端口 RS-232、串行终端、键盘和控制台终端设备的驱动。图 5-31 是这些文件之间的大致调用层次关系。

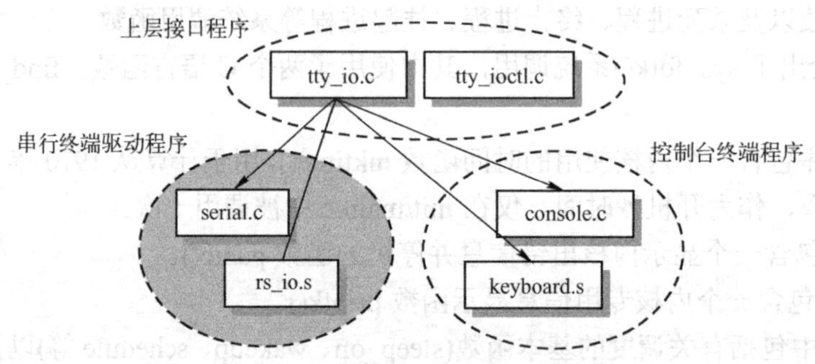

图 5-31　字符设备程序之间的关系示意图

tty_io.c 程序中包含 tty 字符设备读函数 tty_read()和写函数 tty_write()，为文件系统提供了上层访问接口。另外还包括在串行中断处理过程中调用的 C 函数 do_tty_interrupt()，该函数将会在中断类型为读字符的处理中被调用。

console.c 文件主要包含控制台初始化程序和控制台写函数 con_write()，用于被 tty 设备调用。还包含对显示器和键盘中断的初始化设置程序 con_init()。

rs_io.s 汇编程序用于实现两个串行接口的中断处理程序。该中断处理程序会根据从中断标识寄存器（端口 0x3fa 或 0x2fa）中取得的 4 种中断类型分别进行处理，并在处理中断类型为读字符的代码中调用 do_tty_interrupt()。

serial.c 用于对异步串行通信芯片 UART 进行初始化操作，并设置两个通信端口的中断向量。另外还包括 tty 用于往串口输出的 rs_write()函数。

tty_ioctl.c 程序实现了 tty 的 I/O 控制接口函数 tty_ioctl()以及对 termio(s)终端 I/O 结构的读

写函数，并会在实现系统调用 sys_ioctl()的 fs/ioctl.c 程序中被调用。

keyboard.S 程序主要实现了键盘中断处理过程 keyboard_interrupt。

（3）协处理器仿真和操作程序子目录 kernel/math

该子目录中目前仅有一个 C 程序 math_emulate.c。其中的 math_emulate()函数是中断 int7 的中断处理程序调用的 C 函数。当机器中没有数学协处理器，而 CPU 却又执行了协处理器的指令时，就会引发该中断。因此，使用该中断就可以用软件来仿真协处理器的功能。本书所讨论的内核版本还没有包含有关协处理器的仿真代码。本程序中只是打印一条出错信息，并向用户程序发送一个协处理器错误信号 SIGFPE。

5.10.7　内核库函数目录 lib

与普通用户程序不同，内核代码不能使用标准 C 函数库及其他一些函数库。主要原因是由于完整的 C 函数库很大。因此在内核源代码中有专门一个 lib/目录提供内核需要用到的一些函数。内核函数库用于为内核初始化程序 init/main.c 运行在用户态的进程（进程 0、1）提供调用支持。它与普通静态库的实现方法完全一样。读者可从中了解一般 libc 函数库的基本组成原理。在 lib/目录中共有 12 个 C 语言文件，除了一个由 Tytso 编制的 malloc.c 程序较长以外，其他的程序很短，有的只有一二行代码，实现了一些系统调用的接口函数。

这些文件中主要包括退出函数_exit()、关闭文件函数 close(fd)、复制文件描述符函数 dup()、文件打开函数 open()、写文件函数 write()、执行程序函数 execve()、内存分配函数 malloc()、等待子进程状态函数 wait()、创建会话系统调用 setsid()以及在 include/string.h 中实现的所有字符串操作函数。

5.10.8　内存管理程序目录 mm

该目录包括 3 个代码文件。主要用于管理程序对主内存区的使用，实现了进程逻辑地址到线性地址以及线性地址到物理内存地址的映射操作，并通过内存分页管理机制，在进程的虚拟内存页与主内存区的物理内存页之间建立了对应关系，同时还真正实现了虚拟存储技术。

Linux 内核对内存的处理使用了分页和分段两种方式。首先是将 386 的 4GB 虚拟地址空间分割成 64 个段，每个段 64MB。所有内核程序占用其中第一个段，并且物理地址与该段线性地址相同。然后每个任务分配一个段使用。分页机制用于把指定的物理内存页面映射到段内，检测 fork 创建的任何重复的副本，并执行写时复制机制。

page.s 文件包括内存页面异常中断（int 14）处理程序，主要用于处理程序由于缺页而引起的页异常中断和访问非法地址而引起的页保护。

memory.c 程序包括对内存进行初始化的函数 mem_init()，由 page.s 的内存处理中断过程调用的 do_no_page()和 do_wp_page()函数。在创建新进程而执行复制进程操作时，即使用该文件中的内存处理函数来分配管理内存空间。

swap.c 程序用于管理主内存中物理页面和高速二级存储（硬盘）空间之间的页面交换。当主内存空间不够用时就可以先把暂时不用的内存页面保存到硬盘中。当发生缺页异常时就首先在硬盘中查看要求的页面是否在硬盘交换空间中，若存在则把页面从交换空间直接读入内存中。

5.10.9 编译内核工具程序目录 tools

该目录下的 build.c 程序用于将 Linux 各个目录中被分别编译生成的目标代码连接合并成一个可运行的内核映像文件 image。其具体的功能可参见第 6 章内容。

5.11 内核系统与应用程序的关系

在 Linux 系统中，内核为用户程序提供了两方面的支持。其一是系统调用接口（在第 5 章中说明），即中断调用 int 0x80；另一方面是通过开发环境库函数或内核库函数（在第 12 章中说明）与内核进行信息交流。不过内核库函数仅供内核创建的任务 0 和任务 1 使用，它们最终还是去调用系统调用。因此内核对所有用户程序或进程实际上只提供系统调用这一种统一的接口。lib/目录下内核库函数代码的实现方法与基本 C 函数库 libc 中类似函数的实现方法基本相同，为了使用内核资源，最终都是通过内嵌汇编代码调用了内核系统调用功能，参见图 5-4。

系统调用主要提供给系统软件编程或者用于库函数的实现。而一般用户开发的程序则是通过调用像 libc 等库函数来访问内核资源。这些库中的函数或资源通常被称为应用程序编程接口（API），其中定义了应用程序使用的一组标准编程接口。通过调用这些库中的程序，应用程序代码能够完成各种常用工作，例如，打开和关闭对文件或设备的访问、进行科学计算、出错处理以及访问组和用户标识号 ID 等系统信息。

在 UNIX 类操作系统中，最为普遍使用的是基于 POSIX 标准的 API 接口。Linux 当然也不例外。API 与系统调用的区别在于：为了实现某一应用程序接口标准，例如 POSIX，其中的 API 可以与一个系统调用对应，也可能由几个系统调用的功能共同实现。当然某些 API 函数可能根本就不需要使用系统调用，即不使用内核功能。因此函数库可以看做实现像 POSIX 标准的主体界面，应用程序不用管它与系统调用之间到底存在什么关系。无论一个操作系统提供的系统调用有多么大的区别，但只要它遵循同一个 API 标准，那么应用程序就可以在这些操作系统之间具有可移植性。

系统调用是内核与外界接口的最高层。在内核中，每个系统调用都有一个序列号（在 include/unistd.h 头文件中定义），并且常以宏的形式实现。应用程序不应该直接使用系统调用，因为这样的话，程序的移植性就不好了。因此目前 Linux 标准库（Linux Standard Base，LSB）和许多其他标准都不允许应用程序直接访问系统调用宏。系统调用的有关文档可参见 Linux 操作系统的在线手册的第 2 部分。

库函数一般包括 C 语言没有提供的执行高级功能的用户级函数，如输入/输出和字符串处理函数。某些库函数只是系统调用的增强功能版。例如，标准 I/O 库函数 fopen 和 fclose 提供了与系统调用 open 和 close 类似的功能，不过是在更高的层次上。在这种情况下，系统调用通常能提供比库函数略微好一些的性能，但是库函数却能提供更多的功能，而且更具检错能力。系统提供的库函数有关文档可参见操作系统在线手册第 3 部分。

5.12 linux/Makefile 文件

从本节起，我们开始对内核源代码文件进行注释。首先注释 linux 目录下遇到的第一个文件 Makefile。后续章节将按照与这里类似的描述方式进行注释。

5.12.1 功能描述

Makefile 文件相当于程序编译过程中的批处理文件。是工具程序 make 运行时的输入数据文件。只要在含有 Makefile 的当前目录中键入 make 命令，它就会依据 Makefile 文件中的设置对源程序或目标代码文件进行编译、连接或进行安装等操作。

make 工具程序能自动地确定一个大程序系统中哪些程序文件需要被重新编译，并发出命令对这些程序文件进行编译。在使用 make 之前，需要编写 Makefile 信息文件，该文件描述了整个程序包中各程序之间的关系，并针对每个需要更新的文件给出具体的控制命令。通常，执行程序是根据其目标文件进行更新的，而这些目标文件则是由编译程序创建的。一旦编写好一个合适的 Makefile 文件，那么在你每次修改过程序系统中的某些源代码文件后，执行 make 命令就能进行所有必要的重新编译工作。make 程序根据 Makefile 数据文件和代码文件的最后修改时间（last-modification time）来确定哪些文件需要进行更新，对于每一个需要更新的文件它会根据 Makefile 中的信息发出相应的命令。在 Makefile 文件中，开头为“#”的行是注释行。文件开头部分的“=”赋值语句定义了一些参数或命令的缩写。

这个 Makefile 文件的主要作用是指示 make 程序最终使用独立编译连接成的 tools/目录中的 build 执行程序将所有内核编译代码连接和合并成一个可运行的内核映像文件 image。具体是对 boot/中的 bootsect.s、setup.s 使用 8086 汇编器进行编译，分别生成各自的执行模块。再对源代码中的其他所有程序使用 GNU 的编译器 gcc/gas 进行编译，并链接模块 system。最后再用 build 工具将这三块组合成一个内核映像文件 image。build 是由 tools/build.c 源程序编译而成的一个独立的执行程序，它本身并没有被编译链接到内核代码中。基本编译链接/组合结构如图 5-32 所示。

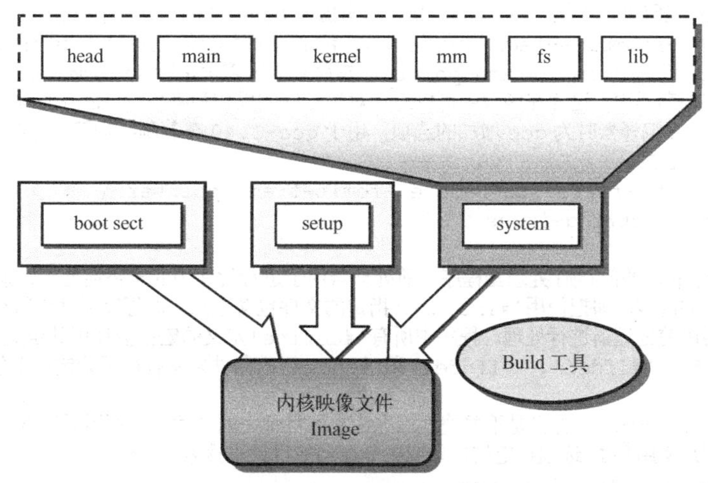

图 5-32 内核编译链接/组合结构

在 Linux 内核源代码中，除 tools/、init/和 boot/目录外，其余每个子目录均包含一个相应的 Makefile 文件，这些文件结构完全一样。由于篇幅所限，书中仅给出一个 Makefile 文件的注释。程序5-1 是该文件的详细注释。

5.12.2 代码注释

程序 5-1 linux/Makefile 文件

```
 1 #
 2 # if you want the ram-disk device, define this to be the
 3 # size in blocks.
 4 #
  # 如果你要使用 RAM 盘(RAMDISK)设备的话就定义块的大小。这里默认 RAMDISK 没有定义（注释掉了），
  # 否则 gcc 编译时会带有选项'-DRAMDISK=512'，参见第 13 行。
 5 RAMDISK = #-DRAMDISK=512
 6
 7 AS86    =as86 -0 -a          # 8086 汇编编译器和连接器，见列表后的介绍。后带的参数含义分别
 8 LD86    =ld86 -0             # 是：-0 生成 8086 目标程序；-a 生成与 gas 和 gld 部分兼容的代码。
 9
10 AS      =gas                 # GNU 汇编编译器和连接器，见列表后的介绍。
11 LD      =gld
  # 下面是 GNU 链接器 gld 运行时用到的选项。含义是：-s 输出文件中省略所有的符号信息；-x 删除
  # 所有局部符号；-M 表示需要在标准输出设备(显示器)上打印连接映像(link map)，是指由连接程序
  # 产生的一种内存地址映像，其中列出了程序段装入到内存中的位置信息。具体来讲有如下信息：
  # • 目标文件及符号信息映射到内存中的位置；
  # • 公共符号如何放置；
  # • 连接中包含的所有文件成员及其引用的符号。
12 LDFLAGS =-s -x -M

  # gcc 是 GNU C 程序编译器。对于 UNIX 类的脚本(script)程序而言，在引用定义的标识符时，需在前
  # 面加上$符号并用括号括住标识符。
13 CC      =gcc $(RAMDISK)

  # 下面指定 gcc 使用的选项。前一行最后的“\”符号表示下一行是续行。选项含义为：-Wall 打印所有
  # 警告信息；-O 对代码进行优化。'-f 标志'指定与机器无关的编译标志。其中-fstrength-reduce 用
  # 于优化循环语句；-fcombine-regs 用于指明编译器在组合编译阶段把复制一个寄存器到另一个寄存
  # 器的指令组合在一起。-fomit-frame-pointer 指明对于无需帧指针（Frame pointer）的函数不要
  # 把帧指针保留在寄存器中。这样在函数中可以避免对帧指针的操作和维护。-mstring-insns 是
  # Linus 在学习 gcc 编译器时为 gcc 增加的选项，用于 gcc-1.40 在复制结构等操作时使用 386 CPU 的
  # 字符串指令，可以去掉。
14 CFLAGS  =-Wall -O -fstrength-reduce -fomit-frame-pointer \
15 -fcombine-regs -mstring-insns

  # 下面的 cpp 是是 gcc 的前(预)处理器程序。前处理器用于进行程序中的宏替换处理、条件编译处理以及
  # 包含进指定文件的内容，即把使用'#include'指定的文件包含进来。源程序文件中所有以符号'#'
  # 开始的行均需要由前处理器进行处理。程序中所有'#define'定义的宏都会使用其定义部分替换掉。
  # 程序中所有'#if'、'#ifdef'、'#ifndef'和'#endif'等条件判别行用于确定是否包含其指定范围中
  # 的语句。
  # '-nostdinc -Iinclude'含义是不要搜索标准头文件目录中的文件，即不用系统/usr/include/目录
  # 下的头文件，而是使用'-I'选项指定的目录或者是在当前目录里搜索头文件。
16 CPP     =cpp -nostdinc -Iinclude
17
18 #
19 # ROOT_DEV specifies the default root-device when making the image.
20 # This can be either FLOPPY, /dev/xxxx or empty, in which case the
21 # default of /dev/hd6 is used by 'build'.
22 #
  # ROOT_DEV 指定在创建内核映像(image)文件时所使用的默认根文件系统所
  # 在的设备，这可以是软盘(FLOPPY)、/dev/xxxx 或者干脆空着，空着时
```

```
  # build 程序（在 tools/目录中）就使用默认值/dev/hd6。
  #
  # 这里/dev/hd6 对应第 2 个硬盘的第 1 个分区。这是 Linus 开发 Linux 内核时自己的机器上根
  # 文件系统所在的分区位置。/dev/hd2 表示把第 1 个硬盘的第 2 个分区用作交换分区。
23 ROOT_DEV=/dev/hd6
24 SWAP_DEV=/dev/hd2
25
  # 下面是 kernel 目录、mm 目录和 fs 目录所产生的目标代码文件。为了方便引用在这里将它们用
  # ARCHIVES（归档文件）标识符表示。
26 ARCHIVES=kernel/kernel.o mm/mm.o fs/fs.o

  # 块和字符设备库文件。'.a'表示该文件是个归档文件，也即包含有许多可执行二进制代码子程序
  # 集合的库文件，通常是用 GNU 的 ar 程序生成。ar 是 GNU 的二进制文件处理程序，用于创建、修改
  # 以及从归档文件中抽取文件。
27 DRIVERS =kernel/blk_drv/blk_drv.a kernel/chr_drv/chr_drv.a
28 MATH    =kernel/math/math.a        # 数学运算库文件。
29 LIBS    =lib/lib.a                # 由 lib/目录中的文件所编译生成的通用库文件。
30
  # 下面是 make 老式的隐式后缀规则。该行指示 make 利用下面的命令将所有的'.c'文件编译生成'.s'
  # 汇编程序。':'表示下面是该规则的命令。整句表示让 gcc 采用前面 CFLAGS 所指定的选项以及仅使
  # 用 include/目录中的头文件，在适当地编译后不进行汇编就停止（-S），从而产生与输入的各个 C
  # 文件对应的汇编语言形式的代码文件。默认情况下所产生的汇编程序文件是原 C 文件名去掉'.c'后
  # 再加上'.s'后缀。'-o'表示其后是输出文件的形式。其中'$*.s'（或'$@'）是自动目标变量，'$<'
  # 代表第一个先决条件，这里即是符合条件'*.c'的文件。
  # 下面这 3 个不同规则分别用于不同的操作要求。若目标是.s 文件，而源文件是.c 文件则会使
  # 用第一个规则；若目录是.o，而源文件是.s，则使用第 2 个规则；若目标是.o 文件而原文件
  # 是 c 文件，则可直接使用第 3 个规则。
31 .c.s:
32       $(CC) $(CFLAGS) \
33       -nostdinc -Iinclude -S -o $*.s $<

  # 表示将所有.s 汇编程序文件编译成.o 目标文件。 整句表示使用 gas 编译器将汇编程序编译成.o
  # 目标文件。-c 表示只编译或汇编，但不进行连接操作。
34 .s.o:
35       $(AS) -c -o $*.o $<
  # 类似上面，*.c 文件→*.o 目标文件。整句表示使用 gcc 将 C 语言文件编译成目标文件但不连接。
36 .c.o:
37       $(CC) $(CFLAGS) \
38       -nostdinc -Iinclude -c -o $*.o $<
39

  # 下面'all'表示创建 Makefile 所知的最顶层的目标。这里即是 Image 文件。这里生成的 Image 文件
  # 即是引导启动盘映像文件 bootimage。若将其写入软盘就可以使用该软盘引导 Linux 系统了。在
  # Linux 下将 Image 写入软盘的命令参见 46 行。DOS 系统下可以使用软件 rawrite.exe。
40 all:   Image
41
  # 说明目标（Image 文件）是由冒号后面的 4 个元素产生，分别是 boot/目录中的 bootsect 和 setup
  # 文件、tools/目录中的 system 和 build 文件。42--43 行这是执行的命令。42 行表示使用 tools 目
  # 录下的 build 工具程序（下面会说明如何生成）将 bootsect、setup 和 system 文件以$(ROOT_DEV)
  # 为根文件系统设备组装成内核映像文件 Image。第 43 行的 sync 同步命令是迫使缓冲块数据立即写盘
  # 并更新超级块。
42 Image: boot/bootsect boot/setup tools/system tools/build
43       tools/build boot/bootsect boot/setup tools/system $(ROOT_DEV) \
44             $(SWAP_DEV) > Image
45       sync
46
```

```
# 表示disk这个目标要由Image产生。dd为UNIX标准命令：复制一个文件，根据选项进行转换和格
# 式化。bs=表示一次读/写的字节数。if=表示输入的文件，of=表示输出到的文件。这里/dev/PS0是
# 指第一个软盘驱动器(设备文件)。在Linux系统下使用/dev/fd0。
47 disk: Image
48         dd bs=8192 if=Image of=/dev/PS0
49
50 tools/build: tools/build.c                #由tools目录下的build.c程序生成执行程序build。
51         $(CC) $(CFLAGS) \
52         -o tools/build tools/build.c      # 编译生成执行程序build的命令。
53
54 boot/head.o: boot/head.s                  # 利用上面给出的.s.o规则生成head.o目标文件。
55
# 表示tools目录中的system文件要由冒号右边所列的元素生成。56--61行是生成system的命令。
# 最后的 > System.map 表示gld需要将连接映像重定向存放在System.map文件中。
# 关于System.map文件的用途参见注释后的说明。
56 tools/system:  boot/head.o init/main.o \
57                 $(ARCHIVES) $(DRIVERS) $(MATH) $(LIBS)
58         $(LD) $(LDFLAGS) boot/head.o init/main.o \
59         $(ARCHIVES) \
60         $(DRIVERS) \
61         $(MATH) \
62         $(LIBS) \
63         -o tools/system > System.map
64
# 数学协处理函数文件math.a由64行上的命令实现：进入kernel/math/目录；运行make工具程序。
65 kernel/math/math.a:
66         (cd kernel/math; make)
67
68 kernel/blk_drv/blk_drv.a:            #生成块设备库文件blk_drv.a，其中含有可重定位目标文件。
69         (cd kernel/blk_drv; make)
70
71 kernel/chr_drv/chr_drv.a:            # 生成字符设备函数文件chr_drv.a。
72         (cd kernel/chr_drv; make)
73
74 kernel/kernel.o:                     # 内核目标模块kernel.o
75         (cd kernel; make)
76
77 mm/mm.o:                             # 内存管理模块mm.o
78         (cd mm; make)
79
80 fs/fs.o:                             # 文件系统目标模块fs.o
81         (cd fs; make)
82
83 lib/lib.a:                           # 库函数lib.a
84         (cd lib; make)
85
86 boot/setup: boot/setup.s                          # 这里开始的3行是使用8086汇编和连接器
87         $(AS86) -o boot/setup.o boot/setup.s      #对setup.s文件进行编译生成setup文件。
88         $(LD86) -s -o boot/setup boot/setup.o     # -s 选项表示要去除目标文件中的符号信息。
89
90 boot/setup.s:   boot/setup.S include/linux/config.h       # 执行C语言预处理，替换*.S文
91         $(CPP) -traditional boot/setup.S -o boot/setup.s  # 件中的宏生成对应的*.s文件。
92
93 boot/bootsect.s:        boot/bootsect.S include/linux/config.h
94         $(CPP) -traditional boot/bootsect.S -o boot/bootsect.s
95
```

```
96 boot/bootsect:  boot/bootsect.s                  # 同上。生成 bootsect.o 磁盘引导块。
97        $(AS86) -o boot/bootsect.o boot/bootsect.s
98        $(LD86) -s -o boot/bootsect boot/bootsect.o
99
   # 当执行'make clean'时，就会执行 98--103 行上的命令，去除所有编译连接生成的文件。
   # 'rm'是文件删除命令，选项-f 含义是忽略不存在的文件，并且不显示删除信息。
100 clean:
101       rm -f Image System.map tmp_make core boot/bootsect boot/setup \
102             boot/bootsect.s boot/setup.s
103       rm -f init/*.o tools/system tools/build boot/*.o
104       (cd mm;make clean)      # 进入 mm/目录；执行该目录 Makefile 文件中的 clean 规则。
105       (cd fs;make clean)
106       (cd kernel;make clean)
107       (cd lib;make clean)
108
   # 该规则将首先执行上面的 clean 规则，然后对 linux/目录进行压缩，生成'backup.Z'压缩文件。
   # 'cd .. '表示退到 linux/的上一级（父）目录；'tar cf - linux'表示对 linux/目录执行 tar 归
档
   # 程序。'-cf'表示需要创建新的归档文件 '| compress -'表示将 tar 程序的执行通过管道操作('|')
   # 传递给压缩程序 compress，并将压缩程序的输出存成 backup.Z 文件。
109 backup: clean
110       (cd .. ; tar cf - linux | compress - > backup.Z)
111       sync                                  # 迫使缓冲块数据立即写盘并更新磁盘超级块。
112
113 dep:
# 该目标或规则用于产生各文件之间的依赖关系。创建这些依赖关系是为了让 make 命令用它们来确定
# 是否需要重建一个目标对象。比如当某个头文件被改动过后，make 就能通过生成的依赖关系，重新
# 编译与该头文件有关的所有*.c 文件。具体方法如下：
   # 使用字符串编辑程序 sed 对 Makefile 文件（这里即是本文件）进行处理，输出为删除了 Makefile
   # 文件中'### Dependencies'行后面的所有行，即删除了下面从 122 开始到文件末的所有行，并生成
   # 一个临时文件 tmp_make（即 114 行的作用）。然后对指定目录下（init/）的每一个 C 文件（其实
   # 只有一个文件 main.c）执行 gcc 预处理操作。标志'-M'告诉预处理程序 cpp 输出描述每个目标文件
   # 相关性的规则，并且这些规则符合 make 语法。对于每一个源文件，预处理程序会输出一个规则，其
   # 结果形式就是相应源程序文件的目标文件名加上其依赖关系，即该源文件中包含的所有头文件列表。
   # 然后把预处理结果都添加到临时文件 tmp_make 中，最后将该临时文件复制成新的 Makefile 文件。
   # 115 行上的'$$i'实际上是'$($i) '。这里'$i'是这句前面的 shell 变量'i'的值。
114       sed '/\#\#\# Dependencies/q' < Makefile > tmp_make
115       (for i in init/*.c;do echo -n "init/";$(CPP) -M $$i;done) >> tmp_make
116       cp tmp_make Makefile
117       (cd fs; make dep)                 # 对 fs/目录下的 Makefile 文件也作同样的处理。
118       (cd kernel; make dep)
119       (cd mm; make dep)
120
121 ### Dependencies:
122 init/main.o : init/main.c include/unistd.h include/sys/stat.h \
123  include/sys/types.h include/sys/time.h include/time.h include/sys/times.h \
124  include/sys/utsname.h include/sys/param.h include/sys/resource.h \
125  include/utime.h include/linux/tty.h include/termios.h include/linux/sched.h \
126  include/linux/head.h include/linux/fs.h include/linux/mm.h \
127  include/linux/kernel.h include/signal.h include/asm/system.h \
128  include/asm/io.h include/stddef.h include/stdarg.h include/fcntl.h \
129  include/string.h
```

5.13 本章小结

本章概述了 Linux 早期操作系统的内核模式和体系结构。首先给出了 Linux 0.12 内核使用和管理内存的方法、内核态栈和用户态栈的设置和使用方法、中断机制、系统时钟定时以及进程创建、调度和终止方法。然后根据源代码的目录结构形式，详细地介绍了各个子目录中代码文件的基本功能和层次关系。同时说明了 Linux 0.12 所使用的目标文件格式。最后从 Linux 内核主目录下的 makefile 文件着手，开始对内核源代码进行注释。

本章内容可以看做对 Linux 0.12 内核重要信息的归纳与说明，因此可作为阅读后续章节的参考内容。

第 6 章　引导启动程序

本章主要描述 boot/目录中的三个汇编代码文件，见表 6-1。正如在第 5 章中提到的，这三个文件虽然都是汇编程序，但使用了两种语法格式。bootsect.S 和 setup.S 是实模式下运行的 16 位代码程序，采用近似于 Intel 的汇编语言语法，并且需要使用 Intel 8086 汇编编译器和连接器 as86 和 ld86，而 head.s 则使用 GNU 的汇编程序格式，并且运行在保护模式下，需要用 GNU 的 as（gas）进行编译。这是一种 AT&T 语法的汇编语言程序。

表 6-1　linux/boot/目录

文件名	长度/B	最后修改时间
bootsect.S	7574	1992-01-14 15:45:22
head.s	5938	1992-01-11 04:50:17
setup.S	12144	1992-01-11 18:10:18

Linus 当时使用两种汇编编译器的主要原因在于对于 Intel x86 处理器系列来讲，那时的 GNU 汇编编译器仅能支持 i386 及以后出的 CPU 代码指令，若不采用特殊方法就不能支持生成运行在实模式下的 16 位代码程序。直到 1994 年以后发布的 GNU as 汇编器才开始支持编译 16 位代码的.code16 伪指令。参见 GNU 汇编器手册《Using as - The GNU Assembler》中“80386 相关特性”一节中“编写 16 位代码”小节。但直到内核版本 2.4.x 起，bootsect.S 和 setup.S 程序才完全使用统一的 as 来编写。

阅读这些代码除了需要知道一些一般 8086 汇编语言的知识以外，还要了解一些采用 Intel 80x86 微处理器的 PC 的体系结构以及 80386 32 位保护模式下的编程原理。所以在开始阅读源代码之前应该已经理解前面几章的内容，在阅读代码时我们再就事论事地针对具体问题进行详细说明。

6.1　总体功能

这里先总体说明一下 Linux 操作系统启动部分的主要执行流程。当 PC 的电源打开后，80x86 结构的 CPU 将自动进入实模式，并从地址 0xFFFF0 开始自动执行程序代码，这个地址通常是 ROM-BIOS 中的地址。PC 的 BIOS 将执行某些系统的检测，并在物理地址 0 处开始初始化中断向量。此后，它将启动设备的第一个扇区（磁盘引导扇区，512B）读入内存绝对地址 0x7C00 处，并跳转到这个地方。启动设备通常是软驱或硬盘。这里的叙述是非常简单的，但这已经说明理解内核初始化的工作过程了。

Linux 的最前面部分是用 8086 汇编语言编写的（boot/bootsect.S），它将由 BIOS 读入到内存绝对地址 0x7C00(31KB)处，当它被执行时就会把自己移动到内存绝对地址 0x90000(576KB)处，并把启动设备盘中后 2KB 代码（boot/setup.S）读入到内存 0x90200 处，而内核的其他部分

（system 模块）则被读入到从内存地址 0x10000（64KB）开始处，因此从机器加电开始顺序执行的程序如图 6-1 所示。

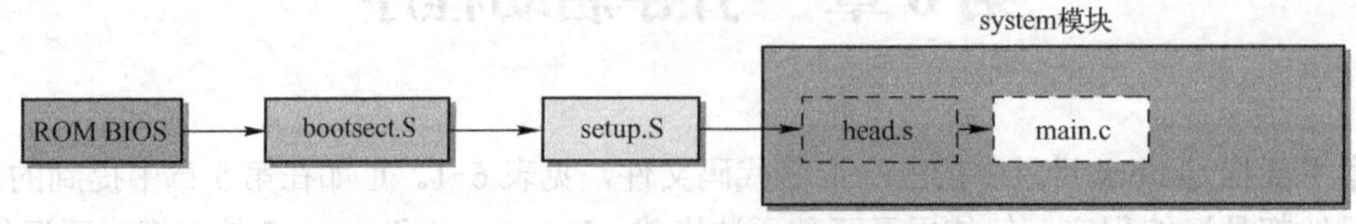

图 6-1 从系统加电起所执行程序的顺序

因为当时 system 模块的长度不会超过 0x80000 字节大小（即 512KB），所以 bootsect 程序把 system 模块读入物理地址 0x10000 开始位置处时并不会覆盖从 0x90000（576KB）处开始的 bootsect 和 setup 模块。后面 setup 程序将会把 system 模块移动到物理内存起始位置处，这样 system 模块中代码的地址即等于实际的物理地址，便于对内核代码和数据进行操作。图 6-2 清晰地显示出 Linux 系统启动时这几个程序或模块在内存中的动态位置。其中，每一竖条框代表某一时刻内存中各程序的映像位置图。在系统加载期间将显示信息“Loading...”。然后控制权将传递给 boot/setup.S 中的代码，这是另一个实模式汇编语言程序。

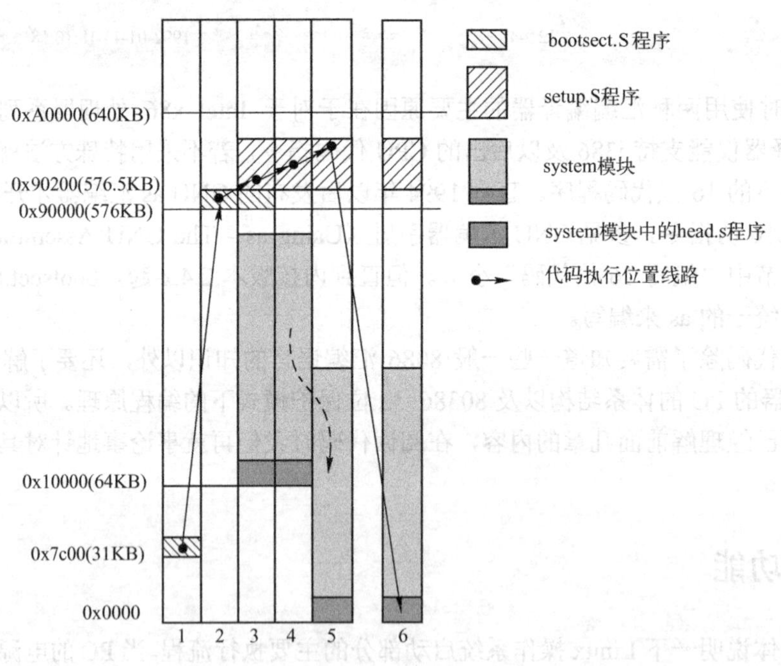

图 6-2 启动引导时内核在内存中的位置和移动后的位置情况

启动部分识别主机的某些特性以及 VGA 卡的类型。如果需要，它会要求用户为控制台选择显示模式。然后将整个系统从地址 0x10000 移至 0x0000 处，进入保护模式并跳转至系统的余下部分（在 0x0000 处）。此时所有 32 位运行方式的设置启动被完成: IDT、GDT 以及 LDT 被加载，处理器和协处理器也已确认，分页工作也设置好了；最终调用 init/main.c 中的 main()程序。上述操作的源代码是在 boot/head.s 中的，这可能是整个内核中最有诀窍的代码了。注意如果在前述任何一步中出了错，计算机就会死锁。在操作系统还没有完全运转之前是处理不了出错的。

bootsect 的代码为什么不把系统模块直接加载到物理地址 0x0000 开始处而要在 setup 程序

中再进行移动呢？这是因为随后执行的 setup 开始部分的代码还需要利用 ROM BIOS 提供的中断调用功能来获取有关机器配置的一些参数（例如显示卡模式、硬盘参数表等）。当 BIOS 初始化时会在物理内存开始处放置一个大小为 0x400 字节(1KB)的中断向量表，因此在使用完 BIOS 的中断调用后才能将这个区域覆盖掉。

另外，仅在内存中加载了上述内核代码模块并不能让 Linux 系统运行起来。作为完整可运行的 Linux 系统还需要有一个基本的文件系统支持，即根文件系统（Root file-system）。Linux 0.12 内核仅支持 MINIX 的 1.0 文件系统。根文件系统通常是在另一个软盘上或者在一个硬盘分区中。为了通知内核所需要的根文件系统在什么地方，bootsect.S 程序第 44 行上给出了根文件系统所在的默认块设备号 ROOT_DEV。块设备号的含义请参见程序中的注释。在内核初始化时会使用编译内核时放在引导扇区第 509、510（0x1fc～0x1fd）字节中的指定设备号。bootsect.S 程序第 45 行上给出了交换设备号 SWAP_DEV，它指出用作虚拟存储交换空间的外部设备号。

6.2 bootsect.S 程序

6.2.1 功能描述

bootsect.S 代码是磁盘引导块程序，驻留在磁盘的第一个扇区中（引导扇区，0 磁道（柱面），0 磁头，第 1 个扇区）。在 PC 加电、ROM BIOS 自检后，ROM BIOS 会把引导扇区代码 bootsect 加载到内存地址 0x7C00 开始处并执行之。在 bootsect 代码执行期间，它会将自己移动到内存绝对地址 0x90000 开始处并继续执行。该程序的主要作用是首先把从磁盘第 2 个扇区开始的 4 个扇区的 setup 模块（由 setup.S 编译而成）加载到内存紧接着 bootsect 后面位置处（0x90200），然后利用 BIOS 中断 0x13 取磁盘参数表中当前启动引导盘的参数，接着在屏幕上显示“Loading system...”字符串。再把磁盘上 setup 模块后面的 system 模块加载到内存 0x10000 开始的地方。随后确定根文件系统的设备号，若没有指定，则根据所保存的引导盘的每磁道扇区数判别出盘的类型和种类（如：是 1.44MB A：盘吗？）并保存其设备号于 root_dev（引导块的 508 地址处）中，最后长跳转到 setup 程序开始处（0x90200）去执行 setup 程序。在磁盘上，引导块、setup 模块和 system 模块的扇区位置和大小示意图如图 6-3 所示。

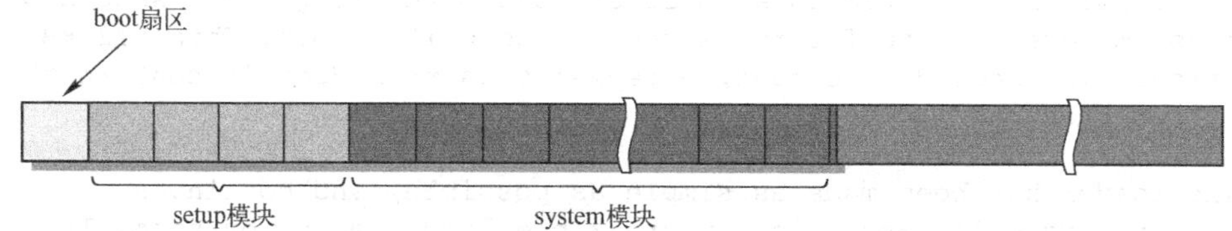

图 6-3　Linux 0.12 内核在 1.44MB 磁盘上的分布情况

图中示出了 Linux 0.12 内核在 1.44MB 磁盘上所占扇区的分布情况。1.44MB 磁盘盘片两面各有 80 个磁道（柱面），每磁道有 18 个扇区，共有 2880 个扇区。其中引导程序代码占用第 1 个扇区，setup 模块占用随后的 4 个扇区，而 0.12 内核 system 模块大约占随后的 260 个扇区。还剩下 2610 多个扇区未被使用。这些剩余的未用空间可存放一个基本的根文件系统，从而可以创建出使用单张磁盘就能让系统运转起来的集成盘。这将在第 9 章中再作详细介绍。

另外，这个程序的文件名与其他 gas 汇编语言程序不同，它的后缀是大写的 S。使用这样的后缀可以让 as 使用 GNU C 编译器的预处理功能，因此可以在汇编语言程序中包括#include、#if 等语句。本程序使用大写后缀主要是为了能在程序中使用#include 语句来包含进 linux/config.h 头文件定义的常数，参见程序 6-1 第 6 行。

6.2.2 代码注释

程序 6-1　linux/boot/bootsect.S

```
  1 !
  2 ! SYS_SIZE is the number of clicks (16 bytes) to be loaded.
  3 ! 0x3000 is 0x30000 bytes = 196kB, more than enough for current
  4 ! versions of linux
    ! SYS_SIZE 是要加载的系统模块长度，单位是节，每节 16 字节。0x3000 共为 0x30000 字节=196KB。
    ! 若以 1024 字节为 1KB 计，则应该是 192KB。对于当前内核版本这个空间长度已足够了。当该值为
    ! 0x8000 时，表示内核最大为 512KB。因为内存 0x90000 处开始存放移动后的 bootsect 和 setup
    ! 的代码，因此该值最大不得超过 0x9000（表示 584KB）。
    ! 这里感叹号“!”或分号“;”表示程序注释语句开始。
  5 !
    ! 头文件 linux/config.h 中定义了内核用到的一些常数符号和 Linus 自己使用的默认硬盘参数块。
    ! 例如其中定义了以下一些常数：
    ! DEF_SYSSIZE   = 0x3000 - 默认系统模块长度。单位是节，每节为 16 字节；
    ! DEF_INITSEG   = 0x9000 - 默认本程序代码移动目的段位置；
    ! DEF_SETUPSEG  = 0x9020 - 默认 setup 程序代码段位置；
    ! DEF_SYSSEG    = 0x1000 - 默认从磁盘加载系统模块到内存的段位置。
  6 #include <linux/config.h>
  7 SYSSIZE = DEF_SYSSIZE          ! 定义一个标号或符号。指明编译连接后 system 模块的大小。
  8 !
  9 !       bootsect.S          (C) 1991 Linus Torvalds
 10 !       modified by Drew Eckhardt
 11 !
 12 ! bootsect.S is loaded at 0x7c00 by the bios-startup routines, and moves
 13 ! itself out of the way to address 0x90000, and jumps there.
 14 !
 15 ! It then loads 'setup' directly after itself (0x90200), and the system
 16 ! at 0x10000, using BIOS interrupts.
 17 !
 18 ! NOTE! currently system is at most 8*65536 bytes long. This should be no
 19 ! problem, even in the future. I want to keep it simple. This 512 kB
 20 ! kernel size should be enough, especially as this doesn't contain the
 21 ! buffer cache as in minix
 22 !
 23 ! The loader has been made as simple as possible, and continues
 24 ! read errors will result in a unbreakable loop. Reboot by hand. It
 25 ! loads pretty fast by getting whole sectors at a time whenever possible.
    !
    ! 以下是前面文字的译文：
    !     bootsect.S          (C) 1991 Linus Torvalds
    !     Drew Eckhardt 修改
    !
    ! bootsect.S 被 ROM BIOS 启动子程序加载至 0x7c00 (31KB)处，并将自己移到了地址 0x90000
    ! (576KB)处，并跳转至那里。
    !
    ! 它然后使用 BIOS 中断将'setup'直接加载到自己的后面(0x90200)(576.5KB)，并将 system 加
    ! 载到地址 0x10000 处。
```

```
!
! 注意！目前的内核系统最大长度限制为(8*65536)(512KB)B，即使是在将来这也应该没有问题的。
! 我想让它保持简单明了。这样 512KB 的最大内核长度应该足够了，尤其是这里没有像 MINIX 中一样
! 包含缓冲区高速缓冲。
!
! 加载程序已经做得够简单了，所以持续地读操作出错将导致死循环。只能手工重启。只要可能，通过一
! 次读取所有的扇区，加载过程可以做得很快。

! 伪指令（伪操作符）.globl 或.global 用于定义随后的标识符是外部的或全局的，并且即使不使用
! 也强制引入。.text、.data 和.bss 用于分别定义当前代码段、数据段和未初始化数据段。在链接
! 多个目标模块时，链接程序（ld86）会根据它们的类别把各个目标模块中的相应段分别组合（合并）
! 在一起。这里把三个段都定义在同一重叠地址范围中，因此本程序实际上不分段。另外，后面带冒号
! 的字符串是标号，例如下面的“begtext:”。
! 一条汇编语句通常由标号（可选）、指令助记符（指令名）和操作数三个字段组成。标号位于
! 一条指令的第一个字段。它代表其所在位置的地址，通常指明一个跳转指令的目标位置。
.globl begtext, begdata, begbss, endtext, enddata, endbss
.text                               ! 文本段（代码段）。
begtext:
.data                               ! 数据段。
begdata:
.bss                                ! 未初始化数据段。
begbss:
.text                               ! 文本段（代码段）。

! 下面等号'='或符号'EQU'用于定义标识符或标号所代表的值。
SETUPLEN = 4                        ! nr of setup-sectors
                                    ! setup 程序代码占用磁盘扇区数(setup-sectors)值；
BOOTSEG  = 0x07c0                   ! original address of boot-sector
                                    ! bootsect 代码所在内存原始段地址；
INITSEG  = DEF_INITSEG               ! we move boot here - out of the way
                                    ! 将 bootsect 移到位置 0x90000 - 避开系统模块占用处；
SETUPSEG = DEF_SETUPSEG             ! setup starts here
                                    ! setup 程序从内存 0x90200 处开始；
SYSSEG   = DEF_SYSSEG               ! system loaded at 0x10000 (65536).
                                    ! system 模块加载到 0x10000（64 KB）处；
ENDSEG   = SYSSEG + SYSSIZE         ! where to stop loading
                                    ! 停止加载的段地址；

! ROOT_DEV & SWAP_DEV are now written by "build".
! 根文件系统设备号 ROOT_DEV 和交换设备号 SWAP_DEV 现在由 tools 目录下的 build 程序写入。
! 设备号 0x306 指定根文件系统设备是第 2 个硬盘的第 1 个分区。当年 Linus 是在第 2 个硬盘上
! 安装了 Linux 0.11 系统，所以这里 ROOT_DEV 被设置为 0x306。在编译这个内核时你可以根据自己
! 根文件系统所在设备位置修改这个设备号。这个设备号是 Linux 系统老式的硬盘设备号命名方式，硬
! 盘设备号具体值的含义如下：
! 设备号=主设备号*256 + 次设备号（即 dev_no = (major<<8) + minor ）
! （主设备号：1-内存,2-磁盘,3-硬盘,4-ttyx,5-tty,6-并行口,7-非命名管道）
! 0x300 - /dev/hd0 - 代表整个第 1 个硬盘；
! 0x301 - /dev/hd1 - 第 1 个盘的第 1 个分区；
! …
! 0x304 - /dev/hd4 - 第 1 个盘的第 4 个分区；
! 0x305 - /dev/hd5 - 代表整个第 2 个硬盘；
! 0x306 - /dev/hd6 - 第 2 个盘的第 1 个分区；
! …
! 0x309 - /dev/hd9 - 第 2 个盘的第 4 个分区；
! 从 Linux 内核 0.95 版后就已经使用与现在内核相同的命名方法了。
ROOT_DEV = 0                        ! 根文件系统设备使用与系统引导时同样的设备；
```

```
45 SWAP_DEV = 0                     ! 交换设备使用与系统引导时同样的设备；
46
   ! 伪指令 entry 迫使链接程序在生成的执行程序（a.out）中包含指定的标识符或标号。这里是程序执
   ! 行开始点。49～58 行作用是将自身(bootsect)从目前段位置 0x07c0(31KB)移动到 0x9000(576KB)
   ! 处，共 256 字（512 字节），然后跳转到移动后代码的 go 标号处，即本程序的下一语句处。
47 entry start                      ! 告知链接程序，程序从 start 标号开始执行。
48 start:
49         mov     ax,#BOOTSEG      ! 将 ds 段寄存器置为 0x7C0；
50         mov     ds,ax
51         mov     ax,#INITSEG      ! 将 es 段寄存器置为 0x9000；
52         mov     es,ax
53         mov     cx,#256          ! 设置移动计数值=256 字（512 字节）；
54         sub     si,si            ! 源地址   ds:si = 0x07C0:0x0000
55         sub     di,di            ! 目的地址 es:di = 0x9000:0x0000
56         rep                      ! 重复执行并递减 cx 的值，直到 cx = 0 为止。
57         movw                     ! 即 movs 指令。从内存[si]处移动 cx 个字到[di]处。
58         jmpi    go,INITSEG       ! 段间跳转（Jump Intersegment）。这里 INITSEG
                                    ! 指出跳转到的段地址，标号 go 是段内偏移地址。
59
   ! 从下面开始，CPU 在已移动到 0x90000 位置处的代码中执行。
   ! 这段代码设置几个段寄存器，包括栈寄存器 ss 和 sp。栈指针 sp 只要指向远大于 512 字节偏移
   !（即地址 0x90200）处都可以。因为从 0x90200 地址开始处还要放置 setup 程序，而此时 setup
   ! 程序大约为 4 个扇区，因此 sp 要指向大于（0x200 + 0x200 * 4 +堆栈大小）位置处。这里 sp
   ! 设置为 0x9ff00 - 12（参数表长度），即 sp = 0xfef4。在此之上位置会存放一个自建的驱动
   ! 器参数表，见下面说明。实际上 BIOS 把引导扇区加载到 0x7c00 处并把执行权交给引导程序时，
   ! ss = 0x00，sp = 0xfffe。
   ! 另外，第 65 行上 push 指令的期望作用是想暂时把段值保留在栈中，然后等下面执行完判断磁道
   ! 扇区数后再弹出栈，并给段寄存器 fs 和 gs 赋值（第 109 行）。但是由于第 67、68 两语句修改
   ! 了栈段的位置，因此除非在执行栈弹出操作之前把栈段恢复到原位置，否则这样设计就是错误的。
   ! 因此这里存在一个 bug。改正的方法之一是去掉第 65 行，并把第 109 行修改成“mov ax,cs”。
60 go:     mov     ax,cs            ! 将 ds、es 和 ss 都置成移动后代码所在的段处(0x9000)。
61         mov     dx,#0xfef4       ! arbitrary value >>512 - disk parm size
62
63         mov     ds,ax
64         mov     es,ax
65         push    ax               ! 临时保存段值（0x9000），供 109 行使用。（滑头！）
66
67         mov     ss,ax            ! put stack at 0x9ff00 - 12.
68         mov     sp,dx
69 /*
70  *      Many BIOS's default disk parameter tables will not
71  *      recognize multi-sector reads beyond the maximum sector number
72  *      specified in the default diskette parameter tables - this may
73  *      mean 7 sectors in some cases.
74  *
75  *      Since single sector reads are slow and out of the question,
76  *      we must take care of this by creating new parameter tables
77  *      (for the first disk) in RAM.  We will set the maximum sector
78  *      count to 18 - the most we will encounter on an HD 1.44.
79  *
80  *      High doesn't hurt.  Low does.
81  *
82  *      Segments are as follows: ds=es=ss=cs - INITSEG,
83  *              fs = 0, gs = parameter table segment
84  */
   /*
```

```
    *       对于多扇区读操作所读的扇区数超过默认磁盘参数表中指定的最大扇区数时，很多 BIOS 将不能
    *       进行正确识别。在某些情况下是 7 个扇区。
    *
    *       由于单扇区读操作太慢，不予以考虑，因此我们必须通过在内存中重创建新的参数表（为第 1 个
    *       驱动器）来解决这个问题。我们将把其中最大扇区数设置为 18，即在 1.44MB 磁盘上会碰到的
    *       最大数值。
    *
    *       这个数值大了不会出问题，但是太小就不行了。
    *
    *       段寄存器将被设置成：ds=es=ss=cs - 都为 INITSEG（0x9000），
    *       fs = 0，gs = 参数表所在段值。
    */
 85 ! BIOS 设置的中断 0x1E 的中断向量值是软驱参数表地址。该向量值位于内存 0x1E * 4 = 0x78
    ! 处。这段代码首先从内存 0x0000:0x0078 处复制原软驱参数表到 0x9000:0xfef4 处，然后修改
    ! 表中的每磁道最大扇区数为 18。
 86
 87         push    #0                      ! 置段寄存器 fs = 0。
 88         pop     fs                      ! fs:bx 指向存有软驱参数表地址处（指针的指针）。
 89         mov     bx,#0x78                ! fs:bx is parameter table address
    ! 下面指令表示下一条语句的操作数在 fs 段寄存器所指的段中。它只影响其下一条语句。这里把 fs:bx
    ! 所指内存位置处的表地址放到寄存器对 gs:si 中作为原地址。寄存器对 es:di =0x9000:0xfef4
    ! 为目的地址。
 90         seg fs
 91         lgs     si,(bx)                 ! gs:si is source
 92
 93         mov     di,dx                   ! es:di is destination ! dx=0xfef4，在第 61 行被设置。
 94         mov     cx,#6                   ! copy 12 bytes
 95         cld                             ! 清方向标志。复制时指针递增。
 96
 97         rep                             ! 复制 12 字节的软驱参数表到 0x9000:0xfef4 处。
 98         seg gs
 99         movw
100
101         mov     di,dx                   ! es:di 指向新表，然后修改表中偏移 4 处的最大扇区数。
102         movb    4(di),*18               ! patch sector count
103
104         seg fs                          ! 让中断向量 0x1E 的值指向新表。
105         mov     (bx),di
106         seg fs
107         mov     2(bx),es
108
109         pop     ax                      ! 此时 ax 中是上面第 65 行保留下来的段值（0x9000）。
110         mov     fs,ax                   ! 设置 fs = gs = 0x9000。
111         mov     gs,ax
112
113         xor     ah,ah                   ! reset FDC ! 复位软盘控制器，让其采用新参数。
114         xor     dl,dl                   ! dl = 0，第 1 个软驱。
115         int     0x13
116
117 ! load the setup-sectors directly after the bootblock.
118 ! Note that 'es' is already set up.
    ! 在 bootsect 程序块后紧跟着加载 setup 模块的代码数据。
    ! 注意 es 已经设置好了。（在移动代码时 es 已经指向目的段地址处 0x9000）
119
    ! 121～137 行的用途是利用 ROM BIOS 中断 INT 0x13 将 setup 模块从磁盘第 2 个扇区开始读到
    ! 0x90200 开始处，共读 4 个扇区。在读操作过程中如果读出错，则显示磁盘上出错扇区位置，然后
```

```
    ! 复位驱动器并重试，没有退路。
    ! INT 0x13 读扇区使用调用参数设置如下：
    ! ah = 0x02——读磁盘扇区到内存；al = 需要读出的扇区数量；
    ! ch = 磁道(柱面)号的低 8 位；  cl = 开始扇区(位 0～5)，磁道号高 2 位(位 6～7)；
    ! dh = 磁头号；                 dl = 驱动器号（如果是硬盘则位 7 要置位）；
    ! es:bx →指向数据缓冲区；  如果出错则 CF 标志置位，ah 中是出错码。
120 load_setup:
121         xor     dx, dx                  ! drive 0, head 0
122         mov     cx,#0x0002              ! sector 2, track 0
123         mov     bx,#0x0200              ! address = 512, in INITSEG
124         mov     ax,#0x0200+SETUPLEN     ! service 2, nr of sectors
125         int     0x13                    ! read it
126         jnc     ok_load_setup           ! ok - continue
127
128         push    ax                      ! dump error code ! 显示出错信息。出错码入栈。
129         call    print_nl                ! 屏幕光标回车。
130         mov     bp, sp                  ! ss:bp 指向欲显示的字（word）。
131         call    print_hex               ! 显示十六进制值。
132         pop     ax
133
134         xor     dl, dl                  ! reset FDC ! 复位磁盘控制器，重试。
135         xor     ah, ah
136         int     0x13
137         j       load_setup              ! j 即 jmp 指令。
138
139 ok_load_setup:
140
141 ! Get disk drive parameters, specifically nr of sectors/track
    ! 这段代码取磁盘驱动器的参数，实际上是取每磁道扇区数，并保存在位置 sectors 处。
    ! 取磁盘驱动器参数 INT 0x13 调用格式和返回信息如下：
    ! ah = 0x08    dl = 驱动器号（如果是硬盘则要置位 7 为 1）。
    ! 返回信息：
    ! 如果出错则 CF 置位，并且 ah = 状态码。
    ! ah = 0,  al = 0,              bl = 驱动器类型（AT/PS2）
    ! ch = 最大磁道号的低 8 位，    cl = 每磁道最大扇区数(位 0-5)，最大磁道号高 2 位(位 6-7)
    ! dh = 最大磁头数，             dl = 驱动器数量，
    ! es:di -→ 软驱磁盘参数表。
142
143         xor     dl,dl
144         mov     ah,#0x08            ! AH=8 is get drive parameters
145         int     0x13
146         xor     ch,ch
    ! 下面指令表示下一条语句的操作数在 cs 段寄存器所指的段中。它只影响其下一条语句。实际上，由于
    ! 本程序代码和数据都被设置处于同一个段中，即段寄存器 cs 和 ds、es 的值相同，因此本程序中此处
    ! 可以不使用该指令。
147         seg cs
    ! 下句保存每磁道扇区数。对于软盘来说（dl=0），其最大磁道号不会超过 256，ch 已经足够表示它，
    ! 因此 cl 的位 6～7 肯定为 0。又 146 行已置 ch=0，因此此时 cx 中是每磁道扇区数。
148         mov     sectors,cx
149         mov     ax,#INITSEG
150         mov     es,ax               ! 因为上面取磁盘参数中断改了 es 值，这里重新改回。
151
152 ! Print some inane message
    ! 显示信息：“'Loading'+回车+换行”，共显示包括回车和换行控制字符在内的 9 个字符。
    ! BIOS 中断 0x10 功能号 ah = 0x03，读光标位置。
    ! 输入：bh = 页号
```

```
    ! 返回：ch = 扫描开始线；cl = 扫描结束线；dh = 行号(0x00 顶端)；dl = 列号(0x00 最左边)。
    !
    ! BIOS 中断 0x10 功能号 ah = 0x13，显示字符串。
    ! 输入：al = 放置光标的方式及规定属性。0x01-表示使用 bl 中的属性值，光标停在字符串结尾处。
    ! es:bp 此寄存器对指向要显示的字符串起始位置处。cx = 显示的字符串字符数。bh = 显示页面号；
    ! bl = 字符属性。dh = 行号；dl = 列号。
153
154         mov     ah,#0x03            ! read cursor pos
155         xor     bh,bh                ! 首先读光标位置。返回光标位置值在 dx 中。
156         int     0x10                 ! dh - 行（0--24）；dl - 列(0--79)。
157
158         mov     cx,#9                ! 共显示 9 个字符。
159         mov     bx,#0x0007           ! page 0, attribute 7 (normal)
160         mov     bp,#msg1             ! es:bp 指向要显示的字符串。
161         mov     ax,#0x1301           ! write string, move cursor
162         int     0x10                 ! 写字符串并移动光标到串结尾处。
163
164 ! ok, we've written the message, now
165 ! we want to load the system (at 0x10000)
    ! 现在开始将 system 模块加载到 0x10000（64KB）开始处。
166
167         mov     ax,#SYSSEG
168         mov     es,ax                ! segment of 0x010000 ! es = 存放 system 的段地址。
169         call    read_it              ! 读磁盘上 system 模块，es 为输入参数。
170         call    kill_motor           ! 关闭驱动器马达，这样就可以知道驱动器的状态了。
171         call    print_nl             ! 光标回车换行。
172
173 ! After that we check which root-device to use. If the device is
174 ! defined (!= 0), nothing is done and the given device is used.
175 ! Otherwise, either /dev/PS0 (2,28) or /dev/at0 (2,8), depending
176 ! on the number of sectors that the BIOS reports currently.
    ! 此后，我们检查要使用哪个根文件系统设备（简称根设备）。如果已经指定了设备(!=0)，就直接使
    ! 用给定的设备。否则就需要根据 BIOS 报告的每磁道扇区数来确定到底使用/dev/PS0
    ! (2,28)，还是 /dev/at0 (2,8)。
    !! 上面一行中两个设备文件的含义：
    !! 在 Linux 中软驱的主设备号是 2(参见第 43 行的注释)，次设备号 = type*4 + nr，其中
    !! nr 为 0-3 分别对应软驱 A、B、C 或 D；type 是软驱的类型（2→1.2MB 或 7→1.44MB 等）。
    !! 因为 7*4 + 0 = 28，所以 /dev/PS0 (2,28)指的是 1.44MB A 驱动器,其设备号是 0x021c
    !! 同理 /dev/at0 (2,8)指的是 1.2MB A 驱动器，其设备号是 0x0208。

    ! 下面 root_dev 定义在引导扇区 508，509 字节处，指根文件系统所在设备号。0x0306 指第 2 个硬
    ! 盘第 1 个分区。这里默认为 0x0306 是因为当时 Linus 开发 Linux 系统时是在第 2 个硬盘第 1 个
    ! 分区中存放根文件系统。这个值需要根据你自己根文件系统所在硬盘和分区进行修改。例如，如果你
    ! 的根文件系统在第 1 个硬盘的第 1 个分区上，那么该值应该为 0x0301，即（0x01, 0x03）。如果
    ! 根文件系统是在第 2 个 Bochs 软盘上，那么该值应该为 0x021D，即（0x1D,0x02）。当编译内核时，
    ! 你可以在 Makefile 文件中另行指定你自己的值，内核映像文件 Image 的创建程序 tools/build
    ! 会使用你指定的值来设置你的根文件系统所在设备号。
177
178         seg cs
179         mov     ax,root_dev          ! 取 508,509 字节处的根设备号并判断是否已被定义。
180         or      ax,ax
181         jne     root_defined
    ! 取上面第 148 行保存的每磁道扇区数。如果 sectors=15 则说明是 1.2MB 的驱动器；如果 sectors=18，
    ! 则说明是 1.44MB 软驱。因为是可引导的驱动器，所以肯定是 A 驱。
182         seg cs
183         mov     bx,sectors
```

```
184         mov     ax,#0x0208          ! /dev/ps0 - 1.2MB
185         cmp     bx,#15              ! 判断每磁道扇区数是否=15
186         je      root_defined        ! 如果等于，则 ax 中就是引导驱动器的设备号。
187         mov     ax,#0x021c          ! /dev/PS0 - 1.44MB
188         cmp     bx,#18
189         je      root_defined
190 undef_root:                         ! 如果都不一样，则死循环（死机）。
191         jmp undef_root
192 root_defined:
193         seg cs
194         mov     root_dev,ax         ! 将检查过的设备号保存到 root_dev 中。
195
196 ! after that (everyting loaded), we jump to
197 ! the setup-routine loaded directly after
198 ! the bootblock:
    ! 到此，所有程序都加载完毕，我们就跳转到被加载在 bootsect 后面的 setup 程序去。
    ! 下面段间跳转指令（Jump Intersegment）。跳转到 0x9020:0000(setup.s 程序开始处)去执行。
199
200         jmpi    0,SETUPSEG          !!!! 到此本程序就结束了。!!!!

    ! 下面是几个子程序。read_it 用于读取磁盘上的 system 模块。kill_motor 用于关闭软驱电动机。
    ! 还有一些屏幕显示子程序。
201
202 ! This routine loads the system at address 0x10000, making sure
203 ! no 64kB boundaries are crossed. We try to load it as fast as
204 ! possible, loading whole tracks whenever we can.
205 !
206 ! in:  es - starting address segment (normally 0x1000)
207 !
    ! 该子程序将系统模块加载到内存地址 0x10000 处，并确定没有跨越 64KB 的内存边界。
    ! 我们试图尽快地进行加载，只要可能，就每次加载整条磁道的数据。
    ! 输入：es - 开始内存地址段值（通常是 0x1000）
    !
    ! 下面伪操作符.word 定义一个 2 字节目标。相当于 C 语言程序中定义的变量和所占内存空间大小。
    ! '1+SETUPLEN'表示开始时已经读进 1 个引导扇区和 setup 程序所占的扇区数 SETUPLEN。
208 sread:  .word 1+SETUPLEN            ! sectors read of current track !当前磁道中已读扇区数。
209 head:   .word 0                     ! current head    !当前磁头号。
210 track:  .word 0                     ! current track   !当前磁道号。
211
212 read_it:
    ! 首先测试输入的段值。从盘上读入的数据必须存放在位于内存地址 64KB 的边界开始处，否则进入死循环。
    ! 清bx 寄存器，用于表示当前段内存放数据的开始位置。
    ! 153 行上的指令 test 以位逻辑与两个操作数。若两个操作数对应的位都为 1，则结果值的对应位为 1，
    ! 否则为 0。该操作结果只影响标志（零标志 ZF 等）。例如若 AX=0x1000，那么 test 指令的执行结
    ! 果是(0x1000 & 0x0fff) = 0x0000，于是 ZF 标志置位。此时即下一条指令 jne 条件不成立。
213         mov ax,es
214         test ax,#0x0fff
215 die:    jne die                     ! es must be at 64kB boundary ! es 值必须位于 64KB 边界!
216         xor bx,bx                   ! bx is starting address within segment! Bx
                                        ! 为段内偏移。
217 rp_read:
    ! 接着判断是否已经读入全部数据。比较当前所读段是否就是系统数据末端所处的段(#ENDSEG)，
    ! 如果不是就跳转至下面 ok1_read 标号处继续读数据。否则退出子程序返回。
218         mov ax,es
219         cmp ax,#ENDSEG              ! have we loaded all yet?   ! 是否已经加载了全部数据?
220         jb ok1_read
```

```
221         ret
222 ok1_read:
    ! 然后计算和验证当前磁道需要读取的扇区数，放在 ax 寄存器中。
    ! 根据当前磁道还未读取的扇区数以及段内数据字节开始偏移位置，计算如果全部读取这些未读扇区，
    ! 所读总字节数是否会超过 64KB 段长度的限制。若会超过，则根据此次最多能读入的字节
    ! 数 (64KB  段内偏移位置)，反算出此次需要读取的扇区数。
223         seg cs
224         mov ax,sectors              ! 取每磁道扇区数。
225         sub ax,sread                ! 减去当前磁道已读扇区数。
226         mov cx,ax                   ! cx = ax = 当前磁道未读扇区数。
227         shl cx,#9                   ! cx = cx * 512 字节 + 段内当前偏移值(bx)。
228         add cx,bx                   !    = 此次读操作后，段内共读入的字节数。
229         jnc ok2_read                ! 若没有超过 64KB，则跳转至 ok2_read 处执行。
230         je ok2_read
    ! 若加上此次将读磁道上所有未读扇区时会超过 64KB，则计算此时最多能读入的字节数：
    ! (64KB-段内读偏移位置)，再转换成需读取的扇区数。其中 0 减某数就是取该数 64KB 的补值。
231         xor ax,ax
232         sub ax,bx
233         shr ax,#9
234 ok2_read:
    ! 读当前磁道上指定开始扇区（cl）和需读扇区数（al）的数据到 es:bx 开始处。然后统计当前磁道
    ! 上已经读取的扇区数并与磁道最大扇区数 sectors 作比较。如果小于 sectors 说明当前磁道上的还
    ! 有扇区未读。于是跳转到 ok3_read 处继续操作。
235         call read_track             ! 读当前磁道上指定开始扇区和需读扇区数的数据。
236         mov cx,ax                   ! cx = 该次操作已读取的扇区数。
237         add ax,sread                ! 加上当前磁道上已经读取的扇区数。
238         seg cs
239         cmp ax,sectors              ! 若当前磁道上的还有扇区未读，则跳转到 ok3_read 处。
240         jne ok3_read
    ! 若该磁道的当前磁头面所有扇区已经读取，则读该磁道的下一磁头面（1 号磁头）上的数据。
    ! 如果已经完成，则去读下一磁道。
241         mov ax,#1
242         sub ax,head                 ! 判断当前磁头号。
243         jne ok4_read                ! 如果是 0 磁头，则再去读 1 磁头面上的扇区数据。
244         inc track                   ! 否则去读下一磁道。
245 ok4_read:
246         mov head,ax                 ! 保存当前磁头号。
247         xor ax,ax                   ! 清当前磁道已读扇区数。
248 ok3_read:
    ! 如果当前磁道上的还有未读扇区，则首先保存当前磁道已读扇区数，然后调整存放数据处的开始位置。
    ! 若小于 64KB 边界值，则跳转到 rp_read(217 行)处，继续读数据。
249         mov sread,ax                ! 保存当前磁道已读扇区数。
250         shl cx,#9                   ! 上次已读扇区数*512 字节。
251         add bx,cx                   ! 调整当前段内数据开始位置。
252         jnc rp_read
    ! 否则说明已经读取 64KB 数据。此时调整当前段，为读下一段数据作准备。
253         mov ax,es
254         add ah,#0x10                ! 将段基址调整为指向下一个 64KB 内存开始处。
255         mov es,ax
256         xor bx,bx                   ! 清段内数据开始偏移值。
257         jmp rp_read                 ! 跳转至 rp_read(第 217 行)处，继续读数据。
258
    ! read_track 子程序。读当前磁道上指定开始扇区和需读扇区数的数据到 es:bx 开始处。参见
    ! 第 67 行下对 BIOS 磁盘读中断 int 0x13，ah=2 的说明。
    ! al - 需读扇区数；es:bx - 缓冲区开始位置。
259 read_track:
```

```
! 首先调用 BIOS 中断 0x10，功能 0x0e（以电传方式写字符），光标前移一位置。显示一个'.'。
        pusha                           ! 压入所有寄存器（push all）。
        pusha                           ! 为调用显示中断压入所有寄存器值。
        mov ax, #0xe2e                  ! loading... message 2e = .
        mov bx, #7                      ! 字符前景色属性。
        int 0x10
        popa

! 然后正式进行磁道扇区读操作。
        mov dx,track                    ! 取当前磁道号。
        mov cx,sread                    ! 取当前磁道上已读扇区数。
        inc cx                          ! cl = 开始读扇区。
        mov ch,dl                       ! ch = 当前磁道号。
        mov dx,head                     ! 取当前磁头号。
        mov dh,dl                       ! dh = 磁头号，dl = 驱动器号(为 0 表示当前 A 驱动器)。
        and dx,#0x0100                  ! 磁头号不大于 1。
        mov ah,#2                       ! ah = 2，读磁盘扇区功能号。

        push dx                         ! save for error dump
        push cx                         ! 为出错情况保存一些信息。
        push bx
        push ax

        int 0x13
        jc bad_rt                       ! 若出错，则跳转至 bad_rt。
        add sp,#8                       ! 没有出错。因此丢弃为出错情况保存的信息。
        popa
        ret

! 读磁盘操作出错。则先显示出错信息，然后执行驱动器复位操作（磁盘中断功能号 0），再跳转
! 到 read_track 处重试。
bad_rt: push ax                         ! save error code
        call print_all                  ! ah = error, al = read


        xor ah,ah
        xor dl,dl
        int 0x13


        add sp, #10                     ! 丢弃为出错情况保存的信息。
        popa
        jmp read_track

/*
 *      print_all is for debugging purposes.
 *      It will print out all of the registers.  The assumption is that this is
 *      called from a routine, with a stack frame like
 *      dx
 *      cx
 *      bx
 *      ax
 *      error
 *      ret <- sp
 *
*/
```

```
/*
 *      子程序 print_all 用于调试目的。它会显示所有寄存器的内容。前提条件是需要从一个子程序
 *      中调用，并且栈帧结构为如下所示：（见上面）
 */
! 若标志寄存器的 CF=0，则不显示寄存器名称。

print_all:
        mov cx, #5                  ! error code + 4 registers  ! 显示值个数。
        mov bp, sp                  ! 保存当前栈指针 sp。

print_loop:
        push cx                     ! save count left    ! 保存需要显示的剩余个数。
        call print_nl               ! nl for readability  ! 为可读性先让光标回车换行。
        jae no_reg                  ! see if register name is needed
                                    ! 若 FLAGS 的标志 CF=0 则不显示寄存器名，于是跳转。
 ! 对应入栈寄存器顺序分别显示它们的名称“AX：”等。
        mov ax, #0xe05 + 0x41 - 1  ! ah =功能号（0x0e）; al =字符（0x05 + 0x41 -1）。
        sub al, cl
        int 0x10

        mov al, #0x58               ! X     ! 显示字符'X'。
        int 0x10

        mov al, #0x3a               ! :     ! 显示字符':'。
        int 0x10

 ! 显示寄存器 bp 所指栈中内容。开始时 bp 指向返回地址。
no_reg:
        add bp, #2                  ! next register   ! 栈中下一个位置。
        call print_hex              ! print it       ! 以十六进制显示。
        pop cx
        loop print_loop
        ret

 ! 调用 BIOS 中断 0x10，以电传方式显示回车换行。
print_nl:
        mov ax, #0xe0d              ! CR
        int 0x10
        mov al, #0xa                ! LF
        int 0x10
        ret

/*
 *      print_hex is for debugging purposes, and prints the word
 *      pointed to by ss:bp in hexadecmial.
*/
 /*
 *      子程序 print_hex 用于调试目的。它使用十六进制在屏幕上显示出
 *      ss:bp 指向的字。
 */

 ! 调用 BIOS 中断 0x10，以电传方式和 4 个十六进制数显示 ss:bp 指向的字。
print_hex:
        mov     cx, #4              ! 4 hex digits              ! 要显示 4 个十六进制数字。
        mov     dx, (bp)            ! load word into dx         ! 显示值放入 dx 中。
print_digit:
```

```
    ! 先显示高字节，因此需要把 dx 中值左旋 4 位，此时高 4 位在 dx 的低 4 位中。
355         rol    dx, #4           ! rotate so that lowest 4 bits are used
356         mov    ah, #0xe         ! 中断功能号。
357         mov    al, dl           ! mask off so we have only next nibble
358         and    al, #0xf         ! 放入 al 中并只取低 4 位（1 个值）。
    ! 加上'0' 的 ASCII 码值 0x30，把显示值转换成基于数字'0' 的字符。若此时 al 值超过 0x39，
    ! 表示欲显示值超过数字 9，因此需要使用'A'～'F'来表示。
359         add    al, #0x30        ! convert to 0 based digit, '0'
360         cmp    al, #0x39        ! check for overflow
361         jbe    good_digit
362         add    al, #0x41 - 0x30 - 0xa     ! 'A' - '0' - 0xa
363
364 good_digit:
365         int    0x10
366         loop   print_digit      ! cx--。若 cx>0 则去显示下一个值。
367         ret
368
369
370 /*
371  * This procedure turns off the floppy drive motor, so
372  * that we enter the kernel in a known state, and
373  * don't have to worry about it later.
374  */
    /* 这个子程序用于关闭软驱的马达，这样我们进入内核后就能
    * 知道它所处的状态，以后也就无须担心它了。
    */
    ! 下面第 377 行上的值 0x3f2 是软盘控制器的一个端口，被称为数字输出寄存器（DOR）端口。它是
    ! 一个 8 位的寄存器，其位 7～位 4 分别用于控制 4 个软驱（D～A）的启动和关闭。位 3～位 2 用于
    ! 允许/禁止 DMA 和中断请求以及启动/复位软盘控制器 FDC。 位 1～位 0 用于选择选择操作的软驱。
    ! 第 378 行上在 al 中设置并输出的 0 值，就是用于选择 A 驱动器，关闭 FDC，禁止 DMA 和中断请求，
    ! 关闭马达。有关软驱控制卡编程的详细信息请参见 kernel/blk_drv/floppy.c 程序后面的说明。
375 kill_motor:
376         push dx
377         mov dx,#0x3f2               ! 软驱控制卡的数字输出寄存器端口，只写。
378         xor al, al                  ! A 驱动器，关闭 FDC，禁止 DMA 和中断请求，关闭电动机。
379         outb                        ! 将 al 中的内容输出到 dx 指定的端口去。
380         pop dx
381         ret
382
383 sectors:
384         .word 0                     ! 存放当前启动软盘每磁道的扇区数。
385
386 msg1:                               ! 开机调用 BIOS 中断显示的信息。共 9 个字符。
387         .byte 13,10                 ! 回车、换行的 ASCII 码。
388         .ascii "Loading"
389
    ! 表示下面语句从地址 508(0x1FC)开始，所以 root_dev 在启动扇区的第 508 开始的两个字节中。
390 .org 506
391 swap_dev:
392         .word SWAP_DEV              ! 这里存放交换系统所在设备号(init/main.c 中会用)。
393 root_dev:
394         .word ROOT_DEV              ! 这里存放根文件系统所在设备号(init/main.c 中会用)。

    ! 下面是启动盘具有有效引导扇区的标志。仅供 BIOS 中的程序加载引导扇区时识别使用。它必须
    ! 位于引导扇区的最后两个字节中。
395 boot_flag:
```

```
        .word 0xAA55

.text
endtext:
.data
enddata:
.bss
endbss:

```

6.2.3　其他信息

对 bootsect.S 这段程序的说明和描述，在互联网上可以搜索到大量的资料。其中 Alessandro Rubini 著而由本人翻译的《Linux 内核源代码漫游》一文(http://oldlinux.org/Linux.old/docs/)比较详细地描述了内核启动的详细过程，很有参考价值。由于这段程序是在 386 实模式下运行的，因此相对来讲比较容易理解。若此时阅读仍有困难，那么建议你首先复习一下 80x86 汇编及其硬件的相关知识，然后再继续阅读本书。对于最新开发的 Linux 内核，这段程序的改动也很小，基本保持了 0.12 版 bootsect 程序的结构。

1．Linux 0.12 硬盘设备号

程序中涉及的硬盘设备命名方式如下：硬盘的主设备号是 3。其他设备的主设备号分别为：1-内存、2-磁盘、3-硬盘、4-ttyx、5-tty、6-并行口、7-非命名管道。由于 1 个硬盘中可以有 1～4 个分区，因此硬盘还依据分区的不同用次设备号进行指定分区。因此硬盘的逻辑设备号由以下方式构成：设备号=主设备号×256＋ 次设备号。两个硬盘的所有逻辑设备号见表 6-2。

表 6-2　硬盘逻辑设备号

逻辑设备号	对应设备文件	说明	逻辑设备号	对应设备文件	说明
0x300	/dev/hd0	代表整个第 1 个硬盘	0x305	/dev/hd5	代表整个第 2 个硬盘
0x301	/dev/hd1	表示第 1 个硬盘的第 1 个分区	0x306	/dev/hd6	表示第 2 个硬盘的第 1 个分区
0x304	/dev/hd4	表示第 1 个硬盘的第 4 个分区	0x309	/dev/hd9	表示第 2 个硬盘的第 4 个分区

其中 0x300 和 0x305 并不与哪个分区对应，而是代表整个硬盘。从 Linux 内核 0.95 版后已经不使用这种繁琐的命名方式，而是使用与现在相同的命名方法了。

2．从硬盘启动系统

若需要从硬盘设备启动系统，那么通常需要使用其他多操作系统引导程序来引导系统加载。例如 Shoelace、LILO 或 GRUB 等多操作系统引导程序。此时 bootsect.S 所完成的任务会由这些程序来完成。bootsect 程序就不会被执行了。因为如果从硬盘启动系统，那么通常内核映像文件 Image 会存放在活动分区的根文件系统中。因此你就需要知道内核映像文件 Image 在文件系统中的位置以及是什么文件系统。即你的引导扇区程序需要能够识别并访问文件系统，并从中读取内核映像文件。

从硬盘启动的基本流程是：系统上电后，可启动硬盘的第 1 个扇区（主引导记录 MBR，Master Boot Record）会被 BIOS 加载到内存 0x7c00 处并开始执行。该程序会首先把自己向下移动到内存 0x600 处，然后根据 MBR 中分区表信息所指明活动分区中的第 1 个扇区（引导扇区）加载到内存 0x7c00 处，然后开始执行之。如果直接使用这种方式来引导系统就会碰到这样一个问题，即根文件系统不能与内核映像文件 Image 共存。

我所想到的解决办法有两个。一种办法是专门设置一个小容量的活动分区来存放内核映像文件 Image。而相应的根文件系统则放在另外一个分区中。这样虽然浪费了硬盘的 4 个主分区之一，但应该能在对 bootsect.S 程序作最少修改的前提下做到从硬盘启动系统。另一个办法是把内核映像文件 Image 与根文件系统组合存放在一个分区中，即内核映像文件 Image 放在分区开始的一些扇区中，而根文件系统则从随后某一指定扇区开始存放。这两种方法均需要对代码进行一些修改。读者可以参考最后一章的相关内容使用 Bochs 模拟系统亲手做一些实验。

6.3 setup.S 程序

6.3.1 功能描述

setup.S 是一个操作系统加载程序，它的主要作用是利用 ROM BIOS 中断读取机器系统数据，并将这些数据保存到 0x90000 开始的位置（覆盖掉了 bootsect 程序所在的地方），所取得的参数和保留的内存位置见表 6-3。这些参数将被内核中相关程序使用，例如字符设备驱动程序集中的 console.c 和 tty_io.c 程序等。

表 6-3 setup 程序读取并保留的参数

内存地址	长度/B	名称	描述
0x90000	2	光标位置	列号（0x00-最左端），行号（0x00-最顶端）
0x90002	2	扩展内存数	系统从 1MB 开始的扩展内存数值（KB）
0x90004	2	显示页面	当前显示页面
0x90006	1	显示模式	
0x90007	1	字符列数	
0x90008	2	??	
0x9000A	1	显示内存	显示内存(0x00-64KB,0x01-128KB,0x02-192KB,0x03=256KB)
0x9000B	1	显示状态	0x00-彩色,I/O=0x3dX；0x01-单色,I/O=0x3bX
0x9000C	2	特性参数	显示卡特性参数
0x9000E	1	屏幕行数	屏幕当前显示行数
0x9000F	1	屏幕列数	屏幕当前显示列数
...			
0x90080	16	硬盘参数表	第 1 个硬盘的参数表
0x90090	16	硬盘参数表	第 2 个硬盘的参数表（如果没有，则清零）
0x901FC	2	根设备号	根文件系统所在的设备号（bootsect.S 中设置）

然后 setup 程序将 system 模块从 0x10000～0x8ffff（当时认为内核系统模块 system 的长度不会超过此值：512KB）整块向下移动到内存绝对地址 0x00000 处。接下来加载中断描述符表寄存器(idtr)和全局描述符表寄存器(gdtr)，开启 A20 地址线，重新设置两个中断控制芯片 8259A，将硬件中断号重新设置为 0x20～0x2f。最后设置 CPU 的控制寄存器 CR0（也称机器状态字），从而进入 32 位保护模式运行，并跳转到位于 system 模块最前面部分的 head.s 程序继续运行。

为了能让 head.s 在 32 位保护模式下运行，在本程序中临时设置了中断描述符表（IDT）和全局描述符表（GDT），并在 GDT 中设置了当前内核代码段的描述符和数据段的描述符。下面在 head.s 程序中会根据内核的需要重新设置这些描述符表。

下面首先简单介绍一下段描述符的格式、描述符表的结构和段选择符（有些书中称之为选择子）的格式。Linux 内核代码中用到的代码段、数据段描述符的格式如图 6-4 所示。其中各字段的含义请参见第 4 章中的说明。

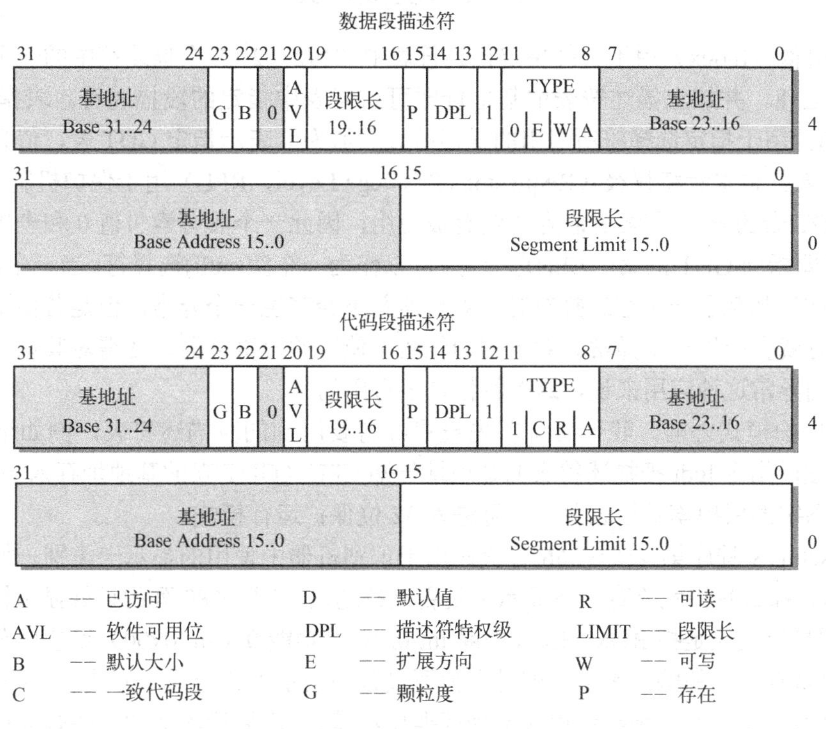

图 6-4　程序代码段和数据段的描述符格式

段描述符存放在描述符表中。描述符表其实就是内存中描述符项的一个阵列，它有两类：全局描述符表（Global Descriptor Table，GDT）和局部描述符表（Local Descriptor Table，LDT）。处理器是通过使用 GDTR 和 LDTR 寄存器来定位 GDT 表和当前的 LDT 表。这两个寄存器以线性地址的方式保存了描述符表的基地址和表的长度。指令 lgdt 和 sgdt 用于访问 GDTR 寄存器；指令 lldt 和 sldt 用于访问 LDTR 寄存器。lgdt 使用内存中一个 6 字节操作数来加载 GDTR 寄存器。头两个字节代表描述符表的长度，后 4 个字节是描述符表的基地址。然而请注意，访问 LDTR 寄存器的指令 lldt 所使用的操作数却是一个 2B 的操作数，表示全局描述符表 GDT 中一个描述符项的选择符。该选择符所对应的 GDT 表中的描述符项应该对应一个局部描述符表。

例如，setup.S 程序设置的 GDT 描述符项（见程序第 207～216 行），代码段描述符的值是 0x00C09A00000007FF，表示代码段的限长是 8MB（=(0x7FF + 1)×4KB，这里加 1 是因为限长值是从 0 开始算起的），段在线性地址空间中的基址是 0。段类型值 0x9A 表示该段存在于内存中，段的特权级别为 0，段类型是可读可执行的代码段，段代码是 32 位的并且段的颗粒度是 4KB。数据段描述符的值是 0x00C09200000007FF，表示数据段的限长是 8MB，段在线性地址空间中的基址是 0。段类型值 0x92 表示该段存在于内存中，段的特权级别为 0，段类型是可读可写的数据段，段代码是 32 位的并且段的颗粒度是 4KB。

这里再对选择符进行一些说明。逻辑地址的选择符部分用于指定一描述符，它是通过指定一描述符表并且索引其中的一个描述符项完成的。图 6-5 给出了选择符的格式。

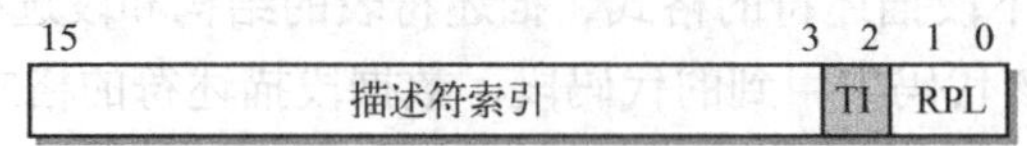

图 6-5 段选择符格式

其中索引值（Index）用于选择指定描述符表中 8192（2^{13}）个描述符中的一个。处理器将该索引值乘上 8，并加上描述符表的基地址即可访问表中指定的段描述符。表指示器（Table Indicator，TI）用于指定选择符所引用的描述符表。值为 0 表示指定 GDT 表，值为 1 表示指定当前的 LDT 表。请求者特权级（Requestor's Privilege Level，RPL）用于保护机制。

由于 GDT 表的第一项(索引值为 0)没有被使用，因此一个具有索引值 0 和表指示器值也为 0 的选择符（即指向 GDT 的第一项的选择符）可以作为一个空(null)选择符。当一个段寄存器（不能是 CS 或 SS）加载了一个空选择符时，处理器并不会产生一个异常。但是若使用这个段寄存器访问内存时就会产生一个异常。对于初始化还未使用的段寄存器，使得对其意外的引用能产生一个指定的异常这种应用来说，这个特性是很有用的。

在进入保护模式之前，我们必须首先设置好将要用到的段描述符表，例如全局描述符表 GDT。然后使用指令 lgdt 把描述符表的基地址告知 CPU（GDT 表的基地址存入 gdtr 寄存器）。再将机器状态字的保护模式标志置位即可进入 32 位保护运行模式。

另外，setup.S 程序第 215～566 行代码用于识别机器中使用的显示卡类别。如果系统使用 VGA 显示卡，那么我们就检查一下显示卡是否支持超过 25 行×80 列的扩展显示模式（或显示方式）。所谓显示模式是指 ROM BIOS 中断 int 0x10 的功能 0（ah=0x00）设置屏幕显示信息的方法，其中 al 寄存器中的输入参数值即是我们要设置的显示模式或显示方式号。通常我们把 IBM PC 刚推出时所能设置的几种显示模式称为标准显示模式，而以后添加的一些则被称为扩展显示模式。例如 ATI 显示卡除支持标准显示模式以外，还支持扩展显示模式号 0x23、0x33，即还能够使用 132 列×25 行和 132 列×44 行两种显示模式在屏幕上显示信息。在 VGA、SVGA 刚出现时期，这些扩展显示模式均由显示卡上的 BIOS 提供支持。若识别出一块已知类型的显示卡，程序就会向用户提供选择分辨率的机会。但由于这段程序涉及很多显示卡特有的端口信息，因此这段程序比较复杂。好在这段代码与内核运行关系不大，因此可以跳过不看。如果想彻底理解这段代码，那么在阅读这段代码时最好能参考 Richard F. Ferraro 的书《Programmer's Guide to the EGA, VGA, and Super VGA Cards》，或者参考网上能下载到的经典 VGA 编程资料“VGADOC4”。这段程序由 Mats Andersson (d88-man@nada.kth.se)编制，现在 Linus 已忘记 d88-man 是谁了。:-)

6.3.2 代码注释

程序 6-2 linux/boot/setup.S

```
1 !
2 !      setup.s       (C) 1991 Linus Torvalds
3 !
4 ! setup.s is responsible for getting the system data from the BIOS,
5 ! and putting them into the appropriate places in system memory.
```

```
 6 ! both setup.s and system has been loaded by the bootblock.
 7 !
 8 ! This code asks the bios for memory/disk/other parameters, and
 9 ! puts them in a "safe" place: 0x90000-0x901FF, ie where the
10 ! boot-block used to be. It is then up to the protected mode
11 ! system to read them from there before the area is overwritten
12 ! for buffer-blocks.
13 !
   ! setup.s 负责从 BIOS 中获取系统数据，并将这些数据放到系统内存的适当地方。此时 setup.s 和
   ! system 已经由 bootsect 引导块加载到内存中。
   !
   ! 这段代码询问 bios 有关内存/磁盘/其他参数，并将这些参数放到一个“安全的”地方：0x90000-
   ! 0x901FF，也即原来 bootsect 代码块曾经在的地方，然后在被缓冲块覆盖掉之前由保护模式的
   ! system 读取。
14
15 ! NOTE! These had better be the same as in bootsect.s!
   ! 以下这些参数最好和 bootsect.s 中的相同！
16 #include <linux/config.h>
   ! config.h 中定义了 DEF_INITSEG = 0x9000; DEF_SYSSEG = 0x1000; DEF_SETUPSEG = 0x9020。
17
18 INITSEG  = DEF_INITSEG  ! we move boot here - out of the way ! 原来 bootsect 所处的段。
19 SYSSEG   = DEF_SYSSEG   ! system loaded at 0x10000 (65536).  ! system 在 0x10000 处。
20 SETUPSEG = DEF_SETUPSEG ! this is the current segment        ! 本程序所在的段地址。
21
22 .globl begtext, begdata, begbss, endtext, enddata, endbss
23 .text
24 begtext:
25 .data
26 begdata:
27 .bss
28 begbss:
29 .text
30
31 entry start
32 start:
33
34 ! ok, the read went well so we get current cursor position and save it for
35 ! posterity.
   ! ok，整个读磁盘过程都正常，现在将光标位置保存以备今后使用（相关代码在 59--62 行）。
36
   ! 下句将 ds 置成 INITSEG(0x9000)。这已经在 bootsect 程序中设置过，但是现在是 setup 程序，
   ! Linus 觉得需要再重新设置一下。
37         mov     ax,#INITSEG
38         mov     ds,ax
39
40 ! Get memory size (extended mem, kB)
   ! 取扩展内存的大小值（KB）。
   ! 利用 BIOS 中断 0x15 功能号 ah = 0x88 取系统所含扩展内存大小并保存在内存 0x90002 处。
   ! 返回：ax = 从 0x100000（1M）处开始的扩展内存大小(KB)。若出错则 CF 置位，ax = 出错码。
41
42         mov     ah,#0x88
43         int     0x15
44         mov     [2],ax              ! 将扩展内存数值存在 0x90002 处（1 个字）。
45
```

```
46 ! check for EGA/VGA and some config parameters
   ! 检查显示方式（EGA/VGA）并取参数。
   ! 调用 BIOS 中断 0x10，附加功能选择方式信息。功能号：ah = 0x12，bl = 0x10
   ! 返回：bh =显示状态。0x00 -彩色模式，I/O 端口=0x3dX；0x01 -单色模式，I/O 端口=0x3bX。
   ! bl = 安装的显示内存。0x00 - 64KB；0x01 - 128KB；0x02 - 192KB；0x03 = 256KB。
   ! cx = 显示卡特性参数(参见程序后对 BIOS 视频中断 0x10 的说明)。
47
48         mov     ah,#0x12
49         mov     bl,#0x10
50         int     0x10
51         mov     [8],ax              ! 0x90008 = ??
52         mov     [10],bx             ! 0x9000A =安装的显示内存；0x9000B=显示状态(彩/单色)
53         mov     [12],cx             ! 0x9000C =显示卡特性参数。
  ! 检测屏幕当前行列值。若显示卡是 VGA 卡时则请求用户选择显示行列值，并保存到 0x9000E 处。
54         mov     ax,#0x5019          ! 在 ax 中预置屏幕默认行列值（ah = 80 列；al=25 行）。
55         cmp     bl,#0x10            ! 若中断返回 bl 值为 0x10，则表示不是 VGA 显示卡，跳转。
56         je      novga
57         call    chsvga              ! 检测显示卡厂家和类型，修改显示行列值（第 215 行）。
58 novga:  mov     [14],ax             ! 保存屏幕当前行列值（0x9000E，0x9000F）。

   ! 这段代码使用 BIOS 中断取屏幕当前光标位置（列、行），并保存在内存 0x90000 处（2 字节）。
   ! 控制台初始化程序会到此处读取该值。
   ! BIOS 中断 0x10 功能号 ah = 0x03，读光标位置。
   ! 输入：bh = 页号
   ! 返回：ch = 扫描开始线；cl = 扫描结束线；dh = 行号(0x00 顶端)；dl = 列号(0x00 最左边)。
59         mov     ah,#0x03            ! read cursor pos
60         xor     bh,bh
61         int     0x10                ! save it in known place, con_init fetches
62         mov     [0],dx              ! it from 0x90000.
63
64 ! Get video-card data:
   ! 下面这段用于取显示卡当前显示模式：
   ! 调用 BIOS 中断 0x10，功能号 ah = 0x0f
   ! 返回：ah = 字符列数；al = 显示模式；bh = 当前显示页。
   ! 0x90004(1 字)存放当前页；0x90006 存放显示模式；0x90007 存放字符列数。
65
66         mov     ah,#0x0f
67         int     0x10
68         mov     [4],bx              ! bh = display page
69         mov     [6],ax              ! al = video mode, ah = window width
70
71 ! Get hd0 data
   ! 取第一个硬盘的信息（复制硬盘参数表）。
   ! 第 1 个硬盘参数表的首地址竟然是中断向量 0x41 的向量值！而第 2 个硬盘参数表紧接在第 1 个表的
   ! 后面，中断向量 0x46 的向量值也指向第 2 个硬盘的参数表首址。表的长度是 16 个字节。
   ! 下面两段程序分别复制 ROM BIOS 中有关两个硬盘的参数表，0x90080 处存放第 1 个硬盘的表，
   ! 0x90090 处存放第 2 个硬盘的表。
72
   ! 第 75 行语句从内存指定位置处读取一个长指针值并放入 ds 和 si 寄存器中。ds 中放段地址，si 是
   ! 段内偏移地址。这里是把内存地址 4 * 0x41（= 0x104）处保存的 4 个字节读出。这 4 字节即是硬
   ! 盘参数表所处位置的段和偏移值。
73         mov     ax,#0x0000
74         mov     ds,ax
75         lds     si,[4*0x41]         ! 取中断向量 0x41 的值，即 hd0 参数表的地址→ds:si
76         mov     ax,#INITSEG
77         mov     es,ax
```

```
        mov     di,#0x0080              ! 传输的目的地址: 0x9000:0x0080 →es:di
        mov     cx,#0x10                ! 共传输 16 字节。
        rep
        movsb
! Get hdl data
        mov     ax,#0x0000
        mov     ds,ax
        lds     si,[4*0x46]             ! 取中断向量 0x46 的值，即 hd1 参数表的地址→ds:si
        mov     ax,#INITSEG
        mov     es,ax
        mov     di,#0x0090              ! 传输的目的地址: 0x9000:0x0090→es:di
        mov     cx,#0x10
        rep
        movsb
! Check that there IS a hd1 :-)
! 检查系统是否有第 2 个硬盘。如果没有则把第 2 个表清零。
! 利用 BIOS 中断调用 0x13 的取盘类型功能，功能号 ah = 0x15;
! 输入: dl = 驱动器号（0x8X 是硬盘: 0x80 指第 1 个硬盘，0x81 第 2 个硬盘）
! 输出: ah = 类型码; 00 - 没有这个盘，CF 置位; 01 - 是软驱，没有 change-line 支持;
!                  02 - 是软驱(或其他可移动设备)，有 change-line 支持; 03 - 是硬盘。
        mov     ax,#0x01500
        mov     dl,#0x81
        int     0x13
        jc      no_disk1
        cmp     ah,#3                   ! 是硬盘吗? (类型 = 3 ? )。
        je      is_disk1
no_disk1:
        mov     ax,#INITSEG             ! 第 2 个硬盘不存在，则对第 2 个硬盘表清零。
        mov     es,ax
        mov     di,#0x0090
        mov     cx,#0x10
        mov     ax,#0x00
        rep
        stosb
is_disk1:
! now we want to move to protected mode ...
! 现在我们要进入保护模式中了...
        cli                     ! no interrupts allowed !     ! 从此开始不允许中断。
! first we move the system to it's rightful place
! 首先我们将 system 模块移到正确的位置。
! bootsect 引导程序会把 system 模块读入到内存 0x10000（64KB）开始的位置。由于当时假设
! system 模块最大长度不会超过 0x80000（512KB），即其末端不会超过内存地址 0x90000，所以
! bootsect 会把自己移动到 0x90000 开始的地方，并把 setup 加载到它的后面。下面这段程序的
! 用途是再把整个 system 模块移动到 0x00000 位置，即把从 0x10000 到 0x8ffff 的内存数据块
! （512KB）整块地向内存低端移动了 0x10000（64KB）的位置。
        mov     ax,#0x0000
        cld                     ! 'direction'=0, movs moves forward
do_move:
```

```
122         mov     es,ax           ! destination segment ! es:di 是目的地址(初始为 0x0:0x0)
123         add     ax,#0x1000
124         cmp     ax,#0x9000      ! 已经把最后一段（从 0x8000 段开始的 64KB）代码移动完？
125         jz      end_move        ! 是，则跳转。
126         mov     ds,ax           ! source segment  ! ds:si 是源地址(初始为 0x1000:0x0)
127         sub     di,di
128         sub     si,si
129         mov     cx,#0x8000      ! 移动 0x8000 字（64KB）。
130         rep
131         movsw
132         jmp     do_move
133
134 ! then we load the segment descriptors
    ! 此后，我们加载段描述符。
    ! 从这里开始会遇到 32 位保护模式的操作，因此需要 Intel 32 位保护模式编程方面的知识了，有关
    ! 这方面的信息请查阅列表后的简单介绍或附录中的详细说明。这里仅作概要说明。在进入保护模式中
    ! 运行之前，我们需要首先设置好需要使用的段描述符表。这里需要设置全局描述符表和中断描述符表。
    !
    ! 下面指令 lidt 用于加载中断描述符表（IDT）寄存器。它的操作数（idt_48）有 6 字节。前 2 字节
    !（字节 0-1）是描述符表的字节长度值；后 4 字节（字节 2-5）是描述符表的 32 位线性基地址，其形
    ! 式参见下面 218--220 行和 222--224 行说明。中断描述符表中的每一个 8 字节表项指出发生中断
    ! 时需要调用的代码信息。与中断向量有些相似，但要包含更多的信息。
    !
    ! lgdt 指令用于加载全局描述符表（GDT）寄存器，其操作数格式与 lidt 指令的相同。全局描述符表
    ! 中的每个描述符项（8 字节）描述了保护模式下数据段和代码段（块）的信息。其中包括段的最大长
    ! 度限制（16 位）、段的线性地址基址（32 位）、段的特权级、段是否在内存、读写许可权以及其他
    !一些保护模式运行的标志。参见后面 205--216 行。
135
136 end_move:
137         mov     ax,#SETUPSEG    ! right, forgot this at first. didn't work :-)
138         mov     ds,ax           ! ds 指向本程序(setup)段。
139         lidt    idt_48          ! load idt with 0,0                 ! 加载 IDT 寄存器。
140         lgdt    gdt_48          ! load gdt with whatever appropriate ! 加载 GDT 寄存器。
141
142 ! that was painless, now we enable A20
    ! 以上的操作很简单，现在我们开启 A20 地址线。
    ! 为了能够访问和使用 1MB 以上的物理内存，我们需要首先开启 A20 地址线。参见本程序列表后有关
    ! A20 信号线的说明。关于所涉及的一些端口和命令，可参考 kernel/chr_drv/keyboard.S 程序
    ! 后对键盘接口的说明。至于机器是否真正开启了 A20 地址线，我们还需要在进入保护模式之后（能
    ! 访问 1MB 以上内存之后）在测试一下。这个工作放在了 head.S 程序中（32--36 行）。
143
144         call    empty_8042      ! 测试 8042 状态寄存器，等待输入缓冲器空。
                                    ! 只有当输入缓冲器为空时才可以对其执行写命令。
145         mov     al,#0xD1        ! command write ! 0xD1 命令码-表示要写数据到
146         out     #0x64,al        ! 8042 的 P2 端口。P2 端口位 1 用于 A20 线的选通。
147         call    empty_8042      ! 等待输入缓冲器空，看命令是否被接受。
148         mov     al,#0xDF        ! A20 on         ! 选通 A20 地址线的参数。
149         out     #0x60,al        ! 数据要写到 0x60 口。
150         call    empty_8042      ! 若此时输入缓冲器为空，则表示 A20 线已经选通。
151
152 ! well, that went ok, I hope. Now we have to reprogram the interrupts :-(
153 ! we put them right after the intel-reserved hardware interrupts, at
154 ! int 0x20-0x2F. There they won't mess up anything. Sadly IBM really
155 ! messed this up with the original PC, and they haven't been able to
156 ! rectify it afterwards. Thus the bios puts interrupts at 0x08-0x0f,
157 ! which is used for the internal hardware interrupts as well. We just
```

```
158 ! have to reprogram the 8259's, and it isn't fun.
    !
    ! 希望以上一切正常。现在我们必须重新对中断进行编程 :-( 我们将它们放在正好
    ! 处于 Intel 保留的硬件中断后面，即 int 0x20--0x2F。在那里它们不会引起冲突。
    ! 不幸的是 IBM 在原 PC 中搞糟了，以后也没有纠正过来。所以 PCBIOS 把中断
    ! 放在了 0x08--0x0f，这些中断也被用于内部硬件中断。所以我们就必须重新对 8259
    ! 中断控制器进行编程，这一点都没意思。
    !
    ! PC 使用两个 8259A 芯片，关于对可编程控制器 8259A 芯片的编程方法请参见本程序后的介绍。
    ! 第 162 行上定义的两个字（0x00eb）是直接使用机器码表示的两条相对跳转指令，起延时作用。
    ! 0xeb 是直接近跳转指令的操作码，带 1 个字节的相对位移值。因此跳转范围是-127～127。CPU
    ! 通过把这个相对位移值加到 EIP 寄存器中就形成一个新的有效地址。此时 EIP 指向下一条被执行
    ! 的指令。执行时所花费的 CPU 时钟周期数是 7 至 10 个。0x00eb 表示跳转值是 0 的一条指令，因
    ! 此还是直接执行下一条指令。这两条指令共可提供 14--20 个 CPU 时钟周期的延迟时间。在 as86
    ! 中没有表示相应指令的助记符，因此 Linus 在 setup.s 等一些汇编程序中就直接使用机器码来表
    ! 示这种指令。另外，每个空操作指令 NOP 的时钟周期数是 3 个，因此若要达到相同的延迟效果就
    ! 需要 6～7 个 NOP 指令。
159
    ! 8259 芯片主片端口是 0x20-0x21，从片端口是 0xA0-0xA1。输出值 0x11 表示初始化命令开始，
    ! 它是 ICW1 命令字，表示边沿触发、多片 8259 级连、最后要发送 ICW4 命令字。
160         mov    al,#0x11            ! initialization sequence
161         out    #0x20,al          ! send it to 8259A-1  ! 发送到 8259A 主芯片。
162         .word  0x00eb,0x00eb     ! jmp $+2, jmp $+2    ! '$'表示当前指令的地址，
163         out    #0xA0,al          ! and to 8259A-2      ! 再发送到 8259A 从芯片。
164         .word  0x00eb,0x00eb
    ! Linux 系统硬件中断号被设置成从 0x20 开始。参见表 3-2：硬件中断请求信号与中断号对应表。
165         mov    al,#0x20          ! start of hardware int's (0x20)
166         out    #0x21,al          ! 送主芯片 ICW2 命令字，设置起始中断号，要送奇端口。
167         .word  0x00eb,0x00eb
168         mov    al,#0x28          ! start of hardware int's 2 (0x28)
169         out    #0xA1,al          ! 送从芯片 ICW2 命令字，从芯片的起始中断号。
170         .word  0x00eb,0x00eb
171         mov    al,#0x04          ! 8259-1 is master
172         out    #0x21,al          ! 送主芯片 ICW3 命令字，主芯片的 IR2 连从芯片 INT。
                                     ! 参见代码列表后的说明。
173         .word  0x00eb,0x00eb
174         mov    al,#0x02          ! 8259-2 is slave
175         out    #0xA1,al          ! 送从芯片 ICW3 命令字，表示从芯片的 INT 连到主芯
                                     ! 片的 IR2 引脚上。
176         .word  0x00eb,0x00eb
177         mov    al,#0x01          ! 8086 mode for both
178         out    #0x21,al          ! 送主芯片 ICW4 命令字。8086 模式；普通 EOI、非缓冲
                                     ! 方式，需发送指令来复位。初始化结束，芯片就绪。
179         .word  0x00eb,0x00eb
180         out    #0xA1,al          ! 送从芯片 ICW4 命令字，内容同上。
181         .word  0x00eb,0x00eb
182         mov    al,#0xFF          ! mask off all interrupts for now
183         out    #0x21,al          ! 屏蔽主芯片所有中断请求。
184         .word  0x00eb,0x00eb
185         out    #0xA1,al          ! 屏蔽从芯片所有中断请求。
186
187 ! well, that certainly wasn't fun :-(. Hopefully it works, and we don't
188 ! need no steenking BIOS anyway (except for the initial loading :-).
189 ! The BIOS-routine wants lots of unnecessary data, and it's less
190 ! "interesting" anyway. This is how REAL programmers do it.
191 !
```

```
192 ! Well, now's the time to actually move into protected mode. To make
193 ! things as simple as possible, we do no register set-up or anything,
194 ! we let the gnu-compiled 32-bit programs do that. We just jump to
195 ! absolute address 0x00000, in 32-bit protected mode.
    !
    ! 哼，上面这段编程当然没劲:-(，但希望这样能工作，而且我们也不再需要乏味的 BIOS
    ! 了（除了初始加载:-）。BIOS 子程序要求很多不必要的数据，而且它一点都没趣。那是
    ! “真正”的程序员所做的事。
    !
    ! 好了，现在是真正开始进入保护模式的时候了。为了把事情做得尽量简单，我们并不对
    ! 寄存器内容进行任何设置。我们让 gnu 编译的 32 位程序去处理这些事。在进入 32 位保
    ! 护模式时我们仅是简单地跳转到绝对地址 0x00000 处。
196
    ! 下面设置并进入 32 位保护模式运行。首先加载机器状态字(lmsw-Load Machine Status Word),
    ! 也称控制寄存器 CR0，其位 0 置 1 将导致 CPU 切换到保护模式，并且运行在特权级 0 中，即当前
    ! 特权级 CPL=0。此时段寄存器仍然指向与实地址模式中相同的线性地址处（在实地址模式下线性地址
    ! 与物理内存地址相同）。在设置该位后，随后一条指令必须是一条段间跳转指令以用于刷新 CPU 当前
    ! 指令队列。因为 CPU 是在执行一条指令之前就已从内存读取该指令并对其进行解码。然而在进入保护
    ! 模式以后那些属于实模式的预先取得的指令信息就变得不再有效。而一条段间跳转指令就会刷新 CPU
    ! 的当前指令队列，即丢弃这些无效信息。另外，在 Intel 公司的手册上建议 80386 或以上 CPU 应该
    ! 使用指令“mov cr0,ax”切换到保护模式。lmsw 指令仅用于兼容以前的 286 CPU。

197         mov     ax,#0x0001      ! protected mode (PE) bit         ! 保护模式位(PE)。
198         lmsw    ax              ! This is it!                     ! 就这样加载机器状态字!
199         jmpi    0,8             ! jmp offset 0 of segment 8 (cs)  ! 跳转至 cs 段偏移 0 处。
    ! 我们已经将 system 模块移动到 0x00000 开始的地方，所以上句中的偏移地址是 0。而段值 8 已经
    ! 是保护模式下的段选择符了，用于选择描述符表和描述符表项以及所要求的特权级。段选择符长
    ! 度为 16 位（2 字节）；位 0-1 表示请求的特权级 0--3，但 Linux 操作系统只用到两级：0 级（内
    ! 核级）和 3 级（用户级）；位 2 用于选择全局描述符表（0）还是局部描述符表(1)；位 3-15 是描
    ! 述符表项的索引，指出选择第几项描述符。所以段选择符 8（0b0000,0000,0000,1000）表示请求
    ! 特权级 0、使用全局描述符表 GDT 中第 2 个段描述符项，该项指出代码的基地址是 0（参见 571 行），
    ! 因此这里的跳转指令就会去执行 system 中的代码。
200
201 ! This routine checks that the keyboard command queue is empty
202 ! No timeout is used - if this hangs there is something wrong with
203 ! the machine, and we probably couldn't proceed anyway.
    ! 下面这个子程序检查键盘命令队列是否为空。这里不使用超时方法 -
    ! 如果这里死机，则说明 PC 有问题，我们就没有办法再处理下去了。
    !
    ! 只有当输入缓冲器为空时（键盘控制器状态寄存器位 1 = 0）才可以对其执行写命令。
204 empty_8042:
205         .word   0x00eb,0x00eb
206         in      al,#0x64        ! 8042 status port          ! 读 AT 键盘控制器状态寄存器。
207         test    al,#2           ! is input buffer full?     ! 测试位 1，输入缓冲器满？
208         jnz     empty_8042      ! yes - loop
209         ret
210
211 ! Routine trying to recognize type of SVGA-board present (if any)
212 ! and if it recognize one gives the choices of resolution it offers.
213 ! If one is found the resolution chosen is given by al,ah (rows,cols).
    ! 下面是用于识别 SVGA 显示卡（若有的话）的子程序。若识别出一块就向用户
    ! 提供选择分辨率的机会，并把分辨率放入寄存器 al、ah（行、列）中返回。
    !
    ! 注意下面 215--566 行代码牵涉到众多显示卡端口信息，因此比较复杂。但由于这段代码与内核
    ! 运行关系不大，因此可以跳过不看。
    ! 下面首先显示 588 行上的 msg1 字符串（"按回车键查看存在的 SVGA 模式，或按任意键继续"），
```

```
! 然后循环读取键盘控制器输出缓冲器，等待用户按键。如果用户按下回车键就去检查系统具有的 SVGA
! 模式，并在 AL 和 AH 中返回最大行列值，否则设置默认值 AL=25 行、AH=80 列并返回。
214
215 chsvga: cld
216         push    ds              ! 保存 ds 值。将在 231 行（或 490 或 492 行）弹出。
217         push    cs              ! 把默认数据段设置成和代码段同一个段。
218         pop     ds
219         mov     ax,#0xc000
220         mov     es,ax           ! es 指向 0xc000 段。此处是 VGA 卡上的 ROM BIOS 区。
221         lea     si,msg1         ! ds:si 指向 msg1 字符串。
222         call    prtstr          ! 显示以 NULL 结尾的 msg1 字符串。
223 nokey:  in      al,#0x60        ! 读取键盘控制器输出缓冲器（来自键盘的扫描码或命令）。
224         cmp     al,#0x82        ! 如果收到比 0x82 小的扫描码则是接通扫描码，因为 0x82 是
225         jb      nokey           ! 最小断开扫描码值。小于 0x82 表示还没有按键松开。
226         cmp     al,#0xe0        ! 如果扫描码大于 0xe0，表示收到的是扩展扫描码前缀。
227         ja      nokey
228         cmp     al,#0x9c        ! 如果断开扫描码是 0x9c，表示用户按下/松开了回车键，
229         je      svga            ! 于是程序跳转去检查系统是否具有 SVGA 模式。
230         mov     ax,#0x5019      ! 否则把 AX 中返回行列值默认设置为 AL=25 行、AH=80 列。
231         pop     ds
232         ret
! 下面根据 VGA 显示卡上的 ROM BIOS 指定位置处的特征数据串或者支持的特别功能来判断机器上安装
! 的是什么牌子的显示卡。本程序共支持 10 种显示卡的扩展功能。注意，此时程序已经在第 220 行把
! es 指向 VGA 卡上 ROM BIOS 所在的段 0xc000（参见第 2 章）。
! 首先判断是不是 ATI 显示卡。我们把 ds:si 指向 595 行上 ATI 显示卡特征数据串，并把 es:si 指
! 向 VGA BIOS 中指定位置（偏移 0x31）处。因为该特征串共有 9 个字符（"761295520"），因此我
! 们循环比较这个特征串。如果相同则表示机器中的 VGA 卡是 ATI 牌子的，于是让 ds:si 指向该显
! 示卡可以设置的行列模式值 dscati（第 615 行），让 di 指向 ATI 卡可设置的行列个数和模式，
! 并跳转到标号 selmod（438 行）处进一步进行设置。
233 svga:   lea     si,idati        ! Check ATI 'clues'  ! 检查判断 ATI 显示卡的数据。
234         mov     di,#0x31        ! 特征串从 0xc000:0x0031 开始。
235         mov     cx,#0x09        ! 特征串有 9 个字节。
236         repe
237         cmpsb
238         jne     noati           ! 若特征串不同则表示不是 ATI 显示卡。跳转继续检测卡。
239         lea     si,dscati       ! 如果 9 个字节都相同，表示系统中有一块 ATI 牌显示卡。
240         lea     di,moati        ! 于是 si 指向 ATI 卡具有的可选行列值，di 指向可选个数
241         lea     cx,selmod       ! 和模式列表，然后跳转到 selmod（438 行）处继续处理。
242         jmp     cx

! 现在来判断是不是 Ahead 牌子的显示卡。首先向 EGA/VGA 图形索引寄存器 0x3ce 写入想访问的
! 主允许寄存器索引号 0x0f，同时向 0x3cf 端口（此时对应主允许寄存器）写入开启扩展寄存器标志
! 值 0x20。然后通过 0x3cf 端口读取主允许寄存器值，以检查是否可以设置开启扩展寄存器标志。如果
! 可以则说明是 Ahead 牌子的显示卡。注意 word 输出时 al→端口 n，ah→端口 n+1。
243 noati:  mov     ax,#0x200f      ! Check Ahead 'clues'
244         mov     dx,#0x3ce       ! 数据端口指向主允许寄存器（0x0f→0x3ce 端口），
245         out     dx,ax           ! 并设置开启扩展寄存器标志（0x20→0x3cf 端口）。
246         inc     dx              ! 然后再读取该寄存器，检查该标志是否被设置。
247         in      al,dx
248         cmp     al,#0x20        ! 如果读取值是 0x20，则表示 Ahead A 显示卡。
249         je      isahed          ! 如果读取值是 0x21，则表示 Ahead B 显示卡。
250         cmp     al,#0x21        ! 否则说明不是 Ahead 显示卡，于是跳转继续检测其余卡。
251         jne     noahead
252 isahed: lea     si,dscahead     ! si 指向 Ahead 显示卡可选行列值表，di 指向扩展模式个
253         lea     di,moahead      ! 数和扩展模式号列表。然后跳转到 selmod（438 行）处继
254         lea     cx,selmod       ! 续处理。
```

```
255         jmp     cx

    ! 现在来检查是不是 Chips & Tech 生产的显示卡。通过端口 0x3c3（0x94 或 0x46e8）设置 VGA 允许
    ! 寄存器的进入设置模式标志（位 4），然后从端口 0x104 读取显示卡芯片集标识值。如果该标识值是
    ! 0xA5，则说明是 Chips & Tech 生产的显示卡。
256 noahed: mov     dx,#0x3c3       ! Check Chips & Tech. 'clues'
257         in      al,dx           ! 从 0x3c3 端口读取 VGA 允许寄存器值，添加上进入设置模式
258         or      al,#0x10        ! 标志（位 4）后再写回。
259         out     dx,al
260         mov     dx,#0x104       ! 在设置模式时从全局标识端口 0x104 读取显示卡芯片标识值，
261         in      al,dx           ! 并暂时存放在 bl 寄存器中。
262         mov     bl,al
263         mov     dx,#0x3c3       ! 然后把 0x3c3 端口中的进入设置模式标志复位。
264         in      al,dx
265         and     al,#0xef
266         out     dx,al
267         cmp     bl,[idcandt]    ! 再把 bl 中标识值与位于 idcandt 处（第 596 行）的 Chips &
268         jne     nocant          ! Tech 的标识值 0xA5 作比较。如果不同则跳转比较下一种显卡。
269         lea     si,dsccandt     ! 让 si 指向这种显示卡的可选行列值表，di 指向扩展模式个数
270         lea     di,mocandt      ! 和扩展模式号列表。然后跳转到 selmod（438 行）进行设置
271         lea     cx,selmod       ! 显示模式的操作。
272         jmp     cx

    ! 现在检查是不是 Cirrus 显示卡。方法是使用 CRT 控制器索引号 0x1f 寄存器的内容来尝试禁止扩展
    ! 功能。该寄存器被称为鹰标（Eagle ID）寄存器，将其值高低半字节交换一下后写入端口 0x3c4 索
    ! 引的 6 号（定序/扩展）寄存器应该会禁止 Cirrus 显示卡的扩展功能。如果不会则说明不是 Cirrus
    ! 显示卡。因为从端口 0x3d4 索引的 0x1f 鹰标寄存器中读取的内容是鹰标值与 0x0c 索引号对应的显
    ! 存起始地址高字节寄存器内容异或操作之后的值，因此在读 0x1f 中内容之前我们需要先把显存起始
    ! 高字节寄存器内容保存后清零，并在检查后恢复之。另外，将没有交换过的 Eagle ID 值写到 0x3c4
    ! 端口索引的 6 号定序/扩展寄存器会重新开启扩展功能。
273 nocant: mov     dx,#0x3d4       ! Check Cirrus 'clues'
274         mov     al,#0x0c        ! 首先向 CRT 控制寄存器的索引寄存器端口 0x3d4 写入要访问
275         out     dx,al           ! 的寄存器索引号 0x0c（对应显存起始地址高字节寄存器），
276         inc     dx              ! 然后从 0x3d5 端口读入显存起始地址高字节并暂存在 bl 中，
277         in      al,dx           ! 再把显存起始地址高字节寄存器清零。
278         mov     bl,al
279         xor     al,al
280         out     dx,al
281         dec     dx              ! 接着向 0x3d4 端口输出索引 0x1f，指出我们要在 0x3d5 端口
282         mov     al,#0x1f        ! 访问读取“Eagle ID”寄存器内容。
283         out     dx,al
284         inc     dx
285         in      al,dx           ! 从 0x3d5 端口读取“Eagle ID”寄存器值，并暂存在 bh 中。
286         mov     bh,al           ! 然后把该值高低 4 位互换位置存放到 cl 中。再左移 8 位
287         xor     ah,ah           ! 后放入 ch 中，而 cl 中放入数值 6。
288         shl     al,#4
289         mov     cx,ax
290         mov     al,bh
291         shr     al,#4
292         add     cx,ax
293         shl     cx,#8
294         add     cx,#6           ! 最后把 cx 值存放入 ax 中。此时 ah 中是换位后的“Eagle
295         mov     ax,cx           ! ID”值，al 中是索引号 6，对应定序/扩展寄存器。把 ah
296         mov     dx,#0x3c4       ! 写到 0x3c4 端口索引的定序/扩展寄存器应该会导致 Cirrus
297         out     dx,ax           ! 显示卡禁止扩展功能。
298         inc     dx
```

```
299         in      al,dx           ! 如果扩展功能真的被禁止，那么此时读入的值应该为 0。
300         and     al,al           ! 如果不为 0 则表示不是 Cirrus 显示卡，跳转继续检查其他卡。
301         jnz     nocirr
302         mov     al,bh           ! 是 Cirrus 显示卡，则利用第 286 行保存在 bh 中的“Eagle
303         out     dx,al           ! ID”原值再重新开启 Cirrus 卡扩展功能。此时读取的返回
304         in      al,dx           ! 值应该为 1。若不是，则仍然说明不是 Cirrus 显示卡。
305         cmp     al,#0x01
306         jne     nocirr
307         call    rst3d4          ! 恢复 CRT 控制器的显示起始地址高字节寄存器内容。
308         lea     si,dsccirrus    ! si 指向 Cirrus 显示卡的可选行列值，di 指向扩展模式个数
309         lea     di,mocirrus     ! 和对应模式号。然后跳转到 selmod 处去选择显示模式。
310         lea     cx,selmod
311         jmp     cx
    ! 该子程序利用保存在 bl 中的值（第 278 行）恢复 CRT 控制器的显示起始地址高字节寄存器内容。
312 rst3d4: mov     dx,#0x3d4
313         mov     al,bl
314         xor     ah,ah
315         shl     ax,#8
316         add     ax,#0x0c
317         out     dx,ax           ! 注意，这是 word 输出！！ al→0x3d4，ah→0x3d5。
318         ret

    ! 现在检查系统中是不是 Everex 显示卡。方法是利用中断 int 0x10 功能 0x70（ax =0x7000，
    ! bx=0x0000）调用 Everex 的扩展视频 BIOS 功能。对于 Everex 类型显示卡，该中断调用应该
    ! 会返回模拟状态，即有以下返回信息：
    ! al = 0x70，若是基于 Trident 的 Everex 显示卡；
    ! cl = 显示器类型：00-单色；01-CGA；02-EGA；03-数字多频；04-PS/2；05-IBM 8514；06-SVGA。
    ! ch = 属性：位 7-6：00-256K，01-512K，10-1MB，11-2MB；位 4-开启 VGA 保护；位 0-6845 模拟。
    ! dx = 板卡型号：位 15-4：板类型标识号；位 3-0：板修正标识号。
    !      0x2360-Ultragraphics II；0x6200-Vision VGA；0x6730-EVGA；0x6780-Viewpoint。
    ! di = 用 BCD 码表示的视频 BIOS 版本号。
319 nocirr: call    rst3d4              ! Check Everex 'clues'
320         mov     ax,#0x7000      ! 设置 ax = 0x7000, bx=0x0000，调用 int 0x10。
321         xor     bx,bx
322         int     0x10
323         cmp     al,#0x70        ! 对于 Everex 显示卡，al 中应该返回值 0x70。
324         jne     noevrx
325         shr     dx,#4           ! 忽略板修正号（位 3～0）。
326         cmp     dx,#0x678       ! 板类型号是 0x678 表示是一块 Trident 显示卡，则跳转。
327         je      istrid
328         cmp     dx,#0x236       ! 板类型号是 0x236 表示是一块 Trident 显示卡，则跳转。
329         je      istrid
330         lea     si,dsceverex    ! 让 si 指向 Everex 显示卡的可选行列值表，让 di 指向扩展
331         lea     di,moeverex     ! 模式个数和模式号列表。然后跳转到 selmod 去执行选择
332         lea     cx,selmod       ! 显示模式的操作。
333         jmp     cx
334 istrid: lea     cx,ev2tri       ! 是 Trident 类型的 Everex 显示卡，则跳转到 ev2tri 处理。
335         jmp     cx

    ! 现在检查是不是 Genoa 显示卡。方式是检查其视频 BIOS 中的特征数字串（0x77、0x00、0x66、
    ! 0x99）。注意，此时 es 已经在第 220 行被设置成指向 VGA 卡上 ROM BIOS 所在的段 0xc000。
336 noevrx: lea     si,idgenoa      ! Check Genoa 'clues'
337         xor     ax,ax           ! 让 ds:si 指向第 597 行上的特征数字串。
338         seg es
339         mov     al,[0x37]       ! 取 VGA 卡上 BIOS 中 0x37 处的指针（它指向特征串）。
340         mov     di,ax           ! 因此此时 es:di 指向特征数字串开始处。
```

```
341         mov     cx,#0x04
342         dec     si
343         dec     di
344 l1:     inc     si                  ! 然后循环比较这 4 个字节的特征数字串。
345         inc     di
346         mov     al,(si)
347         seg es
348         and     al,(di)
349         cmp     al,(si)
350         loope   l1
351         cmp     cx,#0x00            ! 如果特征数字串完全相同，则表示是 Genoa 显示卡，
352         jne     nogen               ! 否则跳转去检查其他类型的显示卡。
353         lea     si,dscgenoa         ! 让 si 指向 Genoa 显示卡的可选行列值表，让 di 指向扩展
354         lea     di,mogenoa          ! 模式个数和模式号列表。然后跳转到 selmod 去执行选择
355         lea     cx,selmod           ! 显示模式的操作。
356         jmp     cx

    ! 现在检查是不是 Paradise 显示卡。同样是采用比较显示卡上 BIOS 中特征串（“VGA=”）的方式。
357 nogen:  lea     si,idparadise       ! Check Paradise 'clues'
358         mov     di,#0x7d            ! es:di 指向 VGA ROM BIOS 的 0xc000:0x007d 处，该处应该有
359         mov     cx,#0x04            ! 4 个字符“VGA=”。
360         repe
361         cmpsb
362         jne     nopara              ! 若有不同的字符，表示不是 Paradise 显示卡，于是跳转。
363         lea     si,dscparadise      ! 否则让 si 指向 Paradise 显示卡的可选行列值表，让 di 指
364         lea     di,moparadise       ! 向扩展模式个数和模式号列表。然后跳转到 selmod 处去选
365         lea     cx,selmod           ! 择想要使用的显示模式。
366         jmp     cx

    ! 现在检查是不是 Trident（TVGA）显示卡。TVGA 显示卡扩充的模式控制寄存器 1（0x3c4 端口索引
    ! 的 0x0e）的位 3～0 是 64K 内存页面个数值。这个字段值有一个特性：当写入时，我们需要首先把
    ! 值与 0x02 进行异或操作后再写入；当读取该值时则不需要执行异或操作，即异或前的值应该与写入
    ! 后再读取的值相同。下面代码就利用这个特性来检查是不是 Trident 显示卡。
367 nopara: mov     dx,#0x3c4           ! Check Trident 'clues'
368         mov     al,#0x0e            ! 首先在端口 0x3c4 输出索引号 0x0e，索引模式控制寄存器 1。
369         out     dx,al               ! 然后从 0x3c5 数据端口读入该寄存器原值，并暂存在 ah 中。
370         inc     dx
371         in      al,dx
372         xchg    ah,al
373         mov     al,#0x00            ! 然后我们向该寄存器写入 0x00，再读取其值→al。
374         out     dx,al               ! 写入 0x00 就相当于“原值”0x02 异或 0x02 后的写入值，
375         in      al,dx               ! 因此若是 Trident 显示卡，则此后读入的值应该是 0x02。
376         xchg    al,ah               ! 交换后，al=原模式控制寄存器 1 的值，ah=最后读取的值。
    ! 下面语句右侧英文注释是“真奇怪...书中并没有要求这样操作，但是这对我的 Trident 显示卡起
    ! 作用。如果不这样做，屏幕就会变模糊...”。这几行附带有英文注释的语句执行如下操作：
    ! 如果 bl 中原模式控制寄存器 1 的位 1 在置位状态的话就将其复位，否则就将位 1 置位。
    ! 实际上这几条语句就是对原模式控制寄存器 1 的值执行异或 0x02 的操作，然后用结果值去设置
    ! （恢复）原寄存器值。
377         mov     bl,al               ! Strange thing ... in the book this wasn't
378         and     bl,#0x02            ! necessary but it worked on my card which
379         jz      setb2               ! is a trident. Without it the screen goes
380         and     al,#0xfd            ! blurred ...
381         jmp     clrb2               !
382 setb2:  or      al,#0x02            !
383 clrb2:  out     dx,al
384         and     ah,#0x0f            ! 取 375 行最后读入值的页面个数字段（位 3～0），如果
```

```
        cmp     ah,#0x02        ! 该字段值等于 0x02，则表示是 Trident 显示卡。
        jne     notrid
ev2tri: lea     si,dsctrident     ! 是 Trident 显示卡，于是让 si 指向该显示卡的可选行列
        lea     di,motrident      ! 值列表，让 di 指向对应扩展模式个数和模式号列表，然
        lea     cx,selmod         ! 后跳转到 selmod 去执行模式选择操作。
        jmp     cx

! 现在检查是不是 Tseng 显示卡（ET4000AX 或 ET4000/W32 类）。方法是对 0x3cd 端口对应的段
! 选择（Segment Select）寄存器执行读写操作。该寄存器高 4 位（位 7～4）是要进行读操作的
! 64KB 段号（Bank number），低 4 位（位 3--0）是指定要写的段号。如果指定段选择寄存器的
! 的值是 0x55（表示读、写第 6 个 64KB 段），那么对于 Tseng 显示卡来说，把该值写入寄存器
! 后再读出应该还是 0x55。
notrid: mov     dx,#0x3cd       ! Check Tseng 'clues'
        in      al,dx           ! Could things be this simple ! :-)
        mov     bl,al           ! 先从 0x3cd 端口读取段选择寄存器原值，并保存在 bl 中。
        mov     al,#0x55        ! 然后我们向该寄存器中写入 0x55。再读入并放在 ah 中。
        out     dx,al
        in      al,dx
        mov     ah,al
        mov     al,bl           ! 接着恢复该寄存器的原值。
        out     dx,al
        cmp     ah,#0x55        ! 如果读取的就是我们写入的值，则表明是 Tseng 显示卡。
        jne     notsen
        lea     si,dsctseng     ! 于是让 si 指向 Tseng 显示卡的可选行列值的列表，让 di
        lea     di,motseng      ! 指向对应扩展模式个数和模式号列表，然后跳转到 selmod
        lea     cx,selmod       ! 去执行模式选择操作。
        jmp     cx

! 下面检查是不是 Video7 显示卡。端口 0x3c2 是混合输出寄存器写端口，而 0x3cc 是混合输出寄存
! 器读端口。该寄存器的位 0 是单色/彩色标志。如果为 0 则表示是单色，否则是彩色。判断是不是
! Video7 显示卡的方式是利用这种显示卡的 CRT 控制扩展标识寄存器（索引号是 0x1f）。该寄存器
! 的值实际上就是显存起始地址高字节寄存器（索引号 0x0c）的内容和 0xea 进行异或操作后的值。
! 因此我们只要向显存起始地址高字节寄存器中写入一个特定值，然后从标识寄存器中读取标识值进行
! 判断即可。
! 通过对以上显示卡和这里 Video7 显示卡的检查分析，我们可知检查过程通常分为三个基本步骤。
! 首先读取并保存测试需要用到的寄存器原值，然后使用特定测试值进行写入和读出操作，最后恢
! 复原寄存器值并对检查结果作出判断。
notsen: mov     dx,#0x3cc       ! Check Video7 'clues'
        in      al,dx
        mov     dx,#0x3b4       ! 先设置 dx 为单色显示 CRT 控制索引寄存器端口号 0x3b4。
        and     al,#0x01        ! 如果混合输出寄存器的位 0 等于 0（单色）则直接跳转，
        jz      even7           ! 否则 dx 设置为彩色显示 CRT 控制索引寄存器端口号 0x3d4。
        mov     dx,#0x3d4
even7:  mov     al,#0x0c        ! 设置寄存器索引号为 0x0c，对应显存起始地址高字节寄存器。
        out     dx,al
        inc     dx
        in      al,dx           ! 读取显示内存起始地址高字节寄存器内容，并保存在 bl 中。
        mov     bl,al
        mov     al,#0x55        ! 然后在显存起始地址高字节寄存器中写入值 0x55，再读取出来。
        out     dx,al
        in      al,dx
        dec     dx              ! 然后通过 CRTC 索引寄存器端口 0x3b4 或 0x3d4 选择索引号是
        mov     al,#0x1f        ! 0x1f 的 Video7 显示卡标识寄存器。该寄存器内容实际上就是
        out     dx,al           ! 显存起始地址高字节和 0xea 进行异或操作后的结果值。
        inc     dx
        in      al,dx           ! 读取 Video7 显示卡标识寄存器值，并保存在 bh 中。
```

```
425         mov     bh,al
426         dec     dx                  ! 然后再选择显存起始地址高字节寄存器，恢复其原值。
427         mov     al,#0x0c
428         out     dx,al
429         inc     dx
430         mov     al,bl
431         out     dx,al
432         mov     al,#0x55            ! 随后我们来验证“Video7 显示卡标识寄存器值就是显存起始
433         xor     al,#0xea            ! 地址高字节和 0xea 进行异或操作后的结果值”。因此 0x55
434         cmp     al,bh               ! 和 0xea 进行异或操作的结果就应该等于标识寄存器的测试值。
435         jne     novid7              ! 若不是 Video7 显示卡，则设置默认显示行列值（492 行）。
436         lea     si,dscvideo7        ! 是 Video7 显示卡，于是让 si 指向该显示卡行列值表，让 di
437         lea     di,movideo7         ! 指向扩展模式个数和模式号列表。

    ! 下面根据上述代码判断出的显示卡类型以及取得的相关扩展模式信息（si 指向的行列值列表；di
    ! 指向扩展模式个数和模式号列表），提示用户选择可用的显示模式，并设置成相应显示模式。最后
    ! 子程序返回系统当前设置的屏幕行列值（ah = 列数；al=行数）。例如，如果系统中是 ATI 显示卡，
    ! 那么屏幕上会显示以下信息：
    ! Mode:  COLSxROWS:
    ! 0.     132 x 25
    ! 1.     132 x 44
    ! Choose mode by pressing the corresponding number.
    !
    ! 这段程序首先在屏幕上显示 NULL 结尾的字符串信息“Mode:  COLSxROWS:”。
438 selmod: push    si
439         lea     si,msg2
440         call    prtstr
441         xor     cx,cx
442         mov     cl,(di)             ! 此时 cl 中是检查出的显示卡的扩展模式个数。
443         pop     si
444         push    si
445         push    cx
    ! 然后并在每一行上显示出当前显示卡可选择的扩展模式行列值，供用户选用。
446 tbl:    pop     bx                  ! bx = 显示卡的扩展模式总个数。
447         push    bx
448         mov     al,bl
449         sub     al,cl
450         call    dprnt               ! 以十进制格式显示 al 中的值。
451         call    spcing              ! 显示一个点再空 4 个空格。
452         lodsw                       ! 在 ax 中加载 si 指向的行列值，随后 si 指向下一个 word 值。
453         xchg    al,ah               ! 交换位置后 al = 列数。
454         call    dprnt               ! 显示列数；
455         xchg    ah,al               ! 此时 al 中是行数值。
456         push    ax
457         mov     al,#0x78            ! 显示一个小“x”，即乘号。
458         call    prnt1
459         pop     ax                  ! 此时 al 中是行数值。
460         call    dprnt               ! 显示行数。
461         call    docr                ! 回车换行。
462         loop    tbl                 ! 再显示下一个行列值。cx 中扩展模式计数值递减 1。
    ! 在扩展模式行列值都显示之后，显示“Choose mode by pressing the corresponding number.”，
    ! 然后从键盘口读取用户按键的扫描码，根据该扫描码确定用户选择的行列值模式号，并利用 ROM
    ! BIOS 的显示中断 int 0x10 功能 0x00 来设置相应的显示模式。
    ! 第 468 行的“模式个数值+0x80”是所按数字键-1 的松开扫描码。对于 0～9 数字键，它们的松开
    ! 扫描码分别是：0 - 0x8B；1 - 0x82；2 - 0x83；3 - 0x84；4 - 0x85；
    !              5 - 0x86；6 - 0x87；7 - 0x88；8 - 0x89；9 - 0x8A。
```

```
    ! 因此，如果读取的键盘松开扫描码小于 0x82 就表示不是数字键；如果扫描码等于 0x8B 则表示用户
    ! 按下数字 0 键。
463         pop     cx              ! cl 中是显示卡扩展模式总个数值。
464         call    docr
465         lea     si,msg3         ! 显示“请按相应数字键来选择模式。”
466         call    prtstr
467         pop     si              ! 弹出原行列值指针（指向显示卡行列值表开始处）。
468         add     cl,#0x80        ! cl + 0x80 = 对应“数字键-1”的松开扫描码。
469 nonum:  in      al,#0x60        ! Quick and dirty...
470         cmp     al,#0x82        ! 若键盘松开扫描码小于 0x82 则表示不是数字键，忽略该键。
471         jb      nonum
472         cmp     al,#0x8b        ! 若键盘松开扫描码等于 0x8b，表示按下了数字键 0。
473         je      zero
474         cmp     al,cl           ! 若扫描码大于扩展模式个数值对应的最大扫描码值，表示
475         ja      nonum           ! 键入的值超过范围或不是数字键的松开扫描码。否则表示
476         jmp     nozero          ! 用户按下并松开了一个非 0 数字按键。
    ! 下面把松开扫描码转换成对应的数字按键值，然后利用该值从模式个数和模式号列表中选择对应的
    ! 的模式号。接着调用机器 ROM BIOS 中断 int 0x10 功能 0 把屏幕设置成模式号指定的模式。最后再
    ! 利用模式号从显示卡行列值表中选择并在 ax 中返回对应的行列值。
477 zero:   sub     al,#0x0a        ! al = 0x8b - 0x0a = 0x81。
478 nozero: sub     al,#0x80        ! 再减去 0x80 就可以得到用户选择了第几个模式。
479         dec     al              ! 从 0 起计数。
480         xor     ah,ah           ! int 0x10 显示功能号=0（设置显示模式）。
481         add     di,ax
482         inc     di              ! di 指向对应的模式号（跳过第 1 个模式个数字节值）。
483         push    ax
484         mov     al,(di)         ! 取模式号→al 中，并调用系统 BIOS 显示中断功能 0。
485         int     0x10
486         pop     ax
487         shl     ax,#1           ! 模式号乘 2，转换成为行列值表中对应值的指针。
488         add     si,ax
489         lodsw                   ! 取对应行列值到 ax 中（ah = 列数，al = 行数）。
490         pop     ds              ! 恢复第 216 行保存的 ds 原值。在 ax 中返回当前显示行列值。
491         ret

    ! 若都不是上面检测的显示卡，那么我们只好采用默认的 80 x 25 的标准行列值。
492 novid7: pop     ds              ! Here could be code to support standard 80x50,80x30
493         mov     ax,#0x5019
494         ret
495
496 ! Routine that 'tabs' to next col.
    ! 光标移动到下一制表位的子程序。
497
    ! 显示一个点字符'.'和 4 个空格。
498 spcing: mov     al,#0x2e        ! 显示一个点字符'.'。
499         call    prnt1
500         mov     al,#0x20
501         call    prnt1
502         mov     al,#0x20
503         call    prnt1
504         mov     al,#0x20
505         call    prnt1
506         mov     al,#0x20
507         call    prnt1
508         ret
509
```

```
! Routine to print asciiz-string at DS:SI
! 显示位于 DS:SI 处以 NULL（0x00）结尾的字符串。

prtstr: lodsb
        and     al,al
        jz      fin
        call    prnt1           ! 显示 al 中的一个字符。
        jmp     prtstr
fin:    ret

! Routine to print a decimal value on screen, the value to be
! printed is put in al (i.e 0-255).
! 显示十进制数字的子程序。显示值放在寄存器 al 中（0～255）。

dprnt:  push    ax
        push    cx
        mov     ah,#0x00
        mov     cl,#0x0a
        idiv    cl
        cmp     al,#0x09
        jbe     lt100
        call    dprnt
        jmp     skip10
lt100:  add     al,#0x30
        call    prnt1
skip10: mov     al,ah
        add     al,#0x30
        call    prnt1
        pop     cx
        pop     ax
        ret

! Part of above routine, this one just prints ascii al
! 上面子程序的一部分。显示 al 中的一个字符。
! 该子程序使用中断 0x10 的 0x0E 功能，以电传方式在屏幕上写一个字符。光标会自动移到下一个
! 位置处。如果写完一行光标就会移动到下一行开始处。如果已经写完一屏最后一行，则整个屏幕
! 会向上滚动一行。字符 0x07（BEL）、0x08（BS）、0x0A(LF)和 0x0D（CR）被作为命令不会显示。
! 输入：AL——欲写字符；BH——显示页号；BL——前景显示色（图形方式时）。

prnt1:  push    ax
        push    cx
        mov     bh,#0x00        ! 显示页面。
        mov     cx,#0x01
        mov     ah,#0x0e
        int     0x10
        pop     cx
        pop     ax
        ret

! Prints <CR> + <LF>            ! 显示回车+换行。

docr:   push    ax
        push    cx
        mov     bh,#0x00
        mov     ah,#0x0e
        mov     al,#0x0a
```

```
559         mov     cx,#0x01
560         int     0x10
561         mov     al,#0x0d
562         int     0x10
563         pop     cx
564         pop     ax
565         ret
566
    ! 全局描述符表开始处。描述符表由多个 8 字节长的描述符项组成。这里给出了 3 个描述符项。
    ! 第 1 项无用（568 行），但须存在。第 2 项是系统代码段描述符（570～573 行），第 3 项是系
    ! 统数据段描述符(575～578 行)。
567 gdt:
568         .word   0,0,0,0         ! dummy   ! 第 1 个描述符，不用。
569
    ! 在 GDT 表中这里的偏移量是 0x08。它是内核代码段选择符的值。
570         .word   0x07FF          ! 8Mb - limit=2047  (0～2047，因此是 2048*4096B=8MB)
571         .word   0x0000          ! base address=0
572         .word   0x9A00          ! code read/exec        ! 代码段为只读、可执行。
573         .word   0x00C0          ! granularity=4096, 386 ! 颗粒度为 4096，32 位模式。
574
    ! 在 GDT 表中这里的偏移量是 0x08。它是内核数据段选择符的值。
575         .word   0x07FF          ! 8Mb - limit=2047 (2048*4096B=8MB)
576         .word   0x0000          ! base address=0
577         .word   0x9200          ! data read/write       ! 数据段为可读可写。
578         .word   0x00C0          ! granularity=4096, 386 ! 颗粒度为 4096，32 位模式。
579
    ! 下面是加载中断描述符表寄存器 idtr 的指令 lidt 要求的 6 字节操作数。前 2 字节是 IDT 表的
    ! 限长，后 4 字节是 idt 表在线性地址空间中的 32 位基地址。CPU 要求在进入保护模式之前需设
    ! 置 IDT 表，因此这里先设置一个长度为 0 的空表。
580 idt_48:
581         .word   0               ! idt limit=0
582         .word   0,0             ! idt base=0L
583
    ! 这是加载全局描述符表寄存器 gdtr 的指令 lgdt 要求的 6 字节操作数。前 2 字节是 gdt 表的限
    ! 长，后 4 字节是 gdt 表的线性基地址。这里全局表长度设置为 2KB（0x7ff 即可），因为每 8
    ! 字节组成一个段描述符项，所以表中共可有 256 项。4 字节的线性基地址为 0x0009<<16 +
    ! 0x0200 + gdt，即 0x90200 + gdt。(符号 gdt 是全局表在本程序段中的偏移地址，见 205 行)
584 gdt_48:
585         .word   0x800           ! gdt limit=2048, 256 GDT entries
586         .word   512+gdt,0x9     ! gdt base = 0X9xxxx
587
588 msg1:   .ascii  "Press <RETURN> to see SVGA-modes available or any other key to
continue."
589             db      0x0d, 0x0a, 0x0a, 0x00
590 msg2:       .ascii  "Mode:  COLSxROWS:"
591             db      0x0d, 0x0a, 0x0a, 0x00
592 msg3:       .ascii  "Choose mode by pressing the corresponding number."
593             db      0x0d, 0x0a, 0x00
594
   ! 下面是 4 个显示卡的特征数据串。
595 idati:          .ascii  "761295520"
596 idcandt:        .byte   0xa5      ! 标号 idcandt 意思是 ID of Chip AND Tech.
597 idgenoa:        .byte   0x77, 0x00, 0x66, 0x99
598 idparadise:     .ascii  "VGA="
599
    ! 下面是各种显示卡可使用的扩展模式个数和对应的模式号列表。其中每一行第 1 个字节是模式个
```

```
    ! 数值，随后的一些值是中断 0x10 功能 0（AH=0）可使用的模式号。例如从 602 行可知，对于 ATI
    ! 牌子的显示卡，除了标准模式以外还可使用两种扩展模式：0x23 和 0x33。
600 ! Manufacturer:   Numofmodes:   Mode:
    ! 厂家：              模式数量：        模式列表：
601
602 moati:          .byte   0x02,   0x23, 0x33
603 moahead:        .byte   0x05,   0x22, 0x23, 0x24, 0x2f, 0x34
604 mocandt:        .byte   0x02,   0x60, 0x61
605 mocirrus:       .byte   0x04,   0x1f, 0x20, 0x22, 0x31
606 moeverex:       .byte   0x0a,   0x03, 0x04, 0x07, 0x08, 0x0a, 0x0b, 0x16, 0x18,
0x21, 0x40
607 mogenoa:        .byte   0x0a,   0x58, 0x5a, 0x60, 0x61, 0x62, 0x63, 0x64, 0x72,
0x74, 0x78
608 moparadise:     .byte   0x02,   0x55, 0x54
609 motrident:      .byte   0x07,   0x50, 0x51, 0x52, 0x57, 0x58, 0x59, 0x5a
610 motseng:        .byte   0x05,   0x26, 0x2a, 0x23, 0x24, 0x22
611 movideo7:       .byte   0x06,   0x40, 0x43, 0x44, 0x41, 0x42, 0x45
612
    ! 下面是各种牌子 VGA 显示卡可使用的模式对应的列、行值列表。例如第 615 行表示 ATI 显示卡两种
    ! 扩展模式的列、行值分别是 132 x 25、 132 x 44。
613 !                        msb = Cols   lsb = Rows:
    !                        高字节=列数   低字节=行数：
614
615 dscati:         .word   0x8419, 0x842c          ! ATI 卡可设置列、行值。
616 dscahead:       .word   0x842c, 0x8419, 0x841c, 0xa032, 0x5042   ! Ahead 卡可设置值。
617 dsccandt:       .word   0x8419, 0x8432
618 dsccirrus:      .word   0x8419, 0x842c, 0x841e, 0x6425
619 dsceverex:      .word   0x5022, 0x503c, 0x642b, 0x644b, 0x8419, 0x842c, 0x501e,
0x641b, 0xa040, 0x841e
620 dscgenoa:       .word   0x5020, 0x642a, 0x8419, 0x841d, 0x8420, 0x842c, 0x843c,
0x503c, 0x5042, 0x644b
621 dscparadise:    .word   0x8419, 0x842b
622 dsctrident:     .word   0x501e, 0x502b, 0x503c, 0x8419, 0x841e, 0x842b, 0x843c
623 dsctseng:       .word   0x503c, 0x6428, 0x8419, 0x841c, 0x842c
624 dscvideo7:      .word   0x502b, 0x503c, 0x643c, 0x8419, 0x842c, 0x841c
625
626 .text
627 endtext:
628 .data
629 enddata:
630 .bss
631 endbss:
```

6.3.3 其他信息

为了获取机器的基本参数，这段程序多次调用了 BIOS 中的中断，并开始涉及一些对硬件端口的操作。下面简要地描述程序中使用到的 BIOS 中断调用，并对 A20 地址线问题的缘由进行解释，最后提及关于 Intel 32 位保护模式运行的问题。

1. 当前内存映像

在 setup.s 程序执行结束后，系统模块 system 被移动到物理地址 0x0000 开始处，而从位置 0x90000 开始处则存放了内核会使用的一些系统基本参数，示意图如图 6-6 所示。

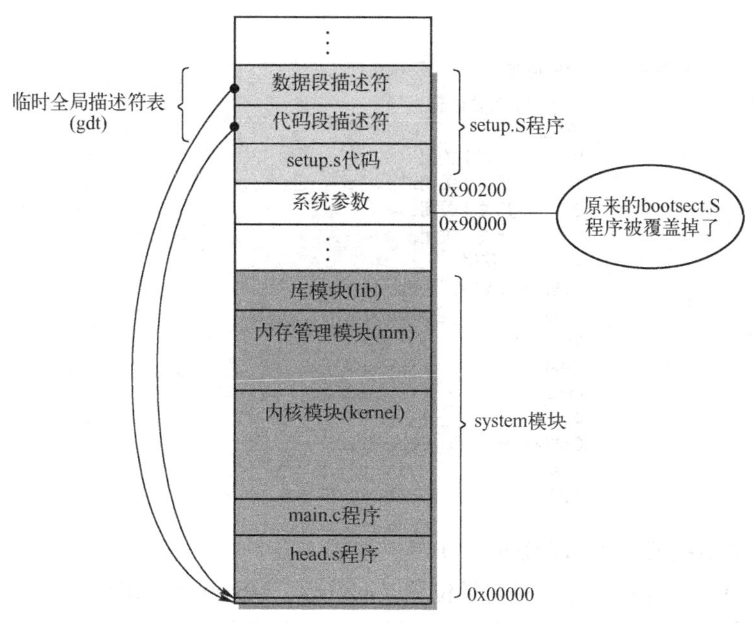

图 6-6　setup.S 程序结束后内存中程序示意图

此时临时全局表中有三个描述符，第一个是 NULL 不使用，另外两个分别是代码段描述符和数据段描述符。它们都指向系统模块的起始处，即物理地址 0x0000 处。这样当 setup.S 中执行最后一条指令“jmp 0,8”（第 193 行）时，就会跳到 head.s 程序开始处继续执行下去。这条指令中的“8”是段选择符，用来指定所需使用的描述符项，此处是指 gdt 中的代码段描述符。“0”是描述符项指定的代码段中的偏移值。

2. BIOS 视频中断 0x10

这里说明上面程序中用到的 ROM BIOS 中视频中断调用的子功能。

获取显示卡信息（其他辅助功能选择）见表 6-4。

表 6-4　获取显示卡信息（功能号：ah = 0x12，bl = 0x10）

输入/返回信息	寄存器	内容说明
输入信息	ah	功能号=0x12，获取显示卡信息
	bl	子功能号=0x10
返回信息	bh	视频状态： 0x00－ 彩色模式（此时视频硬件 I/O 端口基地址为 0x3DX）； 0x01－ 单色模式（此时视频硬件 I/O 端口基地址为 0x3BX）； 注：其中端口地址中的 X 值可为 0～f
	bl	已安装的显示内存大小： 00 = 64KB, 01 = 128KB, 02 = 192KB, 03 = 256KB
	ch	特性连接器位信息： 位　说明 0　特性线 1，状态 2； 1　特性线 0，状态 2； 2　特性线 1，状态 1； 3　特性线 0，状态 1； 4-7　未使用(为 0)

（续）

输入/返回信息	寄存器	内容说明
	cl	视频开关设置信息： 位 说明 0 开关 1 关闭； 1 开关 2 关闭； 2 开关 3 关闭； 3 开关 4 关闭； 4-7 未使用 原始 EGA/VGA 开关设置值: 0x00 MDA/HGC； 0x01-0x03 MDA/HGC； 0x04 CGA 40x25； 0x05 CGA 80x25； 0x06 EGA+ 40x25； 0x07-0x09 EGA+ 80x25； 0x0A EGA+ 80x25 单色； 0x0B EGA+ 80x25 单色

3．硬盘基本参数表（“INT 0x41”）

中断向量表中，int 0x41 的中断向量位置（4×0x41 =0x0000:0x0104）存放的并不是中断程序的地址，而是第一个硬盘的基本参数表。对于 100%兼容的 BIOS 来说，这里存放着硬盘参数表阵列的首地址 F000h:E401h。第二个硬盘的基本参数表入口地址存于 int 0x46 中断向量位置处。硬盘基本参数见表 6-5。

表 6-5 硬盘基本参数表

位移	大小	英文名称	说明
0x00	字	cyl	柱面数
0x02	字节	head	磁头数
0x03	字		开始减小写电流的柱面(仅 PC XT 使用，其他为 0)
0x05	字	wpcom	开始写前预补偿柱面号（乘 4）
0x07	字节		最大 ECC 猝发长度（仅 XT 使用，其他为 0）
0x08	字节	ctl	控制字节（驱动器步进选择） 位 0 未用 位 1 保留(0) (关闭 IRQ) 位 2 允许复位 位 3 若磁头数大于 8 则置 1 位 4 未用(0) 位 5 若在柱面数+1 处有生产商的坏区图，则置 1 位 6 禁止 ECC 重试 位 7 禁止访问重试
0x09	字节		标准超时值（仅 XT 使用，其他为 0）
0x0A	字节		格式化超时值（仅 XT 使用，其他为 0）
0x0B	字节		检测驱动器超时值（仅 XT 使用，其他为 0）
0x0C	字	lzone	磁头着陆(停止)柱面号
0x0E	字节	sect	每磁道扇区数
0x0F	字节		保留

4．A20 地址线问题

1981 年 8 月，IBM 公司最初推出的个人计算机 IBM PC 使用的 CPU 是 Intel 8088。在该微机中地址线只有 20 根(A0～A19)。在当时内存 RAM 只有几百 KB 或不到 1MB 时，20 根地址线已足够用来寻址这些内存。其所能寻址的最高地址是 0xffff:0xffff，即 0x10ffef。对于超出 0x100000(1MB)的寻址地址将默认地环绕到 0x0ffef。当 IBM 公司于 1985 年引入 AT 机时，使用的是 Intel 80286 CPU，具有 24 根地址线，最高可寻址 16MB，并且有一个与 8088 完全兼容的实模式运行方式。然而，在寻址值超过 1MB 时它却不能像 8088 那样实现地址寻址的环绕。但是当时已经有一些程序是利用这种地址环绕机制进行工作的。为了实现完全的兼容性，IBM 公司发明了使用一个开关来开启或禁止 0x100000 地址位。由于在当时的 8042 键盘控制器上恰好有空闲的端口引脚（输出端口 P2，引脚 P21），于是便使用了该引脚来作为与门控制这个地址位。该信号即被称为 A20。如果它为零，则位 20 及以上地址都被清除。从而实现了兼容性。

由于在机器启动时，默认条件下，A20 地址线是禁止的，所以操作系统必须使用适当的方法来开启它。但是由于各种兼容机所使用的芯片集不同，要做到这一点非常麻烦。因此通常要在几种控制方法中选择。

对 A20 信号线进行控制的常用方法是通过设置键盘控制器的端口值。这里的 setup.S 程序（138～144 行）即使用了这种典型的控制方式。对于其他一些兼容微机还可以使用其他方式来做到对 A20 线的控制。

有些操作系统将 A20 的开启和禁止作为实模式与保护运行模式之间进行转换的标准过程中的一部分。由于键盘的控制器速度很慢，因此就不能使用键盘控制器对 A20 线来进行操作。为此引进了一个 A20 快速门选项(Fast Gate A20)，它使用 I/O 端口 0x92 来处理 A20 信号线，避免了使用慢速的键盘控制器操作方式。对于不含键盘控制器的系统就只能使用 0x92 端口来控制，但是该端口也有可能被其他兼容微机上的设备（如显示芯片）使用，从而造成系统错误的操作。

还有一种方式是通过读 0xee 端口来开启 A20 信号线，写该端口则会禁止 A20 信号线。

5．8259A 中断控制器的编程方法

在第 2 章中我们已经概要介绍了中断机制的基本原理和 PC/AT 兼容微机中使用的硬件中断子系统。这里我们首先介绍 8259A 芯片的工作原理，然后详细说明 8259A 芯片的编程方法以及 Linux 内核对其设置的工作方式。

（1）8259A 芯片工作原理

前面已经说过，在 PC/AT 系列兼容机中使用了级联的两片 8259A 可编程控制器（PIC）芯片，共可管理 15 级中断向量，参见图 2-20。其中从芯片的 INT 引脚连接到主芯片的 IR2 引脚上。主 8259A 芯片的端口基地址是 0x20，从芯片是 0xA0。8259A 芯片的逻辑框图如图 6-7 所示。

图中，中断请求寄存器（Interrupt Request Register，IRR）用来保存中断请求输入引脚上所有请求服务中断级，寄存器的 8 个位（D7～D0）分别对应引脚 IR7～IR0。中断屏蔽寄存器（Interrupt Mask Register，IMR）用于保存被屏蔽的中断请求线对应的位，寄存器的 8 位也是对应 8 个中断级。哪个位被置 1 就屏蔽哪一级中断请求。即 IMR 对 IRR 进行处理，其每个位对应 IRR 的每个请求位。对高优先级输入线的屏蔽并不会影响低优先级中断请求线的输入。优先级解析器（Priority Resolver，PR）用于确定 IRR 中所设置位的优先级，选通最高优先级的中断请求到正在服务寄存器（In-Service Register，ISR）中。ISR 中保存着正在接受服务的中断请求。控制逻辑方框中的寄存器组用于接受 CPU 产生的两类命令。在 8259A 可以正常操作之前，必须首先设置初始化命令字（Initialization Command Words，ICW）寄存器组的内容。而在其工作过程中，则可以使用写入操作命令字 OCW（Operation Command Words）寄存器组来随时设置和管理 8259A 的工作方式。A0 线用于选择操作的寄存器。在 PC/AT 微机系统中，当 A0 线为 0

时芯片的端口地址是 0x20 和 0xA0（从芯片），当 A0=1 时端口就是 0x21 和 0xA1。

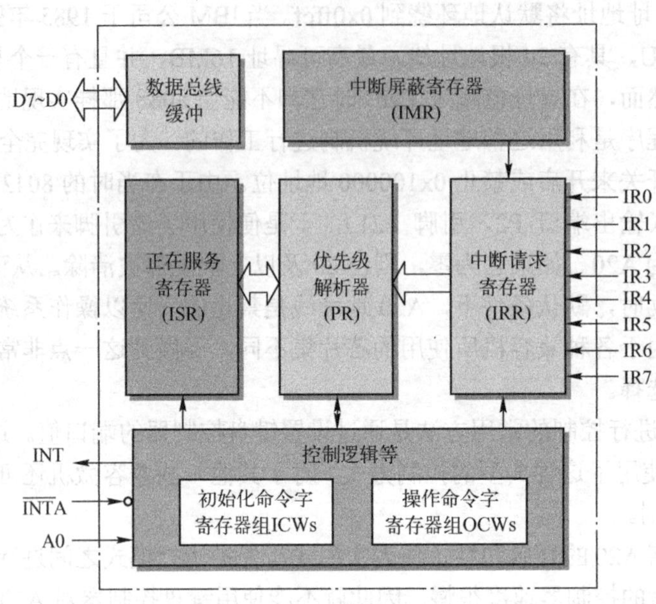

图 6-7　可编程中断控制器 8259A 芯片框图

来自各个设备的中断请求线分别连接到 8259A 的 IR0～IR7 中断请求引脚上。当这些引脚上有一个或多个中断请求信号到来时，中断请求寄存器 IRR 中相应的位被置位锁存。此时若中断屏蔽寄存器 IMR 中对应位被置位，则相应的中断请求就不会送到优先级解析器中。对于未屏蔽的中断请求被送到优先级解析器之后，优先级最高的中断请求会被选出。此时 8259A 就会向 CPU 发送一个 INT 信号，而 CPU 则会在执行完当前的一条指令之后向 8259A 发送一个 INTA 来响应中断信号。8259A 在收到这个响应信号之后就会把所选出的最高优先级中断请求保存到正在服务寄存器 ISR 中，即 ISR 中对应中断请求级的位被置位。与此同时，中断请求寄存器 IRR 中的对应位被复位，表示该中断请求开始被处理。

此后，CPU 会向 8259A 发出第 2 个 INTA 脉冲信号，该信号用于通知 8259A 送出中断号。因此在该脉冲信号期间 8259A 就会把一个代表中断号的 8 位数据发送到数据总线上供 CPU 读取。

到此为止，CPU 中断周期结束。如果 8259A 使用的是自动结束中断（Automatic End of Interrupt，AEOI）方式，那么在第 2 个 INTA 脉冲信号的结尾处正在服务寄存器 ISR 中的当前服务中断位就会被复位。否则的话，若 8259A 处于非自动结束方式，那么在中断服务程序结束时程序就需要向 8259A 发送一个结束中断（EOI）命令以复位 ISR 中的位。如果中断请求来自级联的第 2 个 8259A 芯片，那么就需要向两个芯片都发送 EOI 命令。此后 8259A 就会去判断下一个最高优先级的中断，并重复上述处理过程。下面我们先给出初始化命令字和操作命令字的编程方法，然后再对其中用到的一些操作方式作进一步说明。

（2）初始化命令字编程

可编程控制器 8259A 主要有 4 种工作方式：全嵌套方式、循环优先级方式、特殊屏蔽方式和程序查询方式。通过对 8259A 进行编程，我们可以选定 8259A 的当前工作方式。编程时分两个阶段：一是在 8259A 工作之前对每个 8259A 芯片 4 个初始化命令字（ICW1～ICW4）寄存器的写入编程；二是在工作过程中随时对 8259A 的 3 个操作命令字（OCW1～OCW3）进行编程。在初始化之后，操作命令字的内容可以在任何时候写入 8259A。下面我们先说明对 8259A 初始化命令字的编程操作。初始化命令字的编程操作流程见图 6-8 所示。由图可以看出，对 ICW1 和 ICW2 的设置是必需的。而只有当系统中包括多片 8259A 芯片并且是接连的情况下才需要对 ICW3 进行设置。这需要在 ICW1 的设置中明确指出。另外，是否需要对 ICW4 进行设置也需要在 ICW1 中指明。

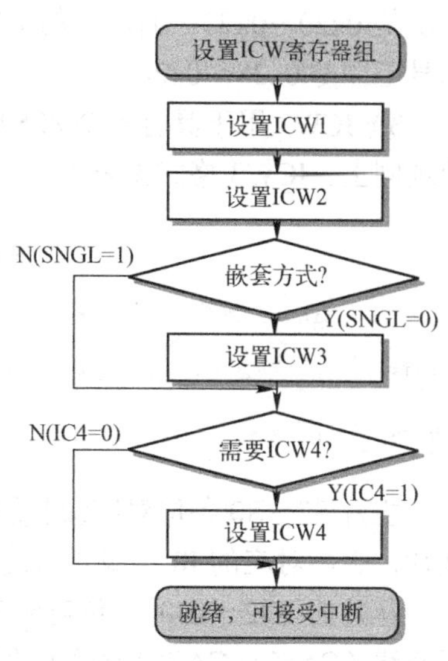

图 6-8　8259A 初始化命令字设置顺序

1）ICW1。当发送的字节第 5 位（D4）=1 并且地址线 A0=0 时，表示是对 ICW1 编程。此时对于 PC/AT 微机系统的多片级联情况下，8259A 主芯片的端口地址是 0x20，从芯片的端口地址是 0xA0。ICW1 的格式如表 6-6 所示。

表 6-6　中断初始化命令字 ICW1 格式

位	名称	含义
D7	A7	A7～A5 表示在 MCS80/85 中用于中断服务过程的页面起始地址与 ICW2 中的 A15～A8 共同组成。这几位对 8086/88 处理器无用
D6	A6	
D5	A5	
D4	1	恒为 1
D3	LTIM	1 - 电平触发中断方式；0 – 边沿触发方式
D2	ADI	MCS80/85 系统用于 CALL 指令地址间隔。对 8086/88 处理器无用
D1	SNGL	1 – 单片 8259A；0 – 多片
D0	IC4	1 – 需要 ICW4；0 – 不需要

在 Linux 0.12 内核中，ICW1 被设置为 0x11。表示中断请求是边沿触发、多片 8259A 级联并且最后需要发送 ICW4。

2）ICW2。用于设置芯片送出的中断号的高 5 位。中断号在设置了 ICW1 之后，当 A0=1 时表示对 ICW2 进行设置。此时对于 PC/AT 微机系统的多片级联情况下，8259A 主芯片的端口地址是 0x21，从芯片的端口地址是 0xA1。ICW2 格式见表 6-7 所示。

表 6-7　中断初始化命令字 ICW2 格式

A0		D7	D6	D5	D4	D3	D2	D1	D0
1		A15/T7	A14/T6	A13/T5	A12/T4	A11/T3	A10	A9	A8

在 MCS80/85 系统中，位 D7～D0 表示的 A15～A8 与 ICW1 设置的 A7～A5 组成中断服务程序页面地址。在使用 8086/88 处理器的系统或兼容系统中 T7～T3 是中断号的高 5 位，与 8259A 芯片自动设置的低 3 位组成一个 8 位的中断号。8259A 在收到第 2 个中断响应脉冲 INTA 时会送到数据总线上，以供 CPU 读取。

Linux 0.12 系统把主片的 ICW2 设置为 0x20，表示主片中断请求 0 级～7 级对应的中断号范围是 0x20～0x27。而从片的 ICW2 被设置成 0x28，表示从片中断请求 8 级～15 级对应的中断号范围是 0x28～0x2f。

3）ICW3 用于具有多个 8259A 芯片级联时，加载 8 位的从寄存器（Slave Register）。端口地址同上。ICW3 格式见表 6-8。

表 6-8 中断初始化命令字 ICW3 格式

	A0		D7	D6	D5	D4	D3	D2	D1	D0
主片：	1		S7	S6	S5	S4	S3	S2	S1	S0
从片：	1		0	0	0	0	0	ID2	ID1	ID0

主片 S7～S0 各位对应级联的从片。哪位为 1 则表示主片的该中断请求引脚 IR 上信号来自从片，否则对应的 IR 引脚没有连从片。

从片的 ID2～ID0 三位对应各从片的标识号，即连接到主片的中断级。当某个从片接收到级联线（CAS2～CAS0）输入的值与自己的 ID2～ID0 相等时，则表示此从片被选中。此时该从片应该向数据总线发送从片当前选中中断请求的中断号。

Linux 0.12 内核把 8259A 主片的 ICW3 设置为 0x04，即 S2=1，其余各位为 0。表示主芯片的 IR2 引脚连接一个从芯片。从芯片的 ICW3 被设置为 0x02，即其标识号为 2。表示从片连接到主片的 IR2 引脚。因此，中断优先级的排列次序为 0 级最高，接下来是从片上的 8～15 级，最后是 3～7 级。

4）ICW4 当 ICW1 的位 0（IC4）置位时，表示需要 ICW4。地址线 A0=1。端口地址说明同上。ICW4 格式见表 6-9。

表 6-9 中断初始化命令字 ICW4 格式

位	名称	含义
D7	0	恒为 0
D6	0	恒为 0
D5	0	恒为 0
D4	SFNM	1－选择特殊全嵌套方式； 0－普通全嵌套方式
D3	BUF	1－缓冲方式； 0－非缓冲方式
D2	M/S	1－缓冲方式下主片； 0－缓冲方式下从片
D1	AEOI	1－自动结束中断方式； 0－非自动结束方式
D0	μPM	1－8086/88 处理器系统； 0－MCS80/85 系统

Linux 0.12 内核送往 8259A 主芯片和从芯片的 ICW4 命令字的值均为 0x01。表示 8259A 芯片被设置成普通全嵌套、非缓冲、非自动结束中断方式，并且用于 8086 及其兼容系统。

（3）操作命令字编程

在对 8259A 设置了初始化命令字寄存器后，芯片就已准备好接收设备的中断请求信号了。但在 8259A 工作期间，我们也可以利用操作命令字 OCW1—OCW3 来监测 8259A 的工作状况，或者随时改变初始化时设定的 8259A 的工作方式。

1）OCW1 用于对 8259A 中中断屏蔽寄存器 IMR 进行读/写操作。地址线 A0 需为 1。端口地址说明同上。OCW1 格式见表 6-10。

表 6-10　中断操作命令字 OCW1 格式

A0		D7	D6	D5	D4	D3	D2	D1	D0
1		M7	M6	M5	M4	M3	M2	M1	M0

位 D7～D0 对应 8 个中断请求 7 级～0 级的屏蔽位 M7～M0。若 M=1，则屏蔽对应中断请求级；若 M=0，则允许对应的中断请求级。另外，屏蔽高优先级并不会影响其他低优先级的中断请求。

在 Linux 0.12 内核初始化过程中，代码在设置好相关的设备驱动程序后就会利用该操作命令字来修改相关中断请求屏蔽位。例如在软盘驱动程序初始化结束时，为了允许软驱设备发出中断请求，就会读端口 0x21 以取得 8259A 芯片的当前屏蔽字节，然后同~0x40 进行与操作来复位对应软盘控制器连接的中断请求 6 的屏蔽位，最后再写回中断屏蔽寄存器中。参见 kernel/blk_drv/floppy.c 程序第 461 行。

2）OCW2 用于发送 EOI 命令或设置中断优先级的自动循环方式。当位 D4D3 = 00，地址线 A0=0 时表示对 OCW2 进行编程设置。操作命令字 OCW2 的格式见表 6-11。

表 6-11　中断操作命令字 OCW2 格式

位	名称	含义
D7	R	优先级循环状态
D6	SL	优先级设定标志
D5	EOI	非自动结束标志
D4	0	恒为 0
D3	0	恒为 0
D2	L2	L2—L0 3 位组成级别号，分别对应中断请求级别 IRQ0--IRQ7（或 IRQ8—IRQ15）
D1	L1	
D0	L0	

其中位 D7～D5 的组合的作用和含义见表 6-12。其中带有*号者可通过设置 L2～L0 来指定优先级使 ISR 复位，或者选择特殊循环优先级成为当前最低优先级。

表 6-12　操作命令字 OCW2 的位 D7～D5 组合含义

R(D7)	SL(D6)	EOI(D5)	含义	类型
0	0	1	非特殊结束中断 EOI 命令（全嵌套方式）	结束中断
0	1	1	*特殊结束中断 EOI 命令（非全嵌套方式）	
1	0	1	非特殊结束中断 EOI 命令时循环	优先级自动循环
1	0	0	自动结束中断 AEOI 方式时循环（设置）	
0	0	0	自动结束中断 AEOI 方式时循环（清除）	
1	1	1	*特殊结束中断 EOI 命令时循环	特殊循环
1	1	0	*设置优先级命令	
0	1	0	无操作	

Linux 0.12 内核仅使用该操作命令字在中断处理过程结束之前向 8259A 发送结束中断 EOI

命令。所使用的 OCW2 值为 0x20，表示全嵌套方式下的非特殊结束中断 EOI 命令。

3）OCW3 用于设置特殊屏蔽方式和读取寄存器状态（IRR 和 ISR）。当 D4D3=01、地址线 A0=0 时，表示对 OCW3 进行编程（读/写）。但在 Linux 0.12 内核中并没有用到该操作命令字。OCW3 的格式见表 6-13。

表 6-13　中断操作命令字 OCW3 格式

位	名称	含义
D7	0	恒为 0
D6	ESMM	对特殊屏蔽方式操作 D6～D5 为 11－设置特殊屏蔽；10－复位特殊屏蔽
D5	SMM	
D4	0	恒为 0
D3	1	恒为 1
D2	P	1－查询（POLL）命令；0－无查询命令
D1	RR	在下一个 RD 脉冲时读寄存器状态 D1—D0 为 11－读正在服务寄存器 ISR；10－读中断请求寄存器 IRR
D0	RIS	

（4）8259A 操作方式说明

在说明 8259A 初始化命令字和操作命令字的编程过程中，提及了 8259A 的一些工作方式。下面对几种常见的方式给出详细说明，以便读者更好地理解 8259A 芯片的运行方式。

1）全嵌套方式

在初始化之后，除非使用了操作命令字改变过 8259A 的工作方式，否则它会自动进入这种全嵌套工作方式。在这种工作方式下，中断请求优先级的秩序是从 0 级到 7 级（0 级优先级最高）。当 CPU 响应一个中断，那么最高优先级中断请求就被确定，并且该中断请求的中断号会被放到数据总线上。另外，正在服务寄存器 ISR 的相应位会被置位，并且该位的置位状态将一直保持到从中断服务过程返回之前发送结束中断 EOI 命令为止。如果在 ICW4 命令字中设置了自动中断结束 AEOI 位，那么 ISR 中的位将会在 CPU 发出第 2 个中断响应脉冲 INTA 的结束边沿被复位。在 ISR 有置位位期间，所有相同优先级和低优先级的中断请求将被暂时禁止，但允许更高优先级中断请求得到响应和处理。再者，中断屏蔽寄存器 IMR 的相应位可以分别屏蔽 8 级中断请求，但屏蔽任意一个中断请求并不会影响其他中断请求的操作。最后，在初始化命令字编程之后，8259A 引脚 IR0 具有最高优先级，而 IR7 的优先级最低。Linux 0.12 内核代码即把系统的 8259A 芯片设置工作在这个方式下。

2）中断结束（EOI）方法

如上所述，正在服务寄存器 ISR 中被处理中断请求对应的位可使用两种方式来复位。其一是当 ICW4 中的自动中断结束 AEOI 位置位时，通过在 CPU 发出的第 2 个中断响应脉冲 INTA 的结束边沿被复位。这种方法称为自动中断结束（AEOI）方法。其二是在从中断服务过程返回之前发送结束中断 EOI 命令来复位。这种方法称为程序中断结束（EOI）方法。在级联系统中，从片中断服务程序需要发送两个 EOI 命令，一个用于从片，另一个用于主片。

程序发出 EOI 命令的方法有两种格式。一种称为特殊 EOI 命令，另一种称为非特殊 EOI 命令。特殊的 EOI 命令用于非全嵌套方式下，可用于指定 EOI 命令具体复位的中断级位。即在向芯片发送特殊 EOI 命令时需要指定被复位的 ISR 中的优先级。特殊 EOI 命令使用操作命令字 OCW2 发送，高 3 位是 011，最低 3 位用来指定优先级。在目前的 Linux 系统中就使用了这种特殊 EOI 命令。用于全嵌套方式的非特殊 EOI 命令会自动地把当前正在服务寄存器 ISR 中最高优先级位复位。因为在全嵌套方式下 ISR 中最高优先级位肯定是最后响应和服务的优先级。它也使用 OCW2 来发出，但最高 3 位需要为 001。本书讨论的 Linux 0.12 系统中则使用了这种非特殊 EOI 命令。

3）特殊全嵌套方式

在 ICW4 中设置的特殊全嵌套方式（D4=1）主要用于级联的大系统中，并且每个从片中的优先级需要保存。这种方式与上述普通全嵌套方式相似，但有以下两点例外：

- 当从某个从片发出的中断请求正被服务时，该从片并不会被主片的优先级排除。因此该从片发出的其他更高优先级中断请求将被主片识别，主片会立刻向 CPU 发出中断。而在上述普通全嵌套方式中，当一个从片中断请求正在被服务时，该从片会被主片屏蔽掉。因此从该从片发出的更高优先级中断请求就不能被处理。
- 当退出中断服务程序时，程序必须检查当前中断服务是不是从片发出的唯一一个中断请求。检查的方法是先向从片发出一个非特殊中断结束 EOI 命令，然后读取其正在服务寄存器 ISR 的值。检查此时该值是否为 0。如果是 0，则表示可以再向主片发送一个非特殊 EOI 命令。若不为 0，则无需向主片发送 EOI 命令。

4）多片级联方式

8259A 可以被很容易地连接成一个主片和若干个从片组成的系统。若使用 8 个从片那么最多可控制 64 个中断优先级。主片通过 3 根级联线来控制从片。这 3 根级联线相当于从片的选片信号。在级联方式中，从片的中断输出端被连接到主片的中断请求输入引脚上。当从片的一个中断请求线被处理并被响应时，主片会选择该从片把相应的中断号放到数据总线上。

在级联统中，每个 8259A 芯片必须独立地进行初始化，并且可以工作在不同方式下。另外，要分别对主片和从片的初始化命令字 ICW3 进行编程。在操作过程中也需要发送 2 个中断结束 EOI 命令。一个用于主片，另一个用于从片。

5）自动循环优先级方式

当我们在管理优先级相同的设备时，就可以使用 OCW2 把 8259A 芯片设置成自动循环优先级方式。即在一个设备接受服务后，其优先级自动变成最低。优先级依次循环变化。最不利的情况是当一个中断请求来到时需要等待它之前的 7 个设备都接受了服务之后才能得到服务。

6）中断屏蔽方式

中断屏蔽寄存器 IMR 可以控制对每个中断请求的屏蔽。8259A 可设置两种屏蔽方式。对于普通屏蔽方式，使用 OCW1 来设置 IMR。IMR 的各位（D7～D0）分别作用于各个中断请求引脚 IR7～IR0。屏蔽一个中断请求并不会影响其他优先级的中断请求。对于一个中断请求在响应并被服务期间（没有发送 EOI 命令之前），这种普通屏蔽方式会使得 8259A 屏蔽所有低优先级的中断请求。但有些应用场合可能需要中断服务过程能动态地改变系统的优先级。为了解决这个问题，8259A 中引进了特殊屏蔽方式。我们需要使用 OCW3 首先设置这种方式（D6、D5 位）。在这种特殊屏蔽方式下，OCW1 设置的屏蔽信息会使所有未被屏蔽的优先级中断均可以在某个中断过程中被响应。

7）读寄存器状态

8259A 中有 3 个寄存器（IMR、IRR 和 ISR）可让 CPU 读取其状态。IMR 中的当前屏蔽信息可以通过直接读取 OCW1 来得到。在读 IRR 或 ISR 之前则需要首先使用 OCW3 输出读取 IRR 或 ISR 的命令，然后才可以进行读操作。

6.4 head.s 程序

6.4.1 功能描述

head.s 程序在被编译生成目标文件后会与内核其他程序一起被链接成 system 模块，位于 system 模块的最前面开始部分，这也就是为什么称其为头部(head)程序的原因。system 模块将被放置在磁盘上 setup 模块之后开始的扇区中，即从磁盘上第 6 个扇区开始放置。一般情况下 Linux 0.12 内核的 system 模块大约有 120KB 左右，因此在磁盘上大约占 240 个扇区。

从这里开始，内核完全都是在保护模式下运行了。heads.s 汇编程序与前面的语法格式不同，它采用的是 AT&T 的汇编语言格式，并且需要使用 GNU 的 gas 和 gld[⊖]进行编译连接。因此请注意代码中赋值的方向是从左到右。

这段程序实际上处于内存绝对地址 0 处开始的地方。这个程序的功能比较单一。首先是加载各个数据段寄存器，重新设置中断描述符表 idt，共 256 项，并使各个表项均指向一个只报错误的哑中断子程序 ignore_int。中断描述符表中每个描述符项也占 8B，其格式如图 6-9 所示。

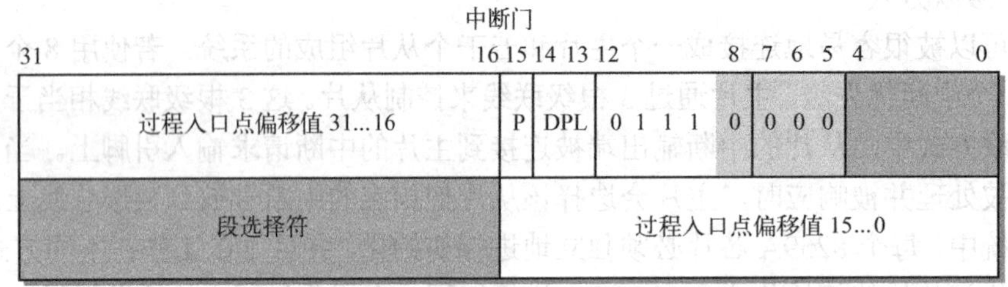

图 6-9　中断描述符表 IDT 中的中断门描述符格式

其中，P 是段存在标志；DPL 是描述符的优先级。在 head.s 程序中，中断门描述符中段选择符设置为 0x0008，表示该哑中断处理子程序在内核代码中。偏移值被设置为 ignore_int 中断处理子程序在 head.s 程序中的偏移值。由于 head.s 程序被移动到从内存地址 0 开始处，因此该偏移值也就是中断处理子程序在内核代码段中的偏移值。由于内核代码段一直存在于内存中，并且特权级为 0，即 P=1，DPL=00。因此中断门描述符的字节 5 和字节 4 的值应该是 0x8E00。

在设置好中断描述符表之后，本程序又重新设置了全局段描述符表 gdt。实际上新设置的 GDT 表与原来在 setup.s 程序中设置的 GDT 表描述符除了在段限长上有些区别以外（原为 8MB，现为 16MB），其他内容完全一样。当然我们也可以在 setup.s 程序中就把描述符的段限长直接设置成 16MB，然后直接把原 GDT 表移动到内存适当位置处。因此这里重新设置 GDT 的主要原因是为了把 gdt 表放在内存内核代码比较合理的地方。前面设置的 GDT 表处于内存 0x902XX 处。这个地方将在内核初始化后用作内存高速缓冲区的一部分。

接着使用物理地址 0 与 1MB 开始处的字节内容相比较的方法，检测 A20 地址线是否已真的开启。如果没有开启，则在访问高于 1MB 物理内存地址时 CPU 实际只会循环访问（IP MOD 1MB）地址处的内容，即与访问从 0 地址开始对应字节的内容都相同。如果检测下来发现没有开启，则进入死循环。然后程序测试 PC 是否含有数学协处理器芯片（80287、80387 或其兼容

⊖ 在当前的 Linux 操作系统中，gas 和 gld 已经分别更名为 as 和 ld。

芯片），并在控制寄存器 CR0 中设置相应的标志位。

接着设置管理内存的分页处理机制，将页目录表放在绝对物理地址 0 开始处（也是本程序所处的物理内存位置，因此这段程序将被覆盖掉），紧随后面放置共可寻址 16MB 内存的 4 个页表，并分别设置它们的表项。页目录表项和页表项格式见 6-10 所示。其中 P 是页面存在于内存标志；R/W 是读写标志；U/S 是用户/超级用户标志；A 是页面已访问标志；D 是页面内容已修改标志；最左边 20 位是表项对应页面在物理内存中页面地址的高 20 位。

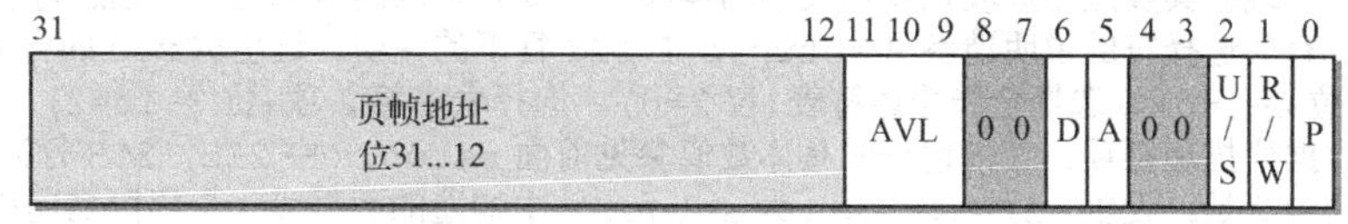

图 6-10　页目录表项和页表项结构

这里每个表项的属性标志都被设置成 0x07（P=1、U/S=1、R/W=1），表示该页存在、用户可读写。这样设置内核页表属性的原因是：CPU 的分段机制和分页管理都有保护方法。分页机制中页目录表和页表项中设置的保护标志（U/S、R/W）需要与段描述符中的特权级（PL）保护机制一起组合使用。但段描述符中的 PL 起主要作用。CPU 会首先检查段保护，然后再检查页保护。如果当前特权级 CPL < 3（例如 0），则说明 CPU 正在以超级用户（Supervisor）身份运行。 此时所有页面都能访问，并可随意进行内存读写操作。如果 CPL = 3，则说明 CPU 正在以用户（User）身份运行。此时只有属于 User 的页面（U/S=1）可以访问，并且只有标记为可读写的页面（W/R = 1）是可写的。而此时属于超级用户的页面（U/S=0）则既不可写，也不可读。由于内核代码有些特别之处，即其中包含任务 0 和任务 1 的代码和数据。因此这里把页面属性设置为 0x7 就可保证这两个任务代码不仅可以在用户态下执行，而且又不能随意访问内核资源。

最后，head.s 程序利用返回指令将预先放置在堆栈中的/init/main.c 程序的入口地址弹出，去运行 main()程序。

6.4.2　代码注释

程序 6-3　linux/boot/head.s

```
/*
 *  linux/boot/head.s
 *
 *  (C) 1991  Linus Torvalds
 */

/*
 *  head.s contains the 32-bit startup code.
 *
 * NOTE!!! Startup happens at absolute address 0x00000000, which is also where
 * the page directory will exist. The startup code will be overwritten by
 * the page directory.
 */
/*
 *  head.s 含有 32 位启动代码。
```

```
 * 注意!!! 32 位启动代码是从绝对地址 0x00000000 开始的，这里也同样是页目录将存在的地方，
 * 因此这里的启动代码将被页目录覆盖掉。
 */
14 .text
15 .globl _idt,_gdt,_pg_dir,_tmp_floppy_area
16 _pg_dir:                        # 页目录将会存放在这里。
```

```
# 再次注意!!! 这里已经处于 32 位运行模式，因此这里的$0x10 并不是把地址 0x10 装入各个
# 段寄存器，它现在其实是全局段描述符表中的偏移值，或者更准确地说是一个描述符表项
# 的选择符。有关选择符的说明请参见 setup.s 中 193 行下的说明。这里$0x10 的含义是请求
# 特权级 0(位 0-1=0)、选择全局描述符表(位 2=0)、选择表中第 2 项(位 3-15=2)。它正好指
# 向表中的数据段描述符项。（描述符的具体数值参见前面 setup.s 中 212，213 行）
# 下面代码的含义是：设置 ds,es,fs,gs 为 setup.s 中构造的数据段（全局段描述符表第 2 项）
# 的选择符=0x10，并将堆栈放置在 stack_start 指向的 user_stack 数组区，然后使用本程序
# 后面定义的新中断描述符表和全局段描述表。新全局段描述表中初始内容与 setup.s 中的基本
# 一样，仅段限长从 8MB 修改成了 16MB。stack_start 定义在 kernel/sched.c，69 行。它是指向
# user_stack 数组末端的一个长指针。第 23 行设置这里使用的栈，姑且称为系统栈。但在移动到
# 任务 0 执行（init/main.c 中 137 行）以后该栈就被用作任务 0 和任务 1 共同使用的用户栈了。
```

```
17 startup_32:                    # 18-22 行设置各个数据段寄存器。
18         movl $0x10,%eax         # 对于 GNU 汇编，每个直接操作数要以'$'开始，否则表示地址。
                                   # 每个寄存器名都要以'%'开头，eax 表示是 32 位的 ax 寄存器。
19         mov %ax,%ds
20         mov %ax,%es
21         mov %ax,%fs
22         mov %ax,%gs
23         lss _stack_start,%esp       # 表示_stack_start→ss:esp，设置系统堆栈。
                                       # stack_start 定义在 kernel/sched.c，69 行。
24         call setup_idt              # 调用设置中断描述符表子程序。
25         call setup_gdt              # 调用设置全局描述符表子程序。
26         movl $0x10,%eax             # reload all the segment registers
27         mov %ax,%ds                 # after changing gdt. CS was already
28         mov %ax,%es                 # reloaded in 'setup_gdt'
29         mov %ax,%fs                 # 因为修改了 gdt，所以需要重新装载所有的段寄存器。
30         mov %ax,%gs                 # CS 代码段寄存器已经在 setup_gdt 中重新加载过了。
```

```
# 由于段描述符中的段限长从 setup.s 中的 8MB 改成了本程序设置的 16MB（见 setup.S 行 208～216
# 和本程序后面的 235～236 行），因此这里再次对所有段寄存器执行加载操作是必须的。另外，通过
# 使用 bochs 跟踪观察，如果不对 CS 再次执行加载，那么在执行到 26 行时 CS 代码段不可见部分中
# 的限长还是 8MB。这样看来应该重新加载 CS。但是由于 setup.s 中的内核代码段描述符与本程序中
# 重新设置的代码段描述符除了段限长以外其余部分完全一样，8MB 的限长在内核初始化阶段不会有
# 问题，而且在以后内核执行过程中段间跳转时会重新加载 CS。因此这里没有加载它并没有让程序出错。
# 针对该问题，目前内核中就在第 25 行之后添加了一条长跳转指令：'ljmp $(__KERNEL_CS),$1f'，
# 跳转到第 26 行来确保 CS 确实被重新加载。
```

```
31         lss _stack_start,%esp
```

```
# 32-36 行用于测试 A20 地址线是否已经开启。采用的方法是向内存地址 0x000000 处写入任意一个数
# 值，然后看内存地址 0x100000(1M)处是否也是这个数值。如果一直相同的话，就一直比较下去，即
# 死循环、死机。表示地址 A20 线没有选通，结果内核就不能使用 1MB 以上内存。
#
# 33 行上的'1:'是一个局部符号构成的标号。标号由符号后跟一个冒号组成。此时该符号表示活动位置
# 计数（Active location counter）的当前值，并可以作为指令的操作数。局部符号用于帮助编译
# 器和编程人员临时使用一些名称。共有 10 个局部符号名，可在整个程序中重复使用。这些符号名使用
```

```
# 名称'0'、'1'、...、'9'来引用。为了定义一个局部符号，需把标号写成'N:'形式（其中 N 表示一
# 个数字）。为了引用先前最近定义的这个符号，需要写成'Nb'，其中 N 是定义标号时使用的数字。为
# 了引用一个局部标号的下一个定义，需要写成'Nf'，这里 N 是 10 个前向引用之一。上面'b'表示"
# 向后（backwards）"，'f'表示"向前（forwards）"。在汇编程序的某一处，我们最大可以向后/
# 向前引用 10 个标号（最远第 10 个）。

32         xorl %eax,%eax
33 1:      incl %eax              # check that A20 really IS enabled
34         movl %eax,0x000000     # loop forever if it isn't
35         cmpl %eax,0x100000
36         je 1b                  # '1b'表示向后(backward)跳转到标号 1 去（33 行）。
                                  # 若是'5f'则表示向前(forward)跳转到标号 5 去。
37 /*
38  * NOTE! 486 should set bit 16, to check for write-protect in supervisor
39  * mode. Then it would be unnecessary with the "verify_area()"-calls.
40  * 486 users probably want to set the NE (#5) bit also, so as to use
41  * int 16 for math errors.
42  */
   /*
    * 注意！在下面这段程序中，486 应该将位 16 置位，以检查在超级用户模式下的写保护，此后 "verify_
    * area()" 调用就不需要了。486 的用户通常也会想将 NE(#5) 置位，以便对数学协处理器的出错使
    * 用 int 16。
    */
   # 上面原注释中提到的 486 CPU 中 CR0 控制寄存器的位 16 是写保护标志 WP（Write-Protect），
   # 用于禁止超级用户级的程序向一般用户只读页面中进行写操作。该标志主要用于操作系统在创建新进
   # 程时实现写时复制（copy-on-write）方法。
   # 下面这段程序（43-65）用于检查数学协处理器芯片是否存在。方法是修改控制寄存器 CR0，在假设
   # 存在协处理器的情况下执行一个协处理器指令，如果出错的话则说明协处理器芯片不存在，需要设置
   # CR0 中的协处理器仿真位 EM（位 2），并复位协处理器存在标志 MP（位 1）。

43         movl %cr0,%eax         # check math chip
44         andl $0x80000011,%eax  # Save PG,PE,ET
45 /* "orl $0x10020,%eax" here for 486 might be good */
46         orl $2,%eax            # set MP
47         movl %eax,%cr0
48         call check_x87
49         jmp after_page_tables  # 跳转到 135 行。
50
51 /*
52  * We depend on ET to be correct. This checks for 287/387.
53  */
   /*
    * 我们依赖于 ET 标志的正确性来检测 287/387 存在与否。
    */
   # 下面 fninit 和 fstsw 是数学协处理器（80287/80387）的指令。
   # finit 向协处理器发出初始化命令，它会把协处理器置于一个未受以前操作影响的已知状态，设置
   # 其控制字为默认值、清除状态字和所有浮点栈式寄存器。非等待形式的这条指令（fninit）还会让
   # 协处理器终止执行当前正在执行的任何先前的算术操作。fstsw 指令取协处理器的状态字。如果系
   # 统中存在协处理器的话，那么在执行了 fninit 指令后其状态字低字节肯定为 0。

54 check_x87:
55         fninit                 # 向协处理器发出初始化命令。
56         fstsw %ax              # 取协处理器状态字到 ax 寄存器中。
57         cmpb $0,%al            # 初始化后状态字应该为 0，否则说明协处理器不存在。
```

```
        je 1f                       /* no coprocessor: have to set bits */
        movl %cr0,%eax              # 如果存在则向前跳转到标号 1 处，否则改写 cr0。
        xorl $6,%eax                /* reset MP, set EM */
        movl %eax,%cr0
        ret

# 下面是一汇编语言指示符。其含义是指存储边界对齐调整。"2"表示把随后的代码或数据的偏移位置
# 调整到地址值最后 2 位为零的位置（2^2），即按 4 字节方式对齐内存地址。不过现在 GNU as 直接
# 写出对齐的值而非 2 的次方值了。使用该指示符的目的是为了提高 32 位 CPU 访问内存中代码或数据
# 的速度和效率。参见程序后的详细说明。
# 下面的两个字节值是 80287 协处理器指令 fsetpm 的机器码。其作用是把 80287 设置为保护模式。
# 80387 无需该指令，并且将会把该指令看作是空操作。

.align 2
1:      .byte 0xDB,0xE4             /* fsetpm for 287, ignored by 387 */  # 287 协处理器码。
        ret

/*
 *  setup_idt
 *
 *  sets up a idt with 256 entries pointing to
 *  ignore_int, interrupt gates. It then loads
 *  idt. Everything that wants to install itself
 *  in the idt-table may do so themselves. Interrupts
 *  are enabled elsewhere, when we can be relatively
 *  sure everything is ok. This routine will be over-
 *  written by the page tables.
 */
/*
 * 下面这段是设置中断描述符表子程序 setup_idt
 *
 * 将中断描述符表 idt 设置成具有 256 个项，并都指向 ignore_int 中断门。然后加载中断描述符表
 * 寄存器(用 lidt 指令)。真正实用的中断门以后再安装。当我们在其他地方认为一切都正常时再开启
 * 中断。该子程序将会被页表覆盖掉。
 */
# 中断描述符表中的项虽然也是 8 字节组成，但其格式与全局表中的不同，被称为门描述符
# (Gate Descriptor)。它的 0-1,6-7 字节是偏移量，2-3 字节是选择符，4-5 字节是一些标志。
# 这段代码首先在 edx、eax 中组合设置出 8 字节默认的中断描述符值，然后在 idt 表每一项中都放置
# 该描述符，共 256 项。eax 含有描述符低 4 字节，edx 含有高 4 字节。内核在随后的初始化过程中会
# 替换安装那些真正实用的中断描述符项。

setup_idt:
        lea ignore_int,%edx         # 将 ignore_int 的有效地址（偏移值）值→edx 寄存器
        movl $0x00080000,%eax       # 将选择符 0x0008 置入 eax 的高 16 位中。
        movw %dx,%ax                /* selector = 0x0008 = cs */
                                    # 偏移值的低 16 位置入 eax 的低 16 位中。此时 eax 含有
                                    # 门描述符低 4 字节的值。
        movw $0x8E00,%dx            /* interrupt gate - dpl=0, present */
                                    # 此时 edx 含有门描述符高 4 字节的值。
        lea _idt,%edi               # _idt 是中断描述符表的地址。
        mov $256,%ecx
rp_sidt:
        movl %eax,(%edi)            # 将哑中断门描述符存入表中。
```

```
88          movl %edx,4(%edi)             # eax 内容放到 edi+4 所指内存位置处。
89          addl $8,%edi                  # edi 指向表中下一项。
90          dec %ecx
91          jne rp_sidt
92          lidt idt_descr                # 加载中断描述符表寄存器值。
93          ret
94
95  /*
96   *  setup_gdt
97   *
98   *  This routines sets up a new gdt and loads it.
99   *  Only two entries are currently built, the same
100  *  ones that were built in init.s. The routine
101  *  is VERY complicated at two whole lines, so this
102  *  rather long comment is certainly needed :-).
103  *  This routine will be overwritten by the page tables.
104  */
    /*
     * 设置全局描述符表项 setup_gdt
     * 这个子程序设置一个新的全局描述符表 gdt，并加载。此时仅创建了两个表项，与前
     * 面的一样。该子程序只有两行，“非常的”复杂，所以当然需要这么长的注释了☺。
     * 该子程序将被页表覆盖掉。
     */
105 setup_gdt:
106         lgdt gdt_descr                # 加载全局描述符表寄存器(内容已设置好，见第 234～238 行)。
107         ret
108
109 /*
110  * I put the kernel page tables right after the page directory,
111  * using 4 of them to span 16 Mb of physical memory. People with
112  * more than 16MB will have to expand this.
113  */
    /* Linus 将内核的内存页表直接放在页目录之后，使用了 4 个表来寻址 16 MB 的物理内存。
     * 如果你有多于 16 MB 的内存，就需要在这里进行扩充修改。
     */
     # 每个页表长为 4 KB 字节（1 页内存页面），而每个页表项需要 4 个字节，因此一个页表共可以存放
     # 1024 个表项。如果一个页表项寻址 4 KB 的地址空间，则一个页表就可以寻址 4 MB 的物理内存。
     # 页表项的格式为：项的前 0～11 位存放一些标志，例如是否在内存中(P 位 0)、读写许可(R/W 位 1)、
     # 普通用户还是超级用户使用(U/S 位 2)、是否修改过(是否脏了)(D 位 6)等；表项的位 12～31 是
     # 页框地址，用于指出一页内存的物理起始地址。

114 .org 0x1000        # 从偏移 0x1000 处开始是第 1 个页表（偏移 0 开始处将存放页表目录）。
115 pg0:
116
117 .org 0x2000
118 pg1:
119
120 .org 0x3000
121 pg2:
122
123 .org 0x4000
124 pg3:
125
126 .org 0x5000                         # 定义下面的内存数据块从偏移 0x5000 处开始。
```

```
127 /*
128  * tmp_floppy_area is used by the floppy-driver when DMA cannot
129  * reach to a buffer-block. It needs to be aligned, so that it isn't
130  * on a 64kB border.
131  */
/* 当 DMA（直接存储器访问）不能访问缓冲块时，下面的 tmp_floppy_area 内存块
 * 就可供软盘驱动程序使用。其地址需要对齐调整，这样就不会跨越 64KB 边界。
 */
132 _tmp_floppy_area:
133         .fill 1024,1,0          # 共保留 1024 项，每项 1B，填充数值 0。
134
# 下面这几个入栈操作用于为跳转到 init/main.c 中的 main() 函数作准备工作。第 139 行上的指令
# 在栈中压入了返回地址，而第 140 行则压入了 main() 函数代码的地址。当 head.s 最后在第 218 行
# 执行 ret 指令时就会弹出 main() 的地址，并把控制权转移到 init/main.c 程序中。参见第 3 章中
# 有关 C 函数调用机制的说明。
# 前面 3 个入栈 0 值应该分别表示 envp、argv 指针和 argc 的值，但 main() 没有用到。
# 139 行的入栈操作是模拟调用 main.c 程序时首先将返回地址入栈的操作，所以如果
# main.c 程序真的退出时，就会返回到这里的标号 L6 处继续执行下去，也即死循环。
# 140 行将 main.c 的地址压入堆栈，这样，在设置分页处理（setup_paging）结束后
# 执行'ret'返回指令时就会将 main.c 程序的地址弹出堆栈，并去执行 main.c 程序了。
# 有关 C 函数调用机制请参见程序后的说明。
135 after_page_tables:
136         pushl $0                # These are the parameters to main :-)
137         pushl $0                # 这些是调用 main 程序的参数（指 init/main.c）。
138         pushl $0                # 其中的'$'符号表示这是一个立即操作数。
139         pushl $L6               # return address for main, if it decides to.
140         pushl $_main            # '_main'是编译程序对 main 的内部表示方法。
141         jmp setup_paging        # 跳转至第 198 行。
142 L6:
143         jmp L6                  # main should never return here, but
144                                 # just in case, we know what happens.
                                    # main 程序绝对不应该返回到这里。不过为了以防万一，
                                    # 所以添加了该语句。这样我们就知道发生什么问题了。
145
146 /* This is the default interrupt "handler" :-) */
/* 下面是默认的中断“向量句柄”☺ */
147 int_msg:
148         .asciz "Unknown interrupt\n\r"   # 定义字符串“未知中断(回车换行)”。
149 .align 2                        # 按 4 字节方式对齐内存地址。
150 ignore_int:
151         pushl %eax
152         pushl %ecx
153         pushl %edx
154         push %ds            # 这里请注意！！ds,es,fs,gs 等虽然是 16 位的寄存器，但入栈后
155         push %es            # 仍然会以 32 位的形式入栈，即需要占用 4 个字节的堆栈空间。
156         push %fs
157         movl $0x10,%eax     # 置段选择符（使 ds,es,fs 指向 gdt 表中的数据段）。
158         mov %ax,%ds
159         mov %ax,%es
160         mov %ax,%fs
161         pushl $int_msg      # 把调用 printk 函数的参数指针（地址）入栈。注意！若 int_msg
162         call _printk        # 前不加'$'，则表示把 int_msg 符号处的长字（'Unkn'）入栈☺。
163         popl %eax           # 该函数在/kernel/printk.c 中。'_printk'是 printk 编译后模块中
164         pop %fs             # 的内部表示法。
```

```
        pop %es
        pop %ds
        popl %edx
        popl %ecx
        popl %eax
        iret            # 中断返回（把中断调用时压入栈的 CPU 标志寄存器（32 位）值也弹出）。


/*
 * Setup_paging
 *
 * This routine sets up paging by setting the page bit
 * in cr0. The page tables are set up, identity-mapping
 * the first 16MB. The pager assumes that no illegal
 * addresses are produced (ie >4Mb on a 4Mb machine).
 *
 * NOTE! Although all physical memory should be identity
 * mapped by this routine, only the kernel page functions
 * use the >1Mb addresses directly. All "normal" functions
 * use just the lower 1Mb, or the local data space, which
 * will be mapped to some other place - mm keeps track of
 * that.
 *
 * For those with more memory than 16 Mb - tough luck. I've
 * not got it, why should you :-) The source is here. Change
 * it. (Seriously - it shouldn't be too difficult. Mostly
 * change some constants etc. I left it at 16Mb, as my machine
 * even cannot be extended past that (ok, but it was cheap :-)
 * I've tried to show which constants to change by having
 * some kind of marker at them (search for "16Mb"), but I
 * won't guarantee that's all :-( )
 */
```

```
/*
 * 这个子程序通过设置控制寄存器 cr0 的标志（PG 位 31）来启动对内存的分页处理功能，
 * 并设置各个页表项的内容，以恒等映射前 16 MB 的物理内存。分页器假定不会产生非法的地址映射
 *（也即在只有 4MB 的机器上设置出大于 4MB 的内存地址）。
 *
 * 注意！尽管所有的物理地址都应该由这个子程序进行恒等映射，但只有内核页面管理函数能直接使用
 * >1MB 的地址。所有“普通”函数仅使用低于 1MB 的地址空间，或者是使用局部数据空间，该地址空
 * 间将被映射到其他一些地方去 -- mm（内存管理程序）会管理这些事的。
 *
 * 对于那些有多于 16MB 内存的家伙 - 真是太幸运了，我还没有，为什么你会有☺。代码就在这里，对
 * 它进行修改吧。（实际上，这并不太困难的。通常只需修改一些常数等。我把它设置为 16MB，因为
 * 我的机器再怎么扩充甚至不能超过这个界限（当然，我的机器是很便宜的☺）。
 * 我已经通过设置某类标志来给出需要改动的地方（搜索“16MB”），但我不能保证作这些改动就行了☹）。
 */
# 上面英文注释第 2 段的含义是指在机器物理内存中大于 1MB 的内存空间主要被用于主内存区。主内存
# 区空间由 mm 模块管理。它涉及页面映射操作。内核中所有其他函数就是这里指的一般（普通）函数。
# 若要使用主内存区的页面，就需要使用 get_free_page() 等函数获取。因为主内存区中内存页面是共
# 享资源，必须有程序进行统一管理以避免资源争用和竞争。
#
# 在内存物理地址 0x0 处开始存放 1 页页目录表和 4 页页表。页目录表是系统所有进程公用的，而这里
# 的 4 页页表则属于内核专用，它们一一映射线性地址起始 16MB 空间范围到物理内存上。对于新的进程，
# 系统会在主内存区为其申请页面存放页表。另外，1 页内存长度是 4096 字节。
```

```
197 .align 2                            # 按 4 字节方式对齐内存地址边界。
198 setup_paging:                       # 首先对 5 页内存（1 页目录 + 4 页页表）清零。
199         movl $1024*5,%ecx           /* 5 pages - pg_dir+4 page tables */
200         xorl %eax,%eax
201         xorl %edi,%edi              /* pg_dir is at 0x000 */
                                        # 页目录从 0x000 地址开始。
202         cld;rep;stosl               # eax 内容存到 es:edi 所指内存位置处，且 edi 增 4。

  # 下面 4 句设置页目录表中的项，因为我们（内核）共有 4 个页表所以只需设置 4 项。
  # 页目录项的结构与页表中项的结构一样，4 个字节为 1 项。参见上面 113 行下的说明。
  # 例如"$pg0+7"表示：0x00001007，是页目录表中的第 1 项。
  # 则第 1 个页表所在的地址 = 0x00001007 & 0xfffff000 = 0x1000;
  # 第 1 个页表的属性标志 = 0x00001007 & 0x00000fff = 0x07，表示该页存在、用户可读写。
203         movl $pg0+7,_pg_dir         /* set present bit/user r/w */
204         movl $pg1+7,_pg_dir+4        /*  --------- " " --------- */
205         movl $pg2+7,_pg_dir+8       /*  --------- " " --------- */
206         movl $pg3+7,_pg_dir+12      /*  --------- " " --------- */

  # 下面 6 行填写 4 个页表中所有项的内容，共有：4(页表)*1024(项/页表)=4096 项(0 - 0xfff)，
  # 即能映射物理内存 4096*4KB = 16MB。
  # 每项的内容是：当前项所映射的物理内存地址 + 该页的标志（这里均为 7）。
  # 使用的方法是从最后一个页表的最后一项开始按倒退顺序填写。一个页表的最后一项在页表中的
  # 位置是 1023*4 = 4092。因此最后一页的最后一项的位置就是$pg3+4092。

207         movl $pg3+4092,%edi         # edi→最后一页的最后一项。
208         movl $0xfff007,%eax         /*  16MB - 4096 + 7 (r/w user,p) */
                                        # 最后 1 项对应物理内存页面的地址是 0xfff000,
                                        # 加上属性标志 7，即为 0xfff007。
209         std                         # 方向位置位，edi 值递减(4 字节)。
210 1:      stosl                       /* fill pages backwards - more efficient :-) */
211         subl $0x1000,%eax           # 每填写好一项，物理地址值减 0x1000。
212         jge 1b                      # 如果小于 0 则说明全填写好了。
  # 设置页目录表基址寄存器 cr3 的值，指向页目录表。cr3 中保存的是页目录表的物理地址。
213         xorl %eax,%eax              /* pg_dir is at 0x0000 */ # 页目录表在 0x0000 处。
214         movl %eax,%cr3              /* cr3 - page directory start */
  # 设置启动使用分页处理（cr0 的 PG 标志，位 31）
215         movl %cr0,%eax
216         orl $0x80000000,%eax        # 添上 PG 标志。
217         movl %eax,%cr0              /* set paging (PG) bit */
218         ret                         /* this also flushes prefetch-queue */

  # 在改变分页处理标志后要求使用转移指令刷新预取指令队列，这里用的是返回指令 ret。
  # 该返回指令的另一个作用是将 140 行压入堆栈中的 main 程序的地址弹出，并跳转到/init/main.c
  # 程序去运行。本程序到此就真正结束了。

219
220 .align 2                            # 按 4 字节方式对齐内存地址边界。
221 .word 0                             # 这里先空出 2 字节，这样 224 行上的长字是 4 字节对齐的。

  ! 下面是加载中断描述符表寄存器 idtr 的指令 lidt 要求的 6 字节操作数。前 2 字节是 idt 表的限长，
  ! 后 4 字节是 idt 表在线性地址空间中的 32 位基地址。
222 idt_descr:
223         .word 256*8-1               # idt contains 256 entries # 共 256 项，限长=长
```

```
度 - 1。
224         .long _idt
225 .align 2
226 .word 0

    ! 下面加载全局描述符表寄存器 gdtr 的指令 lgdt 要求的 6 字节操作数。前 2 字节是 gdt 表的限长，
    ! 后 4 字节是 gdt 表的线性基地址。这里全局表长度设置为 2KB 字节（0x7ff 即可），因为每 8 字节
    ! 组成一个描述符项，所以表中共可有 256 项。符号_gdt 是全局表在本程序中的偏移位置，见第 234
行。
227 gdt_descr:
228         .word 256*8-1              # so does gdt (not that that's any   # 注：not
→ note
229         .long _gdt                 # magic number, but it works for me :^)
230
231         .align 3                   # 按 8（2^3）字节方式对齐内存地址边界。
232 _idt:   .fill 256,8,0              # idt is uninitialized   # 256 项，每项 8 字节，填 0。
233
    # 全局表。前 4 项分别是空项（不用）、代码段描述符、数据段描述符、系统调用段描述符，其中
    # 系统调用段描述符并没有派用处，Linus 当时可能曾想把系统调用代码专门放在这个独立的段中。
    # 后面还预留了 252 项的空间，用于放置所创建任务的局部描述符(LDT)和对应的任务状态段 TSS
    # 的描述符。
    # (0-nul, 1-cs, 2-ds, 3-syscall, 4-TSS0, 5-LDT0, 6-TSS1, 7-LDT1, 8-TSS2 etc...)

234 _gdt:   .quad 0x0000000000000000    /* NULL descriptor */
235         .quad 0x00c09a0000000fff    /*16Mb*/     # 0x08，内核代码段最大长度 16MB。
236         .quad 0x00c0920000000fff    /*16Mb*/     # 0x10，内核数据段最大长度 16MB。
237         .quad 0x0000000000000000    /* TEMPORARY - don't use */
238         .fill 252,8,0               /* space for LDT's and TSS's etc */  # 预留空间。
```

6.4.3 其他信息

1. 程序执行结束后的内存映像

head.s 程序执行结束后，已经正式完成了内存页目录和页表的设置，并重新设置了内核实际使用的中断描述符表 idt 和全局描述符表 gdt。另外还为软盘驱动程序开辟了 1KB 的缓冲区。此时 system 模块在内存中的详细映像如图 6-11 所示。

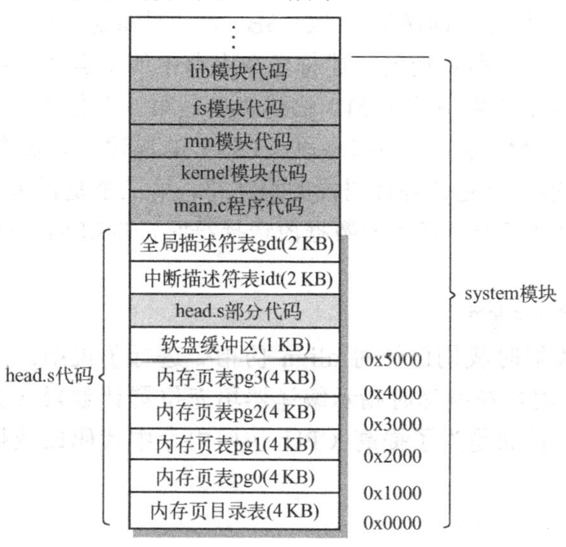

图 6-11 system 模块在内存中的映像示意图

2. Intel 32 位保护运行机制

理解这段程序的关键是真正了解 Intel 386 32 位保护模式的运行机制，也是继续阅读以下其余程序所必需的。为了与 8086 CPU 兼容，80x86 的保护模式被处理得较为复杂。当 CPU 运行在保护模式下时，它就将实模式下的段地址当作保护模式下段描述符的指针使用，此时段寄存器中存放的是一个描述符在描述符表中的偏移地址值。而当前描述符表的基地址则保存在描述符表寄存器中，如全局描述符表寄存器 gdtr、中断门描述符表寄存器 idtr，加载这些表寄存器须使用专用指令 lgdt 或 lidt。

CPU 在实模式运行方式时，段寄存器用来放置一个内存段地址（例如 0x9000），而此时在该段内可以寻址 64KB 的内存。但当进入保护模式运行方式时，此时段寄存器中放置的并不是内存中的某个地址值，而是指定描述符表中某个描述符项相对于该描述符表基址的一个偏移量。在这个 8 字节的描述符中含有该段线性地址的“段”基址和段的长度，以及其他一些描述该段特征的位。因此此时所寻址的内存位置是这个段基址加上当前执行代码指针 eip 的值。当然，此时所寻址的实际物理内存地址，还需要经过内存页面处理管理机制进行变换后才能得到。简而言之，32 位保护模式下的内存寻址需要拐个弯，经过描述符表中的描述符和内存页管理来确定。

针对不同的使用方面，描述符表分为三种：全局描述符表（GDT）、中断描述符表（IDT）和局部描述符表（LDT）。当 CPU 运行在保护模式下，某一时刻 GDT 和 IDT 分别只能有一个，分别由寄存器 GDTR 和 IDTR 指定它们的表基址。局部表可以有 0 个或最多 8191 个，这由 GDT 表中未用项数和所设计的具体系统确定。在某一个时刻，当前 LDT 表的基址由 LDTR 寄存器的内容指定，并且 LDTR 的内容使用 GDT 中某个描述符来加载，即 LDT 也是由 GDT 中的描述符来指定。但是在某一时刻同样也只有其中的一个被认为是活动的。一般对于每个任务（进程）使用一个 LDT。在运行时，程序可以使用 GDT 中的描述符以及当前任务的 LDT 中的描述符。对于 Linux 0.12 内核来说同时可以有 64 个任务在执行，因此 GDT 表中最多有 64 个 LDT 表的描述符项存在。

中断描述符表 IDT 的结构与 GDT 类似，在 Linux 内核中它正好位于 GDT 表的前面。共含有 256 项 8B 的描述符。但每个描述符项的格式与 GDT 的不同，其中存放着相应中断过程的偏移值（0～1，6～7B）、所处段的选择符值（2～3B）和一些标志（4～5B）。

图 6-12 是 Linux 内核中所使用的描述符表在内存中的示意图。图中，每个任务在 GDT 中占有两个描述符项。GDT 表中的 LDT0 描述符项是第一个任务（进程）的局部描述符表的描述符，TSS0 是第一个任务的任务状态段（TSS）的描述符。每个 LDT 中含有三个描述符，其中第一个不用，第二个是任务代码段的描述符，第三个是任务数据段和堆栈段的描述符。当 DS 段寄存器中是第一个任务的数据段选择符时，DS:ESI 即指向该任务数据段中的某个数据。

3. 前导符（伪指令）align

在第 3 章介绍汇编器时我们已经对 align 伪指令进行了说明。这里我们再总结一下。使用伪指令.align 的作用是在编译时指示编译器填充位置计数器（类似指令计数器）到一个指定的内存边界处。目的是为了提高 CPU 访问内存中代码或数据的速度和效率。其完整格式为：

```
.align val1, val2, val3
```

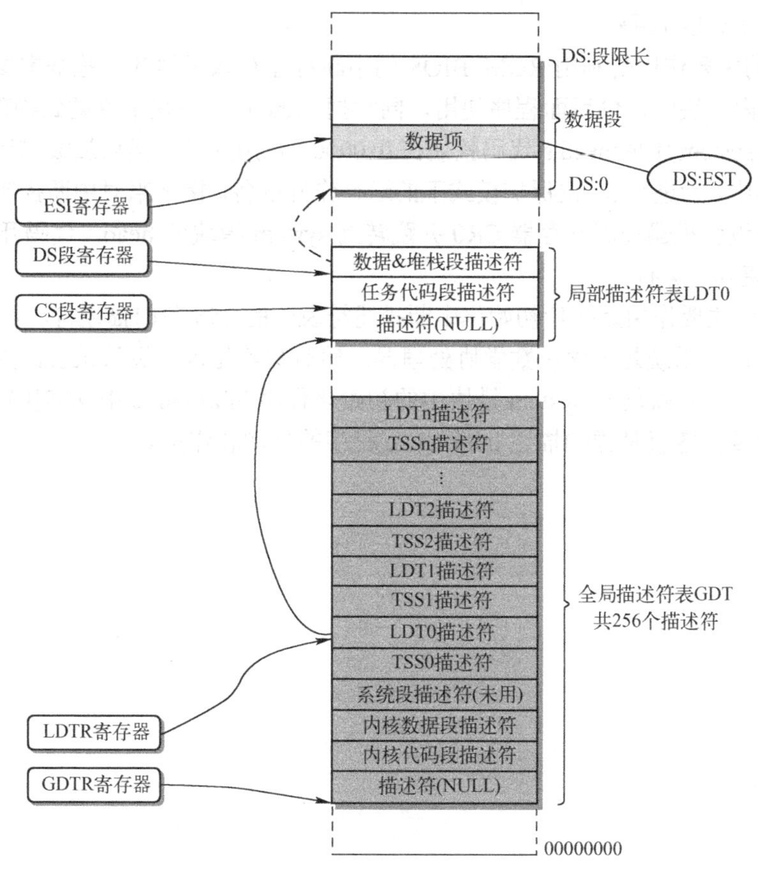

图 6-12　Linux 内核使用描述符表的示意图。

其中第 1 个参数值 val1 是所需要的对齐值；第 2 个是填充字节指定的值。填充值可以省略。若省略则编译器使用 0 值填充。第 3 个可选参数值 val3 用来指明最大用于填充或跳过的直接数。如果进行边界对齐会超过 val3 指定的最大字节数，那么就根本不进行对齐操作。如果需要省略第 2 个参数 val2 但还是需要使用第 3 个参数 val3，那么只需要放置两个逗号即可。

对于现在使用 ELF 目标格式的 Intel 80x86 CPU，第 1 个参数 val1 是需要对齐的字节数。例如，“.align 8”表示调整位置计数器直到它指在 8 的倍数边界上。如果已经在 8 的倍数边界上，那么编译器就不用改变了。但对于使用 a.out 目标格式的系统来说，第 1 个参数 val1 是指定低位 0 位的个数，即 2 的次方数（2^Val1）。例如前面程序 head.s 中的“.align 3”就表示位置计数器需要位于 8 的倍数边界上。同样，如果已经在 8 的倍数边界上，那么该伪指令什么也不做。GNU as（gas）对这两个目标格式的不同处理方法是由于 gas 为了模仿各种体系结构系统上自带的汇编器的行为而形成的。

6.5　本章小结

引导加载程序 bootsect.S 将 setup.S 代码和 system 模块加载到内存中，并且分别把自己和 setup.S 代码移动到物理内存 0x90000 和 0x90200 处后，就把执行权交给了 setup 程序。其中 system

模块的首部包含 head.s 代码。

setup 程序的主要作用是利用 ROM BIOS 的中断程序获取机器的一些基本参数，并保存在 0x90000 开始的内存块中，供后面程序使用。同时把 system 模块往下移动到物理地址 0x00000 开始处，这样，system 中的 head.s 代码就处在 0x00000 开始处了。然后加载描述符表基地址到描述符表寄存器中，为进行 32 位保护模式下的运行作好准备。接下来对中断控制硬件进行重新设置，最后通过设置机器控制寄存器 CR0 并跳转到 system 模块的 head.s 代码开始处，使 CPU 进入 32 位保护模式下运行。

head.s 代码的主要作用是初步初始化中断描述符表中的 256 项门描述符，检查 A20 地址线是否已经打开，测试系统是否含有数学协处理器。然后初始化内存页目录表，为内存的分页管理作好准备工作。最后跳转到 system 模块中的初始化程序 init/main.c 中继续执行。

下一章的主要内容就是详细描述 init/main.c 程序的功能和作用。

第 7 章　初始化程序

在内核源代码的 init/目录中只有一个 main.c 文件。系统在执行完 boot/目录中的 head.s 程序后就会将执行权交给 main.c。该程序虽然不长，但包括了内核初始化的所有工作。因此在阅读该程序的代码时需要参照很多其他程序中的初始化部分。如果能完全理解这里调用的所有程序，那么看完这章内容后应该对 Linux 内核有了大致的了解。

从这一章开始，我们将接触大量的 C 程序代码，因此读者最好具有一定的 C 语言知识。最好的一本参考书还是 Brian W. Kernighan 和 Dennis M. Ritchie 编著的《C 程序设计语言》。对该书第 5 章关于指针和数组的理解，可以说是掌握 C 语言的关键。另外还需要 GNU gcc 手册在身边作为参考，因为在内核代码中很多地方使用了 gcc 的扩展特性。例如内联（inline）函数、内联（内嵌）汇编语句等。

在注释 C 语言程序时，为了与程序中原有的注释相区别，我们使用"//"作为注释语句的开始。有关原有注释的翻译则采用与其一样的注释标志。对于程序中包含的头文件（*.h），仅作概要含义的解释，具体注释内容将在注释相应头文件的章节中给出。

7.1　main.c 程序

7.1.1　功能描述

main.c 程序首先利用前面 setup.s 程序取得的系统参数设置系统的根文件设备号以及一些内存全局变量。这些内存变量指明了主内存的开始地址、系统所拥有的内存容量和作为高速缓冲区内存的末端地址。如果还定义了虚拟盘（RAMDISK），则主内存将适当减少。整个内存的映像示意图如图 7-1 所示。

图 7-1　系统中内存功能划分示意图

图中，高速缓冲部分还要扣除被显存和 ROM BIOS 占用的部分。高速缓冲区是用于磁盘等块设备临时存放数据的地方，以 1K（1024）字节为一个数据块单位。主内存区域的内存由内存管理模块 mm 通过分页机制进行管理分配，以 4K 字节为一个内存页单位。内核程序可以自由访问高速缓冲中的数据，但需要通过 mm 才能使用分配到的内存页面。

然后，内核进行所有方面的硬件初始化工作。包括陷阱门、块设备、字符设备和 tty，还包括人工设置第一个任务（task 0）。待所有初始化工作完成后程序就设置中断允许标志以开启中断，并切换到任务 0 中运行。在阅读这些初始化子程序时，最好是跟着被调用的程序深入进去看，如果实在看不下去了，就暂时先放一放，继续看下一个初始化调用。在有些理解之后再继续研究没有看懂的地方。

在整个内核完成初始化后，内核将执行权切换到了用户模式（任务 0），即 CPU 从 0 特权级切换到了第 3 特权级。此时 main.c 的主程序就工作在任务 0 中。然后系统第一次调用进程创建函数 fork()，创建出一个用于运行 init()的子进程（通常被称为 init 进程）。系统整个初始化过程如图 7-2 所示。

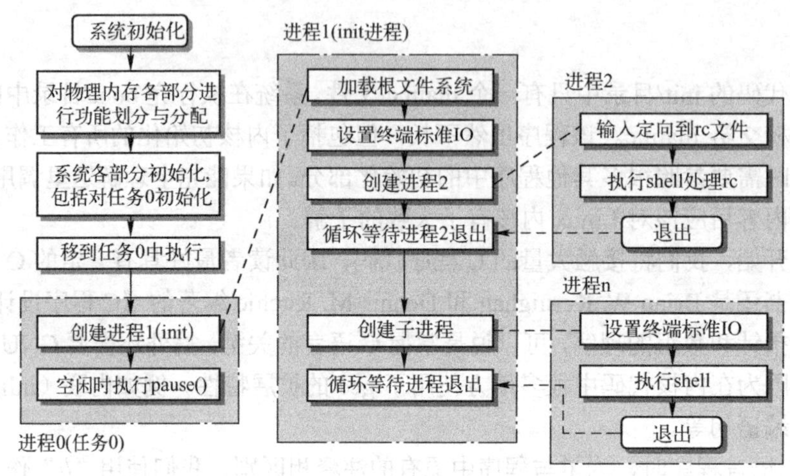

图 7-2 内核初始化程序流程示意图

main.c 程序首先确定如何分配使用系统物理内存，然后调用内核各部分的初始化函数分别对内存管理、中断处理、块设备和字符设备、进程管理以及硬盘和软盘等硬件进行初始化处理。在完成了这些操作之后，系统各部分已经处于可运行状态。此后程序把自己“手工”移动到任务 0（进程 0）中运行，并使用 fork()调用首次创建出进程 1（init 进程），并在其中调用 init()函数。在该函数中程序将继续进行应用环境的初始化并执行 shell 登录程序。而原进程 0 则会在系统空闲时被调度执行，因此进程 0 通常也被称为 idle 进程。此时进程 0 仅执行 pause()系统调用，并又会调用调度函数。

init()函数的功能可分为 4 个部分：安装根文件系统、显示系统信息、运行系统初始资源配置文件 rc 中的命令、执行用户登录 shell 程序。

代码首先调用系统调用 setup()，用来收集硬盘设备分区表信息并安装根文件系统。在安装根文件系统之前，系统会先判断是否需要建立虚拟盘。若编译内核时设置了虚拟盘的大小，并在前面内核初始化过程中已经开辟了一块内存用作虚拟盘，则内核就会首先尝试把根文件系统加载到内存的虚拟盘区中。

然后 init()打开一个终端设备 tty0，并复制其文件描述符以产生标准输入 stdin、标准输出 stdout 和错误输出 stderr 设备。内核随后利用这些描述符在终端上显示一些系统信息，例如高速缓冲区中缓冲块总数、主内存区空闲内存总字节数等。

接着 init()又新建了一个进程（进程 2），并在其中为建立用户交互使用环境而执行一些初始配置操作，即在用户可以使用 shell 命令行环境之前，内核调用/bin/sh 程序运行了配置文件 etc/rc 中设置的命令。rc 文件的作用与 DOS 系统根目录中的 AUTOEXEC.BAT 文件类似。这段代码首先通过关闭文件描述符 0，并立刻打开文件/etc/rc，从而把标准输入 stdin 定向到 etc/rc 文件上。这样，所有的标准输入数据都将从该文件中读取。然后内核以非交互形式执行/bin/sh，从而实现执行/etc/rc 文件中的命令。当该文件中的命令执行完毕后，/bin/sh 就会立刻退出。因此进程 2 也就随之结束。

init()函数的最后一部分用于在新建进程中为用户建立一个新的会话，并运行用户登录 shell 程序/bin/sh。在系统执行进程 2 中的程序时，父进程（init 进程）一直等待着它的结束。随着进程 2 的退出，父进程就进入一个无限循环中。在该循环中，父进程会再次生成一个新进程，然后在该进程中创建一个新的会话，并以登录 shell 方式再次执行程序/bin/sh，以创建用户交互 shell 环境。然后父进程继续等待该子进程。登录 shell 虽然与前面的非交互式 shell 是同一个程序/bin/sh，但是所使用的命令行参数（argv[]）不同。登录 shell 的第 0 个命令行参数的第 1 个字符一定是一个减号“-”。这个特定的标志会在/bin/sh 执行时通知它这不是一次普通的运行，而是作为登录 shell 运行/bin/sh 的。从这时开始，用户就可以正常使用 Linux 命令行环境了，而父进程随之又进入等待状态。此后若用户在命令行上执行了 exit 或 logout 命令，那么在显示一条当前登录 shell 退出的信息后，系统就会在这个无限循环中再次重复以上创建登录 shell 进程的过程。

任务 1 中运行的 init()函数的后两部分实际上应该是独立的环境初始化程序 init 等的功能。参见程序列表后对这方面的说明。

由于创建新进程的过程是通过完全复制父进程代码段和数据段的方式实现，因此在首次使用 fork()创建新进程 init 时，为了确保新进程用户态栈中没有进程 0 的多余信息，要求进程 0 在创建第 1 个新进程（进程 1）之前不要使用其用户态栈，即要求任务 0 不要调用函数。因此在 main.c 主程序移动到任务 0 执行后，任务 0 中的代码 fork()不能以函数形式进行调用。程序中实现的方法是采用如下所示的 gcc 函数内嵌（内联）形式来执行这个系统调用（参见程序第 23 行）：

> 通过声明一个内联（inline）函数，可以让 gcc 把函数的代码集成到调用它的代码中。这会提高代码执行的速度，因为省去了函数调用的开销。另外，如果任何一个实际参数是一个常量，那么在编译时这些已知值就可能使得无需把内嵌函数的所有代码都包括进来而让代码也得到简化。参见第 3 章中的相关说明。

```
23 static inline _syscall0(int,fork)
```

其中_syscall0()是 unistd.h 中的内嵌宏代码，它以嵌入汇编的形式调用 Linux 的系统调用中断 int 0x80。根据 include/unistd.h 文件第 133 行上的宏定义，我们把这个宏展开并替代进上面一行中就可以看出这条语句实际上是 int fork()创建进程系统调用，如下所示：

```
 // unistd.h 文件中_syscall0()的定义。即为不带参数的系统调用宏函数：type name(void)。
133 #define _syscall0(type,name) \
134 type name(void) \
135 { \
136 long __res; \
137 __asm__ volatile ("int $0x80" \                 // 调用系统中断 0x80。
138         : "=a" (__res) \                        // 返回值→eax(__res)。
139         : "0" (__NR_##name)); \                 // 输入为系统中断调用号__NR_name。
140 if (__res >= 0) \                               // 如果返回值>=0，则直接返回该值。
141         return (type) __res; \
142 errno = -__res; \                               // 否则置出错号，并返回-1。
143 return -1; \
144 }
```

根据上面定义把_syscall0(int, fork)展开代进第 23 行后可以得到如下语句：

```
static inline int fork(void)
{
   long __res;
   __asm__ volatile ("int $0x80" : "=a" (__res) : "0" (__NR_fork));
   if (__res >= 0)
      return (int) __res;
   errno = -__res;
   return -1;
      }
```

gcc 会把上述“函数”体中的语句直接插入到调用 fork()语句的代码处，因此执行 fork()不会引起函数调用。另外，宏名称字符串“syscall0”中最后的 0 表示无参数，1 表示带 1 个参数。如果系统调用带有 1 个参数，那么就应该使用宏_syscall1()。

虽然上面系统中断调用执行中断指令 INT 时还是避免不了使用堆栈，但是系统调用使用任务的内核态栈而非用户栈，并且每个任务都有自己独立的内核态栈，因此系统调用不会影响这里讨论的用户态栈。

另外，在创建新进程 init（即进程 1）的过程中，系统对其进行了一些特殊处理。进程 0 和进程 init 实际上同时使用着内核代码区内（小于 1MB 的物理内存）相同的代码和数据物理内存页面（640KB），只是执行的代码不在一处，因此实际上它们也同时使用着相同的用户堆栈区。在为新进程 init 复制其父进程（进程 0）的页目录和页表项时，进程 0 的 640KB 页表项属性没有改动过（仍然可读写），但是进程 1 的 640KB 对应的页表项却被设置成了只读。因此当进程 1 开始执行时，其对用户栈的出入栈操作将导致页面写保护异常，从而会使得内核的内存管理程序为进程 1 在主内存区中分配一内存页面，并把任务 0 栈中相应页面内容复制到此新页面上。从此时起，任务 1 的用户态栈开始有自己独立的内存页面。即从任务 1 执行过出/入栈操作后，任务 0 和任务 1 的用户栈才变成相互独立的栈。为了不出现冲突问题，就必须要求任务 0 在任务 1 执行栈操作之前禁止使用用户堆栈区域，而让进程 init 能单独使用堆栈。因为在内核调度进程运行时次序是随机的，有可能在任务 0 创建了任务 1 后仍然先运行任务 0。因此任务 0 执行 fork()操作后，随后的 pause()函数也必须采用内嵌函数形式来实现，以避免任务 0 在任务 1 之前使用用户栈。

当系统中一个进程（例如 init 进程的子进程，进程 2）执行过 execve()调用后，进程 2 的代码和数据区会位于系统的主内存区中，因此系统此后可以随时利用写时复制技术（Copy on Write）来处理其他新进程的创建和执行。

对于 Linux 来说，所有任务都是在用户模式下运行的，包括很多系统应用程序，如 shell 程序、网络子系统程序等。内核源代码 lib/目录下的库文件（除了其中的 string.c 程序）就是专门为这里新创建的进程提供函数支持的，内核代码本身并不使用这些库函数。

7.1.2 代码注释

程序 7-1 linux/init/main.c

```
/*
 *  linux/init/main.c
 *
 *  (C) 1991  Linus Torvalds
 */
```

```
// 定义宏"__LIBRARY__"是为了包括定义在 unistd.h 中的内嵌汇编代码等信息。
#define __LIBRARY__
// *.h 头文件所在的默认目录是 include/，则在代码中就不必明确指明其位置。如果不是 UNIX 的
// 标准头文件，则需要指明所在的目录，并用双引号括住。unistd.h 是标准符号常数与类型文件。
// 其中定义了各种符号常数和类型，并声明了各种函数。如果还定义了符号__LIBRARY__，则还会
// 包含系统调用号和内嵌汇编代码 syscall0()等。
#include <unistd.h>
#include <time.h>     // 时间类型头文件。其中主要定义了 tm 结构和一些有关时间的函数原形。

/*
 * we need this inline - forking from kernel space will result
 * in NO COPY ON WRITE (!!!), until an execve is executed. This
 * is no problem, but for the stack. This is handled by not letting
 * main() use the stack at all after fork(). Thus, no function
 * calls - which means inline code for fork too, as otherwise we
 * would use the stack upon exit from 'fork()'.
 *
 * Actually only pause and fork are needed inline, so that there
 * won't be any messing with the stack from main(), but we define
 * some others too.
 */
/*
 * 我们需要下面这些内嵌语句 - 从内核空间创建进程将导致没有写时复制(COPY ON WRITE)!!!
 * 直到执行一个 execve 调用。这对堆栈可能带来问题。处理方法是在 fork()调用后不让 main()
 * 使用任何堆栈。因此就不能有函数调用 - 这意味着 fork 也要使用内嵌的代码，否则我们在从
 * fork()退出时就要使用堆栈了。
 *
 * 实际上只有 pause 和 fork 需要使用内嵌方式，以保证从 main()中不会弄乱堆栈，但是我们同时还
 * 定义了其他一些函数。
 */
// Linux 在内核空间创建进程时不使用写时复制技术（Copy on write）。main()在移动到用户模
// 式（到任务 0）后执行内嵌方式的 fork()和 pause()，因此可保证不使用任务 0 的用户栈。
// 在执行 moveto_user_mode()之后，本程序 main()就以任务 0 的身份在运行了。而任务 0 是所
// 有将创建子进程的父进程。当它创建一个子进程时（init 进程），由于任务 1 代码属于内核空间，
// 因此没有使用写时复制功能。此时任务 0 的用户栈就是任务 1 的用户栈，即它们共同使用一个栈空间。
// 因此希望在 main.c 运行在任务 0 的环境下时不要有对堆栈的任何操作，以免弄乱堆栈。而在再次执
// 行 fork()并执行过 execve()函数后，被加载程序已不属于内核空间，因此可以使用写时复制技术
//了。参见 5.3 节。

// 下面的_syscall0()是 unistd.h 中的内嵌宏代码。以嵌入汇编的形式调用 Linux 的系统调用中断
// 0x80。该中断是所有系统调用的入口。该条语句实际上是 int fork()创建进程系统调用。可展
// 开看之就会立刻明白。syscall0 名称中最后的 0 表示无参数，1 表示 1 个参数。
// 参见 include/unistd.h，133 行。
static inline _syscall0(int,fork)
// int pause()系统调用：暂停进程的执行，直到收到一个信号。
static inline _syscall0(int,pause)
// int setup(void * BIOS)系统调用，仅用于 linux 初始化（仅在这个程序中被调用）。
static inline _syscall1(int,setup,void *,BIOS)
// int sync()系统调用：更新文件系统。
static inline _syscall0(int,sync)

#include <linux/tty.h>    // tty 头文件，定义了有关 tty_io，串行通信方面的参数、常数。
#include <linux/sched.h>  // 调度程序头文件，定义了任务结构 task_struct、第 1 个初始任务
                          // 的数据。还有一些以宏的形式定义的有关描述符参数设置和获取的
                          // 嵌入式汇编函数程序。
```

```
30 #include <linux/head.h>      // head 头文件，定义了段描述符的简单结构，和几个选择符常量。
31 #include <asm/system.h>      // 系统头文件。以宏形式定义了许多有关设置或修改描述符/中断门
                                // 等的嵌入式汇编子程序。
32 #include <asm/io.h>          // io 头文件。以宏的嵌入汇编程序形式定义对 io 端口操作的函数。
33
34 #include <stddef.h>          // 标准定义头文件。定义了 NULL, offsetof(TYPE,MEMBER)。
35 #include <stdarg.h>          // 标准参数头文件。以宏的形式定义变量参数列表。主要说明了-个
                                // 类型(va_list)和三个宏(va_start, va_arg 和 va_end),
                                // vsprintf、vprintf、vfprintf。
36 #include <unistd.h>
37 #include <fcntl.h>           // 文件控制头文件。用于文件及其描述符的操作控制常数符号的定义。
38 #include <sys/types.h>       // 类型头文件。定义了基本的系统数据类型。
39
40 #include <linux/fs.h>        // 文件系统头文件。定义文件表结构(file,buffer_head,m_inode 等)。
41                              // 其中有定义：extern int ROOT_DEV。
42 #include <string.h>          // 字符串头文件。主要定义了一些有关内存或字符串操作的嵌入函数。
43
44 static char printbuf[1024];      // 静态字符串数组，用作内核显示信息的缓存。
45
46 extern char *strcpy();
47 extern int vsprintf();           // 送格式化输出到一字符串中（vsprintf.c，92 行）。
48 extern void init(void);          // 函数原形，初始化（本程序 168 行）。
49 extern void blk_dev_init(void);     //块设备初始化子程序（blk_drv/ll_rw_blk.c,157 行）
50 extern void chr_dev_init(void); // 字符设备初始化（chr_drv/tty_io.c，347 行）
51 extern void hd_init(void);       // 硬盘初始化程序（blk_drv/hd.c，343 行）
52 extern void floppy_init(void);      // 软驱初始化程序（blk_drv/floppy.c，457 行）
53 extern void mem_init(long start, long end); // 内存管理初始化（mm/memory.c，399 行）
54 extern long rd_init(long mem_start, int length); // 虚拟盘初始化(blk_drv/ramd-
                                                     // isk.c,52)
55 extern long kernel_mktime(struct tm * tm);  // 计算系统开机启动时间（秒）。
56
// 内核专用 sprintf()函数。该函数用于产生格式化信息并输出到指定缓冲区 str 中。参数'*fmt'
// 指定输出将采用的格式，参见标准 C 语言书籍。该子程序正好是 vsprintf 如何使用的一个简单
// 例子。函数使用 vsprintf()将格式化字符串放入 str 缓冲区，参见第 179 行上的 printf()函数。
57 static int sprintf(char * str, const char *fmt, ...)
58 {
59         va_list args;
60         int i;
61
62         va_start(args, fmt);
63         i = vsprintf(str, fmt, args);
64         va_end(args);
65         return i;
66 }
67
68 /*
69  * This is set up by the setup-routine at boot-time
70  */
   /*
    * 以下这些数据是在内核引导期间由 setup.s 程序设置的。
    */
// 下面三行分别将指定的线性地址强行转换为给定数据类型的指针，并获取指针所指内容。由于内核代
// 码段被映射到从物理地址零开始的地方，因此这些线性地址正好也是对应的物理地址。
// 这些指定地址处内存值的含义请参见表 6-3（setup 程序读取并保存的参数）。
// drive_info 结构请参见下面第 125 行。
71 #define EXT_MEM_K (*(unsigned short *)0x90002)      // 1MB 以后的扩展内存大小（KB）。
```

```
#define CON_ROWS ((*(unsigned short *)0x9000e) & 0xff)  // 选定的控制台屏幕行、列数。
#define CON_COLS (((*(unsigned short *)0x9000e) & 0xff00) >> 8)
#define DRIVE_INFO (*(struct drive_info *)0x90080)  // 硬盘参数表 32 字节内容。
#define ORIG_ROOT_DEV (*(unsigned short *)0x901FC)  // 根文件系统所在设备号。
#define ORIG_SWAP_DEV (*(unsigned short *)0x901FA)  // 交换文件所在设备号。

/*
 * Yeah, yeah, it's ugly, but I cannot find how to do this correctly
 * and this seems to work. If anybody has more info on the real-time
 * clock I'd be interested. Most of this was trial and error, and some
 * bios-listing reading. Urghh.
 */
/*
 * 是啊，是啊，下面这段程序很差劲，但我不知道如何正确地实现，而且好像
 * 它还能运行。如果有关于实时时钟更多的资料，那我很感兴趣。这些都是试
 * 探出来的，另外还看了一些 bios 程序，呵！
 */

// 这段宏读取 CMOS 实时时钟信息。outb_p 和 inb_p 是 include/asm/io.h 中定义的端口输入输出宏。
#define CMOS_READ(addr) ({ \
outb_p(0x80|addr,0x70); \        // 0x70 是写地址端口号，0x80|addr 是要读取的 CMOS 内存地址。
inb_p(0x71); \                   // 0x71 是读数据端口号。
})

// 定义宏。将 BCD 码转换成二进制数值。BCD 码利用半个字节（4 位）表示一个 10 进制数，因此
// 一个字节表示 2 个 10 进制数。(val)&15 取 BCD 表示的 10 进制个位数，而 (val)>>4 取 BCD 表示
// 的 10 进制十位数，再乘以 10。因此最后两者相加就是一个字节 BCD 码的实际二进制数值。
#define BCD_TO_BIN(val) ((val)=((val)&15) + ((val)>>4)*10)

// 该函数取 CMOS 实时钟信息作为开机时间，并保存到全局变量 startup_time(秒)中。参见后面
// CMOS 内存列表说明。其中调用的函数 kernel_mktime()用于计算从 1970 年 1 月 1 日 0 时起到
// 开机当日经过的秒数，作为开机时间（kernel/mktime.c 41 行）。
static void time_init(void)
{
        struct tm time;                         // 时间结构 tm 定义在 include/time.h 中。

// CMOS 的访问速度很慢。为了减小时间误差，在读取了下面循环中所有数值后，若此时 CMOS 中
// 秒值发生了变化，那么就重新读取所有值。这样内核就能把与 CMOS 时间误差控制在 1 秒之内。
        do {
                time.tm_sec = CMOS_READ(0);     // 当前时间秒值（均是 BCD 码值）。
                time.tm_min = CMOS_READ(2);     // 当前分钟值。
                time.tm_hour = CMOS_READ(4);    // 当前小时值。
                time.tm_mday = CMOS_READ(7);    // 一月中的当天日期。
                time.tm_mon = CMOS_READ(8);     // 当前月份（1—12）。
                time.tm_year = CMOS_READ(9);    // 当前年份。
        } while (time.tm_sec != CMOS_READ(0));
        BCD_TO_BIN(time.tm_sec);                // 转换成二进制数值。
        BCD_TO_BIN(time.tm_min);
        BCD_TO_BIN(time.tm_hour);
        BCD_TO_BIN(time.tm_mday);
        BCD_TO_BIN(time.tm_mon);
        BCD_TO_BIN(time.tm_year);
        time.tm_mon--;                          // tm_mon 中月份范围是 0～11。
        startup_time = kernel_mktime(&time);    // 计算开机时间。kernel/mktime.c
```

```
41行。
112 }
113
    // 下面定义一些局部变量。
114 static long memory_end = 0;                          //机器具有的物理内存容量（字节数）。
115 static long buffer_memory_end = 0;                   // 高速缓冲区末端地址。
116 static long main_memory_start = 0;                   // 主内存（将用于分页）开始的位置。
117 static char term[32];                                // 终端设置字符串（环境参数）。
118
    // 读取并执行/etc/rc文件时所使用的命令行参数和环境参数。
119 static char * argv_rc[] = { "/bin/sh", NULL };     // 调用执行程序时参数的字符串数组。
120 static char * envp_rc[] = { "HOME=/", NULL ,NULL };  // 调用执行程序时的环境字符串数组。
121
    // 运行登录shell时所使用的命令行参数和环境参数。
    // 第122行中argv[0]中的字符“-”是传递给shell程序sh的一个标志。通过识别该标志，sh程
    // 序会作为登录shell执行。其执行过程与在shell提示符下执行sh不一样。
122 static char * argv[] = { "-/bin/sh",NULL };         // 同上。
123 static char * envp[] = { "HOME=/usr/root", NULL, NULL };
124
125 struct drive_info { char dummy[32]; } drive_info;    // 用于存放硬盘参数表信息。
126
    // 内核初始化主程序。初始化结束后将以任务0（idle任务即空闲任务）的身份运行。
    // 英文注释含义是“这里确实是void，没错。在startup程序(head.s)中就是这样假设的”。参见
    // head.s程序第136行开始的几行代码。
127 void main(void)             /* This really IS void, no error here. */
128 {                           /* The startup routine assumes (well, ...) this */
129 /*
130  * Interrupts are still disabled. Do necessary setups, then
131  * enable them
132  */
    /*
     * 此时中断仍被禁止着，做完必要的设置后就将其开启。
     */
    // 首先保存根文件系统设备号和交换文件设备号，并根据setup.s程序中获取的信息设置控制台终端
    // 屏幕行、列数环境变量TERM，并用其设置初始init进程中执行etc/rc文件和shell程序使用的
    // 环境变量，以及复制内存0x90080处的硬盘参数表。
    //其中ROOT_DEV已在前面包含进的include/linux/fs.h文件第206行上被声明为extern int,
    //而SWAP_DEV在include/linux/mm.h文件内也作了相同声明。这里mm.h文件并没有显式地列在
    // 本程序前部，因为前面包含进的include/linux/sched.h文件中已经含有它。
133         ROOT_DEV = ORIG_ROOT_DEV;                   // ROOT_DEV 定义在 fs/super.c，29
行。
134         SWAP_DEV = ORIG_SWAP_DEV;                   // SWAP_DEV定义在mm/swap.c，36行。
135         sprintf(term, "TERM=con%dx%d", CON_COLS, CON_ROWS);
136         envp[1] = term;
137         envp_rc[1] = term;
138         drive_info = DRIVE_INFO;                    // 复制内存0x90080处的硬盘参数表。

    // 接着根据机器物理内存容量设置高速缓冲区和主内存区的位置和范围。
    // 高速缓存末端地址→buffer_memory_end；机器内存容量→memory_end;
    // 主内存开始地址  →main_memory_start;
139         memory_end = (1<<20) + (EXT_MEM_K<<10); // 内存大小=1MB + 扩展内存(k)*1024字节。
140         memory_end &= 0xfffff000;                   // 忽略不到4KB（1页）的内存数。
141         if (memory_end > 16*1024*1024)              // 如果内存量超过16MB，则按16MB计。
142                 memory_end = 16*1024*1024;
143         if (memory_end>12*1024*1024)              //如果内存>12MB，则设置缓冲区末端=4MB
144                 buffer_memory_end = 4*1024*1024;
```

```
145         else if (memory_end > 6*1024*1024)          // 否则若内存>6MB，则设置缓冲区末
                                                        // 端=2MB
146                 buffer_memory_end = 2*1024*1024;
147         else
148                 buffer_memory_end = 1*1024*1024;    // 否则则设置缓冲区末端=1MB
149         main_memory_start = buffer_memory_end;      // 主内存起始位置 = 缓冲区末端。

    // 如果在 Makefile 文件中定义了内存虚拟盘符号 RAMDISK，则初始化虚拟盘。此时主内存将减少。
    //参见 kernel/blk_drv/ramdisk.c。
150 #ifdef RAMDISK
151         main_memory_start += rd_init(main_memory_start, RAMDISK*1024);
152 #endif
    // 以下是内核进行所有方面的初始化工作。阅读时最好跟着调用的程序深入进去看，若实在看
    // 不下去了，就先放一放，继续看下一个初始化调用 -- 这是经验之谈☺。
153         mem_init(main_memory_start,memory_end); //主内存区初始化。(mm/memory.c,
399)
154         trap_init();            //陷阱门（硬件中断向量）初始化。(kernel/traps.c, 181)
155         blk_dev_init();         // 块设备初始化。    (blk_drv/ll_rw_blk.c, 157)
156         chr_dev_init();         // 字符设备初始化。  (chr_drv/tty_io.c, 347)
157         tty_init();             // tty 初始化。      (chr_drv/tty_io.c, 406)
158         time_init();            // 设置开机启动时间。(见第 92 行)
159         sched_init();           // 调度程序初始化(加载任务0的tr,ldtr) (kernel/sched.c, 385)
160             buffer_init(buffer_memory_end); // 缓冲管理初始化，建内存链表等。
(fs/buffer.c, 348)
161         hd_init();              // 硬盘初始化。      (blk_drv/hd.c, 343)
162         floppy_init();          // 软驱初始化。      (blk_drv/floppy.c, 457)
163         sti();                  // 所有初始化工作都做完了，于是开启中断。

    // 下面过程通过在堆栈中设置的参数，利用中断返回指令启动任务 0 执行。
164         move_to_user_mode(); //移到用户模式下执行。(include/asm/system.h, 第 1 行)
165         if (!fork()) {          /* we count on this going ok */
166                 init();         // 在新建的子进程（任务 1 即 init 进程）中执行。
167         }

    // 下面代码开始以任务 0 的身份运行。
168 /*
169  *   NOTE!!   For any other task 'pause()' would mean we have to get a
170  * signal to awaken, but task0 is the sole exception (see 'schedule()')
171  * as task 0 gets activated at every idle moment (when no other tasks
172  * can run). For task0 'pause()' just means we go check if some other
173  * task can run, and if not we return here.
174  */
    /* 注意!! 对于任何其他的任务，'pause()'将意味着我们必须等待收到一个信号才会返回就绪态，但
     * 任务 0（task0）是唯一例外情况（参见'schedule()'），因为任务 0 在任何空闲时间里都会被激
     * 活（当没有其他任务在运行时），因此对于任务 0'pause()'仅意味着我们返回来查看是否有其他任
     * 务可以运行，如果没有的话我们就回到这里，一直循环执行'pause()'。
     */
    //pause()系统调用（kernel/sched.c,144）会把任务 0 转换成可中断等待状态，再执行调度函数。
    // 但是调度函数只要发现系统中没有其他任务可以运行时就会切换到任务 0，而不依赖于任务 0 的
    // 状态。
175         for(;;)
176                 __asm__("int $0x80"::"a" (__NR_pause):"ax");  //即执行系统调用 pause()。
177 }
178

    // 下面函数产生格式化信息并输出到标准输出设备 stdout(1)，这里是指屏幕上显示。参数'*fmt'
    // 指定输出将采用的格式，参见标准 C 语言书籍。该子程序正好是 vsprintf 如何使用的一个简单
```

```
// 例子。该程序使用 vsprintf()将格式化的字符串放入 printbuf 缓冲区，然后用 write()将缓冲
// 区的内容输出到标准设备（1--stdout）。vsprintf()函数的实现见 kernel/vsprintf.c。
179 static int printf(const char *fmt, ...)
180 {
181         va_list args;
182         int i;
183
184         va_start(args, fmt);
185         write(1,printbuf,i=vsprintf(printbuf, fmt, args));
186         va_end(args);
187         return i;
188 }
189

// 在 main()中已经进行了系统初始化，包括内存管理、各种硬件设备和驱动程序。init()函数
// 运行在任务 0 第 1 次创建的子进程（任务 1）中。它首先对第一个将要执行的程序（shell）
// 的环境进行初始化，然后以登录 shell 方式加载该程序并执行之。
190 void init(void)
191 {
192         int pid,i;
193

// setup() 是一个系统调用。用于读取硬盘参数包括分区表信息并加载虚拟盘（若存在的话）和
// 安装根文件系统设备。该函数用 25 行上的宏定义，对应函数是 sys_setup()，在块设备子目录
// kernel/blk_drv/hd.c，74 行。
194         setup((void *) &drive_info);

// 下面以读写访问方式打开设备“/dev/tty0”，它对应终端控制台。由于这是第一次打开文件
// 操作，因此产生的文件句柄号（文件描述符）肯定是 0。该句柄是 UNIX 类操作系统默认的控
// 制台标准输入句柄 stdin。这里再把它以读和写的方式分别打开是为了复制产生标准输出（写）
// 句柄 stdout 和标准出错输出句柄 stderr。函数前面的“(void)”前缀用于表示强制函数无需
// 返回值。
195         (void) open("/dev/tty1",O_RDWR,0);
196         (void) dup(0);              // 复制句柄，产生句柄 1 号--stdout 标准输出设备。
197         (void) dup(0);              // 复制句柄，产生句柄 2 号--stderr 标准出错输出设备。

// 下面打印缓冲区块数和总字节数，每块 1024 字节，以及主内存区空闲内存字节数。
198         printf("%d buffers = %d bytes buffer space\n\r",NR_BUFFERS,
199                 NR_BUFFERS*BLOCK_SIZE);
200         printf("Free mem: %d bytes\n\r",memory_end-main_memory_start);

// 下面 fork()用于创建一个子进程（任务 2）。对于被创建的子进程，fork()将返回 0 值，对于
// 原进程（父进程）则返回子进程的进程号 pid。所以第 202--206 行是子进程执行的内容。该子
// 进程关闭了句柄 0（stdin）、以只读方式打开/etc/rc 文件，并使用 execve()函数将进程自身
// 替换成 /bin/sh 程序（即 shell 程序），然后执行 /bin/sh 程序。所携带的参数和环境变量分
// 别由 argv_rc 和 envp_rc 数组给出。关闭句柄 0 并立刻打开 /etc/rc 文件的作用是把标准输入
// stdin 重定向到 /etc/rc 文件。这样 shell 程序/bin/sh 就可以运行 rc 文件中设置的命令。由
// 于这里 sh 的运行方式是非交互式的，因此在执行完 rc 文件中的命令后就会立刻退出，进程 2 也
// 随之结束。关于 execve()函数说明请参见 fs/exec.c 程序，207 行。
// 函数_exit()退出时的出错码 1 - 操作未许可；2 -- 文件或目录不存在。
201         if (!(pid=fork())) {
202                 close(0);
203                 if (open("/etc/rc",O_RDONLY,0))
204                         _exit(1);                  // 若打开文件失败，则退出(lib/_exit.c,10)。
205                 execve("/bin/sh",argv_rc,envp_rc);       // 替换成/bin/sh 程序并执行。
206                 _exit(2);                               // 若 execve()执行失败则退出。
207         }
```

```
// 下面还是父进程（1）执行的语句。wait()等待子进程停止或终止，返回值应是子进程的进程号
// (pid)。这三句的作用是父进程等待子进程的结束。&i 是存放返回状态信息的位置。如果 wait()
// 返回值不等于子进程号，则继续等待。
208         if (pid>0)
209                 while (pid != wait(&i))
210                         /* nothing */;          /* 空循环 */

// 如果执行到这里，说明刚创建的子进程的执行已停止或终止了。下面循环中首先再创建一个子进程，
// 如果出错，则显示"初始化程序创建子进程失败"信息并继续执行。对于所创建的子进程将关闭所有
// 以前还遗留的句柄(stdin, stdout, stderr)，新创建一个会话并设置进程组号，然后重新打开
// /dev/tty0 作为 stdin，并复制成 stdout 和 stderr。再次执行系统解释程序/bin/sh。但这
// 次执行所选用的参数和环境数组另选了一套（见上面 122--123 行）。然后父进程再次运行 wait()
// 等待。如果子进程又停止了执行，则在标准输出上显示出错信息"子进程 pid 停止了运行，返回码是
// i"，然后继续重试下去…，形成"大"死循环。
211         while (1) {
212                 if ((pid=fork())<0) {
213                         printf("Fork failed in init\r\n");
214                         continue;
215                 }
216                 if (!pid) {                                  // 新的子进程。
217                         close(0);close(1);close(2);
218                         setsid();                            // 创建一新的会话期，见后面说明。
219                         (void) open("/dev/tty1",O_RDWR,0);
220                         (void) dup(0);
221                         (void) dup(0);
222                         _exit(execve("/bin/sh",argv,envp));
223                 }
224                 while (1)
225                         if (pid == wait(&i))
226                                 break;
227                 printf("\n\rchild %d died with code %04x\n\r",pid,i);
228                 sync();                                      // 同步操作，刷新缓冲区。
229         }
230         _exit(0);       /* NOTE! _exit, not exit() */   /*注意！是_exit()，非 exit()*/
// _exit()和 exit()都用于正常终止一个函数。但_exit()直接是一个 sys_exit 系统调用，而
// exit()则通常是普通函数库中的一个函数。它会先执行一些清除操作，例如调用执行各终止处理程
// 序、关闭所有标准 IO 等，然后调用 sys_exit。
231 }
232
```

7.1.3 其他信息

1. CMOS 信息

PC 的 CMOS 内存是由电池供电的 64 或 128 字节内存块，通常是系统实时钟芯片 RTC（Real Time Chip）的一部分。有些机器还有更大的内存容量。该 64 字节的 CMOS 原先在 IBM PC-XT 机器上用于保存时钟和日期信息，存放的格式是 BCD 码。由于这些信息仅用去 14 字节，因此剩余的字节就可用来存放一些系统配置数据。

CMOS 的地址空间在基本地址空间之外，因此其中不包括可执行代码。要访问它需要通过端口 0x70、0x71 进行。0x70 是地址端口，0x71 是数据端口。为了读取指定偏移位置的字节，必须首先使用 OUT 指令向地址端口 0x70 发送指定字节的偏移位置值，然后使用 IN 指令从数据端口 0x71 读取指定的字节信息。同样，对于写操作也需要首先向地址端口 0x70 发送指定字

节的偏移值，然后把数据写到数据端口 0x71 中去。

main.c 程序第 70 行语句把欲读取的字节地址与 0x80 进行或操作是没有必要的。因为那时的 CMOS 内存容量还没有超过 128 字节，因此与 0x80 进行或操作是没有任何作用的。之所以会有这样的操作是因为当时 Linus 手头缺乏有关 CMOS 方面的资料，CMOS 中时钟和日期的偏移地址都是他逐步实验出来的，也许在他实验中将偏移地址与 0x80 进行或操作（并且还修改了其他地方）后正好取得了所有正确的结果，因此他的代码中也就有了这步不必要的操作。不过从 1.0 版本之后，该操作就被去除了(可参见 1.0 版内核程序 drivers/block/hd.c 第 42 行起的代码)。表 7-1 是 CMOS 内存信息的一张简表。

表 7-1 CMOS 64 字节信息简表

地址偏移值	内容说明	地址偏移值	内容说明
0x00	当前秒值 (实时钟)	0x11	保留
0x01	报警秒值	0x12	硬盘驱动器类型
0x02	当前分钟 (实时钟)	0x13	保留
0x03	报警分钟值	0x14	设备字节
0x04	当前小时值 (实时钟)	0x15	基本内存 (低字节)
0x05	报警小时值	0x16	基本内存 (高字节)
0x06	一周中的当前天 (实时钟)	0x17	扩展内存 (低字节)
0x07	一月中的当日日期 (实时钟)	0x18	扩展内存 (高字节)
0x08	当前月份 (实时钟)	0x19～0x2d	保留
0x09	当前年份 (实时钟)	0x2e	校验和 (低字节)
0x0a	RTC 状态寄存器 A	0x2f	校验和 (高字节)
0x0b	RTC 状态寄存器 B	0x30	1MB 以上的扩展内存 (低字节)
0x0c	RTC 状态寄存器 C	0x31	1MB 以上的扩展内存 (高字节)
0x0d	RTC 状态寄存器 D	0x32	当前所处世纪值
0x0e	POST 诊断状态字节	0x33	信息标志
0x0f	停机状态字节	0x34-0x3f	保留
0x10	磁盘驱动器类型		

2. 调用 fork()创建新进程

fork 是一个系统调用函数。该系统调用复制当前进程，并在进程表中创建一个与原进程(被称为父进程）几乎完全一样的新表项，并执行同样的代码，但该新进程（这里被称为子进程）拥有自己的数据空间和环境参数。创建新进程的主要用途在于在新进程中使用 exec()簇函数去执行其他不同的程序。

在 fork 调用返回位置处，父进程将恢复执行，而子进程则开始执行。在父进程中，调用 fork()返回的是子进程的进程标识号 PID，而在子进程中 fork()返回的将是 0 值，这样，虽然此时还是在同一个程序中执行，但已开始叉开，各自执行自己的那段代码。如果 fork()调用失败，则会返回小于 0 的值。如图 7-3 所示。

init 程序即是用 fork()调用的返回值来区分和执行不同的代码段的。上面 main.c 程序中第 201 和 216 行是子进程的判断并开始子进程代码块的执行（利用 execve()系统调用执行其他程序，这里执行的是 sh)，第 208 和 224 行是父进程执行的代码块。

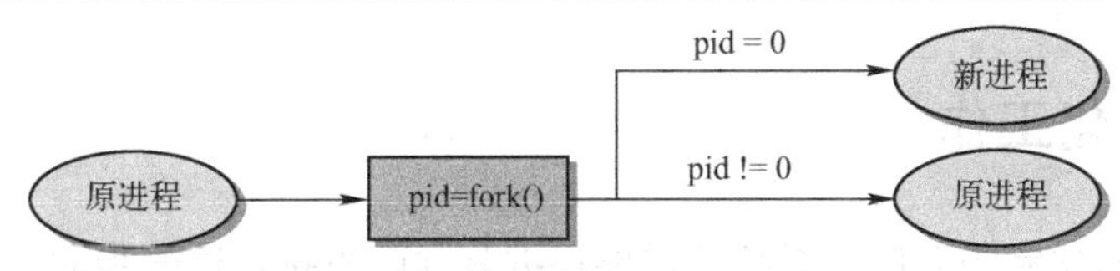

图 7-3　调用 fork()创建新进程

当程序执行完或有必要终止时就可以调用 exit()来退出程序的执行。该函数会终止进程并释放其占用的内核资源。而父进程则可以使用 wait()调用来查看或等待子进程的退出，并获取被终止进程的退出状态信息。

3. 关于会话期（session）的概念

在第 2 章我们提到，程序是一个可执行的文件，而进程（process）是一个执行中的程序实例。在内核中，每个进程都使用一个不同的大于零的正整数来标识，称为进程标识号 (Porcess ID，pid)。而一个进程可以通过 fork()调用创建一个或多个子进程，这些进程就可以构成一个进程组。例如，对于下面在 shell 命令行上键入的一个管道命令：

```
[plinux root]# cat main.c | grep for | more
```

其中的每个命令：cat、grep 和 more 就都属于一个进程组。

进程组是一个或多个进程的集合。与进程类似，每个进程组都有一个唯一的进程组标识号（Group ID，gid)。gid 也是一个正整数。每一个进程组有一个称为组长的进程，组长进程就是其进程号 pid 等于进程组号 gid 的进程。一个进程可以通过调用 setpgid()来参加一个现有的进程组或者创建一个新的进程组。进程组的概念有很多用途，但其中最常见的是我们在终端上向前台执行程序发出终止信号（通常是按 Ctrl-C 组合键)，同时终止整个进程组中的所有进程。例如，如果我们向上述管道命令发出终止信号，则三个命令将同时终止执行。

而会话期（Session，或称为会话）则是一个或多个进程组的集合。通常情况下，用户登录后所执行的所有程序都属于一个会话期，而其登录 shell 则是会话期首进程（Session leader)，并且它所使用的终端就是会话期的控制终端（Controlling Terminal)，因此会话期首进程通常也被称为控制进程（Controlling process)。当我们退出登录（logout）时，所有属于我们这个会话期的进程都将被终止。这也是会话期概念的主要用途之一。setsid()函数就是用于建立一个新的会话期。通常该函数由环境初始化程序进行调用，见下节说明。进程、进程组和会话期之间的关系如图 7-4 所示。

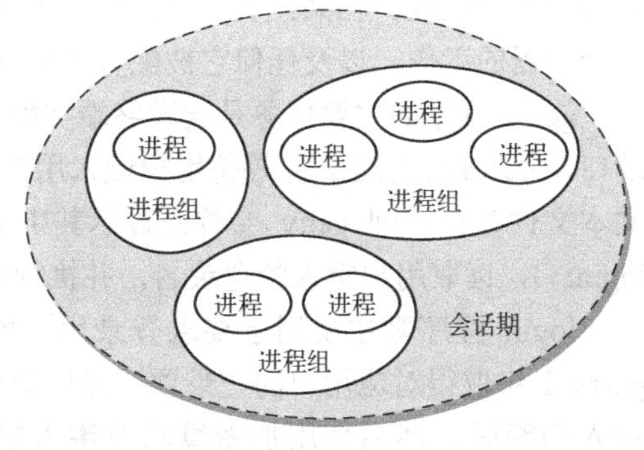

图 7-4　进程、进程组和会话期之间的关系

一个会话期中的几个进程组被分为一个前台进程组（Foreground process group）和一个或几个后台进程组（Background process group)。一个终端只能作为一个会话期的控制终端，前台进程组就是会话期中拥有控制终端的一个进程组，而会话期中的其他进程组则称为后台进程组。控制终端对应于/dev/tty 设备文件，因此若一个进程需要访问控制终端，则可以直接对/dev/tty 文件进行读写操作。

7.2　环境初始化工作

在内核系统初始化完毕之后，系统还需要根据具体配置执行进一步的环境初始化工作，才能真正具备一个常用系统所具备的一些工作环境。在前面的第 205 行和 222 行上，init()函数直接开始执行了命令解释程序（shell 程序）/bin/sh，而在实际可用的系统中却并非如此。为了能具有登录系统的功能和多人同时使用系统的能力，通常的系统是在这里或类似地方执行系统环境初始化程序 init.c，而此程序会根据系统/etc/目录中配置文件的设置信息，对系统中支持的每个终端设备创建子进程，并在子进程中运行终端初始化设置程序 agetty（统称 getty 程序），getty 程序则会在终端上显示用户登录提示信息“login:”。当用户键入了用户名后，getty 被替换成 login 程序。login 程序在验证了用户输入口令的正确性以后，最终调用 shell 程序，并进入 shell 交互工作界面。它们之间的执行关系如图 7-5 所示。

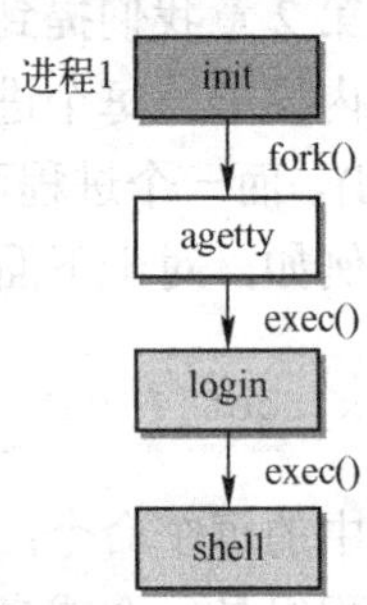

图 7-5　有关环境初始化的程序

虽然这几个程序（init, getty, login, shell）并不属于内核范畴，但对这几个程序的作用有一些基本了解会有助于认识内核为什么提供那么多功能。

init 进程的主要任务是根据/etc/rc 文件中设置的信息，执行其中设置的命令，然后根据/etc/inittab 文件中的信息，为每一个允许登录的终端设备使用 fork()创建一个子进程，并在每个新创建的子进程中运行 agetty[⊖]（getty）程序。而 init 进程则调用 wait()，进入等待子进程结束状态。每当它的一个子进程结束退出，它就会根据 wait()返回的 pid 号知道是哪个对应终端的子进程结束了，因此就会为相应终端设备再创建一个新的子进程，并在该子进程中重新执行 agetty 程序。这样，每个被允许的终端设备都始终有一个对应的进程为其等待处理。

在正常操作下，init 确定 agetty 正在工作着以允许用户登录，并且收取孤立进程。孤立进程是指那些其父辈进程已结束的进程；在 Linux 中所有的进程必须属于单棵进程树，所以孤立进程必须被收取。当系统关闭时，init 负责杀死所有其他的进程，卸载所有的文件系统以及停止处理器的工作，以及任何它被配置成要做的工作。

getty 程序的主要任务是设置终端类型、属性、速度和线路规程。它打开并初始化一个 tty 端口，显示提示信息，并等待用户键入用户名。该程序只能由超级用户执行。通常，若/etc/issue 文本文件存在，则 getty 会首先显示其中的文本信息，然后显示登录提示信息（例如：plinux login: ），读取用户键入的登录名，并执行 login 程序。

login 程序则主要用于要求登录用户输入密码。根据用户输入的用户名，它从口令文件 passwd 中取得对应用户的登录项，然后调用 getpass()以显示“password:”提示信息，读取用户键入的密码，然后使用加密算法对键入的密码进行加密处理，并与口令文件中该用户项中 pw_passwd 字段作比较。如果用户几次键入的密码均无效，则 login 程序会以出错码 1 退出执行，表示此次登录过程失败。此时父进程（进程 init）的 wait()会返回该退出进程的 pid，因此会根据记录下来的信息再次创建一个子进程，并在该子进程中针对该终端设备再次执行 agetty 程序，重复上述过程。

⊖ agetty – alternative Linux getty。

如果用户键入的密码正确，则 login 就会把当前工作目录（Current Work Directory）修改成口令文件中指定的该用户的起始工作目录。并把对该终端设备的访问权限修改成用户读/写和组写，设置进程的组 ID。然后利用所得到的信息初始化环境变量信息，例如起始目录（HOME=）、使用的 shell 程序（SHELL=）、用户名（USER=和 LOGNAME=）和系统执行程序的默认路径序列（PATH=）。接着显示/etc/motd 文件（message-of-the-day）中的文本信息，并检查并显示该用户是否有邮件的信息。最后 login 程序改变成登录用户的用户 ID 并执行口令文件中该用户项中指定的 shell 程序，如 bash 或 csh 等。

如果口令文件/etc/passwd 中该用户项中没有指定使用哪个 shell 程序，系统则会使用默认的/bin/sh 程序。如果口令文件中也没有为该用户指定用户起始目录的话，系统就会使用默认的根目录/。有关 login 程序的一些执行选项和特殊访问限制的说明，请参见 Linux 系统中的在线手册页（man 8 login）。

shell 程序是一个复杂的命令行解释程序，是当用户登录系统进行交互操作时执行的程序。它是用户与计算机进行交互操作的地方。它获取用户输入的信息，然后执行命令。用户可以在终端上向 shell 直接进行交互输入，也可以使用 shell 脚本文件向 shell 解释程序输入。

在登录过程中 login 开始执行 shell 时，所带参数 argv[0]的第一个字符是“-”，表示该 shell 是作为一个登录 shell 被执行。此时该 shell 程序会根据该字符，执行某些与登录过程相应的操作。登录 shell 会首先从/etc/profile 文件以及.profile 文件（若存在的话）读取命令并执行。如果在进入 shell 时设置了 ENV 环境变量，或者在登录 shell 的.profile 文件中设置了该变量，则 shell 下一步会从该变量命名的文件中读取命令并执行。因此用户应该把每次登录时都要执行的命令放在.profile 文件中，而把每次运行 shell 都要执行的命令放在 ENV 变量指定的文件中。设置 ENV 环境变量的方法是把下列语句放在你起始目录的.profile 文件中：

```
ENV=$HOME/.anyfilename; export ENV
```

在执行 shell 时，除了一些指定的可选项以外，如果还指定了命令行参数，则 shell 会把第一个参数看作是一个脚本文件名并执行其中的命令，而其余的参数则被看作是 shell 的位置参数（$1、$2 等）。否则 shell 程序将从其标准输入中读取命令。

在执行 shell 程序时可以有很多选项，请参见 Linux 系统中的有关 sh 的在线手册页中的说明。

7.3 本章小结

对于 0.12 版内核，通过上面代码分析可知，只要根文件系统是一个 MINIX 文件系统，并且其中只要包含文件/etc/rc、/bin/sh、/dev/* 以及一些目录/etc/、/dev/、/bin/、/home/、/home/root/，就可以构成一个最简单的根文件系统，让 Linux 运行起来。

从这里开始，对于后续章节的阅读，可以将 main.c 程序作为一条主线进行，并不需要按章节顺序阅读。若读者对内存分页管理机制不了解，则建议首先阅读第 13 章的内容。

为了能比较顺利地理解以下各章内容，作者强烈希望读者此时能再次复习 32 位保护模式运行的机制，详细阅读一下附录中所提供的有关内容，或者参考 Intel 80x86 的有关书籍，把保护模式下的运行机制彻底弄清楚，然后继续阅读。

如果您按章节顺序顺利地阅读到这里，那么您对 Linux 系统内核的初始化过程应该已经有了大致的了解。但您可能还会提出这样的问题："在生成了一系列进程之后，系统是如何分时运行这些进程或者说如何调度这些进程运行的呢？即'轮子'是怎样转起来的呢？"答案并不复杂：内核是通过执行 sched.c 程序中的调度函数 schedule()和 system_call.s 中的定时时钟中断过程_timer_interrupt 来操作的。内核设定每 10ms 发出一次时钟中断，并在该中断过程中，通过调用 do_timer()函数检查所有进程的当前执行情况来确定进程的下一步状态。

进程在执行过程中由于希望的资源暂时缺乏而临时需要等待一会儿时，它就会在系统调用中通过 sleep_on()类函数间接地调用 schedule()函数，将 CPU 的使用权自愿地移交给别的进程使用。至于系统接下来会运行哪个进程，则完全由 schedule()根据所有进程的当前状态和优先权决定。对于一直在可运行状态的进程，当时钟中断过程判断出它运行的时间片已被用完时，就会在 do_timer()中执行进程切换操作，该进程的 CPU 使用权就会被不情愿地剥夺，让给别的进程使用。

调度函数 schedule()和时钟中断过程即是下一章中的主题之一。

第 8 章　内 核 代 码

linux/kernel/目录下共包括 10 个 C 语言文件和 2 个汇编语言文件以及一个 kernel 下编译文件的管理配置文件 Makefile，见表 8-1。对其中三个子目录中代码的注释将在后续章节中进行。本章主要对这 13 个代码文件进行注释。首先我们对所有程序的基本功能进行概括性的总体介绍，以便一开始就对这 12 个文件所实现的功能和它们之间的相互调用关系有个大致的了解，然后逐一对代码进行详细注释。

表 8-1　linux/kernel/目录

文件名	大小/B	最后修改时间	文件名	大小/B	最后修改时间
blk_drv/		1992-01-16 14:39:00	panic.c	448	1991-10-17 14:22:02
chr_drv/		1992-01-16 14:37:00	printk.c	537	1992-01-10 23:13:59
math/		1992-01-16 14:37:00	sched.c	9296	1992-01-12 15:30:13
Makefile	4034	1992-01-12 19:49:12	signal.c	5265	1992-01-10 00:30:25
asm.s	2422	1991-12-18 16:40:03	sys.c	12003	1992-01-11 00:15:19
exit.c	10554	1992-01-13 21:28:02	sys_call.s	5704	1992-01-06 21:10:59
fork.c	3951	1992-01-13 21:52:19	traps.c	5090	1991-12-18 19:14:43
mktime.c	1461	1991-10-02 14:16:29	vsprintf.c	4800	1991-10-02 14:16:29

8.1　总体功能

该目录下的代码文件从功能上可以分为三类，一类是硬件（异常）中断处理程序文件，一类是系统调用服务处理程序文件，还有一类是进程调度等通用功能文件，参见图 8-1 和图 2-17。我们现在根据这个分类方式，从实现的功能上进行更详细的说明。

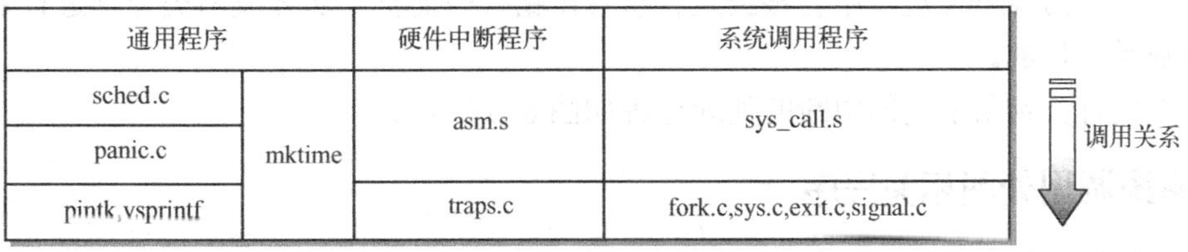

图 8-1　内核目录中各文件中函数的调用层次关系

8.1.1　中断处理程序

主要包括两个代码文件：asm.s 和 traps.c 文件。asm.s 用于实现大部分硬件异常所引起的中断的汇编语言处理过程。而 traps.c 程序则实现了 asm.s 的中断处理过程中调用的 c 函数。另外几个硬件中断处理程序在文件 sys_call.s 和 mm/page.s 中实现。有关 PC 中 8259A 可编程中断控制芯片的连接及其功能请参见图 5-18。

在用户程序(进程)将控制权交给中断处理程序之前,CPU 会首先将至少 12 字节(EFLAGS、CS 和 EIP）的信息压入中断处理程序的堆栈中，即进程的内核态栈中，见图 8-2a 所示。这种情况与一个远调用（段间子程序调用）比较相像。CPU 会将代码段选择符和返回地址的偏移值压入堆栈。另一个与段间调用比较相像的地方是 80386 将信息压入到了目的代码（中断处理程序代码）的堆栈上，而不是被中断代码的堆栈中。如果优先级别发生了变化，例如从用户级改变到内核系统级，CPU 还会将原代码的堆栈段值和堆栈指针压入中断程序的堆栈中。但在内核初始化完成后，内核代码执行时使用的是进程的内核态栈。因此这里目的代码的堆栈即是指进程的内核态堆栈，而被中断代码的堆栈当然也就是指进程的用户态堆栈了。所以当发生中断时，中断处理程序使用的是进程的内核态堆栈。另外，CPU 还总是将标志寄存器 EFLAGS 的内容压入堆栈。对于具有优先级改变时堆栈的内容示意图见图 8-2c 和 d 所示。

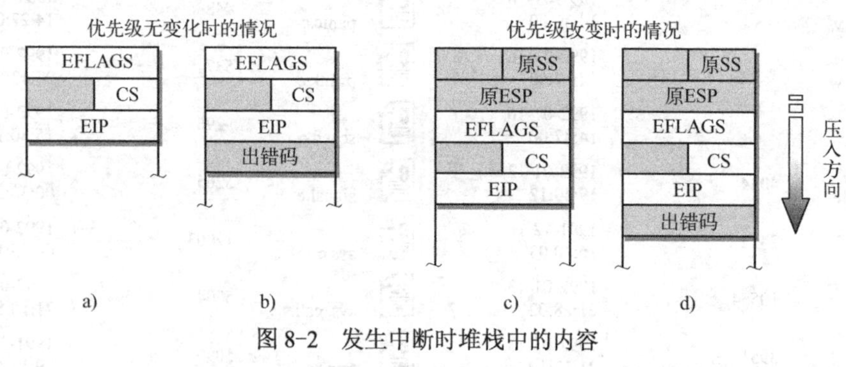

图 8-2 发生中断时堆栈中的内容

a) 不带出错码 b) 带出错码 c) 不带出错码 d) 带出错码

asm.s 代码文件主要涉及对 Intel 保留中断 int0～int16 的处理，其余保留的中断 int17～int31 由 Intel 公司留作今后扩充使用。对应于中断控制器芯片各 IRQ 发出的 int32～int47 的 16 个处理程序将分别在各种硬件（如时钟、键盘、软盘、数学协处理器、硬盘等）初始化程序中处理。Linux 系统调用中断 int128(0x80)的处理则将在 kernel/sys_call.s 中给出。

由于有些异常引起中断时,CPU 内部会产生一个出错代码压入堆栈(异常中断 int 8 和 int10 - int 14)，如图 8-2b 所示，而其他的中断却并不带有这个出错代码（例如被零除出错和边界检查出错等)，因此，asm.s 程序中会根据是否携带出错代码而把中断分成两类分别进行处理。但处理流程还是一样的。

对一个硬件异常所引起的中断的处理过程如图 8-3 所示。

8.1.2 系统调用处理相关程序

Linux 中应用程序调用内核的功能是通过中断调用 int 0x80 进行的，寄存器 eax 中放调用号，如果需要带参数，则 ebx、ecx 和 edx 用于存放调用参数。因此该中断调用被称为系统调用。实现系统调用的相关文件包括 sys_call.s、fork.c、signal.c、sys.c 和 exit.c 文件。

sys_call.s 程序的作用类似于硬件中断处理中 asm.s 程序的作用，另外还对时钟中断和硬盘、软盘中断进行处理。而 fork.c 和 signal.c 中的一个函数则类似于 traps.c 程序的作用，它们为系统中断调用提供 C 处理函数。fork.c 程序提供两个 C 处理函数：find_empty_process()和 copy_process()。signal.c 程序还提供一个处理有关进程信号的函数 do_signal()，在系统调用中断处理过程中被调用。另外还包括 4 个系统调用 sys_xxx()函数。

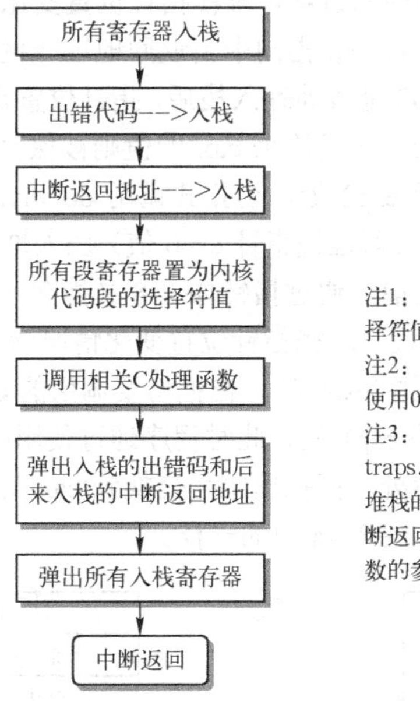

图 8-3　硬件异常（故障、陷阱）所引起的中断处理流程

sys.c 和 exit.c 程序实现了其他一些 sys_xxx()系统调用函数。这些 sys_xxx()函数都是相应系统调用所需调用的处理函数，有些是使用汇编语言实现的，如 sys_execve()；而另外一些则用 C 语言实现（例如 signal.c 中的 4 个系统调用函数）。

我们可以根据这些函数的简单命名规则这样来理解：通常以“do_”开头的中断处理过程中调用的 C 函数，要么是系统调用处理过程中通用的函数，要么是某个系统调用专用的；而以“sys_”开头的系统调用函数则是指定的系统调用的专用处理函数。例如，do_signal()函数基本上是所有系统调用都要执行的函数，而 sys_pause()、sys_execve()则是某个系统调用专用的 C 处理函数。

8.1.3　其他通用类程序

这些程序包括 schedule.c、mktime.c、panic.c、printk.c 和 vsprintf.c。

schedule.c 程序包括内核调用最频繁的 schedule()、sleep_on()和 wakeup()函数，是内核的核心调度程序，用于对进程的执行进行切换或改变进程的执行状态。另外还包括有关系统时钟中断和软盘驱动器定时的函数。mktime.c 程序中仅包含一个内核使用的时间函数 mktime()，仅在 init/main.c 中被调用一次。panic.c 中包含一个 panic()函数，用于在内核运行出现错误时显示出错信息并停机。printk.c 和 vsprintf.c 是内核显示信息的支持程序，实现了内核专用显示函数 printk()和字符串格式化输出函数 vsprintf()。

8.2　asm.s 程序

8.2.1　功能描述

asm.s 汇编程序中包括大部分 CPU 探测到的异常故障处理的底层代码，也包括数学协处理器（FPU）的异常处理。该程序与 kernel/traps.c 程序有着密切的关系。该程序的主要处理方式是在中断处理程序中调用 traps.c 中相应的 C 函数程序，显示出错位置和出错号，然后退出中断。

在阅读这段代码时参照图 8-4 中当前任务的内核堆栈变化示意图将是很有帮助的，图中每个行代表 4 个字节。对于不带出错号的中断过程，堆栈指针位置变化情况请参照图 8-4a。在开始执行相应中断服务程序之前，堆栈指针 esp 指向中断返回地址一栏(图中 esp0 处)。当把将要调用的 C 函数 do_divide_error()或其他 C 函数地址入栈后，指针位置是 esp1 处,此时程序使用交换指令把该函数的地址放入 eax 寄存器中，而原来 eax 的值则被保存到堆栈上。此后程序在把一些寄存器入栈后，堆栈指针位置处于 esp2 处。当正式调用 do_divide_error()之前，程序会将开始执行中断程序时的原 eip 保存地址（即堆栈指针 esp0 值）压入堆栈，放到 esp3 位置处，并在中断返回操作弹出栈上寄存器内容之前，通过指针加上 8 又指向（回到）esp2 处。

对于 CPU 会产生错误号的中断过程，堆栈指针位置变化情况请参照图 8-4b。在刚开始执行中断服务程序之前，堆栈指针指向图中 esp0 处。在把将要调用的 C 函数 do_double_fault()或其他 C 函数地址入栈后，栈指针位置是 esp1 处。此时程序通过使用两个交换指令分别把 eax、ebx 寄存器的值保存在 esp0、esp1 位置处，而把出错号交换到 eax 寄存器中；函数地址交换到了 ebx 寄存器中。随后的处理过程则和图 8-4a 中的一样。

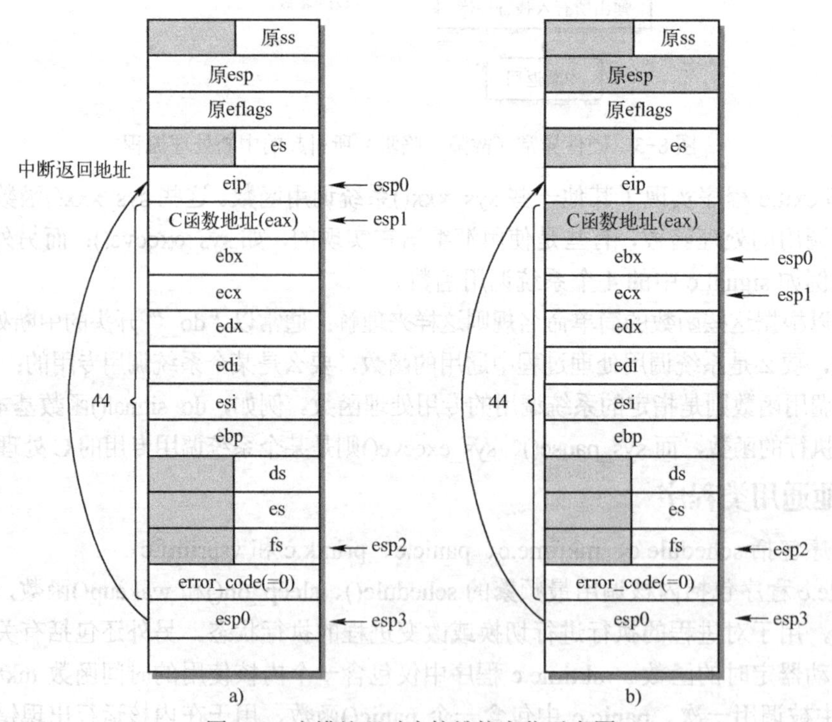

图 8-4　出错处理时内核堆栈变化示意图

a) 中断调用没有出错号的情况　b) 中断调用将出错号压入栈的情况

正式调用 do_divide_error()之前把出错代码以及 esp0 入栈的原因是为了把出错代码和 esp0 作为调用 C 函数 do_divide_error()的参数。在 traps.c 中，该函数的原形为：

```
void do_divide_error(long esp, long error_code)
```

因此在这个 C 函数中就可以打印出出错的位置和错误号。程序中其余异常出错的处理过程与这里描述的过程基本类似。

8.2.2 代码注释

程序 8-1 linux/kernel/asm.s

```
1 /*
2  *  linux/kernel/asm.s
3  *
4  *  (C) 1991  Linus Torvalds
5  */
6
7 /*
8  * asm.s contains the low-level code for most hardware faults.
9  * page_exception is handled by the mm, so that isn't here. This
10  * file also handles (hopefully) fpu-exceptions due to TS-bit, as
11  * the fpu must be properly saved/resored. This hasn't been tested.
12  */
  /*
   * asm.s 程序中包括大部分的硬件故障（或出错）处理的低层次代码。页异常由内存管理程序
   * mm 处理，所以不在这里。此程序还处理（希望是这样）由于 TS-位而造成的 fpu 异常，因为
   * fpu 必须正确地进行保存/恢复处理，这些还没有测试过。
   */
13
  # 本代码文件主要涉及对 Intel 保留中断 int0--int16 的处理（int17-int31 留作今后使用）。
  # 以下是一些全局函数名的声明，其原形在 traps.c 中说明。
14 .globl _divide_error,_debug,_nmi,_int3,_overflow,_bounds,_invalid_op
15 .globl _double_fault,_coprocessor_segment_overrun
16 .globl _invalid_TSS,_segment_not_present,_stack_segment
17 .globl _general_protection,_coprocessor_error,_irq13,_reserved
18 .globl _alignment_check
19
  # 下面这段程序处理无出错号的情况。
  # int0 -- 处理被零除出错的情况。  类型：错误；出错号：无。
  # 在执行 DIV 或 IDIV 指令时，若除数是 0，CPU 就会产生这个异常。当 EAX（或 AX、AL）容纳
  # 不了一个合法除操作的结果时，也会产生这个异常。21 行标号'_do_divide_error'实际上是
  # C 语言函数 do_divide_error()编译后所生成模块中对应的名称。函数'do_divide_error'在
  # traps.c 中实现（第 101 行开始）。
20 _divide_error:
21         pushl $_do_divide_error    # 首先把将要调用的函数地址入栈。
22 no_error_code:                     # 这里是无出错号处理的入口处，见下面第 56 行等。
23         xchgl %eax,(%esp)          # _do_divide_error 的地址 → eax，eax 被交换入栈。
24         pushl %ebx
25         pushl %ecx
26         pushl %edx
27         pushl %edi
28         pushl %esi
29         pushl %ebp
30         push %ds                   # ！！16 位的段寄存器入栈后也要占用 4 个字节。
31         push %es
32         push %fs
33         pushl $0                   # "error code"   # 将数值 0 作为出错码入栈。
34         lea 44(%esp),%edx          # 取有效地址，即栈中原调用返回地址处的栈指针位置，
35         pushl %edx                 # 并压入堆栈。
36         movl $0x10,%edx            # 初始化段寄存器 ds、es 和 fs，加载内核数据段选择符。
37         mov %dx,%ds
```

```
38          mov %dx,%es
39          mov %dx,%fs
  # 下行上的'*'号表示调用操作数指定地址处的函数，称为间接调用。这句的含义是调用引起本次异常
  # 的C处理函数，例如do_divide_error()等。第41行是将堆栈指针加8相当于执行两次pop操
  # 作，弹出（丢弃）最后入堆栈的两个C函数参数（33行和35行入栈的值），让堆栈指针重新指向寄
  # 存器fs入栈处。
40          call *%eax
41          addl $8,%esp
42          pop %fs
43          pop %es
44          pop %ds
45          popl %ebp
46          popl %esi
47          popl %edi
48          popl %edx
49          popl %ecx
50          popl %ebx
51          popl %eax                    # 弹出原来eax中的内容。
52          iret
53
  # int1 -- debug调试中断入口点。处理过程同上。类型：错误/陷阱（Fault/Trap）；无错误号。
  # 当eflags中TF标志置位时而引发的中断。当发现硬件断点（数据：陷阱，代码：错误），或者
  # 开启了指令跟踪陷阱或任务交换陷阱，或者调试寄存器访问无效（错误），CPU就会产生该异常。
54  _debug:
55          pushl $_do_int3              # _do_debug  # C函数指针入栈。以下同。
56          jmp no_error_code
57
  # int2 -- 非屏蔽中断调用入口点。  类型：陷阱；无错误号。
  # 这是仅有的被赋予固定中断向量的硬件中断。每当接收到一个NMI信号，CPU内部就会产生中断
  # 向量2，并执行标准中断应答周期，因此很节省时间。NMI通常保留为极为重要的硬件事件使用。
  # 当CPU收到一个 NMI 信号并且开始执行其中断处理过程时，随后所有的硬件中断都将被忽略。
58  _nmi:
59          pushl $_do_nmi
60          jmp no_error_code
61
  # int3 -- 断点指令引起中断的入口点。  类型：陷阱；无错误号。
  # 由int 3 指令引发的中断，与硬件中断无关。该指令通常由调式器插入被调式程序的代码中。
  # 处理过程同_debug。
62  _int3:
63          pushl $_do_int3
64          jmp no_error_code
65
  # int4 -- 溢出出错处理中断入口点。  类型：陷阱；无错误号。
  # EFLAGS中OF标志置位时CPU执行INTO指令就会引发该中断。通常用于编译器跟踪算术计算溢出。
66  _overflow:
67          pushl $_do_overflow
68          jmp no_error_code
69
  # int5 -- 边界检查出错中断入口点。  类型：错误；无错误号。
  # 当操作数在有效范围以外时引发的中断。当BOUND指令测试失败就会产生该中断。BOUND指令有
  # 3个操作数，如果第1个不在另外两个之间，就产生异常5。
70  _bounds:
71          pushl $_do_bounds
72          jmp no_error_code
73
  # int6 -- 无效操作指令出错中断入口点。  类型：错误；无错误号。
```

```
    # CPU 执行机构检测到一个无效的操作码而引起的中断。
74 _invalid_op:
75         pushl $_do_invalid_op
76         jmp no_error_code
77
    # int9 -- 协处理器段超出出错中断入口点。  类型：放弃；无错误号。
    # 该异常基本上等同于协处理器出错保护。因为在浮点指令操作数太大时，我们就有这个机会来加载或保
    # 存超出数据段的浮点值。
78 _coprocessor_segment_overrun:
79         pushl $_do_coprocessor_segment_overrun
80         jmp no_error_code
81
    # int15 - 其他 Intel 保留中断的入口点。
82 _reserved:
83         pushl $_do_reserved
84         jmp no_error_code
85
    # int45 -- (0x20 + 13) Linux 设置的数学协处理器硬件中断。
    # 当协处理器执行完一个操作时就会发出 IRQ13 中断信号，以通知 CPU 操作完成。80387 在执行计算
    # 时，CPU 会等待其操作完成。下面 89 行上 0xF0 是协处理端口，用于清忙锁存器。通过写该端口，
    # 本中断将消除 CPU 的 BUSY 延续信号，并重新激活 80387 的处理器扩展请求引脚 PEREQ。
    # 该操作主要是为了确保在继续执行 80387 的任何指令之前，CPU 响应本中断。
86 _irq13:
87         pushl %eax
88         xorb %al,%al
89         outb %al,$0xF0
90         movb $0x20,%al
91         outb %al,$0x20              # 向 8259 主中断控制芯片发送 EOI（中断结束）信号。
92         jmp 1f                      # 这两个跳转指令起延时作用。
93 1:      jmp 1f
94 1:      outb %al,$0xA0              # 再向 8259 从中断控制芯片发送 EOI（中断结束）信号。
95         popl %eax
96         jmp _coprocessor_error      # 该函数原在本程序中，现已放到 system_call.s 中。
97
    # 以下中断在调用时 CPU 会在中断返回地址之后将出错号压入堆栈，因此返回时也需要将出错号
    # 弹出（参见图 8-4b）。

    # int8 -- 双出错故障。  类型：放弃；有错误码。
    # 通常当 CPU 在调用前一个异常的处理程序而又检测到一个新的异常时，这两个异常会被串行地进行
    # 处理，但也会碰到很少的情况，CPU 不能进行这样的串行处理操作，此时就会引发该中断。
98 _double_fault:
99         pushl $_do_double_fault     # C 函数地址入栈。
100 error_code:
101        xchgl %eax,4(%esp)          # error code <-> %eax，eax 原来的值被保存在堆栈上。
102        xchgl %ebx,(%esp)           # &function <-> %ebx，ebx 原来的值被保存在堆栈上。
103        pushl %ecx
104        pushl %edx
105        pushl %edi
106        pushl %esi
107        pushl %ebp
108        push %ds
109        push %es
110        push %fs
111        pushl %eax                  # error code    # 出错号入栈。
112        lea 44(%esp),%eax           # offset        # 程序返回地址处堆栈指针位置值入栈。
113        pushl %eax
```

```
        movl $0x10,%eax                 # 置内核数据段选择符。
        mov %ax,%ds
        mov %ax,%es
        mov %ax,%fs
        call *%ebx                      # 间接调用，调用相应的 C 函数，其参数已入栈。
        addl $8,%esp                    # 丢弃入栈的 2 个用作 C 函数的参数。
        pop %fs
        pop %es
        pop %ds
        popl %ebp
        popl %esi
        popl %edi
        popl %edx
        popl %ecx
        popl %ebx
        popl %eax
        iret

# int10 -- 无效的任务状态段(TSS)。  类型：错误；有出错码。
# CPU 企图切换到一个进程，而该进程的 TSS 无效。根据 TSS 中哪一部分引起了异常，当由于 TSS
# 长度超过 104 字节时，这个异常在当前任务中产生，因而切换被终止。其他问题则会导致在切换
# 后的新任务中产生本异常。
_invalid_TSS:
        pushl $_do_invalid_TSS
        jmp error_code

# int11 -- 段不存在。  类型：错误；有出错码。
# 被引用的段不在内存中。段描述符中标志着段不在内存中。
_segment_not_present:
        pushl $_do_segment_not_present
        jmp error_code

# int12 -- 堆栈段错误。  类型：错误；有出错码。
# 指令操作试图超出堆栈段范围，或者堆栈段不在内存中。这是异常 11 和 13 的特例。有些操作
# 系统可以利用这个异常来确定什么时候应该为程序分配更多的栈空间。
_stack_segment:
        pushl $_do_stack_segment
        jmp error_code

# int13 -- 一般保护性出错。 类型：错误；有出错码。
# 表明是不属于任何其他类的错误。若一个异常产生时没有对应的处理向量（0--16），通常就
# 会归到此类。
_general_protection:
        pushl $_do_general_protection
        jmp error_code

# int17 -- 边界对齐检查出错。
# 在启用了内存边界检查时，若特权级 3（用户级）数据非边界对齐时会产生该异常。
_alignment_check:
        pushl $_do_alignment_check
        jmp error_code

# int7 -- 设备不存在（_device_not_available）在 kernel/sys_call.s，158 行。
# int14 -- 页错误（_page_fault）在 mm/page.s，14 行。
# int16 -- 协处理器错误（_coprocessor_error）在 kernel/sys_call.s，140 行。
# 时钟中断 int 0x20（_timer_interrupt）在 kernel/sys_call.s，189 行。
```

```
# 系统调用 int 0x80（_system_call）在 kernel/sys_call.s，84 行。
```

8.2.3　Intel 保留中断向量的定义

表 8-2 给出了 Intel 保留中断向量具体含义的说明。

表 8-2　Intel 保留的中断号含义

中断号	名称	类型	信号	说明
0	Devide error	故障	SIGFPE	当进行除以零的操作时产生
1	Debug	陷阱 故障	SIGTRAP	当进行程序单步跟踪调试时，设置了标志寄存器 eflags 的 T 标志时产生这个中断
2	nmi	硬件		由不可屏蔽中断 NMI 产生
3	Breakpoint	陷阱	SIGTRAP	由断点指令 int3 产生，与 debug 处理相同
4	Overflow	陷阱	SIGSEGV	eflags 的溢出标志 OF 引起
5	Bounds check	故障	SIGSEGV	寻址到有效地址以外时引起
6	Invalid Opcode	故障	SIGILL	CPU 执行时发现一个无效的指令操作码
7	Device not available	故障	SIGSEGV	设备不存在，指协处理器。在两种情况下会产生该中断：(a)CPU 遇到一个转移指令并且 EM 置位时。在这种情况下处理程序应该模拟导致异常的指令。(b)MP 和 TS 都在置位状态时，CPU 遇到 WAIT 或一个转意指令。在这种情况下，处理程序在必要时应该更新协处理器的状态
8	Double fault	异常中止	SIGSEGV	双故障出错
9	Coprocessor segment overrun	异常中止	SIGFPE	协处理器段超出
10	Invalid TSS	故障	SIGSEGV	CPU 切换时发觉 TSS 无效
11	Segment not present	故障	SIGBUS	描述符所指的段不存在
12	Stack segment	故障	SIGBUS	堆栈段不存在或寻址越出堆栈段
13	General protection	故障	SIGSEGV	没有符合 80386 保护机制（特权级）的操作引起
14	Page fault	故障	SIGSEGV	页不在内存
15	Reserved			
16	Coprocessor error	故障	SIGFPE	协处理器发出的出错信号引起

8.3　traps.c 程序

8.3.1　功能描述

traps.c 程序主要包括一些在处理异常故障（硬件中断）底层代码 asm.s 文件中调用的相应 C 函数。用于显示出错位置和出错号等调试信息。其中的 die()通用函数用于在中断处理中显示详细的出错信息，而代码最后的初始化函数 trap_init()是在前面 init/main.c 中被调用，用于初始化硬件异常处理中断向量（陷阱门），并设置允许中断请求信号的到来。在阅读本程序时需要参考 asm.s 程序。

从本程序开始，我们会遇到很多 C 语言程序中嵌入的汇编语句。

8.3.2　代码注释

程序 8-2　linux/kernel/traps.c

```
/*
 *  linux/kernel/traps.c
```

```
3  *
4  *  (C) 1991  Linus Torvalds
5  */
6
7 /*
8  * 'Traps.c' handles hardware traps and faults after we have saved some
9  * state in 'asm.s'. Currently mostly a debugging-aid, will be extended
10  * to mainly kill the offending process (probably by giving it a signal,
11  * but possibly by killing it outright if necessary).
12  */
  /*
   * 在程序 asm.s 中保存了一些状态后，本程序用来处理硬件陷阱和故障。目前主要用于调试目的，
   * 以后将扩展用来杀死遭损坏的进程（主要是通过发送一个信号，但如果必要也会直接杀死）。
   */
13 #include <string.h>          // 字符串头文件。主要定义了一些有关内存或字符串操作的嵌入函数。
14
15 #include <linux/head.h>      // head 头文件，定义了段描述符的简单结构，和几个选择符常量。
16 #include <linux/sched.h>     // 调度程序头文件，定义了任务结构 task_struct、初始任务 0 的数据，
                              // 还有一些有关描述符参数设置和获取的嵌入式汇编函数宏语句。
17 #include <linux/kernel.h>    // 内核头文件。含有一些内核常用函数的原形定义。
18 #include <asm/system.h>      // 系统头文件。定义了设置或修改描述符/中断门等的嵌入式汇编宏。
19 #include <asm/segment.h>     // 段操作头文件。定义了有关段寄存器操作的嵌入式汇编函数。
20 #include <asm/io.h>          // 输入/输出头文件。定义硬件端口输入/输出宏汇编语句。
21
  // 以下语句定义了三个嵌入式汇编宏语句函数。有关嵌入式汇编的基本语法见本程序列表后的说明。
  // 用圆括号括住的组合语句（花括号中的语句）可以作为表达式使用，其中最后的__res 是其输出值。
  // 第 23 行定义了一个寄存器变量__res。该变量将被保存在一个寄存器中，以便于快速访问和操作。
  // 如果想指定寄存器（例如 eax），那么我们可以把该句写成“register char __res asm("ax");”。
  // 取段 seg 中地址 addr 处的一个字节。
  // 参数：seg - 段选择符；addr - 段内指定地址。
  // 输出：%0 - eax (__res)；输入：%1 - eax (seg)；%2 - 内存地址 (*(addr))。
22 #define get_seg_byte(seg,addr) ({ \
23 register char __res; \
24 __asm__("push %%fs;mov %%ax,%%fs;movb %%fs:%2,%%al;pop %%fs" \
25     :"=a" (__res):"0" (seg),"m" (*(addr))); \
26 __res;})
27
  // 取段 seg 中地址 addr 处的一个长字（4 字节）。
  // 参数：seg - 段选择符；addr - 段内指定地址。
  // 输出：%0 - eax (__res)；输入：%1 - eax (seg)；%2 - 内存地址 (*(addr))。
28 #define get_seg_long(seg,addr) ({ \
29 register unsigned long __res; \
30 __asm__("push %%fs;mov %%ax,%%fs;movl %%fs:%2,%%eax;pop %%fs" \
31     :"=a" (__res):"0" (seg),"m" (*(addr))); \
32 __res;})
33
  // 取 fs 段寄存器的值（选择符）。
  // 输出：%0 - eax (__res)。
34 #define _fs() ({ \
35 register unsigned short __res; \
36 __asm__("mov %%fs,%%ax":"=a" (__res):); \
37 __res;})
38
  // 以下定义了一些函数原型。
39 void page_exception(void);        // 页异常。实际是 page_fault (mm/page.s, 14)。
40
```

```
void divide_error(void);                        // int0 (kernel/asm.s, 20)。
void debug(void);                               // int1 (kernel/asm.s, 54)。
void nmi(void);                                 // int2 (kernel/asm.s, 58)。
void int3(void);                                // int3 (kernel/asm.s, 62)。
void overflow(void);                            // int4 (kernel/asm.s, 66)。
void bounds(void);                              // int5 (kernel/asm.s, 70)。
void invalid_op(void);                          // int6 (kernel/asm.s, 74)。
void device_not_available(void);                // int7 (kernel/sys_call.s, 158)。
void double_fault(void);                        // int8 (kernel/asm.s, 98)。
void coprocessor_segment_overrun(void);         // int9 (kernel/asm.s, 78)。
void invalid_TSS(void);                         // int10 (kernel/asm.s, 132)。
void segment_not_present(void);                 // int11 (kernel/asm.s, 136)。
void stack_segment(void);                       // int12 (kernel/asm.s, 140)。
void general_protection(void);                  // int13 (kernel/asm.s, 144)。
void page_fault(void);                          // int14 (mm/page.s, 14)。
void coprocessor_error(void);                   // int16 (kernel/sys_call.s, 140)。
void reserved(void);                            // int15 (kernel/asm.s, 82)。
void parallel_interrupt(void);                  // int39 (kernel/sys_call.s, 295)。
void irq13(void);                               // int45 协处理器中断处理(kernel/asm.s, 86)。
void alignment_check(void);                     // int46 (kernel/asm.s, 148)。

// 该子程序用来打印出错中断的名称、出错号、调用程序的 EIP、EFLAGS、ESP、fs 段寄存器值、段的
// 基址、段的长度、进程号 pid、任务号、10 字节指令码。如果堆栈在用户数据段，则还打印 16 字节
// 的堆栈内容。这些信息可用于程序调试。
static void die(char * str,long esp_ptr,long nr)
{
        long * esp = (long *) esp_ptr;
        int i;

        printk("%s: %04x\n\r",str,nr&0xffff);
// 下行打印语句显示当前调用进程的 CS:EIP、EFLAGS 和 SS:ESP 的值。参照图 8-4 可知，这里 esp[0]
// 即为图中的 esp0 位置。因此我们把这句拆分开来看为：
// (1) EIP:\t%04x:%p\n  -- esp[1]是段选择符（cs），esp[0]是 eip
// (2) EFLAGS:\t%p      -- esp[2]是 eflags
// (3) ESP:\t%04x:%p\n  -- esp[4]是原 ss，esp[3]是原 esp
        printk("EIP:\t%04x:%p\nEFLAGS:\t%p\nESP:\t%04x:%p\n",
                esp[1],esp[0],esp[2],esp[4],esp[3]);
        printk("fs: %04x\n",_fs());
        printk("base: %p, limit: %p\n",get_base(current->ldt[1]),get_limit(0x17));
        if (esp[4] == 0x17) {               // 若原 ss 值为 0x17（用户栈），则还打印出
                printk("Stack: ");          // 用户栈中的 4 个长字值（16 字节）。
                for (i=0;i<4;i++)
                        printk("%p ",get_seg_long(0x17,i+(long *)esp[3]));
                printk("\n");
        }
        str(i);                  // 取当前运行任务的任务号（include/linux/sched.h，210 行）。
        printk("Pid: %d, process nr: %d\n\r",current->pid,0xffff & i);
                                 // 进程号，任务号。
        for(i=0;i<10;i++)
                printk("%02x ",0xff & get_seg_byte(esp[1],(i+(char *)esp[0])));
        printk("\n\r");
        do_exit(11);             /* play segment exception */
}

// 以下这些以 do_开头的函数是 asm.s 中对应中断处理程序调用的 C 函数。
void do_double_fault(long esp, long error_code)
```

```c
{
        die("double fault",esp,error_code);
}

void do_general_protection(long esp, long error_code)
{
        die("general protection",esp,error_code);
}

void do_alignment_check(long esp, long error_code)
{
    die("alignment check",esp,error_code);
}

void do_divide_error(long esp, long error_code)
{
        die("divide error",esp,error_code);
}

// 参数是进入中断后被顺序压入堆栈的寄存器值。参见 asm.s 程序第 24--35 行。
void do_int3(long * esp, long error_code,
                long fs,long es,long ds,
                long ebp,long esi,long edi,
                long edx,long ecx,long ebx,long eax)
{
        int tr;

        __asm__("str %%ax":"=a" (tr):"" (0));                   // 取任务寄存器值→tr。
        printk("eax\t\tebx\t\tecx\t\tedx\n\r%8x\t%8x\t%8x\t%8x\n\r",
                eax,ebx,ecx,edx);
        printk("esi\t\tedi\t\tebp\t\tesp\n\r%8x\t%8x\t%8x\t%8x\n\r",
                esi,edi,ebp,(long) esp);
        printk("\n\rds\tes\tfs\ttr\n\r%4x\t%4x\t%4x\t%4x\n\r",
                ds,es,fs,tr);
        printk("EIP: %8x   CS: %4x  EFLAGS: %8x\n\r",esp[0],esp[1],esp[2]);
}

void do_nmi(long esp, long error_code)
{
        die("nmi",esp,error_code);
}

void do_debug(long esp, long error_code)
{
        die("debug",esp,error_code);
}

void do_overflow(long esp, long error_code)
{
        die("overflow",esp,error_code);
}

void do_bounds(long esp, long error_code)
{
        die("bounds",esp,error_code);
}
```

```

void do_invalid_op(long esp, long error_code)
{
        die("invalid operand",esp,error_code);
}

void do_device_not_available(long esp, long error_code)
{
        die("device not available",esp,error_code);
}

void do_coprocessor_segment_overrun(long esp, long error_code)
{
        die("coprocessor segment overrun",esp,error_code);
}

void do_invalid_TSS(long esp,long error_code)
{
        die("invalid TSS",esp,error_code);
}

void do_segment_not_present(long esp,long error_code)
{
        die("segment not present",esp,error_code);
}

void do_stack_segment(long esp,long error_code)
{
        die("stack segment",esp,error_code);
}

void do_coprocessor_error(long esp, long error_code)
{
        if (last_task_used_math != current)
                return;
        die("coprocessor error",esp,error_code);
}

void do_reserved(long esp, long error_code)
{
        die("reserved (15,17-47) error",esp,error_code);
}

// 下面是异常（陷阱）中断程序初始化子程序。设置它们的中断调用门（中断向量）。
// set_trap_gate()与 set_system_gate()都使用了中断描述符表 IDT 中的陷阱门(Trap Gate)，
// 它们之间的主要区别在于前者设置的特权级为 0，后者是 3。因此断点陷阱中断 int3、溢出中断
// overflow 和边界出错中断 bounds 可以由任何程序调用。 这两个函数均是嵌入式汇编宏程序，
// 参见 include/asm/system.h，第 36 行、39 行。
void trap_init(void)
{
        int i;

        set_trap_gate(0,&divide_error);      // 设置除操作出错的中断向量值。以下相同。
        set_trap_gate(1,&debug);
        set_trap_gate(2,&nmi);
        set_system_gate(3,&int3);            /* int3-5 can be called from all */
```

```
        set_system_gate(4,&overflow);          /* int3-5 可以被所有程序执行 */
        set_system_gate(5,&bounds);
        set_trap_gate(6,&invalid_op);
        set_trap_gate(7,&device_not_available);
        set_trap_gate(8,&double_fault);
        set_trap_gate(9,&coprocessor_segment_overrun);
        set_trap_gate(10,&invalid_TSS);
        set_trap_gate(11,&segment_not_present);
        set_trap_gate(12,&stack_segment);
        set_trap_gate(13,&general_protection);
        set_trap_gate(14,&page_fault);
        set_trap_gate(15,&reserved);
        set_trap_gate(16,&coprocessor_error);
        set_trap_gate(17,&alignment_check);
// 下面把 int17-47 的陷阱门先均设置为 reserved，以后各硬件初始化时会重新设置自己的陷阱门。
        for (i=18;i<48;i++)
                set_trap_gate(i,&reserved);
// 设置协处理器中断 0x2d（45）陷阱门描述符，并允许其产生中断请求。设置并行口中断描述符。
        set_trap_gate(45,&irq13);
        outb_p(inb_p(0x21)&0xfb,0x21);                  // 允许 8259A 主芯片的 IRQ2 中断请求。
        outb(inb_p(0xA1)&0xdf,0xA1);                    // 允许 8259A 从芯片的 IRQ13 中断请求。
        set_trap_gate(39,&parallel_interrupt);          // 设置并行口 1 的中断 0x27 陷阱门描述符。
}
```

8.4 sys_call.s 程序

8.4.1 功能描述

在 Linux 0.12 中，用户使用中断调用 int 0x80 和放在寄存器 eax 中的功能号来使用内核提供的各种功能服务，这些操作系统提供的功能被称为系统调用功能。通常用户并不是直接使用系统调用中断，而是通过函数库（例如 libc）中提供的接口函数来调用的。例如创建进程的系统调用 fork 可直接使用函数 fork()即可。函数库 libc 中的 fork()函数会实现对中断 int 0x80 的调用过程并把调用结果返回给用户程序。

对于所有系统调用的实现函数，内核把它们按照系统调用功能号顺序排列成一张函数指针（地址）表（在 include/linux/sys.h 文件中）。然后在中断 int 0x80 的处理过程中根据用户提供的功能号调用对应系统调用函数进行处理。

本程序主要实现系统调用(system_call)中断 int 0x80 的入口处理过程以及信号检测处理（从代码第 80 行开始），同时给出了两个系统功能的底层接口，分别是 sys_execve 和 sys_fork。还列出了处理过程类似的协处理器出错(int16)、设备不存在(int7)、时钟中断(int32)、硬盘中断(int46)、软盘中断(int38)的中断处理程序。

对于软中断(system_call、coprocessor_error、device_not_available)，其处理过程基本上是首先为调用相应 C 函数处理程序作准备，将一些参数压入堆栈。系统调用最多可以带 3 个参数，分别通过寄存器 ebx、ecx 和 edx 传入。然后调用 C 函数进行相应功能的处理，处理返回后再去检测当前任务的信号位图，对值最小的一个信号进行处理并复位信号位图中的该信号。系统调用的 C 语言处理函数分布在整个 linux 内核代码中，由 include/linux/sys.h 头文件中的系统函数指针数组表来匹配。

对于硬件中断请求信号 IRQ 发来的中断，其处理过程首先是向中断控制芯片 8259A 发送结束硬件中断控制字指令 EOI，然后调用相应的 C 函数处理程序。对于时钟中断也要对当前任务的信号位图进行检测处理。

对于系统调用(int 0x80)的中断处理过程，可以把它看作是一个“接口”程序。实际上每个系统调用功能的处理过程基本上都是通过调用相应的 C 函数进行的。即所谓的“Bottom half”函数。

这个程序在刚执行时会首先检查 eax 中的功能号是否有效（在给定的范围内），然后保存一些会用到的寄存器到堆栈上。Linux 内核默认把段寄存器 ds,es 用于内核数据段，而 fs 用于用户数据段。接着通过一个地址跳转表（sys_call_table）调用相应系统调用的 C 函数。在 C 函数返回后，程序就把返回值压入堆栈保存起来。

接下来，该程序查看执行本次调用进程的状态。如果由于上面 C 函数的操作或其他情况而使进程的状态从执行态变成了其他状态，或者由于时间片已经用完（counter==0），则调用进程调度函数 schedule()（jmp _schedule）。由于在执行 jmp _schedule 之前已经把返回地址 ret_from_sys_call 入栈，因此在执行完 schedule()后最终会返回到 ret_from_sys_call 处继续执行。

从 ret_from_sys_call 标号处开始的代码执行一些系统调用的后处理工作。主要判断当前进程是不是初始进程 0，如果是就直接退出此次系统调用，中断返回。否则再根据代码段描述符和所使用的堆栈来判断本次统调用的进程是不是一个普通进程，若不是则说明是内核进程（例如初始进程 1）或其他。则也立刻弹出堆栈内容退出系统调用中断。末端的一块代码用来处理调用系统调用进程的信号。若进程结构的信号位图表明该进程接收到信号，则调用信号处理函数 do_signal()。

最后，该程序恢复保存的寄存器内容，退出此次中断处理过程并返回调用程序。若有信号时则程序会首先“返回”到相应信号处理函数中去执行，然后返回调用 system_call 的程序。

系统调用处理过程的整个流程如图 8-5 所示。

关于系统调用 int 0x80 中的参数传递问题，Linux 内核使用了几个通用寄存器作为参数传递的渠道。在 Linux 0.12 系统中，程序使用寄存器 ebx、ecx 和 edx 传递参数，可以直接向系统调用服务过程传递 3 个参数（不包括放在 eax 寄存器中的系统调用号）。若使用指向用户空间数据块的指针，则用户程序可以向系统调用过程传递更多的数据信息。

如上所述，在系统调用运行过程中，段寄存器 ds 和 es 指向内核数据空间，而 fs 被设置为指向用户数据空间。因此在实际数据块信息传递过程中 Linux 内核就可以利用 fs 寄存器来执行内核数据空间与用户数据空间之间的数据复制工作，并且在复制过程中内核程序不需要对数据边界范围作任何检查操作。边界检查工作会由 CPU 自动完成。内核程序中的实际数据传递工作可以使用 get_fs_byte()和 put_fs_byte()等函数来进行，参见 include/asm/segment.h 文件中这些函数的实现代码。

这种使用寄存器传递参数的方法具有一个明显的优点，那就是当进入系统中断服务程序而保存寄存器值时，这些传递参数的寄存器也被自动地放在了内核态堆栈上。而当进程从中断调用中退出时就被弹出内核态堆栈，因此内核不用对它们进行特殊处理。这种方法是 Linus 当时所知的最简单最快速的参数传递方法。

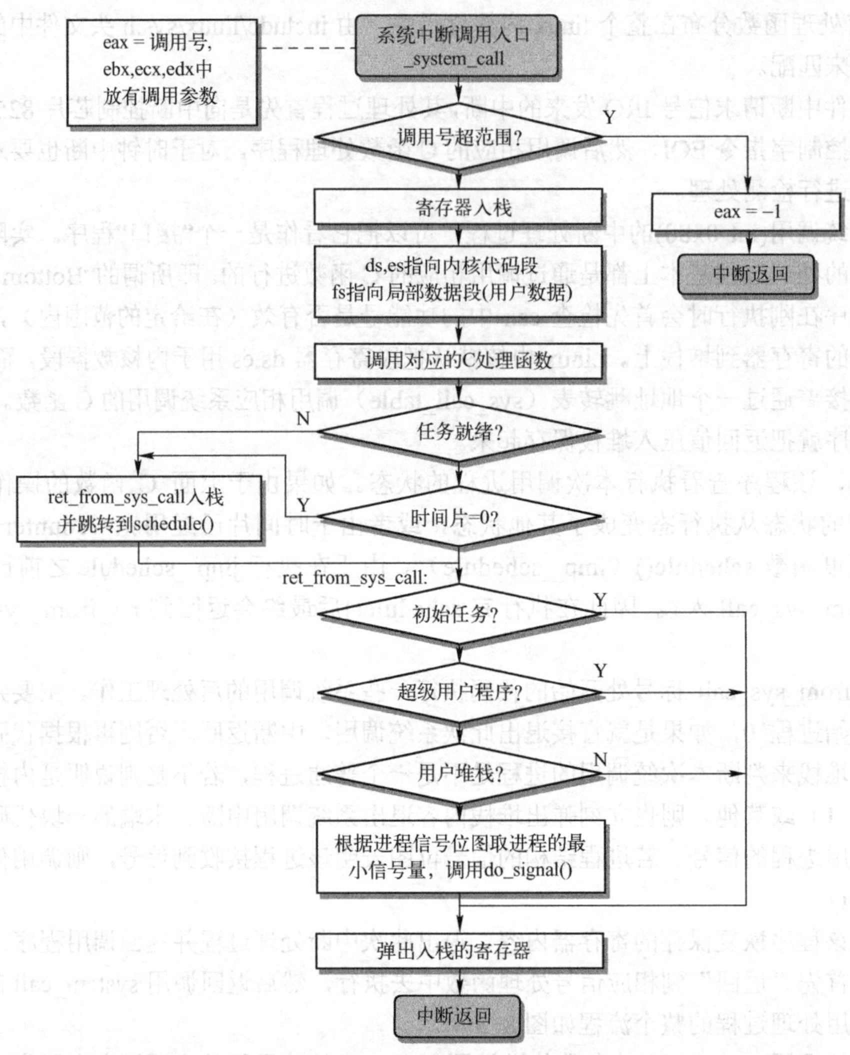

图 8-5　系统中断调用处理流程

8.4.2 代码注释

程序 8-3 linux/kernel/sys_call.s

```
/*
 *  linux/kernel/system_call.s
 *
 *  (C) 1991  Linus Torvalds
 */

/*
 * system_call.s  contains the system-call low-level handling routines.
 * This also contains the timer-interrupt handler, as some of the code is
 * the same. The hd- and floppy-interrupts are also here.
 *
 * NOTE: This code handles signal-recognition, which happens every time
 * after a timer-interrupt and after each system call. Ordinary interrupts
```

```
14  * don't handle signal-recognition, as that would clutter them up totally
15  * unnecessarily.
16  *
17  * Stack layout in 'ret_from_system_call':
18  *
19  *       0(%esp) - %eax
20  *       4(%esp) - %ebx
21  *       8(%esp) - %ecx
22  *       C(%esp) - %edx
23  *      10(%esp) - original %eax      (-1 if not system call)
24  *      14(%esp) - %fs
25  *      18(%esp) - %es
26  *      1C(%esp) - %ds
27  *      20(%esp) - %eip
28  *      24(%esp) - %cs
29  *      28(%esp) - %eflags
30  *      2C(%esp) - %oldesp
31  *      30(%esp) - %oldss
32  */
   /*
    * system_call.s 文件包含系统调用（system-call）底层处理子程序。由于有些代码比较类似，
    * 所以同时也包括时钟中断处理（timer-interrupt）句柄。硬盘和软盘的中断处理程序也在这里。
    *
    * 注意：这段代码处理信号（signal）识别，在每次时钟中断和系统调用之后都会进行识别。一般
    * 中断过程并不处理信号识别，因为会给系统造成混乱。
    *
    * 从系统调用返回（'ret_from_system_call'）时堆栈的内容见上面 19-30 行。
    */
   # 上面 Linus 原注释中一般中断过程是指除了系统调用中断（int 0x80）和时钟中断（int 0x20）
   # 以外的其他中断。这些中断会在内核态或用户态随机发生，若在这些中断过程中也处理信号识别的
   # 话，就有可能与系统调用中断和时钟中断过程中对信号的识别处理过程相冲突，，违反了内核代码非抢
   # 占原则。因此系统既无必要在这些“其他”中断中处理信号，也不允许这样做。
33
34 SIG_CHLD       = 17              # 定义 SIG_CHLD 信号（子进程停止或结束）。
35
36 EAX           = 0x00             # 堆栈中各个寄存器的偏移位置。
37 EBX           = 0x04
38 ECX           = 0x08
39 EDX           = 0x0C
40 ORIG_EAX       = 0x10            # 如果不是系统调用（是其他中断）时，该值为-1。
41 FS            = 0x14
42 ES            = 0x18
43 DS            = 0x1C
44 EIP           = 0x20             # 44 -- 48 行 由 CPU 自动入栈。
45 CS            = 0x24
46 EFLAGS         = 0x28
47 OLDESP         = 0x2C            # 当特权级变化时，原堆栈指针也会入栈。
48 OLDSS          = 0x30
49
   # 以下这些是任务结构（task_struct）中变量的偏移值，参见 include/linux/sched.h，105 行
开始。
50 state   = 0          # these are offsets into the task-struct. # 进程状态码。
51 counter = 4          # 任务运行时间计数(递减)（滴答数），运行时间片。
52 priority = 8         # 运行优先数。任务开始运行时 counter=priority，越大则运行时间越长。
53 signal  = 12         # 是信号位图，每个位代表一种信号，信号值=位偏移值+1。
54 sigaction = 16       # MUST be 16 (=len of sigaction) # sigaction 结构长度必须是 16 字节。
```

```
55 blocked = (33*16)            # 受阻塞信号位图的偏移量。
56
  # 以下定义在 sigaction 结构中的偏移量，参见 include/signal.h，第 55 行开始。
57 # offsets within sigaction
58 sa_handler = 0               # 信号处理过程的句柄（描述符）。
59 sa_mask = 4                  # 信号屏蔽码。
60 sa_flags = 8                 # 信号集。
61 sa_restorer = 12             # 恢复函数指针，参见 kernel/signal.c 程序说明。
62
63 nr_system_calls = 82         # Linux 0.12 版内核中的系统调用总数。
64
65 ENOSYS = 38                  # 系统调用号出错码。
66
67 /*
68  * Ok, I get parallel printer interrupts while using the floppy for some
69  * strange reason. Urgel. Now I just ignore them.
70  */
  /*
   * 好了，在使用软驱时我收到了并行打印机中断，很奇怪。呵，现在不管它。
   */
71 .globl _system_call,_sys_fork,_timer_interrupt,_sys_execve
72 .globl _hd_interrupt,_floppy_interrupt,_parallel_interrupt
73 .globl _device_not_available, _coprocessor_error
74
  # 系统调用号错误时将返回出错码-ENOSYS。
75 .align 2                     # 内存 4 字节对齐。
76 bad_sys_call:
77         pushl $-ENOSYS       # eax 中置-ENOSYS。
78         jmp ret_from_sys_call

  # 重新执行调度程序入口。调度程序 schedule()在（kernel/sched.c，119 行处开始。
  # 当调度程序 schedule()返回时就从 ret_from_sys_call 处（107 行）继续执行。
79 .align 2
80 reschedule:
81         pushl $ret_from_sys_call # 将 ret_from_sys_call 的地址入栈（107 行）。
82         jmp _schedule

  #### int 0x80 --linux 系统调用入口点（调用中断 int 0x80，eax 中是调用号）。
83 .align 2
84 _system_call:
85         push %ds             # 保存原段寄存器值。
86         push %es
87         push %fs
88         pushl %eax           # save the orig_eax    # 保存 eax 原值。

  # 一个系统调用最多可带有 3 个参数，也可以不带参数。下面入栈的 ebx、ecx 和 edx 中放着系统
  # 调用相应 C 语言函数（见第 99 行）的调用参数。这几个寄存器入栈的顺序是由 GNU gcc 规定的，
  # ebx 中可存放第 1 个参数，ecx 中存放第 2 个参数，edx 中存放第 3 个参数。
  # 系统调用语句可参见头文件 include/unistd.h 中第 150 到 200 行的系统调用宏。
89         pushl %edx
90         pushl %ecx           # push %ebx,%ecx,%edx as parameters
91         pushl %ebx           # to the system call

  # 在保存过段寄存器之后，让 ds,es 指向内核数据段，而 fs 指向当前局部数据段，即指向执行本次系
  # 统调用的用户程序的数据段。注意，在 Linux 0.12 中内核给任务分配的代码和数据内存段是重叠的，
  # 它们的段基址和段限长相同。参见 fork.c 程序中 copy_mem()函数。
```

```
92          movl $0x10,%edx             # set up ds,es to kernel space
93          mov %dx,%ds
94          mov %dx,%es
95          movl $0x17,%edx             # fs points to local data space
96          mov %dx,%fs

97          cmpl _NR_syscalls,%eax      # 调用号如果超出范围的话就跳转。
98          jae bad_sys_call

   # 下面这句操作数的含义是：调用地址=[_sys_call_table + %eax * 4]。参见程序后的说明。
   # sys_call_table[]是一个指针数组，定义在 include/linux/sys.h 中，该数组中设置了内核
   # 所有 82 个系统调用 C 处理函数的地址。
99          call _sys_call_table(,%eax,4)       # 间接调用指定功能 C 函数。
100         pushl %eax                          # 把系统调用返回值入栈。

   # 下面 101-106 行查看当前任务的运行状态。如果不在就绪状态（state 不等于 0）就去执行调度程序。
   # 如果该任务在就绪状态，但是其时间片已经用完（counter=0），则也去执行调度程序。
   # 例如当后台进程组中的进程执行控制终端读写操作时，那么默认条件下该后台进程组所有进程会收到
   # SIGTTIN 或 SIGTTOU 信号，导致进程组中所有进程处于停止状态。而当前进程则会立刻
   # 返回。
101 2:
102         movl _current,%eax                  # 取当前任务（进程）数据结构指针→eax。
103         cmpl $0,state(%eax)                 # state
104         jne reschedule
105         cmpl $0,counter(%eax)               # counter
106         je reschedule

   # 以下这段代码执行从系统调用 C 函数返回后，对信号进行识别处理。其他中断服务程序退出时也将跳
   # 转到这里进行处理后才退出中断过程，例如后面 131 行上的处理器出错中断 int 16。
   # 首先判断当前任务是不是初始任务 task0，如果是则不必对其进行信号量方面的处理，直接返回。
   # 109 行上的_task 对应 C 程序中的 task[]数组，直接引用 task 相当于引用 task[0]。
107 ret_from_sys_call:
108         movl _current,%eax
109         cmpl _task,%eax                 # task[0] cannot have signals
110         je 3f                           # 向前(forward)跳转到标号 3 处退出中断处理。

   # 通过对原调用程序代码选择符的检查来判断调用程序是不是用户任务。如果不是则直接退出中断。
   # 这是因为任务在内核态执行时不可抢占。否则对任务进行信号量的识别处理。这里通过比较选择符是
   # 否为用户代码段的选择符 0x000f（RPL=3，局部表，代码段）来判断是否为用户任务。如果不是
   # 则说明是某个中断服务程序（例如中断 16）跳转到第 107 行执行到此，于是跳转退出中断程序。
   # 另外，如果原堆栈段选择符不为 0x17（即原堆栈不在用户段中），也说明本次系统调用的调用者
   # 不是用户任务，则也退出。
111         cmpw $0x0f,CS(%esp)             # was old code segment supervisor ?
112         jne 3f
113         cmpw $0x17,OLDSS(%esp)          # was stack segment = 0x17 ?
114         jne 3f

   # 下面这段代码（115-128）用于处理当前任务中的信号。首先取当前任务结构中的信号位图（32 位，
   # 每位代表 1 种信号），然后用任务结构中的信号阻塞（屏蔽）码，阻塞不允许的信号位，取得数值
   # 最小的信号值，再把原信号位图中该信号对应的位复位（置 0），最后将该信号值作为参数之一调
   # 用 do_signal()。do_signal()在（kernel/signal.c,128）中，其参数包括 13 个入栈的信息。
   # 在 do_signal()或信号处理函数返回之后，若返回值不为 0 则再看看是否需要切换进程或继续处理
   # 其他信号。
115         movl signal(%eax),%ebx          # 取信号位图→ebx，每 1 位代表 1 种信号，共 32 个信号。
116         movl blocked(%eax),%ecx         # 取阻塞（屏蔽）信号位图→ecx。
117         notl %ecx                       # 每位取反。
```

```
118        andl %ebx,%ecx              # 获得许可的信号位图。
119        bsfl %ecx,%ecx              # 从低位（位 0）开始扫描位图，看是否有 1 的位，
                                       # 若有，则 ecx 保留该位的偏移值（即地址位 0--31）。
120        je 3f                       # 如果没有信号则向前跳转退出。
121        btrl %ecx,%ebx              # 复位该信号（ebx 含有原 signal 位图）。
122        movl %ebx,signal(%eax)      # 重新保存 signal 位图信息→current->signal。
123        incl %ecx                   # 将信号调整为从 1 开始的数（1--32）。
124        pushl %ecx                  # 信号值入栈作为调用 do_signal 的参数之一。
125        call _do_signal             # 调用 C 函数信号处理程序（kernel/signal.c，128）。
126        popl %ecx                   # 弹出入栈的信号值。
127        testl %eax, %eax            # 测试返回值，若不为 0 则跳转到前面标号 2（101 行）处。
128        jne 2b                      # see if we need to switch tasks, or do more signals

129 3:     popl %eax                   # eax 中含有第 100 行入栈的系统调用返回值。
130        popl %ebx
131        popl %ecx
132        popl %edx
133        addl $4, %esp               # skip orig_eax    # 跳过（丢弃）原 eax 值。
134        pop %fs
135        pop %es
136        pop %ds
137        iret
138
#### int16 -- 处理器错误中断。  类型：错误；无错误码。
# 这是一个外部的基于硬件的异常。当协处理器检测到自己发生错误时，就会通过 ERROR 引脚
# 通知 CPU。下面代码用于处理协处理器发出的出错信号。并跳转去执行 C 函数 math_error()
# （kernel/math/error.c 11）。返回后将跳转到标号 ret_from_sys_call 处继续执行。
139 .align 2
140 _coprocessor_error:
141        push %ds
142        push %es
143        push %fs
144        pushl $-1                   # fill in -1 for orig_eax # 填-1，表明不是系统调用。
145        pushl %edx
146        pushl %ecx
147        pushl %ebx
148        pushl %eax
149        movl $0x10,%eax             # ds,es 置为指向内核数据段。
150        mov %ax,%ds
151        mov %ax,%es
152        movl $0x17,%eax             # fs 置为指向局部数据段（出错程序的数据段）。
153        mov %ax,%fs
154        pushl $ret_from_sys_call          # 把下面调用返回的地址入栈。
155        jmp _math_error                   # 执行 math_error()（kernel/math/error.c，11）。
156
#### int7 -- 设备不存在或协处理器不存在。  类型：错误；无错误码。
# 如果控制寄存器 CR0 中 EM（模拟）标志置位，则当 CPU 执行一个协处理器指令时就会引发该中断，
# 这样 CPU 就可以有机会让这个中断处理程序模拟协处理器指令（181 行）。
# CR0 的交换标志 TS 是在 CPU 执行任务转换时设置的。TS 可以用来确定什么时候协处理器中的内容
# 与 CPU 正在执行的任务不匹配了。当 CPU 在运行一个协处理器转移指令时发现 TS 置位时，就会引发
# 该中断。此时就可以保存前一个任务的协处理器内容，并恢复新任务的协处理器执行状态（176 行）。
# 参见 kernel/sched.c，92 行。该中断最后将转移到标号 ret_from_sys_call 处执行下去（检测
# 并处理信号）。
157 .align 2
158 _device_not_available:
159        push %ds
```

```
160         push %es
161         push %fs
162         pushl $-1                   # fill in -1 for orig_eax  # 填-1，表明不是系统调用。
163         pushl %edx
164         pushl %ecx
165         pushl %ebx
166         pushl %eax
167         movl $0x10,%eax             # ds,es 置为指向内核数据段。
168         mov %ax,%ds
169         mov %ax,%es
170         movl $0x17,%eax             # fs 置为指向局部数据段（出错程序的数据段）。
171         mov %ax,%fs
    # 清 CR0 中任务已交换标志 TS，并取 CR0 值。若其中协处理器仿真标志 EM 没有置位，说明不是
    # EM 引起的中断，则恢复任务协处理器状态，执行 C 函数 math_state_restore()，并在返回时
    # 去执行 ret_from_sys_call 处的代码。
172         pushl $ret_from_sys_call    # 把下面跳转或调用的返回地址入栈。
173         clts                        # clear TS so that we can use math
174         movl %cr0,%eax
175         testl $0x4,%eax             # EM (math emulation bit)
176         je _math_state_restore      # 执行 math_state_restore()(kernel/sched.c,92 行)。

    # 若 EM 标志置位，则去执行数学仿真程序 math_emulate()。
177         pushl %ebp
178         pushl %esi
179         pushl %edi
180         pushl $0                    # temporary storage for ORIG_EIP
181         call _math_emulate          # 调用 C 函数（math/math_emulate.c，476 行）。
182         addl $4,%esp                # 丢弃临时存储。
183         popl %edi
184         popl %esi
185         popl %ebp
186         ret                         # 这里的 ret 将跳转到 ret_from_sys_call(107 行)。
187
    #### int32 -- (int 0x20) 时钟中断处理程序。中断频率设置为 100Hz(include/linux/sched.h,4)，
    # 定时芯片 8253/8254 是在(kernel/sched.c,438)处初始化的。因此这里 jiffies 每 10 毫秒加
    # 1。这段代码将 jiffies 增 1，发送结束中断指令给 8259 控制器，然后用当前特权级作为参数调用 C
    # 函数 do_timer(long CPL)。当调用返回时转去检测并处理信号。
188 .align 2
189 _timer_interrupt:
190         push %ds                    # save ds,es and put kernel data space
191         push %es                    # into them. %fs is used by _system_call
192         push %fs                    # 保存 ds、es 并让其指向内核数据段。fs 将用于 system_call。
193         pushl $-1                   # fill in -1 for orig_eax  # 填-1，表明不是系统调用。

    # 下面我们保存寄存器 eax、ecx 和 edx。这是因为 gcc 编译器在调用函数时不会保存它们。这里也
    # 保存了 ebx 寄存器，因为在后面 ret_from_sys_call 中会用到它。
194         pushl %edx                  # we save %eax,%ecx,%edx as gcc doesn't
195         pushl %ecx                  # save those across function calls. %ebx
196         pushl %ebx                  # is saved as we use that in ret_sys_call
197         pushl %eax
198         movl $0x10,%eax             # ds,es 置为指向内核数据段。
199         mov %ax,%ds
200         mov %ax,%es
201         movl $0x17,%eax             # fs 置为指向局部数据段（程序的数据段）。
202         mov %ax,%fs
203         incl _jiffies
```

```
# 由于初始化中断控制芯片时没有采用自动 EOI，所以这里需要发指令结束该硬件中断。
        movb $0x20,%al               # EOI to interrupt controller #1
        outb %al,$0x20

# 下面从堆栈中取出执行系统调用代码的选择符（CS 段寄存器值）中的当前特权级别(0 或 3)并压入堆
# 栈，作为 do_timer 的参数。do_timer()函数执行任务切换、计时等工作，在 kernel/sched.c，
# 324 行实现。
        movl CS(%esp),%eax
        andl $3,%eax                 # %eax is CPL (0 or 3, 0=supervisor)
        pushl %eax
        call _do_timer               # 'do_timer(long CPL)' does everything from
        addl $4,%esp                 # task switching to accounting ...
        jmp ret_from_sys_call

#### 这是 sys_execve()系统调用。取中断调用程序的代码指针作为参数调用 C 函数 do_execve()。
# do_execve()在 fs/exec.c，207 行。
.align 2
_sys_execve:
        lea EIP(%esp),%eax           # eax 指向堆栈中保存用户程序 eip 指针处。
        pushl %eax
        call _do_execve
        addl $4,%esp                 # 丢弃调用时压入栈的 EIP 值。
        ret

#### sys_fork()调用，用于创建子进程，是 system_call 功能 2。原形在 include/linux/sys.h 中。
# 首先调用 C 函数 find_empty_process()，取得一个进程号 last_pid。若返回负数则说明目前任务
# 数组已满。然后调用 copy_process()复制进程。
.align 2
_sys_fork:
        call _find_empty_process     # 为新进程取得进程号 last_pid。(kernel/fork.c,143)。
        testl %eax,%eax              # 在 eax 中返回进程号。若返回负数则退出。
        js 1f
        push %gs
        pushl %esi
        pushl %edi
        pushl %ebp
        pushl %eax
        call _copy_process           # 调用 C 函数 copy_process() (kernel/fork.c, 68)。
        addl $20,%esp                # 丢弃这里所有压栈内容。
1:      ret

#### int 46 -- (int 0x2E) 硬盘中断处理程序，响应硬件中断请求 IRQ14。
# 当请求的硬盘操作完成或出错就会发出此中断信号。(参见 kernel/blk_drv/hd.c)。
# 首先向 8259A 中断控制从芯片发送结束硬件中断指令(EOI)，然后取变量 do_hd 中的函数指针放入 edx
# 寄存器中，并置 do_hd 为 NULL，接着判断 edx 函数指针是否为空。如果为空，则给 edx 赋值指向
# unexpected_hd_interrupt()，用于显示出错信息。随后向 8259A 主芯片送 EOI 指令，并调用 edx 中
# 指针指向的函数：read_intr()、write_intr()或 unexpected_hd_interrupt()。
_hd_interrupt:
        pushl %eax
        pushl %ecx
        pushl %edx
        push %ds
        push %es
        push %fs
        movl $0x10,%eax              # ds,es 置为内核数据段。
        mov %ax,%ds
```

```
        mov %ax,%es
        movl $0x17,%eax                 # fs 置为调用程序的局部数据段。
        mov %ax,%fs
# 由于初始化中断控制芯片时没有采用自动 EOI，所以这里需要发指令结束该硬件中断。
        movb $0x20,%al
        outb %al,$0xA0                  # EOI to interrupt controller #1 # 送从 8259A。
        jmp 1f                          # give port chance to breathe   # 这里 jmp 起延时作用。
1:      jmp 1f
# do_hd 定义为一个函数指针，将被赋值 read_intr() 或 write_intr() 函数地址。放到 edx 寄存器后
# 就将 do_hd 指针变量置为 NULL。然后测试得到的函数指针，若该指针为空，则赋予该指针指向 C
# 函数 unexpected_hd_interrupt()，以处理未知硬盘中断。
1:      xorl %edx,%edx
        movl %edx,_hd_timeout           # hd_timeout 置为 0。表示控制器已在规定时间内产生了中断。
        xchgl _do_hd,%edx
        testl %edx,%edx
        jne 1f                          # 若空，则让指针指向 C 函数 unexpected_hd_interrupt()。
        movl $_unexpected_hd_interrupt,%edx
1:      outb %al,$0x20                  # 送 8259A 主芯片 EOI 指令（结束硬件中断）。
        call *%edx                      # "interesting" way of handling intr.
        pop %fs                         # 上句调用 do_hd 指向的 C 函数。
        pop %es
        pop %ds
        popl %edx
        popl %ecx
        popl %eax
        iret

#### int38 -- (int 0x26) 软盘驱动器中断处理程序，响应硬件中断请求 IRQ6。
# 其处理过程与上面对硬盘的处理基本一样。（kernel/blk_drv/floppy.c）。
# 首先向 8259A 中断控制器主芯片发送 EOI 指令，然后取变量 do_floppy 中的函数指针放入 eax 寄存
# 器中，并置 do_floppy 为 NULL，接着判断 eax 函数指针是否为空。如为空，则给 eax 赋值指向
# unexpected_floppy_interrupt()，用于显示出错信息。随后调用 eax 指向的函数：rw_interrupt，
# seek_interrupt，recal_interrupt，reset_interrupt 或 unexpected_floppy_interrupt。
_floppy_interrupt:
        pushl %eax
        pushl %ecx
        pushl %edx
        push %ds
        push %es
        push %fs
        movl $0x10,%eax                 # ds,es 置为内核数据段。
        mov %ax,%ds
        mov %ax,%es
        movl $0x17,%eax                 # fs 置为调用程序的局部数据段。
        mov %ax,%fs
        movb $0x20,%al                  # 送主 8259A 中断控制器 EOI 指令（结束硬件中断）。
        outb %al,$0x20                  # EOI to interrupt controller #1
# do_floppy 为一函数指针，将被赋值实际处理 C 函数指针。该指针在被交换放到 eax 寄存器后就将
# do_floppy 变量置空。然后测试 eax 中原指针是否为空，若是则使指针指向 C 函数
# unexpected_floppy_interrupt()。
        xorl %eax,%eax
        xchgl _do_floppy,%eax
        testl %eax,%eax                 # 测试函数指针是否=NULL?
        jne 1f          # 若空，则使指针指向 C 函数 unexpected_floppy_interrupt()。
        movl $_unexpected_floppy_interrupt,%eax
1:      call *%eax                      # "interesting" way of handling intr.   # 间接调用。
```

```
        pop %fs                         # 上句调用 do_floppy 指向的函数。
        pop %es
        pop %ds
        popl %edx
        popl %ecx
        popl %eax
        iret

#### int 39 -- (int 0x27) 并行口中断处理程序，对应硬件中断请求信号 IRQ7。
# 本版本内核还未实现。这里只是发送 EOI 指令。
_parallel_interrupt:
        pushl %eax
        movb $0x20,%al
        outb %al,$0x20
        popl %eax
        iret
```

8.4.3 其他信息

1. GNU 汇编语言的 32 位寻址方式

GNU 汇编语言采用的是 AT&T 的汇编语言语法。32 位寻址的正规格式为：

```
AT&T: immed32(basepointer, indexpointer, indexscale)
Intel: [basepointer + indexpointer*indexscal + immed32]
```

该格式寻址位置的计算方式为：immed32 + basepointer + indexpointer * indexscale

在应用时，并不需要写出所有这些字段，但 immed32 和 basepointer 之中必须有一个存在。以下是一些例子。

（1）对一个指定的 C 语言变量寻址：

```
AT&T: _booga                        Intel: [_booga]
```

注意：变量前的下划线是从汇编程序中得到静态（全局）C 变量(booga)的方法。

（2）对寄存器内容指向的位置寻址：

```
AT&T: (%eax)                        Intel: [eax]
```

（3）通过寄存器中的内容作为基址寻址一个变量：

```
AT&T: _variable(%eax)               Intel: [eax + _variable]
```

（4）在一个整数数组中寻址一个值（比例值为 4）：

```
AT&T: _array(,%eax,4)               Intel: [eax*4 + _array]
```

（5）使用直接数寻址偏移量：

对于 C 语言：*(p+1) 其中 p 是字符的指针 char *

```
AT&T: 则 AT&T 格式：1(%eax) 其中 eax 中是 p 的值。   Intel: [eax+1]
```

（6）在一个 8 字节为一个记录的数组中寻址指定的字符。其中 eax 中是指定的记录号，ebx 中是指定字符在记录中的偏移址：

```
AT&T: _array(%ebx,%eax,8)          Intel: [ebx + eax*8 + _array]
```

2. 增加系统调用功能

若要为自己的内核实现一个新的系统调用功能，那么首先应该决定它的确切用途是什么。Linux 系统不提倡一个系统调用实现多种用途（除了 ioctl()系统调用）。另外，还需要确定新的系统调用的参数、返回值和错误码。系统调用的接口应该尽量简洁，因此参数应尽可能地少。还有，在设计时也应该考虑到系统调用的通用性和可移植性。如果要为 Linux 0.12 增加新的系统调用功能，那么需要做以下一些事情：

首先在相关程序中编制出新系统调用的处理函数，例如名称为 sys_sethostname()的函数。该函数用于修改系统的计算机名称。通常这个处理函数可以放置在 kernel/sys.c 程序中。另外，由于使用了 thisname 结构，因此还需要把 sys_uname()中的 thisname 结构（218～220 行）移动到该函数外部。

```
#define MAXHOSTNAMELEN 8
int sys_sethostname(char *name, int len)
{
        int    i;

        if (!suser())
               return -EPERM;
        if (len > MAXHOSTNAMELEN)
               return -EINVAL;
        for (i=0; i < len; i++) {
               if ((thisname.nodename[i] = get_fs_byte(name+i)) == 0)
                      break;
        }
        if (thisname.nodename[i]) {
               thisname.nodename[i>MAXHOSTNAMELEN ? MAXHOSTNAMELEN : i] = 0;
        }
        return 0;
}
```

然后在 include/unistd.h 文件中增加新系统调用功能号和原型定义。例如可以在第 131 行后面加入功能号，在 251 行后面添加原型定义：

```
// 新系统调用功能号。
#define __NR_sethostname    72
// 新系统调用函数原型。
int sethostname(char *name, int len);
```

接着在 include/linux/sys.h 文件中加入外部函数声明并在函数指针表 sys_call_table 末端插入新系统调用处理函数的名称，如下所示。注意，一定要严格按照功能号顺序排列函数名。

```
extern int sys_sethostname();
// 函数指针数组表。
fn_ptr sys_call_table[] = { sys_setup, sys_exit,sys_fork, sys_read,
```

```
...,
sys_setreuid, sys_setregid, sys_sethostname };
```

然后修改 sys_call.s 程序第 61 行，将内核系统调用总数 nr_system_calls 增 1。此时可以重新编译内核。最后参照 lib/目录下库函数的实现方法在 libc 库中增加新的系统调用库函数 sethostname()。

```
#define __LIBRARY__
#include <unistd.h>

_syscall2(int, sethostname, char *, name, int, len);
```

3. 在汇编程序中直接使用系统调用

下面是 Linus 在说明 as86 与 GNU as 的关系和区别时给出的一个简单例子 asm.s。该例子说明了如何在 Linux 系统中用汇编语言编制出一个独立的程序来，即不使用起始代码模块（例如 crt0.o）和库文件中的函数。该程序如下：

```
.text
_entry:
    movl $4,%eax                   # 系统调用号，写操作。
    movl $1,%ebx                   # 写调用的参数，是文件描述符。数值 1 对应标准输出 stdout。
    movl $message,%ecx             # 参数，缓冲区指针。
    movl $12,%edx                  # 参数，写数据长度值（数数下面字符串的长度☺）。
    int $0x80
    movl $1,%eax                   # 系统调用号，退出程序。
    int $0x80

message:
    .ascii "Hello World\n"         # 欲写的数据。
```

其中使用了两个系统调用：4——写文件操作 sys_write()和 1——退出程序 sys_exit()。写文件系统调用所执行的 C 函数声明为 sys_write(int fd, char *buf, int len)，参见程序 fs/read_write.c，从 83 行开始。它带有 3 个参数。在调用系统调用之前这 3 个参数分别被存放在寄存器 ebx、ecx 和 edx 中。该程序编译和执行的步骤如下：

```
[/usr/root]# as -o asm.o asm.s
[/usr/root]# ld -o asm asm.o
[/usr/root]# ./asm
Hello World
[/usr/root]#
```

8.5 mktime.c 程序

8.5.1 功能描述

该程序只有一个函数 kernel_mktime()，仅供内核使用。计算从 1970 年 1 月 1 日 0 时起到开机当日经过的秒数（日历时间），作为开机时间。该函数与标准 C 库中提供的 mktime()函数的功能完全一样，都是将 tm 结构表示的时间转换成 UNIX 日历时间。但是由于内核不是普通程序，不能调用开发环境库中的函数，因此这里就必须自己专门编写一个了。

8.5.2 代码注释

程序 8-4 linux/kernel/mktime.c 程序

```
/*
 *  linux/kernel/mktime.c
 *
 *  (C) 1991  Linus Torvalds
 */

#include <time.h>           // 时间头文件，定义了标准时间数据结构 tm 和一些处理时间函数原型。

/*
 * This isn't the library routine, it is only used in the kernel.
 * as such, we don't care about years<1970 etc, but assume everything
 * is ok. Similarly, TZ etc is happily ignored. We just do everything
 * as easily as possible. Let's find something public for the library
 * routines (although I think minix times is public).
 */
/*
 * PS. I hate whoever though up the year 1970 - couldn't they have gotten
 * a leap-year instead? I also hate Gregorius, pope or no. I'm grumpy.
 */
/*
 * 这不是库函数，它仅供内核使用。因此我们不关心小于 1970 年的年份等，但假定一切均很正常。
 * 同样，时间区域 TZ 问题也先忽略。我们只是尽可能简单地处理问题。最好能找到一些公开的库函数
 * （尽管我认为 minix 的时间函数是公开的）。
 * 另外，我恨那个设置 1970 年开始的人 - 难道他们就不能选择从一个闰年开始？我恨格里高利历、
 * 罗马教皇、主教，我什么都不在乎。我是个脾气暴躁的人。
 */
#define MINUTE 60                   // 1 分钟的秒数。
#define HOUR (60*MINUTE)            // 1 小时的秒数。
#define DAY (24*HOUR)               // 1 天的秒数。
#define YEAR (365*DAY)              // 1 年的秒数。

/* interestingly, we assume leap-years */
/* 有趣的是我们考虑进了闰年 */
// 下面以年为界限，定义了每个月开始时的秒数时间。
static int month[12] = {
        0,
        DAY*(31),
        DAY*(31+29),
        DAY*(31+29+31),
        DAY*(31+29+31+30),
        DAY*(31+29+31+30+31),
        DAY*(31+29+31+30+31+30),
        DAY*(31+29+31+30+31+30+31),
        DAY*(31+29+31+30+31+30+31+31),
        DAY*(31+29+31+30+31+30+31+31+30),
        DAY*(31+29+31+30+31+30+31+31+30+31),
        DAY*(31+29+31+30+31+30+31+31+30+31+30)
};
```

```
// 该函数计算从 1970 年 1 月 1 日 0 时起到开机当日经过的秒数，作为开机时间。
// 参数 tm 中各字段已经在 init/main.c 中被赋值，信息取自 CMOS。
long kernel_mktime(struct tm * tm)
{
        long res;
        int year;

// 首先计算 1970 年到现在经过的年数。因为是 2 位表示方式，所以会有 2000 年问题。我们可以简单
// 地在最前面添加一条语句来解决这个问题：if (tm->tm_year<70) tm->tm_year += 100;
// 由于 UNIX 计年份 y 是从 1970 年算起。到 1972 年就是一个闰年，因此过 3 年（71，72，73）
// 就是第 1 个闰年，这样从 1970 年开始的闰年数计算方法就应该是为 1 + (y - 3)/4，即为
// (y + 1)/4。res = 这些年经过的秒数时间 + 每个闰年时多 1 天的秒数时间 + 当年到当月时的秒
// 数。另外，month[]数组中已经在 2 月份的天数中包含进了闰年时的天数，即 2 月份天数多算了 1 天。
// 因此，若当年不是闰年并且当前月份大于 2 月份的话，我们就要减去这天。因为从 70 开始算起，所
// 以当年是闰年的判断方法是 (y + 2) 能被 4 除尽。若不能除尽（有余数）就不是闰年。
       year = tm->tm_year - 70;
/* magic offsets (y+1) needed to get leapyears right.*/
/* 为了获得正确的闰年数，这里需要这样一个魔幻值(y+1) */
        res = YEAR*year + DAY*((year+1)/4);
        res += month[tm->tm_mon];
/* and (y+2) here. If it wasn't a leap-year, we have to adjust */
/* 以及(y+2)。如果(y+2)不是闰年，那么我们就必须进行调整(减去一天的秒数时间)。*/
        if (tm->tm_mon>1 && ((year+2)%4))
                res -= DAY;
        res += DAY*(tm->tm_mday-1);          // 再加上本月过去的天数的秒数时间。
        res += HOUR*tm->tm_hour;             // 再加上当天过去的小时数的秒数时间。
        res += MINUTE*tm->tm_min;            // 再加上 1 小时内过去的分钟数的秒数时间。
        res += tm->tm_sec;                   // 再加上 1 分钟内已过的秒数。
        return res;                          // 即等于从 1970 年以来经过的秒数时间。
}
```

8.5.3 闰年的计算方法

闰年的基本计算方法是：

如果 y 能被 4 整除且不能被 100 整除，或者能被 400 整除，则 y 是闰年。

8.6 sched.c 程序

8.6.1 功能描述

sched.c 是内核中有关任务（进程）调度管理的程序，其中包括有关调度的基本函数(sleep_on()、wakeup()、schedule()等)以及一些简单的系统调用函数（比如 getpid()）。系统时钟中断处理过程中调用的定时函数 do_timer()也被放置在本程序中。另外，为了便于软盘驱动器定时处理的编程，Linus 也将有关软盘定时操作的几个函数放到了这里。

这几个基本函数的代码虽然不长，但有些抽象，比较难以理解。好在市面上有许多教科书对此解释得都很清楚，因此可以参考其他书籍对这些函数的讨论。这些也就是教科书上重点讲述的对象，否则理论书籍也就没有什么好讲的了。这里仅对调度函数 schedule()作一些详细说明。

schedule()函数负责选择系统中下一个要运行的进程。它首先对所有任务（进程）进行检测，

唤醒任何一个已经得到信号的任务。具体方法是针对任务数组中的每个任务，检查其报警定时值 alarm。如果任务的 alarm 时间已经过期(alarm<jiffies),则在它的信号位图中设置 SIGALRM 信号，然后清 alarm 值。jiffies 是系统从开机开始算起的滴答数（10ms/滴答）。在 sched.h 中定义。如果进程的信号位图中除去被阻塞的信号外还有其他信号，并且任务处于可中断睡眠状态（TASK_INTERRUPTIBLE），则置任务为就绪状态（TASK_RUNNING）。

随后是调度函数的核心处理部分。这部分代码根据进程的时间片和优先权调度机制，来选择随后要执行的任务。它首先循环检查任务数组中的所有任务，根据每个就绪态任务剩余执行时间的值 counter，选取该值最大的一个任务，并利用 switch_to()函数切换到该任务。若所有就绪态任务的该值都等于零，表示此刻所有任务的时间片都已经运行完，于是就根据任务的优先权值 priority，重置每个任务的运行时间片值 counter，再重新执行循环检查所有任务的执行时间片值。

另两个值得一提的函数是自动进入睡眠函数 sleep_on()和唤醒函数 wake_up()，这两个函数虽然很短，却要比 schedule()函数难理解。这里用图示的方法加以解释。简单地说，sleep_on()函数的主要功能是当一个进程（或任务）所请求的资源正忙或不在内存中时暂时切换出去，放在等待队列中等待一段时间。当切换回来后再继续运行。放入等待队列的方式是利用了函数中的 tmp 指针作为各个正在等待任务的联系。

函数中共牵涉到对三个任务指针操作：*p、tmp 和 current，*p 是等待队列头指针，如文件系统内存 i 节点的 i_wait 指针、内存缓冲操作中的 buffer_wait 指针等；tmp 是在函数堆栈上建立的临时指针，存储在当前任务内核态堆栈上；current 是当前任务指针。这些指针在内存中的变化情况可以用图 8-6 的示意图说明。图中的长条表示内存字节序列。

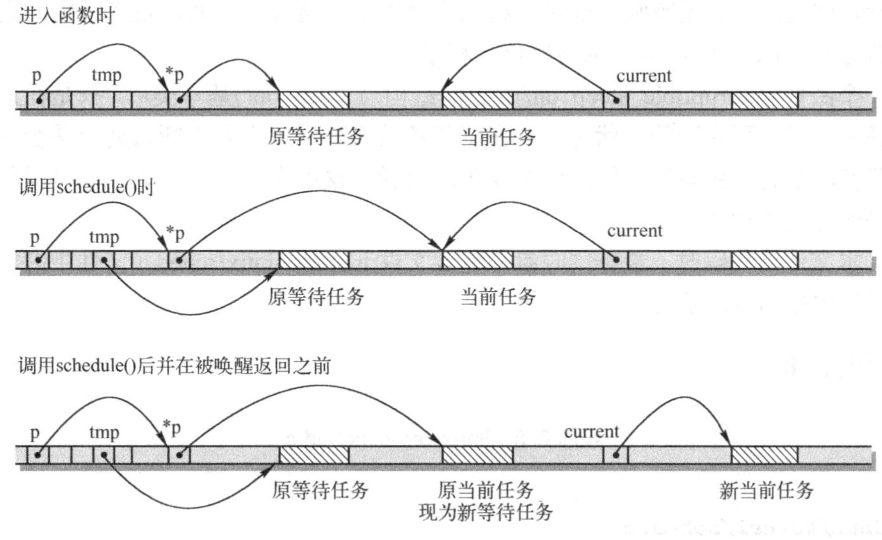

图 8-6 sleep_on()函数中指针变化示意图

当刚进入该函数时，队列头指针*p 指向已经在等待队列中等待的任务结构（进程描述符）。当然，在系统刚开始执行时，等待队列上无等待任务。因此上图中原等待任务在刚开始时是不存在的，此时*p 指向 NULL。通过指针操作，在调用调度程序之前，队列头指针指向了当前任务结构，而函数中的临时指针 tmp 指向了原等待任务。在执行调度程序并在本任务被唤醒重新返回执行之前，当前任务指针被指向新的当前任务，并且 CPU 切换到该新的任务中执行。这样本次 sleep_on()函数的执行使得 tmp 指针指向队列中队列头指针指向的原等待任务，而队列头指针则指向此次新加入的等待任务，即调用本函数的任务。从而通过堆栈上该临时指针 tmp 的链接作用，在几个进程为等待同一资源而多次调用该函数时，内核程序就隐式地构筑出一个等待队列。图 8-7 有助于读者更容易地理解 sleep_on()函数的等待队列形成过程。图中示出了当向队列头部插入第三个任务时的情况。

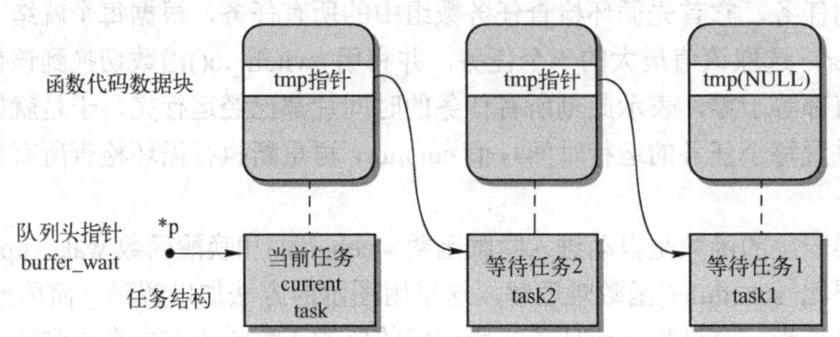

图 8-7　sleep_on()函数的隐式任务等待队列。

在插入等待队列后，sleep_on()函数就会调用 schedule()函数去执行别的进程。当进程被唤醒而重新执行时就会执行后续的语句，把比它早进入等待队列的一个进程唤醒。注意，这里所谓的唤醒并不是指进程处于执行状态，而是处于可以被调度执行的就绪状态。

唤醒操作函数 wake_up()把正在等待可用资源的指定任务置为就绪状态。该函数是一个通用唤醒函数。在有些情况下，例如读取磁盘上的数据块，由于等待队列中的任何一个任务都可能被先唤醒，因此还需要把被唤醒任务结构的指针置空。这样，在其后进入睡眠的进程被唤醒而又重新执行 sleep_on()时，就无需唤醒该进程了。

还有一个函数 interruptible_sleep_on()，它的结构与 sleep_on()基本类似，只是在进行调度之前把当前任务置成了可中断等待状态，并在本任务被唤醒后还需要判断队列上是否有后来的等待任务，若有，则调度它们先运行。从内核 0.12 开始，这两个函数合二为一，仅用任务的状态作为参数来区分这两种情况。

在阅读本文件的代码时，最好同时参考包含文件 include/linux/sched.h 文件中的注释，以便更清晰地了解内核的调度机理。

8.6.2 代码注释

程序 8-5　linux/kernel/sched.c

```
/*
 *  linux/kernel/sched.c
 *
 *  (C) 1991  Linus Torvalds
 */

/*
 * 'sched.c' is the main kernel file. It contains scheduling primitives
 * (sleep_on, wakeup, schedule etc) as well as a number of simple system
 * call functions (type getpid(), which just extracts a field from
 * current-task
```

```
 */
/*
 * 'sched.c'是主要的内核文件。其中包括有关调度的基本函数(sleep_on、wakeup、schedule 等)
 * 以及一些简单的系统调用函数（比如 getpid()，仅从当前任务中获取一个字段）。
 */

// 下面是调度程序头文件。定义了任务结构 task_struct、第 1 个初始任务的数据。还有一些以宏
// 的形式定义的有关描述符参数设置和获取的嵌入式汇编函数程序。
#include <linux/sched.h>
#include <linux/kernel.h>     // 内核头文件。含有一些内核常用函数的原形定义。
#include <linux/sys.h>        //系统调用头文件。含有 82 个系统调用 C 函数程序,以'sys_'开头。
#include <linux/fdreg.h>      // 软驱头文件。含有软盘控制器参数的一些定义。
#include <asm/system.h>       //系统头文件。定义了设置或修改描述符/中断门等的嵌入式汇编宏。
#include <asm/io.h>           // io 头文件。定义硬件端口输入/输出宏汇编语句。
#include <asm/segment.h>      // 段操作头文件。定义了有关段寄存器操作的嵌入式汇编函数。

#include <signal.h>           //信号头文件。定义信号符号常量，sigaction 结构，操作函数原型。

// 该宏取信号 nr 在信号位图中对应位的二进制数值。信号编号 1-32。比如信号 5 的位图数值等于
// 1<<(5-1) = 16 = 00010000b。
#define _S(nr) (1<<((nr)-1))
// 除了 SIGKILL 和 SIGSTOP 信号以外其他信号都是可阻塞的(…1011,1111,1110,1111,1111b)。
#define _BLOCKABLE (~(_S(SIGKILL) | _S(SIGSTOP)))

// 内核调试函数。显示任务号 nr 的进程号、进程状态和内核堆栈空闲字节数（大约）。
void show_task(int nr,struct task_struct * p)
{
        int i,j = 4096-sizeof(struct task_struct);

        printk("%d: pid=%d, state=%d, father=%d, child=%d, ",nr,p->pid,
                p->state, p->p_pptr->pid, p->p_cptr ? p->p_cptr->pid : -1);
        i=0;
        while (i<j && !((char *)(p+1))[i])  // 检测指定任务数据结构以后等于 0 的字节数。
                i++;
        printk("%d/%d chars free in kstack\n\r",i,j);
       printk("  PC=%08X.", *(1019 + (unsigned long *) p));
        if (p->p_ysptr || p->p_osptr)
                printk("  Younger sib=%d, older sib=%d\n\r",
                        p->p_ysptr ? p->p_ysptr->pid : -1,
                        p->p_osptr ? p->p_osptr->pid : -1);
        else
                printk("\n\r");
}

// 显示所有任务的任务号、进程号、进程状态和内核堆栈空闲字节数（大约）。
// NR_TASKS 是系统能容纳的最大进程(任务)数量(64 个)，定义在 include/kernel/sched.h 第 6 行。
void show_state(void)
{
        int i;

        printk("\rTask-info:\n\r");
        for (i=0;i<NR_TASKS;i++)
                if (task[i])
                        show_task(i,task[i]);
}
```

```
// PC8253 定时芯片的输入时钟频率约为 1.193180MHz。Linux 内核希望定时器发出中断的频率是
// 100Hz，也即每 10ms 发出一次时钟中断。因此这里 LATCH 是设置 8253 芯片的初值，参见 438 行。
55 #define LATCH (1193180/HZ)
56
57 extern void mem_use(void);           // [??]没有任何地方定义和引用该函数。
58
59 extern int timer_interrupt(void);   //时钟中断处理程序(kernel/system_call.s,176)。
60 extern int system_call(void);       //系统调用中断处理程序(kernel/system_call.s,80)。
61
// 每个任务（进程）在内核态运行时都有自己的内核态堆栈。这里定义了任务的内核态堆栈结构。
// 这里定义任务联合（任务结构成员和 stack 字符数组成员）。因为一个任务的数据结构与其内核态堆
// 栈放在同一内存页中，所以从堆栈段寄存器 ss 可以获得其数据段选择符。
62 union task_union {
63         struct task_struct task;
64         char stack[PAGE_SIZE];
65 };
66
// 设置初始任务的数据。初始数据在 include/kernel/sched.h 中，第 156 行开始。
67 static union task_union init_task = {INIT_TASK,};
68
// 从开机开始算起的滴答数时间值全局变量（10ms/滴答）。系统时钟中断每发生一次即一个滴答。
// 前面的限定符 volatile，英文解释是易改变的、不稳定的意思。这个限定词的含义是向编译器
// 指明变量的内容可能会由于被其他程序修改而变化。通常在程序中声明一个变量时，编译器会
// 尽量把它存放在通用寄存器中，例如 ebx，以提高访问效率。当 CPU 把其值放到 ebx 中后一般
// 就不会再关心该变量对应内存位置中的内容。若此时其他程序（例如内核程序或一个中断过程）
// 修改了内存中该变量的值，ebx 中的值并不会随之更新。为了解决这种情况就创建了 volatile
// 限定符，让代码在引用该变量时一定要从指定内存位置中取得其值。这里即是要求 gcc 不要对
// jiffies 进行优化处理，也不要挪动位置，并且需要从内存中取其值。因为时钟中断处理过程
// 等程序会修改它的值。
69 unsigned long volatile jiffies=0;
70 unsigned long startup_time=0;          // 开机时间。从 1970:0:0:0 开始计时的秒数。
// 这个变量用于累计需要调整的时间嘀嗒数。
71 int jiffies_offset = 0;          /* # clock ticks to add to get "true
72                                     time".  Should always be less than
73                                     1 second's worth.  For time fanatics
74                                     who like to syncronize their machines
75                                     to WWV :-) */
/* 为调整时钟而需要增加的时钟嘀嗒数，以获得“精确时间”。这些调整用嘀嗒数
 * 的总和不应该超过 1 秒。这样做是为了那些对时间精确度要求苛刻的人，他们喜
 * 欢自己的机器时间与 WWV 同步 :-)
 */
76
77 struct task_struct *current = &(init_task.task); // 当前任务指针（初始化指向任务 0）。
78 struct task_struct *last_task_used_math = NULL; // 使用过协处理器任务的指针。
79
// 定义任务指针数组。第 1 项被初始化指向初始任务（任务 0）的任务数据结构。
80 struct task_struct * task[NR_TASKS] = {&(init_task.task), };
81
// 定义用户堆栈，共 1K 项，容量 4K 字节。在内核初始化操作过程中被用作内核栈，初始化完成以后
// 将被用作任务 0 的用户态堆栈。在运行任务 0 之前它是内核栈，以后用作任务 0 和 1 的用户态栈。
// 下面结构用于设置堆栈 ss:esp（数据段选择符，指针），见 head.s，第 23 行。
// ss 被设置为内核数据段选择符（0x10），指针 esp 指在 user_stack 数组最后一项后面。这是
// 因为 Intel CPU 执行堆栈操作时是先递减堆栈指针 sp 值，然后在 sp 指针处保存入栈内容。
82 long user_stack [ PAGE_SIZE>>2 ] ;
83
84 struct {
```

```
        long * a;
        short b;
        } stack_start = { & user_stack [PAGE_SIZE>>2] , 0x10 };
/*
 *  'math_state_restore()' saves the current math information in the
 * old math state array, and gets the new ones from the current task
 */
/*
 * 将当前协处理器内容保存到老协处理器状态数组中，并将当前任务的协处理器内容加载进协处理器。
 */
// 当任务被调度交换过以后，该函数用以保存原任务的协处理器状态（上下文）并恢复新调度进来的当
// 前任务的协处理器执行状态。
void math_state_restore()
{
// 如果任务没变则返回(上一个任务就是当前任务)。这里"上一个任务"是指刚被交换出去的任务。
        if (last_task_used_math == current)
                return;
// 在发送协处理器命令之前要先发 WAIT 指令。如果上个任务使用了协处理器，则保存其状态。
        __asm__("fwait");
        if (last_task_used_math) {
                __asm__("fnsave %0"::"m" (last_task_used_math->tss.i387));
        }
// 现在，last_task_used_math 指向当前任务，以备当前任务被交换出去时使用。此时如果当前任
// 务用过协处理器，则恢复其状态。否则的话说明是第一次使用，于是就向协处理器发初始化命令，
// 并设置使用了协处理器标志。
        last_task_used_math=current;
        if (current->used_math) {
                __asm__("frstor %0"::"m" (current->tss.i387));
        } else {
                __asm__("fninit"::);            // 向协处理器发初始化命令。
                current->used_math=1;           // 设置使用已协处理器标志。
        }
}

/*
 *  'schedule()' is the scheduler function. This is GOOD CODE! There
 * probably won't be any reason to change this, as it should work well
 * in all circumstances (ie gives IO-bound processes good response etc).
 * The one thing you might take a look at is the signal-handler code here.
 *
 *   NOTE!! Task 0 is the 'idle' task, which gets called when no other
 * tasks can run. It can not be killed, and it cannot sleep. The 'state'
 * information in task[0] is never used.
 */
/*
 * 'schedule()'是调度函数。这是个很好的代码！没有任何理由对它进行修改，因为它可以在所有的
 * 环境下工作（比如能够对 IO-边界处理很好的响应等）。只有一件事值得留意，那就是这里的信号处
 * 理代码。
 *
 * 注意！！任务 0 是个闲置('idle')任务，只有当没有其他任务可以运行时才调用它。它不能被杀死，
 * 也不能睡眠。任务 0 中的状态信息'state'是从来不用的。
 */
void schedule(void)
{
        int i,next,c;
        struct task_struct ** p;              // 任务结构指针的指针。
```

```
123
124 /* check alarm, wake up any interruptible tasks that have got a signal */
  /* 检测 alarm（进程的报警定时值），唤醒任何已得到信号的可中断任务 */
125
 // 从任务数组中最后一个任务开始循环检测 alarm。在循环时跳过空指针项。
126         for(p = &LAST_TASK ; p > &FIRST_TASK ; --p)
127                 if (*p) {
 // 如果设置过任务超时定时 timeout，并且已经超时，则复位超时定时值，并且如果任务处于可中断睡
 // 眠状态 TASK_INTERRUPTIBLE 下，将其置为就绪状态（TASK_RUNNING）。
128                         if ((*p)->timeout && (*p)->timeout < jiffies) {
129                                 (*p)->timeout = 0;
130                                 if ((*p)->state == TASK_INTERRUPTIBLE)
131                                         (*p)->state = TASK_RUNNING;
132                         }
 // 如果设置过任务的定时值 alarm，并且已经过期(alarm<jiffies)，则在信号位图中置 SIGALRM
 // 信号，即向任务发送 SIGALARM 信号。然后清 alarm。该信号的默认操作是终止进程。jiffies
 // 是系统从开机开始算起的滴答数（10ms/滴答）。定义在 sched.h 第 139 行。
133                         if ((*p)->alarm && (*p)->alarm < jiffies) {
134                                 (*p)->signal |= (1<<(SIGALRM-1));
135                                 (*p)->alarm = 0;
136                         }
 // 如果信号位图中除被阻塞的信号外还有其他信号，并且任务处于可中断状态，则置任务为就绪状态。
 // 其中'~(_BLOCKABLE & (*p)->blocked)'用于忽略被阻塞的信号，但 SIGKILL 和 SIGSTOP
 // 不能被阻塞。
137                         if (((*p)->signal & ~(_BLOCKABLE & (*p)->blocked)) &&
138                         (*p)->state==TASK_INTERRUPTIBLE)
139                                 (*p)->state=TASK_RUNNING;    //置为就绪（可执行）状态。
140                 }
141
142 /* this is the scheduler proper: */
  /* 这里是调度程序的主要部分 */
143
144         while (1) {
145                 c = -1;
146                 next = 0;
147                 i = NR_TASKS;
148                 p = &task[NR_TASKS];
 // 这段代码也是从任务数组的最后一个任务开始循环处理，并跳过不含任务的数组槽。比较每个就绪状
 // 态任务的 counter（任务运行时间的递减滴答计数）值，哪一个值大，运行时间还不长，next 就指
 // 向哪个的任务号。
149                 while (--i) {
150                         if (!*--p)
151                                 continue;
152                         if ((*p)->state == TASK_RUNNING && (*p)->counter > c)
153                                 c = (*p)->counter, next = i;
154                 }
 // 如果比较得出有 counter 值不等于 0 的结果，或者系统中没有一个可运行的任务存在（此时 c 仍然
 // 为-1，next=0），则退出 144 行开始的循环，执行 161 行上的任务切换操作。否则就根据每个任
 // 务的优先权值，更新每一个任务的 counter 值，然后回到 125 行重新比较。counter 值的计算方
 // 式为 counter = counter /2 + priority。注意，这里计算过程不考虑进程的状态。
155                 if (c) break;
156                 for(p = &LAST_TASK ; p > &FIRST_TASK ; --p)
157                         if (*p)
158                                 (*p)->counter = ((*p)->counter >> 1) +
159                                                 (*p)->priority;
160         }
```

```
    // 用下面的宏（定义在 sched.h 中）把当前任务指针 current 指向任务号为 next 的任务，并切换
    // 到该任务中运行。在 146 行上 next 被初始化为 0。因此若系统中没有任何其他任务可运行时，则
    // next 始终为 0。因此调度函数会在系统空闲时去执行任务 0。 此时任务 0 仅执行 pause()
    // 系统调用，并又会调用本函数。
161         switch_to(next);                        // 切换到任务号为 next 的任务，并运行之。
162 }
163
    //// pause()系统调用。转换当前任务的状态为可中断的等待状态，并重新调度。
    // 该系统调用将导致进程进入睡眠状态，直到收到一个信号。该信号用于终止进程或者使进程调用一个
    // 信号捕获函数。只有当捕获了一个信号，并且信号捕获处理函数返回，pause()才会返回。此时
    // pause()返回值应该是 -1，并且 errno 被置为 EINTR。这里还没有完全实现（直到 0.95 版）。
164 int sys_pause(void)
165 {
166         current->state = TASK_INTERRUPTIBLE;
167         schedule();
168         return 0;
169 }
170
    // 把当前任务置为指定的睡眠状态（可中断的或不可中断的），并让睡眠队列头指针指向当前任务。
    // 函数参数 p 是等待任务队列头指针。指针是含有一个变量地址的变量。这里参数 p 使用了指针的
    // 指针形式 '**p'，这是因为 C 函数参数只能传值，没有直接的方式让被调用函数改变调用该函数
    // 程序中变量的值。但是指针'*p'指向的目标（这里是任务结构）会改变，因此为了能修改调用该
    // 函数程序中原来就是指针变量的值，就需要传递指针'*p'的指针，即'**p'。参见程序前示例图中
    // p 指针的使用情况。
    // 参数 state 是任务睡眠使用的状态：TASK_UNINTERRUPTIBLE 或 TASK_INTERRUPTIBLE。处于不可
    // 中断睡眠状态（TASK_UNINTERRUPTIBLE）的任务需要内核程序利用 wake_up()函数明确唤醒之。
    // 处于可中断睡眠状态（TASK_INTERRUPTIBLE）可以通过信号、任务超时等手段唤醒（置为就绪
    // 状态 TASK_RUNNING）。
    // *** 注意，由于本内核代码不是很成熟，因此下列与睡眠相关的代码存在一些问题，不宜深究。
171 static inline void __sleep_on(struct task_struct **p, int state)
172 {
173         struct task_struct *tmp;
174
    // 若指针无效，则退出。（指针所指的对象可以是 NULL，但指针本身不会为 0）。
    // 如果当前任务是任务 0，则死机(impossible!)。
175         if (!p)
176                 return;
177         if (current == &(init_task.task))
178                 panic("task[0] trying to sleep");
    // 让 tmp 指向已经在等待队列上的任务(如果有的话)，例如 inode->i_wait。并且将睡眠队列头的
    // 等待指针指向当前任务。这样就把当前任务插入到了 *p 的等待队列中。然后将当前任务置为指定的
    // 等待状态，并执行重新调度。
179         tmp = *p;
180         *p = current;
181         current->state = state;
182 repeat: schedule();
    // 只有当这个等待任务被唤醒时，程序才又会返回到这里，表示进程已被明确地唤醒并执行。
    // 如果等待队列中还有等待任务，并且队列头指针 *p 所指向的任务不是当前任务时，说明
    // 在本任务插入等待队列后还有任务进入等待队列。于是我们应该也要唤醒这个任务，而我
    // 们自己应按顺序让这些后面进入队列的任务唤醒，因此这里将等待队列头所指任务先置为
    // 就绪状态，而自己则置为不可中断等待状态，即自己要等待这些后续进队列的任务被唤醒
    // 而执行时来唤醒本任务。然后重新执行调度程序。
183         if (*p && *p != current) {
184                 (**p).state = 0;
185                 current->state = TASK_UNINTERRUPTIBLE;
186                 goto repeat;
```

```
187         }
// 执行到这里，说明本任务真正被唤醒执行。此时等待队列头指针应该指向本任务，若它为空，则表明
// 调度有问题，于是显示警告信息。最后我们让头指针指向在我们前面进入队列的任务（*p = tmp）。
// 若确实存在这样一个任务，即队列中还有任务（tmp 不为空），就唤醒之。最先进入队列的任务在唤
// 醒后运行时最终会把等待队列头指针置成 NULL。
188         if (!*p)
189                 printk("Warning: *P = NULL\n\r");
190         if (*p = tmp)
191                 tmp->state=0;
192 }
193
// 将当前任务置为可中断的等待状态（TASK_INTERRUPTIBLE），并放入头指针*p 指定的等待
// 队列中。
194 void interruptible_sleep_on(struct task_struct **p)
195 {
196         __sleep_on(p,TASK_INTERRUPTIBLE);
197 }
198
// 把当前任务置为不可中断的等待状态（TASK_UNINTERRUPTIBLE），并让睡眠队列头指针指向当前
// 任务。只有明确地唤醒时才会返回。该函数提供了进程与中断处理程序之间的同步机制。
199 void sleep_on(struct task_struct **p)
200 {
201         __sleep_on(p,TASK_UNINTERRUPTIBLE);
202 }
203
// 唤醒 *p 指向的任务。*p 是任务等待队列头指针。由于新等待任务是插入在等待队列头指针处的，因
// 此唤醒的是最后进入等待队列的任务。若该任务已经处于停止或僵死状态，则显示
// 警告信息。
204 void wake_up(struct task_struct **p)
205 {
206         if (p && *p) {
207                 if ((**p).state == TASK_STOPPED)        // 处于停止状态。
208                         printk("wake_up: TASK_STOPPED");
209                 if ((**p).state == TASK_ZOMBIE)         // 处于僵死状态。
210                         printk("wake_up: TASK_ZOMBIE");
211                 (**p).state=0;                      // 置为就绪状态 TASK_RUNNING。
212         }
213 }
214
215 /*
216  * OK, here are some floppy things that shouldn't be in the kernel
217  * proper. They are here because the floppy needs a timer, and this
218  * was the easiest way of doing it.
219  */
    /*
     * 好了，从这里开始是一些有关软盘的子程序，本不应该放在内核的主要部分中的。将它们放在这里是
     * 因为软驱需要定时处理，而放在这里是最方便的。
     */
// 下面 220 -- 281 行代码用于处理软驱定时。在阅读这段代码之前请先看一下块设备一章中有关软
// 盘驱动程序（floppy.c）后面的说明，或者到阅读软盘块设备驱动程序时再来看这段代码。其中
// 时间单位：1 个滴答 = 1/100 秒。
// 下面的数组 wait_motor[]用于存放等待软驱马达启动到正常转速的进程指针。数组索引 0-3 分别
// 对应软驱 A--D。数组 mon_timer[]存放各软驱马达启动所需要的滴答数。程序中默认启动时间为
// 50 个滴答（0.5 秒）。数组 moff_timer[] 存放各软驱在马达停转之前需维持的时间。程序中设
// 定为 10000 个滴答（100 秒）。
220 static struct task_struct * wait_motor[4] = {NULL,NULL,NULL,NULL};
```

```
static int  mon_timer[4]={0,0,0,0};
static int moff_timer[4]={0,0,0,0};
// 下面变量对应软驱控制器中当前数字输出寄存器。该寄存器每位的定义如下：
// 位 7-4：分别控制驱动器 D-A 马达的启动。1 - 启动；0 - 关闭。
// 位 3  ：1 - 允许 DMA 和中断请求；0 - 禁止 DMA 和中断请求。
// 位 2  ：1 - 启动软盘控制器；    0 - 复位软盘控制器。
// 位 1-0：00 - 11，用于选择控制的软驱 A-D。
// 这里设置初值为：允许 DMA 和中断请求、启动 FDC。
unsigned char current_DOR = 0x0C;

// 指定软驱启动到正常运转状态所需等待时间。
// 参数 nr -- 软驱号(0--3)，返回值为滴答数。
// 局部变量 selected 是选中软驱标志（blk_drv/floppy.c，123 行）。mask 是所选软驱对应的
// 数字输出寄存器中启动马达位。mask 高 4 位是各软驱启动马达标志。
int ticks_to_floppy_on(unsigned int nr)
{
        extern unsigned char selected;
        unsigned char mask = 0x10 << nr;

// 系统最多有 4 个软驱。首先预先设置好指定软驱 nr 停转之前需要经过的时间（100 秒）。然后
// 取当前 DOR 寄存器值到临时变量 mask 中，并把指定软驱的马达启动标志置位。
        if (nr>3)
                panic("floppy_on: nr>3");
        moff_timer[nr]=10000;     /* 100 s = very big :-) */   // 停转维持时间。
        cli();                    /* use floppy_off to turn it off */ // 关中断。
        mask |= current_DOR;
// 如果当前没有选择软驱，则首先复位其他软驱的选择位，然后指定软驱选择位。
        if (!selected) {
                mask &= 0xFC;
                mask |= nr;
        }
// 如果数字输出寄存器的当前值与要求的值不同，则向 FDC 数字输出端口输出新值(mask)，并且如果
// 要求启动的马达还没有启动，则置相应软驱的马达启动定时器值（HZ/2 = 0.5 秒或 50 个滴答）。
// 若已经启动，则再设置启动定时为 2 个滴答，能满足下面 do_floppy_timer()中先递减后判断的
// 要求。执行本次定时代码的要求即可。此后更新当前数字输出寄存器 current_DOR。
        if (mask != current_DOR) {
                outb(mask,FD_DOR);
                if ((mask ^ current_DOR) & 0xf0)
                        mon_timer[nr] = HZ/2;
                else if (mon_timer[nr] < 2)
                        mon_timer[nr] = 2;
                current_DOR = mask;
        }
        sti();                          // 开中断。
        return mon_timer[nr];               // 最后返回启动马达所需的时间值。
}

// 等待指定软驱马达启动所需的一段时间，然后返回。
// 设置指定软驱的马达启动到正常转速所需的延时，然后睡眠等待。在定时中断过程中会一直递减判断
// 这里设定的延时值。当延时到期，就会唤醒这里的等待进程。
void floppy_on(unsigned int nr)
{
// 关中断。如果马达启动定时还没到，就一直把当前进程置为不可中断睡眠状态并放入等待马达运行的
// 队列中。然后开中断。
        cli();
        while (ticks_to_floppy_on(nr))
```

```
		sleep_on(nr+wait_motor);
	sti();
}

// 置关闭相应软驱马达停转定时器（3 秒）。
// 若不使用该函数明确关闭指定的软驱马达，则在马达开启 100 秒之后也会被关闭。
void floppy_off(unsigned int nr)
{
	moff_timer[nr]=3*HZ;
}

// 软盘定时处理子程序。更新马达启动定时值和马达关闭停转计时值。该子程序会在时钟定时中断过程
// 中被调用，因此系统每经过一个滴答(10ms)就会被调用一次，随时更新马达开启或停转定时器的值。
// 如果某一个马达停转定时到，则将数字输出寄存器马达启动位复位。
void do_floppy_timer(void)
{
	int i;
	unsigned char mask = 0x10;

	for (i=0 ; i<4 ; i++,mask <<= 1) {
		if (!(mask & current_DOR))           // 如果不是 DOR 指定的马达则跳过。
			continue;
		if (mon_timer[i]) {                  // 如果马达启动定时到则唤醒进程。
			if (!--mon_timer[i])
				wake_up(i+wait_motor);
		} else if (!moff_timer[i]) {         // 如果马达停转定时到则
			current_DOR &= ~mask;            // 复位相应马达启动位，并且
			outb(current_DOR,FD_DOR);        // 更新数字输出寄存器。
		} else
			moff_timer[i]--;                 // 否则马达停转计时递减。
	}
}

// 下面是关于定时器的代码。最多可有 64 个定时器。
#define TIME_REQUESTS 64

// 定时器链表结构和定时器数组。该定时器链表专用于供软驱关闭马达和启动马达定时操作。
// 这种类型定时器类似现代 Linux 系统中的动态定时器（Dynamic Timer），仅供内核使用。
static struct timer_list {
	long jiffies;                        // 定时滴答数。
	void (*fn)();                        // 定时处理程序。
	struct timer_list * next;            // 链接指向下一个定时器。
} timer_list[TIME_REQUESTS], * next_timer = NULL;  // next_timer 是定时器队列头指针。

// 添加定时器。输入参数为指定的定时值(滴答数)和相应的处理程序指针。
// 软盘驱动程序（floppy.c）利用该函数执行启动或关闭马达的延时操作。
// 参数 jiffies – 以 10 毫秒计的滴答数；*fn()- 定时时间到时执行的函数。
void add_timer(long jiffies, void (*fn)(void))
{
	struct timer_list * p;

// 如果定时处理程序指针为空，则退出。否则关中断。
	if (!fn)
		return;
	cli();
// 如果定时值<=0，则立刻调用其处理程序。并且该定时器不加入链表中。
```

```
        if (jiffies <= 0)
                (fn)();
        else {
// 否则从定时器数组中，找一个空闲项。
                for (p = timer_list ; p < timer_list + TIME_REQUESTS ; p++)
                        if (!p->fn)
                                break;
// 如果已经用完了定时器数组，则系统崩溃☺。否则向定时器数据结构填入相应信息，并链入
// 链表头。
                if (p >= timer_list + TIME_REQUESTS)
                        panic("No more time requests free");
                p->fn = fn;
                p->jiffies = jiffies;
                p->next = next_timer;
                next_timer = p;
// 链表项按定时值从小到大排序。在排序时减去排在前面需要的滴答数，这样在处理定时器时只要查看
// 链表头的第一项的定时是否到期即可。[[?? 这段程序好像没有考虑周全。如果新插入的定时器值小
// 于原来头一个定时器值时则根本不会进入循环中，但此时还是应该将紧随其后面的一个定时器值减去
// 新的第 1 个的定时值。即如果第 1 个定时值<=第 2 个，则第 2 个定时值扣除第 1 个的值即可，否则
// 进入下面循环中进行处理。]]
                while (p->next && p->next->jiffies < p->jiffies) {
                        p->jiffies -= p->next->jiffies;
                        fn = p->fn;
                        p->fn = p->next->fn;
                        p->next->fn = fn;
                        jiffies = p->jiffies;
                        p->jiffies = p->next->jiffies;
                        p->next->jiffies = jiffies;
                        p = p->next;
                }
        }
        sti();
}

//// 时钟中断 C 函数处理程序，在 sys_call.s 中的_timer_interrupt（189 行）被调用。
// 参数 cpl 是当前特权级 0 或 3，是时钟中断发生时正被执行的代码选择符中的特权级。
// cpl=0 时表示中断发生时正在执行内核代码；cpl=3 时表示中断发生时正在执行用户代码。
// 对于一个进程由于执行时间片用完时，则进行任务切换。并执行一个计时更新工作。
void do_timer(long cpl)
{
        static int blanked = 0;

// 首先判断是否经过了一定时间而让屏幕黑屏（blankout）。如果 blankcount 计数不为零，或者黑
// 屏延时间隔时间 blankinterval 为 0 的话，那么若已经处于黑屏状态（黑屏标志 blanked = 1），
// 则让屏幕恢复显示。若 blankcount 计数不为零，则递减之，并且复位黑屏标志。
        if (blankcount || !blankinterval) {
                if (blanked)
                        unblank_screen();
                if (blankcount)
                        blankcount--;
                blanked = 0;
// 否则的话若黑屏标志未置位，则让屏幕黑屏，并且设置黑屏标志。
        } else if (!blanked) {
                blank_screen();
                blanked = 1;
        }
```

```
// 接着处理硬盘操作超时问题。如果硬盘超时计数递减之后为 0，则进行硬盘访问超时处理。
        if (hd_timeout)
                if (!--hd_timeout)
                        hd_times_out();  // 硬盘访问超时处理（blk_drv/hdc，318 行）。

// 如果发声计数次数到，则关闭发声。(向 0x61 口发送命令，复位位 0 和 1。位 0 控制 8253
// 计数器 2 的工作，位 1 控制扬声器)。
        if (beepcount)        // 扬声器发声时间滴答数（chr_drv/console.c,950 行）。
                if (!--beepcount)
                        sysbeepstop();

// 如果当前特权级(cpl)为 0（最高，表示是内核程序在工作），则将内核代码运行时间 stime 递增；
// [Linus 把内核程序统称为超级用户(supervisor)的程序，见 sys_call.s，207 行上的英文注
// 释。这种称呼来自 Intel CPU 手册。] 如果 cpl > 0，则表示是一般用户程序在工作，增加 utime。
        if (cpl)
                current->utime++;
        else
                current->stime++;

// 如果有定时器存在，则将链表第 1 个定时器的值减 1。如果已等于 0，则调用相应的处理程序，并将
// 该处理程序指针置为空。然后去掉该项定时器。next_timer 是定时器链表的头指针。
        if (next_timer) {
                next_timer->jiffies--;
                while (next_timer && next_timer->jiffies <= 0) {
                        void (*fn)(void);        // 这里插入了一个函数指针定义！！☹

                        fn = next_timer->fn;
                        next_timer->fn = NULL;
                        next_timer = next_timer->next;
                        (fn)();                  // 调用定时处理函数。
                }
        }
// 如果当前软盘控制器 FDC 的数字输出寄存器中马达启动位有置位的，则执行软盘定时程序。
        if (current_DOR & 0xf0)
                do_floppy_timer();
// 如果进程运行时间还没完，则退出。否则置当前任务运行计数值为 0。并且若发生时钟中断时正在内核
// 代码中运行则返回，否则调用执行调度函数。
        if ((--current->counter)>0) return;
        current->counter=0;
        if (!cpl) return;              // 对于内核态程序，不依赖 counter 值进行调度。
        schedule();
}

// 系统调用功能 - 设置报警定时时间值(秒)。
// 若参数 seconds 大于 0，则设置新定时值，并返回原定时时刻还剩余的间隔时间。否则返回 0。
// 进程数据结构中报警定时值 alarm 的单位是系统滴答（1 滴答为 10 毫秒），它是系统开机起到设置
// 定时操作时系统滴答值 jiffies 和转换成滴答单位的定时值之和，即'jiffies + HZ*定时秒值'。
// 而参数给出的是以秒为单位的定时值，因此本函数的主要操作是进行两种单位的转换。
// 其中常数 HZ = 100，是内核系统运行频率。定义在 include/sched.h 第 4 行上。
// 参数 seconds 是新的定时时间值，单位是秒。
int sys_alarm(long seconds)
{
        int old = current->alarm;

        if (old)
                old = (old - jiffies) / HZ;
```

```
        current->alarm = (seconds>0)?(jiffies+HZ*seconds):0;
        return (old);
}

// 取当前进程号 pid。
int sys_getpid(void)
{
        return current->pid;
}

// 取父进程号 ppid。
int sys_getppid(void)
{
        return current->p_pptr->pid;
}

// 取用户号 uid。
int sys_getuid(void)
{
        return current->uid;
}

// 取有效的用户号 euid。
int sys_geteuid(void)
{
        return current->euid;
}

// 取组号 gid。
int sys_getgid(void)
{
        return current->gid;
}

// 取有效的组号 egid。
int sys_getegid(void)
{
        return current->egid;
}

// 系统调用功能 -- 降低对 CPU 的使用优先权（有人会用吗？☺）。
// 应该限制 increment 为大于 0 的值，否则可使优先权增大！！
int sys_nice(long increment)
{
        if (current->priority-increment>0)
                current->priority -= increment;
        return 0;
}

// 内核调度程序的初始化子程序。
void sched_init(void)
{
        int i;
        struct desc_struct * p;          // 描述符表结构指针。

// Linux 系统开发之初，内核不成熟。内核代码会被经常修改。Linus 怕自己无意中修改了这些关键性
```

```
// 的数据结构，造成与 POSIX 标准的不兼容。这里加入下面这个判断语句并无必要，纯粹是为了提醒
// 自己以及其他修改内核代码的人。
        if (sizeof(struct sigaction) != 16)     // sigaction 是存放有关信号状态的结构。
                panic("Struct sigaction MUST be 16 bytes");
// 在全局描述符表中设置初始任务（任务 0）的任务状态段描述符和局部数据表描述符。
//FIRST_TSS_ENTRY 和 FIRST_LDT_ENTRY 的值分别是 4 和 5，定义在 include/linux/sched.h
// 中；gdt 是一个描述符表数组（include/linux/head.h ），实际上对应程序 head.s 中
// 第 234 行上的全局描述符表基址（_gdt）。因此 gdt + FIRST_TSS_ENTRY 即为
// gdt[FIRST_TSS_ENTRY]（即是 gdt[4]），即 gdt 数组第 4 项的地址。 参见
// include/asm/system.h,第 65 行开始。
        set_tss_desc(gdt+FIRST_TSS_ENTRY,&(init_task.task.tss));
        set_ldt_desc(gdt+FIRST_LDT_ENTRY,&(init_task.task.ldt));
// 清任务数组和描述符表项（注意 i=1 开始，所以初始任务的描述符还在）。描述符项结构定义在文件
// include/linux/head.h 中。
        p = gdt+2+FIRST_TSS_ENTRY;
        for(i=1;i<NR_TASKS;i++) {
                task[i] = NULL;
                p->a=p->b=0;
                p++;
                p->a=p->b=0;
                p++;
        }
/* Clear NT, so that we won't have troubles with that later on */
/* 清除标志寄存器中的位 NT，这样以后就不会有麻烦 */
// EFLAGS 中的 NT 标志位用于控制任务的嵌套调用。当 NT 位置位时，那么当前中断任务执行 IRET 指
// 令时就会引起任务切换。NT 指出 TSS 中的 back_link 字段是否有效。NT=0 时无效。
        __asm__("pushfl ; andl $0xffffbfff,(%esp) ; popfl");    // 复位 NT 标志。
// 将任务 0 的 TSS 段选择符加载到任务寄存器 tr。将局部描述符表段选择符加载到局部描述符表寄存
// 器 ldtr 中。注意！！是将 GDT 中相应 LDT 描述符的选择符加载到 ldtr。只明确加这一次，以后新
// 任务 LDT 的加载，是 CPU 根据 TSS 中的 LDT 项自动加载。
        ltr(0);                         // 定义在 include/linux/sched.h 第 157-158 行。
        lldt(0);                        // 其中参数（0）是任务号。
// 下面代码用于初始化 8253 定时器。通道 0，选择工作方式 3，二进制计数方式。通道 0 的
// 输出引脚接在中断控制主芯片的 IRQ0 上，它每 10 毫秒发出一个 IRQ0 请求。LATCH 是初始
// 定时计数值。
        outb_p(0x36,0x43);              /* binary, mode 3, LSB/MSB, ch 0 */
        outb_p(LATCH & 0xff , 0x40);    /* LSB */    // 定时值低字节。
        outb(LATCH >> 8 , 0x40);        /* MSB */    // 定时值高字节。
// 设置时钟中断处理程序句柄（设置时钟中断门）。修改中断控制器屏蔽码，允许时钟中断。
// 然后设置系统调用中断门。这两个设置中断描述符表 IDT 中描述符的宏定义在文件
// include/asm/system.h 中第 33、39 行处。两者的区别参见 system.h 文件开始处的说明。
        set_intr_gate(0x20,&timer_interrupt);
        outb(inb_p(0x21)&~0x01,0x21);
        set_system_gate(0x80,&system_call);
}

```

8.6.3 其他信息

1. 软盘驱动器控制器

有关对软盘控制器进行编程的详细说明请参见 9.6 节程序 floppy.c 后面的解说，这里仅对其作一简单介绍。在对软盘控制器进行编程时需要访问 4 个端口。这些端口分别对应控制器上一个或多个寄存器。表 8-3 列出了 1.2MB 软盘控制器的端口。

表 8-3　软盘控制器端口

I/O 端口	读写性	寄存器名称
0x3f2 0x3f4 0x3f5	只写 只读 读/写	数字输出寄存器(数字控制寄存器) FDC 主状态寄存器 FDC 数据寄存器
0x3f7	只读	数字输入寄存器
0x3f7	只写	磁盘控制寄存器(传输率控制)

数字输出端口（数字控制端口）是一个 8 位寄存器，它控制驱动器马达开启、驱动器选择、启动/复位 FDC 以及允许/禁止 DMA 及中断请求。

FDC 的主状态寄存器也是一个 8 位寄存器，用于反映软盘控制器 FDC 和软盘驱动器 FDD 的基本状态。通常，在 CPU 向 FDC 发送命令之前或从 FDC 获取操作结果之前，都要读取主状态寄存器的状态位，以判别当前 FDC 数据寄存器是否就绪，以及确定数据传送的方向。

FDC 的数据端口对应多个寄存器（只写型命令寄存器和参数寄存器、只读型结果寄存器），但任一时刻只能有一个寄存器出现在数据端口 0x3f5。在访问只写型寄存器时，主状态控制的 DIO 方向位必须为 0（CPU →FDC），访问只读型寄存器时则反之。在读取结果时只有在 FDC 不忙之后才算读完结果，通常结果数据最多有 7 个字节。

软盘控制器共可以接受 15 条命令。每个命令均经历三个阶段：命令阶段、执行阶段和结果阶段。

命令阶段是 CPU 向 FDC 发送命令字节和参数字节。每条命令的第一个字节总是命令字节（命令码）。其后跟着 0～8 字节的参数。

执行阶段是 FDC 执行命令规定的操作。在执行阶段 CPU 是不加干预的，一般是通过 FDC 发出中断请求获知命令执行的结束。如果 CPU 发出的 FDC 命令是传送数据，则 FDC 可以以中断方式或 DMA 方式进行。中断方式每次传送 1 字节。DMA 方式是在 DMA 控制器管理下，FDC 与内存进行数据的传输直至全部数据传送完。此时 DMA 控制器会将传输字节计数终止信号通知 FDC，最后由 FDC 发出中断请求信号告知 CPU 执行阶段结束。

结果阶段是由 CPU 读取 FDC 数据寄存器返回值，从而获得 FDC 命令执行的结果。返回结果数据的长度为 0～7 字节。对于没有返回结果数据的命令，则应向 FDC 发送检测中断状态命令获得操作的状态。

2. 可编程定时/计数控制器

（1）Intel 8253（8254）芯片功能

Intel 8253（或 8254）是一个可编程定时/计数器（PIT - Programmable Interval Timer）芯片，用于解决计算机中常见的时间控制问题，即在软件的控制下产生精确的时间延迟。该芯片提供了 3 个独立的 16 位计数器通道。每个通道可工作在不同的工作方式下，并且这些工作方式均可以使用软件来设置。8254 是 8253 的更新产品，主要功能基本一样，只是 8254 芯片增加了回读命令。在下面描述中我们用 8253 来代称 8253 和 8254 两种芯片，仅在它们功能有区别处再特别加以指出。

8253 芯片的编程相对来说比较简单，并且能够产生所希望的各种时间长度的延时。一个 8253（8254）芯片的结构框图如图 8-8 所示。

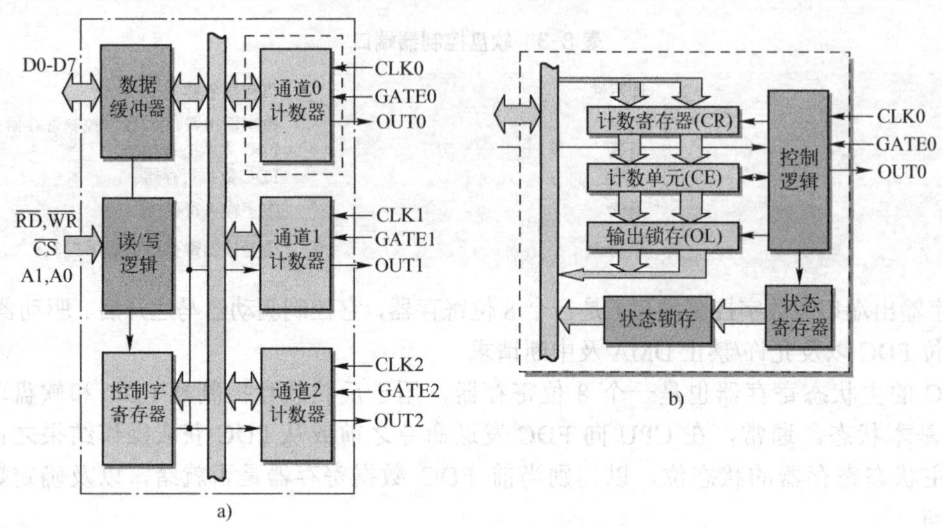

图 8-8 8253（8254）芯片的内部结构

a) 整体框图 b) 通道 0 计数器内部结构

其中 3 态、双向 8 位的数据总线缓冲器（Data Bus Buffer）用于与系统数据总线接口。读/写逻辑（Read/Write Logic）用于从系统总线上接收输入信号，并且生成输入到其他部分的控制信号。地址线 A1、A0 用来选择需要读/写的 3 个计数器通道或控制字寄存器（Control Word Register）之一。通常它们被连接到系统的 A0,A1 地址线上。读写引脚 RD、WR 和片选引脚 CS 用于 CPU 控制 8253 芯片的读写操作。控制字寄存器用于 CPU 设置指定计数器的工作方式，是只写寄存器。但对于 8254 芯片则可以使用回读命令（Read-Back Command）来读取其中的状态信息。3 个独立的计数器通道作用完全相同，都可以工作在不同的方式下。控制字寄存器将确定每个计数器的工作方式。每个计数器的 CLK 引脚连接到时钟频率发生器（晶振）。8253 的时钟输入频率最高为 2.6MHz，而 8254 则可高达 10MHz。引脚 GATE 是计数器的门控制输入端，它用于控制计数器的起停以及计数器的输出状态。引脚 OUT 是计数器的输出信号端。

图 8-8b 是其中一个计数器通道的内部逻辑框图。其中状态寄存器（Status Register）在锁定时将含有控制字寄存器的当前内容以及输出端的状态和 NULL 计数标志（Null Count Flag）。实际计数器是图中的 CE(计数单元)。它是一个 16 位可预置同步递减计数器。输出锁存 OL(Output Latch）由 OLm 和 OLl 两个 8 位锁存器组成，分别表示锁存的高字节和低字节。通常这两个输出锁存器的内容跟随计数单元 CE 的内容变化而变化，但是如果芯片接收到一个计数器锁存命令时，那么它们的内容将被锁定。直到 CPU 读取它们的内容后，它们才会继续跟随 CE 的内容变化。注意，CE 的值是不可读的，每当你需要读取计数值时，读取的总是输出锁存 OL 中的内容。图 8-8b 中另外两个是称为计数寄存器（Count Register，CR）的 8 位寄存器。当 CPU 把新的计数值写入计数器通道时，初始计数值就保存在这两个寄存器中，然后会被复制到计数单元 CE 中。在开始对计数器进行编程操作时，这两个寄存器将被清零。因此在初始计数值被保存到计数寄存器 CR 中之后，就会被送到计数单元 CE 中。当 GATE 开启时，计数单元会在时钟脉冲 CLK 的作用下执行递减计数操作。每次减 1，直到计数值递减为 0 时，就会向 OUT 引脚发出信号。

（2）8253（8254）芯片的编程

当系统刚上电时，8253 的状态是未知的。通过向 8253 写入一个控制字和一个初始计数值，我们就可以对想要使用的一个计数器进行编程。对于不使用的计数器不必对其编程。表 8-4 是控制寄存器内容的格式。

表 8-4　8253（8254）芯片控制字格式

位	名称	说明
7	SC1	SC1、SC0 用于选择计数器通道 0-2，或者回读命令。（SC - Select Counter） 00 - 通道 0；　01 - 通道 1；　02 - 通道 2；　11 - 回读命令（仅 8254 有）
6	SC0	
5	RW1	RW1、RW0 用于计数器读写操作选择。（RW - Read Write） 00 - 表示是寄存器锁存命令；01 - 读写低字节（LSB）； 10 - 读写高字节（MSB）；　　11 - 先读写低字节，再读写高字节
4	RW0	
3	M2	M2-M0 用于选择指定通道的工作方式。（M - Method） 000 - 方式 0；　001 - 方式 1；　010 - 方式 2； 011 - 方式 3；　100 - 方式 4；　101 - 方式 5
2	M1	
1	M0	
0	BCD	计数值格式选择。 0 - 16 位二进制计数；　1 - 4 个 BCD 码计数

在 CPU 执行写操作时，若 A1，A0 线为 11（此时在 PC 上对应端口 0x43），那么控制字会被写入控制字寄存器中。而控制字的内容会指定正在编程的计数器通道。初始计数值则会被写入指定的计数器中。当 A1，A0 为 00、01、10（分别对应 PC 端口 0x40、0x41 和 0x42）时就会分别选择 3 个计数器之一。在写入操作时，必须首先写入控制字，然后再写入初始计数值。初始计数值必须根据控制字中设定的格式写入（二进制的或 BCD 码格式）。在计数器开始工作时，我们仍然能随时向指定计数器重新写入新的初始值。这并不会影响已设置的计数器的工作方式。

在读操作时，对于 8254 芯片可有 3 种方法来读取计数器的当前计数值：①简单读操作；②使用计数器锁存命令；③使用回读命令。第 1 种方法在读时必须使用 GATE 引脚或相应逻辑电路暂时停止计数器的时钟输入。否则计数操作可能正在进行，从而造成读取的结果有误。第 2 种方法是使用计数器锁存命令。该命令是在读操作前首先发送到控制字寄存器，并由 D5，D4 两个位（00）指明发送的是计数器锁存命令而非控制字命令。当计数器接收到该命令时，它会把计数单元 CE 中的计数值锁存到输出锁存寄存器 OL 中。此时 CPU 若不读取 OL 中的内容，那么 OL 中的数值将保持不变，即使你又发送了另外一条计数器锁存命令。只有在 CPU 执行了读取该计数器操作后，OL 的内容才又会自动地跟随计数单元 CE 进行变化。第 3 种方法是使用回读命令。但只有 8254 有此功能。这个命令允许程序检测当前计数值、计数器运行的方式，以及当前输出状态和 NULL 计数标志。与第 2 中方法类似，在锁定计数值后，只有在 CPU 执行了读取该计数器操作后，OL 的内容才又会自动地跟随计数单元 CE 进行变化。

（3）计数器工作方式

8253/8254 的 3 个计数器通道可以有各自独立的工作方式，有以下 6 种方式可供选择。

1）方式 0——计数结束中断方式（Interrupt on Terminal Count）

该方式设定后，输出引脚 OUT 为低电平。并且始终保持为低电平直到计数递减为 0。此时 OUT 变为高电平并保持为高电平直到写入一个新的计数值或又重新设置控制字为方式 0。这种方式通常用于事件计数。这种方式的特点是允许使用 GATE 引脚控制计数暂停；计数结束时输出变高电平可作为中断信号；在计数期间可以重新装入初始计数值，并且在接收到计数高字节后重新执行计数工作。

2）方式 1——硬件可触发单次计数方式（Hardware Retriggerable One-shot）

工作在这种方式下时，OUT 刚开始处于高电平。在 CPU 写入了控制字和初始计数值后，计数器准备就绪。此时可使用 GATE 引脚上升沿触发计数器开始工作，而 OUT 则变为低电平。直到计数结束（0），OUT 变为高电平。在计数期间或计数结束后，GATE 重新变高电平，又会触发计数器装入初始计数值并重新开始计数操作。对于这种工作方式，GATE 信号不起作用。

3）方式 2——频率发生器方法（Rate Generator）

该方式的功能类似于一个 N 分频器。通常用于产生实时时钟中断。初始状态下 OUT 为高电平。当计数值递减为 1 时，OUT 变为低电平后再变成高电平。间隔时间为一个 CLK 脉冲宽度。此时计数器会重新加载初始值并重复上述过程。因此对于初始计数值为 N 的情况，会在每 N 个时钟脉冲时输出一个低电平脉冲信号。在这种方式下 GATE 可控制计数的暂停和继续。当 GATE 变高时会让计数器重新加载初始值并开始重新计数。

4）方式 3——方波发生器方式（Square Wave Mode）

该方式通常用于波特率发生器。该方式与方式 2 类似，但 OUT 输出的是方波。如果初始计数值是 N，那么方波的频率是输入时钟 CLK 的 N 分之一。该方式的特点是方波占空比约为 1 比 1（当 N 为奇数时略有差异），并且在计数器递减过程中若重新设置新的初始值，这个初始值要到前一个计数完成后才起作用。

5）方式 4——软件触发选通方式（Software Triggered Strobe）

初始状态下 OUT 为高电平。当计数结束时 OUT 将输出一个时钟脉冲宽度的低电平，然后变高（低电平选通）。计数操作是由写入初始计数值而“触发”的。在该工作方式下，GATE 引脚可以控制计数暂停（1 允许计数），但不影响 OUT 的状态。如果在计数过程中写入了一个新的初始值，那么计数器会在一个时钟脉冲后使用新值来重新进行计数操作。

6）方式 5——硬件触发选通方式（Hardware Triggered Strobe）

初始状态下 OUT 为高电平。计数操作将由 GATE 引脚上升沿触发。当计数结束，OUT 将输出一个时钟 CLK 脉冲宽度的低电平，然后变高。在写入控制字和初始值后，计数器并不会立刻加载初始计数值而开始工作。只有当 GATE 引脚变为高电平后的一个 CLK 时钟脉冲后才会被触发开始工作。

对于 PC/AT 及其兼容微机系统，采用的是 8254 芯片。3 个定时/计数器通道被分别用于时钟计时中断信号、动态内存刷新定时电路和主机扬声器音调合成。3 个计数器的输入时钟频率都是 1.193180MHz。PC/AT 微机中 8254 芯片连接示意图如图 8-9 所示。其中 A1，A0 引线被连

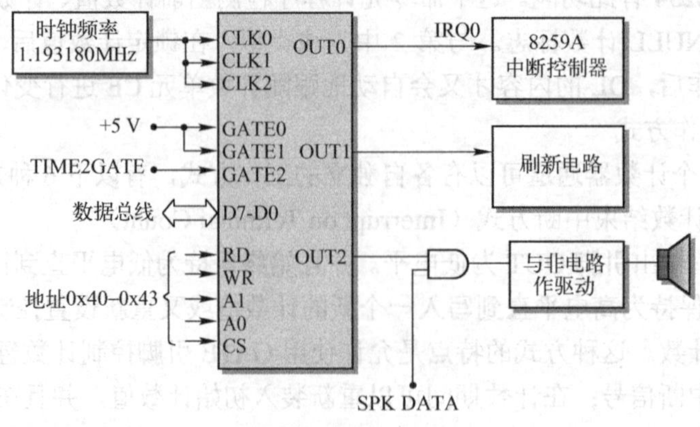

图 8-9　PC 微机中定时/计数芯片连接示意图

接到系统地址线 A1，A0 上。并且当系统地址线 A9～A2 信号是 0b0010000 时会选择 8254 芯片，因此 PC/AT 系统中 8254 芯片的 IO 端口地址范围是 0x40～0x43。其中 0x40～0x42 分别对应选择计数器通道 0～2，0x43 对应控制字寄存器写端口。

对于计数器通道 0，其 GATE 引脚固定连在高电平上。系统刚上电时它被 BIOS 程序设置成工作在方式 3 下（方波发生器方式），初始计数值被默认设置为 0，它表示计数值为 65536（0～65535）。因此每秒钟 OUT0 引脚会发出频率为 18.2Hz（1.193180MHz/65536）的方波信号。OUT0 被连接至可编程中断控制器 8259 芯片的 0 级中断请求端。因此利用方波上升沿可触发中断请求，使得系统每间隔 54.9ms（1000ms/18.2）就发出一个中断请求。

计数器通道 1 的 GATE 引脚也直接连接到高电平上，因此处于允许计数状态。其工作在方式 2（频率发生器方式）下，初始值通常被设置为 18。该计数器被用来向 PC/XT 系统的 DMA 控制器通道 2 或 PC/AT 系统的刷新电路发出 RAM 刷新信号。大约每 15μs 输出一个信号，输出频率为 1.19318/18 = 66.288kHz。

计数器通道 2 的 GATE 引脚（TIME2GATE）被连接至 8255A 芯片端口 B 的 D0 引脚或等效逻辑电路中。图 8-9 中的 SPK DATA 被连接至 8255A 芯片端口 B（0x61）的 D1 引脚或等效逻辑电路中。该计数器通道用于让主机扬声器发出音调，但也可以与 8255A 芯片（或其等效电路）配合作为一个普通定时器使用。

Linux 0.12 操作系统只对 8254 的计数器通道 0 进行了重新设置，使得该计数器工作在方式 3 下、计数初始值采用二进制，并且初始计数值被设置为 LATCH（1193180/100）。即让计数器 0 每间隔 10ms 发出一个方波上升沿信号以产生中断请求信号（IRQ0）。因此向 8254 写入的控制字是 0x36（0b00110110），随后写入初始计数值的低字节和高字节。初始计数值低字节和高字节值分别为(LATCH & 0xff)和(LATCH >> 8)。这个间隔定时产生的中断请求就是 Linux 0.12 内核工作的脉搏，它用于定时切换当前执行的任务和统计每个任务使用的系统资源量（时间）。

8.7 signal.c 程序

8.7.1 功能描述

signal.c 程序涉及内核中所有有关信号处理的函数。在类 UNIX 系统中，信号是一种“软件中断”处理机制。有许多较为复杂的程序会使用信号。信号机制提供了一种处理异步事件的方法。例如，用户在终端键盘上键入 ctrl-C 组合键来终止一个程序的执行。该操作就会产生一个 SIGINT（SIGnal INTerrupt）信号，并被发送到当前前台执行的进程中；当进程设置的一个报警时钟到期时，系统就会向进程发送一个 SIGALRM 信号；当发生硬件异常时，系统也会向正在执行的进程发送相应的信号。另外，一个进程也可以向另一个进程发送信号。例如使用 kill() 函数向同组的子进程发送终止执行信号。

信号处理机制在很早的 UNIX 系统中就已经有了，但那些早期 UNIX 内核中信号处理的方法并不是那么可靠。信号可能会被丢失，而且在处理紧要区域代码时进程有时很难关闭一个指定的信号，后来 POSIX 提供了一种处理信号的可靠方法。为了保持兼容性，本程序中还是提供了两种处理信号的方法。

在内核代码中通常使用一个无符号长整数（32 位）中的位来表示各种不同信号。因此最多可表示 32 个不同的信号。在本版 Linux 内核中，定义了 22 种不同的信号。其中 20 种信号是

POSIX.1 标准中规定的所有信号，另外 2 种是 Linux 的专用信号：SIGUNUSED（未定义）和 SIGSTKFLT（堆栈错），前者可表示系统目前还不支持的所有其他信号种类。这 22 种信号的具体名称和定义可参考程序后的信号列表，也可参阅 include/signal.h 头文件。

1．信号处理

对于进程来说，当收到一个信号时，可以有三种处理或操作方式。

（1）忽略该信号。大多数信号都可以被进程忽略。但有两个信号忽略不掉：SIGKILL 和 SIGSTOP。其原因是为了给超级用户提供一个确定的方法来终止或停止指定的任何进程。另外，若忽略掉某些硬件异常而产生的信号（例如被 0 除），则进程的行为或状态就可能变得不可知了。

（2）捕获该信号。为了进行该操作，我们必须首先告诉内核在指定的信号发生时调用我们自定义的信号处理函数。在该处理函数中，我们可以做任何操作，当然也可以什么不做，起到忽略该信号的同样作用。自定义信号处理函数来捕获信号的一个例子是：如果我们在程序执行过程中创建了一些临时文件，那么我们就可以定义一个函数来捕获 SIGTERM（终止执行）信号，并在该函数中做一些清理临时文件的工作。SIGTERM 信号是 kill 命令发送的默认信号。

（3）执行默认操作。内核为每种信号都提供一种默认操作。通常这些默认操作就是终止进程的执行。参见程序后信号列表中的说明。

本程序给出了设置和获取进程信号阻塞码（屏蔽码）系统调用函数 sys_ssetmask()和 sys_sgetmask()、信号处理系统调用 sys_signal()（即传统信号处理函数 signal()）、修改进程在收到特定信号时所采取的行动的系统调用 sys_sigaction()(即可靠信号处理函数 sigaction())以及在系统调用中断处理程序中处理信号的函数 do_signal()。有关信号操作的发送信号函数 send_sig() 和通知父进程函数 tell_father()则被包含在另一个程序（exit.c）中。程序中的名称前缀 sig 均是信号 signal 的简称。

signal()和 sigaction()的功能比较类似，都是更改信号原处理句柄（handler，或称为处理程序）。但 signal()就是内核操作上述传统信号处理的方式，在某些特殊时刻可能会造成信号丢失。当用户想对特定信号使用自己的信号处理程序（信号句柄）时，需要使用 signal()或 sigaction()系统调用首先在进程自己的任务数据结构中设置 sigaction[]结构数组项，把自身信号处理程序的指针和一些属性“记录”在该结构项中。当内核在退出一个系统调用和某些中断过程时会检测当前进程是否收到信号。若收到了用户指定的特定信号，内核就会根据进程任务数据结构中 sigaction[]中对应信号的结构项执行用户自己定义的信号处理服务程序。

在 include/signal.h 头文件第 55 行上，signal()函数原型声明如下：

```
void (*signal(int signr, void (*handler)(int)))(int);
```

这个 signal()函数有两个参数。一个指定需要捕获的信号 signr；另外一个是新的信号处理函数指针（新的信号处理句柄）void (*handler)(int)。新的信号处理句柄是一个无返回值且具有一个整型参数的函数指针，该整型参数用于当指定信号发生时内核将其传递给处理句柄。

signal()函数的原型声明看上去比较复杂，但是若我们定义一个如下类型：

```
typedef  void sigfunc(int);
```

那么我们可以把 signal()函数的原型改写成下面的简单样子：

```
sigfunc *signal(int signr, sigfunc *handler);
```

signal()函数会给信号值是 signr 的信号安装一个新的信号处理函数句柄 handler，该信号句柄可以是用户指定的一个信号处理函数，也可以是内核提供的特定的函数指针 SIG_IGN 或 SIG_DFL。

当指定的信号到来时，如果相关的信号处理句柄被设置成 SIG_IGN，那么该信号就会被忽略掉。如果信号句柄是 SIG_DFL，那么就会执行该信号的默认操作。否则，如果信号句柄被设置成用户的一个信号处理函数，那么内核首先会把该信号句柄复位成其默认句柄，或者会执行与实现相关的信号阻塞操作，然后会调用指定的信号处理函数。

signal()函数会返回原信号处理句柄，这个返回的句柄也是一个无返回值且具有一个整型参数的函数指针。并且在新句柄被调用过一次后，信号处理句柄又会恢复成默认处理句柄值 SIG_DFL。

在 include/signal.h 文件中（第 45 行起），默认句柄 SIG_DFL 和忽略处理句柄 SIG_IGN 的定义是：

```
#define SIG_DFL     ((void (*)(int))0)
#define SIG_IGN     ((void (*)(int))1)
```

都分别表示无返回值的函数指针，与 signal()函数中第二个参数的要求相同。指针值分别是 0 和 1。这两个指针值逻辑上讲是实际程序中不可能出现的函数地址值。因此在 signal()函数中就可以根据这两个特殊的指针值来判断是否使用默认信号处理句柄或忽略对信号的处理（当然 SIGKILL 和 SIGSTOP 是不能被忽略的）。参见下面程序列表中第 94～98 行的处理过程。

当一个程序被执行时，系统会设置其处理所有信号的方式为 SIG_DFL 或 SIG_IGN。另外，当程序 fork 一个子进程时，子进程会继承父进程的信号处理方式（信号屏蔽码）。因此父进程对信号的设置和处理方式在子进程中同样有效。

为了能连续地捕获一个指定的信号，signal()函数的通常使用方式例子如下。

```
void sig_handler(int signr)          // 信号句柄。
{
    signal(SIGINT, sig_handler);     // 为处理下一次信号发生而重新设置自己的处理句柄。
    ...
}

main ()
{
    signal(SIGINT, sig_handler);     // 主程序中设置自己的信号处理句柄。
    ...
}
```

signal()函数不可靠的原因在于当信号已经发生而进入自己设置的信号处理函数中，但在重新设置自己的处理句柄之前，在这段时间内有可能又有一个信号发生。但是此时系统已经把处理句柄设置成默认值。因此就有可能造成信号丢失。

sigaction()函数采用了 sigaction 数据结构来保存指定信号的信息，它是一种可靠的内核处理信号的机制，它可以让我们方便地查看或修改指定信号的处理句柄。该函数是 signal()函数的一个超集。该函数在 include/signal.h 头文件（第 66 行）中的声明为：

```
int sigaction(int sig, struct sigaction *act, struct sigaction *oldact);
```

其中参数 sig 是我们需要查看或修改其信号处理句柄的信号，后两个参数是 sigaction 结构的指针。当参数 act 指针不是 NULL 时，就可以根据 act 结构中的信息修改指定信号的行为。当 oldact 不为空时，内核就会在该结构中返回信号原来的设置信息。sigaction 结构如下所示：

```
struct sigaction {
        void (*sa_handler)(int);              // 信号处理句柄。
        sigset_t sa_mask;                     // 信号的屏蔽码，可以阻塞指定的信号集。
        int sa_flags;                         // 信号选项标志。
        void (*sa_restorer)(void);            // 信号恢复函数指针（系统内部使用）。
};
```

当修改一个信号的处理方法时，如果处理句柄 sa_handler 不是默认处理句柄 SIG_DFL 或忽略处理句柄 SIG_IGN，那么在 sa_handler 处理句柄可被调用前，sa_mask 字段就指定了需要加入到进程信号屏蔽位图中的一个信号集。如果信号处理句柄返回，系统就会恢复进程原来的信号屏蔽位图。这样在一个信号句柄被调用时，我们就可以阻塞指定的一些信号。当信号句柄被调用时，新的信号屏蔽位图会自动地把当前发送的信号包括进去，阻塞该信号的继续发送。从而在我们处理一指定信号期间能确保阻塞同一个信号而不让其丢失，直到此次处理完毕。另外，在一个信号被阻塞期间而又多次发生时通常只保存其一个样例，即在阻塞解除时对于阻塞的多个同一信号只会再调用一次信号处理句柄。在我们修改了一个信号的处理句柄之后，除非再次更改，否则就一直使用该处理句柄。这与传统的 signal()函数不一样。signal()函数会在一处理句柄结束后将其恢复成信号的默认处理句柄。

sigaction 结构中的 sa_flags 用于指定其他一些处理信号的选项，这些选项的定义请参见 include/signal.h 文件中（第 36～39 行）的说明。

sigaction 结构中的最后一个字段和 sys_signal()函数的参数 restorer 是一个函数指针。它在编译连接程序时由 Libc 函数库提供，用于在信号处理程序结束后清理用户态堆栈，并恢复系统调用存放在 eax 中的返回值，见下面详细说明。

do_signal()函数是内核系统调用(int 0x80)中断处理程序中对信号的预处理程序。在进程每次调用系统调用或者发生时钟等中断时，若进程已收到信号，则该函数就会把信号的处理句柄（即对应的信号处理函数）插入到用户程序堆栈中。这样，在当前系统调用结束返回后就会立刻执行信号句柄程序，然后继续执行用户的程序，如图 8-10 所示。

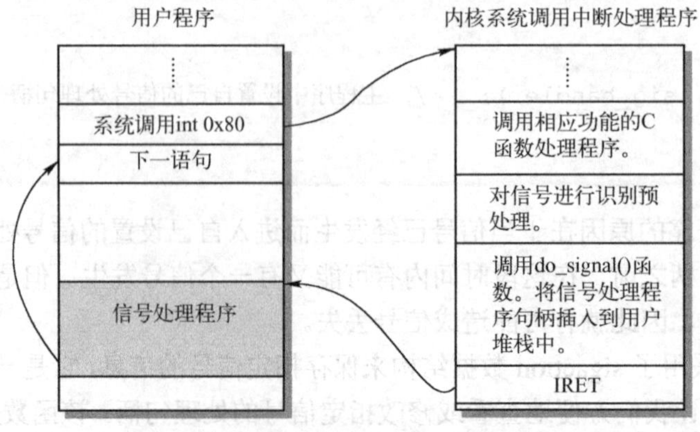

图 8-10 信号处理程序的调用方式。

在把信号处理程序的参数插入到用户堆栈中之前，do_signal()函数首先会把用户程序堆栈指针向下扩展 longs 个长字(参见下面程序中 195 行)，然后将相关的参数添入其中，参见图 8-11。由于 do_signal()函数从 104 行开始的代码比较难以理解，下面我们将对其进行详细注释。

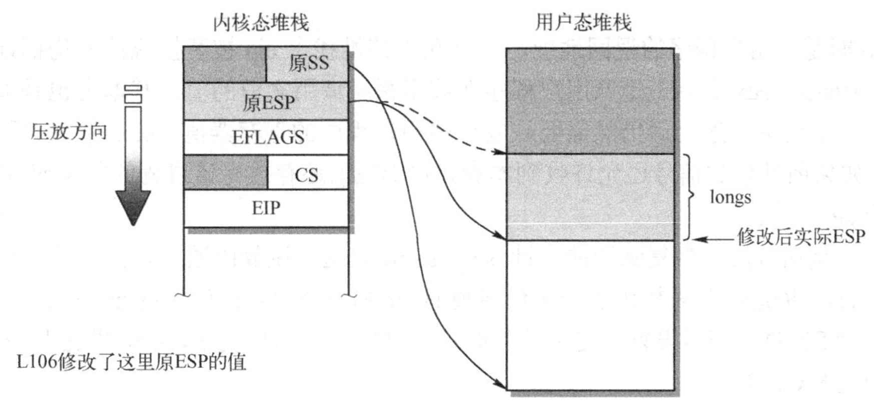

图 8-11 do_signal()函数对用户堆栈的修改

在用户程序调用系统调用刚进入内核时，该进程的内核态堆栈上会由 CPU 自动压入如图 8-11 中所示的内容，即：用户程序的 SS 和 ESP 以及用户程序中下一条指令的执行点位置 CS 和 EIP。在处理完此次指定的系统调用功能并准备调用 do_signal()时（即 sys_call.s 程序 118 行之后），内核态堆栈中的内容如图 8-12 中左边所示。因此 do_signal()的参数即是这些在内核态堆栈上的内容。

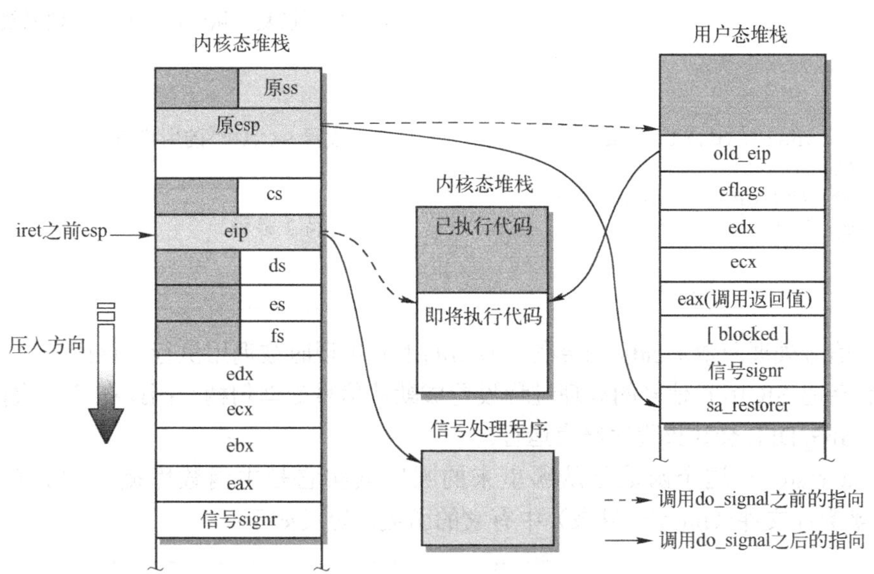

图 8-12 do_signal()函数修改用户态堆栈的具体过程

在 do_signal()处理完两个默认信号句柄（SIG_IGN 和 SIG_DFL）之后，若用户自定义了信号处理程序（信号句柄 sa_handler），则从 104 行起 do_signal()开始准备把用户自定义的句柄插入用户态堆栈中。它首先把内核态堆栈中原用户程序的返回执行点指针 eip 保存为 old_eip，然后将该 eip 替换成指向自定义句柄 sa_handler，即让图中内核态堆栈中的 eip 指向 sa_handler。

接下来通过把内核态中保存的“原 esp”减去 longs 值，把用户态堆栈向下扩展了 7 或 8 个长字空间。最后把内核堆栈上的一些寄存器内容复制到了这个空间中，见图中右边所示。

总共往用户态堆栈上放置了 7 到 8 个值，我们现在来说明这些值的含义以及放置这些值的原因。

old_eip 即是原用户程序的返回地址，它是在内核堆栈上 eip 被替换成信号句柄地址之前保留下来的。eflags、edx 和 ecx 是原用户程序在调用系统调用之前的值，基本上也是调用系统调用的参数，在系统调用返回后仍然需要恢复这些用户程序的寄存器值。eax 中保存了系统调用的返回值。如果所处理的信号还允许收到本身，则堆栈上还存放有该进程的阻塞码 blocked。下一个是信号 signr 值。

最后一个是信号活动恢复函数的指针 sa_restorer。这个恢复函数不是由用户设定的，因为在用户定义 signal()函数时只提供了一个信号值 signr 和一个信号处理句柄 handler。

下面是为 SIGINT 信号设置自定义信号处理句柄的一个简单例子，默认情况下，按下 Ctrl-C 组合键会产生 SIGINT 信号。

```
#include <signal.h>
#include <stdio.h>
#include <unistd.h>

void handler(int sig)                          // 信号处理句柄。
{
   printf("The signal is %d\n", sig);
   (void) signal(SIGINT, SIG_DFL);             // 恢复 SIGINT 信号的默认处理句柄。（实际上内核会
}                                              // 自动恢复默认值，但对于其他系统未必如此）

int main()
{
   (void) signal(SIGINT, handler);             // 设置 SIGINT 的用户自定义信号处理句柄。
   while (1) {
      printf("Signal test.\n");
      sleep(1);                                // 等待 1 秒钟。
   }
}
```

其中，信号处理函数 handler()会在信号 SIGINT 出现时被调用执行。该函数首先输出一条信息，然后会把 SIGINT 信号的处理过程设置成默认信号处理句柄。因此在第二次按下 Ctrl-C 组合键时，SIG_DFL 会让该程序结束运行。

那么 sa_restorer 这个函数是从哪里来的呢？其实它是由函数库提供的。在 Linux 的 Libc-2.2.2 函数库文件（misc/子目录）中有它的函数，定义如下：

```
.globl ____sig_restore
.globl ____masksig_restore
# 若没有 blocked 则使用这个 restorer 函数
____sig_restore:
   addl $4,%esp                 # 丢弃信号值 signr
   popl %eax                    # 恢复系统调用返回值。
   popl %ecx                    # 恢复原用户程序寄存器值。
   popl %edx
   popfl                        # 恢复用户程序时的标志寄存器。
```

```
    ret
# 若有blocked则使用下面这个 restorer 函数，blocked 供 ssetmask 使用。
____masksig_restore:
    addl $4,%esp             # 丢弃信号值 signr
    call ____ssetmask        # 设置信号屏蔽码 old blocking
    addl $4,%esp             # 丢弃 blocked 值。
    popl %eax
    popl %ecx
    popl %edx
    popfl
    ret
```

该函数的主要作用是为了在信号处理程序结束后，恢复用户程序执行系统调用后的返回值和一些寄存器内容，并清除作为信号处理程序参数的信号值 signr。在编译连接用户自定义的信号处理函数时，编译程序会调用 Libc 库中信号系统调用函数把 sa_restorer()函数插入到用户程序中。库文件中信号系统调用的函数实现如下所示。

```
#define __LIBRARY__
#include <unistd.h>

extern void ___sig_restore();
extern void ___masksig_restore();

   // 库函数中用户调用的 signal()包裹函数。
void (*signal(int sig, __sighandler_t func))(int)
{
        void (*res)();
        register int __fooebx __asm__ ("bx") = sig;
        __asm__("int $0x80":"=a" (res):
        "0" (__NR_signal),"r" (__fooebx),"c" (func),"d" ((long)___sig_restore));
        return res;
}

   // 用户调用的 sigaction()函数。
int sigaction(int sig,struct sigaction * sa, struct sigaction * old)
{
        register int __fooebx __asm__ ("bx") = sig;
        if (sa->sa_flags & SA_NOMASK)
               sa->sa_restorer=___sig_restore;
        else
               sa->sa_restorer=___masksig_restore;
        __asm__("int $0x80":"=a" (sig)
               :"0" (__NR_sigaction),"r" (__fooebx),"c" (sa),"d" (old));
        if (sig>=0)
               return 0;
        errno = -sig;
        return -1;
}
```

sa_restorer()函数负责清理在信号处理程序执行完后恢复用户程序的寄存器值和系统调用返回值，就好像没有运行过信号处理程序，而是直接从系统调用中返回的。

最后说明一下执行的流程。在 do_signal()执行完后，sys_call.s 会把进程内核态堆栈上 eip 以下的所有值弹出堆栈。在执行了 iret 指令之后，CPU 将把内核态堆栈上的 cs:eip、eflags 以及

ss:esp 弹出，恢复到用户态去执行程序。由于 eip 已经被替换为指向信号句柄，因此，此刻会立即执行用户自定义的信号处理程序。在该信号处理程序执行完后，通过 ret 指令，CPU 会把控制权移交给 sa_restorer 所指向的恢复程序去执行。而 sa_restorer 程序会做一些用户态堆栈的清理工作，即会跳过堆栈上的信号值 signr，并把系统调用后的返回值 eax 和寄存器 ecx、edx 以及标志寄存器 eflags 弹出，完全恢复了系统调用后各寄存器和 CPU 的状态。最后通过 sa_restorer 的 ret 指令弹出原用户程序的 eip（即堆栈上的 old_eip），返回去执行用户程序。

另外，sys_suspend()系统调用用于临时把进程信号屏蔽码替换成参数中给定的 set，然后挂起进程，直到收到一个信号为止。该系统调用被声明为带有三个参数的如下形式：

```
int sys_sigsuspend(int restart, unsigned long old_mask, unsigned long set)
```

其中 restart 是一个标志。当第 1 次调用该系统调用时，它是 0。并且在该函数中会把进程原来的阻塞码 blocked 保存起来（old_mask），并设置 restart 为非 0 值。因此当进程第 2 次调用该系统调用时，它就会恢复进程原来保存在 old_mask 中的阻塞码。

虽然该系统调用带有三个参数，但一般用户程序在调用该函数时过程中仅使用带有一个 set 参数的如下形式：

```
int sigsuspend(unsigned long set)
```

这是该系统调用在 C 库中的实现形式。前两个参数将由 sigsuspend()库函数进行处理。该库函数的一般实现类似如下代码：

```
#define __LIBRARY__
#include <unistd.h>

int sigsuspend(sigset_t *sigmask)
{
        int res;

        register int __fooebx __asm__ ("bx") = 0;
        __asm__("int $0x80"
                :"=a" (res)
                :"0" (__NR_sigsuspend), "r" (__fooebx), "c" (0), "d" (*sigmask)
                :"bx","cx");
        if (res >= 0)
                return res;
        errno = -res;
        return -1;
}
```

2. 被信号中断的系统调用的重新启动

如果进程在执行一个慢速系统调用而被阻塞期间收到了一个信号，那么这个系统调用就会被中断而不再继续执行。此时该系统调用会返回出错信息，相应的全局错误码变量 errno 被设置成 EINTR，表示系统调用被信号中断。例如对于读写管道、终端设备以及网络设备时，如果所读数据不存在或者设备不能立刻接受数据，那么系统调用的调用程序将被一直阻塞着。因此对于一些慢速系统调用就可以在必要时使用信号来中断它们并返回到用户程序中。这也包括 pause()和 wait()等系统调用。

但在某些情况下并无必要让用户程序来亲自处理被中断的系统调用。因为有时用户并不知道设备是否为低速设备。如果编制的程序可以以交互方式运行，那么它可能会读写低速设备。如果在这种程序中捕捉信号，而系统并没有提供系统调用的自动重新启动功能，那么程序在每次读写系统调用时就需要对出错返回码进行检测。如果是被信号中断的就需要再次进行读写操作。例如，在执行一个读操作时，若它被信号中断，那么我们为了让它能继续执行读操作就会要求用户编制如下的代码段：

```
again:
      if (( n = read(fd, buff, BUFFSIZE)) < 0 ) {
              if (errno == EINTR)
                     goto again;          /* 是一个被中断的系统调用 */
       }
```

为了让用户程序不必处理某些被中断的系统调用情况，在处理信号时引进了对某些被中断系统调用的重新启动（重新执行）功能。自动重新启动的系统调用包括：ioctl、read、write、wait 和 waitpid。其中前面 3 个系统调用只有对低速设备进行操作时才会被信号中断。而 wait 和 waitpid 在捕捉到信号时总是会被中断。

在处理信号时根据设置在 sigaction 结构中的标志，可以选择是否重新启动被中断的系统调用。在 Linux 0.12 内核中，如果在 sigaction 结构中设置了 SA_INTERRUPT 标志（系统调用可中断），并且相关信号不是 SIGCONT、SIGSTOP、SIGTSTP、SIGTTIN 和 SIGTTOU，那么在系统调用执行时收到信号就会被中断。否则内核会自动重新执行被中断的系统调用。执行的方法是首先恢复调用系统调用时原来寄存器 eax 的值，然后把用户程序代码的执行指针 eip 回调两个字节，即让 eip 重新指向系统调用中断 int 0x80 指令。

对于目前的 Linux 系统，标志 SA_INTERRUPT 已经弃置不用，取而代之的是具有相反含义的标志 SA_RESTART，即在本信号处理句柄执行完毕需要重新启动被中断的系统调用。

8.7.2 代码注释

程序 8-6　linux/kernel/signal.c

```
/*
 *  linux/kernel/signal.c
 *
 *  (C) 1991  Linus Torvalds
 */

#include <linux/sched.h>      // 调度程序头文件，定义任务结构task_struct、初始任务0的数据，
                              // 还有一些有关描述符参数设置和获取的嵌入式汇编函数宏语句。
#include <linux/kernel.h>     // 内核头文件。含有一些内核常用函数的原形定义。
#include <asm/segment.h>      // 段操作头文件。定义了有关段寄存器操作的嵌入式汇编函数。

#include <signal.h>           // 信号头文件。定义信号符号常量，信号结构及信号操作函数原型。
#include <errno.h>            // 出错号头文件。定义出错号符号常量。

//获取当前任务信号屏蔽位图（屏蔽码或阻塞码）。sgetmask可分解为signal-get-mask。以下类似。
int sys_sgetmask()
{
        return current->blocked;
```

```
}

// 设置新的信号屏蔽位图。信号 SIGKILL 和 SIGSTOP 不能被屏蔽。返回值是原信号屏蔽位图。
int sys_ssetmask(int newmask)
{
        int old=current->blocked;

        current->blocked = newmask & ~(1<<(SIGKILL-1)) & ~(1<<(SIGSTOP-1));
        return old;
}

// 检测并取得进程收到的但被屏蔽（阻塞）的信号。还未处理信号的位图将被放入 set 中。
int sys_sigpending(sigset_t *set)
{
    /* fill in "set" with signals pending but blocked. */
    /* 用还未处理并且被阻塞信号的位图填入 set 指针所指位置处 */
// 首先验证进程提供的用户存储空间应有 4 个字节。然后把还未处理并且被阻塞信号的位图填入 set 指
// 针所指位置处。
    verify_area(set,4);
    put_fs_long(current->blocked & current->signal, (unsigned long *)set);
    return 0;
}

/* automatically swap in the new signal mask, and wait for a signal.
 *
 * we need to play some games with syscall restarting.  We get help
 * from the syscall library interface.  Note that we need to coordinate
 * the calling convention with the libc routine.
 *
 * "set" is just the sigmask as described in 1003.1-1988, 3.3.7.
 *     It is assumed that sigset_t can be passed as a 32 bit quantity.
 *
 * "restart" holds a restart indication.  If it's non-zero, then we
 *     install the old mask, and return normally.  If it's zero, we store
 *     the current mask in old_mask and block until a signal comes in.
 */
/* 自动地更换成新的信号屏蔽码，并等待信号的到来。
 *
 * 我们需要对系统调用（syscall）做一些处理。我们会从系统调用库接口取得某些信息。
 * 注意，我们需要把调用规则与 libc 库中的子程序统一考虑。
 *
 * "set" 正是 POSIX 标准 1003.1-1988 的 3.3.7 节中所描述的信号屏蔽码 sigmask。
 *       其中认为类型 sigset_t 能够作为一个 32 位量传递。
 *
 * "restart"中保持有重启指示标志。如果为非 0 值，那么我们就设置原来的屏蔽码，
 *       并且正常返回。如果它为 0，那么我们就把当前的屏蔽码保存在 oldmask 中
 *       并且阻塞进程，直到收到任何一个信号为止。
 */
// 该系统调用临时把进程信号屏蔽码替换成参数中给定的 set，然后挂起进程，直到收到一个
// 信号为止。
// restart 是一个被中断的系统调用重新启动标志。当第 1 次调用该系统调用时，它是 0。并且
// 在该函数中会把进程原来的阻塞码 blocked 保存起来（old_mask），并设置 restart 为非 0
// 值。因此当进程第 2 次调用该系统调用时，它就会恢复进程原来保存在 old_mask 中的阻塞码。
int sys_sigsuspend(int restart, unsigned long old_mask, unsigned long set)
{
// pause()系统调用将导致调用它的进程进入睡眠状态，直到收到一个信号。该信号或者会终止进程的
```

```
// 执行，或者导致进程去执行相应的信号捕获函数。
    extern int sys_pause(void);

// 如果restart标志不为0，表示重新让程序运行起来。于是恢复前面保存在old_mask中的原进程
// 阻塞码。并返回码-EINTR（系统调用被信号中断）。
    if (restart) {
        /* we're restarting */       /* 我们正在重新启动系统调用 */
        current->blocked = old_mask;
        return -EINTR;
    }
// 否则表示restart标志的值是0。表示第1次调用。于是首先设置restart标志（置为1），保存
// 进程当前阻塞码 blocked 到 old_mask 中，并把进程的阻塞码替换成 set。然后调用pause()让
// 进程睡眠，等待信号的到来。当进程收到一个信号时，pause() 就会返回，并且进程会去执行信号
// 处理函数，然后本调用返回 -ERESTARTNOINTR 码退出。这个返回码说明在处理完信号后要求返回
// 到本系统调用中继续运行，即本系统调用不会被中断。
    /* we're not restarting.  do the work */
    /* 我们不是重新重新运行，那么就干活吧 */
    *(&restart) = 1;
    *(&old_mask) = current->blocked;
    current->blocked = set;
    (void) sys_pause();                /* return after a signal arrives */
    return -ERESTARTNOINTR;            /* handle the signal, and come back */
}

// 复制sigaction数据到fs数据段to处。即从内核空间复制到用户（任务）数据段中。
static inline void save_old(char * from,char * to)
{
        int i;

// 首先验证to处的内存空间是否足够大。然后把一个sigaction结构信息复制到fs段（用户）
// 空间中。宏函数put_fs_byte()在include/asm/segment.h中实现。
        verify_area(to, sizeof(struct sigaction));
        for (i=0 ; i< sizeof(struct sigaction) ; i++) {
                put_fs_byte(*from,to);
                from++;
                to++;
        }
}

// 把sigaction数据从fs数据段from位置复制到to处。即从用户数据空间取到内核数据段中。
static inline void get_new(char * from,char * to)
{
        int i;

        for (i=0 ; i< sizeof(struct sigaction) ; i++)
                *(to++) = get_fs_byte(from++);
}

// signal()系统调用。类似于sigaction()。为指定的信号安装新的信号句柄(信号处理程序)。
// 信号句柄可以是用户指定的函数，也可以是SIG_DFL（默认句柄）或SIG_IGN（忽略）。
// 参数signum --指定的信号；handler -- 指定的句柄；restorer –恢复函数指针，该函数由
// Libc 库提供。用于在信号处理程序结束后恢复系统调用返回时几个寄存器的原有值以及系统调用
// 的返回值，就好像系统调用没有执行过信号处理程序而直接返回到用户程序一样。函数返回原信号
// 句柄。
int sys_signal(int signum, long handler, long restorer)
{
```

```
        struct sigaction tmp;

// 首先验证信号值在有效范围（1--32）内，并且不得是信号 SIGKILL（和 SIGSTOP）。因为这
// 两个信号不能被进程捕获。
        if (signum<1 || signum>32 || signum==SIGKILL || signum==SIGSTOP)
                return -EINVAL;
// 然后根据提供的参数组建 sigaction 结构内容。sa_handler 是指定的信号处理句柄（函数）。
// sa_mask 是执行信号处理句柄时的信号屏蔽码。sa_flags 是执行时的一些标志组合。这里设定该信
// 号处理句柄只使用 1 次后就恢复到默认值，并允许信号在自己的处理句柄中收到。
        tmp.sa_handler = (void (*)(int)) handler;
        tmp.sa_mask = 0;
        tmp.sa_flags = SA_ONESHOT | SA_NOMASK;
        tmp.sa_restorer = (void (*)(void)) restorer;      // 保存恢复处理函数指针。
// 接着取该信号原来的处理句柄，并设置该信号的 sigaction 结构。最后返回原信号句柄。
        handler = (long) current->sigaction[signum-1].sa_handler;
        current->sigaction[signum-1] = tmp;
        return handler;
}

// sigaction()系统调用。改变进程在收到一个信号时的操作。signum 是除了 SIGKILL 以外的任何
// 信号。[如果新操作（action）不为空 ]则新操作被安装。如果 oldaction 指针不为空，则原操作
// 被保留到 oldaction。成功则返回 0，否则为-EINVAL。
int sys_sigaction(int signum, const struct sigaction * action,
        struct sigaction * oldaction)
{
        struct sigaction tmp;

// 首先验证信号值在有效范围（1--32）内，并且不得是信号 SIGKILL（和 SIGSTOP）。因为这两个
// 信号不能被进程捕获。
        if (signum<1 || signum>32 || signum==SIGKILL || signum==SIGSTOP)
                return -EINVAL;
// 在信号的 sigaction 结构中设置新的操作（动作）。如果 oldaction 指针不为空的话，则将原操
// 作指针保存到 oldaction 所指的位置。
        tmp = current->sigaction[signum-1];
        get_new((char *) action,
                (char *) (signum-1+current->sigaction));
        if (oldaction)
                save_old((char *) &tmp,(char *) oldaction);
// 如果允许信号在自己的信号句柄中收到，则令屏蔽码为 0，否则设置屏蔽本信号。
        if (current->sigaction[signum-1].sa_flags & SA_NOMASK)
                current->sigaction[signum-1].sa_mask = 0;
        else
                current->sigaction[signum-1].sa_mask |= (1<<(signum-1));
        return 0;
}

/*
 * Routine writes a core dump image in the current directory.
 * Currently not implemented.
 */
/*
 * 在当前目录中产生 core dump 映像文件的子程序。目前还没有实现。
 */
int core_dump(long signr)
{
        return(0);        /* We didn't do a dump */
```

```
126 }
127
// 系统调用的中断处理程序中真正的信号预处理程序（在 kernel/sys_call.s,119 行）。这段代码
// 的主要作用是将信号处理句柄插入到用户程序堆栈中，并在本系统调用结束返回后立刻执行信号句柄
// 程序，然后继续执行用户的程序。
// 函数的参数是进入系统调用处理程序 sys_call.s 开始，直到调用本函数（sys_call.s 第 125 行）
// 前逐步压入堆栈的值。这些值包括（在 sys_call.s 中的代码行）：
// ①CPU 执行中断指令压入的用户栈地址 ss 和 esp、标志寄存器 eflags 和返回地址 cs 和 eip；
// ②第 85--91 行在刚进入 system_call 时压入栈的段寄存器 ds、es、fs 以及寄存器 eax
// （orig_eax）、edx、ecx 和 ebx 的值；
// ③第 100 行调用 sys_call_table 后压入栈中的相应系统调用处理函数的返回值（eax）。
// ④ 第 124 行压入栈中的当前处理的信号值（signr）。
128 int do_signal(long signr,long eax,long ebx, long ecx, long edx, long orig_eax,
129         long fs, long es, long ds,
130         long eip, long cs, long eflags,
131         unsigned long * esp, long ss)
132 {
133         unsigned long sa_handler;
134         long old_eip=eip;
135         struct sigaction * sa = current->sigaction + signr - 1;
136         int longs;                               // 即 current->sigaction[signr-1]。
137
138         unsigned long * tmp_esp;
139
// 以下是调试语句。当定义了 notdef 时会打印相关信息。
140 #ifdef notdef
141         printk("pid: %d, signr: %x, eax=%d, oeax = %d, int=%d\n",
142                 current->pid, signr, eax, orig_eax,
143                 sa->sa_flags & SA_INTERRUPT);
144 #endif
// 如果不是系统调用而是其他中断执行过程中调用到本函数时，  roig_eax 值为 -1。 参见
// sys_call.s 第 144 行 等语句。因此当 orig_eax 不等于 -1 时，说明是在某个系统调用的
// 最后调用了本函数。在 kernel/exit.c 的 waitpid() 函数中，如果收到了 SIGCHLD 信号，
// 或者在读管道函数 fs/pipe.c 中，管道当前读数据但没有读到任何数据等情况下，进程收到了任何
// 一个非阻塞的信号，则都会以 -ERESTARTSYS 返回值返回。它表示进程可以被中断，但是在继续执
// 行后会重新启动系统调用。返回码-ERESTARTNOINTR 说明在处理完信号后要求返回到原系统调用中
// 继续运行，即系统调用不会被中断。参见前面第 62 行。
// 因此下面语句说明如果是在系统调用中调用的本函数，并且相应系统调用的返回码 eax 等于
// -ERESTARTSYS 或 -ERESTARTNOINTR 时进行下面的处理（实际上还没有真正回到用户程序中）。
145         if ((orig_eax != -1) &&
146             ((eax == -ERESTARTSYS) || (eax == -ERESTARTNOINTR))) {
// 如果系统调用返回码是 -ERESTARTSYS（重新启动系统调用），并且 sigaction 中含有标志
// SA_INTERRUPT（系统调用被信号中断后不重新启动系统调用）或者信号值小于 SIGCONT 或者
// 信号值大于 SIGTTOU（即信号不是 SIGCONT、SIGSTOP、SIGTSTP、SIGTTIN 或 SIGTTOU），则
// 修改系统调用的返回值为 eax = -EINTR，即被信号中断的系统调用。
147                 if ((eax == -ERESTARTSYS) && ((sa->sa_flags & SA_INTERRUPT) ||
148                     signr < SIGCONT || signr > SIGTTOU))
149                         *(&eax) = -EINTR;
150                 else {
// 否则就恢复进程寄存器 eax 在调用系统调用之前的值，并且把原程序指令指针回调 2 字节。即当返回
// 用户程序时，让程序重新启动执行被信号中断的系统调用。
151                         *(&eax) = orig_eax;
152                         *(&eip) = old_eip -= 2;
153                 }
154         }
// 如果信号句柄为 SIG_IGN（1，默认忽略句柄）则不对信号进行处理而直接返回。
```

```
        sa_handler = (unsigned long) sa->sa_handler;
        if (sa_handler==1)
                return(1);   /* Ignore, see if there are more signals... */
// 如果句柄为 SIG_DFL（0，默认处理），则根据具体的信号进行分别处理。
        if (!sa_handler) {
                switch (signr) {
// 如果信号是以下两个则也忽略之，并返回。
                case SIGCONT:
                case SIGCHLD:
                        return(1);  /* Ignore, ... */

// 如果信号是以下 4 种信号之一，则把当前进程状态置为停止状态 TASK_STOPPED。若当前进程父进
// 程对 SIGCHLD 信号的 sigaction 处理标志 SA_NOCLDSTOP （即当子进程停止执行或又继续执行
// 时不要产生 SIGCHLD 信号）没有置位，那么就给父进程发送 SIGCHLD 信号。
                case SIGSTOP:
                case SIGTSTP:
                case SIGTTIN:
                case SIGTTOU:
                        current->state = TASK_STOPPED;
                        current->exit_code = signr;
                        if (!(current->p_pptr->sigaction[SIGCHLD-1].sa_flags &
                                        SA_NOCLDSTOP))
                                current->p_pptr->signal |= (1<<(SIGCHLD-1));
                        return(1);  /* Reschedule another event */

// 如果信号是以下 6 种信号之一，那么若信号产生了 core dump，则以退出码为 signr|0x80 调用
// do_exit()退出。否则退出码就是信号值。do_exit()的参数是返回码和程序提供的退出状态信息。
// 可作为 wait()或 waitpid()函数的状态信息。参见 sys/wait.h 文件第 13-18 行。
// wait()或 waitpid()利用这些宏就可以取得子进程的退出状态码或子进程终止的原因（信号）。
                case SIGQUIT:
                case SIGILL:
                case SIGTRAP:
                case SIGIOT:
                case SIGFPE:
                case SIGSEGV:
                        if (core_dump(signr))
                                do_exit(signr|0x80);
                        /* fall through */
                default:
                        do_exit(signr);
                }
        }
        /*
         * OK, we're invoking a handler
         */
       /*
        * OK，现在我们准备对信号句柄调用的设置
        */
// 如果该信号句柄只需被调用一次，则将该句柄置空。注意，该信号句柄在前面已经保存在 sa_handler
// 指针中。
// 在系统调用进入内核时，用户程序返回地址（eip、cs）被保存在内核态栈中。下面这段代码修改内
// 核态堆栈上用户调用系统调用时的代码指针 eip 为指向信号处理句柄，同时也将 sa_restorer、
// signr、进程屏蔽码(如果 SA_NOMASK 没置位)、eax、ecx、edx 作为参数以及原调用系统调用的
// 程序返回指针及标志寄存器值压入用户堆栈。 因此在本次系统调用中断返回用户程序时会首先执行
// 用户的信号句柄程序，然后继续执行用户程序。
        if (sa->sa_flags & SA_ONESHOT)
```

```
192                 sa->sa_handler = NULL;
  // 将内核态栈上用户调用系统调用下一条代码指令指针 eip 指向该信号处理句柄。由于 C 函数是传值
  // 函数，因此给 eip 赋值时需要使用 "*(&eip)" 的形式。另外，如果允许信号自己的处理句柄收到
  // 信号自己，则也需要将进程的阻塞码压入堆栈。
  // 这里请注意，使用如下方式（第 193 行）对普通 C 函数参数进行修改是不起作用的。因为当函数返回
  // 时堆栈上的参数将会被调用者丢弃。这里之所以可以使用这种方式，是因为该函数是从汇编程序中被
  // 调用的，并且在函数返回后汇编程序并没有把调用 do_signal()时的所有参数都丢弃。eip 等仍然
  // 在堆栈中。
  // sigaction 结构的 sa_mask 字段给出了在当前信号句柄（信号描述符）程序执行期间应该被屏蔽的
  // 信号集。同时，引起本信号句柄执行的信号也会被屏蔽。 不过若 sa_flags 中使用了 SA_NOMASK
  // 标志，那么引起本信号句柄执行的信号将不会被屏蔽掉。如果允许信号自己的处理句柄程序收到信号
  // 自己，则也需要将进程的信号阻塞码压入堆栈。
193         *(&eip) = sa_handler;
194         longs = (sa->sa_flags & SA_NOMASK)?7:8;
  // 将原调用程序的用户堆栈指针向下扩展 7（或 8）个长字（用来存放调用信号句柄的参数等），并检
  // 查内存使用情况（如内存超界则分配新页等）。
195         *(&esp) -= longs;
196         verify_area(esp,longs*4);
  // 在用户堆栈中从下到上存放 sa_restorer、信号 signr、屏蔽码 blocked（如果 SA_NOMASK
  // 置位）、eax、ecx、edx、eflags 和用户程序原代码指针。
197         tmp_esp=esp;
198         put_fs_long((long) sa->sa_restorer,tmp_esp++);
199         put_fs_long(signr,tmp_esp++);
200         if (!(sa->sa_flags & SA_NOMASK))
201                 put_fs_long(current->blocked,tmp_esp++);
202         put_fs_long(eax,tmp_esp++);
203         put_fs_long(ecx,tmp_esp++);
204         put_fs_long(edx,tmp_esp++);
205         put_fs_long(eflags,tmp_esp++);
206         put_fs_long(old_eip,tmp_esp++);
207         current->blocked |= sa->sa_mask;    // 进程阻塞码(屏蔽码)添上 sa_mask 中的码
位。
208         return(0);              /* Continue, execute handler */
209 }
210
```

8.7.3 进程信号说明

进程中的信号是用于进程之间通信的一种简单消息，通常是下表中的一个标号数值，并且不携带任何其他的信息。例如当一个子进程终止或结束时，就会产生一个标号为 18 的 SIGCHILD 信号发送给父进程，以通知父进程有关子进程的当前状态。

关于一个进程如何处理收到的信号，一般有两种做法：第一种是程序的进程不去处理，此时该信号会由系统相应的默认信号处理程序进行处理；第二种是进程使用自己的信号处理程序来处理信号。Linux 0.12 内核所支持的信号见表 8-5。

表 8-5 进程信号

标号	名称	说明	默认操作
1	SIGHUP	(Hangup) 当你不再控制终端时内核会产生该信号，或者当你关闭 Xterm 或断开 modem。由于后台程序没有控制的终端，因而它们常用 SIGHUP 来发出需要重新读取其配置文件的信号	(Abort) 挂断控制终端或进程
2	SIGINT	(Interrupt) 来自键盘的中断。通常终端驱动程序会将其与^C 绑定	(Abort) 终止程序
3	SIGQUIT	(Quit) 来自键盘的退出中断。通常终端驱动程序会将其与^\绑定	(Dump) 程序被终止并产生 dump core 文件

（续）

标号	名称	说明	默认操作
4	SIGILL	(Illegal Instruction) 程序出错或者执行了一条非法操作指令	(Dump) 程序被终止并产生 dump core 文件
5	SIGTRAP	(Breakpoint/Trace Trap) 调试用，跟踪断点	
6	SIGABRT	(Abort) 放弃执行，异常结束	(Dump) 程序被终止并产生 dump core 文件
7	SIGIOT	(IO Trap) 同 SIGABRT	(Dump) 程序被终止并产生 dump core 文件
8	SIGUNUSED	(Unused) 没有使用	
9	SIGFPE	(Floating Point Exception) 浮点异常	(Dump) 程序被终止并产生 dump core 文件
10	SIGKILL	(Kill) 程序被终止。该信号不能被捕获或者被忽略。想立刻终止一个进程，就发送信号 9。注意程序将没有任何机会做清理工作	(Abort) 程序被终止
11	SIGUSR1	(User defined Signal 1) 用户定义的信号	(Abort) 进程被终止
12	SIGSEGV	(Segmentation Violation) 当程序引用无效的内存时会产生此信号。比如：寻址没有映射的内存；寻址未许可的内存	(Dump) 程序被终止并产生 dump core 文件
13	SIGUSR2	(User defined Signal 2) 保留给用户程序用于 IPC 或其他目的	(Abort) 进程被终止
14	SIGPIPE	(Pipe) 当程序向一个套接字或管道写时由于没有读者而产生该信号	(Abort) 进程被终止
15	SIGALRM	(Alarm) 该信号会在用户调用 alarm 系统调用所设置的延迟时间到后产生。该信号常用于判别系统调用超时	(Abort) 进程被终止
16	SIGTERM	(Terminate) 用于和善地要求一个程序终止。它是 kill 的默认信号。与 SIGKILL 不同，该信号能被捕获，这样就能在退出运行前做清理工作	(Abort) 进程被终止
17	SIGSTKFLT	(Stack fault on coprocessor) 协处理器堆栈错误	(Abort) 进程被终止
18	SIGCHLD	(Child) 子进程发出。子进程已停止或终止。可改变其含义挪作他用	(Ignore) 子进程停止或结束
19	SIGCONT	(Continue) 该信号致使被 SIGSTOP 停止的进程恢复运行。可以被捕获	(Continue) 恢复进程的执行
20	SIGSTOP	(Stop) 停止进程的运行。该信号不可被捕获或忽略	(Stop) 停止进程运行
21	SIGTSTP	(Terminal Stop) 向终端发送停止键序列。该信号可以被捕获或忽略	(Stop) 停止进程运行
22	SIGTTIN	(TTY Input on Background) 后台进程试图从一个不再被控制的终端上读取数据，此时该进程将被停止，直到收到 SIGCONT 信号。该信号可以被捕获或忽略	(Stop) 停止进程运行
23	SIGTTOU	(TTY Output on Background) 后台进程试图向一个不再被控制的终端上输出数据，此时该进程将被停止，直到收到 SIGCONT 信号。该信号可被捕获或忽略	(Stop) 停止进程运行

8.8 exit.c 程序

8.8.1 功能描述

该程序主要描述了进程（任务）终止和退出的有关处理事宜。主要包含进程释放、会话（进程组）终止和程序退出处理函数以及杀死进程、终止进程、挂起进程等系统调用函数。还包括进程信号发送函数 send_sig()和通知父进程子进程终止的函数 tell_father()。

释放进程的函数 release()主要根据指定的任务数据结构（任务描述符）指针，在任务数组中删除指定的进程指针，释放相关内存页，并立刻让内核重新调度任务的运行。

进程组终止函数 kill_session()用于向进程发送挂断进程的信号。接收该信号的进程具有与当前进程相同的会话号。

系统调用 sys_kill()用于向进程发送任何指定的信号。根据参数 pid（进程标识号）不同的数值，该系统调用会向不同的进程或进程组发送信号。程序注释中已经列出了各种不同情况的处理方式。

程序退出处理函数 do_exit()是在 exit 系统调用的中断处理程序中被调用。它首先会释放当前进程的代码段和数据段所占的内存页面。如果当前进程有子进程，就将子进程的 father 置为 1，即把子进程的父进程改为进程 1（init 进程)。如果该子进程已经处于僵死状态，则向进程 1 发送子进程终止信号 SIGCHLD。接着关闭当前进程打开的所有文件、释放使用的终端设备、协处理器设备，若当前进程是进程组的领头进程，则还需要终止所有相关进程。随后把当前进程置为僵死状态，设置退出码，并向其父进程发送子进程终止信号 SIGCHLD。最后让内核重新调度任务的运行。

系统调用 waitpid()用于挂起当前进程，直到 pid 指定的子进程退出（终止）或者收到要求终止该进程的信号，或者是需要调用一个信号句柄（信号处理程序)。如果 pid 所指的子进程早已退出（已成所谓的僵死进程)，则本调用将立刻返回。子进程使用的所有资源将释放。该函数的具体操作也要根据其参数进行不同的处理。详见代码中的相关注释。

8.8.2 代码注释

程序 8-7　linux/kernel/exit.c

```
/*
 *  linux/kernel/exit.c
 *
 *  (C) 1991  Linus Torvalds
 */

#define DEBUG_PROC_TREE // 定义符号"调试进程树"。

#include <errno.h>        // 错误号头文件。包含系统中各种出错号。(Linus 从 minix 中引进的)
#include <signal.h>       // 信号头文件。定义信号符号常量，信号结构以及信号操作函数原型。
#include <sys/wait.h>     // 等待调用头文件。定义系统调用 wait() 和 waitpid() 及相关常数符号。

#include <linux/sched.h>      // 调度程序头文件，定义了任务结构 task_struct、任务 0 数据等。
#include <linux/kernel.h>     // 内核头文件。含有一些内核常用函数的原形定义。
#include <linux/tty.h>        // tty 头文件，定义了有关 tty_io，串行通信方面的参数、常数。
#include <asm/segment.h>      // 段操作头文件。定义了有关段寄存器操作的嵌入式汇编函数。

int sys_pause(void);          // 把进程置为睡眠状态，直到收到信号（kernel/sched.c，164 行)。
int sys_close(int fd);        // 关闭指定文件的系统调用（fs/open.c，219 行)。

//// 释放指定进程占用的任务槽及其任务数据结构占用的内存页面。
// 参数 p 是任务数据结构指针。该函数在后面的 sys_kill() 和 sys_waitpid() 函数中被调用。
// 扫描任务指针数组表 task[] 以寻找指定的任务。如果找到，则首先清空该任务槽，然后释放该任
// 务数据结构所占用的内存页面，最后执行调度函数并在返回时立即退出。如果在任务数组表中没有找
// 到指定任务对应的项，则内核 panic☺。
void release(struct task_struct * p)
{
        int i;

```

```
// 如果给定的任务结构指针为 NULL 则退出。如果该指针指向当前进程则显示警告信息退出。
        if (!p)
                return;
        if (p == current) {
                printk("task releasing itself\n\r");
                return;
        }
// 扫描任务结构指针数组，寻找指定的任务 p。如果找到，则置空任务指针数组中对应项，并且更新任
// 务结构之间的关联指针，释放任务 p 数据结构占用的内存页面。最后在执行调度程序返回后退出。如
// 果没有找到指定的任务 p，则说明内核代码出错了，则显示出错信息并死机。
// 更新链接部分的代码会把指定任务 p 从双向链表中删除。
        for (i=1 ; i<NR_TASKS ; i++)
                if (task[i]==p) {
                        task[i]=NULL;
                        /* Update links */     /* 更新链接 */
// 如果 p 不是最后（最老）的子进程，则让比其老的比邻进程指向比它新的比邻进程。如果 p 不是最新
// 的子进程，则让比其新的比邻子进程指向比邻的老进程。 如果任务 p 就是最新的子进程，则还需要
// 更新其父进程的最新子进程指针 cptr 为指向 p 的比邻子进程。
// 指针 osptr（old sibling pointer）指向比 p 先创建的兄弟进程。
// 指针 ysptr（younger sibling pointer）指向比 p 后创建的兄弟进程。
// 指针 pptr（parent pointer）指向 p 的父进程。
// 指针 cptr（child pointer）是父进程指向最新（最后）创建的子进程。
                        if (p->p_osptr)
                                p->p_osptr->p_ysptr = p->p_ysptr;
                        if (p->p_ysptr)
                                p->p_ysptr->p_osptr = p->p_osptr;
                        else
                                p->p_pptr->p_cptr = p->p_osptr;
                        free_page((long)p);
                        schedule();
                        return;
                }
        panic("trying to release non-existent task");
}

#ifdef DEBUG_PROC_TREE
// 如果定义了符号 DEBUG_PROC_TREE，则编译时包括以下代码。
/*
 * Check to see if a task_struct pointer is present in the task[] array
 * Return 0 if found, and 1 if not found.
 */
/*
 * 检查 task[] 数组中是否存在一个指定的 task_struct 结构指针 p。
 * 如果存在则返回 0，否则返回 1。
 */
// 检测任务结构指针 p。
int bad_task_ptr(struct task_struct *p)
{
        int     i;

        if (!p)
                return 0;
        for (i=0 ; i<NR_TASKS ; i++)
                if (task[i] == p)
                        return 0;
        return 1;
```

```
}

/*
 * This routine scans the pid tree and make sure the rep invarient still
 * holds. Used for debugging only, since it's very slow....
 *
 * It looks a lot scarier than it really is.... we're doing nothing more
 * than verifying the doubly-linked list found in p_ysptr and p_osptr,
 * and checking it corresponds with the process tree defined by p_cptr and
 * p_pptr;
 */
/*
 * 下面的函数用于扫描进程树，以确定更改过的链接仍然正确。仅用于调式，
 * 因为该函数比较慢....
 *
 * 该函数看上去要比实际的恐怖.... 其实我们仅仅验证了指针 p_ysptr 和
 * p_osptr 构成的双向链表，并检查了链表与指针 p_cptr 和 p_pptr 构成的
 * 进程树之间的关系。
 */
// 检查进程树。
void audit_ptree()
{
        int     i;

// 扫描系统中的除任务 0 以外的所有任务，检查它们中 4 个指针（pptr、cptr、ysptr 和 osptr）
// 的正确性。若任务数组槽（项）为空则跳过。
        for (i=1 ; i<NR_TASKS ; i++) {
                if (!task[i])
                        continue;
// 如果任务的父进程指针 p_pptr 没有指向任何进程（即在任务数组中不存在），则显示警告信息
// “警告，pid 号 N 的父进程链接有问题”。以下语句对 cptr、ysptr 和 osptr 进行类似操作。
                if (bad_task_ptr(task[i]->p_pptr))
                        printk("Warning, pid %d's parent link is bad\n",
                                task[i]->pid);
                if (bad_task_ptr(task[i]->p_cptr))
                        printk("Warning, pid %d's child link is bad\n",
                                task[i]->pid);
                if (bad_task_ptr(task[i]->p_ysptr))
                        printk("Warning, pid %d's ys link is bad\n",
                                task[i]->pid);
                if (bad_task_ptr(task[i]->p_osptr))
                        printk("Warning, pid %d's os link is bad\n",
                                task[i]->pid);
// 如果任务的父进程指针 p_pptr 指向了自己，则显示警告信息“警告，pid 号 N 的父进程链接指针指
// 向了自己”。以下语句对 cptr、ysptr 和 osptr 进行类似操作。
                if (task[i]->p_pptr == task[i])
                        printk("Warning, pid %d parent link points to self\n");
                if (task[i]->p_cptr == task[i])
                        printk("Warning, pid %d child link points to self\n");
                if (task[i]->p_ysptr == task[i])
                        printk("Warning, pid %d ys link points to self\n");
                if (task[i]->p_osptr == task[i])
                        printk("Warning, pid %d os link points to self\n");
// 如果任务有比自己先创建的比邻兄弟进程，那么就检查它们是否有共同的父进程，并检查这个老兄进
// 程的 ysptr 指针是否正确地指向本进程。否则显示警告信息。
                if (task[i]->p_osptr) {
```

```
                    if (task[i]->p_pptr != task[i]->p_osptr->p_pptr)
                        printk(
                    "Warning, pid %d older sibling %d parent is %d\n",
                        task[i]->pid, task[i]->p_osptr->pid,
                        task[i]->p_osptr->p_pptr->pid);
                    if (task[i]->p_osptr->p_ysptr != task[i])
                        printk(
                "Warning, pid %d older sibling %d has mismatched ys link\n",
                        task[i]->pid, task[i]->p_osptr->pid);
                }
// 如果任务有比自己后创建的比邻兄弟进程，那么就检查它们是否有共同的父进程，并检查这个小弟进
// 程的 osptr 指针是否正确地指向本进程。否则显示警告信息。
                if (task[i]->p_ysptr) {
                    if (task[i]->p_pptr != task[i]->p_ysptr->p_pptr)
                        printk(
                    "Warning, pid %d younger sibling %d parent is %d\n",
                        task[i]->pid, task[i]->p_osptr->pid,
                        task[i]->p_osptr->p_pptr->pid);
                    if (task[i]->p_ysptr->p_osptr != task[i])
                        printk(
                "Warning, pid %d younger sibling %d has mismatched os link\n",
                        task[i]->pid, task[i]->p_ysptr->pid);
                }
// 如果任务的最新子进程指针 cptr 不空，那么检查该子进程的父进程是否为本进程，并检查该子进程
// 的小弟进程指针 yspter 是否为空。若不是则显示警告信息。
                if (task[i]->p_cptr) {
                    if (task[i]->p_cptr->p_pptr != task[i])
                        printk(
                    "Warning, pid %d youngest child %d has mismatched parent link\n",
                        task[i]->pid, task[i]->p_cptr->pid);
                    if (task[i]->p_cptr->p_ysptr)
                        printk(
                    "Warning, pid %d youngest child %d has non-NULL ys link\n",
                        task[i]->pid, task[i]->p_cptr->pid);
                }
        }
}
#endif /* DEBUG_PROC_TREE */

//// 向指定任务 p 发送信号 sig，权限为 priv。
// 参数：sig - 信号值；p - 指定任务的指针；priv - 强制发送信号的标志。即不需要考虑进程用
// 户属性或级别而能发送信号的权利。该函数首先判断参数的正确性，然后判断条件是否满足。
// 如果满足就向指定进程发送信号 sig 并退出，否则返回未许可错误号。
static inline int send_sig(long sig,struct task_struct * p,int priv)
{
// 如果没有权限，并且当前进程的有效用户 ID 与进程 p 的不同，并且也不是超级用户，则说明没有向
// p 发送信号的权利。suser()定义为(current->euid==0)，用于判断是否为超级用户。
        if (!p)
                return -EINVAL;
        if (!priv && (current->euid!=p->euid) && !suser())
                return -EPERM;
// 若需要发送的信号是 SIGKILL 或 SIGCONT，那么如果此时接收信号的进程 p 正处于停止状态就置
// 其为就绪（运行）状态。然后修改进程 p 的信号位图 signal，去掉（复位）会导致进程停止的信号
// SIGSTOP、SIGTSTP、SIGTTIN 和 SIGTTOU。
        if ((sig == SIGKILL) || (sig == SIGCONT)) {
```

```
            if (p->state == TASK_STOPPED)
                p->state = TASK_RUNNING;
            p->exit_code = 0;
            p->signal &= ~( (1<<(SIGSTOP-1)) | (1<<(SIGTSTP-1)) |
                    (1<<(SIGTTIN-1)) | (1<<(SIGTTOU-1)) );
        }
        /* If the signal will be ignored, don't even post it */
        /* 如果要发送的信号 sig 将被进程 p 忽略掉，那么就根本不用发送 */
        if ((int) p->sigaction[sig-1].sa_handler == 1)
            return 0;
        /* Depends on order SIGSTOP, SIGTSTP, SIGTTIN, SIGTTOU */
        /* 以下判断依赖于 SIGSTOP、SIGTSTP、SIGTTIN 和 SIGTTOU 的次序 */
// 如果信号是 SIGSTOP、SIGTSTP、SIGTTIN 和 SIGTTOU 之一，那么说明要让接收信号的进程 p 停
// 止运行。因此（若 p 的信号位图中有 SIGCONT 置位）就需要复位位图中继续运行的信号
// SIGCONT 位。
        if ((sig >= SIGSTOP) && (sig <= SIGTTOU))
            p->signal &= ~(1<<(SIGCONT-1));
        /* Actually deliver the signal */
        /* 最后，我们向进程 p 发送信号 p */
        p->signal |= (1<<(sig-1));
        return 0;
}

// 根据进程组号 pgrp 取得进程组所属的会话号。
// 扫描任务数组，寻找进程组号为 pgrp 的进程，并返回其会话号。如果没有找到指定进程组号为 pgrp
// 的任何进程，则返回-1。
int session_of_pgrp(int pgrp)
{
        struct task_struct **p;

        for (p = &LAST_TASK ; p > &FIRST_TASK ; --p)
            if ((*p)->pgrp == pgrp)
                return((*p)->session);
        return -1;
}

// 终止进程组（向进程组发送信号）。
// 参数：pgrp - 指定的进程组号；sig - 指定的信号；priv - 权限。
// 即向指定进程组 pgrp 中的每个进程发送指定信号 sig。只要向一个进程发送成功最后就会返回 0，
// 否则如果没有找到指定进程组号 pgrp 的任何一个进程，则返回出错号-ESRCH，若找到进程组号是
// pgrp 的进程，但是发送信号失败，则返回发送失败的错误码。
int kill_pg(int pgrp, int sig, int priv)
{
        struct task_struct **p;
        int err,retval = -ESRCH;          // -ESRCH 表示指定的进程不存在。
        int found = 0;

// 首先判断给定的信号和进程组号是否有效。然后扫描系统中所有任务。若扫描到进程组号为 pgrp 的
// 进程，就向其发送信号 sig。只要有一次信号发送成功，函数最后就会返回 0。
        if (sig<1 || sig>32 || pgrp<=0)
            return -EINVAL;
        for (p = &LAST_TASK ; p > &FIRST_TASK ; --p)
            if ((*p)->pgrp == pgrp) {
                if (sig && (err = send_sig(sig,*p,priv)))
                    retval = err;
                else
```

```
                        found++;
                }
        return(found ? 0 : retval);
}

// 终止进程（向进程发送信号）。
// 参数：pid - 进程号；sig - 指定信号；priv - 权限。
// 即向进程号为pid的进程发送指定信号 sig。若找到指定 pid 的进程，那么若信号发送成功，则返回
// 0，否则返回信号发送出错号。如果没有找到指定进程号 pid 的进程，则返回出错号-ESRCH（指定进
// 程不存在）。
int kill_proc(int pid, int sig, int priv)
{
        struct task_struct **p;

        if (sig<1 || sig>32)
                return -EINVAL;
        for (p = &LAST_TASK ; p > &FIRST_TASK ; --p)
                if ((*p)->pid == pid)
                        return(sig ? send_sig(sig,*p,priv) : 0);
        return(-ESRCH);
}

/*
 * POSIX specifies that kill(-1,sig) is unspecified, but what we have
 * is probably wrong.  Should make it like BSD or SYSV.
 */
/*
 * POSIX 标准指明 kill(-1,sig)未定义。但是我所知道的可能错了。应该让它
 * 像 BSD 或 SYSV 系统一样。
 */
//// 系统调用 kill()可用于向任何进程或进程组发送任何信号，而并非只是杀死进程☺。
// 参数 pid 是进程号；sig 是需要发送的信号。
// 如果 pid 值>0，则信号被发送给进程号是 pid 的进程。
// 如果 pid=0，那么信号就会被发送给当前进程的进程组中所有的进程。
// 如果 pid=-1，则信号 sig 就会发送给除第一个进程（初始进程）外的所有进程。
// 如果 pid < -1，则信号 sig 将发送给进程组-pid 的所有进程。
// 如果信号 sig 为 0，则不发送信号，但仍会进行错误检查。如果成功则返回 0。
// 该函数扫描任务数组表，并根据 pid 对满足条件的进程发送指定信号 sig。若 pid 等于 0，
// 表明当前进程是进程组组长，因此需要向所有组内的进程强制发送信号 sig。
int sys_kill(int pid,int sig)
{
        struct task_struct **p = NR_TASKS + task;     // p 指向任务数组最后一项。
        int err, retval = 0;

        if (!pid)
                return(kill_pg(current->pid,sig,0));
        if (pid == -1) {
                while (--p > &FIRST_TASK)
                        if (err = send_sig(sig,*p,0))
                                retval = err;
                return(retval);
        }
        if (pid < 0)
                return(kill_pg(-pid,sig,0));
        /* Normal kill */
        return(kill_proc(pid,sig,0));
```

```
}

/*
 * Determine if a process group is "orphaned", according to the POSIX
 * definition in 2.2.2.52.  Orphaned process groups are not to be affected
 * by terminal-generated stop signals.  Newly orphaned process groups are
 * to receive a SIGHUP and a SIGCONT.
 *
 * "I ask you, have you ever known what it is to be an orphan?"
 */
/*
 * 根据 POSIX 标准 2.2.2.52 节中的定义，确定一个进程组是否为“孤儿”。孤儿进程组不会受到终
 * 端产生的停止信号的影响。新近产生的孤儿进程组将会收到一个 SIGHUP 信号和一个 SIGCONT 信号。
 *
 * “我问你，你是否真正知道作为一个孤儿意味着什么？”
 */
// 以上提到的 POSIX P1003.1 2.2.2.52 节是关于孤儿进程组的描述。在两种情况下当一个进程终
// 止时可能导致进程组变成“孤儿”。一个进程组到其组外的父进程之间的联系依赖于该父进程和其子
// 进程两者。因此，若组外最后一个连接父进程的进程或最后一个父进程的直接后裔终止的话，那么这
// 个进程组就会成为一个孤儿进程组。在任何一种情况下，如果进程的终止导致进程组变成孤儿进程组，
// 那么进程组中的所有进程就会与它们的作业控制 shell 断开联系。
// 作业控制 shell 将不再具有该进程组存在的任何信息。而该进程组中处于停止状态的进程将会永远消
// 失。为了解决这个问题，含有停止状态进程的新近产生的孤儿进程组就需要接收到一个 SIGHUP 信号
// 和一个 SIGCONT 信号，用于指示它们已经从它们的会话（ session）中断开联系。
// SIGHUP 信号将导致进程组中成员被终止，除非它们捕获或忽略了 SIGHUP 信号。而 SIGCONT 信
// 号将使那些没有被 SIGHUP 信号终止的进程继续运行。 但在大多数情况下，如果组中有一个进程处
// 于停止状态，那么组中所有的进程可能都处于停止状态。
//
// 判断一个进程组是否为孤儿进程。如果不是则返回 0；如果是则返回 1。
// 扫描任务数组。如果任务项空，或者进程的组号与指定的不同，或者进程已经处于僵死状态，或者进
// 程的父进程是 init 进程，则说明扫描的进程不是指定进程组的成员，或者不满足要求，于是跳过。
// 否则说明该进程是指定组的成员并且其父进程不是 init 进程。此时如果该进程父进程的组号不等于
// 指定的组号 pgrp，但父进程的会话号等于进程的会话号，则说明它们同属于一个会话。因此指定的
// pgrp 进程组肯定不是孤儿进程组。否则……
int is_orphaned_pgrp(int pgrp)
{
        struct task_struct **p;

        for (p = &LAST_TASK ; p > &FIRST_TASK ; --p) {
                if (!(*p) ||
                    ((*p)->pgrp != pgrp) ||
                    ((*p)->state == TASK_ZOMBIE) ||
                    ((*p)->p_pptr->pid == 1))
                        continue;
                if (((*p)->p_pptr->pgrp != pgrp) &&
                    ((*p)->p_pptr->session == (*p)->session))
                        return 0;
        }
        return(1);      /* (sighing) "Often!" */    /* （唉）是孤儿进程组！ */
}

// 判断进程组中是否含有处于停止状态的作业（进程组）。有则返回 1；无则返回 0。
// 查找方法是扫描整个任务数组。检查属于指定组 pgrp 的任何进程是否处于停止状态。
static int has_stopped_jobs(int pgrp)
{
        struct task_struct ** p;
```

```
252
253         for (p = &LAST_TASK ; p > &FIRST_TASK ; --p) {
254                 if ((*p)->pgrp != pgrp)
255                         continue;
256                 if ((*p)->state == TASK_STOPPED)
257                         return(1);
258         }
259         return(0);
260 }
261
   // 程序退出处理函数。在下面 365 行处被系统调用处理函数 sys_exit()调用。
   // 该函数将根据当前进程自身的特性对其进行处理，并把当前进程状态设置成僵死状态
   // TASK_ZOMBIE，最后调用调度函数 schedule()去执行其他进程，不再返回。
262 volatile void do_exit(long code)
263 {
264         struct task_struct *p;
265         int i;
266
   // 首先释放当前进程代码段和数据段所占的内存页。 函数 free_page_tables() 的第 1 个参数
   // （get_base()返回值）指明在 CPU 线性地址空间中起始基地址，第 2 个（get_limit()返回值）
   // 说明欲释放的字节长度值。get_base()宏中的 current->ldt[1]给出进程代码段描述符的位置
   // （current->ldt[2]给出进程代码段描述符的位置）；get_limit()中的 0x0f 是进程代码段的
   // 选择符（0x17 是进程数据段的选择符）。即在取段基地址时使用该段的描述符所处地址作为参数，
   // 取段长度时使用该段的选择符作为参数。 free_page_tables()函数位于 mm/memory.c
   // 文件的第 69 行开始处；get_base()和 get_limit()宏位于 include/linux/sched.h 头文件的第
   // 264 行开始处。
267         free_page_tables(get_base(current->ldt[1]),get_limit(0x0f));
268         free_page_tables(get_base(current->ldt[2]),get_limit(0x17));
   // 然后关闭当前进程打开着的所有文件。再对当前进程的工作目录 pwd、根目录 root、执行程序文件
   // 的 i 节点以及库文件进行同步操作，放回各个 i 节点并分别置空（释放）。接着把当前进程的状
   // 态设置为僵死状态（TASK_ZOMBIE），并设置进程退出码。
269         for (i=0 ; i<NR_OPEN ; i++)
270                 if (current->filp[i])
271                         sys_close(i);
272         iput(current->pwd);
273         current->pwd = NULL;
274         iput(current->root);
275         current->root = NULL;
276         iput(current->executable);
277         current->executable = NULL;
278         iput(current->library);
279         current->library = NULL;
280         current->state = TASK_ZOMBIE;
281         current->exit_code = code;
282         /*
283          * Check to see if any process groups have become orphaned
284          * as a result of our exiting, and if they have any stopped
285          * jobs, send them a SIGUP and then a SIGCONT.  (POSIX 3.2.2.2)
286          *
287          * Case i: Our father is in a different pgrp than we are
288          * and we were the only connection outside, so our pgrp
289          * is about to become orphaned.
290          */
            /*
             * 检查当前进程的退出是否会造成任何进程组变成孤儿进程组。如果有，并且有处于停止状态
             * （TASK_STOPPED）的组员，则向它们发送
```

```
         * 一个SIGHUP信号和一个SIGCONT信号。(POSIX 3.2.2.2节要求)
         *
         * 情况1：我们的父进程在另外一个与我们不同的进程组中，而本进程是我们与外界的唯一联
         * 系。所以我们的进程组将变成一个孤儿进程组。
         */
// POSIX 3.2.2.2（1991版）是关于exit()函数的说明。如果父进程所在的进程组与当前进程的
// 不同，但都处于同一个会话（session）中，并且当前进程所在进程组将要变成孤儿进程了并且当
// 前进程的进程组中含有处于停止状态的作业（进程），那么就要向这个当前进程的进程组发送两个信
// 号：SIGHUP和SIGCONT。发送这两个信号的原因见232行前的说明。
291         if ((current->p_pptr->pgrp != current->pgrp) &&
292             (current->p_pptr->session == current->session) &&
293             is_orphaned_pgrp(current->pgrp) &&
294             has_stopped_jobs(current->pgrp)) {
295                 kill_pg(current->pgrp,SIGHUP,1);
296                 kill_pg(current->pgrp,SIGCONT,1);
297         }
298         /* Let father know we died */        /* 通知父进程当前进程将终止 */
299         current->p_pptr->signal |= (1<<(SIGCHLD-1));
300
301         /*
302          * This loop does two things:
303          *
304          * A.  Make init inherit all the child processes
305          * B.  Check to see if any process groups have become orphaned
306          *      as a result of our exiting, and if they have any stopped
307          *      jons, send them a SIGUP and then a SIGCONT.  (POSIX 3.2.2.2)
308          */
        /*
         * 下面的循环做了两件事情：
         *
         * A.  让init进程继承当前进程所有子进程。
         * B.  检查当前进程的退出是否会造成任何进程组变成孤儿进程组。如果
         *     有，并且有处于停止状态（TASK_STOPPED）的组员，则向它们发送
         *     一个SIGHUP信号和一个SIGCONT信号。(POSIX 3.2.2.2节要求)
         */
// 如果当前进程有子进程（其p_cptr指针指向最近创建的子进程），则让进程1（init进程）成为其
// 所有子进程的父进程。如果子进程已经处于僵死状态，则向init进程（父进程）发送子进程已终止
// 信号SIGCHLD。
309         if (p = current->p_cptr) {
310                 while (1) {
311                         p->p_pptr = task[1];
312                         if (p->state == TASK_ZOMBIE)
313                                 task[1]->signal |= (1<<(SIGCHLD-1));
314                         /*
315                          * process group orphan check
316                          * Case ii: Our child is in a different pgrp
317                          * than we are, and it was the only connection
318                          * outside, so the child pgrp is now orphaned.
319                          */
                        /* 孤儿进程组检测。
                         * 情况2：我们的子进程在不同的进程组中，而本进程
                         * 是它们唯一与外界的连接。因此现在子进程所在进程
                         * 组将变成孤儿进程组了。
                         */
// 如果子进程与当前进程不在同一个进程组中但属于同一个session中，并且当前进程所在进程组将
// 要变成孤儿进程了，并且当前进程的进程组中含有处于停止状态的作业（进程），那么就要向这个当
```

```
// 前进程的进程组发送两个信号：SIGHUP 和 SIGCONT。 如果该子进程有兄弟进程，则继续循环处理
// 这些兄弟进程。
                        if ((p->pgrp != current->pgrp) &&
                            (p->session == current->session) &&
                            is_orphaned_pgrp(p->pgrp) &&
                            has_stopped_jobs(p->pgrp)) {
                                kill_pg(p->pgrp,SIGHUP,1);
                                kill_pg(p->pgrp,SIGCONT,1);
                        }
                        if (p->p_osptr) {
                                p = p->p_osptr;
                                continue;
                        }
                        /*
                         * This is it; link everything into init's children
                         * and leave
                         */
                        /*
                         * 就这样：将所有子进程链接成为 init 的子进程并退出循环。
                         */
// 通过上面处理，当前进程子进程的所有兄弟子进程都已经处理过。此时 p 指向最老的兄弟子进程。于
// 是把这些兄弟子进程全部加入 init 进程的子进程双向链表头部中。加入后，init 进程的 p_cptr
// 指向当前进程原子进程中最年轻的（the youngest）子进程，而原子进程中最老的（the oldest）
// 兄弟子进程 p_osptr 指向原 init 进程的最年轻进程，而原 init 进程中最年轻进程的 p_ysptr
// 指向原子进程中最老的兄弟子进程。最后把当前进程的 p_cptr 指针置空，并退出循环。
                        p->p_osptr = task[1]->p_cptr;
                        task[1]->p_cptr->p_ysptr = p;
                        task[1]->p_cptr = current->p_cptr;
                        current->p_cptr = 0;
                        break;
                }
        }
// 如果当前进程是会话头领(leader)进程，那么若它有控制终端，则首先向使用该控制终端的进程组
// 发送挂断信号 SIGHUP，然后释放该终端。接着扫描任务数组，把属于当前进程会话中进程的终端置
// 空（取消）。
        if (current->leader) {
                struct task_struct **p;
                struct tty_struct *tty;

                if (current->tty >= 0) {
                        tty = TTY_TABLE(current->tty);
                        if (tty->pgrp>0)
                                kill_pg(tty->pgrp, SIGHUP, 1);
                        tty->pgrp = 0;
                        tty->session = 0;
                }
                for (p = &LAST_TASK ; p > &FIRST_TASK ; --p)
                        if ((*p)->session == current->session)
                                (*p)->tty = -1;
        }
// 如果当前进程上次使用过协处理器，则把记录此信息的指针置空。若定义了调试进程树符号，则调用
// 进程树检测显示函数。最后调用调度函数，重新调度进程运行，以让父进程能够处理僵死进程的其他
// 善后事宜。
        if (last_task_used_math == current)
                last_task_used_math = NULL;
#ifdef DEBUG_PROC_TREE
```

```
        audit_ptree();
#endif
        schedule();
}

// 系统调用 exit()。终止进程。
// 参数 error_code 是用户程序提供的退出状态信息，只有低字节有效。把 error_code 左移 8 位是
// wait() 或 waitpid()函数的要求。低字节中将用来保存 wait()的状态信息。例如，如果进程处
// 于暂停状态（TASK_STOPPED），那么其低字节就等于 0x7f。参见 sys/wait.h 文件第 13--19
// 行。 wait() 或 waitpid() 利用这些宏就可以取得子进程的退出状态码或子进程终止的原因（信
// 号）。
int sys_exit(int error_code)
{
        do_exit((error_code&0xff)<<8);
}

// 系统调用 waitpid()。挂起当前进程，直到 pid 指定的子进程退出（终止）或者收到要求终止该进
// 程的信号，或者是需要调用一个信号句柄（信号处理程序）。如果 pid 所指的子进程早已退出（已成
// 所谓的僵死进程），则本调用将立刻返回。子进程使用的所有资源将释放。
// 如果 pid > 0，表示等待进程号等于 pid 的子进程。
// 如果 pid = 0，表示等待进程组号等于当前进程组号的任何子进程。
// 如果 pid < -1，表示等待进程组号等于 pid 绝对值的任何子进程。
// 如果 pid = -1，表示等待任何子进程。
// 若 options = WUNTRACED，表示如果子进程是停止的，也马上返回（无须跟踪）。
// 若 options = WNOHANG，表示如果没有子进程退出或终止就马上返回。
// 如果返回状态指针 stat_addr 不为空，则就将状态信息保存到那里。
// 参数 pid 是进程号；*stat_addr 是保存状态信息位置的指针；options 是 waitpid 选项。
int sys_waitpid(pid_t pid,unsigned long * stat_addr, int options)
{
        int flag;               // 该标志用于后面表示所选出的子进程处于就绪或睡眠态。
        struct task_struct *p;
        unsigned long oldblocked;

// 首先验证将要存放状态信息的位置处内存空间足够。然后复位标志 flag。接着从当前进程的最年轻子
// 进程开始扫描子进程兄弟链表。
        verify_area(stat_addr,4);
repeat:
        flag=0;
        for (p = current->p_cptr ; p ; p = p->p_osptr) {
// 如果等待的子进程号 pid>0，但与被扫描子进程 p 的 pid 不相等，说明它是当前进程另外的子进程，
// 于是跳过该进程，接着扫描下一个进程。
                if (pid>0) {
                        if (p->pid != pid)
                                continue;
// 否则，如果指定等待进程的 pid=0，表示正在等待进程组号等于当前进程组号的任何子进程。
// 如果此时被扫描进程 p 的进程组号与当前进程的组号不等，则跳过。
                } else if (!pid) {
                        if (p->pgrp != current->pgrp)
                                continue;
// 否则，如果指定的 pid < -1，表示正在等待进程组号等于 pid 绝对值的任何子进程。如果此时被扫
// 描进程 p 的组号与 pid 的绝对值不等，则跳过。
                } else if (pid != -1) {
                        if (p->pgrp != -pid)
                                continue;
                }
// 如果前 3 个对 pid 的判断都不符合，则表示当前进程正在等待其任何子进程，即 pid = -1
```

```
// 的情况。此时所选择到的进程 p 或者是其进程号等于指定 pid，或者是当前进程组中的任何子进程，
// 或者是进程号等于指定 pid 绝对值的子进程，或者是任何子进程（此时指定的 pid 等于 -1）。接
// 下来根据这个子进程 p 所处的状态来处理。
// 当子进程 p 处于停止状态时，如果此时参数选项 options 中 WUNTRACED 标志没有置位，表示程序
// 无须立刻返回，或者子进程此时的退出码等于 0，于是继续扫描处理其他子进程。 如果 WUNTRACED
// 置位且子进程退出码不为 0，则把退出码移入高字节，同状态信息 0x7f 进行或运算后放入*stat_
// addr，在复位子进程退出码后就立刻返回子进程号 pid。这里 0x7f 表示的返回状态使 WIFSTOPPED()
// 宏为真。参见 include/sys/wait.h，14 行。
                switch (p->state) {
                        case TASK_STOPPED:
                                if (!(options & WUNTRACED) ||
                                    !p->exit_code)
                                        continue;
                                put_fs_long((p->exit_code << 8) | 0x7f,
                                        stat_addr);
                                p->exit_code = 0;
                                return p->pid;
// 如果子进程 p 处于僵死状态，则首先把它在用户态和内核态运行的时间分别累计到当前进程（父进
// 程）中，然后取出子进程的 pid 和退出码，把退出码放入返回状态位置 stat_addr 处并释放该子进
// 程。最后返回子进程的退出码和 pid。 若定义了调试进程树符号，则调用进程树检测显示函数。
                        case TASK_ZOMBIE:
                                current->cutime += p->utime;
                                current->cstime += p->stime;
                                flag = p->pid;
                                put_fs_long(p->exit_code, stat_addr);
                                release(p);
#ifdef DEBUG_PROC_TREE
                                audit_ptree();
#endif
                                return flag;
// 如果这个子进程 p 的状态既不是停止也不是僵死，那么就置 flag = 1。表示找到过一个符合要求的
// 子进程，但是它处于运行态或睡眠态。
                        default:
                                flag=1;
                                continue;
                }
        }
// 在上面对任务数组扫描结束后，如果 flag 被置位，说明有符合等待要求的子进程并没有处于退出立
// 刻或僵死状态。此时如果已设置 WNOHANG 选项（表示若没有子进程处于退出或终止态就返回），就
// 立刻返回 0，退出。否则把当前进程置为可中断等待状态并，保留并修改当前进程信号阻塞位图，允
// 许其接收到 SIGCHLD 信号。然后执行调度程序。当系统又开始执行本进程时，如果本进程收到除
// SIGCHLD 以外的其他未屏蔽信号，则以退出码“重新启动系统调用”返回。否则跳转到函数开始处
// repeat 标号处重复处理。
        if (flag) {
                if (options & WNOHANG)
                        return 0;
                current->state=TASK_INTERRUPTIBLE;
                oldblocked = current->blocked;
                current->blocked &= ~(1<<(SIGCHLD-1));
                schedule();
                current->blocked = oldblocked;
                if (current->signal & ~(current->blocked | (1<<(SIGCHLD-1))))
                        return -ERESTARTSYS;
                else
                        goto repeat;
        }
```

```
// 若 flag = 0，表示没有找到符合要求的子进程，则返回出错码（子进程不存在）。
        return -ECHILD;
}

```

8.9　fork.c 程序

8.9.1　功能描述

fork()系统调用用于创建子进程。Linux 中所有进程都是进程 0（任务 0）的子进程。该程序是 sys_fork()（在 kernel/sys_call.s 中从 208 行开始）系统调用的辅助处理函数集，给出了 sys_fork()系统调用中使用的两个 C 语言函数：find_empty_process()和 copy_process()。还包括进程内存区域验证与内存分配函数 verify_area()和 copy_mem()。

copy_process()用于创建并复制进程的代码段和数据段以及环境。在进程复制过程中，工作主要牵涉到进程数据结构中信息的设置。系统首先为新建进程在主内存区中申请一页内存来存放其任务数据结构信息，并复制当前进程任务数据结构中的所有内容作为新进程任务数据结构的模板。

随后对已复制的任务数据结构内容进行修改。把当前进程设置为新进程的父进程，清除信号位图并复位新进程各统计值。接着根据当前进程环境设置新进程任务状态段（TSS）中各寄存器的值。由于创建进程时新进程返回值应为 0，所以需要设置 tss.eax = 0。新建进程内核态堆栈指针 tss.esp0 被设置成新进程任务数据结构所在内存页面的顶端，而堆栈段 tss.ss0 被设置成内核数据段选择符。tss.ldt 被设置为局部表描述符在 GDT 中的索引值。如果当前进程使用了协处理器，则还需要把协处理器的完整状态保存到新进程的 tss.i387 结构中。

此后系统设置新任务代码段和数据段的基址和段限长，并复制当前进程内存分页管理的页目录项和页表项。如果父进程中有文件是打开的，则子进程中相应的文件也是打开着的，因此需要将对应文件的打开次数增 1。接着在 GDT 中设置新任务的 TSS 和 LDT 描述符项，其中基地址信息指向新进程任务结构中的 tss 和 ldt。最后再将新任务设置成可运行状态，并向当前进程返回新进程号。

图 8-13 是内存验证函数 verify_area()中验证内存的起始位置和范围的调整示意图。因为内存写验证函数 write_verify()需要以内存页面为单位（4096 字节）进行操作，因此在调用 write_verify()之前，需要把验证的起始位置调整为页面起始位置，同时对验证范围作相应调整。

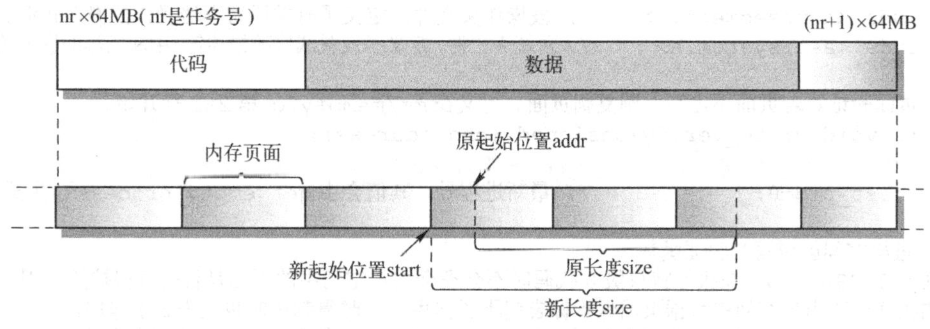

图 8-13　内存验证范围和起始位置的调整

上面根据 fork.c 程序中各函数的功能描述了 fork()的作用。这里我们从总体上再对其稍加说明。总的来说 fork()首先会为新进程申请一页内存页用来复制父进程的任务数据结构（PCB）信息，然后会为新进程修改复制的任务数据结构的某些字段值，包括利用系统调用中断发生时逐步压入堆栈的寄存器信息（即 copy_process()的参数）重新设置任务结构中的 TSS 结构的各字段值，让新进程的状态保持父进程即将进入中断过程前的状态。然后为新进程确定在线性地址空间中的起始位置（nr×64MB）。对于 CPU 的分段机制，Linux 0.12 的代码段和数据段在线性地址空间中的位置和长度完全相同。接着系统会为新进程复制父进程的页目录项和页表项。对于 Linux 0.12 内核来说，所有程序共用一个位于物理内存开始位置处的页目录表，而新进程的页表则需另行申请一页内存来存放。

在 fork()的执行过程中，内核并不会立刻为新进程分配代码和数据内存页。新进程将与父进程共同使用父进程已有的代码和数据内存页面。只有当以后执行过程中如果其中有一个进程以写方式访问内存时被访问的内存页面才会在写操作前被复制到新申请的内存页面中。

8.9.2　代码注释

程序 8-8　linux/kernel/fork.c

```
/*
 *  linux/kernel/fork.c
 *
 *  (C) 1991  Linus Torvalds
 */

/*
 *  'fork.c' contains the help-routines for the 'fork' system call
 * (see also system_call.s), and some misc functions ('verify_area').
 * Fork is rather simple, once you get the hang of it, but the memory
 * management can be a bitch. See 'mm/mm.c': 'copy_page_tables()'
 */
/*
 * 'fork.c'中含有系统调用'fork'的辅助子程序（参见 system_call.s），以及一些其他函数
 * （'verify_area'）。一旦你了解了 fork，就会发现它是非常简单的，但内存管理却有些难度。参
 * 见'mm/memory.c'中的'copy_page_tables()'函数。
 */
#include <errno.h>              // 错误号头文件。包含系统中各种出错号。

#include <linux/sched.h>        // 调度程序头文件，定义了任务结构 task_struct、任务 0 的数据。
#include <linux/kernel.h>       // 内核头文件。含有一些内核常用函数的原形定义。
#include <asm/segment.h>        // 段操作头文件。定义了有关段寄存器操作的嵌入式汇编函数。
#include <asm/system.h>         // 系统头文件。定义了设置或修改描述符/中断门等的嵌入式汇编宏。

// 写页面验证。若页面不可写，则复制页面。定义在 mm/memory.c 第 261 行开始。
extern void write_verify(unsigned long address);

long last_pid=0;                // 最新进程号，其值会由 get_empty_process()生成。

//// 进程空间区域写前验证函数。
// 对于 80386 CPU，在执行特权级 0 代码时不会理会用户空间中的页面是否是页保护的，因此在执行
// 内核代码时用户空间中数据页面保护标志起不了作用，写时复制机制也就失去了作用。
// verify_area()函数就用于此目的。但对于 80486 或后来的 CPU，其控制寄存器 CR0 中有一个
// 写保护标志 WP（位 16），内核可以通过设置该标志来禁止特权级 0 的代码向用户空间只读
```

```
// 页面执行写数据，否则将导致发生写保护异常。从而 486 以上 CPU 可以通过设置该标志来达到使用
// 本函数同样的目的。
// 该函数对当前进程逻辑地址从 addr 到 addr + size 这一段范围以页为单位执行写操作前的检测
// 操作。由于检测判断是以页面为单位进行操作，因此程序首先需要找出 addr 所在页面开始地址 start，
// 然后 start 加上进程数据段基址，使这个 start 变换成 CPU 4GB 线性空间中的地址。最后循环调
// 用 write_verify() 对指定大小的内存空间进行写前验证。若页面是只读的，则执行共享检验和
// 复制页面操作（写时复制）。
24 void verify_area(void * addr,int size)
25 {
26         unsigned long start;
27
// 首先将起始地址 start 调整为其所在页的左边界开始位置，同时相应地调整验证区域大小。
// 下句中的 start & 0xfff 用来获得指定起始位置 addr（也即 start）在所在页面中的偏移值，
// 原验证范围 size 加上这个偏移值即扩展成以 addr 所在页面起始位置开始的范围值。
// 因此在 30 行上 也需要把验证开始位置 start 调整成页面边界值。参见前面的图“内存验证范围的
// 调整”。
28         start = (unsigned long) addr;
29         size += start & 0xfff;
30         start &= 0xfffff000;              // 此时 start 是当前进程空间中的逻辑地址。
// 下面把 start 加上进程数据段在线性地址空间中的起始基址，变成系统整个线性空间中的地址位置。
// 对于 Linux 0.1x 内核，其数据段和代码段在线性地址空间中的基址和限长均相同。
// 然后循环进行写页面验证。若页面不可写，则复制页面。（mm/memory.c，274 行）
31         start += get_base(current->ldt[2]);     // include/linux/sched.h，277 行。
32         while (size>0) {
33                 size -= 4096;
34                 write_verify(start);
35                 start += 4096;
36         }
37 }
38
// 复制内存页表。
// 参数 nr 是新任务号；p 是新任务数据结构指针。该函数为新任务在线性地址空间中设置代码段和数
// 据段基址、限长，并复制页表。由于 Linux 系统采用了写时复制（copy on write）技术，因此
// 这里仅为新进程设置自己的页目录表项和页表项，而没有实际为新进程分配物理内存页面。此时新进
// 程与其父进程共享所有内存页面。操作成功返回 0，否则返回出错号。
39 int copy_mem(int nr,struct task_struct * p)
40 {
41         unsigned long old_data_base,new_data_base,data_limit;
42         unsigned long old_code_base,new_code_base,code_limit;
43
// 首先取当前进程局部描述符表中代码段描述符和数据段描述符项中的段限长（字节数）。
// 0x0f 是代码段选择符；0x17 是数据段选择符。然后取当前进程代码段和数据段在线性地址空间中的
// 基地址。由于 Linux 0.12 内核还不支持代码和数据段分立的情况，因此这里需要检查代码段和数据
//段基址是否都相同，并且要求数据段的长度至少不小于代码段的长度（参见图 5-12），否则内核显示
//出错信息，并停止运行。
// get_limit()和 get_base()定义在 include/linux/sched.h 第 277 和第 279 行处。
44         code_limit=get_limit(0x0f);
45         data_limit=get_limit(0x17);
46         old_code_base = get_base(current->ldt[1]);
47         old_data_base = get_base(current->ldt[2]);
48         if (old_data_base != old_code_base)
49                 panic("We don't support separate I&D");
50         if (data_limit < code_limit)
51                 panic("Bad data_limit");
// 然后设置创建中的新进程在线性地址空间中的基地址等于（64MB×其任务号），并用该值设置新进程
// 局部描述符表中段描述符中的基地址。接着设置新进程的页目录表项和页表项，即复制当前进程（父
```

```
// 进程）的页目录表项和页表项。此时子进程共享父进程的内存页面。
// 正常情况下 copy_page_tables()返回 0，否则表示出错，则释放刚申请的页表项。
	new_data_base = new_code_base = nr * TASK_SIZE;
	p->start_code = new_code_base;
	set_base(p->ldt[1],new_code_base);
	set_base(p->ldt[2],new_data_base);
	if (copy_page_tables(old_data_base,new_data_base,data_limit)) {
		free_page_tables(new_data_base,data_limit);
		return -ENOMEM;
	}
	return 0;
}

/*
 * Ok, this is the main fork-routine. It copies the system process
 * information (task[nr]) and sets up the necessary registers. It
 * also copies the data segment in it's entirety.
 */
/*
 * OK，下面是主要的 fork 子程序。它复制系统进程信息（task[n]）
 * 并且设置必要的寄存器。它还整个地复制数据段（也是代码段）。
 */
// 复制进程。
// 该函数的参数是进入系统调用中断处理过程（sys_call.s）开始，直到调用本系统调用处理过程
// （sys_call.s 第 208 行）和调用本函数前（sys_call.s 第 217 行）逐步压入进程内核态栈的各
// 寄存器的值。这些在 sys_call.s 程序中逐步压入内核态栈的值（参数）包括：
// ①CPU 执行中断指令压入的用户栈地址 ss 和 esp、标志 eflags 和返回地址 cs 和 eip；
// ②第 83--88 行在刚进入 system_call 时入栈的段寄存器 ds、es、fs 和 edx、ecx、edx；
// ③第 94 行调用 sys_call_table 中 sys_fork 函数时入栈的返回地址（参数 none 表示）；
// ④ 第 212--216 行在调用 copy_process()之前入栈的 gs、esi、edi、ebp 和 eax（nr）。
// 其中参数 nr 是调用 find_empty_process()分配的任务数组项号。
int copy_process(int nr,long ebp,long edi,long esi,long gs,long none,
		long ebx,long ecx,long edx, long orig_eax,
		long fs,long es,long ds,
		long eip,long cs,long eflags,long esp,long ss)
{
	struct task_struct *p;
	int i;
	struct file *f;

// 首先为新任务数据结构分配内存。如果内存分配出错，则返回出错码并退出。然后将新任务结构指针
// 放入任务数组的 nr 项中。其中 nr 为任务号，由前面 find_empty_process()返回。
// 接着把当前进程任务结构内容复制到刚申请到的内存页面 p 开始处。
	p = (struct task_struct *) get_free_page();
	if (!p)
		return -EAGAIN;
	task[nr] = p;
	*p = *current;	/* NOTE! this doesn't copy the supervisor stack */
			/* 注意！这样做不会复制超级用户堆栈（只复制进程结构）*/
// 随后对复制来的进程结构内容进行一些修改，作为新进程的任务结构。先将新进程的状态置为不可中
// 断等待状态，以防止内核调度其执行。然后设置新进程的进程号 pid，并初始化进程运行时间片值等
// 于其 priority 值（ 一般为 15 个嘀嗒）。接着复位新进程的信号位图、报警定时值、会话
// （session）领导标志 leader、进程及其子进程在内核和用户态运行时间统计值，还设置进程开
// 始运行的系统时间 start_time。
	p->state = TASK_UNINTERRUPTIBLE;
	p->pid = last_pid;		// 新进程号。也由 find_empty_process()得到。
```

```
84       p->counter = p->priority;       // 运行时间片值（嘀嗒数）。
85       p->signal = 0;                  // 信号位图。
86       p->alarm = 0;                   // 报警定时值（嘀嗒数）。
87       p->leader = 0;                  /* process leadership doesn't inherit */
                                         /* 进程的领导权是不能继承的 */
88       p->utime = p->stime = 0;        // 用户态时间和核心态运行时间。
89       p->cutime = p->cstime = 0;      // 子进程用户态和核心态运行时间。
90       p->start_time = jiffies;        // 进程开始运行时间（当前时间滴答数）。
// 再修改任务状态段 TSS 数据（参见列表后说明）。由于系统给任务结构 p 分配了 1 页新内存，所以
// (PAGE_SIZE + (long) p) 让 esp0 正好指向该页顶端。 ss0:esp0 用作程序在内核态执行时的
// 栈。另外，在第 3 章中我们已经知道，每个任务在 GDT 表中都有两个段描述符，一个是任务的 TSS
// 段描述符，另一个是任务的 LDT 表段描述符。下面 111 行语句就是把 GDT 中本任务 LDT 段描述符的
// 选择符保存在本任务的 TSS 段中。当 CPU 执行切换任务时，会自动从 TSS 中把 LDT 段描述符的选择
// 符加载到 ldtr 寄存器中。
91       p->tss.back_link = 0;
92       p->tss.esp0 = PAGE_SIZE + (long) p;  // 任务内核态栈指针。
93       p->tss.ss0 = 0x10;              // 内核态栈的段选择符（与内核数据段相同）。
94       p->tss.eip = eip;               // 指令代码指针。
95       p->tss.eflags = eflags;         // 标志寄存器。
96       p->tss.eax = 0;                 // 这是当 fork()返回时新进程会返回 0 的原因所在。
97       p->tss.ecx = ecx;
98       p->tss.edx = edx;
99       p->tss.ebx = ebx;
100      p->tss.esp = esp;
101      p->tss.ebp = ebp;
102      p->tss.esi = esi;
103      p->tss.edi = edi;
104      p->tss.es = es & 0xffff;        // 段寄存器仅 16 位有效。
105      p->tss.cs = cs & 0xffff;
106      p->tss.ss = ss & 0xffff;
107      p->tss.ds = ds & 0xffff;
108      p->tss.fs = fs & 0xffff;
109      p->tss.gs = gs & 0xffff;
110      p->tss.ldt = _LDT(nr);          //任务局部表描述符的选择符(LDT 描述符在 GDT 中)。
111      p->tss.trace_bitmap = 0x80000000;       //（高 16 位有效）。
// 如果当前任务使用了协处理器，就保存其上下文。汇编指令 clts 用于清除控制寄存器 CR0 中的任务
// 已交换（TS）标志。每当发生任务切换，CPU 都会设置该标志。该标志用于管理数学协处理器：如果
// 该标志置位，那么每个 ESC 指令都会被捕获（异常 7）。如果协处理器存在标志 MP 也同/时置位的话，
// 那么 WAIT 指令也会捕获。因此，如果任务切换发生在一个 ESC 指令开始执行之后，则协处理器中的
// 内容就可能需要在执行新的 ESC 指令之前保存起来。捕获处理句柄会保存协处理器的内容并复位 TS
// 标志。指令 fnsave 用于把协处理器的所有状态保存到目的操作数指定的内存区域中（tss.i387）。
112      if (last_task_used_math == current)
113              __asm__("clts ; fnsave %0 ; frstor %0"::"m" (p->tss.i387));

// 接下来复制进程页表。即在线性地址空间中设置新任务代码段和数据段描述符中的基址和限长，并复
// 制页表。如果出错（返回值不是 0），则复位任务数组中相应项并释放为该新任务分配的用于任务结
// 构的内存页。
114      if (copy_mem(nr,p)) {                   // 返回不为 0 表示出错。
115              task[nr] = NULL;
116              free_page((long) p);
117              return -EAGAIN;
118      }
// 如果父进程中有文件是打开的，则将对应文件的打开次数增 1。因为这里创建的子进程会与父进程共
// 享这些打开的文件。将当前进程（父进程）的 pwd, root 和 executable 引用次数均增 1。与上面
// 同样的道理，子进程也引用了这些 i 节点。
119      for (i=0; i<NR_OPEN;i++)
```

```
                if (f=p->filp[i])
                        f->f_count++;
        if (current->pwd)
                current->pwd->i_count++;
        if (current->root)
                current->root->i_count++;
        if (current->executable)
                current->executable->i_count++;
        if (current->library)
                current->library->i_count++;
// 随后在 GDT 表中设置新任务 TSS 段和 LDT 段描述符项。这两个段的限长均被设置成 104 字节。参见
// include/asm/system.h，52-66 行代码。 然后设置进程之间的关系链表指针，即把新进程插入
// 到当前进程的子进程链表中。把新进程的父进程设置为当前进程，把新进程的最新子进程指针 p_cptr
// 和年轻兄弟进程指针 p_ysptr 置空。接着让新进程的老兄进程指针 p_osptr 设置等于父进程的最新
// 子进程指针。若当前进程确实还有其他子进程，则让比邻老兄进程的最年轻进程指针 p_yspter 指向
// 新进程。最后把当前进程的最新子进程指针指向这个新进程。然后把新进程设置成就绪态。最后返回
// 新进程号。
// 另外， set_tss_desc() 和 set_ldt_desc() 定义在 include/asm/system.h 文件中。
// “gdt+(nr<<1)+FIRST_TSS_ENTRY”是任务 nr 的 TSS 描述符项在全局表中的地址。因为
// 每个任务占用 GDT 表中 2 项，因此上式中要包括'(nr<<1)'。
// 请注意，在任务切换时，任务寄存器 tr 会由 CPU 自动加载。
        set_tss_desc(gdt+(nr<<1)+FIRST_TSS_ENTRY,&(p->tss));
        set_ldt_desc(gdt+(nr<<1)+FIRST_LDT_ENTRY,&(p->ldt));
        p->p_pptr = current;                // 设置新进程的父进程指针。
        p->p_cptr = 0;                      // 复位新进程的最新子进程指针。
        p->p_ysptr = 0;                     // 复位新进程的比邻年轻兄弟进程指针。
        p->p_osptr = current->p_cptr;       // 设置新进程的比邻老兄兄弟进程指针。
        if (p->p_osptr)                     // 若新进程有老兄兄弟进程，则让其
                p->p_osptr->p_ysptr = p;    // 年轻进程兄弟指针指向新进程。
        current->p_cptr = p;                // 让当前进程最新子进程指针指向新进程。
        p->state = TASK_RUNNING;            /* do this last, just in case */
        return last_pid;
}

// 为新进程取得不重复的进程号 last_pid。函数返回在任务数组中的任务号(数组项)。
int find_empty_process(void)
{
        int i;

// 首先获取新的进程号。如果 last_pid 增 1 后超出进程号的正数表示范围，则重新从 1 开始使用 pid
// 号。然后在任务数组中搜索刚设置的 pid 号是否已经被任何任务使用。如果是则跳转到函数开始处重
// 新获得一个 pid 号。 接着在任务数组中为新任务寻找一个空闲项，并返回项号。 last_ pid 是一
// 个全局变量，不用返回。如果此时任务数组中 64 个项已经被全部占用，则返回出错码。
        repeat:
                if ((++last_pid)<0) last_pid=1;
                for(i=0 ; i<NR_TASKS ; i++)
                        if (task[i] && ((task[i]->pid == last_pid) ||
                                        (task[i]->pgrp == last_pid)))
                                goto repeat;
        for(i=1 ; i<NR_TASKS ; i++)                 // 任务 0 项被排除在外。
                if (!task[i])
                        return i;
        return -EAGAIN;
}

```

8.9.3　任务状态段信息

图 8-14 是任务状态段（Task State Segment，TSS）的内容。每个任务的 TSS 被保存在任务数据结构 task_struct 中。对它的说明请参见第 4 章。

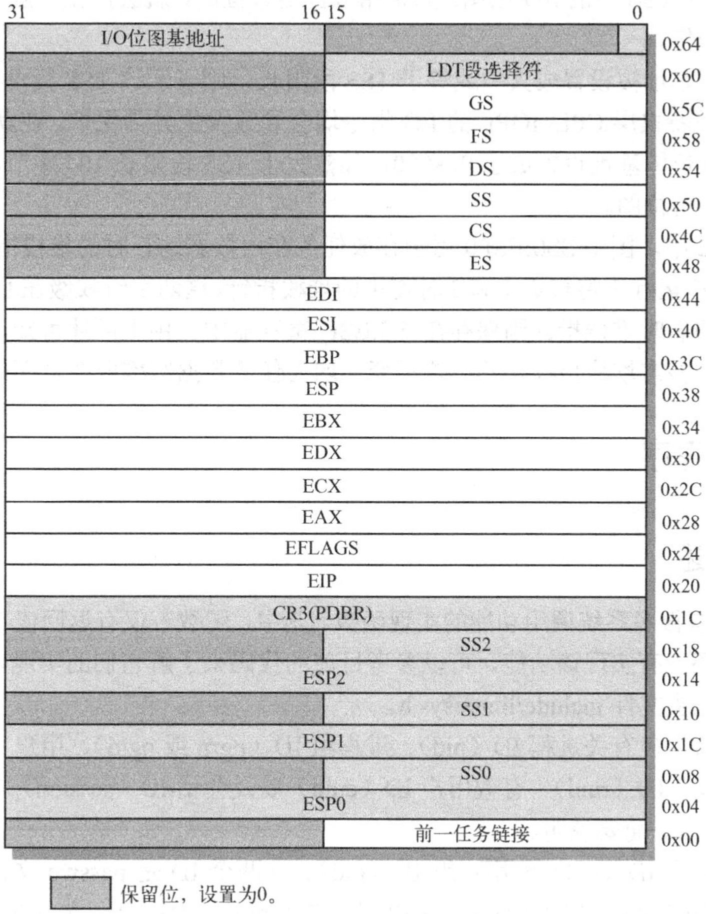

31　　　　　16	15　　　　　0	
I/O位图基地址		0x64
	LDT段选择符	0x60
	GS	0x5C
	FS	0x58
	DS	0x54
	SS	0x50
	CS	0x4C
	ES	0x48
EDI		0x44
ESI		0x40
EBP		0x3C
ESP		0x38
EBX		0x34
EDX		0x30
ECX		0x2C
EAX		0x28
EFLAGS		0x24
EIP		0x20
CR3(PDBR)		0x1C
	SS2	0x18
ESP2		0x14
	SS1	0x10
ESP1		0x1C
	SS0	0x08
ESP0		0x04
	前一任务链接	0x00

保留位，设置为0。

图 8-14　任务状态段 TSS 中的信息

CPU 管理任务需要的所有信息被存储于任务状态段(task state segment，TSS)。图中显示出执行 80386 任务的 TSS 格式。

TSS 中的字段可以分为两类：第 1 类是会在 CPU 进行任务切换时动态更新的信息集。这些字段有：通用寄存器（EAX，ECX，EDX，EBX，ESP，EBP，ESI，EDI）、段寄存器（ES, CS, SS, DS, FS, GS）、标志寄存器（EFLAGS）、指令指针（EIP）、前一个执行任务的 TSS 的选择符（仅当返回时才更新）。第 2 类字段是 CPU 会读取但不会更改的静态信息集。这些字段有：任务的 LDT 的选择符、含有任务页目录基地址的寄存器（PDBR）、特权级 0～2 的堆栈指针、当任务进行切换时导致 CPU 产生一个调试(debug)异常的 T-位（调试跟踪位）、I/O 位图基地址（其长度上限就是 TSS 的长度上限，在 TSS 描述符中说明）。

任务状态段可以存放在线性空间的任何地方。与其他各类段相似，任务状态段也是由描述符来定义的。当前正在执行任务的 TSS 是由任务寄存器（TR）来指示的。指令 LTR 和 STR 用来修改和读取任务寄存器中的选择符（任务寄存器的可见部分）。

I/O 位图中的每 1 位对应 1 个 I/O 端口。比如端口 41 的位就是 I/O 位图基地址+5，位偏移 1 处。在保护模式中，当遇到 1 个 I/O 指令时（IN、INS、OUT 和 OUTS），CPU 首先就会检查当前特权级是否小于标志寄存器的 IOPL，如果这个条件满足，就执行该 I/O 操作。如果不满足，那么 CPU 就会检查 TSS 中的 I/O 位图。如果相应位是置位的，就会产生一般保护性异常，否则就会执行该 I/O 操作。

如果 I/O 位图基址被设置成大于或等于 TSS 段限长，则表示该 TSS 段没有 I/O 许可位图，那么对于所有当前特权层 CPL>IOPL 的 I/O 指令均会导致发生异常保护。在默认情况下，Linux 0.12 内核中把 I/O 位图基址设置成了 0x8000，显然大于 TSS 段限长 104 字节，因此 Linux 0.12 内核中没有 I/O 许可位图。

在 Linux 0.12 中，图中 SS0:ESP0 用于存放任务在内核态运行时的堆栈指针。SS1:ESP1 和 SS2:ESP2 分别对应运行于特权级 1 和 2 时使用的堆栈指针，这两个特权级在 Linux 中没有使用。而任务工作于用户态时堆栈指针则保存在 SS:ESP 寄存器中。由上所述可知，每当任务进入内核态执行时，其内核态堆栈指针初始位置不变，均为任务数据结构所在页面的顶端位置处。

8.10 sys.c 程序

8.10.1 功能描述

sys.c 程序含有很多系统调用功能的实现函数。其中，函数若仅有返回值-ENOSYS，则表示本版 Linux 内核还没有实现该功能，可以参考目前的代码来了解它们的实现方法。所有系统调用功能说明请参见头文件 include/linux/sys.h。

该程序中含有很多有关进程 ID（pid）、进程组 ID（pgrp 或 pgid）、用户 ID（uid）、用户组 ID（gid）、实际用户 ID（ruid）、有效用户 ID（euid）以及会话 ID（session）等的操作函数。下面首先对这些 ID 作一简要说明。

一个用户有用户 ID（uid）和用户组 ID（gid）。这两个 ID 是 passwd 文件中对该用户设置的 ID，通常被称为实际用户 ID（ruid）和实际组 ID（rgid）。而在每个文件的 i 节点信息中都保存着宿主的用户 ID 和组 ID，它们指明了文件拥有者和所属用户组。主要用于访问或执行文件时的权限判别操作。另外，在一个进程的任务数据结构中，为了实现不同功能而保存了 3 种用户 ID 和组 ID。见表 8-6。

表 8-6 与进程相关的用户 ID 和组 ID

类别	用户 ID	组 ID
进程的	Uid——用户 ID。指明拥有该进程的用户	gid——组 ID。指明拥有该进程的用户组
有效的	euid——有效用户 ID。指明访问文件的权限	egid——有效组 ID。指明访问文件的权限
保存的	suid——保存的用户 ID。当执行文件的设置用户 ID 标志（set-user-ID）置位时，suid 中保存着执行文件的 uid。否则 suid 等于进程的 euid	sgid——保存的组 ID。当执行文件的设置组 ID 标志（set-group-ID）置位时，sgid 中保存着执行文件的 gid。否则 sgid 等于进程的 egid

进程的 uid 和 gid 分别就是进程拥有者的用户 ID 和组 ID，即进程的实际用户 ID（ruid）和实际组 ID（rgid）。超级用户可以使用函数 set_uid()和 set_gid()对它们进行修改。有效用户 ID 和有效组 ID 用于进程访问文件时的许可权判断。

保存的用户 ID（suid）和保存的组 ID（sgid）用于进程访问设置了 set-user-ID 或 set-group-ID 标志的文件。当执行一个程序时，进程的 euid 通常就是实际用户 ID，egid 通常就是实际组 ID。因此进程只能访问进程的有效用户、有效用户组规定的文件或其他允许访问的文件。但是如果一个文件的 set-user-ID 标志置位时，那么进程的有效用户 ID 就会被设置成该文件宿主的用户 ID，因此进程就可以访问设置了这种标志的受限文件，同时该文件宿主的用户 ID 被保存在 suid 中。同理，文件的 set-group-ID 标志也有类似的作用并作相同的处理。

例如，如果一个程序的宿主是超级用户，但该程序设置了 set-user-ID 标志，那么当该程序被一个进程运行时，则该进程的有效用户 ID（euid）就会被设置成超级用户的 ID（0）。于是这个进程就拥有了超级用户的权限。一个实际例子就是 Linux 系统的 passwd 命令。该命令是一个设置了 set-user-Id 的程序，因此允许用户修改自己的口令。因为该程序需要把用户的新口令写入/etc/passwd 文件中，而该文件只有超级用户才有写权限，因此 passwd 程序就需要使用 set-user-ID 标志。

另外，进程也有标识自己属性的进程 ID（pid）、所属进程组的进程组 ID（pgrp 或 pgid）和所属会话的会话 ID（session）。这 3 个 ID 用于表明进程与进程之间的关系，与用户 ID 和组 ID 无关。

8.10.2 代码注释

程序 8-9 linux/kernel/sys.c 程序

```
/*
 *  linux/kernel/sys.c
 *
 *  (C) 1991  Linus Torvalds
 */

#include <errno.h>              // 错误号头文件。包含系统中各种出错号。

#include <linux/sched.h>        // 调度程序头文件。定义了任务结构 task_struct、任务 0 的数据，
                                // 还有一些有关描述符参数设置和获取的嵌入式汇编函数宏语句。
#include <linux/tty.h>          // tty 头文件，定义了有关 tty_io，串行通信方面的参数、常数。
#include <linux/kernel.h>       // 内核头文件。含有一些内核常用函数的原形定义。
#include <linux/config.h>       // 内核常数配置文件。这里主要使用其中的系统名称常数符号信息。
#include <asm/segment.h>        // 段操作头文件。定义了有关段寄存器操作的嵌入式汇编函数。
#include <sys/times.h>          // 定义了进程中运行时间的结构 tms 以及 times()函数原型。
#include <sys/utsname.h>        // 系统名称结构头文件。
#include <sys/param.h>          // 系统参数头文件。含有系统一些全局常数符号。例如 HZ 等。
#include <sys/resource.h>       // 系统资源头文件。含有有关进程资源使用情况的结构等信息。
#include <string.h>             // 字符串头文件。字符串或内存字节序列操作函数。

/*
 * The timezone where the local system is located.  Used as a default by some
 * programs who obtain this value by using gettimeofday.
 */
/*
 * 本系统所在的时区（timezone）。作为某些程序使用 gettimeofday 系统调用获取
 * 时区的默认值。
 */
// 时区结构 timezone 第 1 个字段（tz_minuteswest）表示距格林尼治标准时间 GMT 以西的分钟
// 数；第 2 个字段（tz_dsttime）是夏令时 DST（Daylight Savings Time）调整类型。 该结构
```

```
// 定义在 include/sys/time.h 中。
struct timezone sys_tz = { 0, 0};

// 根据进程组号 pgrp 取得进程组所属会话（session）号。该函数在 kernel/exit.c 中实现。
extern int session_of_pgrp(int pgrp);

// 返回日期和时间（ftime - Fetch time）。
// 以下返回值是-ENOSYS 的系统调用函数均表示在本版本内核中还未实现。
int sys_ftime()
{
        return -ENOSYS;
}

int sys_break()
{
        return -ENOSYS;
}

// 用于当前进程对子进程进行调试(debugging)。
int sys_ptrace()
{
        return -ENOSYS;
}

// 改变并打印终端行设置。
int sys_stty()
{
        return -ENOSYS;
}

// 取终端行设置信息。
int sys_gtty()
{
        return -ENOSYS;
}

// 修改文件名。
int sys_rename()
{
        return -ENOSYS;
}

int sys_prof()
{
        return -ENOSYS;
}

/*
 * This is done BSD-style, with no consideration of the saved gid, except
 * that if you set the effective gid, it sets the saved gid too.  This
 * makes it possible for a setgid program to completely drop its privileges,
 * which is often a useful assertion to make when you are doing a security
 * audit over a program.
 *
 * The general idea is that a program which uses just setregid() will be
 * 100% compatible with BSD.  A program which uses just setgid() will be
```

```
 * 100% compatible with POSIX w/ Saved ID's.
 */
/*
 * 以下是BSD形式的实现，没有考虑保存的gid（saved gid或sgid），除了当你设置了有效的gid
 * （effective gid或egid）时，保存的gid也会被设置。这使得一个使用setgid的程序可以完
 * 全放弃其特权。当你在对一个程序进行安全审计时，这通常是一种很好的处理方法。
 *
 * 最基本的考虑是一个使用setregid()的程序将会与BSD系统100%的兼容。而一个使用setgid()
 * 和保存的gid的程序将会与POSIX 100%的兼容。
 */
// 设置当前任务的实际以及/或者有效组ID（gid）。如果任务没有超级用户特权，那么只能互换其实
// 际组ID 和有效组 ID。如果任务具有超级用户特权，就能任意设置有效的和实际的组ID。保留的
// gid（saved gid）被设置成与有效gid。实际组ID是指进程当前的gid。
int sys_setregid(int rgid, int egid)
{
        if (rgid>0) {
                if ((current->gid == rgid) ||
                    suser())
                        current->gid = rgid;
                else
                        return(-EPERM);
        }
        if (egid>0) {
                if ((current->gid == egid) ||
                    (current->egid == egid) ||
                    suser()) {
                        current->egid = egid;
                        current->sgid = egid;
                } else
                        return(-EPERM);
        }
        return 0;
}

/*
 * setgid() is implemeneted like SysV w/ SAVED_IDS
 */
/*
 * setgid()的实现与具有SAVED_IDS的SYSV的实现方法相似。
 */
// 设置进程组号(gid)。如果任务没有超级用户特权，它可以使用 setgid() 将其有效gid（effective
// gid）设置为成其保留gid(saved gid)或其实际gid(real gid)。如果任务有超级用户特权，则
// 实际gid、有效gid和保留gid都被设置成参数指定的gid。
int sys_setgid(int gid)
{
        if (suser())
                current->gid = current->egid = current->sgid = gid;
        else if ((gid == current->gid) || (gid == current->sgid))
                current->egid = gid;
        else
                return -EPERM;
        return 0;
}

// 打开或关闭进程计账功能。
int sys_acct()
```

```
{
        return -ENOSYS;
}

// 映射任意物理内存到进程的虚拟地址空间。
int sys_phys()
{
        return -ENOSYS;
}

int sys_lock()
{
        return -ENOSYS;
}

int sys_mpx()
{
        return -ENOSYS;
}

int sys_ulimit()
{
        return -ENOSYS;
}

// 返回从 1970 年 1 月 1 日 00:00:00 GMT 开始计时的时间值（秒）。如果 tloc 不为 null，则时
// 间值也存储在那里。
// 由于参数是一个指针，而其所指位置在用户空间，因此需要使用函数 put_fs_long() 来访问该值。
// 在进入内核中运行时，段寄存器 fs 被默认地指向当前用户数据空间。因此该函数就可利用 fs 来访问
// 用户空间中的值。
int sys_time(long * tloc)
{
        int i;

        i = CURRENT_TIME;
        if (tloc) {
                verify_area(tloc,4);        // 验证内存容量是否够（这里是 4 字节）。
                put_fs_long(i,(unsigned long *)tloc);  // 放入用户数据段 tloc 处。
        }
        return i;
}

/*
 * Unprivileged users may change the real user id to the effective uid
 * or vice versa.  (BSD-style)
 *
 * When you set the effective uid, it sets the saved uid too.  This
 * makes it possible for a setuid program to completely drop its privileges,
 * which is often a useful assertion to make when you are doing a security
 * audit over a program.
 *
 * The general idea is that a program which uses just setreuid() will be
 * 100% compatible with BSD.  A program which uses just setuid() will be
 * 100% compatible with POSIX w/ Saved ID's.
 */
/*
```

```
 * 无特权的用户可以见实际的 uid（real uid）改成有效的 uid（effective uid），反之亦然。（BSD
 * 形式的实现）
 *
 * 当你设置有效的 uid 时，同时也设置了保存的 uid。这使得一个使用 setuid 的程序可以完全放
 * 弃其特权。当你在对一个程序进行安全审计时，这通常是一种很好的处理方法。
 * 最基本的考虑是一个使用 setreuid()的程序将会与 BSD 系统 100%的兼容。而一个使用 setuid()
 * 和保存的 gid 的程序将会与 POSIX 100%的兼容。
 */
// 设置任务的实际以及/或者有效的用户 ID（uid）。如果任务没有超级用户特权，那么只能互换其实
// 际的 uid 和有效的 uid。如果任务具有超级用户特权，就能任意设置有效的和实际的用户 ID。保存
// 的 uid（saved uid）被设置成与有效 uid 同值。
int sys_setreuid(int ruid, int euid)
{
        int old_ruid = current->uid;

        if (ruid>0) {
                if ((current->euid==ruid) ||
                    (old_ruid == ruid) ||
                    suser())
                        current->uid = ruid;
                else
                        return(-EPERM);
        }
        if (euid>0) {
                if ((old_ruid == euid) ||
                    (current->euid == euid) ||
                    suser()) {
                        current->euid = euid;
                        current->suid = euid;
                } else {
                        current->uid = old_ruid;
                        return(-EPERM);
                }
        }
        return 0;
}

/*
 * setuid() is implemeneted like SysV w/ SAVED_IDS
 *
 * Note that SAVED_ID's is deficient in that a setuid root program
 * like sendmail, for example, cannot set its uid to be a normal
 * user and then switch back, because if you're root, setuid() sets
 * the saved uid too.  If you don't like this, blame the bright people
 * in the POSIX commmittee and/or USG.  Note that the BSD-style setreuid()
 * will allow a root program to temporarily drop privileges and be able to
 * regain them by swapping the real and effective uid.
 */
/*
 * setuid()的实现与具有 SAVED_IDS 的 SYSV 的实现方法相似。
 *
 * 请注意使用 SAVED_ID 的 setuid()在某些方面是不完善的。例如，一个使用 setuid 的超级用户程
 * 序 sendmail 就做不到把其 uid 设置成一个普通用户的 uid，然后再交换回来。因为如果你是一个超
 * 级用户，setuid() 也同时会设置保存的 uid。如果你不喜欢这样的做法的话，就责怪 POSIX 组委
 * 会以及/或者 USG 中的聪明人吧。不过请注意 BSD 形式的 setreuid()实现能够允许一个超级用户程
 * 序临时放弃特权，并且能通过交换实际的和有效的 uid 而再次获得特权。
```

```
 */
// 设置任务用户 ID（uid）。如果任务没有超级用户特权，它可以使用 setuid()将其有效的 uid
// （effective uid）设置成其保存的 uid（saved uid）或其实际的 uid（real uid）。
// 如果任务有超级用户特权，则实际的 uid、有效的 uid 和保存的 uid 都会被设置成参数指定的 uid。
int sys_setuid(int uid)
{
        if (suser())
                current->uid = current->euid = current->suid = uid;
        else if ((uid == current->uid) || (uid == current->suid))
                current->euid = uid;
        else
                return -EPERM;
        return(0);
}

// 设置系统开机时间。参数 tptr 是从 1970 年 1 月 1 日 00:00:00 GMT 开始计时的时间值（秒）。
// 调用进程必须具有超级用户权限。其中 HZ=100，是内核系统运行频率。
// 由于参数是一个指针，而其所指位置在用户空间，因此需要使用函数 get_fs_long()来访问该值。
// 在进入内核中运行时，段寄存器 fs 被默认地指向当前用户数据空间。因此该函数就可利用 fs 来访
// 问用户空间中的值。
// 函数参数提供的当前时间值减去系统已经运行的时间秒值（jiffies/HZ）即是开机时间秒值。
int sys_stime(long * tptr)
{
        if (!suser())                   // 如果不是超级用户则出错返回（许可）。
                return -EPERM;
        startup_time = get_fs_long((unsigned long *)tptr) - jiffies/HZ;
        jiffies_offset = 0;
        return 0;
}

// 获取当前任务运行时间统计值。
// 在 tbuf 所指用户数据空间处返回 tms 结构的任务运行时间统计值。tms 结构中包括进程用户运行时
// 间、内核（系统）时间、子进程用户运行时间、子进程系统运行时间。函数返回值是系统运行到当前
// 的嘀嗒数。
int sys_times(struct tms * tbuf)
{
        if (tbuf) {
                verify_area(tbuf,sizeof *tbuf);
                put_fs_long(current->utime,(unsigned long *)&tbuf->tms_utime);
                put_fs_long(current->stime,(unsigned long *)&tbuf->tms_stime);
                put_fs_long(current->cutime,(unsigned long *)&tbuf->tms_cutime);
                put_fs_long(current->cstime,(unsigned long *)&tbuf->tms_cstime);
        }
        return jiffies;
}

// 当参数 end_data_seg 数值合理，并且系统确实有足够的内存，而且进程没有超越其最大数据段大
// 小时，该函数设置数据段末尾为 end_data_seg 指定的值。该值必须大于代码结尾并且要小于堆栈
// 结尾 16KB。返回值是数据段的新结尾值（如果返回值与要求值不同，则表明有错误发生）。该函数
// 并不被用户直接调用，而由 libc 库函数进行包装，并且返回值也不一样。
int sys_brk(unsigned long end_data_seg)
{
// 如果参数值大于代码结尾，并且小于（堆栈 - 16KB），则设置新数据段结尾值。
        if (end_data_seg >= current->end_code &&
            end_data_seg < current->start_stack - 16384)
                current->brk = end_data_seg;
```

```
233         return current->brk;            // 返回进程当前的数据段结尾值。
234 }
235 
236 /*
237  * This needs some heave checking ...
238  * I just haven't gct the stomach for it. I also don't fully
239  * understand sessions/pgrp etc. Let somebody who does explain it.
240  *
241  * OK, I think I have the protection semantics right.... this is really
242  * only important on a multi-user system anyway, to make sure one user
243  * can't send a signal to a process owned by another.  -TYT, 12/12/91
244  */
    /*
     * 下面代码需要某些严格的检查...
     * 我只是没有胃口来做这些。我也不完全明白 sessions/pgrp 等的含义。还是让了解它们的人来做吧。
     *
     * OK，我想我已经正确地实现了保护语义....。总之，这其实只对多用户系统是重要的，以确定一个用
     * 户不能向其他用户的进程发送信号。 -TYT 12/12/91
     */
    // 设置指定进程 pid 的进程组号为 pgid。
    // 参数 pid 是指定进程的进程号。如果它为 0，则让 pid 等于当前进程的进程号。参数 pgid 是指定的
    // 进程组号。如果它为 0，则让它等于进程 pid 的进程组号。如果该函数用于将进程从一个进程组移到
    // 另一个进程组，则这两个进程组必须属于同一个会话(session)。在这种
    // 情况下，参数 pgid 指定了要加入的现有进程组 ID，此时该组的会话 ID 必须与将要加入进程的相同
    // (263 行)。
245 int sys_setpgid(int pid, int pgid)
246 {
247         int i;
248 
    // 如果参数 pid 为 0，则 pid 取值为当前进程的进程号 pid。如果参数 pgid 为 0，则 pgid 也取值为
    // 当前进程的 pid。[?? 这里与 POSIX 标准的描述有出入 ]。若 pgid 小于 0，则返回无效错误码。
249         if (!pid)
250                 pid = current->pid;
251         if (!pgid)
252                 pgid = current->pid;
253         if (pgid < 0)
254                 return -EINVAL;
    // 扫描任务数组，查找指定进程号 pid 的任务。如果找到了进程号是 pid 的进程，并且该进程的父进
    // 程就是当前进程或者该进程就是当前进程，那么若该任务已经是会话首领，则出错返回。
    // 若该任务的会话号(session)与当前进程的不同，或者指定的进程组号 pgid 与 pid 不同并且 pgid
    // 进程组所属会话号与当前进程所属会话号不同，则也出错返回。 否则把查找到的进程的 pgrp 设置为
    // pgid，并返回 0。若没有找到指定 pid 的进程，则返回进程不存在出错码。
255         for (i=0 ; i<NR_TASKS ; i++)
256                 if (task[i] && (task[i]->pid == pid) &&
257                     ((task[i]->p_pptr == current) ||
258                      (task[i] == current))) {
259                         if (task[i]->leader)
260                                 return -EPERM;
261                         if ((task[i]->session != current->session) ||
262                             ((pgid != pid) &&
263                              (session_of_pgrp(pgid) != current->session)))
264                                 return -EPERM;
265                         task[i]->pgrp = pgid;
266                         return 0;
267                 }
268         return -ESRCH;
```

```
}

// 返回当前进程的进程组号。与 getpgid(0)等同。
int sys_getpgrp(void)
{
        return current->pgrp;
}

// 创建一个会话(session)(即设置其 leader=1),并且设置其会话号=其组号=其进程号。
// 如果当前进程已是会话首领并且不是超级用户,则出错返回。否则设置当前进程为新会话首领(leader
// = 1),并且设置当前进程会话号 session 和组号 pgrp 都等于进程号 pid,而且设置当前进程没
// 有控制终端。最后系统调用返回会话号。
int sys_setsid(void)
{
        if (current->leader && !suser())
                return -EPERM;
        current->leader = 1;
        current->session = current->pgrp = current->pid;
        current->tty = -1;                         // 表示当前进程没有控制终端。
        return current->pgrp;
}

/*
 * Supplementary group ID's
 */
/*
 * 进程的其他用户组号。
 */
// 取当前进程其他辅助用户组号。
// 任务数据结构中 groups[]数组保存着进程同时所属的多个用户组号。该数组共 NGROUPS 个项,若
// 某项的值是 NOGROUP(即为 -1),则表示从该项开始以后所有项都空闲。否则数组项中保存的是用
// 户组号。
// 参数 gidsetsize 是获取的用户组号个数;grouplist 是存储这些用户组号的用户空间缓存。
int sys_getgroups(int gidsetsize, gid_t *grouplist)
{
        int     i;

// 首先验证 grouplist 指针所指的用户缓存空间是否足够,然后从当前进程结构的 groups[]数组中
// 逐个取得用户组号并复制到用户缓存中。在复制过程中,如果 groups[] 中的项数大于给定的参数
// gidsetsize 所指定的个数,则表示用户给出的缓存太小,不能容下当前进程所有组号,因此此次取
// 组号操作会出错返回。若复制过程正常,则函数最后会返回复制的用户组号个数。(gidsetsize -
// gid set size,用户组号集大小)。
        if (gidsetsize)
                verify_area(grouplist, sizeof(gid_t) * gidsetsize);

        for (i = 0; (i < NGROUPS) && (current->groups[i] != NOGROUP);
            i++, grouplist++) {
                if (gidsetsize) {
                        if (i >= gidsetsize)
                                return -EINVAL;
                        put_fs_word(current->groups[i], (short *) grouplist);
                }
        }
        return(i);                      // 返回实际含有的用户组号个数。
}

```

```
// 设置当前进程同时所属的其他辅助用户组号。
// 参数 gidsetsize 是将设置的用户组号个数；grouplist 是含有用户组号的用户空间缓存。
int sys_setgroups(int gidsetsize, gid_t *grouplist)
{
        int     i;

// 首先查权限和参数的有效性。只有超级用户可以修改或设置当前进程的辅助用户组号，而且设置的项
// 数不能超过进程的 groups[NGROUPS]数组的容量。然后从用户缓冲中逐个复制用户组号，共 gidse
// tsize 个。如果复制的个数没有填满 groups[]，则在随后一项上填上值为-1 的项（NOGROUP）。
// 最后函数返回 0。
        if (!suser())
                return -EPERM;
        if (gidsetsize > NGROUPS)
                return -EINVAL;
        for (i = 0; i < gidsetsize; i++, grouplist++) {
                current->groups[i] = get_fs_word((unsigned short *) grouplist);
        }
        if (i < NGROUPS)
                current->groups[i] = NOGROUP;
        return 0;
}

// 检查当前进程是否在指定的用户组 grp 中。是则返回 1，否则返回 0。
int in_group_p(gid_t grp)
{
        int     i;

// 如果当前进程的有效组号就是 grp，则表示进程属于 grp 进程组。函数返回 1。否则就在进程的辅助
// 用户组数组中扫描是否有 grp 进程组号。若有则函数也返回 1。若扫描到值为 NOGROUP 的项，表
// 示已扫描完全部有效项而没有发现匹配的组号，因此函数返回 0。
        if (grp == current->egid)
                return 1;

        for (i = 0; i < NGROUPS; i++) {
                if (current->groups[i] == NOGROUP)
                        break;
                if (current->groups[i] == grp)
                        return 1;
        }
        return 0;
}

// utsname 结构含有一些字符串字段。用于保存系统的名称。其中包含 5 个字段，分别是：当前操作系
// 统的名称、网络节点名称（主机名）、当前操作系统发行级别、操作系统版本号以及系统运行的硬件
// 类型名称。该结构定义在 include/sys/utsname.h 文件中。 这里内核使用 include/ linux/
// config.h 文件中的常数符号设置了它们的默认值。它们分别为"Linux"，"(none)"，"0"，
// "0.12"，"i386"。
static struct utsname thisname = {
        UTS_SYSNAME, UTS_NODENAME, UTS_RELEASE, UTS_VERSION, UTS_MACHINE
};

// 获取系统名称等信息。
int sys_uname(struct utsname * name)
{
        int i;

```

```
        if (!name) return -ERROR;
        verify_area(name,sizeof *name);
        for(i=0;i<sizeof *name;i++)
                put_fs_byte(((char *) &thisname)[i],i+(char *) name);
        return 0;
}

/*
 * Only sethostname; gethostname can be implemented by calling uname()
 */
/*
 * 通过调用 uname()只能实现 sethostname 和 gethostname。
 */
// 设置系统主机名（系统的网络节点名）。
// 参数 name 指针指向用户数据区中含有主机名字符串的缓冲区；len 是主机名字符串长度。
int sys_sethostname(char *name, int len)
{
        int     i;

// 系统主机名只能由超级用户设置或修改，并且主机名长度不能超过最大长度 MAXHOSTNAMELEN。
        if (!suser())
                return -EPERM;
        if (len > MAXHOSTNAMELEN)
                return -EINVAL;
        for (i=0; i < len; i++) {
                if ((thisname.nodename[i] = get_fs_byte(name+i)) == 0)
                        break;
        }
// 在复制完毕后，如果用户提供的字符串中没有包含 NULL 字符，那么若复制的主机名长度还没有超过
// MAXHOSTNAMELEN，则在主机名字符串后添加一个 NULL。若已经填满 MAXHOSTNAMELEN 个字符，
// 则把最后一个字符改成 NULL 字符。即 thisname.nodename[min(i,MAXHOSTNAMELEN)] = 0。
        if (thisname.nodename[i]) {
                thisname.nodename[i>MAXHOSTNAMELEN ? MAXHOSTNAMELEN : i] = 0;
        }
        return 0;
}

// 取当前进程指定资源的界限值。
// 进程的任务结构中定义有一个数组 rlim[RLIM_NLIMITS]，用于控制进程使用系统资源的界限。
// 数组每个项是一个 rlimit 结构，其中包含两个字段。 一个说明进程对指定资源的当前限制界限
// （soft limit，即软限制），另一个说明系统对指定资源的最大限制界限（hard limit，即硬限
// 制）。rlim[] 数组的每一项对应系统对当前进程一种资源的界限信息。Linux 0.12
// 系统共对 6 种资源规定了界限，即 RLIM_NLIMITS=6。请参考头文件 include/sys/resource.h
// 中第 41 － 46 行的说明。
// 参数 resource 指定我们咨询的资源名称，实际上它是任务结构中 rlim[]数组的索引项值。
// 参数 rlim 是指向 rlimit 结构的用户缓冲区指针，用于存放取得的资源界限信息。
int sys_getrlimit(int resource, struct rlimit *rlim)
{
// 所咨询的资源 resource 实际上是进程任务结构中 rlim[]数组的索引项值。该索引值当然不能大于
// 数组的最大项数 RLIM_NLIMITS。在验证过 rlim 指针所指用户缓冲足够以后，这里就把参数指定
// 的资源 resource 结构信息复制到用户缓冲中，并返回 0。
        if (resource >= RLIM_NLIMITS)
                return -EINVAL;
        verify_area(rlim,sizeof *rlim);
        put_fs_long(current->rlim[resource].rlim_cur,       // 当前（软）限制值。
                (unsigned long *) rlim);
```

```
        put_fs_long(current->rlim[resource].rlim_max,       // 系统（硬）限制值。
                    ((unsigned long *) rlim)+1);
        return 0;
}

// 设置当前进程指定资源的界限值。
// 参数 resource 指定我们设置界限的资源名称，实际上它是任务结构中 rlim[]数组的索引项值。
// 参数 rlim 是指向 rlimit 结构的用户缓冲区指针，用于内核读取新的资源界限信息。
int sys_setrlimit(int resource, struct rlimit *rlim)
{
        struct rlimit new, *old;

// 首先判断参数 resource（任务结构 rlim[]项索引值）有效性。然后先让 rlimit 结构指针 old 指
// 向指进程任务结构中指定资源的当前 rlimit 结构信息。接着把用户提供的资源界限信息复制到临时
// rlimit 结构 new 中。此时如果判断出 new 结构中的软界限值或硬界限值大于进程该资源原硬界限值，
// 并且当前不是超级用户的话，就返回许可错。否则表示 new 中信息合理或者进程是超级用户进程，
// 则修改原进程指定资源信息等于 new 结构中的信息，并成功返回 0。
        if (resource >= RLIM_NLIMITS)
               return -EINVAL;
        old = current->rlim + resource;         // 即 old = current->rlim[resource]。
        new.rlim_cur = get_fs_long((unsigned long *) rlim);
        new.rlim_max = get_fs_long(((unsigned long *) rlim)+1);
        if (((new.rlim_cur > old->rlim_max) ||
            (new.rlim_max > old->rlim_max)) &&
            !suser())
               return -EPERM;
        *old = new;
        return 0;
}

/*
 * It would make sense to put struct rusuage in the task_struct,
 * except that would make the task_struct be *really big*.  After
 * task_struct gets moved into malloc'ed memory, it would
 * make sense to do this.  It will make moving the rest of the information
 * a lot simpler!  (Which we're not doing right now because we're not
 * measuring them yet).
 */
/*
 * 把 rusuage 结构放进任务结构 task struct 中是恰当的，除非它会使任务结构长度变得非常大。
 * 在把任务结构移入内核 malloc 分配的内存中之后，这样做即使任务结构很大也没问题了。这将使得
 * 其余信息的移动变得非常方便！（我们还没有这样做，因为我们还没有测试过它们的大小）。
 */
// 获取指定进程的资源利用信息。
// 本系统调用提供当前进程或其已终止的和等待着的子进程资源使用情况。如果参数 who 等于 RUSAGE_
// SELF，则返回当前进程的资源利用信息。如果指定进程 who 是 RUSAGE_CHILDREN，则返回当前进
// 程的已终止和等待着的子进程资源利用信息。 符号常数 RUSAGE_SELF 和 RUSAGE_CHILDREN 以
// 及 rusage 结构都定义在 include/sys/resource.h 头文件中。
int sys_getrusage(int who, struct rusage *ru)
{
        struct rusage r;
        unsigned long   *lp, *lpend, *dest;

// 首先判断参数指定进程的有效性。如果 who 既不是 RUSAGE_SELF（指定当前进程），也不是 RUSAGE_
// CHILDREN （指定子进程），则以无效参数码返回。否则在验证了指针 ru 指定的用户缓冲区域后，
// 把临时 rusage 结构区域 r 清零。
```

```
        if (who != RUSAGE_SELF && who != RUSAGE_CHILDREN)
                return -EINVAL;
        verify_area(ru, sizeof *ru);
        memset((char *) &r, 0, sizeof(r));      // 在 include/strings.h 文件最后。
// 若参数 who 是 RUSAGE_SELF，则复制当前进程资源利用信息到 r 结构中。若指定进程 who 是 RUSAGE_
// CHILDREN， 则复制当前进程的已终止和等待着的子进程资源利用信息到临时 rusuage 结构 r 中。
// 宏 CT_TO_SECS 和 CT_TO_USECS 用于把系统当前嘀嗒数转换成用秒值加微秒值表示。它们定义在
// include/linux/sched.h 文件中。jiffies_offset 是系统嘀嗒数误差调整数。
        if (who == RUSAGE_SELF) {
                r.ru_utime.tv_sec = CT_TO_SECS(current->utime);
                r.ru_utime.tv_usec = CT_TO_USECS(current->utime);
                r.ru_stime.tv_sec = CT_TO_SECS(current->stime);
                r.ru_stime.tv_usec = CT_TO_USECS(current->stime);
        } else {
                r.ru_utime.tv_sec = CT_TO_SECS(current->cutime);
                r.ru_utime.tv_usec = CT_TO_USECS(current->cutime);
                r.ru_stime.tv_sec = CT_TO_SECS(current->cstime);
                r.ru_stime.tv_usec = CT_TO_USECS(current->cstime);
        }
// 然后让 lp 指针指向 r 结构，lpend 指向 r 结构末尾处，而 dest 指针指向用户空间中的 ru 结构。
// 最后把 r 中信息复制到用户空间 ru 结构中，并返回 0。
        lp = (unsigned long *) &r;
        lpend = (unsigned long *) (&r+1);
        dest = (unsigned long *) ru;
        for (; lp < lpend; lp++, dest++)
                put_fs_long(*lp, dest);
        return(0);
}

// 取得系统当前时间，并用指定格式返回。
// timeval 结构和 timezone 结构都定义在 include/sys/time.h 文件中。timeval 结构含有秒
// 和微秒（tv_sec 和 tv_usec）两个字段。timezone 结构含有本地距格林尼治标准时间以西的分
// 钟数（tz_minuteswest）和夏令时间调整类型（tz_dsttime）两个字段。
// (dst -- Daylight Savings Time)
int sys_gettimeofday(struct timeval *tv, struct timezone *tz)
{
// 如果参数给定的 timeval 结构指针不空，则在该结构中返回当前时间（秒值和微秒值）；
// 如果参数给定的用户数据空间中 timezone 结构的指针不空，则也返回该结构的信息。
// 程序中 startup_time 是系统开机时间（秒值）。宏 CT_TO_SECS 和 CT_TO_USECS 用于把系统
// 当前嘀嗒数转换成用秒值加微秒值表示。它们定义在 include/linux/sched.h 文件中。jiffies_
// offset 是系统嘀嗒数误差调整数。
        if (tv) {
                verify_area(tv, sizeof *tv);
                put_fs_long(startup_time + CT_TO_SECS(jiffies+jiffies_offset),
                        (unsigned long *) tv);
                put_fs_long(CT_TO_USECS(jiffies+jiffies_offset),
                        ((unsigned long *) tv)+1);
        }
        if (tz) {
                verify_area(tz, sizeof *tz);
                put_fs_long(sys_tz.tz_minuteswest, (unsigned long *) tz);
                put_fs_long(sys_tz.tz_dsttime, ((unsigned long *) tz)+1);
        }
        return 0;
}
```

```
457 /*
458  * The first time we set the timezone, we will warp the clock so that
459  * it is ticking GMT time instead of local time.  Presumably,
460  * if someone is setting the timezone then we are running in an
461  * environment where the programs understand about timezones.
462  * This should be done at boot time in the /etc/rc script, as
463  * soon as possible, so that the clock can be set right.  Otherwise,
464  * various programs will get confused when the clock gets warped.
465  */
    /*
     * 在第1次设置时区（timezone）时，我们会改变时钟值以让系统使用格林尼治标准时间（GMT）运
     * 行，而非使用本地时间。推测起来说，如果某人设置了时区时间，那么我们就运行在程序知晓时区时
     * 间的环境中。设置时区操作应该在系统启动阶段，尽快地在/etc/rc脚本程序中进行。这样时钟就可
     * 以设置正确。否则的话，若我们以后才设置时区而导致时钟时间改变，可能会让一些程序的运行出现
     * 问题。
     */
    // 设置系统当前时间。
    // 参数tv是指向用户数据区中timeval结构信息的指针。参数tz是用户数据区中timezone结构的
    // 指针。该操作需要超级用户权限。如果两者皆为空，则什么也不做，函数返回0。
466 int sys_settimeofday(struct timeval *tv, struct timezone *tz)
467 {
468         static int      firsttime = 1;
469         void            adjust_clock();
470
    //设置系统当前时间需要超级用户权限。如果tz指针不空，则设置系统时区信息。即复制用户timezone
    // 结构信息到系统中的 sys_tz 结构中（见第24行）。如果是第1次调用本系统调用并且参数tv指
    // 针不空，则调整系统时钟值。
471         if (!suser())
472                 return -EPERM;
473         if (tz) {
474                 sys_tz.tz_minuteswest = get_fs_long((unsigned long *) tz);
475                 sys_tz.tz_dsttime = get_fs_long(((unsigned long *) tz)+1);
476                 if (firsttime) {
477                         firsttime = 0;
478                         if (!tv)
479                                 adjust_clock();
480                 }
481         }
    // 如果参数的timeval结构指针tv不空，则用该结构信息设置系统时钟。首先从tv所指处获取以秒
    // 值（sec）加微秒值（usec）表示的系统时间，然后用秒值修改系统开机时间全局变量startup_
    // time值，并用微秒值设置系统嘀嗒误差值jiffies_offset。
482         if (tv) {
483                 int sec, usec;
484
485                 sec = get_fs_long((unsigned long *)tv);
486                 usec = get_fs_long(((unsigned long *)tv)+1);
487
488                 startup_time = sec - jiffies/HZ;
489                 jiffies_offset = usec * HZ / 1000000 - jiffies%HZ;
490         }
491         return 0;
492 }
493
494 /*
495  * Adjust the time obtained from the CMOS to be GMT time instead of
496  * local time.
```

```
 *
 * This is ugly, but preferable to the alternatives.  Otherwise we
 * would either need to write a program to do it in /etc/rc (and risk
 * confusion if the program gets run more than once; it would also be
 * hard to make the program warp the clock precisely n hours)  or
 * compile in the timezone information into the kernel.  Bad, bad....
 *
 * XXX Currently does not adjust for daylight savings time.  May not
 * need to do anything, depending on how smart (dumb?) the BIOS
 * is.  Blast it all.... the best thing to do not depend on the CMOS
 * clock at all, but get the time via NTP or timed if you're on a
 * network....                               - TYT, 1/1/92
 */
/*
 * 把从 CMOS 中读取的时间值调整为 GMT 时间值保存，而非本地时间值。
 *
 * 这里的做法很蹩脚，但要比其他方法好。否则我们就需要写一个程序并让它在/etc/rc 中运行来做这
 * 件事（并且该程序可能会被多次执行而带来混乱。而且这样做也很难让程序把时钟精确地调整 n 小时）
 * 或者把时区信息编译进内核中。当然这样做就非常、非常差劲了...
 *
 * 目前下面函数（XXX）的调整操作并没有考虑到夏令时问题。依据 BIOS 有多么智能（愚蠢？）也许
 * 根本就不用考虑这方面。当然，最好的做法是完全不依赖于 CMOS 时钟，而是让系统通过 NTP（网络
 * 时钟协议）或者 timed（时间服务器）获得时间，如果机器联上网的话...。        - TYT，1/1/92
 */
// 把系统启动时间调整为以 GMT 为标准的时间。
// startup_time 是秒值，因此这里需要把时区分钟值乘上 60。
void adjust_clock()
{
        startup_time += sys_tz.tz_minuteswest*60;
}

// 设置当前进程创建文件属性屏蔽码为 mask & 0777。并返回原屏蔽码。
int sys_umask(int mask)
{
        int old = current->umask;

        current->umask = mask & 0777;
        return (old);
}

```

8.11 vsprintf.c 程序

8.11.1 功能描述

该程序主要包括 vsprintf()函数，用于对参数产生格式化的输出。由于该函数是 C 函数库中的标准函数，基本没有涉及内核工作原理方面的内容，因此可以跳过。直接阅读代码后对该函数的使用说明。vsprintf()函数的使用方法请参照 C 库函数手册。

8.11.2 代码注释

程序 8-10 linux/kernel/vsprintf.c

```
1 /*
2  *  linux/kernel/vsprintf.c
3  *
4  *  (C) 1991  Linus Torvalds
5  */
6
7 /* vsprintf.c -- Lars Wirzenius & Linus Torvalds. */
8 /*
9  * Wirzenius wrote this portably, Torvalds fucked it up :-)
10  */
// Lars Wirzenius 是 Linus 的好友，在 Helsinki 大学时曾同处一间办公室。在 1991 年夏季开发 Linux
// 时，Linus 对 C 语言还不是很熟悉，还不会使用可变参数列表函数功能。因此 Lars Wirzenius
// 就为他编写了这段用于内核显示信息的代码。他后来(1998 年)承认在这段代码中有一个 bug，直到
// 1994 年才有人发现，并予以纠正。这个 bug 是在使用*作为输出域宽度时，忘记递增指针跳过这个星
// 号了。在本代码中这个 bug 还仍然存在（130 行）。他的个人主页是 http://liw.iki.fi/liw/
11
12 #include <stdarg.h>       // 标准参数头文件。以宏的形式定义变量参数列表。主要说明了-个
                           // 类型(va_list)和三个宏(va_start, va_arg 和 va_end)，用于
                           // vsprintf、vprintf、vfprintf 函数。
13 #include <string.h>       // 字符串头文件。主要定义了一些有关字符串操作的嵌入函数。
14
15 /* we use this so that we can do without the ctype library */
/* 我们使用下面的定义，这样我们就可以不使用 ctype 库了 */
16 #define is_digit(c)     ((c) >= '0' && (c) <= '9')   // 判断字符 c 是否为数字字符。
17
// 该函数将字符数字串转换成整数。输入是数字串指针的指针，返回是结果数值。另外指针将前移。
18 static int skip_atoi(const char **s)
19 {
20         int i=0;
21
22         while (is_digit(**s))
23                 i = i*10 + *((*s)++) - '0';
24         return i;
25 }
26
// 这里定义转换类型的各种符号常数。
27 #define ZEROPAD 1               /* pad with zero */          /* 填充零 */
28 #define SIGN    2               /* unsigned/signed long */  /* 无符号/符号长整数 */
29 #define PLUS    4               /* show plus */              /* 显示加 */
30 #define SPACE   8               /* space if plus */          /* 如是加，则置空格 */
31 #define LEFT    16              /* left justified */         /* 左调整 */
32 #define SPECIAL 32              /* 0x */                     /* 0x */
33 #define SMALL   64              /* use 'abcdef' instead of 'ABCDEF' */ /* 使用小写字母 */
34
// 除操作。输入：n 为被除数，base 为除数；结果：n 为商，函数返回值为余数。
// 参见 4.5.3 节有关嵌入汇编的信息。
35 #define do_div(n,base) ({ \
36 int __res; \
37 __asm__("divl %4":"=a" (n),"=d" (__res):"0" (n),"1" (0),"r" (base)); \
38 __res; })
```

```
// 将整数转换为指定进制的字符串。
// 输入：num-整数；base-进制；size-字符串长度；precision-数字长度(精度)；type-类型选项。
// 输出：数字转换成字符串后指向该字符串末端后面的指针。
static char * number(char * str, int num, int base, int size, int precision
        ,int type)
{
        char c,sign,tmp[36];
        const char *digits="0123456789ABCDEFGHIJKLMNOPQRSTUVWXYZ";
        int i;

// 如果类型 type 指出用小写字母，则定义小写字母集。
// 如果类型指出要左调整（靠左边界），则屏蔽类型中的填零标志。
// 如果进制基数小于 2 或大于 36，则退出处理，即本程序只能处理基数在 2-32 之间的数。
        if (type&SMALL) digits="0123456789abcdefghijklmnopqrstuvwxyz";
        if (type&LEFT) type &= ~ZEROPAD;
        if (base<2 || base>36)
                return 0;
// 如果类型指出要填零，则置字符变量 c='0'，否则 c 等于空格字符。
// 如果类型指出是带符号数并且数值 num 小于 0，则置符号变量 sign=负号，并使 num 取绝对值。
// 否则如果类型指出是加号，则置 sign=加号，否则若类型带空格标志则 sign=空格，否则置 0。
        c = (type & ZEROPAD) ? '0' : ' ' ;
        if (type&SIGN && num<0) {
                sign='-';
                num = -num;
        } else
                sign=(type&PLUS) ? '+' : ((type&SPACE) ? ' ' : 0);
// 若带符号，则宽度值减 1。若类型指出是特殊转换，则对于十六进制宽度再减少 2 位(用于 0x)，
// 对于八进制宽度减 1（用于八进制转换结果前放一个零）。
        if (sign) size--;
        if (type&SPECIAL)
                if (base==16) size -= 2;
                else if (base==8) size--;
// 如果数值 num 为 0，则临时字符串='0'；否则根据给定的基数将数值 num 转换成字符形式。
        i=0;
        if (num==0)
                tmp[i++]='0';
        else while (num!=0)
                tmp[i++]=digits[do_div(num,base)];
// 若数值字符个数大于精度值，则精度值扩展为数字个数值。
// 宽度值 size 减去用于存放数值字符的个数。
        if (i>precision) precision=i;
        size -= precision;

// 从这里真正开始形成所需要的转换结果，并暂时放在字符串 str 中。
// 若类型中没有填零(ZEROPAD)和左靠齐（左调整）标志，则在 str 中首先填放剩余宽度值指出的空
// 格数。若需带符号位，则存入符号。
        if (!(type&(ZEROPAD+LEFT)))
                while(size-->0)
                        *str++ = ' ';
        if (sign)
                *str++ = sign;
// 若类型指出是特殊转换，则对于八进制转换结果头一位放置一个'0'；而对于十六进制则存放'0x'。
        if (type&SPECIAL)
                if (base==8)
                        *str++ = '0';
```

```
76              else if (base==16) {
77                      *str++ = '0';
78                      *str++ = digits[33];    // 'X'或'x'
79              }
// 若类型中没有左调整（左靠齐）标志，则在剩余宽度中存放 c 字符（'0'或空格），见 51 行。
80      if (!(type&LEFT))
81              while(size-->0)
82                      *str++ = c;
// 此时 i 存有数值 num 的数字个数。若数字个数小于精度值，则 str 中放入（精度值-i）个'0'。
83      while(i<precision--)
84              *str++ = '0';
// 将数值转换好的数字字符填入 str 中。共 i 个。
85      while(i-->0)
86              *str++ = tmp[i];
// 若宽度值仍大于零，则表示类型标志中有左靠齐标志。则在剩余宽度中放入空格。
87      while(size-->0)
88              *str++ = ' ';
89      return str;     // 返回转换好的指向字符串末端后的指针。
90 }
91
// 下面函数是送格式化输出到字符串中。
// 为了能在内核中使用格式化的输出，Linus 在内核实现了该 C 标准函数。
// 其中参数 fmt 是格式字符串；args 是个数变化的值；buf 是输出字符串缓冲区。
// 请参见本代码列表后的有关格式转换字符的介绍。
92 int vsprintf(char *buf, const char *fmt, va_list args)
93 {
94      int len;
95      int i;
96      char * str;             // 用于存放转换过程中的字符串。
97      char *s;
98      int *ip;
99
100     int flags;              /* flags to number() */
101                             /* number()函数使用的标志 */
102     int field_width;        /* width of output field */
                                /* 输出字段宽度*/
103     int precision;          /* min. # of digits for integers; max
104                                number of chars for from string */
                                /* min. 整数数字个数；max. 字符串中字符个数 */
105     int qualifier;          /* 'h', 'l', or 'L' for integer fields */
106                             /* 'h', 'l',或'L'用于整数字段 */
// 首先将字符指针指向 buf，然后扫描格式字符串，对各个格式转换指示进行相应的处理。
107     for (str=buf ; *fmt ; ++fmt) {
// 格式转换指示字符串均以'%'开始，这里从 fmt 格式字符串中扫描'%'，寻找格式转换字符串的开始。
// 不是格式指示的一般字符均被依次存入 str。
108             if (*fmt != '%') {
109                     *str++ = *fmt;
110                     continue;
111             }
112
// 下面取得格式指示字符串中的标志域，并将标志常量放入 flags 变量中。
113             /* process flags */
114             flags = 0;
115             repeat:
116                     ++fmt;          /* this also skips first '%' */
117                     switch (*fmt) {
```

```
                        case '-': flags |= LEFT; goto repeat;    // 左靠齐调
                                                                 // 整。
                        case '+': flags |= PLUS; goto repeat;    // 放加号。
                        case ' ': flags |= SPACE; goto repeat;   // 放空格。
                        case '#': flags |= SPECIAL; goto repeat; // 是特殊
                                                                 // 转换。
                        case '': flags |= ZEROPAD; goto repeat;  // 要填零(即
                                                                 // '0')。
                        }

// 取当前参数字段宽度域值，放入 field_width 变量中。如果宽度域中是数值则直接取其为宽度值。
// 如果宽度域中是字符'*'，表示下一个参数指定宽度。因此调用 va_arg 取宽度值。若此时宽度值
// 小于 0，则该负数表示其带有标志域'-'标志（左靠齐），因此还需在标志变量中添入该标志，并
// 将字段宽度值取为其绝对值。
                /* get field width */
                field_width = -1;
                if (is_digit(*fmt))
                        field_width = skip_atoi(&fmt);
                else if (*fmt == '*') {
                        /* it's the next argument */     // 这里有个 bug，应插入++fmt;
                        field_width = va_arg(args, int);
                        if (field_width < 0) {
                                field_width = -field_width;
                                flags |= LEFT;
                        }
                }

// 下面这段代码，取格式转换串的精度域，并放入 precision 变量中。精度域开始的标志是'.'。
// 其处理过程与上面宽度域的类似。如果精度域中是数值则直接取其为精度值。如果精度域中是字符
// '*'，表示下一个参数指定精度。因此调用 va_arg 取精度值。若此时宽度值小于 0，则将字段精度
// 值取为 0。
                /* get the precision */
                precision = -1;
                if (*fmt == '.') {
                        ++fmt;
                        if (is_digit(*fmt))
                                precision = skip_atoi(&fmt);
                        else if (*fmt == '*') {
                                /* it's the next argument */  // 同上这里也应插入++fmt;
                                precision = va_arg(args, int);
                        }
                        if (precision < 0)
                                precision = 0;
                }

// 下面这段代码分析长度修饰符，并将其存入 qualifer 变量。（h,l,L 的含义参见列表后的说明）。
                /* get the conversion qualifier */
                qualifier = -1;
                if (*fmt == 'h' || *fmt == 'l' || *fmt == 'L') {
                        qualifier = *fmt;
                        ++fmt;
                }

// 下面分析转换指示符。
                switch (*fmt) {
// 如果转换指示符是'c'，则表示对应参数应是字符。此时如果标志域表明不是左靠齐，则该字段前面
```

```
// 放入'宽度域值-1'个空格字符，然后再放入参数字符。如果宽度域还大于 0，则表示为左靠齐，则在
// 参数字符后面添加'宽度值-1'个空格字符。
		case 'c':
			if (!(flags & LEFT))
				while (--field_width > 0)
					*str++ = ' ';
			*str++ = (unsigned char) va_arg(args, int);
			while (--field_width > 0)
				*str++ = ' ';
			break;

// 如果转换指示符是's'，则表示对应参数是字符串。首先取参数字符串的长度，若其超过了精度域值，
// 则扩展精度域=字符串长度。此时如果标志域表明不是左靠齐，则该字段前放入'宽度值-字符串长度'
// 个空格字符。然后再放入参数字符串。如果宽度域还大于 0，则表示为左靠齐，则在参数字符串后面
// 添加'宽度值-字符串长度'个空格字符。
		case 's':
			s = va_arg(args, char *);
			len = strlen(s);
			if (precision < 0)
				precision = len;
			else if (len > precision)
				len = precision;

			if (!(flags & LEFT))
				while (len < field_width--)
					*str++ = ' ';
			for (i = 0; i < len; ++i)
				*str++ = *s++;
			while (len < field_width--)
				*str++ = ' ';
			break;

// 如果格式转换符是'o'，表示需将对应的参数转换成八进制数的字符串。调用 number()函数处理。
		case 'o':
			str = number(str, va_arg(args, unsigned long), 8,
				field_width, precision, flags);
			break;

// 如果格式转换符是'p'，表示对应参数是一个指针类型。此时若该参数没有设置宽度域，则默认宽度
// 为 8，并且需要添零。然后调用 number()函数进行处理。
		case 'p':
			if (field_width == -1) {
				field_width = 8;
				flags |= ZEROPAD;
			}
			str = number(str,
				(unsigned long) va_arg(args, void *), 16,
				field_width, precision, flags);
			break;

//若格式转换指示是'x'或'X'，则表示对应参数需要打印成十六进制数输出。'x'表示用小写字母表示。
		case 'x':
			flags |= SMALL;
		case 'X':
			str = number(str, va_arg(args, unsigned long), 16,
				field_width, precision, flags);
```

```
206                 break;
207
  // 如果格式转换字符是'd','i'或'u'，则表示对应参数是整数，'d', 'i'代表符号整数，因此需要加上
  // 带符号标志。'u'代表无符号整数。
208             case 'd':
209             case 'i':
210                 flags |= SIGN;
211             case 'u':
212                 str = number(str, va_arg(args, unsigned long), 10,
213                     field_width, precision, flags);
214                 break;
215
  // 若格式转换指示符是'n'，则表示要把到目前为止转换输出字符数保存到对应参数指针指定的位置中。
  // 首先利用 va_arg()取得该参数指针，然后将已经转换好的字符数存入该指针所指的位置。
216             case 'n':
217                 ip = va_arg(args, int *);
218                 *ip = (str - buf);
219                 break;
220
  // 若格式转换符不是'%'，则表示格式字符串有错，直接将一个'%'写入输出串中。
  // 如果格式转换符的位置处还有字符，则也直接将该字符写入输出串中，并返回到 107 行继续处理格式
  // 字符串。否则表示已经处理到格式字符串的结尾处，则退出循环。
221             default:
222                 if (*fmt != '%')
223                     *str++ = '%';
224                 if (*fmt)
225                     *str++ = *fmt;
226                 else
227                     --fmt;
228                 break;
229             }
230     }
231     *str = '\0';            // 最后在转换好的字符串结尾处添上 null。
232     return str-buf;         // 返回转换好的字符串长度值。
233 }
234
```

8.11.3 vsprintf()的格式字符串

```
int vsprintf(char *buf, const char *fmt, va_list args)
```

vsprintf()函数是 printf()系列函数之一。这些函数都产生格式化的输出：接受确定输出格式的格式字符串 fmt，用格式字符串对个数变化的参数进行格式化，产生格式化的输出。

printf 直接把输出送到标准输出句柄 stdout。cprintf 把输出送到控制台。fprintf 把输出送到文件句柄。printf 前带"v"字符的(例如 vfprintf)表示参数是从 va_arg 数组的 va_list args 中接受。printf 前面带"s"字符则表示把输出送到以 null 结尾的字符串 buf 中（此时用户应确保 buf 有足够的空间存放字符串）。下面详细说明格式字符串的使用方法。

1．格式字符串

printf 系列函数中的格式字符串用于控制函数转换方式、格式化和输出其参数。对于每个格式，必须有对应的参数，参数过多将被忽略。格式字符串中含有两类成份，一种是将被直接复制到输出中的简单字符；另一种是用于对对应参数进行格式化的转换指示字符串。

2. 格式指示字符串

格式指示串的形式如下：

```
%[flags][width][.prec][|h|l|L][type]
```

每一个转换指示串均需要以百分号(%)开始。其中：

- [flags]是可选择的标志字符序列。
- [width]是可选择的的宽度指示符。
- [.prec]是可选择的精度(precision)指示符。
- [h|l|L]是可选择的输入长度修饰符。
- [type]是转换类型字符(或称为转换指示符)。

flags 控制输出对齐方式、数值符号、小数点、尾零、二进制、八进制或十六进制等，参见程序 8-10 的 27～33 行的注释。标志字符及其含义如下：

1）#表示需要将相应参数转换为“特殊形式”。对于八进制(o)，则转换后的字符串的首位必须是一个零。对于十六进制(x 或 X)，则转换后的字符串需以“0x”或“0X”开头。对于 e,E,f,F,g 以及 G，则即使没有小数位，转换结果也将总是有一个小数点。对于 g 或 G，后拖的零也不会删除。

2）0 转换结果应该是附零的。对于 d,i,o,u,x,X,e,E,f,g 和 G，转换结果的左边将用零填空而不是用空格。如果同时出现 0 和-标志，则 0 标志将被忽略。对于数值转换，如果给出了精度域，0 标志也被忽略。

3）-转换后的结果在相应字段边界内将作左调整（靠左）。（默认是作右调整--靠右）。n 转换例外，转换结果将在右面填空格。

4）' '表示带符号转换产生的一个正数结果前应该留一个空格。

5）+表示在一个符号转换结果之前总需要放置一个符号（+或-）。对于默认情况，只有负数使用负号。

width 指定了输出字符串宽度，即指定了字段的最小宽度值。如果被转换的结果要比指定的宽度小，则在其左边（或者右边，如果给出了左调整标志）需要填充空格或零（由 flags 标志确定）的个数等。除了使用数值来指定宽度域以外，也可以使用“*”来指出字段的宽度由下一个整型参数给出。当转换值宽度大于 width 指定的宽度时，在任何情况下小宽度值都不会截断结果。字段宽度会扩充以包含完整结果。

precision 是说明输出数字起码的个数。对于 d,I,o,u,x 和 X 转换，精度值指出了至少出现数字的个数。对于 e,E,f 和 F，该值指出在小数点之后出现的数字的个数。对于 g 或 G，指出最大有效数字个数。对于 s 或 S 转换，精度值说明输出字符串的最大字符数。

长度修饰指示符说明了整型数转换后的输出类型形式。下面叙述中“整型数转换”代表 d,i,o,u,x 或 X 转换。

- hh 说明后面的整型数转换对应于一个带符号字符或无符号字符参数。
- h 说明后面的整型数转换对应于一个带符号整数或无符号短整数参数。
- l 说明后面的整型数转换对应于一个长整数或无符号长整数参数。
- ll 说明后面的整型数转换对应于一个长长整数或无符号长长整数参数。
- L 说明 e,E,f,F,g 或 G 转换结果对应于一个长双精度参数。

type 是说明接受的输入参数类型和输出的格式。各个转换指示符的含义如下：

1）d,I：整数型参数将被转换为带符号整数。如果有精度(precision)的话，则给出了需要输出的最少数字个数。如果被转换的值数字个数较少，就会在其左边添零。默认的精度值是 1。

2）o,u,x,X：会将无符号的整数转换为无符号八进制(o)、无符号十进制(u)或者是无符号十六进制(x 或 X)表示方式输出。x 表示要使用小写字母（abcdef）来表示十六进制数，X 表示用大写字母（ABCDEF）表示十六进制数。如果存在精度域的话，说明需要输出的最少数字个数。如果被转换的值数字个数较少，就会在其左边添零。默认的精度值是 1。

3）e,E：这两个转换字符用于经四舍五入将参数转换成[-]d.ddde+dd 的形式。小数点之后的数字个数等于精度。如果没有精度域，就取默认值 6。如果精度是 0，则没有小数出现。E 表示用大写字母 E 来表示指数。指数部分总是用 2 位数字表示。如果数值为 0，那么指数就是 00。

4）f,F：这两个转换字符用于经四舍五入将参数转换成[-]ddd.ddd 的形式。小数点之后的数字个数等于精度。如果没有精度域，就取默认值 6。如果精度是 0，则没有小数出现。如果有小数点，那么后面起码会有 1 位数字。

5）g,G：这两个转换字符将参数转换为 f 或 e 的格式（如果是 G，则是 F 或 E 格式）。精度值指定了整数的个数。如果没有精度域，则其默认值为 6。如果精度为 0，则作为 1 来对待。如果转换时指数小于-4 或大于等于精度，则采用 e 格式。小数部分后拖的零将被删除。仅当起码有一位小数时才会出现小数点。

6）c：参数将被转换成无符号字符并输出转换结果。

7）s：要求输入为指向字符串的指针，并且该字符串要以 null 结尾。如果有精度域，则只输出精度所要求的字符个数，并且字符串无须以 null 结尾。

8）p：以指针形式输出十六进制数。

9）n：用于把到目前为止转换输出的字符个数保存到由对应输入指针指定的位置中。不对参数进行转换。

10）%：输出一个百分号%，不进行转换。即此时整个转换指示为%%。

8.11.4 与当前版本的区别

由于该文件也属于库函数，所以从 1.2 版内核开始就直接使用库中的函数了。即删除了该文件。

8.12 printk.c 程序

8.12.1 功能描述

printk()是内核中使用的打印（显示）函数，功能与 C 标准函数库中的 printf()相同。重新编写这么一个函数的原因是在内核代码中不能直接使用专用于用户模式的 fs 段寄存器，而需要首先保存它。

不能直接使用 fs 的原因是由于在实际屏幕显示函数 tty_write()中，需要被显示的信息取自 fs 段指向的数据段中，即用户程序数据段中。而在 printk()函数中需要显示的信息是在内核数据段中，即在内核代码中执行时 ds 指向的内核数据段中。因此在 printk()函数中需要临时使用一下 fs 段寄存器。

printk()函数首先使用 vsprintf()对参数进行格式化处理，然后在保存了 fs 段寄存器的情况下调用 tty_write()进行信息的打印显示。

8.12.2 代码注释

程序 8-11　linux/kernel/printk.c

```
/*
 *  linux/kernel/printk.c
 *
 *  (C) 1991  Linus Torvalds
 */

/*
 * When in kernel-mode, we cannot use printf, as fs is liable to
 * point to 'interesting' things. Make a printf with fs-saving, and
 * all is well.
 */
/*
 * 当处于内核模式时，我们不能使用 printf，因为寄存器 fs 指向其他不感兴趣的地方。自己编制一
 * 个 printf 并在使用前保存 fs，一切就解决了。
 */
// 标准参数头文件。以宏的形式定义变量参数列表。主要说明了-个类型(va_list)和三个宏
// va_start、va_arg 和 va_end，用于 vsprintf、vprintf、vfprintf 函数。
#include <stdarg.h>
#include <stddef.h>          //标准定义头文件。定义了 NULL,offsetof(TYPE,MEMBER)。

#include <linux/kernel.h>    // 内核头文件。含有一些内核常用函数的原形定义。

static char buf[1024];       // 显示用临时缓冲区。

// 函数 vsprintf()定义在 linux/kernel/vsprintf.c 中 92 行开始处。
extern int vsprintf(char * buf, const char * fmt, va_list args);

// 内核使用的显示函数。
int printk(const char *fmt, ...)
{
        va_list args;        // va_list 实际上是一个字符指针类型。
        int i;

// 运行参数处理开始函数。然后使用格式串 fmt 将参数列表 args 输出到 buf 中。返回值 i
// 等于输出字符串的长度。再运行参数处理结束函数。最后调用控制台显示函数并返回显示
// 字符数。
        va_start(args, fmt);
        i=vsprintf(buf,fmt,args);
        va_end(args);
        console_print(buf);  // chr_drv/console.c，第 995 行开始。
        return i;
}

```

8.13 panic.c 程序

8.13.1 功能描述

panic()函数用于显示内核错误信息并使系统进入死循环。在内核程序很多地方，若内核代

码在执行过程中出现严重错误时就会调用该函数。在很多情况下调用 panic()函数是一种简明的处理方法。这种做法很好地遵循了 UNIX“尽量简明”的原则。

panic 是“惊慌，恐慌”的意思。在 Douglas Adams 的小说《The Hitchhiker's Guide to the Galaxy》(《银河徒步旅行者指南》)中，最有名的一句话就是“Don't Panic!”。该小说是 Linux 黑客最常阅读的书籍之一。

8.13.2 代码注释

程序 8-12 linux/kernel/panic.c

```
/*
 *  linux/kernel/panic.c
 *
 *  (C) 1991  Linus Torvalds
 */

/*
 * This function is used through-out the kernel (include in h mm and fs)
 * to indicate a major problem.
 */
/*
 * 该函数在整个内核中使用（包括在 头文件*.h，内存管理程序 mm 和文件系统 fs 中），
 * 用以指出主要的出错问题。
 */
#include <linux/kernel.h>     // 内核头文件。含有一些内核常用函数的原形定义。
#include <linux/sched.h>      // 调度程序头文件，定义了任务结构task_struct、初始任务 0 的数据，
                              // 还有一些有关描述符参数设置和获取的嵌入式汇编函数宏语句。

void sys_sync(void);    /* it's really int */ /* 实际上是整型 int (fs/buffer.c,44)
*/

// 该函数用来显示内核中出现的重大错误信息，并运行文件系统同步函数，然后进入死循环--死机。
// 如果当前进程是任务 0 的话，还说明是交换任务出错，并且还没有运行文件系统同步函数。
// 函数名前的关键字 volatile 用于告诉编译器 gcc 该函数不会返回。这样可让 gcc 产生更好一些的
// 代码，更重要的是使用这个关键字可以避免产生某些（未初始化变量的）假警告信息。
// 等同于现在 gcc 的函数属性说明：void panic(const char *s) __attribute__ ((noreturn));
volatile void panic(const char * s)
{
        printk("Kernel panic: %s\n\r",s);
        if (current == task[0])
                printk("In swapper task - not syncing\n\r");
        else
                sys_sync();
        for(;;);
}

```

8.14 本章小结

linux/kernel 目录下的 12 个代码文件给出了内核中最为重要的一些机制的实现，主要包括系统调用、进程调度、进程复制以及进程的终止处理四部分。

第9章　块设备驱动程序

操作系统的主要功能之一就是与周边的输入输出设备进行通信，采用统一的接口来控制这些外围设备。操作系统的所有设备可以粗略地分成两种类型：块设备（block device）和字符型设备(character device)。块设备是一种可以以固定大小的数据块为单位进行寻址和访问的设备，例如硬盘设备和软盘设备。字符设备是一种以字符流作为操作对象的设备，不能进行寻址操作。例如打印机设备、网络接口设备和终端设备。为了便于管理和访问，操作系统将这些设备统一地以设备号进行分类。在 Linux 0.12 内核中设备被分成 7 类，即共有 7 个设备号（0 到 6）。每个类型中的设备可再根据子（从、次）设备号来加以进一步区别。表 9-1 中列出了各个设备号的设备类型和相关的设备。从表中可以看出某些设备（内存设备）既可以作为块设备也可以作为字符设备进行访问。本章主要讨论和描述块设备驱动程序的实现原理和方法，关于字符设备的讨论放在下一章中进行。

表 9-1　Linux 0.12 内核中的主设备号与相关操作函数

主设备号	类型	说明	相关操作函数
0	无	无	NULL
1	块/字符	ram,内存设备（虚拟盘等）	do_rd_request()
2	块	fd,软驱设备	do_fd_request()
3	块	hd,硬盘设备	do_hd_request()
4	字符	ttyx 设备（虚拟或串行终端）	NULL
5	字符	tty 设备	NULL
6	字符	lp 打印机设备	NULL

Linux 0.12 内核主要支持硬盘、软盘和内存虚拟盘三种块设备。由于块设备主要与文件系统和高速缓冲有关，因此在继续阅读本章内容之前最好能够先快速浏览一下第 12 章的内容。本章所涉及的源代码文件见表 9-2。

表 9-2　linux/kernel/blk_drv 目录

文件名	大小/B	最后修改时间	文件名	大小/B	最后修改时间
Makefile	2759	1992-01-12 19:49:21	hd.c	8331	1992-01-16 06:39:10
blk.h	3963	1991-12-26 20:02:50	ll_rw_blk.c	4734	1991-12-19 21:26:20
floppy.c	11660	1992-01-10 03:45:33	ramdisk.c	2740	1991-12-06 03:08:06

本章程序代码的功能可分为两类，一类是对应各块设备的驱动程序，这类程序有：

- 硬盘驱动程序 hd.c。
- 软盘驱动程序 floppy.c。
- 内存虚拟盘驱动程序 ramdisk.c。

另一类只有一个程序，是内核中其他程序访问块设备的接口程序 ll_rw_blk.c。块设备专用头文件 blk.h 为这三种块设备与 ll_rw_blk.c 程序交互提供了一个统一的设置方式和相同的设备请求开始程序。

9.1 总体功能

对硬盘和软盘块设备上数据的读写操作是通过中断处理程序进行的。内核每次读写的数据量以一个逻辑块（1024 字节）为单位，而块设备控制器则是以扇区（512 字节）为单位。在处理过程中，使用了读写请求项等待队列来顺序缓冲一次读写多个逻辑块的操作。

当程序需要读取硬盘上的一个逻辑块时，就会向缓冲区管理程序提出申请，而程序的进程则进入睡眠等待状态。缓冲区管理程序首先在缓冲区中寻找以前是否已经读取过这块数据。如果缓冲区中已经有了，就直接将对应的缓冲区块头指针返回给程序并唤醒该程序进程。若缓冲区中还不存在所要求的数据块，则缓冲管理程序就会调用本章中的低级块读写函数 ll_rw_block()，向相应的块设备驱动程序发出一个读数据块的操作请求。该函数会为此创建一个请求结构项，并插入请求队列中。为了提高读写磁盘的效率，减小磁头移动的距离，在插入请求项时使用了电梯移动算法。

此时，若对应块设备的请求项队列为空，则表明此刻该块设备不忙。于是内核就会立刻向该块设备的控制器发出读数据命令。当块设备的控制器将数据读入到指定的缓冲块中后，就会发出中断请求信号，并调用相应的读命令后处理函数，处理继续读扇区操作或者结束本次请求项的过程。例如对相应块设备进行关闭操作和设置该缓冲块数据已经更新标志，最后唤醒等待该块数据的进程。

9.1.1 块设备请求项和请求队列

根据上面描述，我们知道低级读写函数 ll_rw_block()是通过请求项来与各种块设备建立联系并发出读写请求的。对于各种块设备，内核使用了一张块设备表 blk_dev[]来进行管理。每种块设备都在块设备表中占有一项。块设备表中每个块设备项的结构为（摘自后面的 blk.h）：

```
struct blk_dev_struct {
        void (*request_fn)(void);                          // 请求项操作的函数指针。
        struct request * current_request;                  // 当前请求项指针。
};
extern struct blk_dev_struct blk_dev[NR_BLK_DEV];// 块设备表（数组）（NR_BLK_DEV = 7）。
```

其中，第一个字段是一个函数指针，用于操作相应块设备的请求项。例如，对于硬盘驱动程序，它是 do_hd_request()，而对于软盘设备，它就是 do_floppy_request()。第二个字段是当前请求项结构指针，用于指明本块设备目前正在处理的请求项，初始化时都被置成 NULL。

块设备表将在内核初始化时，在 init/main.c 程序调用各设备的初始化函数时被设置。为了便于扩展，Linus 把块设备表建成了一个以主设备号为索引的数组。在 Linux 0.12 中，主设备号有 7 种，其中，主设备号 1、2 和 3 分别对应块设备：虚拟盘、软盘和硬盘。在块设备数组中其他各项都被默认地置成 NULL。相关操作函数见表 9-1。

当内核发出一个块设备读写或其他操作请求时，ll_rw_block()函数即会根据其参数中指明的操作命令和数据缓冲块头中的设备号，利用对应的请求项操作函数 do_XX_request()建立一个块设备请求项（函数名中的“XX”可以是“rd”、“fd”或“hd”，分别代表内存、软盘和硬盘块设备），并利用电梯算法插入到请求项队列中。请求项队列由请求项数组中的项构成，共有 32 项，每个请求项的数据结构如下所示：

```
struct request {
        int dev;                                   // 使用的设备号(若为-1，表示该项空闲)。
        int cmd;                                   // 命令(READ 或 WRITE)。
        int errors;                                // 操作时产生的错误次数。
        unsigned long sector;                      // 起始扇区。(1 块=2 扇区)
        unsigned long nr_sectors;                  // 读/写扇区数。
        char * buffer;                             // 数据缓冲区。
        struct task_struct * waiting;              // 任务等待操作执行完成的地方。
        struct buffer_head * bh;                   // 缓冲区头指针(include/linux/fs.h,68)。
        struct request * next;                     // 指向下一请求项。
};
extern struct request request[NR_REQUEST];        // 请求项数组(NR_REQUEST = 32)。
```

每个块设备的当前请求指针与请求项数组中该设备的请求项链表共同构成了该设备的请求队列。项与项之间利用字段 next 指针形成链表。因此块设备项和相关的请求队列形成如图 9-1 所示结构。请求项采用数组加链表结构的主要原因是为了满足两个目的：一是利用请求项的数组结构在搜索空闲请求块时可以进行循环操作，搜索访问时间复杂度为常数，因此程序可以编制得很简洁；二是为满足电梯算法插入请求项操作，因此也需要采用链表结构。图 9-1 中示出了硬盘设备当前具有 4 个请求项，软盘设备具有 1 个请求项，而虚拟盘设备暂时没有读写请求项。

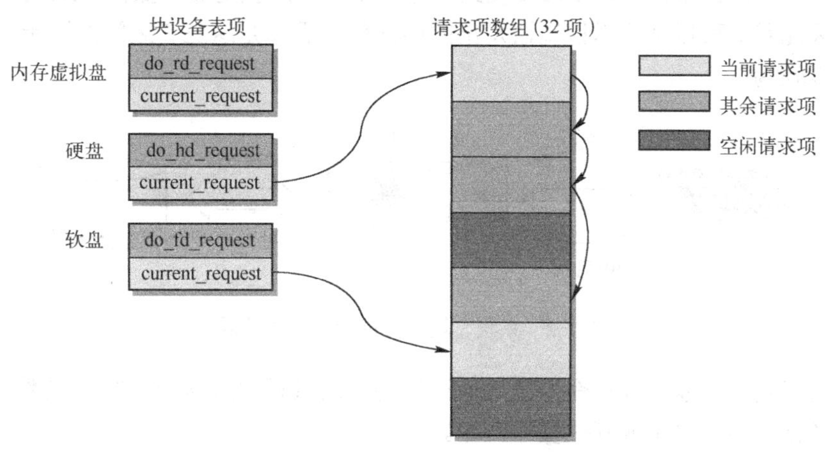

图 9-1　设备表项与请求项

对于一个当前空闲的块设备，当 ll_rw_block()函数为其建立第一个请求项时，会让该设备的当前请求项指针 current_request 直接指向刚建立的请求项，并且立刻调用对应设备的请求项操作函数开始执行块设备读写操作。当一个块设备已经有几个请求项组成的链表存在，ll_rw_block()就会利用电梯算法，根据磁头移动距离最小原则，把新建的请求项插入到链表适当的位置。

另外，为满足读操作的优先权，在为建立新的请求项而搜索请求项数组时，把建立写操作时的空闲项搜索范围限制在整个请求项数组的前 2/3 范围内，而剩下的 1/3 请求项专门给读操作建立请求项使用。

9.1.2　块设备访问调度处理

相对于内存来说，访问硬盘和软盘等块设备中的数据是比较耗时并且影响系统性能的操作。由于硬盘（或软盘）磁头寻道操作（即把读写磁头从一个磁道移动到另一个指定磁道上）需要花费很长时间，因此我们有必要在向硬盘控制器发送访问操作命令之前对读/写磁盘扇区数据的顺序进行排序，即对请求项链表中各请求项的顺序进行排序，使得所有请求项访问的磁盘扇区数据块都尽量依次顺序进行操作。在 Linux 0.1x 内核中，请求项排序操作使用的是电梯算法。其操作原理类似于电梯的运行轨迹——向一个方向移动，直到该方向上最后一个“请求”停止层为止。然后执行反方向移动。对于磁盘来讲就是磁头一直向盘片圆心方向移动，或者反之向盘片边缘移动。

因此，内核并非按照接收到请求项的顺序直接发送给块设备进行处理，而是需要对请求项的顺序进行处理。我们通常把相关的处理程序称为 I/O 调度程序。Linux 0.1x 中的 I/O 调度程序仅对请求项进行了排序处理，而当前流行的 Linux 内核（例如 2.6.x）的 I/O 调度程序中还包含对访问相邻磁盘扇区的两个或多个请求项的合并处理。

9.1.3　块设备操作方式

在系统（内核）与硬盘进行 I/O 操作时，需要考虑三个对象之间的交互作用。它们是系统、控制器和驱动器（例如硬盘或软盘驱动器），如图 9-2 所示。系统可以直接向控制器发送命令或等待控制器发出中断请求；控制器在接收到命令后就会控制驱动器的操作，读/写数据或者进行其他操作。因此我们可以把这里控制器发出的中断信号看作是这三者之间的同步操作信号，所经历的操作步骤为：

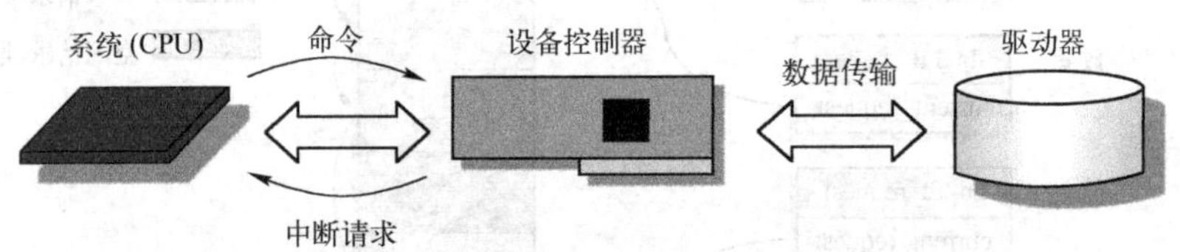

图 9-2　系统、块设备控制器和驱动器

首先系统指明控制器在执行命令结束而引发的中断过程中应该调用的 C 函数，然后向块设备控制器发送读、写、复位或其他操作命令。

当控制器完成了指定的命令，会发出中断请求信号，引发系统执行块设备的中断处理过程，并在其中调用指定的 C 函数对读/写或其他命令进行命令结束后的处理工作。

对于写盘操作，系统需要在发出了写命令后（使用 hd_out()）等待控制器给予允许向控制器写数据的响应，即需要查询等待控制器状态寄存器的数据请求服务标志 DRQ 置位。一旦 DRQ 置位，系统就可以向控制器缓冲区发送一个扇区的数据。

当控制器把数据全部写入驱动器（或发生错误）以后，还会产生中断请求信号，从而在中断处理过程中执行前面预设置的 C 函数（write_intr()）。这个函数会查询是否还有数据要写。如果有，系统就再把一个扇区的数据传到控制器缓冲区中，然后再次等待控制器把数据写入驱动器后引发的中断，一直这样重复执行。如果此时所有数据都已经写入驱动器，则该 C 函数就执行本次写盘结束后的处理工作：唤醒等待该请求项有关数据的相关进程、唤醒等待请求项的进程、释放当前请求项并从链表中删除该请求项以及释放锁定的相关缓冲区。最后再调用请求项操作函数去执行下一个读/写盘请求项（若还有的话）。

对于读盘操作，系统在向控制器发送出包括需要读的扇区开始位置、扇区数量等信息的命令后，就等待控制器产生中断信号。当控制器按照读命令的要求，把指定的一扇区数据从驱动器传到了自己的缓冲区之后就会发出中断请求。从而会执行到前面为读盘操作预设置的 C 函数（read_intr()）。该函数首先把控制器缓冲区中一个扇区的数据放到系统的缓冲区中，调整系统缓冲区中当前写入位置，然后递减需读的扇区数量。若还有数据要读（递减结果值不为 0），则继续等待控制器发出下一个中断信号。若此时所有要求的扇区都已经读到系统缓冲区中，就执行与上面写盘操作一样的结束处理工作。

对于虚拟盘设备，由于它的读写操作不涉及与外部设备之间的同步操作，因此没有上述的中断处理过程。当前请求项对虚拟设备的读写操作完全在 do_rd_request()中实现。

需要注意的是：在向硬盘或软盘控制器发送了读/写或其他命令后，发送命令函数并不会等待所发命令的执行过程，而是立刻返回调用它的程序中，并最终返回到调用块设备读写函数 ll_rw_block()的其他程序中去等待块设备 IO 的完成。例如高速缓冲区管理程序 fs/buffer.c 中的读块函数 bread()（第 267 行），在调用了 ll_rw_block()之后，就调用等待函数 wait_on_buffer() 让执行当前内核代码的进程立刻进入睡眠状态，直到相关块设备 IO 结束，在 end_request()函数中被唤醒。

9.2　blk.h 文件

9.2.1　功能描述

这是有关硬盘块设备参数的头文件，因为只用于块设备，所以与块设备代码放在同一个地方。其中主要定义了请求等待队列中项的数据结构 request，用宏语句定义了电梯搜索算法，并对内核目前支持的虚拟盘、硬盘和软盘三种块设备，根据它们各自的主设备号分别对应了常数值。

关于该文件中定义的 extern inline 函数的具体含义，GNU C 使用手册中的说明如下[㊀]：

> 如果在函数定义中同时指定了 inline 和 extern 关键字，则该函数定义仅作为嵌入（内联）使用。并且在任何情况下该函数自身都不会被编译，即使明确地指明其地址也没用。这样的地址只能成为一个外部引用，就好像你仅声明了该函数，而没有定义该函数。
>
> inline 与 extern 组合所产生的作用几乎与一个宏（macro）相同。使用这种组合的方法是将一个函数定义和这些关键字放在一个头文件中，并且把该函数定义的另一个副本（去除 inline 和 extern）放在一个库文件中。头文件中的函数定义将导致大多数函数调用成为嵌入形式。如果还有其他地方使用该函数，那么它们将引用到库文件中单独的副本。

㊀见 GNU C 手册“An Inline Function is As Fast As a Macro”。

9.2.2　代码注释

程序 9-1　linux/kernel/blk_drv/blk.h

```
#ifndef _BLK_H
#define _BLK_H

#define NR_BLK_DEV      7             // 块设备类型数量。
/*
 * NR_REQUEST is the number of entries in the request-queue.
 * NOTE that writes may use only the low 2/3 of these: reads
 * take precedence.
 *
 * 32 seems to be a reasonable number: enough to get some benefit
 * from the elevator-mechanism, but not so much as to lock a lot of
 * buffers when they are in the queue. 64 seems to be too many (easily
 * long pauses in reading when heavy writing/syncing is going on)
 */
/*
 * 下面定义的 NR_REQUEST 是请求队列中所包含的项数。
 * 注意，写操作仅使用这些项中低端的 2/3 项；读操作优先处理。
 *
 * 32 项好像是一个合理的数字：该数已经足够从电梯算法中获得好处，
 * 但当缓冲区在队列中而锁住时又不显得是很大的数。64 就看上去太
 * 大了（当大量的写/同步操作运行时很容易引起长时间的暂停）。
 */
#define NR_REQUEST      32

/*
 * Ok, this is an expanded form so that we can use the same
 * request for paging requests when that is implemented. In
 * paging, 'bh' is NULL, and 'waiting' is used to wait for
 * read/write completion.
 */
/*
 * OK，下面是 request 结构的一个扩展形式，因而当实现以后，我们
 * 就可以在分页请求中使用同样的 request 结构。 在分页处理中，
 * 'bh'是 NULL，而'waiting'则用于等待读/写的完成。
 */
// 下面是请求队列中项的结构。其中如果字段 dev = -1，则表示队列中该项没有被使用。
// 字段 cmd 可取常量 READ（0）或 WRITE（1）（定义在 include/linux/fs.h 中）。
struct request {
        int dev;                        /* -1 if no request */    //发请求的设备号。
        int cmd;                        /* READ or WRITE */       //READ 或 WRITE 命令。
        int errors;                     //操作时产生的错误次数。
        unsigned long sector;           // 起始扇区。(1 块=2 扇区)
        unsigned long nr_sectors;       // 读/写扇区数。
        char * buffer;                  // 数据缓冲区。
        struct task_struct * waiting;   // 任务等待请求完成操作的地方（队列）。
        struct buffer_head * bh;        // 缓冲区头指针(include/linux/fs.h,68)。
        struct request * next;          // 指向下一请求项。
};

/*
 * This is used in the elevator algorithm: Note that
```

```
37  * reads always go before writes. This is natural: reads
38  * are much more time-critical than writes.
39  */
  /*
   * 下面的定义用于电梯算法：注意读操作总是在写操作之前进行。
   * 这是很自然的：读操作对时间的要求要比写操作严格得多。
   */
  // 下面宏中参数 s1 和 s2 的取值是上面定义的请求结构 request 的指针。该宏定义用于根据两个参数
  // 指定的请求项结构中的信息（命令 cmd（READ 或 WRITE）、设备号 dev 以及所操作的扇区号 sector）
  // 来判断出两个请求项结构的前后排列顺序。这个顺序将用作访问块设备时的请求项执行顺序。
  // 这个宏会在程序 blk_drv/ll_rw_blk.c 中函数 add_request() 中被调用（第 96 行）。该宏部分
  // 地实现了 I/O 调度功能，即实现了对请求项的排序功能（另一个是请求项合并功能）。
40 #define IN_ORDER(s1,s2) \
41 ((s1)->cmd<(s2)->cmd || (s1)->cmd==(s2)->cmd && \
42 ((s1)->dev < (s2)->dev || ((s1)->dev == (s2)->dev && \
43 (s1)->sector < (s2)->sector)))
44
  // 块设备处理结构。
45 struct blk_dev_struct {
46        void (*request_fn)(void);                   // 请求处理函数指针。
47        struct request * current_request;           // 当前处理的请求结构。
48 };
49
  // 块设备表（数组）。每种块设备占用一项，共 7 项。
50 extern struct blk_dev_struct blk_dev[NR_BLK_DEV];
  // 请求队列数组，共 32 项。
51 extern struct request request[NR_REQUEST];
  // 等待空闲请求项的进程队列头指针。
52 extern struct task_struct * wait_for_request;
53
  // 设备数据块总数指针数组。每个指针项指向指定主设备号的总块数数组 hd_sizes[]。该总
  // 块数数组每一项对应子设备号确定的一个子设备上所拥有的数据块总数（1 块大小 = 1KB）。
54 extern int * blk_size[NR_BLK_DEV];
55
  // 在块设备驱动程序（如 hd.c）包含此头文件时，必须先定义驱动程序处理设备的主设备号。
  // 这样，在下面 63 行–90 行就能为包含本文件的驱动程序给出正确的宏定义。
56 #ifdef MAJOR_NR                          // 主设备号。
57
58 /*
59  * Add entries as needed. Currently the only block devices
60  * supported are hard-disks and floppies.
61  */
  /*
   * 需要时加入条目。目前块设备仅支持硬盘和软盘（还有虚拟盘）。
   */
62
  // 如果定义了 MAJOR_NR = 1（RAM 盘主设备号），就是用以下符号常数和宏。
63 #if (MAJOR_NR == 1)
64 /* ram disk */
65 #define DEVICE_NAME "ramdisk"                       // 设备名称（"内存虚拟盘"）。
66 #define DEVICE_REQUEST do_rd_request                // 设备请求项处理函数。
67 #define DEVICE_NR(device) ((device) & 7)            // 设备号（0 - 7）。
68 #define DEVICE_ON(device)                           // 开启设备（虚拟盘无须开启和关闭）。
69 #define DEVICE_OFF(device)                          // 关闭设备。
70
  // 否则，如果定义了 MAJOR_NR = 2（软驱主设备号），就是用以下符号常数和宏。
```

```
#elif (MAJOR_NR == 2)
/* floppy */
#define DEVICE_NAME "floppy"                          // 设备名称（“软盘驱动器”）。
#define DEVICE_INTR do_floppy                         // 设备中断处理函数。
#define DEVICE_REQUEST do_fd_request                  // 设备请求项处理函数。
#define DEVICE_NR(device) ((device) & 3)              // 设备号（0 - 3）。
#define DEVICE_ON(device) floppy_on(DEVICE_NR(device))       // 开启设备宏。
#define DEVICE_OFF(device) floppy_off(DEVICE_NR(device))     // 关闭设备宏。

  // 否则，如果定义了MAJOR_NR = 3（硬盘主设备号），就是用以下符号常数和宏。
#elif (MAJOR_NR == 3)
/* harddisk */
#define DEVICE_NAME "harddisk"                        // 设备名称（“硬盘”）。
#define DEVICE_INTR do_hd                             // 设备中断处理函数。
#define DEVICE_TIMEOUT hd_timeout                     // 设备超时值。
#define DEVICE_REQUEST do_hd_request                  // 设备请求项处理函数。
#define DEVICE_NR(device) (MINOR(device)/5)           // 设备号。
#define DEVICE_ON(device)                             // 开启设备。
#define DEVICE_OFF(device)                            // 关闭设备。

  // 否则在编译预处理阶段显示出错信息：“未知块设备”。
#elif
/* unknown blk device */
#error "unknown blk device"

#endif

  // 为了便于编程表示，这里定义了两个宏：CURRENT 是指定住设备号的当前请求结构项指针，
  // CURRENT_DEV 是当前请求项 CURRENT 中设备号。
#define CURRENT (blk_dev[MAJOR_NR].current_request)
#define CURRENT_DEV DEVICE_NR(CURRENT->dev)

  // 如果定义了设备中断处理符号常数，则把它声明为一个函数指针，并默认为NULL。
#ifdef DEVICE_INTR
void (*DEVICE_INTR)(void) = NULL;
#endif
  // 如果定义了设备超时符号常数，则令其值等于 0，并定义 SET_INTR()宏。否则只定义宏。
#ifdef DEVICE_TIMEOUT
int DEVICE_TIMEOUT = 0;
#define SET_INTR(x) (DEVICE_INTR = (x),DEVICE_TIMEOUT = 200)
#else
#define SET_INTR(x) (DEVICE_INTR = (x))
#endif
  // 声明设备请求符号常数 DEVICE_REGUEST 是一个不带参数并无返回的静态函数指针。
static void (DEVICE_REQUEST)(void);

  // 解锁指定的缓冲块。
  // 如果指定缓冲块 bh 并没有被上锁，则显示警告信息。否则将该缓冲块解锁，并唤醒等待
  // 该缓冲块的进程。此为内嵌函数。参数是缓冲块头指针。
extern inline void unlock_buffer(struct buffer_head * bh)
{
        if (!bh->b_lock)
                printk(DEVICE_NAME ": free buffer being unlocked\n");
        bh->b_lock=0;
        wake_up(&bh->b_wait);
}
```

```
    // 结束请求处理。
    // 参数 uptodate 是更新标志。
    // 首先关闭指定块设备，然后检查此次读写缓冲区是否有效。如果有效则根据参数值设置缓冲区数据更新标
    // 志，并解锁该缓冲区。 如果更新标志参数值是 0，表示此次请求项的操作已失败，因此显示相关块设备
    // IO 错误信息。 最后，唤醒等待该请求项的进程以及等待空闲请求项出现的进程，释放并从请求链表中删
    // 除本请求项，并把当前请求项指针指向下一请求项。
extern inline void end_request(int uptodate)
{
        DEVICE_OFF(CURRENT->dev);                        // 关闭设备。
        if (CURRENT->bh) {                               // CURRENT 为当前请求结构项指针。
                CURRENT->bh->b_uptodate = uptodate;      // 置更新标志。
                unlock_buffer(CURRENT->bh);              // 解锁缓冲区。
        }
        if (!uptodate) {                                 // 若更新标志为 0 则显示出错信息。
                printk(DEVICE_NAME " I/O error\n\r");
                printk("dev %04x, block %d\n\r",CURRENT->dev,
                        CURRENT->bh->b_blocknr);
        }
        wake_up(&CURRENT->waiting);                      // 唤醒等待该请求项的进程。
        wake_up(&wait_for_request);                      // 唤醒等待空闲请求项的进程。
        CURRENT->dev = -1;                               // 释放该请求项。
        CURRENT = CURRENT->next;                         // 指向下一请求项。
}

    // 如果定义了设备超时符号常量 DEVICE_TIMEOUT，则定义 CLEAR_DEVICE_TIMEOUT 符号常量
    // 为"DEVICE_TIMEOUT = 0"。否则定义 CLEAR_DEVICE_TIMEOUT 为空。
#ifdef DEVICE_TIMEOUT
#define CLEAR_DEVICE_TIMEOUT DEVICE_TIMEOUT = 0;
#else
#define CLEAR_DEVICE_TIMEOUT
#endif

    // 如果定义了设备中断符号常量 DEVICE_INTR，则定义 CLEAR_DEVICE_INTR 符号常量为"DEVICE_INTR
    // = 0"，否则定义其为空。
#ifdef DEVICE_INTR
#define CLEAR_DEVICE_INTR DEVICE_INTR = 0;
#else
#define CLEAR_DEVICE_INTR
#endif

    // 定义初始化请求项宏。
    // 由于几个块设备驱动程序开始处对请求项的初始化操作相似，因此这里为它们定义了一个统一的初始化宏。
    // 该宏用于对当前请求项进行一些有效性判断。所做工作如下：如果设备当前请求项为空（NULL），表示
    // 本设备目前已无需要处理的请求项。于是略作扫尾作就退出相应函数。否则，如果当前请求项工中设备的
    // 主设备号不等于驱动程序定义的主设备号，说明请求项队列乱掉了，于是内核显示出错信息并停机。否则
    // 若请求项中用的缓冲块没有被锁定，也说明内核程序出了问题，于是显示出错信息并停机。
#define INIT_REQUEST \
repeat: \
        if (!CURRENT) {\                             // 如果当前请求项指针为 NULL 则返回。
                CLEAR_DEVICE_INTR \
                CLEAR_DEVICE_TIMEOUT \
                return; \
        } \
        if (MAJOR(CURRENT->dev) != MAJOR_NR) \ // 如果当前设备主设备号不对则停机。
                panic(DEVICE_NAME ": request list destroyed"); \
```

```
        if (CURRENT->bh) { \
                if (!CURRENT->bh->b_lock) \          // 如果请求项的缓冲区没锁定则停机。
                        panic(DEVICE_NAME ": block not locked"); \
}

#endif

#endif
```

9.3 hd.c 程序

9.3.1 功能描述

hd.c 程序是硬盘控制器驱动程序，提供对硬盘控制器块设备的读写驱动和硬盘初始化处理。程序中所有函数按照功能可分为 5 类：

- 初始化硬盘和设置硬盘所用数据结构信息的函数，如 sys_setup()和 hd_init()。
- 向硬盘控制器发送命令的函数 hd_out()。
- 处理硬盘当前请求项的函数 do_hd_request()。
- 硬盘中断处理过程中调用的 C 函数，如 read_intr()、write_intr()、bad_rw_intr()和 recal_intr()。do_hd_request()函数也将在 read_intr()和 write_intr()中被调用。
- 硬盘控制器操作辅助函数，如 controler_ready()、drive_busy()、win_result()、hd_out()和 reset_controler()等。

sys_setup()函数利用 boot/setup.S 程序提供的信息对系统中所含硬盘驱动器的参数进行了设置。然后读取硬盘分区表，并尝试把启动引导盘上的虚拟盘根文件系统映像文件复制到内存虚拟盘中，若成功则加载虚拟盘中的根文件系统，否则就继续执行普通根文件系统加载操作。

hd_init()函数用于在内核初始化时设置硬盘控制器中断描述符，并复位硬盘控制器中断屏蔽码，以允许硬盘控制器发送中断请求信号。

hd_out()是硬盘控制器操作命令发送函数。该函数带有一个中断过程中调用的 C 函数指针参数，在向控制器发送命令之前，它首先使用这个参数预置好中断过程中会调用的函数指针（do_hd，例如 read_intr()），然后它按照规定的方式依次向硬盘控制器 0x1f0 至 0x1f7 端口发送命令参数块，随后就立刻退出函数返回而并不会等待硬盘控制器执行读写命令。除控制器诊断（WIN_DIAGNOSE）和建立驱动器参数（WIN_SPECIFY）两个命令以外，硬盘控制器在接收到任何其他命令并执行了命令以后，都会向 CPU 发出中断请求信号，从而引发系统去执行硬盘中断处理过程（在 system_call.s，221 行）。

do_hd_request()是硬盘请求项的操作函数。其操作流程如下：

1）首先判断当前请求项是否存在，若当前请求项指针为空，则说明目前硬盘块设备已经没有待处理的请求项，因此立刻退出程序。这是在宏 INIT_REQUEST 中执行的语句。否则就继续处理当前请求项。

2）对当前请求项中指明的设备号和请求的盘起始扇区号的合理性进行验证。

3）根据当前请求项提供的信息计算请求数据的磁盘磁道号、磁头号和柱面号。

4）如果复位标志（reset）已被设置，则也设置硬盘重新校正标志（recalibrate），并对硬盘执行复位操作，向控制器重新发送“建立驱动器参数”命令（WIN_SPECIFY）。该命令不会引发硬盘中断。

5）如果重新校正标志被置位的话，就向控制器发送硬盘重新校正命令（WIN_RESTORE），并在发送之前预先设置好该命令引发的中断中需要执行的 C 函数（recal_intr()），并退出。recal_intr()函数的主要作用是：当控制器执行该命令结束并引发中断时，能重新（继续）执行本函数。

6）如果当前请求项指定是写操作，则首先设置硬盘控制器调用的 C 函数为 write_intr()，向控制器发送写操作的命令参数块，并循环查询控制器的状态寄存器，以判断请求服务标志（DRQ）是否置位。若该标志置位，则表示控制器已“同意”接收数据，于是接着就把请求项所指缓冲区中的数据写入控制器的数据缓冲区中。若循环查询超时后该标志仍然没有置位，则说明此次操作失败。于是调用 bad_rw_intr()函数，根据处理当前请求项发生的出错次数来确定是放弃当前请求项还是需要设置复位标志，重新处理当前请求项。

7）如果当前请求项是读操作，则设置硬盘控制器调用的 C 函数为 read_intr()，并向控制器发送读盘操作命令。

write_intr()是在当前请求项是写操作时被设置成中断过程调用的 C 函数。控制器完成写盘命令后会立刻向 CPU 发送中断请求信号，于是在控制器写操作完成后立刻调用该函数。

该函数首先调用 win_result()函数，读取控制器的状态寄存器，以判断是否有错误发生。若在写盘操作时发生了错误，则调用 bad_rw_intr()，根据处理当前请求项发生的出错次数来确定是放弃当前请求项还是需要设置复位标志，以继续重新处理当前请求项。若没有发生错误，则根据当前请求项中指明的需写扇区总数，判断是否已经把此请求项要求的所有数据写盘了。若还有数据需要写盘，则使用 port_write()函数再把一个扇区的数据复制到控制器缓冲区中。若数据已经全部写盘，则调用 end_request()函数来处理当前请求项的结束事宜：唤醒等待本请求项完成的进程、唤醒等待空闲请求项的进程（若有的话）、设置当前请求项所指缓冲区数据已更新标志、释放当前请求项（从块设备链表中删除该项）。最后继续调用 do_hd_request()函数，以继续处理硬盘设备的其他请求项。

read_intr()则是在当前请求项是读操作时被设置成中断过程中调用的 C 函数。控制器在把指定的扇区数据从硬盘驱动器读入自己的缓冲区后，就会立刻发送中断请求信号。而该函数的主要作用就是把控制器中的数据复制到当前请求项指定的缓冲区中。

与 write_intr()开始的处理方式相同，该函数首先也调用 win_result()函数，读取控制器的状态寄存器，以判断是否有错误发生。若在读盘时发生了错误，则执行与 write_intr()同样的处理过程。若没有发生任何错误，则使用 port_read()函数从控制器缓冲区把一个扇区的数据复制到请求项指定的缓冲区中。然后根据当前请求项中指明的欲读扇区总数，判断是否已经读取了所有的数据。若还有数据要读，则退出，以等待下一个中断的到来。若数据已经全部获得，则调用 end_request()函数来处理当前请求项的结束事宜：唤醒等待当前请求项完成的进程、唤醒等待空闲请求项的进程（若有的话）、设置当前请求项所指缓冲区数据已更新标志、释放当前请求项（从块设备链表中删除该项）。最后继续调用 do_hd_request()函数，以继续处理硬盘设备的其他请求项。

为了能更清晰地表明硬盘读写操作的处理过程，我们可以把这些函数、中断处理过程以及硬盘控制器三者之间的执行时序关系用图 9-3 和图 9-4 表示。

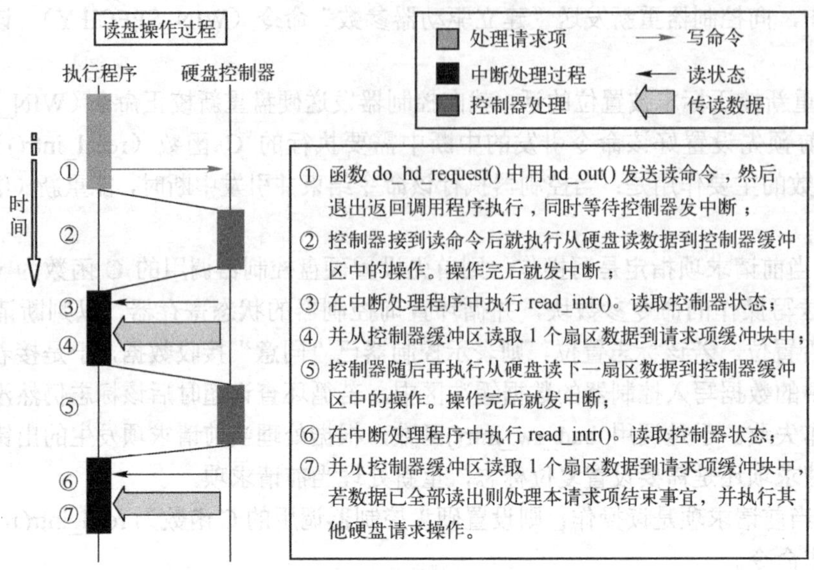

图 9-3 读硬盘数据操作的时序关系

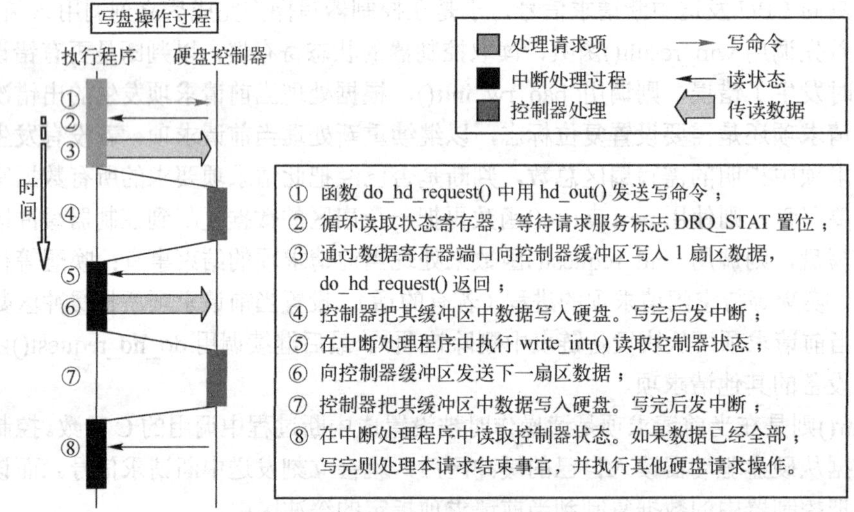

图 9-4 写硬盘数据操作的时序关系

由以上分析可以看出，本程序中最重要的 4 个函数是 hd_out()、do_hd_request()、read_intr() 和 write_intr()。理解了这 4 个函数的作用也就理解了硬盘驱动程序的操作过程。

值得注意的是，在使用 hd_out()向硬盘控制器发送了读/写或其他命令后，hd_out()函数并不会等待所发命令的执行过程，而是立刻返回调用它的程序中，例如 do_hd_request()。而 do_hd_request()函数也立刻返回上一级调用它的函数（add_request()），最终返回到调用块设备读写函数 ll_rw_block()的其他程序（例如 fs/buffer.c 的 bread()函数）中去等待块设备 IO 的完成。

9.3.2 代码注释

程序 9-2 linux/kernel/blk_drv/hd.c

```
/*
 * linux/kernel/hd.c
```

```
3  *
4  *  (C) 1991  Linus Torvalds
5  */
6
7 /*
8  * This is the low-level hd interrupt support. It traverses the
9  * request-list, using interrupts to jump between functions. As
10 * all the functions are called within interrupts, we may not
11 * sleep. Special care is recommended.
12 *
13 *  modified by Drew Eckhardt to check nr of hd's from the CMOS.
14 */
   /*
    * 本程序是底层硬盘中断辅助程序。主要用于扫描请求项队列，使用中断
    * 在函数之间跳转。由于所有的函数都是在中断里调用的，所以这些函数
    * 不可以睡眠。请特别注意。
    *
    * 由 Drew Eckhardt 修改，利用 CMOS 信息检测硬盘数。
    */
15
16 #include <linux/config.h>     // 内核配置头文件。定义键盘语言和硬盘类型（HD_TYPE）选项。
17 #include <linux/sched.h>      // 调度程序头文件，定义任务结构 task_struct、任务 0 数据等。
18 #include <linux/fs.h>         // 文件系统头文件。定义文件表结构（file、m_inode）等。
19 #include <linux/kernel.h>     // 内核头文件。含有一些内核常用函数的原形定义。
20 #include <linux/hdreg.h>      // 硬盘参数头文件。定义硬盘寄存器端口、状态码、分区表等信息。
21 #include <asm/system.h>       // 系统头文件。定义设置或修改描述符/中断门等的汇编宏。
22 #include <asm/io.h>           // io 头文件。定义硬件端口输入/输出宏汇编语句。
23 #include <asm/segment.h>      // 段操作头文件。定义了有关段寄存器操作的嵌入式汇编函数。
24
   // 定义硬盘主设备号符号常数。在驱动程序中，主设备号必须在包含 blk.h 文件之前被定义。
   // 因为 blk.h 文件中要用到这个符号常数值来确定一些列其他相关符号常数和宏。
25 #define MAJOR_NR 3            // 硬盘主设备号是 3。
26 #include "blk.h"              // 块设备头文件。定义请求数据结构、块设备数据结构和宏等信息。
27
   // 读 CMOS 参数宏函数。
   // 这段宏读取 CMOS 中硬盘信息。outb_p、inb_p 是 include/asm/io.h 中定义的端口输入输出宏。
   // 与 init/main.c 中读取 CMOS 时钟信息的宏完全一样。
28 #define CMOS_READ(addr) ({ \
29 outb_p(0x80|addr,0x70); \     // 0x70 是写端口号，0x80|addr 是要读的 CMOS 内存地址。
30 inb_p(0x71); \                // 0x71 是读端口号。
31 })
32
33 /* Max read/write errors/sector */
   /* 每扇区读/写操作允许的最多出错次数 */
34 #define MAX_ERRORS     7      // 读/写一个扇区时允许的最多出错次数。
35 #define MAX_HD         2      // 系统支持的最多硬盘数。
36
   // 重新校正处理函数。
   // 复位操作时在硬盘中断处理程序中调用的重新校正函数(311 行)。
37 static void recal_intr(void);
   // 读写硬盘失败处理调用函数。
   // 结束本次请求项处理或者设置复位标志要求执行复位硬盘控制器操作后再重试（242 行）。
38 static void bad_rw_intr(void);
39
   // 重新校正标志。当设置了该标志，程序中会调用 recal_intr() 以将磁头移动到 0 柱面。
40 static int recalibrate = 0;
```

```
// 复位标志。当发生读写错误时会设置该标志并调用相关复位函数，以复位硬盘和控制器。
static int reset = 0;

/*
 * This struct defines the HD's and their types.
 */
/* 下面结构定义了硬盘参数及类型 */
// 硬盘信息结构（Harddisk information struct）。
// 各字段分别是磁头数、每磁道扇区数、柱面数、写前预补偿柱面号、磁头着陆区柱面号、控制字节。它们的
// 含义请参见程序列表后的说明。
struct hd_i_struct {
        int head,sect,cyl,wpcom,lzone,ctl;
        };

// 如果已经在 include/linux/config.h 配置文件中定义了符号常数 HD_TYPE，就取其中定义好的参数
// 作为硬盘信息数组 hd_info[]中的数据。否则先默认都设为 0 值，在 setup()函数中会重新进行设置。
#ifdef HD_TYPE
struct hd_i_struct hd_info[] = { HD_TYPE };                          // 硬盘信息数组。
#define NR_HD ((sizeof (hd_info))/(sizeof (struct hd_i_struct)))   // 计算硬盘个数。
#else
struct hd_i_struct hd_info[] = { {0,0,0,0,0,0},{0,0,0,0,0,0} };
static int NR_HD = 0;
#endif

// 定义硬盘分区结构。给出每个分区从硬盘 0 道开始算起的物理起始扇区号和分区扇区总数。其中 5 的倍数
// 处的项（例如 hd[0]和 hd[5]等）代表整个硬盘的参数。
static struct hd_struct {
        long start_sect;                        // 分区在硬盘中的起始物理（绝对）扇区。
        long nr_sects;                          // 分区中扇区总数。
} hd[5*MAX_HD]={{0,0},};

// 硬盘每个分区数据块总数数组。
static int hd_sizes[5*MAX_HD] = {0, };

// 读端口嵌入汇编宏。读端口 port，共读 nr 字，保存在 buf 中。
#define port_read(port,buf,nr) \
__asm__("cld;rep;insw"::"d" (port),"D" (buf),"c" (nr):"cx","di")

// 写端口嵌入汇编宏。写端口 port，共写 nr 字，从 buf 中取数据。
#define port_write(port,buf,nr) \
__asm__("cld;rep;outsw"::"d" (port),"S" (buf),"c" (nr):"cx","si")

extern void hd_interrupt(void);         // 硬盘中断过程（sys_call.s，235 行）。
extern void rd_load(void);              // 虚拟盘创建加载函数（ramdisk.c，71 行）。

/* This may be used only once, enforced by 'static int callable' */
/* 下面该函数只在初始化时被调用一次。用静态变量 callable 作为可调用标志。*/
// 系统设置函数。
// 函数参数 BIOS 是由初始化程序 init/main.c 中 init 子程序设置为指向硬盘参数表结构的指针。
// 该硬盘参数表结构包含 2 个硬盘参数表的内容（共 32 字节），是从内存 0x90080 处复制而来。
// 0x90080 处的硬盘参数表是由 setup.s 程序利用 ROM BIOS 功能取得。硬盘参数表信息参见程序列表后
// 的说明。本函数主要功能是读取 CMOS 和硬盘参数表信息，用于设置硬盘分区结构 hd，并尝试加载 RAM
// 虚拟盘和根文件系统。
int sys_setup(void * BIOS)
{
```

```
76        static int callable = 1;          // 限制本函数只能被调用 1 次的标志。
77        int i,drive;
78        unsigned char cmos_disks;
79        struct partition *p;
80        struct buffer_head * bh;
81
// 首先设置 callable 标志，使得本函数只能被调用 1 次。然后设置硬盘信息数组 hd_info[]。
// 如果在 include/linux/config.h 文件中已定义了符号常数 HD_TYPE，那么 hd_info[]数组已经在
// 前面第 49 行上设置好了。否则就需要读取 boot/setup.s 程序存放在内存 0x90080 处开始的硬盘参数
// 表。setup.s 程序在内存此处连续存放着一到两个硬盘参数表。
82        if (!callable)
83                return -1;
84        callable = 0;
85 #ifndef HD_TYPE                              // 如果没有定义 HD_TYPE，则读取。
86        for (drive=0 ; drive<2 ; drive++) {
87                hd_info[drive].cyl = *(unsigned short *) BIOS;        // 柱面数。
88                hd_info[drive].head = *(unsigned char *) (2+BIOS);    // 磁头数。
89                hd_info[drive].wpcom = *(unsigned short *) (5+BIOS); // 写前预补偿柱
                                                                       // 面号。
90                hd_info[drive].ctl = *(unsigned char *) (8+BIOS);     // 控制字节。
91                hd_info[drive].lzone = *(unsigned short *) (12+BIOS);// 磁头着陆区柱
                                                                       // 面号。
92                hd_info[drive].sect = *(unsigned char *) (14+BIOS);   // 每磁道扇区数。
93                BIOS += 16;                   // 每个硬盘参数表长 16 字节，这里 BIOS 指向下一表。
94        }
// setup.s 程序在取 BIOS 硬盘参数表信息时，如果系统中只有 1 个硬盘，就会将对应第 2 个硬盘的 16 字
// 节全部清零。因此这里只要判断第 2 个硬盘柱面数是否为 0 就可以知道是否有第 2 个硬盘了。
95        if (hd_info[1].cyl)
96                NR_HD=2;                      // 硬盘数置为 2。
97        else
98                NR_HD=1;
99 #endif
// 到这里，硬盘信息数组 hd_info[]已经设置好，并且确定了系统含有的硬盘数 NR_HD。现在开始设置硬
// 盘分区结构数组 hd[]。该数组的项 0 和项 5 分别表示两个硬盘的整体参数，而项 1–4 和 6–9 分别表示
// 两个硬盘的 4 个分区的参数。 因此这里仅设置表示硬盘整体信息的两项（项 0 和 5）。
100       for (i=0 ; i<NR_HD ; i++) {
101               hd[i*5].start_sect = 0;                      // 硬盘起始扇区号。
102               hd[i*5].nr_sects = hd_info[i].head*
103                               hd_info[i].sect*hd_info[i].cyl; // 硬盘总扇区数。
104       }
105
106       /*
107               We query CMOS about hard disks : it could be that
108               we have a SCSI/ESDI/etc controller that is BIOS
109               compatible with ST-506, and thus showing up in our
110               BIOS table, but not register compatible, and therefore
111               not present in CMOS.
112
113               Furthurmore, we will assume that our ST-506 drives
114               <if any> are the primary drives in the system, and
115               the ones reflected as drive 1 or 2.
116
117               The first drive is stored in the high nibble of CMOS
118               byte 0x12, the second in the low nibble.  This will be
119               either a 4 bit drive type or 0xf indicating use byte 0x19
120               for an 8 bit type, drive 1, 0x1a for drive 2 in CMOS.
```

```

		Needless to say, a non-zero value means we have
		an AT controller hard disk for that drive.


	*/
	/*
		我们对 CMOS 有关硬盘的信息有些怀疑：可能会出现这样的情况，我们有一块 SCSI/ESDI/
		等的控制器，它是以 ST-506 方式与 BIOS 兼容的，因而会出现在我们的 BIOS 参数表中，
		但又不是寄存器兼容的，因此这些参数在 CMOS 中又不存在。

		另外，我们假设 ST-506 驱动器（如果有的话）是系统中的基本驱动器，标号为驱动器 1 或 2。

		第 1 个驱动器参数存放在 CMOS 字节 0x12 的高半字节中，第 2 个存放在低半字节中。该 4
		位字节信息可以是驱动器类型，也可能仅是 0xf。0xf 表示使用 CMOS 中 0x19 字节作为驱
		动器 1 的 8 位类型字节，使用 CMOS 中 0x1A 字节作为驱动器 2 的类型字节。

		总之，一个非零值意味着硬盘是一个 AT 控制器兼容硬盘。
	*/

// 根据上述原理，下面代码用来检测硬盘到底是不是 AT 控制器兼容的。有关 CMOS 信息请参见第 4 章中
// 4.2.3.1 节。这里从 CMOS 偏移地址 0x12 处读出硬盘类型字节。如果低半字节值（存放着第 2 个硬盘
// 类型值）不为 0，则表示系统有两硬盘，否则表示系统只有 1 个硬盘。如果 0x12 处读出的值为 0，则表
// 示系统中没有 AT 兼容硬盘。
	if ((cmos_disks = CMOS_READ(0x12)) & 0xf0)
		if (cmos_disks & 0x0f)
			NR_HD = 2;
		else
			NR_HD = 1;
	else
		NR_HD = 0;
// 若 NR_HD = 0，则两个硬盘都不是 AT 控制器兼容的，两个硬盘数据结构全清零。
// 若 NR_HD = 1，则将第 2 个硬盘的参数清零。
	for (i = NR_HD ; i < 2 ; i++) {
		hd[i*5].start_sect = 0;
		hd[i*5].nr_sects = 0;
	}
// 好，到此为止我们已经真正确定了系统中所含的硬盘个数 NR_HD。现在我们来读取每个硬盘上第 1 个扇区
// 中的分区表信息，用来设置分区结构数组 hd[] 中硬盘各分区的信息。首先利用读块函数 bread()读硬
// 盘第 1 个数据块（fs/buffer.c，第 267 行），第 1 个参数（0x300、0x305 ）分别是两个硬盘的设
// 备号，第 2 个参数（0）是所需读取的块号。若读操作成功，则数据会被存放在缓冲块 bh 的数据区中。
// 若缓冲块头指针 bh 为 0，则说明读操作失败，则显示出错信息并停机。否则我们根据硬盘第 1 个扇区最
// 后两个字节应该是 0xAA55 来判断扇区中数据的有效性，从而可以知道扇区中位于偏移 0x1BE 开始处的分
// 区表是否有效。若有效则将硬盘分区表信息放入硬盘分区结构数组 hd[] 中。最后释放 bh 缓冲区。
	for (drive=0 ; drive<NR_HD ; drive++) {
		if (!(bh = bread(0x300 + drive*5,0))) {   // 0x300、0x305 是设备号。
			printk("Unable to read partition table of drive %d\n\r",
				drive);
			panic("");
		}
		if (bh->b_data[510] != 0x55 || (unsigned char)
		    bh->b_data[511] != 0xAA) {            // 判断硬盘标志 0xAA55。
			printk("Bad partition table on drive %d\n\r",drive);
			panic("");
		}
		p = 0x1BE + (void *)bh->b_data;           // 分区表位于第 1 扇区 0x1BE 处。
```

```
151             for (i=1;i<5;i++,p++) {
152                     hd[i+5*drive].start_sect = p->start_sect;
153                     hd[i+5*drive].nr_sects = p->nr_sects;
154             }
155             brelse(bh);             // 释放为存放硬盘数据块而申请的缓冲区。
156     }
// 现在再对每个分区中的数据块总数进行统计，并保存在硬盘分区总数据块数组 hd_sizes[]中。
// 然后让设备数据块总数指针数组的本设备项指向该数组。
157     for (i=0 ; i<5*MAX_HD ; i++)
158             hd_sizes[i] = hd[i].nr_sects>>1 ;
159     blk_size[MAJOR_NR] = hd_sizes;
// 现在总算完成设置硬盘分区结构数组 hd[]的任务。如果确实有硬盘存在并且已读入其分区表，则显示“分
// 区表正常”信息。然后尝试在系统内存虚拟盘中加载启动盘中包含的根文件系统映像（blk_drv/ ramdisk
//.c，第 71 行）。即在系统设置有虚拟盘的情况下判断启动盘上是否还含有根文件系统的映像数据。如果有
// （此时该启动盘称为集成盘）则尝试把该映像加载并存放到虚拟盘中，然后把此时的根文件系统设备号
// ROOT_DEV 修改成虚拟盘的设备号。接着再对交换设备进行初始化。最后安装根文件系统。
160     if (NR_HD)
161             printk("Partition table%s ok.\n\r",(NR_HD>1)?"s":"");
162     rd_load();                      // blk_drv/ramdisk.c，第 71 行。
163     init_swapping();                // mm/swap.c，第 199 行。
164     mount_root();                   // fs/super.c，第 241 行。
165     return (0);
166 }
167
//// 判断并循环等待硬盘控制器就绪。
// 读硬盘控制器状态寄存器端口 HD_STATUS(0x1f7)，循环检测其中的驱动器就绪位（位 6）是否被
// 置位并且控制器忙位（位 7）是否被复位。 如果返回值 retries 为 0，则表示等待控制器空闲的时间已
// 经超时而发生错误，若返回值不为 0 则说明在等待（循环）时间期限内控制器回到空闲状态，OK!
// 实际上，我们仅需检测状态寄存器忙位（位 7）是否为 1 来判断控制器是否处于忙状态，驱动器是否就绪
// （即位 6 是否为 1）与控制器的状态无关。因此我们可以把第 172 行语句改写成：“while (--retries
// && (inb_p(HD_STATUS)&0x80));”另外，由于现在的 PC 速度都很快，因此我们可以把等待的循
// 环次数再加大一些，例如再增加 10 倍！
168 static int controller_ready(void)
169 {
170     int retries = 100000;
171
172     while (--retries && (inb_p(HD_STATUS)&0xc0)!=0x40);
173     return (retries);                       // 返回等待循环次数。
174 }
175
//// 检测硬盘执行命令后的状态。（win 表示温切斯特硬盘的缩写）
// 读取状态寄存器中的命令执行结果状态。 返回 0 表示正常；1 表示出错。如果执行命令错，则需要再读错
// 误寄存器 HD_ERROR（0x1f1）。
176 static int win_result(void)
177 {
178     int i=inb_p(HD_STATUS);                 // 取状态信息。
179
180     if ((i & (BUSY_STAT | READY_STAT | WRERR_STAT | SEEK_STAT | ERR_STAT))
181             == (READY_STAT | SEEK_STAT))
182             return(0); /* ok */
183     if (i&1) i=inb(HD_ERROR);               // 若 ERR_STAT 置位，则读取错误寄存器。
184     return (1);
185 }
186
//// 向硬盘控制器发送命令块。
// 参数：drive - 硬盘号(0-1)；nsect - 读写扇区数；sect  - 起始扇区；
```

```
//      head  - 磁头号；      cyl   - 柱面号；     cmd   - 命令码（见控制器命令列表）；
//      intr_addr() - 硬盘中断处理程序中将调用的 C 处理函数指针。
// 该函数在硬盘控制器就绪之后，先设置全局指针变量 do_hd 为硬盘中断处理程序中将调用的 C 处理函数
// 指针。然后发送硬盘控制字节和 7 字节的参数命令块。
// 该函数在硬盘控制器就绪之后，先设置全局函数指针变量 do_hd 指向硬盘中断处理程序中将会调用的 C
// 处理函数，然后再发送硬盘控制字节和 7 字节的参数命令块。硬盘中断处理程序的代码位于 kernel/
// sys_call.s 程序第 235 行处。
// 第 191 行定义 1 个寄存器变量__res。该变量将被保存在 1 个寄存器中，以便于快速访问。
// 如果想指定寄存器（如 eax），则我们可以把该句写成"register char __res asm("ax");"。
187 static void hd_out(unsigned int drive,unsigned int nsect,unsigned int sect,
188         unsigned int head,unsigned int cyl,unsigned int cmd,
189         void (*intr_addr)(void))
190 {
191     register int port asm("dx");     // 定义局部寄存器变量并放在指定寄存器 dx 中。
192
// 首先对参数进行有效性检查。如果驱动器号大于 1（只能是 0、1）或者磁头号大于 15，则程序不支持，
// 停机。否则就判断并循环等待驱动器就绪。如果等待一段时间后仍未就绪则表示
// 硬盘控制器出错，也停机。
193     if (drive>1 || head>15)
194         panic("Trying to write bad sector");
195     if (!controller_ready())
196         panic("HD controller not ready");
// 接着我们设置硬盘中断发生时将调用的 C 函数指针 do_hd（该函数指针定义在 blk.h 文件的第 56--109
// 行之间，请特别留意其中的第 83 行和 100 行）。然后在向硬盘控制器发送参数和命令之前，规定要先向
// 控制器命令端口（0x3f6）发送一指定硬盘的控制字节，以建立相应的硬盘控制方式。该控制字节即是硬
// 盘信息结构数组中的 ctl 字段。然后向控制器端口 0x1f1-0x1f7 发送 7 字节的参数命令块。
197     SET_INTR(intr_addr);                     // do_hd = intr_addr 在中断中被调用。
198     outb_p(hd_info[drive].ctl,HD_CMD);       // 向控制寄存器输出控制字节。
199     port=HD_DATA;                            // 置 dx 为数据寄存器端口(0x1f0)。
200     outb_p(hd_info[drive].wpcom>>2,++port);  // 参数：写预补偿柱面号(需除 4)。
201     outb_p(nsect,++port);                    // 参数：读/写扇区总数。
202     outb_p(sect,++port);                     // 参数：起始扇区。
203     outb_p(cyl,++port);                      // 参数：柱面号低 8 位。
204     outb_p(cyl>>8,++port);                   // 参数：柱面号高 8 位。
205     outb_p(0xA0|(drive<<4)|head,++port);     // 参数：驱动器号+磁头号。
206     outb(cmd,++port);                        // 命令：硬盘控制命令。
207 }
208
//// 等待硬盘就绪。
// 该函数循环等待主状态控制器忙标志位复位。若仅有就绪或寻道结束标志置位，则表示硬盘就绪，成功返
// 回 0。若经过一段时间仍为忙，则返回 1。
209 static int drive_busy(void)
210 {
211     unsigned int i;
212     unsigned char c;
213
// 循环读取控制器的主状态寄存器 HD_STATUS，等待就绪标志位置位并且忙位复位。然后检测其中忙位、
// 就绪位和寻道结束位。若仅有就绪或寻道结束标志置位，则表示硬盘就绪，返回 0。否则表示等待超时。
// 于是警告显示信息。并返回 1。
214     for (i = 0; i < 50000; i++) {
215         c = inb_p(HD_STATUS);                // 取主控制器状态字节。
216         c &= (BUSY_STAT | READY_STAT | SEEK_STAT);
217         if (c == (READY_STAT | SEEK_STAT))
218             return 0;
219     }
220     printk("HD controller times out\n\r"); // 等待超时，显示信息。并返回 1。
```

```
221         return(1);
222 }
223
  //// 诊断复位（重新校正）硬盘控制器。
  // 首先向控制寄存器端口（0x3f6）发送允许复位（4）控制字节。然后循环空操作等待一段时间让控制器
  // 执行复位操作。接着再向该端口发送正常的控制字节(不禁止重试、重读)，并等待硬盘就绪。若等待硬盘
  // 就绪超时，则显示警告信息。然后读取错误寄存器内容，若其不等于 1（表示无错误）则显示硬盘控制器
  // 复位失败信息。
224 static void reset_controller(void)
225 {
226         int     i;
227
228         outb(4,HD_CMD);                        // 向控制寄存器端口发送复位控制字节。
229         for(i = 0; i < 1000; i++) nop();       // 等待一段时间。
230         outb(hd_info[0].ctl & 0x0f ,HD_CMD);   // 发送正常控制字节(不禁止重试、重读)。
231         if (drive_busy())
232                 printk("HD-controller still busy\n\r" );
233         if ((i = inb(HD_ERROR)) != 1)
234                 printk("HD-controller reset failed: %02x\n\r",i);
235 }
236
  //// 硬盘复位操作。
  // 首先复位（重新校正）硬盘控制器。然后发送硬盘控制器命令“建立驱动器参数”。在本命令引起的硬盘
  // 中断处理程序中又会调用本函数。此时该函数会根据执行该命令的结果判断是否要进行出错处理或是继续
  // 执行请求项处理操作。
237 static void reset_hd(void)
238 {
239         static int i;
240
  // 如果复位标志 reset 是置位的，则在把复位标志清零后，执行复位硬盘控制器操作。然后针对第 i 个硬
  // 盘向控制器发送“建立驱动器参数”命令。当控制器执行了该命令后，又会发出硬盘中断信号。此时本函
  // 数会被中断过程调用而再次执行。由于 reset 已经标志复位，因此会首先去执行 246 行开始的语句，判
  // 断命令执行是否正常。若还是发生错误就会调用 bad_rw_intr() 函数以统计出错次数并根据次确定是
  // 否在设置 reset 标志。如果又设置了 reset 标志则跳转到 repeat 重新执行本函数。若复位操作正常，
  // 则针对下一个硬盘发送“建立驱动器参数”命令，并作上述同样处理。如果系统中 NR_HD 个硬盘都已经正
  // 常执行了发送的命令，则再次 do_hd_request() 函数开始对请求项进行处理。
241 repcat:
242         if (reset) {
243                 reset = 0;
244                 i = -1;                        // 初始化当前硬盘号（静态变量）。
245                 reset_controller();
246         } else if (win_result()) {
247                 bad_rw_intr();
248                 if (reset)
249                         goto repeat;
250         }
251         i++;                                   // 处理下一个硬盘（第 1 个是 0）。
252         if (i < NR_HD) {
253                 hd_out(i,hd_info[i].sect,hd_info[i].sect,hd_info[i].head-1,
254                         hd_info[i].cyl,WIN_SPECIFY,&reset_hd);
255         } else
256                 do_hd_request();               // 执行请求项处理。
257 }
258
  //// 意外硬盘中断调用函数。
  // 发生意外硬盘中断时，硬盘中断处理程序中调用的默认 C 处理函数。在被调用函数指针为 NULL 时调用该
```

```
// 函数。参见（kernel/sys_call.s，第 256 行）。该函数在显示警告信息后设置复位标志 reset，然
// 后继续调用请求项函数 go_hd_request()并在其中执行复位处理操作。
259 void unexpected_hd_interrupt(void)
260 {
261     printk("Unexpected HD interrupt\n\r" );
262     reset = 1;
263     do_hd_request();
264 }
265
//// 读写硬盘失败处理调用函数。
// 如果读扇区时的出错次数大于或等于 7 次时，则结束当前请求项并唤醒等待该请求的进程，而且对应缓冲
// 区更新标志复位，表示数据没有更新。如果读写一扇区时的出错次数已经大于 3 次，则要求执行复位硬盘
// 控制器操作（设置复位标志）。
266 static void bad_rw_intr(void)
267 {
268     if (++CURRENT->errors >= MAX_ERRORS)
269         end_request(0);
270     if (CURRENT->errors > MAX_ERRORS/2)
271         reset = 1;
272 }
273
//// 读操作中断调用函数。
// 该函数将在硬盘读命令结束时引发的硬盘中断过程中被调用。
// 在读命令执行后会产生硬盘中断信号，并执行硬盘中断处理程序，此时在硬盘中断处理程序中调用的 C 函
// 数指针 do_hd 已经指向 read_intr()，因此会在一次读扇区操作完成（或出错）后就会执行该函数。
274 static void read_intr(void)
275 {
// 该函数首先判断此次读命令操作是否出错。若命令结束后控制器还处于忙状态，或者命令执行错误，则处
// 理硬盘操作失败问题，接着再次请求硬盘作复位处理并执行其他请求项。然后返回。每次读操作出错都会
// 对当前请求项作出错次数累计，若出错次数不到最大允许出错次数的一半，则会先执行硬盘复位操作，然
// 后再执行本次请求项处理。若出错次数已经大于等于最大允许出错次数 MAX_ERRORS（7 次），则结束本
// 次请求项的处理而去处理队列中下一个请求项。
276     if (win_result()) {                     // 若控制器忙、读写错或命令执行错，
277         bad_rw_intr();                      // 则进行读写硬盘失败处理。
278         do_hd_request();                    // 再次请求硬盘作相应(复位)处理。
279         return;
280     }
// 如果读命令没有出错，则从数据寄存器端口把 1 个扇区的数据读到请求项的缓冲区中，并且递减请求项所
// 需读取的扇区数值。若递减后不等于 0，表示本项请求还有数据没取完，于是再次置中断调用 C 函数指针
// do_hd 为 read_intr()并直接返回，等待硬盘在读出另 1 个扇区数据后发出中断并再次调用本函数。
// 注意：281 行语句中的 256 是指内存字，即 512 字节。
// 注意 1：262 行再次置 do_hd 指针指向 read_intr()是因为硬盘中断处理程序每次调用 do_hd 时都会
// 将该函数指针置空。参见 sys_call.s 程序第 251～253 行。
281     port_read(HD_DATA,CURRENT->buffer,256);     // 读数据到请求结构缓冲区。
282     CURRENT->errors = 0;                    // 清出错次数。
283     CURRENT->buffer += 512;                 // 调整缓冲区指针，指向新的空区。
284     CURRENT->sector++;                      // 起始扇区号加 1，
285     if (--CURRENT->nr_sectors) {            // 如果所需读出的扇区数还没读完，则再
286         SET_INTR(&read_intr);               // 置硬盘调用 C 函数指针为 read_intr()。
287         return;
288     }
// 执行到此，说明本次请求项的全部扇区数据已经读完，则调用 end_request()函数去处理请求项结束事
// 宜。最后再次调用 do_hd_request()，去处理其他硬盘请求项。执行其他硬盘请求操作。
289     end_request(1);                         // 数据已更新标志置位(1)。
290     do_hd_request();
291 }
```

```
//// 写扇区中断调用函数。
// 该函数将在硬盘写命令结束时引发的硬盘中断过程中被调用。函数功能与 read_intr()类似。在写命令
// 执行后会产生硬盘中断信号，并执行硬盘中断处理程序，此时在硬盘中断处理程序中调用的 C 函数指针
// do_hd 已经指向 write_intr()，因此会在一次写扇区操作完成（或出错）后就会执行该函数。
static void write_intr(void)
{
// 该函数首先判断此次写命令操作是否出错。若命令结束后控制器还处于忙状态，或者命令执行错误，则处
// 理硬盘操作失败问题，接着再次请求硬盘作复位处理并执行其他请求项。然后返回。在 bad_rw_intr()
// 函数中，每次操作出错都会对当前请求项作出错次数累计，若出错次数不到最大允许出错次数的一半，
// 则会先执行硬盘复位操作，然后再执行本次请求项处理。若出错次数已经大于等于最大允许出错次数
// MAX_ERRORS（7 次），则结束本次请求项的处理而去处理队列中下一个请求项。do_hd_request()中
// 会根据当时具体的标志状态来判别是否需要先执行复位、重新校正等操作，然后再继续或处理下一个请求项。
        if (win_result()) {                     // 如果硬盘控制器返回错误信息，
                bad_rw_intr();                  // 则首先进行硬盘读写失败处理，
                do_hd_request();                // 再次请求硬盘作相应(复位)处理。
                return;
        }
// 此时说明本次写一扇区操作成功，因此将欲写扇区数减 1。若其不为 0，则说明还有扇区要写，于是把当
// 前请求起始扇区号 +1，并调整请求项数据缓冲区指针指向下一块欲写的数据。然后再重置硬盘中断处理
// 程序中调用的 C 函数指针 do_hd（指向本函数）。接着向控制器数据端口写入 512 字节数据，然后函数
// 返回去等待控制器把这些数据写入硬盘后产生的中断。
        if (--CURRENT->nr_sectors) {            // 若还有扇区要写，则
                CURRENT->sector++;              // 当前请求起始扇区号+1，
                CURRENT->buffer += 512;         // 调整请求缓冲区指针，
                SET_INTR(&write_intr);          // do_hd 置函数指针为 write_intr()。
                port_write(HD_DATA,CURRENT->buffer,256);     // 向数据端口写 256 字。
                return;
        }
// 若本次请求项的全部扇区数据已经写完，则调用 end_request()函数去处理请求项结束事宜。
// 最后再次调用 do_hd_request()，去处理其他硬盘请求项。执行其他硬盘请求操作。
        end_request(1);                         // 处理请求结束事宜（已设置更新标志）。
        do_hd_request();                        // 执行其他硬盘请求操作。
}

//// 硬盘重新校正（复位）中断调用函数。
// 该函数会在硬盘执行重新校正操作而引发的硬盘中断中被调用。
// 如果硬盘控制器返回错误信息，则函数首先进行硬盘读写失败处理，然后请求硬盘作相应（复位）处理。
// 在 bad_rw_intr() 函数中，每次操作出错都会对当前请求项作出错次数累计，若出错次数不到最大允
// 许出错次数的一半，则会先执行硬盘复位操作，然后再执行本次请求项处理。若出错次数已经大于等于最
// 大允许出错次数 MAX_ERRORS（7 次），则结束本次请求项的处理而去处理队列中下一个请求项。do_hd
// _request() 中会根据当时具体的标志状态来判别是否需要先执行复位、重新校正等操作，然后再继续
// 或处理下一请求项。
static void recal_intr(void)
{
        if (win_result())                       // 若返回出错，则调用 bad_rw_intr()。
                bad_rw_intr();
        do_hd_request();
}

// 硬盘操作超时处理。
// 本函数会在 do_timer()中（kernel/sched.c，第 340 行）被调用。在向硬盘控制器发送了一个命令
// 后，若在经过了 hd_timeout 个系统滴答后控制器还没有发出一个硬盘中断信号，则说明控制器（或硬
// 盘）操作超时。此时 do_timer()就会调用本函数设置复位标志 reset 并调用 do_hd_request()
// 执行复位处理。若在预定时间内（200 滴答）硬盘控制器发出了硬盘中断并开始执行硬盘中断处理程序，
// 那么 ht_timeout 值就会在中断处理程序中被置 0。此时 do_timer()就会跳过本函数。
```

```
318 void hd_times_out(void)
319 {
// 如果当前并没有请求项要处理（设备请求项指针为 NULL），则无超时可言，直接返回。否则先显示警告
// 信息，然后判断当前请求项执行过程中发生的出错次数是否已经大于设定值 MAX_ERRORS（7）。如果是
// 则以失败形式结束本次请求项的处理（不设置数据更新标志）。然后把中断过程中调用的 C 函数指针 do_hd
// 置空，并设置复位标志 reset，继而在请求项处理函数 do_hd_request()中去执行复位操作。
320         if (!CURRENT)
321                 return;
322         printk("HD timeout");
323         if (++CURRENT->errors >= MAX_ERRORS)
324                 end_request(0);
325         SET_INTR(NULL);                     // 令 do_hd = NULL,time_out=200。
326         reset = 1;                          // 设置复位标志。
327         do_hd_request();
328 }
329
//// 执行硬盘读写请求操作。
// 该函数根据设备当前请求项中的设备号和起始扇区号信息首先计算得到对应硬盘上的柱面号、当前磁道中
// 扇区号、磁头号数据，然后再根据请求项中的命令（READ/WRITE）对硬盘发送相应读/写命令。若控制
// 器复位标志或硬盘重新校正标志已被置位，那么首先会去执行复位或重新校正操作。
// 若请求项此时是块设备的第 1 个（原来设备空闲），则块设备当前请求项指针会直接指向该请求项（参见
// ll_rw_blk.c，28 行），并会立刻调用本函数执行读写操作。否则在一个读写操作完成而引发的硬盘中
// 断过程中，若还有请求项需要处理，则也会在硬盘中断过程中调用本函数。参见 kernel/sys_call.s，
// 235 行。
330 void do_hd_request(void)
331 {
332         int i,r;
333         unsigned int block,dev;
334         unsigned int sec,head,cyl;
335         unsigned int nsect;
336
// 函数首先检测请求项的合法性。若请求队列中已没有请求项则退出（参见 blk.h，127 行）。
// 然后取设备号中的子设备号（见列表后对硬盘设备号的说明）以及设备当前请求项中的起始扇区号。子设
// 备号即对应硬盘上各分区。如果子设备号不存在或者起始扇区大于该 分区扇区数-2，则结束该请求项，
// 并跳转到标号 repeat 处（定义在 INIT_REQUEST 开始处）。因为次要求读写一块数据（2 个扇区，一
// 即 1024 字节），所以请求的扇区号不能大于分区中最后倒数第二个扇区号。然后通过加上子设备号对应
// 分区的起始扇区号，就把需要读写的块对应到整个硬盘的绝对扇区号 block 上。而子设备号被 5 整除即
// 可得到对应的硬盘号。
337         INIT_REQUEST;
338         dev = MINOR(CURRENT->dev);
339         block = CURRENT->sector;                      // 请求的起始扇区。
340         if (dev >= 5*NR_HD || block+2 > hd[dev].nr_sects) {
341                 end_request(0);
342                 goto repeat;                          // 该标号在 blk.h 最后面。
343         }
344         block += hd[dev].start_sect;
345         dev /= 5;                        // 此时 dev 代表硬盘号（硬盘 0 还是硬盘 1）。
// 然后根据求得的绝对扇区号 block 和硬盘号 dev，我们就可以计算出对应硬盘中的磁道中扇区号（sec）、
// 所在柱面号（cyl）和磁头号（head）。下面嵌入的汇编代码即用来根据硬盘信息结构中的每磁道扇区
// 数和硬盘磁头数来计算这些数据。计算方法为：310--311 行代码初始时 eax 是扇区号 block，edx 中
// 置 0。divl 指令把 edx:eax 组成的扇区号除以每磁道扇区数（hd_info[dev].sect），所得整数商
// 值在 eax 中，余数在 edx 中。其中 eax 中是到指定位置的对应总磁道数（所有磁头面），edx 中是当前
// 磁道上的扇区号。312--313 行代码初始时 eax 是计算出的对应总磁道数，edx 中置 0。divl 指令把
// edx:eax 的对应总磁道数除以硬盘总磁头数（hd_info[dev].head），在 eax 中得到的整除值是柱面
// 号（cyl），edx 中得到的余数就是对应得当前磁头号（head）。
346         __asm__("divl %4":"=a" (block),"=d" (sec):"0" (block),"1" (0),
```

```
                "r" (hd_info[dev].sect));
        __asm__("divl %4":"=a" (cyl),"=d" (head):"0" (block),"1" (0),
                "r" (hd_info[dev].head));
        sec++;                              // 对计算所得当前磁道扇区号进行调整。
        nsect = CURRENT->nr_sectors;        // 欲读/写的扇区数。
// 此时我们得到了欲读写的硬盘起始扇区 block 所对应的硬盘上柱面号（cyl）、在当前磁道上的扇区号
// （sec）、磁头号（head）以及欲读写的总扇区数（nsect）。接着我们可以根据这些信息向硬盘控据制
// 器发送 I/O 操作信息了。 但在发送之前我们还需要先看看是否有复控制器状态和重新校位正硬盘的标志。
// 通常在复位操作之后都需要重新校正硬盘磁头位置。若这些标志已被置位，则说明前面的硬盘操作可能出
// 现了一些问题，或者现在是系统第一次硬盘读写操作等情况。 于是我们就需要重新复位硬盘或控制器并重
// 新校正硬盘。

// 如果此时复位标志 reset 是置位的，则需要执行复位操作。复位硬盘和控制器，并置硬盘需要重新校正标
// 志，返回。reset_hd()将首先向硬盘控制器发送复位（重新校正）命令，然后发送硬盘控制器命令“建
// 立驱动器参数”。
        if (reset) {
                recalibrate = 1;            // 置需重新校正标志。
                reset_hd();
                return;
        }
// 如果此时重新校正标志（recalibrate）是置位的，则首先复位该标志，然后向硬盘控制器发送重新校
// 正命令。该命令会执行寻道操作，让处于任何地方的磁头移动到 0 柱面。
        if (recalibrate) {
                recalibrate = 0;
                hd_out(dev,hd_info[CURRENT_DEV].sect,0,0,0,
                        WIN_RESTORE,&recal_intr);
                return;
        }
// 如果以上两个标志都没有置位，那么我们就可以开始向硬盘控制器发送真正的数据读/写操作命令了。如
// 果当前请求是写扇区操作，则发送写命令，循环读取状态寄存器信息并判断请求服务标志 DRQ_STAT 是否
// 置位。DRQ_STAT 是硬盘状态寄存器的请求服务位，表示驱动器已经准备好在主机和数据端口之间传输一
// 个字或一个字节的数据。这方面的信息可参见程序前面的硬盘操作读/写时序图。如果请求服务 DRQ 置位
// 则退出循环。若等到循环结束也没有置位，则表示发送的要求写硬盘命令失败，于是跳转去处理出现的问
// 题或继续执行下一个硬盘请求。否则我们就可以向硬盘控制器数据寄存器端口 HD_DATA 写入 1 个扇区的
// 数据。
        if (CURRENT->cmd == WRITE) {
                hd_out(dev,nsect,sec,head,cyl,WIN_WRITE,&write_intr);
                for(i=0 ; i<10000 && !(r=inb_p(HD_STATUS)&DRQ_STAT) ; i++)
                        /* nothing */ ;
                if (!r) {
                        bad_rw_intr();
                        goto repeat;        // 该标号在 blk.h 文件最后面。
                }
                port_write(HD_DATA,CURRENT->buffer,256);
// 如果当前请求是读硬盘数据，则向硬盘控制器发送读扇区命令。若命令无效则停机。
        } else if (CURRENT->cmd == READ) {
                hd_out(dev,nsect,sec,head,cyl,WIN_READ,&read_intr);
        } else
                panic("unknown hd-command");
}

// 硬盘系统初始化。
// 设置硬盘中断描述符，并允许硬盘控制器发送中断请求信号。
// 该函数设置硬盘设备的请求项处理函数指针为 do_hd_request()，然后设置硬盘中断门描述符。hd_in
// terrupt（kernel/sys_call.s，第 235 行）是其中断处理过程地址。硬盘中断号为 int 0x2E
// （46），对应 8259A 芯片的中断请求信号 IRQ13。接着复位接联的主 8259A int2 的屏蔽位，允许从片
```

```
// 发出中断请求信号。再复位硬盘的中断请求屏蔽位（在从片上），允许硬盘控制器发送中断请求信号。中
// 断描述符表 IDT 内中断门描述符设置宏 set_intr_gate()在 include/asm/system.h 中实现。
void hd_init(void)
{
        blk_dev[MAJOR_NR].request_fn = DEVICE_REQUEST;     // do_hd_request()。
        set_intr_gate(0x2E,&hd_interrupt);        // 设置中断门中处理函数指针。
        outb_p(inb_p(0x21)&0xfb,0x21);            // 复位接联的主 8259A int2 的屏蔽位。
        outb(inb_p(0xA1)&0xbf,0xA1);              // 复位硬盘中断请求屏蔽位（在从片上）。
}
```

9.3.3 其他信息

1. AT 硬盘接口寄存器

AT 硬盘控制器的编程寄存器端口说明见表 9-3。另外请参见 include/linux/hdreg.h 头文件。

表 9-3 AT 硬盘控制器寄存器端口及作用

端口	名称	读操作	写操作
0x1f0	HD_DATA	数据寄存器 -- 扇区数据（读、写、格式化）	
0x1f1	HD_ERROR,HD_PRECOMP	错误寄存器（错误状态）(HD_ERROR)	写前预补偿寄存器 (HD_PRECOMP)
0x1f2	HD_NSECTOR	扇区数寄存器 -- 扇区数（读、写、检验、格式化）	
0x1f3	HD_SECTOR	扇区号寄存器 -- 起始扇区（读、写、检验）	
0x1f4	HD_LCYL	柱面号寄存器 -- 柱面号低字节（读、写、检验、格式化）	
0x1f5	HD_HCYL	柱面号寄存器 -- 柱面号高字节（读、写、检验、格式化）	
0x1f6	HD_CURRENT	驱动器/磁头寄存器 -- 驱动器号/磁头号(101dhhhh, d=驱动器号,h=磁头号)	
0x1f7	HD_STATUS,HD_COMMAND	主状态寄存器 (HD_STATUS)	命令寄存器 (HD_COMMAND)
0x3f6	HD_CMD	---	硬盘控制寄存器 (HD_CMD)
0x3f7		数字输入寄存器（与 1.2MB 软盘合用）	---

下面对各端口寄存器进行详细说明。

（1）数据寄存器（HD_DATA，0x1f0）

这是一对 16 位高速 PIO 数据传输器，用于扇区读、写和磁道格式化操作。CPU 通过该数据寄存器向硬盘写入或从硬盘读出 1 个扇区的数据，即要使用命令“rep outsw”或“rep insw”重复读/写 cx=256 字。

（2）错误寄存器（读）/写前预补偿寄存器（写）（HD_ERROR，0x1f1）

在读时，该寄存器存放了 8 位的错误状态。但只有当主状态寄存器(HD_STATUS，0x1f7)的位 0=1 时该寄存器中的数据才有效。执行控制器诊断命令时的含义与其他命令时的不同。见表 9-4。

在写操作时，该寄存器即作为写前预补偿寄存器。它记录写预补偿起始柱面号。对应于与硬盘基本参数表位移 0x05 处的一个字，需除以 4 后输出。目前的硬盘大都忽略该参数。

> 什么是写前补偿?
>
> 早期硬盘每个磁道具有固定的扇区数。并且由于每个扇区有固定的 512 个字节，因此每个扇区占用的物理磁道长度越靠近盘片中心就越短，从而引起磁介质存放数据的能力下降。因此对于硬盘磁头来说就需要采取一定措施以比较高的密度把一个扇区的数据放到比较小的扇区中。常用方法就是写前预补偿（Write Precompensation）技术。在从盘片边缘算起到靠近盘片中心某个磁道（柱面）位置开始，磁头中的写电流会使用某种方法进行一定的调整。

> 具体调整方法为：磁盘上二进制数据 0、1 的表示是通过磁记录编码方式（例如 FM，MFM 等）进行记录。若相邻记录位两次磁化翻转，则有可能发生磁场重叠。因此此时读出数据时对应的电波形峰值就会漂移。若记录密度提高，则峰值漂移程度就会加剧，有时可能会引起数据位无法分离识别而导致读数据错误。消除这种现象的办法就是使用写前补偿或读后补偿技术。写前补偿是指在向驱动器送入写数据之前，先按照相对于读出时峰值漂移的反方向预先写入脉冲补偿。若读出时信号峰值会向前漂移，则延迟写入该信号；若读出时信号会向后漂移，则提前写入该信号。这样在读出时，峰值的位置就可以接近正常位置。

表 9-4　硬盘控制器错误寄存器

值	诊断命令时	其他命令时	值	诊断命令时	其他命令时
0x01	无错误	数据标志丢失	0x05	控制处理器错	
0x02	控制器出错	磁道 0 错	0x10		ID 未找到
0x03	扇区缓冲区错		0x40		ECC 错误
0x04	ECC 部件错	命令放弃	0x80		坏扇区

在写操作时，该寄存器即作为写前预补偿寄存器。它记录写预补偿起始柱面号。对应于与硬盘基本参数表位移 0x05 处的一个字，需除以 4 后输出。

（3）扇区数寄存器（HD_NSECTOR，0x1f2）

该寄存器存放读、写、检验和格式化命令指定的扇区数。当用于多扇区操作时，每完成 1 扇区的操作该寄存器就自动减 1，直到为 0。若初值为 0，则表示传输最大扇区数 256。

（4）扇区号寄存器（HD_SECTOR，0x1f3）

该寄存器存放读、写、检验操作命令指定的扇区号。在多扇区操作时，保存的是起始扇区号，而每完成 1 扇区的操作就自动增 1。

（5）柱面号寄存器（HD_LCYL，HD_HCYL，0x1f4，0x1f5）

该两个柱面号寄存器分别存放有柱面号的低 8 位和高 2 位。

（6）驱动器/磁头寄存器(HD_CURRENT，0x1f6)

该寄存器存放了读、写、检验、寻道和格式化命令指定的驱动器和磁头号。其位格式为 101dhhhh。其中 101 表示采用 ECC 校验码和每扇区为 512 字节；d 表示选择的驱动器（0 或 1）；hhhh 表示选择的磁头。见表 9-5。

表 9-5　驱动器/磁头寄存器含义

位	名称		说明
0	HS0	磁头号位 0	磁头号最低位
1	HS1	磁头号位 1	
2	HS2	磁头号位 2	
3	HS3	磁头号位 3	磁头号最高位
4	DRV	驱动器	选择驱动器，0 - 选择驱动器 0；　1 - 选择驱动器 1
5	Reserved	保留	总是 1
6	Reserved	保留	总是 0
7	Reserved	保留	总是 1

（7）主状态寄存器（读）/命令寄存器（写）（HD_STATUS/HD_COMMAND，0x1f7）

在读时，对应一个 8 位主状态寄存器。反映硬盘控制器在执行命令前后的操作状态。各位的含义见表 9–6。

表 9–6 8 位主状态寄存器

位	名称	屏蔽码	说明
0	ERR_STAT	0x01	命令执行错误。当该位置位时说明前一个命令以出错结束。此时出错寄存器和状态寄存器中的位含有引起错误的一些信息
1	INDEX_STAT	0x02	收到索引。当磁盘旋转遇到索引标志时会设置该位
2	ECC_STAT	0x04	ECC 校验错。当遇到一个可恢复的数据错误而且已得到纠正，就会设置该位。这种情况不会中断一个多扇区读操作
3	DRQ_STAT	0x08	数据请求服务。当该位被置位时，表示驱动器已经准备好在主机和数据端口之间传输一个字或一个字节的数据
4	SEEK_STAT	0x10	驱动器寻道结束。当该位被置位时，表示寻道操作已经完成，磁头已经停在指定的磁道上。当发生错误时，该位并不会改变。只有主机读取了状态寄存器后，该位就会再次表示当前寻道的完成状态
5	WRERR_STAT	0x20	驱动器故障（写出错）。当发生错误时，该位并不会改变。只有主机读取了状态寄存器后，该位就会再次表示当前写操作的出错状态
6	READY_STAT	0x40	驱动器准备好（就绪）。表示驱动器已经准备好接收命令。当发生错误时，该位并不会改变。只有主机读取了状态寄存器后，该位就会再次表示当前驱动器就绪状态。在开机时，应该复位该位，直到驱动器速度达到正常并且能够接收命令
7	BUSY_STAT	0x80	控制器忙碌。当驱动器正在操作由驱动器的控制器设置该位。此时主机不能发送命令块。而对任何命令寄存器的读操作将返回状态寄存器的值。在下列条件下该位会被置位： 在机器复位信号 RESET 变负或者设备控制寄存器的 SRST 被设置之后 400 纳秒以内。在机器复位之后要求该位置位状态不能超过 30 秒 主机在向命令寄存器写重新校正、读、读缓冲、初始化驱动器参数以及执行诊断等命令的 400 纳秒以内 在写操作、写缓冲或格式化磁道命令期间传输了 512 字节数据的 5 微秒之内

当执行写操作时，该端口对应命令寄存器，接受 CPU 发出的硬盘控制命令，共有 8 种命令，见表 9–7。其中最后一列用于说明相应命令结束后控制器所采取的动作（引发中断或者什么也不做）。

表 9–7 AT 硬盘控制器命令列表

命令名称		命令码字节		默认值	命令执行结束形式
		高 4 位	D3 D2 D1 D0		
WIN_RESTORE	驱动器重新校正(复位)	0x1	R R R R	0x10	中断
WIN_READ	读扇区	0x2	0 0 L T	0x20	中断
WIN_WRITE	写扇区	0x3	0 0 L T	0x30	中断
WIN_VERIFY	扇区检验	0x4	0 0 0 T	0x40	中断
WIN_FORMAT	格式化磁道	0x5	0 0 0 0	0x50	中断
WIN_INIT	控制器初始化	0x6	0 0 0 0	0x60	中断
WIN_SEEK	寻道	0x7	R R R R	0x70	中断
WIN_DIAGNOSE	控制器诊断	0x9	0 0 0 0	0x90	中断或空闲
WIN_SPECIFY	建立驱动器参数	0x9	0 0 0 1	0x91	中断

表中命令码字节的低 4 位是附加参数，其含义为：

- R 是步进速率。R=0，则步进速率为 35μs；R=1 为 0.5ms，以此量递增。程序中默认 R=0。

- L 是数据模式。L=0 表示读/写扇区为 512 字节；L=1 表示读/写扇区为 512 加 4 字节的 ECC 码。程序中默认值是 L=0。
- T 是重试模式。T=0 表示允许重试；T=1 则禁止重试。程序中取 T=0。

下面分别对这几个命令进行详细说明。

1）0x1X（WIN_RESTORE）——驱动器重新校正（Recalibrate）命令

该命令把读/写磁头从磁盘上任何位置移动到 0 柱面。当接收到该命令时，驱动器会设置 BUSY_STAT 标志并且发出一个 0 柱面寻道指令。然后驱动器等待寻道操作结束，更新状态、复位 BUSY_STAT 标志并且产生一个中断。

2）0x20（WIN_READ）——可重试读扇区；0x21——无重试读扇区

读扇区命令可以从指定扇区开始读取 1 到 256 个扇区。若所指定的命令块（见表 9–9）中扇区计数为 0 的话，则表示读取 256 个扇区。当驱动器接受了该命令，将会设立 BUSY_STAT 标志并且开始执行该命令。对于单个扇区的读取操作，若磁头的磁道位置不对，则驱动器会隐含地执行一次寻道操作。一旦磁头在正确的磁道上，驱动器磁头就会定位到磁道地址场中相应的标志域（ID 域）上。

对于无重试读扇区命令，若两个索引脉冲发生之前不能正确读取无错的指定 ID 域，则驱动器就会在错误寄存器中给出 ID 没有找到的错误信息。对于可重试读扇区命令，驱动器则会在读 ID 域遇到问题时重试多次。重试的次数由驱动器厂商设定。

如果驱动器正确地读到了 ID 域，那么它就需要在指定的字节数中识别数据地址标志（Data Address Mark），否则就报告数据地址标志没有找到的错误。一旦磁头找到数据地址标志，驱动器就会把数据域中的数据读入扇区缓冲区中。如果发生错误，驱动器就会设置出错位、设置 DRQ_STAT 并且产生一个中断。无论是否发生错误，驱动器总是会在读扇区后设置 DRQ_STAT。在命令完成后，命令块寄存器中将含有最后一个所读扇区的柱面号、磁头号和扇区号。

对于多扇区读操作，每当驱动器准备好向主机发送一个扇区的数据时就会设置 DRQ_STAT、清 BUSY_STAT 标志并且产生一个中断。当扇区数据传输结束，驱动器就会复位 DRQ_STAT 和 BUSY_STAT 标志，但在最后一个扇区传输完成后会设置 BUSY_STAT 标志。在命令结束后命令块寄存器中将含有最后一个所读扇区的柱面号、磁头号和扇区号。

如果在多扇区读操作中发生了一个不可纠正的错误，读操作将在发生错误的扇区处终止。同样，此时命令块寄存器中将含有该出错扇区的柱面号、磁头号和扇区号。无论错误是否可以被纠正，驱动器都会把数据放入扇区缓冲区中。

3）0x30（WIN_WRITE）——可重试写扇区；0x31——无重试写扇区

写扇区命令可以从指定扇区开始写 1 到 256 个扇区。若所指定的命令块（见表 9–9）中扇区计数为 0 的话，则表示要写 256 个扇区。当驱动器接受了该命令，它将设置 DRQ_STAT 并等待扇区缓冲区填满数据。在第一次向扇区缓冲区添入数据时不会产生中断，一旦数据填满驱动器就会复位 DRQ、设置 BUSY_STAT 标志并且开始执行命令。

对于写一个扇区数据的操作，驱动器会在收到命令时设置 DRQ_STAT 并且等待主机填满扇区缓冲区。一旦数据已被传输，驱动器就会设置 BUSY_STAT 并且复位 DRQ_STAT。与读扇区操作一样，若磁头的磁道位置不对，则驱动器会隐含地执行一次寻道操作。一旦磁头在正确的磁道上，驱动器磁头就会定位到磁道地址场中相应的标志域（ID 域）上。

如果 ID 域被正确地读出，则扇区缓冲区中的数据包括 ECC 字节就被写到磁盘上。当驱动器处理过扇区后就会清 BUSY_STAT 标志并且产生一个中断。此时主机就可以读取状态寄存器。

在命令结束后，命令块寄存器中将含有最后一个所写扇区的柱面号、磁头号和扇区号。

在多扇区写操作期间，除了对第一个扇区的操作，当驱动器准备好从主机接收一个扇区的数据时就会设置 DRQ_STAT、清 BUSY_STAT 标志并且产生一个中断。一旦一个扇区传输完毕，驱动器就会复位 DRQ 并设置 BUSY 标志。当最后一个扇区被写到磁盘上后，驱动器就会清掉 BUSY_STAT 标志并产生一个中断（此时 DRQ_STAT 已经复位）。在写命令结束后，命令块寄存器中将含有最后一个所写扇区的柱面号、磁头号和扇区号。

如果在多扇区写操作中发生了一个错误，写操作将在发生错误的扇区处终止。同样，此时命令块寄存器中将含有该出错扇区的柱面号、磁头号和扇区号。

4）0x40（WIN_VERIFY）——可重试读扇区验证；0x41——无重试读扇区验证

该命令的执行过程与读扇区操作相同，但是本命令不会导致驱动器去设置 DRQ_STAT，并且不会向主机传输数据。当收到读验证命令时，驱动器就会设置 BUSY_STAT 标志。当指定的扇区被验证过后，驱动器就会复位 BUSY_STAT 标志并且产生一个中断。在命令结束后，命令块寄存器中将含有最后一个所验证扇区的柱面号、磁头号和扇区号。

如果在多扇区验证操作中发生了一个错误，验证操作将在发生错误的扇区处终止。同样，此时命令块寄存器中将含有该出错扇区的柱面号、磁头号和扇区号。

5）0x50（WIN_FORMAT）——格式化磁道命令

扇区计数寄存器中指定了磁道地址。当驱动器接受该命令时，它会设置 DRQ_STAT 位，然后等待主机填满扇区缓冲区。当缓冲区满后，驱动器就会清 DRQ_STAT、设置 BUSY_STAT 标志并且开始命令的执行。

6）0x60（WIN_INIT）——控制器初始化

7）0x7X（WIN_SEEK）——寻道操作。

寻道操作命令将命令块寄存器中所选择的磁头移动到指定的磁道上。当主机发出一个寻道命令时，驱动器会设置 BUSY 标志并且产生一个中断。在寻道操作结束之前，驱动器在寻道操作完成之前不会设置 SEEK_STAT（DSC，寻道完成）。在驱动器产生一个中断之前寻道操作可能还没有完成。如果在寻道操作进行当中主机又向驱动器发出了一个新命令，那么 BUSY_STAT 将依然处于置位状态，直到寻道结束。然后驱动器才开始执行新的命令。

8）0x90（WIN_DIAGNOSE）——驱动器诊断命令

该命令执行驱动器内部实现的诊断测试过程。驱动器 0 会在收到该命令的 400ns 内设置 BUSY_STAT 位。

如果系统中含有第 2 个驱动器，即驱动器 1，那么两个驱动器都会执行诊断操作。驱动器 0 会等待驱动器 1 执行诊断操作 5s。如果驱动器 1 诊断操作失败，则驱动器 0 就会在自己的诊断状态中附加 0x80。如果主机在读取驱动器 0 的状态时检测到驱动器 1 的诊断操作失败，它就会设置驱动器/磁头寄存器(0x1f6)的驱动器选择位（位 4），然后读取驱动器 1 的状态。如果驱动器 1 通过诊断检测或者驱动器 1 不存在，则驱动器 0 就直接把自己的诊断状态加载到出错寄存器中。

如果驱动器 1 不存在，那么驱动器 0 仅报告自己的诊断结果，并且在复位 BUSY_STAT 位后产生一个中断。

9）0x91（WIN_SPECIFY）——建立驱动器参数命令。

该命令用于让主机设置多扇区操作时磁头交换和扇区计数循环值。在收到该命令时驱动器会设置 BUSY_STAT 位并产生一个中断。该命令仅使用两个寄存器的值。一个是扇区计数寄存器，用于指定扇区数；另一个是驱动器/磁头寄存器，用于指定磁头数减 1，而驱动器选择位（位 4）则根据具体选择的驱动器来设置。

该命令不会验证所选择的扇区计数值和磁头数。如果这些值无效，驱动器不会报告错误。直到另一个命令使用这些值而导致一个无效访问错误。

（8）硬盘控制寄存器（写）（HD_CMD，0x3f6）

该寄存器是只写的。用于存放硬盘控制字节并控制复位操作。其定义与硬盘基本参数表的位移 0x08 处的字节说明相同，见表 9-8。

表 9-8　硬盘控制字节的含义

位移	大小	说明	
0x08	字节	控制字节（驱动器步进选择）	
		位 0	未用
		位 1	保留(0) (关闭 IRQ)
		位 2	允许复位
		位 3	若磁头数大于 8 则置 1
		位 4	未用(0)
		位 5	若在柱面数+1 处有生产商的坏区图，则置 1
		位 6	禁止 ECC 重试
		位 7	禁止访问重试

2. AT 硬盘控制器编程

在对硬盘控制器进行操作控制时，需要同时发送参数和命令。其命令格式见表 9-9。首先发送 6 字节的参数，最后发出 1 字节的命令码。无论什么命令均需要完整输出这 7 字节的命令块，依次写入端口 0x1f1～0x1f7。一旦命令块寄存器加载，命令就开始执行。

表 9-9　命令格式

端口	说明	端口	说明
0x1f1	写预补偿起始柱面号	0x1f5	柱面号高字节
0x1f2	扇区数	0x1f6	驱动器号/磁头号
0x1f3	起始扇区号	0x1f7	命令码
0x1f4	柱面号低字节		

首先 CPU 向控制寄存器端口(HD_CMD)0x3f6 输出控制字节，建立相应的硬盘控制方式。方式建立后即可按上面顺序发送参数和命令。步骤为：

1）检测控制器空闲状态：CPU 通过读主状态寄存器，若位 7（BUSY_STAT）为 0，表示控制器空闲。若在规定时间内控制器一直处于忙状态，则判为超时出错。参见 hd.c 中第 161 行的 controller_ready()函数。

2）检测驱动器是否就绪：CPU 判断主状态寄存器位 6（READY_STAT）是否为 1 来看驱动器是否就绪。为 1 则可输出参数和命令。参见 hd.c 中第 202 行的 drive_busy()函数。

3）输出命令块：按顺序输出分别向对应端口输出参数和命令。参见 hd.c 中第 180 行开始的 hd_out()函数。

4）CPU 等待中断产生：命令执行后，由硬盘控制器产生中断请求信号（IRQ14 对应中断 int46）或置控制器状态为空闲，表明操作结束或表示请求扇区传输（多扇区读/写）。程序 hd.c 中在中断处理过程中调用的函数参见代码 237～293 行。有 5 个函数分别对应 5 种情况。

5）检测操作结果：CPU 再次读主状态寄存器，若位 0 等于 0 则表示命令执行成功，否则失败。若失败则可进一步查询错误寄存器(HD_ERROR)取错误码。参见 hd.c 中第 202 行的 win_result()函数。

3．硬盘基本参数表

中断向量表中，int 0x41 的中断向量位置（4×0x41 =0x0000:0x0104）存放的并不是中断程序的地址而是第一个硬盘的基本参数表，见表 9–10。对于 100%兼容的 BIOS 来说，这里存放着硬盘参数表阵列的首地址 F000h:E401h。第二个硬盘的基本参数表入口地址存于 int 0x46 中断向量中。

表 9–10　硬盘基本参数信息表

位移	大小	说明
0x00	字	柱面数
0x02	字节	磁头数
0x03	字	开始减小写电流的柱面(仅 PC XT 使用，其他为 0)
0x05	字	开始写前预补偿柱面号（乘 4）
0x07	字节	最大 ECC 猝发长度（仅 XT 使用，其他为 0）
0x08	字节	控制字节（驱动器步进选择） 位 0　未用 位 1　保留(0) (关闭 IRQ) 位 2　允许复位 位 3　若磁头数大于 8 则置 1 位 4　未用(0) 位 5　若在柱面数+1 处有生产商的坏区图，则置 1 位 6　禁止 ECC 重试 位 7　禁止访问重试。
0x09	字节	标准超时值（仅 XT 使用，其他为 0）
0x0A	字节	格式化超时值（仅 XT 使用，其他为 0）
0x0B	字节	检测驱动器超时值（仅 XT 使用，其他为 0）
0x0C	字	磁头着陆(停止)柱面号
0x0E	字节	每磁道扇区数
0x0F	字节	保留

4．硬盘设备号命名方式

硬盘的主设备号是 3。其他设备的主设备号分别为：

1，内存；2，磁盘；3，硬盘；4，ttyx；5，tty；6，并行口；7，非命名管道。

由于一个硬盘中可以存在 1～4 个分区，因此硬盘还依据分区的不同用次设备号进行指定分区。因此硬盘的逻辑设备号由以下方式构成：

设备号=主设备号×256 + 次设备号

即 dev_no = (major<<8) + minor

两个硬盘的所有逻辑设备号见表 9-11。

表 9-11　硬盘逻辑设备号

逻辑设备号	对应设备文件	说明
0x300	/dev/hd0	代表整个第 1 个硬盘
0x301	/dev/hd1	表示第 1 个硬盘的第 1 个分区
0x302	/dev/hd2	表示第 1 个硬盘的第 2 个分区
0x303	/dev/hd3	表示第 1 个硬盘的第 3 个分区
0x304	/dev/hd4	表示第 1 个硬盘的第 4 个分区
0x305	/dev/hd5	代表整个第 2 个硬盘
0x306	/dev/hd6	表示第 2 个硬盘的第 1 个分区
0x307	/dev/hd7	表示第 2 个硬盘的第 2 个分区
0x308	/dev/hd8	表示第 2 个硬盘的第 3 个分区
0x309	/dev/hd9	表示第 2 个硬盘的第 4 个分区

其中 0x300 和 0x305 并不与具体分区对应，而是代表整个硬盘。

从 Linux 内核 0.95 版后已经不使用这种繁琐的命名方式，而是使用与现在相同的命名方法了。

5．硬盘分区表

如果 PC 从硬盘上引导启动操作系统，那么 ROM BIOS 程序在执行完机器自检诊断程序以后就会把硬盘上的第 1 个扇区读入内存 0x7c00 开始处，并把执行控制权交给这个扇区中的代码去继续执行。这个特定的扇区被称为主引导扇区（Master Boot Record，MBR），其结构见表 9-12。

表 9-12　硬盘主引导扇区 MBR 的结构

偏移位置	名称	长度（字节）	说明
0x000	MBR 代码	446	引导程序代码和数据
0x1BE	分区表项 1	16	第 1 个分区表项，共 16 字节
0x1CE	分区表项 2	16	第 2 个分区表项，共 16 字节
0x1DE	分区表项 3	16	第 3 个分区表项，共 16 字节
0x1EE	分区表项 4	16	第 4 个分区表项，共 16 字节
0x1FE	引导标志	2	有效引导扇区的标志，值分别是 0x55, 0xAA

除了 446 字节的引导执行代码以外，MBR 中还包含一张硬盘分区表，共含有 4 个表项。分区表存放在硬盘的 0 柱面 0 磁头第 1 个扇区的 0x1BE～0x1FD 偏移位置处。为了实现多个操作系统共享硬盘资源，硬盘可以在逻辑上把所有扇区分成 1～4 个分区。每个分区之间的扇区号是邻接的。分区表中每个表项有 16 字节，用来描述一个分区的特性。其中存有分区的大小和起止的柱面号、磁道号和扇区号，见表 9-13。

表 9-13　硬盘分区表项结构

位置	名称	大小	说明
0x00	boot_ind	字节	引导标志。4 个分区中同时只能有一个分区是可引导的 0x00-不从该分区引导操作系统；0x80-从该分区引导操作系统
0x01	head	字节	分区起始磁头号。磁头号范围为 0～255
0x02	sector	字节	分区起始当前柱面中扇区号(位 0～5)（1～63）和柱面号高 2 位(位 6～7)

（续）

位置	名称	大小	说明
0x03	cyl	字节	分区起始柱面号低 8 位。柱面号范围为 0～1023
0x04	sys_ind	字节	分区类型字节。0x0b-DOS; 0x80-Old Minix; 0x83-Linux …
0x05	end_head	字节	分区结束处磁头号。磁头号范围为 0～255
0x06	end_sector	字节	分区结束当前柱面中扇区号(位 0～5)（1～63）和柱面号高 2 位(位 6-7)
0x07	end_cyl	字节	分区结束柱面号低 8 位。柱面号范围为 0～1023
0x08-0x0b	start_sect	长字	分区起始物理扇区号。从整个硬盘顺序计起的扇区号，从 0 计起
0x0c-0x0f	nr_sects	长字	分区占用的扇区数

表中字段 head、sector 和 cyl 分别代表分区开始处的磁头号、柱面中扇区号和柱面号。磁头号的取值范围是 0～255。sector 字段中低 6 位代表在当前柱面中计数的扇区号，该扇区号计数范围是 1～63。sector 字段高 2 位与 cyl 字段组成 10 个位的柱面号，取值范围是 0～1023。类似地，表中 end_head、end_sector 和 end_cyl 字段分别表示分区结束处的磁头号、柱面中扇区号和柱面号。因此若用 H 表示磁头号，S 表示扇区号，C 表示柱面号，那么分区起始 CHS 值可表示为：

```
H = head
S = sector & 0x3f
C = (sector & 0xc0) << 2) + cyl
```

表中 start_sect 字段是 4 个字节的分区起始物理扇区号。它表示整个硬盘从 0 计起的顺序编制的扇区号。编码方法是从 CHS 值为 0 柱面、0 磁头和 1 扇区（0, 0, 1）开始，先对当前柱面中扇区进行从小到大编码，然后对磁头从 0 到最大磁头号编码，最后对柱面进行计数。

如果一个硬盘的磁头总数是 MAX_HD，每磁道扇区总数是 MAX_SECT，那么某个 CHS 值对应的硬盘物理扇区号 phy_sector 就是：

```
phy_sector = (C×MAX_HEAD + H)×MAX_SECT + S - 1
```

硬盘的第 1 个扇区（0 柱面 0 磁头 1 扇区）除了多包含一个分区表以外，在其他方面与软盘上第一个扇区（boot 扇区）的作用一样，只是它的代码会在执行时把自己从 0x7c00 下移到 0x6000 处，以腾出 0x7c00 处的空间，然后根据分区表中的信息，找出活动分区是哪一个，接着把活动分区的第 1 个扇区加载到 0x7c00 处去执行。一个分区从硬盘的哪个柱面、磁头和扇区开始，都记录在分区表中。因此从分区表中可以知道一个活动分区的第 1 个扇区（即该分区的引导扇区）在硬盘的什么地方。

6. 扇区号与柱面号、当前磁道扇区号和当前磁头号的对应关系

假定硬盘的每磁道扇区数是 track_secs，硬盘磁头总数是 dev_heads，指定的硬盘顺序扇区号是 sector，对应当前磁道总数是 tracks，对应的柱面号是 cyl，在当前磁道上的扇区号是 sec，磁头号是 head。那么若想从指定顺序扇区号 sector 换算成对应的柱面号、当前磁道上扇区号以及当前磁头号，则可以使用以下步骤：

1）sector / track_secs = 整数是 tracks，余数是 sec。

2）tracks / dev_heads = 整数是 cyl，余数是 head。

3）在当前磁道上扇区号从 1 算起，于是需要把 sec 增 1。

若想从指定的当前 cyl、sec 和 head 换算成从硬盘开始算起的顺序扇区号，则过程正好相反。

换算公式和上面给出的完全一样，即：

```
sector = (cyl * dev_heads + head) * track_secs + sec -1
```

9.4 ll_rw_blk.c 程序

9.4.1 功能描述

该程序主要用于执行低层块设备读/写操作，是本章所有块设备与系统其他部分的接口程序。其他程序通过调用该程序的低级块读写函数 ll_rw_block()来读写块设备中的数据。该函数的主要功能是创建块设备读写请求项，并插入到指定块设备请求队列中。实际的读写操作则是由设备的请求项处理函数 request_fn()完成。对于硬盘操作，该函数是 do_hd_request()；对于软盘操作，该函数是 do_fd_request()；对于虚拟盘则是 do_rd_request()。若 ll_rw_block()为一个块设备建立起一个请求项，并通过测试块设备的当前请求项指针为空而确定设备空闲时，就会设置该新建的请求项为当前请求项，并直接调用 request_fn()对该请求项进行操作。否则就会使用电梯算法将新建的请求项插入到该设备的请求项链表中等待处理。而当 request_fn()结束对一个请求项的处理，就会把该请求项从链表中删除。

由于 request_fn()在每个请求项处理结束时，都会通过中断回调 C 函数（主要是 read_intr()和 write_intr()）再次调用 request_fn()自身去处理链表中其余的请求项，因此，只要设备的请求项链表（或者称为队列）中有未处理的请求项存在，都会陆续地被处理，直到设备的请求项链表为空。当请求项链表空时，request_fn()将不再向驱动器控制器发送命令，而是立刻退出。因此，对 request_fn()函数的循环调用就此结束。参见图 9-5。

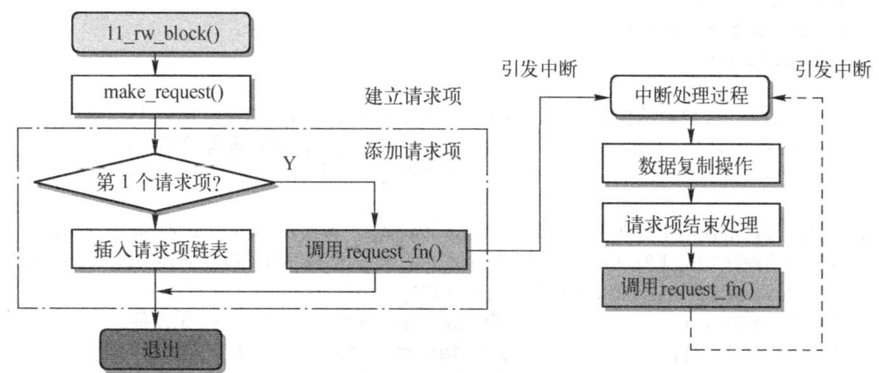

图 9-5　ll_rw_block 调用序列

对于虚拟盘设备，由于它的读写操作不牵涉到上述与外界硬件设备同步操作，因此没有上述的中断处理过程。当前请求项对虚拟设备的读写操作完全在 do_rd_request()中实现。

9.4.2 代码注释

程序 9-3　linux/kernel/blk_drv/ll_rw_blk.c

```
/*
 * linux/kernel/blk_dev/ll_rw.c
 *
 * (C) 1991 Linus Torvalds
```

```
 */

/*
 * This handles all read/write requests to block devices
 */
#include <errno.h>                 // 错误号头文件。包含系统中各种出错号。
#include <linux/sched.h>           // 调度程序头文件，定义了任务结构 task_struct、任务 0 数据等。
#include <linux/kernel.h>          // 内核头文件。含有一些内核常用函数的原形定义。
#include <asm/system.h>            // 系统头文件。定义了设置或修改描述符/中断门等的嵌入式汇编宏。

#include "blk.h"                   // 块设备头文件。定义请求数据结构、块设备数据结构和宏等信息。

/*
 * The request-struct contains all necessary data
 * to load a nr of sectors into memory
 */
 /*
  * 请求结构中含有加载 nr 个扇区数据到内存中去的所有必须的信息。
  */
 // 请求项数组队列。共有 NR_REQUEST = 32 个请求项。
struct request request[NR_REQUEST];

/*
 * used to wait on when there are no free requests
 */
 /*
  * 是用于在请求数组没有空闲项时进程的临时等待处。
  */
struct task_struct * wait_for_request = NULL;

/* blk_dev_struct is:
 *      do_request-address
 *      next-request
 */
 /* blk_dev_struct 块设备结构是：（参见文件 kernel/blk_drv/blk.h，第 45 行）
  *      do_request-address            // 对应主设备号的请求处理程序指针。
  *      current-request               // 该设备的下一个请求。
  */
 // 块设备数组。该数组使用主设备号作为索引。实际内容将在各块设备驱动程序初始化时填入。
 // 例如，硬盘驱动程序初始化时（hd.c，343 行），第一条语句即用于设置 blk_dev[3]的内容。
struct blk_dev_struct blk_dev[NR_BLK_DEV] = {
        { NULL, NULL },           /* no_dev */       // 0 - 无设备。
        { NULL, NULL },           /* dev mem */      // 1 - 内存。
        { NULL, NULL },           /* dev fd */       // 2 - 软驱设备。
        { NULL, NULL },           /* dev hd */       // 3 - 硬盘设备。
        { NULL, NULL },           /* dev ttyx */     // 4 - ttyx 设备。
        { NULL, NULL },           /* dev tty */      // 5 - tty 设备。
        { NULL, NULL }            /* dev lp */       // 6 - lp 打印机设备。
};

/*
 * blk_size contains the size of all block-devices:
 *
 * blk_size[MAJOR][MINOR]
 *
 * if (!blk_size[MAJOR]) then no minor size checking is done.
```

```
 */
/*
 * blk_size 数组含有所有块设备的大小（块总数）：
 * blk_size[MAJOR][MINOR]
 * 如果 (!blk_size[MAJOR])，则不必检测子设备的块总数。
 */
// 设备数据块总数指针数组。每个指针项指向指定主设备号的总块数数组。该总块数数组每一项对应子设备
// 号确定的一个子设备上所拥有的数据块总数（1 块大小 = 1KB）。
int * blk_size[NR_BLK_DEV] = { NULL, NULL, };

// 锁定指定缓冲块。
// 如果指定的缓冲块已经被其他任务锁定，则使自己睡眠（不可中断的等待），直到被执行解锁缓冲块的任
// 务明确地唤醒。
static inline void lock_buffer(struct buffer_head * bh)
{
        cli();                              // 清中断许可。
        while (bh->b_lock)                  // 如果缓冲区已被锁定则睡眠，直到缓冲区解锁。
                sleep_on(&bh->b_wait);
        bh->b_lock=1;                       // 立刻锁定该缓冲区。
        sti();                              // 开中断。
}

// 释放（解锁）锁定的缓冲区。
// 该函数与 blk.h 文件中的同名函数完全一样。
static inline void unlock_buffer(struct buffer_head * bh)
{
        if (!bh->b_lock)                    // 如果该缓冲区没有被锁定，则打印出错信息。
                printk("ll_rw_block.c: buffer not locked\n\r");
        bh->b_lock = 0;                     // 清锁定标志。
        wake_up(&bh->b_wait);               // 唤醒等待该缓冲区的任务。
}

/*
 * add-request adds a request to the linked list.
 * It disables interrupts so that it can muck with the
 * request-lists in peace.
 *
 * Note that swapping requests always go before other requests,
 * and are done in the order they appear.
 */
/*
 * add-request()向链表中加入一项请求项。它会关闭中断，
 * 这样就能安全地处理请求链表了。
 *
 * 注意，交换请求总是在其他请求之前操作，并且以它们出
 * 现的顺序完成。
 */
//// 向链表中加入请求项。
// 参数 dev 是指定块设备结构指针，该结构中有处理请求项函数指针和当前正在请求项指针；
// req 是已设置好内容的请求项结构指针。
// 本函数把已经设置好的请求项 req 添加到指定设备的请求项链表中。如果该设备的当前请求请求项指针为
// 空，则可以设置 req 为当前请求项并立刻调用设备请求项处理函数。否则就把 req 请求项插入到该请求项
// 链表中。
static void add_request(struct blk_dev_struct * dev, struct request * req)
{
        struct request * tmp;
```

```

// 首先对参数提供的请求项的指针和标志作初始设置。置空请求项中的下一请求项指
// 针，关中断并清除请求项相关缓冲区脏标志。
        req->next = NULL;
        cli();                              // 关中断。
        if (req->bh)
                req->bh->b_dirt = 0;        // 清缓冲区"脏"标志。
// 然后查看指定设备是否有当前请求项，即查看设备是否正忙。如果指定设备 dev 当前请求项（current
// _request）子段为空，则表示目前该设备没有请求项，本次是第 1 个请求项，也是唯一的一个。因此可
// 将块设备当前请求指针直接指向该请求项，并立刻执行相应设备的请求函数。
       if (!(tmp = dev->current_request)) {
                dev->current_request = req;
                sti();                      // 开中断。
                (dev->request_fn)();        // 执行请求函数，对于硬盘是 do_hd_request()。
                return;
        }
// 如果目前该设备已经有当前请求项在处理，则首先利用电梯算法搜索最佳插入位置，然后将当前请求项插
// 入到请求链表中。在搜索过程中，如果判断出欲插入请求项的缓冲块头指针空，即没有缓冲块，那么就需
// 要找一个项，其已经有可用的缓冲块。因此若当前插入位置（tmp 之后）处的空闲项缓冲块头指针不空，
// 就选择这个位置。于是退出循环并把请求项插入此处。最后开中断并退出函数。电梯算法的作用是让磁盘
// 磁头的移动距离最小，从而改善（减少）硬盘访问时间。
// 下面 for 循环中 if 语句用于把 req 所指请求项与请求队列（链表）中已有的请求项作比较，找出 req 插
// 入该队列的正确位置顺序。然后中断循环，并把 req 插入到该队列正确位置处。
        for ( ; tmp->next ; tmp=tmp->next) {
                if (!req->bh)
                        if (tmp->next->bh)
                                break;
                        else
                                continue;
                if ((IN_ORDER(tmp,req) ||
                    !IN_ORDER(tmp,tmp->next)) &&
                    IN_ORDER(req,tmp->next))
                        break;
        }
        req->next=tmp->next;
        tmp->next=req;
        sti();
}

//// 创建请求项并插入请求队列中。
// 参数 major 是主设备号；rw 是指定命令；bh 是存放数据的缓冲区头指针。
static void make_request(int major,int rw, struct buffer_head * bh)
{
        struct request * req;
        int rw_ahead;

/* WRITEA/READA is special case - it is not really needed, so if the */
/* buffer is locked, we just forget about it, else it's a normal read */
/* WRITEA/READA 是一种特殊情况 - 它们并非必要，所以如果缓冲区已经上锁，*/
/* 我们就不用管它，否则它只是一个一般的读操作。 */
// 这里'READ'和'WRITE'后面的'A'字符代表英文单词 Ahead，表示预读/写数据块的意思。
// 该函数首先对命令 READA/WRITEA 的情况进行一些处理。对于这两个命令，当指定的缓冲区正在使用而
// 已被上锁时，就放弃预读/写请求。否则就作为普通的 READ/WRITE 命令进行操作。另外，如果参数给出
// 的命令既不是 READ 也不是 WRITE，则表示内核程序有错，显示出错信息并停机。注意，在修改命令之
// 前这里已为参数是否为预读/写命令设置了标志 rw_ahead。
        if (rw_ahead = (rw == READA || rw == WRITEA)) {
```

```
114             if (bh->b_lock)
115                     return;
116             if (rw == READA)
117                     rw = READ;
118             else
119                     rw = WRITE;
120         }
121         if (rw!=READ && rw!=WRITE)
122             panic("Bad block dev command, must be R/W/RA/WA");
123         lock_buffer(bh);
124         if ((rw == WRITE && !bh->b_dirt) || (rw == READ && bh->b_uptodate)) {
125             unlock_buffer(bh);
126             return;
127         }
128 repeat:
129 /* we don't allow the write-requests to fill up the queue completely:
130  * we want some room for reads: they take precedence. The last third
131  * of the requests are only for reads.
132  */
    /* 我们不能让队列中全都是写请求项：我们需要为读请求保留一些空间：读操作
     * 是优先的。请求队列的后三分之一空间仅用于读请求项。
     */
    // 好，现在我们必须为本函数生成并添加读/写请求项了。首先我们需要在请求数组中寻找到一个空闲项（槽）
    // 来存放新请求项。搜索过程从请求数组末端开始。根据上述要求，对于读命令请求，我们直接从队列末尾
    // 开始搜索，而对于写请求就只能从队列 2/3 处向队列头处搜索空项填入。于是我们开始从后向前搜索，当
    // 请求结构 request 的设备字段 dev 值 = -1 时，表示该项未被占用（空闲）。如果没有一项是空闲的
    // （此时请求项数组指针已经搜索越过头部），则查看此次请求是否是提前读/写（READA 或 WRITEA），
    // 如果是则放弃此次请求操作。否则让本次请求操作先睡眠（以等待请求队列腾出空项），过一会儿再来搜
    // 索请求队列。
133         if (rw == READ)
134             req = request+NR_REQUEST;           // 对于读请求，将指针指向队列尾部。
135         else
136             req = request+((NR_REQUEST*2)/3);   // 对于写请求，指针指向队列 2/3 处。
137 /* find an empty request */                     /* 搜索一个空请求项 */
138         while (--req >= request)
139             if (req->dev<0)
140                 break;
141 /* if none found, sleep on new requests: check for rw_ahead */
    /* 如果没有找到空闲项，则让该次新请求操作睡眠：需检查是否提前读/写 */
142         if (req < request) {                    // 如果已搜索到头（队列无空项），
143             if (rw_ahead) {                     // 则若是提前读/写请求，则退出。
144                 unlock_buffer(bh);
145                 return;
146             }
147             sleep_on(&wait_for_request);        // 否则就睡眠，过会再查看请求队列。
148             goto repeat;                        // 跳转 110 行。
149         }
150 /* fill up the request-info, and add it to the queue */
    /* 向空闲请求项中填写请求信息，并将其加入队列中 */
    // OK，程序执行到这里表示已找到一个空闲请求项。于是我们在设置好的新请求项后就调用 add_request()
    // 把它添加到请求队列中，立刻退出。请求结构请参见 blk_drv/blk.h，23 行。req->sector 是读写操
    // 作的起始扇区号，req->buffer 是请求项存放数据的缓冲区。
151         req->dev = bh->b_dev;               // 设备号。
152         req->cmd = rw;                      // 命令(READ/WRITE)。
153         req->errors=0;                      // 操作时产生的错误次数。
154         req->sector = bh->b_blocknr<<1;     // 起始扇区。块号转换成扇区号(1 块=2 扇区)。
```

```
155         req->nr_sectors = 2;                     // 本请求项需要读写的扇区数。
156         req->buffer = bh->b_data;                // 请求项缓冲区指针指向需读写的数据缓冲区。
157         req->waiting = NULL;                     // 任务等待操作执行完成的地方。
158         req->bh = bh;                            // 缓冲块头指针。
159         req->next = NULL;                        // 指向下一请求项。
160         add_request(major+blk_dev,req);      // 将请求项加入队列中(blk_dev[major],req)。
161 }
162
  //// 低级页面读写函数（Low Level Read Write Pagek)。
  // 以页面（4K）为单位访问块设备数据，即每次读/写 8 个扇区。参见下面 ll_rw_blk()函数。
163 void ll_rw_page(int rw, int dev, int page, char * buffer)
164 {
165         struct request * req;
166         unsigned int major = MAJOR(dev);
167
  // 首先对函数参数的合法性进行检测。如果设备主设备号不存在或者该设备的请求操作函数不存在，则显示
  // 出错信息，并返回。如果参数给出的命令既不是 READ 也不是 WRITE，则表示内核程序有错，显示出错
  // 信息并停机。
168         if (major >= NR_BLK_DEV || !(blk_dev[major].request_fn)) {
169                 printk("Trying to read nonexistent block-device\n\r");
170                 return;
171         }
172         if (rw!=READ && rw!=WRITE)
173                 panic("Bad block dev command, must be R/W");
  // 在参数检测操作完成后，我们现在需要为本次操作建立请求项。首先我们需要在请求数组中寻找到一个空
  // 闲项（槽）来存放新请求项。搜索过程从请求数组末端开始。于是我们开始从后向前搜索，当请求结构
  // request 的设备字段 dev 值 <0 时，表示该项未被占用（空闲）。如果没有一项是空闲的（此时请求项
  // 数组指针已经搜索越过头部），则让本次请求操作先睡眠（以等待请求队列腾出空项），过一会再来搜索
  // 请求队列。
174 repeat:
175         req = request+NR_REQUEST;                    // 将指针指向队列尾部。
176         while (--req >= request)
177                 if (req->dev<0)
178                         break;
179         if (req < request) {
180                 sleep_on(&wait_for_request);         // 睡眠，过会再查看请求队列。
181                 goto repeat;                         // 跳转到 174 行去重新搜索。
182         }
183 /* fill up the request-info, and add it to the queue */
  /* 向空闲请求项中填写请求信息，并将其加入队列中 */
  // OK，程序执行到这里表示已找到一个空闲请求项。 于是我们设置好新请求项，把当前进程置为不可中断
  // 睡眠中断后，就去调用 add_request()把它添加到请求队列中，然后直接调用调度函数让当前进程睡眠
  // 等待页面从交换设备中读入。这里不像 make_request()函数那样直接退出函数而调用了 schedule()，
  // 是因为 make_request()函数仅读 2 个扇区数据。而这里需要对交换设备读/写 8 个扇区，需要花较长的
  // 时间。因此当前进程肯定需要等待而睡眠。因此这里直接就让进程去睡眠了，省得在程序其他地方还要进
  // 行这些判断操作。
184         req->dev = dev;                              // 设备号。
185         req->cmd = rw;                               // 命令(READ/WRITE)。
186         req->errors = 0;                             // 读写操作错误计数。
187         req->sector = page<<3;                       // 起始读写扇区。
188         req->nr_sectors = 8;                         // 读写扇区数。
189         req->buffer = buffer;                        // 数据缓冲区。
190         req->waiting = current;                      // 当前进程进入该请求等待队列。
191         req->bh = NULL;                              // 无缓冲块头指针（不用高速缓冲）。
192         req->next = NULL;                            // 下一个请求项指针。
193         current->state = TASK_UNINTERRUPTIBLE;   // 置为不可中断状态。
```

```
        add_request(major+blk_dev,req);          // 将请求项加入队列中。
        schedule();
}

//// 低级数据块读写函数（Low Level Read Write Block）。
// 该函数是块设备驱动程序与系统其他部分的接口函数。通常在 fs/buffer.c 程序中被调用。
// 主要功能是创建块设备读写请求项并插入到指定块设备请求队列中。实际的读写操作则是由设备的
// request_fn()函数完成。对于硬盘操作，该函数是 do_hd_request()；对于软盘操作该函数是
// do_fd_request()；对于虚拟盘则是 do_rd_request()。 另外，在调用该函数之前，调用者需要首
// 先把读/写块设备的信息保存在缓冲块头结构中，如设备号、块号。参数：rw - READ、READA、WRITE
// 或 WRITEA 是命令；bh - 数据缓冲块头指针。
void ll_rw_block(int rw, struct buffer_head * bh)
{
        unsigned int major;                     // 主设备号（对于硬盘是 3）。

// 如果设备主设备号不存在或者该设备的请求操作函数不存在，则显示出错信息，并返回。
// 否则创建请求项并插入请求队列。
        if ((major=MAJOR(bh->b_dev)) >= NR_BLK_DEV ||
        !(blk_dev[major].request_fn)) {
                printk("Trying to read nonexistent block-device\n\r");
                return;
        }
        make_request(major,rw,bh);
}

//// 块设备初始化函数，由初始化程序 main.c 调用。
// 初始化请求数组，将所有请求项置为空闲项(dev = -1)。有 32 项(NR_REQUEST = 32)。
void blk_dev_init(void)
{
        int i;

        for (i=0 ; i<NR_REQUEST ; i++) {
                request[i].dev = -1;
                request[i].next = NULL;
        }
}
```

9.5 ramdisk.c 程序

9.5.1 功能描述

本文件是内存虚拟盘（Ram Disk）驱动程序，由 Theodore Ts'o 编制。虚拟盘设备是一种利用物理内存来模拟实际磁盘存储数据的方式。其目的主要是为了提高对“磁盘”数据的读写操作速度。除了需要占用一些宝贵的内存资源外，其主要缺点是一旦系统崩溃或关闭，虚拟盘中的所有数据将全部消失。因此虚拟盘中通常存放一些系统命令等常用工具程序或临时数据，而非重要的输入文档。

当在 linux/Makefile 文件中定义了常量 RAMDISK，内核初始化程序就会在内存中划出一块该常量值指定大小的内存区域用于存放虚拟盘数据。虚拟盘在物理内存中所处的具体位置是在内核初始化阶段确定的（init/main.c，123 行），它位于内核高速缓冲区和主内存区之间。若运行的机器含有 16MB 的物理内存，那么虚拟盘区域会被设置在内存 4MB 开始处，虚拟盘容量

即等于 RAMDISK 的值（KB）。若 RAMDISK=512，则此时内存情况如图 9-6 所示。

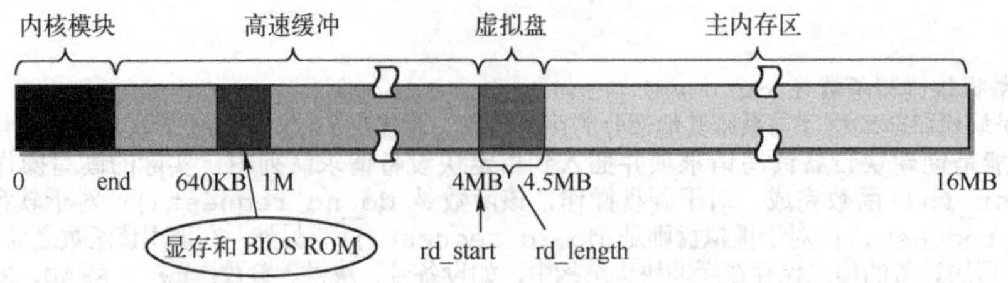

图 9-6　虚拟盘在 16MB 内存系统中所处的具体位置

对虚拟盘设备的读写访问操作原则上完全按照对普通磁盘的操作进行，也需要按照块设备的访问方式对其进行读写操作。由于在实现上不牵涉与外部控制器或设备进行同步操作，因此其实现方式比较简单。对于数据在系统与设备之间的“传送”只需执行内存数据块复制操作即可。

本程序包含 3 个函数。rd_init()会在系统初始化时被 init/main.c 程序调用，用于确定虚拟盘在物理内存中的具体位置和大小；do_rd_request()是虚拟盘设备的请求项操作函数，对当前请求项实现虚拟盘数据的访问操作；rd_load()是虚拟盘根文件加载函数。在系统初始化阶段，该函数被用于尝试从启动引导盘上指定的磁盘块位置开始处把一个根文件系统加载到虚拟盘中。在函数中，这个起始磁盘块位置被定为 256。当然你也可以根据自己的具体要求修改这个值，只要保证这个值所规定的磁盘容量能容纳内核映像文件即可。这样一个由内核引导映像文件（Bootimage）加上根文件系统映像文件（Rootimage）组合而成的“二合一”磁盘，就可以像启动 DOS 系统盘那样来启动 Linux 系统。关于这种组合盘（集成盘）的制作方式可参见第 14 章中相关内容。

在进行正常的根文件系统加载之前，系统会首先执行 rd_load()函数，试图从磁盘的第 257 块中读取根文件系统超级块。若成功，就把该根文件映像文件读到内存虚拟盘中，并把根文件系统设备标志 ROOT_DEV 设置为虚拟盘设备（0x0101），否则退出 rd_load()，系统继续从别的设备上执行根文件加载操作。操作流程如图 9-7 所示。

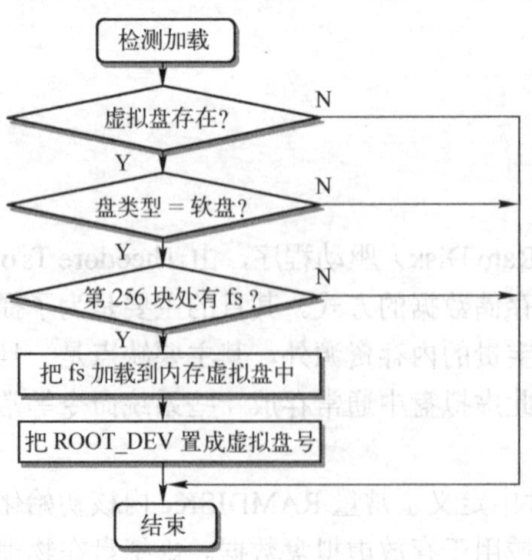

图 9-7　加载根文件系统到内存虚拟盘区域的流程图

如果在编译 Linux 0.12 内核源代码时，在其 linux/Makefile 配置文件中定义了 RAMDISK 的大小，则内核代码在引导并初始化 RAMDISK 区域后就会首先尝试检测启动盘上的第 256 磁盘块（每个磁盘块为 1KB，即 2 个扇区）开始处是否存在一个根文件系统。检测方法是判断第 257 磁盘块中是否存在一个有效的文件系统超级块信息。如果有，则将该文件系统加载到 RAMDISK 区域中，并将其作为根文件系统使用。从而我们就可以使用一张集成了根文件系统的启动盘来引导系统到 shell 命令提示符状态。若启动盘上指定磁盘块位置（第 256 磁盘块）上没有存放一个有效的根文件系统，那么内核就会提示插入根文件系统盘。在用户按下回车键确认后，内核就把处于独立盘上的根文件系统整个地读入到内存的虚拟盘区域中去执行。

在一张 1.44MB 的内核引导启动盘上把一个基本的根文件系统放在盘的第 256 个磁盘块开始的地方就可以组合成一张集成盘，其结构如图 9-8 所示。

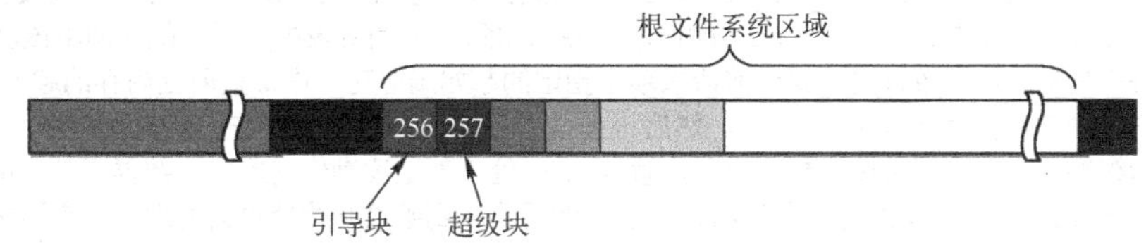

图 9-8　集成盘的数据结构

9.5.2 代码注释

程序 9-4　linux/kernel/blk_drv/ramdisk.c

```
/*
 * linux/kernel/blk_drv/ramdisk.c
 *
 * Written by Theodore Ts'o, 12/2/91
 */
/* 由 Theodore Ts'o 编制，12/2/91
 */
// Theodore Ts'o (Ted Ts'o)是 Linux 社区中的著名任务。Linux 在世界范围内的流行也有他很大的
// 功劳。早在 Linux 操作系统刚问世时，他就怀着极大的热情为 Linux 的发展提供了电子邮件列表服务
// maillist，并在北美地区最早设立了 Linux 的 ftp 服务器站点（tsx-11.mit.edu），而且至今仍为
// 广大 Linux 用户提供服务。他对 Linux 作出的最大贡献之一是提出并实现了 ext2 文件系统。该文件系
// 统已成为 Linux 世界中事实上的文件系统标准。后来他又推出了 ext3 文件系统，大大提高了文件系统
// 的稳定性、可恢复性和访问效率。作为对他的推崇，第 97 期（2002 年 5 月）的 LinuxJournal 期刊
// 将他作为了封面任务，并对他进行了采访。目前他为 IBM Linux 技术中心工作，并从事着有关 LSB(Linux
// Standard Base)等方面的工作。（他的个人主页是：http://thunk.org/tytso/）

#include <string.h>           // 字符串头文件。主要定义了一些有关字符串操作的嵌入函数。

#include <linux/config.h>     // 内核配置头文件。定义键盘语言和硬盘类型（HD_TYPE）可选项。
#include <linux/sched.h>      // 调度程序头文件，定义了任务结构 task_struct、任务 0 的数据，
                              // 还有一些有关描述符参数设置和获取的嵌入式汇编函数宏语句。
#include <linux/fs.h>         // 文件系统头文件。定义文件表结构（file、m_inode）等。
#include <linux/kernel.h>     // 内核头文件。含有一些内核常用函数的原型定义。
#include <asm/system.h>       // 系统头文件。定义了设置或修改描述符/中断门等嵌入式汇编宏。
```

```
14 #include <asm/segment.h>    // 段操作头文件。定义了有关段寄存器操作的嵌入式汇编函数。
15 #include <asm/memory.h>     // 内存拷贝头文件。含有 memcpy()嵌入式汇编宏函数。
16
   // 定义 RAM 盘主设备号符号常数。在驱动程序中主设备号必须在包含 blk.h 文件之前被定义。
   // 因为 blk.h 文件中要用到这个符号常数值来确定一些列的其他常数符号和宏。
17 #define MAJOR_NR 1
18 #include "blk.h"
19
   // 虚拟盘在内存中的起始位置。该位置会在第 52 行上初始化函数 rd_init()中确定。参见内核
   // 初始化程序 init/main.c，第 124 行。'rd'是'ramdisk'的缩写。
20 char    *rd_start;                        // 虚拟盘在内存中的开始地址。
21 int     rd_length = 0;                    // 虚拟盘所占内存大小（字节）。
22
   // 虚拟盘当前请求项操作函数。
   // 该函数的程序结构与硬盘的 do_hd_request()函数类似，参见 hd.c，294 行。在低级块设备接口函数
   // ll_rw_block()建立起虚拟盘（rd）的请求项并添加到 rd 的链表中之后，就会调用该函数对 rd 当前
   // 请求项进行处理。该函数首先计算当前请求项中指定的起始扇区对应虚拟盘所处内存的起始位置 addr 和
   // 要求的扇区数对应的字节长度值 len，然后根据请求项中的命令进行操作。若是写命令 WRITE，就把请
   // 求项所指缓冲区中的数据直接复制到内存位置 addr 处。若是读操作则反之。数据复制完成后即可直接调
   // 用 end_request() 对本次请求项作结束处理。然后跳转到函数开始处再去处理下一个请求项。若已没有
   // 请求项则退出。
23 void do_rd_request(void)
24 {
25         int     len;
26         char    *addr;
27
   // 首先检测请求项的合法性，若已没有请求项则退出（参见 blk.h，第 127 行）。然后计算请
   // 求项处理的虚拟盘中起始扇区在物理内存中对应的地址 addr 和占用的内存字节长度值 len。
   // 下句用于取得请求项中的起始扇区对应的内存起始位置和内存长度。其中 sector << 9 表示
   // sector * 512，换算成字节值。CURRENT 被定义为 (blk_dev[MAJOR_NR].current_request)。
28         INIT_REQUEST;
29         addr = rd_start + (CURRENT->sector << 9);
30         len = CURRENT->nr_sectors << 9;
   // 如果当前请求项中子设备号不为 1 或者对应内存起始位置大于虚拟盘末尾，则结束该请求项，并跳转到
   // repeat 处去处理下一个虚拟盘请求项。标号 repeat 定义在宏 INIT_REQUEST 内，位于宏的开始处，
   //参见 blk.h 文件第 127 行。
31         if ((MINOR(CURRENT->dev) != 1) || (addr+len > rd_start+rd_length)) {
32                 end_request(0);
33                 goto repeat;
34         }
   // 然后进行实际的读写操作。如果是写命令（WRITE），则将请求项中缓冲区的内容复制到地址 addr 处，
   //长度为 len 字节。如果是读命令（READ），则将 addr 开始的内存内容复制到请求项缓冲区中，长度为 len
   // 字节。否则显示命令不存在，死机。
35         if (CURRENT-> cmd == WRITE) {
36                 (void ) memcpy(addr,
37                                CURRENT->buffer,
38                                len);
39         } else if (CURRENT->cmd == READ) {
40                 (void) memcpy(CURRENT->buffer,
41                                addr,
42                                len);
43         } else
```

```
44              panic("unknown ramdisk-command");
  // 然后在请求项成功后处理，置更新标志。并继续处理本设备的下一请求项。
45          end_request(1);
46          goto repeat;
47  }
48
49  /*
50   * Returns amount of memory which needs to be reserved.
51   */
  /* 返回内存虚拟盘 ramdisk 所需的内存量 */
  // 虚拟盘初始化函数。
  // 该函数首先设置虚拟盘设备的请求项处理函数指针指向 do_rd_request()，然后确定虚拟盘在物理内存
  // 中的起始地址、占用字节长度值。并对整个虚拟盘区清零。最后返回盘区长度。当 linux/Makefile 文
  // 件中设置过 RAMDISK 值不为零时，表示系统中会创建 RAM 虚拟盘设备。在这种情况下的内核初始化过程
  // 中，本函数就会被调用（init/main.c，L151 行）。该函数的第 2 个参数 length 会被赋值成 RAMDISK
  // * 1024，单位为字节。
52  long rd_init(long mem_start, int length)
53  {
54          int     i;
55          char    *cp;
56
57          blk_dev[MAJOR_NR].request_fn = DEVICE_REQUEST;  // do_rd_request()。
58          rd_start = (char *) mem_start;                  // 对于 16MB 系统该值为 4MB。
59          rd_length = length;                             // 虚拟盘区域长度值。
60          cp = rd_start;
61          for (i=0; i < length; i++)                      // 盘区清零。
62                  *cp++ = '\0';
63          return(length);
64  }
65
66  /*
67   * If the root device is the ram disk, try to load it.
68   * In order to do this, the root device is originally set to the
69   * floppy, and we later change it to be ram disk.
70   */
  /*
   * 如果根文件系统设备(root device)是 ramdisk 的话，则尝试加载它。
   * root device 原先是指向软盘的，我们将它改成指向 ramdisk。
   */
  //// 尝试把根文件系统加载到虚拟盘中。
  // 该函数将在内核设置函数 setup()（hd.c，156 行）中被调用。另外，1 磁盘块 = 1024 字节。
  // 第 75 行上的变量 block=256 表示根文件系统映像文件被存储于 boot 盘第 256 磁盘块开始处。
71  void rd_load(void)
72  {
73          struct buffer_head *bh;     // 高速缓冲块头指针。
74          struct super_block      s;  // 文件超级块结构。
75          int             block = 256;  /* Start at block 256 */ /* 开始于 256 盘块 */
76          int             i = 1;
77          int             nblocks;      // 文件系统盘块总数。
78          char            *cp;          /* Move pointer */
79
  // 首先检查虚拟盘的有效性和完整性。如果 ramdisk 的长度为零，则退出。否则显示 ramdisk 的大小以及
```

```
// 内存起始位置。如果此时根文件设备不是软盘设备，则也退出。
        if (!rd_length)
                return;
        printk("Ram disk: %d bytes, starting at 0x%x\n", rd_length,
                (int) rd_start);
        if (MAJOR(ROOT_DEV) != 2)
                return;
// 然后读根文件系统的基本参数。即读软盘块 256+1、256 和 256+2。这里 block+1 是指磁盘上的超级
// 块。breada() 用于读取指定的数据块，并标出还需要读的块，然后返回含有数据块的缓冲区指针。如果
// 返回 NULL，则表示数据块不可读（fs/buffer.c，322）。然后把缓冲区中的磁盘超级块（d_super_
// block 是磁盘超级块结构）复制到 s 变量中，并释放缓冲区。接着我们开始对超级块的有效性进行判断。
// 如果超级块中文件系统魔数不对，则说明加载的数据块不是 MINIX 文件系统，于是退出。有关 MINIX 超
// 级块的结构请参见文件系统一章内容。
        bh = breada(ROOT_DEV,block+1,block,block+2,-1);
        if (!bh) {
                printk("Disk error while looking for ramdisk!\n");
                return;
        }
        *((struct d_super_block *) &s) = *((struct d_super_block *) bh->b_data);
        brelse(bh);
        if (s.s_magic != SUPER_MAGIC)
                /* No ram disk image present, assume normal floppy boot */
                /* 磁盘中没有 ramdisk 映像文件，退出去执行通常的软盘引导 */
                return;
// 然后我们试图把整个根文件系统读入到内存虚拟盘区中。对于一个文件系统来说，其超级块结构的
// s_nzones 字段中保存着总逻辑块数（或称为区段数）。一个逻辑块中含有的数据块数则由字段 s_log
// _zone_size 指定。因此文件系统中的数据块总数 nblocks 就等于(逻辑块数 * 2^(每区段块数的次方))，
// 即 nblocks = (s_nzones * 2^s_log_zone_size)。如果遇到文件系统中数据块总数大于内存虚拟
// 盘所能容纳的块数的情况，则不能执行加载操作，而只能显示出错信息并返回。
        nblocks = s.s_nzones << s.s_log_zone_size;
        if (nblocks > (rd_length >> BLOCK_SIZE_BITS)) {
                printk("Ram disk image too big!  (%d blocks, %d avail)\n",
                        nblocks, rd_length >> BLOCK_SIZE_BITS);
                return;
        }
// 若虚拟盘能容纳得下文件系统总数据块数，则我们显示加载数据块信息，并让 cp 指向内存虚拟盘起始处，
// 然后开始执行循环操作将磁盘上根文件系统映像文件加载到虚拟盘上。在操作过程中，如果一次需要加载
// 的盘块数大于 2 块，我们就是用超前预读函数 breada()，否则就使用 bread()函数进行单块读取。若
// 在读盘过程中出现 I/O 操作错误，就只能放弃加载过程返回。所读取的磁盘块会使用 memcpy()函数从高
// 速缓冲区中复制到内存虚拟盘相应位置处，同时显示已加载的块数。显示字符串中的八进制数'\010'表
// 示显示一个制表符。
        printk("Loading %d bytes into ram disk... 0000k",
                nblocks << BLOCK_SIZE_BITS);
        cp = rd_start;
        while (nblocks) {
                if (nblocks > 2)                  // 若读取块数多于 2 块则采用超前预读。
                        bh = breada(ROOT_DEV, block, block+1, block+2, -1);
                else                              // 否则就单块读取。
                        bh = bread(ROOT_DEV, block);
                if (!bh) {
                        printk("I/O error on block %d, aborting load\n",
                                block);
```

```
                return;
            }
            (void) memcpy(cp, bh->b_data, BLOCK_SIZE);    // 复制到 cp 处。

            brelse(bh);
            printk("\010\010\010\010\010%4dk",i);           // 打印加载块计数值。
            cp += BLOCK_SIZE;                               // 虚拟盘指针前移。
            block++;
            nblocks--;
            i++;
        }
// 当 boot 盘中从 256 盘块开始的整个根文件系统加载完毕后，我们显示“done”，并把目前
// 根文件设备号修改成虚拟盘的设备号 0x0101，最后返回。
        printk("\010\010\010\010\010done \n");
        ROOT_DEV=0x0101;
}
```

9.6 floppy.c 程序

9.6.1 功能描述

本程序是软盘控制器驱动程序。与其他块设备驱动程序一样，该程序也以请求项操作函数 do_fd_request()为主，执行对软盘上数据的读写操作。

考虑到软盘驱动器在不工作时马达通常不转，所以在实际能对驱动器中的软盘进行读写操作之前，我们需要等待马达启动并达到正常的运行速度。与计算机的运行速度相比，这段时间较长，通常需要 0.5 秒左右的时间。

另外，当对一个磁盘的读写操作完毕，我们也需要让驱动器停止转动，以减少对磁盘表面的摩擦。但我们也不能在对磁盘操作完后就立刻让它停止转动。因为，可能马上又需要对其进行读写操作。因此，在一个驱动器没有操作后还是需要让驱动器空转一段时间，以等待可能到来的读写操作，若驱动器在一个较长时间内都没有操作，则程序让它停止转动。这段维持旋转的时间可设定 3s 左右。

当一个磁盘的读写操作发生错误，或某些其他情况导致一个驱动器的马达没有被关闭。此时也需要让系统在一定时间之后自动将其关闭。Linus 在程序中把这个延时值设定 100s。

由此可见，在对软盘驱动器进行操作时会用到很多延时（定时）操作。因此在该驱动程序中涉及较多的定时处理函数。还有几个与定时处理关系比较密切的函数放在了 kernel/sched.c 中（行 201～262）。这是软盘驱动程序与硬盘驱动程序的最大区别，也是软盘驱动程序比硬盘驱动程序复杂的原因。

虽然本程序比较复杂，但对软盘读写操作的工作原理却与其他块设备是一样的。本程序也是使用请求项和请求项链表结构来处理所有对软盘的读写操作。因此请求项操作函数 do_fd_request()仍然是本程序中的重要函数之一。在阅读时应该以该函数为主线展开。另外，软盘控制器的使用比较复杂，其中涉及很多控制器的执行状态和标志。因此在阅读时，还需要频

繁地参考程序后的有关说明以及本程序的头文件 include/linux/fdreg.h。该文件定义了所有软盘控制器参数常量，并说明了这些常量的含义。

9.6.2 代码注释

程序 9-5 linux/kernel/blk_drv/floppy.c

```
/*
 *  linux/kernel/floppy.c
 *
 *  (C) 1991  Linus Torvalds
 */

/*
 * 02.12.91 - Changed to static variables to indicate need for reset
 * and recalibrate. This makes some things easier (output_byte reset
 * checking etc), and means less interrupt jumping in case of errors,
 * so the code is hopefully easier to understand.
 */
/*
 * 02.12.91 - 修改成静态变量，以适应复位和重新校正操作。这使得某些事情做起来较为方便(output_byte
 * 复位检查等），并且意味着在出错时中断跳转要少一些，所以也希望代码能更容易被理解。
 */

/*
 * This file is certainly a mess. I've tried my best to get it working,
 * but I don't like programming floppies, and I have only one anyway.
 * Urgel. I should check for more errors, and do more graceful error
 * recovery. Seems there are problems with several drives. I've tried to
 * correct them. No promises.
 */
/*
 * 这个文件当然比较混乱。我已经尽我所能使其能够工作，但我不喜欢软驱编程，而且我也只有一个软驱。
 * 另外，我应该做更多的查错工作，以及改正更多的错误。对于某些软盘驱动器，本程序好像还存在一些
 * 问题。我已经尝试着进行纠正了，但不能保证问题已消失。
 */

/*
 * As with hd.c, all routines within this file can (and will) be called
 * by interrupts, so extreme caution is needed. A hardware interrupt
 * handler may not sleep, or a kernel panic will happen. Thus I cannot
 * call "floppy-on" directly, but have to set a special timer interrupt
 * etc.
 *
 * Also, I'm not certain this works on more than 1 floppy. Bugs may
 * abund.
 */
/*
 * 如同 hd.c 文件一样，该文件中的所有子程序都能够被中断调用，所以需要特别地小心。硬件中断处理程
 * 序是不能睡眠的，否则内核就会傻掉(死机)☺。因此不能直接调用"floppy-on"，而只能设置一个特殊的
 * 定时中断等。
 * 另外，我不能保证该程序能在多于 1 个软驱的系统上工作，有可能存在错误。
 */

#include <linux/sched.h>        // 调度程序头文件，定义了任务结构 task_struct、任务 0 数据等。
```

```
#include <linux/fs.h>          // 文件系统头文件。含文件表结构（file、m_inode）等。
#include <linux/kernel.h>      // 内核头文件。含有一些内核常用函数的原形定义。
#include <linux/fdreg.h>       // 软驱头文件。含有软盘控制器参数的一些定义。
#include <asm/system.h>        // 系统头文件。定义了设置或修改描述符/中断门等的嵌入汇编宏。
#include <asm/io.h>            // io 头文件。定义硬件端口输入/输出宏汇编语句。
#include <asm/segment.h>       // 段操作头文件。定义了有关段寄存器操作的嵌入式汇编函数。

// 定义软驱主设备号符号常数。在驱动程序中，主设备号必须在包含 blk.h 文件之前被定义。
// 因为 blk.h 文件中要用到这个符号常数值来确定一些列其他相关符号常数和宏。
#define MAJOR_NR 2             // 软驱的主设备号是 2。
#include "blk.h"               // 块设备头文件。定义请求结构、块设备结构和宏函数等信息。

static int recalibrate = 0;    // 标志：1 表示需要重新校正磁头位置（磁头归零道）。
static int reset = 0;          // 标志：1 表示需要进行复位操作。
static int seek = 0;           // 标志：1 表示需要执行寻道操作。

// 当前数字输出寄存器 DOR（Digital Output Register），定义在 kernel/sched.c，223 行。该变
// 量含有软驱操作中的重要标志，包括选择软驱、控制电机启动、启动复位软盘控制器以及允许/禁止 DMA
// 和中断请求。请参见程序列表后对 DOR 寄存器的说明。
extern unsigned char current_DOR;

// 字节直接数输出（嵌入汇编宏）。把值 val 输出到 port 端口。
#define immoutb_p(val,port) \
__asm__("outb %0,%1\n\tjmp 1f\n1:\tjmp 1f\n1:"::"a" ((char) (val)),"i" (port))

// 这两个宏定义用于计算软驱的设备号。
// 参数 x 是次设备号。次设备号 = TYPE*4 + DRIVE。计算方法参见列表后。
#define TYPE(x) ((x)>>2)       // 软驱类型（2--1.2Mb，7--1.44Mb）。
#define DRIVE(x) ((x)&0x03)    // 软驱序号（0--3 对应 A--D）。
/*
 * Note that MAX_ERRORS=8 doesn't imply that we retry every bad read
 * max 8 times - some types of errors increase the errorcount by 2,
 * so we might actually retry only 5-6 times before giving up.
 */
/*
 * 注意，下面定义 MAX_ERRORS=8 并不表示对每次读错误尝试最多 8 次 - 有些类型的错误会把出错计数值
 * 乘 2，所以我们实际上在放弃操作之前只需尝试 5-6 遍即可。
 */
#define MAX_ERRORS 8

/*
 * globals used by 'result()'
 */
/* 下面是函数'result()'使用的全局变量 */
// 这些状态字节中各位的含义请参见 include/linux/fdreg.h 头文件。另参见列表后说明。
#define MAX_REPLIES 7                                // FDC 最多返回 7 字节的结果信息。
static unsigned char reply_buffer[MAX_REPLIES];      // 存放 FDC 返回的应答结果信息。
#define ST0 (reply_buffer[0])                        // 结果状态字节 0。
#define ST1 (reply_buffer[1])                        // 结果状态字节 1。
#define ST2 (reply_buffer[2])                        // 结果状态字节 2。
#define ST3 (reply_buffer[3])                        // 结果状态字节 3。

/*
 * This struct defines the different floppy types. Unlike minix
 * linux doesn't have a "search for right type"-type, as the code
 * for that is convoluted and weird. I've got enough problems with
```

```
76  * this driver as it is.
77  *
78  * The 'stretch' tells if the tracks need to be boubled for some
79  * types (ie 360kB diskette in 1.2MB drive etc). Others should
80  * be self-explanatory.
81  */
   /*
    * 下面的软盘结构定义了不同的软盘类型。与 minix 不同的是，Linux 没有"搜索正确的类型"-类型，因为
    * 对其处理的代码令人费解且怪怪的。本程序已经让我遇到太多的问题了。
    *
    * 对某些类型的软盘（例如在 1.2MB 驱动器中的 360kB 软盘等），“stretch”用于检测磁道是否需要特殊
    * 处理。其他参数应该是自明的。
    */
   // 定义软盘结构。软盘参数有：
   // size          大小(扇区数)；
   // sect          每磁道扇区数；
   // head          磁头数；
   // track         磁道数；
   // stretch       对磁道是否要特殊处理（标志）；
   // gap           扇区间隙长度(字节数)；
   // rate          数据传输速率；
   // spec1         参数（高 4 位步进速率，低四位磁头卸载时间）。
82 static struct floppy_struct {
83         unsigned int size, sect, head, track, stretch;
84         unsigned char gap,rate,spec1;
85 } floppy_type[] = {
86         {    0, 0,0, 0,0,0x00,0x00,0x00 },     /* no testing */
87         {  720, 9,2,40,0,0x2A,0x02,0xDF },     /* 360kB PC diskettes */
88         { 2400,15,2,80,0,0x1B,0x00,0xDF },     /* 1.2 MB AT-diskettes */
89         {  720, 9,2,40,1,0x2A,0x02,0xDF },     /* 360kB in 720kB drive */
90         { 1440, 9,2,80,0,0x2A,0x02,0xDF },     /* 3.5" 720kB diskette */
91         {  720, 9,2,40,1,0x23,0x01,0xDF },     /* 360kB in 1.2MB drive */
92         { 1440, 9,2,80,0,0x23,0x01,0xDF },     /*720kB in 1.2MB drive */
93         { 2880,18,2,80,0,0x1B,0x00,0xCF },     /* 1.44MB diskette */
94 };
95
96 /*
97  * Rate is 0 for 500kb/s, 2 for 300kbps, 1 for 250kbps
98  * Spec1 is 0xSH, where S is stepping rate (F=1ms, E=2ms, D=3ms etc),
99  * H is head unload time (1=16ms, 2=32ms, etc)
100 *
101 * Spec2 is (HLD<<1 | ND), where HLD is head load time (1=2ms, 2=4 ms etc)
102 * and ND is set means no DMA. Hardcoded to 6 (HLD=6ms, use DMA).
103 */
   /*
    * 上面速率 rate：0 表示 500kbps，1 表示 300kbps，2 表示 250kbps。
    * 参数 spec1 是 0xSH，其中 S 是步进速率（F-1ms，E-2ms，D=3ms 等），H 是磁头卸载时间（1=16ms，
    * 2=32ms 等）
    *
    * spec2 是（HLD<<1 | ND），其中 HLD 是磁头加载时间（1=2ms，2=4ms 等）
    * ND 置位表示不使用 DMA（No DMA），在程序中硬编码成 6（HLD=6ms，使用 DMA）。
    */
   // 注意，上述磁头加载时间的缩写 HLD 最好写成标准的 HLT（Head Load Time）。
104
   // floppy_interrupt()是 sys_call.s 程序中软驱中断处理过程标号。这里将在软盘初始化函数 floppy
   // _init()（第 469 行）使用它初始化中断陷阱门描述符。
```

```
extern void floppy_interrupt(void);
// 这是boot/head.s第132行处定义的临时软盘缓冲区。如果请求项的缓冲区处于内存1MB以上某个地
// 方，则需要将DMA缓冲区设在临时缓冲区域处。因为8237A芯片只能在1MB地址范围内寻址。
extern char tmp_floppy_area[1024];
/*
 * These are global variables, as that's the easiest way to give
 * information to interrupts. They are the data used for the current
 * request.
 */
/*
 * 下面是一些全局变量，因为这是将信息传给中断程序最简单的方式。它们
 * 用于当前请求项的数据。
 */
// 这些所谓的"全局变量"是指在软盘中断处理程序中调用的C函数使用的变量。当然这些
// C函数都在本程序内。
static int cur_spec1 = -1;                                  // 当前软盘参数spec1。
static int cur_rate = -1;                                   // 当前软盘转速rate。
static struct floppy_struct * floppy = floppy_type;         // 软盘类型结构数组指针。
static unsigned char current_drive = 0;                     // 当前驱动器号。
static unsigned char sector = 0;                            // 当前扇区号。
static unsigned char head = 0;                              // 当前磁头号。
static unsigned char track = 0;                             // 当前磁道号。
static unsigned char seek_track = 0;                        // 寻道磁道号。
static unsigned char current_track = 255;                   // 当前磁头所在磁道号。
static unsigned char command = 0;                           // 读/写命令。
unsigned char selected = 0;    // 软驱已选定标志。在处理请求项之前要首先选定软驱。
struct task_struct * wait_on_floppy_select = NULL;     // 等待选定软驱的任务队列。
//// 取消选定软驱。
// 如果函数参数指定的软驱nr当前并没有被选定，则显示警告信息。然后复位软驱已选定标志selected，
// 并唤醒等待选择该软驱的任务。数字输出寄存器(DOR)的低2位用于指定选择的软驱（0-3对应A-D）。
void floppy_deselect(unsigned int nr)
{
        if (nr != (current_DOR & 3))
                printk("floppy_deselect: drive not selected\n\r");
        selected = 0;                                       // 复位软驱已选定标志。
        wake_up(&wait_on_floppy_select);                    // 唤醒等待的任务。
}
/*
 * floppy-change is never called from an interrupt, so we can relax a bit
 * here, sleep etc. Note that floppy-on tries to set current_DOR to point
 * to the desired drive, but it will probably not survive the sleep if
 * several floppies are used at the same time: thus the loop.
 */
/*
 * floppy-change()不是从中断程序中调用的，所以这里我们可以轻松一下，睡眠等。
 * 注意floppy-on()会尝试设置current_DOR指向所需的驱动器，但当同时使用几个软盘时不能睡眠：
 * 因此此时只能使用循环方式。
 */
//// 检测指定软驱中软盘更换情况。
// 参数nr是软驱号。如果软盘更换了则返回1，否则返回0。
// 该函数首先选定参数指定的软驱nr，然后测试软盘控制器的数字输入寄存器DIR的值，以判断驱动器中
// 的软盘是否被更换过。该函数由程序fs/buffer.c中的check_disk_change()函数调用（第119行）。
int floppy_change(unsigned int nr)
```

```
{
// 首先要让软驱中软盘旋转起来并达到正常工作转速。这需要花费一定时间。采用的方法是利用 kernel
// /sched.c 中软盘定时函数 do_floppy_timer()进行一定的延时处理。floppy_on()函数则用于判
// 断延时是否到（mon_timer[nr]==0?），若没有到则让当前进程继续睡眠等待。若延时到则 do_floppy
// _timer()会唤醒当前进程。
repeat:
        floppy_on(nr);      // 启动并等待指定软驱 nr（kernel/sched.c，第 251 行）。
// 在软盘启动（旋转）之后，我们来查看一下当前选择的软驱是不是函数参数指定的软驱 nr。
// 如果当前选择的软驱不是指定的软驱 nr，并且已经选定了其他软驱，则让当前任务进入可中断等待状态，
// 以等待其他软驱被取消选定。参见上面 floppy_deselect()。 如果当前没有选择其他软驱或者其他软
// 驱被取消选定而使当前任务被唤醒时， 当前软驱仍然不是指定的软驱 nr，则跳转到函数开始处重新循环
//等待。
        while ((current_DOR & 3) != nr && selected)
                sleep_on(&wait_on_floppy_select);
        if ((current_DOR & 3) != nr)
                goto repeat;
// 现在软盘控制器已选定我们指定的软驱 nr。于是取数字输入寄存器 DIR 的值，如果其最高位（位 7）置
// 位，则表示软盘已更换，此时即可关闭马达并返回 1 退出。 否则关闭马达返回 0 退出。表示磁盘没有被
// 更换。
        if (inb(FD_DIR) & 0x80) {
                floppy_off(nr);
                return 1;
        }
        floppy_off(nr);
        return 0;
}

//// 复制内存缓冲块，共 1024 字节。
// 从内存地址 from 处复制 1024 字节数据到地址 to 处。
#define copy_buffer(from,to) \
__asm__("cld ; rep ; movsl" \
        ::"c" (BLOCK_SIZE/4),"S" ((long)(from)),"D" ((long)(to)) \
        :"cx","di","si")

//// 设置（初始化）软盘 DMA 通道。
// 软盘中数据读写操作是使用 DMA 进行的。因此在每次进行数据传输之前需要设置 DMA 芯片上专门用于软
// 驱的通道 2。有关 DMA 编程方法请参见程序列表后的信息。
static void setup_DMA(void)
{
        long addr = (long) CURRENT->buffer;      // 当前请求项缓冲区所处内存地址。

// 首先检测请求项的缓冲区所在位置。如果缓冲区处于内存 1MB 以上的某个地方，则需要将 DMA 缓冲区设在
// 临时缓冲区域（tmp_floppy_area）处。因为 8237A 芯片只能在 1MB 地址范围内寻址。如果是写盘命
// 令，则还需要把数据从请求项缓冲区复制到该临时区域。
        cli();
        if (addr >= 0x100000) {
                addr = (long) tmp_floppy_area;
                if (command == FD_WRITE)
                        copy_buffer(CURRENT->buffer,tmp_floppy_area);
        }
// 接下来我们开始设置 DMA 通道 2。在开始设置之前需要先屏蔽该通道。单通道屏蔽寄存器端口为 0x0A。
// 位 0-1 指定 DMA 通道(0--3)，位 2：1 表示屏蔽，0 表示允许请求。然后向 MA 控制器端口 D 12 和 11
// 写入方式字（读盘是 0x46，写盘则是 0x4A）。再写入传输使用缓冲区地址 addr 和需要传输的字节数
// 0x3ff（0--1023）。最后复位对 DMA 通道 2 的屏蔽，开放 DMA2 请求 DREQ 信号。
/* mask DMA 2 */      /* 屏蔽 DMA 通道 2 */
        immoutb_p(4|2,10);
```

```
/* output command byte. I don't know why, but everyone (minix, */
/* sanches & canton) output this twice, first to 12 then to 11 */
/* 输出命令字节。我是不知道为什么，但是每个（minix，*/
/* sanches 和 canton）都输出两次，首先是 12 口，然后是 11 口 */
// 下面嵌入汇编代码向 DMA 控制器的"清除先后触发器"端口 12 和方式寄存器端口 11 写入方式字（读盘
// 时是 0x46，写盘是 0x4A）。
// 由于各通道的地址和计数寄存器都是 16 位的，因此在设置他们时都需要分 2 次进行操作。一次访问低字
// 节，另一次访问高字节。而实际在写哪个字节则由先后触发器的状态决定。当触发器为 0 时，则访问低字
// 节；当字节触发器为 1 时，则访问高字节。每访问一次，该触发器的状态就变化一次。而写端口 12 就可
// 以将触发器置成 0 状态，从而对 16 位寄存器的设置从低字节开始。
        __asm__("outb %%al,$12\n\tjmp 1f\n1:\tjmp 1f\n1:\t"
        "outb %%al,$11\n\tjmp 1f\n1:\tjmp 1f\n1:"::
        "a" ((char) ((command == FD_READ)?DMA_READ:DMA_WRITE)));
/* 8 low bits of addr */             /* 地址低 0-7 位 */
// 向 DMA 通道 2 写入基/当前地址寄存器（端口 4）。
        immoutb_p(addr,4);
        addr >>= 8;
/* bits 8-15 of addr */              /* 地址高 8-15 位 */
        immoutb_p(addr,4);
        addr >>= 8;
/* bits 16-19 of addr */             /* 地址 16-19 位 */
// DMA 只可以在 1MB 内存空间内寻址，其高 16-19 位地址需放入页面寄存器(端口 0x81)。
        immoutb_p(addr,0x81);
/* low 8 bits of count-1 (1024-1=0x3ff) */  /* 计数器低 8 位(1024-1 = 0x3ff) */
// 向 DMA 通道 2 写入基/当前字节计数器值（端口 5）。
        immoutb_p(0xff,5);
/* high 8 bits of count-1 */         /* 计数器高 8 位 */
// 一次共传输 1024 字节（两个扇区）。
        immoutb_p(3,5);
/* activate DMA 2 */                 /* 开启 DMA 通道 2 的请求 */
        immoutb_p(0|2,10);
        sti();
}

//// 向软驱控制器输出一个字节命令或参数。
// 在向控制器发送一个字节之前，控制器需要处于准备好状态，并且数据传输方向必须设置成从 CPU 到
// FDC，因此函数需要首先读取控制器状态信息。这里使用了循环查询方式，以作适当延时。若出错，则会
// 设置复位标志 reset。
static void output_byte(char byte)
{
        int counter;
        unsigned char status;

// 循环读取主状态控制器 FD_STATUS（0x3f4）的状态。如果所读状态是 STATUS_READY 并且
// 方向位 STATUS_DIR = 0（CPU→FDC），则向数据端口输出指定字节。
        if (reset)
                return;
        for(counter = 0 ; counter < 10000 ; counter++) {
                status = inb_p(FD_STATUS) & (STATUS_READY | STATUS_DIR);
                if (status == STATUS_READY) {
                        outb(byte,FD_DATA);
                        return;
                }
        }
// 如果到循环 1 万次结束还不能发送，则置复位标志，并打印出错信息。
        reset = 1;
```

```
        printk("Unable to send byte to FDC\n\r");
}

//// 读取 FDC 执行的结果信息。
// 结果信息最多 7 个字节，存放在数组 reply_buffer[]中。返回读入的结果字节数，若返回值=-1，则
// 表示出错。程序处理方式与上面函数类似。
static int result(void)
{
        int i = 0, counter, status;

// 若复位标志已置位，则立刻退出。去执行后续程序中的复位操作。否则循环读取主状态控制器 FD_STATUS
// （0x3f4）的状态。如果读取的控制器状态是 READY，表示已经没有数据可取，则返回已读取的字节数 i。
// 如果控制器状态是方向标志置位（CPU←FDC）、已准备好、忙，表示有数据可读取。于是把控制器中的
// 结果数据读入到应答结果数组中。最多读取 MAX_REPLIES（7）个字节。
        if (reset)
                return -1;
        for (counter = 0 ; counter < 10000 ; counter++) {
                status = inb_p(FD_STATUS)&(STATUS_DIR|STATUS_READY|STATUS_BUSY);
                if (status == STATUS_READY)
                        return i;
                if (status == (STATUS_DIR|STATUS_READY|STATUS_BUSY)) {
                        if (i >= MAX_REPLIES)
                                break;
                        reply_buffer[i++] = inb_p(FD_DATA);
                }
        }
// 如果到循环 1 万次结束还不能发送，则置复位标志，并打印出错信息。
        reset = 1;
        printk("Getstatus times out\n\r");
        return -1;
}

//// 软盘读写出错处理函数。
// 该函数根据软盘读写出错次数来确定需要采取的进一步行动。如果当前处理的请求项出错次数大于规定的
// 最大出错次数 MAX_ERRORS（8 次），则不再对当前请求项作进一步的操作尝试。如果读/写出错次数已
// 经超过 MAX_ERRORS/2，则需要对软驱作复位处理，于是设置复位标志 reset。否则若出错次数还不到
// 最大值的一半，则只需重新校正一下磁头位置，于是设置重新校正标志 recalibrate。真正的复位和重
// 新校正处理会在后续的程序中进行。
static void bad_flp_intr(void)
{
// 首先把当前请求项出错次数增 1。如果当前请求项出错次数大于最大允许出错次数，则取消选定当前软驱，
// 并结束该请求项（缓冲区内容没有被更新）。
        CURRENT->errors++;
        if (CURRENT->errors > MAX_ERRORS) {
                floppy_deselect(current_drive);
                end_request(0);
        }
// 如果当前请求项出错次数大于最大允许出错次数的一半，则置复位标志，需对软驱进行复位操作，然后再
// 试。否则软驱需重新校正一下再试。
        if (CURRENT->errors > MAX_ERRORS/2)
                reset = 1;
        else
                recalibrate = 1;
}

/*
```

```
 * Ok, this interrupt is called after a DMA read/write has succeeded,
 * so we check the results, and copy any buffers.
 */
/*
 * OK，下面的中断处理函数是在 DMA 读/写成功后调用的，这样我们就可以检查执行结果，并复制缓冲区中
 * 的数据。
 */
//// 软盘读写操作中断调用函数。
// 该函数在软驱控制器操作结束后引发的中断处理过程中被调用。函数首先读取操作结果状态信息，据此判
// 断操作是否出现问题并作相应处理。 如果读/写操作成功，那么若请求项是读操作并且其缓冲区在内存
// 1MB 以上位置，则需要把数据从软盘临时缓冲区复制到请求项的缓冲区。
static void rw_interrupt(void)
{
// 读取 FDC 执行的结果信息。如果返回结果字节数不等于 7，或者状态字节 0、1 或 2 中存在出错标志，那
// 么若是写保护就显示出错信息，释放当前驱动器，并结束当前请求项。否则就执行出错计数处理。然后继
// 续执行软盘请求项操作。以下状态的含义参见 fdreg.h 文件。
// ( 0xf8 = ST0_INTR | ST0_SE | ST0_ECE | ST0_NR )
// ( 0xbf = ST1_EOC | ST1_CRC | ST1_OR | ST1_ND | ST1_WP | ST1_MAM，应该是 0xb7)
// ( 0x73 = ST2_CM | ST2_CRC | ST2_WC | ST2_BC | ST2_MAM )
        if (result() != 7 || (ST0 & 0xf8) || (ST1 & 0xbf) || (ST2 & 0x73)) {
                if (ST1 & 0x02) {         // 0x02 = ST1_WP - Write Protected。
                        printk("Drive %d is write protected\n\r",current_drive);
                        floppy_deselect(current_drive);
                        end_request(0);
                } else
                        bad_flp_intr();
                do_fd_request();
                return;
        }
// 如果当前请求项的缓冲区位于 1MB 地址以上，则说明此次软盘读操作的内容还放在临时缓冲区内，需要复
// 制到当前请求项的缓冲区中（因为 DMA 只能在 1MB 地址范围寻址）。最后释放当前软驱（取消选定），
// 执行当前请求项结束处理：唤醒等待该请求项的进行，唤醒等待空闲请求项的进程（若有的话），从软驱
// 设备请求项链表中删除本请求项。再继续执行其他软盘请求项操作。
        if (command == FD_READ && (unsigned long)(CURRENT->buffer) >= 0x100000)
                copy_buffer(tmp_floppy_area,CURRENT->buffer);
        floppy_deselect(current_drive);
        end_request(1);
        do_fd_request();
}

//// 设置 DMA 通道 2 并向软盘控制器输出命令和参数（输出 1 字节命令 + 0~7 字节参数）。
// 若 reset 标志没有置位，那么在该函数退出并且软盘控制器执行完相应读/写操作后就会产生一个软盘中
// 断请求，并开始执行软盘中断处理程序。
inline void setup_rw_floppy(void)
{
        setup_DMA();                    // 初始化软盘 DMA 通道。
        do_floppy = rw_interrupt;       // 置软盘中断调用函数指针。
        output_byte(command);           // 发送命令字节。
        output_byte(head<<2 | current_drive);          // 参数：磁头号+驱动器号。
        output_byte(track);             // 参数：磁道号。
        output_byte(head);              // 参数：磁头号。
        output_byte(sector);            // 参数：起始扇区号。
        output_byte(2);         /* sector size = 512 */ // 参数：(N=2)512 字节。
        output_byte(floppy->sect); // 参数：每磁道扇区数。
        output_byte(floppy->gap);  // 参数：扇区间隔长度。
        output_byte(0xFF);      /* sector size (0xff when n!=0 ?) */
```

```
                                          // 参数：当 N=0 时，扇区定义的字节长度，这里无用。
// 若上述任何一个 output_byte()操作出错，则会设置复位标志 reset。此时即会立刻去执行 do_fd_
// request()中的复位处理代码。
        if (reset)
                do_fd_request();
}

/*
 * This is the routine called after every seek (or recalibrate) interrupt
 * from the floppy controller. Note that the "unexpected interrupt" routine
 * also does a recalibrate, but doesn't come here.
 */
/*
 * 该子程序是在每次软盘控制器寻道（或重新校正）中断中被调用的。注意"unexpected interrupt"
 * (意外中断)子程序也会执行重新校正操作，但不在此地。
 */
//// 寻道处理结束后中断过程中调用的 C 函数。
// 首先发送检测中断状态命令，获得状态信息 ST0 和磁头所在磁道信息。若出错则执行错误计数检测处理
// 或取消本次软盘操作请求项。否则根据状态信息设置当前磁道变量，然后调用函数 setup_rw_floppy()
// 设置 DMA 并输出软盘读写命令和参数。
static void seek_interrupt(void)
{
// 首先发送检测中断状态命令，以获取寻道操作执行的结果。该命令不带参数。返回结果信息是两个字节：
// ST0 和磁头当前磁道号。然后读取 FDC 执行的结果信息。 如果返回结果字节数不等于 2，或者 ST0 不为
// 寻道结束，或者磁头所在磁道（ST1）不等于设定磁道，则说明发生了错误。于是执行检测错误计数处理，
// 然后继续执行软盘请求项或执行复位处理。
/* sense drive status */     /* 检测驱动器状态 */
        output_byte(FD_SENSEI);
        if (result() != 2 || (ST0 & 0xF8) != 0x20 || ST1 != seek_track) {
                bad_flp_intr();
                do_fd_request();
                return;
        }
// 若寻道操作成功，则继续执行当前请求项的软盘操作，即向软盘控制器发送命令和参数。
        current_track = ST1;           // 设置当前磁道。
        setup_rw_floppy();             // 设置 DMA 并输出软盘操作命令和参数。
}

/*
 * This routine is called when everything should be correctly set up
 * for the transfer (ie floppy motor is on and the correct floppy is
 * selected).
 */
/*
 * 该函数是在传输操作的所有信息都正确设置好后被调用的（即软驱马达已开启并且已选择了正确的软盘
 * （软驱）。
 */
//// 读写数据传输函数。
static void transfer(void)
{
// 首先检查当前驱动器参数是否就是指定驱动器的参数。若不是就发送设置驱动器参数命令及相应参数（参
// 数 1：高 4 位步进速率，低四位磁头卸载时间；参数 2：磁头加载时间）。然后判断当前数据传输速率是
// 否与指定驱动器的一致，若不是就发送指定软驱的速率值到数据传输速率控制寄存器(FD_DCR)。
        if (cur_spec1 != floppy->spec1) {         // 检测当前参数。
                cur_spec1 = floppy->spec1;
                output_byte(FD_SPECIFY);           // 发送设置磁盘参数命令。
```

```
315             output_byte(cur_spec1);              /* hut etc */ // 发送参数。
316             output_byte(6);                      /* Head load time =6ms, DMA */
317     }
318     if (cur_rate != floppy->rate)           // 检测当前速率。
319             outb_p(cur_rate = floppy->rate,FD_DCR);
// 若上面任何一个 output_byte()操作执行出错，则复位标志 resct 就会被置位。因此这里我们需要检测
// 一下 reset 标志。若 reset 真的被置位了，就立刻去执行 do_fd_request()中的复位处理代码。
320     if (reset) {
321             do_fd_request();
322             return;
323     }
// 如果此时寻道标志为零（即不需要寻道），则设置 DMA 并向软盘控制器发送相应操作命令和参数后返回。
// 否则就执行寻道处理，于是首先置软盘中断处理调用函数为寻道中断函数。如果起始磁道号不等于零则发
// 送磁头寻道命令和参数。所使用的参数即是第 112--121 行上设置的全局变量值。如果起始磁道号 seek_
// track 为 0，则执行重新校正命令让磁头归零位。
324     if (!seek) {
325             setup_rw_floppy();                      // 发送命令参数块。
326             return;
327     }
328     do_floppy = seek_interrupt;                     // 寻道中断调用的 C 函数。
329     if (seek_track) {                               // 起始磁道号。
330             output_byte(FD_SEEK);                   // 发送磁头寻道命令。
331             output_byte(head<<2|current_drive);     // 发送参数：磁头号+当前软驱号。
332             output_byte(seek_track);                // 发送参数：磁道号。
333     } else {
334             output_byte(FD_RECALIBRATE);            // 发送重新校正命令（磁头归零）。
335             output_byte(head<<2|current_drive);     // 发送参数：磁头号+当前软驱号。
336     }
// 同样地，若上面任何一个 output_byte()操作执行出错，则复位标志 reset 就会被置位。若 reset 真
// 的被置位了，就立刻去执行 do_fd_request()中的复位处理代码。
337     if (reset)
338             do_fd_request();
339 }
340
341 /*
342  * Special case - used after a unexpected interrupt (or reset)
343  */
 /*
  * 特殊情况 - 用于意外中断（或复位）处理后。
  */
//// 软驱重新校正中断调用函数。
// 首先发送检测中断状态命令（无参数），如果返回结果表明出错，则置复位标志。否则重新校正标志清零。
// 然后再次执行软盘请求项处理函数作相应操作。
344 static void recal_interrupt(void)
345 {
346     output_byte(FD_SENSEI);                         // 发送检测中断状态命令。
347     if (result()!=2 || (ST0 & 0xE0) == 0x60)        // 如果返回结果字节数不等于 2 或命令
348             reset = 1;                              // 异常结束，则置复位标志。
349     else
350             recalibrate = 0;                        // 否则复位重新校正标志。
351     do_fd_request();                                // 作相应处理。
352 }
353
//// 意外软盘中断请求引发的软盘中断处理程序中调用的函数。
// 首先发送检测中断状态命令（无参数），如果返回结果表明出错，则置复位标志，否则置重新校正标志。
354 void unexpected_floppy_interrupt(void)
```

```
{
        output_byte(FD_SENSEI);                              // 发送检测中断状态命令。
        if (result()!=2 || (ST0 & 0xE0) == 0x60)    // 如果返回结果字节数不等于 2 或命令
                reset = 1;                           // 异常结束，则置复位标志。
        else
                recalibrate = 1;                     // 否则置重新校正标志。
}

//// 软盘重新校正处理函数。
// 向软盘控制器 FDC 发送重新校正命令和参数，并复位重新校正标志。当软盘控制器执行完重新校正命令就
// 会再其引发的软盘中断中调用 recal_interrupt()函数。
static void recalibrate_floppy(void)
{
        recalibrate = 0;                             // 复位重新校正标志。
        current_track = 0;                           // 当前磁道号归零。
        do_floppy = recal_interrupt;                 // 指向重新校正中断调用的 C 函数。
        output_byte(FD_RECALIBRATE);                 // 命令：重新校正。
        output_byte(head<<2 | current_drive);        // 参数：磁头号 + 当前驱动器号。
// 若上面任何一个 output_byte()操作执行出错，则复位标志 reset 就会被置位。因此这里我们需要检
// 测一下 reset 标志。若 reset 真的被置位了，就立刻去执行 do_fd_request()中的复位处理代码。
        if (reset)
                do_fd_request();
}

//// 软盘控制器 FDC 复位中断调用函数。
// 该函数会在向控制器发送了复位操作命令后引发的软盘中断处理程序中被调用。
// 首先发送检测中断状态命令（无参数），然后读出返回的结果字节。接着发送设定软驱参数命令和相关参
// 数，最后再次调用请求项处理函数 do_fd_request() 去执行重新校正作。但由于执行 output_byte()
// 操函数出错时复位标志又会被置位，因此也可能再次去执行复位处理。
static void reset_interrupt(void)
{
        output_byte(FD_SENSEI);                      // 发送检测中断状态命令。
        (void) result();                             // 读取命令执行结果字节。
        output_byte(FD_SPECIFY);                     // 发送设定软驱参数命令。
        output_byte(cur_spec1);                      /* hut etc */    // 发送参数。
        output_byte(6);                              /* Head load time =6ms, DMA */
        do_fd_request();                             // 调用执行软盘请求。
}

/*
 * reset is done by pulling bit 2 of DOR low for a while.
 */
/* FDC 复位是通过将数字输出寄存器(DOR)位 2 置 0 一会儿实现的 */
//// 复位软盘控制器。
// 该函数首先设置参数和标志，把复位标志清 0，然后把软驱变量 cur_spec1 和 cur_rate 置为无效。因
// 为复位操作后，这两个参数就需要重新设置。接着设置需要重新校正标志，并设置 FDC 执行复位操作后引
// 发的软盘中断中调用的 C 函数 reset_interrupt()。最后把 DOR 寄存器位 2 置 0 一会儿以对软驱执行
// 复位操作。当前数字输出寄存器 DOR 的位 2 是启动/复位软驱位。
static void reset_floppy(void)
{
        int i;

        reset = 0;                                   // 复位标志置 0。
        cur_spec1 = -1;                              // 使无效。
        cur_rate = -1;
        recalibrate = 1;                             // 重新校正标志置位。
```

```
395         printk("Reset-floppy called\n\r");       // 显示执行软盘复位操作信息。
396         cli();                                   // 关中断。
397         do_floppy = reset_interrupt;             // 设置在中断处理程序中调用的函数。
398         outb_p(current_DOR & ~0x04,FD_DOR);      // 对软盘控制器 FDC 执行复位操作。
399         for (i=0 ; i<100 ; i++)                  // 空操作，延迟。
400                 __asm__("nop");
401         outb(current_DOR,FD_DOR);                // 再启动软盘控制器。
402         sti();                                   // 开中断。
403 }
404
   //// 软驱启动定时中断调用函数。
   // 在执行一个请求项要求的操作之前，为了等待指定软驱马达旋转起来到达正常的工作转速，do_fd_re-
   // qu est()函数为准备好的当前请求项添加了一个延时定时器。本函数即是该定时器到期时调用的函数。
   // 它首先检查数字输出寄存器(DOR)，使其选择当前指定的驱动器。然后调用执行软盘读写传输函数
   // transfer()。
405 static void floppy_on_interrupt(void)            // floppy_on() interrupt。
406 {
407 /* We cannot do a floppy-select, as that might sleep. We just force it */
   /* 我们不能任意设置选择的软驱，因为这可能会引起进程睡眠。我们只是迫使它自己选择 */
   // 如果当前驱动器号与数字输出寄存器 DOR 中的不同，则需要重新设置 DOR 为当前驱动器。
   // 在向数字输出寄存器输出当前 DOR 以后，使用定时器延迟 2 个滴答时间，以让命令得到执行。然后调用软
   // 盘读写传输函数 transfer()。若当前驱动器与 DOR 中的相符，那么就可以直接调用软盘读写传输函数。
408         selected = 1;                            // 置已选定当前驱动器标志。
409         if (current_drive != (current_DOR & 3)) {
410                 current_DOR &= 0xFC;
411                 current_DOR |= current_drive;
412                 outb(current_DOR,FD_DOR);        // 向数字输出寄存器输出当前 DOR。
413                 add_timer(2,&transfer);          // 添加定时器并执行传输函数。
414         } else
415                 transfer();                      // 执行软盘读写传输函数。
416 }
417
   //// 软盘读写请求项处理函数。
   // 该函数是软盘驱动程序中最主要的函数。主要作用是：①处理有复位标志或重新校正标志置位情况；②利
   // 用请求项中的设备号计算取得请求项指定软驱的参数块；③利用内河定时器启动软盘读/写操作。
418 void do_fd_request(void)
419 {
420         unsigned int block;
421
   // 首先检查是否有复位标志或重新校正标志置位，若有则本函数仅执行相关标志的处理功能后就返回。如果
   // 复位标志已置位，则执行软盘复位操作并返回。如果重新校正标志已置位，则执行软盘重新校正操作并返回。
422         seek = 0;                                // 清寻道标志。
423         if (reset) {                             // 复位标志已置位。
424                 reset_floppy();
425                 return;
426         }
427         if (recalibrate) {                       // 重新校正标志已置位。
428                 recalibrate_floppy();
429                 return;
430         }
   // 本函数的真正功能从这里开始。首先利用 blk.h 文件中的 INIT_REQUEST 宏来检测请求项的合法性，
   // 如果已没有请求项则退出（参见 blk.h,127）。然后利用请求项中的设备号取得请求项指定软驱的参数
   // 块。这个参数块将在下面用于设置软盘操作使用的全局变量参数块（参见 112 - 122 行）。请求项设备
   // 号中的软盘类型 (MINOR(CURRENT->dev)>>2) 被用作磁盘类型数组 floppy_type[]的索引值来取得
   // 指定软驱的参数块。
431         INIT_REQUEST;
```

```
432         floppy = (MINOR(CURRENT->dev)>>2) + floppy_type;

// 下面开始设置 112--122 行上的全局变量值。如果当前驱动器号 current_drive 不是请求项中指定的
// 驱动器号，则置标志 seek，表示在执行读/写操作之前需要先让驱动器执行寻道处理。然后把当前驱动器
// 号设置为请求项中指定的驱动器号。
433         if (current_drive != CURRENT_DEV)        // CURRENT_DEV 是请求项中指定的软驱号。
434                 seek = 1;
435         current_drive = CURRENT_DEV;

// 设置读写起始扇区 block。因为每次读写是以块为单位（1 块为 2 个扇区），所以起始扇区需要起码比磁
// 盘总扇区数小 2 个扇区。否则说明这个请求项参数无效，结束该次软盘请求项去执行下一个请求项。
436         block = CURRENT->sector;                 // 取当前软盘请求项中起始扇区号。
437         if (block+2 > floppy->size) {            // 如果 block + 2 大于磁盘扇区总数，
438                 end_request(0);                  // 则结束本次软盘请求项。
439                 goto repeat;
440         }
// 再求对应在磁道上的扇区号、磁头号、磁道号、搜寻磁道号（对于软驱读不同格式的盘）。
441         sector = block % floppy->sect;           // 起始扇区对每磁道扇区数取模，得磁道上扇区号。
442         block /= floppy->sect;                   // 起始扇区对每磁道扇区数取整，得起始磁道数。
443         head = block % floppy->head;             // 起始磁道数对磁头数取模，得操作的磁头号。
444         track = block / floppy->head;            // 起始磁道数对磁头数取整，得操作的磁道号。
445         seek_track = track << floppy->stretch; // 相应于软驱中盘类型进行调整，得寻道号。

// 再看看是否还需要首先执行寻道操作。如果寻道号与当前磁头所在磁道号不同，则需要进行寻道操作，于
// 是置需要寻道标志 seek。最后我们设置执行的软盘命令 command。
446         if (seek_track != current_track)
447                 seek = 1;
448         sector++;                                // 磁盘上实际扇区计数是从 1 算起。
449         if (CURRENT->cmd == READ)                // 如果请求项是读操作，则置读命令码。
450                 command = FD_READ;
451         else if (CURRENT->cmd == WRITE)          // 如果请求项是写操作，则置写命令码。
452                 command = FD_WRITE;
453         else
454                 panic("do_fd_request: unknown command");
// 在上面设置好 112--122 行上所有全局变量值之后，我们可以开始执行请求项操作了。该操作利用定时
// 器来启动。因为为了能对软驱进行读写操作，需要首先启动驱动器马达并达到正常运转速度。而这需要一
// 定的时间。因此这里利用 ticks_to_floppy_on() 来计算启动延时时间，然后使用该延时设定一个定
// 时器。当时间到时就调用函数 floppy_on_interrupt()。
455         add_timer(ticks_to_floppy_on(current_drive),&floppy_on_interrupt);
456 }
457
// 各种类型软驱磁盘含有的数据块总数。
458 static int floppy_sizes[] ={
459            0,    0,    0,    0,
460          360, 360 ,360, 360,
461         1200,1200,1200,1200,
462          360, 360, 360, 360,
463          720, 720, 720, 720,
464          360, 360, 360, 360,
465          720, 720, 720, 720,
466         1440,1440,1440,1440
467 };
468
//// 软盘系统初始化。
```

```
// 设置软盘块设备请求项的处理函数 do_fd_request()，并设置软盘中断门（int 0x26，对应硬件中断
// 请求信号 IRQ6)。然后取消对该中断信号的屏蔽，以允许软盘控制器 FDC 发送中断请求信号。中断描述
// 符表 IDT 中陷阱门描述符设置宏 set_trap_gate()定义在头文件
// include/asm/system.h 中。
void floppy_init(void)
{
// 设置软盘中断门描述符。floppy_interrupt（kernel/sys_call.s，267 行）是其中断处理过程。
// 中断号为 int 0x26（38），对应 8259A 芯片中断请求信号 IRQ6。
        blk_size[MAJOR_NR] = floppy_sizes;
        blk_dev[MAJOR_NR].request_fn = DEVICE_REQUEST;  // = do_fd_request()。
        set_trap_gate(0x26,&floppy_interrupt);          // 设置陷阱门描述符。
        outb(inb_p(0x21)&~0x40,0x21);                   // 复位软盘中断请求屏蔽位。
}

```

9.6.3 其他信息

1．软盘驱动器的设备号

在 Linux 中，软驱的主设备号是 2，次设备号 ＝TYPE×4＋DRIVE，其中 DRIVE 为 0～3，分别对应软驱 A、B、C 或 D；TYPE 是软驱的类型，2 表示 1.2MB 软驱，7 表示 1.44MB 软驱，即 floppy.c 中 85 行定义的软盘类型（floppy_type[]）数组的索引值，见表 9-14。

表 9-14　软盘驱动器类型

类型	说明	类型	说明
0	不用	4	3.5in 720KB 软盘
1	360KB PC 软驱	5	360KB 在 1.2MB 驱动器中使用
2	1.2MB AT 软驱	6	720KB 在 1.2MB 驱动器中使用
3	360KB 在 720KB 驱动器中使用	7	1.44MB 软驱

例如，类型 7 表示 1.44MB 驱动器，驱动器号 0 表示 A 盘，因为 7×4＋0＝28，所以(2,28)指的是 1.44MBA 驱动器,其设备号是 0x021c，对应的设备文件名是/dev/fd0 或/dev/PS0。同理，类型 2 表示 1.22MB 驱动器，则 2×4+0＝8，所以(2,8)指的是 1.2MBA 驱动器，其设备号是 0x0208，对应的设备文件名是/dev/at0。

2．软盘控制器

对软盘控制器（FDC）进行编程比较繁琐。在编程时需要访问 4 个端口，分别对应软盘控制器上一个或多个寄存器。对于 1.2MB 的软盘控制器有表 9-15 中的一些端口。

表 9-15　软盘控制器端口

I/O 端口	读写性	寄存器名称
0x3f2	只写	数字输出寄存器（DOR）(数字控制寄存器)
0x3f4	只读	FDC 主状态寄存器(STATUS)
0x3f5	读/写	FDC 数据寄存器(DATA)
0x3f7	只读	数字输入寄存器（DIR）
	只写	磁盘控制寄存器(DCR)(传输率控制)

数字输出端口 DOR（数字控制端口）是一个 8 位寄存器，它控制驱动器马达开启、驱动器

选择、启动/复位 FDC 以及允许/禁止 DMA 及中断请求。该寄存器各位的含义见表 9-16。

表 9-16 数字输出寄存器定义

位	名称	说明
7	MOT_EN3	启动软驱 D 马达：1-启动；0-关闭
6	MOT_EN2	启动软驱 C 马达：1-启动；0-关闭
5	MOT_EN1	启动软驱 B 马达：1-启动；0-关闭
4	MOT_EN0	启动软驱 A 马达：1-启动；0-关闭
3	DMA_INT	允许 DMA 和中断请求；0-禁止 DMA 和中断请求
2	RESET	允许软盘控制器 FDC 工作。0-复位 FDC
1	DRV_SEL1	00-11 用于选择软盘驱动器 A-D
0	DRV_SEL0	

FDC 的主状态寄存器也是一个 8 位寄存器，用于反映软盘控制器 FDC 和软盘驱动器 FDD 的基本状态。通常，在 CPU 向 FDC 发送命令之前或从 FDC 获取操作结果之前，都要读取主状态寄存器的状态位，以判别当前 FDC 数据寄存器是否就绪，以及确定数据传送的方向。见表 9-17。

表 9-17 FDC 主状态控制器 MSR 定义

位	名称	说明
7	RQM	数据口就绪：控制器 FDC 数据寄存器已准备就绪
6	DIO	传输方向：1- FDC→CPU；0- CPU→FDC
5	NDM	非 DMA 方式：1- 非 DMA 方式；0- DMA 方式
4	CB	控制器忙：FDC 正处于命令执行忙碌状态
3	DDB	软驱 D 忙
2	DCB	软驱 C 忙
1	DBB	软驱 B 忙
0	DAB	软驱 A 忙

FDC 的数据端口对应多个寄存器（只写型命令寄存器和参数寄存器、只读型结果寄存器），但任一时刻只能有一个寄存器出现在数据端口 0x3f5。在访问只写型寄存器时，主状态控制的 DIO 方向位必须为 0（CPU→FDC），访问只读型寄存器时则反之。在读取结果时只有在 FDC 不忙之后才算读完结果，通常结果数据最多有 7 个字节。

数据输入寄存器（DIR）只有位 7（D7）对软盘有效，用来表示盘片更换状态。其余七位用于硬盘控制器接口。

磁盘控制寄存器(DCR)用于选择盘片在不同类型驱动器上使用的数据传输率。仅使用低 2 位（D1D0），

00 表示 500Kbit/s，01 表示 300Kbit/s，10 表示 250Kbit/s。

Linux 0.12 内核中，驱动程序与软驱中磁盘之间的数据传输是通过 DMA 控制器实现的。在进行读写操作之前，需要首先初始化 DMA 控制器，并对软驱控制器进行编程。对于 386 兼容 PC，软驱控制器使用硬件中断 IR6（对应中断描述符 0x26），并采用 DMA 控制器的通道 2。有关 DMA 控制处理的内容见后面小节。

3. 软盘控制器命令

软盘控制器共可以接受 15 条命令。每个命令均经历三个阶段：命令阶段、执行阶段和结果阶段。

命令阶段是 CPU 向 FDC 发送命令字节和参数字节。每条命令的第一个字节总是命令字节（命令码）。其后跟着 0～8 字节的参数。

执行阶段是 FDC 执行命令规定的操作。在执行阶段 CPU 是不加干预的，一般是通过 FDC 发出中断请求获知命令执行的结束。如果 CPU 发出的 FDC 命令是传送数据，则 FDC 可以以中断方式或 DMA 方式进行。中断方式每次传送 1 字节。DMA 方式是在 DMA 控制器管理下，FDC 与内存进行数据的传输直至全部数据传送完。此时 DMA 控制器会将传输字节计数终止信号通知 FDC，最后由 FDC 发出中断请求信号告知 CPU 执行阶段结束。

结果阶段是由 CPU 读取 FDC 数据寄存器返回值，从而获得 FDC 命令执行的结果。返回结果数据的长度为 0～7 字节。对于没有返回结果数据的命令，则应向 FDC 发送检测中断状态命令获得操作的状态。

由于 Linux 0.12 的软盘驱动程序中只使用其中 6 条命令，因此这里仅对这些用到的命令进行描述。

（1）重新校正命令（FD_RECALIBRATE）

该命令用来让磁头退回到 0 磁道。通常用于在软盘操作出错时对磁头重新校正定位。其命令码是 0x07，参数是指定的驱动器号（0～3）。

该命令无结果阶段，程序需要通过执行“检测中断状态”来获取该命令的执行结果。见表 9-18。

表 9-18　重新校正命令（FD_RECALIBRATE）

阶段	序	D7	D6	D5	D4	D3	D2	D1	D0	说明
命令	0	0	0	0	0	0	1	1	1	重新校正命令码：0x07
	1	0	0	0	0	0	0	US1	US2	驱动器号
执行										磁头移动到 0 磁道
结果	无									需使用命令获取执行结果

（2）磁头寻道命令（FD_SEEK）

该命令让选中驱动器的磁头移动到指定磁道上。第 1 个参数指定驱动器号和磁头号，位 0～1 是驱动器号，位 2 是磁头号，其他位无用。第 2 个参数指定磁道号。

该命令也无结果阶段，程序需要通过执行“检测中断状态”来获取该命令的执行结果。见表 9-19。

表 9-19　磁头寻道命令（FD_SEEK）

阶段	序	D7	D6	D5	D4	D3	D2	D1	D0	说明
命令	0	0	0	0	0	1	1	1	1	磁头寻道命令码：0x0F
	1	0	0	0	0	0	HD	US1	US2	磁头号、驱动器号
	2	C								磁道号
执行										磁头移动到指定磁道上
结果	无									需使用命令获取执行结果

（3）读扇区数据命令（FD_READ）

该命令用于从磁盘上读取指定位置开始的扇区，经 DMA 控制传输到系统内存中。每当一个扇区读完，参数 4（R）就自动加 1，以继续读取下一个扇区，直到 DMA 控制器把传输计数终止信号发送给软盘控制器。该命令通常是在磁头寻道命令执行后磁头已经位于指定磁道后开始。见表 9-20。

返回结果中，磁道号 C 和扇区号 R 是当前磁头所处位置。因为在读完一个扇区后起始扇区号 R 自动增 1，因此结果中的 R 值是下一个未读扇区号。若正好读完一个磁道上最后一个扇区（即 EOT），则磁道号也会增 1，并且 R 值复位成 1。

表 9-20 读扇区数据命令（FD_READ）

阶段	序	D7	D6	D5	D4	D3	D2	D1	D0	说明
命令	0	MT	MF	SK	0	0	1	1	0	读命令码：0xE6（MT=MF=SK=1）
	1	0	0	0	0	0	0	US1	US2	驱动器号
	2	C								磁道号
	3	H								磁头号
	4	R								起始扇区号
	5	N								扇区字节数
	6	EOT								磁道上最大扇区号
	7	GPL								扇区之间间隔长度（3）
	8	DTL								N=0 时，指定扇区字节数
执行										数据从磁盘传送到系统
结果	1	ST0								状态字节 0
	2	ST1								状态字节 1
	3	ST2								状态字节 2
	4	C								磁道号
	5	H								磁头号
	6	R								扇区号
	7	N								扇区字节数

其中 MT、MF 和 SK 的含义分别为：

MT 表示多磁道操作。MT=1 表示允许在同一磁道上两个磁头连续操作。

MF 表示记录方式。MF=1 表示选用 MFM 记录方式，否则是 FM 记录方式。

SK 表示是否跳过有删除标志的扇区。SK=1 表示跳过。

返回的 3 个状态字节 ST0、ST1 和 ST2 的含义分别见表 9-21、表 9-22 和表 9-23。

表 9-21 状态字节 0（ST0）

位	名称	说明
7	ST0_INTR	中断原因。00－ 命令正常结束；01－ 命令异常结束；
6		10－ 命令无效；11－循环查询操作而导致的异常终止
5	ST0_SE	寻道操作或重新校正操作结束（Seek End）
4	ST0_ECE	设备检查出错（零磁道校正出错）（Equip. Check Error）
3	ST0_NR	软驱未就绪（Not Ready）
2	ST0_HA	磁头地址。中断时磁头号（Head Address）

（续）

位	名称	说明
1	ST0_DS	驱动器选择号（发生中断时驱动器号）（Drive Select）
0		00－11 分别对应驱动器 0～3

表 9-22　状态字节 1（ST1）

位	名称	说明
7	ST1_EOC	访问超过磁道上最大扇区号 EOT。（End of Cylinder）
6		未使用（0）
5	ST1_CRC	CRC 校验出错
4	ST1_OR	数据传输超时，DMA 控制器故障。（Over Run）
3		未使用（0）
2	ST1_ND	未找到指定的扇区（No Data - unreadable）
1	ST1_WP	写保护（Write Protect）
0	ST1_MAM	未找到扇区地址标志 ID AM（Missing Address Mask）

表 9-23　状态字节 2（ST2）

位	名称	说明
7	ST2_CM	未使用（0）
6		SK=0 时，读数据遇到删除标志。（Control Mark = deleted）
5	ST2_CRC	扇区数据场 CRC 校验出错
4	ST2_WC	扇区 ID 信息的磁道号 C 不符（Wrong Cylinder）
3	ST2_SEH	检索（扫描）条件满足要求（Scan Equal Hit）
2	ST2_SNS	检索条件不满足要求（Scan Not Satisfied）
1	ST2_BC	扇区 ID 信息的磁道号 C=0xFF，磁道坏（Bad Cylinder）
0	ST2_MAM	未找到扇区数据标志 DATA AM（Missing Address Mask）

（4）写扇区数据命令（FD_WRITE）

该命令用于将内存中的数据写到磁盘上。在 DMA 传输方式下，软驱控制器把内存中的数据串行地写到磁盘指定扇区中。每写完一个扇区，起始扇区号自动增 1，并继续写下一个扇区，直到软驱控制器收到 DMA 控制器的计数终止信号。见表 9-24，其中缩写名称的含义与读命令中的相同。

表 9-24　写扇区数据命令（FD_WRITE）

阶段	序	D7	D6	D5	D4	D3	D2	D1	D0	说明
命令	0	MT	MF	0	0	0	1	0	1	写数据命令码：0xC5（MT=MF=1）
	1	0	0	0	0	0	0	US1	US2	驱动器号。
	2	C								磁道号
	3	H								磁头号
	4	R								起始扇区号
	5	N								扇区字节数
	6	EOT								磁道上最大扇区号
	7	GPL								扇区之间间隔长度（3）
	8	DTL								N=0 时，指定扇区字节数

（续）

阶段	序	D7	D6	D5	D4	D3	D2	D1	D0	说明
执行										数据从系统传送到磁盘
结果	1	ST0								状态字节 0
	2	ST1								状态字节 1
	3	ST2								状态字节 2
	4	C								磁道号
	5	H								磁头号
	6	R								扇区号
	7	N								扇区字节数

（5）检测中断状态命令（FD_SENSEI）

发送该命令后软驱控制器会立刻返回常规结果 1 和 2（即状态 ST0 和磁头所处磁道号 PCN）。它们是控制器执行上一条命令后的状态。通常在一个命令执行结束后会向 CPU 发出中断信号。对于读写扇区、读写磁道、读写删除标志、读标识场、格式化和扫描等命令以及非 DMA 传输方式下的命令引起的中断，可以直接根据主状态寄存器的标志知道中断原因。而对于驱动器就绪信号发生变化、寻道和重新校正（磁头回零道）而引起的中断，由于没有返回结果，就需要利用本命令来读取控制器执行命令后的状态信息。见表 9-25。

表 9-25 检测中断状态命令（FD_SENSEI）

阶段	序	D7	D6	D5	D4	D3	D2	D1	D0	说明
命令	0	0	0	0	0	1	0	0	0	检测中断状态命令码：0x08
执行										
结果	1	ST0								状态字节 0
	2	C								磁头所在磁道号

（6）设定驱动器参数命令（FD_SPECIFY）

该命令用于设定软盘控制器内部的三个定时器初始值和选择传输方式，即把驱动器马达步进速率（SRT）、磁头加载/卸载（HLT/HUT）时间和是否采用 DMA 方式来传输数据的信息送入软驱控制器。见表 9-26。其中时间单位是当数据传输率为 500KB/s 时的单位值。另外，在 Linux 0.12 内核中，命令阶段的序 1 字节即是 floppy.c 文件中第 95 行下英文注释中说明的 spec1 参数；序 2 字节是 spec2 参数。由该英文注释和参考第 316 行上的程序语句可知，spec2 被固定设置成值 6（即 HLT=3，ND=0），表示磁头加载时间是 6ms，使用 DMA 方式。

表 9-26 设定驱动器参数命令（FD_SPECIFY）

阶段	序	D7	D6	D5	D4	D3	D2	D1	D0	说明
命令	0	0	0	0	0	0	0	1	1	设定参数命令码：0x03
	1	SRT（单位 1ms）				HUT（单位 16ms）				马达步进速率、磁头卸载时间
	2	HLT（单位 2ms）							ND	磁头加载时间、非 DMA 方式
执行										设置控制器，不发生中断
结果		无								无

4．软盘控制器编程方法

在 PC 中，软盘控制器一般采用与 NEC PD765 或 Intel 8287A 兼容的芯片，例如 Intel 的 82078。由于软盘的驱动程序比较复杂，因此下面对这类芯片构成的软盘控制器的编程方法进行较为详细的介绍。

典型的磁盘操作不仅仅包括发送命令和等待控制器返回结果，的软盘驱动器的控制是一种低级操作，它需要程序在不同阶段对其执行状况进行干涉。

（1）命令与结果阶段的交互

在上述磁盘操作命令或参数发送到软盘控制器之前，必须首先查询控制器的主状态寄存器（MSR），以获知驱动器的就绪状态和数据传输方向。软盘驱动程序中使用了一个 output_byte(byte)函数来专门实现该操作。该函数的等效框图如图 9-9 所示。

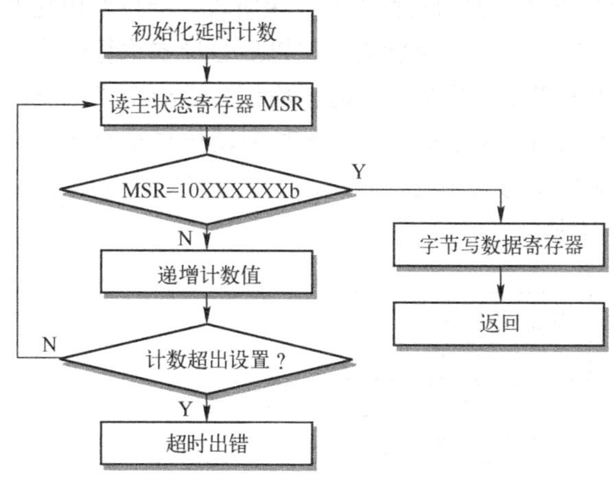

图 9-9　向软盘控制器发送命令或参数字节

该函数一直循环到主状态寄存器的数据口就绪标志 RQM 为 1，并且方向标志 DIO 是 0（CPU→FDC），此时控制器就已准备好接受命令和参数字节。循环语句起超时计数功能，以应付控制器没有响应的情况。本驱动程序中把循环次数设置成了 10000 次。对这个循环次数的选择需要仔细，以避免程序作出不正确的超时判断。在 Linux 内核版本 0.1x 至 0.9x 中就经常会遇到需要调整这个循环次数的问题，因为当时人们所使用的 PC 运行速度差别较大（16～40MHz），因此循环所产生的实际延时也有很大的区别。这可以参见早期 Linux 的邮件列表中的许多文章。为了彻底解决这个问题，最好能使用系统硬件时钟来产生固定频率的延时值。

对于读取控制器的结果字节串的结果阶段，也需要采取与发送命令相同的操作方法，只是此时数据传输方向标志要求是置位状态（FDC→CPU）。本程序中对应的函数是 result()。该函数把读取的结果状态字节存放到了 reply_buffer[]字节数组中。

（2）软盘控制器初始化

对软盘控制器的初始化操作包括在控制器复位后对驱动器进行适当的参数配置。控制器复位操作是指对数字输出寄存器 DOR 的位 2（启动 FDC 标志）置 0 然后再置 1。在机器复位之后，“指定驱动器参数”命令 SPECIFY 所设置的值就不再有效，需要重新建立。在 floppy.c 程序中，复位操作在函数 reset_floppy()和中断处理 C 函数 reset_interrupt()中。前一个函数用于修改 DOR 寄存器的位 2，让控制器复位，后一个函数用于在控制器复位后使用 SPECIFY 命令重新建立控制器中的驱动器参数。在数据传输准备阶段，若判断出与实际的磁盘规格不同，还在传输函数 transfer()开始处对其另行进行重新设置。

在控制器复位后，还应该向数字控制寄存器 DCR 发送指定的传输速率值，以重新初始化数据传输速率。如果机器执行了复位操作（例如热启动），则数据传输速率会变成默认值 250Kbit/s。但通过数字输出寄存器 DOR 向控制器发出的复位操作并不会影响设置的数据传输速率。

（3）驱动器重新校正和磁头寻道

驱动器重新校正（FD_RECALIBRATE）和磁头寻道(FD_SEEK)是两个磁头定位命令。重新校正命令让磁头移动到零磁道，而磁头寻道命令则让磁头移动到指定的磁道上。这两个磁头定位命令与典型的读/写命令不同，因为它们没有结果阶段。一旦发出这两个命令之一，控制器将立刻在主状态寄存器（MSR）返回就绪状态，并以后台形式执行磁头定位操作。当定位操作完成后，控制器就会产生中断以请求服务。此时就应该发送一个“检测中断状态”命令，以结束中断和读取定位操作后的状态。由于驱动器和马达启动信号是直接由数字输出寄存器（DOR）控制的，因此，如果驱动器或马达还没有启动，那么写 DOR 的操作必须在发出定位命令之前进行。流程图如图 9-10 所示。

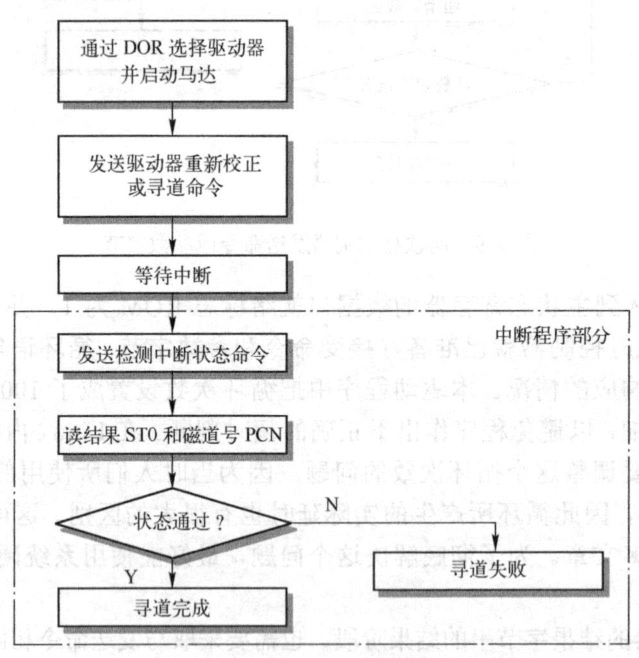

图 9-10　重新校正和寻道操作

（4）数据读/写操作

数据读或写操作需要分几步来完成。首先驱动器马达需要开启，并把磁头定位到正确的磁道上，然后初始化 DMA 控制器，最后发送数据读或写命令。另外，还需要定出发生错误时的处理方案。典型的操作流程图如图 9-11 所示。

在对磁盘进行数据传输之前，磁盘驱动器的马达必须首先达到正常的运转速度。对于大多数 3.5in 软驱来讲，这段启动时间大约需要 300ms，而 5.25in 的软驱则需要大约 500ms。在 floppy.c

程序中将这个启动延迟时间设置成了 500ms。

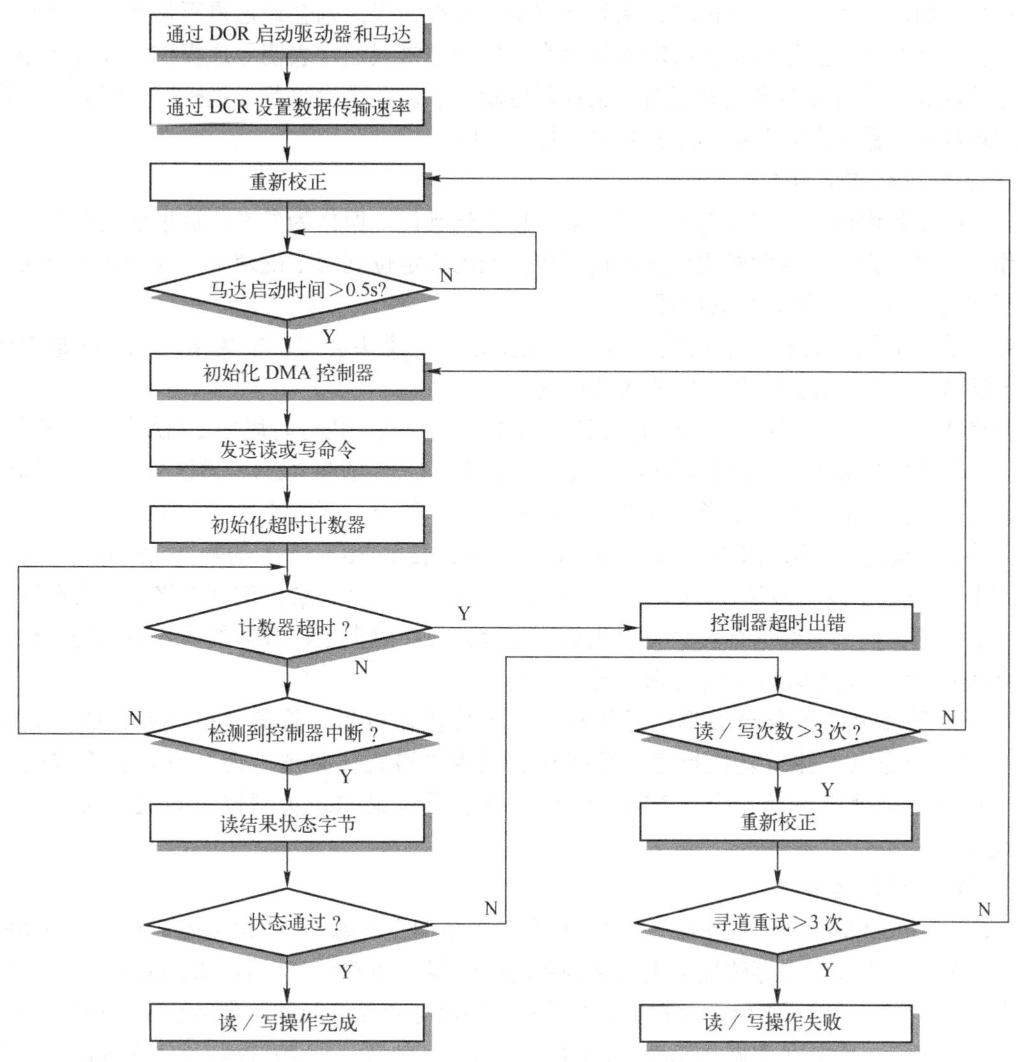

图 9-11　数据读/写操作流程图

在马达启动后，就需要使用数字控制寄存器 DCR 设置与当前磁盘介质匹配的数据传输率。

如果隐式寻道方式没有开启，接下来就需要发送寻道命令 FD_SEEK，把磁头定位到正确的磁道上。在寻道操作结束后，磁头还需要花费一段到位（加载）时间。对于大多数驱动器，这段延迟时间起码需要 15ms。当使用了隐式寻道方式，那么就可以使用“指定驱动器参数”命令指定的磁头加载时间（HLT）来确定最小磁头到位时间。例如在数据传输速率为 500Kbit/s 的情况下，若 HLT=8，则有效磁头到位时间是 16ms。当然，如果磁头已经在正确的磁道上到位了，也就无须确保这个到位时间了。

然后对 DMA 控制器进行初始化操作，读写命令也随即执行。通常，在数据传输完成后，DMA 控制器会发出终止计数（TC）信号，此时软盘控制器就会完成当前数据传输并发出中断请求信号，表明操作已到达结果阶段。如果在操作过程中出现错误或者最后一个扇区号等于磁道最后一个扇区（EOT），那么软盘控制器也会马上进入结果阶段。

根据上面流程图，如果在读取结果状态字节后发现错误，则会通过重新初始化 DMA 控制器，再尝试重新开始执行数据读或写操作命令。持续的错误通常表明寻道操作并没有让磁头到达指定的磁道，此时应该多次重复对磁头执行重新校准，并再次执行寻道操作。若此后还是出错，则最终控制器就会向驱动程序报告读写操作失败。

（5）磁盘格式化操作

Linux 0.12 内核中虽然没有实现对软盘的格式化操作，但作为参考，这里还是对磁盘格式化操作进行简单说明。磁盘格式化操作过程包括把磁头定位到每个磁道上，并创建一个用于组成数据字段（场○）的固定格式字段。

在马达已启动并且设置了正确的数据传输率之后，磁头会返回零磁道。此时磁盘需要在 500ms 延迟时间内到达正常和稳定的运转速度。

在格式化操作期间磁盘上建立的标识字段（ID 字段）是在执行阶段由 DMA 控制器提供的。DMA 控制器被初始化成为每个扇区标识场提供磁道（C）、磁头（H）、扇区号（R）和扇区字节数的值。例如，对于每个磁道具有 9 个扇区的磁盘，每个扇区大小是 2（512 字节），若是用磁头 1 格式化磁道 7，那么 DMA 控制器应该被编程为传输 36 个字节的数据（9 扇区×每扇区 4 个字节），数据字段应该是：7,1,1,2，7,1,2,2，7,1,3,2，...，7,1,9,2。因为在格式化命令执行期间，软盘控制器提供的数据会被直接作为标识字段记录在磁盘上，数据的内容可以是任意的。因此有些人就利用这个功能来防止保护磁盘复制。

在一个磁道上的每个磁头都已经执行了格式化操作以后，就需要执行寻道操作让磁头前移到下一磁道上，并重复执行格式化操作。因为“格式化磁道”命令不含有隐式的寻道操作，所以必须使用寻道命令 SEEK。同样，前面所讨论的磁头到位时间也需要在每次寻道后设置。

5．DMA 控制器编程

DMA（Direct Memory Access）是“直接存储器访问”的缩写。DMA 控制器的主要功能是通过让外部设备直接与内存传输数据来增强系统的性能。通常它由机器上的 Intel 8237 芯片或其兼容芯片实现。通过对 DMA 控制器进行编程，外设与内存之间的数据传输能在不受 CPU 控制的条件下进行。因此在数据传输期间，CPU 可以做其他事。DMA 控制器传输数据的工作过程如下：

1）初始化 DMA 控制器。

程序通过 DMA 控制器端口对其进行初始化操作。该操作包括：① 向 DMA 控制器发送控制命令；② 传输的内存起始地址；③ 数据长度。发送的命令指明传输使用的 DMA 通道、是内存传输到外设（写）还是外设数据传输到内存、是单字节传输还是批量（块）传输。对于 PC，软盘控制器被指定使用 DMA 通道 2。在 Linux 0.12 内核中，软盘驱动程序采用的是单字节传输模式。由于 Intel 8237 芯片只有 16 根地址引脚（其中 8 根与数据线合用），因此只能寻址 64KB 的内存空间。为了能让它访问 1MB 的地址空间，DMA 控制器采用了一个页面寄存器把 1MB 内存分成了 16 个页面来操作，见表 9-27。因此传输的内存起始地址需要转换成所处的 DMA 页面值和页面中的偏移地址。每次传输的数据长度也不能超过 64KB。

○关于磁盘格式的说明资料，以前均把 field 翻译成场。其实对于程序员来讲，翻译成字段或域或许更顺耳。

表 9-27　DMA 页面对应的内存地址范围

DMA 页面	地址范围（64KB）	DMA 页面	地址范围（64KB）
0x0	0x00000～0x0FFFF	0x8	0x80000～0x8FFFF
0x1	0x10000～0x1FFFF	0x9	0x90000～0x9FFFF
0x2	0x20000～0x2FFFF	0xA	0xA0000～0xAFFFF
0x3	0x30000～0x3FFFF	0xB	0xB0000～0xBFFFF
0x4	0x40000～0x4FFFF	0xC	0xC0000～0xCFFFF
0x5	0x50000～0x5FFFF	0xD	0xD0000～0xDFFFF
0x6	0x60000～0x6FFFF	0xE	0xE0000～0xEFFFF
0x7	0x70000～0x7FFFF	0xF	0xF0000～0xFFFFF

2）数据传输

在初始化完成之后，对 DMA 控制器的屏蔽寄存器进行设置，开启 DMA 通道 2，从而 DMA 控制器开始进行数据的传输。

3）传输结束

当所需传输的数据全部传输完成，DMA 控制器就会产生“操作完成”（EOP）信号发送到软盘控制器。此时软盘控制器即可执行结束操作：关闭驱动器马达并向 CPU 发送中断请求信号。

在 PC/AT 机中，DMA 控制器有 8 个独立的通道可使用，其中后 4 个通道是 16 位的。软盘控制器被指定使用 DMA 通道 2。在使用一个通道之前必须首先对其设置。这牵涉到对三个端口的操作，分别是：页面寄存器端口、（偏移）地址寄存器端口和数据计数寄存器端口。由于 DMA 寄存器是 8 位的，而地址和计数值是 16 位的，因此各自需要发送两次。首先发送低字节，然后发送高字节。每个通道对应的端口地址见表 9-28。

表 9-28　DMA 各通道使用的页面、地址和计数寄存器端口

DMA 通道	页面寄存器	地址寄存器	计数寄存器	DMA 通道	页面寄存器	地址寄存器	计数寄存器
0	0x87	0x00	0x01	4	0x8F	0xC0	0xC2
1	0x83	0x02	0x03	5	0x8B	0xC4	0xC6
2	0x81	0x04	0x05	6	0x89	0xC8	0xCA
3	0x82	0x06	0x07	7	0x8A	0xCC	0xCE

对于通常的 DMA 应用，有 4 个常用寄存器用于控制 DMA 控制器的状态。它们是命令寄存器、请求寄存器、单屏蔽寄存器、方式寄存器和清除字节指针触发器。见表 9-29。Linux 0.12 内核使用了 0x0A, 0x0B, 0x0C 这 3 个寄存器端口。

表 9-29　DMA 编程常用的 DMA 寄存器

名称	端口地址	
	（通道 0～3）	（通道 4～7）
命令寄存器	0x08	0xD0
请求寄存器	0x09	0xD2

（续）

名称	端口地址	
	（通道 0～3）	（通道 4～7）
单屏蔽寄存器	0x0A	0xD4
方式寄存器	0x0B	0xD6
清除先后触发器	0x0C	0xD8

命令寄存器用于规定 DMA 控制器芯片的操作要求，设定 DMA 控制器的总体状态。通常它在开机初始化之后就无须变动。在 Linux 0.12 内核中，软盘驱动程序就直接使用了开机后 ROM BIOS 的设置值。作为参考，这里列出命令寄存器各位的含义，见表 9-30。（在读该端口时，所得内容是 DMA 控制器状态寄存器的信息）

表 9-30　DMA 命令寄存器格式

位	说明
7	DMA 响应外设信号 DACK：0-DACK 低电平有效；1-DACK 高电平有效
6	外设请求 DMA 信号 DREQ：0-DREQ 低电平有效；1-DREQ 高电平有效
5	写方式选择：0-选择迟后写；1-选择扩展写；X-若位 3=1
4	DMA 通道优先方式：0-固定优先；1-轮转优先
3	DMA 周期选择：0-普通定时周期（5）；1-压缩定时周期（3）；X-若位 0=1
2	开启 DMA 控制器：0-允许控制器工作；1-禁止控制器工作
1	通道 0 地址保持：0-禁止通道 0 地址保持；1-允许通道 0 地址保持；X-若位 0=0
0	内存传输方式：0-禁止内存至内存传输方式；1-允许内存至内存传输方式

请求寄存器用于记录外设对通道的请求服务信号 DREQ。每个通道对应一位。当 DREQ 有效时对应位置 1，当 DMA 控制器对其作出响应时会对该位置 0。如果不使用 DMA 的请求信号 DREQ 引脚，那么也可以通过编程直接设置相应通道的请求位来请求 DMA 控制器的服务。在 PC 中，软盘控制器与 DMA 控制器的通道 2 有直接的请求信号 DREQ 连接，因此 Linux 内核中也无须对该寄存器进行操作。作为参考，这里还是列出请求通道服务的字节格式，见表 9-31。

表 9-31　DMA 请求寄存器各特位的含义

位	说明
7-3	不用
2	屏蔽标志。0 - 请求位置位；1 - 请求位复位（置 0）
1	通道选择。00～11 分别选择通道 0～3
0	

单屏蔽寄存器的端口是 0x0A（对于 16 位通道则是 0xD4）。一个通道被屏蔽，是指使用该通道的外设发出的 DMA 请求信号 DREQ 得不到 DMA 控制器的响应，因此也就无法让 DMA 控制器操作该通道。该寄存器各位的含义见表 9-32。

表 9-32　DMA 单屏蔽寄存器各位的含义

位	说明
7～3	不用
2	屏蔽标志。1 - 屏蔽选择的通道；0 - 开启选择的通道
1	通道选择。00-11 分别选择通道 0-3
0	

方式寄存器用于指定某个 DMA 通道的操作方式。在 Linux 0.12 内核中，使用了其中读（0x46）和写（0x4A）两种方式。该寄存器各位的含义见表 9-33。

表 9-33　DMA 方式寄存器各位的含义

位	说明
7	选择传输方式：　00-请求模式；01-单字节模式；10-块字节模式；11-接连模式
6	
5	地址增减方式。0-地址递减；1-地址递增
4	自动预置（初始化）。0-自动预置；1-非自动预置
3	传输类型：　00-DMA 校验；01-DMA 读传输；10-DMA 写传输。11-无效
2	
1	通道选择。00-11 分别选择通道 0-3
0	

由于通道的地址和计数寄存器可以读写 16 位的数据，因此在设置它们时都需要分别执行两次写操作，一次写低字节，一次写高字节。而实际写哪个字节则由先后触发器的状态决定。清除先后触发器端口 0x0C 就是为了在读/写 DMA 控制器中地址或计数信息之前把字节先后触发器初始化为默认状态。当字节触发器为 0 时，则访问低字节；当字节触发器为 1 时，则访问高字节。每访问一次，该触发器就变化一次。而写 0x0C 端口就可以将触发器置成 0 状态。

在使用 DMA 控制器时，通常需要按照一定的步骤来进行，下面以软盘驱动程序使用 DMA 控制器的方式来加以说明：

1）关中断，以排除任何干扰。

2）修改屏蔽寄存器（端口 0x0A），以屏蔽需要使用的 DMA 通道。对于软盘驱动程序来说就是通道 2。

3）向 0x0C 端口写操作，置字节先后触发器为默认状态。

4）写方式寄存器（端口 0x0B），以设置指定通道的操作方式字。

5）写地址寄存器（端口 0x04），设置 DMA 使用的内存页面中的偏移地址。先写低字节，后写高字节。

6）写页面寄存器（端口 0x81），设置 DMA 使用的内存页面。

7）写计数寄存器（端口 0x05），设置 DMA 传输的字节数。应该是传输长度-1。同样需要针对高低字节分别写一次。本书中软盘驱动程序每次要求 DMA 控制器传输的长度是 1024 字节，因此写 DMA 控制器的长度值应该是 1023（即 0x3FF）。

8）再次修改屏蔽寄存器（端口 0x0A），以开启 DMA 通道。

9）最后，开启中断，以允许软盘控制器在传输结束后向系统发出中断请求。

第 10 章　字符设备驱动程序

在 Linux 0.12 内核中，字符设备主要包括控制终端设备和串行终端设备。本章的代码就是用于对这些设备的输入输出进行操作。有关终端驱动程序的工作原理可参考 M. J. Bach 的《UNIX 操作系统设计》第 10 章第 3 节内容。

表 10-1　linux/kernel/chr_drv 目录

文件名	大小/B	最后修改时间	文件名	大小/B	最后修改时间
Makefile	3618	1992-01-12 19:49:17	rs_io.s	2733	1992-01-08 06:27:08
console.c	23327	1992-01-12 20:28:33	serial.c	1412	1992-01-08 06:17:01
keyboard.S	13020	1992-01-12 15:30:51	tty_io.c	12282	1992-01-11 16:18:46
pty.c	1186	1992-01-10 23:56:45	tty_ioctl.c	6325	1992-01-11 04:02:37

10.1　总体功能

本章的程序可分成三部分：第一部分是关于 RS-232 串行线路驱动程序，包括程序 rs_io.s 和 serial.c；另一部分是涉及控制台的驱动程序，包括键盘中断驱动程序 keyboard.S 和控制台显示驱动程序 console.c；第三部分是终端驱动程序与上层接口部分，包括终端输入输出程序 tty_io.c 和终端控制程序 tty_ioctl.c。下面首先概述终端控制驱动程序实现的基本原理，然后分这三部分说明它们的基本功能。

10.1.1　终端驱动程序基本原理

终端驱动程序用于控制终端设备，在终端设备和进程之间传输数据，并对所传输的数据进行一定的处理。用户在键盘上键入的原始数据（raw data），在通过终端程序处理后，被传送给一个接收进程；而进程向终端发送的数据，在终端程序处理后，被显示在终端屏幕上或者通过串行线路被发送到远程终端。根据终端程序对待输入或输出数据的方式，可以把终端工作模式分成两种。一种是规范模式（canonical），此时经过终端程序的数据将被进行变换处理，然后再送出。例如把 TAB 字符扩展为 8 个空格字符，用键入的删除字符（backspace）控制删除前面键入的字符等。使用的处理函数一般称为行规则（line discipline）模块。另一种是非规范模式或称原始（raw）模式。在这种模式下，行规则程序仅在终端与进程之间传送数据，而不对数据进行规范模式的变换处理。

在终端驱动程序中，根据它们与设备的关系，以及在执行流程中的位置，可以分为字符设备的直接驱动程序和与上层直接联系的接口程序。可以用图 10-1 表示这种控制关系。

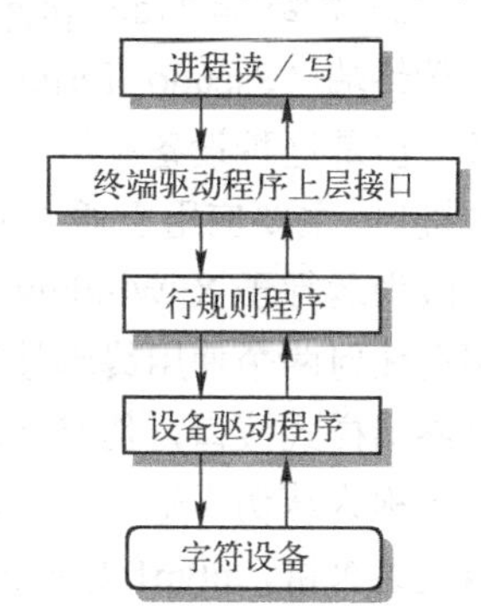

图 10-1　终端驱动程序控制流程

10.1.2 Linux 支持的终端设备类型

终端是一种字符型设备，它有多种类型。通常使用 tty 来简称各种类型的终端设备。tty 是 Teletype 的缩写。Teletype 是一种由 Teletype 公司生产的最早的终端设备，外观很像电传打字机。在 Linux 0.1x 系统设备文件目录/dev/中，通常包含以下一些终端设备文件：

```
crw-rw-rw-  1 root    tty       5,   0  Jul 30  1992 tty          // 控制终端
crw--w--w-  1 root    tty       4,   0  Jul 30  1992 tty0         // 当前虚拟终端别名
crw--w--w-  1 root    tty       4,   1  Jul 30  1992 console      // 控制台
crw--w--w-  1 root    other     4,   1  Jul 30  1992 tty1         // 虚拟终端 1
crw--w--w-  1 root    tty       4,   2  Jul 30  1992 tty2
crw--w--w-  1 root    tty       4,   3  Jul 30  1992 tty3
crw--w--w-  1 root    tty       4,   4  Jul 30  1992 tty4
crw--w--w-  1 root    tty       4,   5  Jul 30  1992 tty5
crw--w--w-  1 root    tty       4,   6  Jul 30  1992 tty6
crw--w--w-  1 root    tty       4,   7  Jul 30  1992 tty7
crw--w--w-  1 root    tty       4,   8  Jul 30  1992 tty8
crw-rw-rw-  1 root    tty       4,  64  Jul 30  1992 ttys1        // 串行端口终端 1
crw-rw-rw-  1 root    tty       4,  65  Jul 30  1992 ttys2
crw--w--w-  1 root    tty       4, 128  Jul 30  1992 ptyp0        // 主伪终端
crw--w--w-  1 root    tty       4, 129  Jul 30  1992 ptyp1
crw--w--w-  1 root    tty       4, 130  Jul 30  1992 ptyp2
crw--w--w-  1 root    tty       4, 131  Jul 30  1992 ptyp3
crw--w--w-  1 root    tty       4, 192  Jul 30  1992 ttyp0        // 从伪终端
crw--w--w-  1 root    tty       4, 193  Jul 30  1992 ttyp1
crw--w--w-  1 root    tty       4, 194  Jul 30  1992 ttyp2
crw--w--w-  1 root    tty       4, 195  Jul 30  1992 ttyp3
```

这些终端设备文件可以分为以下几种类型：

（1）串行端口终端（/dev/ttySn）

串行端口终端是使用计算机串行端口连接的终端设备。计算机把每个串行端口都看作是一个字符设备。这些串行端口设备曾被称为终端设备，因为那时它们的最大用途就是用来连接终端。这些串行端口所对应的设备文件名是/dev/ttyS0、/dev/ttyS1 等，设备号分别是（4,64）、（4,65）等，分别对应于 DOS 系统下的 COM1、COM2。若要向一个端口发送数据，可以在命令行上把标准输出重定向到这些特殊文件名上。例如，在命令行提示符下键入：echo test > /dev/ttyS1，就会把单词“test”发送到连接在 ttyS1 端口的设备上。

（2）伪终端（/dev/ptyp、/dev/ttyp）

伪终端（Pseudo Terminals，或 Pseudo-TTY，简称为 PTY）是一种功能类似于一般终端的设备，但是这种设备并不与任何终端硬件相关。伪终端设备用于为其他程序提供类似于终端式样的接口，主要应用于通过网络登录主机时为网络服务器和登录 shell 程序之前提供一个终端接口，或为运行于 X Window 窗口中的终端程序提供终端样式的接口。当然，我们也可以利用伪终端在任何两个使用终端接口的程序之间建立数据读写通道。为了分别为两个应用程序或进程提供终端样式接口，伪终端均配对使用。一个称为主伪终端（Master PTY）或伪终端主设备，另一个称为从伪终端（Slave PTY）或伪终端从设备。对于像 ptyp1 和 ttyp1 这样成对的伪终端逻辑设备来讲，ptyp1 是主设备或者是控制终端，而 ttyp1 则是从设备。往其中任意一个伪终端写入的数据会通过内核直接由配对的伪终端接收到。例如对于主设备/dev/ptyp3 和从设备/dev/ttyp3，如果一个程序把 ttyp3 看作是一个串行端口设备，则它对该端口的读/写操作会反映

在对应的另一个逻辑终端设备 ptyp3 上面。而 ptyp3 则会是另一个程序用于读写操作的逻辑设备。这样，两个程序就可以通过这种逻辑设备进行交流，而其中一个使用从设备 ttyp3 的程序则认为自己正在与一个串行端口进行通信。这很像逻辑设备对之间的管道操作。对于伪终端从设备，任何一个设计成使用串行端口设备的程序都可以使用该逻辑设备。但对于使用主设备的程序来讲，就需要专门设计来使用伪终端主设备。

例如，某人在网上使用 telnet 程序连接到你的计算机上，那么 telnet 程序就可能会开始连接到伪终端主设备 ptyp2 上。此时一个 getty 程序就应该运行在对应的 ttyp2 端口上。当 telnet 从远端获取了一个字符时，该字符就会通过 ptyp2、ttyp2 传递给 getty 程序，而 getty 程序则会通过 ttyp2、ptyp2 和 telnet 程序往网络上送出“login:”字符串信息。这样，登录程序与 telnet 程序就通过“伪终端”进行通信。通过使用适当的软件，我们就可以把两个甚至多个伪终端设备连接到同一个物理端口上。

以前的 Linux 系统最多只有 16 个成对的 ttyp（ttyp0～ttypf）设备文件名。但现在的 Linux 系统上通常都使用“主伪终端（ptm - pty master）”命名方式，例如/dev/ptm3。它的对应端则会被自动创建成/dev/pts/3。这样就可以在需要时动态提供一个 pty 伪终端。现在的 Linux 系统上目录/dev/pts 是一个 devpts 类型的文件系统。虽然“文件”/dev/pts/3 看上去是设备文件系统中的一项，但其实它完全是一种不同的文件系统。

（3）控制终端（/dev/tty）

字符设备文件/dev/tty 是进程控制终端（Controlling Terminal）的别名，其主设备号是 5，次设备号是 0。如果当前进程有控制终端，那么/dev/tty 就是当前进程控制终端的设备文件。我们可以使用命令“ps-ax”来查看进程与哪个控制终端相连。对于登录 shell 来讲，/dev/tty 就是我们使用的终端，其设备号是（5,0）。我们可以使用命令“tty”来查看它具体对应哪个实际终端设备。实际上/dev/tty 有些类似于连接到实际终端设备的一个链接。

如果一个终端用户执行了一个程序，但不想控制终端（例如一个后台服务器程序），那么进程可以先试着打开/dev/tty 文件。如果打开成功，则说明进程有控制终端。此时可以使用 TIOCNOTTY（Terminal IO Control NO TTY）参数的 ioctl()调用来放弃控制终端。

（4）控制台（/dev/ttyn, /dev/console）

在 Linux 系统中，计算机显示器通常被称为控制台终端或控制台（Console）。它仿真了 VT200 或 Linux 类型终端（TERM=Linux），并且有一些字符设备文件与之关联：tty0、tty1、tty2 等。当我们在控制台上登录时，使用的就是 tty1。另外，使用 Alt+[F1～F6]组合键我们就可以切换到 tty2、tty3 等上面去。tty1～tty6 被称为虚拟终端，而 tty0 则是当前所使用虚拟终端的一个别名。Linux 系统所产生的信息都会发送到 tty0 上。因此不管当前正在使用哪个虚拟终端，系统信息都会发送到我们的屏幕上。

你可以登录到不同的虚拟终端上去，因而可以让系统同时有几个不同的会话存在。但只有系统或超级用户 root 可以向/dev/tty0 执行写操作。而且有时/dev/console 也会连接至该终端设备上。但在 Linux 0.12 系统中，/dev/console 通常连接到第 1 个虚拟终端 tty1 上。

（5）其他类型

现在的 Linux 系统中针对不同的字符设备建有相应的终端设备特殊文件。例如针对 ISDN 设备的/dev/ttyIn 终端设备等。这里不再赘述。

10.1.3　终端基本数据结构

每个终端设备都对应一个 tty_struct 数据结构，主要用来保存终端设备当前参数设置、所属的前台进程组 ID 和字符 IO 缓冲队列等信息。该结构定义在 include/linux/tty.h 文件中，其结构如下所示：

```
struct tty_struct {
        struct termios termios;             // 终端 io 属性和控制字符数据结构。
        int pgrp;                           // 所属进程组。
        int stopped;                        // 停止标志。
        void (*write)(struct tty_struct * tty);  // tty 写函数指针。
        struct tty_queue read_q;            // tty 读队列。
        struct tty_queue write_q;           // tty 写队列。
        struct tty_queue secondary;         // tty 辅助队列(存放规范模式字符序列)，
};                                          // 可称为规范(熟)模式队列。
extern struct tty_struct tty_table[];       // tty 结构数组。
```

Linux 内核使用了数组 tty_table[]来保存系统中每个终端设备的信息。每个数组项是一个数据结构 tty_struct，对应系统中一个终端设备。Linux 0.12 内核共支持三个终端设备。一个是控制台设备，另外两个是使用系统上两个串行端口的串行终端设备。

termios 结构用于存放对应终端设备的 io 属性。有关该结构的详细描述见下面说明。pgrp 是进程组标识，它指明一个会话中处于前台的进程组，即当前拥有该终端设备的进程组。pgrp 主要用于进程的作业控制操作。stopped 是一个标志，表示对应终端设备是否已经停止使用。函数指针*write()是该终端设备的输出处理函数，对于控制台终端，它负责驱动显示硬件，在屏幕上显示字符等信息。对于通过系统串行端口连接的串行终端，它负责把输出字符发送到串行端口。

终端所处理的数据被保存在 3 个 tty_queue 结构的字符缓冲队列中（或称为字符表），如下所示：

```
struct tty_queue {
        unsigned long data;                 // 等待队列缓冲区中当前数据统计值。
                                            // 对于串口终端，则存放串口端口地址。
        unsigned long head;                 // 缓冲区中数据头指针。
        unsigned long tail;                 // 缓冲区中数据尾指针。
        struct task_struct * proc_list;     // 等待本缓冲队列的进程列表。
        char buf[1024];                     // 队列的缓冲区。
};
```

每个字符缓冲队列的长度是 1KB。其中读缓冲队列 read_q 用于临时存放从键盘或串行终端输入的原始（raw）字符序列；写缓冲队列 write_q 用于存放写到控制台显示屏或串行终端去的数据；根据 ICANON 标志，辅助队列 secondary 用于存放从 read_q 中取出的经过行规则程序处理（过滤）的数据，或称为熟(cooked)模式数据。这是在行规则程序把原始数据中的特殊字符如删除（backspace）字符变换后的规范输入数据，以字符行为单位供应用程序读取使用。上层终端读函数 tty_read()即用于读取 secondary 队列中的字符。

在读入用户键入的数据时，中断处理汇编程序只负责把原始字符数据放入输入缓冲队列中，而由中断处理过程中调用的 C 函数（copy_to_cooked()）来处理字符的变换工作。例如当进程向一个终端写数据时，终端驱动程序就会调用行规则函数 copy_to_cooked()，把用户缓冲区中的所有数据到写缓冲队列中，并将数据发送到终端上显示。在终端上按下一个键时，所引发的键盘中断处理过程会把按键扫描码对应的字符放入读队列 read_q 中，并调用规范模式处理程序把

read_q 中的字符经过处理再放入辅助队列 secondary 中。与此同时，如果终端设备设置了回显标志（L_ECHO），则也把该字符放入写队列 write_q 中，并调用终端写函数把该字符显示在屏幕上。通常除了像键入密码或其他特殊要求以外，回显标志都是置位的。可以通过修改终端的 termios 结构中的信息来改变这些标志值。

在上述 tty_struct 结构中还包括一个 termios 结构，该结构定义在 include/termios.h 头文件中，其字段内容如下所示：

```
struct termios {
      unsigned long c_iflag;        /* input mode flags */        // 输入模式标志。
      unsigned long c_oflag;        /* output mode flags */       // 输出模式标志。
      unsigned long c_cflag;        /* control mode flags */      // 控制模式标志。
      unsigned long c_lflag;        /* local mode flags */        // 本地模式标志。
      unsigned char c_line;         /* line discipline */         // 线路规程（速率）。
      unsigned char c_cc[NCCS];     /* control characters */      // 控制字符数组。
};
```

其中，c_iflag 是输入模式标志集。Linux 0.12 内核实现了 POSIX.1 定义的所有 11 个输入标志，参见 termios.h 头文件中的说明。终端设备驱动程序用这些标志来控制如何对终端输入的字符进行变换（过滤）处理。例如是否需要把输入的的换行符（NL）转换成回车符（CR）、是否需要把输入的大写字符转换成小写字符(因为以前有些终端设备只能输入大写字符)等。在 Linux 0.12 内核中，相关的处理函数是 tty_io.c 文件中的 copy_to_cooked()。参见 termios.h 文件第 83～96 行。

c_oflag 是输出模式标志集。终端设备驱动程序使用这些标志控制如何把字符输出到终端上，主要在 tty_io.c 的 tty_write()函数中使用。参见 termios.h 文件第 99～129 行。

c_cflag 是控制模式标志集。主要用于定义串行终端传输特性，包括波特率、字符位数以及停止位数等。参见 termios.h 文件中第 132～166 行。

c_lflag 是本地模式标志集。主要用于控制驱动程序与用户的交互。例如是否需要回显（Echo）字符、是否需要把擦除字符直接显示在屏幕上、是否需要让终端上键入的控制字符产生信号。这些操作主要在 copy_to_cooked()函数和 tty_read()中使用。例如，若设置了 ICANON 标志，则表示终端处于规范模式输入状态，否则终端处于非规范模式。如果设置 ISIG 标志，则表示收到终端发出的控制字符 INTR、QUIT、SUSP 时系统需要产生相应的信号。参见 termios.h 文件中第 169～183 行。

上述 4 种标志集的类型都是 unsigned long，每个位可表示一种标志，因此每个标志集最多可有 32 个输入标志。所有这些标志及其含义可参见 termios.h 头文件。

c_cc[]数组包含了终端所有可以修改的特殊字符。例如你可以通过修改其中的中断字符（^C）由其他按键产生。其中 NCCS 是数组的长度值。终端默认的 c_cc[]数组初始值定义在 include/linux/tty.h 文件中。程序引用该数组中各项时定义了数组项符号名，这些名称都以字母 V 开头，例如 VINTR、VMIN。

参见 termios.h 第 64～80 行。

因此，利用系统调用 ioctl 或使用相关函数(tcsetattr())，我们可以通过修改 termios 结构中的信息来改变终端的设置参数。行规则函数即是根据这些设置参数进行操作。例如，控制终端是否要对键入的字符进行回显、设置串行终端传输的波特率、清空读缓冲队列和写缓冲队列。

当用户修改终端参数，将规范模式标志复位，就会把终端设置为工作在原始模式，此时行规则程序会把用户键入的数据原封不动地传送给用户，而回车符也被当作普通字符处理。因此，在用户使用系统调用 read 时，就应该作出某种决策方案以判断系统调用 read 什么时候算完成并返回。这将由终端 termios 结构中的 VTIME 和 VMIN 控制字符决定。这两个是读操作的超时定时值。VMIN 表示为了满足读操作，需要读取的最少字符数；VTIME 则是一个读操作等待定时值。

我们可以使用命令 stty 来查看当前终端设备 termios 结构中标志的设置情况。在 Linux 0.1x 系统命令行提示符下键入 stty 命令会显示以下信息：

```
 [/root]# stty
---------Characters---------
INTR:  '^C'  QUIT:   '^\'  ERASE:  '^H'  KILL:   '^U'  EOF:   '^D'
TIME:   0  MIN:    1   SWTC:   '^@'  START:  '^Q'  STOP:   '^S'
SUSP:   '^Z'  EOL:    '^@'  EOL2:   '^@'  LNEXT:  '^V'
DISCARD:  '^O'  REPRINT:  '^R'  RWERASE:  '^W'
----------Control Flags---------
-CSTOPB  CREAD -PARENB -PARODD  HUPCL -CLOCAL -CRTSCTS
Baud rate: 9600 Bits: CS8
----------Input Flags----------
-IGNBRK -BRKINT -IGNPAR -PARMRK -INPCK -ISTRIP  -INLCR -IGNCR
 ICRNL  -IUCLC   IXON   -IXANY   IXOFF -IMAXBEL
---------Output Flags---------
 OPOST -OLCUC  ONLCR -OCRNL -ONOCR -ONLRET -OFILL -OFDEL
Delay modes: CR0 NL0 TAB0 BS0 FF0 VT0
-----------Local Flags---------
 ISIG  ICANON -XCASE  ECHO -ECHOE -ECHOK -ECHONL -NOFLSH
-TOSTOP  ECHOCTL  ECHOPRT  ECHOKE -FLUSHO -PENDIN -IEXTEN
rows 0 cols 0
```

其中带有减号的标志表示没有设置。另外对于现在的 Linux 系统，需要键入“sty-a”才能显示所有这些信息，并且显示格式有所区别。

终端程序所使用的上述主要数据结构和它们之间的关系如图 10-2 所示。

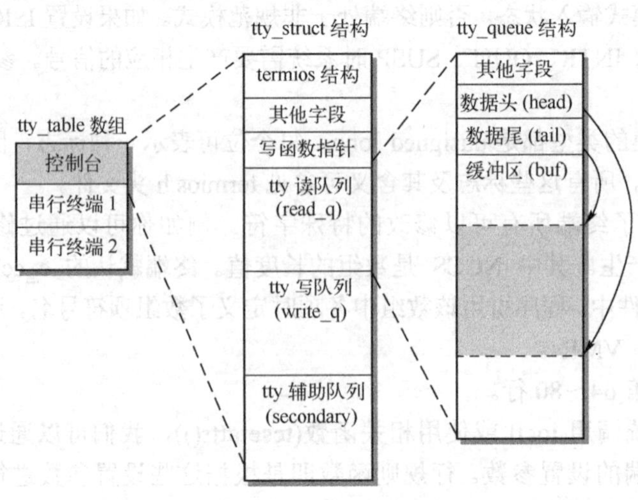

图 10-2　终端程序的数据结构

10.1.4 规范模式和非规范模式

1．规范模式

当 c_lflag 中的 ICANON 标志置位时，则按照规范模式对终端输入数据进行处理。此时输入字符被装配成行，进程以字符行的形式读取。当一行字符输入后，终端驱动程序会立刻返回。行的定界符有 NL、EOL、EOL2 和 EOF。其中除最后一个 EOF（文件结束）将被处理程序删除外，其余 4 个字符将被作为一行的最后一个字符返回给调用程序。

在规范模式下，终端输入的以下字符将被处理：ERASE、KILL、EOF、EOL、REPRINT、WERASE 和 EOL2。

ERASE 是擦除字符（Backspace）。在规范模式下，当 copy_to_cooked()函数遇到该输入字符时会删除缓冲队列中最后输入的一个字符。若队列中最后一个字符是上一行的字符（例如是 NL），则不作任何处理。此后该字符被忽略，不放到缓冲队列中。

KILL 是删行字符。它删除队列中最后一行字符。此后该字符被忽略掉。

EOF 是文件结束符。在 copy_to_cooked()函数中该字符以及行结束字符 EOL 和 EOL2 都将被当作回车符来处理。在读操作函数中遇到该字符将立即返回。EOF 字符不会放入队列中而是被忽略掉。

REPRINT 和 WERASE 是扩展规范模式下识别的字符。REPRINT 会让所有未读的输入被输出。而 WERASE 用于擦除单词（跳过空白字符）。在 Linux 0.12 中，程序忽略了对这两个字符的识别和处理。

2．非规范模式

如果 ICANON 处于复位状态，则终端程序工作在非规范模式下。此时终端程序不对上述字符进行处理，而是将它们当作普通字符处理。输入数据也没有行的概念。终端程序何时返回读进程是由 MIN 和 TIME 的值确定的。这两个变量是 c_cc[]数组中的变量。通过修改它们即可改变在非规范模式下进程读字符的处理方式。

MIN 指明读操作最少需要读取的字符数；TIME 指定等待读取字符的超时值（计量单位是 1/10s）。根据它们的值可分 4 种情况来说明。

（1）MIN>0，TIME>0

此时 TIME 是一个字符间隔超时定时值，在接收到第一个字符后才起作用。在超时之前，若先接收到了 MIN 个字符，则读操作立刻返回。若在收到 MIN 个字符之前超时了，则读操作返回已经接收到的字符数。此时起码能返回一个字符。因此在接收到一个字符之前若 secondary 空，则读进程将被阻塞（睡眠）。

（2）MIN>0，TIME=0

此时只有在收到 MIN 个字符时读操作才返回。否则就无限期等待（阻塞）。

（3）MIN=0，TIME>0

此时 TIME 是一个读操作超时定时值。当收到一个字符或者已超时，则读操作就立刻返回。如果是超时返回，则读操作返回 0 个字符。

（4）MIN=0，TIME=0

在这种设置下，如果队列中有数据可以读取，则读操作读取需要的字符数。否则立刻返回 0 个字符数。

在以上 4 种情况中，MIN 仅表明最少读到的字符数。如果进程要求读取比 MIN 要多的字符，那么只要队列中有字符就可以满足进程的当前需求。有关对终端设备的读操作处理，请参见程序 tty_io.c 中的 tty_read()函数。

10.1.5 控制台终端和串行终端设备

在 Linux 0.12 系统中可以使用两类终端：一类是主机上的控制台终端；另一类是串行硬件终端设备。控制台终端由内核中的键盘中断处理程序 keyboard.S 和显示控制程序 console.c 进行管理。它接收上层 tty_io.c 程序传递下来的显示字符或控制信息，并控制在主机屏幕上字符的显示，同时控制台（主机）把键盘按键产生的代码经由 keyboard.S 传送到 tty_io.c 程序去处理。串行终端设备则通过线路连接到计算机串行端口上，并通过内核中的串行程序 rs_io.s 与 tty_io.c 直接进行信息交互。

keyboard.S 和 console.c 这两个程序实际上是 Linux 系统主机中使用显示器和键盘模拟一个硬件终端设备的仿真程序。只是由于在主机上，因此我们称这个模拟终端环境为控制台终端，或直接称为控制台。这两个程序所实现的功能就相当于一个串行终端设备固化在 ROM 中的终端处理程序的作用（除了通信部分），也像普通 PC 上的一个终端仿真软件。因此虽然程序在内核中，但我们还是可以独立地看待它们。这个模拟终端与普通的硬件终端设备主要的区别在于不需要通过串行线路通信驱动程序。因此 keyboard.S 和 console.c 程序必须模拟一个实际终端设备（例如 DEC 的 VT100 终端）具备的所有硬件处理功能，即终端设备固化程序中除通信以外的所有处理功能。控制台终端和串行终端设备在处理结构上的相互区别与类似之处参见图 10-3。所以如果我们对一般硬件终端设备或终端仿真程序工作原理有一定了解，那么阅读这两个程序就不会遇到什么困难。

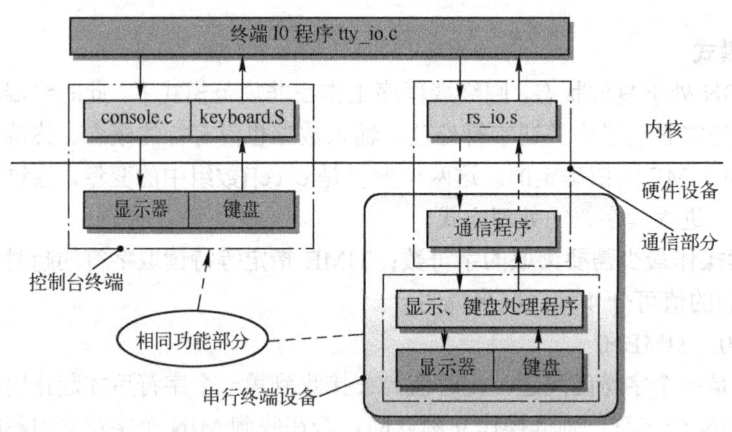

图 10-3 控制台终端与串行终端设备示意图

1. 控制台驱动程序

在 Linux 0.12 内核中，终端控制台驱动程序涉及 keyboard.S 和 console.c 程序。keyboard.S 用于处理用户键入的字符，把它们放入读缓冲队列 read_q 中，并调用 copy_to_cooked()函数读取 read_q 中的字符，经转换后放入辅助缓冲队列 secondary。console.c 程序实现控制台终端收到代码的输出处理。

例如，当用户在键盘上键入了一个字符时，会引起键盘中断响应（中断请求信号 IRQ1,对应中断号 INT 33），此时键盘中断处理程序就会从键盘控制器读入对应的键盘扫描码，然后根据使用的键盘扫描码映射表译成相应字符，放入 tty 读队列 read_q 中。然后调用中断处理程序的 C 函数 do_tty_interrupt(),它又直接调用行规则函数 copy_to_cooked()对该字符进行过滤处理，并放入 tty 辅助队列 secondary 中，同时把该字符放入 tty 写队列 write_q 中，并调用写控制台函数 con_write()。此时如果该终端的回显（echo）属性是设置的，则该字符会显示到屏幕上。do_tty_interrupt()和 copy_to_cooked()函数在 tty_io.c 中实现。整个操作过程如图 10-4 所示。

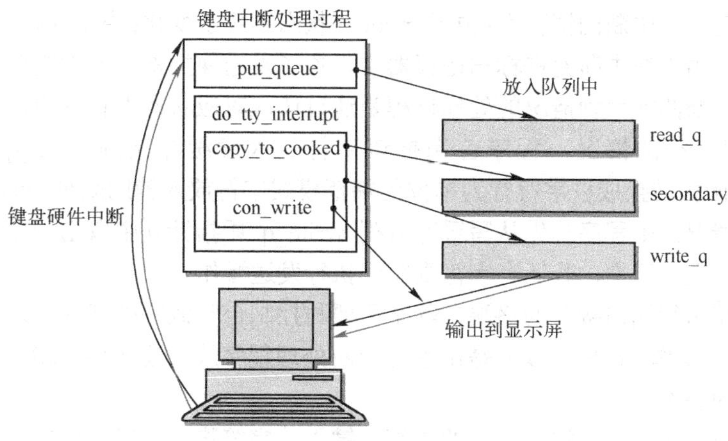

图 10-4　控制台键盘中断处理过程

对于进程执行 tty 写操作，终端驱动程序是一个字符一个字符进行处理的。在写缓冲队列 write_q 没有满时，就从用户缓冲区取一个字符，经过处理放入 write_q 中。当把用户数据全部放入 write_q 队列或者此时 write_q 已满，就调用终端结构 tty_struct 中指定的写函数，把 write_q 缓冲队列中的数据输出到控制台。对于控制台终端，其写函数是 con_write()，在 console.c 程序中实现。

有关控制台终端操作的驱动程序，主要涉及两个程序：一个是键盘中断处理程序 keyboard.S，主要用于把用户键入的字符放入 read_q 缓冲队列中；另一个是屏幕显示处理程序 console.c，用于从 write_q 队列中取出字符并显示在屏幕上。所有这三个字符缓冲队列与上述函数或文件的关系都可以用图 10-5 清晰地表示出来。

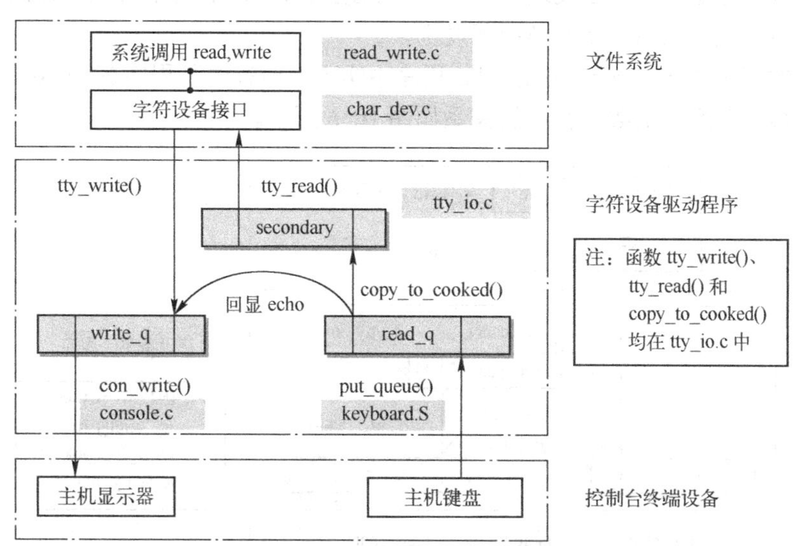

图 10-5　控制台终端字符缓冲队列以及函数和程序之间的关系

2. 串行终端驱动程序

处理串行终端操作的程序有 serial.c 和 rs_io.s。serial.c 程序负责对串行端口进行初始化操作。另外，通过取消对发送保持寄存器空中断允许的屏蔽来开启串行中断发送字符操作。rs_io.s 程序是串行中断处理过程。主要根据引发中断的 4 种原因分别进行处理。

引起系统发生串行中断的情况有：由于 modem 状态发生了变化；由于线路状态发生了变化；由于接收到字符；由于在中断允许标志寄存器中设置了发送保持寄存器中断允许标志，需要发送字符。对引起中断的前两种情况的处理过程是通过读取对应状态寄存器值，从而使其复位。对于由于接收到字符的情况，程序首先把该字符放入读缓冲队列 read_q 中，然后调用 copy_to_cooked()函数转换成以字符行为单位的规范模式字符放入辅助队列 secondary 中。对于需要发送字符的情况，则程序首先从写缓冲队列 write_q 尾指针处中取出一个字符发送出去，再判断写缓冲队列是否已空，若还有字符则循环执行发送操作。

对于通过系统串行端口接入的终端，除了需要与控制台类似的处理外，还需要进行串行通信的输入/输出处理操作。数据的读入是由串行中断处理程序放入读队列 read_q 中，随后执行与控制台终端一样的操作。

例如，对于一个接在串行端口 1 上的终端，键入的字符将首先通过串行线路传送到主机，引起主机串行口 1 中断请求。此时串行口中断处理程序就会将字符放入串行终端 1 的 tty 读队列 read_q 中，然后调用中断处理程序的 C 函数 do_tty_interrupt()，它又直接调用行规则函数 copy_to_cooked()对该字符进行过滤处理，并放入 tty 辅助队列 secondary 中，同时把该字符放入 tty 写队列 write_q 中，并调用写串行终端 1 的函数 rs_write()。该函数又会把字符回送给串行终端，此时如果该终端的回显（echo）属性是设置的，则该字符会显示在串行终端的屏幕上。

当进程需要写数据到一个串行终端上时，操作过程与写终端类似，只是此时终端的 tty_struct 数据结构中的写函数是串行终端写函数 rs_write()。该函数取消对发送保持寄存器空允许中断的屏蔽，从而在发送保持寄存器为空时就会引起串行中断发生。而该串行中断过程则根据此次引起中断的原因，从 write_q 写缓冲队列中取出一个字符并放入发送保持寄存器中进行字符发送操作。该操作过程也是一次中断发送一个字符，到最后 write_q 为空时就会再次屏蔽发送保持寄存器空允许中断位，从而禁止此类中断发生。

串行终端的写函数 rs_write()在 serial.c 程序中实现。串行中断程序在 rs_io.s 中实现。串行终端三个字符缓冲队列与函数、程序的关系如图 10-6 所示。

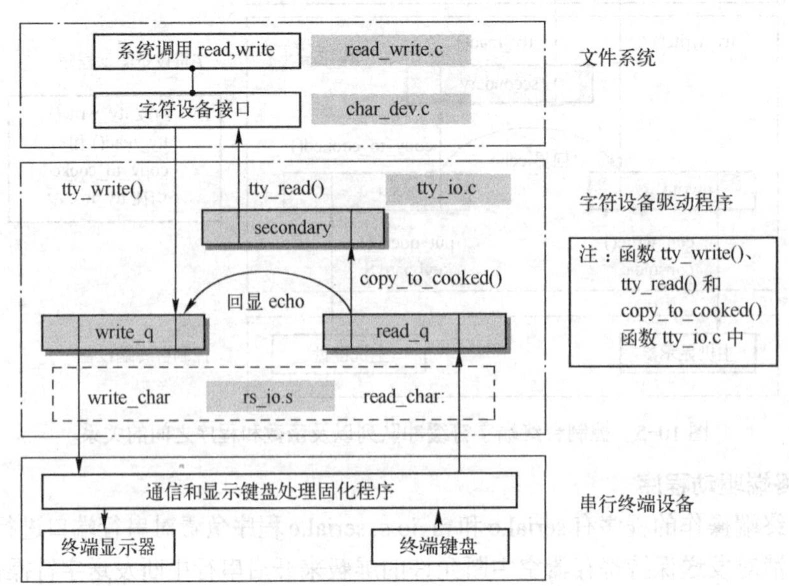

图 10-6　串行终端设备字符缓冲队列与函数之间的关系

由上图可见，串行终端与控制台处理过程之间的主要区别是串行终端利用程序 rs_io.s 取代了控制台操作显示器和键盘的程序 console.c 和 keyboard.S，其余部分的处理过程完全一样。

10.1.6　终端驱动程序接口

通常，用户通过文件系统与设备打交道。每个设备都有一个文件名称，并相应地也在文件系统中占用一个索引节点（i 节点）。但该 i 节点中的文件类型是设备类型，以便与其他正规文件区别。用户就可以直接使用文件系统调用来访问设备。终端驱动程序也同样为此目的向文件系统提供了调用接口函数。终端驱动程序与系统其他程序的接口是使用 tty_io.c 文件中的通用函数实现的。其中实现了读终端函数 tty_read()和写终端函数 tty_write()，以及输入行规则函数 copy_to_cooked()。另外，在 tty_ioctl.c 程序中，实现了修改终端参数的输入输出控制函数（或系统调用）tty_ioctl()。终端的设置参数放在终端数据结构中的 termios 结构中，其中的参数比较多，也比较复杂，请参考 include/termios.h 文件中的说明。

对于不同终端设备，可以有不同的行规则程序与之匹配。但在 Linux 0.12 中仅有一个行规则函数，因此 termios 结构中的行规则字段“c_line”不起作用，都被设置为 0。

10.2　keyboard.S 程序

10.2.1　功能描述

该键盘驱动汇编程序主要包括键盘中断处理程序。在英文惯用法中，make 表示键被按下；break 表示键被松开(放开)。

该程序首先根据键盘特殊键（例如 Alt、Shift、Ctrl、Caps 键）的状态设置程序后面要用到的状态标志变量 mode 的值，然后根据引起键盘中断的按键扫描码，调用已经编排成跳转表的相应扫描码处理子程序，把扫描码对应的字符放入读字符队列（read_q）中。接下来调用 C 处理函数 do_tty_interrupt()（tty_io.c，342 行），该函数仅包含一个对行规程函数 copy_to_cooked()的调用。这个行规程函数的主要作用就是把 read_q 读缓冲队列中的字符经过适当处理后放入规范模式队列（辅助队列 secondary）中，并且在处理过程中，若相应终端设备设置了回显标志，还会把字符直接放入写队列（write_q）中，从而在终端屏幕上会显示出刚键入的字符。

对于 AT 键盘的扫描码，当键被按下时，则键的扫描码被送出，但当键松开时，将会发送两个字节，第一个是 0xf0，第 2 个还是按下时的扫描码。为了向下的兼容性，设计人员将 AT 键盘发出的扫描码转换成了老式 PC/XT 标准键盘的扫描码。因此这里仅对 PC/XT 的扫描码进行处理即可。有关键盘扫描码的说明，请参见程序 10-1 后的描述。

另外，这个程序的文件名与其他 gas 汇编语言程序不同，它的后缀是大写的“.S”。使用这样的后缀可以让 as 使用 GNU C 编译器的预处理程序 CPP，即在你的汇编语言程序中可以使用很多 C 语言的伪指令。例如“#include”、“#if”等，参见程序中的具体使用方法。

10.2.2　代码注释

程序 10-1　linux/kernel/chr_drv/keyboard.S

```
/*
 * linux/kernel/keyboard.S
```

```
 *
 * (C) 1991  Linus Torvalds
 */

/*
 *     Thanks to Alfred Leung for US keyboard patches
 *           Wolfgang Thiel for German keyboard patches
 *           Marc Corsini for the French keyboard
 */
/*
 *     感谢 Alfred Leung 添加了 US 键盘补丁程序；
 *           Wolfgang Thiel 添加了德语键盘补丁程序；
 *           Marc Corsini 添加了法文键盘补丁程序。
 */

/* KBD_FINNISH for Finnish keyboards
 * KBD_US for US-type
 * KBD_GR for German keyboards
 * KBD_FR for Frech keyboard
 */
/*
 * KBD_FINNISH 是芬兰键盘。
 * KBD_US 是美式键盘。
 * KBD_GR 是德式键盘。
 * KBD_FR 是法式键盘。
 */
#define KBD_FINNISH              // 定义使用的键盘类型。用于后面选择采用的字符映射码表。

.text
.globl _keyboard_interrupt     // 声明为全局变量，用于在初始化时设置键盘中断描述符。

/*
 * these are for the keyboard read functions
 */
/*
 * 以下这些用于读键盘操作。
 */
// size 是键盘缓冲区（缓冲队列）长度（字节数）。
/* 值必须是 2 的次方！并且与 tty_io.c 中的值匹配!!!! */
size    = 1024          /* must be a power of two ! And MUST be the same
                           as in tty_io.c !!!! */

// 以下是键盘缓冲队列数据结构 tty_queue 中的偏移量（include/linux/tty.h，第 16 行）。
head = 4                        // 缓冲区头指针字段在 tty_queue 结构中的偏移。
tail = 8                        // 缓冲区尾指针字段偏移。
proc_list = 12                  // 等待该缓冲队列的进程字段偏移。
buf = 16                        // 缓冲区字段偏移。

// 在本程序中使用了 3 个标志字节。mode 是键盘特殊键（ctrl、alt 或 caps）的按下状态标志；
// leds 是用于表示键盘指示灯的状态标志。 e0 是当收到扫描码 0xe0 或 0xe1 时设置的标志。
// 每个字节标志中各位的含义见如下说明：
// (1) mode 是键盘特殊键的按下状态标志。
// 表示大小写转换键(caps)、交换键(alt)、控制键(ctrl)和换档键(shift)的状态。
//      位 7 caps 键按下；
//      位 6 caps 键的状态（应该与 leds 中对应 caps 的标志位一样）；
//      位 5 右 alt 键按下；
```

```
//     位 4 左 alt 键按下；
//     位 3 右 ctrl 键按下；
//     位 2 左 ctrl 键按下；
//     位 1 右 shift 键按下；
//     位 0 左 shift 键按下。
// (2) leds 是用于表示键盘指示灯的状态标志。即表示数字锁定键（num-lock）、大小写转换键（caps-
// lock）和滚动锁定键（scroll-lock）的发光二极管（LED）状态。
//     位 7-3 全 0 不用；
//     位 2 caps-lock；
//     位 1 num-lock（初始置 1，也即设置数字锁定键(num-lock)发光管为亮）；
//     位 0 scroll-lock。
// (3) 当扫描码是 0xe0 或 0xe1 时，置该标志。表示其后还跟随着 1 个或 2 个字符扫描码。通常若收到
// 扫描码 0xe0 则意味着还有一个字符跟随其后；若收到扫描码 0xe1 则表示后面还跟随着 2 个字符。参见程
// 序列表后说明。
//     位 1 =1 收到 0xe1 标志；
//     位 0 =1 收到 0xe0 标志。
mode:   .byte 0         /* caps, alt, ctrl and shift mode */
leds:   .byte 2         /* num-lock, caps, scroll-lock mode (nom-lock on) */
e0:     .byte 0

/*
 *  con_int is the real interrupt routine that reads the
 *  keyboard scan-code and converts it into the appropriate
 *  ascii character(s).
 */
/*
 * con_int 是实际的中断处理子程序，用于读键盘扫描码并将其转换成相应的 ascii 字符。
 * [ 注：这段英文注释已过时。]
 */
//// 键盘中断处理程序入口点。
// 接收到用户的一个按键操作时，就会向中断控制器发出一个键盘中断请求信号当键盘控制器 IRQ1。当 CPU
// 响应该请求时就会执行键盘中断处理程序。该中断处理程序会从键盘控制器相应端口（0x60）读入按键扫
// 描码，并调用对应的扫描码子程序进行处理。
// 首先从端口 0x60 读取当前按键的扫描码。然后判断该扫描码是否是 0xe0 或 0xe1，如果是的话就立刻对
// 键盘控制器作出应答，并向中断控制器发送中断结束（EOI）信号，以允许键盘控制器能继续产生中断信
// 号，从而让我们来接收后续的字符。 如果接收到的扫描码不是这两个特殊扫描码，我们就根据扫描码值调
// 用按键跳转表 key_table 中相应按键处理子程序，把扫描码对应的字符放入读字符缓冲队列 read_q
// 中。然后，在对键盘控制器作出应答并发送 EOI 信号之后，调用函数 do_tty_interrupt()（实际上是
// 调用 copy_to_cooked()）把 read_q 中的字符经过处理后放到 secondary 辅助队列中。
_keyboard_interrupt:
        pushl %eax
        pushl %ebx
        pushl %ecx
        pushl %edx
        push %ds
        push %es
        movl $0x10,%eax             // 将 ds、es 段寄存器置为内核数据段。
        mov %ax,%ds
        mov %ax,%es
        movl _blankinterval,%eax
        movl %eax,_blankcount       // 预置黑屏时间计数值为 blankinterval（滴答数）。
        xorl %eax,%eax              /* %eax is scan code */   /* eax 中是扫描码 */
        inb $0x60,%al               // 读取扫描码→al。
        cmpb $0xe0,%al              // 扫描码是 0xe0 吗？若是则跳转到设置 e0 标志代码处。
        je set_e0
        cmpb $0xe1,%al              // 扫描码是 0xe1 吗？若是则跳转到设置 e1 标志代码处。
```

```
59          je set_e1
60          call key_table(,%eax,4)     // 调用键处理程序 key_table + eax*4（参见 502 行）。
61          movb $0,e0                  // 返回之后复位 e0 标志。

// 下面这段代码（第 55～65 行）针对使用 8255A 的 PC 标准键盘电路进行硬件复位处理。端口 0x61 是
// 8255A 输出口 B 的地址，该输出端口的第 7 位（PB7）用于禁止和允许对键盘数据的处理。
// 这段程序用于对收到的扫描码做出应答。方法是首先禁止键盘，然后立刻重新允许键盘工作。
62 e0_e1:   inb $0x61,%al               // 取 PPI 端口 B 状态，其位 7 用于允许/禁止（0/1）键盘。
63          jmp 1f                      // 延迟一会。
64 1:       jmp 1f
65 1:       orb $0x80,%al               // al 位 7 置位（禁止键盘工作）。
66          jmp 1f
67 1:       jmp 1f
68 1:       outb %al,$0x61              // 使 PPI PB7 位置位。
69          jmp 1f
70 1:       jmp 1f
71 1:       andb $0x7F,%al              // al 位 7 复位。
72          outb %al,$0x61              // 使 PPI PB7 位复位（允许键盘工作）。
73          movb $0x20,%al              // 向 8259 中断芯片发送 EOI(中断结束)信号。
74          outb %al,$0x20
75          pushl $0                    // 控制台 tty 号=0，作为参数入栈。
76          call _do_tty_interrupt      // 将收到数据转换成规范模式并存放在规范字符缓冲队列中。
77          addl $4,%esp                // 丢弃入栈的参数，弹出保留的寄存器，并中断返回。
78          pop %es
79          pop %ds
80          popl %edx
81          popl %ecx
82          popl %ebx
83          popl %eax
84          iret
85 set_e0:  movb $1,e0                  // 收到扫描前导码 0xe0 时，设置 e0 标志（位 0）。
86          jmp e0_e1
87 set_e1:  movb $2,e0                  // 收到扫描前导码 0xe1 时，设置 e1 标志（位 1）。
88          jmp e0_e1
89
90 /*
91  * This routine fills the buffer with max 8 bytes, taken from
92  * %ebx:%eax. (%edx is high). The bytes are written in the
93  * order %al,%ah,%eal,%eah,%bl,%bh ... until %eax is zero.
94  */
/*
 * 下面该子程序把 ebx:eax 中的最多 8 个字符添入缓冲队列中。（ebx 是高字）所写入字符的顺序是 al,
 * ah,eal,eah,bl,bh...直到 eax 等于 0。
 */
// 首先从缓冲队列地址表 table_list（tty_io.c，99 行）取控制台的读缓冲队列 read_q 地址。
// 然后把 al 寄存器中的字符复制到读队列头指针处并把头指针前移 1 字节位置。若头指针移出读缓冲区的
// 末端，就让其回绕到缓冲区开始处。然后再看看此时缓冲队列是否已满，即比较一下队列头指针是否与
// 尾指针相等（相等表示满）。如果已满，就把 ebx:eax 中可能还有的其余字符全部抛弃掉。如果缓冲区
// 还未满，就把 ebx:eax 中数据联合右移 8 位（即把 ah 值移到 al、bl→ah、bh→bl），然后重复上面对
// al 的处理过程。直到所有字符都处理完后，就保存当前头指针值，再检查一下是否有进程等待着读队列，
// 如果有则唤醒之。
95 put_queue:
96          pushl %ecx
97          pushl %edx                        // 下句取控制台 tty 结构中读缓冲队列指针。
98          movl _table_list,%edx             # read-queue for console
99          movl head(%edx),%ecx              // 取队列头指针→ecx。
```

```
100 1:      movb %al,buf(%edx,%ecx)       // 将 al 中的字符放入头指针位置处。
101         incl %ecx                     // 头指针前移 1 字节。
102         andl $size-1,%ecx             // 调整头指针。若超出缓冲区末端则绕回开始处。
103         cmpl tail(%edx),%ecx          # buffer full - discard everything
                                          // 头指针==尾指针吗？（即缓冲队列满了吗？）
104         je 3f                         // 如果已满，则后面未放入的字符全抛弃。
105         shrdl $8,%ebx,%eax            // 将 ebx 中 8 个位右移 8 位到 eax 中，ebx 不变。
106         je 2f                         // 还有字符吗？若没有（等于 0）则跳转。
107         shrl $8,%ebx                  // 将 ebx 值右移 8 位，并跳转到标号 1 继续操作。
108         jmp 1b
109 2:      movl %ecx,head(%edx)          // 若已将所有字符都放入队列，则保存头指针。
110         movl proc_list(%edx),%ecx     // 该队列的等待进程指针？
111         testl %ecx,%ecx               // 检测是否有等待该队列的进程。
112         je 3f                         // 无，则跳转；
113         movl $0,(%ecx)                // 有，则唤醒进程（置该进程为就绪状态）。
114 3:      popl %edx
115         popl %ecx
116         ret
117
    // 从这里开始是键跳转表 key_table 中指针对应的各个按键（或松键）处理子程序。供上面第 53 行语句
    // 调用。键跳转表 key_table 在第 513 行开始。
    //
    // 下面这段代码根据 ctrl 或 alt 的扫描码，分别设置模式标志 mode 中相应位。如果在该扫描码之前收到
    // 过 0xe0 扫描码（e0 标志置位），则说明按下的是键盘右边的 ctrl 或 alt 键，则对应设置 ctrl 或 alt
    // 在模式标志 mode 中的位。
118 ctrl:   movb $0x04,%al                // 0x4 是 mode 中左 ctrl 键对应的位（位 2）。
119         jmp 1f
120 alt:    movb $0x10,%al                // 0x10 是 mode 中左 alt 键对应的位（位 4）。
121 1:      cmpb $0,e0                    // e0 置位了吗（按下的是右边的 ctrl/alt 键吗）？
122         je 2f                         // 不是则转。
123         addb %al,%al                  // 是，则改成置相应右键标志位（位 3 或位 5）。
124 2:      orb %al,mode                  // 设置 mode 标志中对应的位。
125         ret
    // 这段代码处理 ctrl 或 alt 键松开时的扫描码，复位模式标志 mode 中的对应位。在处理时要根据 e0 标
    // 志是否置位来判断是否是键盘右边的 ctrl 或 alt 键。
126 unctrl: movb $0x04,%al                // mode 中左 ctrl 键对应的位（位 2）。
127         jmp 1f
128 unalt:  movb $0x10,%al                // 0x10 是 mode 中左 alt 键对应的位（位 4）。
129 1:      cmpb $0,e0                    // e0 置位了吗（释放的是右边的 ctrl/alt 键吗）？
130         je 2f                         // 不是，则转。
131         addb %al,%al                  // 是，则改成复位相应右键的标志位（位 3 或位 5）。
132 2:      notb %al                      // 复位 mode 标志中对应的位。
133         andb %al,mode
134         ret
135
    // 这段代码处理左、右 shift 键按下和松开时的扫描码，分别设置和复位 mode 中的相应位。
136 lshift:
137         orb $0x01,mode                // 是左 shift 键按下，设置 mode 中位 0。
138         ret
139 unlshift:
140         andb $0xfe,mode               // 是左 shift 键松开，复位 mode 中位 0。
141         ret
142 rshift:
143         orb $0x02,mode                // 是右 shift 键按下，设置 mode 中位 1。
144         ret
145 unrshift:
```

```
146         andb $0xfd,mode              // 是右 shift 键松开，复位 mode 中位 1。
147         ret
148
// 这段代码对收到 caps 键扫描码进行处理。通过 mode 中位 7 可以知道 caps 键当前是否正处于在按下状
// 态。若是则返回，否则就翻转 mode 标志中 caps 键按下的位（位 6）和 leds 标志中 caps-lock 位（位
// 2），设置 mode 标志中 caps 键已按下标志位（位 7）。
149 caps:   testb $0x80,mode             // 测试 mode 中位 7 是否已置位（即在按下状态）。
150         jne 1f                       // 如果已处于按下状态，则返回（186 行）。
151         xorb $4,leds                 // 翻转 leds 标志中 caps-lock 位（位 2）。
152         xorb $0x40,mode              // 翻转 mode 标志中 caps 键按下的位（位 6）。
153         orb $0x80,mode               // 设置 mode 标志中 caps 键已按下标志位（位 7）。
// 这段代码根据 leds 标志，开启或关闭 LED 指示器。
154 set_leds:
155         call kb_wait                 // 等待键盘控制器输入缓冲空。
156         movb $0xed,%al               /* set leds command */
157         outb %al,$0x60               // 发送键盘命令 0xed 到 0x60 端口。
158         call kb_wait
159         movb leds,%al                // 取 leds 标志，作为参数。
160         outb %al,$0x60               // 发送该参数。
161         ret
162 uncaps: andb $0x7f,mode              // caps 键松开，则复位 mode 中的对应位（位 7）。
163         ret
164 scroll:
165         testb $0x03,mode             // 若此时 ctrl 键也同时按下，则
166         je 1f
167         call _show_mem               // 显示内存状态信息（mm/memory.c，457 行）。
168         jmp 2f
169 1:      call _show_state             //否则显示进程状态信息（kernel/sched.c，45 行）。
170 2:      xorb $1,leds                 // scroll 键按下，则翻转 leds 中对应位（位 0）。
171         jmp set_leds                 // 根据 leds 标志重新开启或关闭 LED 指示器。
172 num:    xorb $2,leds                 // num 键按下，则翻转 leds 中的对应位（位 1）。
173         jmp set_leds                 // 根据 leds 标志重新开启或关闭 LED 指示器。
174
175 /*
176  * curosr-key/numeric keypad cursor keys are handled here.
177  * checking for numeric keypad etc.
178  */
/*
 * 这里处理方向键/数字小键盘方向键，检测数字小键盘等。
 */
179 cursor:
180         subb $0x47,%al       // 扫描码是数字键盘上的键（其扫描码>=0x47）发出的？
181         jb 1f                // 如果小于则不处理，返回（198 行）。
182         cmpb $12,%al         // 如果扫描码 > 0x53（0x53 - 0x47 = 12），则
183         ja 1f                // 表示扫描码值超过 83（0x53），不处理，返回。
184         jne cur2             /* check for ctrl-alt-del */ /* 检测 ctrl-alt-del 键*/
// 若等于 12，说明 del 键已被按下，则继续判断 ctrl 和 alt 是否也被同时按下。
185         testb $0x0c,mode     // 有 ctrl 键按下了吗？无，则跳转。
186         je cur2
187         testb $0x30,mode     // 有 alt 键按下吗？
188         jne reboot           // 有，则跳转到重启动处理（第 594 行）。
189 cur2:   cmpb $0x01,e0        /* e0 forces cursor movement */ /* e0 置位指光标移动*/
                             // e0 标志置位了吗？
190         je cur               // 置位了，则跳转光标移动处理处 cur。
191         testb $0x02,leds     /* not num-lock forces cursor*/ /*num-lock 键则不许*/
                             // 测试 leds 中标志 num-lock 键标志是否置位。
```

```
192          je cur                  // 若没有置位（num 的 LED 不亮），则也处理光标移动。
193          testb $0x03,mode        /* shift forces cursor */ /* shift 键也使光标移动 */
                                     // 测试模式标志 mode 中 shift 按下标志。
194          jne cur                 // 如果有 shift 键按下，则也进行光标移动处理。
195          xorl %ebx,%ebx          // 否则查询小数字表（199 行），取键的数字 ASCII 码。
196          movb num_table(%eax),%al      // 以 eax 作为索引值，取对应数字字符→al。
197          jmp put_queue           // 字符放入缓冲队列中。由于要放入队列的字符数<=4，因此
198 1:       ret                     // 在执行 put_queue 前需把 ebx 清零，见第 87 行上的注释。
199
   // 这段代码处理光标移动或插入删除按键。
200 cur:     movb cur_table(%eax),%al      // 取光标字符表中相应键的代表字符→al。
201          cmpb $'9,%al            // 若字符<='9'（5、6、2 或 3），说明是上一页、下一页、
202          ja ok_cur               // 插入或删除键，则功能字符序列中要添入字符'~'。不过
203          movb $'~,%ah            // 本内核并没有对它们进行识别和处理。
204 ok_cur: shll $16,%eax            // 将 ax 中内容移到 eax 高字中。
205          movw $0x5b1b,%ax        // 把'esc ['放入 ax，与 eax 高字中字符组成移动序列。
206          xorl %ebx,%ebx          // 由于只需把 eax 中字符放入队列，因此需要把 ebx 清零。
207          jmp put_queue           // 将该字符放入缓冲队列中。
208
209 #if defined(KBD_FR)
210 num_table:
211          .ascii "789 456 1230."        // 数字小键盘上键对应的数字 ASCII 码表。
212 #else
213 num_table:
214          .ascii "789 456 1230,"
215 #endif
216 cur_table:
217          .ascii "HA5 DGC YB623"        // 小键盘上方向键或插入删除键对应的移动表示字符表。
218
219 /*
220  * this routine handles function keys
221  */
   /*
    * 下面子程序处理功能键。
    */
   // 把功能键扫描码变换成转义字符序列并存放到读队列中。
222 func:
223          subb $0x3B,%al          // 键'F1'的扫描码是 0x3B，因此 al 中是功能键索引号。
224          jb end_func             // 如果扫描码小于 0x3b，则不处理，返回。
225          cmpb $9,%al             // 功能键是 F1～F10？
226          jbe ok_func             // 是，则跳转。
227          subb $18,%al            // 是功能键 F11，F12 吗？F11、F12 扫描码是 0x57、0x58。
228          cmpb $10,%al            // 是功能键 F11？
229          jb end_func             // 不是，则不处理，返回。
230          cmpb $11,%al            // 是功能键 F12？
231          ja end_func             // 不是，则不处理，返回。
232 ok_func:
233          testb $0x10,mode        // 左 alt 键也同时按下了吗？
234          jne alt_func            // 是则跳转处理更换虚拟控制终端。
235          cmpl $4,%ecx            /* check that there is enough room */ /*检查空间*/
236          jl end_func             // [??]需要放入 4 个字符，如果放不下，则返回。
237          movl func_table(,%eax,4),%eax       // 取功能键对应字符序列。
238          xorl %ebx,%ebx          // 因要放入队列字符数=4，因此执行 put_queue 之前
239          jmp put_queue           // 需把 ebx 清零。
   // 处理 alt + Fn 组合键，改变虚拟控制终端。此时 eax 中是功能键索引号（F1～0），对应
   // 虚拟控制终端号。
```

```
alt_func:
        pushl %eax                  // 虚拟控制终端号入栈，作为参数。
        call _change_console        // 更改当前虚拟控制终端（chr_dev/tty_io.c，87 行）。
        popl %eax                   // 丢弃参数。
end_func:
        ret

/*
 * function keys send F1:'esc [ [ A' F2:'esc [ [ B' etc.
 */
/*
 * 功能键发送的扫描码，F1 键为：'esc [ [ A'， F2 键为：'esc [ [ B'等。
 */
func_table:
        .long 0x415b5b1b,0x425b5b1b,0x435b5b1b,0x445b5b1b
        .long 0x455b5b1b,0x465b5b1b,0x475b5b1b,0x485b5b1b
        .long 0x495b5b1b,0x4a5b5b1b,0x4b5b5b1b,0x4c5b5b1b

// 扫描码-ASCII 字符映射表。
// 根据前面定义的键盘类型(FINNISH，US，GERMEN，FRANCH)，将相应键的扫描码映射到
// ASCII 字符。
#if     defined(KBD_FINNISH)  // 以下是芬兰语键盘的扫描码映射表。
key_map:
        .byte 0,27                  // 扫描码 0x00,0x01 对应的 ASCII 码；
        .ascii "1234567890+'"       // 扫描码 0x02,...0x0c,0x0d 对应的 ASCII 码，以下类似。
        .byte 127,9
        .ascii "qwertyuiop}"
        .byte 0,13,0
        .ascii "asdfghjkl|{"
        .byte 0,0
        .ascii "'zxcvbnm,.-"
        .byte 0,'*,0,32             /* 36~39 */   /* 扫描码 0x36~0x39 对应的 ASCII 码 */
        .fill 16,1,0                /* 3A~49 */   /* 扫描码 0x3A~0x49 对应的 ASCII 码 */
        .byte '-,0,0,0,'+           /* 4A~4E */   /* 扫描码 0x4A~0x4E 对应的 ASCII 码 */
        .byte 0,0,0,0,0,0,0         /* 4F~55 */   /* 扫描码 0x4F~0x55 对应的 ASCII 码 */
        .byte '<
        .fill 10,1,0

shift_map:                          // Shift 键同时按下时的映射表。
        .byte 0,27
        .ascii "!\"#$%&/()=?`"
        .byte 127,9
        .ascii "QWERTYUIOP]^"
        .byte 13,0
        .ascii "ASDFGHJKL\\["
        .byte 0,0
        .ascii "*ZXCVBNM;:_"
        .byte 0,'*,0,32             /* 36-39 */
        .fill 16,1,0                /* 3A-49 */
        .byte '-,0,0,0,'+           /* 4A-4E */
        .byte 0,0,0,0,0,0,0         /* 4F-55 */
        .byte '>
        .fill 10,1,0

alt_map:                            // Alt 键同时按下时的映射表。
        .byte 0,0
```

```
        .ascii "\0@\0$\0\0{[]}\\\0"
        .byte 0,0
        .byte 0,0,0,0,0,0,0,0,0,0,0
        .byte '~,13,0
        .byte 0,0,0,0,0,0,0,0,0,0,0
        .byte 0,0
        .byte 0,0,0,0,0,0,0,0,0,0,0
        .byte 0,0,0,0          /* 36-39 */
        .fill 16,1,0           /* 3A-49 */
        .byte 0,0,0,0,0        /* 4A-4E */
        .byte 0,0,0,0,0,0,0    /* 4F-55 */
        .byte '|
        .fill 10,1,0

#elif defined(KBD_US)          // 以下是美式键盘的扫描码映射表。

key_map:
        .byte 0,27
        .ascii "1234567890-="
        .byte 127,9
        .ascii "qwertyuiop[]"
        .byte 13,0
        .ascii "asdfghjkl;'"
        .byte '`,0
        .ascii "\\zxcvbnm,./"
        .byte 0,'*,0,32        /* 36-39 */
        .fill 16,1,0           /* 3A-49 */
        .byte '-,0,0,0,'+      /* 4A-4E */
        .byte 0,0,0,0,0,0,0    /* 4F-55 */
        .byte '<
        .fill 10,1,0


shift_map:
        .byte 0,27
        .ascii "!@#$%^&*()_+"
        .byte 127,9
        .ascii "QWERTYUIOP{}"
        .byte 13,0
        .ascii "ASDFGHJKL:\""
        .byte '~,0
        .ascii "|ZXCVBNM<>?"
        .byte 0,'*,0,32        /* 36-39 */
        .fill 16,1,0           /* 3A-49 */
        .byte '-,0,0,0,'+      /* 4A-4E */
        .byte 0,0,0,0,0,0,0    /* 4F-55 */
        .byte '>
        .fill 10,1,0

alt_map:
        .byte 0,0
        .ascii "\0@\0$\0\0{[]}\\\0"
        .byte 0,0
        .byte 0,0,0,0,0,0,0,0,0,0,0
        .byte '~,13,0
        .byte 0,0,0,0,0,0,0,0,0,0,0
```

```
        .byte 0,0
        .byte 0,0,0,0,0,0,0,0,0,0,0
        .byte 0,0,0,0           /* 36-39 */
        .fill 16,1,0            /* 3A-49 */
        .byte 0,0,0,0,0         /* 4A-4E */
        .byte 0,0,0,0,0,0,0     /* 4F-55 */
        .byte '|
        .fill 10,1,0

#elif defined(KBD_GR)           // 以下是德语键盘的扫描码映射表。

key_map:
        .byte 0,27
        .ascii "1234567890\\'"
        .byte 127,9
        .ascii "qwertzuiop@+"
        .byte 13,0
        .ascii "asdfghjkl[]^"
        .byte 0,'#
        .ascii "yxcvbnm,.-"
        .byte 0,'*,0,32         /* 36-39 */
        .fill 16,1,0            /* 3A-49 */
        .byte '-,0,0,0,'+       /* 4A-4E */
        .byte 0,0,0,0,0,0,0     /* 4F-55 */
        .byte '<
        .fill 10,1,0


shift_map:
        .byte 0,27
        .ascii "!\"#$%&/()=?`"
        .byte 127,9
        .ascii "QWERTZUIOP\\*"
        .byte 13,0
        .ascii "ASDFGHJKL{}~"
        .byte 0,''
        .ascii "YXCVBNM;:_"
        .byte 0,'*,0,32         /* 36-39 */
        .fill 16,1,0            /* 3A-49 */
        .byte '-,0,0,0,'+       /* 4A-4E */
        .byte 0,0,0,0,0,0,0     /* 4F-55 */
        .byte '>
        .fill 10,1,0

alt_map:
        .byte 0,0
        .ascii "\0@\0$\0\0{[]}\\\0"
        .byte 0,0
        .byte '@,0,0,0,0,0,0,0,0,0,0
        .byte '~,13,0
        .byte 0,0,0,0,0,0,0,0,0,0,0
        .byte 0,0
        .byte 0,0,0,0,0,0,0,0,0,0,0
        .byte 0,0,0,0           /* 36-39 */
        .fill 16,1,0            /* 3A-49 */
        .byte 0,0,0,0,0         /* 4A-4E */
```

```
        .byte 0,0,0,0,0,0,0     /* 4F-55 */
        .byte '|
        .fill 10,1,0
#elif defined(KBD_FR)           // 以下是法语键盘的扫描码映射表。
key_map:
        .byte 0,27
        .ascii "&{\"'(-}_/@)="
        .byte 127,9
        .ascii "azertyuiop^$"
        .byte 13,0
        .ascii "qsdfghjklm|"
        .byte '`,0,42           /* coin sup gauche, don't know, [*|mu] */
        .ascii "wxcvbn,;:!"
        .byte 0,'*,0,32         /* 36-39 */
        .fill 16,1,0            /* 3A-49 */
        .byte '-,0,0,0,'+       /* 4A-4E */
        .byte 0,0,0,0,0,0,0     /* 4F-55 */
        .byte '<
        .fill 10,1,0
shift_map:
        .byte 0,27
        .ascii "1234567890]+"
        .byte 127,9
        .ascii "AZERTYUIOP<>"
        .byte 13,0
        .ascii "QSDFGHJKLM%"
        .byte '~,0,'#
        .ascii "WXCVBN?./\\"
        .byte 0,'*,0,32         /* 36-39 */
        .fill 16,1,0            /* 3A-49 */
        .byte '-,0,0,0,'+       /* 4A-4E */
        .byte 0,0,0,0,0,0,0     /* 4F-55 */
        .byte '>
        .fill 10,1,0
alt_map:
        .byte 0,0
        .ascii "\0~#{[|`\\^@]}"
        .byte 0,0
        .byte '@,0,0,0,0,0,0,0,0,0,0
        .byte '~,13,0
        .byte 0,0,0,0,0,0,0,0,0,0,0
        .byte 0,0
        .byte 0,0,0,0,0,0,0,0,0,0,0
        .byte 0,0,0,0           /* 36-39 */
        .fill 16,1,0            /* 3A-49 */
        .byte 0,0,0,0,0         /* 4A-4E */
        .byte 0,0,0,0,0,0,0     /* 4F-55 */
        .byte '|
        .fill 10,1,0
#else
```

```
#error "KBD-type not defined"
#endif
/*
 * do_self handles "normal" keys, ie keys that don't change meaning
 * and which have just one character returns.
 */
 /*
  * do_self 用于处理“普通”键，也即含义没有变化并且只有一个字符返回的键。
  */
 // 首先根据 mode 标志选择 alt_map、shift_map 或 key_map 映射表之一。
do_self:
        lea alt_map,%ebx             // 取 alt 键同时按下时的映射表基址 alt_map。
        testb $0x20,mode             /* alt-gr */  /* 右 alt 键同时按下了？*/
        jne 1f                       // 是，则向前跳转到标号 1 处。
        lea shift_map,%ebx           // 取 shift 键同时按下时的映射表基址 shift_map。
        testb $0x03,mode             // 有 shift 键同时按下了吗？
        jne 1f                       // 有，则向前跳转到标号 1 处去映射字符。
        lea key_map,%ebx             // 否则使用普通映射表 key_map。
 // 然后根据扫描码取映射表中对应的 ASCII 字符。若没有对应字符，则返回（转 none）。
1:      movb (%ebx,%eax),%al         // 将扫描码作为索引值，取对应的 ASCII 码➔al。
        orb %al,%al                  // 检测看是否有对应的 ASCII 码。
        je none                      // 若没有(对应的 ASCII 码=0)，则返回。
 // 若 ctrl 键已按下或 caps 键锁定，并且字符在 'a'--'}'（0x61--0x7D）范围内，则将其转成
 // 大写字符（0x41～0x5D）。
        testb $0x4c,mode             /* ctrl or caps */  /* 控制键已按下或 caps 亮？*/
        je 2f                        // 没有，则向前跳转标号 2 处。
        cmpb $'a,%al                 // 将 al 中的字符与'a'比较。
        jb 2f                        // 若 al 值<'a'，则转标号 2 处。
        cmpb $'},%al                 // 将 al 中的字符与'}'比较。
        ja 2f                        // 若 al 值>'}'，则转标号 2 处。
        subb $32,%al                 // 将 al 转换为大写字符（减 0x20）。
 // 若 ctrl 键已按下，并且字符在 '`'--'_'（0x40--0x5F）之间，即是大写字符，则将其转换为控制字
 // 符（0x00--0x1F）。
2:      testb $0x0c,mode             /* ctrl */  /* ctrl 键同时按下了吗？*/
        je 3f                        // 若没有则转标号 3。
        cmpb $64,%al                 // 将 al 与'@'（64）字符比较，即判断字符所属范围。
        jb 3f                        // 若值<'@'，则转标号 3。
        cmpb $64+32,%al              // 将 al 与'`'（96）字符比较，即判断字符所属范围。
        jae 3f                       // 若值>='`'，则转标号 3。
        subb $64,%al                 // 否则 al 减 0x40，转换为 0x00--0x1f 的控制字符。
 // 若左 alt 键同时按下，则将字符的位 7 置位。即此时生成值大于 0x7f 的扩展字符集中的字符。
3:      testb $0x10,mode             /* left alt */  /* 左 alt 键同时按下？*/
        je 4f                        // 没有，则转标号 4。
        orb $0x80,%al                // 字符的位 7 置位。
 // 将 al 中的字符放入读缓冲队列中。
4:      andl $0xff,%eax              // 清 eax 的高字和 ah。
        xorl %ebx,%ebx               // 由于放入队列字符数<=4，因此需把 ebx 清零。
        call put_queue               // 将字符放入缓冲队列中。
none:   ret

/*
 * minus has a routine of it's own, as a 'E0h' before
 * the scan code for minus means that the numeric keypad
 * slash was pushed.
 */
 /*
```

```
 * 减号有它自己的处理子程序，因为在减号扫描码之前的 0xe0 意味着按下了数字小键盘上的斜杠键。
 */
// 注意，对于芬兰语和德语键盘，扫描码 0x35 对应的是'-'键。参见第 264 和 365 行。
502 minus:  cmpb $1,e0                  // e0 标志置位了吗?
503         jne do_self                 // 没有，则调用 do_self 对减号符进行普通处理。
504         movl $'/,%eax               // 否则用'/'替换减号'-'➔al。
505         xorl %ebx,%ebx              // 由于放入队列字符数<=4，因此需把 ebx 清零。
506         jmp put_queue               // 并将字符放入缓冲队列中。
507
508 /*
509  * This table decides which routine to call when a scan-code has been
510  * gotten. Most routines just call do_self, or none, depending if
511  * they are make or break.
512  */
/*
 * 下面是一张子程序地址跳转表。当取得扫描码后就根据此表调用相应的扫描码处理子程序。大多数调用的子
 * 程序是 do_self，或者是 none，这取决于是按键（make）还是释放键(break)。
 */
513 key_table:
514         .long none,do_self,do_self,do_self      /* 00-03 s0 esc 1 2 */
515         .long do_self,do_self,do_self,do_self   /* 04-07 3 4 5 6 */
516         .long do_self,do_self,do_self,do_self   /* 08-0B 7 8 9 0 */
517         .long do_self,do_self,do_self,do_self   /* 0C-0F + ' bs tab */
518         .long do_self,do_self,do_self,do_self   /* 10-13 q w e r */
519         .long do_self,do_self,do_self,do_self   /* 14-17 t y u i */
520         .long do_self,do_self,do_self,do_self   /* 18-1B o p } ^ */
521         .long do_self,ctrl,do_self,do_self      /* 1C-1F enter ctrl a s */
522         .long do_self,do_self,do_self,do_self   /* 20-23 d f g h */
523         .long do_self,do_self,do_self,do_self   /* 24-27 j k l | */
524         .long do_self,do_self,lshift,do_self    /* 28-2B { para lshift , */
525         .long do_self,do_self,do_self,do_self   /* 2C-2F z x c v */
526         .long do_self,do_self,do_self,do_self   /* 30-33 b n m , */
527         .long do_self,minus,rshift,do_self      /* 34-37 . - rshift * */
528         .long alt,do_self,caps,func             /* 38-3B alt sp caps f1 */
529         .long func,func,func,func               /* 3C-3F f2 f3 f4 f5 */
530         .long func,func,func,func               /* 40-43 f6 f7 f8 f9 */
531         .long func,num,scroll,cursor            /* 44-47 f10 num scr home */
532         .long cursor,cursor,do_self,cursor      /* 48-4B up pgup - left */
533         .long cursor,cursor,do_self,cursor      /* 4C-4F n5 right + end */
534         .long cursor,cursor,cursor,cursor       /* 50-53 dn pgdn ins del */
535         .long none,none,do_self,func            /* 54-57 sysreq ? < f11 */
536         .long func,none,none,none               /* 58-5B f12 ? ? ? */
537         .long none,none,none,none               /* 5C-5F ? ? ? ? */
538         .long none,none,none,none               /* 60-63 ? ? ? ? */
539         .long none,none,none,none               /* 64-67 ? ? ? ? */
540         .long none,none,none,none               /* 68-6B ? ? ? ? */
541         .long none,none,none,none               /* 6C-6F ? ? ? ? */
542         .long none,none,none,none               /* 70-73 ? ? ? ? */
543         .long none,none,none,none               /* 74-77 ? ? ? ? */
544         .long none,none,none,none               /* 78-7B ? ? ? ? */
545         .long none,none,none,none               /* 7C-7F ? ? ? ? */
546         .long none,none,none,none               /* 80-83 ? br br br */
547         .long none,none,none,none               /* 84-87 br br br br */
548         .long none,none,none,none               /* 88-8B br br br br */
549         .long none,none,none,none               /* 8C-8F br br br br */
550         .long none,none,none,none               /* 90-93 br br br br */
```

```
	.long none,none,none,none		/* 94-97 br br br br */
	.long none,none,none,none		/* 98-9B br br br br */
	.long none,unctrl,none,none		/* 9C-9F br unctrl br br */
	.long none,none,none,none		/* A0-A3 br br br br */
	.long none,none,none,none		/* A4-A7 br br br br */
	.long none,none,unlshift,none		/* A8-AB br br unlshift br */
	.long none,none,none,none		/* AC-AF br br br br */
	.long none,none,none,none		/* B0-B3 br br br br */
	.long none,none,unrshift,none		/* B4-B7 br br unrshift br */
	.long unalt,none,uncaps,none		/* B8-BB unalt br uncaps br */
	.long none,none,none,none		/* BC-BF br br br br */
	.long none,none,none,none		/* C0-C3 br br br br */
	.long none,none,none,none		/* C4-C7 br br br br */
	.long none,none,none,none		/* C8-CB br br br br */
	.long none,none,none,none		/* CC-CF br br br br */
	.long none,none,none,none		/* D0-D3 br br br br */
	.long none,none,none,none		/* D4-D7 br br br br */
	.long none,none,none,none		/* D8-DB br ? ? ? */
	.long none,none,none,none		/* DC-DF ? ? ? ? */
	.long none,none,none,none		/* E0-E3 e0 e1 ? ? */
	.long none,none,none,none		/* E4-E7 ? ? ? ? */
	.long none,none,none,none		/* E8-EB ? ? ? ? */
	.long none,none,none,none		/* EC-EF ? ? ? ? */
	.long none,none,none,none		/* F0-F3 ? ? ? ? */
	.long none,none,none,none		/* F4-F7 ? ? ? ? */
	.long none,none,none,none		/* F8-FB ? ? ? ? */
	.long none,none,none,none		/* FC-FF ? ? ? ? */

/*
 * kb_wait waits for the keyboard controller buffer to empty.
 * there is no timeout - if the buffer doesn't empty, we hang.
 */
/*
 * 子程序kb_wait用于等待键盘控制器缓冲空。不存在超时处理 - 如果缓冲永远不空的话，程序就会永远
 * 等待(死掉)。
 */
kb_wait:
	pushl %eax
1:	inb $0x64,%al			// 读键盘控制器状态。
	testb $0x02,%al			// 测试输入缓冲器是否为空（等于0）。
	jne 1b				// 若不空，则跳转循环等待。
	popl %eax
	ret
/*
 * This routine reboots the machine by asking the keyboard
 * controller to pulse the reset-line low.
 */
/*
 * 该子程序通过设置键盘控制器，向复位线输出负脉冲，使系统复位重启（reboot）。
 */
// 该子程序往物理内存地址0x472处写值0x1234。该位置是启动模式（reboot_mode）标志字。
// 在启动过程中ROM BIOS会读取该启动模式标志值并根据其值来指导下一步的执行。如果该值是0x1234，
// 则BIOS就会跳过内存检测过程而执行热启动（Warm-boot）过程。如果若该值为0，则执行冷启动（Cold
// -boot）过程。
reboot:
	call kb_wait			// 首先等待键盘控制器输入缓冲器空。
```

```
        movw $0x1234,0x472              /* don't do memory check */ /* 不检测内存 */
        movb $0xfc,%al                  /* pulse reset and A20 low */
        outb %al,$0x64                  // 向系统复位引脚和 A20 线输出负脉冲。
die:     jmp die                        // 停机。
```

10.2.3 其他信息

1. PC/AT 键盘接口编程

PC 主板上的键盘接口是专用接口，它可以看作是常规串行端口的一个简化版本。该接口被称为键盘控制器，它使用串行通信协议接收键盘发来的扫描码数据。主板上所采用的键盘控制器是 Intel 8042 芯片或其兼容芯片，其逻辑示意图如图 10-7 所示。现今的主板上已经不包括独立的 8042 芯片了，但是主板上其他集成电路会为兼容目的而模拟 8042 芯片的功能。另外，该芯片输出端口 P2 各位被分别用于其他目的。位 0（P20 引脚）用于实现 CPU 的复位操作，位 1（P21 引脚）用于控制 A20 信号线的开启与否。当该输出端口位 1 为 1 时就开启（选通）了 A20 信号线，为 0 则禁止 A20 信号线。参见第 6 章。

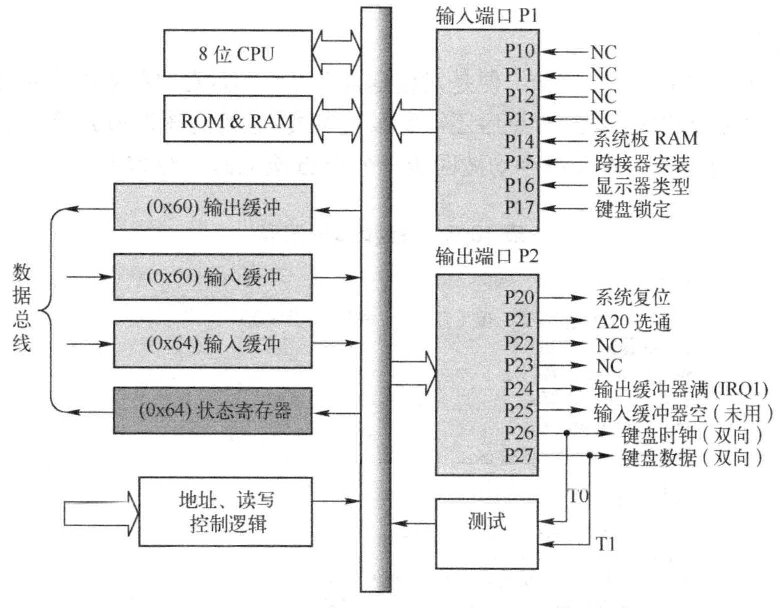

图 10-7　键盘控制器 804x 逻辑示意图

分配给键盘控制器的 IO 端口范围是 0x60～0x6f，但实际上 IBM CP/AT 使用的只有 0x60 和 0x64 两个口地址（0x61、0x62 和 0x63 用于与 XT 兼容目的）见表 10-2。加上对端口的读和写操作含义不同，因此主要可有 4 种不同操作。对键盘控制器进行编程，将涉及芯片中的状态寄存器、输入缓冲器和输出缓冲器。

表 10-2　键盘控制器 804X 端口

端口	读/写	名称	用途
0x60	读	数据端口或输出缓冲器	是一个 8 位只读寄存器。当键盘控制器收到来自键盘的扫描码或命令响应时，一方面置状态寄存器位 0＝1，另一方面产生中断 IRQ1。通常应该仅在状态端口位 0＝1 时才读
0x60	写	输入缓冲器	用于向键盘发送命令与/或随后的参数，或向键盘控制器写参数。键盘命令共有 10 多条，见表格后说明。通常都应该仅在状态端口位 1=0 时才写

（续）

端口	读/写	名称	用途
0x61	读/写		该端口是 8255A 输出口 B（P2）的地址，是针对使用/兼容 8255A 的 PC 标准键盘电路进行硬件复位处理。该端口用于对收到的扫描码做出应答。方法是首先禁止键盘，然后立刻重新允许键盘。所操作的数据为： 位 7=1 禁止键盘；=0 允许键盘； 位 6=0 迫使键盘时钟为低位，因此键盘不能发送任何数据； 位 5-0 这些位与键盘无关，是用于可编程并行接口(PPI)
0x64	读	状态寄存器	该端口是一个 8 位只读寄存器，其位字段含义分别为： 位 7=1 来自键盘传输数据奇偶校验错； 位 6=1 接收超时(键盘传送未产生 IRQ1)； 位 5=1 发送超时(键盘无响应)； 位 4=1 键盘接口被键盘锁禁止；[??是=0 时] 位 3=1 写入输入缓冲器中的数据是命令(通过端口 0x64)； =0 写入输入缓冲器中的数据是参数(通过端口 0x60)； 位 2 系统标志状态：0 = 上电启动或复位；1 = 自检通过； 位 1=1 输入缓冲器满(0x60/64 口有给 8042 的数据)； 位 0=1 输出缓冲器满(数据端口 0x60 有给系统的数据)
0x64	写	输入缓冲器	向键盘控制器写命令。可带一参数，参数从端口 0x60 写入。键盘控制器命令有 12 条，见下文

2. 键盘命令

系统在向端口 0x60 写入 1 字节，便是发送键盘命令。键盘在接收到命令后 20ms 内应予以响应，即回送一个命令响应。有的命令后还需要跟一参数（也写到该端口）。命令列表见表 10-3。注意，如果没有另外指明，所有命令均被回送一个 0xfa 响应码（ACK）。

表 10-3　键盘命令一览表

命令码	参数	功能
0xed	有	设置/复位模式指示器。置 1 开启，0 关闭。参数字节： 位 7-3 保留全为 0； 位 2 = caps-lock 键； 位 1 = num-lock 键； 位 0 = scroll-lock 键。
0xee	无	诊断回应。键盘应回送 0xee
0xef		保留不用。
0xf0	有	读取/设置扫描码集。参数字节等于： 0x00 - 选择当前扫描码集； 0x01 - 选择扫描码集 1(用于 PCs，PS/2 30 等)； 0x02 - 选择扫描码集 2(用于 AT，PS/2，是值)； 0x03 - 选择扫描码集 3
0xf1		保留不用
0xf2	无	读取键盘标识号(读取 2 个字节)。AT 键盘返回响应码 0xfa
0xf3	有	设置扫描码连续发送时的速率和延迟时间。参数字节的含义为： 位 7 保留为 0； 位 6-5 延时值：令 C=位 6-5，则有公式：延时值=(1+C)*250ms； 位 4-0 扫描码连续发送的速率；令 B=位 4-3；A=位 2-0，则有公式： 速率=1/((8+A)*2^B*0.00417)。 参数值为 0x2c
0xf4	无	开启键盘
0xf5	无	禁止键盘
0xf6	无	设置键盘默认参数
0xf7-0xfd		保留不用
0xfe	无	重发扫描码。当系统检测到键盘传输数据有错，则发此命令

（续）

命令码	参数	功能
0xff	无	执行键盘上电复位操作，称之为基本保证测试(BAT)。操作过程为： 1. 键盘收到该命令后立刻响应发送 0xfa； 2. 键盘控制器使键盘时钟和数据线置为高电平； 3. 键盘开始执行 BAT 操作； 4. 若正常完成，则键盘发送 0xaa；否则发送 0xfd 并停止扫描

3．键盘控制器命令

系统向输入缓冲(端口 0x64)写入 1 字节，即发送一键盘控制器命令。可带一参数。参数是通过写 0x60 端口发送的，见表 10-4。

表 10-4　键盘控制器命令一览表

命令	参数	功能
0x20	无	读给键盘控制器的最后一个命令字节，放在端口 0x60 供系统读取
0x21～0x3f	无	读取由命令低 5 位指定的控制器内部 RAM 中的命令
0x60～0x7f	有	写键盘控制器命令字节。参数字节：（默认值为 0x5d） 位 7 保留为 0； 位 6 IBM PC 兼容模式(奇偶检验，转换为系统扫描码，单字节 PC 断开码)； 位 5 PC 模式（对扫描码不进行奇偶校验；不转换成系统扫描码）； 位 4 禁止键盘工作（使键盘时钟为低电平）； 位 3 禁止超越(override)，对键盘锁定转换不起作用； 位 2 系统标志；1 表示控制器工作正确； 位 1 保留为 0； 位 0 允许输出寄存器满中断
0xaa	无	初始化键盘控制器自测试。成功返回 0x55；失败返回 0xfc
0xab	无	初始化键盘接口测试。返回字节： 0x00 无错； 0x01 键盘时钟线为低(始终为低，低粘连)； 0x02 键盘时钟线为高； 0x03 键盘数据线为低； 0x04 键盘数据线为高
0xac	无	诊断转储。804x 的 16BRAM、输出口、输入口状态依次输出给系统
0xad	无	禁止键盘工作（设置命令字节位 4=1）
0xae	无	允许键盘工作（复位命令字节位 4=0）
0xc0	无	读 804x 的输入端口 P1，并放在 0x60 供读取
0xd0	无	读 804x 的输出端口 P2，并放在 0x60 供读取
0xd1	有	写 804x 的输出端口 P2，原 IBM PC 使用输出端口的位 2 控制 A20 门。注意，位 0(系统复位)应该总是置位的
0xe0	无	读测试端 T0 和 T1 的输入送输出缓冲器供系统读取 位 1 键盘数据；位 0 键盘时钟
0xed	有	控制 LED 的状态。置 1 开启，0 关闭。参数字节： 位 7～3 保留全为 0； 位 2 = caps-lock 键； 位 1 = num-lock 键； 位 0 = scroll-lock 键。
0xf0～0xff	无	送脉冲到输出端口。该命令序列控制输出端口 P20～23 线，参见键盘控制器逻辑示意图。欲让哪一位输出负脉冲(6μs)，即置该位为 0。也即该命令的低 4 位分别控制负脉冲的输出。例如，若要复位系统，则需发出命令 0xfe(P20 低)即可

4．键盘扫描码

PC 采用的均是非编码键盘。键盘上每个键都有一个位置编号，是从左到右从上到下。并且 PC XT 机与 AT 机键盘的位置码差别很大。键盘内的微处理机向系统发送的是键对应的扫描码。

当键按下时，键盘输出的扫描码称为接通(make)扫描码，而该键松开时发送的则称为断开(break)扫描码。XT 键盘各键的扫描码见表 10-5。

表 10-5　XT 键盘扫描码表

F1	F2	`	1	2	3	4	5	6	7	8	9	0	-	=	\	BS	ESC	NUML	SCRL	SYSR
3B	3C	29	02	03	04	05	06	07	08	09	0A	0B	0C	0D	2B	0E	01	45	46	**
F3	F4	TAB	Q	W	E	R	T	Y	U	I	O	P	[	]			Home	↑	PgUp	PrtSc
3D	3E	0F	10	11	12	13	14	15	16	17	18	19	1A	1B			47	48	49	37
F5	F6	CNTL	A	S	D	F	G	H	J	K	L	;	'	ENTER			←	5	→	-
3F	40	1D	1E	1F	20	21	22	23	24	25	26	27	28	1C			4B	4C	4D	4A
F7	F8	LSHFT	Z	X	C	V	B	N	M	,	.	/	RSHFT				End	↓	PgDn	+
41	42	2A	2C	2D	2E	2F	30	31	32	33	34	35	36				4F	50	51	4E
F9	F10	ALT	Space											CAPLOCK			Ins		Del	
43	44	38	39											3A			52		53	

键盘上的每个键都有一个包含在字节低 7 位（位 6～0）中相应的扫描码。在高位（位 7）表示是按键还是松开键。位 7=0 表示刚将键按下的扫描码，位 7=1 表示键松开的扫描码。例如，某人刚把 ESC 键按下，则传输给系统的扫描码将是 1（1 是 ESC 键的扫描码），当该键释放时将产生 1+0x80=129 扫描码。

对于 PC、PC/XT 的标准 83 键键盘，接通扫描码与键号（键的位置码）是一样的。并用 1 字节表示。例如“A”键，键位置号是 30，接通码和扫描码也是 30（0x1e）。而其断开码是接通扫描码加上 0x80，即 0x9e。对于 AT 机使用的 84/101/102 扩展键盘，则与 PC/XT 标准键盘区别较大。

对于某些“扩展的”键则情况有些不同。当一个扩展键被按下时，将产生一个中断，并且键盘端口将输出一个“扩展的”扫描码前缀 0xe0，而在下一个中断中则会给出“扩展的”扫描码。比如，对于 PC/XT 标准键盘，左边的控制键 Ctrl 的扫描码是 29（0x1d），而右边的“扩展的”控制键 Ctrl 则具有一个扩展的扫描码序列 0xe0、0x1d。这个规则同样适合于 Alt、箭头键。

另外，还有两个键的处理非常特殊，PrtScn 键和 Pause/Break 键。按下 PrtScn 键将会向键盘中断程序发送 2 个扩展字符 42（0x2a）和 55（0x37），所以实际的字节序列将是 0xe0，0x2a，0xe0，0x37。但在键重复产生时还会发送扩展字符 0xaa，即产生序列 0xe0，0x2a，0xe0，0x37，0xe0，0xaa。当键松开时，又重新发送两个扩展的加上 0x80 的码（0xe0，0xb7，0xe0，0xaa）。当 Prtscn 键按下时，如果 Shift 或 Ctrl 键也按下了，则仅发送 0xe0，0x37，并且在松开时仅发送 0xe0，0xb7。如果按下了 Alt 键，那么 PrtScn 键就如同一个具有扫描码 0x54 的普通键。

对于 Pause/Break 键。如果你在按下该键的同时也按下了任意一个控制键 Ctrl，则将行如扩展键 70（0x46），而在其他情况下它将发送字符序列 0xe1，0x1d，0x45，0xe1，0x9d，0xc5。将键一直按下并不会产生重复的扫描码，而松开键也并不会产生任何扫描码。因此，我们可以这样来看待和处理：扫描码 0xe0 意味着还有一个字符跟随其后，而扫描码 0xe1 则表示后面跟随着 2 个字符。

对于 AT 键盘的扫描码，与 PC/XT 的略有不同。当键按下时，则对应键的扫描码被送出，但当键松开时，将会发送两个字节，第一个是 0xf0，第 2 个还是相同的键扫描码。现在键盘设计者使用 8049 作为 AT 键盘的输入处理器，为了向下的兼容性将 AT 键盘发出的扫描码转换成了老式 PC/XT 标准键盘的扫描码。

AT 键盘有三种独立的扫描码集：一种是我们上面说明的(83 键映射，而增加的键有多余的 0xe0 码)，一种几乎是顺序的，还有一种却只有 1 个字节！最后一种所带来的问题是只有左 Shift，Caps Lock，左 Ctrl 和左 Alt 键的松开码被发送。键盘的默认扫描码集是扫描码集 2，可以利用命令更改。

对于扫描码集 1 和 2，有特殊码 0xe0 和 0xe1。它们用于具有相同功能的键。比如：左控制键 Ctrl 位置是 0x1d(对于 PC/XT)，则右边的控制键就是 0xe0，0x1d。这是为了与 PC/XT 程序兼容。注意：唯一使用 0xe1 的时候是当它表示临时控制键时，对此情况同时也有一个 0xe0 的版本。

10.3 console.c 程序

10.3.1 功能描述

本文件是内核中最长的程序之一，但功能比较单一。其中的所有子程序都是为了实现终端屏幕写函数 con_write()以及进行终端屏幕显示的控制操作。

当往一个控制台设备执行写操作时，就会调用 con_write()函数。这个函数管理所有控制字符和换码字符序列，这些字符给应用程序提供全部的屏幕管理操作。所实现的换码序列是 vt102 终端的；这意味着当你使用 telnet 连接到一台非 Linux 主机时，你的环境变量应该有 TERM=vt102；然而，对于本地操作最佳的选择是设置 TERM=console，因为 Linux 控制台提供了一个 vt102 功能的超集。

函数 con_write()主要由转换语句组成，用于每次处理一个字符的有限长状态自动转义序列的解释。在正常方式下，显示字符使用当前属性直接写到显示内存中。该函数会从终端 tty_struct 结构的写缓冲队列 write_q 中取出字符或字符序列，然后根据字符的性质（是普通字符、控制字符、转义序列还是控制序列），把字符显示在终端屏幕上或进行一些光标移动、字符擦除等屏幕控制操作。

终端屏幕初始化函数 con_init()会根据系统初始化时获得的系统信息，设置有关屏幕的一些基本参数值，用于 con_write()函数的操作。

有关终端设备字符缓冲队列的说明可参见 include/linux/tty.h 头文件。其中给出了字符缓冲队列的数据结构 tty_queue、终端的数据结构 tty_struct 和一些控制字符的值。另外还有一些对缓冲队列进行操作的宏定义。缓冲队列及其操作示意图如图 10-14 所示。

10.3.2 代码注释

程序 10-2　linux/kernel/chr_drv/console.c

```
/*
 *  linux/kernel/console.c
 *
 *  (C) 1991  Linus Torvalds
 */

/*
 *      console.c
 *
```

```
 * This module implements the console io functions
 *      'void con_init(void)'
 *      'void con_write(struct tty_queue * queue)'
 * Hopefully this will be a rather complete VT102 implementation.
 *
 * Beeping thanks to John T Kohl.
 *
 * Virtual Consoles, Screen Blanking, Screen Dumping, Color, Graphics
 *   Chars, and VT100 enhancements by Peter MacDonald.
 */
/*
 *      console.c
 *
 * 该模块实现控制台输入输出功能
 *     'void con_init(void)'
 *     'void con_write(struct tty_queue * queue)'
 * 希望这是一个非常完整的 VT102 实现。
 *
 * 感谢 John T. Kohl 实现了蜂鸣指示子程序。
 *
 * 虚拟控制台、屏幕黑屏处理、屏幕拷贝、彩色处理、图形字符显示以及
 * VT100 终端增强操作由 Peter MacDonald 编制。
 */

/*
 *  NOTE!!! We sometimes disable and enable interrupts for a short while
 * (to put a word in video IO), but this will work even for keyboard
 * interrupts. We know interrupts aren't enabled when getting a keyboard
 * interrupt, as we use trap-gates. Hopefully all is well.
 */
/*
 * 注意!!! 我们有时短暂地禁止和允许中断（当输出一个字(word) 到视频 IO），但即使对于键盘中断这
 * 也是可以工作的。因为我们使用了陷阱门，所以我们知道在处理一个键盘中断过程期间中断是被禁止的。
 * 希望一切均正常。
 */

/*
 * Code to check for different video-cards mostly by Galen Hunt,
 * <g-hunt@ee.utah.edu>
 */
/*
 * 检测不同显示卡的大多数代码是 Galen Hunt 编写的。
 * <g-hunt@ee.utah.edu>
 */

#include <linux/sched.h>     // 调度程序头文件，定义任务结构 task_struct、任务 0 数据等。
#include <linux/tty.h>       // tty 头文件，定义有关 tty_io，串行通信方面的参数、常数。
#include <linux/config.h>    // 内核配置头文件。定义硬盘类型（HD_TYPE）可选项。
#include <linux/kernel.h>    // 内核头文件。含有一些内核常用函数的原形定义。

#include <asm/io.h>          // io 头文件。定义硬件端口输入/输出宏汇编语句。
#include <asm/system.h>      // 系统头文件。定义设置或修改描述符/中断门等的汇编宏。
#include <asm/segment.h>     // 段操作头文件。定义了有关段寄存器操作的嵌入式汇编函数。

#include <string.h>          // 字符串头文件。主要定义了一些有关字符串操作的嵌入函数。
#include <errno.h>           // 错误号头文件。包含系统中各种出错号。
```

```
// 该符号常量定义终端 IO 结构的默认数据。其中符号常数请参照 include/termios.h 文件。
#define DEF_TERMIOS \
(struct termios) { \
      ICRNL, \
      OPOST | ONLCR, \
      0, \
      IXON | ISIG | ICANON | ECHO | ECHOCTL | ECHOKE, \
      0, \
      INIT_C_CC \
}
/*
 * These are set up by the setup-routine at boot-time:
 */
/*
 * 这些是 setup 程序在引导启动系统时设置的参数:
 */
// 参见对 boot/setup.s 的注释和 setup 程序读取并保留的系统参数表。
#define ORIG_X          (*(unsigned char *)0x90000)        // 初始光标列号。
#define ORIG_Y          (*(unsigned char *)0x90001)        // 初始光标行号。
#define ORIG_VIDEO_PAGE   (*(unsigned short *)0x90004)     // 初始显示页面。
#define ORIG_VIDEO_MODE   ((*(unsigned short *)0x90006) & 0xff)    // 显示模式。
#define ORIG_VIDEO_COLS   (((*(unsigned short *)0x90006) & 0xff00) >> 8)
// 屏幕列数。
#define ORIG_VIDEO_LINES  ((*(unsigned short *)0x9000e) & 0xff)    // 屏幕行数。
#define ORIG_VIDEO_EGA_AX (*(unsigned short *)0x90008)     // [??]
#define ORIG_VIDEO_EGA_BX (*(unsigned short *)0x9000a)     // 显示内存大小和色彩模式。
#define ORIG_VIDEO_EGA_CX (*(unsigned short *)0x9000c)     // 显示卡特性参数。
// 定义显示器单色/彩色显示模式类型符号常数。
#define VIDEO_TYPE_MDA    0x10      /* Monochrome Text Display    */ /* 单色文本  */
#define VIDEO_TYPE_CGA    0x11      /* CGA Display                */ /* CGA 显示器 */
#define VIDEO_TYPE_EGAM   0x20      /* EGA/VGA in Monochrome Mode
                                                            */ /* EGA/VGA 单色*/
#define VIDEO_TYPE_EGAC   0x21      /* EGA/VGA in Color Mode      */ /*EGA/VGA 彩色*/
#define NPAR 16                     // 转义字符序列中最大参数个数。
int NR_CONSOLES = 0;                // 系统实际支持的虚拟控制台数量。
extern void keyboard_interrupt(void);          // 键盘中断处理程序（keyboard.S）。
// 以下这些静态变量是本文件函数中使用的一些全局变量。
// video_type;              使用的显示类型;
// video_num_columns;       屏幕文本列数;
// video_mem_base;          物理显示内存基地址;
// vidco_mem_term;          物理显示内存末端地址;
// video_size_row;          屏幕每行使用的字节数;
// video_num_lines;         屏幕文本行数;
// video_page;              初试显示页面;
// video_port_reg;          显示控制选择寄存器端口;
// video_port_val;          显示控制数据寄存器端口。
static unsigned char   video_type;          /* Type of display being used  */
```

```
static unsigned long   video_num_columns;     /* Number of text columns      */
static unsigned long   video_mem_base;        /* Base of video memory       */
static unsigned long   video_mem_term;        /* End of video memory        */
static unsigned long   video_size_row;        /* Bytes per row             */
static unsigned long   video_num_lines;       /* Number of test lines        */
static unsigned char   video_page;            /* Initial video page         */
static unsigned short  video_port_reg;        /* Video register select port   */
static unsigned short  video_port_val;        /* Video register value port    */
static int can_do_colour = 0;                 // 标志：可使用彩色功能。

// 虚拟控制台结构。其中包含一个虚拟控制台的当前所有信息。其中 vc_origin 和 vc_scr_end 是当前正
// 在处理的虚拟控制台执行快速滚屏操作时使用的起始行和末行对应的显示内存位置。
// vc_video_mem_start 和 vc_video_mem_end 是当前虚拟控制台使用的显示内存区域部分。
// vc -- Virtual Console。
static struct {
      unsigned short  vc_video_erase_char;    // 擦除字符属性及字符（0x0720）
      unsigned char   vc_attr;                // 字符属性。
      unsigned char   vc_def_attr;            // 默认字符属性。
      int             vc_bold_attr;           // 粗体字符属性。
      unsigned long   vc_ques;                // 问号字符。
      unsigned long   vc_state;               // 处理转义或控制序列的当前状态。
      unsigned long   vc_restate;             // 处理转义或控制序列的下一状态。
      unsigned long   vc_checkin;
      unsigned long   vc_origin;              /* Used for EGA/VGA fast scroll */
      unsigned long   vc_scr_end;             /* Used for EGA/VGA fast scroll */
      unsigned long   vc_pos;                 // 当前光标对应的显示内存位置。
      unsigned long   vc_x,vc_y;              // 当前光标列、行值。
      unsigned long   vc_top,vc_bottom;       // 滚动时顶行行号；底行行号。
      unsigned long   vc_npar,vc_par[NPAR];   // 转义序列参数个数和参数数组。
      unsigned long   vc_video_mem_start;     /* Start of video RAM         */
      unsigned long   vc_video_mem_end;       /* End of video RAM (sort of)  */
      unsigned int    vc_saved_x;             // 保存的光标列号。
      unsigned int    vc_saved_y;             // 保存的光标行号。
      unsigned int    vc_iscolor;             // 彩色显示标志。
      char *          vc_translate;           // 使用的字符集。
} vc_cons [MAX_CONSOLES];

// 为了便于引用，以下定义当前正在处理控制台信息的符号。含义同上。其中 currcons 是使用
// vc_cons[]结构的函数参数中的当前虚拟终端号。
#define origin        (vc_cons[currcons].vc_origin)     // 快速滚屏操作起始内存位置。
#define scr_end       (vc_cons[currcons].vc_scr_end)    // 快速滚屏操作末端内存位置。
#define pos           (vc_cons[currcons].vc_pos)
#define top           (vc_cons[currcons].vc_top)
#define bottom        (vc_cons[currcons].vc_bottom)
#define x             (vc_cons[currcons].vc_x)
#define y             (vc_cons[currcons].vc_y)
#define state         (vc_cons[currcons].vc_state)
#define restate       (vc_cons[currcons].vc_restate)
#define checkin       (vc_cons[currcons].vc_checkin)
#define npar          (vc_cons[currcons].vc_npar)
#define par           (vc_cons[currcons].vc_par)
#define ques          (vc_cons[currcons].vc_ques)
#define attr          (vc_cons[currcons].vc_attr)
#define saved_x       (vc_cons[currcons].vc_saved_x)
#define saved_y       (vc_cons[currcons].vc_saved_y)
#define translate     (vc_cons[currcons].vc_translate)
```

```
#define video_mem_start  (vc_cons[currcons].vc_video_mem_start)
// 使用显存的起始位置。
#define video_mem_end    (vc_cons[currcons].vc_video_mem_end)// 使用显存的末端位置。
#define def_attr         (vc_cons[currcons].vc_def_attr)
#define video_erase_char (vc_cons[currcons].vc_video_erase_char)
#define iscolor          (vc_cons[currcons].vc_iscolor)
int blankinterval = 0;               // 设定的屏幕黑屏间隔时间。
int blankcount = 0;                  // 黑屏时间计数。
static void sysbeep(void);           // 系统蜂鸣函数。
/*
 * this is what the terminal answers to a ESC-Z or csi0c
 * query (= vt100 response).
 */
/*
 * 下面是终端回应ESC-Z或csi0c请求的应答（=vt100响应）。
 */
// csi - 控制序列引导码(Control Sequence Introducer)。
// 主机通过发送不带参数或参数是0的设备属性（DA）控制序列（ 'ESC [c' 或 'ESC [0c' ]要求终端
// 应答一个设备属性控制序列（ESC Z 的作用与此相同），终端则发送以下序列来响应主机。该序列（即
// 'ESC [?1;2c' ）表示终端是具有高级视频功能的VT100兼容终端。
#define RESPONSE "\033[?1;2c"
// 定义使用的字符集。其中上半部分时普通7位ASCII代码，即US字符集。下半部分对应VT100终端设
// 备中的线条字符，即显示图表线条的字符集。
static char * translations[] = {
/* normal 7-bit ascii */
        " !\"#$%&'()*+,-./0123456789:;<=>?"
        "@ABCDEFGHIJKLMNOPQRSTUVWXYZ[\\]^_"
        "`abcdefghijklmnopqrstuvwxyz{|}~ ",
/* vt100 graphics */
        " !\"#$%&'()*+,-./0123456789:;<=>?"
        "@ABCDEFGHIJKLMNOPQRSTUVWXYZ[\\]^ "
        "\004\261\007\007\007\007\370\361\007\007\275\267\326\323\327\304"
        "\304\304\304\304\307\266\320\322\272\363\362\343\\007\234\007 "
};
#define NORM_TRANS (translations[0])
#define GRAF_TRANS (translations[1])
//// 跟踪光标当前位置。
// 参数：currcons - 当前虚拟终端号；new_x - 光标所在列号；new_y - 光标所在行号。
// 更新当前光标位置变量 x,y，并修正光标在显示内存中的对应位置 pos。该函数会首先检查参数的有效性。
// 如果给定的光标列号超出显示器最大列数，或者光标行号不低于显示的最大行数，则退出。否则就更新当
// 前光标变量和新光标位置对应在显示内存中位置pos。
// 注意，函数中的所有变量实际上是vc_cons[currcons]结构中的相应字段。以下函数相同。
/* NOTE! gotoxy thinks x==video_num_columns is ok */
/* 注意！gotoxy函数认为 x==video_num_columns 时是正确的 */
static inline void gotoxy(int currcons, int new_x,unsigned int new_y)
{
        if (new_x > video_num_columns || new_y >= video_num_lines)
                return;
        x = new_x;
        y = new_y;
```

```
        pos = origin + y*video_size_row + (x<<1);  // 1 列用 2 个字节表示，所以 x<<1。
}

//// 设置滚屏起始显示内存地址。
// 再次提醒，函数中变量基本上都是 vc_cons[currcons] 结构中的相应字段。
static inline void set_origin(int currcons)
{
// 首先判断显示卡类型。对于 EGA/VGA 卡，我们可以指定屏内行范围（区域）进行滚屏操作，而 MDA 单
// 色显示卡只能进行整屏滚屏操作。因此只有 EGA/VGA 卡才需要设置滚屏起始行显示内存地址（起始行是
// origin 对应的行）。即显示类型如果不是 EGA/VGA 彩色模式，也不是 EGA/VGA 单色模式，那么就直
// 接返回。另外，我们只对前台控制台进行操作，因此当前控制台 currcons 必须是前台控制台时，我们才
// 需要设置其滚屏起始行对应的内存起点位置。
        if (video_type != VIDEO_TYPE_EGAC && video_type != VIDEO_TYPE_EGAM)
                return;
        if (currcons != fg_console)
                return;
// 然后向显示寄存器选择端口 video_port_reg 输出 12，即选择显示控制数据寄存器 r12，接着写入滚屏
// 起始地址高字节。其中向右移动 9 位，实际上表示向右移动 8 位再除以 2（屏幕上 1 个字符用 2 字节表
// 示）。再选择显示控制数据寄存器 r13，然后写入滚屏起始地址低字节。向右移动 1 位表示除以 2，同样
// 代表屏幕上 1 个字符用 2 字节表示。输出值相对于默认显示内存起始位置 video_mem_base 进行操作，
// 例如对于 EGA/VGA 彩色模式，viedo_mem_base = 物理内存地址 0xb8000。
        cli();
        outb_p(12, video_port_reg);          // 选择数据寄存器 r12，输出滚屏起始位置高字节。
        outb_p(0xff&((origin-video_mem_base)>>9), video_port_val);
        outb_p(13, video_port_reg);          // 选择数据寄存器 r13，输出滚屏起始位置低字节。
        outb_p(0xff&((origin-video_mem_base)>>1), video_port_val);
        sti();
}

//// 向上卷动一行。
// 将屏幕滚动窗口向下移动一行，并在屏幕滚动区域底出现的新行上添加空格字符。滚屏区域必须大于 1 行。
// 参见程序列表后说明。
static void scrup(int currcons)
{
// 滚屏区域必须至少有 2 行。如果滚屏区域顶行号大于等于区域底行号，则不满足进行滚行操作的条件。另
// 外，对于 EGA/VGA 卡，我们可以指定屏内行范围（区域）进行滚屏操作，而 MDA 单色显示卡只能进行整
// 屏滚屏操作。该函数对 EGA 和 MDA 显示类型进行分别处理。如果显示类型是 EGA，则还分为整屏窗口移
// 动和区域内窗口移动。这里首先处理显示卡是 EGA/VGA 显示类型的情况。
        if (bottom<=top)
                return;
        if (video_type == VIDEO_TYPE_EGAC || video_type == VIDEO_TYPE_EGAM)
        {
// 如果移动起始行 top=0，移动最底行 bottom = video_num_lines = 25，则表示整屏窗口向下移动。
// 于是把整个屏幕窗口左上角对应的起始内存位置 origin 调整为向下移一行对应的内存位置，同时也跟踪
// 调整当前光标对应的内存位置以及屏幕末行末端字符指针 scr_end 的位置。
// 最后把新屏幕窗口内存起始位置值 origin 写入显示控制器中。
                if (!top && bottom == video_num_lines) {
                        origin += video_size_row;
                        pos += video_size_row;
                        scr_end += video_size_row;
// 如果屏幕窗口末端所对应的显示内存指针 scr_end 超出了实际显示内存末端，则将屏幕内容除第一行以
// 外所有行对应的内存数据移动到显示内存的起始位置 video_mem_start 处，并在整屏窗口向下移动出
// 现的新行上填入空格字符。然后根据屏幕内存数据移动后的情况，重新调整当前屏幕对应内存的起始指针、
// 光标位置指针和屏幕末端对应内存指针 scr_end。
// 这段嵌入汇编程序首先将（屏幕字符行数 - 1）行对应的内存数据移动到显示内存起始位置 video_mem_
// start 处，然后在随后的内存位置处添加一行空格（擦除）字符数据。
```

```
// %0 -eax(擦除字符+属性)；%1 -ecx（(屏幕字符行数-1)所对应的字符数/2，以长字移动）；
// %2 -edi(显示内存起始位置 video_mem_start)；%3 -esi(屏幕窗口内存起始位置 origin)。
// 移动方向：[edi]→[esi]，移动 ecx 个长字。
                        if (scr_end > video_mem_end) {
                                __asm__("cld\n\t"           // 清方向位。
                                        "rep\n\t"           // 重复操作，将当前屏幕内存
                                        "movsl\n\t"         // 数据移动到显示内存起始处。
                                        "movl _video_num_columns,%1\n\t"
                                        "rep\n\t"           // 在新行上填入空格字符。
                                        "stosw"
                                        ::"a" (video_erase_char),
                                        "c" ((video_num_lines-1)*video_num_columns>>1),
                                        "D" (video_mem_start),
                                        "S" (origin)
                                        :"cx","di","si");
                                scr_end -= origin-video_mem_start;
                                pos -= origin-video_mem_start;
                                origin = video_mem_start;
// 如果调整后的屏幕末端对应的内存指针 scr_end 没有超出显示内存的末端 video_mem_end，则只需在
// 新行上填入擦除字符（空格字符）。
// %0 -eax(擦除字符+属性)；%1 -ecx(屏幕行数)；%2 - edi（最后 1 行开始处对应内存位置）；
                        } else {
                                __asm__("cld\n\t"
                                        "rep\n\t"           // 重复操作，在新出现行上
                                        "stosw"             // 填入擦除字符(空格字符)。
                                        ::"a" (video_erase_char),
                                        "c" (video_num_columns),
                                        "D" (scr_end-video_size_row)
                                        :"cx","di");
                        }
// 然后把新屏幕滚动窗口内存起始位置值 origin 写入显示控制器中。
                        set_origin(currcons);
// 否则表示不是整屏移动。即表示从指定行 top 开始到 bottom 区域中的所有行向上移动 1 行，指定行 top
// 被删除。此时直接将屏幕从指定行 top 到屏幕末端所有行对应的显示内存数据向上移动 1 行，并在最下面
// 新出现的行上填入擦除字符。
// %0 - eax(擦除字符+属性)；%1 - ecx(top 行下 1 行开始到 bottom 行所对应的内存长字数)；
// %2 - edi(top 行所处的内存位置)；%3 - esi(top+1 行所处的内存位置)。
                } else {
                        __asm__("cld\n\t"
                                "rep\n\t"           // 循环操作，将 top+1 到 bottom 行
                                "movsl\n\t"         // 所对应的内存块移到 top 行开始处。
                                "movl _video_num_columns,%%ecx\n\t"
                                "rep\n\t"           // 在新行上填入擦除字符。
                                "stosw"
                                ::"a" (video_erase_char),
                                "c" ((bottom-top-1)*video_num_columns>>1),
                                "D" (origin+video_size_row*top),
                                "S" (origin+video_size_row*(top+1))
                                :"cx","di","si");
                }
        }
// 如果显示类型不是 EGA（而是 MDA ），则执行下面移动操作。因为 MDA 显示控制卡只能整屏滚动，并且
// 会自动调整超出显示范围的情况，即会自动翻卷指针，所以这里不对与屏幕内容相对应内存超出显示内存的
// 情况单独处理。处理方法与 EGA 非整屏移动情况完全一样。
        else            /* Not EGA/VGA */
        {
```

```
        __asm__("cld\n\t"
                "rep\n\t"
                "movsl\n\t"
                "movl _video_num_columns,%%ecx\n\t"
                "rep\n\t"
                "stosw"
                ::"a" (video_erase_char),
                "c" ((bottom-top-1)*video_num_columns>>1),
                "D" (origin+video_size_row*top),
                "S" (origin+video_size_row*(top+1))
                :"cx","di","si");
    }
}

//// 向下卷动一行。
// 将屏幕滚动窗口向上移动一行，相应屏幕滚动区域内容向下移动 1 行。并在移动开始行的上方出现一新行。
// 参见程序列表后说明。处理方法与 scrup()相似，只是为了在移动显示内存数据时不会出现数据覆盖的
// 问题，复制操作是以逆向进行的，即先从屏幕倒数第 2 行的最后一个字符开始复制到最后一行，再将倒数
// 第 3 行复制到倒数第 2 行，等等。因为此时对 EGA/VGA 显示类型和 MDA 类型的处理过程完全一样，所以
// 该函数实际上没有必要写两段相同的代码。即这里 if 和 else 语句块中的操作完全一样！
static void scrdown(int currcons)
{
// 同样，滚屏区域必须起码有 2 行。如果滚屏区域顶行号大于等于区域底行号，则不满足进行滚行操作的条
// 件。另外，对于 EGA/VGA 卡，我们可以指定屏内行范围（区域）进行滚屏操作，而 MDA 单色显示卡只能
// 进行整屏滚屏操作。由于窗口向上移动最多移动到当前控制台占用显示区域内存的起始位置，因此不会发
// 生屏幕窗口末端所对应的显示内存指针 scr_end 超出实际显示内存末端的情况，所以这里只需要处理普通
// 的内存数据移动情况。
    if (bottom <= top)
        return;
    if (video_type == VIDEO_TYPE_EGAC || video_type == VIDEO_TYPE_EGAM)
    {
// %0 - eax(擦除字符+属性)；%1 - ecx(top 行到 bottom-1 行的行数所对应的内存长字数)；
// %2 - edi(窗口右下角最后一个长字位置)；%3 - esi(窗口倒数第 2 行最后一个长字位置)。
// 移动方向：[esi]➔[edi]，移动 ecx 个长字。
        __asm__("std\n\t"                    // 置方向位！！
                "rep\n\t"                    // 重复操作，向下移动从 top 行到
                "movsl\n\t"                  // bottom-1 行对应的内存数据。
                "addl $2,%%edi\n\t"  /* %edi has been decremented by 4 */
                                     /* %edi 已减 4，因也是反向填擦除字符*/
                "movl _video_num_columns,%%ecx\n\t"
                "rep\n\t"                    // 将擦除字符填入上方新行中。
                "stosw"
                ::"a" (video_erase_char),
                "c" ((bottom-top-1)*video_num_columns>>1),
                "D" (origin+video_size_row*bottom-4),
                "S" (origin+video_size_row*(bottom-1)-4)
                :"ax","cx","di","si");
    }
// 如果不是 EGA 显示类型，则执行以下操作（与上面完全一样）。
    else        /* Not EGA/VGA */
    {
        __asm__("std\n\t"
                "rep\n\t"
                "movsl\n\t"
                "addl $2,%%edi\n\t"  /* %edi has been decremented by 4 */
                "movl _video_num_columns,%%ecx\n\t"
```

```
                        "rep\n\t"
                        "stosw"
                        ::"a" (video_erase_char),
                        "c" ((bottom-top-1)*video_num_columns>>1),
                        "D" (origin+video_size_row*bottom-4),
                        "S" (origin+video_size_row*(bottom-1)-4)
                        :"ax","cx","di","si");
        }
}

//// 光标在同列位置下移一行。
// 如果光标没有处在最后一行上，则直接修改光标当前行变量 y++，并调整光标对应显示内存位置 pos（加
// 上一行字符所对应的内存长度）。否则就需要将屏幕窗口内容上移一行。
// 函数名称 lf（line feed 换行）是指处理控制字符 LF。
static void lf(int currcons)
{
        if (y+1<bottom) {
                y++;
                pos += video_size_row;          // 加上屏幕一行占用内存的字节数。
                return;
        }
        scrup(currcons);                        // 将屏幕窗口内容上移一行。
}

//// 光标在同列上移一行。
// 如果光标不在屏幕第一行上，则直接修改光标当前行标量 y--，并调整光标对应显示内存位置 pos，减去
// 屏幕上一行字符所对应的内存长度字节数。否则需要将屏幕窗口内容下移一行。
// 函数名称 ri（reverse index 反向索引）是指控制字符 RI 或转义序列“ESC M”。
static void ri(int currcons)
{
        if (y>top) {
                y--;
                pos -= video_size_row;          // 减去屏幕一行占用内存的字节数。
                return;
        }
        scrdown(currcons);                      // 将屏幕窗口内容下移一行。
}

// 光标回到第 1 列（0 列）。
// 调整光标对应内存位置 pos。光标所在列号*2 即是 0 列到光标所在列对应的内存字节长度。
// 函数名称 cr（carriage return 回车）指明处理的控制字符是回车字符。
static void cr(int currcons)
{
        pos -= x<<1;                            // 减去 0 列到光标处占用的内存字节数。
        x=0;
}

// 擦除光标前一字符（用空格替代）（del - delete 删除）。
// 如果光标没有处在 0 列，则将光标对应内存位置 pos 后退 2 字节（对应屏幕上一个字符），
// 然后将当前光标变量列值减 1，并将光标所在位置处字符擦除。
static void del(int currcons)
{
        if (x) {
                pos -= 2;
                x--;
                *(unsigned short *)pos = video_erase_char;
```

```
        }
}

//// 删除屏幕上与光标位置相关的部分。
// ANSI 控制序列：'ESC [ Ps J'（Ps =0 -删除光标处到屏幕底端；1 -删除屏幕开始到光标处；
// 2 - 整屏删除）。本函数根据指定的控制序列具体参数值，执行与光标位置相关的删除操作，并且在擦
// 除字符或行时光标位置不变。
// 函数名称 csi_J（CSI - Control Sequence Introducer，即控制序列引导码）指明对控制序列
// "CSI Ps J"进行处理。
// 参数：vpar - 对应上面控制序列中 Ps 的值。
static void csi_J(int currcons, int vpar)
{
        long count __asm__("cx");                    // 设为寄存器变量。
        long start __asm__("di");

// 首先根据三种情况分别设置需要删除的字符数和删除开始的显示内存位置。
        switch (vpar) {
                case 0: /* erase from cursor to end of display */
                        count = (scr_end-pos)>>1;    /* 擦除光标到屏幕底端所有字符 */
                        start = pos;
                        break;
                case 1: /* erase from start to cursor */
                        count = (pos-origin)>>1;     /* 删除从屏幕开始到光标处的字符 */
                        start = origin;
                        break;
                case 2: /* erase whole display */    /* 删除整个屏幕上的所有字符 */
                        count = video_num_columns * video_num_lines;
                        start = origin;
                        break;
                default:
                        return;
        }
// 然后使用擦除字符填写被删除字符的地方。
// %0 -ecx(删除的字符数 count)；%1 -edi(删除操作开始地址)；%2 -eax（填入的擦除字符）。
        __asm__("cld\n\t"
                "rep\n\t"
                "stosw\n\t"
                ::"c" (count),
                "D" (start),"a" (video_erase_char)
                :"cx","di");
}

//// 删除一行上与光标位置相关的部分。
// ANSI 转义字符序列：'ESC [ Ps K'（Ps = 0 删除到行尾；1 从开始删除；2 整行都删除）。本函数
// 根据参数擦除光标所在行的部分或所有字符。擦除操作从屏幕上移走字符但不影响其他字符。擦除的字符
// 被丢弃。在擦除字符或行时光标位置不变。
// 参数：par - 对应上面控制序列中 Ps 的值。
static void csi_K(int currcons, int vpar)
{
        long count __asm__("cx");                    // 设置寄存器变量。
        long start __asm__("di");

// 首先根据三种情况分别设置需要删除的字符数和删除开始的显示内存位置。
        switch (vpar) {
                case 0: /* erase from cursor to end of line */
                        if (x>=video_num_columns)    /* 删除光标到行尾所有字符 */
```

```
                        return;
                    count = video_num_columns-x;
                    start = pos;
                    break;
                case 1: /* erase from start of line to cursor */
                    start = pos - (x<<1);           /* 删除从行开始到光标处 */
                    count = (x<video_num_columns)?x:video_num_columns;
                    break;
                case 2: /* erase whole line */      /* 将整行字符全删除 */
                    start = pos - (x<<1);
                    count = video_num_columns;
                    break;
                default:
                    return;
        }
// 然后使用擦除字符填写删除字符的地方。
// %0 - ecx(删除字符数 count); %1 -edi(删除操作开始地址); %2 -eax (填入的擦除字符)。
        __asm__("cld\n\t"
                "rep\n\t"
                "stosw\n\t"
                ::"c" (count),
                "D" (start),"a" (video_erase_char)
                :"cx","di");
}
//// 设置显示字符属性。
// ANSI 转义序列: 'ESC [ Ps;Ps m'。Ps = 0 - 默认属性; 1 - 粗体并增亮; 4 - 下划线;
// 5 - 闪烁; 7 - 反显; 22 - 非粗体; 24 - 无下划线; 25 - 无闪烁; 27 - 正显;
// 30～38 - 设置前景色彩; 39 - 默认前景色 (White) ; 40～48 - 设置背景色彩;
// 49 - 默认背景色 (Black)。
// 该控制序列根据参数设置字符显示属性。以后所有发送到终端的字符都将使用这里指定的属性，直到再次
// 执行本控制序列重新设置字符显示的属性。
void csi_m(int currcons )
{
        int i;
// 一个控制序列中可以带有多个不同参数。参数存储在数组 par[]中。下面就根据接收到的参数个数 npar，
// 循环处理各个参数 Ps。
// 如果 Ps = 0，则把当前虚拟控制台随后显示的字符属性设置为默认属性 def_attr。初始化时 def_attr
// 已被设置成 0x07 (黑底白字)。
// 如果 Ps = 1，则把当前虚拟控制台随后显示的字符属性设置为粗体或增亮显示。如果是彩色显示，则把
// 字符属性或上 0x08 让字符高亮度显示；如果是单色显示，则让字符带下划线显示。
// 如果 Ps = 4，则对彩色和单色显示进行不同的处理。若此时不是彩色显示方式，则让字符带下划线显示。
// 如果是彩色显示，那么若原来 vc_bold_attr 不等于-1 时就复位其背景色；否则的话就把前景色取反。
// 若取反后前景色与背景色相同，就把前景色增 1 而取另一种颜色。
        for (i=0;i<=npar;i++)
                switch (par[i]) {
                        case 0: attr=def_attr;break;  /* default */
                        case 1: attr=(iscolor?attr|0x08:attr|0x0f);break;  /* bold */
                        /*case 4: attr=attr|0x01;break;*/  /* underline */
                        case 4: /* bold */
                          if (!iscolor)
                            attr |= 0x01;           // 单色则带下划线显示。
                          else
                          { /* check if forground == background */
                            if (vc_cons[currcons].vc_bold_attr != -1)
```

```
                                attr = (vc_cons[currcons].vc_bold_attr&0x0f) | (0xf0&(attr));
                                else
                                { short newattr = (attr&0xf0) | (0xf&(~attr));
                                  attr = ((newattr&0xf)==((attr>>4)&0xf)?
                                    (attr&0xf0) | (((attr&0xf)+1)%0xf):
                                    newattr);
                                }
                              }
                              break;
// 如果 Ps = 5，则把当前虚拟控制台随后显示的字符设置为闪烁，即把属性字节位 7 置 1。
// 如果 Ps = 7，则把当前虚拟控制台随后显示的字符设置为反显，即把前景色和背景色交换。
// 如果 Ps = 22，则取消随后字符的高亮度显示（取消粗体显示）。
// 如果 Ps = 24，则对于单色显示是取消随后字符的下划线显示，对于彩色显示则是取消绿色。
// 如果 Ps = 25，则取消随后字符的闪烁显示。
// 如果 Ps = 27，则取消随后字符的反显。
// 如果 Ps = 39，则复位随后字符的前景色为默认前景色（白色）。
// 如果 Ps = 49，则复位随后字符的背景色为默认背景色（黑色）。
                        case 5: attr=attr|0x80;break;       /* blinking */
                        case 7: attr=(attr<<4)|(attr>>4);break;  /* negative */
                        case 22: attr=attr&0xf7;break;      /* not bold */
                        case 24: attr=attr&0xfe;break;      /* not underline */
                        case 25: attr=attr&0x7f;break;      /* not blinking */
                        case 27: attr=def_attr;break;       /* positive image */
                        case 39: attr=(attr & 0xf0)|(def_attr & 0x0f); break;
                        case 49: attr=(attr & 0x0f)|(def_attr & 0xf0); break;
// 当 Ps（par[i]）为其他值时，则是设置指定的前景色或背景色。如果 Ps = 30..37，则是设置前景色；
// 如果 Ps=40..47，则是设置背景色。有关颜色值请参见程序后说明。
                        default:
                          if (!can_do_colour)
                            break;
                          iscolor = 1;
                          if ((par[i]>=30) && (par[i]<=38))          // 设置前景色。
                            attr = (attr & 0xf0) | (par[i]-30);
                          else  /* Background color */
                            if ((par[i]>=40) && (par[i]<=48))        // 设置背景色。
                              attr = (attr & 0x0f) | ((par[i]-40)<<4);
                            else
                                break;
                }
}

//// 设置显示光标。
// 根据光标对应显示内存位置 pos，设置显示控制器光标的显示位置。
static inline void set_cursor(int currcons)
{
// 既然我们需要设置显示光标，说明有键盘操作，因此需要恢复进行黑屏操作的延时计数值。
// 另外，显示光标的控制台必须是前台控制台，因此若当前处理的台号 currcons 不是前台控制台就立刻
// 返回。
        blankcount = blankinterval;             // 复位黑屏操作的计数值。
        if (currcons != fg_console)
                return;
// 然后使用索引寄存器端口选择显示控制数据寄存器 r14（光标当前显示位置高字节），接着写入光标当前
// 位置高字节（向右移动 9 位表示高字节移到低字节再除以 2），是相对于默认显示内存操作的。再使用索
// 引寄存器选择 r15，并将光标当前位置低字节写入其中。
        cli();
        outb_p(14, video_port_reg);
```

```
437         outb_p(0xff&((pos-video_mem_base)>>9), video_port_val);
438         outb_p(15, video_port_reg);
439         outb_p(0xff&((pos-video_mem_base)>>1), video_port_val);
440         sti();
441 }
442
    // 隐藏光标。
    // 把光标设置到当前虚拟控制台窗口的末端，起到隐藏光标的作用。
443 static inline void hide_cursor(int currcons)
444 {
    // 首先使用索引寄存器端口选择显示控制数据寄存器 r14（光标当前显示位置高字节），然后写入光标当前
    // 位置高字节（向右移动 9 位表示高字节移到低字节再除以 2），是相对于默认显示内存操作的。再使用索
    // 引寄存器选择 r15，并将光标当前位置低字节写入其中。
445         outb_p(14, video_port_reg);
446         outb_p(0xff&((scr_end-video_mem_base)>>9), video_port_val);
447         outb_p(15, video_port_reg);
448         outb_p(0xff&((scr_end-video_mem_base)>>1), video_port_val);
449 }
450
    //// 发送对 VT100 的响应序列。
    // 即为响应主机请求终端向主机发送设备属性（DA）。主机通过发送不带参数或参数是 0 的 DA 控制序列
    // （'ESC [ 0c' 或 'ESC Z'］要求终端发送一个设备属性（DA）控制序列，终端则发送第 85 行上定义
    // 的应答序列（即 'ESC [?1;2c'］来响应主机的序列，该序列告诉主机本终端是具有高级视频功能的 VT
    // 100 兼容终端。处理过程是将应答序列放入读缓冲队列中，并使用 copy_to_cooked()函数处理后放入
    // 辅助队列中。
451 static void respond(int currcons, struct tty_struct * tty)
452 {
453         char * p = RESPONSE;           // 定义在第 147 行上。
454
455         cli();
456         while (*p) {                   // 将应答序列放入读队列。
457                 PUTCH(*p,tty->read_q); // 逐字符放入。include/linux/tty.h，第 46 行。
458                 p++;
459         }
460         sti();                         // 转换成规范模式（放入辅助队列中）。
461         copy_to_cooked(tty);           // tty_io.c，120 行。
462 }
463
    //// 在光标处插入一空格字符。
    // 把光标开始处的所有字符右移一格，并将擦除字符插入在光标所在处。
464 static void insert_char(int currcons)
465 {
466         int i=x;
467         unsigned short tmp, old = video_erase_char;     // 擦除字符（加属性）。
468         unsigned short * p = (unsigned short *) pos;    // 光标对应内存位置。
469
470         while (i++<video_num_columns) {
471                 tmp=*p;
472                 *p=old;
473                 old=tmp;
474                 p++;
475         }
476 }
477
    //// 在光标处插入一行。
    // 将屏幕窗口从光标所在行到窗口底的内容向下卷动一行。光标将处在新的空行上。
```

```
static void insert_line(int currcons)
{
	int oldtop,oldbottom;

// 首先保存屏幕窗口卷动开始行 top 和最后行 bottom 值，然后从光标所在行让屏幕内容向下滚动一行。
// 最后恢复屏幕窗口卷动开始行 top 和最后行 bottom 的原来值。
	oldtop=top;
	oldbottom=bottom;
	top=y;                              // 设置屏幕卷动开始行和结束行。
	bottom = video_num_lines;
	scrdown(currcons);                  // 从光标开始处，屏幕内容向下滚动一行。
	top=oldtop;
	bottom=oldbottom;
}

//// 删除一个字符。
// 删除光标处的一个字符，光标右边的所有字符左移一格。
static void delete_char(int currcons)
{
	int i;
	unsigned short * p = (unsigned short *) pos;

// 如果光标的当前列位置 x 超出屏幕最右列，则返回。否则从光标右一个字符开始到行末所有字符左移一
// 格。然后在最后一个字符处填入擦除字符。
	if (x>=video_num_columns)
		return;
	i = x;
	while (++i < video_num_columns) {        // 光标右所有字符左移 1 格。
		*p = *(p+1);
		p++;
	}
	*p = video_erase_char;                    // 最后填入擦除字符。
}

//// 删除光标所在行。
// 删除光标所在的一行，并从光标所在行开始屏幕内容上卷一行。
static void delete_line(int currcons)
{
	int oldtop,oldbottom;

// 首先保存屏幕卷动开始行 top 和最后行 bottom 值，然后从光标所在行让屏幕内容向上滚动一行。最后恢
// 复屏幕卷动开始行 top 和最后行 bottom 的原来值。
	oldtop=top;
	oldbottom=bottom;
	top=y;                                  // 设置屏幕卷动开始行和最后行。
	bottom = video_num_lines;
	scrup(currcons);                        // 从光标开始处，屏幕内容向上滚动一行。
	top=oldtop;
	bottom=oldbottom;
}

//// 在光标处插入 nr 个字符。
// ANSI 转义字符序列：'ESC [ Pn @'。在当前光标处插入 1 个或多个空格字符。Pn 是插入的字符数。默
// 认是 1。光标将仍然处于第 1 个插入的空格字符处。在光标与右边界的字符将右移。
// 超过右边界的字符将被丢失。
// 参数 nr = 转义字符序列中的参数 Pn。
```

```
static void csi_at(int currcons, unsigned int nr)
{
// 如果插入的字符数大于一行字符数，则截为一行字符数；若插入字符数 nr 为 0，则插入 1 个字符。然后
// 循环插入指定个空格字符。
        if (nr > video_num_columns)
                nr = video_num_columns;
        else if (!nr)
                nr = 1;
        while (nr--)
                insert_char(currcons);
}
//// 在光标位置处插入 nr 行。
// ANSI 转义字符序列：'ESC [ Pn L'。该控制序列在光标处插入 1 行或多行空行。操作完成后光标位置
// 不变。当空行被插入时，光标以下滚动区域内的行向下移动。滚动超出显示页的行就丢失。
// 参数 nr = 转义字符序列中的参数 Pn。
static void csi_L(int currcons, unsigned int nr)
{
// 如果插入的行数大于屏幕最多行数，则截为屏幕显示行数；若插入行数 nr 为 0，则插入 1 行。
// 然后循环插入指定行数 nr 的空行。
        if (nr > video_num_lines)
                nr = video_num_lines;
        else if (!nr)
                nr = 1;
        while (nr--)
                insert_line(currcons);
}
//// 删除光标处的 nr 个字符。
// ANSI 转义序列：'ESC [ Pn P'。该控制序列从光标处删除 Pn 个字符。当一个字符被删除时，光标右所
// 有字符都左移，这会在右边界处产生一个空字符。其属性应该与最后一个左移字符相同，但这里作了简化
// 处理，仅使用字符的默认属性（黑底白字空格 0x0720）来设置空字符。
// 参数 nr = 转义字符序列中的参数 Pn。
static void csi_P(int currcons, unsigned int nr)
{
// 如果删除的字符数大于一行字符数，则截为一行字符数；若删除字符数 nr 为 0，则删除 1 个字符。然后循
// 环删除光标处指定字符数 nr。
        if (nr > video_num_columns)
                nr = video_num_columns;
        else if (!nr)
                nr = 1;
        while (nr--)
                delete_char(currcons);
}
//// 删除光标处的 nr 行。
// ANSI 转义序列：'ESC [ Pn M'。该控制序列在滚动区域内，从光标所在行开始删除 1 行或多行。当行
// 被删除时，滚动区域内的被删行以下的行会向上移动，并且会在最底行添加 1 空行。
// 若 Pn 大于显示页上剩余行数，则本序列仅删除这些剩余行，并对滚动区域外不起作用。
// 参数 nr - 转义字符序列中的参数 Pn。
static void csi_M(int currcons, unsigned int nr)
{
// 如果删除的行数大于屏幕最多行数，则截为屏幕显示行数；若欲删除的行数 nr 为 0，则删除 1 行。然后循
// 环删除指定行数 nr。
        if (nr > video_num_lines)
                nr = video_num_lines;
```

```
	else if (!nr)
		nr=1;
	while (nr--)
		delete_line(currcons);
}

//// 保存当前光标位置。
static void save_cur(int currcons)
{
	saved_x=x;
	saved_y=y;
}

//// 恢复保存的光标位置。
static void restore_cur(int currcons)
{
	gotoxy(currcons,saved_x, saved_y);
}


// 这个枚举定义用于下面 con_write()函数中处理转义序列或控制序列的解析。ESnormal 是初
// 始进入状态，也是转义或控制序列处理完毕时的状态。
// ESnormal- 表示处于初始正常状态。此时若接收到的是普通显示字符，则把字符直接显示在屏幕上；
//           若接收到的是控制字符（例如回车字符），则对光标位置进行设置。当刚处理完一个转义
//           或控制序列，程序也会返回到本状态。
// ESesc   - 表示接收到转义序列引导字符 ESC（0x1b = 033 = 27）；如果在此状态下接收到一个
//           '['字符，则说明转义序列引导码，于是跳转到 ESsquare 去处理。否则就把接收到的字
//           符作为转义序列来处理。对于选择字符集转义序列'ESC (' 和'ESC )'，使用单独的状态
//           ESsetgraph 来处理；对于设备控制字符串序列'ESC P'，使用单独的状态 ESsetterm 来
//           处理。
// ESsquare- 表示已经接收到一个控制序列引导码（'ESC ['），表示接收到的是一个控制序列。于是本
//           状态执行参数数组 par[]清零初始化工作。如果此时接收到的又是一个'['字符，则表示收
//           到了'ESC [['序列。该序列是键盘功能键发出的序列，于是跳转到 Esfunckey 去处理。
//           否则我们需要准备接收控制序列的参数，于是置状态 Esgetpars 并直接进入该状态去接收
//           并保存序列的参数字符。
// ESgetpars-该状态表示此时要接收控制序列的参数值。参数用十进制数表示，把接收到的数字字符转
//           换成数值并保存到 par[]数组中。如果收到一个分号 ';'，则还是维持在本状态，并把接
//           收到的参数值保存在数据 par[]下一项中。若不是数字字符或分号，说明已取得所有参数，
//           那么就转移到状态 ESgotpars 去处理。
// ESgotpars-表示已经接收到一个完整的控制序列。此时可以根据本状态接收到的结尾字符对相应控制序
//           列进行处理。不过在处理之前，如果在 ESsquare 状态收到过 '?'，说明这个序列是终端
//           设备私有序列。本内核不对支持对这种序列的处理，于是直接恢复到 ESnormal 状态。否
//           则就去执行相应控制序列。待序列处理完后就把状态恢复到 ESnormal。
// ESfunckey-表示接收到了键盘上功能键发出的一个序列，不用显示。于是恢复到正常状态 ESnormal。
// ESsetterm-表示处于设备控制字符串序列状态（DCS）。此时若收到字符 'S'，则恢复初始的显示字符
//           属性。若收到的字符是'L'或'l'，则开启或关闭折行显示方式。
// ESsetgraph-表示收到设置字符集转移序列'ESC (' 或 'ESC )'。它们分别用于指定 G0 和 G1 所用的
//           字符集。此时若收到字符 '0'，则选择图形字符集作为 G0 和 G1，若收到的字符是 'B'，
//           这选择普通 ASCII 字符集作为 G0 和 G1 的字符集。
enum { ESnormal, ESesc, ESsquare, ESgetpars, ESgotpars, ESfunckey,
	ESsetterm, ESsetgraph };

//// 控制台写函数。
// 从终端对应的 tty 写缓冲队列中取字符，针对每个字符进行分析。若是控制字符或转义或控制序列，则进
// 行光标定位、字符删除等的控制处理；对于普通字符就直接在光标处显示。
// 参数 tty 是当前控制台使用的 tty 结构指针。
```

```
574 void con_write(struct tty_struct * tty)
575 {
576         int nr;
577         char c;
578         int currcons;
579
// 该函数首先根据当前控制台使用的 tty 在 tty 表中的项位置取得对应的控制台号 currcons，然后计算
// 出（CHARS()）目前 tty 写队列中含有的字符数 nr，并循环取出其中的每个字符进行处理。不过如果当
// 前控制台由于接收到键盘或程序发出的暂停命令（如按键 Ctrl-S）而处于停止状态，那么本函数就停止
// 处理写队列中的字符，退出函数。另外，如果取出的是控制字符 CAN（24）或 SUB（26），那么若是在转
// 义或控制序列期间收到的，则序列不会执行而立刻终止，同时显示随后的字符。注意，con_write()函数
// 只处理取队列字符数时写队列中当前含有的字符。这有可能在一个序列被放到写队列期间读取字符数，因
// 此本函数前一次退出时 state 有可能正处于处理转义或控制序列的其他状态上。
580         currcons = tty - tty_table;
581         if ((currcons>=MAX_CONSOLES) || (currcons<0))
582                 panic("con_write: illegal tty");
583
584         nr = CHARS(tty->write_q);                  // 取写队列中字符数。在 tty.h 文件中。
585         while (nr--) {
586                 if (tty->stopped)
587                         break;
588                 GETCH(tty->write_q,c);             // 取 1 字符到 c 中。
589                 if (c == 24 || c == 26)            // 控制字符 CAN、SUB - 取消、替换。
590                         state = ESnormal;
591                 switch(state) {
// 如果从写队列中取出的字符是普通显示字符代码，就直接从当前映射字符集中取出对应的显示字符，并放
// 到当前光标所处的显示内存位置处，即直接显示该字符。然后把光标位置右移一个字符位置。具体地，如
// 果字符不是控制字符也不是扩展字符，即(31<c<127)，那么，若当前光标处在行末端或末端以外，则将
// 光标移到下行头列。并调整光标位置对应的内存指针 pos。然后将字符 c 写到显示内存中 pos 处，并将光
// 标右移 1 列，同时也将 pos 对应地移动 2 个字节。
592                         case ESnormal:
593                                 if (c>31 && c<127) {             // 是普通显示字符。
594                                         if (x>=video_num_columns) {    // 要换行？
595                                                 x -= video_num_columns;
596                                                 pos -= video_size_row;
597                                                 lf(currcons);
598                                         }
599                                         __asm__("movb %2,%%ah\n\t"     // 写字符。
600                                                 "movw %%ax,%1\n\t"
601                                                 ::"a" (translate[c-32]),
602                                                 "m" (*(short *)pos),
603                                                 "m" (attr)
604                                                 :"ax");
605                                         pos += 2;
606                                         x++;
// 如果字符 c 是转义字符 ESC，则转换状态 state 到 ESesc（第 637 行）。
607                                 } else if (c==27)               // ESC - 转义控制字符。
608                                         state=ESesc;
// 如果 c 是换行符 LF(10)，或垂直制表符 VT(11)，或换页符 FF(12)，则光标移动到下 1 行。
609                                 else if (c==10 || c==11 || c==12)
610                                         lf(currcons);
// 如果 c 是回车符 CR(13)，则将光标移动到头列（0 列）。
611                                 else if (c==13)                 // CR - 回车。
612                                         cr(currcons);
// 如果 c 是 DEL(127)，则将光标左边字符擦除(用空格字符替代)，并将光标移到被擦除位置。
613                                 else if (c==ERASE_CHAR(tty))
```

```
            del(currcons);
// 如果 c 是 BS(backspace,8)，则将光标左移 1 格，并相应调整光标对应内存位置指针 pos。
        else if (c==8) {                    // BS - 后退。
            if (x) {
                x--;
                pos -= 2;
            }
// 如果字符 c 是水平制表符 HT(9)，则将光标移到 8 的倍数列上。若此时光标列数超出屏幕最大
// 列数，则将光标移到下一行上。
        } else if (c==9) {                  // HT - 水平制表。
            c=8-(x&7);
            x += c;
            pos += c<<1;
            if (x>video_num_columns) {
                x -= video_num_columns;
                pos -= video_size_row;
                lf(currcons);
            }
            c=9;
// 如果字符 c 是响铃符 BEL(7)，则调用蜂鸣函数，使扬声器发声。
        } else if (c==7)                    // BEL - 响铃。
            sysbeep();
// 如果 c 是控制字符 SO（14）或 SI（15），则相应选择字符集 G1 或 G0 作为显示字符集。
        else if (c == 14)                   // SO - 换出，使用 G1。
            translate = GRAF_TRANS;
        else if (c == 15)                   // SI - 换进，使用 G0。
            translate = NORM_TRANS;
        break;
// 如果在 ESnormal 状态收到转义字符 ESC(0x1b = 033 = 27)，则转到本状态处理。该状态对 C1 中控
// 制字符或转义字符进行处理。处理完后默认的状态将是 ESnormal。
    case ESesc:
        state = ESnormal;
        switch (c)
        {
          case '[':                     // ESC [ - 是 CSI 序列。
            state=ESsquare;
            break;
          case 'E':                     // ESC E - 光标下移 1 行回 0 列。
            gotoxy(currcons,0,y+1);
            break;
          case 'M':                     // ESC M - 光标下移 1 行。
            ri(currcons);
            break;
          case 'D':                     // ESC D - 光标下移 1 行。
            lf(currcons);
            break;
          case 'Z':                     // ESC Z - 设备属性查询。
            respond(currcons,tty);
            break;
          case '7':                     // ESC 7 - 保存光标位置。
            save_cur(currcons);
            break;
          case '8':                     // ESC 8 - 恢复保存的光标原位置。
            restore_cur(currcons);
            break;
          case '(': case ')':           // ESC (、ESC ) - 选择字符集。
```

```
                        state = ESsetgraph;
                        break;
                    case 'P':                  // ESC P - 设置终端参数。
                        state = ESsetterm;
                        break;
                    case '#':                  // ESC # - 修改整行属性。
                        state = -1;
                        break;
                    case 'c':                  // ESC c - 复位到终端初始设置。
                        tty->termios = DEF_TERMIOS;
                        state = restate = ESnormal;
                        checkin = 0;
                        top = 0;
                        bottom = video_num_lines;
                        break;
                   /* case '>':   Numeric keypad */
                   /* case '=':   Appl. keypad */
                  }
                  break;
// 如果在状态 ESesc（是转义字符 ESC）时收到字符'['，则表明是 CSI 控制序列，于是转到状态 Esseq-
// uare 来处理。首先对 ESC 转义序列保存参数的数组 par[]清零，索引变量 npar 指向首项，并且设置开
// 始处于取参数状态 ESgetpars。如果接收到的字符不是'?'，则直接转到状态 ESgetpars 去处理，若接
// 收到的字符是'?'，说明这个序列是终端设备私有序列，后面会有一个功能字符。于是去读下一字符，再
// 到状态 ESgetpars 去处理代码处。如果此时接收到的字符还是'['，那么表明收到了键盘功能键发出的
// 序列，于是设置下一状态为 ESfunckey。
// 否则直接进入 ESgetpars 状态继续处理。
              case ESsquare:
                  for(npar=0;npar<NPAR;npar++)      // 初始化参数数组。
                        par[npar]=0;
                  npar=0;
                  state=ESgetpars;
                  if (c =='[')  /* Function key */ // 'ESC [['是功能键。
                  { state=ESfunckey;
                    break;
                  }
                  if (ques=(c=='?'))
                        break;
// 该状态表示此时要接收控制序列的参数值。参数用十进制数表示，把接收到的数字字符转换成数值并保存
// 到 par[]数组中。如果收到一个分号';'，则还是维持在本状态，并把接收到的参数值保存在数据 par[]
// 下一项中。若不是数字字符或分号，说明已取得所有参数，那么就转移到状态 ESgotpars 去处理。
              case ESgetpars:
                  if (c==';' && npar<NPAR-1) {
                        npar++;
                        break;
                  } else if (c>='0' && c<='9') {
                        par[npar]=10*par[npar]+c-'0';
                        break;
                  } else state=ESgotpars;
// ESgotpars 状态表示我们已经接收到一个完整的控制序列。此时可以根据本状态接收到的结尾字符对相
// 应控制序列进行处理。不过在处理之前，如果在 ESsquare 状态收到过'?'，说明这个序列是终端设备
// 私有序列。本内核不支持对这种序列的处理，于是直接恢复到 ESnormal 状态。否则就去执行相应控制
// 序列。待序列处理完后就把状态恢复到 ESnormal。
              case ESgotpars:
                  state = ESnormal;
                  if (ques)
                  { ques =0;
```

```
                        break;
                    }
                    switch(c) {
// 如果c是字符'G'或'`'，则par[]中第1个参数代表列号。若列号不为零，则将光标左移1格。
                        case 'G': case '`':     // CSI Pn G -光标水平移动。
                            if (par[0]) par[0]--;
                            gotoxy(currcons,par[0],y);
                            break;
// 如果c是'A'，则第1个参数代表光标上移的行数。若参数为0则上移1行。
                        case 'A':               // CSI Pn A - 光标上移。
                            if (!par[0]) par[0]++;
                            gotoxy(currcons,x,y-par[0]);
                            break;
// 如果c是'B'或'e'，则第1个参数代表光标下移的行数。若参数为0则下移1行。
                        case 'B': case 'e':     // CSI Pn B - 光标下移。
                            if (!par[0]) par[0]++;
                            gotoxy(currcons,x,y+par[0]);
                            break;
// 如果c是'C'或'a'，则第1个参数代表光标右移的格数。若参数为0则右移1格。
                        case 'C': case 'a':     // CSI Pn C - 光标右移。
                            if (!par[0]) par[0]++;
                            gotoxy(currcons,x+par[0],y);
                            break;
// 如果c是'D'，则第1个参数代表光标左移的格数。若参数为0则左移1格。
                        case 'D':               // CSI Pn D - 光标左移。
                            if (!par[0]) par[0]++;
                            gotoxy(currcons,x-par[0],y);
                            break;
// 如果c是'E'，则第1个参数代表光标向下移动的行数，并回到0列。若参数为0则下移1行。
                        case 'E':               // CSI Pn E - 光标下移回0列。
                            if (!par[0]) par[0]++;
                            gotoxy(currcons,0,y+par[0]);
                            break;
// 如果c是'F'，则第1个参数代表光标向上移动的行数，并回到0列。若参数为0则上移1行。
                        case 'F':               // CSI Pn F - 光标上移回0列。
                            if (!par[0]) par[0]++;
                            gotoxy(currcons,0,y-par[0]);
                            break;
// 如果c是'd'，则第1个参数代表光标所需在的行号（从0计数）。
                        case 'd':               // CSI Pn d- 在当前列置行位置。
                            if (par[0]) par[0]--;
                            gotoxy(currcons,x,par[0]);
                            break;
// 如果c是'H'或'f'，则第1个参数代表光标移到的行号，第2个参数代表光标移到的列号。
                        case 'H': case 'f':     // CSI Pn H - 光标定位。
                            if (par[0]) par[0]--;
                            if (par[1]) par[1]--;
                            gotoxy(currcons,par[1],par[0]);
                            break;
// 如果字符c是'J'，则第1个参数代表以光标所处位置清屏的方式：
// 序列：'ESC [ Ps J'（Ps=0 删除光标到屏幕底端；Ps=1 删除屏幕开始到光标处；Ps=2 整屏删除）。
                        case 'J':               // CSI Pn J - 屏幕擦除字符。
                            csi_J(currcons,par[0]);
                            break;
// 如果字符c是'K'，则第一个参数代表以光标所在位置对行中字符进行删除处理的方式。
// 转义序列：'ESC [ Ps K'（Ps = 0 删除到行尾；1 从开始删除；2 整行都删除）。
```

```
                        case 'K':           // CSI Pn K - 行内擦除字符。
                                csi_K(currcons,par[0]);
                                break;
// 如果字符 c 是'L'，表示在光标位置处插入 n 行（控制序列 'ESC [ Pn L'）。
                        case 'L':           // CSI Pn L - 插入行。
                                csi_L(currcons,par[0]);
                                break;
// 如果字符 c 是'M'，表示在光标位置处删除 n 行（控制序列 'ESC [ Pn M'）。
                        case 'M':           // CSI Pn M - 删除行。
                                csi_M(currcons,par[0]);
                                break;
// 如果字符 c 是'P'，表示在光标位置处删除 n 个字符（控制序列 'ESC [ Pn P'）。
                        case 'P':           // CSI Pn P - 删除字符。
                                csi_P(currcons,par[0]);
                                break;
// 如果字符 c 是'@'，表示在光标位置处插入 n 个字符（控制序列 'ESC [ Pn @' ）。
                        case '@':           // CSI Pn @ - 插入字符。
                                csi_at(currcons,par[0]);
                                break;
// 如果字符 c 是'm'，表示改变光标处字符的显示属性，比如加粗、加下划线、闪烁、反显等。
// 转义序列：'ESC [ Pn m'。n=0 正常显示；1 加粗；4 加下划线；7 反显；27 正常显示等。
                        case 'm':           // CSI Ps m- 设置显示字符属性。
                                csi_m(currcons);
                                break;
// 如果字符 c 是'r'，则表示用两个参数设置滚屏的起始行号和终止行号。
                        case 'r':           // CSI Pn;Pn r - 设置滚屏上下界。
                                if (par[0]) par[0]--;
                                if (!par[1]) par[1] = video_num_lines;
                                if (par[0] < par[1] &&
                                    par[1] <= video_num_lines) {
                                        top=par[0];
                                        bottom=par[1];
                                }
                                break;
// 如果字符 c 是's'，则表示保存当前光标所在位置。
                        case 's':           // CSI s - 保存光标位置。
                                save_cur(currcons);
                                break;
// 如果字符 c 是'u'，则表示恢复光标到原保存的位置处。
                        case 'u':           // CSI u - 恢复保存的光标位置。
                                restore_cur(currcons);
                                break;
// 如果字符 c 是'l'或'b'，则分别表示设置屏幕黑屏间隔时间和设置粗体字符显示。此时参数数
// 组中 par[1]和 par[2]是特征值，它们分别必须为 par[1]= par[0]+13；par[2]= par[0]+17。
// 在这个条件下，如果 c 是字符'l'，那么 par[0]中是开始黑屏时延迟的分钟数；如果 c 是
// 字符'b'，那么 par[0]中是设置的粗体字符属性值。
                        case 'l': /* blank interval */
                        case 'b': /* bold attribute */
                                  if (!((npar >= 2) &&
                                  ((par[1]-13) == par[0]) &&
                                  ((par[2]-17) == par[0])))
                                    break;
                                if ((c=='l')&&(par[0]>=0)&&(par[0]<=60))
                                {
                                  blankinterval = HZ*60*par[0];
                                  blankcount = blankinterval;
```

```
                                        }
                                        if (c=='b')
                                          vc_cons[currcons].vc_bold_attr
                                          = par[0];
                                }
                                break;
//状态 ESfunckey 表示接收到了键盘上功能键发出的一个序列，不用显示。于是恢复到正常状态 ESnormal。
                        case ESfunckey:          // 键盘功能键码。
                                state = ESnormal;
                                break;
// 状态 ESsetterm 表示处于设备控制字符串序列状态（DCS）。此时若收到字符 'S'，则恢复初始的显示
// 字符属性。若收到的字符是'L'或'l'，则开启或关闭折行显示方式。
                        case ESsetterm:  /* Setterm functions. */
                                state = ESnormal;
                                if (c == 'S') {
                                        def_attr = attr;
                                        video_erase_char = (video_erase_char&0x0ff) |
                                                (def_attr<<8);
                                } else if (c == 'L')
                                        ; /*linewrap on*/
                                else if (c == 'l')
                                        ; /*linewrap off*/
                                break;
// 状态 ESsetgraph 表示收到设置字符集转移序列'ESC (' 或 'ESC )'。它们分别用于指定 G0 和 G1 所
// 用的字符集。此时若收到字符'0'，则选择图形字符集作为 G0 和 G1，若收到的字符是'B'，则选择普通
// ASCII 字符集作为 G0 和 G1 的字符集。
                        case ESsetgraph:          // 'CSI ( 0'或'CSI ( B' - 选择字符集。
                                state = ESnormal;
                                if (c == '0')
                                        translate = GRAF_TRANS;
                                else if (c == 'B')
                                        translate = NORM_TRANS;
                                break;
                        default:
                                state = ESnormal;
                }
        }
        set_cursor(currcons);  // 最后根据上面设置的光标位置，设置显示控制器中光标位置。
}

/*
 *  void con_init(void);
 *
 * This routine initializes console interrupts, and does nothing
 * else. If you want the screen to clear, call tty_write with
 * the appropriate escape-sequence.
 *
 * Reads the information preserved by setup.s to determine the current display
 * type and sets everything accordingly.
 */
/*
 * void con_init(void);
 *
 * 这个子程序初始化控制台中断，其他什么都不做。如果你想让屏幕干净的话，就使用适当的转义字符序列
 * 调用 tty_write()函数。
 *
```

```
 * 读取 setup.s 程序保存的信息，用以确定当前显示器类型，并且设置所有相关参数。
 */
834 void con_init(void)
835 {
836         register unsigned char a;
837         char *display_desc = "????";
838         char *display_ptr;
839         int currcons = 0;                       // 当前虚拟控制台号。
840         long base, term;
841         long video_memory;
842
// 首先根据 setup.s 程序取得的系统硬件参数（见本程序第 60～68 行）初始化几个本函数专用的静态全
// 局变量。
843         video_num_columns = ORIG_VIDEO_COLS;    // 显示器显示字符列数。
844         video_size_row = video_num_columns *2;  // 每行字符需使用的字节数。
845         video_num_lines = ORIG_VIDEO_LINES;     // 显示器显示字符行数。
846         video_page = ORIG_VIDEO_PAGE;           // 当前显示页面。
847         video_erase_char = 0x0720;              // 擦除字符（0x20 是字符，0x07 属性）。
848         blankcount = blankinterval;             // 默认的黑屏间隔时间（嘀嗒数）。
849
// 然后根据显示模式是单色还是彩色，分别设置所使用的显示内存起始位置以及显示寄存器索引端口号和显
// 示寄存器数据端口号。如果获得的 BIOS 显示方式等于 7，则表示是单色显示卡。
850         if (ORIG_VIDEO_MODE == 7)               /* Is this a monochrome display? */
851         {
852                 video_mem_base = 0xb0000;       // 设置单显映像内存起始地址。
853                 video_port_reg = 0x3b4;         // 设置单显索引寄存器端口。
854                 video_port_val = 0x3b5;         // 设置单显数据寄存器端口。

// 接着根据 BIOS 中断 int 0x10 功能 0x12 获得的显示模式信息，判断显示卡是单色显示卡还是彩色显示
// 卡。若使用上述中断功能所得到的 BX 寄存器返回值不等于 0x10，则说明是 EGA 卡。因此初始显示类型为
//EGA 单色。虽然 EGA 卡上有较多显示内存，但在单色方式下最多只能利用地址范围在 0xb0000～0xb8000
// 之间的显示内存。然后置显示器描述字符串为'EGAm'。
// 并会在系统初始化期间显示器描述字符串将显示在屏幕的右上角。
// 注意，这里使用了 bx 在调用中断 int 0x10 前后是否被改变的方法来判断卡的类型。若 BL 在中断调用后
// 值被改变，表示显示卡支持 Ah=12h 功能调用，是 EGA 或后推出来的 VGA 等类型的显示卡。若中断调用
// 返回值未变，表示显示卡不支持这个功能，则说明是一般单色显示卡。
855                 if ((ORIG_VIDEO_EGA_BX & 0xff) != 0x10)
856                 {
857                         video_type = VIDEO_TYPE_EGAM;  // 设置显示类型（EGA 单色）。
858                         video_mem_term = 0xb8000;      // 设置显示内存末端地址。
859                         display_desc = "EGAm";         // 设置显示描述字符串。
860                 }
// 如果 BX 寄存器的值等于 0x10，则说明是单色显示卡 MDA，仅有 8KB 显示内存。
861                 else
862                 {
863                         video_type = VIDEO_TYPE_MDA;   // 设置显示类型(MDA 单色)。
864                         video_mem_term = 0xb2000;      // 设置显示内存末端地址。
865                         display_desc = "*MDA";         // 设置显示描述字符串。
866                 }
867         }
// 如果显示方式不为 7，说明是彩色显示卡。此时文本方式下所用显示内存起始地址为 0xb8000；
// 显示控制索引寄存器端口地址为 0x3d4；数据寄存器端口地址为 0x3d5。
868         else                                /* If not, it is color. */
869         {
870                 can_do_colour = 1;                     // 设置彩色显示标志。
871                 video_mem_base = 0xb8000;              // 显示内存起始地址。
```

```
872             video_port_reg  = 0x3d4;                 // 设置彩色显示索引寄存器端口。
873             video_port_val  = 0x3d5;                 // 设置彩色显示数据寄存器端口。
  // 再判断显示卡类别。如果 BX 不等于 0x10，则说明是 EGA 显示卡，此时共有 32KB 显示内存可用
  // （0xb8000～0xc0000）。否则说明是 CGA 显示卡，只能使用 8KB 显示内存（0xb8000～0xba000）。
874             if ((ORIG_VIDEO_EGA_BX & 0xff) != 0x10)
875             {
876                     video_type = VIDEO_TYPE_EGAC;  // 设置显示类型（EGA 彩色）。
877                     video_mem_term = 0xc0000;      // 设置显示内存末端地址。
878                     display_desc = "EGAc";         // 设置显示描述字符串。
879             }
880             else
881             {
882                     video_type = VIDEO_TYPE_CGA;   // 设置显示类型（CGA）。
883                     video_mem_term = 0xba000;      // 设置显示内存末端地址。
884                     display_desc = "*CGA";         // 设置显示描述字符串。
885             }
886     }
  // 现在来计算当前显示卡内存上可以开设的虚拟控制台数量。硬件允许开设的虚拟控制台数量等于总显示内
  // 存量 video_memory 除以每个虚拟控制台占用的字节数。每个虚拟控制台占用的显示内存数等于屏幕显
  // 示行数 video_num_lines 乘上每行字符占有的字节数 video_size_row。
  // 如果硬件允许开设的虚拟控制台数量大于系统限定的最大数量 MAX_CONSOLES，就把虚拟控制台数量设置
  // 为 MAX_CONSOLES。若这样计算出的虚拟控制台数量为 0，则设置为 1（不可能吧！）。
  // 最后用显示内存数除以判断出的虚拟控制台数即得到每个虚拟控制台占用显示内存字节数。
887     video_memory = video_mem_term - video_mem_base;
888     NR_CONSOLES = video_memory / (video_num_lines * video_size_row);
889     if (NR_CONSOLES > MAX_CONSOLES)                  // MAX_CONSOLES = 8。
890             NR_CONSOLES = MAX_CONSOLES;
891     if (!NR_CONSOLES)
892             NR_CONSOLES = 1;
893     video_memory /= NR_CONSOLES;                     // 每个虚拟控制台占用显示内存字节数。
894
895     /* Let the user known what kind of display driver we are using */
       /* 初始化用于滚屏的变量（主要用于 EGA/VGA） */
896
  // 然后我们在屏幕的右上角显示描述字符串。采用的方法是直接将字符串写到显示内存的相应位置处。首先
  // 将显示指针 display_ptr 指到屏幕第 1 行右端差 4 个字符处（每个字符需 2 个字节，因此减 8），然后
  // 循环复制字符串的字符，并且每复制 1 个字符都空开 1 个属性字节。
897     display_ptr = ((char *)video_mem_base) + video_size_row - 8;
898     while (*display_desc)
899     {
900             *display_ptr++ = *display_desc++;
901             display_ptr++;
902     }
903
904     /* Initialize the variables used for scrolling (mostly EGA/VGA) */
       /* 初始化用于滚屏的变量(主要用于 EGA/VGA) */
905
  // 注意，此时当前虚拟控制台号 currcons 已被初始化位 0。因此下面实际上是初始化 0 号虚拟控制台的结
  // 构 vc_cons[0]中的所有字段值。例如，这里符号 origin 在前面第 115 行上已被定义为 vc_cons[0]
  // .vc_origin。下面首先设置 0 号控制台的默认滚屏开始内存位置 video_mem_start 和默认滚屏末行
  // 内存位置，实际上它们也就是 0 号控制台占用的部分显示内存区域。然后初始设置 0 号虚拟控制台的其他
  // 属性和标志值。
906     base = origin = video_mem_start = video_mem_base;   // 默认滚屏开始内存位置。
907     term = video_mem_end = base + video_memory;         // 0 号屏幕内存末端位置。
908     scr_end = video_mem_start + video_num_lines * video_size_row;// 滚屏末端位置。
909     top     = 0;                          // 初始设置滚动时顶行行号和底行行号。
```

```
        bottom = video_num_lines;
        attr = 0x07;                            // 初始设置显示字符属性（黑底白字）。
        def_attr = 0x07;                        // 设置默认显示字符属性。
        restate = state = ESnormal;             // 初始化转义序列操作的当前和下一状态。
        checkin = 0;
        ques = 0;                               // 收到问号字符标志。
        iscolor = 0;                            // 彩色显示标志。
        translate = NORM_TRANS;                 // 使用的字符集（普通 ASCII 码表）。
        vc_cons[0].vc_bold_attr = -1;           // 粗体字符属性标志（-1 表示不用）。

// 在设置了 0 号控制台当前光标所在位置和光标对应的内存位置 pos 后，循环设置其余的几个虚拟控制台结
// 构的参数值。除了各自占用的显示内存开始和结束位置不同，它们的初始值基本上都与 0 号控制台相同。
        gotoxy(currcons,ORIG_X,ORIG_Y);
        for (currcons = 1; currcons<NR_CONSOLES; currcons++) {
                vc_cons[currcons] = vc_cons[0];         // 复制 0 号结构的参数。
                origin = video_mem_start = (base += video_memory);
                scr_end = origin + video_num_lines * video_size_row;
                video_mem_end = (term += video_memory);
                gotoxy(currcons,0,0);                   // 光标都初始化在屏幕左上角位置。
        }
// 最后设置当前前台控制台的屏幕原点（左上角）位置和显示控制器中光标显示位置，并设置键盘中断 0x21
// 陷阱门描述符（&keyboard_interrupt 是键盘中断处理过程地址）。然后取消中断控制芯片 8259A 中
// 对键盘中断的屏蔽，允许响应键盘发出的 IRQ1 请求信号。最后复位键盘控制器以允许键盘开始正常工作。
        update_screen();                                // 更新前台原点和设置光标位置。
        set_trap_gate(0x21,&keyboard_interrupt);        // 参见 system.h，第 36 行开始。
        outb_p(inb_p(0x21)&0xfd,0x21);                  // 取消对键盘中断的屏蔽，允许 IRQ1。
        a=inb_p(0x61);                                  //读取键盘端口 0x61(8255A 端口 PB)。
        outb_p(a|0x80,0x61);                            // 设置禁止键盘工作（位 7 置位），
        outb_p(a,0x61);                                 // 再允许键盘工作，用以复位键盘。
}

// 更新当前前台控制台。
// 把前台控制台转换为 fg_console 指定的虚拟控制台。fg_console 是设置的前台虚拟控制台号。
void update_screen(void)
{
        set_origin(fg_console);                         // 设置滚屏起始显示内存地址。
        set_cursor(fg_console);                         // 设置显示控制器中光标显示内存位置。
}

/* from bsd-net-2: */

//// 停止蜂鸣。
// 复位 8255A PB 端口的位 1 和位 0。参见 kernel/sched.c 程序后的定时器编程说明。
void sysbeepstop(void)
{
        /* disable counter 2 */  /* 禁止定时器 2 */
        outb(inb_p(0x61)&0xFC, 0x61);
}

int beepcount = 0;                                      // 蜂鸣时间嘀嗒计数。

// 开通蜂鸣。
// 8255A 芯片 PB 端口的位 1 用作扬声器的开门信号；位 0 用作 8253 定时器 2 的门信号，该定时器的输出
// 脉冲送往扬声器，作为扬声器发声的频率。因此要使扬声器发声，需要两步：首先开启 PB 端口（0x61）
// 位 1 和 位 0（置位），然后设置定时器 2 通道发送一定的定时频率即可。
// 参见 boot/setup.s 程序后 8259A 芯片编程方法和 kernel/sched.c 程序后的定时器编程说明。
```

```
static void sysbeep(void)
{
        /* enable counter 2 */          /* 开启定时器 2 */
        outb_p(inb_p(0x61)|3, 0x61);
        /* set command for counter 2, 2 byte write */   /* 送设置定时器 2 命令 */
        outb_p(0xB6, 0x43);             // 定时器芯片控制字寄存器端口。
        /* send 0x637 for 750 HZ */     /* 设置频率为 750Hz，因此送定时值 0x637 */
        outb_p(0x37, 0x42);             // 通道 2 数据端口分别送计数高低字节。
        outb(0x06, 0x42);
        /* 1/8 second */                /* 蜂鸣时间为 1/8s */
        beepcount = HZ/8;
}

//// 拷贝屏幕。
// 把屏幕内容复制到参数指定的用户缓冲区 arg 中。
// 参数 arg 有两个用途：一是用于传递控制台号，二是作为用户缓冲区指针。
int do_screendump(int arg)
{
        char *sptr, *buf = (char *)arg;
        int currcons, l;

// 函数首先验证用户提供的缓冲区容量，若不够则进行适当扩展。然后从其开始处取出控制台号 currcons。
// 在判断控制台号有效之后，就把该控制台屏幕的所有内存内容复制到用户缓冲区中。
        verify_area(buf,video_num_columns*video_num_lines);
        currcons = get_fs_byte(buf);
        if ((currcons<1) || (currcons>NR_CONSOLES))
                return -EIO;
        currcons--;
        sptr = (char *) origin;
        for (l=video_num_lines*video_num_columns; l>0 ; l--)
                put_fs_byte(*sptr++,buf++);
        return(0);
}

// 黑屏处理。
// 当用户在 blankInterval 时间间隔内没有按任何按键时就让屏幕黑屏，以保护屏幕。
void blank_screen()
{
        if (video_type != VIDEO_TYPE_EGAC && video_type != VIDEO_TYPE_EGAM)
                return;
/* blank here. I can't find out how to do it, though */
}

// 恢复黑屏的屏幕。
// 当用户按下任何按键时，就恢复处于黑屏状态的屏幕显示内容。
void unblank_screen()
{
        if (video_type != VIDEO_TYPE_EGAC && video_type != VIDEO_TYPE_EGAM)
                return;
/* unblank here */
}

//// 控制台显示函数。
// 该函数仅用于内核显示函数 printk()（kernel/printk.c），用于在当前前台控制台上显示内核信息。
```

```
// 处理方法是循环取出缓冲区中的字符，并根据字符的特性控制光标移动或直接显示在屏幕上。
// 参数 b 是 null 结尾的字符串缓冲区指针。
void console_print(const char * b)
{
        int currcons = fg_console;
        char c;

// 循环读取缓冲区 b 中的字符。如果当前字符 c 是换行符，则对光标执行回车换行操作；然后去处理下一个
// 字符。如果是回车符，就直接执行回车动作。然后去处理下一个字符。
        while (c = *(b++)) {
                if (c == 10) {
                        cr(currcons);
                        lf(currcons);
                        continue;
                }
                if (c == 13) {
                        cr(currcons);
                        continue;
                }
// 在读取了一个不是回车或换行字符后，如果发现当前光标列位置 x 已经到达屏幕右末端，则让光标折返到
// 下一行开始处。然后把字符放到光标所处显示内存位置处，即在屏幕上显示出来。
// 再把光标右移一格位置，为显示下一个字符作准备。
                if (x>=video_num_columns) {
                        x -= video_num_columns;
                        pos -= video_size_row;
                        lf(currcons);
                }
//寄存器 al 中是需要显示的字符，这里把属性字节放到 ah 中，然后把 ax 内容存储到光标内存位置 pos 处，
// 即在光标处显示字符。
                __asm__("movb %2,%%ah\n\t"            // 属性字节放到 ah 中。
                        "movw %%ax,%1\n\t"            // ax 内容放到 pos 处。
                        ::"a" (c),
                        "m" (*(short *)pos),
                        "m" (attr)
                        :"ax");
                pos += 2;
                x++;
        }
        set_cursor(currcons);            //最后设置的光标内存位置，设置显示控制器中光标位置。
}
```

10.3.3 其他信息

1．显示控制卡编程

这里仅给出兼容显示卡端口的说明。描述了 MDA、CGA、EGA 和 VGA 显示控制卡的通用编程端口，这些端口都是与 CGA 使用的 MC6845 芯片兼容，其名称和用途见表 10-6。其中以 CGA/EGA/VGA 的端口(0x3d0～0x3df)为例进行说明，MDA 的端口是 0x3b0～0x3bf。

对显示控制卡进行编程的基本步骤是：首先把 0～17 值写入显示卡的索引寄存器（端口 0x3d4），选择要进行设置的显示控制内部寄存器之一(r0～r17)，此时数据寄存器端口（0x3d5）对应到该内部寄存器上。然后将参数写到该数据寄存器端口。即显示卡的数据寄存器端口每次

只能对显示卡中的一个内部寄存器进行操作。内部寄存器见表 10-7 所示。

表 10-6 CGA 端口寄存器名称及作用

端口	读/写	名称和用途
0x3d4	写	CRT(6845)索引寄存器。用于选择通过端口 0x3d5 访问的各个数据寄存器(r0-r17)
0x3d5	写	CRT(6845)数据寄存器。其中数据寄存器 r14-r17 还可以读 各个数据寄存器的功能说明见表 10-6
0x3d8	读/写	模式控制寄存器 位 7-6 未用； 位 5=1 允许闪烁； 位 4=1 640*200 图形模式； 位 3=1 允许视频； 位 2=1 单色显示； 位 1=1 图形模式；=0 文本模式； 位 0=1 80*25 文本模式；=0 40*25 文本模式
0x3d9	读/写	CGA 调色板寄存器。选择所采用的色彩 位 7-6 未用； 位 5=1 激活色彩集：青(cyan)、紫(magenta)、白(white)； =0 激活色彩集：红(red)、绿(green)、蓝(blue)； 位 4=1 增强显示图形、文本背景色彩； 位 3=1 增强显示 40*25 的边框、320*200 的背景、640*200 的前景颜色； 位 2=1 显示红色：40*25 的边框、320*200 的背景、640*200 的前景； 位 1=1 显示绿色：40*25 的边框、320*200 的背景、640*200 的前景； 位 0=1 显示蓝色：40*25 的边框、320*200 的背景、640*200 的前景；
0x3da	读	CGA 显示状态寄存器。 位 7-4 未用； 位 3=1 在垂直回扫阶段； 位 2=1 光笔开关关闭；=0 光笔开关接通； 位 1=1 光笔选通有效； 位 0=1 可以不干扰显示访问显示内存；=0 此时不要使用显示内存
0x3db	写	清除光笔锁存（复位光笔寄存器）
0x3dc	读/写	预设置光笔锁存（强制光笔选通有效）

表 10-7 MC6845 内部数据寄存器及初始值

编号	名称	单位	读/写	40×25 模式	80×25 模式	图形模式
r0	水平字符总数	字符	写	0x38	0x71	0x38
r1	水平显示字符数	字符	写	0x28	0x50	0x28
r2	水平同步位置	字符	写	0x2d	0x5a	0x2d
r3	水平同步脉冲宽度	字符	写	0x0a	0x0a	0x0a
r4	垂直字符总数	字符行	写	0x1f	0x1f	0x7f
r5	垂直同步脉冲宽度	扫描行	写	0x06	0x06	0x06
r6	垂直显示字符数	字符行	写	0x19	0x19	0x64
r7	垂直同步位置	字符行	写	0x1c	0x1c	0x70
r8	隔行/逐行选择		写	0x02	0x02	0x02
r9	最大扫描行数	扫描行	写	0x07	0x07	0x01
r10	光标开始位置	扫描行	写	0x06	0x06	0x06
r11	光标结束位置	扫描行	写	0x07	0x07	0x07
r12	显示内存起始位置(高)		写	0x00	0x00	0x00
r13	显示内存起始位置(低)		写	0x00	0x00	0x00
r14	光标当前位置(高)		读/写	可变		
r15	光标当前位置(低)		读/写			
r16	光笔当前位置(高)		读	可变		
r17	光笔当前位置(低)		读			

2. 滚屏操作原理

滚屏操作是指将指定开始行和结束行的一块文本内容向上移动(向上卷动，scroll up)或向下移动（向下卷动 scroll down），如果将屏幕看作显示内存上对应屏幕内容的一个窗口的话，那么将屏幕内容向上移即是将窗口沿显示内存向下移动；将屏幕内容向下移动即是将窗口向上移动。在程序中就是重新设置显示控制器中显示内存的起始位置 origin 以及调整程序中相应的变量。对于这两种操作各自都有两种情况。

对于向上卷动，当屏幕对应的显示内存窗口在向下移动后仍然在显示内存范围之内的情况，即对应当前屏幕的内存块位置始终在显示内存起始位置(video_mem_start)和末端位置 video_mem_end 之间，那么只需要调整显示控制器中起始显示内存位置即可。但是当对应屏幕的内存块位置在向下移动时超出了实际显示内存的末端(video_mem_end)这种情况，就需要移动对应显示内存中的数据，以保证所有当前屏幕数据都落在显示内存范围内。在第二种情况中，程序中是将屏幕对应的内存数据移动到实际显示内存的开始位置处(video_mem_start)。

程序中实际的处理过程分三步进行。首先调整屏幕显示起始位置 origin；然后判断对应屏幕内存数据是否超出显示内存下界(video_mem_end)，如果超出就将屏幕对应的内存数据移动到实际显示内存的开始位置处(video_mem_start)；最后对移动后屏幕上出现的新行用空格字符填满。如图 10-8 所示。其中图 a 对应第一种简单情况，图 b 对应需要移动内存数据时的情况。

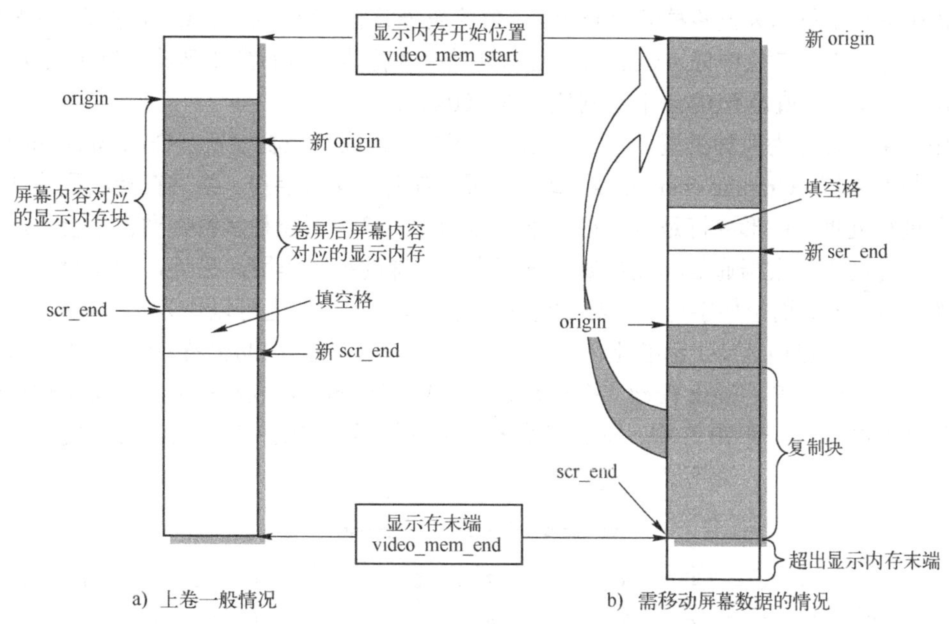

图 10-8　向上卷屏（scroll up）操作示意图

向下卷动屏幕的操作与向上卷屏相似，也会遇到这两种类似情况，只是由于屏幕窗口上移，因此会在屏幕上方出现一空行，并且在屏幕内容所对应的内存超出显示内存范围时需要将屏幕数据内存块往下移动到显示内存的末端位置。

3. 终端控制命令

终端通常有两部分功能，分别作为计算机信息的输入设备(键盘)和输出设置(显示器)。终端可有许多控制命令，使得终端执行一定的操作而不是仅仅在屏幕上显示一个字符。使用这种方式，计算机就可以命令终端执行移动光标、切换显示模式和响铃等操作。终端控制命令又可分为两类：控制字符命令和 ANSI 转义控制序列。前面我们已经简单讨论过，Linux 内核中的 console.c（包括上面的 keyboard.s）程序实际上可以看作是模拟终端仿真程序。因此为了能理解

console.c 程序的处理过程，我们概要介绍一下一个终端设备中 ROM 中的程序如何处理从主机上接收到的代码数据。我们首先简单描述 ASCII 代码表结构，然后说明终端设备如何处理接收到的控制字符和控制序列字符串代码。

（1）字符编码方法

传统字符终端使用 ANSI（American National Standards Institute，美国国家标准局）和 ISO（International Organization for Standardization，国际标准化组织）标准的 8 位编码方案和 7 位代码扩展技术。ANSI 和 ISO 规定了计算机和通信领域的字符编码标准。ANSI X3.4-1977 和 ISO 646-1977 标准制定了美国信息交换处理代码集，即 ASCII 代码集。ANSI X3.41-1974 和 ISO 2022.2 标准描述了 7 位和 8 位编码集的代码扩展技术。ANSI X3.32、ANSI X3.64-1979 制定了利用 ASCII 码的文本字符表示终端控制字符的方法。虽然 Linux 0.1x 内核中仅实现对 DEC 公司（现已成为 HP 公司的一部分）的 VT100 以及 VT102 终端设备的兼容，并且这两种事实上的标准终端设备仅支持 7 位编码方案，但为了介绍的完整性和描述起来方便，这里我们仍然也同时介绍 8 位编码方案。

（2）代码表

ASCII 码有 7 位和 8 位两种编码表示。7 位代码表共有 128 个字符代码，见表 10-8 中左半部分。其中每行表示 7 位中低 4 位的值，而每列是高 3 位值。例如第 4 列第 1 行（从 0 开始计）代码“A”的 8 进制值是 0101，十进制值是 65（0x41）。

表中的字符被分为两种类型。一种是第 1、第 2 列构成的控制字符（Control characters），其余的是图形字符（Graphic characters）或称为显示字符、文本字符。终端在接收到这两类字符时将分别进行处理。图形字符是可以在屏幕上显示的字符，而控制字符则通常不会在屏幕上显示。控制字符用于在数据通信和文本处理过程中起特殊的控制作用。另外，DEL 字符（0x7F）也是一个控制字符，而空格字符（0x20）既可以是一般文本字符也可以作为一个控制字符使用。控制字符及其功能已由 ANSI 标准化，其中的名称是 ANSI 标准的助记符。例如：CR（Carriage Return，回车符）、FF（Form Feed，换页符）和 CAN（Cancel，取消符）。通常 7 位编码方式也适用于 8 位的编码。表 10-8 中，左面半个表与 7 位代码表完全相同，右半部分的扩展代码没有列出。

表 10-8　8 位 ASCII 代码表

	0	1	2	3	4	5	6	7	8	9	A	B	C	D	E	F
0	NUL	DLE	SP	0	@	P	`	p			无					
1	SOH	DC1	!	1	A	Q	a	q								
2	STX	DC2	"	2	B	R	b	r								
3	ETX	DC3	#	3	C	S	c	s								
4	EOT	DC4	$	4	D	T	d	t	IND							
5	ENQ	NAK	%	5	E	U	e	u	NEL							
6	ACK	SYN	&	6	F	V	f	v	SSA							
7	BEL	ETB	'	7	G	W	g	w	ESA							
8	BS	CAN	(	8	H	X	h	x	HTS							
9	HT	EM	)	9	I	Y	i	y	HTJ							
A	LF	SUB	*	:	J	Z	j	z	VTS							
B	VT	ESC	+	;	K	[	k	{	PLD	CSI						

（续）

	0	1	2	3	4	5	6	7	8	9	A	B	C	D	E	F
C	FF	FS	,	<	L	\	l	|	PLU	ST						
D	CR	GS	-	=	M	]	m	}	RI	OSC						
E	SO	RS	.	>	N	^	n	~	SS2	PM						
F	SI	US	/	?	O	_	o	DEL	SS3	APC						无
	C0 代码区		GL 代码区						C1 代码区		GR 代码区					
	7 位代码表								8 位代码表右半部分							

表 10-7 比 7 位代码表多出 8 列代码，共含有 256 个代码值。类似于 7 位代码表，它每行代表 8 位代码的低 4 位值，而每列表示高 4 位值。左面半个表（列 0～列 7）与 7 位代码表完全一样，它们代码的第 8 位为 0，因此该位可以忽略。右面半个表（列 8～列 15）中各代码的第 8 位均为 1，因此这些字符只能在 8 位环境中使用。8 位代码表有两个控制代码集：C0 和 C1。同时也有两个图形字符集：左图形字符集 GL（Graphic Left）和右图形字符集 GR（Graphic Right）。

C0 和 C1 中控制字符的功能不能更改，但是我们可以把不同的显示字符映射到 GL 或 GR 区域中。能够使用（映射）的各种文本字符集通常储存在终端设备中。在使用它们之前我们必须首先作映射操作。对于已成为事实上标准的 DEC 终端设备来说，其中通常储存有 DEC 多国字符集（ASCII 字符集和 DEC 辅助字符集）、DEC 特殊字符集和国家替换字符集 NCR（National Replacement Character）。当打开终端设备时，默认使用的就是 DEC 多国字符集。

（3）控制功能

为了指挥终端设备如何处理接收到的数据，我们就要使用终端设备的控制功能。主机通过发送控制代码或控制代码序列就可以控制终端设备对字符的显示处理，它们仅用作控制文本字符的显示、处理和传送，而其本身并不显示在屏幕上。控制功能有许多用途，例如：在显示屏上移动光标位置、删除一行文本、更改字符、更改字符集和设置终端操作模式等。我们可以在文本模式中使用所有的控制功能，并用一个字节或多个字节来表示控制功能。

可以认为所有不用作在屏幕上显示的控制字符或控制字符序列都是控制功能。在每个符合 ANSI 标准的终端设备中并不是所有控制功能都能执行其控制操作，但是设备应该能够识别所有的控制功能，并忽略其中不起作用的控制功能。所以通常一个终端设备仅实现 ANSI 控制功能的一个子集。由于各种不同的设备使用不同的控制功能子集，因此与 ANSI 标准兼容并不意味着这些设备互相兼容。兼容性仅体现在各种设备使用相同的控制功能方面。

单字节控制功能就是 C0 和 C1 中的控制字符。使用 C0 中的控制字符可以获得有限的控制功能。而 C1 中的控制字符可以另外再提供一些控制功能，但只能在 8 位环境中直接使用，因此 Linux 内核中所仿真的 VT100 型终端仅能使用 C0 中的控制字符。多字节控制代码则可以提供很多的控制功能。这些多字节控制代码通常被称为转义序列（Escape Sequences）、控制序列（Control Sequences）和设备控制字符串（Device Control Strings）。其中有些控制序列是工业界通用的 ANSI 标准序列，另外还有一些则是生产商为自己产品使用而设计的专有控制序列。像 ANSI 标准序列一样，专有控制序列字符也符合 ANSI 字符代码的组合标准。

（4）转义序列

主机可以发送转义序列来控制终端屏幕上文本字符的显示位置和属性。转义序列（Escape Seguences）由 C0 中控制字符 ESC（0x1b）开始，后面跟随一个或多个 ASCII 显示字符。转义序列的 ANSI 标准格式如下所示：

```
ESC        I......I        F
0x1b     0x20--0x2f     0x30--0x7e

引导码      中间字符        结尾字符
         0 或多个字符      1 个字符
```

ESC 是 ANSI 标准中定义的转义序列引导码（Escape Sequence Introducer）。在接收到引导码 ESC 之后，终端需要以一定的顺序保存（而非显示）随后所有的控制字符。

中间字符（Intermediate Characters）是 ESC 之后接收到的范围在 0x20～0x2f（ASCII 表中列 2）的字符。终端需要把它们作为控制功能的一部分保存下来。

结尾字符（Final Character）是 ESC 之后接收到的范围在 0x30～0x7e（ASCII 表中列 3～7）的字符。结尾字符指明转义序列的结束。中间字符和结尾字符共同定义了一个序列的功能。此时终端即可以执行指定的功能并继续显示随后收到的字符。ANSI 标准转义序列的结尾字符范围在 0x40～0x7e（ASCII 表中列 4～7）。各个终端设备厂家自己定义的专有转义序列的结尾字符范围在 0x30～0x3f（ASCII 表中列 3）。例如下面序列就是一个用来指定 G0 作为 ASCII 字符集的转义序列：

```
ESC   (   B
0x1b 0x28 0x42
```

由于转义序列仅使用 7 位字符，因此我们可以在 7 位和 8 位环境中使用它们。请注意，当使用转义或控制序列时，要记得它们定义了一个代码序列而非字符的文本表示。这里这些字符仅用作体现可读性。转义序列的重要用途之一是扩展 7 位控制字符的功能。ANSI 标准允许我们使用 2 字节转义序列作为 7 位代码扩展来表示 C1 中的任何控制字符。在需要兼容 7 位的应用环境中，这是一个非常有用的特性。例如，C1 中的控制字符 CSI 和 IND 可以使用 7 位代码扩展形式像下面这样来表示：

```
C1 字符    转义序列
CSI        ESC  [
0x9b       0x1b 0x5b

IND        ESC  D
0x84       0x1b 0x44
```

通常，可以在两方面使用上述代码扩展技术。可以使用 2 字符转义序列来表示 8 位代码表 C1 中的任何控制字符。其中第 2 个字符的值是 C1 中对应字符的值减 0x40（64）。另外，我们也可以通过删去控制字符 ESC 并给第 2 个字符加上 0x40，把第 2 个字符值在 0x40～0x5f 之间的任何转义序列转换成产生一个 8 位的控制字符。

（5）控制序列

控制序列（Control Sequences）由控制字符 CSI（0x9b）开始，后面跟随 1 个或多个 ASCII 图形字符。控制序列的 ANSI 标准格式如下所示：

```
CSI      P......P      I......I      F
0x9b   0x30～0x3f    0x20～0x2f   0x40～0x7e

引导码    参数字符       中间字符      结尾字符
        0 或多个字符   0 或多个字符   1 个字符
```

控制序列引导码（Control Sequence Introducer）控制字符 C1 中的 CSI（0x9b）。但由于 CSI 也可以使用 7 位代码扩展“ESC [”来表示，因此所有控制序列都可以利用第 2 个字符是左方括号“[”的转义序列来表示。在接收到引导码 CSI 之后，终端需要以一定的顺序保存（而非显示）随后所有的控制字符。

参数字符（Parameter Characters）是 CSI 之后接收到的范围在 0x30～0x3f（ASCII 表中列 3）的字符。参数字符用于修改控制序列的作用或含义。当参数字符以任一“< = > ?”（0x3c～0x3f）字符开头时，终端将把本控制序列作为专有（私有）控制序列。终端可使用两类参数字符：数字字符和选择字符。数字字符参数代表一个十进制数，用 Pn 表示。范围是 0～9。选择字符参数来自一个指定的参数表，用 Ps 表示。如果一个控制序列中包含不止一个参数，则用分号“;”（0x3b）来隔开。

中间字符（Intermediate Characters）是 CSI 之后接收到的范围在 0x20～0x2f（ASCII 表中列 2）的字符。终端需要把它们作为控制功能的一部分保存下来。注意，终端设备不使用中间字符。

结尾字符（Final Character）是 CSI 之后接收到的范围在 0x40～0x7e（ASCII 表中列 4～7）的字符。结尾字符指明控制序列的结束。中间字符和结尾字符共同定义了一个序列的功能。此时终端即可以执行指定的功能并继续显示随后收到的字符。ANSI 标准转义序列的结尾字符范围在 0x40～0x6f（ASCII 表中列 4～6）。各个终端设备厂家自己定义的专有转义序列的结尾字符范围在 0x70～0x7e（ASCII 表中列 7）。例如，下面序列定义了一个使屏幕光标移动到指定位置（行 5、列 9）的控制序列：

```
    CSI   5    ;    9    H
    0x9b 0x35 0x3b 0x41 0x48
或者：
    ESC   [    5    ;    9    H
    0x1b 0x5b 0x35 0x3b 0x39 0x48
```

图 10-9 中是一个控制序列的例子：取消所有字符的属性，然后开启下划线和反显属性（ESC [0;4;7m]）。

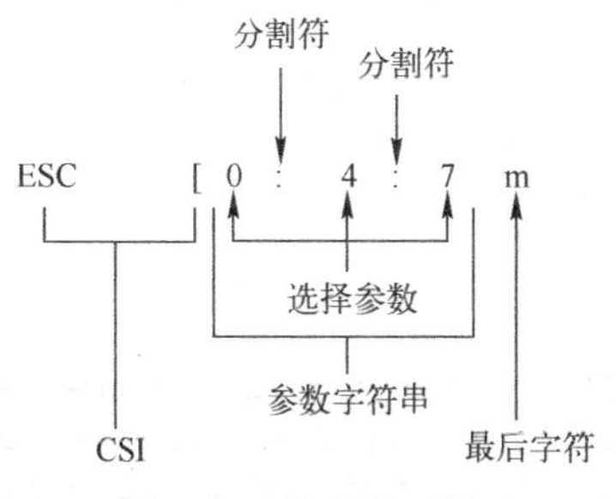

图 10-9　控制序列例子

（6）终端对接收到代码的处理

本节说明终端如何处理接收到的字符，即描述终端对从应用程序或主机系统接收到的代码的响应。接收到的字符可分为两类：图形（显示或文本）字符和控制字符。图形字符是接收到的显示在屏幕上的字符。实际在屏幕上显示的字符依赖于所选择的字符集。字符集可通过控制功能来选择。

终端收到的所有数据由一个或多个字符代码组成。这些数据包括图形字符、控制字符、转义序列、控制序列以及设备控制串。绝大多数数据是由仅在屏幕上显示的图形字符构成的，并没有其他作用。控制字符、转义序列、控制序列以及设备控制串都是“控制功能”，我们可以在自己的程序或操作系统中使用它们来指明终端如何进行处理、传送和显示字符。每个控制功能有一个唯一的名称，并且都有一个简写助记符。这些名称和助记符都已成为标准。默认情况下，终端对某个控制或显示字符的解释依赖于 ASCII 码字符集。

注意：对于不支持的控制代码，终端通常采取的操作是忽略它。随后发送到终端的不是这里说明的字符有可能会造成不可预测的后果。

本书附录中给出了常用的 C0 和 C1 表中控制字符的说明，概要描述了当终端收到会采取的操作。对于一个特定的终端，它通常并不会识别 C0 和 C1 中所有的控制字符。另外，附录中还用表的形式列出了 Linux 0.1x 内核中 console.c 程序使用的转义序列和控制序列。除特别说明以外，所有序列均表示主机发送过来的控制功能序列。

10.4 serial.c 程序

10.4.1 功能描述

本程序实现系统串行端口初始化，为使用串行终端设备作好准备工作。在 rs_init()初始化函数中，设置了默认的串行通信参数，并设置串行端口的中断陷阱门（中断向量）。rs_write()函数用于把串行终端设备写缓冲队列中的字符通过串行线路发送给远端的终端设备。

rs_write()将在文件系统中用于操作字符设备文件时被调用。当一个程序往串行设备 /dev/tty64 文件执行写操作时，就会执行系统调用 sys_write()（在 fs/read_write.c 中），而这个系统调用在判别出所读文件是一个字符设备文件时，即会调用 rw_char()函数（在 fs/char_dev.c 中），该函数则会根据所读设备的子设备号等信息，由字符设备读写函数表（设备开关表）调用 rw_tty()，最终调用到这里的串行终端写操作函数 rs_write()。

rs_write()函数实际上只是开启串行发送保持寄存器已空中断标志，在 UART 将数据发送出去后允许发中断信号。具体发送操作是在 rs_io.s 程序中完成的。

10.4.2 代码注释

程序 10-3　linux/kernel/chr_drv/serial.c

```
/*
 *  linux/kernel/serial.c
 *
 *  (C) 1991  Linus Torvalds
 */

/*
 *      serial.c
 *
 * This module implements the rs232 io functions
 *      void rs_write(struct tty_struct * queue);
 *      void rs_init(void);
 * and all interrupts pertaining to serial IO.
 */
 /*
  *     serial.c
  * 该程序用于实现 rs232 的输入输出函数
  *     void rs_write(struct tty_struct *queue);
  *     void rs_init(void);
  * 以及与串行 IO 有关系的所有中断处理程序。
  */

#include <linux/tty.h>          // tty 头文件，定义了有关 tty_io，串行通信方面的参数、常数。
#include <linux/sched.h>        // 调度程序头文件，定义了任务结构 task_struct、任务 0 数据等。
```

```
#include <asm/system.h>        // 系统头文件。定义设置或修改描述符/中断门等的嵌入式汇编宏。
#include <asm/io.h>        // io 头文件。定义硬件端口输入/输出宏汇编语句。

#define WAKEUP_CHARS (TTY_BUF_SIZE/4)// 当写队列中含有 WAKEUP_CHARS 个字符时就开始发送。

extern void rs1_interrupt(void);     // 串行口 1 的中断处理程序（rs_io.s, 34 行）。
extern void rs2_interrupt(void);     // 串行口 2 的中断处理程序（rs_io.s, 38 行）。

//// 初始化串行端口
// 设置指定串行端口的传输波特率（2400bps）并允许除了写保持寄存器空以外的所有中断源。
// 另外，在输出 2 字节的波特率因子时，须首先设置线路控制寄存器的 DLAB 位（位 7）。
// 参数：port 是串行端口基地址，串口 1 - 0x3F8；串口 2 - 0x2F8。
static void init(int port)
{
        outb_p(0x80,port+3);    /* set DLAB of line control reg */
        outb_p(0x30,port);      /* LS of divisor (48 -> 2400 bps */
        outb_p(0x00,port+1);    /* MS of divisor */
        outb_p(0x03,port+3);    /* reset DLAB */
        outb_p(0x0b,port+4);    /* set DTR,RTS, OUT_2 */
        outb_p(0x0d,port+1);    /* enable all intrs but writes */
        (void)inb(port);        /* read data port to reset things (?) */
}

//// 初始化串行中断程序和串行接口。
// 中断描述符表 IDT 中的门描述符设置宏 set_intr_gate()在 include/asm/system.h 中实现。
void rs_init(void)
{
// 下面两句用于设置两个串行口的中断门描述符。rs1_interrupt 是串口 1 的中断处理过程指针。
// 串口 1 使用的中断是 int 0x24，串口 2 的是 int 0x23。参见表 2-2 和 system.h 文件。
        set_intr_gate(0x24,rs1_interrupt); // 设置串行口 1 的中断门向量(IRQ4 信号)。
        set_intr_gate(0x23,rs2_interrupt); // 设置串行口 2 的中断门向量(IRQ3 信号)。
        init(tty_table[64].read_q->data);  // 初始化串行口 1(.data 是端口基地址)。
        init(tty_table[65].read_q->data);  // 初始化串行口 2。
        outb(inb_p(0x21)&0xE7,0x21);       // 允许主 8259A 响应 IRQ3、IRQ4 中断请求。
}

/*
 * This routine gets called when tty_write has put something into
 * the write_queue. It must check whether the queue is empty, and
 * set the interrupt register accordingly
 *
 *      void _rs_write(struct tty_struct * tty);
 */
/*
 *在 tty_write()已将数据放入输出(写)队列时会调用下面的子程序。在该子程序中必须首先检查写队列是
 *否为空，然后设置相应中断寄存器。
 */
//// 串行数据发送输出。
// 该函数实际上只是开启发送保持寄存器已空中断标志。此后当发送保持寄存器空时，UART 就会产生中断
// 请求。而在该串行中断处理过程中，程序会取出写队列尾指针处的字符，并输出到发送保持寄存器中。一
// 旦 UART 把该字符发送了出去，发送保持寄存器又会变空而引发中断请求。
// 于是只要写队列中还有字符，系统就会重复这个处理过程，把字符一个一个地发送出去。当写队列中所有
//字符都发送了出去，写队列变空了，中断处理程序就会把中断允许寄存器中的发送保持寄存器中断允许标志
// 复位掉，从而再次禁止发送保持寄存器空引发中断请求。此次“循环”发送操作也随之结束。
void rs_write(struct tty_struct * tty)
{
```

```
// 如果写队列不空，则首先从 0x3f9（或 0x2f9）读取中断允许寄存器内容，添上发送保持寄存器中断允许
// 标志（位 1）后，再写回该寄存器。这样，当发送保持寄存器空时 UART 就能够因期望获得欲发送的字符
// 而引发中断。write_q.data 中是串行端口基地址。
	cli();
	if (!EMPTY(tty->write_q))
		outb(inb_p(tty->write_q->data+1)|0x02,tty->write_q->data+1);
	sti();
}
```

10.4.3 异步串行通信控制器 UART

异步串行通信传输的帧格式如图 10-10 所示。传输一个字符由起始位、数据位、奇偶校验位和停止位构成。其中起始位起同步作用，值恒为 0。数据位是传输的实际数据，即一个字符的代码。其长度可以是 5～8 个位。奇偶校验位可有可无，由程序设定。停止位恒为 1，可由程序设定为 1、1.5 或 2 个位。在通信开始发送信息之前，双方必须设置成相同的格式。如具有相同数量的数据位和停止位。在异步通信规范中，把传送 1 称为传号（MARK），传送 0 称为空号（SPACE）。因此在下面描述中我们就使用这两个术语。

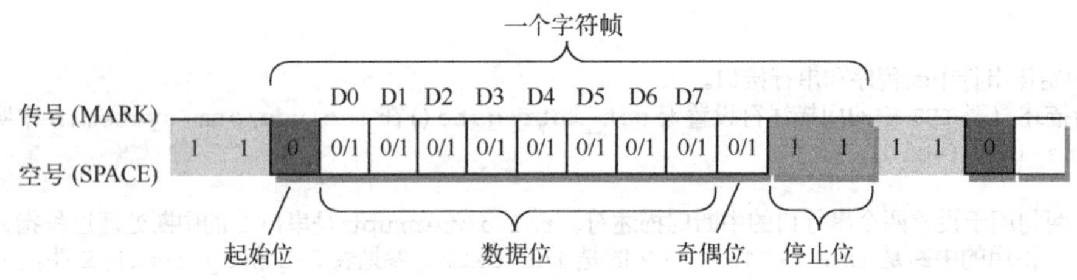

图 10-10 异步串行通信字符传输格式

当无数据传输时，发送方处于传号（MARK）状态，持续发送 1。若需要发送数据，则发送方需要首先发送一个位间隔时间的空号起始位。接收方收到空号后，就开始与发送方同步，然后接收随后的数据。若程序中设置了奇偶校验位，那么在数据传输完之后还需要接收奇偶校验位，最后是停止位。在一个字符帧发送完后可以立刻发送下一个字符帧，也可以暂时发送传号，等一会再发送字符帧。

在接收一字符帧时，接收方可能会检测到三种错误之一：①奇偶校验错误。此时程序应该要求对方重新发送该字符；②过速错误。由于程序取字符速度慢于接收速度，就会发生这种错误。此时应该修改程序加快取字符频率；③帧格式错误。在要求接收的格式信息不正确时会发生这种错误。例如在应该收到停止位时却收到了空号。通常造成这种错误的情况除了线路干扰以外，很可能是通信双方的帧格式设置不同。

（1）串行通信接口及 UART 结构

为实现串行通信，PC 上通常都带有 2 个符合 RS-232C 标准的串行接口，并使用通用异步接收/发送器控制芯片 UART（Universal Asyncronous Receiver/Transmitter）来处理串行数据的收发工作。PC 上的串行接口通常使用 25 芯或 9 芯的 DB-25 或 DB-9 连接器，主要用来连接 MODEM 设备进行工作，因此 RS-232C 标准规定了很多 MODEM 专用接口引线。有关 RS-232C 标准和 MODEM 设备工作原理的详细说明请参考其他资料。这里我们主要说明 UART 控制芯片的结构。

以前的 PC 都使用国家半导体公司的 NS8250 或 NS16450 UART 芯片，现在的 PC 则使用了

16650A 及其兼容芯片，但都与 NS8250/16450 芯片兼容。NS8250/16450 与 16650A 芯片的主要区别在于 16650A 芯片还另外支持 FIFO 传输方式。在这种方式下，UART 可以在接收或发送了最多 16 个字符后才引发一次中断，从而可以减轻系统和 CPU 的负担。但由于我们讨论的 Linux 0.12 中仅使用了 NS8250/16450 的属性，因此这里不对 FIFO 方式作进一步说明。

PC 中使用 UART 的异步串行口硬件逻辑如图 10-11 所示。其中可分成 3 部分。第一部分主要包括数据总线缓冲 D7～D0、内部寄存器选择引脚 A0～A2、CPU 读写数据选择通引脚 DISTR 和 DOSTR、芯片复位引脚 MR、中断请求输出引脚 INTRPT 以及用户自定义的用于禁止/允许中断的引脚 OUT2。当 OUT2 为 1 时可禁止 UART 发出中断请求信号。

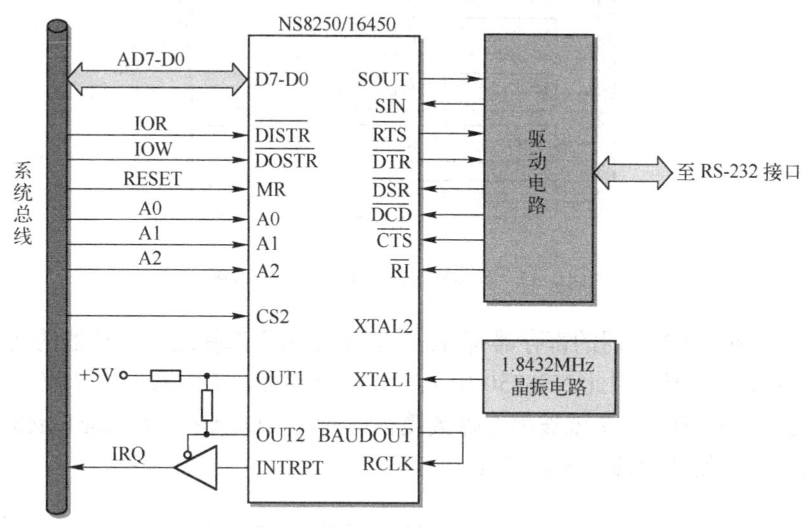

图 10-11　NS8250/16450 基本硬件配置结构图

第二部分主要包括 UART 与 RS-232 接口的引脚部分。这些引脚主要用于接收/发送串行数据和产生或接收 MODEM 控制信号。串行输出数据（SOUT）引脚向线路上发送位数据流；输入数据（SIN）引脚接收线路上传来的位数据流；数据设备就绪（DSR）引脚用于通信设备（MODEM）通知 UART 准备好可以开始接收数据；数据终端就绪（DTR）引脚则用于计算机通知 MODEM 已准备好接收数据；请求发送（RTS）引脚用于通知 MODEM 计算机要求切换到发送方式；清除发送（CTS）则是 MODEM 告诉计算机已切换到准备接收方式；载波检测（DCD）引脚用于接收 MODEM 告知已接收到载波信号；振铃指示（RI）引脚也用于 MODEM 告诉计算机通信线路已经接通。

第三部分是 UART 芯片时钟输入电路部分。UART 的工作时钟可以通过在引脚 XTAL1、XTAL2 之间连接一个晶体振荡器来产生，也可以通过 XTAL1 直接从外部引入。PC 则使用了后一种办法，在 XTAL1 引脚上直接输入 1.8432MHz 的时钟信号。UART 发送波特率的 16 倍由引脚 BAUDOUT 输出，而引脚 RCLK 是接收数据的波特率。由于这两者连接在一起，因此 PC 上发送和接收数据波特率相同。

与中断控制芯片 8259A 一样，UART 也是一个可编程的控制芯片。通过对它的内部寄存器进行设置，可以设置串行通信的工作参数和 UART 的工作方式。UART 的内部组成框图如图 10-12 所示。

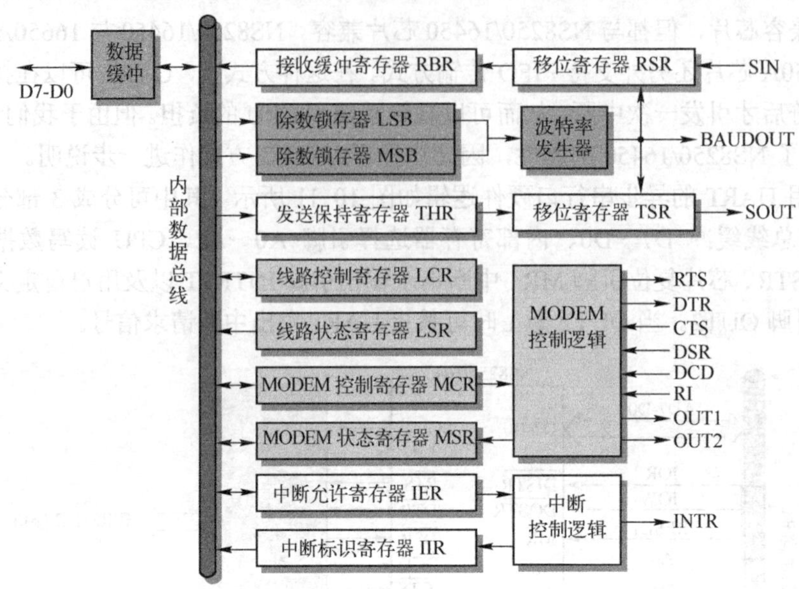

图 10-12 NS8250/16450 内部组成框图

NS8250 中 CPU 能够访问的寄存器有 10 个，但是用于选择这些寄存器的地址线 A2～A0 最多能够选择 8 个寄存器。因此 NS8250 中就在线路控制寄存器中拿出位 7 用于选择两个除数锁存寄存器 LSB 和 MSB。位 7 就被称作除数锁存访问位（DLAB，Divisor Latch Access Bit）。这些寄存器的用途以及访问端口地址见表 10-9。

表 10-9 UART 内部寄存器对应端口及用途

端口	读/写	条件	用途
0x3f8 (0x2f8)	写	DLAB=0	写发送保持寄存器 THR。含有将发送的字符
	读	DLAB=0	读接收缓存寄存器 RBR。含有收到的字符
	读/写	DLAB=1	读/写波特率因子低字节（LSB）
0x3f9 (0x2f9)	读/写	DLAB=1	读/写波特率因子高字节（MSB）
	读/写	DLAB=0	读/写中断允许寄存器 IER 位 7～4 全 0 保留不用； 位 3=1 modem 状态中断允许； 位 2=1 接收器线路状态中断允许； 位 1=1 发送保持寄存器空中断允许； 位 0=1 已接收到数据中断允许
0x3fa (0x2fa)	读		读中断标识寄存器 IIR。中断处理程序用以判断此次中断是 4 种中的哪一种 位 7～3 全 0（不用）； 位 2～1 确定中断的优先级； =11 接收状态有错中断，优先级最高。读线路状态可复位； =10 已接收到数据中断，优先级 2。读接收数据可复位； =01 发送保持寄存器空中断，优先级 3。写发送保持可复位； =00 MODEM 状态改变中断，优先级 4。读 MODEM 状态可复位。 位 0=0 有待处理中断；=1 无中断
0x3fb (0x2fb)	写		写线路控制寄存器 LCR 位 7=1 除数锁存访问位(DLAB)。 0 接收器，发送保持或中断允许寄存器访问； 位 6=1 允许间断； 位 5=1 保持奇偶位； 位 4=1 偶校验；=0 奇校验； 位 3=1 允许奇偶校验；=0 无奇偶校验；

（续）

端口	读/写	条件	用途
0x3fb (0x2fb)	写		位 2=1 此时依赖于数据位长度。若数据位长度是 5 位，则停止位是 1.5 位；若数据位长度是 6、7 或 8 位，则停止位是 2 位； 位 2= 0 停止位是 1 位； 位 1-0 数据位长度： =00　5 位数据位； =01　6 位数据位； =10　7 位数据位； =11　8 位数据位
0x3fc (0x2fc)	写		写 MODEM 控制寄存器 MCR 位 7-5 全 0 保留； 位 4=1 芯片处于循环反馈诊断操作模式； 位 3=1 辅助用户指定输出 2，允许 INTRPT 到系统； 位 2=1 辅助用户指定输出 1，PC 未用； 位 1=1 使请求发送 RTS 有效； 位 0=1 使数据终端就绪 DTR 有效
0x3fd (0x2fd)	读		读线路状态寄存器 LSR 位 7=0 保留； 位 6=1 发送移位寄存器为空； 位 5=1 发送保持寄存器为空，可以取字符发送； 位 4=1 接收到满足间断条件的位序列； 位 3=1 帧格式错误； 位 2=1 奇偶校验错误； 位 1=1 超越覆盖错误； 位 0=1 接收器数据准备好，系统可读取
0x3fe (0x2fe)	读		读 MODEM 状态寄存器 MSR。δ 表示信号或条件发生变化 位 7=1 载波检测(CD)有效； 位 6=1 响铃指示(RI)有效； 位 5=1 数据设备就绪(DSR)有效； 位 4=1 清除发送（CTS）有效； 位 3=1 检测到 δ 载波； 位 2=1 检测到响铃信号边沿； 位 1=1 δ 数据设备就绪(DSR)； 位 0=1 δ 清除发送(CTS)

（2）UART 初始化编程方法

当 PC 上电启动时，系统 RESET 信号通过 NS8250 的 MR 引脚使得 UART 内部寄存器和控制逻辑复位。此后若要使用 UART 就需要对其进行初始化编程操作，以设置 UART 的工作波特率、数据位数以及工作方式等。下面以 PC 上的串行端口 1 为例说明对其初始化的步骤。该串口的端口基地址是 port = 0x3f8，UART 芯片中断引脚 INTRPT 被连接至中断控制芯片引脚 IRQ4 上。当然，在初始化之前应该首先在 IDT 表中设置好串行中断处理过程的中断描述符项。

1）设置通信的传输波特率。设置通信传输波特率就是设置两个除数锁存寄存器 LSB 和 MSB 的值，即 16 位的波特率因子。由上表可知，若要访问这两个除数锁存寄存器，我们必须首先设置线路控制寄存器 LCR 的第 8 位 DLAB=1，即向端口 port+3（0x3fb）写入 0x80。然后对端口 port（0x3f8）和 port+1（0x3f9）执行输出操作即可把波特率因子分别写入 LSB 和 MSB 中。对于指定的波特率（例如 2400bit/s），波特率因子的计算公式为：

$$\text{波特率因子}=\frac{\text{UART时钟频率}}{\text{波特率}\times 16}=\frac{1.8432\text{MHz}}{2400\times 16}=\frac{1843200}{2400\times 16}=48$$

因此若要设置波特率为 2400bit/s，则需要在 LSB 中写入 0x30，在 MSB 中写入 0。波特率设置好后，最好复位线路控制寄存器的 DLAB 位。

2）设置通信传输格式。串行通信传输格式由线路控制寄存器 LCR 中的各位来定义。其中每位的含义见表 10-8。如果我们需要把传输格式设置成无奇偶校验位、8 位数据位和 1 位停止位，那么就需要向 LCR 输出值 0x03。LCR 最低 2 位表示数据位长度，当为 11 时表示数据长度是 8 位。

3）设置 MODEM 控制寄存器。对该寄存器进行写入操作可以设置 UART 的操作方式和控制 MODEM。UART 操作方式有中断方式和查询方式两种。还有一种循环反馈方式，但该方式仅用于诊断测试 UART 芯片的好坏，不能作为一种实际的通信方式使用。在 PCROM BIOS 中使用的是查询方式，但本书讨论的 Linux 系统采用的是高效率的中断方式。因此我们将在下面只介绍中断方式下 UART 的操作编程方法。

设置 MCR 的位 4 可让 UART 处于循环反馈诊断操作方式下。在这种方式下 UART 芯片内部自动把输入（SIN）和输出（SOUT）引脚“短接”，因此若此时发送的数据序列和接收到的序列相等，那么就说明 UART 芯片工作正常。

中断方式是指当 MODEM 状态发生变化时、或者接收出错时、或者发送保持寄存器空时、或者接收到一个字符时允许 UART 通过 INTRPT 引脚向 CPU 发出中断请求信号。至于允许哪那些条件下发出中断请求则由中断允许寄存器 IER 来确定。但是若要让 UART 的中断请求信号能够送到 8259A 中断控制器去，就需要把 MODEM 控制寄存器 MCR 的位 3（OUT2）置位。因为在 PC 中，该位控制着 INTRPT 引脚到 8259A 的电路，参见图 10-11。

查询方式是指 MODEM 控制寄存器 MCR 位 3（OUT2）复位的条件下，程序通过循环查询 UART 寄存器的内容来接收/发送串行数据。当 MCR 的位 3=0 时，虽然在 MODEM 状态发生变化等条件下 UART 仍然能在 INTRPT 引脚产生中断请求信号，并且能根据产生中断的条件设置中断标识寄存器 IIR 的内容，但是中断请求信号并不能被送到 8259A 中。因此程序只能通过查询线路状态寄存器 LSR 和中断标识寄存器 IIR 的内容来判断 UART 的当前工作状态并进行数据的接收和发送操作。

MCR 的位 1 和位 0 分别用于控制 MODEM，当这两位置位时，UART 的数据终端就绪 DTR 引脚和请求发送 RTS 引脚输出有效。

若要把 UART 设置成中断方式，并且使 DTR 和 RTS 有效，那么我们就需要向 MODEM 控制寄存器写入 0x0b，即二进制数 01011。

4）初始化中断允许寄存器。中断允许寄存器 IER 用来设置可产生中断的条件，即中断来源类型。共有 4 种中断源类型可供选择，见表 10-8。对应位置 1 表示允许该条件产生中断，否则禁止。当某个中断源类型产生了中断，那么具体是哪个中断源产生的中断就由中断标识寄存器 IIR 中的位 2～位 1 指明，并且读写特定寄存器的内容可以复位 UART 的中断。IER 的位 0 用于确定当前是否有中断，位 0=0 表示有待处理的中断。

在 Linux 0.12 串行端口初始化函数中，设置允许 3 种中断源产生中断（写入 0x0d），即在 MODEM 状态发生变化时、在接收有错时、在接收器收到字符时都允许产生中断，但不允许发送保持寄存器空产生中断。因为我们此时还没有数据要发送。当对应串行终端的写队列有数据要发送出去时，tty_write()函数会调用 rs_write()函数来置位发送保持寄存器空允许中断标志，从而在该中断源引发的串行中断处理过程中内核程序就可以开始取出写队列中的字符发送输出到发送保持寄存器中，让 UART 发送出去。一旦 UART 把该字符发送了出去，发送保持寄存器又会变空而引发中断请求。于是只要写队列中还有字符，系统就会重复这个处理过程，把字符一个一个地发送出去。当写队列中所有字符都发送了出去，写队列变空了，中断处理程序就会把中断允许寄存器中的发送保持寄存器中断允许标志复位掉，从而再次禁止发送保持寄存器空引发中断请求。此次“循环”发送操作也随之结束。

（3）UART 中断处理程序编程方法

Linux 内核中，串行终端使用读/写队列来接收和发送终端数据。从串行端口接收到的数据被放入读队列头指针处，供 tty_io.c 程序来读取；需要发送到串行终端去的数据被放到了写队列头指针处。因此串行中断处理程序的主要任务就是把 UART 接收到的接收缓冲寄存器 RBR 中的字符放到读队列尾指针处；从写队列尾指针处取出字符放进 UART 的发送保持寄存器 THR 中发送出去。同时串行中断处理程序还需要处理其他一些出错情况。

由上面说明可知，UART 可有 4 种不同的中断源类型产生中断。因此当串行中断处理程序刚开始执行时仅知道发生了中断，但不知道是哪种情况引起了中断。所以串行中断处理程序的第一个任务就是确定产生中断的具体条件。这需要借助于中断标识寄存器 IIR 来确定产生当前中断的源类型。因此串行中断处理程序可以根据产生中断的源类型使用子程序地址跳转表 jmp_table[]来分别处理，其框图如图 10-13 所示。rs_io.s 程序的结构与这个框图基本相同。

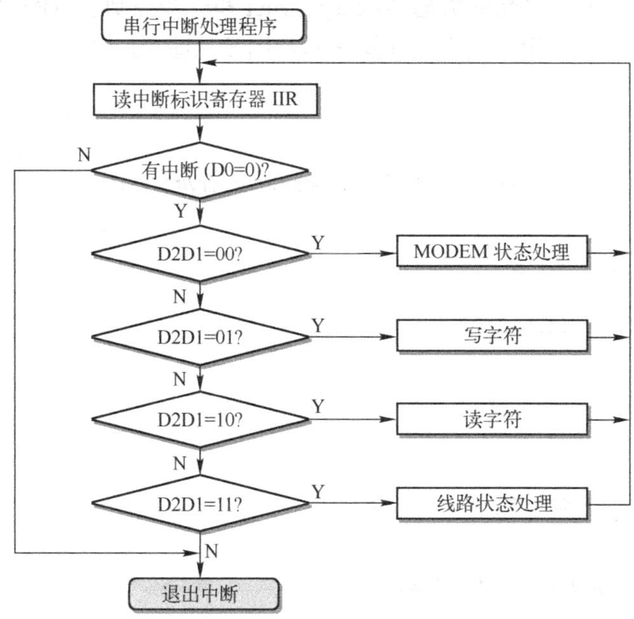

图 10-13　串行通信中断处理程序框图

在取出 IIR 的内容后，需要首先根据位 0 判断是否有待处理的中断。若位 0 = 0，表示有需要处理的中断。于是根据位 2、位 1 使用指针跳转表调用相应中断源类型处理子程序。在每个子程序中会在处理完后复位 UART 的相应中断源。在子程序返回后这段代码会循环判断是否还有其他中断源（位 0 = 0？）。如果本次中断还有其他中断源，则 IIR 的位 0 仍然是 0。于是中断处理程序会再调用相应中断源子程序继续处理。直到引起本次中断的所有中断源都被处理并复位，此时 UART 会自动设置 IIR 的位 0 = 1，表示已无待处理的中断，于是中断处理程序即可退出。

10.5　rs_io.s 程序

10.5.1　功能描述

该汇编程序实现 rs232 串行通信中断处理过程。在进行字符的传输和存储过程中，该中断过程主要对终端的读、写缓冲队列进行操作。它把从串行线路上接收到的字符存入串行终端的读缓冲队列 read_q 中，或把写缓冲队列 write_q 中需要发送出去的字符通过串行线路发送给远端的串行终端设备。

引起系统发生串行中断的情况有 4 种：①由于 modem 状态发生了变化；②由于线路状态发生了变化；③由于接收到字符；④由于在中断允许标志寄存器中设置了发送保持寄存器中断允许标志，需要发送字符。对引起中断的前两种情况的处理过程是通过读取对应状态寄存器值，从而使其复位。对于由于接收到字符的情况，程序首先把该字符放入读缓冲队列 read_q 中，然后调用 copy_to_cooked()函数转换成以字符行为单位的规范模式字符放入辅助队列 secondary 中。对于需要发送字符的情况，则程序首先从写缓冲队列 write_q 尾指针处中取出一个字符发送出去，再判断写缓冲队列是否已空，若还有字符则循环执行发送操作。

因此，在阅读本程序之前，最好先看一下 include/linux/tty.h 头文件。其中给出了字符缓冲队列的数据结构 tty_queue、终端的数据结构 tty_struct 和一些控制字符的值。另外还有一些对缓冲队列进行操作的宏定义。缓冲队列及其操作示意图参见图 10-14。

10.5.2 代码注释

程序 10-4 linux/kernel/chr_drv/rs_io.s

```
/*
 *  linux/kernel/rs_io.s
 *
 *  (C) 1991  Linus Torvalds
 */

/*
 *      rs_io.s
 *
 * This module implements the rs232 io interrupts.
 */
/*
 * 该模块实现 rs232 输入输出中断处理程序。
 */

.text
.globl _rs1_interrupt,_rs2_interrupt

// size 是读写队列缓冲区的字节长度。该值必须是 2 的次方，并且必须与 tty_io.c 中的匹配。
size    = 1024              /* must be power of two !
                               and must match the value
                               in tty_io.c!!! */

/* these are the offsets into the read/write buffer structures */
/* 以下这些是读写缓冲队列结构中的偏移量 */
// 对应 include/linux/tty.h 文件中 tty_queue 结构中各字段的字节偏移量。其中 rs_addr
// 对应 tty_queue 结构的 data 字段。对于串行终端缓冲队列，该字段存放着串行端口基地址。
rs_addr = 0                     // 串行端口号字段偏移（端口是 0x3f8 或 0x2f8）。
head = 4                        // 缓冲区中头指针字段偏移。
tail = 8                        // 缓冲区中尾指针字段偏移。
proc_list = 12                  // 等待该缓冲的进程字段偏移。
buf = 16                        // 缓冲区字段偏移。

// 当一个写缓冲队列满后，内核就会把要往写队列填字符的进程设置为等待状态。当写缓冲队列中还剩余最
```

```
   // 多 256 个字符时，中断处理程序就可以唤醒这些等待进程继续往写队列中放字符。
27 startup = 256                    /* chars left in write queue when we restart it */
                                    /* 当我们重新开始写时，队列里最多还剩余字符个数。*/
28
29 /*
30  * These are the actual interrupt routincs. They look where
31  * the interrupt is coming from, and take appropriate action.
32  */
   /*
    * 这些是实际的中断处理程序。程序首先检查中断的来源，然后执行相应的处理。
    */
   //// 串行端口 1 中断处理程序入口点。
   // 初始化时 rs1_interrupt 地址被放入中断描述符 0x24 中，对应 8259A 的中断请求 IRQ4 引脚。
   // 这里首先把 tty 表中串行终端 1（串口 1）读写缓冲队列指针的地址入栈（tty_io.c，81），然后跳转
   // 到 rs_int 继续处理。这样做可以让串口 1 和串口 2 的处理代码公用。字符缓冲队列结构 tty_queue 格
   // 式请参见 include/linux/tty.h，第 22 行。
33 .align 2
34 _rs1_interrupt:
35         pushl $_table_list+8        // tty 表中串口 1 读写缓冲队列指针地址入栈。
36         jmp rs_int
37 .align 2
   //// 串行端口 2 中断处理程序入口点。
38 _rs2_interrupt:
39         pushl $_table_list+16       // tty 表中串口 2 读写缓冲队列指针地址入栈。

   // 这段代码首先让段寄存器 ds、es 指向内核数据段，然后从对应读写缓冲队列 data 字段取出串行端口基
   // 地址。该地址加 2 即是中断标识寄存器 IIR 的端口地址。若位 0 = 0，表示有需要处理的中断。于是根
   // 据位 2、位 1 使用指针跳转表调用相应中断源类型处理子程序。在每个子程序中会在处理完后复位 UART
   // 的相应中断源。在子程序返回后这段代码会循环判断是否还有其他中断源（位 0 = 0？）。如果本次中断
   // 还有其他中断源，则 IIR 的位 0 仍然是 0。于是中断处理程序会再调用相应中断源子程序继续处理。直到
   // 引起本次中断的所有中断源都被处理并复位，此时 UART 会自动地设置 IIR 的位 0 =1，表示已无待处理
   // 的中断，于是中断处理程序即可退出。
40 rs_int:
41         pushl %edx
42         pushl %ecx
43         pushl %ebx
44         pushl %eax
45         push %es
46         push %ds                    /* as this is an interrupt, we cannot */
47         pushl $0x10                 /* know that bs is ok. Load it */
48         pop %ds                     /* 由于这是一个中断程序，我们不知道 ds 是否正确，*/
49         pushl $0x10                 /* 所以加载它们（让 ds、es 指向内核数据段） */
50         pop %es
51         movl 24(%esp),%edx          // 取上面 35 或 39 行入栈的相应串口缓冲队列指针地址。
52         movl (%edx),%edx            // 取读缓冲队列结构指针（地址）→edx。
53         movl rs_addr(%edx),%edx       // 取串口 1（或串口 2）端口基地址→edx。
54         addl $2,%edx                /* interrupt ident. reg */ /* 指向中断标识寄存器 */
                                       // 中断标识寄存器端口地址是 0x3fa（0x2fa）。
55 rep_int:
56         xorl %eax,%eax
57         inb %dx,%al                 // 取中断标识字节，以判断中断来源（有 4 种中断情况）。
58         testb $1,%al                // 首先判断有无待处理中断（位 0 = 0 有中断）。
59         jne end                     // 若无待处理中断，则跳转至退出处理处 end。
60         cmpb $6,%al                 /* this shouldn't happen, but ... */ /*这不会发生，但…*/
61         ja end                      // al 值大于 6，则跳转至 end（没有这种状态）。
62         movl 24(%esp),%ecx          // 调用子程序之前把缓冲队列指针地址放入 ecx。
```

```
63      pushl %edx              // 临时保存中断标识寄存器端口地址。
64      subl $2,%edx            // edx 中恢复串口基地址值 0x3f8（0x2f8）。
65      call jmp_table(,%eax,2)/* NOTE! not *4, bit0 is 0 already */
// 上面语句是指，当有待处理中断时，al 中位 0=0，位 2、位 1 是中断类型，因此相当于已经将中断类型
// 乘了 2，这里再乘 2，获得跳转表（第 79 行）对应各中断类型地址，并跳转到那里去作相应处理。中断
// 来源有 4 种：modem 状态发生变化；要写（发送）字符；要读（接收）字符；线路状态发生变化。允许发
// 送字符中断通过设置发送保持寄存器标志实现。在 serial.c 程序中，当写缓冲队列中有数据时，rs_
// write()函数就会修改中断允许寄存器内容，添加上发送保持寄存器中断允许标志，从而在系统需要发送
// 字符时引起串行中断发生。
66      popl %edx               // 恢复中断标识寄存器端口地址 0x3fa（或 0x2fa）。
67      jmp rep_int             // 跳转，继续判断有无待处理中断并作相应处理。

68 end:    movb $0x20,%al       // 中断退出处理。向中断控制器发送结束中断指令 EOI。
69      outb %al,$0x20          /* EOI */
70      pop %ds
71      pop %es
72      popl %eax
73      popl %ebx
74      popl %ecx
75      popl %edx
76      addl $4,%esp            # jump over _table_list entry   # 丢弃队列指针地址。
77      iret
78
// 各中断类型处理子程序地址跳转表，共有 4 种中断来源：
// modem 状态变化中断，写字符中断，读字符中断，线路状态有问题中断。
79 jmp_table:
80      .long modem_status,write_char,read_char,line_status
81
// 由于 modem 状态发生变化而引发此次中断。通过读 modem 状态寄存器 MSR 对其进行复位操作。
82 .align 2
83 modem_status:
84      addl $6,%edx            /* clear intr by reading modem status reg */
85      inb %dx,%al             /* 通过读 modem 状态寄存器进行复位（0x3fe） */
86      ret
87
// 由于线路状态发生变化而引起这次串行中断。通过读线路状态寄存器 LSR 对其进行复位操作。
88 .align 2
89 line_status:
90      addl $5,%edx            /* clear intr by reading line status reg. */
91      inb %dx,%al             /* 通过读线路状态寄存器进行复位（0x3fd） */
92      ret
93
// 由于 UART 芯片接收到字符而引起这次中断。对接收缓冲寄存器执行读操作可复位该中断源。
// 这个子程序将接收到的字符放到读缓冲队列 read_q 头指针（head）处，并且让该指针前移一个字符位
// 置。若 head 指针已经到达缓冲区末端，则让其折返到缓冲区开始处。最后调用 C 函数 do_tty_inte-
// rrupt()（即 copy_to_cooked()），把读入的字符经过处理放入规范模式缓冲队列（辅助缓冲队列
//secondary）中。
94 .align 2
95 read_char:
96      inb %dx,%al             // 读取接收缓冲寄存器 RBR 中字符→al。
97      movl %ecx,%edx          // 当前串口缓冲队列指针地址→edx。
98      subl $_table_list,%edx // 当前串口队列指针地址 - 缓冲队列指针表首址→edx，
99      shrl $3,%edx            // 差值/8，得串口号。对于串口 1 是 1，对于串口 2 是 2。
100     movl (%ecx),%ecx        # read-queue    // 取读缓冲队列结构地址→ecx。
101     movl head(%ecx),%ebx    // 取读队列中缓冲头指针→ebx。
102     movb %al,buf(%ecx,%ebx)    // 将字符放在缓冲区中头指针所指位置处。
```

```
        incl %ebx                  // 将头指针前移（右移）一字节。
        andl $size-1,%ebx          // 用缓冲区长度对头指针取模操作。
        cmpl tail(%ecx),%ebx       // 缓冲区头指针与尾指针比较。
        je 1f                      // 若指针移动后相等，表示缓冲区满，不保存头指针，跳转。
        movl %ebx,head(%ecx)       // 保存修改过的头指针。
1:      addl $63,%edx              // 串口号转换成 tty 号（63 或 64）并作为参数入栈。
        pushl %edx
        call _do_tty_interrupt     // 调用 tty 中断处理 C 函数（tty_io.c，342 行）。
        addl $4,%esp               // 丢弃入栈参数，并返回。
        ret

// 由于设置了发送保持寄存器允许中断标志而引起此次中断。说明对应串行终端的写字符缓冲队列中有字符
// 需要发送。于是计算出写队列中当前所含字符数，若字符数已小于 256 个，则唤醒等待写操作进程。然后
// 从写缓冲队列尾部取出一个字符发送，并调整和保存尾指针。如果写缓冲队列已空，则跳转到 write_bu-
// ffer_empty 处处理写缓冲队列空的情况。
.align 2
write_char:
        movl 4(%ecx),%ecx          # write-queue  // 取写缓冲队列结构地址→ecx。
        movl head(%ecx),%ebx       // 取写队列头指针→ebx。
        subl tail(%ecx),%ebx       // 头指针 - 尾指针 = 队列中字符数。
        andl $size-1,%ebx          # nr chars in queue
        je write_buffer_empty      // 若头指针 = 尾指针，说明写队列空，跳转处理。
        cmpl $startup,%ebx         // 队列中字符数还超过 256 个？
        ja 1f                      // 超过则跳转处理。
        movl proc_list(%ecx),%ebx     # wake up sleeping process  # 唤醒等待的进程。
                                   // 取等待该队列的进程指针，并判断是否为空。
        testl %ebx,%ebx            # is there any?    # 有等待写的进程吗？
        je 1f                      // 是空的，则向前跳转到标号 1 处。
        movl $0,(%ebx)             // 否则将进程置为可运行状态（唤醒进程）。
1:      movl tail(%ecx),%ebx       // 取尾指针。
        movb buf(%ecx,%ebx),%al        // 从缓冲中尾指针处取一字符→al。
        outb %al,%dx                   // 向端口 0x3f8（0x2f8）写到发送保持寄存器中。
        incl %ebx                      // 尾指针前移。
        andl $size-1,%ebx              // 尾指针若到缓冲区末端，则折回。
        movl %ebx,tail(%ecx)           // 保存已修改过的尾指针。
        cmpl head(%ecx),%ebx           // 尾指针与头指针比较，
        je write_buffer_empty          // 若相等，表示队列已空，则跳转。
        ret
// 处理写缓冲队列 write_q 已空的情况。若有等待写该串行终端的进程则唤醒之，然后屏蔽发送保持寄存
// 器空中断，不让发送保持寄存器空时产生中断。
// 如果此时写缓冲队列 write_q 已空，表示当前无字符需要发送。于是我们应该做两件事情。
// 首先看看有没有进程正等待写队列空出来，如果有就唤醒之。另外，因为现在系统已无字符需要发送，所以
// 此时我们要暂时禁止发送保持寄存器 THR 空时产生中断。当再有字符被放入写缓冲队列中时，serial.c
// 中的 rs_write()函数会再次允许发送保持寄存器空时产生中断，因此 UART 就又会"自动"地来取写缓
// 冲队列中的字符，并发送出去。
.align 2
write_buffer_empty:
        movl proc_list(%ecx),%ebx  # wake up sleeping process # 唤醒等待的进程。
                                       // 取等待该队列的进程的指针，并判断是否为空。
        testl %ebx,%ebx                # is there any?   # 有等待的进程吗？
        je 1f                          // 无，则向前跳转到标号 1 处。
        movl $0,(%ebx)                 // 否则将进程置为可运行状态（唤醒进程）。
1:      incl %edx                      // 指向端口 0x3f9（0x2f9）。
        inb %dx,%al                    // 读取中断允许寄存器 IER。
        jmp 1f                         // 稍作延迟。
1:      jmp 1f                         /* 屏蔽发送保持寄存器空中断（位 1）*/
```

```
1:      andb $0xd,%al          /* disable transmit interrupt */
        outb %al,%dx           // 写入 0x3f9(0x2f9)。
        ret
```

10.6　tty_io.c 程序

10.6.1　功能描述

每个 tty 设备有 3 个缓冲队列，分别是读缓冲队列（read_q）、写缓冲队列（write_q）和辅助缓冲队列（secondary），定义在 tty_struct 结构中（include/linux/tty.h）。对于每个缓冲队列，读操作是从缓冲队列的左端取字符，并且把缓冲队列尾（tail）指针向右移动。而写操作则是往缓冲队列的右端添加字符，并且也把头(head)指针向右移动。这两个指针中，任何一个若移动到超出了缓冲队列的末端，则折回到左端重新开始。如图 10-14 所示。

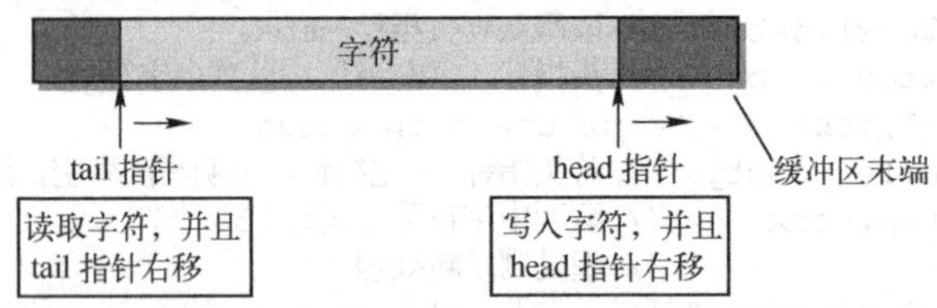

图 10-14　tty 字符缓冲队列的操作方式

本程序包括字符设备的上层接口函数。主要含有终端读/写函数 tty_read()和 tty_write()。读操作的行规则函数 copy_to_cooked()也在这里实现。

tty_read()和 tty_write()将在文件系统中用于操作字符设备文件时被调用。例如当一个程序读/dev/tty 文件时，就会执行系统调用 sys_read()（在 fs/read_write.c 中），而这个系统调用在判别出所读文件是一个字符设备文件时，即会调用 rw_char()函数（在 fs/char_dev.c 中），该函数则会根据所读设备的子设备号等信息，由字符设备读写函数表（设备开关表）调用 rw_tty()，最终调用到这里的终端读操作函数 tty_read()。

copy_to_cooked()函数由键盘中断过程调用（通过 do_tty_interrupt()），用于根据终端 termios 结构中设置的字符输入/输出标志（例如 INLCR、OUCLC）对 read_q 队列中的字符进行处理，把字符转换成以字符行为单位的规范模式字符序列，并保存在辅助字符缓冲队列（规范模式缓冲队列）（secondary）中，供上述 tty_read()读取。在转换处理期间，若终端的回显标志 L_ECHO 置位，则还会把字符放入写队列 write_q 中，并调用终端写函数把该字符显示在屏幕上。如果是串行终端，那么写函数将是 rs_write()（在 serial.c，53 行）。rs_write()会把串行终端写队列中的字符通过串行线路发送给串行终端，并显示在串行终端的屏幕上。copy_to_cooked()函数最后还将唤醒等待着辅助缓冲队列的进程。函数实现的步骤如下所示：

1）如果读队列空或者辅助队列已经满，则跳转到最后一步（第 10 步），否则执行以下操作。

2）从读队列 read_q 的尾指针处取一字符，并且尾指针前移一字符位置。

3）若是回车（CR）或换行（NL）字符，则根据终端 termios 结构中输入标志（ICRNL、INLCR、INOCR）的状态，对该字符作相应转换。例如，如果读取的是一个回车字符并且 ICRNL 标志是置位的，则把它替换成换行字符。

4）若大写转小写标志 IUCLC 是置位的，则把字符替换成对应的小写字符。

5）若规范模式标志 ICANON 是置位的，则对该字符进行规范模式处理。

i. 若是删行字符（^U），则删除 secondary 中的一行字符（队列头指针后退，直到遇到回车或换行或队列已空为止）；

ii. 若是擦除字符（^H），则删除 secondary 中头指针处的一个字符，头指针后退一个字符位置；

iii. 若是停止字符（^S），则设置终端的停止标志 stopped=1；

iv. 若是开始字符（^Q），则复位终端的停止标志。

6）如果接收键盘信号标志 ISIG 是置位的，则为进程生成对应键入控制字符的信号。

7）如果是行结束字符（例如 NL 或^D），则辅助队列 secondary 的行数统计值 data 增 1。

8）如果本地回显标志是置位的，则把字符也放入写队列 write_q 中，并调用终端写函数在屏幕上显示该字符。

9）把该字符放入辅助队列 secondary 中，返回第 1 步继续循环处理读队列中其他字符。

10）最后唤醒睡眠在辅助队列上的进程。

在阅读下面的程序前不妨首先查看一下 include/linux/tty.h 头文件。在该头文件定义了 tty 字符缓冲队列的数据结构以及一些宏操作定义。另外还定义了控制字符的 ASCII 码值。

10.6.2 代码注释

程序 10-5 linux/kernel/chr_drv/tty_io.c

```
/*
 *  linux/kernel/tty_io.c
 *
 *  (C) 1991  Linus Torvalds
 */

/*
 * 'tty_io.c' gives an orthogonal feeling to tty's, be they consoles
 * or rs-channels. It also implements echoing, cooked mode etc.
 *
 * Kill-line thanks to John T Kohl, who also corrected VMIN = VTIME = 0.
 */
/*
 * 'tty_io.c'给tty终端一种非相关的感觉，不管它们是控制台还是串行终端。
 * 该程序同样实现了回显、规范(熟)模式等。
 *
 * Kill-line，谢谢John T Kohl。他同时还纠正了当 VMIN = VTIME = 0 时的问题。
 */

#include <ctype.h>              // 字符类型头文件。定义了一些有关字符类型判断和转换的宏。
#include <errno.h>              // 错误号头文件。包含系统中各种出错号。
#include <signal.h>             // 信号头文件。定义信号符号常量，信号结构及其操作函数原型。
#include <unistd.h>             // unistd.h 是标准符号常数与类型文件，并声明了各种函数。

// 给出定时警告（alarm）信号在信号位图中对应的位屏蔽位。
#define ALRMMASK (1<<(SIGALRM-1))

#include <linux/sched.h>        //调度程序头文件，定义了任务结构task_struct、任务0数据等。
#include <linux/tty.h>          // tty头文件，定义了有关tty_io，串行通信方面的参数、常数。
#include <asm/segment.h>        // 段操作头文件。定义了有关段寄存器操作的嵌入式汇编函数。
```

```
#include <asm/system.h>          // 系统头文件。定义设置或修改描述符/中断门等嵌入式汇编宏。
  // 终止进程组（向进程组发送信号）。参数 pgrp 指定进程组号；sig 指定信号；priv 权限。
  // 即向指定进程组 pgrp 中的每个进程发送指定信号 sig。只要向一个进程发送成功最后就会返回 0，否则
  // 如果没有找到指定进程组号 pgrp 的任何一个进程，则返回出错号-ESRCH，若找到进程组号是 pgrp 的
  // 进程，但是发送信号失败，则返回发送失败的错误码。
int kill_pg(int pgrp, int sig, int priv);           // kernel/exit.c，171 行。
  // 判断一个进程组是否是孤儿进程。如果不是则返回 0；如果是则返回 1。
int is_orphaned_pgrp(int pgrp);                      // kernel/exit.c，232 行。
  // 获取 termios 结构中三个模式标志集之一，或者用于判断一个标志集是否有置位标志。
#define _L_FLAG(tty,f)  ((tty)->termios.c_lflag & f)  // 本地模式标志。
#define _I_FLAG(tty,f)  ((tty)->termios.c_iflag & f)  // 输入模式标志。
#define _O_FLAG(tty,f)  ((tty)->termios.c_oflag & f)  // 输出模式标志。
  // 取 termios 结构终端特殊（本地）模式标志集中的一个标志。
#define L_CANON(tty)        _L_FLAG((tty),ICANON)     // 取规范模式标志。
#define L_ISIG(tty)         _L_FLAG((tty),ISIG)       // 取信号标志。
#define L_ECHO(tty)         _L_FLAG((tty),ECHO)       // 取回显字符标志。
#define L_ECHOE(tty)        _L_FLAG((tty),ECHOE)      // 规范模式时取回显擦出标志。
#define L_ECHOK(tty)        _L_FLAG((tty),ECHOK)      // 规范模式时取 KILL 擦除当前行标志。
#define L_ECHOCTL(tty)      _L_FLAG((tty),ECHOCTL)    // 取回显控制字符标志。
#define L_ECHOKE(tty)       _L_FLAG((tty),ECHOKE)     //规范模式时取KILL擦除行并回显标志。
#define L_TOSTOP(tty)       _L_FLAG((tty),TOSTOP)     // 对于后台输出发送 SIGTTOU 信号。
  // 取 termios 结构输入模式标志集中的一个标志。
#define I_UCLC(tty)         _I_FLAG((tty),IUCLC)    // 取大写到小写转换标志。
#define I_NLCR(tty)         _I_FLAG((tty),INLCR)    // 取换行符 NL 转回车符 CR 标志。
#define I_CRNL(tty)         _I_FLAG((tty),ICRNL)    // 取回车符 CR 转换行符 NL 标志。
#define I_NOCR(tty)         _I_FLAG((tty),IGNCR)    // 取忽略回车符 CR 标志。
#define I_IXON(tty)         _I_FLAG((tty),IXON)     // 取输入控制流标志 XON。
  // 取 termios 结构输出模式标志集中的一个标志。
#define O_POST(tty)         _O_FLAG((tty),OPOST)    // 取执行输出处理标志。
#define O_NLCR(tty)         _O_FLAG((tty),ONLCR)    // 取换行符 NL 转回车换行符 CR-NL 标志。
#define O_CRNL(tty)         _O_FLAG((tty),OCRNL)    // 取回车符 CR 转换行符 NL 标志。
#define O_NLRET(tty)        _O_FLAG((tty),ONLRET)   // 取换行符 NL 执行回车功能的标志。
#define O_LCUC(tty)         _O_FLAG((tty),OLCUC)    // 取小写转大写字符标志。
  // 取 termios 结构控制标志集中波特率。CBAUD 是波特率屏蔽码（0000017）。
#define C_SPEED(tty)    ((tty)->termios.c_cflag & CBAUD)
  // 判断 tty 终端是否已挂线（hang up），即其传输波特率是否为 B0（0）。
#define C_HUP(tty)      (C_SPEED((tty)) == B0)
  // 取最小值宏。
#ifndef MIN
#define MIN(a,b) ((a) < (b) ? (a) : (b))
#endif
  // 下面定义 tty 终端使用的缓冲队列结构数组 tty_queues 和 tty 终端表结构数组 tty_table。
  // QUEUES 是 tty 终端使用的缓冲队列最大数量。伪终端分主从两种（master 和 slave）。每个 tty 终
  // 端使用 3 个 tty 缓冲队列，它们分别是用于缓冲键盘或串行输入的读队列 read_queue、用于缓冲屏幕
  // 或串行输出的写队列 write_queue，以及用于保存规范模式字符的辅助缓冲队列 secondary。
#define QUEUES  (3*(MAX_CONSOLES+NR_SERIALS+2*NR_PTYS))      // 共 54 项。
static struct tty_queue tty_queues[QUEUES];                  // tty 缓冲队列数组。
struct tty_struct tty_table[256];                            // tty 表结构数组。
```

```

// 下面设定各种类型的 tty 终端所使用缓冲队列结构在 tty_queues[]数组中的起始项位置。
// 8 个虚拟控制台终端占用 tty_queues[]数组开头 24 项（3 X MAX_CONSOLES）（0 -- 23）；
// 两个串行终端占用随后的 6 项（3 X NR_SERIALS）（24 -- 29）。
// 4 个主伪终端占用随后的 12 项（3 X NR_PTYS）（30 -- 41）。
// 4 个从伪终端占用随后的 12 项（3 X NR_PTYS）（42 -- 53）。
#define con_queues tty_queues
#define rs_queues ((3*MAX_CONSOLES) + tty_queues)
#define mpty_queues ((3*(MAX_CONSOLES+NR_SERIALS)) + tty_queues)
#define spty_queues ((3*(MAX_CONSOLES+NR_SERIALS+NR_PTYS)) + tty_queues)

// 下面设定各种类型 tty 终端所使用的 tty 结构在 tty_table[]数组中的起始项位置。
// 8 个虚拟控制台终端可用 tty_table[]数组开头 64 项（0 -- 63）；
// 两个串行终端使用随后的 2 项（64 -- 65）。
// 4 个主伪终端使用从 128 开始的项，最多 64 项（128 -- 191）。
// 4 个从伪终端使用从 192 开始的项，最多 64 项（192 -- 255）。
#define con_table tty_table              // 定义控制台终端 tty 表符号常数。
#define rs_table (64+tty_table)          // 串行终端 tty 表。
#define mpty_table (128+tty_table)       // 主伪终端 tty 表。
#define spty_table (192+tty_table)       // 从伪终端 tty 表。

int fg_console = 0;             // 当前前台控制台号（范围 0--7）。

/*
 * these are the tables used by the machine code handlers.
 * you can implement virtual consoles.
 */
/*
 * 下面是汇编程序中使用的缓冲队列结构地址表。通过修改这个表，你可以实现虚拟控制台。
 */
// tty 读写缓冲队列结构地址表。供 rs_io.s 程序使用，用于取得读写缓冲队列结构的地址。
struct tty_queue * table_list[]={
        con_queues + 0, con_queues + 1,        // 前台控制台读、写队列结构地址。
        rs_queues + 0, rs_queues + 1,          // 串行终端 1 读、写队列结构地址。
        rs_queues + 3, rs_queues + 4           // 串行终端 2 读、写队列结构地址。
        };

//// 改变前台控制台。
// 将前台控制台设定为指定的虚拟控制台。
// 参数：new_console - 指定的新控制台号。
void change_console(unsigned int new_console)
{
// 如果参数指定的控制台已经在前台或者参数无效，则退出。否则设置当前前台控制台号，同时更新 table_
// list[]中的前台控制台读、写队列结构地址。最后更新当前前台控制台屏幕。
        if (new_console == fg_console || new_console >= NR_CONSOLES)
                return;
        fg_console = new_console;
        table_list[0] = con_queues + 0 + fg_console*3;
        table_list[1] = con_queues + 1 + fg_console*3;
        update_screen();                // kernel/chr_drv/console.c，936 行。
}

//// 如果队列缓冲区空则让进程进入可中断睡眠状态。
// 参数：queue - 指定队列的指针。
// 进程在取队列缓冲区中字符之前需要调用此函数加以验证。如果当前进程没有信号要处理，并且指定的队
// 列缓冲区空，则让进程进入可中断睡眠状态，并让队列的进程等待指针指向该进程。
```

```
static void sleep_if_empty(struct tty_queue * queue)
{
        cli();
        while (!(current->signal & ~current->blocked) && EMPTY(queue))
                interruptible_sleep_on(&queue->proc_list);
        sti();
}

//// 若队列缓冲区满则让进程进入可中断的睡眠状态。
// 参数：queue - 指定队列的指针。
// 进程在往队列缓冲区中写入字符之前需要调用此函数判断队列情况。
static void sleep_if_full(struct tty_queue * queue)
{
// 如果队列缓冲区不满则返回退出。否则若进程没有信号需要处理，并且队列缓冲区中空闲剩余区长度<128，
// 则让进程进入可中断睡眠状态，并让该队列的进程等待指针指向该进程。
        if (!FULL(queue))
                return;
        cli();
        while (!(current->signal & ~current->blocked) && LEFT(queue)<128)
                interruptible_sleep_on(&queue->proc_list);
        sti();
}

//// 等待按键。
// 如果前台控制台读队列缓冲区空，则让进程进入可中断睡眠状态。
void wait_for_keypress(void)
{
        sleep_if_empty(tty_table[fg_console].secondary);
}

//// 复制成规范模式字符序列。
// 根据终端 termios 结构中设置的各种标志，将指定 tty 终端读队列缓冲区中的字符复制转换成规范模式
// （熟模式）字符并存放在辅助队列（规范模式队列）中。
// 参数：tty - 指定终端的 tty 结构指针。
void copy_to_cooked(struct tty_struct * tty)
{
        signed char c;

// 首先检查当前终端 tty 结构中缓冲队列指针是否有效。如果三个队列指针都是 NULL，则说明内核 tty 初
// 始化函数有问题。
        if (!(tty->read_q || tty->write_q || tty->secondary)) {
                printk("copy_to_cooked: missing queues\n\r");
                return;
        }
// 否则我们根据终端 termios 结构中的输入和本地标志，对从 tty 读队列缓冲区中取出的每个字符进行适
// 当的处理，然后放入辅助队列 secondary 中。在下面循环体中，如果此时读队列缓冲区已经取空或者辅
// 助队列缓冲区已经放满字符，就退出循环体。否则程序就从读队列缓冲区尾指针处取一字符，并把尾指针
// 前移一个字符位置。然后根据该字符代码值进行处理。
// 另外，如果定义了 _POSIX_VDISABLE（\0），那么在对字符处理过程中，若字符代码值等于 _POSIX_
// VDISABLE 的值时，表示禁止使用相应特殊控制字符的功能。
        while (1) {
                if (EMPTY(tty->read_q))
                        break;
                if (FULL(tty->secondary))
                        break;
                GETCH(tty->read_q,c);           // 取一字符到 c，并前移尾指针。
```

```
// 如果该字符是回车符 CR（13），那么若回车转换行标志 CRNL 置位，则将字符转换为换行符 NL（10）。
// 否则如果忽略回车标志 NOCR 置位，则忽略该字符，继续处理其他字符。如果字符是换行符 NL（10），
// 并且换行转回车标志 NLCR 置位，则将其转换为回车符 CR（13）。
		if (c==13) {
			if (I_CRNL(tty))
				c=10;
			else if (I_NOCR(tty))
				continue;
		} else if (c==10 && I_NLCR(tty))
			c=13;
// 如果大写转小写输入标志 UCLC 置位，则将该字符转换为小写字符。
		if (I_UCLC(tty))
			c=tolower(c);
// 如果本地模式标志集中规范模式标志 CANON 已置位，则对读取的字符进行以下处理。首先，如果该字符
// 是键盘终止控制字符 KILL(^U)，则对已输入的当前行执行删除处理。删除一行字符的循环过程如是：如
// 果 tty 辅助队列不空，并且取出的辅助队列中最后一个字符不是换行符 NL（10），并且该字符不是文件
// 结束字符（^D），则循环执行下列代码：
// 如果本地回显标志 ECHO 置位，那么：若字符是控制字符（值 < 32），则往 tty 写队列中放入擦除控制
// 字符 ERASE（^H）。然后再放入一个擦除字符 ERASE，并且调用该 tty 写函数，把写队列中的所有字符
// 输出到终端屏幕上。 另外，因为控制字符在放入写队列时需要用 2 个字节表示（例如^V），因此要求特
// 别对控制字符多放入一个 ERASE。最后将 tty 辅助队列头指针后退 1 字节。另外，如果定义了_POSIX_
// VDISABLE（\0），那么在对字符处理过程忠，若字符代码值等于 _POSIX_VDISABLE 的值时，表示禁
// 止使用相应特殊控制字符的功能。
		if (L_CANON(tty)) {
			if ((KILL_CHAR(tty) != _POSIX_VDISABLE) &&
			    (c==KILL_CHAR(tty))) {
				/* deal with killing the input line */
				while(!(EMPTY(tty->secondary) ||
				        (c=LAST(tty->secondary))==10 ||
				        ((EOF_CHAR(tty) != _POSIX_VDISABLE) &&
				         (c==EOF_CHAR(tty))))) {
					if (L_ECHO(tty)) {      // 若本地回显标志置位。
						if (c<32)           // 控制字符要删 2 字节。
							PUTCH(127,tty->write_q);
						PUTCH(127,tty->write_q);
						tty->write(tty);
					}
					DEC(tty->secondary->head);
				}
				continue;                   // 继续读取读队列中字符进行处理。
			}
// 如果该字符是删除控制字符 ERASE（^H），那么：如果 tty 的辅助队列为空，或者其最后一个字符是换
// 行符 NL(10)，或者是文件结束符，则继续处理其他字符。如果本地回显标志 ECHO 置位，那么：若字符
// 是控制字符（值< 32），则往 tty 的写队列中放入擦除字符 ERASE。再放入一个擦除字符 ERASE，并且
// 调用该 tty 的写函数。最后将 tty 辅助队列头指针后退 1 字节，继续处理其他字符。同样地，如果定义了
// _POSIX_VDISABLE（\0），那么在对字符处理过程中，若字符代码值等于 _POSIX_VDISABLE 的值时，
// 表示禁止使用相应特殊控制字符的功能。
			if ((ERASE_CHAR(tty) != _POSIX_VDISABLE) &&
			    (c==ERASE_CHAR(tty))) {
				if (EMPTY(tty->secondary) ||
				   (c=LAST(tty->secondary))==10 ||
				   ((EOF_CHAR(tty) != _POSIX_VDISABLE) &&
				    (c==EOF_CHAR(tty))))
					continue;
				if (L_ECHO(tty)) {          // 若本地回显标志置位。
					if (c<32)
```

```
                                        PUTCH(127,tty->write_q);
                                   PUTCH(127,tty->write_q);
                                   tty->write(tty);
                              }
                              DEC(tty->secondary->head);
                              continue;
                         }
                    }
// 如果设置了 IXON 标志，则使终端停止/开始输出控制字符起作用。如果没有设置此标志，那么停止和开始
// 字符将被作为一般字符供进程读取。在这段代码中，如果读取的字符是停止字符 STOP（^S），则置 tty
// 停止标志，让 tty 暂停输出。同时丢弃该特殊控制字符（不放入辅助队列中），并继续处理其他字符。如
// 果字符是开始字符 START（^Q），则复位 tty 停止标志，恢复 tty 输出。同时丢弃该控制字符，并继续
// 处理其他字符。对于控制台来说，这里的 tty->write()是 console.c 中的 con_write()函数。因此
// 控制台将由于发现 stopped=1 而会立刻暂停在屏幕上显示新字符（chr_drv/console.c，第 586 行）。
// 对于伪终端也是由于设置了终端 stopped 标志而会暂停写操作（chr_drv/pty.c，第 24 行）。
// 对于串行终端，也应该在发送终端过程中根据终端 stopped 标志暂停发送，但本版未实现。
                    if (I_IXON(tty)) {
                         if ((STOP_CHAR(tty) != _POSIX_VDISABLE) &&
                            (c==STOP_CHAR(tty))) {
                              tty->stopped=1;
                              tty->write(tty);
                              continue;
                         }
                         if ((START_CHAR(tty) != _POSIX_VDISABLE) &&
                            (c==START_CHAR(tty))) {
                              tty->stopped=0;
                              tty->write(tty);
                              continue;
                         }
                    }
// 若输入模式标志集中 ISIG 标志置位，表示终端键盘可以产生信号，则在收到控制字符 INTR、QUIT、SUSP
// 或 DSUSP 时，需要为进程产生相应的信号。 如果该字符是键盘中断符（^C），则向当前进程之进程组中
// 所有进程发送键盘中断信号 SIGINT，并继续处理下一字符。如果该字符是退出符（^\），则向当前进程
// 之进程组中所有进程发送键盘退出信号 SIGQUIT，并继续处理下一字符。如果字符是暂停符（^Z），则
// 向当前进程发送暂停信号 SIGTSTP。同样，若定义了_POSIX_VDISABLE（\0），那么在对字符处理过程
// 中，若字符代码值等于_POSIX_VDISABLE 的值时，表示禁止使用相应特殊控制字符的功能。以下不再啰
// 嗦了 :-)
                    if (L_ISIG(tty)) {
                         if ((INTR_CHAR(tty) != _POSIX_VDISABLE) &&
                            (c==INTR_CHAR(tty))) {
                              kill_pg(tty->pgrp, SIGINT, 1);
                              continue;
                         }
                         if ((QUIT_CHAR(tty) != _POSIX_VDISABLE) &&
                            (c==QUIT_CHAR(tty))) {
                              kill_pg(tty->pgrp, SIGQUIT, 1);
                              continue;
                         }
                         if ((SUSPEND_CHAR(tty) != _POSIX_VDISABLE) &&
                            (c==SUSPEND_CHAR(tty))) {
                              if (!is_orphaned_pgrp(tty->pgrp))
                                   kill_pg(tty->pgrp, SIGTSTP, 1);
                              continue;
                         }
                    }
// 如果该字符是换行符 NL（10），或者是文件结束符 EOF（4，^D），表示一行字符已处理完，则把辅助缓
```

```
// 冲队列中当前含有字符行数值 secondary.data 增 1。如果在函数 tty_read()中取走一行字符，该值
// 即会被减 1，参见 315 行。
210             if (c==10 || (EOF_CHAR(tty) != _POSIX_VDISABLE &&
211                  c==EOF_CHAR(tty)))
212                     tty->secondary->data++;
// 如果本地模式标志集中回显标志 ECHO 在置位状态，那么，如果字符是换行符 NL（10），则将换行符 NL
//（10）和回车符 CR（13）放入 tty 写队列缓冲区中；如果字符是控制字符（值<32）并且回显控制字符标
// 志 ECHOCTL 置位，则将字符'^'和字符 c+64 放入 tty 写队列中（也即会显示^C、^H 等）；否则将该字
// 符直接放入 tty 写缓冲队列中。最后调用该 tty 写操作函数。
213             if (L_ECHO(tty)) {
214                     if (c==10) {
215                             PUTCH(10,tty->write_q);
216                             PUTCH(13,tty->write_q);
217                     } else if (c<32) {
218                             if (L_ECHOCTL(tty)) {
219                                     PUTCH('^',tty->write_q);
220                                     PUTCH(c+64,tty->write_q);
221                             }
222                     } else
223                             PUTCH(c,tty->write_q);
224                     tty->write(tty);
225             }
// 每一次循环末将处理过的字符放入辅助队列中。
226             PUTCH(c,tty->secondary);
227     }
// 最后在退出循环体后唤醒等待该辅助缓冲队列的进程（如果有的话）。
228     wake_up(&tty->secondary->proc_list);
229 }
230
231 /*
232  * Called when we need to send a SIGTTIN or SIGTTOU to our process
233  * group
234  *
235  * We only request that a system call be restarted if there was if the
236  * default signal handler is being used.  The reason for this is that if
237  * a job is catching SIGTTIN or SIGTTOU, the signal handler may not want
238  * the system call to be restarted blindly.  If there is no way to reset the
239  * terminal pgrp back to the current pgrp (perhaps because the controlling
240  * tty has been released on logout), we don't want to be in an infinite loop
241  * while restarting the system call, and have it always generate a SIGTTIN
242  * or SIGTTOU.  The default signal handler will cause the process to stop
243  * thus avoiding the infinite loop problem.  Presumably the job-control
244  * cognizant parent will fix things up before continueing its child process.
245  */
/* 当需要发送信号 SIGTTIN 或 SIGTTOU 到我们进程组中所有进程时就会调用该函数。
 *
 * 在进程使用默认信号处理句柄情况下，我们仅要求一个系统调用被重新启动，如果有系统调用因本信号而
 * 被中断。这样做的原因是，如果一个作业正在捕获 SIGTTIN 或 SIGTTOU 信号，那么相应信号句柄并不
 * 会希望系统调用被盲目地重新启动。如果没有其他方法把终端的 pgrp 复位到当前 pgrp（例如可能由于在
 * logout 时控制终端已被释放），那么我们并不希望在重新启动系统调用时掉入一个无限循环中，并且总是
 * 产生 SIGTTIN 或 SIGTTOU 信号。默认的信号句柄会使得进程停止，因而可以避免无限循环问题。这里
 * 假设可识别作业控制的父进程会在继续执行其子进程之前把问题搞定。
 */
//// 向使用终端的进程组中所有进程发送信号。
// 在后台进程组中的一个进程访问控制终端时，该函数用于向后台进程组中的所有进程发送 SIGTTIN 或
// SIGTTOU 信号。无论后台进程组中的进程是否已经阻塞或忽略掉了这两个信号，当前进程都将立刻退
```

```
// 出读写操作而返回。
int tty_signal(int sig, struct tty_struct *tty)
{
// 我们不希望停止一个孤儿进程组中的进程（参见文件kernel/exit.c中第232行上的说明）。
// 因此如果当前进程组是孤儿进程组，就出错返回。否则就向当前进程组所有进程发送指定信号sig。
        if (is_orphaned_pgrp(current->pgrp))
                return -EIO;                    /* don't stop an orphaned pgrp */
        (void) kill_pg(current->pgrp,sig,1);   // 发送信号sig。
// 如果这个信号被当前进程阻塞（屏蔽），或者被当前进程忽略掉，则出错返回。否则，如果当前进程对信号
// sig设置了新的处理句柄，那么就返回我们可被中断的信息。否则就返回在系统调用重新启动后可以继续
// 执行的信息。
        if ((current->blocked & (1<<(sig-1))) ||
            ((int) current->sigaction[sig-1].sa_handler == 1))
                return -EIO;            /* Our signal will be ignored */
        else if (current->sigaction[sig-1].sa_handler)
                return -EINTR;          /* We _will_ be interrupted :-) */
        else
                return -ERESTARTSYS;    /* We _will_ be interrupted :-) */
                                        /* (but restart after we continue) */
}

//// tty读函数。
// 从终端辅助缓冲队列中读取指定数量的字符，放到用户指定的缓冲区中。
// 参数：channel - 子设备号；buf - 用户缓冲区指针；nr - 欲读字节数。
// 返回已读字节数。
int tty_read(unsigned channel, char * buf, int nr)
{
        struct tty_struct * tty;
        struct tty_struct * other_tty = NULL;
        char c, * b=buf;
        int minimum,time;

// 首先判断参数有效性并取终端的tty结构指针。如果tty终端的三个缓冲队列指针都是NULL，则返回EIO
// 出错信息。如果tty终端是一个伪终端，则再取得另一个对应伪终端的tty结构other_tty。
        if (channel > 255)
                return -EIO;
        tty = TTY_TABLE(channel);
        if (!(tty->write_q || tty->read_q || tty->secondary))
                return -EIO;
// 如果当前进程使用的是这里正在处理的tty终端，但该终端的进程组号却与当前进程组号不同，表示当前
// 进程是后台进程组中的一个进程，即进程不在前台。于是我们要停止当前进程组的所有进程。因此这里就
// 需要向当前进程组发送SIGTTIN信号，并返回等待成为前台进程组后再执行读操作。
        if ((current->tty == channel) && (tty->pgrp != current->pgrp))
                return(tty_signal(SIGTTIN, tty));
// 如果当前终端是伪终端，那么对应的另一个伪终端就是other_tty。若这里tty是主伪终端，那么other_
// tty就是对应的从伪终端，反之亦然。
        if (channel & 0x80)
                other_tty = tty_table + (channel ^ 0x40);

// 然后根据 VTIME 和 VMIN 对应的控制字符数组值设置读字符操作超时定时值time和最少需要读取的字
// 符个数minimum。在非规范模式下，这两个是超时定时值。VMIN表示为了满足读操作而需要读取的最少
// 字符个数。VTIME是一个1/10秒计数计时值。
        time = 10L*tty->termios.c_cc[VTIME];        // 设置读操作超时定时值。
        minimum = tty->termios.c_cc[VMIN];           // 最少需要读取的字符个数。
// 如果tty终端处于规范模式，则设置最小要读取字符数minimum 等于进程欲读字符数nr。同时把进程
// 读取nr字符的超时时间值设置为极大值（不会超时）。否则说明终端处于非规范模式下，若此时设置了
```

```
// 最少读取字符数 minimum，则先临时设置进城读超时定时值为无限大，以让进程先读取辅助队列中已有字
// 符。如果读到的字符数不足 minimum 的话，后面代码会根据指定的超时值 time 来设置进程的读超时值
// timeout，并会等待读取其余字符。参见 328 行。
// 若此时没有设置最少读取字符数 minimum（为 0），则将其设置为进程欲读字符数 nr，并且如果设置了
// 超时定时值 time 的话，就把进程读字符超时定时值 timeout 设置为系统当前时间值+ 指定的超时值 time，
// 同时复位 time。 另外，如果以上设置的最少读取字符数 minimum 大于进程欲读取的字符数 nr，则让
// minimum=nr。即对于规范模式下的读取操作，它不受 VTIME 和 VMIN 对应控制字符值的约束和控制，它
// 们仅在非规范模式（生模式）操作中起作用。
279         if (L_CANON(tty)) {
280                 minimum = nr;
281                 current->timeout = 0xffffffff;
282                 time = 0;
283         } else if (minimum)
284                 current->timeout = 0xffffffff;
285         else {
286                 minimum = nr;
287                 if (time)
288                         current->timeout = time + jiffies;
289                 time = 0;
290         }
291         if (minimum>nr)
292                 minimum = nr;                   // 最多读取要求的字符数。

// 现在我们开始从辅助队列中循环取出字符并放到用户缓冲区 buf 中。当欲读的字节数大于 0，则执行以下
// 循环操作。在循环过程中，如果当前终端是伪终端，那么我们就执行其对应的另一个伪终端的写操作函数，
//让另一个伪终端把字符写入当前伪终端辅助队列缓冲区中。即让另一终端把写队列缓冲区中字符复制到当前
// 伪终端读队列缓冲区中，并经行规则函数转换后放入当前伪终端辅助队列中。
293         while (nr>0) {
294                 if (other_tty)
295                         other_tty->write(other_tty);
// 如果 tty 辅助缓冲队列为空，或者设置了规范模式标志并且 tty 读队列缓冲区未满，并且辅助队列中字
// 符行数为 0，那么，如果没有设置过进程读字符超时值（为 0），或者当前进程目前收到信号，就先退出
// 循环体。否则如果本终端是一个从伪终端，并且其对应的主伪终端已经挂断，那么我们也退出循环体。如
// 果不是以上这两种情况，我们就让当前进程进入可中断睡眠状态，返回后继续处理。由于规范模式时内核
// 以行为单位为用户提供数据，因此在该模式下辅助队列中必须至少有一行字符可供取用，即 secondary
// .data 起码是 1 才行。
296                 cli();
297                 if (EMPTY(tty->secondary) || (L_CANON(tty) &&
298                     !FULL(tty->read_q) && !tty->secondary->data)) {
299                         if (!current->timeout ||
300                           (current->signal & ~current->blocked)) {
301                                 sti();
302                                 break;
303                         }
304                         if (IS_A_PTY_SLAVE(channel) && C_HUP(other_tty))
305                                 break;
306                         interruptible_sleep_on(&tty->secondary->proc_list);
307                         sti();
308                         continue;
309                 }
310                 sti();
// 下面开始正式执行取字符操作。需读字符数 nr 依次递减，直到 nr=0 或者辅助缓冲队列为空。
// 在这个循环过程中，首先取辅助缓冲队列字符 c，并且把缓冲队列尾指针 tail 向右移动一个字符位置。
// 如果所取字符是文件结束符（^D）或者是换行符 NL（10），则把辅助缓冲队列中含有字符行数值减 1。
// 如果该字符是文件结束符（^D）并且规范模式标志成置位状态，则中断本循环，否则说明现在还没有遇到
// 文件结束符或者正处于原始（非规范）模式。在这种模式中用户以字符流作为读取对象，也不识别其中的
```

```
// 控制字符（如文件结束符）。于是将字符直接放入用户数据缓冲区 buf 中，并把欲读字符数减 1。此时如
// 果欲读字符数已为 0 则中断循环。另外，如果终端处于规范模式并且读取的字符是换行符 NL（10），则也
// 退出循环。
// 除此之外，只要还没有取完欲读字符数 nr 并且辅助队列不空，就继续取队列中的字符。
                do {
                        GETCH(tty->secondary,c);
                        if ((EOF_CHAR(tty) != _POSIX_VDISABLE &&
                            c==EOF_CHAR(tty)) || c==10)
                              tty->secondary->data--;
                        if ((EOF_CHAR(tty) != _POSIX_VDISABLE &&
                            c==EOF_CHAR(tty)) && L_CANON(tty))
                              break;
                        else {
                              put_fs_byte(c,b++);
                              if (!--nr)
                                      break;
                        }
                        if (c==10 && L_CANON(tty))
                              break;
                } while (nr>0 && !EMPTY(tty->secondary));
// 执行到此，那么如果 tty 终端处于规范模式下，说明我们可能读到了换行符或者遇到了文件结束符。如果
// 是处于非规范模式下，那么说明我们已经读取了 nr 个字符，或者辅助队列已经被取空了。于是我们首先唤
// 醒等待读队列的进程，然后看看是否设置过超时定时值 time。如果超时定时值 time 不为 0，我们就要求
// 等待一定的时间让其他进程可以把字符写入读队列中。
// 于是设置进程读超时定时值为系统当前时间 jiffies + 读超时值 time。当然，如果终端处于规范模式，
// 或者已经读取了 nr 个字符，我们就可以直接退出这个大循环了。
                wake_up(&tty->read_q->proc_list);
                if (time)
                        current->timeout = time+jiffies;
                if (L_CANON(tty) || b-buf >= minimum)
                        break;
        }
// 此时读取 tty 字符循环操作结束，因此复位进程的读取超时定时值 timeout。如果此时当前进程已收到
// 信号并且还没有读取到任何字符，则以重新启动系统调用号“-ERESTARTSYS”返回。否则就返回已读取
// 的字符数(b-buf)。
        current->timeout = 0;
        if ((current->signal & ~current->blocked) && !(b-buf))
                return -ERESTARTSYS;
        return (b-buf);
}

//// tty 写函数。
// 把用户缓冲区中的字符放入 tty 写队列缓冲区中。
// 参数：channel - 子设备号；buf - 缓冲区指针；nr - 写字节数。
// 返回已写字节数。
int tty_write(unsigned channel, char * buf, int nr)
{
        static cr_flag=0;
        struct tty_struct * tty;
        char c, *b=buf;

// 首先判断参数有效性并取终端的 tty 结构指针。如果 tty 终端的三个缓冲队列指针都是 NULL，
// 则返回 EIO 出错信息。
        if (channel > 255)
                return -EIO;
        tty = TTY_TABLE(channel);
```

```
	if (!(tty->write_q || tty->read_q || tty->secondary))
		return -EIO;
// 如果若终端本地模式标志集中设置了 TOSTOP，表示后台进程输出时需要发送信号 SIGTTOU。
// 如果当前进程使用的是这里正在处理的 tty 终端，但该终端的进程组号却与当前进程组号不同，即表示当
// 前进程是后台进程组中的一个进程，即进程不在前台。于是我们要停止当前进程组的所有进程。因此这里
// 就需要向当前进程组发送 SIGTTOU 信号，并返回等待成为前台进程组后再执行写操作。
	if (L_TOSTOP(tty) &&
	    (current->tty == channel) && (tty->pgrp != current->pgrp))
		return(tty_signal(SIGTTOU, tty));
// 现在我们开始从用户缓冲区 buf 中循环取出字符并放到写队列缓冲区中。当欲写字节数大于 0，则执行以
// 下循环操作。在循环过程中，如果此时 tty 写队列已满，则当前进程进入可中断的睡眠状态。如果当前进
// 程有信号要处理，则退出循环体。
	while (nr>0) {
		sleep_if_full(tty->write_q);
		if (current->signal & ~current->blocked)
			break;
// 当要写的字符数 nr 还大于 0 并且 tty 写队列缓冲区不满，则循环执行以下操作。首先从用户缓冲区中取
// 1 字节。如果终端输出模式标志集中的执行输出处理标志 OPOST 置位，则执行对字符的后处理操作。
		while (nr>0 && !FULL(tty->write_q)) {
			c=get_fs_byte(b);
			if (O_POST(tty)) {
// 如果该字符是回车符'\r'（CR，13）并且回车符转换行符标志 OCRNL 置位，则将该字符换成换行符'\n'
//（NL，10）；否则如果该字符是换行符'\n'（NL，10）并且换行转回车功能标志 ONLRET 置位的话，则将
// 该字符换成回车符'\r'（CR，13）。
				if (c=='\r' && O_CRNL(tty))
					c='\n';
				else if (c=='\n' && O_NLRET(tty))
					c='\r';
// 如果该字符是换行符'\n' 并且回车标志 cr_flag 没有置位，但换行转回车-换行标志 ONLCR 置位的话，
// 则将 cr_flag 标志置位，并将一回车符放入写队列中。然后继续处理下一个字符。
// 如果小写转大写标志 OLCUC 置位的话，就将该字符转成大写字符。
				if (c=='\n' && !cr_flag && O_NLCR(tty)) {
					cr_flag = 1;
					PUTCH(13,tty->write_q);
					continue;
				}
				if (O_LCUC(tty))          // 小写转成大写字符。
					c=toupper(c);
			}
//接着把用户数据缓冲指针 b 前移 1 字节；欲写字节数减 1 字节；复位 cr_flag 标志，并将该字节放入 tty
//写队列中。
			b++; nr--;
			cr_flag = 0;
			PUTCH(c,tty->write_q);
		}
// 若要求的字符全部写完，或者写队列已满，则程序退出循环。此时会调用对应 tty 写函数，把写队列缓冲
// 区中的字符显示在控制台屏幕上，或者通过串行端口发送出去。如果当前处理的 tty 是控制台终端，那么
//tty->write()调用的是 con_write()；如果 tty 是串行终端，则 tty->write()调用的是 rs_write()
// 函数。若还有字节要写，则等待写队列中字符取走。
// 所以这里调用调度程序，先去执行其他任务。
		tty->write(tty);
		if (nr>0)
			schedule();
	}
	return (b-buf);                  // 最后返回写入的字节数。
}
```

```

/*
 * Jeh, sometimes I really like the 386.
 * This routine is called from an interrupt,
 * and there should be absolutely no problem
 * with sleeping even in an interrupt (I hope).
 * Of course, if somebody proves me wrong, I'll
 * hate intel for all time :-). We'll have to
 * be careful and see to reinstating the interrupt
 * chips before calling this, though.
 *
 * I don't think we sleep here under normal circumstances
 * anyway, which is good, as the task sleeping might be
 * totally innocent.
 */
/*
 * 呵，有时我真的很喜欢 386。该子程序被从一个中断处理程序中调用，并且即使在中断处理程序中睡眠也
 * 应该绝对没有问题（我希望如此）。当然，如果有人证明我是错的，那么我将憎恨 Intel 一辈子☺。
 *但是我们必须小心，在调用该子程序之前需要恢复中断。
 *
 * 我不认为在通常环境下会处在这里睡眠，这样很好，因为任务睡眠是完全任意的。
 */
//// tty 中断处理调用函数 - 字符规范模式处理。
// 参数：tty - 指定的 tty 终端号。
// 将指定 tty 终端队列缓冲区中的字符复制或转换成规范(熟)模式字符并存放在辅助队列中。
// 该函数会在串口读字符中断（rs_io.s，109）和键盘中断（kerboard.S，69）中被调用。
void do_tty_interrupt(int tty)
{
        copy_to_cooked(TTY_TABLE(tty));
}

//// 字符设备初始化函数。空，为以后扩展做准备。
void chr_dev_init(void)
{
}

//// tty 终端初始化函数。
// 初始化所有终端缓冲队列，初始化串口终端和控制台终端。
void tty_init(void)
{
        int i;

// 首先初始化所有终端的缓冲队列结构，设置初值。对于串行终端的读/写缓冲队列，将它们的 data 字段
// 设置为串行端口基地址值。串口 1 是 0x3f8，串口 2 是 0x2f8。然后先初步设置所有终端的 tty 结构。
// 其中特殊字符数组 c_cc[]设置的初值定义在 include/linux/tty.h 文件中。
        for (i=0 ; i < QUEUES ; i++)
                tty_queues[i] = (struct tty_queue) {0,0,0,0,""};
        rs_queues[0] = (struct tty_queue) {0x3f8,0,0,0,""};
        rs_queues[1] = (struct tty_queue) {0x3f8,0,0,0,""};
        rs_queues[3] = (struct tty_queue) {0x2f8,0,0,0,""};
        rs_queues[4] = (struct tty_queue) {0x2f8,0,0,0,""};
        for (i=0 ; i<256 ; i++) {
                tty_table[i] = (struct tty_struct) {
                        {0, 0, 0, 0, 0, INIT_C_CC},
                        0, 0, 0, NULL, NULL, NULL, NULL
                };
```

```
421         }
  // 接着初始化控制台终端（console.c，834 行）。把 con_init()放在这里，是因为我们需要根据显示
  // 卡类型和显示内存容量来确定系统中虚拟控制台的数量 NR_CONSOLES。该值被用于随后的控制台 tty
  // 结构初始化循环中。对于控制台的 tty 结构，425--430 行是 tty 结构中包含的 termios 结构字段。
  // 其中输入模式标志集被初始化为 ICRNL 标志；输出模式标志被初始化为含有后处理标志 OPOST 和把 NL
  // 转换成 CRNL 的标志 ONLCR；本地模式标志集被初始化含有 IXON、ICANON、ECHO、ECHOCTL 和 ECHOKE
  // 标志；控制字符数组 c_cc[]被设置含有初始值 INIT_C_CC。
  // 435 行上初始化控制台终端 tty 结构中的读缓冲、写缓冲和辅助缓冲队列结构，它们分别指向 tty 缓冲
  // 队列结构数组 tty_table[]中的相应结构项。参见 61--73 行上的相关说明。
422         con_init();
423         for (i = 0 ; i<NR_CONSOLES ; i++) {
424                 con_table[i] = (struct tty_struct) {
425                         {ICRNL,         /* change incoming CR to NL */   /* CR 转 NL */
426                         OPOST|ONLCR,    /* change outgoing NL to CRNL */ /*NL 转 CRNL*/
427                         0,                              // 控制模式标志集。
428                         IXON | ISIG | ICANON | ECHO | ECHOCTL | ECHOKE, // 本地标志集。
429                         0,              /* console termio */      // 线路规程，0 -- TTY。
430                         INIT_C_CC},                                // 控制字符数组 c_cc[]。
431                         0,              /* initial pgrp */        // 所属初始进程组 pgrp。
432                         0,              /* initial session */     // 初始会话组 session。
433                         0,              /* initial stopped */     // 初始停止标志 stopped。
434                         con_write,                                 // 控制台写函数。
435                         con_queues+0+i*3,con_queues+1+i*3,con_queues+2+i*3
436                 };
437         }
  // 然后初始化串行终端的 tty 结构各字段。450 行初始化串行终端 tty 结构中的读/写和辅助缓冲队列结
  // 构，它们分别指向 tty 缓冲队列结构数组 tty_table[]中的相应结构项。参见 61--3 行上的相关 7
  //说明。
438         for (i = 0 ; i<NR_SERIALS ; i++) {
439                 rs_table[i] = (struct tty_struct) {
440                         {0, /* no translation */   // 输入模式标志集。0，无须转换。
441                         0,  /* no translation */   // 输出模式标志集。0，无须转换。
442                         B2400 | CS8,               // 控制模式标志集。2400bps，8 位数据位。
443                         0,                         // 本地模式标志集。
444                         0,                         // 线路规程，0 -- TTY。
445                         INIT_C_CC},                // 控制字符数组。
446                         0,                         // 所属初始进程组。
447                         0,                         // 初始会话组。
448                         0,                         // 初始停止标志。
449                         rs_write,                  // 串口终端写函数。
450                         rs_queues+0+i*3,rs_queues+1+i*3,rs_queues+2+i*3  // 三个队列。
451                 };
452         }
  // 然后再初始化伪终端使用的 tty 结构。伪终端是配对使用的，即一个主（master）伪终端配有一个从
  // （slave）伪终端。因此对它们都要进行初始化设置。在循环中，我们首先初始化每个主伪终端的 tty
  // 结构，然后再初始化其对应的从伪终端的 tty 结构。
453         for (i = 0 ; i<NR_PTYS ; i++) {
454                 mpty_table[i] = (struct tty_struct) {
455                         {0, /* no translation */   // 输入模式标志集。0，无须转换。
456                         0,  /* no translation */   // 输出模式标志集。0，无须转换。
457                         B9600 | CS8,               // 控制模式标志集。9600bps，8 位数据位。
458                         0,                         // 本地模式标志集。
459                         0,                         // 线路规程，0 -- TTY。
460                         INIT_C_CC},                // 控制字符数组。
461                         0,                         // 所属初始进程组。
462                         0,                         // 所属初始会话组。
```

```
                0,                             // 初始停止标志。
                mpty_write,                    // 主伪终端写函数。
                mpty_queues+0+i*3,mpty_queues+1+i*3,mpty_queues+2+i*3
            };
            spty_table[i] = (struct tty_struct) {
                {0, /* no translation */       // 输入模式标志集。0，无须转换。
                0,  /* no translation */       // 输出模式标志集。0，无须转换。
                B9600 | CS8,           // 控制模式标志集。9600bps，8 位数据位。
                IXON | ISIG | ICANON,          // 本地模式标志集。
                0,                             // 线路规程，0 -- TTY。
                INIT_C_CC},                    // 控制字符数组。
                0,                             // 所属初始进程组。
                0,                             // 所属初始会话组。
                0,                             // 初始停止标志。
                spty_write,                           // 从伪终端写函数。
                spty_queues+0+i*3,spty_queues+1+i*3,spty_queues+2+i*3
            };
        }
// 最后初始化串行中断处理程序和串行接口 1 和 2（serial.c，37 行），并显示系统含有的虚拟控制台数
// NR_CONSOLES 和伪终端数 NR_PTYS。
        rs_init();
        printk("%d virtual consoles\n\r",NR_CONSOLES);
        printk("%d pty's\n\r",NR_PTYS);
}

```

10.6.3 控制字符 VTIME、VMIN

在非规范模式下，这两个值是超时定时值和最小读取字符个数。MIN 表示为了满足读操作，需要读取的最少字符数。TIME 是一个十分之一秒计数的超时计时值。当这两个都设置的话，读操作将等待，直到至少读到一个字符，如果在超时之前收到了 MIN 个字符，则读操作即被满足。如果在 MIN 个字符被收到之前就已超时，就将到此时已收到的字符返回给用户。如果仅设置了 MIN，那么在读取 MIN 个字符之前读操作将不返回。如果仅设置了 TIME，那么在读到至少一个字符或者定时超时后读操作将立刻返回。如果两个都没有设置，则读操作将立刻返回，仅给出目前已读的字节数。详细说明参见 termios.h 文件。

10.7 tty_ioctl.c 程序

10.7.1 功能描述

本文件用于字符设备的控制操作，实现了函数 tty_ioctl()。程序通过使用该函数可以修改指定终端 termios 结构中的设置标志等信息。tty_ioctl()函数将由 fs/ioctl.c 中的输入输出控制系统调用 sys_ioctl()来调用。

一般用户程序不直接使用 sys_ioctl()系统调用，而是使用库文件中实现的相关函数。例如，对于取终端进程组号（即前台进程组号）的终端 IO 控制命令 TIOCGPGRP，库文件 libc 中使用该命令调用 sys_ioctl()系统调用实现了函数 tcgetpgrp()。因此普通用户只需要使用 tcgetpgrp()就可以达到相同目的。当然，我们也可以使用库函数 ioctl()来实现同样的功能。

10.7.2 代码注释

程序 10-6 linux/kernel/chr_drv/tty_ioctl.c

```
/*
 *  linux/kernel/chr_drv/tty_ioctl.c
 *
 *  (C) 1991  Linus Torvalds
 */

#include <errno.h>              // 错误号头文件。包含系统中各种出错号。
#include <termios.h>            // 终端输入输出函数头文件。主要定义控制异步通信口的终端接口。

#include <linux/sched.h>        // 调度程序头文件，定义任务结构 task_struct、任务 0 的数据等。
#include <linux/kernel.h>       // 内核头文件。含有一些内核常用函数的原形定义。
#include <linux/tty.h>          // tty 头文件，定义有关 tty_io、串行通信方面参数、常数。

#include <asm/io.h>             // io 头文件。定义硬件端口输入/输出宏汇编语句。
#include <asm/segment.h>        // 段操作头文件。定义了有关段寄存器操作的嵌入式汇编函数。
#include <asm/system.h>         // 系统头文件。定义设置或修改描述符/中断门等的嵌入式汇编宏。

// 根据进程组号 pgrp 取得进程组所属的会话号。定义在 kernel/exit.c，161 行。
extern int session_of_pgrp(int pgrp);
// 向使用指定 tty 终端的进程组中所有进程发送信号。定义在 chr_drv/tty_io.c，246 行。
extern int tty_signal(int sig, struct tty_struct *tty);

// 这是波特率因子数组（或称为除数数组）。波特率与波特率因子的对应关系参见列表后说明。
// 例如波特率是 2400bit/s 时，对应的因子是 48（0x30）；9600bit/s 的因子是 12（0x1c）。
static unsigned short quotient[] = {
        0, 2304, 1536, 1047, 857,
        768, 576, 384, 192, 96,
        64, 48, 24, 12, 6, 3
};

//// 修改传输波特率。
// 参数：tty - 终端对应的 tty 数据结构。
// 在除数锁存标志 DLAB 置位情况下，通过端口 0x3f8 和 0x3f9 向 UART 分别写入波特率因子低字节和高
// 字节。写完后再复位 DLAB 位。对于串口 2，这两个端口分别是 0x2f8 和 0x2f9。
static void change_speed(struct tty_struct * tty)
{
        unsigned short port,quot;

// 函数首先检查参数 tty 指定的终端是否是串行终端，若不是则退出。对于串口终端的 tty 结构，其读缓
// 冲队列 data 字段存放着串行端口基址（0x3f8 或 0x2f8），而一般控制台终端的 tty 结构的 read_q
//.data 字段值为 0。然后从终端 termios 结构的控制模式标志集中取得已设置的波特率索引号，并据此从
// 波特率因子数组 quotient[]中取得对应的波特率因子值 quot。
// CBAUD 是控制模式标志集中波特率位屏蔽码。
        if (!(port = tty->read_q->data))
                return;
        quot = quotient[tty->termios.c_cflag & CBAUD];
// 接着把波特率因子 quot 写入串行端口对应 UART 芯片的波特率因子锁存器中。在写之前我们先要把线路
// 控制寄存器 LCR 的除数锁存访问位 DLAB（位 7）置 1。然后把 16 位的波特率因子低、高字节分别写入
// 端口 0x3f8、0x3f9（分别对应波特率因子低、高字节锁存器）。
// 最后再复位 LCR 的 DLAB 标志位。
        cli();
```

```
        outb_p(0x80,port+3);        /* set DLAB */          // 首先设置除数锁定标志 DLAB。
        outb_p(quot & 0xff,port);   /* LS of divisor */     // 输出因子低字节。
        outb_p(quot >> 8,port+1);   /* MS of divisor */     // 输出因子高字节。
        outb(0x03,port+3);          /* reset DLAB */        // 复位 DLAB。
        sti();
}

//// 刷新 tty 缓冲队列。
// 参数：queue - 指定的缓冲队列指针。
// 令缓冲队列的头指针等于尾指针，从而达到清空缓冲区的目的。
static void flush(struct tty_queue * queue)
{
        cli();
        queue->head = queue->tail;
        sti();
}

//// 等待字符发送出去。
static void wait_until_sent(struct tty_struct * tty)
{
        /* do nothing - not implemented */      /* 什么都没做 - 还未实现 */
}

//// 发送 BREAK 控制符。
static void send_break(struct tty_struct * tty)
{
        /* do nothing - not implemented */      /* 什么都没做 - 还未实现 */
}

//// 取终端 termios 结构信息。
// 参数：tty - 指定终端的 tty 结构指针；termios - 存放 termios 结构的用户缓冲区。
static int get_termios(struct tty_struct * tty, struct termios * termios)
{
        int i;

// 首先验证用户缓冲区指针所指内存区容量是否足够，如不够则分配内存。然后复制指定终端
// 的 termios 结构信息到用户缓冲区中。最后返回 0。
        verify_area(termios, sizeof (*termios));   // kernel/fork.c，24 行。
        for (i=0 ; i< (sizeof (*termios)) ; i++)
                put_fs_byte( ((char *)&tty->termios)[i] , i+(char *)termios );
        return 0;
}

//// 设置终端 termios 结构信息。
// 参数：tty - 指定终端的 tty 结构指针；termios - 用户数据区 termios 结构指针。
static int set_termios(struct tty_struct * tty, struct termios * termios,
                        int channel)
{
        int i, retsig;

        /* If we try to set the state of terminal and we're not in the
           foreground, send a SIGTTOU.  If the signal is blocked or
           ignored, go ahead and perform the operation.  POSIX 7.2) */
        /* 如果试图设置终端的状态但此时终端不在前台，那么我们就需要发送一个 SIGTTOU 信号。如果该
           信号被进程屏蔽或者忽略了，就直接执行本次操作。   POSIX 7.2   */
// 如果当前进程使用的 tty 终端的进程组号与进程的进程组号不同，即当前进程终端不在前台，表示当前进
```

```
// 程试图修改不受控制的终端的 termios 结构。因此根据 POSIX 标准的要求这里需要发送 SIGTTOU 信号
// 让使用这个终端的进程暂时停止执行，让我们先修改 termios 结构。
// 如果发送信号函数 tty_signal()返回值是 ERESTARTSYS 或 EINTR，则等一会儿再执行本次操作。
        if ((current->tty == channel) && (tty->pgrp != current->pgrp)) {
                retsig = tty_signal(SIGTTOU, tty);     // chr_drv/tty_io.c，246 行。
                if (retsig == -ERESTARTSYS || retsig == -EINTR)
                        return retsig;
        }
// 接着把用户数据区中 termios 结构信息复制到指定终端 tty 结构的 termios 结构中。因为用户有可能
// 已修改了终端串行口传输波特率，所以这里再根据 termios 结构中的控制模式标志 c_cflag 中的波特
// 率信息修改串行 UART 芯片内的传输波特率。最后返回 0。
        for (i=0 ; i< (sizeof (*termios)) ; i++)
                ((char *)&tty->termios)[i]=get_fs_byte(i+(char *)termios);
        change_speed(tty);
        return 0;
}

//// 读取 termio 结构中的信息。
// 参数：tty - 指定终端的 tty 结构指针；termio - 保存 termio 结构信息的用户缓冲区。
static int get_termio(struct tty_struct * tty, struct termio * termio)
{
        int i;
        struct termio tmp_termio;

// 首先验证用户的缓冲区指针所指内存区容量是否足够，如不够则分配内存。然后将 termios 结构的信息
// 复制到临时 termio 结构中。这两个结构基本相同，但输入、输出、控制和本地标志集数据类型不同。
// 前者的是 long，而后者的是 short。因此先复制到临时 termio 结构中目的是为了进行数据类型转换。
        verify_area(termio, sizeof (*termio));
        tmp_termio.c_iflag = tty->termios.c_iflag;
        tmp_termio.c_oflag = tty->termios.c_oflag;
        tmp_termio.c_cflag = tty->termios.c_cflag;
        tmp_termio.c_lflag = tty->termios.c_lflag;
        tmp_termio.c_line = tty->termios.c_line;
        for(i=0 ; i < NCC ; i++)
                tmp_termio.c_cc[i] = tty->termios.c_cc[i];
// 最后逐字节地把临时 termio 结构中的信息复制到用户 termio 结构缓冲区中。并返回 0。
        for (i=0 ; i< (sizeof (*termio)) ; i++)
                put_fs_byte( ((char *)&tmp_termio)[i] , i+(char *)termio );
        return 0;
}

/*
 * This only works as the 386 is low-byte-first
 */
/*
 * 下面 termio 设置函数仅适用于低字节在前的 386 CPU。
 */
//// 设置终端 termio 结构信息。
// 参数：tty - 指定终端的 tty 结构指针；termio - 用户数据区中 termio 结构。
// 将用户缓冲区 termio 的信息复制到终端的 termios 结构中。返回 0。
static int set_termio(struct tty_struct * tty, struct termio * termio,
                        int channel)
{
        int i, retsig;
        struct termio tmp_termio;

```

```
// 与 set_termios()一样，如果进程使用的终端的进程组号与进程的进程组号不同，即当前进程终端不在
// 前台，表示当前进程试图修改不受控制的终端的 termios 结构。因此根据 POSIX 标准的要求这里需要发
// 送 SIGTTOU 信号让使用这个终端的进程先暂时停止执行，以让我们先修改 termios 结构。如果发送信号
// 函数 tty_signal()返回值是 ERESTARTSYS 或 EINTR，则等一会再执行本次操作。
115         if ((current->tty == channel) && (tty->pgrp != current->pgrp)) {
116                 retsig = tty_signal(SIGTTOU, tty);
117                 if (retsig == -ERESTARTSYS || retsig == -EINTR)
118                         return retsig;
119         }
// 接着复制用户数据区中 termio 结构信息到临时 termio 结构中。然后再将 termio 结构的信息复制到 tty
// 的 termios 结构中。这样做的目的是为了对其中模式标志集的类型进行转换，即从 termio 的短整数类
// 型转换成 termios 的长整数类型。但两种结构的 c_line 和 c_cc[]字段是完全相同的。
120         for (i=0 ; i< (sizeof (*termio)) ; i++)
121                 ((char *)&tmp_termio)[i]=get_fs_byte(i+(char *)termio);
122         *(unsigned short *)&tty->termios.c_iflag = tmp_termio.c_iflag;
123         *(unsigned short *)&tty->termios.c_oflag = tmp_termio.c_oflag;
124         *(unsigned short *)&tty->termios.c_cflag = tmp_termio.c_cflag;
125         *(unsigned short *)&tty->termios.c_lflag = tmp_termio.c_lflag;
126         tty->termios.c_line = tmp_termio.c_line;
127         for(i=0 ; i < NCC ; i++)
128                 tty->termios.c_cc[i] = tmp_termio.c_cc[i];
// 最后因为用户有可能已修改了终端串行口传输波特率，所以这里再根据 termios 结构中的控制模式标志
// c_cflag 中的波特率信息修改串行 UART 芯片内的传输波特率，并返回 0。
129         change_speed(tty);
130         return 0;
131 }
132
//// tty 终端设备输入输出控制函数。
// 参数：dev - 设备号；cmd - ioctl 命令；arg - 操作参数指针。
// 该函数首先根据参数给出的设备号找出对应终端的 tty 结构，然后根据控制命令 cmd 分别进行处理。
133 int tty_ioctl(int dev, int cmd, int arg)
134 {
135         struct tty_struct * tty;
136         int     pgrp;
137
// 首先根据设备号取得 tty 子设备号，从而取得终端的 tty 结构。若主设备号是 5（控制终端），则进程的
// tty 字段即是 tty 子设备号。此时如果进程的 tty 子设备号是负数，表明该进程没有控制终端，即不能发
// 出该 ioctl 调用，于是显示出错信息并停机。如果主设备号不是 5 而是 4，我们就可以从设备号中取出子
// 设备号。子设备号可以是 0（控制台终端）、1（串口 1 终端）、2（串口 2 终端）。
138         if (MAJOR(dev) == 5) {
139                 dev=current->tty;
140                 if (dev<0)
141                         panic("tty_ioctl: dev<0");
142         } else
143                 dev=MINOR(dev);
// 然后根据子设备号和 tty 表，我们可取得对应终端的 tty 结构。于是让 tty 指向对应子设备号的 tty 结
// 构。然后再根据参数提供的 ioctl 命令 cmd 进行分别处理。144 行后半部分用于根据子设备号 dev 在
// tty_table[]表中选择对应的 tty 结构。如果 dev = 0，表示正在使用前台终端，因此直接使用终端号
// fg_console 作为 tty_table[] 项索引取 tty 结构。如果 dev 大于 0，那么就要分两种情况考虑：
// ① dev 是虚拟终端号；② dev 是串行终端号或者伪终端号。对于虚拟终端其 tty 结构在 tty_table[]
// 中索引项是 dev-1（0 -- 63）。对于其他类型终端，则它们的 tty 结构索引项就是 dev。例如，如果
// dev = 64，表示是一个串行终端 1，则其 tty 结构就是 ttb_table[dev]。 如果 dev = 1，则对应
// 终端的 tty 结构是 tty_table[0]。参见 tty_io.c 程序第 70 -- 73 行。
144         tty = tty_table + (dev ? ((dev < 64)? dev-1:dev) : fg_console);
145         switch (cmd) {
// 取相应终端 termios 结构信息。此时参数 arg 是用户缓冲区指针。
```

```
        case TCGETS:
                return get_termios(tty,(struct termios *) arg);
// 在设置 termios 结构信息之前，需要先等待输出队列中所有数据处理完毕，并且刷新（清空）输入队列。
// 再接着执行下面设置终端 termios 结构的操作。
        case TCSETSF:
                flush(tty->read_q); /* fallthrough */ /* 接着继续执行 */
// 在设置终端 termios 的信息之前，需要先等待输出队列中所有数据处理完（耗尽）。对于修改参数会影响
// 输出的情况，就需要使用这种形式。
        case TCSETSW:
                wait_until_sent(tty); /* fallthrough */
// 设置相应终端 termios 结构信息。此时参数 arg 是保存 termios 结构的用户缓冲区指针。
        case TCSETS:
                return set_termios(tty,(struct termios *) arg, dev);
// 取相应终端 termio 结构中的信息。此时参数 arg 是用户缓冲区指针。
        case TCGETA:
                return get_termio(tty,(struct termio *) arg);
// 在设置 termio 结构信息之前，需要先等待输出队列中所有数据处理完毕，并且刷新（清空）输入队列。
// 再接着执行下面设置终端 termio 结构的操作。
        case TCSETAF:
                flush(tty->read_q); /* fallthrough */ /* 接着继续执行 */
// 在设置终端 termios 的信息之前，需要先等待输出队列中所有数据处理完（耗尽）。对于修改参数会影
// 响输出的情况，就需要使用这种形式。
        case TCSETAW:
                wait_until_sent(tty); /* fallthrough */
// 设置相应终端 termio 结构信息。此时参数 arg 是保存 termio 结构的用户缓冲区指针。
        case TCSETA:
                return set_termio(tty,(struct termio *) arg, dev);
// 如果参数 arg 值是 0，则等待输出队列处理完毕（空），并发送一个 break。
        case TCSBRK:
                if (!arg) {
                        wait_until_sent(tty);
                        send_break(tty);
                }
                return 0;
// 开始/停止流控制。如果参数 arg 是 TCOOFF（Terminal Control Output OFF），则挂起输出；
// 如果是 TCOON，则恢复挂起的输出。在挂起或恢复输出同时需要把写队列中的字符输出，以加快用户
// 交互响应速度。如果 arg 是 TCIOFF（Terminal Control Input ON），则挂起输入；
// 如果是 TCION，则重新开启挂起的输入。
        case TCXONC:
                switch (arg) {
                case TCOOFF:
                        tty->stopped = 1;      // 停止终端输出。
                        tty->write(tty);       // 写缓冲队列输出。
                        return 0;
                case TCOON:
                        tty->stopped = 0;      // 恢复终端输出。
                        tty->write(tty);
                        return 0;
// 如果参数 arg 是 TCIOFF，表示要求终端停止输入，于是我们往终端写队列中放入 STOP 字符。
// 当终端收到该字符时就会暂停输入。如果参数是 TCION，表示要发送一个 START 字符，让终端恢复传输。
// STOP_CHAR(tty)定义为 ((tty)->termios.c_cc[VSTOP])，即取终端 termios 结构控制字符数
// 组对应项值。若内核定义了_POSIX_VDISABLE（\0），那么当某一项值等于_POSIX_VDISABLE 的值
// 时，表示禁止使用相应的特殊字符。因此这里直接判断该值是否为 0 来确定要不要把停止控制字符放入终
// 端写队列中。以下同。
```

```
                case TCIOFF:
                    if (STOP_CHAR(tty))
                        PUTCH(STOP_CHAR(tty),tty->write_q);
                    return 0;
                case TCION:
                    if (START_CHAR(tty))
                        PUTCH(START_CHAR(tty),tty->write_q);
                    return 0;
            }
            return -EINVAL; /* not implemented */
// 刷新已写输出但还没有发送、或已接收但还没有读的数据。如果参数 arg 是 0，则刷新（清空）输入队列；
// 如果是 1，则刷新输出队列；如果是 2，则刷新输入和输出队列。
        case TCFLSH:
            if (arg==0)
                flush(tty->read_q);
            else if (arg==1)
                flush(tty->write_q);
            else if (arg==2) {
                flush(tty->read_q);
                flush(tty->write_q);
            } else
                return -EINVAL;
            return 0;
// 设置终端串行线路专用模式。
        case TIOCEXCL:
            return -EINVAL; /* not implemented */  /* 未实现 */
// 复位终端串行线路专用模式。
        case TIOCNXCL:
            return -EINVAL; /* not implemented */
// 设置 tty 为控制终端。（TIOCNOTTY - 不要控制终端）。
        case TIOCSCTTY:
            return -EINVAL; /* set controlling term NI */  /* 未实现 */
// 读取终端进程组号（即读取前台进程组号）。 首先验证用户缓冲区长度，然后复制终端 tty 的 pgrp 字段
// 到用户缓冲区。此时参数 arg 是用户缓冲区指针。
        case TIOCGPGRP:                          // 实现库函数 tcgetpgrp()。
            verify_area((void *) arg,4);
            put_fs_long(tty->pgrp,(unsigned long *) arg);
            return 0;
// 设置终端进程组号 pgrp（即设置前台进程组号）。 此时参数 arg 是用户缓冲区中进程组号 pgrp 的指
// 针。执行该命令的前提条件是进程必须有控制终端。 如果当前进程没有控制终端，或者 dev 不是其控制
// 终端，或者控制终端现在的确是正在处理的终端 dev，但进程的会话号与该终端 dev 的会话号不同，则返
// 回无终端错误信息。
        case TIOCSPGRP:                          // 实现库函数 tcsetpgrp()。
            if ((current->tty < 0) ||
                (current->tty != dev) ||
                (tty->session != current->session))
                    return -ENOTTY;
// 然后我们就从用户缓冲区中取得欲设置的进程组号，并对该组号的有效性进行验证。如果组号 pgrp 小于
// 0，则返回无效组号错误信息；如果 pgrp 的会话号与当前进程的不同，则返回许可错误信息。否则我们
// 可以设中终端的进程组号为 prgp。此时 prgp 成为前台进程组。
            pgrp=get_fs_long((unsigned long *) arg);
            if (pgrp < 0)
                return -EINVAL;
            if (session_of_pgrp(pgrp) != current->session)
```

```
                        return -EPERM;
                    tty->pgrp = pgrp;
                    return 0;
// 返回输出队列中还未送出的字符数。首先验证用户缓冲区长度，然后复制队列中字符数给用户。
// 此时参数 arg 是用户缓冲区指针。
            case TIOCOUTQ:
                    verify_area((void *) arg,4);
                    put_fs_long(CHARS(tty->write_q),(unsigned long *) arg);
                    return 0;
// 返回输入队列中还未读取的字符数。首先验证用户缓冲区长度，然后复制队列中字符数给用户。
// 此时参数 arg 是用户缓冲区指针。
            case TIOCINQ:
                    verify_area((void *) arg,4);
                    put_fs_long(CHARS(tty->secondary),
                        (unsigned long *) arg);
                    return 0;
// 模拟终端输入操作。该命令以一个指向字符的指针作为参数，并假设该字符是在终端上键入的。
// 用户必须在该控制终端上具有超级用户权限或具有读许可权限。
            case TIOCSTI:
                    return -EINVAL;    /* not implemented */   /* 未实现 */
// 读取终端设备窗口大小信息（参见 termios.h 中的 winsize 结构）。
            case TIOCGWINSZ:
                    return -EINVAL;    /* not implemented */
// 设置终端设备窗口大小信息（参见 winsize 结构）。
            case TIOCSWINSZ:
                    return -EINVAL;    /* not implemented */
// 返回 MODEM 状态控制引线的当前状态位标志集（参见 termios.h 中 185 -- 196 行）。
            case TIOCMGET:
                    return -EINVAL;    /* not implemented */
// 设置单个 modem 状态控制引线的状态（true 或 false）。
            case TIOCMBIS:
                    return -EINVAL;    /* not implemented */
// 复位单个 MODEM 状态控制引线的状态。
            case TIOCMBIC:
                    return -EINVAL;    /* not implemented */
// 设置 MODEM 状态引线的状态。如果某一位置位，则 modem 对应的状态引线将置为有效。
            case TIOCMSET:
                    return -EINVAL;    /* not implemented */
// 读取软件载波检测标志（1 - 开启；0 - 关闭）。
            case TIOCGSOFTCAR:
                    return -EINVAL;    /* not implemented */
// 设置软件载波检测标志（1 - 开启；0 - 关闭）。
            case TIOCSSOFTCAR:
                    return -EINVAL;    /* not implemented */
            default:
                    return -EINVAL;
        }
}
```

10.7.3　波特率与波特率因子

波特率=1.8432MHz /（16×波特率因子）。常用波特率与波特率因子的对应关系见表 10-10。

表 10-10 波特率与波特率因子对应表

波特率	波特率因子		波特率	波特率因子	
	MSB,LSB	合并值		MSB,LSB	合并值
50	0x09,0x00	2304	1200	0x00,0x60	96
75	0x06,0x00	1536	1800	0x00,0x40	64
110	0x04,0x17	1047	2400	0x00,0x30	48
134.5	0x03,0x59	857	4800	0x00,0x18	24
150	0x03,0x00	768	9600	0x00,0x1c	12
200	0x02,0x40	576	19200	0x00,0x06	6
300	0x01,0x80	384	38400	0x00,0x03	3
600	0x00,0xc0	192			

第 11 章　数学协处理器

内核目录 kernel/math 目录中包含数学协处理器仿真处理代码文件，共包含 9 个 C 语言程序，见表 11-1。本章内容与具体硬件结构关系非常密切，因此需要读者具备较丰富的有关 Intel CPU 和协处理器指令代码结构的知识。但好在这些内容与内核实现关系不大，因此跳过本章内容并不会妨碍读者对内核实现方法的完整理解。不过若能理解本章内容，那么对于实现系统级应用程序（例如汇编和反汇编等程序）和编制协处理器浮点处理程序将有很大帮助。

表 11-1　linux/kernel/math 目录

名称	大小/B	最后修改时间	名称	大小/B	最后修改时间
Makefile	3377	1991-12-31 12:26:48	ea.c	1807	1991-12-31 11:57:05
add.c	1999	1992-01-01 16:42:02	error.c	234	1991-12-28 12:42:09
compare.c	904	1992-01-01 17:15:34	get_put.c	5145	1992-01-01 01:38:13
convert.c	4348	1992-01-01 19:07:43	math_emulate.c	11540	1992-01-07 21:12:05
div.c	2099	1992-01-01 01:41:43	mul.c	1517	1992-01-01 01:42:33

11.1　总体功能描述

在计算机上执行计算量较大的运算通常可以使用三种方法来完成。一种是直接使用 CPU 普通指令执行计算。由于 CPU 指令是一类通用指令，因此使用这些指令进行复杂和大量的运算工作需要编制复杂的计算子程序，并且一般只有通晓数学和计算机的专业人员才能编制出这些子程序。另一种方法是为 CPU 配置一个数学协处理器芯片。使用协处理器芯片可以极大地简化数学处理编程难度，并且运算速度和效率也会成倍提高，但需要另外增加硬件投入。还有一种方法是在系统内核级使用仿真程序来模拟协处理器的运算功能。这种方法可能是运算速度和效率最低的一种，但与使用了协处理器一样可以方便程序员编制计算程序，并且能够在对程序不加任何改动的情况下把所编程序运行在具有协处理器的机器上。

在 Linux 0.1x 甚至 Linux 0.9x 内核开发初期，数学协处理器芯片 80387（或其兼容芯片）价格不菲，并且一直是普通 PC 中的奢侈品。因此除非在科学计算量很大的场合或特别需要之处，一般 PC 中不会安装 80387 芯片。虽然现在的 Intel 处理器中都内置了数学协处理器功能部件，从而现在的操作系统中已经无须包含协处理器仿真程序代码，但是因为 80387 仿真程序完全建立在模拟 80387 芯片处理结构和分析指令代码结构基础上，因此学习本章内容后读者不仅能够了解 80387 协处理器编程方法，而且对编写汇编和反汇编处理程序也有很大帮助。

如果 80386 PC 中没有包括 80387 数学协处理器芯片，那么当 CPU 执行到一条协处理器指令时就会引发“设备不存在”异常中断 7。该异常过程的处理代码在 sys_call.s 第 158 行开始处。如果操作系统在初始化时已经设置了 CPU 控制寄存器 CR0 的 EM 位，那么此时就会调用

math_emulate.c 程序中的 math_emulate()函数来用软件“解释”执行每一条协处理器指令。

Linux 0.12 内核中的数学协处理器仿真程序 math_emulate.c 完全模拟了 80387 芯片执行协处理器指令的方式。在处理一条协处理器指令之前，该程序会首先使用数据结构等类型在内存中建立起一个“软”80387 环境，包括模仿所有 80387 内部栈式累加器组 ST[]、控制字寄存器 CWD、状态字寄存器 SWD 和特征字 TWD（TAG word）寄存器，然后分析引起异常的当前协处理器指令操作码，并根据具体操作码执行相应的数学模拟运算。因此在描述 math_emulate.c 程序的处理过程之前，有必要先介绍一下 80387 的内部结构和基本工作原理。

11.1.1 浮点数据类型

本节主要介绍协处理器使用的浮点数据类型。首先简单回顾一下整型数的几种表示方式，然后说明浮点数的几种标准表示方式以及在 80387 中运算时使用的临时实数表示方法。

1．整型数据类型

对于 Intel 32 位 CPU 来讲，有三种基本无符号数据类型：字节（byte）、字（word）和双字（double word），分别有 8、16 和 32 位。无符号数的表示方式很简单，字节中的每个位都代表一个二进制数，并且根据其所处位置具有不同的权值。例如一个无符号二进制数 0b10001011 可表示为：

$$U = 0b10001011 = 1\times2^7 + 0\times2^6 + 0\times2^5 + 0\times2^4 + 1\times2^3 + 0\times2^2 + 1\times2^1 + 1\times2^0 = 139$$

它对应十进制数 139。其中权值最小的一位（2^0）通常被称为最低有效位（LSB，Least Significant Bit），而权值最大的位（2^7）被称为最高有效位（MSB，Most Significant Bit）。

而计算机中具有负数值的整型数据表示方法通常也有三种：2 的补码（Two’s complement）、符号数（Sign magnitude）和偏置数（biased number）表示方式。表 11-2 给出了这三种形式表示的一些数值。

表 11-2 整型数的几种表示形式

十进制数	2 的补码表示法	偏置表示法（127）	符号数表示法
128	无法表示	0b11111111	无法表示
127	0b01111111	0b11111110	0b01111111
126	0b01111110	0b11111101	0b01111110
2	0b00000010	0b10000001	0b00000010
1	0b00000001	0b10000000	0b00000001
0	0b00000000	0b01111111	0b00000000
–0	无法表示	无法表示	0b10000000
–1	0b11111111	0b01111110	0b10000001
–2	0b11111110	0b01111101	0b10000010
–126	0b10000010	0b00000001	0b11111110
–127	0b10000001	0b00000000	0b11111111
–128	0b10000000	无法表示	无法表示

2 的补码（二进制补码）表示法是目前大多数计算机 CPU 使用的整数表示方法，因为 CPU 的无符号数的简单加法也适用于这种格式的数据运算。使用这种表示法，一个数的负数就是该数每位取反后再加 1。MSB 位就是该数的符号位。MSB= 0 表示一个正数；MSB = 1 表示负数。

80386 CPU 具有 8 位（1 字节）、16 位（1 字）和 32 位（双字）2 的补码数据类型，分别可以表示的数据范围是：–128～127、–32768～32767、–2147483648～2146473647。另外，在 80387 仿真程序中使用了一种称为临时整数类型的格式，如图 11-1 所示。它的长度为 10 字节，可表示 64 位整型数据类型。其中低 8 字节最大可表示 63 位无符号数，而最高 2 字节仅使用了最高有效位来表示数值的正负。对于 32 位整型值则使用低 4 字节来表示，16 位整型值则使用低 2 字节表示。

数的偏置表示法通常用于表示浮点数格式中的指数字段值。把一个数加上指定的偏置值就是该数的偏置数表示的值。从表 11-1 可以看出，这种表示方法的数值具有无符号数的大小顺序。因此这种表示方法易于比较数值大小。即大数值的偏置表示值总是无符号值的一个大数，而其他两种表示方式却并非如此。

符号数表示法有一个位专门用于表示符号（0 表示正数，1 表示负数），而其他位则与无符号整数表示的数值相同。浮点数的有效数（尾数）部分使用的就是这种表示方法，而符号位代表整个浮点数的正负符号。

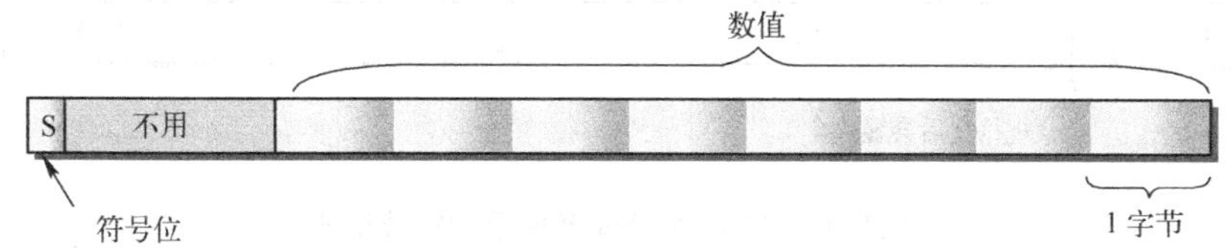

图 11-1　仿真程序支持的临时整数格式

2. BCD 码数据类型

BCD（Binary Coded Decimal）码数值是二进制编码的十进制数值，对于压缩的 BCD 编码，每个字节可表示两位十进制数，其中每 4 位表示一位 0～9 的数。例如，十进制数 59 的压缩 BCD 码表示是 0x01011001。对于非压缩的 BCD 码，每个字节只使用低 4 位表示 1 位十进制数。

80387 协处理器支持 10 字节压缩 BCD 码的表示和运算，可表示 18 位十进制数，如图 11-2 所示。与临时整数格式类似，其中最高字节仅使用了符号位（最高有效位）来表示数值的正负，其余位均不用。若 BCD 码数据是负数，则会使用最高地址处 1 字节的最高有效位置 1 来表示负值。否则最高字节所有位均是 0。

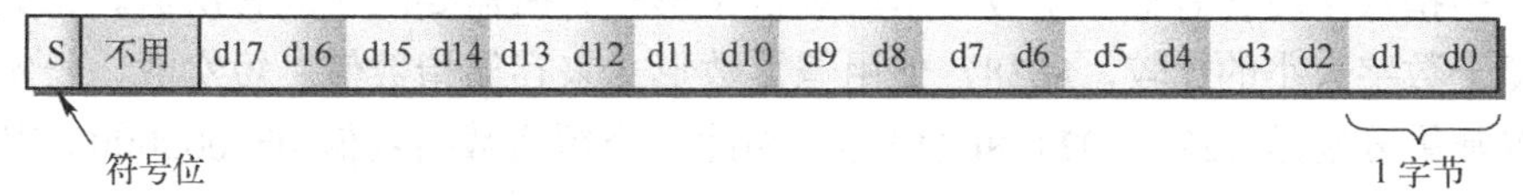

图 11-2　80387 支持的 BCD 码数据类型

3. 浮点数据类型

具有整数部分和小数（尾数）部分的数称为实数或浮点数。实际上整型数是小数部分为 0 的实数，是实数集的一个子集。由于计算机使用固定长度位来表示一个数，因此并不能精确地表示所有实数。由于计算机表示实数时为了在固定长度位内能表示尽量精确的实数值，分配给表示小数部分的位个数并不是固定的，即小数点是可以“浮动”的，因此计算机表示的实数数据类型也称为浮点数。为了便于程序移植，目前计算机中都使用 IEEE 标准 754 指定的浮点数表示方式来表示实数。

这种实数表示方式的一般格式如图 11-3 所示。它由有效数（Significand）部分、指数

（Exponent）部分和符号位（Sign）组成。80387 协处理器支持三种实数类型，它们每个部分使用的位数如图 11-4 所示。

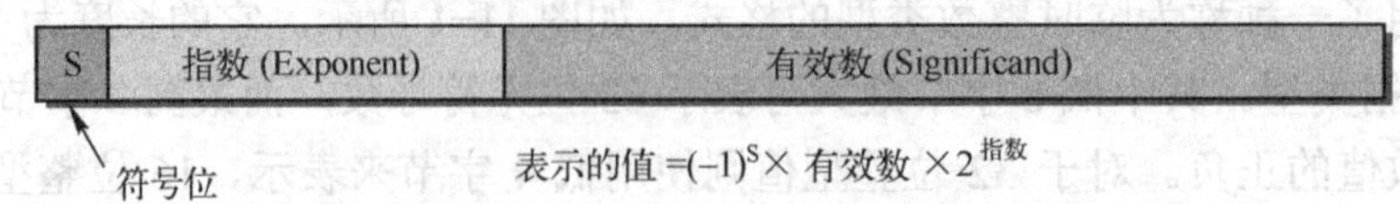

图 11-3 浮点数一般格式

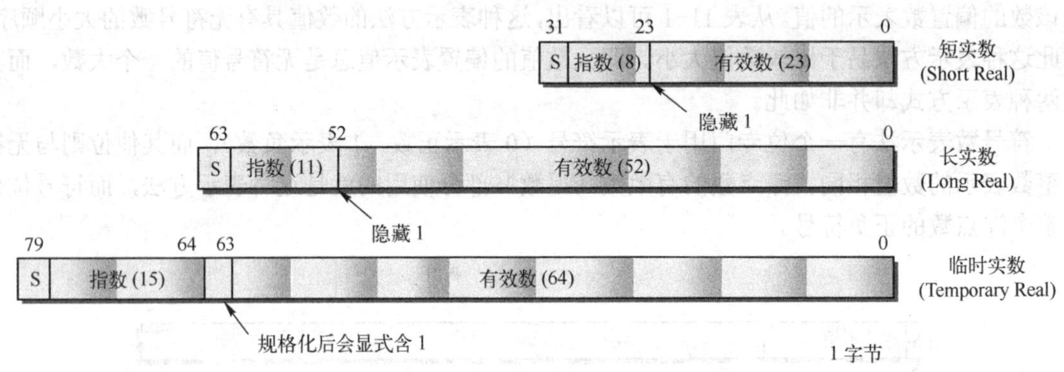

图 11-4 80387 协处理器使用的实数格式

其中 S 是一个位的符号位。S=1 表示是负实数；S=0 表示是正实数。有效数（Significand）给出了实数数值的有效位数或尾数。当使用指数时，一个实数可以表示成多种形式。例如十进制数字 10.34 可以表示成 1034.0×10^{-2}、10.34×10^{0}、1.034×10^{1} 或 0.1034×10^{2} 等。为了使计算能够得到最大精度值，我们总是对实数进行规格化（Normalize）处理，即调整实数的指数值，使得二进制最高有效数值总是 1，并且小数点就位于其右侧。因此，上述例子正确的规格化处理结果就是 1.034×10^{1}。对于二进制数来说就是 $1.XXXXX\times2^{N}$（其中 X 是 1 或 0）。如果我们总是使用这种形式来表示一个实数，那么小数点左边肯定是 1。所以在 80387 的短实数（单精度）和长实数（双精度）格式中，这个“1”就没有必要明确地表示出来。因此在短实数或长实数的二进制有效数中，0x0111...010 实际上就是 0x1.0111...010。

格式中的指数字段含有把一个数表示成规格化形式时所需要的 2 的幂次值。正如前面提到的，为了便于数字大小的比较，80387 使用偏置数形式来存储指数值。短实数、长实数和临时实数的偏置基量分别是 127、1023 和 16383。因此一个短实数指数值 0b10000000 实际表示 2^{1}（0b01111111 + 0b00000001）。

另外，临时实数是 80387 内部运算时表示数的格式。它的最高有效数 1 被明确地放置在位 63 处，并且无论你给出的数是什么数据类型的（例如，整型数、短实数或 BCD 码数等），80387 都会把它转换成临时实数格式。80387 这样做的目的是为了使得精度最大化并且尽量减少运算过程中的溢出异常。显式地把 1 表示出来是因为 80387 在运算过程中确实需要该位（用于表示极小的数值）。当输入到 80387 中的短型或长型实数被转换成临时实数格式时，就会明确地在位 63 处放置一个 1。

4．特殊实数

与上面表中格式某些值无法表示的情况类似，使用实数格式表示的某些值也有其特殊含义。对于 80 位长度格式的临时实数，80387 并没有使用其可表示的所有范围数值。表 11-3 是 80387

使用中的临时实数所能表示的所有可能的数值，其中有效数一栏左边第 1 位表示临时实数位 63，即明确表示数值 1 的位。短实数和长实数没有此位，因此也没有表中的伪非规格化类别。下面说明其中的一些特殊值：零值、无穷值、非规格化值、伪非规格化值以及信号 NaN（Not a Number）和安静 NaN。

表 11-3　80387 临时实数所能表示的数值类型和范围

负号	偏置型指数	有效数	类别
0/1	11...11	111...11	安静 NaNs – QNaNs（Quiet NaNs）
0/1	11...11	1...	
0/1	11...11	110...00	不确定值（Indefinite）
0/1	11...11	101...11	信号 NaNs – SNaNs（Signaling NaNs）
0/1	11...11	1...	
0/1	11...11	100...01	
0/1	11...11	100...00	无穷数（Infinite）
0/1	11...10	111...11	规格化数（正常数）（Normals）
0/1	...	1...	
0/1	00...01	100...00	
0/1	00...00	111...11	伪非规格化数（Pseudo-Denormals）
0/1	00...00	1...	
0/1	00...00	100...00	
0/1	00...00	011...11	非规格化数（Denormals）
0/1	00...00	0...	
0/1	00...00	000...01	
0/1	00...00	000...00	零（Zero）

零是指数和有效数均为 0 的值，其余指数为 0 的值作保留，即指数是 0 的值不能表示一个正常实数值。无穷值是指数值为全 1、有效数值为全零的值，而且指数值为 0x11...11 的所有其余值也作保留使用。

非规格化数（Denormals）是一种用于表示非常小数值的特殊类值。它可以表示渐进下溢或渐进精度丢失情况。通常要求数值表示成规格化数（左移直到有效数的最高有效位是位 1）。然而非规格化数的有效数最高有效位不是 1。此时偏置型指数 0x00...00 分别是值为 2^{-126}、2^{-1022}、2^{-16382} 的短实数、长实数和临时实数指数值的特殊表示方式。这种表示比较特殊，因为偏置型指数 0x00...01 对三种实数类型也分别表示相同的指数值 2^{-126}、2^{-1022}、2^{-16382}。

伪非规格化类数值（Pseudo-denormals）是有效数最高有效位为 1 的值，而非规格化类数值的该位是 0。伪非规格化数很少见，它们可以用规格化类数来表示却没有这么做。因为上面已经说明特殊的偏置指数 0x00...00 与规格化数的指数 0x00...01 具有相同的值。因此伪非规格化类数可以表示成规格化类数值。

另一种特殊情况是 NaN。NaN 是指“不是一个数”（Not a Number）。NaN 有两种形式：会产生信号（Signaling）的和不会产生信号的或称为安静的（Quiet）。当一个产生信号的 NaN（SNaN）被用于操作时就会引发一个无效操作异常，而一个安静的 NaN（QNaN）则不会。SnaN 是一类会引发无效操作异常的数值。使用的方法就是程序先把变量都初始化为 SNaN 值，在实际使用这个变量时还需要对其进行真正的赋值。这样若操作过程中使用了一个未被初始化的值就会引发异常。当然，NaN 类数值也可以用来存储其他信息。

80387 自身不会产生 SNaN 类的值，但会产生 QNaN 类的值。当发生无效操作异常时 80387 就会产生一个 QNaN 类值，并且操作的结果将是不确定值（Indefinite）。不确定值是一种特殊的 QNaN 类值。每种数据类型都有一个表示不确定值的数。对于整型数则是用其最大负数来表示其不确定值。

另外还有一些 80387 不支持的临时实数值，即那些没有在上表中列出的数值范围。若 80387 遇到这些数值，就会引发无效操作异常。

11.1.2 数学协处理器功能和结构

80386 虽然是一个通用微处理器，但其指令并不是非常适用于数学计算。因此若使用 80386 来执行数学计算，那么就需要编制非常复杂的程序，而且执行效率也相对较低。80387 作为 80386 的辅助处理芯片，极大地扩展了程序员的编程范围。以前程序员不太可能做到的事，使用协处理器后就可以很容易地，并且快速而精确地完成。

80387 有一组特别的寄存器，这组寄存器可以让 80387 直接操作比 80386 所能处理的大或小几个数量级的数值。80386 使用 2 进制补数方式表示一个数。这种方法不适合用来表示小数。而 80387 并不使用 2 的补数方法来表示数值，它使用了 IEEE 标准 754 规定的 80 位（10 个字节）格式。这种格式不仅具有广泛的兼容性，而且能够使用二进制表示极大（或极小）的数值。例如，它能表示大到 1.21×10^{4932} 的数，也能处理小到 3.3×10^{-4932} 的数。80387 并不保持固定小数点的位置，如果数值小的话就多使用一些小数位，如果数值大的话就少用几位小数位。因此小数点的位置是可以“浮动”的。这也是术语“浮点”数的由来。

为支持浮点运算，80387 中包含三组寄存器，如图 11-5 所示。① 8 个 80 位长的数据寄存器（累加器），可用于临时存放 8 个浮点操作数，并且这些累加器可以执行栈式操作；② 3 个 16 位状态和控制寄存器：一个状态字寄存器 SWD、一个控制字寄存器 CWD 和一个特征（TAG）寄存器；③ 4 个 32 位出错指针寄存器（FIP、FCS、FOO 和 FOS）用于确定导致 80387 内部异常的指令和内存操作数。

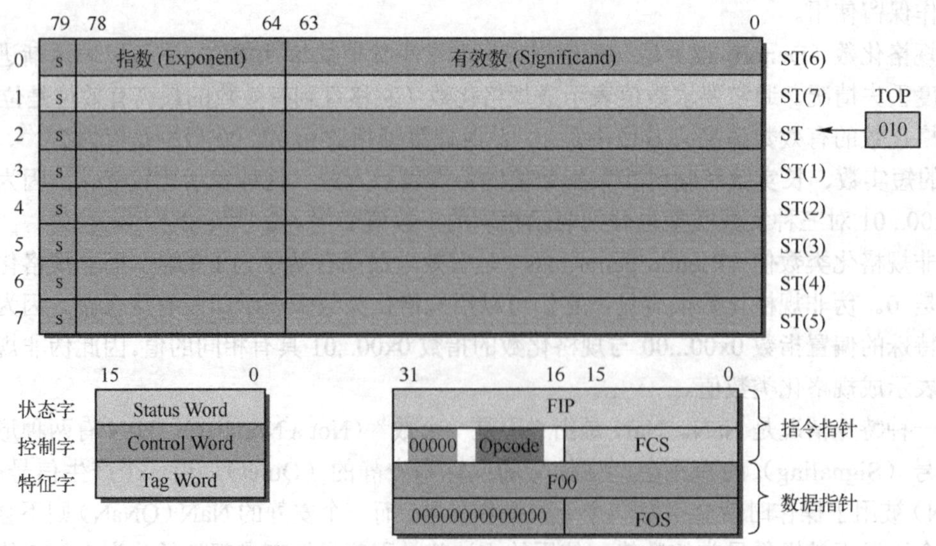

图 11-5 80387 的寄存器

1．栈式浮点累加器

在浮点指令执行过程中，8 个 80 位长度的物理寄存器组被作为栈式累加器使用。虽然每个 80 位寄存器有固定的物理顺序位置（即左边的 0～7），但当前栈顶则由 ST（即 ST(0)）来指明。ST 之下的其余累加器使用名称 ST(i)来指明（i = 1～7）。至于哪个 80 位物理寄存器是当前栈顶 ST，则由具体操作过程指定。在状态字寄存器中名称为 TOP 的 3 位字段含有当前栈顶 ST 对应的 80 位物理寄存器的绝对位置。一个入栈（Push）操作将会把 TOP 字段值递减 1，并把新值存储于新的 ST 中。在入栈操作之后，原来的 ST 变成了 ST(1)，而原来的 ST(7)变成了现在的 ST。即所有累加器的名称都从原来的 ST(i)变成了 ST((i+1)&0x7)。一个出栈（Pop）操作将会读出当前 ST 对应的 80 位寄存器的值，并且把 TOP 字段值递增 1。因此在出栈操作之后，原来的 ST（即 ST(0)）变成了 ST(7)，原来的 ST(1)成为新的 ST。即所有累加器的名称都从原来的 ST(i) 变成 ST((i–1)& 0x7)。

ST 的作用如同一个累加器是因为它被作为所有浮点指令的一个隐含操作数。若有另一个操作数，那么该第 2 个操作数可以是任何其余累加器之一 ST(i)，或者是一个内存操作数。栈中的每个累加器为一个实数提供了使用临时实数格式存储的 80 位空间，其最高位（s）是符号位，位 78～64 是 15 位的指数字段，位 63～0 是 64 位的有效数字段。

浮点指令被设计成能充分利用这个累加器栈模式。浮点加载指令（FLD 等）会从内存中读取一个操作数并压入栈中，而浮点存储指令则会从当前栈顶取得一个值并写到内存中。若栈中该值不再需要时还可以同时执行出栈操作。加和乘之类的操作会把当前 ST 寄存器内容作为一个操作数，而另一个取自其他寄存器或内存中，并且在计算完后即把结果保存在 ST 中。还有一类“操作并弹出”操作形式用于在 ST 和 ST(1)两者之间进行运算。这种操作形式会执行一次弹出操作，然后把结果放入新的 ST 中。

2．状态与控制寄存器

三个 16 位的寄存器（TAG 字、控制字和状态字）控制着浮点指令的操作并且为其提供状态信息。它们的具体格式如图 11-6 所示。下面逐一对它们进行说明。

（1）控制字

控制字（Control Word）可用于程序设置各种处理选项来控制 80387 的操作。其中可分为三个部分。位 11～10 的 RC（Rounding Control）是舍入控制字段，用于对计算结果进行舍入操作。位 9～8 的 PC（Precision Control）是精度控制字段，用于在保存到指定存储单元之前对计算结果进行精度调整。所有其他操作使用临时实数格式精度，或者使用指令指定的精度。位 5～0 是异常屏蔽位，用于控制协处理器异常处理。这 6 位对应 80387 可能发生的 6 种异常情况。其中每一种异常都可以单独屏蔽掉。如果发生某个特定异常并且其对应屏蔽位没有置位，那么 80387 就会向 CPU 通报这个异常，并且会让 CPU 产生异常中断 int 16。然而如果设置了对应屏蔽位，那么 80387 就会自己处理并纠正发生的异常问题而不会通知 CPU。这个寄存器随时可以读写，其中各位的具体含义参见图 11-6。

（2）状态字

在运行期间，80387 会设置状态字（Status Word）中的位，用于程序检测特定的条件。当发生异常时，它可让 CPU 确定发生异常的原因。因为所有 6 个协处理器异常都会让 CPU 产生异常中断 int16。

（3）特征字

特征字（Tag Word）寄存器含有 8 个 2 位的 Tag 字段，分别对应 8 个物理浮点数据寄存器。

这些特征字段分别指明相应的物理寄存器含有有效、零、特殊浮点数值，或者是空的。特殊数值是指那些无限值、非数值、非规格化或不支持格式的数值。特征字段 Tag 可用于检测累加器堆栈上下溢出情况。如果入栈（Push）操作递减 TOP 指向了一个非空寄存器，就会发生栈上溢出。如果出栈（Pop）操作企图去读取或弹出空寄存器，就会造成栈下溢出（Underflow）。栈的上下溢出都将引发无效操作异常。

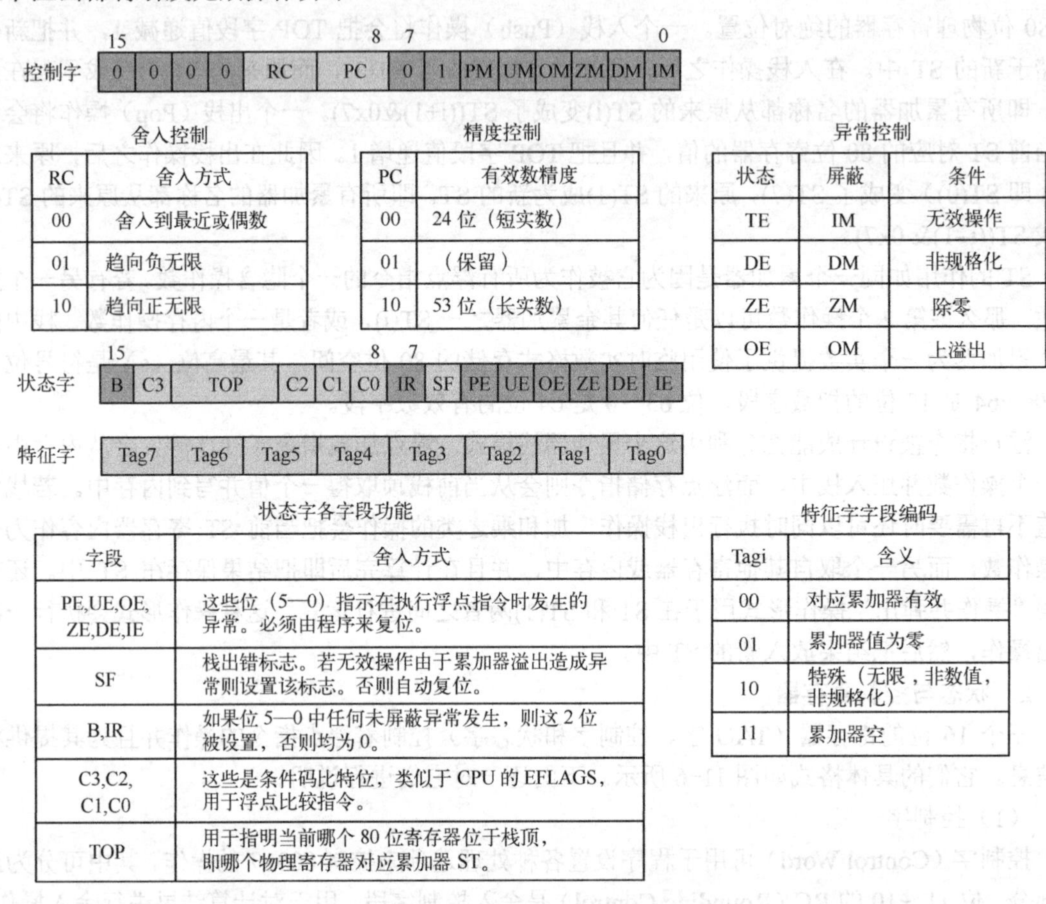

舍入控制

RC	舍入方式
00	舍入到最近或偶数
01	趋向负无限
10	趋向正无限

精度控制

PC	有效数精度
00	24 位（短实数）
01	（保留）
10	53 位（长实数）

异常控制

状态	屏蔽	条件
TE	IM	无效操作
DE	DM	非规格化
ZE	ZM	除零
OE	OM	上溢出

状态字各字段功能

字段	舍入方式
PE,UE,OE, ZE,DE,IE	这些位（5—0）指示在执行浮点指令时发生的异常。必须由程序来复位。
SF	栈出错标志。若无效操作由于累加器溢出造成异常则设置该标志。否则自动复位。
B,IR	如果位 5—0 中任何未屏蔽异常发生，则这 2 位被设置，否则均为 0。
C3,C2, C1,C0	这些是条件码比特位，类似于 CPU 的 EFLAGS，用于浮点比较指令。
TOP	用于指明当前哪个 80 位寄存器位于栈顶，即哪个物理寄存器对应累加器 ST。

特征字字段编码

Tagi	含义
00	对应累加器有效
01	累加器值为零
10	特殊（无限，非数值，非规格化）
11	累加器空

图 11-6　控制和状态寄存器格式

3. 出错指针寄存器

出错指针寄存器（Error-Pointer Register）是 4 个 32 位的 80387 寄存器，其中含有 80387 最后执行指令和所用数据的指针，参见图 11-6。前两个寄存器 FIP 和 FCS 中是最后执行指令中 2 个操作码的指针（忽略前缀码）。FCS 是段选择符和操作码，FIP 是段内偏移值。后两个寄存器 FOO 和 FOS 是最后执行指令内存操作数的指针。FOS 中是段选择符，FOO 中是段内偏移值。如果最后执行的协处理器指令不含内存操作数，则后两个寄存器值无用。指令 FLDENV、FSTENV、FNSTENV、FRSTOR、FSAVE 和 FNSAVE 用于加载和保存这 4 个寄存器的内容。前 3 条指令共加载或保存 28 字节内容：控制字、状态字和特征字以及 4 个出错指针寄存器。控制字、状态字和特征字都以 32 位操作，高 16 位为 0。后 3 条指令用于加载或保存协处理器所有 108 字节的寄存器内容。

4. 浮点指令格式

对协处理器进行仿真就是解析具体的浮点指令操作码和操作数，根据每一条指令的结构使用 80386 的普通指令来执行相应的仿真操作。数学协处理器 80387 共有七十多条指令，共分 5 类，见表 11-4。每条指令的操作码都有 2 个字节，其中第一个字节高 5 位都是二进制 11011。这 5 位的数值（0x1b 或十进制 27）正好是字符 ESC（转义）的 ASCII 代码值，因此所有数学协处理器指令都被形象地称为 ESC 转义指令。在仿真浮点指令时可忽略相同的 ESC 位，只要判断低 11 位的值即可。

表 11-4　浮点指令类型

	第 1 字节				第 2 字节								可选字段	
1	11011	OPA		1	MOD		1	OPB			R/M		SIB	DISP
2	11011	MF		OPA	MOD		OPB				R/M		SIB	DISP
3	11011	d	P	OPA	1	1	OPB				ST(i)			
4	11011	0	0	1	1	1	1			OP				
5	11011	0	1	1	1	1	1			OP				
	15～11	10	9	8	7	6	5	4	3	2	1	0		

表中各个字段的含义如下（有关这些字段的具体含义和详细说明请参考 80x86 处理器手册）：

1）OP（Operation opcode）是指令操作码，在有些指令中它被分成了 OPA 和 OPB 两部分。

2）MF（Memory Format）是内存格式。00：32 位实数；01：32 位整数；10：64 位实数；11：64 位整数。

3）P（Pop）指明在操作后是否要执行一次出栈处理。0：不需要；1：操作后弹出栈。

4）d（destination）指明保存操作结果的累加器。0：ST(0)；1：ST(i)。

5）MOD（Mode）和 R/M（Register/Memory）是操作方式字段和操作数位置字段。

6）SIB（Scale Index Base）和 DISP（Displacement）是具有 MOD 和 R/M 字段指令的可选后续字段。

另外，所有浮点指令的汇编语言助记符都以字母 F 开头，例如：FADD、FLD 等。还有如下一些标准表示方法：

1）FI：所有操作整型数据的指令都以 FI 开头，例如 FIADD、FILD 等。

2）FB：所有操作 BCD 类型数据的指令都以 FB 开头，例如 FBLD、FBST 等。

3）FxxP：所有会执行一次出栈操作的指令均以字母 P 结尾，例如 FSTP、FADDP 等。

4）FxxPP：所有会执行二次出栈操作的指令均以字母 PP 结尾，例如 FCOMPP、FUCOMPP 等。

5）FNxx：除了以 FN 开头的指令，所有指令在执行前都会先检测未屏蔽的运算异常。而以 FN 开头的指令不检测运算异常情况，例如 FNINIT、FNSAVE 等。

11.2　math_emulate.c 程序

11.2.1　功能描述

math_emulate.c 程序中的所有函数可分为 3 部分：第一类是设备不存在异常处理程序接口函数 math_emulate()，只有这一个函数；第二类是浮点指令仿真处理主函数 do_emu()，也只有一个函数；另外所有函数都是仿真运算辅助类函数，包括其余几个 C 语言程序中的函数。

在一台不包含 80387 协处理器芯片的 PC 中，如果内核初始化时在 CR0 中设置了仿真标志 EM = 1，那么当 CPU 遇到一条浮点指令时就会引起 CPU 产生异常中断 int 7，并且在该中断处理过程中调用本程序中第 476 行处的 math_emulate(long __false)函数。

在 math_emulate()函数中，若判断出当前进程还没有使用过仿真的协处理运算时就会对仿真的 80387 控制字、状态字和特征字（Tag Word）进行初始化操作，设置控制字中所有 6 种协处理器异常屏蔽位并复位状态字和特征字。然后调用仿真处理主函数 do_emu()。使用的参数是作为如下 info 结构的中断处理过程中调用 math_emulate()函数的返回地址指针。info 结构实际上就是栈中自从 CPU 产生中断 int7 后逐渐入栈的一些数据构成的一个结构，因此它与系统调用时内核栈中数据的分布情况基本相同。参见 include/linux/math_emu.h 文件第 11 行和 kernel/sys_call.s 开始部分。

```
11 struct info {
12         long __math_ret;          // math_emulate()调用者（int7）返回地址。
13         long __orig_eip;          // 临时保存原 EIP 的地方。
14         long __edi;               // 异常中断 int7 处理过程入栈的寄存器。
15         long __esi;
16         long __ebp;
17         long __sys_call_ret;      // 中断 7 返回时将去执行系统调用的返回处理代码。
18         long __eax;               // 以下部分（18～30 行）与系统调用时栈中结构相同。
19         long __ebx;
20         long __ecx;
21         long __edx;
22         long __orig_eax;          // 如不是系统调用而是其他中断时，该值为-1。
23         long __fs;
24         long __es;
25         long __ds;
26         long __eip;               // 26～30 行由 CPU 自动入栈。
27         long __cs;
28         long __eflags;
29         long __esp;
30         long __ss;
31 };
```

do_emu()函数（第 52 行）首先根据状态字来判断有没有发生仿真的协处理器内部异常。若有则设置状态字的忙位 B（位 15），否则就复位忙位 B。然后从上述 info 结构中 EIP 字段处取得产生协处理器异常的二字节浮点指令代码 code，并在屏蔽掉每条浮点指令码中都相同的 ESC 码（二进制 11011）位部分后，根据此时的 code 值对具体的浮点指令进行软件仿真运算处理。为便于处理，该函数按 5 种类型浮点指令码分别使用了五个 switch 语句进行处理。例如，第一个 switch 语句（第 75 行）用于处理那些不涉及寻址内存操作数的浮点指令。而最后两个 switch 语句（第 419、432 行）则专门用来处理操作数与内存相关的指令。对于后一种类型的指令，其处理过程的基本流程是首先根据指令代码中的寻址模式字节取得内存操作数的有效地址，然后从该有效地址处读取相应的数据（整型数、实数或 BCD 码数值）。接着把读取的值转换成 80387 内部处理使用的临时实数格式。在计算完毕后，再把临时实数格式的数值转换为原数据类型，最后保存到用户数据区中。

另外，在具体仿真一条浮点指令时，若发现浮点指令无效，则程序会立刻调用放弃执行函数__math_abort()。该函数会向当前执行进程发送指定的信号，同时修改栈指针 esp 指向中断过程中调用 math_emulate()函数的返回地址（___math_ret），并立刻返回到中断处理过程中去。

11.2.2　代码注释

程序 11-1　linux/kernel/math/math_emulate.c

```
/*
 * linux/kernel/math/math_emulate.c
 *
 * (C) 1991 Linus Torvalds
 */

/*
 * Limited emulation 27.12.91 - mostly loads/stores, which gcc wants
 * even for soft-float, unless you use bruce evans' patches. The patches
 * are great, but they have to be re-applied for every version, and the
 * library is different for soft-float and 80387. So emulation is more
 * practical, even though it's slower.
 *
 * 28.12.91 - loads/stores work, even BCD. I'll have to start thinking
 * about add/sub/mul/div. Urgel. I should find some good source, but I'll
 * just fake up something.
 *
 * 30.12.91 - add/sub/mul/div/com seem to work mostly. I should really
 * test every possible combination.
 */
/*
 * 仿真范围有限的程序 91.12.27 - 绝大多数是一些加载/存储指令。除非你使用了 Bruce Evans 的
 * 补丁程序，否则即使使用软件执行浮点运算，gcc 也需要这些指令。Bruce 的补丁程序非常好，但每
 * 次更换 gcc 版本你都得用这个补丁程序。而且对于软件浮点实现和 80387，所使用的库是不同的。因
 * 此使用仿真是更为实际的方法，尽管仿真方法更慢。
 *
 * 91.12.28 - 加载/存储协处理器指令可以用了，即使是 BCD 码的也能使用。我将开始考虑实现 add/
 * sub/mul/div 指令。唉，我应该找一些好的资料，不过现在我会先仿造一些操作。
 *
 * 91.12.30 - add/sub/mul/div/com 这些指令好像大多数都可以使用了。我真应该测试每种指令
 * 可能的组合操作。
 */

/*
 * This file is full of ugly macros etc: one problem was that gcc simply
 * didn't want to make the structures as they should be: it has to try to
 * align them. Sickening code, but at least I've hidden the ugly things
 * in this one file: the other files don't need to know about these things.
 *
 * The other files also don't care about ST(x) etc - they just get addresses
 * to 80-bit temporary reals, and do with them as they please. I wanted to
 * hide most of the 387-specific things here.
 */
/*
 * 这个程序中到处都是些别扭的宏：问题之一是 gcc 就是不想把结构建立成其应该成为的样子：gcc 企
 * 图对结构进行对齐处理。真是讨厌，不过我起码已经把所有蹩脚的代码都隐藏在这么一个文件中了：
 * 其他程序文件不需要了解这些信息。
 *
 * 其他的程序也不需要知道 ST(x)等 80387 内部结构 - 它们只需要得到 80 位临时实数的地址就可以
 * 随意操作。我想尽可能在这里隐藏所有 387 专有信息。
```

```
 */

#include <signal.h>          // 信号头文件。定义信号符号，信号结构及信号操作函数原型。

#define __ALIGNED_TEMP_REAL 1
#include <linux/math_emu.h> // 协处理器头文件。定义临时实数结构和 387 寄存器操作宏等。
#include <linux/kernel.h>   // 内核头文件。含有一些内核常用函数的原形定义。
#include <asm/segment.h>    // 段操作头文件。定义了有关段寄存器操作的嵌入式汇编函数。

#define bswapw(x) __asm__("xchgb %%al,%%ah":"=a" (x):"" ((short)x))
                                                    // 交换 2 字节位置。
#define ST(x) (*__st((x)))                          // 取仿真的 ST(x)累加器值。
#define PST(x) ((const temp_real *) __st((x)))      // 取仿真的 ST(x)累加器的指针。

/*
 * We don't want these inlined - it gets too messy in the machine-code.
 */
/*
 * 我们不想让这些成为嵌入的语句 - 因为这会使得到的机器码太混乱。
 */
// 以下这些是相同名称浮点指令的仿真函数。
static void fpop(void);
static void fpush(void);
static void fxchg(temp_real_unaligned * a, temp_real_unaligned * b);
static temp_real_unaligned * __st(int i);

// 执行浮点指令仿真。
// 该函数首先检测仿真的 I387 结构状态字寄存器中是否有未屏蔽的异常标志置位。若有则对状态字中
// 忙标志 B 进行设置。然后把指令指针保存起来，并取出代码指针 EIP 处的 2 字节浮点指令代码 code。
// 接着分析代码 code，并根据其含义进行处理。针对不同代码类型值，Linus 使用了几个不同的
// switch 程序块进行仿真处理。
// 参数是 info 结构的指针。
static void do_emu(struct info * info)
{
        unsigned short code;
        temp_real tmp;
        char * address;

// 该函数首先检测仿真的 I387 结构状态字寄存器中是否有未屏蔽的异常标志置位。若有就设置状态字
// 中的忙标志 B（位 15），否则复位 B 标志。然后我们把指令指针保存起来。再看看执行本函数的代
// 码是不是用户代码。如果不是，即调用者的代码段选择符不等于 0x0f，则说明内核中有代码使用了
// 浮点指令。于是在显示出浮点指令出的 CS、EIP 值和信息“内核中需要数学仿真”后停机。
        if (I387.cwd & I387.swd & 0x3f)
                I387.swd |= 0x8000;                 // 设置忙标志 B。
        else
                I387.swd &= 0x7fff;                 // 清忙标志 B。
        ORIG_EIP = EIP;                             // 保存浮点指令指针。
/* 0x0007 means user code space */
        if (CS != 0x000F) {                         // 不是用户代码则停机。
                printk("math_emulate: %04x:%08x\n\r",CS,EIP);
                panic("Math emulation needed in kernel");
        }
// 然后我们取出代码指针 EIP 处的 2 字节浮点指令代码 code。由于 Intel CPU 存储数据时是“小头”
// （Little endian）在前的，此时取出的代码正好与指令的第 1、第 2 字节顺序颠倒。因此我们需
// 要交换一下 code 中两个字节的顺序。然后再屏蔽掉第 1 个代码字节中的 ESC 位（二进制 11011）。接着
// 把浮点指令指针 EIP 保存到 TSS 段 i387 结构中的 fip 字段中，而 CS 保存到 fcs 字段中，同时把
```

```
// 略微处理过的浮点指令代码 code 放到 fcs 字段的高 16 位中。保存这些值是为了在出现仿真的处理
// 器异常时程序可以像使用真实的协处理器一样进行处理。最后让 EIP 指向随后的浮点指令或操作数。
        code = get_fs_word((unsigned short *) EIP);  // 取 2 字节的浮点指令代码。
        bswapw(code);                                 // 交换高低字节。
        code &= 0x7ff;                                // 屏蔽代码中的 ESC 码。
        I387.fip = EIP;                               // 保存指令指针。
        *(unsigned short *) &I387.fcs = CS;           // 保存代码段选择符。
        *(1+(unsigned short *) &I387.fcs) = code;     // 保存代码。
        EIP += 2;                                     // 指令指针指向下一个字节。
// 然后分析代码值 code，并根据其含义进行处理。针对不同代码类型值，Linus 使用了几个不同的
// switch 程序块进行处理。首先，若指令操作码是具有固定代码值（与寄存器等无关），则在下面处理。
        switch (code) {
                case 0x1d0: /* fnop */      /* 空操作指令 FNOP */
                        return;
                case 0x1d1: case 0x1d2: case 0x1d3:  // 无效指令代码。发信号，退出。
                case 0x1d4: case 0x1d5: case 0x1d6: case 0x1d7:
                        math_abort(info,1<<(SIGILL-1));
                case 0x1e0:                 // FCHS - 改变 ST 符号位。即 ST = -ST。
                        ST(0).exponent ^= 0x8000;
                        return;
                case 0x1e1:                 // FABS - 取绝对值。即 ST = |ST|。
                        ST(0).exponent &= 0x7fff;
                        return;
                case 0x1e2: case 0x1e3:     // 无效指令代码。发信号，退出。
                        math_abort(info,1<<(SIGILL-1));
                case 0x1e4:                 // FTST - 测试 TS，同时设置状态字中 Cn。
                        ftst(PST(0));
                        return;
                case 0x1e5:                 // FXAM - 检查 TS 值，同时修改状态字中 Cn。
                        printk("fxam not implemented\n\r");  // 未实现。发信号退出。
                        math_abort(info,1<<(SIGILL-1));
                case 0x1e6: case 0x1e7:     // 无效指令代码。发信号，退出。
                        math_abort(info,1<<(SIGILL-1));
                case 0x1e8:                 // FLD1 - 加载常数 1.0 到累加器 ST。
                        fpush();
                        ST(0) = CONST1;
                        return;
                case 0x1e9:                 // FLDL2T - 加载常数 Log2(10)到累加器 ST。
                        fpush();
                        ST(0) = CONSTL2T;
                        return;
                case 0x1ea:                 // FLDL2E - 加载常数 Log2(e)到累加器 ST。
                        fpush();
                        ST(0) = CONSTL2E;
                        return;
                case 0x1eb:                 // FLDPI - 加载常数 Pi 到累加器 ST。
                        fpush();
                        ST(0) = CONSTPI;
                        return;
                case 0x1ec:                 // FLDLG2 - 加载常数 Log10(2)到累加器 ST。
                        fpush();
                        ST(0) = CONSTLG2;
                        return;
                case 0x1ed:                 // FLDLN2 - 加载常数 Loge(2)到累加器 ST。
                        fpush();
                        ST(0) = CONSTLN2;
```

```
                return;
            case 0x1ee:                     // FLDZ - 加载常数 0.0 到累加器 ST。
                fpush();
                ST(0) = CONSTZ;
                return;
            case 0x1ef:                     // 无效和未实现仿真指令代码。发信号，退出。
                math_abort(info,1<<(SIGILL-1));
            case 0x1f0: case 0x1f1: case 0x1f2: case 0x1f3:
            case 0x1f4: case 0x1f5: case 0x1f6: case 0x1f7:
            case 0x1f8: case 0x1f9: case 0x1fa: case 0x1fb:
            case 0x1fc: case 0x1fd: case 0x1fe: case 0x1ff:
                printk("%04x fxxx not implemented\n\r",code + 0xc800);
                math_abort(info,1<<(SIGILL-1));
            case 0x2e9:                     // FUCOMPP - 无次序比较。
                fucom(PST(1),PST(0));
                fpop(); fpop();
                return;
            case 0x3d0: case 0x3d1:     // FNOP - 对 387。!!应该是 0x3e0,0x3e1。
                return;
            case 0x3e2:                     // FCLEX - 清状态字中异常标志。
                I387.swd &= 0x7f00;
                return;
            case 0x3e3:                     // FINIT - 初始化协处理器。
                I387.cwd = 0x037f;
                I387.swd = 0x0000;
                I387.twd = 0x0000;
                return;
            case 0x3e4:                     // FNOP - 对 80387。
                return;
            case 0x6d9:                     // FCOMPP - ST(1)与 ST 比较，出栈操作两次。
                fcom(PST(1),PST(0));
                fpop(); fpop();
                return;
            case 0x7e0:                     // FSTSW AX - 保存当前状态字到 AX 寄存器中。
                *(short *) &EAX = I387.swd;
                return;
        }
// 下面开始处理第 2 字节最后 3 位是 REG 的指令。即 11011,XXXXXXXX,REG 形式的代码。
        switch (code >> 3) {
            case 0x18:                      // FADD ST, ST(i)。
                fadd(PST(0),PST(code & 7),&tmp);
                real_to_real(&tmp,&ST(0));
                return;
            case 0x19:                      // FMUL ST, ST(i)。
                fmul(PST(0),PST(code & 7),&tmp);
                real_to_real(&tmp,&ST(0));
                return;
            case 0x1a:                      // FCOM ST(i)。
                fcom(PST(code & 7),&tmp);
                real_to_real(&tmp,&ST(0));
                return;
            case 0x1b:                      // FCOMP ST(i)。
                fcom(PST(code & 7),&tmp);
                real_to_real(&tmp,&ST(0));
                fpop();
```

```
                return;
        case 0x1c:                      // FSUB ST, ST(i)。
                real_to_real(&ST(code & 7),&tmp);
                tmp.exponent ^= 0x8000;
                fadd(PST(0),&tmp,&tmp);
                real_to_real(&tmp,&ST(0));
                return;
        case 0x1d:                      // FSUBR ST, ST(i)。
                ST(0).exponent ^= 0x8000;
                fadd(PST(0),PST(code & 7),&tmp);
                real_to_real(&tmp,&ST(0));
                return;
        case 0x1e:                      // FDIV ST, ST(i)。
                fdiv(PST(0),PST(code & 7),&tmp);
                real_to_real(&tmp,&ST(0));
                return;
        case 0x1f:                      // FDIVR ST, ST(i)。
                fdiv(PST(code & 7),PST(0),&tmp);
                real_to_real(&tmp,&ST(0));
                return;
        case 0x38:                      // FLD ST(i)。
                fpush();
                ST(0) = ST((code & 7)+1);
                return;
        case 0x39:                      // FXCH ST(i)。
                fxchg(&ST(0),&ST(code & 7));
                return;
        case 0x3b:                      // FSTP ST(i)。
                ST(code & 7) = ST(0);
                fpop();
                return;
        case 0x98:                      // FADD ST(i), ST。
                fadd(PST(0),PST(code & 7),&tmp);
                real_to_real(&tmp,&ST(code & 7));
                return;
        case 0x99:                      // FMUL ST(i), ST。
                fmul(PST(0),PST(code & 7),&tmp);
                real_to_real(&tmp,&ST(code & 7));
                return;
        case 0x9a:                      // FCOM ST(i)。
                fcom(PST(code & 7),PST(0));
                return;
        case 0x9b:                      // FCOMP ST(i)。
                fcom(PST(code & 7),PST(0));
                fpop();
                return;
        case 0x9c:                      // FSUBR ST(i), ST。
                ST(code & 7).exponent ^= 0x8000;
                fadd(PST(0),PST(code & 7),&tmp);
                real_to_real(&tmp,&ST(code & 7));
                return;
        case 0x9d:                      // FSUB ST(i), ST。
                real_to_real(&ST(0),&tmp);
                tmp.exponent ^= 0x8000;
                fadd(PST(code & 7),&tmp,&tmp);
                real_to_real(&tmp,&ST(code & 7));
```

```
			return;
		case 0x9e:			// FDIVR ST(i), ST。
			fdiv(PST(0),PST(code & 7),&tmp);
			real_to_real(&tmp,&ST(code & 7));
			return;
		case 0x9f:			// FDIV ST(i), ST。
			fdiv(PST(code & 7),PST(0),&tmp);
			real_to_real(&tmp,&ST(code & 7));
			return;
		case 0xb8:			// FFREE ST(i)。未实现。
			printk("ffree not implemented\n\r");
			math_abort(info,1<<(SIGILL-1));
		case 0xb9:			// FXCH ST(i)。
			fxchg(&ST(0),&ST(code & 7));
			return;
		case 0xba:			// FST ST(i)。
			ST(code & 7) = ST(0);
			return;
		case 0xbb:			// FSTP ST(i)。
			ST(code & 7) = ST(0);
			fpop();
			return;
		case 0xbc:			// FUCOM ST(i)。
			fucom(PST(code & 7),PST(0));
			return;
		case 0xbd:			// FUCOMP ST(i)。
			fucom(PST(code & 7),PST(0));
			fpop();
			return;
		case 0xd8:			// FADDP ST(i), ST。
			fadd(PST(code & 7),PST(0),&tmp);
			real_to_real(&tmp,&ST(code & 7));
			fpop();
			return;
		case 0xd9:			// FMULP ST(i), ST。
			fmul(PST(code & 7),PST(0),&tmp);
			real_to_real(&tmp,&ST(code & 7));
			fpop();
			return;
		case 0xda:			// FCOMP ST(i)。
			fcom(PST(code & 7),PST(0));
			fpop();
			return;
		case 0xdc:			// FSUBRP ST(i), ST。
			ST(code & 7).exponent ^= 0x8000;
			fadd(PST(0),PST(code & 7),&tmp);
			real_to_real(&tmp,&ST(code & 7));
			fpop();
			return;
		case 0xdd:			// FSUBP ST(i), ST。
			real_to_real(&ST(0),&tmp);
			tmp.exponent ^= 0x8000;
			fadd(PST(code & 7),&tmp,&tmp);
			real_to_real(&tmp,&ST(code & 7));
			fpop();
			return;
```

```
		case 0xde:		// FDIVRP ST(i), ST。
			fdiv(PST(0),PST(code & 7),&tmp);
			real_to_real(&tmp,&ST(code & 7));
			fpop();
			return;
		case 0xdf:		// FDIVP ST(i), ST。
			fdiv(PST(code & 7),PST(0),&tmp);
			real_to_real(&tmp,&ST(code & 7));
			fpop();
			return;
		case 0xf8:		// FFREE ST(i)。未实现。
			printk("ffree not implemented\n\r");
			math_abort(info,1<<(SIGILL-1));
			fpop();
			return;
		case 0xf9:		// FXCH ST(i)。
			fxchg(&ST(0),&ST(code & 7));
			return;
		case 0xfa:		// FSTP ST(i)。
		case 0xfb:		// FSTP ST(i)。
			ST(code & 7) = ST(0);
			fpop();
			return;
	}
// 处理第 2 个字节位 7--6 是 MOD、位 2--0 是 R/M 的指令，即 11011,XXX,MOD,XXX,R/M 形式的
// 代码。MOD 在各子程序中处理，因此这里首先让代码与上 0xe7（0b11100111）屏蔽掉 MOD。
	switch ((code>>3) & 0xe7) {
		case 0x22:		// FST  - 保存单精度实数（短实数）。
			put_short_real(PST(0),info,code);
			return;
		case 0x23:		// FSTP  - 保存单精度实数（短实数）。
			put_short_real(PST(0),info,code);
			fpop();
			return;
		case 0x24:		// FLDENV - 加载协处理器状态和控制寄存器等。
			address = ea(info,code);
			for (code = 0 ; code < 7 ; code++) {
				((long *) & I387)[code] =
				   get_fs_long((unsigned long *) address);
				address += 4;
			}
			return;
		case 0x25:		// FLDCW - 加载控制字。
			address = ea(info,code);
			*(unsigned short *) &I387.cwd =
				get_fs_word((unsigned short *) address);
			return;
		case 0x26:		// FSTENV - 储存协处理器状态和控制寄存器等。
			address = ea(info,code);
			verify_area(address,28);
			for (code = 0 ; code < 7 ; code++) {
				put_fs_long( ((long *) & I387)[code],
					(unsigned long *) address);
				address += 4;
			}
```

```
				return;
			case 0x27:			// FSTCW - 储存控制字。
				address = ea(info,code);
				verify_area(address,2);
				put_fs_word(I387.cwd,(short *) address);
				return;
			case 0x62:			// FIST - 储存短整形数。
				put_long_int(PST(0),info,code);
				return;
			case 0x63:			// FISTP - 储存短整形数。
				put_long_int(PST(0),info,code);
				fpop();
				return;
			case 0x65:			// FLD - 加载扩展（临时）实数。
				fpush();
				get_temp_real(&tmp,info,code);
				real_to_real(&tmp,&ST(0));
				return;
			case 0x67:			// FSTP - 储存扩展实数。
				put_temp_real(PST(0),info,code);
				fpop();
				return;
			case 0xa2:			// FST - 储存双精度实数。
				put_long_real(PST(0),info,code);
				return;
			case 0xa3:			// FSTP - 储存双精度实数。
				put_long_real(PST(0),info,code);
				fpop();
				return;
			case 0xa4:			// FRSTOR - 恢复所有 108 字节的寄存器内容。
				address = ea(info,code);
				for (code = 0 ; code < 27 ; code++) {
					((long *) & I387)[code] =
					   get_fs_long((unsigned long *) address);
					address += 4;
				}
				return;
			case 0xa6:			// FSAVE - 保存所有 108 字节寄存器内容。
				address = ea(info,code);
				verify_area(address,108);
				for (code = 0 ; code < 27 ; code++) {
					put_fs_long( ((long *) & I387)[code],
						(unsigned long *) address);
					address += 4;
				}
				I387.cwd = 0x037f;
				I387.swd = 0x0000;
				I387.twd = 0x0000;
				return;
			case 0xa7:			// FSTSW - 保存状态字。
				address = ea(info,code);
				verify_area(address,2);
				put_fs_word(I387.swd,(short *) address);
				return;
			case 0xe2:			// FIST - 保存短整型数。
				put_short_int(PST(0),info,code);
```

```
                return;
            case 0xe3:                  // FISTP - 保存短整型数。
                put_short_int(PST(0),info,code);
                fpop();
                return;
            case 0xe4:                  // FBLD - 加载 BCD 类型数。
                fpush();
                get_BCD(&tmp,info,code);
                real_to_real(&tmp,&ST(0));
                return;
            case 0xe5:                  // FILD - 加载长整型数。
                fpush();
                get_longlong_int(&tmp,info,code);
                real_to_real(&tmp,&ST(0));
                return;
            case 0xe6:                  // FBSTP - 保存 BCD 类型数。
                put_BCD(PST(0),info,code);
                fpop();
                return;
            case 0xe7:                  // BISTP - 保存长整型数。
                put_longlong_int(PST(0),info,code);
                fpop();
                return;
        }
// 下面处理第 2 类浮点指令。首先根据指令代码的位 10--9 的 MF 值取指定类型的数，然后根据 OPA 和
// OPB 的组合值进行分别处理。即处理 11011,MF,000,XXX,R/M 形式的指令代码。
        switch (code >> 9) {
            case 0:                     // MF = 00，短实数（32 位实数）。
                get_short_real(&tmp,info,code);
                break;
            case 1:                     // MF = 01，短整数（32 位整数）。
                get_long_int(&tmp,info,code);
                break;
            case 2:                     // MF = 10，长实数（64 位实数）。
                get_long_real(&tmp,info,code);
                break;
            case 4:                     // MF = 11，长整数（64 位整数）! 应是 case 3。
                get_short_int(&tmp,info,code);
        }
// 处理浮点指令第 2 字节中的 OPB 代码。
        switch ((code>>3) & 0x27) {
            case 0:                     // FADD。
                fadd(&tmp,PST(0),&tmp);
                real_to_real(&tmp,&ST(0));
                return;
            case 1:                     // FMUL。
                fmul(&tmp,PST(0),&tmp);
                real_to_real(&tmp,&ST(0));
                return;
            case 2:                     // FCOM。
                fcom(&tmp,PST(0));
                return;
            case 3:                     // FCOMP。
                fcom(&tmp,PST(0));
                fpop();
                return;
```

```
                case 4:                       // FSUB。
                    tmp.exponent ^= 0x8000;
                    fadd(&tmp,PST(0),&tmp);
                    real_to_real(&tmp,&ST(0));
                    return;
                case 5:                       // FSUBR。
                    ST(0).exponent ^= 0x8000;
                    fadd(&tmp,PST(0),&tmp);
                    real_to_real(&tmp,&ST(0));
                    return;
                case 6:                       // FDIV。
                    fdiv(PST(0),&tmp,&tmp);
                    real_to_real(&tmp,&ST(0));
                    return;
                case 7:                       // FDIVR。
                    fdiv(&tmp,PST(0),&tmp);
                    real_to_real(&tmp,&ST(0));
                    return;
        }
// 处理形如 11011,XX,1,XX,000,R/M 的指令代码。
        if ((code & 0x138) == 0x100) {        // FLD、FILD。
                    fpush();
                    real_to_real(&tmp,&ST(0));
                    return;
        }
// 其余均为无效指令。
        printk("Unknown math-insns: %04x:%08x %04x\n\r",CS,EIP,code);
        math_abort(info,1<<(SIGFPE-1));
}

// CPU 异常中断 int7 调用的 80387 仿真接口函数。
// 若当前进程没有使用过协处理器，就设置使用协处理器标志 used_math，然后初始化 80387 的控制
// 字、状态字和特征字。最后使用中断 int7 调用本函数的返回地址指针作为参数调用浮点指令仿真主
// 函数 do_emu()。
// 参数 ___false 是 _orig_eip。
void math_emulate(long ___false)
{
        if (!current->used_math) {
                current->used_math = 1;
                I387.cwd = 0x037f;
                I387.swd = 0x0000;
                I387.twd = 0x0000;
        }
/* &___false points to info->___orig_eip, so subtract 1 to get info */
        do_emu((struct info *) ((&___false) - 1));
}

// 终止仿真操作。
// 当处理到无效指令代码或者未实现的指令代码时，该函数首先恢复程序的原 EIP，并发送指定信号给
// 当前进程。最后将栈指针指向中断 int7 处理过程调用本函数的返回地址，直接返回到中断处理过程中。
void __math_abort(struct info * info, unsigned int signal)
{
        EIP = ORIG_EIP;
        current->signal |= signal;
        __asm__("movl %0,%%esp ; ret"::"g" ((long) info));
}
```

```
// 累加器栈弹出操作。
// 将状态字 TOP 字段值加 1，并以 7 取模。
static void fpop(void)
{
        unsigned long tmp;

        tmp = I387.swd & 0xffffc7ff;
        I387.swd += 0x00000800;
        I387.swd &= 0x00003800;
        I387.swd |= tmp;
}

// 累加器栈入栈操作。
// 将状态字 TOP 字段减 1（即加 7），并以 7 取模。
static void fpush(void)
{
        unsigned long tmp;

        tmp = I387.swd & 0xffffc7ff;
        I387.swd += 0x00003800;
        I387.swd &= 0x00003800;
        I387.swd |= tmp;
}

// 交换两个累加器寄存器的值。
static void fxchg(temp_real_unaligned * a, temp_real_unaligned * b)
{
        temp_real_unaligned c;

        c = *a;
        *a = *b;
        *b = c;
}

// 取 ST(i)的内存指针。
// 取状态字中 TOP 字段值。加上指定的物理数据寄存器号并取模，最后返回 ST(i)对应的指针。
static temp_real_unaligned * __st(int i)
{
        i += I387.swd >> 11;            // 取状态字中 TOP 字段值。
        i &= 7;
        return (temp_real_unaligned *) (i*10 + (char *)(I387.st_space));
}
```

11.3　error.c 程序

11.3.1　功能描述

当协处理器检测到自己发生错误时，就会通过 80387 芯片 ERROR 引脚通知 CPU。error.c 程序用于处理协处理器发出的出错信号。主要就是执行 math_error()函数。

11.3.2　代码注释

程序 11-2　linux/kernel/math/error.c

```
/*
 * linux/kernel/math/error.c
 *
 * (C) 1991 Linus Torvalds
 */

#include <signal.h>         // 信号头文件。定义信号符号常量，信号结构及信号操作函数原型。

#include <linux/sched.h> // 调度程序头文件，定义任务结构 task_struct、任务 0 数据等。

  // 协处理器错误中断 int16 调用的处理函数。
  // 当协处理器检测到自己发生错误时，就会通过 ERROR 引脚通知 CPU。下面代码用于处理协处理
  // 器发出的出错信号。并跳转去执行 math_error()。返回后将跳转到标号 ret_from_sys_call
  // 处继续执行。
void math_error(void)
{
        __asm__("fnclex");            // 让 80387 清除状态字中所有异常标志位和忙位。
        if (last_task_used_math)      // 若使用了协处理器，则设置协处理器出错信号。
                last_task_used_math->signal |= 1<<(SIGFPE-1);
}

```

11.4　ea.c 程序

11.4.1　功能描述

ea.c 程序用于在仿真浮点指令时计算其中操作数使用到的有效地址值。为了分析一条指令中的有效地址信息，我们必须对指令编码方法有所了解。Intel 处理器指令的一般编码格式如图 11-7 所示。

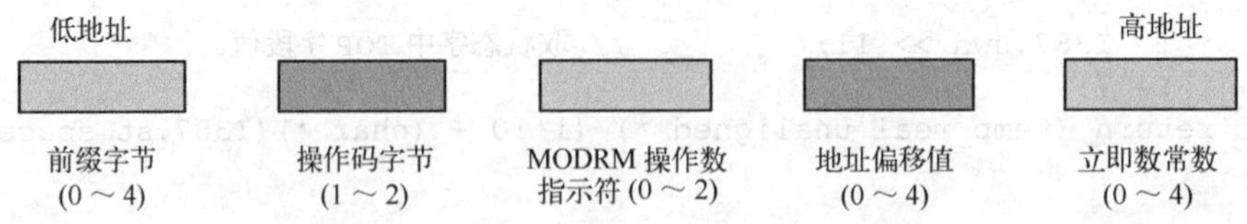

图 11-7　通用指令编码格式

由图可见，每条指令最多可以有 5 个字段。前缀字段可以由 0 到 4 个字节构成，用于修饰随后的一条指令。操作码字段是指明指令操作的主要字段，每条指令至少要有 1 字节操作码。若有必要，指令操作码字段会指明后面是否跟随一个 MODRM 操作数指示符。该指示符用来明确指明操作数的种类和个数。对于内存操作数，地址偏移字段用来给出操作数的偏移值。MODRM 字段的 MOD 子字段会指明指令中是否包含一个地址偏移字段以及其长度。立即常数字段给出指令操作码要求的操作数，它是一种在指令中给出的最简单的操作数。有关立即数操作数、寄存器操作数和内存操作数编码的详细说明请参见 Intel 手册。图 11-8 中概要地给出了

所有指令的编码格式。

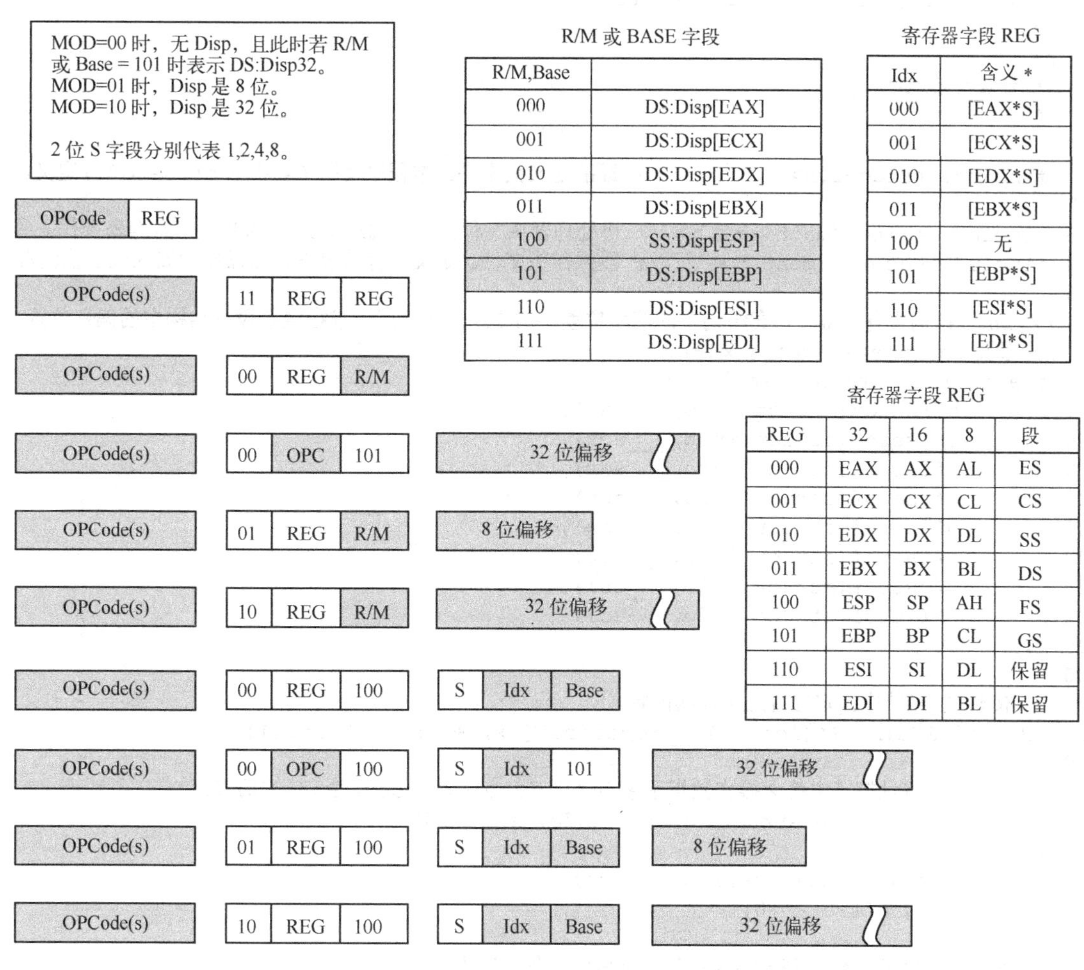

图 11-8 指令编码和寻址格式总汇

该程序中的 ea()函数用于根据指令中寻址模式字节计算有效地址值。它首先取指令代码中的 MOD 字段和 R/M 字段值。如果 MOD=0b11，表示是单字节指令，没有偏移字段。如果 R/M 字段=0b100，并且 MOD 不为 0b11，表示是 2 字节地址模式寻址，此时调用处理第 2 操作数指示字节 SIB（Scale，Index，Base）的函数 sib()求出偏移值并返回即可。如果 R/M 字段为 0b101，并且 MOD 为 0，表示是单字节地址模式编码且后随 32 字节偏移值。对于其余情况，则根据 MOD 进行处理。

11.4.2 代码注释

程序 11-3 linux/kernel/math/ea.c

```
/*
 * linux/kernel/math/ea.c
 *
 * (C) 1991 Linus Torvalds
 */

```

```
/*
 * Calculate the effective address.
 */
/*
 * 计算有效地址。
 */

#include <stddef.h>          // 标准定义头文件。本程序使用了其中的 offsetof()定义。

#include <linux/math_emu.h>  // 协处理器头文件。定义临时实数结构和 387 寄存器操作宏等。
#include <asm/segment.h>     // 段操作头文件。定义了有关段寄存器操作的嵌入式汇编函数。

// info 结构中各个寄存器在结构中的偏移位置。offsetof()用于求指定字段在结构中的偏移位置。
// 参见 include/stddef.h 文件。
static int __regoffset[] = {
        offsetof(struct info,___eax),
        offsetof(struct info,___ecx),
        offsetof(struct info,___edx),
        offsetof(struct info,___ebx),
        offsetof(struct info,___esp),
        offsetof(struct info,___ebp),
        offsetof(struct info,___esi),
        offsetof(struct info,___edi)
};

// 取 info 结构中指定位置处寄存器内容。
#define REG(x) (*(long *)(__regoffset[(x)]+(char *) info))

// 求 2 字节寻址模式中第 2 操作数指示字节 SIB（Scale，Index，Base）的值。
static char * sib(struct info * info, int mod)
{
        unsigned char ss,index,base;
        long offset = 0;

// 首先从用户代码段中取得 SIB 字节，然后取出各个字段位值。
        base = get_fs_byte((char *) EIP);
        EIP++;
        ss = base >> 6;                  // 比例因子大小 ss。
        index = (base >> 3) & 7;         // 索引值索引代号 index。
        base &= 7;                       // 基地址代号 base。
// 如果索引代号为 0b100，表示无索引偏移值。否则索引偏移值 offset=对应寄存器内容*比例因子。
        if (index == 4)
                offset = 0;
        else
                offset = REG(index);
        offset <<= ss;
// 如果上一 MODRM 字节中的 MOD 不为零，或者 Base 不等于 0b101，则表示有偏移值在 base 指定的
// 寄存器中。因此偏移 offset 需要再加上 base 对应寄存器中的内容。
        if (mod || base != 5)
                offset += REG(base);
// 如果 MOD=1，则表示偏移值为 1 字节。否则，若 MOD=2，或者 base=0b101，则偏移值为 4 字节。
        if (mod == 1) {
                offset += (signed char) get_fs_byte((char *) EIP);
                EIP++;
        } else if (mod == 2 || base == 5) {
                offset += (signed) get_fs_long((unsigned long *) EIP);
```

```
                EIP += 4;
        }
// 最后保存并返回偏移值。
        I387.foo = offset;
        I387.fos = 0x17;
        return (char *) offset;
}

// 根据指令中寻址模式字节计算有效地址值。
char * ea(struct info * info, unsigned short code)
{
        unsigned char mod,rm;
        long * tmp = &EAX;
        int offset = 0;

// 首先取代码中的 MOD 字段和 R/M 字段值。如果 MOD=0b11，表示是单字节指令，没有偏移字段。
// 如果 R/M 字段=0b100，并且 MOD 不为 0b11，表示是 2 字节地址模式寻址，因此调用 sib()求出
// 偏移值并返回即可。
        mod = (code >> 6) & 3;          // MOD 字段。
        rm = code & 7;                  // R/M 字段。
        if (rm == 4 && mod != 3)
                return sib(info,mod);
// 如果 R/M 字段为 0b101，并且 MOD 为 0，表示是单字节地址模式编码且后随 32 字节偏移值。
// 于是取出用户代码中 4 字节偏移值，保存并返回之。
        if (rm == 5 && !mod) {
                offset = get_fs_long((unsigned long *) EIP);
                EIP += 4;
                I387.foo = offset;
                I387.fos = 0x17;
                return (char *) offset;
        }
// 对于其余情况，则根据 MOD 进行处理。首先取出 R/M 代码对应寄存器内容的值作为指针 tmp。
// 对于 MOD=0，无偏移值。对于 MOD=1，代码后随 1 字节偏移值。对于 MOD=2，代码后有 4 字节偏移
// 值。最后保存并返回有效地址值。
        tmp = & REG(rm);
        switch (mod) {
                case 0: offset = 0; break;
                case 1:
                        offset = (signed char) get_fs_byte((char *) EIP);
                        EIP++;
                        break;
                case 2:
                        offset = (signed) get_fs_long((unsigned long *) EIP);
                        EIP += 4;
                        break;
                case 3:
                        math_abort(info,1<<(SIGILL-1));
        }
        I387.foo = offset;
        I387.fos = 0x17;
        return offset + (char *) *tmp;
}

```

11.5 convert.c 程序

11.5.1 功能描述

convert.c 程序包含了 80387 仿真操作过程中的数据类型转换函数。在进行仿真计算之前，需要把用户程序提供的整数和实数类型转换成仿真操作过程中使用的临时实数格式，在仿真操作完成之后再转换回原来的格式。例如，图 11-9 给出了短实数格式转换成临时实数的转换示意图。

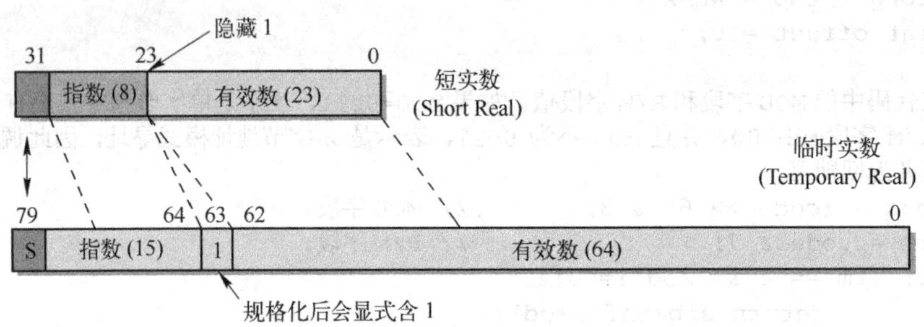

图 11-9 短实数到临时实数格式的转换示意图

11.5.2 代码注释

程序 11-4 linux/kernel/math/convert.c

```
/*
 * linux/kernel/math/convert.c
 *
 * (C) 1991 Linus Torvalds
 */

#include <linux/math_emu.h> // 协处理器头文件。定义临时实数结构和 387 寄存器操作宏等。

/*
 * NOTE!!! There is some "non-obvious" optimisations in the temp_to_long
 * and temp_to_short conversion routines: don't touch them if you don't
 * know what's going on. They are the adding of one in the rounding: the
 * overflow bit is also used for adding one into the exponent. Thus it
 * looks like the overflow would be incorrectly handled, but due to the
 * way the IEEE numbers work, things are correct.
 *
 * There is no checking for total overflow in the conversions, though (ie
 * if the temp-real number simply won't fit in a short- or long-real.)
 */
/*
 * 注意!!! 在 temp_to_long 和 temp_to_short 数据类型转换子程序中有些“不明显”的优化处理：
 * 如果不理解就不要随意修改。它们是舍入操作中的加 1：溢出位也同样被用于向指数中加 1。因此看上
 * 去溢出好像没有被正确地处理，但是由于 IEEE 浮点数标准所规定数据格式的操作方式，这些做法是
 * 正确的。
 *
```

```
 * 不过这里没有对转换过程中总体溢出作检测（即临时实数是否能够简单地放入短
 * 实数或长实数格式中）。
 */

// 短实数转换成临时实数格式。
// 短实数长度是 32 位，其有效数（尾数）长度是 23 位，指数是 8 位，还有 1 个符号位。
void short_to_temp(const short_real * a, temp_real * b)
{
// 首先处理被转换的短实数是 0 的情况。若为 0，则设置对应临时实数 b 的有效数为 0。然后根据短实
// 数符号位设置临时实数的符号位，即 exponent 的最高有效位。
        if (!(*a & 0x7fffffff)) {
                b->a = b->b = 0;                    // 置临时实数的有效数 = 0。
                if (*a)
                        b->exponent = 0x8000;       // 设置符号位。
                else
                        b->exponent = 0;
                return;
        }
// 对于一般短实数，先确定对应临时实数的指数值。这里需要用到整型数偏置表示方法的概念。短实数
// 指数的偏置量是 127，而临时实数指数的偏置量是 16383。因此在取出短实数中指数值后需要变更其
// 中的偏置量为 16383。此时就形成了临时实数格式的指数值 exponent。另外，如果短实数是负数，
// 则需要设置临时实数的符号位（位 79）。下一步设置尾数值。方法是把短实数左移 8 位，让 23 位尾
// 数最高有效位处于临时实数的位 62 处。而临时实数尾数的位 63 处需要恒置一个 1，即需要或上
// 0x80000000。最后清掉临时实数低 32 位有效数。
        b->exponent = ((*a>>23) & 0xff)-127+16383;  // 取出短实数指数位，更换偏置量。
        if (*a<0)
                b->exponent |= 0x8000;               // 若为负数则设置符号位。
        b->b = (*a<<8) | 0x80000000;                 // 放置尾数，添加固定 1 值。
        b->a = 0;
}

// 长实数转换成临时实数格式。
// 方法与 short_to_temp()完全一样。不过长实数指数偏置量是 1023。
void long_to_temp(const long_real * a, temp_real * b)
{
        if (!a->a && !(a->b & 0x7fffffff)) {
                b->a = b->b = 0;                    // 置临时实数的有效数 = 0。
                if (a->b)
                        b->exponent = 0x8000;       // 设置符号位。
                else
                        b->exponent = 0;
                return;
        }
        b->exponent = ((a->b >> 20) & 0x7ff)-1023+16383;  // 取长实数指数，更换偏
                                                           // 置量。
        if (a->b<0)
                b->exponent |= 0x8000;              // 若为负数则设置符号位。
        b->b = 0x80000000 | (a->b<<11) | (((unsigned long)a->a)>>21);
                                                    // 放置尾数，添 1。
        b->a = a->a<<11;
}

// 临时实数转换成短实数格式。
// 过程与 short_to_temp()相反，但需要处理精度和舍入问题。
void temp_to_short(const temp_real * a, short_real * b)
```

```
{
// 如果指数部分为 0，则根据有无符号位设置短实数为-0 或 0。
        if (!(a->exponent & 0x7fff)) {
                *b = (a->exponent)?0x80000000:0;
                return;
        }
// 先处理指数部分。即更换临时实数指数偏置量（16383）为短实数的偏置量 127。
        *b = ((((long) a->exponent)-16383+127) << 23) & 0x7f800000;
        if (a->exponent < 0)                          // 若是负数则设置符号位。
                *b |= 0x80000000;
        *b |= (a->b >> 8) & 0x007fffff;               // 取临时实数有效数高 23 位。
// 根据控制字中的舍入设置执行舍入操作。
        switch (ROUNDING) {
                case ROUND_NEAREST:
                        if ((a->b & 0xff) > 0x80)
                                ++*b;
                        break;
                case ROUND_DOWN:
                        if ((a->exponent & 0x8000) && (a->b & 0xff))
                                ++*b;
                        break;
                case ROUND_UP:
                        if (!(a->exponent & 0x8000) && (a->b & 0xff))
                                ++*b;
                        break;
        }
}

// 临时实数转换成长实数。
void temp_to_long(const temp_real * a, long_real * b)
{
        if (!(a->exponent & 0x7fff)) {
                b->a = 0;
                b->b = (a->exponent)?0x80000000:0;
                return;
        }
        b->b = (((0x7fff & (long) a->exponent)-16383+1023) << 20) & 0x7ff00000;
        if (a->exponent < 0)
                b->b |= 0x80000000;
        b->b |= (a->b >> 11) & 0x000fffff;
        b->a = a->b << 21;
        b->a |= (a->a >> 11) & 0x001fffff;
        switch (ROUNDING) {
                case ROUND_NEAREST:
                        if ((a->a & 0x7ff) > 0x400)
                                __asm__("addl $1,%0 ; adcl $0,%1"
                                        :"=r" (b->a),"=r" (b->b)
                                        :"" (b->a),"1" (b->b));
                        break;
                case ROUND_DOWN:
                        if ((a->exponent & 0x8000) && (a->b & 0xff))
                                __asm__("addl $1,%0 ; adcl $0,%1"
                                        :"=r" (b->a),"=r" (b->b)
                                        :"" (b->a),"1" (b->b));
                        break;
```

```
                case ROUND_UP:
                        if (!(a->exponent & 0x8000) && (a->b & 0xff))
                                __asm__("addl $1,%0 ; adcl $0,%1"
                                        :"=r" (b->a),"=r" (b->b)
                                        :"" (b->a),"1" (b->b));
                        break;
        }
}

// 临时实数转换成临时整数格式。
// 临时整数也用 10 字节表示。其中低 8 字节是无符号整数值，高 2 字节表示指数值和符号位。
// 如果高 2 字节最高有效位为 1，则表示是负数；若位 0，表示是正数。
void real_to_int(const temp_real * a, temp_int * b)
{
        int shift =  16383 + 63 - (a->exponent & 0x7fff);
        unsigned long underflow;

        b->a = b->b = underflow = 0;
        b->sign = (a->exponent < 0);
        if (shift < 0) {
                set_OE();
                return;
        }
        if (shift < 32) {
                b->b = a->b; b->a = a->a;
        } else if (shift < 64) {
                b->a = a->b; underflow = a->a;
                shift -= 32;
        } else if (shift < 96) {
                underflow = a->b;
                shift -= 64;
        } else
                return;
        __asm__("shrdl %2,%1,%0"
                :"=r" (underflow),"=r" (b->a)
                :"c" ((char) shift),"" (underflow),"1" (b->a));
        __asm__("shrdl %2,%1,%0"
                :"=r" (b->a),"=r" (b->b)
                :"c" ((char) shift),"" (b->a),"1" (b->b));
        __asm__("shrl %1,%0"
                :"=r" (b->b)
                :"c" ((char) shift),"" (b->b));
        switch (ROUNDING) {
                case ROUND_NEAREST:
                        __asm__("addl %4,%5 ; adcl $0,%0 ; adcl $0,%1"
                                :"=r" (b->a),"=r" (b->b)
                                :"" (b->a),"1" (b->b)
                                ,"r" (0x7fffffff + (b->a & 1))
                                ,"m" (*&underflow));
                        break;
                case ROUND_UP:
                        if (!b->sign && underflow)
                                __asm__("addl $1,%0 ; adcl $0,%1"
                                        :"=r" (b->a),"=r" (b->b)
                                        :"" (b->a),"1" (b->b));
```

```
                break;
        case ROUND_DOWN:
                if (b->sign && underflow)
                        __asm__("addl $1,%0 ; adcl $0,%1"
                                :"=r" (b->a),"=r" (b->b)
                                :"" (b->a),"1" (b->b));
                break;
        }
}

// 临时整数转换成临时实数格式。
void int_to_real(const temp_int * a, temp_real * b)
{
// 由于原值是整数，所以转换成临时实数时指数除了需要加上偏置量 16383 外，还要加上 63。
// 表示有效数要乘以 2 的 63 次方，即都是整数值。
        b->a = a->a;
        b->b = a->b;
        if (b->a || b->b)
                b->exponent = 16383 + 63 + (a->sign? 0x8000:0);
        else {
                b->exponent = 0;
                return;
        }
// 对格式转换后的临时实数进行规格化处理，即让有效数最高有效位不是 0。
        while (b->b >= 0) {
                b->exponent--;
                __asm__("addl %0,%0 ; adcl %1,%1"
                        :"=r" (b->a),"=r" (b->b)
                        :"" (b->a),"1" (b->b));
        }
}

```

11.6 add.c 程序

11.6.1 功能描述

add.c 程序用来处理仿真过程中的加法运算。为了对浮点数的尾数进行计算，我们需要首先对尾数进行符号化处理，并在计算完后再进行非符号化处理，恢复使用临时实数格式来表示浮点数。浮点数尾数的符号化和非符号化格式转换示意图如图 11-10 所示。

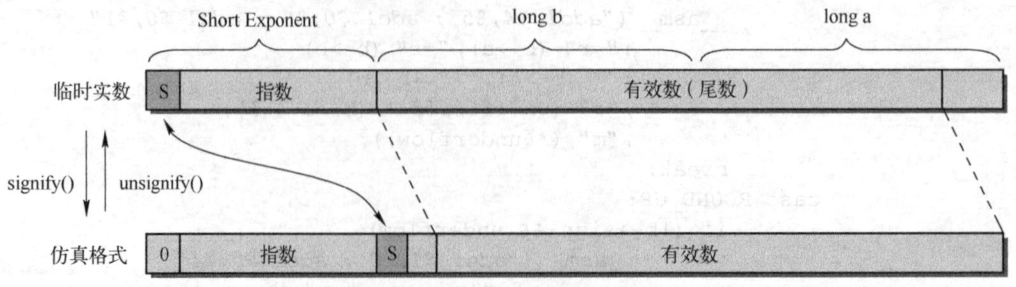

图 11-10 临时实数格式与仿真计算格式之间的转换

11.6.2 代码注释

程序 11-5　linux/kernel/math/add.c

```
1 /*
2  * linux/kernel/math/add.c
3  *
4  * (C) 1991 Linus Torvalds
5  */
6
7 /*
8  * temporary real addition routine.
9  *
10  * NOTE! These aren't exact: they are only 62 bits wide, and don't do
11  * correct rounding. Fast hack. The reason is that we shift right the
12  * values by two, in order not to have overflow (1 bit), and to be able
13  * to move the sign into the mantissa (1 bit). Much simpler algorithms,
14  * and 62 bits (61 really - no rounding) accuracy is usually enough. The
15  * only time you should notice anything weird is when adding 64-bit
16  * integers together. When using doubles (52 bits accuracy), the
17  * 61-bit accuracy never shows at all.
18  */
   /*
    * 临时实数加法子程序。
    *
    * 注意！这些并不精确：它们的宽度只有 62 位，并且不能进行正确的舍入操作。这些仅是草就之作。原
    * 因是为了不会溢出（1 位），我们把值右移了 2 位，并且使得符号位（1 位）能够移入尾数中。这是非
    * 常简单的算法，而且 62 位（实际上是 61 位 - 没有舍入）的精度通常也足够了。只有当你把 64 位的
    * 整数相加时才会发觉一些奇怪的问题。当使用双精度（52 位精度）数据时，是永远不可能超过 61 位
    * 精度的。
    */
19
20 #include <linux/math_emu.h> // 协处理器头文件。定义临时实数结构和 387 寄存器操作宏等。
21
   // 求一个数的负数（二进制补码）表示。
   // 把临时实数尾数（有效数）取反后再加 1。
   // 参数 a 是临时实数结构。其中 a、b 字段组合是实数的有效数。
22 #define NEGINT(a) \
23 __asm__("notl %0 ; notl %1 ; addl $1,%0 ; adcl $0,%1" \
24         :"=r" (a->a),"=r" (a->b) \
25         :"" (a->a),"1" (a->b))
26
   // 尾数符号化。
   // 即把临时实数变换成指数和整数表示形式，便于仿真运算。因此这里称其为仿真格式。
27 static void signify(temp_real * a)
28 {
   // 把 64 位二进制尾数右移 2 位（因此指数需要加 2）。因为指数字段 exponent 的最高位是符号位，所
   // 以若指数值小于零，说明该数是负数。于是则把尾数用补码表示（取负）。然后把指数取正值。此时尾
   // 数中不仅包含移过 2 位的有效数，而且还包含数值的符号位。
   // 30 行上：%0 - a->a；%1 - a->b。汇编指令“shrdl $2, %1, %0”执行双精度（64 位）右移，
   // 即把组合尾数<b,a>右移 2 位。由于该移动操作不会改变%1（a->b）中的值，因此还需要单独对其
   // 右移 2 位。
29         a->exponent += 2;
30         __asm__("shrdl $2,%1,%0 ; shrl $2,%1"   // 使用双精度指令把尾数右移 2 位。
31                 :"=r" (a->a),"=r" (a->b)
32                 :"" (a->a),"1" (a->b));
```

```
	if (a->exponent < 0)				// 是负数，则尾数用补码表示（取负值）。
		NEGINT(a);
	a->exponent &= 0x7fff;				// 去掉符号位（若有）。
}

// 尾数非符号化。
// 将仿真格式转换为临时实数格式。即把指数和整数表示的实数转换为临时实数格式。
static void unsignify(temp_real * a)
{
// 对于值为 0 的数不用处理，直接返回。否则，我们先复位临时实数格式的符号位。然后判断尾数的高
// 位 long 字段 a->b 是否带有符号位。若有，则在 exponent 字段添加符号位，同时把尾数用无符号
// 数形式表示（取补）。最后对尾数进行规格化处理，同时指数值作相应递减。即执行左移操作，使得尾
// 数最高有效位不为 0（最后 a->b 值表现为负值）。
	if (!(a->a || a->b)) {				// 若值为 0 就返回。
		a->exponent = 0;
		return;
	}
	a->exponent &= 0x7fff;				// 去掉符号位（若有）。
	if (a->b < 0) {					// 是负数，则尾数取正值。
		NEGINT(a);
		a->exponent |= 0x8000;			// 临时实数添加置符号位。
	}
	while (a->b >= 0) {
		a->exponent--;				// 对尾数进行规格化处理。
		__asm__("addl %0,%0 ; adcl %1,%1"
			:"=r" (a->a),"=r" (a->b)
			:"" (a->a),"1" (a->b));
	}
}

// 仿真浮点加法指令运算。
// 临时实数参数 src1 + src2 → result。
void fadd(const temp_real * src1, const temp_real * src2, temp_real * result)
{
	temp_real a,b;
	int x1,x2,shift;

// 首先取两个数的指数值 x1、x2（去掉符号位）。然后让变量 a 等于其中最大值，shift 为指数差值
// （即相差 2 的倍数值）。
	x1 = src1->exponent & 0x7fff;
	x2 = src2->exponent & 0x7fff;
	if (x1 > x2) {
		a = *src1;
		b = *src2;
		shift = x1-x2;
	} else {
		a = *src2;
		b = *src1;
		shift = x2-x1;
	}
// 若两者相差太大，大于等于 2 的 64 次方，则我们可以忽略小的那个数，即 b 值。于是直接返回 a 值
// 即可。否则，若相差大于等于 2 的 32 次方，那么我们可以忽略小值 b 中的低 32 位值。于是我们把 b
// 的高 long 字段值 b.b 右移 32 位，即放到 b.a 中。然后把 b 的指数值相应地增加 32 次方。即指数
// 差值减去 32。这样调整之后，相加的两个数的尾数基本上落在相同区域中。
	if (shift >= 64) {
		*result = a;
		return;
```

```
        }
        if (shift >= 32) {
                b.a = b.b;
                b.b = 0;
                shift -= 32;
        }
// 接着再进行细致的调整，以将相加两者调整成相同。调整方法是把小值 b 的尾数右移 shift 各位。这
// 样两者的指数相同，处于同一个数量级。我们就可以对尾数进行相加运算了。相加之前我们需要先
// 把它们转换成仿真运算格式。在加法运算后再变换回临时实数格式。
        __asm__("shrdl %4,%1,%0 ; shrl %4,%1"          // 双精度（64 位）右移。
                :"=r" (b.a),"=r" (b.b)
                :"" (b.a),"1" (b.b),"c" ((char) shift));
        signify(&a);                                    // 变换格式。
        signify(&b);
        __asm__("addl %4,%0 ; adcl %5,%1"               // 执行加法运算。
                :"=r" (a.a),"=r" (a.b)
                :"" (a.a),"1" (a.b),"g" (b.a),"g" (b.b));
        unsignify(&a);                                  // 再变换回临时实数格式。
        *result = a;
}

```

11.7 compare.c 程序

11.7.1 功能描述

本程序用于在仿真过程中比较累加器中两个临时数的大小。

11.7.2 代码注释

程序 11-6　linux/kernel/math/compare.c

```
/*
 * linux/kernel/math/compare.c
 *
 * (C) 1991 Linus Torvalds
 */

/*
 * temporary real comparison routines
 */
/*
 * 累加器中临时实数比较子程序。
 */

#include <linux/math_emu.h> // 协处理器头文件。定义临时实数结构和 387 寄存器操作宏等。

// 复位状态字中的 C3、C2、C1 和 C0 条件位。
#define clear_Cx() (I387.swd &= ~0x4500)

// 对临时实数 a 进行规格化处理。即表示成指数、有效数形式。
// 例如：102.345 表示成 1.02345 X 10²。 0.0001234 表示成 1.234 X 10⁻⁴。当然，函数中是
// 二进制表示。
static void normalize(temp_real * a)
```

```
{
        int i = a->exponent & 0x7fff;              // 取指数值（略去符号位）。
        int sign = a->exponent & 0x8000;            // 取符号位。

// 如果临时实数 a 的 64 位有效数（尾数）为 0，那么说明 a 等于 0。于是清 a 的指数，并返回。
        if (!(a->a || a->b)) {
                a->exponent = 0;
                return;
        }
// 如果 a 的尾数最左端有 0 值位，那么将尾数左移，同时调整指数值（递减）。直到尾数的 b 字段最高
// 有效位 MSB 是 1 位置（此时 b 表现为负值）。最后再添加符号位。
        while (i && a->b >= 0) {
                i--;
                __asm__("addl %0,%0 ; adcl %1,%1"
                        :"=r" (a->a),"=r" (a->b)
                        :"" (a->a),"1" (a->b));
        }
        a->exponent = i | sign;
}

// 仿真浮点指令 FTST。
// 即栈定累加器 ST(0)与 0 比较，并根据比较结果设置条件位。若 ST > 0.0，则 C3，C2，C0 分别为
// 000；若 ST < 0.0，则条件位为 001；若 ST == 0.0，则条件位是 100；若不可比较，则条件位
// 为 111。
void ftst(const temp_real * a)
{
        temp_real b;

// 首先清状态字中条件标志位，并对比较值 b（ST）进行规格化处理。若 b 不等于零并且设置了符号位
//（是负数），则设置条件位 C0。否则设置条件位 C3。
        clear_Cx();
        b = *a;
        normalize(&b);
        if (b.a || b.b || b.exponent) {
                if (b.exponent < 0)
                        set_C0();
        } else
                set_C3();
}

// 仿真浮点指令 FCOM。
// 比较两个参数 src1、src2。并根据比较结果设置条件位。若 src1 > src2，则 C3，C2，C0 分别
// 为 000；若 src1 < src2，则条件位为 001；若两者相等，则条件位是 100。
void fcom(const temp_real * src1, const temp_real * src2)
{
        temp_real a;

        a = *src1;
        a.exponent ^= 0x8000;                    // 符号位取反。
        fadd(&a,src2,&a);                        // 两者相加（即相减）。
        ftst(&a);                                // 测试结果并设置条件位。
}

// 仿真浮点指令 FUCOM（无次序比较）。
// 用于操作数之一是 NaN 的比较。
void fucom(const temp_real * src1, const temp_real * src2)
{
```

```
        fcom(src1,src2);
}

```

11.8 get_put.c 程序

11.8.1 功能描述

get_put.c 程序处理所有对用户内存的访问：取得和存入指令/实数值/BCD 数值等。这是涉及临时实数以外的其他数据格式的仅有部分。在仿真处理过程中所有其他运算全都使用临时实数格式。

11.8.2 代码注释

程序 11-7　linux/kernel/math/get_put.c

```
/*
 * linux/kernel/math/get_put.c
 *
 * (C) 1991 Linus Torvalds
 */

/*
 * This file handles all accesses to user memory: getting and putting
 * ints/reals/BCD etc. This is the only part that concerns itself with
 * other than temporary real format. All other cals are strictly temp_real.
 */
/*
 * 本程序处理所有对用户内存的访问：获取和存入指令/实数值/BCD 数值等。这是涉及临时实数以外其
 * 他格式仅有的部分。所有其他运算全都使用临时实数格式。
 */
#include <signal.h>          // 信号头文件。定义信号符号，信号结构及信号操作函数原型。

#include <linux/math_emu.h> // 协处理器头文件。定义临时实数结构和 387 寄存器操作宏等。
#include <linux/kernel.h>   // 内核头文件。含有一些内核常用函数的原形定义。
#include <asm/segment.h>    // 段操作头文件。定义了有关段寄存器操作的嵌入式汇编函数。

// 取用户内存中的短实数（单精度实数）。
// 根据浮点指令代码中寻址模式字节中的内容和 info 结构中当前寄存器中的内容，取得短实数所在有
// 效地址（math/ea.c），然后从用户数据区读取相应实数值。最后把用户短实数转换成临时实数
// （math/convert.c）。
// 参数：tmp - 转换成临时实数后的指针；info - info 结构指针；code - 指令代码。
void get_short_real(temp_real * tmp,
        struct info * info, unsigned short code)
{
        char * addr;
        short_real sr;

        addr = ea(info,code);                          // 计算有效地址。
        sr = get_fs_long((unsigned long *) addr);      // 取用户数据区中的值。
        short_to_temp(&sr,tmp);                        // 转换成临时实数格式。
}

```

```
// 取用户内存中的长实数（双精度实数）。
// 首先根据浮点指令代码中寻址模式字节中的内容和 info 结构中当前寄存器中的内容，取得长实数所
// 在有效地址（math/ea.c），然后从用户数据区读取相应实数值。最后把用户实数值转换成临时实数
// （math/convert.c）。
// 参数：tmp - 转换成临时实数后的指针；info - info 结构指针；code - 指令代码。
void get_long_real(temp_real * tmp,
        struct info * info, unsigned short code)
{
        char * addr;
        long_real lr;

        addr = ea(info,code);                                    // 取指令中的有效地址值。
        lr.a = get_fs_long((unsigned long *) addr);              // 取长 8 字节实数。
        lr.b = get_fs_long(1 + (unsigned long *) addr);
        long_to_temp(&lr,tmp);                                   // 转换成临时实数格式。
}

// 取用户内存中的临时实数。
// 首先根据浮点指令代码中寻址模式字节中的内容和 info 结构中当前寄存器中的内容，取得临时实数
// 所在有效地址（math/ea.c），然后从用户数据区读取相应临时实数值。
// 参数：tmp - 转换成临时实数后的指针；info - info 结构指针；code - 指令代码。
void get_temp_real(temp_real * tmp,
        struct info * info, unsigned short code)
{
        char * addr;

        addr = ea(info,code);                                    // 取指令中的有效地址值。
        tmp->a = get_fs_long((unsigned long *) addr);
        tmp->b = get_fs_long(1 + (unsigned long *) addr);
        tmp->exponent = get_fs_word(4 + (unsigned short *) addr);
}

// 取用户内存中的短整数并转换成临时实数格式。
// 临时整数也用 10 字节表示。其中低 8 字节是无符号整数值，高 2 字节表示指数值和符号位。
// 如果高 2 字节最高有效位为 1，则表示是负数；若最高有效位是 0，表示是正数。
// 该函数首先根据浮点指令代码中寻址模式字节中的内容和 info 结构中当前寄存器中的内容，取得短
// 整数所在有效地址（math/ea.c），然后从用户数据区读取相应整数值，并保存为临时整数格式。最
// 后把临时整数值转换成临时实数（math/convert.c）。
// 参数：tmp - 转换成临时实数后的指针；info - info 结构指针；code - 指令代码。
void get_short_int(temp_real * tmp,
        struct info * info, unsigned short code)
{
        char * addr;
        temp_int ti;

        addr = ea(info,code);                  // 取指令中的有效地址值。
        ti.a = (signed short) get_fs_word((unsigned short *) addr);
        ti.b = 0;
        if (ti.sign = (ti.a < 0))              // 若是负数，则设置临时整数符号位。
                ti.a = - ti.a;                 // 临时整数“尾数”部分为无符号数。
        int_to_real(&ti,tmp);                  // 把临时整数转换成临时实数格式。
}

// 取用户内存中的长整数并转换成临时实数格式。
// 首先根据浮点指令代码中寻址模式字节中的内容和 info 结构中当前寄存器中的内容，取得长整数所
// 在有效地址（math/ea.c），然后从用户数据区读取相应整数值，并保存为临时整数格式。最后把临
// 时整数值转换成临时实数（math/convert.c）。
```

```
// 参数：tmp - 转换成临时实数后的指针；info - info 结构指针；code - 指令代码。
void get_long_int(temp_real * tmp,
        struct info * info, unsigned short code)
{
        char * addr;
        temp_int ti;

        addr = ea(info,code);               // 取指令中的有效地址值。
        ti.a = get_fs_long((unsigned long *) addr);
        ti.b = 0;
        if (ti.sign = (ti.a < 0))           // 若是负数，则设置临时整数符号位。
                ti.a = - ti.a;              // 临时整数"尾数"部分为无符号数。
        int_to_real(&ti,tmp);               // 把临时整数转换成临时实数格式。
}

// 取用户内存中的 64 位长整数并转换成临时实数格式。
// 首先根据浮点指令代码中寻址模式字节中的内容和 info 结构中当前寄存器中的内容，取得
// 64 位长整数所在有效地址（math/ea.c），然后从用户数据区读取相应整数值，并保存为临
// 时整数格式。最后再把临时整数值转换成临时实数（math/convert.c）。
// 参数：tmp - 转换成临时实数后的指针；info - info 结构指针；code - 指令代码。
void get_longlong_int(temp_real * tmp,
        struct info * info, unsigned short code)
{
        char * addr;
        temp_int ti;

        addr = ea(info,code);                              // 取指令中的有效地址值。
        ti.a = get_fs_long((unsigned long *) addr);        // 取用户 64 位长整数。
        ti.b = get_fs_long(1 + (unsigned long *) addr);
        if (ti.sign = (ti.b < 0))                          // 若是负数则设置临时整数符号位。
                __asm__("notl %0 ; notl %1\n\t"            // 同时取反加 1 和进位调整。
                        "addl $1,%0 ; adcl $0,%1"
                        :"=r" (ti.a),"=r" (ti.b)
                        :"" (ti.a),"1" (ti.b));
        int_to_real(&ti,tmp);                              // 把临时整数转换成临时实数格式。
}

// 将一个 64 位整数（例如 N）乘 10。
// 这个宏用于下面 BCD 码数值转换成临时实数格式过程中。方法是：N<<1 + N<<3。
#define MUL10(low,high) \
__asm__("addl %0,%0 ; adcl %1,%1\n\t" \
"movl %0,%%ecx ; movl %1,%%ebx\n\t" \
"addl %0,%0 ; adcl %1,%1\n\t" \
"addl %0,%0 ; adcl %1,%1\n\t" \
"addl %%ecx,%0 ; adcl %%ebx,%1" \
:"=a" (low),"=d" (high) \
:"" (low),"1" (high):"cx","bx")

// 64 位加法。
// 把 32 位的无符号数 val 加到 64 位数 <high,low> 中。
#define ADD64(val,low,high) \
__asm__("addl %4,%0 ; adcl $0,%1":"=r" (low),"=r" (high) \
:"" (low),"1" (high),"r" ((unsigned long) (val)))

// 取用户内存中的 BCD 码数值并转换成临时实数格式。
// 该函数首先根据浮点指令代码中寻址模式字节中的内容和 info 结构中当前寄存器中的内容，取得 BCD
// 码所在有效地址（math/ea.c），然后从用户数据区读取 10 字节相应 BCD 码值（其中 1 字节用于符
```

```
// 号），同时转换成临时整数形式。最后把临时整数值转换成临时实数。
// 参数：tmp - 转换成临时实数后的指针；info - info 结构指针；code - 指令代码。
void get_BCD(temp_real * tmp, struct info * info, unsigned short code)
{
        int k;
        char * addr;
        temp_int i;
        unsigned char c;

// 取得 BCD 码数值所在内存有效地址。然后从最后 1 个 BCD 码字节（最高有效位）开始处理。
// 先取得 BCD 码数值的符号位，并设置临时整数的符号位。然后把 9 字节的 BCD 码值转换成临时整数
// 格式，最后把临时整数值转换成临时实数。
        addr = ea(info,code);                       // 取有效地址。
        addr += 9;                                  // 指向最后一个（第 10 个）字节。
        i.sign = 0x80 & get_fs_byte(addr--);        // 取其中符号位。
        i.a = i.b = 0;
        for (k = 0; k < 9; k++) {                   // 转换成临时整数格式。
                c = get_fs_byte(addr--);
                MUL10(i.a, i.b);
                ADD64((c>>4), i.a, i.b);
                MUL10(i.a, i.b);
                ADD64((c&0xf), i.a, i.b);
        }
        int_to_real(&i,tmp);                        // 转换成临时实数格式。
}

// 把运算结果以短（单精度）实数格式保存到用户数据区中。
// 该函数首先根据浮点指令代码中寻址模式字节中的内容和 info 结构中当前寄存器中的内容，取得保
// 存结果的有效地址 addr，然后把临时实数格式的结果转换成短实数格式并存储到有效地址 addr 处。
// 参数：tmp - 临时实数格式结果值；info - info 结构指针；code - 指令代码。
void put_short_real(const temp_real * tmp,
        struct info * info, unsigned short code)
{
        char * addr;
        short_real sr;

        addr = ea(info,code);                       // 取有效地址。
        verify_area(addr,4);                        // 为保存结果验证或分配内存。
        temp_to_short(tmp,&sr);                     // 结果转换成短实数格式。
        put_fs_long(sr,(unsigned long *) addr);     // 存储数据到用户内存区。
}

// 把运算结果以长（双精度）实数格式保存到用户数据区中。
// 该函数首先根据浮点指令代码中寻址模式字节中的内容和 info 结构中当前寄存器中的内容，取得保
// 存结果的有效地址 addr，然后把临时实数格式的结果转换成长实数格式，并存储到有效地址 addr 处。
// 参数：tmp - 临时实数格式结果值；info - info 结构指针；code - 指令代码。
void put_long_real(const temp_real * tmp,
        struct info * info, unsigned short code)
{
        char * addr;
        long_real lr;

        addr = ea(info,code);                           // 取有效地址。
        verify_area(addr,8);                            // 为保存结果验证或分配内存。
        temp_to_long(tmp,&lr);                          // 结果转换成长实数格式。
        put_fs_long(lr.a, (unsigned long *) addr);      // 存储数据到用户内存区。
        put_fs_long(lr.b, 1 + (unsigned long *) addr);
```

```
}

// 把运算结果以临时实数格式保存到用户数据区中。
// 该函数首先根据浮点指令代码中寻址模式字节中的内容和 info 结构中当前寄存器中的内容，取得保
// 存结果的有效地址 addr，然后把临时实数存储到有效地址 addr 处。
// 参数：tmp - 临时实数格式结果值；info - info 结构指针；code - 指令代码。
void put_temp_real(const temp_real * tmp,
	struct info * info, unsigned short code)
{
	char * addr;

	addr = ea(info,code);                               // 取有效地址。
	verify_area(addr,10);                               // 为保存结果验证或分配内存。
	put_fs_long(tmp->a, (unsigned long *) addr); // 存储数据到用户内存区。
	put_fs_long(tmp->b, 1 + (unsigned long *) addr);
	put_fs_word(tmp->exponent, 4 + (short *) addr);
}

// 把运算结果以短整数格式保存到用户数据区中。
// 该函数首先根据浮点指令代码中寻址模式字节中的内容和 info 结构中当前寄存器中的内容，取得保
// 存结果的有效地址 addr，然后把临时实数格式的结果转换成临时整数格式。如果是负数则设置整数
// 符号位。最后把整数保存到用户内存中。
// 参数：tmp - 临时实数格式结果值；info - info 结构指针；code - 指令代码。
void put_short_int(const temp_real * tmp,
	struct info * info, unsigned short code)
{
	char * addr;
	temp_int ti;

	addr = ea(info,code);                        // 取有效地址。
	real_to_int(tmp,&ti);                        // 转换成临时整数格式。
	verify_area(addr,2);                         // 验证或分配存储内存。
	if (ti.sign)                                 // 若有符号位，则取负数值。
		ti.a = -ti.a;
	put_fs_word(ti.a,(short *) addr);            // 存储到用户数据区中。
}

// 把运算结果以长整数格式保存到用户数据区中。
// 该函数首先根据浮点指令代码中寻址模式字节中的内容和 info 结构中当前寄存器中的内容，取得保
// 存结果的有效地址 addr，然后把临时实数格式的结果转换成临时整数格式。如果是负数则设置整数
// 符号位。最后把整数保存到用户内存中。
// 参数：tmp - 临时实数格式结果值；info - info 结构指针；code - 指令代码。
void put_long_int(const temp_real * tmp,
	struct info * info,unsigned short code)
{
	char * addr;
	temp_int ti;

	addr = ea(info,code);                        // 取有效地址。
	real_to_int(tmp,&ti);                        // 转换成临时整数格式。
	verify_area(addr,4);                         // 验证或分配存储内存。
	if (ti.sign)                                 // 若有符号位，则取负数值。
		ti.a = -ti.a;
	put_fs_long(ti.a,(unsigned long *) addr);    // 存储到用户数据区中。
}

// 把运算结果以 64 位整数格式保存到用户数据区中。
```

```
// 该函数首先根据浮点指令代码中寻址模式字节中的内容和 info 结构中当前寄存器中的内容，
// 取得保存结果的有效地址 addr，然后把临时实数格式的结果转换成临时整数格式。如果是负
// 数则设置整数符号位。最后把整数保存到用户内存中。
// 参数：tmp - 临时实数格式结果值；info - info 结构指针；code - 指令代码。
void put_longlong_int(const temp_real * tmp,
	struct info * info, unsigned short code)
{
	char * addr;
	temp_int ti;

	addr = ea(info,code);                         // 取有效地址。
	real_to_int(tmp,&ti);                         // 转换成临时整数格式。
	verify_area(addr,8);                          // 验证存储区域。
	if (ti.sign)                                  // 若是负数，则取反加 1。
		__asm__("notl %0 ; notl %1\n\t"
			"addl $1,%0 ; adcl $0,%1"
			:"=r" (ti.a),"=r" (ti.b)
			:"" (ti.a),"1" (ti.b));
	put_fs_long(ti.a,(unsigned long *) addr);          // 存储到用户数据区中。
	put_fs_long(ti.b,1 + (unsigned long *) addr);
}

// 无符号数<high, low>除以 10，余数放在 rem 中。
#define DIV10(low,high,rem) \
__asm__("divl %6 ; xchgl %1,%2 ; divl %6" \
	:"=d" (rem),"=a" (low),"=b" (high) \
	:"" (0),"1" (high),"2" (low),"c" (10))

// 把运算结果以 BCD 码格式保存到用户数据区中。
// 该函数首先根据浮点指令代码中寻址模式字节中的内容和 info 结构中当前寄存器中的内容，取得保
// 存结果的有效地址 addr，并验证保存 10 字节 BCD 码的用户空间。然后把临时实数格式的结果转换
// 成 BCD 码格式的数据并保存到用户内存中。如果是负数则设置最高存储字节的最高有效位。
// 参数：tmp - 临时实数格式结果值；info - info 结构指针；code - 指令代码。
void put_BCD(const temp_real * tmp,struct info * info, unsigned short code)
{
	int k,rem;
	char * addr;
	temp_int i;
	unsigned char c;

	addr = ea(info,code);                    // 取有效地址。
	verify_area(addr,10);                    // 验证存储空间容量。
	real_to_int(tmp,&i);                     // 转换成临时整数格式。
	if (i.sign)                              // 若是负数，则设置符号字节最高有效位。
		put_fs_byte(0x80, addr+9);
	else                                     // 否则符号字节设置为 0。
		put_fs_byte(0, addr+9);
	for (k = 0; k < 9; k++) {                // 临时整数转换成 BCD 码并保存。
		DIV10(i.a,i.b,rem);
		c = rem;
		DIV10(i.a,i.b,rem);
		c += rem<<4;
		put_fs_byte(c,addr++);
	}
}
```

11.9　mul.c 程序

11.9.1　功能描述

mul.c 程序中的函数用来仿真 80387 的乘法运算。

11.9.2　代码注释

程序 11-8　linux/kernel/math/mul.c

```
/*
 * linux/kernel/math/mul.c
 *
 * (C) 1991 Linus Torvalds
 */

/*
 * temporary real multiplication routine.
 */
/*
 * 临时实数乘法子程序。
 */

#include <linux/math_emu.h> // 协处理器头文件。定义临时实数结构和 387 寄存器操作宏等。

// 把 c 指针处的 16 字节值左移 1 位（乘 2）。
static void shift(int * c)
{
        __asm__("movl (%0),%%eax ; addl %%eax,(%0)\n\t"
                "movl 4(%0),%%eax ; adcl %%eax,4(%0)\n\t"
                "movl 8(%0),%%eax ; adcl %%eax,8(%0)\n\t"
                "movl 12(%0),%%eax ; adcl %%eax,12(%0)"
                ::"r" ((long) c):"ax");
}

// 2 个临时实数相乘，结果放在 c 指针处（16 字节）。
static void mul64(const temp_real * a, const temp_real * b, int * c)
{
        __asm__("movl (%0),%%eax\n\t"
                "mull (%1)\n\t"
                "movl %%eax,(%2)\n\t"
                "movl %%edx,4(%2)\n\t"
                "movl 4(%0),%%eax\n\t"
                "mull 4(%1)\n\t"
                "movl %%eax,8(%2)\n\t"
                "movl %%edx,12(%2)\n\t"
                "movl (%0),%%eax\n\t"
                "mull 4(%1)\n\t"
                "addl %%eax,4(%2)\n\t"
                "adcl %%edx,8(%2)\n\t"
                "adcl $0,12(%2)\n\t"
                "movl 4(%0),%%eax\n\t"
```

```
            "mull (%1)\n\t"
            "addl %%eax,4(%2)\n\t"
            "adcl %%edx,8(%2)\n\t"
            "adcl $0,12(%2)"
            ::"b" ((long) a),"c" ((long) b),"D" ((long) c)
            :"ax","dx");
}

// 仿真浮点指令 FMUL。
// 临时实数 src1 * scr2 → result 处。
void fmul(const temp_real * src1, const temp_real * src2, temp_real * result)
{
        int i,sign;
        int tmp[4] = {0,0,0,0};

// 首先确定两数相乘的符号。符号值等于两者符号位异或值。然后计算乘后的指数值。相乘时指数值需
// 要相加。但是由于指数使用偏执数格式保存，两个数的指数相加时偏置量也被加了两次，因此需要减
// 掉一个偏置量值（临时实数的偏置量是 16383）。
        sign = (src1->exponent ^ src2->exponent) & 0x8000;
        i = (src1->exponent & 0x7fff) + (src2->exponent & 0x7fff) - 16383 + 1;
// 如果结果指数变成了负值，表示两数相乘后产生下溢。于是直接返回带符号的零值。
// 如果结果指数大于 0x7fff，表示产生上溢，于是设置状态字溢出异常标志位，并返回。
        if (i<0) {
                result->exponent = sign;
                result->a = result->b = 0;
                return;
        }
        if (i>0x7fff) {
                set_OE();
                return;
        }
// 如果两数尾数相乘后结果不为 0，则对结果尾数进行规格化处理。即左移结果尾数值，使得最高有效
// 位为 1。同时相应地调整指数值。如果两数的尾数相乘后 16 字节的结果尾数为 0，则也设置指数值为
// 0。最后把相乘结果保存在临时实数变量 result 中。
        mul64(src1,src2,tmp);
        if (tmp[0] || tmp[1] || tmp[2] || tmp[3])
                while (i && tmp[3] >= 0) {
                        i--;
                        shift(tmp);
                }
        else
                i = 0;
        result->exponent = i | sign;
        result->a = tmp[2];
        result->b = tmp[3];
}

```

11.10 div.c 程序

11.10.1 功能描述

div.c 程序用来仿真 80387 协处理器的除法运算。

11.10.2 代码注释

程序 11-9 linux/kernel/math/div.c

```
/*
 * linux/kernel/math/div.c
 *
 * (C) 1991 Linus Torvalds
 */

/*
 * temporary real division routine.
 */

#include <linux/math_emu.h> // 协处理器头文件。定义临时实数结构和 387 寄存器操作宏等。

// 将指针 c 指向的 4 字节中内容左移 1 位。
static void shift_left(int * c)
{
        __asm__ __volatile__("movl (%0),%%eax ; addl %%eax,(%0)\n\t"
                "movl 4(%0),%%eax ; adcl %%eax,4(%0)\n\t"
                "movl 8(%0),%%eax ; adcl %%eax,8(%0)\n\t"
                "movl 12(%0),%%eax ; adcl %%eax,12(%0)"
                ::"r" ((long) c):"ax");
}

// 将指针 c 指向的 4 字节中内容右移 1 位。
static void shift_right(int * c)
{
        __asm__("shrl $1,12(%0) ; rcrl $1,8(%0) ; rcrl $1,4(%0) ; rcrl $1,(%0)"
                ::"r" ((long) c));
}

// 减法运算。
// 16 字节减法运算，a - b → a。最后根据是否有借位（CF=1）设置 ok。若无借位（CF=0）
// 则 ok = 1。否则 ok=0。
static int try_sub(int * a, int * b)
{
        char ok;

        __asm__ __volatile__("movl (%1),%%eax ; subl %%eax,(%2)\n\t"
                "movl 4(%1),%%eax ; sbbl %%eax,4(%2)\n\t"
                "movl 8(%1),%%eax ; sbbl %%eax,8(%2)\n\t"
                "movl 12(%1),%%eax ; sbbl %%eax,12(%2)\n\t"
                "setae %%al":"=a" (ok):"c" ((long) a),"d" ((long) b));
        return ok;
}

// 16 字节除法。
// 参数 a /b → c。利用减法模拟多字节除法。
static void div64(int * a, int * b, int * c)
{
        int tmp[4];
        int i;
        unsigned int mask = 0;

        c += 4;
        for (i = 0 ; i<64 ; i++) {
                if (!(mask >>= 1)) {
                        c--;
```

```
				mask = 0x80000000;
			}
			tmp[0] = a[0]; tmp[1] = a[1];
			tmp[2] = a[2]; tmp[3] = a[3];
			if (try_sub(b,tmp)) {
				*c |= mask;
				a[0] = tmp[0]; a[1] = tmp[1];
				a[2] = tmp[2]; a[3] = tmp[3];
			}
			shift_right(b);
		}
}

// 仿真浮点指令 FDIV。
void fdiv(const temp_real * src1, const temp_real * src2, temp_real * result)
{
	int i,sign;
	int a[4],b[4],tmp[4] = {0,0,0,0};

	sign = (src1->exponent ^ src2->exponent) & 0x8000;
	if (!(src2->a || src2->b)) {
		set_ZE();
		return;
	}
	i = (src1->exponent & 0x7fff) - (src2->exponent & 0x7fff) + 16383;
	if (i<0) {
		set_UE();
		result->exponent = sign;
		result->a = result->b = 0;
		return;
	}
	a[0] = a[1] = 0;
	a[2] = src1->a;
	a[3] = src1->b;
	b[0] = b[1] = 0;
	b[2] = src2->a;
	b[3] = src2->b;
	while (b[3] >= 0) {
		i++;
		shift_left(b);
	}
	div64(a,b,tmp);
	if (tmp[0] || tmp[1] || tmp[2] || tmp[3]) {
		while (i && tmp[3] >= 0) {
			i--;
			shift_left(tmp);
		}
		if (tmp[3] >= 0)
			set_DE();
	} else
		i = 0;
	if (i>0x7fff) {
		set_OE();
		return;
	}
	if (tmp[0] || tmp[1])
		set_PE();
	result->exponent = i | sign;
	result->a = tmp[2];
	result->b = tmp[3];
}

```

第12章　文件系统

本章涉及 linux 内核中文件系统的实现代码和用于块设备的高速缓冲区管理程序。在开发 Linux 0.12 内核文件系统时，Linus 主要参照了 Tanenbaum 著的《MINIX 操作系统设计与实现》一书，使用了其中 1.0 版的 MINIX 文件系统。因此在阅读本章内容时，可以参考该书有关 MINIX 文件系统的相关章节。而高速缓冲区的工作原理可参见 M. J. Bach 的《UNIX 操作系统设计》第 3 章内容。

表 12-1 给出了 fs 目录下的文件。

表 12-1　linux/fs 目录

名称	大小/B	最后修改时间	名称	大小/B	最后修改时间
Makefile	7176	1992-01-12 19:49:06	ioctl.c	1136	1991-12-21 01:58:35
bitmap.c	4007	1992-01-11 19:57:29	namei.c	18958	1992-01-12 04:09:58
block_dev.c	1763	1991-12-09 21:11:23	open.c	4862	1992-01-08 20:01:36
buffer.c	9072	1991-12-06 20:21:00	pipe.c	2834	1992-01-10 22:18:11
char_dev.c	2103	1991-11-19 09:10:22	read_write.c	2802	1991-11-25 15:47:20
exec.c	9908	1992-01-13 23:36:33	select.c	6381	1992-01-13 22:25:23
fcntl.c	1455	1991-10-02 14:16:29	stat.c	1875	1992-01-11 20:39:19
file_dev.c	1852	1991-12-01 19:02:43	super.c	5603	1991-12-09 21:11:34
file_table.c	122	1991-10-02 14:16:29	truncate.c	1692	1992-01-11 19:47:28
inode.c	7166	1992-01-10 22:27:26			

12.1　总体功能

本章所注释的程序量较大，但是通过第 5 章中对 Linux 源代码目录结构的分析（参见图 5-27），可以把它们从功能上分为四个部分进行讨论。第一部分是有关高速缓冲区的管理程序，主要实现了对硬盘等块设备进行数据高速存取的函数。该部分内容集中在 buffer.c 程序中实现；第二部分代码描述了文件系统的低层通用函数。说明了文件索引节点的管理、磁盘数据块的分配和释放以及文件名与 i 节点的转换算法；第三部分程序是有关对文件中数据进行读写操作，包括对字符设备、管道、块读写文件中数据的访问；第四部分的程序主要涉及文件的系统调用接口的实现，主要涉及文件打开、关闭、创建以及有关文件目录操作等的系统调用。

下面首先介绍一下 MINIX 文件系统的基本结构，然后分别对这四部分加以说明。

12.1.1 MINIX 文件系统

目前 MINIX 的版本是 3.1，所使用的文件系统是 3.0 版，它与 1.5 版之前的版本不同，对其容量已经作了扩展。但由于本书注释的 Linux 内核使用的是 MINIX 文件系统 1.0 版本，所以这里仅对其 1.0 版文件系统作简单介绍。

MINIX 文件系统与标准 UNIX 的文件系统基本相同。它由 6 个部分组成。对于一个 360KB 的软盘，其各部分的分布如图 12-1 所示。

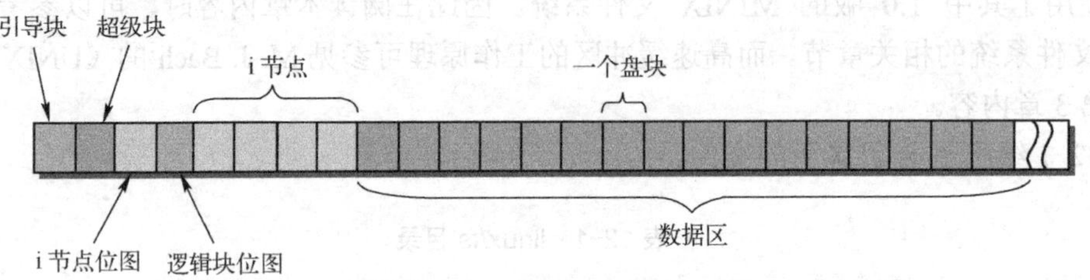

图 12-1　建有 MINIX 文件系统的一个 360KB 软盘中文件系统各部分的布局示意图

图中，整个磁盘被划分成以 1KB 为单位的磁盘块，因此上图中共有 360 个磁盘块，每个方格表示一个磁盘块。由后面的说明我们会知道，在 MINIX 1.0 文件系统中，其磁盘块大小与逻辑块大小正好是一样的，也是 1KB 字节。因此 360KB 盘片也含有 360 个逻辑块。在后面的讨论中我们有时会混合使用这两个名称。

引导块是计算机加电启动时可由 ROM BIOS 自动读入的执行代码和数据。但并非所有盘都作为引导设备，所以对于不用于引导的盘片，这一盘块中可以不含代码。但任何盘片必须含有引导块空间，以保持 MINIX 文件系统格式的统一。即文件系统只是在块设备上空出一个存放引导块的空间。如果你把内核映像文件放在文件系统中，那么你就可以在文件系统所在设备的第 1 个块（即引导块空间）存放实际的引导程序，并由它来取得和加载文件系统中的内核映像文件。

对于硬盘块设备，通常在其上会划分出几个分区，并且在每个分区中都可存放一个不同的完整文件系统，如图 12-2 所示。图中表示有 4 个分区，分别存放着 FAT32 文件系统、NTFS 文件系统、MINIX 文件系统和 EXT2 文件系统。硬盘的第一个扇区是主引导扇区，其中存放着硬盘引导程序和分区表信息。分区表中的信息指明了硬盘上每个分区的类型、在硬盘中起始位置参数和结束位置参数以及占用的扇区总数，参见 kernel/blk_drv/hd.c 文件后的硬盘分区表结构。

图 12-2　硬盘设备上的分区和文件系统

超级块用于存放盘设备上文件系统结构的信息，并说明各部分的大小。其结构如图 12-3 所示。其中，s_ninodes 表示设备上的 i 节点总数。s_nzones 表示设备上以逻辑块为单位的总逻辑块数。s_imap_blocks 和 s_zmap_blocks 分别表示 i 节点位图和逻辑块位图所占用的磁盘块数。s_firstdatazone 表示设备上数据区开始处占用的第一个逻辑块块号。s_log_zone_size 是使用 2 位底的对数表示的每个逻辑块包含的磁盘块数。对于 MINIX 1.0 文件系统该值为 0，因此其逻辑块的大小就等于磁盘块大小，都是 1KB。s_max_size 是以字节表示的最大文件长度。当然这个长度值将受到磁盘容量的限制。s_magic 是文件系统魔幻数，用以指明文件系统的类型。对于 MINIX 1.0 文件系统，它的魔幻数是 0x137f。

	字段名称	数据类型	说明
出现在盘上和内存中的字段	s_ninodes	short	i 节点数
	s_nzones	short	逻辑块数（或称为区块数）
	s_imap_blocks	short	i 节点位图所占块数
	s_zmap_blocks	short	逻辑块位图所占块数
	s_firstdatazone	short	数据区中第一个逻辑块块号
	s_log_zone_size	short	Log_2(磁盘块数/逻辑块)
	s_max_size	long	最大文件长度
	s_magic	short	文件系统幻数（0x137f）
仅在内存中使用的字段	s_imap[8]	buffer_head *	i 节点位图在高速缓冲块指针数组
	s_zmap[8]	buffer_head *	逻辑块位图在高速缓冲块指针数组
	s_dev	short	超级块所在设备号
	s_isup	m_inode *	被安装文件系统根目录 i 节点
	s_imount	m_inode *	该文件系统被安装到的 i 节点
	s_time	long	修改时间
	s_wait	task_struct *	等待本超级块的进程指针
	s_lock	char	锁定标志
	s_rd_only	char	只读标志
	s_dirt	char	已被修改（脏）标志

图 12-3 MINIX 的超级块结构

在 Linux 0.12 系统中，被加载的文件系统超级块保存在超级块表（数组）super_block[]中。该表共有 8 项，因此 Linux 0.12 系统中同时最多加载 8 个文件系统。超级块表将在 super.c 程序的 mount_root()函数中被初始化，在 read_super()函数中会为新加载的文件系统在表中设置一个超级块项，并在 put_super()函数中释放超级块表中指定的超级块项。

逻辑块位图用于描述盘上每个数据盘块的使用情况。除第 1 个位（位 0）以外，逻辑块位图中每个位依次代表盘上数据区中的一个逻辑块。因此逻辑块位图的位 1 代表盘上数据区中第一个数据盘块，而非盘上的第一个磁盘块（引导块）。当一个数据盘块被占用时，则逻辑块位图中相应位被置位。由于当所有磁盘数据盘块都被占用时查找空闲盘块的函数会返回 0 值，因此逻辑块位图最低位（位 0）闲置不用，并且在创建文件系统时会预先将其设置为 1。

从超级块的结构中我们还可以看出，逻辑块位图最多使用 8 块缓冲块（s_zmap[8]），而每块缓冲块大小是 1024 字节，每位表示一个盘块的占用状态，因此一个缓冲块可代表 8192 个盘块。8 个缓冲块总共可表示 65536 个盘块，因此 MINIX 文件系统 1.0 所能支持的最大块设备容量（长度）是 64MB。

i 节点位图用于说明 i 节点是否被使用，同样是每个位代表一个 i 节点。对于 1KB 大小的盘块来讲，一个盘块就可表示 8192 个 i 节点的使用状况。与逻辑块位图的情况类似，由于当所有 i 节点都被使用时查找空闲 i 节点的函数会返回 0 值，因此 i 节点位图第 1 个字节的最低位（位

0）和对应的 i 节点 0 都闲置不用，并且在创建文件系统时会预先将 i 节点 0 对应位图中的位置为 1。因此第一个 i 节点位图块中只能表示 8191 个 i 节点的状况。

盘上的 i 节点部分存放着文件系统中文件或目录名的索引节点，每个文件或目录名都有一个 i 节点。每个 i 节点结构中存放着对应文件的相关信息，如文件宿主的 id（uid）、文件所属组 id（gid）、文件长度、访问修改时间以及文件数据块在盘上的位置等。整个结构共使用 32 个字节，如图 12-4 所示。

	字段名称	数据类型	说明
在盘上和内存中的字段，共 32 字节	i_mode	short	文件的类型和属性（rwx 位）
	i_uid	short	文件宿主的用户 id
	i_size	long	文件长度（字节）
	i_mtime	long	修改时间（从 1970.1.1:0 时算起，秒）
	i_gid	char	文件宿主的组 id
	i_nlinks	char	链接数（有多少个文件目录项指向该 i 节点）
	i_zone[9]	short	文件所占用的盘上逻辑块号数组。其中： zone[0]-zone[6]是直接块号； zone[7]是一次间接块号； zone[8]是二次（双重）间接块号。 注：zone 是区的意思，可译成区块或逻辑块。对于设备特殊文件名的 i 节点，其 zone[0]中存放的是该文件名所指设备的设备号
仅在内存中使用的字段	i_wait	task_struct *	等待该 i 节点的进程
	i_atime	long	最后访问时间
	i_ctime	long	i 节点自身被修改时间
	i_dev	short	i 节点所在的设备号
	i_num	short	i 节点号
	i_count	short	i 节点被引用的次数，0 表示空闲
	i_lock	char	i 节点被锁定标志
	i_dirt	char	i 节点已被修改（脏）标志
	i_pipe	char	i 节点用作管道标志
	i_mount	char	i 节点安装了其他文件系统标志
	i_seek	char	搜索标志（lseek 操作时）
	i_update	char	i 节点已更新标志

图 12-4 MINIX 文件系统 1.0 版的 i 节点结构

i_mode 字段用来保存文件的类型和访问权限属性。其位 15～12 用于保存文件类型，位 11～9 保存执行文件时设置的信息，位 8～0 表示文件的访问权限，如图 12-5 所示。具体信息参见文件 include/sys/stat.h 第 20～50 行和 include/fcntl.h。

文件中的数据是放在磁盘块的数据区中的，而一个文件名则通过对应的 i 节点与这些数据磁盘块联系，这些盘块的号码就存放在 i 节点的逻辑块数组 i_zone[]中。其中，i_zone[]数组用于存放 i 节点对应文件的盘块号。i_zone[0]到 i_zone[6]用于存放文件开始的 7 个磁盘块号，称为直接块。若文件长度小于等于 7KB，则根据其 i 节点可以很快就找到它所使用的盘块。若文件大一些时，就需要用到一次间接块了（i_zone[7]），这个盘块中存放着附加的盘块号。对于

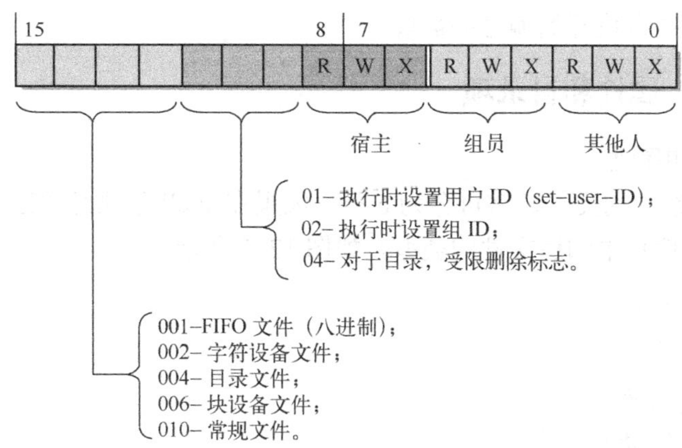

图 12-5 i 节点属性字段内容

MINIX 文件系统它可以存放 512 个盘块号，因此可以寻址 512 个盘块。若文件还要大，则需要使用二次间接盘块（i_zone[8]）。二次间接块的一级盘块的作用类似于一次间接盘块，因此使用二次间接盘块可以寻址 512×512 个盘块。参见图 12-6。

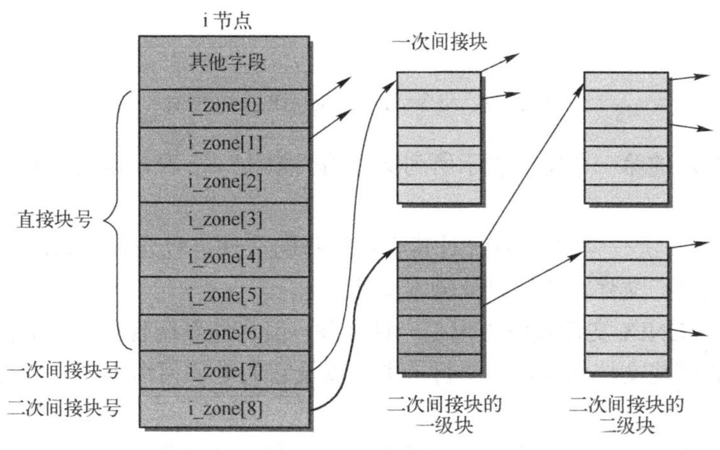

图 12-6 i 节点的逻辑块（区块）数组的功能

另外，对于/dev/目录下的设备文件来说，它们并不占用磁盘数据区中的数据盘块，即它们文件的长度是 0。设备文件名的 i 节点仅用于保存其所定义设备的属性和设备号。设备号被存放在设备文件 i 节点的 zone[0]中。

当所有 i 节点都被使用时，查找空闲 i 节点的函数会返回值 0，因此，i 节点位图最低位和 i 节点 0 都闲置不用。i 节点 0 的结构被初始化成全零，并在创建文件系统时将 i 节点 0 的位置位。

对于 PC 来讲，一般以一个扇区的长度（512 字节）作为块设备的数据块长度。而 MINIX 文件系统则将连续的 2 个扇区数据（1024 字节）作为一个数据块来处理，称之为一个磁盘块或盘块。其长度与高速缓冲区中的缓冲块长度相同。编号是从盘上第一个盘块开始算起，即引导块是 0 号盘块。而上述的逻辑块或区块，则是盘块的 2 的幂次倍数。一个逻辑块长度可以等于 1、2、4 或 8 个盘块长度。对于本书所讨论的 Linux 内核，逻辑块的长度等于盘块长度。因此在代码注释中这两个术语含义相同。但是术语数据逻辑块（或数据盘块）则是指盘设备上数据部分中，从第一个数据盘块开始编号的盘块。

12.1.2　文件类型、属性和目录项

1．文件的类型和属性

UNIX 类操作系统中的文件通常可分为 6 类。如果在 shell 下执行“ls –l”命令，我们就可以从列出的文件状态信息中知道文件的类型。如图 12-7 所示。

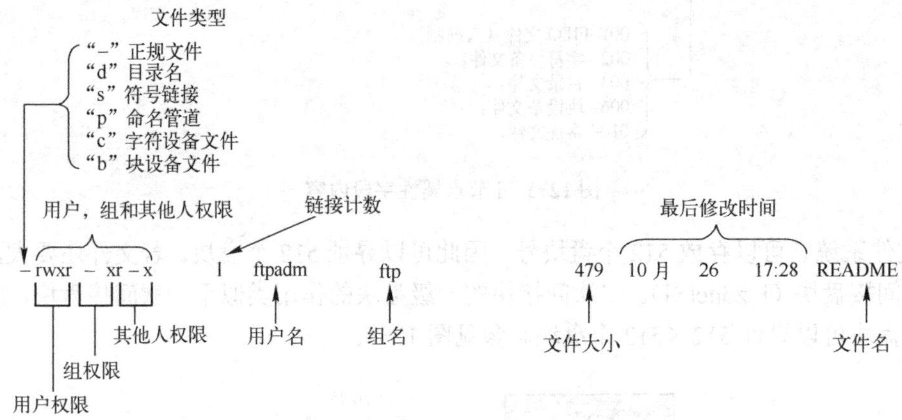

图 12-7　命令“ls –l”显示的文件信息

图中，命令显示的第一个字节表示所列文件的类型。“–”表示该文件是一个正规（一般）文件。

正规文件（“–”）是一类文件系统对其不作解释的文件，包含任何长度的字节流。例如源程序文件、二进制执行文件、文档以及脚本文件。

目录（“d”）在 UNIX 文件系统中也是一种文件，但文件系统管理会对其内容进行解释，以使人们可以看到有哪些文件包含在一个目录中，以及它们是如何组织在一起构成一个分层次的文件系统的。

符号链接（“s”）用于使用一个不同文件名来引用另一个文件。符号链接可以跨越一个文件系统而链接到另一个文件系统中的一个文件上。删除一个符号链接并不影响被链接的文件。另外还有一种链接方式称为“硬链接”。它与这里所说符号链接中被链接文件的地位相同，被作为一般文件对待，但不能跨越文件系统（或设备）进行链接，并且会递增文件的链接计数值。见下面对链接计数的说明。

命名管道（“p”）文件是系统创建有名管道时建立的文件。可用于无关进程之间的通信。

字符设备（“c”）文件用于以操作文件的方式访问字符设备，例如 tty 终端、内存设备以及网络设备。

块设备（“b”）文件用于访问像硬盘、软盘等的设备。在类 UNIX 操作系统中，块设备文件和字符设备文件一般均存放在系统的/dev 目录中。

在 Linux 内核中，文件的类型信息保存在对应 i 节点的 i_mode 字段中，使用高 4 位来表示，并使用了一些判断文件类型宏，例如 S_ISBLK、S_ISDIR 等，这些宏在 include/sys/stat.h 中定义。

在图中文件类型字符后面是每三个字符一组构成的三组文件权限属性。用于表示文件宿主、同组用户和其他用户对文件的访问权限。“r”、“w”、“x”分别表示对文件可读、可写和可执行

的许可权。对于目录文件，可执行表示可以进入目录。在对文件的权限进行操作时，一般使用八进制来表示它们。例如“755”表示文件宿主对文件可以读/写/执行，同组用户和其他人可以读和执行文件。在 Linux 0.12 源代码中，文件权限信息也保存在对应 i 节点的 i_mode 字段中，使用该字段的低 9 位表示三组权限。并常使用变量 mode 来表示。有关文件权限的宏在 include/fcntl.h 中定义。

图中的“链接计数”位表示该文件被硬链接引用的次数。当计数减为零时，该文件即被删除。“用户名”表示该文件宿主的名称，“组名”是该用户所属组的名称。

2. 文件系统目录项结构

Linux 0.12 系统采用的是 MINIX 文件系统 1.0 版。它的目录结构和目录项结构与传统 UNIX 文件的目录项结构相同，定义在 include/linux/fs.h 文件中。在文件系统的一个目录中，其中所有文件名信息对应的目录项存储在该目录文件名文件的数据块中。例如，目录名 root/下的所有文件名的目录项就保存在 root/目录名文件的数据块中。而文件系统根目录下的所有文件名信息则保存在指定 i 节点（即 1 号 i 节点）的数据块中。文件名目录项结构如下所示：

```
// 定义在 include/linux/fs.h 文件中。
#define NAME_LEN 14                              // 名字长度值。
#define ROOT_INO 1                               // 根 i 节点。

// 文件目录项结构。
struct dir_entry {
        unsigned short inode;                    // i 节点号。
        char name[NAME_LEN];                     // 文件名。
};
```

每个目录项只包括一个长度为 14 字节的文件名字符串和该文件名对应的 2 字节的 i 节点号。因此一个逻辑磁盘块可以存放 1024/16=64 个目录项。有关文件的其他信息则被保存在该 i 节点号指定的 i 节点结构中，该结构中主要包括文件访问属性、宿主、长度、访问保存时间以及所在磁盘块等信息。每个 i 节点号的 i 节点都位于磁盘上的固定位置处。

在打开一个文件时，文件系统会根据给定的文件名找到其 i 节点号，从而通过其对应 i 节点信息找到文件所在的磁盘块位置，如图 12-8 所示。例如对于要查找文件名/usr/bin/vi 的 i 节点号，文件系统首先会从具有固定 i 节点号（1）的根目录开始操作，即从 i 节点号 1 的数据块中找到名称为 usr 的目录项，从而得到文件/usr 的 i 节点号。根据该 i 节点号文件系统可以顺利地取得目录/usr，并可在其中找到文件名 bin 的目录项。这样也就知道了/usr/bin 的 i 节点号，因而我们可以知道目录/usr/bin 的目录所在位置，并在该目录中查找到 vi 文件的目录项。最终我们获得了文件路径名/usr/bin/vi 的 i 节点号，从而可以从磁盘上得到该 i 节点号的 i 节点结构信息。

如果从一个文件在磁盘上的分布来看，对于某个文件数据块信息的寻找过程可用图 12-9 表示（其中未画出引导块、超级块、i 节点和逻辑块位图）。

通过对用户程序指定的文件名，我们可以找到对应目录项。根据目录项中的 i 节点号就可以找到 i 节点表中相应的 i 节点结构。i 节点结构中包含着该文件数据的块号信息，因此最终可以得到文件名对应的数据信息。上图中有两个目录项指向了同一个 i 节点，因此根据这两个文件名都可以得到磁盘上相同的数据。每个 i 节点结构中都有一个链接计数字段 i_nlinks 记录着指向该 i 节点的目录项数，即文件的硬链接计数值。本例中该字段值为 2。在执行删除操作文件时，

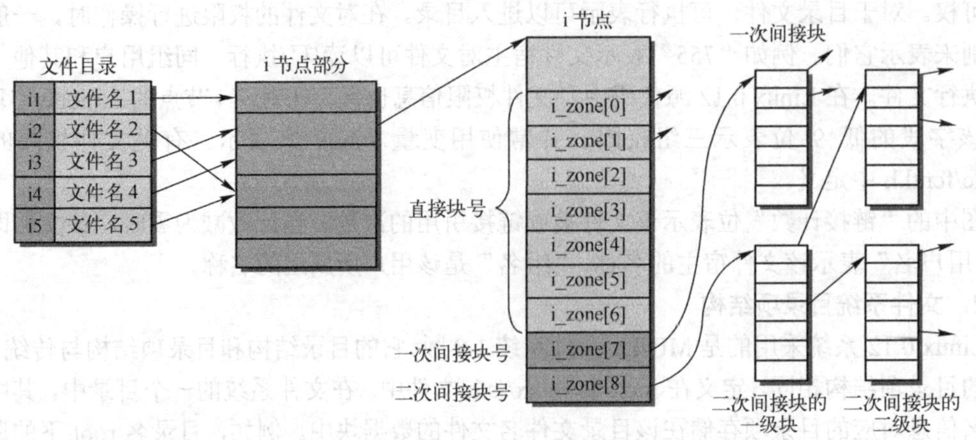

图 12-8 通过文件名最终找到对应文件磁盘块位置的示意图

只有当 i 节点链接计数值等于 0 时内核才会真正删除磁盘上该文件的数据。另外，由于目录项中 i 节点号仅能用于当前文件系统中，因此不能使用一个文件系统的目录项来指向另一个文件系统中的 i 节点，即硬链接不能跨越文件系统。

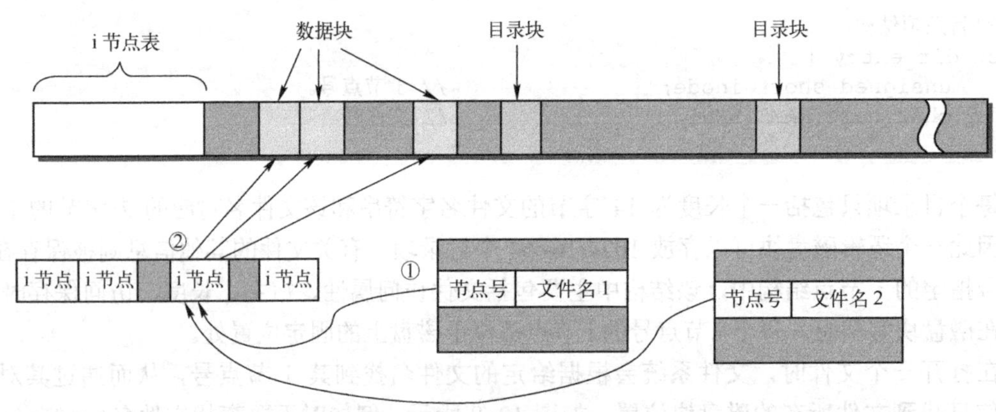

图 12-9 从文件名获取其数据块

与硬链接不同，符号链接类型的文件名目录项并不直接指向对应的 i 节点。符号链接目录项会在对应文件的数据块中存放某一文件的路径名字符串。当访问符号链接目录项时，内核就会读取该文件中的内容，然后根据其中的路径名字符串来访问指定的文件。因此符号链接可以不局限在一个文件系统中，我们可以在一个文件系统中建立一个指向另一个文件系统中文件名的符号链接。

在每个目录中还包含两个特殊的文件目录项，它们的名称分别固定为“.”和“..”。“.”目录项中给出了当前目录的 i 节点号，而“..”目录项中给出了当前目录父目录的 i 节点号。因此在给出一个相对路径名时文件系统就可以利用这两个特殊目录项进行查找操作。例如要查找../kernel/Makefile，就可以首先根据当前目录的“..”目录项得到父目录的 i 节点号，然后按照上面描述过程进行查找操作。

对于每个目录文件的目录项，其 i 节点中的链接计数字段值也表明连接到该目录的目录项数。因此每个目录文件的链接计数值起码为 2。其中一个是包含目录文件的目录项链接，另一个是目录中“..”目录项的链接。例如我们在当前目录中建立一个名为 mydir 的子目录，那么在当前目录和该子目录中的链接示意图如图 12-10 所示。

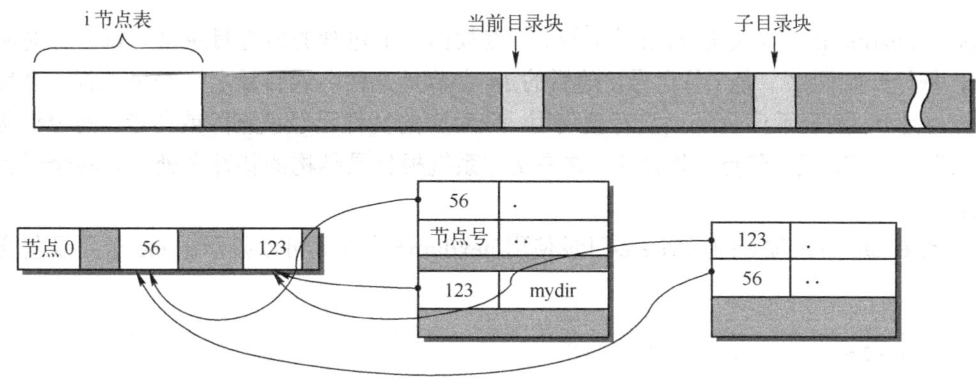

图 12-10　目录文件目录项和子目录链接

图中示出了我们在 i 节点号为 56 的目录中建立了一个 mydir 子目录，该子目录的 i 节点号是 123。在 mydir 子目录中的“.”目录项指向自己的 i 节点 123，而其“..”目录项则指向其父目录的 i 节点 56。可见，由于一个目录的目录项本身总是会有两个链接，若其中再包含子目录，那么父目录的 i 节点链接数就等于 2+子目录数。

3. 目录结构例子

以 Linux 0.12 系统为例，我们来观察它的根目录项结构。在 Bochs 中运行 Linux 0.12 系统之后，我们先列出其文件系统根目录项，包括其中隐含的“.”和“..”目录项。然后使用 hexdump 命令查看“.”或“..”文件的数据块内容，可以看到根目录包含的各个目录项内容。

```
[/usr/root]# cd /
[/]# ls -la
total 10
drwxr-xr-x  10 root    root        176 Mar 21  2004 .
drwxr-xr-x  10 root    4096        176 Mar 21  2004 ..
drwxr-xr-x   2 root    4096        912 Mar 21  2004 bin
drwxr-xr-x   2 root    root        336 Mar 21  2004 dev
drwxr-xr-x   2 root    root        224 Mar 21  2004 etc
drwxr-xr-x   8 root    root        128 Mar 21  2004 image
drwxr-xr-x   2 root    root         32 Mar 21  2004 mnt
drwxr-xr-x   2 root    root         64 Mar 21  2004 tmp
drwxr-xr-x  10 root    root        192 Mar 29  2004 usr
drwxr-xr-x   2 root    root         32 Mar 21  2004 var

[/]# hexdump .
0000000 0001 002e 0000 0000 0000 0000 0000 0000      // .
0000010 0001 2e2e 0000 0000 0000 0000 0000 0000      // ..
0000020 0002 6962 006e 0000 0000 0000 0000 0000      // bin
0000030 0003 6564 0076 0000 0000 0000 0000 0000      // dev
0000040 0004 7465 0063 0000 0000 0000 0000 0000      // etc
0000050 0005 7375 0072 0000 0000 0000 0000 0000      // usr
0000060 0115 6e6d 0074 0000 0000 0000 0000 0000      // mnt
0000070 0036 6d74 0070 0000 0000 0000 0000 0000      // tmp
0000080 0000 6962 2e6e 656e 0077 0000 0000 0000      // 空闲，未使用。
0000090 0052 6d69 6761 0065 0000 0000 0000 0000      // image
```

```
00000a0 007b 6176 0072 0000 0000 0000 0000 0000   // var
00000b0
[/]#
```

执行“hexdump .”命令后列出了 1 号 i 节点数据块中包含的所有目录项。每一行对应一个目录项，每行开始两字节是 i 节点号，随后的 14 字节是文件名或目录名字符串。若一个目录项中 i 节点号是 0，则表示该目录项没有被使用，或对应的文件已经被删除或移走。其中头两个目录项（“.”和“..”）的 i 节点号均是 1。这是文件系统根目录结构的特殊之处，与其余子目录结构不同。

现在查看 etc/目录项。同样对 etc/目录使用 hexdump 命令，可以显示出 etc/子目录包含的目录项：

```
[/]# ls etc -la
total 32
drwxr-xr-x   2 root     root          224 Mar 21  2004 .
drwxr-xr-x  10 root     root          176 Mar 21  2004 ..
-rw-r--r--   1 root     root          137 Mar  4  2004 group
-rw-r--r--   1 root     root        11801 Mar  4  2004 magic
-rw-r--r--   1 root     root           11 Jan 22 18:12 mtab
-rw-r--r--   1 root     root          142 Mar  5  2004 mtools
-rw-r--r--   1 root     root          266 Mar  4  2004 passwd
-rw-r--r--   1 root     root          147 Mar  4  2004 profile
-rw-r--r--   1 root     root           57 Mar  4  2004 rc
-rw-r--r--   1 root     root         1034 Mar  4  2004 termcap
-rwx--x--x   1 root     root        10137 Jan 15  1992 update
[/]# hexdump etc
0000000 0004 002e 0000 0000 0000 0000 0000 0000      // .
0000010 0001 2e2e 0000 0000 0000 0000 0000 0000      // ..
0000020 0007 6372 0000 0000 0000 0000 0000 0000      // rc
0000030 000b 7075 6164 6574 0000 0000 0000 0000      // update
0000040 0113 6574 6d72 6163 0070 0000 0000 0000      // termcap
0000050 00ee 746d 6261 0000 0000 0000 0000 0000      // mtab
0000060 0000 746d 6261 007e 0000 0000 0000 0000      // 空闲，未使用。
0000070 007c 616d 6967 0063 0000 0000 0000 0000      // magic
0000080 0016 7270 666f 6c69 0065 0000 0000 0000      // profile
0000090 007e 6170 7373 6477 0000 0000 0000 0000      // passwd
00000a0 0081 7267 756f 0070 0000 0000 0000 0000      // group
00000b0 01ee 746d 6f6f 736c 0000 0000 0000 0000      // mtools
00000c0
[/]#
```

此时我们可以看出 etc/目录名 i 节点对应的数据块中包含该子目录下所有文件的目录项信息。其中目录项“.”的 i 节点正是 etc/目录项自己的 i 节点号 4，而“..”的 i 节点是 etc/父目录的 i 节点号 1。

12.1.3 高速缓冲区

高速缓冲区是文件系统访问块设备中数据的必经要道。为了访问文件系统等块设备上的数据，内核可以每次都访问块设备，进行读或写操作。但是每次 I/O 操作的时间与内存和 CPU 的处理速度相比是非常慢的。为了提高系统的性能，内核就在内存中开辟了一个高速数据缓冲区

（池）（buffer cache），并将其划分成一个个与磁盘数据块大小相等的缓冲块来使用和管理，以期减少访问块设备的次数。在 Linux 内核中，高速缓冲区位于内核代码和主内存区之间，其中存放着最近被使用过的各个块设备中的数据块。当需要从块设备中读取数据时，缓冲区管理程序首先会在高速缓冲中寻找。如果相应数据已经在缓冲中，就无需再从块设备上读。如果数据不在高速缓冲中，就发出读块设备的命令，将数据读到高速缓冲中。当需要把数据写到块设备中时，系统就会在高速缓冲区中申请一块空闲的缓冲块来临时存放这些数据。至于什么时候把数据真正地写到设备中去，则是通过设备数据同步实现的。

Linux 内核实现高速缓冲区的程序是 buffer.c。文件系统中其他程序通过指定需要访问的设备号和数据逻辑块号来调用它的块读写函数。这些接口函数有：块读取函数 bread()、块提前预读函数 breada()和页块读取函数 bread_page()。页块读取函数一次读取一页内存所能容纳的缓冲块数（4 块）。

12.1.4 文件系统底层函数

文件系统的底层处理函数包含在以下 5 个文件中：

- bitmap.c 程序包括对 i 节点位图和逻辑块位图进行释放和占用处理函数。操作 i 节点位图的函数是 free_inode()和 new_inode()，操作逻辑块位图的函数是 free_block()和 new_block()。
- truncate.c 程序包括对数据文件长度截断为 0 的函数 truncate()。它将 i 节点指定的设备上文件长度截为 0，并释放文件数据占用的设备逻辑块。
- inode.c 程序包括分配 i 节点函数 iget()和放回对内存 i 节点存取函数 iput()以及根据 i 节点信息取文件数据块在设备上对应的逻辑块号函数 bmap()。
- namei.c 程序主要包括函数 namei()。该函数使用 iget()、iput()和 bmap()将给定的文件路径名映射到其 i 节点。
- super.c 程序专门用于处理文件系统超级块，包括函数 get_super()、put_super()和 free_super()等。还包括几个文件系统加载/卸载处理函数和系统调用，如 sys_mount()等。

这些文件中函数之间的层次关系如图 12-11 所示。

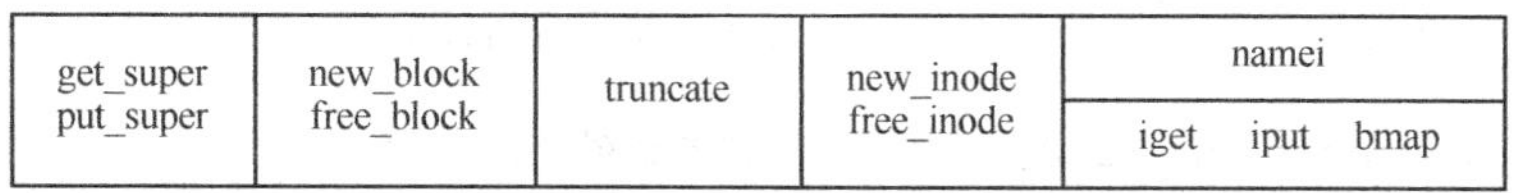

图 12-11 文件系统低层操作函数层次关系

12.1.5 文件中数据的访问操作

关于文件中数据的访问操作代码，主要涉及 5 个文件（见图 12-12）：block_dev.c、file_dev.c、char_dev.c、pipe.c 和 read_write.c。前 4 个文件可以认为是块设备、字符设备、管道设备和普通文件与文件读写系统调用的接口程序，它们共同实现了 read_write.c 中的 read()和 write()系统调用。通过对被操作文件属性的判断，这两个系统调用会分别调用这些文件中的相关处理函数进行操作。

block_dev.c 中的函数 block_read()和 block_write()是用于读写块设备特殊文件中的数据。所使用的参数指定了要访问的设备号、读写的起始位置和长度。

系统调用 read(), write()			
block_read() block_write()	file_read() file_write()	read_pipe() write_pie()	rw_char()

图 12-12 文件数据访问函数

file_dev.c 中的 file_read()和 file_write()函数是用于访问一般的正规文件。通过指定文件对应的 i 节点和文件结构，可以知道文件所在的设备号和文件当前的读写指针。

pipe.c 文件中实现了管道读写函数 read_pipe()和 write_pipe()。另外还实现了创建无名管道的系统调用 pipe()。管道主要用于在进程之间按照先进先出的方式传送数据，也可以用于使进程同步执行。有两种类型的管道：有名管道和无名管道。有名管道是使用文件系统的 open 调用建立的，而无名管道则使用系统调用 pipe()来创建。在使用管道时，则都用正规文件的 read()、write()和 close()函数。只有发出 pipe 调用的后代，才能共享对无名管道的存取，而所有进程只要权限许可，都可以访问有名管道。

对于管道的读写，可以看成是一个进程从管道的一端写入数据，而另一个进程从管道的另一端读出数据。内核存取管道中数据的方式与存取一般正规文件中数据的方式完全一样。为管道分配存储空间和为正规文件分配空间的不同之处是，管道只使用 i 节点的直接块。内核将 i 节点的直接块作为一个循环队列来管理，通过修改读写指针来保证先进先出的顺序。

对于字符设备文件，系统调用 read()和 write()会调用 char_dev.c 中的 rw_char()函数来操作。字符设备包括控制台终端（tty）、串口终端(ttyx)和内存字符设备。

另外，内核使用文件结构 file、文件表 file_table[]和内存中的 i 节点表 inode_table[]来管理对文件的操作访问。这些数据结构和表的定义可参见头文件 include/linux/fs.h。文件结构 file 被定义为如下所示：

```
struct file {
        unsigned short f_mode;          // 文件操作模式（RW 位）
        unsigned short f_flags;         // 文件打开和控制的标志。
        unsigned short f_count;         // 对应文件句柄引用计数。
        struct m_inode * f_inode;       // 指向对应内存 i 节点，即现在系统中的 v 节点。
        off_t f_pos;                    // 文件当前读写指针位置。
};
struct file file_table[NR_FILE]         // 文件表数组，共 64 项。
```

它用于在文件句柄与内存 i 节点表中 i 节点项之间建立关系。其中文件类型和访问属性字段 f_mode 与文件 i 节点结构中 i_mode 字段的含义相同，见前面的描述；f_flags 字段是打开文件调用函数 open()中参数 flag 给出的一些打开操作控制标志的组合，这些标志定义在 include/fcntl.h 中。其中有以下一些标志：

```
// 打开文件 open()和文件控制函数 fcntl()使用的文件访问模式。同时只能使用三者之一。
#define O_RDONLY          00          // 以只读方式打开文件。
#define O_WRONLY          01          // 以只写方式打开文件。
#define O_RDWR            02          // 以读写方式打开文件。
// 下面是文件创建和操作标志，用于 open()。可与上面访问模式用'位或'的方式一起使用。
#define O_CREAT        00100          // 如果文件不存在就创建。fcntl 函数不用。
#define O_EXCL         00200          // 独占使用文件标志。
#define O_NOCTTY       00400          // 不分配控制终端。
#define O_TRUNC        01000          // 若文件已存在且是写操作，则长度截为 0。
```

```
#define O_APPEND      02000           // 以添加方式打开，文件指针置为文件尾。
#define O_NONBLOCK     04000          // 非阻塞方式打开和操作文件。
#define O_NDELAY      O_NONBLOCK      // 非阻塞方式打开和操作文件。
```

file 结构中的文件引用计数字段 f_count 指出本文件被文件句柄引用的次数计数；内存 i 节点结构字段 f_inode 指向本文件对应 i 节点表中的内存 i 节点结构项。文件表是内核中由文件结构项组成的数组，在 Linux 0.12 内核中文件表最多可有 64 项，因此整个系统同时最多打开 64 个文件。在进程的数据结构（即进程控制块或称进程描述符）中，专门定义了本进程打开文件的文件结构指针数组 filp[NR_OPEN]字段。其中 NR_OPEN = 20，因此每个进程最多可同时打开 20 个文件。该指针数组项的顺序号即对应文件的描述符值，而项的指针则指向文件表中打开的文件项。例如，filp[0]即是进程当前打开文件描述符 0 对应的文件结构指针。

内核中 i 节点表 inode_table[NR_INODE]是由内存 i 节点结构组成的数组，其中 NR_INODE = 32，因此在某一时刻内核中同时只能保存 32 个内存 i 节点信息。一个进程打开的文件和内核文件表以及相应内存 i 节点的关系可用图 12-13 来表示。图中一个文件被作为进程的标准输入打开（文件句柄 0），另一个被作为标准输出打开（文件句柄 1）。

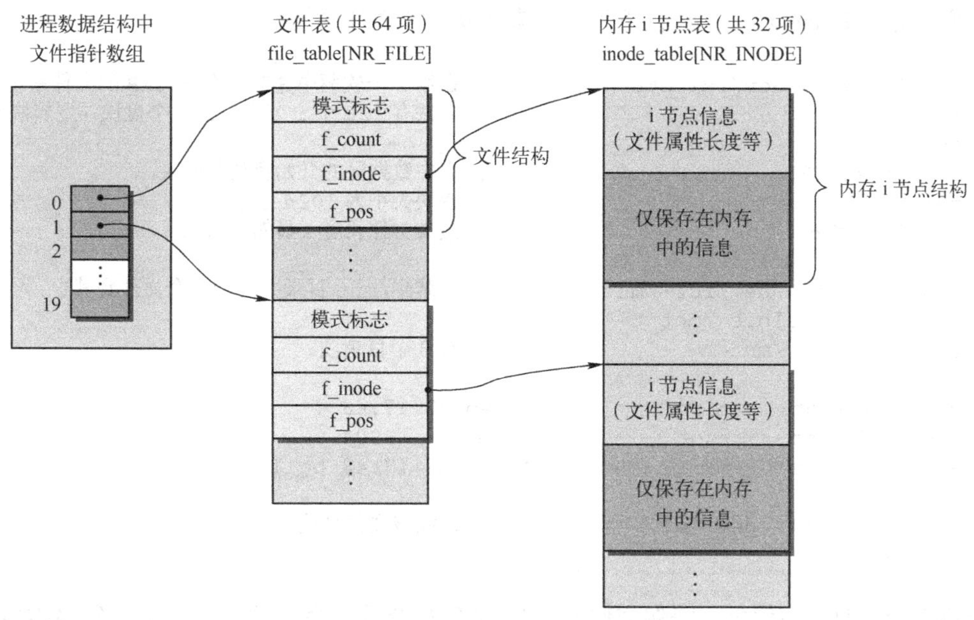

图 12-13　进程打开文件使用的内核数据结构

12.1.6　文件和目录管理系统调用

有关文件系统调用的上层实现，基本上包括图 12-14 中 5 个文件。

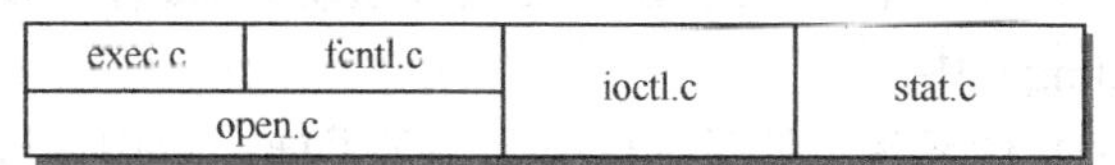

图 12-14　文件系统上层操作程序

open.c 文件用于实现与文件操作相关的系统调用。主要有文件的创建、打开和关闭，文件宿主和属性的修改、文件访问权限的修改、文件操作时间的修改和系统文件系统 root 的变动等。

exec.c 程序实现对二进制可执行文件和 shell 脚本文件的加载与执行。其中主要的函数是函数 do_execve()，它是系统中断调用(int 0x80)功能号__NR_execve()调用的 C 处理函数，是 exec()函数簇的主要实现函数。

fcntl.c 实现了文件控制系统调用 fcntl()和两个文件句柄（描述符）复制系统调用 dup()和 dup2()。dup2()指定了新句柄的数值，而 dup()则返回当前值最小的未用句柄。句柄复制操作主要用在文件的标准输入/输出重定向和管道操作方面。

ioctl.c 文件实现了输入/输出控制系统调用 ioctl()。主要调用 tty_ioctl()函数，对终端的 I/O 进行控制。

stat.c 文件用于实现取文件状态信息系统调用 stat()和 fstat()。stat()是利用文件名取信息，而 fstat()是使用文件句柄（描述符）来取信息。

12.1.7　360KB 软盘中文件系统实例分析

为了加深对图所示文件系统结构的理解，我们利用 Linux 0.12 系统在 360KB 规格软盘映像中建立一个 MINIX 1.0 文件系统，其中仅存放了一个名为 hello.c 的文件。

我们首先在 Bochs 环境中运行下列命令来建立一个文件系统。

```
[/usr/root]# mkfs /dev/fd1 360               // 在第 2 个软驱中建立一个 360KB 的文件系统。
120 inodes                                   // 它共有 120 个 i 节点，360 个盘块（逻辑块）。
360 blocks
Firstdatazone=8 (8)                          // 盘中数据区的开始盘块号是 8。
Zonesize=1024                                // 盘块大小为 1024 字节。
Maxsize=268966912                            // 最大文件长度（显然有误）。

[/usr/root]# mount /dev/fd1 /mnt             // 安装到/mnt 目录并复制一个文件到其中。
[/usr/root]# cp hello.c /mnt
[/usr/root]# ll -a /mnt                      // 有 3 个目录项。
total 3
drwxr-xr-x   2 root     root       48 Feb 23 17:48 .
drwxr-xr-x  10 root     root      176 Mar 21  2004 ..
-rw-------   1 root     root       74 Feb 23 17:48 hello.c

[/usr/root]# umount /dev/fd1                 // 卸载该文件系统。
[/usr/root]#
```

对第 2 个软驱中的软盘（映像文件）执行 mkfs 命令后，会在盘上建立起一个 MINIX 文件系统。从命令执行后显示的内容可知，该文件系统共含有 120 个 i 节点、360 个盘块，盘中数据区起始的盘块号是 8，逻辑块的大小是 1024 字节，与盘块大小相同。并且可存放文件的最大长度为 268966912 字节（长度值显然有误）。然后我们使用 mount 命令把这个含有 MINIX 文件系统的设备安装到目录/mnt 上，并在向其中复制了一个文件 hello.c 后再卸载该文件系统。现在我们就已经制作好了一个只含有一个文件的 MINIX 文件系统。它被存放在 Bochs 第 2 个软驱对应的磁盘映像文件（diskb.img）中。

现在我们来查看这个文件系统中的具体内容。为了方便，我们直接使用 Linux 0.12 系统中的 hexdump 命令来观察其中内容。你也可以退出 Bochs 系统并使用 UltraEdit 等可修改二进制文件的编辑程序来查看。在对设备/dev/fd1 执行 hexdump 命令后会显示以下内容（略作了整理）：

```
[/usr/root]# hexdump /dev/fd1 | more
```

```
0000000 44eb 4d90 6f74 6c6f 2073 0020 0102 0001
                                  // 0x0000 - 0x03ff (1KB) 是引导块内容。
0000010 e002 4000 f00b 0009 0012 0002 0000 0000
0000020 0000 0000 0000 0000 0000 0000 0000 0000
*                                  // '*'号表示这个范围的数据均是 0 值。
0000400 0078 0168 0001 0001 0008 0000 1c00 1008
  // 0x0400 - 0x07ff (1KB) 是超级块内容。
0000410 137f 0000 0000 0000 0000 0000 0000 0000
0000420 0000 0000 0000 0000 0000 0000 0000 0000
*
0000800 0007 0000 0000 0000 0000 0000 0000 ff00
                                  // 0x0800 - 0x0bff (1KB) 是 i 节点位图内容。
0000810 ffff ffff ffff ffff ffff ffff ffff ffff
*
0000c00 0007 0000 0000 0000 0000 0000 0000 0000
                                  // 0x0c00 - 0x0fff (1KB) 是逻辑块位图内容。
0000c10 0000 0000 0000 0000 0000 0000 0000 0000
0000c20 0000 0000 0000 0000 0000 0000 fffe ffff
0000c30 ffff ffff ffff ffff ffff ffff ffff ffff
*
0001000 41ed 0000 0030 0000 c200 421c 0200 0008
                                  // 0x1000 - 0x1fff (4KB) 是 120 个 i 节点内容。
0001010 0000 0000 0000 0000 0000 0000 0000 0000
0001020 8180 0000 004a 0000 c200 421c 0100 0009
0001030 0000 0000 0000 0000 0000 0000 0000 0000
*                                //// 以下是数据区盘块内容。
0002000 0001 002e 0000 0000 0000 0000 0000 0000
                                  // 0x2000 - 0x23ff (1KB) 是 1 号根 i 节点数据。
0002010 0001 2e2e 0000 0000 0000 0000 0000 0000
0002020 0002 6568 6c6c 2e6f 0063 0000 0000 0000
0002030 0000 0000 0000 0000 0000 0000 0000 0000
*
0002400 6923 636e 756c 6564 3c20 7473 6964 2e6f
                                 // 0x2400 - 0x27ff (1KB) 是 hello.c 文件。
0002410 3e68 0a0a 6e69 2074 616d 6e69 2928 7b0a
0002420 090a 7270 6e69 6674 2228 6548 6c6c 2c6f
0002430 7720 726f 646c 5c21 226e 3b29 090a 6572
0002440 7574 6e72 3020 0a3b 0a7d 0000 0000 0000
0002450 0000 0000 0000 0000 0000 0000 0000 0000
--More--
```

现在我们逐一分析以上内容。根据图12-1我们知道，MINIX 1.0 文件系统的第 1 个盘块是一个引导盘块。因此盘块 0（0x0000～0x03ff，1KB）是引导块内容。无论你的盘是否用来引导系统，每个新创建的文件系统都会保留一个引导盘块。对于新创建的磁盘映像文件，引导盘块应该全部为零。上述显示数据中引导盘块的内容是原来映像文件中遗留下来的数据，即 mkfs 命令在创建文件系统时不会修改引导盘块的内容。

盘块 1（0x0400～0x07ff，1KB）是超级块内容。根据 MINIX 文件系统超级块数据结构（参见图12-3）我们可以知道表 12-2 中所列的文件系统超级块信息，共有 18 个字节中包含有效内容。由于每逻辑块对 ing 的盘块数对数值为 0，因此，对于 MINIX 文件系统来说，其盘块大小就等于逻辑块（区块）大小。

盘块 2（0x0800～0x0bff，1KB）包含 i 节点位图信息。由于该文件系统中总共有 120 个 i 节点，而每个位代表 1 个 i 节点结构，因此文件系统实际占用了该 1KB 大小盘块中的 120/8 = 15

个字节，其中位值为 0 表示文件系统中相应 i 节点结构未被占用，1 表示已占用或保留。盘块中其余不用的字节的位值均被 mkfs 命令初始化为 1。

表 12-2 360KB 磁盘中 MINIX 文件系统超级块信息

字段名称	超级块字段名称	内容
s_ninodes	i 节点数	0x0078 = 120 个
s_nzones	区块（逻辑块）数	0x0168 = 360 块
s_imap_blocks	i 节位图所占块数	0x0001 块
s_zmap_blocks	区块位图所占块数	0x0001 块
s_firstdatazone	第一个数据块块号	0x0008
s_log_zone_size	Log2（盘块数/区块）	0x0000
s_max_size	最大文件长度	0x10081c00 = 268966912 字节
s_magic	文件系统魔数	0x137f

从盘块 2 的数据中可以看出，第 1 个字节值是 0x07（0b0000111），即 i 节点位图的最开始的 3 个位已被占用。由前文可知，第 1 个位（位 0）保留不用。第 2 和第 3 个位分别说明了文件系统的 1 号 i 节点和 2 号 i 节点已被使用，即后面 i 节点区中已经包含 2 个 i 节点结构内容，实际上，1 号节点被用作文件系统的根 i 节点，2 号 i 节点被用于该文件系统上的唯一一个文件 hello.c，其中 i 节点结构的内容将在后面说明。

盘块 3（0x0c00～0x0fff，1KB）是逻辑块位图内容。由于磁盘容量只有 360KB，因此文件系统实际使用了其中 360 个位，即 360/8 = 45 个字节。由于逻辑块位图仅表示磁盘中数据区中盘块被占用的情况，因此去除已被使用的功能块数（1 引导块 + 1 超级块 + 1i 节点位图块 + 1 逻辑块位图块 + 4i 节点区盘块 = 8），实际需要的位数是 360 - 8 = 352 个位（占用 44 字节），再加上保留不能使用的位 0，共需要 353 个位。这也就是为什么最后一个（第 45）字节（0xfe）只有 1 个位是 0 的原因。

因此，当我们知道一个逻辑块在逻辑块位图中的位偏移值 nr 时，那么其对应的实际磁盘的盘块块号 block 就等于 nr + 8 -1，即 block = nr + s_firstdatazone - 1。而当我们想为一个磁盘上盘块号 block 求其在逻辑块位图中的位偏移值（即数据区中块号）nr 时，则其为 nr = block - s_firstdatazone +1。

与 i 节点位图类似，第 1 个字节的前 3 位也已经被占用。第 1 个（位 0）位不留不用，第 2 和第 3 个位说明磁盘数据区中已经被使用了 2 个盘块（逻辑块）。实际上，位 1 代表的磁盘数据区中的第 1 个盘块被用于 1 号根 i 节点存放数据信息（目录项），位 2 代表的数据区中第 2 个盘块被用于 2 号节点保存相关数据信息。请注意，这里所说的数据信息是指 i 节点管理的数据内容，并非 i 节点结构的信息。i 节点本身的结构信息将保存在专门供存放 i 节点结构信息的 i 节点区中盘块内，即磁盘盘块 4～7。

盘块 4～7（0x1000～0x1fff，4KB）4 个盘块专门用来存放 i 节点结构信息。因为文件系统供有 120 个 i 节点，而每个 i 节点占用 32 个字节（参见图 12-4），因此共需要 120×32 = 3840 字节，即需要占用 4 个盘块。由上面显示的数据可以看出，前 32 个字节已经保存了 1 号根 i 节点的内容，随后的 32 字节中保存了 2 号 i 节点的内容，见表 12-3。

可以看出，1 号根 i 节点的数据块只有 1 块，其逻辑块号是 8，位于磁盘数据区中第 1 块上，长度是 30 字节。由前文可知一个目录项长度是 16（0x10）字节，因此这个逻辑块中共存有 3

个目录项（0x30 字节）。因为是一个目录，所以其链接数是 2。

表 12-3　1 号根 i 节点结构内容

字段名称	i 节点字段名称	值和说明（1 号根 i 节点）	值和说明（2 号 i 节点）
i_mode	文件的类型和属性	0x41ed （drwxr-xr-x）	0x8180 （-rw-------）
i_uid	文件宿主用户 id	0x0000	0x0000
i_size	文件长度	0x00000030 （48 字节）	0x0000004a （74 字节）
i_mtime	修改时间	0x421cc200 （Feb 23 17:48）	0x421cc200 （Feb 23 17:48）
i_gid	文件组 id	0x00	0x00
i_nlinks	链接数	0x02	0x01
i_zone[9]	文件所占用的逻辑块号数组	zone[0] = 0x0008，其余项均为 0。	zone[0] = 0x0009，其余项均为 0。

2 号 i 节点的数据块也同样只有 1 块，并位于磁盘数据区中第 2 块内，盘块号是 9。其中存有的数据长度是 74 字节，即是 hello.c 文件的字节长度。

盘块 8（0x2000～0x23ff，1KB）就是 1 号根 i 节点的数据。其中存有 48 字节的 3 个目录项结构信息，见表 12-4。

表 12-4　1 号根 i 节点的数据内容

项	节点号	文件名
1	0x0001	0x2e （.）
2	0x0001	0x2e,0x2e （..）
3	0x0002	0x68,0x65,0x6c,0x6c,0x6f,0x2e,0x63 （hello.c）

盘块 9（0x2400～0x27ff，1KB）是 hello.c 文件内容。其中包含了 74 字节的文本信息。

12.2　buffer.c 程序

从本节起，我们对 fs/目录下的程序逐一进行说明和注释。按照本章第 2 节中的描述，本章的程序可以被划分成 4 个部分：高速缓冲管理；文件底层操作；文件数据访问；文件高层访问控制。这里首先对第 1 部分的高速缓冲管理程序进行描述。这部分仅包含一个程序 buffer.c。

12.2.1　功能描述

buffer.c 程序用于对高速缓冲区（池）进行操作和管理。高速缓冲区位于内核代码块和主内存区之间，如图 12-15 所示。高速缓冲区在块设备与内核其他程序之间起着一个桥梁作用。除了块设备驱动程序以外，内核程序如果需要访问块设备中的数据，就都需要经过高速缓冲区来间接地操作。

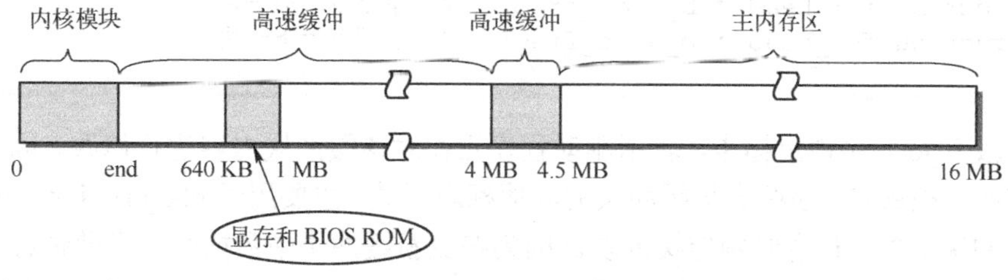

图 12-15　高速缓冲区在整个物理内存中所处的位置

图中高速缓冲区的起始位置从内核模块末段 end 标号开始，end 是内核模块链接期间由链接程序 ld 设置的一个外部变量，内核代码中没有定义这个符号。当在链接生成 system 模块时，ld 程序设置了 end 的地址，它等于 data_start + datasize + bss_size，即 bss 段结束后的第 1 个有效地址，即内核模块的末端。另外，链接器还设置了 etext 和 edata 两个外部变量。它们分别表示代码段后第 1 个地址和数据段后第 1 个地址。

整个高速缓冲区被划分成 1024 字节大小的缓冲块，正好与块设备上的磁盘逻辑块大小相同。高速缓冲采用 hash 表和包含所有缓冲块的链表进行操作管理。在缓冲区初始化过程中，初始化程序从整个缓冲区的两端开始，分别同时设置缓冲块头结构和划分出对应的缓冲块，如图 12-16 所示。缓冲区的高端被划分成一个个 1024 字节的缓冲块，低端则分别建立起对应各缓冲块的缓冲头结构 buffer_head（include/linux/fs.h，68 行）。该头结构用于描述对应缓冲块的属性，并且用于把所有缓冲头连接成链表，直到它们之间已经不能再划分出缓冲块为止。

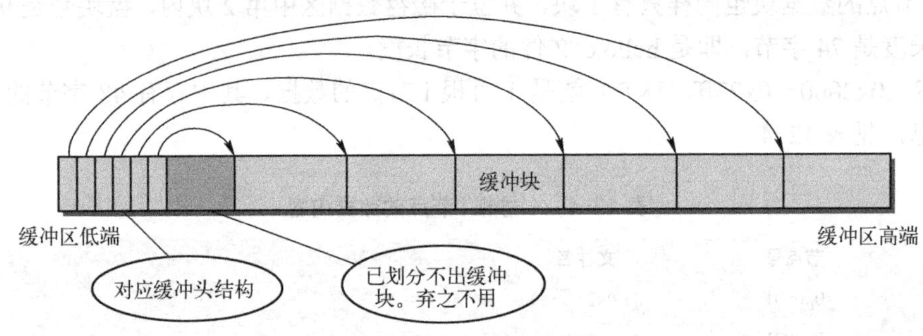

图 12-16　高速缓冲区的初始化

所有缓冲块的 buffer_head 被链接成一个双向链表结构，如图 12-17 所示。图中 free_list 指针是该链表的头指针，指向空闲块链表中第一个“最为空闲的”缓冲块，即近期最少使用的缓冲块。而该缓冲块的反向指针 b_prev_free 则指向缓冲块链表中最后一个缓冲块，即最近刚使用的缓冲块。缓冲块的缓冲头数据结构为：

```
struct buffer_head {
     char * b_data;                        // 指向该缓冲块中数据区（1024 字节）的指针。
     unsigned long b_blocknr;              // 块号。
     unsigned short b_dev;                 // 数据源的设备号(0 = free)。
     unsigned char b_uptodate;             // 更新标志：表示数据是否已更新。
     unsigned char b_dirt;                 //修改标志：0-未修改(clean),1-已修改(dirty)。
     unsigned char b_count;                // 使用该块的用户数。
     unsigned char b_lock;                 // 缓冲区是否被锁定。0- ok, 1- locked
     struct task_struct * b_wait;          // 指向等待该缓冲区解锁的任务。
     struct buffer_head * b_prev;          // hash 队列上前一块（这四个指针用于缓冲区管理）。
     struct buffer_head * b_next;          // hash 队列上下一块。
     struct buffer_head * b_prev_free;       // 空闲表上前一块。
     struct buffer_head * b_next_free;       // 空闲表上下一块。
};
```

其中字段 b_lock 是锁定标志，表示驱动程序正在对该缓冲块内容进行修改，因此该缓冲块处于忙状态而正被锁定。该标志与缓冲块的其他标志无关，主要用于 blk_drv/ll_rw_block.c 程序中在更新缓冲块中数据信息时锁定缓冲块。因为在更新缓冲块中数据时，当前进程会自愿去睡眠等待，从而别的进程就有机会访问该缓冲块。因此，此时为了禁止其他进程使用其中的数据，一定要在睡眠之前锁定缓冲块。

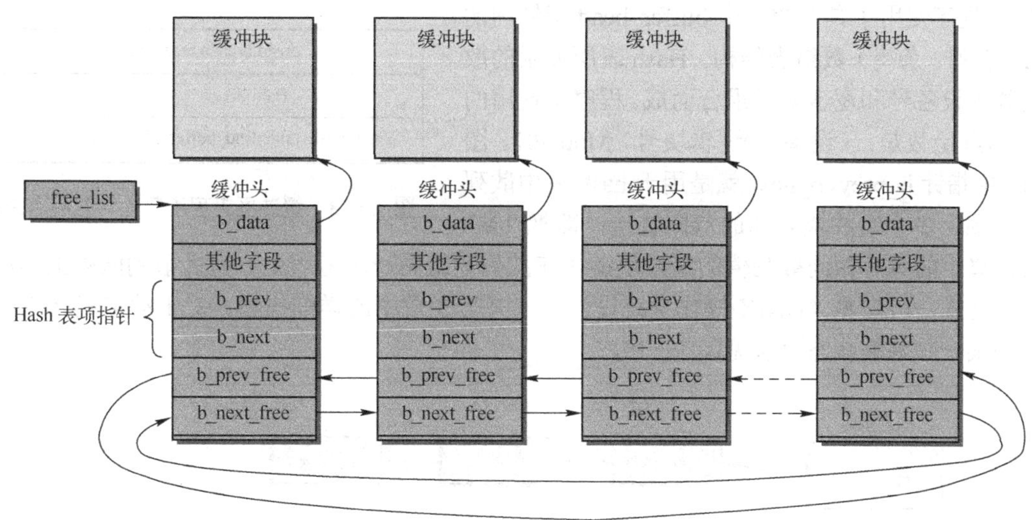

图 12-17 所有缓冲块组成的双向循环链表结构

字段 b_count 是缓冲管理程序 buffer 使用的计数值，表示相应缓冲块正被各个进程使用（引用）的次数，因此这个字段用于对缓冲块的程序引用计数管理，也与缓冲块的其他标志无关。当引用计数不为 0 时，缓冲管理程序就不能释放相应缓冲块。空闲块即是 b_count = 0 的块。当 b_count = 0 时，表示相应缓冲块未被使用（free），否则表示它正被使用。对于程序申请的缓冲块，若缓冲管理程序能够从 hash 表中得到已存在的指定块时，就会将该块的 b_count 增 1（b_count++）。若缓冲块是重新申请得到的未被使用的块，则其头结构中的 b_count 被设置为等于 1。当程序释放其对一个块的引用时，该块的引用次数就会相应地递减（b_count--）。由于标志 b_lock 表示其他程序正在使用并锁定了指定的缓冲块，因此对于 b_lock 置位的缓冲块来讲，其 b_count 肯定大于 0。

字段 b_dirt 是脏标志，说明缓冲块中内容是否已被修改而与块设备上的对应数据块内容不同（延迟写）。字段 b_uptodate 是数据更新（有效）标志，说明缓冲块中数据是否有效。初始化或释放块时这两个标志均设置成 0，表示该缓冲块此时无效。当数据被写入缓冲块但还没有被写入设备时则 b_dirt = 1，b_uptodate = 0。当数据被写入块设备或刚从块设备中读入缓冲块则数据变成有效，即 b_uptodate = 1。请注意有一种特殊情况。即在新申请一个设备缓冲块时 b_dirt 与 b_uptodate 都为 1，表示缓冲块中数据虽然与块设备上的不同，但是数据仍然是有效的（更新的）。

图中缓冲头结构中“其他字段”包括块设备号、缓冲数据的逻辑块号，这两个字段唯一确定了缓冲块中数据对应的块设备和数据块。另外还有几个状态标志：数据有效（更新）标志、修改标志、数据被使用的进程数和本缓冲块是否上锁标志。

内核程序在使用高速缓冲区中的缓冲块时，是指定设备号（dev）和所要访问设备数据的逻辑块号（block），通过调用缓冲块读取函数 bread()、bread_page()或 breada()进行操作。这几个函数都使用缓冲区搜索管理函数 getblk()，用于在所有缓冲块中寻找最为空闲的缓冲块。该函数将在下面重点说明。在系统释放缓冲块时，需要调用 brelse()函数。所有这些缓冲块数据存取和管理函数的调用层次关系可用图 12-18 来描述。

为了能够快速而有效地在缓冲区中寻找判断出请求的数据块是否已经被读入到缓冲区中，buffer.c 程序使用了具有 307 个 buffer_head 指针项的 hash（散列、杂凑）数组表结构。Hash 表所使用的散列函数由设备号和逻辑块号组合而成。程序中使用的具体 hash 函数是：（设备号^逻辑块号）Mod 307。图 12-17 中指针 b_prev、b_next 就是用于 hash 表中散列在同一项上多个缓冲块之间的双向链接，即把 hash 函数计算出的具有相同散列值的缓冲块链接在散列数组同一项链表上。有关散列队列上缓冲块的操作方式，可参见《UNIX 操作系统设计》一书第 3 章中的详细描述。对于动态变化的 hash 表结构某一时刻的状态可参见图 12-19。

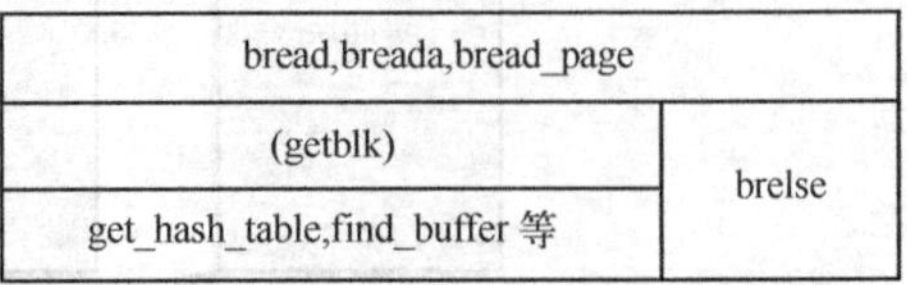

图 12-18 缓冲区管理函数之间的层次关系

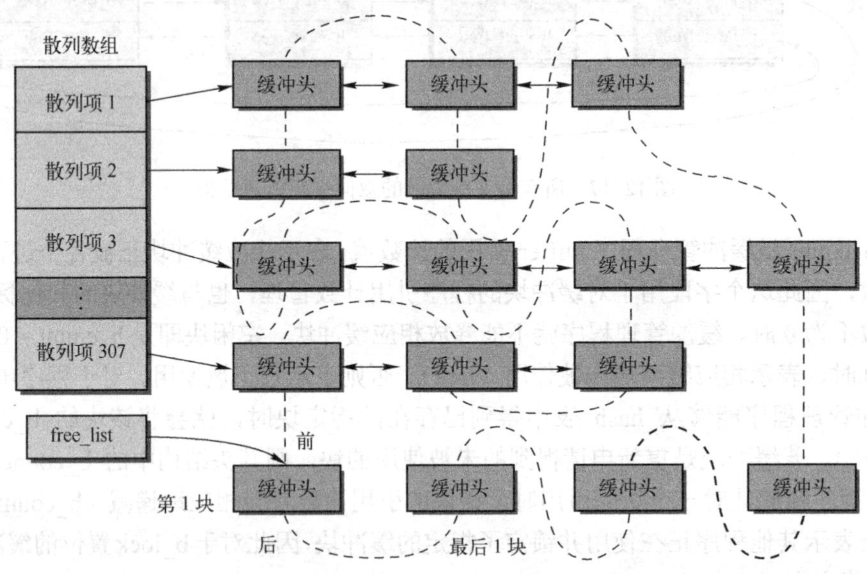

图 12-19 某一时刻内核中缓冲块散列队列示意图

其中，双箭头横线表示散列在同一 hash 表项中缓冲块头结构之间的双向链接指针。虚线表示缓冲区中所有缓冲块组成的一个双向循环链表（即所谓空闲链表），而 free_list 是该链表最为空闲缓冲块处的头指针。实际上这个双向链表是一个最近最少使用 LRU（Least Recently Used）链表。下面我们对缓冲块搜索函数 getblk()进行详细说明。

上面提及的三个函数在执行时都调用了 getblk()，以获取适合的空闲缓冲块。该函数首先调用 get_hash_table()函数，在 hash 表队列中搜索指定设备号和逻辑块号的缓冲块是否已经存在。如果存在就立刻返回对应缓冲头结构的指针；如果不存在，则从空闲链表头开始，对空闲链表进行扫描，寻找一个空闲缓冲块。在寻找过程中还要对找到的空闲缓冲块作比较，根据赋予修改标志和锁定标志组合而成的权值，比较哪个空闲块最适合。若找到的空闲块既没有被修改也没有被锁定，就不用继续寻找了。若没有找到空闲块，则让当前进程进入睡眠状态，待继续执行时再次寻找。若该空闲块被锁定，则进程也需进入睡眠，等待其他进程解锁。若在睡眠等待的过程中，该缓冲块又被其他进程占用，那么只要再重头开始搜索缓冲块。否则判断该缓冲块是否已被修改过，若是，则将该块写盘，并等待该块解锁。此时如果该缓冲块又被别的进程占用，那么又一次全功尽弃，只好再重头开始执行 getblk()。在经历了以上折腾后，此时有可能出现另外一个意外情况，也就是在我们睡眠时，可能其他进程已经将我们所需要的缓冲块加进了 hash 队列中，因此这里需要最后一次搜索一下 hash 队列。如果真的在 hash 队列中找到了我们所需要的缓冲块，那么我们又得对找到的缓冲块进行以上判断处理，因此，又一次需要从头开始执行 getblk()。最后，我们才算找到了一块没有被进程使用、没有被上锁，而且是干净（修改标志未置位）的空闲缓冲块。于是我们就将该块的引用次数置 1，并复位其他几个标志，然后从空闲表中移出该块的缓冲头结构。在设置了该缓冲块所属的设备号和相应的逻辑号后，再将其插入 hash 表对应表项首部并链接到空闲队列的末尾处。由于搜索空闲块是从空闲队列头开始的，因此这种先从空闲队列中移出并使用最近不常用的缓冲块，然后再重新插入到空闲队列尾部的操作也就实现了最近最少使用 LRU 算法。最终，返回该缓冲块头的指针。整个 getblk()处理过程可参见图 12-20。

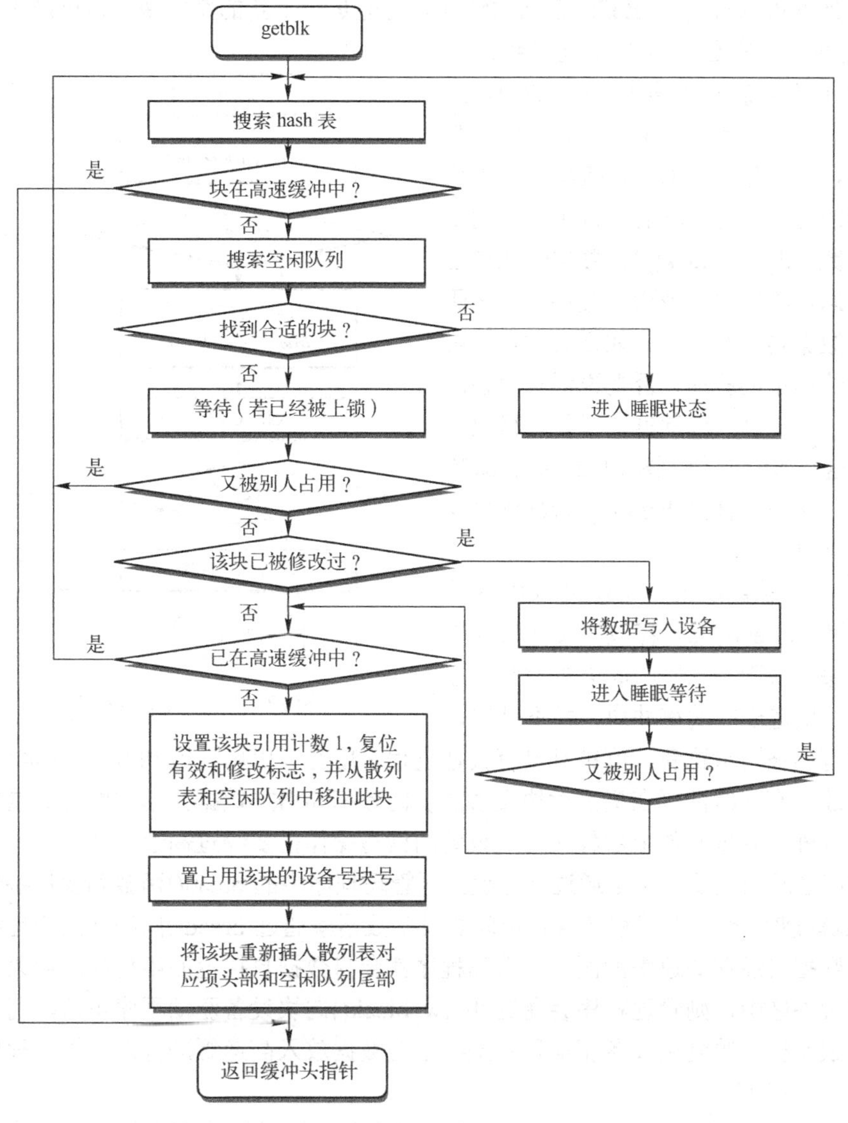

图 12-20　getblk()函数执行流程图

从上述分析可知，函数在每次获取新的空闲缓冲块时，就会把它移到 free_list 头指针所指链表的最后面，即越靠近链表末端的缓冲块被使用的时间就越近。因此如果 hash 表中没有找到对应缓冲块，就会在搜索新空闲缓冲块时从 free_list 链表头处开始搜索。可以看出，内核取得缓冲块的算法使用了以下策略：

- 如果指定的缓冲块存在于 hash 表中，则说明已经得到可用缓冲块，于是直接返回。
- 否则就需要在链表中从 free_list 头指针处开始搜索，即从最近最少使用的缓冲块处开始。

因此最理想的情况是找到一个完全空闲的缓冲块，即 b_dirt 和 b_lock 标志均为 0 的缓冲块；但是如果不能满足这两个条件，那么就需要根据 b_dirt 和 b_lock 标志计算出一个值。因为设备操作通常很耗时，所以在计算时需加大 b_dirt 的权重。然后我们在计算结果值最小的缓冲块上等待（如果缓冲块已经上锁）。最后当标志 b_lock 为 0 时，表示所等待的缓冲块原内容已经写到块设备上。于是 getblk()就获得了一块空闲缓冲块。

由以上处理可以看到，getblk()返回的缓冲块可能是一个新的空闲块，也可能正好是含有所需数据的缓冲块，它已经存在于高速缓冲区中。因此对于读取数据块操作（bread()），此时就要判断该缓冲块的更新标志，看看所含数据是否有效，如果有效就可以直接将该数据块返回给申请的程序。否则就需要调用设备的低层块读写函数（ll_rw_block()），并同时让自己进入睡眠状态，等待数据被读入缓冲块。在醒来后再判断数据是否有效了。如果有效，就可将此数据返给申请的程序，否则说明对设备的读操作失败了，没有取到数据。于是，释放该缓冲块，并返回 NULL 值。图 12-21 是 bread()函数的框图。breada()和 bread_page()函数与 bread()函数类似。

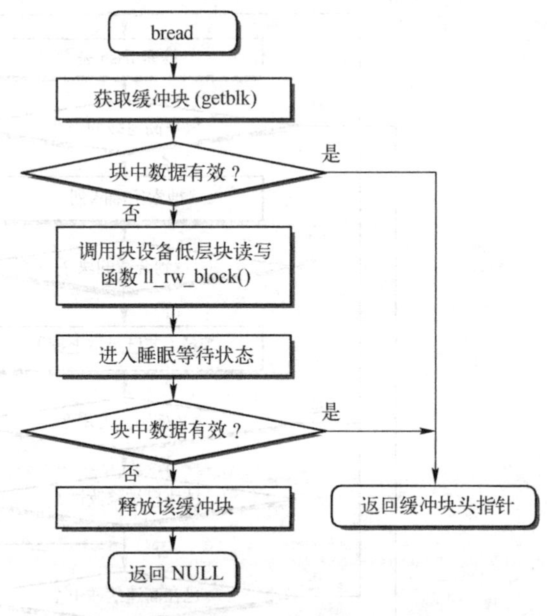

图 12-21 bread()函数执行流程框图

当程序不再需要使用一个缓冲块中的数据时，就调用 brelse()函数，释放该缓冲块并唤醒因等待该缓冲块而进入睡眠状态的进程。注意，空闲缓冲块链表中的缓冲块，并不是都是空闲的。只有当被写盘刷新、解锁且没有其他进程引用时（引用计数=0），才能挪作他用。

综上所述，高速缓冲区在提高对块设备的访问效率和增加数据共享方面起着重要的作用。除驱动程序以外，内核其他上层程序对块设备的读写操作需要经过高速缓冲区管理程序来间接地实现。它们之间的主要联系是通过高速缓冲区管理程序中的 bread()函数和块设备低层接口函数 ll_rw_block()来实现。上层程序若要访问块设备数据就通过 bread()向缓冲区管理程序申请。如果所需的数据已经在高速缓冲区中，管理程序就会将数据直接返回给程序。如果所需的数据暂时还不在缓冲区中，则管理程序会通过 ll_rw_block()向块设备驱动程序申请，同时让程序对应的进程睡眠等待。等到块设备驱动程序把指定的数据放入高速缓冲区后，管理程序才会返回给上层程序。见图 12-22。

对于更新和同步（Synchronization）操作，其主要作用是让内存中的一些缓冲块内容与磁盘等块设备上的信息一致。sync_inodes()的主要作用是把 i 节点表 inode_table 中的 i 节点信息与磁盘上的一致起来。但需要经过系统高速缓冲区这一中间环节。实际上，任何同步操作都被分成了两个阶段：

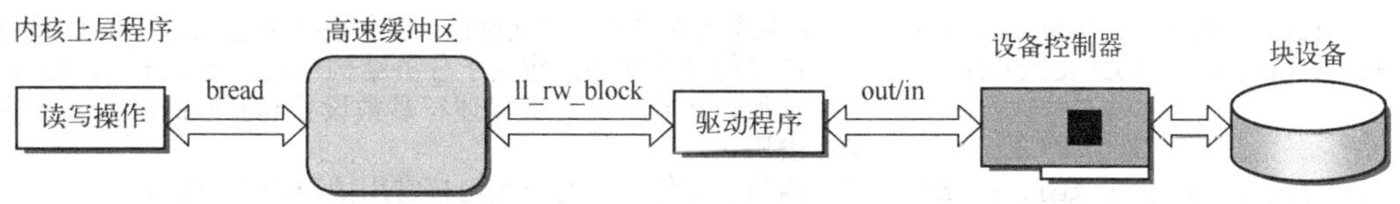

图 12-22 内核程序块设备访问操作

1）数据结构信息与高速缓冲区中的缓冲块同步问题，由驱动程序独立负责。

2）高速缓冲区中数据块与磁盘对应块的同步问题，由这里的缓冲管理程序负责。

sync_inodes()函数不会直接与磁盘打交道，它只能前进到缓冲区这一步,即只负责与缓冲区中的信息同步。剩下的需要缓冲管理程序负责。为了让 sync_inodes()知道哪些 i 节点与磁盘上的不同，就必须首先让缓冲区中内容与磁盘上的内容一致。这样 sync_indes()通过与当前磁盘在缓冲区中的最新数据比较才能知道哪些磁盘 inode 需要修改和更新。最后再进行第二次高速缓冲区与磁盘设备的同步操作，做到内存中的数据与块设备中的数据真正同步。

12.2.2 代码注释

程序 12-1 linux/fs/buffer.c

```
/*
 *  linux/fs/buffer.c
 *
 *  (C) 1991  Linus Torvalds
 */

/*
 *  'buffer.c' implements the buffer-cache functions. Race-conditions have
 * been avoided by NEVER letting a interrupt change a buffer (except for the
 * data, of course), but instead letting the caller do it. NOTE! As interrupts
 * can wake up a caller, some cli-sti sequences are needed to check for
 * sleep-on-calls. These should be extremely quick, though (I hope).
 */
/*
 * 'buffer.c'用于实现缓冲区高速缓存功能。通过不让中断处理过程改变缓冲区，而是让调用者来执
 * 行，避免了竞争条件（当然除改变数据以外）。注意！由于中断可以唤醒一个调用者，因此就需要开
 * 关中断指令（cli-sti）序列来检测由于调用而睡眠。但需要非常快（我希望是这样）。
 */

/*
 * NOTE! There is one discordant note here: checking floppies for
 * disk change. This is where it fits best, I think, as it should
 * invalidate changed floppy-disk-caches.
 */
/*
 * 注意！有一个程序应不属于这里：检测软盘是否更换。但我想这里是放置该程序最好的地方了，因为
 * 它需要使已更换软盘缓冲失效。
 */

#include <stdarg.h>          // 标准参数头文件。以宏的形式定义变量参数列表。主要说明了-个类
                             // 型(va_list)和三个宏(va_start, va_arg 和 va_end)，用于
```

```
                                    // vsprintf、vprintf、vfprintf 函数。
22
23 #include <linux/config.h>   // 内核配置头文件。定义键盘语言和硬盘类型（HD_TYPE）可选项。
24 #include <linux/sched.h>    // 调度程序头文件，定义了任务结构 task_struct、任务 0 的
                               // 数据，还有一些有关描述符参数设置和获取的嵌入式汇编函数
                               // 宏语句。
25 #include <linux/kernel.h>   // 内核头文件。含有一些内核常用函数的原形定义。
26 #include <asm/system.h>     //系统头文件。定义了设置或修改描述符/中断门等的嵌入汇编宏。
27 #include <asm/io.h>         // io 头文件。定义硬件端口输入/输出宏汇编语句。
28
   // 变量 end 是由编译时的连接程序 ld 生成，用于表明内核代码的末端，即指明内核模块末端位置，参
   // 见图 12-15。也可以从编译内核时生成的 System.map 文件中查出。这里用它来表明高速缓冲区开
   // 始于内核代码末端位置。
   // 第 33 行上的 buffer_wait 变量是等待空闲缓冲块而睡眠的任务队列头指针。它与缓冲块头部结构
   // 中 b_wait 指针的作用不同。当任务申请一个缓冲块而正好遇到系统缺乏可用空闲缓冲块时，当前任
   // 务就会被添加到 buffer_wait 睡眠等待队列中。而 b_wait 则是专门供等待指定缓冲块（即 b_wait
   // 对应的缓冲块）的任务使用的等待队列头指针。
29 extern int end;
30 struct buffer_head * start_buffer = (struct buffer_head *) &end;
31 struct buffer_head * hash_table[NR_HASH];         // NR_HASH = 307 项。
32 static struct buffer_head * free_list;            // 空闲缓冲块链表头指针。
33 static struct task_struct * buffer_wait = NULL;// 等待空闲缓冲块而睡眠的任务队列。

   // 下面定义系统缓冲区中含有的缓冲块个数。这里，NR_BUFFERS 是一个定义在 linux/fs.h 头文件
   // 第 48 行的宏，其值即是变量名 nr_buffers，并且在 fs.h 文件第 172 行声明为全局变量。
   //大写名称通常都是一个宏名称，Linus 这样编写代码是为了利用这个大写名称来隐含地表示 nr_buffers
   // 是一个在内核初始化之后不再改变的“常量”。它将在初始化函数 buffer_init()中被设置（第 371 行）。
34 int NR_BUFFERS = 0;                                // 系统含有缓冲块个数。
35
   //// 等待指定缓冲块解锁。
   // 如果指定的缓冲块 bh 已经上锁就让进程不可中断地睡眠在该缓冲块的等待队列 b_wait 中。
   // 在缓冲块解锁时，其等待队列上的所有进程将被唤醒。虽然是在关闭中断（cli）之后去睡
   // 眠的，但这样做并不会影响在其他进程上下文中响应中断。因为每个进程都在自己的 TSS 段
   // 中保存了标志寄存器 EFLAGS 的值，所以在进程切换时 CPU 中当前 EFLAGS 的值也随之改变。
   // 使用 sleep_on()进入睡眠状态的进程需要用 wake_up()明确地唤醒。
36 static inline void wait_on_buffer(struct buffer_head * bh)
37 {
38         cli();                               // 关中断。
39         while (bh->b_lock)                   // 如果已被上锁则进程进入睡眠，等待其解锁。
40                 sleep_on(&bh->b_wait);
41         sti();                               // 开中断。
42 }
43
   //// 设备数据同步。
   // 同步设备和内存高速缓冲中数据。其中，sync_inodes()定义在 inode.c，59 行。
44 int sys_sync(void)
45 {
46         int i;
47         struct buffer_head * bh;
48
   // 首先调用 i 节点同步函数，把内存 i 节点表中所有修改过的 i 节点写入高速缓冲中。然后扫描所有高
   // 速缓冲区，对已被修改的缓冲块产生写盘请求，将缓冲中数据写入盘中，做到高速缓冲中的数据与设
   // 备中的同步。
49         sync_inodes();                       /* write out inodes into buffers */
50         bh = start_buffer;                   // bh 指向缓冲区开始处。
51         for (i=0 ; i<NR_BUFFERS ; i++,bh++) {
```

```
            wait_on_buffer(bh);             // 等待缓冲区解锁（如果已上锁的话）。
            if (bh->b_dirt)
                    ll_rw_block(WRITE,bh);  // 产生写设备块请求。
    }
    return 0;
}

//// 对指定设备进行高速缓冲数据与设备上数据的同步操作。
// 该函数首先搜索高速缓冲区中所有缓冲块。对于指定设备 dev 的缓冲块，若其数据已被修改过就写入
// 盘中（同步操作）。然后把内存中 i 节点表数据写入高速缓冲中。之后再对指定设备 dev 执行一次与
// 上述相同的写盘操作。
int sync_dev(int dev)
{
    int i;
    struct buffer_head * bh;

// 首先对参数指定的设备执行数据同步操作，让设备上的数据与高速缓冲区中的数据同步。
// 方法是扫描高速缓冲区中所有缓冲块，对指定设备 dev 的缓冲块，先检测其是否已被上锁，若已被上
// 锁就睡眠等待其解锁。然后再判断一次该缓冲块是否还是指定设备的缓冲块并且已修改过（b_dirt
// 标志置位），若是就对其执行写盘操作。因为在我们睡眠期间该缓冲块有可能已被释放或者被挪作它
// 用，所以在继续执行前需要再次判断一下该缓冲块是否还是指定设备的缓冲块，
    bh = start_buffer;                          // bh 指向缓冲区开始处。
    for (i=0 ; i<NR_BUFFERS ; i++,bh++) {
            if (bh->b_dev != dev)               // 不是设备 dev 的缓冲块则继续。
                    continue;
            wait_on_buffer(bh);                 // 等待缓冲区解锁（如果已上锁的话）。
            if (bh->b_dev == dev && bh->b_dirt)
                    ll_rw_block(WRITE,bh);
    }
// 再将 i 节点数据写入高速缓冲。让 i 节点表 inode_table 中的 inode 与缓冲中的信息同步。
    sync_inodes();
// 然后在高速缓冲中的数据更新之后，再把它们与设备中的数据同步。这里采用两遍同步操作是为了提
// 高内核执行效率。第一遍缓冲区同步操作可以让内核中许多“脏块”变干净，使得 i 节点的同步操作
// 能够高效执行。本次缓冲区同步操作则把那些由于 i 节点同步操作而又变脏的缓冲块与设备中数据同步。
    bh = start_buffer;
    for (i=0 ; i<NR_BUFFERS ; i++,bh++) {
            if (bh->b_dev != dev)
                    continue;
            wait_on_buffer(bh);
            if (bh->b_dev == dev && bh->b_dirt)
                    ll_rw_block(WRITE,bh);
    }
    return 0;
}

//// 使指定设备在高速缓冲区中的数据无效。
// 扫描高速缓冲区中所有缓冲块。对指定设备的缓冲块复位其有效(更新)标志和已修改标志。
void inline invalidate_buffers(int dev)
{
    int i;
    struct buffer_head * bh;

    bh = start_buffer;
    for (i=0 ; i<NR_BUFFERS ; i++,bh++) {
            if (bh->b_dev != dev)               // 如果不是指定设备的缓冲块，则
                    continue;                   // 继续扫描下一块。
```

```
		wait_on_buffer(bh);                // 等待该缓冲区解锁（如果已被上锁）。
// 由于进程执行过睡眠等待，所以需要再判断一下缓冲区是否是指定设备的。
		if (bh->b_dev == dev)
			bh->b_uptodate = bh->b_dirt = 0;
	}
}

/*
 * This routine checks whether a floppy has been changed, and
 * invalidates all buffer-cache-entries in that case. This
 * is a relatively slow routine, so we have to try to minimize using
 * it. Thus it is called only upon a 'mount' or 'open'. This
 * is the best way of combining speed and utility, I think.
 * People changing diskettes in the middle of an operation deserve
 * to loose :-)
 *
 * NOTE! Although currently this is only for floppies, the idea is
 * that any additional removable block-device will use this routine,
 * and that mount/open needn't know that floppies/whatever are
 * special.
 */
/*
 * 该子程序检查一个软盘是否已被更换，如果已经更换就使高速缓冲中与该软驱对应的所有缓冲区无效。
 * 该子程序相对来说较慢，所以我们要尽量少使用它。
 * 所以仅在执行'mount'或'open'时才调用它。我想这是将速度和实用性相结合的最好方法。若在操
 * 作过程中更换软盘，就会导致数据的丢失。这是咎由自取☺。
 *
 * 注意！尽管目前该子程序仅用于软盘，以后任何可移动介质的块设备都将使用该
 * 程序，mount/open 操作不需要知道是软盘还是其他什么特殊介质。
 */
//// 检查磁盘是否更换，如果已更换就使对应高速缓冲区无效。
void check_disk_change(int dev)
{
	int i;

// 首先检测一下是不是软盘设备。因为现在仅支持软盘可移动介质。如果不是则退出。然后测试软盘是
// 否已更换，如果没有则退出。floppy_change()在 blk_drv/floppy.c 第 139 行。
	if (MAJOR(dev) != 2)
		return;
	if (!floppy_change(dev & 0x03))
		return;
// 软盘已经更换，所以释放对应设备的 i 节点位图和逻辑块位图所占的高速缓冲区；并使该
// 设备的 i 节点和数据块信息所占踞的高速缓冲块无效。
	for (i=0 ; i<NR_SUPER ; i++)
		if (super_block[i].s_dev == dev)
			put_super(super_block[i].s_dev);
	invalidate_inodes(dev);
	invalidate_buffers(dev);
}

// 下面两行代码是 hash（散列）函数定义和 hash 表项的计算宏。
// hash 表的主要作用是减少查找比较元素所花费的时间。通过在元素的存储位置与关键字之间建立一
// 个对应关系（hash 函数），我们就可以直接通过函数计算立刻查询到指定的元素。建立 hash 函数的
// 指导条件主要是尽量确保散列到任何数组项的概率基本相等。建立函数的方法有多种，这里 Linux
// 0.12 主要采用了关键字除留余数法。因为我们寻找的缓冲块有两个条件，即设备号 dev 和缓冲块号
// block，因此设计的 hash 函数肯定需要包含这两个关键值。这里两个关键字的异或操作只是计算关
```

```
// 键值的一种方法。再对关键值进行 MOD 运算就可以保证函数所计算得到的值都处于函数数组项范围内。
128 #define _hashfn(dev,block) (((unsigned)(dev^block))%NR_HASH)
129 #define hash(dev,block) hash_table[_hashfn(dev,block)]
130
//// 从 hash 队列和空闲缓冲队列中移走缓冲块。
// hash 队列是双向链表结构，空闲缓冲块队列是双向循环链表结构。
131 static inline void remove_from_queues(struct buffer_head * bh)
132 {
133 /* remove from hash-queue */
/* 从 hash 队列中移除缓冲块 */
134         if (bh->b_next)
135                 bh->b_next->b_prev = bh->b_prev;
136         if (bh->b_prev)
137                 bh->b_prev->b_next = bh->b_next;
// 如果该缓冲区是该队列的头一个块，则让 hash 表的对应项指向本队列中的下一个缓冲区。
138         if (hash(bh->b_dev,bh->b_blocknr) == bh)
139                 hash(bh->b_dev,bh->b_blocknr) = bh->b_next;
140 /* remove from free list */
/* 从空闲缓冲块表中移除缓冲块 */
141         if (!(bh->b_prev_free) || !(bh->b_next_free))
142                 panic("Free block list corrupted");
143         bh->b_prev_free->b_next_free = bh->b_next_free;
144         bh->b_next_free->b_prev_free = bh->b_prev_free;
// 如果空闲链表头指向本缓冲区，则让其指向下一缓冲区。
145         if (free_list == bh)
146                 free_list = bh->b_next_free;
147 }
148
//// 将缓冲块插入空闲链表尾部，同时放入 hash 队列中。
149 static inline void insert_into_queues(struct buffer_head * bh)
150 {
151 /* put at end of free list */
/* 放在空闲链表末尾处 */
152         bh->b_next_free = free_list;
153         bh->b_prev_free = free_list->b_prev_free;
154         free_list->b_prev_free->b_next_free = bh;
155         free_list->b_prev_free = bh;
156 /* put the buffer in new hash-queue if it has a device */
/* 如果该缓冲块对应一个设备，则将其插入新 hash 队列中 */
// 请注意当 hash 表某项第 1 次插入项时，hash()计算值肯定为 NULL，因此此时第 161 行上得到的
// bh->b_next 肯定是 NULL，所以第 163 行上应该在 bh->b_next 不为 NULL 时才能给 b_prev 赋
// bh 值。即第 163 行前应该增加判断“if (bh->b_next)”。该错误到 0.96 版后才被纠正。
157         bh->b_prev = NULL;
158         bh->b_next = NULL;
159         if (!bh->b_dev)
160                 return;
161         bh->b_next = hash(bh->b_dev,bh->b_blocknr);
162         hash(bh->b_dev,bh->b_blocknr) = bh;
163         bh->b_next->b_prev = bh;           // 此句前应添加“if (bh->b_next)”判断。
164 }
165
//// 利用 hash 表在高速缓冲中寻找给定设备和指定块号的缓冲区块。
// 如果找到则返回缓冲区块的指针，否则返回 NULL。
166 static struct buffer_head * find_buffer(int dev, int block)
167 {
168         struct buffer_head * tmp;
```

```
// 搜索 hash 表，寻找指定设备号和块号的缓冲块。
        for (tmp = hash(dev,block) ; tmp != NULL ; tmp = tmp->b_next)
                if (tmp->b_dev==dev && tmp->b_blocknr==block)
                        return tmp;
        return NULL;
}

/*
 * Why like this, I hear you say... The reason is race-conditions.
 * As we don't lock buffers (unless we are readint them, that is),
 * something might happen to it while we sleep (ie a read-error
 * will force it bad). This shouldn't really happen currently, but
 * the code is ready.
 */
/*
 * 代码为什么会是这样子的？我听见你问……原因是竞争条件。由于我们没有对缓冲块上锁（除非我们
 * 正在读取它们中的数据），那么当我们（进程）睡眠时缓冲块可能会发生一些问题（例如一个读错误将
 * 导致该缓冲块出错）。目前这种情况实际上是不会发生的，但处理的代码已经准备好了。
 */
//// 利用 hash 表在高速缓冲区中寻找指定的缓冲块。若找到则对该缓冲块上锁并返回块头指针。
struct buffer_head * get_hash_table(int dev, int block)
{
        struct buffer_head * bh;

        for (;;) {
// 在高速缓冲中寻找给定设备和指定块的缓冲区块，如果没有找到则返回 NULL，退出。
                if (!(bh=find_buffer(dev,block)))
                        return NULL;
// 对该缓冲块增加引用计数，并等待该缓冲块解锁（如果已被上锁）。由于经过了睡眠状态，
// 因此有必要再验证该缓冲块的正确性，并返回缓冲块头指针。
                bh->b_count++;
                wait_on_buffer(bh);
                if (bh->b_dev == dev && bh->b_blocknr == block)
                        return bh;
// 如果在睡眠时该缓冲块所属的设备号或块号发生了改变，则撤消对它的引用计数，重新寻找。
                bh->b_count--;
        }
}

/*
 * Ok, this is getblk, and it isn't very clear, again to hinder
 * race-conditions. Most of the code is seldom used, (ie repeating),
 * so it should be much more efficient than it looks.
 *
 * The algoritm is changed: hopefully better, and an elusive bug removed.
 */
/*
 * OK，下面是 getblk 函数，该函数的逻辑并不是很清晰，同样也是因为要考虑竞争条件问题。其中大
 * 部分代码很少用到(例如重复操作语句)，因此它应该比看上去的样子有效得多。
 *
 * 算法已经作了改变：希望能更好，而且一个难以琢磨的错误已经去除。
 */
// 下面宏用于同时判断缓冲区的修改标志和锁定标志，并且定义修改标志的权重要比锁定标志大。
#define BADNESS(bh) (((bh)->b_dirt<<1)+(bh)->b_lock)
//// 取高速缓冲中指定的缓冲块。
```

```
// 检查指定（设备号和块号）的缓冲区是否已经在高速缓冲中。如果指定块已经在高速缓冲中，则返回
// 对应缓冲区头指针退出；如果不在，就需要在高速缓冲中设置一个对应设备号和块号的新项。返回相
// 应缓冲区头指针。
206 struct buffer_head * getblk(int dev,int block)
207 {
208         struct buffer_head * tmp, * bh;
209
210 repeat:
// 搜索 hash 表，如果指定块已经在高速缓冲中，则返回对应缓冲区头指针，退出。
211         if (bh = get_hash_table(dev,block))
212                 return bh;
// 扫描空闲数据块链表，寻找空闲缓冲区。
// 首先让 tmp 指向空闲链表的第一个空闲缓冲区头。
213         tmp = free_list;
214         do {
// 如果该缓冲区正被使用（引用计数不等于 0），则继续扫描下一项。对于 b_count=0 的块，即高速缓
// 冲中当前没有引用的块不一定就是干净的（b_dirt=0）或没有锁定的（b_lock=0）。因此，我们还
// 是需要继续下面的判断和选择。例如当一个任务改写过一块内容后就释放了，于是该块 b_count = 0，
// 但 b_lock 不等于 0；当一个任务执行 breada()预读几个块时，只要 ll_rw_block()命令发出后，
// 它就会递减 b_count；但此时实际上硬盘访问操作可能还在进行，因此此时 b_lock=1，但
// b_count=0。
215                 if (tmp->b_count)
216                         continue;
// 如果缓冲头指针 bh 为空，或者 tmp 所指缓冲头的标志(修改、锁定)权重小于 bh 头标志的权重，则
// 让 bh 指向 tmp 缓冲块头。 如果该 tmp 缓冲块头表明缓冲块既没有修改也没有锁定标志置位，则说
// 明已为指定设备上的块取得对应的高速缓冲块，则退出循环。否则我们就继续执行本循环，看看能否
// 找到一个 BADNESS()最小的缓冲快。
217                 if (!bh || BADNESS(tmp)<BADNESS(bh)) {
218                         bh = tmp;
219                         if (!BADNESS(tmp))
220                                 break;
221                 }
222 /* and repeat until we find something good */  /* 重复操作直到找到适合的缓冲块 */
223         } while ((tmp = tmp->b_next_free) != free_list);
// 如果循环检查发现所有缓冲块都正在被使用（所有缓冲块的头部引用计数都>0）中，则睡眠等待有空
// 闲缓冲块可用。当有空闲缓冲块可用时本进程会被明确地唤醒。然后我们就跳转到函数开始处重新查
// 找空闲缓冲块。
224         if (!bh) {
225                 sleep_on(&buffer_wait);
226                 goto repeat;                    // 跳转至 210 行。
227         }
// 执行到这里，说明我们已经找到了一个比较适合的空闲缓冲块了。于是先等待该缓冲区解锁（如果已
// 被上锁的话)。如果在我们睡眠阶段该缓冲区又被其他任务使用的话，只好重复上述寻找过程。
228         wait_on_buffer(bh);
229         if (bh->b_count)                        // 又被占用？？
230                 goto repeat;
// 如果该缓冲区已被修改，则将数据写盘，并再次等待缓冲区解锁。同样地，若该缓冲区又被其他任务
// 使用的话，只好再重复上述寻找过程。
231         while (bh->b_dirt) {
232                 sync_dev(bh->b_dev);
233                 wait_on_buffer(bh);
234                 if (bh->b_count)                // 又被占用？？
235                         goto repeat;
236         }
237 /* NOTE!! While we slept waiting for this block, somebody else might */
238 /* already have added "this" block to the cache. check it */
```

```
/* 注意!! 当进程为了等待该缓冲块而睡眠时，其他进程可能已经将该缓冲块 */
 * 加入进高速缓冲中，所以我们也要对此进行检查。*/
// 在高速缓冲 hash 表中检查指定设备和块的缓冲块是否乘我们睡眠之即已经被加入进去。如果是的话，
// 就再次重复上述寻找过程。
        if (find_buffer(dev,block))
                goto repeat;
/* OK, FINALLY we know that this buffer is the only one of it's kind, */
/* and that it's unused (b_count=0), unlocked (b_lock=0), and clean */
/* OK，最终我们知道该缓冲块是指定参数的唯一一块，而且目前还没有被占用 */
/* (b_count=0)，也未被上锁(b_lock=0)，并且是干净的（未被修改的）*/
// 于是让我们占用此缓冲块。置引用计数为 1，复位修改标志和有效(更新)标志。
        bh->b_count=1;
        bh->b_dirt=0;
        bh->b_uptodate=0;
// 从 hash 队列和空闲块链表中移出该缓冲区头，让该缓冲区用于指定设备和其上的指定块。
// 然后根据此新的设备号和块号重新插入空闲链表和 hash 队列新位置处。并最终返回缓冲头指针。
        remove_from_queues(bh);
        bh->b_dev=dev;
        bh->b_blocknr=block;
        insert_into_queues(bh);
        return bh;
}

//// 释放指定缓冲块。
// 等待该缓冲块解锁。然后引用计数递减 1，并明确地唤醒等待空闲缓冲块的进程。
void brelse(struct buffer_head * buf)
{
        if (!buf)                       // 如果缓冲头指针无效则返回。
                return;
        wait_on_buffer(buf);
        if (!(buf->b_count--))
                panic("Trying to free free buffer");
        wake_up(&buffer_wait);
}

/*
 * bread() reads a specified block and returns the buffer that contains
 * it. It returns NULL if the block was unreadable.
 */
/*
 * 从设备上读取指定的数据块并返回含有数据的缓冲区。如果指定的块不存在则返回 NULL。
 */
//// 从设备上读取数据块。
// 该函数根据指定的设备号 dev 和数据块号 block，首先在高速缓冲区中申请一块缓冲块。
// 如果该缓冲块中已经包含有有效的数据就直接返回该缓冲块指针，否则就从设备中读取指定的数据块
// 到该缓冲块中并返回缓冲块指针。
struct buffer_head * bread(int dev,int block)
{
        struct buffer_head * bh;

// 在高速缓冲区中申请一块缓冲块。如果返回值是 NULL，则表示内核出错，停机。然后我们判断其中是
// 否已有可用数据。如果该缓冲块中数据是有效的（已更新的）可以直接使用，则返回。
        if (!(bh=getblk(dev,block)))
                panic("bread: getblk returned NULL\n");
        if (bh->b_uptodate)
                return bh;
```

```
// 否则我们就调用底层块设备读写 ll_rw_block()函数，产生读设备块请求。然后等待指定数据块被
// 读入，并等待缓冲区解锁。在睡眠醒来之后，如果该缓冲区已更新，则返回缓冲区头指针，退出。否
// 则表明读设备操作失败，于是释放该缓冲区，返回 NULL，退出。
        ll_rw_block(READ,bh);
        wait_on_buffer(bh);
        if (bh->b_uptodate)
                return bh;
        brelse(bh);
        return NULL;
}
//// 复制内存块。
// 从 from 地址复制一块（1024 字节）数据到 to 位置。
#define COPYBLK(from,to) \
__asm__("cld\n\t" \
        "rep\n\t" \
        "movsl\n\t" \
        ::"c" (BLOCK_SIZE/4),"S" (from),"D" (to) \
        :"cx","di","si")
/*
 * bread_page reads four buffers into memory at the desired address. It's
 * a function of its own, as there is some speed to be got by reading them
 * all at the same time, not waiting for one to be read, and then another
 * etc.
 */
/*
 * bread_page 一次读四个缓冲块数据读到内存指定的地址处。它是一个完整的函数，因为同时读取四
 * 块可以获得速度上的好处，不用等着读一块，再读一块了。
 */
//// 读设备上一个页面（4 个缓冲块）的内容到指定内存地址处。
// 参数 address 是保存页面数据的地址；dev 是指定的设备号；b[4]是含有 4 个设备数据块号的数组。
// 该函数仅用于 mm/memory.c 文件的 do_no_page()函数中（第 386 行）。
void bread_page(unsigned long address,int dev,int b[4])
{
        struct buffer_head * bh[4];
        int i;
// 该函数循环执行 4 次，根据放在数组 b[]中的 4 个块号从设备 dev 中读取一页内容放到指定内存位置
// address 处。对于参数 b[i]给出的有效块号，函数首先从高速缓冲中取指定设备和块号的缓冲块。
// 如果缓冲块中数据无效（未更新）则产生读设备请求从设备上读取相应数据块。对于 b[i]无效的块号
// 则不用去理它了。因此本函数其实可以根据指定的 b[]中的块号随意读取 1-4 个数据块。
        for (i=0 ; i<4 ; i++)
                if (b[i]) {                           // 若块号有效。
                        if (bh[i] = getblk(dev,b[i]))
                                if (!bh[i]->b_uptodate)
                                        ll_rw_block(READ,bh[i]);
                } else
                        bh[i] = NULL;
// 随后将 4 个缓冲块上的内容顺序复制到指定地址处。在进行复制（使用）缓冲块之前我们先要睡眠等
// 待缓冲块解锁（若被上锁的话）。另外，因为可能睡眠过了，所以我们还需要在复制之前再检查一下缓
// 冲块中的数据是否是有效的。复制完后我们还需要释放缓冲块。
        for (i=0 ; i<4 ; i++,address += BLOCK_SIZE)
                if (bh[i]) {
                        wait_on_buffer(bh[i]);    // 等待缓冲块解锁(若被上锁的话)。
                        if (bh[i]->b_uptodate)    // 若缓冲块中数据有效的话则复制。
```

```
312                     COPYBLK((unsigned long) bh[i]->b_data,address);
313                 brelse(bh[i]);          // 释放该缓冲区。
314             }
315 }
316
317 /*
318  * Ok, breada can be used as bread, but additionally to mark other
319  * blocks for reading as well. End the argument list with a negative
320  * number.
321  */
 /*
  * OK，breada 可以象 bread 一样使用，但会另外预读一些块。该函数参数列表需要使用一个负数来表
  * 明参数列表的结束。
  */
 //// 从指定设备读取指定的一些块。
 // 函数参数个数可变，是一系列指定的块号。成功时返回第 1 块的缓冲块头指针，否则返回 NULL。
322 struct buffer_head * breada(int dev,int first, ...)
323 {
324         va_list args;
325         struct buffer_head * bh, *tmp;
326
 // 首先取可变参数表中第 1 个参数（块号）。接着从高速缓冲区中取指定设备和块号的缓冲块。如果该
 // 缓冲块数据无效（更新标志未置位），则发出读设备数据块请求。
327         va_start(args,first);
328         if (!(bh=getblk(dev,first)))
329                 panic("bread: getblk returned NULL\n");
330         if (!bh->b_uptodate)
331                 ll_rw_block(READ,bh);
 // 然后顺序取可变参数表中其他预读块号，并作与上面同样处理，但不引用。注意，336 行上有一个
 // bug。其中的 bh 应该是 tmp。这个 bug 直到在 0.96 版的内核代码中才被纠正过来。另外，因为这
 // 里是预读随后的数据块，只需读进高速缓冲区但并不马上就使用，所以第 337 行语句需要将其引用计
 // 数递减释放掉该块（因为 getblk()函数会增加缓冲块引用计数值）。
332         while ((first=va_arg(args,int))>=0) {
333                 tmp=getblk(dev,first);
334                 if (tmp) {
335                         if (!tmp->b_uptodate)
336                                 ll_rw_block(READA,bh);    // bh 应该是 tmp。
337                         tmp->b_count--;                   // 暂时释放掉该预读块。
338                 }
339         }
 // 此时可变参数表中所有参数处理完毕。于是等待第 1 个缓冲区解锁（如果已被上锁）。在等待退出之后
 // 如果缓冲区中数据仍然有效，则返回缓冲区头指针退出。否则释放该缓冲区返回 NULL，退出。
340         va_end(args);
341         wait_on_buffer(bh);
342         if (bh->b_uptodate)
343                 return bh;
344         brelse(bh);
345         return (NULL);
346 }
347
 //// 缓冲区初始化函数。
 // 参数 buffer_end 是缓冲区内存末端。对于具有 16MB 内存的系统，缓冲区末端被设置为 4MB。对于
 // 有 8MB 内存的系统，缓冲区末端被设置为 2MB。该函数从缓冲区开始位置 start_buffer 处和缓冲
 // 区末端 buffer_end 处分别同时设置（初始化）缓冲块头结构和对应的数据块。直到缓冲区中所有内
 // 存被分配完毕。参见程序列表前面的示意图。
348 void buffer_init(long buffer_end)
```

```
{
        struct buffer_head * h = start_buffer;
        void * b;
        int i;

// 首先根据参数提供的缓冲区高端位置确定实际缓冲区高端位置 b。如果缓冲区高端等于 1Mb，则因为
// 从 640KB - 1MB 被显示内存和 BIOS 占用，所以实际可用缓冲区内存高端位置应该是 640KB。否则
// 缓冲区内存高端一定大于 1MB。
        if (buffer_end == 1<<20)
                b = (void *) (640*1024);
        else
                b = (void *) buffer_end;
// 这段代码用于初始化缓冲区，建立空闲缓冲块循环链表，并获取系统中缓冲块数目。操作的过程是从
// 缓冲区高端开始划分 1KB 大小的缓冲块，与此同时在缓冲区低端建立描述该缓冲块的结构 buffer_head，
// 并将这些 buffer_head 组成双向链表。
// h 是指向缓冲头结构的指针，而 h+1 是指向内存地址连续的下一个缓冲头地址，也可以说是指向 h 缓
// 冲头的末端外。为了保证有足够长度的内存来存储一个缓冲头结构，需要 b 所指向的内存块地址>=h
// 缓冲头的末端，即要求 >= h+1。
        while ( (b -= BLOCK_SIZE) >= ((void *) (h+1)) ) {
                h->b_dev = 0;                   // 使用该缓冲块的设备号。
                h->b_dirt = 0;                  // 脏标志，即缓冲块修改标志。
                h->b_count = 0;                 // 缓冲块引用计数。
                h->b_lock = 0;                  // 缓冲块锁定标志。
                h->b_uptodate = 0;              // 缓冲块更新标志（或称数据有效标志）。
                h->b_wait = NULL;               // 指向等待该缓冲块解锁的进程。
                h->b_next = NULL;               // 指向具有相同 hash 值的下一个缓冲头。
                h->b_prev = NULL;               // 指向具有相同 hash 值的前一个缓冲头。
                h->b_data = (char *) b;         // 指向对应缓冲块数据块（1024 字节）。
                h->b_prev_free = h-1;           // 指向链表中前一项。
                h->b_next_free = h+1;           // 指向链表中下一项。
                h++;                            // h 指向下一新缓冲头位置。
                NR_BUFFERS++;                   // 缓冲区块数累加。
                if (b == (void *) 0x100000)       // 若 b 递减到等于 1MB，则跳过 384KB，
                        b = (void *) 0xA0000;     // 让 b 指向地址 0xA0000(640KB)处。
        }
        h--;                                    // 让 h 指向最后一个有效缓冲块头。
        free_list = start_buffer;               // 让空闲链表头指向头一个缓冲块。
        free_list->b_prev_free = h;   // 链表头的 b_prev_free 指向前一项（即最后一项）。
        h->b_next_free = free_list;             // h 的下一项指针指向第一项，形成一个环链。
// 最后初始化 hash 表（哈希表、散列表），置表中所有指针为 NULL。
        for (i=0;i<NR_HASH;i++)
                hash_table[i]=NULL;
}

```

12.3 bitmap.c 程序

从本程序起，我们开始探讨文件系统的第 2 个部分，即文件系统底层操作函数部分。这部分共包括 5 个文件，分别是 super.c、bitmap.c、truncate.c、inode.c 和 namei.c 程序。

super.c 程序主要包含对文件系统超级块进行访问和管理的函数；bitmap.c 程序用于处理文件系统的逻辑块位图和 i 节点位图；truncate.c 程序仅有一个把文件数据长度截为 0 的函数 truncate()；inode.c 程序主要涉及文件系统 i 节点信息的访问和管理；namei.c 程序则主要用于完

成从一个给定文件路径名寻找并加载其对应 i 节点信息的功能。

按照一个文件系统中各功能部分的顺序，我们应该按照上面给出程序名的顺序来分别对它们进行描述，但是由于 super.c 程序中另外还包含几个有关文件系统加载/卸载的高层函数或系统调用，需要使用其他几个程序中的函数，因此我们把它放在 inode.c 程序之后加以说明。

12.3.1 功能描述

本程序的功能和作用即简单又清晰，主要用于对文件系统的 i 节点位图和逻辑块位图进行占用和释放操作处理。i 节点位图的操作函数是 free_inode()和 new_inode()，操作逻辑块位图的函数是 free_block()和 new_block()。

函数 free_block()用于释放指定设备 dev 上数据区中的逻辑块 block。具体操作是复位指定逻辑块 block 对应逻辑块位图中的位。它首先取指定设备 dev 的超级块，并根据超级块给出的设备数据逻辑块的范围，判断逻辑块号 block 的有效性。然后在高速缓冲区中进行查找，看看指定的逻辑块此时是否正在高速缓冲区中。若是，则将对应的缓冲块释放掉。接着计算 block 从数据区开始算起的数据逻辑块号（从 1 开始计数），并对逻辑块（区段）位图进行操作，复位对应的位。最后根据逻辑块号设置缓冲区中包含相应逻辑块位图缓冲块的已修改标志。

函数 new_block()用于向设备 dev 申请一个逻辑块，返回逻辑块号，并置位指定逻辑块 block 对应的逻辑块位图位。它首先取指定设备 dev 的超级块。然后对整个逻辑块位图进行搜索，寻找第 1 个是 0 的位。若没有找到，则说明盘设备空间已用完，函数返回 0。否则将找到的第 1 个 0 值位置 1，表示占用对应的数据逻辑块。并将包含该位的逻辑位图所在缓冲块的已修改标志置位。接着计算出数据逻辑块的盘块号，并在高速缓冲区中申请相应的缓冲块，并把该缓冲块清零。然后设置该缓冲块的已更新和已修改标志。最后释放该缓冲块，以便其他程序使用，并返回盘块号（逻辑块号）。

函数 free_inode()用于释放指定的 i 节点，并复位对应的 i 节点位图位；new_inode()用于为设备 dev 建立一个新 i 节点，并返回该新 i 节点的指针。主要操作过程是在内存 i 节点表中获取一个空闲 i 节点表项，并从 i 节点位图中找一个空闲 i 节点。这两个函数的处理过程与上述两个函数类似，因此不再赘述。

12.3.2 代码注释

程序 12-2 linux/fs/bitmap.c

```
/*
 *  linux/fs/bitmap.c
 *
 *  (C) 1991  Linus Torvalds
 */

/* bitmap.c contains the code that handles the inode and block bitmaps */
/* bitmap.c 程序含有处理 i 节点和磁盘块位图的代码 */
#include <string.h>          // 字符串头文件。主要定义了一些有关字符串操作的嵌入函数。
                             // 这里使用了其中的 memset()函数。
#include <linux/sched.h>     // 调度程序头文件，定义任务结构 task_struct、任务 0 数据。
#include <linux/kernel.h>    // 内核头文件。含有一些内核常用函数的原形定义。

//// 将指定地址（addr）处的一块 1024 字节内存清零。
```

```
// 输入：eax = 0；ecx = 以长字为单位的数据块长度（BLOCK_SIZE/4）；edi=指定起始地址 addr。
13 #define clear_block(addr) \
14 __asm__("cld\n\t" \           // 清方向位。
15       "rep\n\t" \             // 重复执行存储数据（0）。
16       "stosl" \
17       ::"a" (0),"c" (BLOCK_SIZE/4),"D" ((long) (addr)):"cx","di")
18
//// 把指定地址开始的第 nr 个位偏移处的位置位（nr 可大于 32!)。返回原位值。输入：%0 -eax（返
// 回值)；%1 -eax(0)；%2 -nr，位偏移值；%3 -(addr)，addr 的内容。第 20 行定义了一个局部
// 寄存器变量 res。该变量将被保存在指定的 eax 寄存器中，以便于高效访问和操作。这种定义变量的
// 方法主要用于内嵌汇编程序中。详细说明参见 gcc 手册"在指定寄存器中的变量"。整个宏定义是一个
// 语句表达式，该表达式值是最后 res 的值。第 21 行上的 btsl 指令用于测试并设置位（Bit Test and
// Set)。把基地址（%3）和位偏移值（%2）所指定的位值先保存到进位标志 CF 中，然后设置该位为 1。
// 指令 setb 用于根据进位标志 CF 设置操作数（%al)。如果 CF=1 则%al =1，否则%al =0。
19 #define set_bit(nr,addr) ({\
20 register int res __asm__("ax"); \
21 __asm__ __volatile__("btsl %2,%3\n\tsetb %%al": \
22 "=a" (res):"" (0),"r" (nr),"m" (*(addr))); \
23 res;})
24
//// 复位指定地址开始的第 nr 位偏移处的位。返回原位值的反码。
// 输入：%0 -eax（返回值)；%1 -eax(0)；%2 -nr，位偏移值；%3 -(addr)，addr 的内容。第
// 27 行上的 btrl 指令用于测试并复位位（Bit Test and Reset)。其作用与上面的 btsl 类似，但
// 是复位指定位。指令 setnb 用于根据进位标志 CF 设置操作数（%al)。如果 CF = 1 则%al = 0，
// 否则%al = 1。
25 #define clear_bit(nr,addr) ({\
26 register int res __asm__("ax"); \
27 __asm__ __volatile__("btrl %2,%3\n\tsetnb %%al": \
28 "=a" (res):"" (0),"r" (nr),"m" (*(addr))); \
29 res;})
30
//// 从 addr 开始寻找第 1 个 0 值位。
// 输入：%0 - ecx(返回值)；%1 - ecx(0)；%2 - esi(addr)。
// 在 addr 指定地址开始的位图中寻找第 1 个是 0 的位，并将其距离 addr 的位偏移
// 值返回。addr 是缓冲块数据区的地址，扫描寻找的范围是 1024 字节（8192 位）。
31 #define find_first_zero(addr) ({ \
32 int __res; \
33 __asm__("cld\n" \                  // 清方向位。
34       "1:\tlodsl\n\t" \            // 取[esi]→eax。
35       "notl %%eax\n\t" \           // eax 中每位取反。
36       "bsfl %%eax,%%edx\n\t" \     // 从位 0 扫描 eax 中是 1 的第 1 个位，其偏移值→edx。
37       "je 2f\n\t" \                // 如果 eax 中全是 0，则向前跳转到标号 2 处(40 行)。
38       "addl %%edx,%%ecx\n\t" \     // 偏移值加入 ecx（ecx 是位图首个 0 值位的偏移值)。
39       "jmp 3f\n" \                 // 向前跳转到标号 3 处（结束)。
40       "2:\taddl $32,%%ecx\n\t" \   //未找到 0 值位,则将 ecx 加 1 个长字的位偏移量 32。
41       "cmpl $8192,%%ecx\n\t" \     // 已经扫描了 8192 位（1024 字节）了吗？
42       "jl 1b\n" \                  // 若还没有扫描完 1 块数据，则向前跳转到标号 1 处。
43       "3:" \                       // 结束。此时 ecx 中是位偏移量。
44       :"=c" (__res):"c" (0),"S" (addr):"ax","dx","si"); \
45 __res;})
46
//// 释放设备 dev 上数据区中的逻辑块 block。
// 复位指定逻辑块 block 对应的逻辑块位图位。成功则返回 1，否则返回 0。
// 参数：dev 是设备号，block 是逻辑块号（盘块号)。
47 int free_block(int dev, int block)
48 {
```

```
	struct super_block * sb;
	struct buffer_head * bh;

// 首先取设备 dev 上文件系统的超级块信息，根据其中数据区开始逻辑块号和文件系统中逻辑块总数
// 信息判断参数 block 的有效性。如果指定设备超级块不存在，则出错停机。若逻辑块号小于盘上数
// 据区第 1 个逻辑块的块号或者大于设备上总逻辑块数，也出错停机。
	if (!(sb = get_super(dev)))          // fs/super.c，第 56 行。
		panic("trying to free block on nonexistent device");
	if (block < sb->s_firstdatazone || block >= sb->s_nzones)
		panic("trying to free block not in datazone");
	bh = get_hash_table(dev,block);
// 然后从 hash 表中寻找该块数据。若找到了则判断其有效性，并清已修改和更新标志，释放该数据块。
// 该段代码的主要用途是如果该逻辑块目前存在于高速缓冲区中，就释放对应的缓冲块。
	if (bh) {
		if (bh->b_count > 1) {       // 如果引用次数大于 1，则调用 brelse()，
			brelse(bh);          // b_count--后即退出，该块还有人用。
			return 0;
		}
		bh->b_dirt=0;               // 否则复位已修改和已更新标志。
		bh->b_uptodate=0;
		if (bh->b_count)            // 若此时 b_count 为 1，则调用 brelse()释放之。
			brelse(bh);
	}
// 接着我们复位 block 在逻辑块位图中的位（置 0）。先计算 block 在数据区开始算起的数据逻辑块号
// （从 1 开始计数）。然后对逻辑块(区块)位图进行操作，复位对应的位。如果对应位原来就是 0，则
// 出错停机。由于 1 个缓冲块有 1024 字节，即 8192 位，因此 block/8192 即可计算出指定块 block
// 在逻辑位图中的哪个块上。而 block&8191 可以得到 block 在逻辑块位图当前块中的位偏移位置。
	block -= sb->s_firstdatazone - 1 ; // 即 block = block - ( s_firstdatazone
-1);
	if (clear_bit(block&8191,sb->s_zmap[block/8192]->b_data)) {
		printk("block (%04x:%d) ",dev,block+sb->s_firstdatazone-1);
		printk("free_block: bit already cleared\n");
	}
// 最后置相应逻辑块位图所在缓冲区已修改标志。
	sb->s_zmap[block/8192]->b_dirt = 1;
	return 1;
}

////向设备申请一个逻辑块（盘块，区块）。
// 函数首先取得设备的超级块，并在超级块中的逻辑块位图中寻找第一个 0 值位（代表一个空闲逻辑块）。
// 然后置位对应逻辑块在逻辑块位图中的位。接着为该逻辑块在缓冲区中取得一块对应缓冲块。最后将
// 该缓冲块清零，并设置其已更新标志和已修改标志。并返回逻辑块号。函数执行成功则返回逻辑块号
// （盘块号），否则返回 0。
int new_block(int dev)
{
	struct buffer_head * bh;
	struct super_block * sb;
	int i,j;

// 首先获取设备 dev 的超级块。如果指定设备的超级块不存在，则出错停机。然后扫描文件系统的 8 块
// 逻辑块位图，寻找首个 0 值位，以寻找空闲逻辑块，获取放置该逻辑块的块号。如果全部扫描完 8 块
// 逻辑块位图的所有位（i >= 8 或 j >= 8192）还没找到 0 值位或者位图所在的缓冲块指针无效(bh
// = NULL)则 返回 0 退出（没有空闲逻辑块）。
	if (!(sb = get_super(dev)))
		panic("trying to get new block from nonexistant device");
	j = 8192;
```

```
        for (i=0 ; i<8 ; i++)
                if (bh=sb->s_zmap[i])
                        if ((j=find_first_zero(bh->b_data))<8192)
                                break;
        if (i>=8 || !bh || j>=8192)
                return 0;
// 接着设置找到的新逻辑块 j 对应逻辑块位图中的位。若对应位已经置位，则出错停机。否则置存放位
// 图的对应缓冲区块已修改标志。因为逻辑块位图仅表示盘上数据区中逻辑块的占用情况，即逻辑块位
// 图中位偏移值表示从数据区开始处算起的块号，因此这里需要加上数据区第 1 个逻辑块的块号，把 j
// 转换成逻辑块号。此时如果新逻辑块大于该设备上的总逻辑块数，则说明指定逻辑块在对应设备上不
// 存在。申请失败，返回 0 退出。
        if (set_bit(j,bh->b_data))
                panic("new_block: bit already set");
        bh->b_dirt = 1;
        j += i*8192 + sb->s_firstdatazone-1;
        if (j >= sb->s_nzones)
                return 0;
// 然后在高速缓冲区中为该设备上指定的逻辑块号取得一个缓冲块，并返回缓冲块头指针。
// 因为刚取得的逻辑块其引用次数一定为 1（getblk()中会设置），因此若不为 1 则停机。最后将新逻
// 辑块清零，并设置其已更新标志和已修改标志。然后释放对应缓冲块，返回逻辑块号。
        if (!(bh=getblk(dev,j)))
                panic("new_block: cannot get block");
        if (bh->b_count != 1)
                panic("new block: count is != 1");
        clear_block(bh->b_data);
        bh->b_uptodate = 1;
        bh->b_dirt = 1;
        brelse(bh);
        return j;
}

//// 释放指定的 i 节点。
// 该函数首先判断参数给出的 i 节点号的有效性和可释放性。若 i 节点仍然在使用中则不能被释放。然
// 后利用超级块信息对 i 节点位图进行操作，复位 i 节点号对应的 i 节点位图中位，并清空 i 节点结构。
void free_inode(struct m_inode * inode)
{
        struct super_block * sb;
        struct buffer_head * bh;

// 首先判断参数给出的需要释放的 i 节点有效性或合法性。如果 i 节点指针=NULL，则退出。
// 如果 i 节点上的设备号字段为 0，说明该节点没有使用。于是用 0 清空对应 i 节点所占内存区并返回。
// memset()定义在 include/string.h 第 395 行开始处。这里表示用 0 填写 inode 指针指定处、
// 长度是 sizeof(*inode)的内存块。
        if (!inode)
                return;
        if (!inode->i_dev) {
                memset(inode,0,sizeof(*inode));
                return;
        }
// 如果此 i 节点还有其他程序引用，则不能释放，说明内核有问题，停机。如果文件连接数不为 0，则
// 表示还有其他文件目录项在使用该节点，因此也不应释放，而应该放回等。
        if (inode->i_count>1) {
                printk("trying to free inode with count=%d\n",inode->i_count);
                panic("free_inode");
        }
        if (inode->i_nlinks)
```

```
                panic("trying to free inode with links");
// 在判断完 i 节点的合理性之后，我们开始利用其超级块信息对其中的 i 节点位图进行操作。首先取 i
// 节点所在设备的超级块，测试设备是否存在。然后判断 i 节点号的范围是否正确，如果 i 节点号等于
// 0 或大于该设备上 i 节点总数，则出错（0 号 i 节点保留没有使用）。如果该 i 节点对应的节点位图不
// 存在，则出错。因为一个缓冲块的 i 节点位图有 8192 比特位。因此 i_num>>13（即 i_num/8192）
// 可以得到当前 i 节点号所在的 s_imap[] 项，即所在盘块。
        if (!(sb = get_super(inode->i_dev)))
                panic("trying to free inode on nonexistent device");
        if (inode->i_num < 1 || inode->i_num > sb->s_ninodes)
                panic("trying to free inode 0 or nonexistant inode");
        if (!(bh=sb->s_imap[inode->i_num>>13]))
                panic("nonexistent imap in superblock");
// 现在我们复位 i 节点对应的节点位图中的位。如果该位已经等于 0，则显示出错警告信息。最后置 i
// 节点位图所在缓冲区已修改标志，并清空该 i 节点结构所占内存区。
        if (clear_bit(inode->i_num&8191,bh->b_data))
                printk("free_inode: bit already cleared.\n\r");
        bh->b_dirt = 1;
        memset(inode,0,sizeof(*inode));
}

//// 为设备 dev 建立一个新 i 节点。初始化并返回该新 i 节点的指针。
// 在内存 i 节点表中获取一个空闲 i 节点表项，并从 i 节点位图中找一个空闲 i 节点。
struct m_inode * new_inode(int dev)
{
        struct m_inode * inode;
        struct super_block * sb;
        struct buffer_head * bh;
        int i,j;

// 首先从内存 i 节点表（inode_table）中获取一个空闲 i 节点项，并读取指定设备的超级块结构。
// 然后扫描超级块中 8 块 i 节点位图，寻找第 1 个 0 位，寻找空闲节点，获取放置该 i 节点的节点号。
// 如果全部扫描完还没找到，或者位图所在的缓冲块无效（bh = NULL），则放回先前申请的 i 节点表
// 中的 i 节点，并返回空指针退出（没有空闲 i 节点）。
        if (!(inode=get_empty_inode()))          // fs/inode.c，第 197 行。
                return NULL;
        if (!(sb = get_super(dev)))              // fs/super.c，第 56 行。
                panic("new_inode with unknown device");
        j = 8192;
        for (i=0 ; i<8 ; i++)
                if (bh=sb->s_imap[i])
                        if ((j=find_first_zero(bh->b_data))<8192)
                                break;
        if (!bh || j >= 8192 || j+i*8192 > sb->s_ninodes) {
                iput(inode);
                return NULL;
        }
// 现在我们已经找到了还未使用的 i 节点号 j。于是置位 i 节点 j 对应的 i 节点位图相应比
// 特位（如果已经置位，则出错）。然后置 i 节点位图所在缓冲块已修改标志。最后初始化
// 该 i 节点结构（i_ctime 是 i 节点内容改变时间）。
        if (set_bit(j,bh->b_data))
                panic("new_inode: bit already set");
        bh->b_dirt = 1;
        inode->i_count=1;                        // 引用计数。
        inode->i_nlinks=1;                       // 文件目录项链接数。
        inode->i_dev=dev;                        // i 节点所在的设备号。
        inode->i_uid=current->euid;              // i 节点所属用户 id。
```

```
        inode->i_gid=current->egid;                   // 组 id。
        inode->i_dirt=1;                              // 已修改标志置位。
        inode->i_num = j + i*8192;                    // 对应设备中的 i 节点号。
        inode->i_mtime = inode->i_atime = inode->i_ctime = CURRENT_TIME;
                                                      // 设置时间。
        return inode;                                 // 返回该 i 节点指针。
}

```

12.4 truncate.c 程序

12.4.1 功能描述

本程序用于释放指定 i 节点在设备上占用的所有逻辑块，包括直接块、一次间接块和二次间接块。从而将文件的节点对应的文件长度截为 0，并释放占用的设备空间。i 节点中直接块和间接块的示意图如图 12-23 所示。

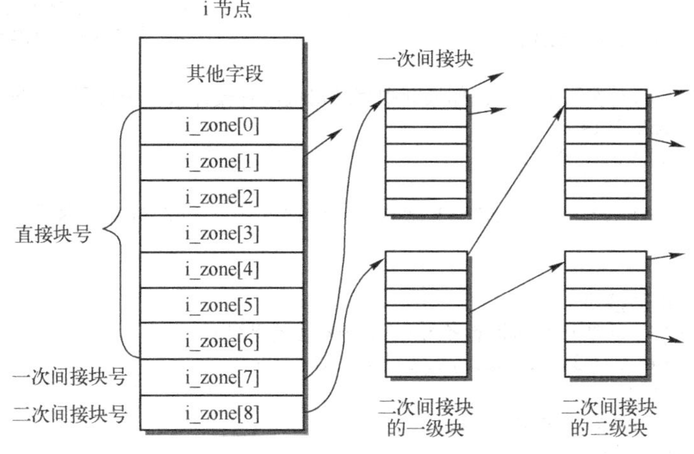

图 12-23 索引节点（i 节点）的逻辑块连接方式

12.4.2 代码注释

程序 12-3 linux/fs/truncate.c

```
/*
 *  linux/fs/truncate.c
 *
 *  (C) 1991  Linus Torvalds
 */

#include <linux/sched.h>   // 调度程序头文件，定义了任务结构 task_struct、任务 0 数据等。

#include <sys/stat.h>      // 文件状态头文件。含有文件或文件系统状态结构 stat{}和常量。

//// 释放所有一次间接块。(内部函数)
// 参数 dev 是文件系统所在设备的设备号；block 是逻辑块号。成功则返回 1，否则返回 0。
```

```
static int free_ind(int dev,int block)
{
        struct buffer_head * bh;
        unsigned short * p;
        int i;
        int block_busy;                                   // 有逻辑块没有被释放的标志。

// 首先判断参数的有效性。如果逻辑块号为 0，则返回。然后读取一次间接块，并释放其上表明使用的
// 所有逻辑块，然后释放该一次间接块的缓冲块。函数 free_block()用于释放设备上指定逻辑块号的
// 磁盘块（fs/bitmap.c 第 47 行）。
        if (!block)
                return 1;
        block_busy = 0;
        if (bh=bread(dev,block)) {
                p = (unsigned short *) bh->b_data;  // 指向缓冲块数据区。
                for (i=0;i<512;i++,p++)                // 每个逻辑块上可有 512 个块号。
                        if (*p)
                                if (free_block(dev,*p)) {  // 释放指定的设备逻辑块。
                                        *p = 0;         // 清零。
                                        bh->b_dirt = 1; // 设置已修改标志。
                                } else
                                        block_busy = 1;    // 设置逻辑块没有释放标志。
                brelse(bh);                             // 然后释放间接块占用的缓冲块。
        }
// 最后释放设备上的一次间接块。但如果其中有逻辑块没有被释放，则返回 0（失败）。
        if (block_busy)
                return 0;
        else
                return free_block(dev,block);        // 成功则返回 1，否则返回 0。
}

//// 释放所有二次间接块。
// 参数 dev 是文件系统所在设备的设备号；block 是逻辑块号。
static int free_dind(int dev,int block)
{
        struct buffer_head * bh;
        unsigned short * p;
        int i;
        int block_busy;                                 // 有逻辑块没有被释放的标志。

// 首先判断参数的有效性。如果逻辑块号为 0，则返回。然后读取二次间接块的一级块，并释放其上表
// 明使用的所有逻辑块，然后释放该一级块的缓冲块。
        if (!block)
                return 1;
        block_busy = 0;
        if (bh=bread(dev,block)) {
                p = (unsigned short *) bh->b_data;     // 指向缓冲块数据区。
                for (i=0;i<512;i++,p++)               //每个逻辑块上可连接 512 个二级块。
                        if (*p)
                                if (free_ind(dev,*p)) {  // 释放所有一次间接块。
                                        *p = 0;         // 清零。
                                        bh->b_dirt = 1; // 设置已修改标志。
                                } else
                                        block_busy = 1;    // 设置逻辑块没有释放标志。
                brelse(bh);                             // 释放二次间接块占用的缓冲块。
        }
```

```
// 最后释放设备上的二次间接块。但如果其中有逻辑块没有被释放，则返回 0（失败）。
        if (block_busy)
                return 0;
        else
                return free_block(dev,block);
}

//// 截断文件数据函数。
// 将节点对应的文件长度截为 0，并释放占用的设备空间。
void truncate(struct m_inode * inode)
{
        int i;
        int block_busy;                                 // 有逻辑块没有被释放的标志。

// 首先判断指定 i 节点有效性。如果不是常规文件、目录文件或链接项，则返回。
        if (!(S_ISREG(inode->i_mode) || S_ISDIR(inode->i_mode) ||
             S_ISLNK(inode->i_mode)))
                return;
// 然后释放 i 节点的 7 个直接逻辑块，并将这 7 个逻辑块项全置零。函数 free_block()用于释放设
// 备上指定逻辑块号的磁盘块（fs/bitmap.c 第 47 行）。若有逻辑块忙而没有被释放则置块忙标志
// block_busy。
repeat:
        block_busy = 0;
        for (i=0;i<7;i++)
                if (inode->i_zone[i]) {                 // 如果块号不为 0，则释放之。
                        if (free_block(inode->i_dev,inode->i_zone[i]))
                                inode->i_zone[i]=0;     // 块指针置 0。
                        else
                                block_busy = 1;         // 若没有释放掉则置标志。
                }
        if (free_ind(inode->i_dev,inode->i_zone[7]))   // 释放所有一次间接块。
                inode->i_zone[7] = 0;                   // 块指针置 0。
        else
                block_busy = 1;                         // 若没有释放掉则置标志。
        if (free_dind(inode->i_dev,inode->i_zone[8]))  // 释放所有二次间接块。
                inode->i_zone[8] = 0;                   // 块指针置 0。
        else
                block_busy = 1;                         // 若没有释放掉则置标志。
// 此后设置 i 节点已修改标志，并且如果还有逻辑块由于“忙”而没有被释放，则把当前进程运行时间
// 片置 0，以让当前进程先被切换去运行其他进程，稍等一会再重新执行释放操作。
        inode->i_dirt = 1;
        if (block_busy) {
                current->counter = 0;                   // 当前进程时间片置 0。
                schedule();
                goto repeat;
        }
        inode->i_size = 0;                              // 文件大小置零。
// 最后重新置文件修改时间和 i 节点改变时间为当前时间。宏 CURRENT_TIME 定义在头文件 include/
// linux/sched.h 第 142 行处，定义为(startup_time+jiffies/HZ)。用于取得从 1970:0:0:0
// 开始到现在为止经过的秒数。
        inode->i_mtime = inode->i_ctime = CURRENT_TIME;
}
```

12.5 inode.c 程序

12.5.1 功能描述

该程序主要包括处理 i 节点的函数 iget()、iput()和块映射函数 bmap()，以及其他一些辅助函数。iget()、iput()和 bmap()主要用于 namei.c 程序中的由路径名寻找对应 i 节点的映射函数 namei()。

iget()函数用于从设备 dev 上读取指定节点号 nr 的 i 节点，并且把节点的引用计数字段值 i_count 增 1。其操作流程如图 12-24 所示。该函数首先判断参数 dev 的有效性，并从 i 节点表中取一个空闲 i 节点。然后扫描 i 节点表，寻找指定节点号 nr 的 i 节点，并递增该 i 节点的引用次数。如果当前扫描的 i 节点的设备号不等于指定的设备号或者节点号不等于指定的节点号，则继续扫描。否则说明已经找到指定设备号和节点号的 i 节点，就等待该节点解锁（如果已上锁的话）。在等待该节点解锁的阶段，节点表可能会发生变化，此时如果该 i 节点的设备号不等于指定的设备号或者节点号不等于指定的节点号，则需要再次重新扫描整个 i 节点表。随后把 i 节点的引用计数值增 1，并且判断该 i 节点是不是其他文件系统的安装点。

若该 i 节点是某个文件系统的安装点，则在超级块表中搜寻安装在此 i 节点的超级块。若没有找到相应的超级块，则显示出错信息，并释放函数开始获取的空闲节点，返回该 i 节点指针。若找到了相应的超级块，则将该 i 节点写盘。再从安装在此 i 节点文件系统的超级块上取设备号，并令 i 节点号为 1。然后重新扫描整个 i 节点表，获取该被安装文件系统的根节点。

若该 i 节点不是其他文件系统的安装点，则说明已经找到了对应的 i 节点，因此此时可以放弃临时申请的空闲 i 节点，并返回找到的 i 节点指针。

如果在 i 节点表中没有找到指定的 i 节点，则利用前面申请的空闲 i 节点在 i 节点表中建立该节点。并从相应设备上读取该 i 节点信息。返回该 i 节点指针。

iput()函数所完成的功能正好与 iget()相反，它主要用于把 i 节点引用计数值递减 1，并且若是管道 i 节点，则唤醒等待的进程。如果 i 节点是块设备文件的 i 节点，则刷新设备。并且若 i 节点的链接计数为 0，则释放该 i 节点占用的所有磁盘逻辑块，并在释放该 i 节点后返回。如果 i 节点的引用计数值 i_count 是 1、链接数不为零，并且内容没有被修改过。则此时只要把 i 节点引用计数递减 1 后返回即可。因为 i 节点的 i_count=0，表示已释放。该函数所执行操作流程也与 iget()类似。

因此，若在某时刻进程不需要持续使用一个 i 节点时就应该调用 iput()函数来递减该 i 节点的引用计数字段 i_count 的值，同时也让内核执行其他一些处理。因此在执行过以下操作之一后，内核代码通常都应该调用 iput()函数：

- 把 i 节点引用计数字段 i_count 的值增 1。
- 调用了 namei()、dir_namei()或 open_namei()函数。
- 调用了 iget()、new_inode()或 get_empty_inode()函数。
- 在关闭一个文件时，若已经没有其他进程使用该文件。
- 卸载一个文件系统时（需要放回设备文件名 i 节点等）。

另外，一个进程被创建时，其当前工作目录 pwd、进程当前根目录 root 和可执行文件目录 executable 三个 i 节点结构指针字段都会被初始化而指向三个 i 节点，并且也相应地设置了这三个 i 节点的引用计数字段。因此，当进程执行改变当前工作目录的系统调用时，在该系统调用的代码中就需要调用 iput()函数来先放回原来使用中的 i 节点，然后再让进程的 pwd 指向新路径名的 i 节点。同样，若要修改进程的 root 和 executable 字段，那么也需要执行 iput()函数。

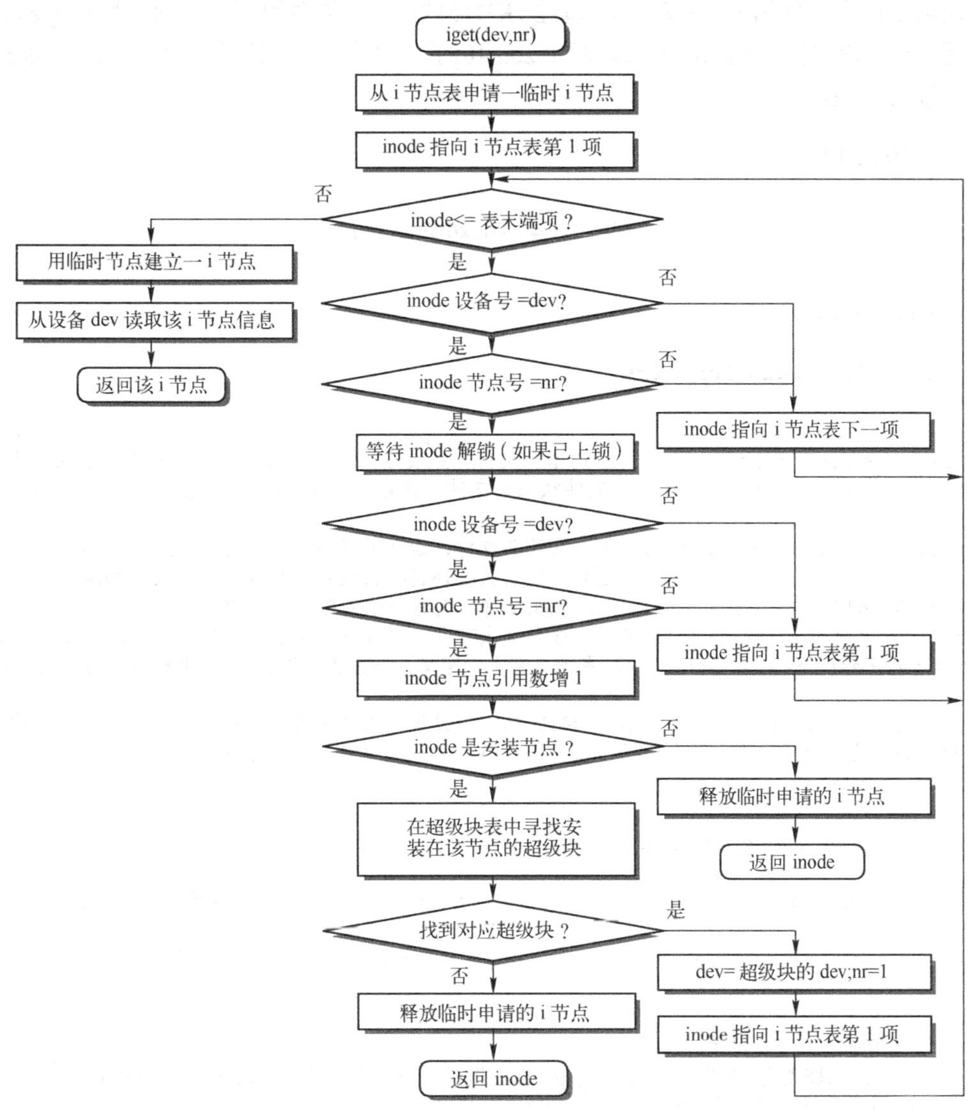

图 12-24 iget 函数操作流程图

_bmap()函数用于把一个文件数据块映射到盘块的处理操作。所带的参数 inode 是文件的 i 节点指针，参数 block 是文件中的数据块号，参数 create 是创建标志，表示在对应文件数据块不存在的情况下，是否需要在盘上建立对应的盘块。该函数的返回值是文件数据块对应在设备上的逻辑块号（盘块号）。当 create=0 时，该函数就是 bmap()函数。当 create=1 时，它就是 create_block()函数。

正规文件中的数据是放在磁盘块的数据区中的，而一个文件名则通过对应的 i 节点与这些数据磁盘块相联系，这些盘块的号码就存放在 i 节点的逻辑块数组中。_bmap()函数主要是对 i 节点的逻辑块（区块）数组 i_zone[]进行处理，并根据 i_zone[]中所设置的逻辑块号（盘块号）

来设置逻辑块位图的占用情况。参见图 12-6。正如前面所述，i_zone[0]至 i_zone[6]用于存放对应文件的直接逻辑块号；i_zone[7]用于存放一次间接逻辑块号；而 i_zone[8]用于存放二次间接逻辑块号。当文件较小时（小于 7KB），就可以将文件所使用的盘块号直接存放在 i 节点的 7 个直接块项中；当文件稍大一些时（不超过 7KB+512KB），需要用到一次间接块项 i_zone[7]；当文件更大时，就需要用到二次间接块项 i_zone[8]了。因此，文件比较小时，linux 寻址盘块的速度就比较快一些。

12.5.2 代码注释

程序 12-4 linux/fs/inode.c

```
1 /*
2  *  linux/fs/inode.c
3  *
4  *  (C) 1991  Linus Torvalds
5  */
6
7 #include <string.h>        // 字符串头文件。主要定义了一些有关字符串操作的嵌入函数。
8 #include <sys/stat.h>      // 文件状态头文件。含有文件或文件系统状态结构 stat{}和常量。
9
10 #include <linux/sched.h>  // 调度程序头文件，定义了任务结构 task_struct、任务 0 的数据，
                           // 还有一些有关描述符参数设置和获取的嵌入式汇编函数宏语句。
11 #include <linux/kernel.h> // 内核头文件。含有一些内核常用函数的原形定义。
12 #include <linux/mm.h>     // 内存管理头文件。含有页面大小定义和一些页面释放函数原型。
13 #include <asm/system.h>   // 系统头文件。定义了设置或修改描述符/中断门等的嵌入式汇编宏。
14
   // 设备数据块总数指针数组。每个指针项指向指定主设备号的总块数数组 hd_sizes[]。该总块数数组
   // 每一项对应子设备号确定的一个子设备上所拥有的数据块总数（1 块大小 = 1KB）。
15 extern int *blk_size[];
16
17 struct m_inode inode_table[NR_INODE]={{0,},};  // 内存中 i 节点表（NR_INODE=32 项）。
18
19 static void read_inode(struct m_inode * inode);     //读指定 i 节点号的 i 节点信息，
                                                       // 297 行。
20 static void write_inode(struct m_inode * inode);    // 写 i 节点信息到高速缓冲中，
                                                       // 324 行。
21
   //// 等待指定的 i 节点可用。
   // 如果 i 节点已被锁定，则将当前任务置为不可中断的等待状态，并添加到该 i 节点的等待队列 i_wait
   // 中。直到该 i 节点解锁并明确地唤醒本任务。
22 static inline void wait_on_inode(struct m_inode * inode)
23 {
24         cli();
25         while (inode->i_lock)
26                 sleep_on(&inode->i_wait);          // kernel/sched.c，第 199 行。
27         sti();
28 }
29
   //// 对 i 节点上锁（锁定指定的 i 节点）。
   // 如果 i 节点已被锁定，则将当前任务置为不可中断的等待状态，并添加到该 i 节点的等待队列 i_wait
   // 中。直到该 i 节点解锁并明确地唤醒本任务。然后对其上锁。
30 static inline void lock_inode(struct m_inode * inode)
31 {
32         cli();
```

```
33        while (inode->i_lock)
34                sleep_on(&inode->i_wait);
35        inode->i_lock=1;                          // 置锁定标志。
36        sti();
37 }
38
 //// 对指定的 i 节点解锁。
 // 复位 i 节点的锁定标志，并明确地唤醒等待在此 i 节点等待队列 i_wait 上的所有进程。
39 static inline void unlock_inode(struct m_inode * inode)
40 {
41        inode->i_lock=0;
42        wake_up(&inode->i_wait);                  // kernel/sched.c，第 204 行。
43 }
44
 //// 释放设备 dev 在内存 i 节点表中的所有 i 节点。
 // 扫描内存中的 i 节点表数组，如果是指定设备使用的 i 节点就释放之。
45 void invalidate_inodes(int dev)
46 {
47        int i;
48        struct m_inode * inode;
49
 // 首先让指针指向内存 i 节点表数组首项。然后扫描 i 节点表指针数组中的所有 i 节点。针对其中每个
 // i 节点，先等待该 i 节点解锁可用（若目前正被上锁的话），再判断是否属于指定设备的 i 节点。如
 // 果是指定设备的 i 节点，则看看它是否还被使用着，即其引用计数是否不为 0。若是则显示警告信
 // 息。然后释放之，即把 i 节点的设备号字段 i_dev 置 0。第 50 行上的指针赋值 "0+inode_table "
 // 等同于 "inode_table"、"&inode_table[0] "。不过这样写可能更明了一些。
50        inode = 0+inode_table;                    // 指向 i 节点表指针数组首项。
51        for(i=0 ; i<NR_INODE ; i++,inode++) {
52                wait_on_inode(inode);             // 等待该 i 节点可用（解锁）。
53                if (inode->i_dev == dev) {
54                        if (inode->i_count)       // 若其引用数不为 0，则显示出错警告。
55                                printk("inode in use on removed disk\n\r");
56                        inode->i_dev = inode->i_dirt = 0; // 释放 i 节点(置设备号为 0)。
57                }
58        }
59 }
60
 //// 同步所有 i 节点。
 // 把内存 i 节点表中所有 i 节点与设备上 i 节点作同步操作。
61 void sync_inodes(void)
62 {
63        int i;
64        struct m_inode * inode;
65
 // 首先让内存 i 节点类型的指针指向 i 节点表首项，然后扫描整个 i 节点表中的节点。针对其中每个 i
 // 节点，先等待该 i 节点解锁可用（若目前正被上锁的话），然后判断该 i 节点是否已被修改并且不是
 // 管道节点。若是这种情况则将该 i 节点写入高速缓冲区中。缓冲区管理程序 buffer.c 会在适当时
 // 机将它们写入盘中。
66        inode = 0+inode_table;                    // 让指针首先指向 i 节点表指针数组首项.
67        for(i=0 ; i<NR_INODE ; i++,inode++) {     // 扫描 i 节点表指针数组。
68                wait_on_inode(inode);             // 等待该 i 节点可用（解锁）。
69                if (inode->i_dirt && !inode->i_pipe) // 若 i 节点已修改且不是管道节点，
70                        write_inode(inode);          // 则写盘（实际是写入缓冲区中）。
71        }
72 }
73
```

```
//// 文件数据块映射到盘块的处理操作。(block 位图处理函数，bmap - block map)
// 参数：inode - 文件的 i 节点指针；block - 文件中的数据块号；create - 创建块标志。该函
// 数把指定的文件数据块 block 对应到设备上逻辑块上，并返回逻辑块号。如果创建标志置位，则在设
// 备上对应逻辑块不存在时就申请新磁盘块，返回文件数据块 block 对应在设备上的逻辑块号（盘块号）。
static int _bmap(struct m_inode * inode,int block,int create)
{
        struct buffer_head * bh;
        int i;

// 首先判断参数文件数据块号 block 的有效性。如果块号小于 0，则停机。如果块号大于直接块数 + 间
// 接块数 + 二次间接块数，超出文件系统表示范围，则停机。
        if (block<0)
                panic("_bmap: block<0");
        if (block >= 7+512+512*512)
                panic("_bmap: block>big");
// 然后根据文件块号的大小值和是否设置了创建标志分别进行处理。如果该块号小于 7，则使用直接块
// 表示。如果创建标志置位，并且 i 节点中对应该块的逻辑块（区段）字段为 0，则向相应设备申请一
// 磁盘块（逻辑块），并且将盘上逻辑块号（盘块号）填入逻辑块字段中。然后设置 i 节点改变时间，置
// i 节点已修改标志。 最后返回逻辑块号。 函数 new_block()定义在 bitmap.c 程序中第 76 行开
// 始处。
        if (block<7) {
                if (create && !inode->i_zone[block])
                        if (inode->i_zone[block]=new_block(inode->i_dev)) {
                                inode->i_ctime=CURRENT_TIME; // ctime - Change time。
                                inode->i_dirt=1;             // 设置已修改标志。
                        }
                return inode->i_zone[block];
        }
// 如果该块号>=7，且小于 7+512，则说明使用的是一次间接块。下面对一次间接块进行处理。如果是
// 创建，并且该 i 节点中对应间接块字段 i_zone[7]是 0，表明文件是首次使用间接块，则需申请一
// 磁盘块用于存放间接块信息，并将此实际磁盘块号填入间接块字段中。然后设置 i 节点已修改标志和
// 修改时间。如果创建时申请磁盘块失败，则此时 i 节点间接块字段 i_zone[7]为 0，则返回 0。或
// 者不是创建，但 i_zone[7]原来就为 0，表明 i 节点中没有间接块，于是映射磁盘块失败，返回 0
// 退出。
        block -= 7;
        if (block<512) {
                if (create && !inode->i_zone[7])
                        if (inode->i_zone[7]=new_block(inode->i_dev)) {
                                inode->i_dirt=1;
                                inode->i_ctime=CURRENT_TIME;
                        }
                if (!inode->i_zone[7])
                        return 0;
// 现在读取设备上该 i 节点的一次间接块。并取该间接块上第 block 项中的逻辑块号（盘块号）i。每
// 一项占 2 个字节。如果是创建并且间接块的第 block 项中的逻辑块号为 0 的话，则申请一磁盘块，
// 并让间接块中的第 block 项等于该新逻辑块块号。然后置位间接块的已修改标志。如果不是创建，
// 则 i 就是需要映射（寻找）的逻辑块号。
                if (!(bh = bread(inode->i_dev,inode->i_zone[7])))
                        return 0;
                i = ((unsigned short *) (bh->b_data))[block];
                if (create && !i)
                        if (i=new_block(inode->i_dev)) {
                                ((unsigned short *) (bh->b_data))[block]=i;
                                bh->b_dirt=1;
                        }
// 最后释放该间接块占用的缓冲块，并返回磁盘上新申请或原有的对应 block 的逻辑块块号。
```

```
            brelse(bh);
            return i;
        }
// 若程序运行到此，则表明数据块属于二次间接块。其处理过程与一次间接块类似。下面是对二次间接
// 块的处理。首先将 block 再减去间接块所容纳的块数（512）。然后根据是否设置了创建标志进行创
// 建或寻找处理。如果是新创建并且 i 节点的二次间接块字段为 0，则需申请一磁盘块用于存放二次间
// 接块的一级块信息，并将此实际磁盘块号填入二次间接块字段中。之后，置 i 节点已修改编制和修改
// 时间。同样地，如果创建时申请磁盘块失败，则此时 i 节点二次间接块字段 i_zone[8]为 0，则返
// 回 0。或者不是创建，但 i_zone[8]原来就为 0，表明 i 节点中没有间接块，于是映射磁盘块失败，
// 返回 0 退出。
    block -= 512;
    if (create && !inode->i_zone[8])
        if (inode->i_zone[8]=new_block(inode->i_dev)) {
            inode->i_dirt=1;
            inode->i_ctime=CURRENT_TIME;
        }
    if (!inode->i_zone[8])
        return 0;
// 现在读取设备上该 i 节点的二次间接块。并取该二次间接块的一级块上第 (block/512)项中的逻辑
// 块号 i。如果是创建并且二次间接块的一级块上第 (block/512) 项中的逻辑块号为 0 的话，则需
// 申请一磁盘块（逻辑块）作为二次间接块的二级块 i，并让二次间接块的一级块中第 (block/512)
// 项等于该二级块的块号 i。然后置位二次间接块的一级块已修改标志。并释放二次间接块的一级块。
// 如果不是创建，则 i 就是需要映射（寻找）的逻辑块号。
    if (!(bh=bread(inode->i_dev,inode->i_zone[8])))
        return 0;
    i = ((unsigned short *)bh->b_data)[block>>9];
    if (create && !i)
        if (i=new_block(inode->i_dev)) {
            ((unsigned short *) (bh->b_data))[block>>9]=i;
            bh->b_dirt=1;
        }
    brelse(bh);
// 如果二次间接块的二级块块号为 0，表示申请磁盘块失败或者原来对应块号就为 0，则返回 0 退出。
// 否则就从设备上读取二次间接块的二级块，并取该二级块上第 block 项中的逻辑块号（与上 511 是
// 为了限定 block 值不超过 511）。
    if (!i)
        return 0;
    if (!(bh=bread(inode->i_dev,i)))
        return 0;
    i = ((unsigned short *)bh->b_data)[block&511];
// 如果是创建并且二级块的第 block 项中逻辑块号为 0 的话，则申请一磁盘块（逻辑块），作为最终存
// 放数据信息的块。并让二级块中的第 block 项等于该新逻辑块块号(i)。然后置位二级块的已修改标志。
    if (create && !i)
        if (i=new_block(inode->i_dev)) {
            ((unsigned short *) (bh->b_data))[block&511]=i;
            bh->b_dirt=1;
        }
// 最后释放该二次间接块的二级块，返回磁盘上新申请的或原有的对应 block 的逻辑块块号。
    brelse(bh);
    return i;
}

//// 取文件数据块 block 在设备上对应的逻辑块号。
// 参数：inode - 文件的内存 i 节点指针；block - 文件中的数据块号。
// 若操作成功则返回对应的逻辑块号，否则返回 0。
int bmap(struct m_inode * inode,int block)
```

```
143 {
144         return _bmap(inode,block,0);
145 }
146
//// 取文件数据块 block 在设备上对应的逻辑块号。如果对应的逻辑块不存在就创建一块。
// 并返回设备上对应的逻辑块号。
// 参数：inode - 文件的内存 i 节点指针；block - 文件中的数据块号。
// 若操作成功则返回对应的逻辑块号，否则返回 0。
147 int create_block(struct m_inode * inode, int block)
148 {
149         return _bmap(inode,block,1);
150 }
151
//// 放回（放置）一个 i 节点(回写入设备)。
// 该函数主要用于把 i 节点引用计数值递减 1，并且若是管道 i 节点，则唤醒等待的进程。若是块设备
// 文件 i 节点则刷新设备。并且若 i 节点的链接计数为 0，则释放该 i 节点占用的所有磁盘逻辑块，并
// 释放该 i 节点。
152 void iput(struct m_inode * inode)
153 {
// 首先判断参数给出的 i 节点的有效性，并等待 inode 节点解锁（如果已上锁的话）。如果 i 节点的引
// 用计数为 0，表示该 i 节点已经是空闲的。内核再要求对其进行放回操作，说明内核中其他代码有问
// 题。于是显示错误信息并停机。
154         if (!inode)
155                 return;
156         wait_on_inode(inode);
157         if (!inode->i_count)
158                 panic("iput: trying to free free inode");
// 如果是管道 i 节点，则唤醒等待该管道的进程，引用次数减 1，如果还有引用则返回。否则释放管道
// 占用的内存页面，并复位该节点的引用计数值、已修改标志和管道标志，并返回。对于管道节点，
// inode->i_size 存放着内存页地址。参见 get_pipe_inode()，231，237 行。
159         if (inode->i_pipe) {
160                 wake_up(&inode->i_wait);
161                 wake_up(&inode->i_wait2);
162                 if (--inode->i_count)
163                         return;
164                 free_page(inode->i_size);
165                 inode->i_count=0;
166                 inode->i_dirt=0;
167                 inode->i_pipe=0;
168                 return;
169         }
// 如果 i 节点对应的设备号 = 0，则将此节点的引用计数递减 1，返回。例如用于管道操作的 i 节点，
// 其 i 节点的设备号为 0。
170         if (!inode->i_dev) {
171                 inode->i_count--;
172                 return;
173         }
// 如果是块设备文件的 i 节点，此时逻辑块字段 0（i_zone[0]）中是设备号，则刷新该设备。并等待
// i 节点解锁。
174         if (S_ISBLK(inode->i_mode)) {
175                 sync_dev(inode->i_zone[0]);
176                 wait_on_inode(inode);
177         }
// 如果 i 节点的引用计数大于 1，则计数递减 1 后就直接返回（因为该 i 节点还有人在用，不能释放），
// 否则就说明 i 节点的引用计数值为 1（因为第 157 行已经判断过引用计数是否为零）。如果 i 节点的
// 链接数为 0，则说明 i 节点对应文件被删除。于是释放该 i 节点的所有逻辑块，并释放该 i 节点。函
```

```
// 数 free_inode()用于实际释放 i 节点操作，即复位 i 节点对应的 i 节点位图位，清空 i 节点结构
// 内容。
repeat:
        if (inode->i_count>1) {
                inode->i_count--;
                return;
        }
        if (!inode->i_nlinks) {
                truncate(inode);
                free_inode(inode);          // bitmap.c 第108行开始处。
                return;
        }
// 如果该 i 节点已作过修改，则回写更新该 i 节点，并等待该 i 节点解锁。由于这里在写 i 节点时需要
// 等待睡眠，此时其他进程有可能修改该 i 节点，因此在进程被唤醒后需要重复进行上述判断过程
// （repeat）。
        if (inode->i_dirt) {
                write_inode(inode);         /* we can sleep - so do again */
                wait_on_inode(inode);       /* 因为我们睡眠了，所以需要重复判断 */
                goto repeat;
        }
// 程序若能执行到此，则说明该 i 节点的引用计数值 i_count 是 1、链接数不为零，并且内容没有被修
// 改过。因此此时只要把 i 节点引用计数递减 1，返回。此时该 i 节点的 i_count=0，表示已释放。
        inode->i_count--;
        return;
}

//// 从 i 节点表（inode_table）中获取一个空闲 i 节点项。
// 寻找引用计数 count 为 0 的 i 节点，并将其写盘后清零，返回其指针。引用计数被置 1。
struct m_inode * get_empty_inode(void)
{
        struct m_inode * inode;
        static struct m_inode * last_inode = inode_table;   // 指向 i 节点表第 1 项。
        int i;

// 在初始化 last_inode 指针指向 i 节点表头一项后循环扫描整个 i 节点表。如果 last_inode 已经
// 指向 i 节点表的最后 1 项之后，则让其重新指向 i 节点表开始处，以继续循环寻找空闲 i 节点项。如
// 果 last_inode 所指向的 i 节点的计数值为 0，则说明可能找到空闲 i 节点项。让 inode 指向该 i
// 节点。如果该 i 节点的已修改标志和锁定标志均为 0，则我们可以使用该 i 节点，于是退出 for 循环。
        do {
                inode = NULL;
                for (i = NR_INODE; i ; i--) {               // NR_INODE = 32。
                        if (++last_inode >= inode_table + NR_INODE)
                                last_inode = inode_table;
                        if (!last_inode->i_count) {
                                inode = last_inode;
                                if (!inode->i_dirt && !inode->i_lock)
                                        break;
                        }
                }
// 如果没有找到空闲 i 节点（inode = NULL），则将 i 节点表打印出来供调试使用，并停机。
                if (!inode) {
                        for (i=0 ; i<NR_INODE ; i++)
                                printk("%04x: %6d\t",inode_table[i].i_dev,
                                        inode_table[i].i_num);
                        panic("No free inodes in mem");
                }
```

```
// 等待该 i 节点解锁（如果又被上锁的话）。如果该 i 节点已修改标志被置位的话，则将该 i 节点刷新
// （同步）。因为刷新时可能会睡眠，因此需要再次循环等待该 i 节点解锁。
                wait_on_inode(inode);
                while (inode->i_dirt) {
                        write_inode(inode);
                        wait_on_inode(inode);
                }
        } while (inode->i_count);
// 如果 i 节点又被其他占用的话（i 节点的计数值不为 0 了），则重新寻找空闲 i 节点。否则说明已找到
// 符合要求的空闲 i 节点项。则将该 i 节点项内容清零，并置引用计数为 1，返回该 i 节点指针。
        memset(inode,0,sizeof(*inode));
        inode->i_count = 1;
        return inode;
}

//// 获取管道节点。
// 首先扫描 i 节点表，寻找一个空闲 i 节点项，然后取得一页空闲内存供管道使用。然后将得到的 i 节
// 点的引用计数置为 2(读者和写者)，初始化管道头和尾，置 i 节点的管道类型表示。返回为 i 节点指
// 针，如果失败则返回 NULL。
struct m_inode * get_pipe_inode(void)
{
        struct m_inode * inode;

// 首先从内存 i 节点表中取得一个空闲 i 节点。如果找不到空闲 i 节点则返回 NULL。然后为该 i 节点
// 申请一页内存，并让节点的 i_size 字段指向该页面。如果已没有空闲内存，则释放该 i 节点，并返
// 回 NULL。
        if (!(inode = get_empty_inode()))
                return NULL;
        if (!(inode->i_size=get_free_page())) {      // 节点的 i_size 字段指向缓冲区。
                inode->i_count = 0;
                return NULL;
        }
// 然后设置该 i 节点的引用计数为 2，并复位复位管道头尾指针。i 节点逻辑块号数组 i_zone[]的
// i_zone[0]和 i_zone[1]中分别用来存放管道头和管道尾指针。最后设置 i 节点是管道 i 节点标志
// 并返回该 i 节点号。
        inode->i_count = 2;     /* sum of readers/writers */    /* 读/写两者总计 */
        PIPE_HEAD(*inode) = PIPE_TAIL(*inode) = 0;  // 复位管道头尾指针。
        inode->i_pipe = 1;                          // 置节点为管道使用的标志。
        return inode;
}

//// 取得一个 i 节点。
// 参数：dev - 设备号；nr - i 节点号。
// 从设备上读取指定节点号的 i 节点结构内容到内存 i 节点表中，并且返回该 i 节点指针。首先在位于
// 高速缓冲区中的 i 节点表中搜寻，若找到指定节点号的 i 节点则在经过一些判断处理后返回该 i 节点
// 指针。否则从设备 dev 上读取指定 i 节点号的 i 节点信息放入 i 节点表中，并返回该 i 节点指针。
struct m_inode * iget(int dev,int nr)
{
        struct m_inode * inode, * empty;

// 首先判断参数有效性。若设备号是 0，则表明内核代码问题，显示出错信息并停机。然后预先从 i 节
// 点表中取一个空闲 i 节点备用。
        if (!dev)
                panic("iget with dev==0");
        empty = get_empty_inode();
// 接着扫描 i 节点表。寻找参数指定节点号 nr 的 i 节点。并递增该节点的引用次数。如果当前扫描 i
```

```
// 节点的设备号不等于指定的设备号或者节点号不等于指定的节点号，则继续扫描。
        inode = inode_table;
        while (inode < NR_INODE+inode_table) {
                if (inode->i_dev != dev || inode->i_num != nr) {
                        inode++;
                        continue;
                }
// 如果找到指定设备号 dev 和节点号 nr 的 i 节点，则等待该节点解锁（如果已上锁的话）。在等待该
// 节点解锁过程中，i 节点表可能会发生变化。所以再次进行上述相同判断。如果发生了变化，则重新
// 扫描整个 i 节点表。
                wait_on_inode(inode);
                if (inode->i_dev != dev || inode->i_num != nr) {
                        inode = inode_table;
                        continue;
                }
// 到这里表示找到相应的 i 节点。于是将该 i 节点引用计数增 1。然后再作进一步检查，看它是否是另
// 一个文件系统的安装点。若是则寻找被安装文件系统根节点并返回。如果该 i 节点的确是其他文件系
// 统的安装点，则在超级块表中搜寻安装在此 i 节点的超级块。如果没有找到，则显示出错信息，并放
// 回本函数开始时获取的空闲节点 empty，返回该 i 节点指针。
                inode->i_count++;
                if (inode->i_mount) {
                        int i;

                        for (i = 0 ; i<NR_SUPER ; i++)
                                if (super_block[i].s_imount==inode)
                                        break;
                        if (i >= NR_SUPER) {
                                printk("Mounted inode hasn't got sb\n");
                                if (empty)
                                        iput(empty);
                                return inode;
                        }
// 执行到这里表示已经找到安装到 inode 节点的文件系统超级块。于是将该 i 节点写盘放回，并从安装
// 在此 i 节点上的文件系统超级块中取设备号，并令 i 节点号为 ROOT_INO，即为 1。然后重新扫描整
// 个 i 节点表，以获取该被安装文件系统的根 i 节点信息。
                        iput(inode);
                        dev = super_block[i].s_dev;
                        nr = ROOT_INO;
                        inode = inode_table;
                        continue;
                }
// 最终我们找到了相应的 i 节点。因此可以放弃本函数开始处临时申请的空闲 i 节点，返回找到的 i 节
// 点指针。
                if (empty)
                        iput(empty);
                return inode;
        }
// 如果我们在 i 节点表中没有找到指定的 i 节点，则利用前面申请的空闲 i 节点 empty 在 i 节点表中
// 建立该 i 节点。并从相应设备上读取该 i 节点信息，返回该 i 节点指针。
        if (!empty)
                return (NULL);
        inode=empty;
        inode->i_dev = dev;                  // 设置 i 节点的设备。
        inode->i_num = nr;                   // 设置 i 节点号。
        read_inode(inode);
        return inode;
```

```
}

//// 读取指定 i 节点信息。
// 从设备上读取含有指定 i 节点信息的 i 节点盘块，然后复制到指定的 i 节点结构中。为了确定 i 节点
// 所在的设备逻辑块号（或缓冲块），必须首先读取相应设备上的超级块，以获取用于计算逻辑块号的
// 每块 i 节点数信息 INODES_PER_BLOCK。 在计算出 i 节点所在的逻辑块号后，就把该逻辑块读入
// 一缓冲块中。然后把缓冲块中相应位置处的 i 节点内容复制到参数指定的位置处。
static void read_inode(struct m_inode * inode)
{
        struct super_block * sb;
        struct buffer_head * bh;
        int block;

// 首先锁定该 i 节点，并取该节点所在设备的超级块。
        lock_inode(inode);
        if (!(sb=get_super(inode->i_dev)))
                panic("trying to read inode without dev");
// 该 i 节点所在的设备逻辑块号 = (启动块 + 超级块) + i 节点位图占用的块数 + 逻辑块位图占用
// 的块数 + (i 节点号-1)/每块含有的 i 节点数。虽然 i 节点号从 0 开始编号，但第 1 个 0 号 i 节点
// 不用，并且磁盘上也不保存对应的 0 号 i 节点结构。因此存放 i 节点的盘块的第 1 块上保存的是 i 节
// 点号是是 1--16 的 i 节点结构而不是 0--15 的。因此在上面计算 i 节点号对应的 i 节点结构所在盘
// 块时需要减 1，即：B =(i 节点号-1)/每块含有 i 节点结构数。例如，节点号 16 的 i 节点结构应该
// 在 B=(16-1)/16 = 0 的块上。 这里我们从设备上读取该 i 节点所在的逻辑块，并复制指定 i 节点
// 内容到 inode 指针所指位置处。
        block = 2 + sb->s_imap_blocks + sb->s_zmap_blocks +
                (inode->i_num-1)/INODES_PER_BLOCK;
        if (!(bh=bread(inode->i_dev,block)))
                panic("unable to read i-node block");
        *(struct d_inode *)inode =
                ((struct d_inode *)bh->b_data)
                        [(inode->i_num-1)%INODES_PER_BLOCK];
// 最后释放读入的缓冲块，并解锁该 i 节点。对于块设备文件，还需要设置 i 节点的文件最大长度值。
        brelse(bh);
        if (S_ISBLK(inode->i_mode)) {
                int i = inode->i_zone[0];  // 对于块设备文件，i_zone[0]中是设备号。
                if (blk_size[MAJOR(i)])
                        inode->i_size = 1024*blk_size[MAJOR(i)][MINOR(i)];
                else
                        inode->i_size = 0x7fffffff;
        }
        unlock_inode(inode);
}

//// 将 i 节点信息写入缓冲区中。
// 该函数把参数指定的 i 节点写入缓冲区相应的缓冲块中，待缓冲区刷新时会写入盘中。为了确定 i 节
// 点所在的设备逻辑块号（或缓冲块），必须首先读取相应设备上的超级块，以获取用于计算逻辑块号的
// 每块 i 节点数信息 INODES_PER_BLOCK。 在计算出 i 节点所在的逻辑块号后，就把该逻辑块读入
// 一缓冲块中。然后把 i 节点内容复制到缓冲块的相应位置处。
static void write_inode(struct m_inode * inode)
{
        struct super_block * sb;
        struct buffer_head * bh;
        int block;

// 首先锁定该 i 节点，如果该 i 节点没有被修改过或者该 i 节点的设备号等于零，则解锁该 i 节点，并
// 退出。对于没有被修改过的 i 节点，其内容与缓冲区中或设备中的相同。然后获取该 i 节点的超级块。
```

```
        lock_inode(inode);
        if (!inode->i_dirt || !inode->i_dev) {
                unlock_inode(inode);
                return;
        }
        if (!(sb=get_super(inode->i_dev)))
                panic("trying to write inode without device");
// 该 i 节点所在的设备逻辑块号 = (启动块 + 超级块) + i 节点位图占用的块数 + 逻辑块位图占用
// 的块数 + (i 节点号-1)/每块含有的 i 节点数。 我们从设备上读取该 i 节点所在的逻辑块，并将
// 该 i 节点信息复制到逻辑块对应该 i 节点的项位置处。
        block = 2 + sb->s_imap_blocks + sb->s_zmap_blocks +
                (inode->i_num-1)/INODES_PER_BLOCK;
        if (!(bh=bread(inode->i_dev,block)))
                panic("unable to read i-node block");
        ((struct d_inode *)bh->b_data)
                [(inode->i_num-1)%INODES_PER_BLOCK] =
                        *(struct d_inode *)inode;
// 然后置缓冲区已修改标志，而 i 节点内容已经与缓冲区中的一致，因此修改标志置零。然后
// 释放该含有 i 节点的缓冲区，并解锁该 i 节点。
        bh->b_dirt=1;
        inode->i_dirt=0;
        brelse(bh);
        unlock_inode(inode);
}

```

12.6 super.c 程序

12.6.1 功能描述

该文件描述了对文件系统中超级块操作的函数，这些函数属于文件系统低层函数，供上层的文件名和目录操作函数使用。主要有 get_super()、put_super()和 read_super()。另外还有 2 个有关文件系统加载/卸载系统调用 sys_umount()和 sys_mount()，以及根文件系统加载函数 mount_root()。其他一些辅助函数与 buffer.c 中的辅助函数的作用类似。

超级块中主要存放了有关整个文件系统的信息，其信息结构参见“总体功能描述”中的图。

get_super()函数用于在指定设备的条件下，在内存超级块数组中搜索对应的超级块，并返回相应超级块的指针。因此，在调用该函数时，该相应的文件系统必须已经被加载（mount），或者起码该超级块已经占用了超级块数组中的一项，否则返回 NULL。

put_super()用于释放指定设备的超级块。它把该超级块对应的文件系统的 i 节点位图和逻辑块位图所占用的缓冲块都释放掉，并释放超级块表（数组）super_block[]中对应的操作块项。在调用 umount()卸载一个文件系统或者更换磁盘时将会调用该函数。

read_super()用于把指定设备的文件系统的超级块读入到缓冲区中，并登记到超级块表中，同时也把文件系统的 i 节点位图和逻辑块位图读入内存超级块结构的相应数组中。最后返回该超级块结构的指针。

sys_umount()系统调用用于卸载一个指定设备文件名的文件系统，而 sys_mount()则用于向一个目录名上加载一个文件系统。

程序中最后一个函数 mount_root()是用于安装系统的根文件系统，并将在系统初始化时被

调用。其具体操作流程如图 12-25 所示。

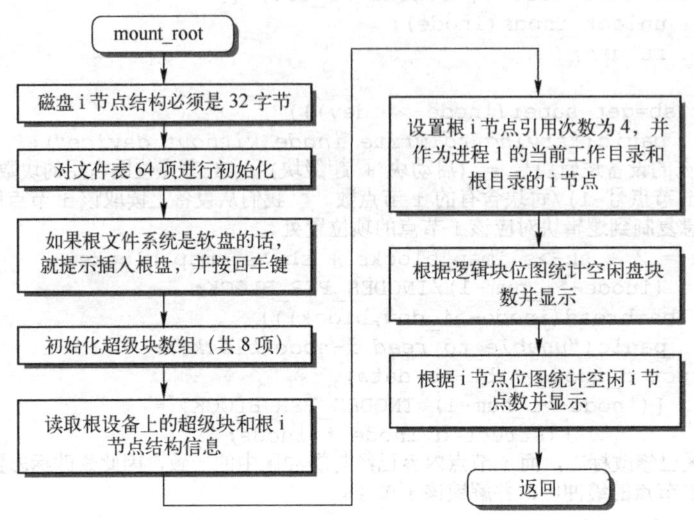

图 12-25　mount_root()函数的功能

该函数除了用于安装系统的根文件系统以外，还对内核使用文件系统起到初始化的作用。它对内存中超级块数组进行了初始化，还对文件描述符数组表 file_table[]进行了初始化，并对根文件系统中的空闲盘块数和空闲 i 节点数进行了统计并显示出来。

mount_root()函数是在系统执行初始化程序 main.c 中，在进程 0 创建了第一个子进程（进程 1)后被调用的，而且系统仅在这里调用它一次。具体的调用位置是在初始化函数 init()的 setup()函数中。setup()函数位于/kernel/blk_drv/hd.c 第 71 行开始。

12.6.2　代码注释

程序 12-5　linux/fs/super.c

```
/*
 *  linux/fs/super.c
 *
 *  (C) 1991  Linus Torvalds
 */

/*
 * super.c contains code to handle the super-block tables.
 */
/*
 * super.c 程序中含有处理超级块表的代码。
 */
#include <linux/config.h> // 内核配置头文件。定义键盘语言和硬盘类型（HD_TYPE）可选项。
#include <linux/sched.h>  // 调度程序头文件，定义了任务结构 task_struct、任务 0 的数据，
                          // 还有一些有关描述符参数设置和获取的嵌入式汇编函数宏语句。
#include <linux/kernel.h> // 内核头文件。含有一些内核常用函数的原形定义。
#include <asm/system.h>   // 系统头文件。定义了设置或修改描述符/中断门等的嵌入式汇编宏。

#include <errno.h>        // 错误号头文件。包含系统中各种出错号。
#include <sys/stat.h>     // 文件状态头文件。含有文件或文件系统状态结构 stat{}和常量。

```

```
   // 对指定设备执行高速缓冲与设备上数据的同步操作（fs/buffer.c，59行）。
18 int sync_dev(int dev);
   // 等待击键（kernel/chr_drv/tty_io.c，140行）。
19 void wait_for_keypress(void);
20
21 /* set_bit uses setb, as gas doesn't recognize setc */
   /* set_bit()使用了setb指令，因为汇编编译器gas不能识别指令setc */
   //// 测试指定位偏移处位的值，并返回该原位值（应该取名为test_bit()更妥帖）。
   // 嵌入式汇编宏。参数bitnr是位偏移值，addr是测试位操作的起始地址。
   // %0 - ax(__res)，%1 - 0，%2 - bitnr，%3 - addr
   // 第23行定义了一个局部寄存器变量。该变量将被保存在eax寄存器中，以便于高效访问和操作。第
   // 24行上指令bt 用于对位进行测试（Bit Test）。它会把地址addr（%3）和位偏移量bitnr（%2）
   // 指定的位的值放入进位标志CF 中。 指令setb用于根据进位标志CF设置操作数%al。如果CF = 1
   // 则%al = 1，否则%al = 0。
22 #define set_bit(bitnr,addr) ({ \
23 register int __res __asm__("ax"); \
24 __asm__("bt %2,%3;setb %%al":"=a"(__res):"a" (0),"r" (bitnr),"m" (*(addr))); \
25 __res; })
26
27 struct super_block super_block[NR_SUPER];   // 超级块结构表数组（NR_SUPER = 8）。
28 /* this is initialized in init/main.c */
   /* ROOT_DEV已在init/main.c中被初始化 */
29 int ROOT_DEV = 0;                            // 根文件系统设备号。
30
   // 以下3个函数（lock_super()、free_super()和wait_on_super()）的作用与inode.c文
   // 件中头3个函数的作用相同，只是这里操作的对象换成了超级块。
   //// 锁定超级块。
   // 如果超级块已被锁定，则将当前任务置为不可中断的等待状态，并添加到该超级块等待队列s_wait
   // 中。直到该超级块解锁并明确地唤醒本任务。然后对其上锁。
31 static void lock_super(struct super_block * sb)
32 {
33         cli();                               // 关中断。
34         while (sb->s_lock)                   // 如果该超级块已经上锁，则睡眠等待。
35                 sleep_on(&(sb->s_wait));     // kernel/sched.c，第199行。
36         sb->s_lock = 1;                      // 给该超级块加锁（置锁定标志）。
37         sti();                               // 开中断。
38 }
39
   //// 对指定超级块解锁。
   // 复位超级块的锁定标志，并明确地唤醒等待在此超级块等待队列s_wait上的所有进程。
   // 如果使用ulock_super这个名称则可能更妥帖。
40 static void free_super(struct super_block * sb)
41 {
42         cli();
43         sb->s_lock = 0;                 // 复位锁定标志。
44         wake_up(&(sb->s_wait));         // 唤醒等待该超级块的进程。
45         sti();                          // wake_up()在kernel/sched.c，第188行。
46 }
47
   //// 睡眠等待超级块解锁。
   // 如果超级块已被锁定，则将当前任务置为不可中断的等待状态，并添加到该超级块的等待队列s_wait
   // 中。直到该超级块解锁并明确地唤醒本任务。
48 static void wait_on_super(struct super_block * sb)
49 {
50         cli();
```

```
51         while (sb->s_lock)                    // 如果超级块已经上锁，则睡眠等待。
52                 sleep_on(&(sb->s_wait));
53         sti();
54 }
55
//// 取指定设备的超级块。
// 在超级块表（数组）中搜索指定设备 dev 的超级块结构信息。若找到则返回超级块的指针，否则返回
// 空指针。
56 struct super_block * get_super(int dev)
57 {
58         struct super_block * s;              // s 是超级块数据结构指针。
59
// 首先判断参数给出设备的有效性。若设备号为 0 则返回空指针。然后让 s 指向超级块数组起始处，开
// 始搜索整个超级块数组，以寻找指定设备 dev 的超级块。 第 62 行上的指针赋值语句"s = 0+
// super_block" 等同于 "s = super_block"、"s = &super_block[0]"。
60         if (!dev)
61                 return NULL;
62         s = 0+super_block;
63         while (s < NR_SUPER+super_block)
// 如果当前搜索项是指定设备的超级块，即该超级块的设备号字段值与函数参数指定的相同，则先等待
// 该超级块解锁（若已被其他进程上锁的话）。在等待期间，该超级块项有可能被其他设备使用，因此等
// 待返回之后需再判断一次是否是指定设备的超级块，如果是则返回该超级块的指针。否则就重新对超
// 级块数组再搜索一遍，因此此时 s 需重又指向超级块数组开始处。
64                 if (s->s_dev == dev) {
65                         wait_on_super(s);
66                         if (s->s_dev == dev)
67                                 return s;
68                         s = 0+super_block;
// 如果当前搜索项不是，则检查下一项。如果没有找到指定的超级块，则返回空指针。
69                 } else
70                         s++;
71         return NULL;
72 }
73
//// 释放（放回）指定设备的超级块。
// 释放设备所使用的超级块数组项（置 s_dev=0），并释放该设备 i 节点位图和逻辑块位图所占用的高
// 速缓冲块。如果超级块对应的文件系统是根文件系统，或者其某个 i 节点上已经安装了其他的文件系
// 统，则不能释放该超级块。
74 void put_super(int dev)
75 {
76         struct super_block * sb;
77         int i;
78
// 首先判断参数的有效性和合法性。如果指定设备是根文件系统设备，则显示警告信息“根系统盘改变
// 了，准备生死决战吧”，并返回。然后在超级块表中寻找指定设备号的文件系统超级块。如果找不到指
// 定设备的超级块，则返回。另外，如果该超级块指明该文件系统所安装到的 i 节点还没有被处理过，
// 则显示警告信息并返回。在文件系统卸载（umount）操作中，s_imount 会先被置成 Null 以后才会
// 调用本函数，参见第 192 行。
79         if (dev == ROOT_DEV) {
80                 printk("root diskette changed: prepare for armageddon\n\r");
81                 return;
82         }
83         if (!(sb = get_super(dev)))
84                 return;
85         if (sb->s_imount) {
86                 printk("Mounted disk changed - tssk, tssk\n\r");
```

```
                return;
        }
// 然后在找到指定设备的超级块之后，我们先锁定该超级块，再置该超级块对应的设备号字段 s_dev 为
// 0，也即释放该设备上的文件系统超级块。然后释放该超级块占用的其他内核资源，即释放该设备上
// 文件系统 i 节点位图和逻辑块位图在缓冲区中所占用的缓冲块。下面常数符号 I_MAP_SLOTS 和
// Z_MAP_SLOTS 均等于 8，用于分别指明 i 节点位图和逻辑块位图占用的磁盘逻辑块数。注意，若这
// 些缓冲块内容被修改过，则需要作同步操作才能把缓冲块中的数据写入设备中。函数最后对该超级块
// 解锁，并返回。
        lock_super(sb);
        sb->s_dev = 0;                          // 置超级块空闲。
        for(i=0;i<I_MAP_SLOTS;i++)
                brelse(sb->s_imap[i]);
        for(i=0;i<Z_MAP_SLOTS;i++)
                brelse(sb->s_zmap[i]);
        free_super(sb);
        return;
}

//// 读取指定设备的超级块。
// 如果指定设备 dev 上的文件系统超级块已经在超级块表中，则直接返回该超级块项的指针。
// 否则就从设备 dev 上读取超级块到缓冲块中，并复制到超级块表中。并返回超级块指针。
static struct super_block * read_super(int dev)
{
        struct super_block * s;
        struct buffer_head * bh;
        int i,block;

// 首先判断参数的有效性。如果没有指明设备，则返回空指针。然后检查该设备是否可更换过盘片（也
// 即是否是软盘设备）。如果更换过盘，则高速缓冲区有关该设备的所有缓冲块均失效，需要进行失效
// 处理，即释放原来加载的文件系统。
        if (!dev)
                return NULL;
        check_disk_change(dev);
// 如果该设备的超级块已经在超级块表中，则直接返回该超级块的指针。否则，首先在超级块数组中找
// 出一个空项(也即字段 s_dev=0 的项)。如果数组已经占满则返回空指针。
        if (s = get_super(dev))
                return s;
        for (s = 0+super_block ;; s++) {
                if (s >= NR_SUPER+super_block)
                        return NULL;
                if (!s->s_dev)
                        break;
        }
// 在超级块数组中找到空项之后，就将该超级块项用于指定设备 dev 上的文件系统。于是对该超级块结
// 构中的内存字段进行部分初始化处理。
        s->s_dev = dev;                         // 用于 dev 设备上的文件系统。
        s->s_isup = NULL;
        s->s_imount = NULL;
        s->s_time = 0;
        s->s_rd_only = 0;
        s->s_dirt = 0;
// 然后锁定该超级块，并从设备上读取超级块信息到 bh 指向的缓冲块中。超级块位于块设备的第 2 个
// 逻辑块（1 号块）中，(第 1 个是引导盘块)。如果读超级块操作失败，则释放上面选定的超级块数组
// 中的项（即置 s_dev=0)，并解锁该项，返回空指针退出。否则就将设备上读取的超级块信息从缓冲
// 块数据区复制到超级块数组相应项结构中。并释放存放读取信息的高速缓冲块。
        lock_super(s);
```

```
	if (!(bh = bread(dev,1))) {
		s->s_dev=0;
		free_super(s);
		return NULL;
	}
	*((struct d_super_block *) s) =
		*((struct d_super_block *) bh->b_data);
	brelse(bh);
// 现在我们从设备 dev 上得到了文件系统的超级块，于是开始检查这个超级块的有效性并从设备上读取
// i 节点位图和逻辑块位图等信息。如果所读取的超级块的文件系统魔数字段不对，说明设备上不是正
// 确的文件系统，因此同上面一样，释放上面选定的超级块数组中的项，并解锁该项，返回空指针退出。
// 对于该版 Linux 内核，只支持 MINIX 文件系统 1.0 版本，其魔数是 0x137f。
	if (s->s_magic != SUPER_MAGIC) {
		s->s_dev = 0;
		free_super(s);
		return NULL;
	}
// 下面开始读取设备上 i 节点位图和逻辑块位图数据。首先初始化内存超级块结构中位图空间。然后从
// 设备上读取 i 节点位图和逻辑块位图信息，并存放在超级块对应字段中。i 节点位图保存在设备上 2
// 号块开始的逻辑块中，共占用 s_imap_blocks 个块。逻辑块位图在 i 节点位图所在块的后续块中，
// 共占用 s_zmap_blocks 个块。
	for (i=0;i<I_MAP_SLOTS;i++)                        // 初始化操作。
		s->s_imap[i] = NULL;
	for (i=0;i<Z_MAP_SLOTS;i++)
		s->s_zmap[i] = NULL;
	block=2;
	for (i=0 ; i < s->s_imap_blocks ; i++)             // 读取设备中 i 节点位图。
		if (s->s_imap[i]=bread(dev,block))
			block++;
		else
			break;
	for (i=0 ; i < s->s_zmap_blocks ; i++)             // 读取设备中逻辑块位图。
		if (s->s_zmap[i]=bread(dev,block))
			block++;
		else
			break;
// 如果读出的位图块数不等于位图应该占有的逻辑块数，说明文件系统位图信息有问题，超级块初始化
// 失败。因此只能释放前面申请并占用的所有资源，即释放 i 节点位图和逻辑块位图占用的高速缓冲块、
// 释放上面选定的超级块数组项、解锁该超级块项，并返回空指针退出。
	if (block != 2+s->s_imap_blocks+s->s_zmap_blocks) {
		for(i=0;i<I_MAP_SLOTS;i++)                 // 释放位图占用的高速缓冲块。
			brelse(s->s_imap[i]);
		for(i=0;i<Z_MAP_SLOTS;i++)
			brelse(s->s_zmap[i]);
		s->s_dev=0;                                // 释放选定的超级块数组项。
		free_super(s);                             // 解锁该超级块项。
		return NULL;
	}
// 否则一切成功。另外，由于对于申请空闲 i 节点的函数来讲，如果设备上所有的 i 节点已经全被使用，
// 则查找函数会返回 0 值。因此 0 号 i 节点是不能用的，所以这里将位图中第 1 块的最低位设置为 1，
// 以防止文件系统分配 0 号 i 节点。同样的道理，也将逻辑块位图的最低位设置为 1。最后函数解锁该
// 超级块，并返回超级块指针。
	s->s_imap[0]->b_data[0] |= 1;
	s->s_zmap[0]->b_data[0] |= 1;
	free_super(s);
	return s;
```

```
}

//// 卸载文件系统（系统调用）。
// 参数 dev_name 是文件系统所在设备的设备文件名。
// 该函数首先根据参数给出的块设备文件名获得设备号，然后复位文件系统超级块中的相应字段，释放
// 超级块和位图占用的缓冲块，最后对该设备执行高速缓冲与设备上数据的同步操作。若卸载操作成功
// 则返回 0，否则返回出错码。
int sys_umount(char * dev_name)
{
        struct m_inode * inode;
        struct super_block * sb;
        int dev;

// 首先根据设备文件名找到对应的 i 节点，并取其中的设备号。设备文件所定义设备的设备号是保存在
// 其 i 节点的 i_zone[0]中的。 参见后面 namei.c 程序中系统调用 sys_mknod()的代码第 445 行。
// 另外，由于文件系统需要存放在块设备上，因此如果不是块设备文件，则放回刚申请的 i 节点 dev_i，
// 返回出错码。
        if (!(inode=namei(dev_name)))
                return -ENOENT;
        dev = inode->i_zone[0];
        if (!S_ISBLK(inode->i_mode)) {
                iput(inode);                    // fs/inode.c，第 150 行。
                return -ENOTBLK;
        }
// OK，现在上面为了得到设备号而取得的 i 节点已完成了它的使命，因此这里放回该设备文件的 i 节点。
// 接着我们来检查一下卸载该文件系统的条件是否满足。如果设备上是根文件系统，则不能被卸载，返
// 回忙出错号。
        iput(inode);
        if (dev==ROOT_DEV)
                return -EBUSY;
// 如果在超级块表中没有找到该设备上文件系统的超级块，或者已找到但是该设备上文件系统没有安装
// 过，则返回出错码。如果超级块所指明的被安装到的 i 节点并没有置位其安装标志 i_mount，则显示
// 警告信息。然后查找一下 i 节点表，看看是否有进程在使用该设备上的文件，如果有则返回忙出错码。
        if (!(sb=get_super(dev)) || !(sb->s_imount))
                return -ENOENT;
        if (!sb->s_imount->i_mount)
                printk("Mounted inode has i_mount=0\n");
        for (inode=inode_table+0 ; inode<inode_table+NR_INODE ; inode++)
                if (inode->i_dev==dev && inode->i_count)
                                return -EBUSY;
// 现在该设备上文件系统的卸载条件均得到满足，因此我们可以开始实施真正的卸载操作了。首先复位
// 被安装到的 i 节点的安装标志，释放该 i 节点。然后置超级块中被安装 i 节点字段为空，并放回设备
// 文件系统的根 i 节点，接着置超级块中被安装系统根 i 节点指针为空。
        sb->s_imount->i_mount=0;
        iput(sb->s_imount);
        sb->s_imount = NULL;
        iput(sb->s_isup);
        sb->s_isup = NULL;
// 最后我们释放该设备上的超级块以及位图占用的高速缓冲块，并对该设备执行高速缓冲与设备上数据
// 的同步操作。然后返回 0（卸载成功）。
        put_super(dev);
        sync_dev(dev);
        return 0;
}

//// 安装文件系统（系统调用）。
```

```
// 参数 dev_name 是设备文件名，dir_name 是安装到的目录名，rw_flag 被安装文件系统的可读写
// 标志。将被加载的地方必须是一个目录名，并且对应的 i 节点没有被其他程序占用。若操作成功则返
// 回 0，否则返回出错号。
int sys_mount(char * dev_name, char * dir_name, int rw_flag)
{
        struct m_inode * dev_i, * dir_i;
        struct super_block * sb;
        int dev;

// 首先根据设备文件名找到对应的 i 节点，以取得其中的设备号。对于块特殊设备文件，设备号在其 i
// 节点的 i_zone[0]中。另外，由于文件系统必须在块设备中，因此如果不是块设备文件，则放回刚取
// 得的 i 节点 dev_i，返回出错码。
        if (!(dev_i=namei(dev_name)))
                return -ENOENT;
        dev = dev_i->i_zone[0];
        if (!S_ISBLK(dev_i->i_mode)) {
                iput(dev_i);
                return -EPERM;
        }
// OK，现在上面为了得到设备号而取得的 i 节点 dev_i 已完成了它的使命，因此这里放回该设备文件
// 的 i 节点。接着我们来检查一下文件系统安装到的目录名是否有效。于是根据给定的目录文件名找到
// 对应的 i 节点 dir_i。如果该 i 节点的引用计数不为 1（仅在这里引用），或者该 i 节点的节点号是
// 根文件系统的节点号 1，则放回该 i 节点返回出错码。另外，如果该节点不是一个目录文件节点，则
// 也放回该 i 节点，返回出错码。因为文件系统只能安装在一个目录名上。
        iput(dev_i);
        if (!(dir_i=namei(dir_name)))
                return -ENOENT;
        if (dir_i->i_count != 1 || dir_i->i_num == ROOT_INO) {
                iput(dir_i);
                return -EBUSY;
        }
        if (!S_ISDIR(dir_i->i_mode)) {                  // 安装点需要是一个目录名。
                iput(dir_i);
                return -EPERM;
        }
// 现在安装点也检查完毕，我们开始读取要安装文件系统的超级块信息。如果读超级块操作失败，则放
// 回该安装点 i 节点 dir_i 并返回出错码。一个文件系统的超级块会首先从超级块表中进行搜索，如
// 果不在超级块表中就从设备上读取。
        if (!(sb=read_super(dev))) {
                iput(dir_i);
                return -EBUSY;
        }
// 在得到了文件系统超级块之后，我们对它先进行检测一番。如果将要被安装的文件系统已经安装在其
// 他地方，则放回该 i 节点，返回出错码。如果将要安装到的 i 节点已经安装了文件系统（安装标志已
// 经置位），则放回该 i 节点，也返回出错码。
        if (sb->s_imount) {
                iput(dir_i);
                return -EBUSY;
        }
        if (dir_i->i_mount) {
                iput(dir_i);
                return -EPERM;
        }
// 最后设置被安装文件系统超级块的“被安装到 i 节点”字段指向安装到的目录名的 i 节点。并设置安
// 装位置 i 节点的安装标志和节点已修改标志。然后返回 0（安装成功）。
        sb->s_imount=dir_i;
```

```
236         dir_i->i_mount=1;
237         dir_i->i_dirt=1;/* NOTE! we don't iput(dir_i) */ /*注意！这里没用iput(dir_i)*/
238         return 0;          /* we do that in umount */          /* 这将在 umount 内操作 */
239 }
240
//// 安装根文件系统。
// 该函数属于系统初始化操作的一部分。函数首先初始化文件表数组 file_table[]和超级块表（数组），
// 然后读取根文件系统超级块，并取得文件系统根 i 节点。 最后统计并显示出根文件系统上的可用资源
// （空闲块数和空闲 i 节点数）。 该函数会在系统开机进行初始化设置时（sys_setup()）调用
// （blk_drv/hd.c，157 行）。
241 void mount_root(void)
242 {
243         int i,free;
244         struct super_block * p;
245         struct m_inode * mi;
246
// 若磁盘 i 节点结构不是 32 字节，则出错停机。该判断用于防止修改代码时出现不一致情况。
247         if (32 != sizeof (struct d_inode))
248                 panic("bad i-node size");
// 首先初始化文件表数组（共 64 项，即系统同时只能打开 64 个文件）和超级块表。这里将所有文件结
// 构中的引用计数设置为 0（表示空闲），并把超级块表中各项结构的设备字段初始化为 0（也表示空闲）。
// 如果根文件系统所在设备是软盘的话，就提示“插入根文件系统盘，并按回车键”，并等待按键。
249         for(i=0;i<NR_FILE;i++)                              // 初始化文件表。
250                 file_table[i].f_count=0;
251         if (MAJOR(ROOT_DEV) == 2) {                         // 提示插入根文件系统盘。
252                 printk("Insert root floppy and press ENTER");
253                 wait_for_keypress();
254         }
255         for(p = &super_block[0] ; p < &super_block[NR_SUPER] ; p++) {
256                 p->s_dev = 0;                               // 初始化超级块表。
257                 p->s_lock = 0;
258                 p->s_wait = NULL;
259         }
// 做好以上“份外”的初始化工作之后，我们开始安装根文件系统。于是从根设备上读取文件系统超级
// 块，并取得文件系统的根 i 节点（1 号节点）在内存 i 节点表中的指针。如果读根设备上超级块失败
// 或取根节点失败，则都显示信息并停机。
260         if (!(p=read_super(ROOT_DEV)))
261                 panic("Unable to mount root");
262         if (!(mi=iget(ROOT_DEV,ROOT_INO)))              // 在 fs.h 中 ROOT_INO 定义为 1。
263                 panic("Unable to read root i-node");
// 现在我们对超级块和根 i 节点进行设置。把根 i 节点引用次数递增 3 次。因为下面 266 行上也引用了
// 该 i 节点。另外，iget() 函数中 i 节点引用计数已被设置为 1。然后置该超级块的被安装文件系统
// i 节点和被安装到 i 节点字段为该 i 节点。再设置当前进程的当前工作目录和根目录 i 节点。此时当
// 前进程是 1 号进程（init 进程）。
264         mi->i_count += 3 ;     /* NOTE! it is logically used 4 times, not 1 */
                                /* 注意！从逻辑上讲，它已被引用了 4 次，而不是 1 次 */
265         p->s_isup = p->s_imount = mi;
266         current->pwd = mi;
267         current->root = mi;
// 然后我们对根文件系统上的资源作统计工作。统计该设备上空闲块数和空闲 i 节点数。首先令 i 等于
// 超级块中表明的设备逻辑块总数。然后根据逻辑块位图中相应位的占用情况统计出空闲块数。这里宏
// 函数 set_bit()只是在测试位，而非设置位。"i&8191" 用于取得 i 节点号在当前位图块中对应的
// 位偏移值。"i>>13" 是将 i 除以 8192，也即除一个磁盘块包含的位数。
268         free=0;
269         i=p->s_nzones;
```

```
        while (-- i >= 0)
                if (!set_bit(i&8191,p->s_zmap[i>>13]->b_data))
                        free++;
// 在显示过设备上空闲逻辑块数/逻辑块总数之后。我们再统计设备上空闲 i 节点数。首先令 i 等于超
// 级块中表明的设备上 i 节点总数+1。加 1 是将 0 节点也统计进去。然后根据 i 节点位图中相应位的
// 占用情况计算出空闲 i 节点数。最后再显示设备上可用空闲 i 节点数和 i 节点总数。
        printk("%d/%d free blocks\n\r",free,p->s_nzones);
        free=0;
        i=p->s_ninodes+1;
        while (-- i >= 0)
                if (!set_bit(i&8191,p->s_imap[i>>13]->b_data))
                        free++;
        printk("%d/%d free inodes\n\r",free,p->s_ninodes);
}

```

12.7 namei.c 程序

12.7.1 功能描述

该文件是 Linux 0.12 内核中最长的函数，不过也只有 700 多行。本文件主要实现了根据目录名或文件名寻找到对应 i 节点的函数 namei()，以及一些关于目录的建立和删除、目录项的建立和删除等操作函数和系统调用。

Linux 0.12 系统采用的是 MINIX 文件系统 1.0 版。它的目录项结构与传统 UNIX 文件的目录项结构相同，定义在 include/linux/fs.h 文件中。在文件系统的一个目录中，其中所有文件名信息对应的目录项存储在该目录文件名的数据块中。例如，目录名 root/下的所有文件名的目录项就保存在 root/目录名文件的数据块中。而文件系统根目录下的所有文件名信息则保存在指定 i 节点（即 1 号节点）的数据块中。每个目录项只包括一个长度为 14 字节的文件名字符串和该文件名对应的 2 字节的 i 节点号。有关文件的其他信息则被保存在该 i 节点号指定的 i 节点结构中，该结构中主要包括文件访问属性、宿主、长度、访问保存时间以及所在磁盘块等信息。每个 i 节点号的 i 节点都位于磁盘上的固定位置。

```
// 定义在 include/linux/fs.h 文件中。
#define NAME_LEN 14                          // 名字长度值。
#define ROOT_INO 1                           // 根 i 节点。

// 文件目录项结构。
struct dir_entry {
        unsigned short inode;                // i 节点号。
        char name[NAME_LEN];                 // 文件名。
};
```

在打开一个文件时，文件系统会根据给定的文件名找到其 i 节点号，从而找到文件所在的磁盘块位置。例如对于要查找文件名/usr/bin/vi 的 i 节点号，文件系统首先会从具有固定 i 节点号（1）的根目录开始操作，即从 i 节点号 1 的数据块中查找到名称为 usr 的目录项，从而得到文件/usr 的 i 节点号。根据该 i 节点号文件系统可以顺利地取得目录/usr，并在其中可以查找到文件名 bin 的目录项。这样也就知道了/usr/bin 的 i 节点号，因而我们可以知道目录/usr/bin 的目

录所在位置，并在该目录中查找到vi文件的目录项。最终我们获得了文件路径名/usr/bin/vi的i节点号，从而可以从磁盘上得到该i节点号的i节点结构信息。

在每个目录中还包含两个特殊的文件目录项，它们的名称分别固定是“.”和“..”。“.”目录项中给出了当前目录的i节点号，而“..”目录项中给出了当前目录的父目录的i节点号。因此在给出一个相对路径名时文件系统就可以利用这两个特殊目录项进行查找操作。例如要查找../kernel/Makefile，就可以首先根据当前目录的“..”目录项得到父目录的i节点号，然后按照上面描述过程进行查找操作。

由于程序中几个主要函数的前面都有较详细的英文注释，而且各函数和系统调用的功能明了，所以不再赘述。

12.7.2 代码注释

程序 12-6 linux/fs/namei.c

```
/*
 *  linux/fs/namei.c
 *
 *  (C) 1991  Linus Torvalds
 */

/*
 * Some corrections by tytso.
 */

#include <linux/sched.h> // 调度程序头文件，定义了任务结构task_struct、任务0的数据等。
#include <linux/kernel.h> // 内核头文件。含有一些内核常用函数的原形定义。
#include <asm/segment.h>  // 段操作头文件。定义了有关段寄存器操作的嵌入式汇编函数。

#include <string.h>       // 字符串头文件。主要定义了一些有关字符串操作的嵌入函数。
#include <fcntl.h>        // 文件控制头文件。文件及其描述符的操作控制常数符号的定义。
#include <errno.h>        // 错误号头文件。包含系统中各种出错号。
#include <const.h>        // 常数符号头文件。目前仅定义i节点中i_mode字段的各标志位。
#include <sys/stat.h>     // 文件状态头文件。含有文件或文件系统状态结构stat{}和常量。

// 由文件名查找对应i节点的内部函数。
static struct m_inode * _namei(const char * filename, struct m_inode * base,
        int follow_links);

// 下面宏中右侧表达式是访问数组的一种特殊使用方法。它基于这样的一个事实，即用数组名和数组下
// 标所表示的数组项（例如a[b]）的值等同于使用数组首指针（地址）加上该项偏移地址的形式的值
// *(a + b)，同时可知项a[b]也可以表示成b[a]的形式。因此对于字符数组项形式为"LoveYou"[2]
// （或者2["LoveYou"]）就等同于*("LoveYou" + 2)。另外，字符串"LoveYou"在内存中被存储
// 的位置就是其地址，因此数组项"LoveYou"[2]的值就是该字符串中索引值为2的字符"v"所对应的
// ASCII码值0x76，或用八进制表示就是0166。在C语言中，字符也可以用其ASCII码值来表示，
// 方法是在字符的ASCII码值前面加一个反斜杠。例如字符 "v"可以表示成"\x76"或者"\166"。因
// 此对于不可显示的字符（例如ASCII码值为0x00--0x1f的控制字符）就可用其ASCII码值来表示。
//
// 下面是访问模式宏。x是头文件include/fcntl.h中第7行开始定义的文件访问（打开）标志。这
// 个宏根据文件访问标志x的值来索引双引号中对应的数值。双引号中有4个八进制数值（实际表示4
// 个控制字符）："\004\002\006\377"，分别表示读、写和执行的权限为：r、w、rw和wxrwxrwx，
// 并且分别对应x的索引值0--3。 例如，如果x为2，则该宏返回八进制值006，表示可读可写（rw）。
// 另外，其中O_ACCMODE = 00003，是索引值x的屏蔽码。
#define ACC_MODE(x) ("\004\002\006\377"[(x)&O_ACCMODE])
```

```

/*
 * comment out this line if you want names > NAME_LEN chars to be
 * truncated. Else they will be disallowed.
 */
 /*
 * 如果想让文件名长度 > NAME_LEN 个的字符被截掉，就将下面定义注释掉。
 */
/* #define NO_TRUNCATE */

#define MAY_EXEC 1          // 可执行(可进入)。
#define MAY_WRITE 2         // 可写。
#define MAY_READ 4          // 可读。

/*
 *      permission()
 *
 * is used to check for read/write/execute permissions on a file.
 * I don't know if we should look at just the euid or both euid and
 * uid, but that should be easily changed.
 */
/*
 *      permission()
 *
 * 该函数用于检测一个文件的读/写/执行权限。我不知道是否只需检查 euid，还是需要检查 euid 和
 * uid 两者，不过这很容易修改。
 */
//// 检测文件访问许可权限。
// 参数：inode - 文件的 i 节点指针；mask - 访问属性屏蔽码。
// 返回：访问许可返回 1，否则返回 0。
static int permission(struct m_inode * inode,int mask)
{
        int mode = inode->i_mode;          // 文件访问属性。

/* special case: not even root can read/write a deleted file */
/* 特殊情况：即使是超级用户（root）也不能读/写一个已被删除的文件 */
// 如果 i 节点有对应的设备，但该 i 节点的链接计数值等于 0，表示该文件已被删除，则返回。
// 否则，如果进程的有效用户 id（euid）与 i 节点的用户 id 相同，则取文件宿主的访问权限。
// 否则，如果进程的有效组 id（egid）与 i 节点的组 id 相同，则取组用户的访问权限。
        if (inode->i_dev && !inode->i_nlinks)
                return 0;
        else if (current->euid==inode->i_uid)
                mode >>= 6;
        else if (in_group_p(inode->i_gid))
                mode >>= 3;
// 最后判断如果所取的的访问权限与屏蔽码相同，或者是超级用户，则返回 1，否则返回 0。
        if (((mode & mask & 0007) == mask) || suser())
                return 1;
        return 0;
}

/*
 * ok, we cannot use strncmp, as the name is not in our data space.
 * Thus we'll have to use match. No big problem. Match also makes
 * some sanity tests.
 *
```

```
64  * NOTE! unlike strncmp, match returns 1 for success, 0 for failure.
65  */
  /*
   * ok，我们不能使用 strncmp 字符串比较函数，因为名称不在我们的数据空间（不在内核空间）。因
   * 而我们只能使用 match()。问题不大，match()同样也处理一些完整的测试。
   *
   * 注意！与 strncmp 不同的是 match()成功时返回 1，失败时返回 0。
   */
  //// 指定长度字符串比较函数。
  // 参数：len - 比较的字符串长度；name - 文件名指针；de - 目录项结构。
  // 返回：相同返回 1，不同返回 0。
  // 第 68 行上定义了一个局部寄存器变量 same。该变量将被保存在 eax 寄存器中，以便于高效访问。
66 static int match(int len,const char * name,struct dir_entry * de)
67 {
68         register int same __asm__("ax");
69
  // 首先判断函数参数的有效性。如果目录项指针空，或者目录项 i 节点等于 0，或者要比较的字符串长
  // 度超过文件名长度，则返回 0（不匹配）。如果比较的长度 len 等于 0 并且目录项中文件名的第 1 个
  // 字符是'.'，并且只有这么一个字符，那么我们就认为是相同的，因此返回 1（匹配）。如果要比较的
  // 长度 len 小于 NAME_LEN，但是目录项中文件名长度超过 len，则也返回 0（不匹配）。
  // 第 75 行上对目录项中文件名长度是否超过 len 的判断方法是检测 name[len]是否为 NULL。若长度
  // 超过 len，则 name[len]处就是一个不是 NULL 的普通字符。而对于长度为 len 的字符串 name，
  // 字符 name[len]就应该是 NULL。
70         if (!de || !de->inode || len > NAME_LEN)
71                 return 0;
72         /* "" means "." ---> so paths like "/usr/lib//libc.a" work */
           /* "" 当作 "." 来看待 ---> 这样就能处理象 "/usr/lib//libc.a" 那样的路径名 */
73         if (!len && (de->name[0]=='.') && (de->name[1]=='\0'))
74                 return 1;
75         if (len < NAME_LEN && de->name[len])
76                 return 0;
  //然后使用嵌入汇编语句进行快速比较操作。它会在用户数据空间（fs 段）执行字符串的比较操作。%0
  // - eax（比较结果 same）；%1 - eax（eax 初值 0）；%2 - esi（名字指针）；%3 - edi（目录项
  // 名指针）；%4 - ecx(比较的字节长度值 len)。
77         __asm__("cld\n\t"                  // 清方向标志位。
78                 "fs ; repe ; cmpsb\n\t"    // 用户空间执行循环比较[esi++]和[edi++]操作，
79                 "setz %%al"                // 若比较结果一样（zf=0）则置 al=1（same=eax）。
80                 :"=a" (same)
81                 :"" (0),"S" ((long) name),"D" ((long) de->name),"c" (len)
82                 :"cx","di","si");
83         return same;                       // 返回比较结果。
84 }
85
86 /*
87  *      find_entry()
88  *
89  * finds an entry in the specified directory with the wanted name. It
90  * returns the cache buffer in which the entry was found, and the entry
91  * itself (as a parameter - res_dir). It does NOT read the inode of the
92  * entry - you'll have to do that yourself if you want to.
93  *
94  * This also takes care of the few special cases due to '..'-traversal
95  * over a pseudo-root and a mount point.
96  */
  /*
   *    find_entry()
```

```
 *
 * 在指定目录中寻找一个与名字匹配的目录项。返回一个含有找到目录项的高速缓冲块以及目录项本身
 * （作为一个参数—— res_dir）。该函数并不读取目录项的 i 节点——如果需要的话则自己操作。
 *
 * 由于有'..'目录项，因此在操作期间也会对几种特殊情况分别处理——比如横越一个伪根目录以及安
 * 装点。
 */
//// 查找指定目录和文件名的目录项。
// 参数：*dir - 指定目录 i 节点的指针；name - 文件名；namelen - 文件名长度；该函数在指定
// 目录的数据（文件）中搜索指定文件名的目录项。并对指定文件名是'..'的情况根据当前进行的相关
// 设置进行特殊处理。关于函数参数传递指针的指针的作用，请参见 linux/sched.c 第 151 行前的
// 注释。
// 返回：成功则函数高速缓冲区指针，并在*res_dir 处返回的目录项结构指针。失败则返回空指针 NULL。
97 static struct buffer_head * find_entry(struct m_inode ** dir,
98         const char * name, int namelen, struct dir_entry ** res_dir)
99 {
100         int entries;
101         int block,i;
102         struct buffer_head * bh;
103         struct dir_entry * de;
104         struct super_block * sb;
105
// 同样，本函数一开始也需要对函数参数的有效性进行判断和验证。如果我们在前面第 30 行定义了符
// 号常数 NO_TRUNCATE，那么如果文件名长度超过最大长度 NAME_LEN，则不予处理。如果没有定义
// 过 NO_TRUNCATE，那么在文件名长度超过最大长度 NAME_LEN 时截短之。
106 #ifdef NO_TRUNCATE
107         if (namelen > NAME_LEN)
108                 return NULL;
109 #else
110         if (namelen > NAME_LEN)
111                 namelen = NAME_LEN;
112 #endif
// 首先计算本目录中目录项项数 entries。 目录 i 节点 i_size 字段中含有本目录包含的数据长度，
// 因此其除以一个目录项的长度（16 字节）即可得到该目录中目录项数。然后置空返回目录项结构指针。
113         entries = (*dir)->i_size / (sizeof (struct dir_entry));
114         *res_dir = NULL;
// 接下来我们对目录项文件名是'..'的情况进行特殊处理。如果当前进程指定的根 i 节点就是函数参数
// 指定的目录，则说明对于本进程来说，这个目录就是它的伪根目录，即进程只能访问该目录中的项而
// 不能后退到其父目录中去。也即对于该进程本目录就如同是文件系统的根目录。因此我们需要将文件
// 名修改为'.'。
// 否则，如果该目录的 i 节点号等于 ROOT_INO（1 号）的话，说明确实是文件系统的根 i 节点。则取
// 文件系统的超级块。如果被安装到的 i 节点存在，则先放回原 i 节点，然后对被安装到的 i 节点进行
// 处理。于是我们让*dir 指向该被安装到的 i 节点；并且该 i 节点的引用数加 1。即针对这种情况，
// 我们悄悄地进行了"偷梁换柱"工程:)
115 /* check for '..', as we might have to do some "magic" for it */
/* 检查目录项 '..'，因为我们可能需要对其进行特殊处理 */
116         if (namelen==2 && get_fs_byte(name)=='.' && get_fs_byte(name+1)=='.') {
117 /* '..' in a pseudo-root results in a faked '.' (just change namelen) */
/* 伪根中的 '..' 如同一个假 '.'（只需改变名字长度） */
118                 if ((*dir) == current->root)
119                         namelen=1;
120                 else if ((*dir)->i_num == ROOT_INO) {
121 /* '..' over a mount-point results in 'dir' being exchanged for the mounted
122    directory-inode. NOTE! We set mounted, so that we can iput the new dir */
/* 在一个安装点上的 '..' 将导致目录交换到被安装文件系统的目录 i 节点上。注意！
```

```
       由于我们设置了 mounted 标志，因而我们能够放回该新目录 */
123                     sb=get_super((*dir)->i_dev);
124                     if (sb->s_imount) {
125                             iput(*dir);
126                             (*dir)=sb->s_imount;
127                             (*dir)->i_count++;
128                     }
129             }
130     }

   // 现在我们开始正常操作，查找指定文件名的目录项在什么地方。因此我们需要读取目录的数据，即取
   // 出目录 i 节点对应块设备数据区中的数据块（逻辑块）信息。这些逻辑块的块号保存在 i 节点结构的
   // i_zone[9]数组中。我们先取其中第 1 个块号。如果目录 i 节点指向的第一个直接磁盘块号为 0，
   // 则说明该目录竟然不含数据，这不正常。于是返回 NULL 退出。否则我们就从节点所在设备读取指定
   // 的目录项数据块。当然，如果不成功，则也返回 NULL 退出。
131     if (!(block = (*dir)->i_zone[0]))
132             return NULL;
133     if (!(bh = bread((*dir)->i_dev,block)))
134             return NULL;

   // 此时我们就在这个读取的目录 i 节点数据块中搜索匹配指定文件名的目录项。首先让 de 指向缓冲块
   // 中的数据块部分，并在不超过目录中目录项数的条件下，循环执行搜索。其中 i 是目录中的目录项索
   // 引号，在循环开始时初始化为 0。
135     i = 0;
136     de = (struct dir_entry *) bh->b_data;
137     while (i < entries) {
   // 如果当前目录项数据块已经搜索完，还没有找到匹配的目录项，则释放当前目录项数据块。再读入目
   // 录的下一个逻辑块。若这块为空，则只要还没有搜索完目录中的所有目录项，就跳过该块，继续读目
   // 录的下一逻辑块。若该块不空，就让 de 指向该数据块，然后在其中继续搜索。其中 141 行上
   // i/DIR_ENTRIES_PER_BLOCK 可得到当前搜索的目录项所在目录文件中的块号，而 bmap()函数
   // （inode.c，第 142 行）则可计算出在设备上对应的逻辑块号。
138             if ((char *)de >= BLOCK_SIZE+bh->b_data) {
139                     brelse(bh);
140                     bh = NULL;
141                     if (!(block = bmap(*dir,i/DIR_ENTRIES_PER_BLOCK)) ||
142                         !(bh = bread((*dir)->i_dev,block))) {
143                             i += DIR_ENTRIES_PER_BLOCK;
144                             continue;
145                     }
146                     de = (struct dir_entry *) bh->b_data;
147             }
   // 如果找到匹配的目录项的话，则返回该目录项结构指针 de 和该目录项 i 节点指针*dir 以及该目录
   // 项数据块指针 bh，并退出函数。否则继续在目录项数据块中比较下一个目录项。
148             if (match(namelen,name,de)) {
149                     *res_dir = de;
150                     return bh;
151             }
152             de++;
153             i++;
154     }
   // 如果指定目录中的所有目录项都搜索完后，还没有找到相应的目录项，则释放目录的数据块，最后返
   // 回 NULL（失败）。
155     brelse(bh);
156     return NULL;
157 }
158
```

```
159 /*
160  *      add_entry()
161  *
162  * adds a file entry to the specified directory, using the same
163  * semantics as find_entry(). It returns NULL if it failed.
164  *
165  * NOTE!! The inode part of 'de' is left at 0 - which means you
166  * may not sleep between calling this and putting something into
167  * the entry, as someone else might have used it while you slept.
168  */
/*
 *  add_entry()
 * 使用与 find_entry()同样的方法，往指定目录中添加一指定文件名的目录项。如果失败则返回 NULL。
 *
 * 注意!! 'de'（指定目录项结构指针）的 i 节点部分被设置为 0 - 这表示在调用该函数和往目录项中
 * 添加信息之间不能去睡眠。因为如果睡眠，那么其他人(进程)可能会使用该目录项。
 */
//// 根据指定的目录和文件名添加目录项。
// 参数：dir - 指定目录的 i 节点；name - 文件名；namelen - 文件名长度；返回：高速缓冲区指
// 针；res_dir - 返回的目录项结构指针；
169 static struct buffer_head * add_entry(struct m_inode * dir,
170         const char * name, int namelen, struct dir_entry ** res_dir)
171 {
172         int block,i;
173         struct buffer_head * bh;
174         struct dir_entry * de;
175
// 同样，本函数一开始也需要对函数参数的有效性进行判断和验证。如果我们在前面第 30 行定义了符
// 号常数 NO_TRUNCATE，那么如果文件名长度超过最大长度 NAME_LEN，则不予处理。如果没有定义
// 过 NO_TRUNCATE，那么在文件名长度超过最大长度 NAME_LEN 时截短之。
176         *res_dir = NULL;                // 用于返回目录项结构指针。
177 #ifdef NO_TRUNCATE
178         if (namelen > NAME_LEN)
179                 return NULL;
180 #else
181         if (namelen > NAME_LEN)
182                 namelen = NAME_LEN;
183 #endif
// 现在我们开始操作，向指定目录中添加一个指定文件名的目录项。因此我们需要先读取目录的数据，
// 即取出目录 i 节点对应块设备数据区中的数据块（逻辑块）信息。这些逻辑块的块号保存在 i 节点结
// 构的 i_zone[9]数组中。我们先取其中第 1 个块号。如果目录 i 节点指向的第一个直接磁盘块号为 0，
// 则说明该目录竟然不含数据，这不正常。于是返回 NULL 退出。否则我们就从节点所在设备读取指定
// 的目录项数据块。当然，如果不成功，则也返回 NULL 退出。另外，如果参数提供的文件名长度等于 0，
// 则也返回 NULL 退出。
184         if (!namelen)
185                 return NULL;
186         if (!(block = dir->i_zone[0]))
187                 return NULL;
188         if (!(bh = bread(dir->i_dev,block)))
189                 return NULL;
// 此时我们就在这个目录 i 节点数据块中循环查找最后未使用的空目录项。首先让目录项结构指针 de
// 指向缓冲块中的数据块部分，即第一个目录项处。其中 i 是目录中的目录项索引号，在循环开始时初
// 始化为 0。
190         i = 0;
191         de = (struct dir_entry *) bh->b_data;
192         while (1) {
```

```
// 如果当前目录项数据块已经搜索完毕，但还没有找到需要的空目录项，则释放当前目录项数据块，再
// 读入目录的下一个逻辑块。如果对应的逻辑块不存在就创建一块。若读取或创建操作失败则返回空。
// 如果此次读取的磁盘逻辑块数据返回的缓冲块指针为空，说明这块逻辑块可能是因为不存在而新创建
// 的空块，则把目录项索引值加上一块逻辑块所能容纳的目录项数 DIR_ENTRIES_PER_BLOCK，用以
// 跳过该块并继续搜索。否则说明新读入的块上有目录项数据，于是让目录项结构指针 de 指向该块的
// 缓冲块数据部分，然后在其中继续搜索。其中 196 行上的 i/DIR_ENTRIES_PER_BLOCK 可计算得
// 到当前搜索的目录项 i 所在目录文件中的块号，而 create_block()函数（inode.c，第 147 行）
// 则可读取或创建出在设备上对应的逻辑块。
193                 if ((char *)de >= BLOCK_SIZE+bh->b_data) {
194                         brelse(bh);
195                         bh = NULL;
196                         block = create_block(dir,i/DIR_ENTRIES_PER_BLOCK);
197                         if (!block)
198                                 return NULL;
199                         if (!(bh = bread(dir->i_dev,block))) {      // 若空则跳过该
                                                                        // 块继续。
200                                 i += DIR_ENTRIES_PER_BLOCK;
201                                 continue;
202                         }
203                         de = (struct dir_entry *) bh->b_data;
204                 }
// 如果当前所操作的目录项序号 i 乘上目录结构大小所得长度值已经超过了该目录 i 节点信息所指出的
// 目录数据长度值 i_size，则说明整个目录文件数据中没有由于删除文件留下的空目录项，因此我们
// 只能把需要添加的新目录项附加到目录文件数据的末端处。于是对该处目录项进行设置（置该目录项
// 的 i 节点指针为空），并更新该目录文件的长度值（加上一个目录项的长度），然后设置目录的 i 节点
// 已修改标志，再更新该目录的改变时间为当前时间。
205                 if (i*sizeof(struct dir_entry) >= dir->i_size) {
206                         de->inode=0;
207                         dir->i_size = (i+1)*sizeof(struct dir_entry);
208                         dir->i_dirt = 1;
209                         dir->i_ctime = CURRENT_TIME;
210                 }
// 若当前搜索的目录项 de 的 i 节点为空，则表示找到一个还未使用的空闲目录项或是添加的新目录项。
// 于是更新目录的修改时间为当前时间，并从用户数据区复制文件名到该目录项的文件名字段，置含有
// 本目录项的相应高速缓冲块已修改标志。返回该目录项的指针以及该高速缓冲块的指针，退出。
211                 if (!de->inode) {
212                         dir->i_mtime = CURRENT_TIME;
213                         for (i=0; i < NAME_LEN ; i++)
214                                 de->name[i]=(i<namelen)?get_fs_byte(name+i):0;
215                         bh->b_dirt = 1;
216                         *res_dir = de;
217                         return bh;
218                 }
219                 de++;            // 如果该目录项已经被使用，则继续检测下一个目录项。
220                 i++;
221         }
// 本函数执行不到这里。这也许是 Linus 在写这段代码时，先复制了上面 find_entry()函数的代码，
// 而后修改成本函数的☺。
222         brelse(bh);
223         return NULL;
224 }
225
//// 查找符号链接的 i 节点。
// 参数：dir - 目录 i 节点；inode - 目录项 i 节点。
// 返回：返回符号链接到文件的 i 节点指针。出错返回 NULL。
226 static struct m_inode * follow_link(struct m_inode * dir, struct m_inode * inode)
```

```
{
	unsigned short fs;                        // 用于临时保存 fs 段寄存器值。
	struct buffer_head * bh;

// 首先判断函数参数的有效性。如果没有给出目录 i 节点，我们就使用进程任务结构中设置的根 i 节点，
// 并把链接数增 1。如果没有给出目录项 i 节点，则放回目录 i 节点后返回 NULL。如果指定目录项不
// 是一个符号链接，就直接返回目录项对应的 i 节点 inode。
	if (!dir) {
		dir = current->root;
		dir->i_count++;
	}
	if (!inode) {
		iput(dir);
		return NULL;
	}
	if (!S_ISLNK(inode->i_mode)) {
		iput(dir);
		return inode;
	}
// 然后取 fs 段寄存器值。fs 通常保存着指向任务数据段的选择符 0x17。如果 fs 没有指向用户数据段，
// 或者给出的目录项 i 节点第 1 个直接块块号等于 0，或者是读取第 1 个直接块出错，则放回 dir 和
// inode 两个 i 节点并返回 NULL 退出。否则说明现在 fs 正指向用户数据段、并且我们已经成功地读
// 取了这个符号链接目录项的文件内容，并且文件内容已经在 bh 指向的缓冲块数据区中。实际上，这
// 个缓冲块数据区中仅包含一个链接指向的文件路径名字符串。
	__asm__("mov %%fs,%0":"=r" (fs));
	if (fs != 0x17 || !inode->i_zone[0] ||
	   !(bh = bread(inode->i_dev, inode->i_zone[0]))) {
		iput(dir);
		iput(inode);
		return NULL;
	}
// 此时我们已经不需要符号链接目录项的 i 节点了，于是把它放回。现在遇到一个问题，那就是内核函
// 数处理的用户数据都是存放在用户数据空间中的，并使用了 fs 段寄存器来从用户空间传递数据到内
// 核空间中。而这里需要处理的数据却在内核空间中。因此为了正确地处理位于内核中的用户数据，我
// 们需要让 fs 段寄存器临时指向内核空间，即让 fs=0x10。并在调用函数处理完后再恢复原 fs 的值。
// 最后释放相应缓冲块，并返回_namei()解析得到的符号链接指向的文件 i 节点。
	iput(inode);
	__asm__("mov %0,%%fs"::"r" ((unsigned short) 0x10));
	inode = _namei(bh->b_data,dir,0);
	__asm__("mov %0,%%fs"::"r" (fs));
	brelse(bh);
	return inode;
}

/*
 *	get_dir()
 *
 * Getdir traverses the pathname until it hits the topmost directory.
 * It returns NULL on failure.
 */
/*
 *	get_dir()
 *
 * 该函数根据给出的路径名进行搜索，直到达到最顶端的目录。
 * 如果失败则返回 NULL。
 */
```

```
//// 从指定目录开始搜寻指定路径名的目录（或文件名）的 i 节点。
// 参数：pathname - 路径名；inode - 指定起始目录的 i 节点。
// 返回：目录或文件的 i 节点指针。失败时返回 NULL。
static struct m_inode * get_dir(const char * pathname, struct m_inode * inode)
{
        char c;
        const char * thisname;
        struct buffer_head * bh;
        int namelen,inr;
        struct dir_entry * de;
        struct m_inode * dir;

// 首先判断参数有效性。如果给出的指定目录的 i 节点指针 inode 为空，则使用当前进程的当前工作目
// 录 i 节点。如果用户指定路径名的第 1 个字符是'/'，则说明路径名是绝对路径名。则应该从当前进
// 程任务结构中设置的根（或伪根）i 节点开始操作。于是我们需要先放回参数指定的或者设定的目录 i
// 节点，并取得进程使用的根 i 节点。然后把该 i 节点的引用计数加 1，并删除路径名的第 1 个字符'/'。
// 这样就可以保证当前进程只能以其设定的根 i 节点作为搜索的起点。
        if (!inode) {
                inode = current->pwd;              // 进程的当前工作目录 i 节点。
                inode->i_count++;
        }
        if ((c=get_fs_byte(pathname))=='/') {
                iput(inode);                       // 放回原 i 节点。
                inode = current->root;             // 为进程指定的根 i 节点。
                pathname++;
                inode->i_count++;
        }
// 然后针对路径名中的各个目录名部分和文件名进行循环处理。在循环处理过程中，我们先要对当前正
// 在处理的目录名部分的 i 节点进行有效性判断，并且把变量 thisname 指向当前正在处理的目录名部
// 分。如果该 i 节点表明当前处理的目录名部分不是目录类型，或者没有可进入该目录的访问许可，则
// 放回该 i 节点，并返回 NULL 退出。当然在刚进入循环时，当前目录的 i 节点 inode 就是进程根 i
// 节点或者是当前工作目录的 i 节点，或者是参数指定的某个搜索起始目录的 i 节点。
        while (1) {
                thisname = pathname;
                if (!S_ISDIR(inode->i_mode) || !permission(inode,MAY_EXEC)) {
                        iput(inode);
                        return NULL;
                }
// 每次循环我们处理路径名中一个目录名（或文件名）部分。因此在每次循环中我们都要从路径名字符
// 串中分离出一个目录名（或文件名）。方法是从当前路径名指针 pathname 开始处搜索检测字符，直
// 到字符是一个结尾符（NULL）或者是一个'/'字符。此时变量 namelen 正好是当前处理目录名部分
// 的长度，而变量 thisname 正指向该目录名部分的开始处。此时如果字符是结尾符 NULL，则表明已
// 经搜索到路径名末尾，并已到达最后指定目录名或文件名，则返回该 i 节点指针退出。
// 注意！如果路径名中最后一个名称也是一个目录名，但其后面没有加上'/'字符，则函数不会返回该
// 最后目录名的 i 节点！例如：对于路径名/usr/src/linux，该函数将只返回 src/目录名的 i 节点。
                for(namelen=0;(c=get_fs_byte(pathname++))&&(c!='/');namelen++)
                        /* nothing */ ;
                if (!c)
                        return inode;
// 在得到当前目录名部分（或文件名）后，我们调用查找目录项函数 find_entry()在当前处理的目录
// 中寻找指定名称的目录项。如果没有找到，则放回该 i 节点，并返回 NULL 退出。然后在找到的目录
// 项中取出其 i 节点号 inr 和设备号 idev，释放包含该目录项的高速缓冲块并放回该 i 节点。然后取
// 节点号 inr 的 i 节点 inode，并以该目录项为当前目录继续循环处理路径名中的下一目录名部分（或
// 文件名）。如果当前处理的目录项是一个符号链接名，则使用 follow_link()就可以得到其指向的目
// 录项名的 i 节点。
                if (!(bh = find_entry(&inode,thisname,namelen,&de))) {
```

```
294                     iput(inode);
295                     return NULL;
296             }
297             inr = de->inode;                    // 当前目录名部分的 i 节点号。
298             brelse(bh);
299             dir = inode;
300             if (!(inode = iget(dir->i_dev,inr))) {      // 取 i 节点内容。
301                     iput(dir);
302                     return NULL;
303             }
304             if (!(inode = follow_link(dir,inode)))
305                     return NULL;
306     }
307 }
308
309 /*
310  *      dir_namei()
311  *
312  * dir_namei() returns the inode of the directory of the
313  * specified name, and the name within that directory.
314  */
   /*
    *    dir_namei()
    *
    * dir_namei()函数返回指定目录名的 i 节点指针，以及在最顶层
    * 目录的名称。
    */
// 参数：pathname - 目录路径名；namelen - 路径名长度；name - 返回的最顶层目录名。
// base - 搜索起始目录的 i 节点。
// 返回：指定目录名最顶层目录的 i 节点指针和最顶层目录名称及长度。出错时返回 NULL。
// 注意!! 这里“最顶层目录”是指路径名中最靠近末端的目录。
315 static struct m_inode * dir_namei(const char * pathname,
316         int * namelen, const char ** name, struct m_inode * base)
317 {
318         char c;
319         const char * basename;
320         struct m_inode * dir;
321
// 首先取得指定路径名最顶层目录的 i 节点。然后对路径名 pathname 进行搜索检测，查出最后一个'/'
// 字符后面的名字字符串，计算其长度，并且返回最顶层目录的 i 节点指针。注意！如果路径名最后一
// 个字符是斜杠字符'/'，那么返回的目录名为空，并且长度为 0。但返回的 i 节点指针仍然指向最后
// 一个'/'字符前目录名的 i 节点。参见第 289 行上的“注意”说明。
322         if (!(dir = get_dir(pathname,base)))     // base 是指定的起始目录 i 节点。
323                 return NULL;
324         basename = pathname;
325         while (c=get_fs_byte(pathname++))
326                 if (c=='/')
327                         basename=pathname;
328         *namelen = pathname-basename-1;
329         *name = basename;
330         return dir;
331 }
332
//// 取指定路径名的 i 节点内部函数。
// 参数：pathname - 路径名；base - 搜索起点目录 i 节点；follow_links - 是否跟随符号链接
// 的标志，1 - 需要，0 不需要。
```

```
// 返回：对应的 i 节点。
struct m_inode * _namei(const char * pathname, struct m_inode * base,
        int follow_links)
{
        const char * basename;
        int inr,namelen;
        struct m_inode * inode;
        struct buffer_head * bh;
        struct dir_entry * de;

// 首先查找指定路径名中最顶层目录的目录名并得到其 i 节点。若不存在，则返回 NULL 退出。如果返
// 回的最顶层名字的长度是 0，则表示该路径名以一个目录名为最后一项。因此说明我们已经找到对应
// 目录的 i 节点，可以直接返回该 i 节点退出。如果返回的名字长度不是 0，则我们以指定的起始目录
// base，再次调用 dir_namei()函数来搜索顶层目录名，并根据返回的信息作类似判断。
        if (!(dir = dir_namei(pathname,&namelen,&basename)))
                return NULL;
        if (!namelen)                          /* special case: '/usr/' etc */
                return dir;                    /* 对应于'/usr/'等情况 */
        if (!(base = dir_namei(pathname,&namelen,&basename,base)))
                return NULL;
        if (!namelen)                          /* special case: '/usr/' etc */
                return base;
// 然后在返回的顶层目录中寻找指定文件名目录项的 i 节点。注意！因为如果最后也是一个目录名，但
// 其后没有加'/'，则不会返回该最后目录的 i 节点！例如：/usr/src/linux，将只返回 src/目录
// 名的 i 节点。因为函数 dir_namei() 将不以'/'结束的最后一个名字当作一个文件名来看待，因此
// 这里需要单独对这种情况使用寻找目录项 i 节点函数 find_entry()进行处理。此时 de 中含有寻找
// 到的目录项指针，而 dir 是包含该目录项的目录的 i 节点指针。
        bh = find_entry(&base,basename,namelen,&de);
        if (!bh) {
                iput(base);
                return NULL;
        }
// 接着取该目录项的 i 节点号，并释放包含该目录项的高速缓冲块并放回目录 i 节点。然后取对应节点
// 号的 i 节点，修改其被访问时间为当前时间，并置已修改标志。最后返回该 i 节点指针 inode。如果
// 当前处理的目录项是一个符号链接名，则使用 follow_link()得到其指向的目录项名的 i 节点。
        inr = de->inode;
        brelse(bh);
        if (!(inode = iget(base->i_dev,inr))) {
                iput(base);
                return NULL;
        }
        if (follow_links)
                inode = follow_link(base,inode);
        else
                iput(base);
        inode->i_atime=CURRENT_TIME;
        inode->i_dirt=1;
        return inode;
}

//// 取指定路径名的 i 节点，不跟随符号链接。
// 参数：pathname - 路径名。
// 返回：对应的 i 节点。
struct m_inode * lnamei(const char * pathname)
{
        return _namei(pathname, NULL, 0);
```

```
369 }
370
371 /*
372  *      namei()
373  *
374  * is used by most simple commands to get the inode of a specified name.
375  * Open, link etc use their own routines, but this is enough for things
376  * like 'chmod' etc.
377  */
   /*
    *   namei()
    *
    * 该函数被许多简单命令用于取得指定路径名称的 i 节点。open、link 等则使用它们自己的相应函数。
    * 但对于像修改模式"chmod"等这样的命令，该函数已足够用了。
    */
   //// 取指定路径名的 i 节点，跟随符号链接。
   // 参数：pathname - 路径名。
   // 返回：对应的 i 节点。
378 struct m_inode * namei(const char * pathname)
379 {
380         return _namei(pathname,NULL,1);
381 }
382
383 /*
384  *      open_namei()
385  *
386  * namei for open - this is in fact almost the whole open-routine.
387  */
   /*
    *   open_namei()
    *
    * open()函数使用的 namei 函数 - 这其实几乎是完整的打开文件程序。
    */
   //// 文件打开 namei 函数。
   // 参数 filename 是文件路径名，flag 是打开文件标志，可取值 O_RDONLY（只读）、O_WRONLY（只
   // 写）或 O_RDWR（读写），以及 O_CREAT（创建）、O_EXCL（被创建文件必须不存在）、O_APPEND
   // （在文件尾添加数据）等其他一些标志的组合。如果本调用创建了一个新文件，则 mode 就用于指定
   // 文件的许可属性。这些属性有 S_IRWXU（文件宿主具有读、写和执行权限）、S_IRUSR（用户具有读
   // 文件权限）、S_IRWXG（组成员具有读、写和执行权限）等等。对于新创建的文件，这些属性只应用
   // 于将来对文件的访问，创建了只读文件的打开调用也将返回一个可读写的文件句柄。参见包含文件
   // sys/stat.h、fcntl.h。
   // 返回：成功返回 0，否则返回出错码；res_inode - 返回对应文件路径名的 i 节点指针。
388 int open_namei(const char * pathname, int flag, int mode,
389         struct m_inode ** res_inode)
390 {
391         const char * basename;
392         int inr,dev,namelen;
393         struct m_inode * dir, *inode;
394         struct buffer_head * bh;
395         struct dir_entry * de;
396
   // 首先对函数参数进行合理的处理。如果文件访问模式标志是只读（0），但是文件截零标志 O_TRUNC
   // 却置位了，则在文件打开标志中添加只写标志 O_WRONLY。这样做的原因是由于截零标志 O_TRUNC
   // 必须在文件可写情况下才有效。然后使用当前进程的文件访问许可屏蔽码，屏蔽掉给定模式中的相应
   // 位，并添上普通文件标志 I_REGULAR。该标志将用于打开的文件不存在而需要创建文件时，作为新文
   // 件的默认属性。参见下面 411 行上的注释。
```

```
        if ((flag & O_TRUNC) && !(flag & O_ACCMODE))
                flag |= O_WRONLY;
        mode &= 0777 & ~current->umask;
        mode |= I_REGULAR;                  // 常规文件标志。见参见 include/const.h 文件)。
// 然后根据指定的路径名寻找到对应的 i 节点，以及最顶端目录名及其长度。此时如果最顶端目录名长
// 度为 0（例如'/usr/' 这种路径名的情况），那么若操作不是读写、创建和文件长度截 0，则表示是
// 在打开一个目录名文件操作。于是直接返回该目录的 i 节点并返回 0 退出。否则说明进程操作非法，
// 于是放回该 i 节点，返回出错码。
        if (!(dir = dir_namei(pathname,&namelen,&basename,NULL)))
                return -ENOENT;
        if (!namelen) {                     /* special case: '/usr/' etc */
                if (!(flag & (O_ACCMODE|O_CREAT|O_TRUNC))) {
                        *res_inode=dir;
                        return 0;
                }
                iput(dir);
                return -EISDIR;
        }
// 接着根据上面得到的最顶层目录名的 i 节点 dir，在其中查找取得路径名字符串中最后的文件名对应
// 的目录项结构 de，并同时得到该目录项所在的高速缓冲区指针。如果该高速缓冲指针为 NULL，则表
// 示没有找到对应文件名的目录项，因此只可能是创建文件操作。此时如果不是创建文件，则放回该目
// 录的 i 节点，返回出错号退出。如果用户在该目录没有写的权力，则放回该目录的 i 节点，返回出错
// 号退出。
        bh = find_entry(&dir,basename,namelen,&de);
        if (!bh) {
                if (!(flag & O_CREAT)) {
                        iput(dir);
                        return -ENOENT;
                }
                if (!permission(dir,MAY_WRITE)) {
                        iput(dir);
                        return -EACCES;
                }
// 现在我们确定了是创建操作并且有写操作许可。因此我们就在目录 i 节点对应设备上申请一个新的 i
// 节点给路径名上指定的文件使用。若失败则放回目录的 i 节点，并返回没有空间出错码。否则使用该
// 新 i 节点，对其进行初始设置：置节点的用户 id；对应节点访问模式；置已修改标志。然后并在指
// 定目录 dir 中添加一个新目录项。
                inode = new_inode(dir->i_dev);
                if (!inode) {
                        iput(dir);
                        return -ENOSPC;
                }
                inode->i_uid = current->euid;
                inode->i_mode = mode;
                inode->i_dirt = 1;
                bh = add_entry(dir,basename,namelen,&de);
// 如果返回的应该含有新目录项的高速缓冲区指针为 NULL，则表示添加目录项操作失败。于是将该新 i
// 节点的引用连接计数减 1，放回该 i 节点与目录的 i 节点并返回出错码退出。否则说明添加目录项操
// 作成功。于是我们来设置该新目录项的一些初始值：置 i 节点号为新申请到的 i 节点的号码；并置高
// 速缓冲区已修改标志。然后释放该高速缓冲区，放回目录的 i 节点。返回新目录项的 i 节点指针，并
// 成功退出。
                if (!bh) {
                        inode->i_nlinks--;
                        iput(inode);
                        iput(dir);
                        return -ENOSPC;
```

```
435                 }
436                 de->inode = inode->i_num;
437                 bh->b_dirt = 1;
438                 brelse(bh);
439                 iput(dir);
440                 *res_inode = inode;
441                 return 0;
442         }
    // 若上面（411 行）在目录中取文件名对应目录项结构的操作成功（即 bh 不为 NULL），则说明指定打
    // 开的文件已经存在。于是取出该目录项的 i 节点号和其所在设备号，并释放该高速缓冲区以及放回目
    // 录的 i 节点。如果此时独占操作标志 O_EXCL 置位，但现在文件已经存在，则返回文件已存在出错码
    // 退出。
443         inr = de->inode;
444         dev = dir->i_dev;
445         brelse(bh);
446         if (flag & O_EXCL) {
447                 iput(dir);
448                 return -EEXIST;
449         }
    // 然后我们读取该目录项的 i 节点内容。若该 i 节点是一个目录的 i 节点并且访问模式是只写或读写，
    // 或者没有访问的许可权限，则放回该 i 节点，返回访问权限出错码退出。
450         if (!(inode = follow_link(dir,iget(dev,inr))))
451                 return -EACCES;
452         if ((S_ISDIR(inode->i_mode) && (flag & O_ACCMODE)) ||
453             !permission(inode,ACC_MODE(flag))) {
454                 iput(inode);
455                 return -EPERM;
456         }
    // 接着我们更新该 i 节点的访问时间字段值为当前时间。如果设立了截 0 标志，则将该 i 节点的文件长
    // 度截为 0。最后返回该目录项 i 节点的指针，并返回 0（成功）。
457         inode->i_atime = CURRENT_TIME;
458         if (flag & O_TRUNC)
459                 truncate(inode);
460         *res_inode = inode;
461         return 0;
462 }
463
    //// 创建一个设备特殊文件或普通文件节点（node）。
    // 该函数创建名称为 filename，由 mode 和 dev 指定的文件系统节点（普通文件、设备特殊文件或命
    // 名管道）。
    // 参数：filename - 路径名；mode - 指定使用许可以及所创建节点的类型；dev - 设备号。
    // 返回：成功则返回 0，否则返回出错码。
464 int sys_mknod(const char * filename, int mode, int dev)
465 {
466         const char * basename;
467         int namelen;
468         struct m_inode * dir, * inode;
469         struct buffer_head * bh;
470         struct dir_entry * de;
471
    // 首先检查操作许可和参数的有效性并取路径名中顶层目录的 i 节点。如果不是超级用户，则返回访问
    // 许可出错码。如果找不到对应路径名中顶层目录的 i 节点，则返回出错码。如果最顶端的文件名长度
    // 为 0，则说明给出的路径名最后没有指定文件名，放回该目录 i 节点，返回出错码退出。如果在该目
    // 录中没有写的权限，则放回该目录的 i 节点，返回访问许可出错码退出。如果不是超级用户，则返回
    // 访问许可出错码。
472         if (!suser())
```

```
            return -EPERM;
        if (!(dir = dir_namei(filename,&namelen,&basename, NULL)))
            return -ENOENT;
        if (!namelen) {
            iput(dir);
            return -ENOENT;
        }
        if (!permission(dir,MAY_WRITE)) {
            iput(dir);
            return -EPERM;
        }
// 然后我们搜索一下路径名指定的文件是否已经存在。若已经存在则不能创建同名文件节点。如果对应
// 路径名上最后的文件名的目录项已经存在，则释放包含该目录项的缓冲区块并放回目录的 i 节点，返
// 回文件已经存在的出错码退出。
        bh = find_entry(&dir,basename,namelen,&de);
        if (bh) {
            brelse(bh);
            iput(dir);
            return -EEXIST;
        }
// 否则我们就申请一个新的 i 节点，并设置该 i 节点的属性模式。如果要创建的是块设备文件或者是字
// 符设备文件，则令 i 节点的直接逻辑块指针 0 等于设备号。即对于设备文件来说，其 i 节点的 i_zone[0]
// 中存放的是该设备文件所定义设备的设备号。然后设置该 i 节点的修改时间、访问时间为当前时间，
// 并设置 i 节点已修改标志。
        inode = new_inode(dir->i_dev);
        if (!inode) {           // 若不成功则放回目录 i 节点，返回无空间出错码退出。
            iput(dir);
            return -ENOSPC;
        }
        inode->i_mode = mode;
        if (S_ISBLK(mode) || S_ISCHR(mode))
            inode->i_zone[0] = dev;
        inode->i_mtime = inode->i_atime = CURRENT_TIME;
        inode->i_dirt = 1;
// 接着为这个新的 i 节点在目录中新添加一个目录项。如果失败（包含该目录项的高速缓冲块指针为
// NULL)，则放回目录的 i 节点；把所申请的 i 节点引用连接计数复位，并放回该 i 节点，返回出错
// 码退出。
        bh = add_entry(dir,basename,namelen,&de);
        if (!bh) {
            iput(dir);
            inode->i_nlinks=0;
            iput(inode);
            return -ENOSPC;
        }
// 现在添加目录项操作也成功了，于是我们来设置这个目录项内容。令该目录项的 i 节点字段等于新 i
// 节点号，并置高速缓冲区已修改标志，放回目录和新的 i 节点，释放高速缓冲区，最后返回 0(成功)。
        de->inode = inode->i_num;
        bh->b_dirt = 1;
        iput(dir);
        iput(inode);
        brelse(bh);
        return 0;
}

//// 创建一个目录。
// 参数：pathname - 路径名；mode - 目录使用的权限属性。
```

```
// 返回：成功则返回 0，否则返回出错码。
int sys_mkdir(const char * pathname, int mode)
{
        const char * basename;
        int namelen;
        struct m_inode * dir, * inode;
        struct buffer_head * bh, *dir_block;
        struct dir_entry * de;

// 首先检查参数的有效性并取路径名中顶层目录的 i 节点。如果找不到对应路径名中顶层目录的 i 节点，
// 则返回出错码。如果最顶端的文件名长度为 0，则说明给出的路径名最后没有指定文件名，放回该目
// 录 i 节点，返回出错码退出。如果在该目录中没有写的权限，则放回该目录的 i 节点，返回访问许可
// 出错码退出。如果不是超级用户，则返回访问许可出错码。
        if (!(dir = dir_namei(pathname,&namelen,&basename, NULL)))
                return -ENOENT;
        if (!namelen) {
                iput(dir);
                return -ENOENT;
        }
        if (!permission(dir,MAY_WRITE)) {
                iput(dir);
                return -EPERM;
        }
// 然后我们搜索一下路径名指定的目录名是否已经存在。若已经存在则不能创建同名目录节点。如果对
// 应路径名上最后的目录名的目录项已经存在，则释放包含该目录项的缓冲区块并放回目录的 i 节点，
// 返回文件已经存在的出错码退出。否则我们就申请一个新的 i 节点，并设置该 i 节点的属性模式：置
// 该新 i 节点对应的文件长度为 32 字节（2 个目录项的大小）、置节点已修改标志，以及节点的修改时
// 间和访问时间。2 个目录项分别用于'.'和'..'目录。
        bh = find_entry(&dir,basename,namelen,&de);
        if (bh) {
                brelse(bh);
                iput(dir);
                return -EEXIST;
        }
        inode = new_inode(dir->i_dev);
        if (!inode) {            // 若不成功则放回目录的 i 节点，返回无空间出错码。
                iput(dir);
                return -ENOSPC;
        }
        inode->i_size = 32;
        inode->i_dirt = 1;
        inode->i_mtime = inode->i_atime = CURRENT_TIME;
// 接着为该新 i 节点申请一用于保存目录项数据的磁盘块，并令 i 节点的第一个直接块指针等于该块号。
// 如果申请失败则放回对应目录的 i 节点；复位新申请的 i 节点连接计数；放回该新的 i 节点，返回没
// 有空间出错码退出。否则置该新的 i 节点已修改标志。
        if (!(inode->i_zone[0]=new_block(inode->i_dev))) {
                iput(dir);
                inode->i_nlinks--;
                iput(inode);
                return -ENOSPC;
        }
        inode->i_dirt = 1;
// 从设备上读取新申请的磁盘块（目的是把对应块放到高速缓冲区中）。若出错，则放回对应目录的 i 节
// 点；释放申请的磁盘块；复位新申请的 i 节点连接计数；放回该新的 i 节点，返回没有空间出错码退出。
        if (!(dir_block=bread(inode->i_dev,inode->i_zone[0]))) {
                iput(dir);
```

```
                inode->i_nlinks--;
                iput(inode);
                return -ERROR;
        }
// 然后我们在缓冲块中建立起所创建目录文件中的 2 个默认的新目录项（'.'和'..'）结构数据。首先
// 令 de 指向存放目录项的数据块，然后置该目录项的 i 节点号字段等于新申请的 i 节点号，名字字段
// 等于"."。然后 de 指向下一个目录项结构，并在该结构中存放上级目录的 i 节点号和名字".."。然
// 后设置该高速缓冲块已修改标志，并释放该缓冲块。再初始化设置新 i 节点的模式字段，并置该 i 节
// 点已修改标志。
        de = (struct dir_entry *) dir_block->b_data;
        de->inode=inode->i_num;                         // 设置'.'目录项。
        strcpy(de->name,".");
        de++;
        de->inode = dir->i_num;                         // 设置'..'目录项。
        strcpy(de->name,"..");
        inode->i_nlinks = 2;
        dir_block->b_dirt = 1;
        brelse(dir_block);
        inode->i_mode = I_DIRECTORY | (mode & 0777 & ~current->umask);
        inode->i_dirt = 1;
// 现在我们在指定目录中新添加一个目录项，用于存放新建目录的 i 节点和目录名。如果失败（包含该
// 目录项的高速缓冲区指针为 NULL），则放回目录的 i 节点；所申请的 i 节点引用连接计数复位，并放
// 回该 i 节点。返回出错码退出。
        bh = add_entry(dir,basename,namelen,&de);
        if (!bh) {
                iput(dir);
                inode->i_nlinks=0;
                iput(inode);
                return -ENOSPC;
        }
// 最后令该新目录项的 i 节点字段等于新 i 节点号，并置高速缓冲块已修改标志，放回目录和新的 i 节
// 点，释放高速缓冲区，最后返回 0（成功）。
        de->inode = inode->i_num;
        bh->b_dirt = 1;
        dir->i_nlinks++;
        dir->i_dirt = 1;
        iput(dir);
        iput(inode);
        brelse(bh);
        return 0;
}

/*
 * routine to check that the specified directory is empty (for rmdir)
 */
/*
 * 用于检查指定的目录是否为空的子程序（用于 rmdir 系统调用）。
 */
//// 检查指定目录是否空。
// 参数：inode - 指定目录的 i 节点指针。
// 返回：1 - 目录中是空的；0 - 不空。
static int empty_dir(struct m_inode * inode)
{
        int nr,block;
        int len;
        struct buffer_head * bh;
```

```
	struct dir_entry * de;

// 首先计算指定目录中现有目录项个数并检查开始两个特定目录项中信息是否正确。一个目录中应该起
// 码有 2 个目录项：即"."和".."。如果目录项个数少于 2 个或者该目录 i 节点的第 1 个直接块没有指
// 向任何磁盘块号，或者该直接块读不出，则显示警告信息“设备 dev 上目录错”，返回 0(失败)。
	len = inode->i_size / sizeof (struct dir_entry);	// 目录中目录项个数。
	if (len<2 || !inode->i_zone[0] ||
	    !(bh=bread(inode->i_dev,inode->i_zone[0]))) {
		printk("warning - bad directory on dev %04x\n",inode->i_dev);
		return 0;
	}
// 此时 bh 所指缓冲块中含有目录项数据。我们让目录项指针 de 指向缓冲块中第 1 个目录项。对于第 1
// 个目录项（"."），它的 i 节点号字段 inode 应该等于当前目录的 i 节点号。对于第 2 个目录项（".."），
// 它的 i 节点号字段 inode 应该等于上一层目录的 i 节点号，不会为 0。因此如果第 1 个目录项的 i
// 节点号字段值不等于该目录的 i 节点号，或者第 2 个目录项的 i 节点号字段为零，或者两个目录项的
// 名字字段不分别等于"."和".."，则显示出错警告信息“设备 dev 上目录错”，并返回 0。
	de = (struct dir_entry *) bh->b_data;
	if (de[0].inode != inode->i_num || !de[1].inode ||
	    strcmp(".",de[0].name) || strcmp("..",de[1].name)) {
		printk("warning - bad directory on dev %04x\n",inode->i_dev);
		return 0;
	}
// 然后我们令 nr 等于目录项序号（从 0 开始计）；de 指向第三个目录项。并循环检测该目录
// 中其余所有的（len - 2）个目录项，看有没有目录项的 i 节点号字段不为 0（被使用）。
	nr = 2;
	de += 2;
	while (nr<len) {
// 如果该块磁盘块中的目录项已经全部检测完毕，则释放该磁盘块的缓冲块，并读取目录数据文件中下
// 一块含有目录项的磁盘块。读取的方法是根据当前检测的目录项序号 nr 计算出对应目录项在目录数
// 据文件中的数据块号（nr/DIR_ENTRIES_PER_BLOCK），然后使用 bmap()函数取得对应的盘块号
// block，再使用读设备盘块函数 bread()把相应盘块读入缓冲块中，并返回该缓冲块的指针。若所
// 读取的相应盘块没有使用（或已经不用，如文件已经删除等），则继续读下一块，若读不出，则出错
// 返回 0。否则让 de 指向读出块的第 1 个目录项。
		if ((void *) de >= (void *) (bh->b_data+BLOCK_SIZE)) {
			brelse(bh);
			block=bmap(inode,nr/DIR_ENTRIES_PER_BLOCK);
			if (!block) {
				nr += DIR_ENTRIES_PER_BLOCK;
				continue;
			}
			if (!(bh=bread(inode->i_dev,block)))
				return 0;
			de = (struct dir_entry *) bh->b_data;
		}
// 对于 de 指向的当前目录项，如果该目录项的 i 节点号字段不等于 0，则表示该目录项目前正被使用，
// 则释放该高速缓冲区，返回 0 退出。否则，若还没有查询完该目录中的所有目录项，则把目录项序号
// nr 增 1、de 指向下一个目录项，继续检测。
		if (de->inode) {
			brelse(bh);
			return 0;
		}
		de++;
		nr++;
	}
// 执行到这里说明该目录中没有找到已用的目录项(当然除了头两个以外)，则释放缓冲块返回 1。
	brelse(bh);
```

```
        return 1;
}

//// 删除目录。
// 参数： name - 目录名（路径名）。
// 返回：返回 0 表示成功，否则返回出错号。
int sys_rmdir(const char * name)
{
        const char * basename;
        int namelen;
        struct m_inode * dir, * inode;
        struct buffer_head * bh;
        struct dir_entry * de;

// 首先检查参数的有效性并取路径名中顶层目录的 i 节点。如果找不到对应路径名中顶层目录的 i 节点，
// 则返回出错码。如果最顶端的文件名长度为 0，则说明给出的路径名最后没有指定文件名，放回该目
// 录 i 节点，返回出错码退出。如果在该目录中没有写的权限，则放回该目录的 i 节点，返回访问许可
// 出错码退出。如果不是超级用户，则返回访问许可出错码。
        if (!(dir = dir_namei(name,&namelen,&basename, NULL)))
                return -ENOENT;
        if (!namelen) {
                iput(dir);
                return -ENOENT;
        }
        if (!permission(dir,MAY_WRITE)) {
                iput(dir);
                return -EPERM;
        }
// 然后根据指定目录的 i 节点和目录名利用函数 find_entry()寻找对应目录项，并返回包含该目录项
// 的缓冲块指针 bh、包含该目录项的目录的 i 节点指针 dir 和该目录项指针 de。再根据该目录项 de
// 中的 i 节点号利用 iget()函数得到对应的 i 节点 inode。如果对应路径名上最后目录名的目录项不
// 存在，则释放包含该目录项的高速缓冲区，放回目录的 i 节点，返回文件已经存在出错码，并退出。
// 如果取目录项的 i 节点出错，则放回目录的 i 节点，并释放含有目录项的高速缓冲区，返回出错号。
        bh = find_entry(&dir,basename,namelen,&de);
        if (!bh) {
                iput(dir);
                return -ENOENT;
        }
        if (!(inode = iget(dir->i_dev, de->inode))) {
                iput(dir);
                brelse(bh);
                return -EPERM;
        }
// 此时我们已有包含要被删除目录项的目录 i 节点 dir、要被删除目录项的 i 节点 inode 和要被删除
// 目录项指针 de。下面我们通过对这 3 个对象中信息的检查来验证删除操作的可行性。

// 若该目录设置了受限删除标志并且进程的有效用户 id（euid）不是 root，并且进程的有效用户 id
// （euid）不等于该 i 节点的用户 id，则表示当前进程没有权限删除该目录，于是放回包含要删除目
// 录名的目录 i 节点和该要删除目录的 i 节点，然后释放高速缓冲区，返回出错码。
        if ((dir->i_mode & S_ISVTX) && current->euid &&
            inode->i_uid != current->euid) {
                iput(dir);
                iput(inode);
                brelse(bh);
                return -EPERM;
        }
```

```
// 如果要被删除的目录项 i 节点的设备号不等于包含该目录项的目录的设备号，或者该被删除目录的引
// 用连接计数大于 1（表示有符号连接等），则不能删除该目录。于是释放包含要删除目录名的目录 i
// 节点和该要删除目录的 i 节点，释放高速缓冲块，返回出错码。
        if (inode->i_dev != dir->i_dev || inode->i_count>1) {
                iput(dir);
                iput(inode);
                brelse(bh);
                return -EPERM;
        }
// 如果要被删除目录的目录项 i 节点就等于包含该需删除目录的目录 i 节点，则表示试图删除"."目
// 录，这是不允许的。于是放回包含要删除目录名的目录 i 节点和要删除目录的 i 节点，释放高速缓冲
// 块，返回出错码。
        if (inode == dir) {     /* we may not delete ".", but "../dir" is ok */
                iput(inode);
                iput(dir);
                brelse(bh);
                return -EPERM;
        }
// 若要被删除目录 i 节点的属性表明这不是一个目录，则本删除操作的前提完全不存在。于是放回包含
// 删除目录名的目录 i 节点和该要删除目录的 i 节点，释放高速缓冲块，返回出错码。
        if (!S_ISDIR(inode->i_mode)) {
                iput(inode);
                iput(dir);
                brelse(bh);
                return -ENOTDIR;
        }
// 若该需被删除的目录不空，则也不能删除。于是放回包含要删除目录名的目录 i 节点和该要删除目录
// 的 i 节点，释放高速缓冲块，返回出错码。
        if (!empty_dir(inode)) {
                iput(inode);
                iput(dir);
                brelse(bh);
                return -ENOTEMPTY;
        }
// 对于一个空目录，其目录项链接数应该为 2（链接到上层目录和本目录）。若该需被删除目录的 i 节点
// 的连接数不等于 2，则显示警告信息。但删除操作仍然继续执行。于是置该需被删除目录的目录项的 i
// 节点号字段为 0，表示该目录项不再使用，并置含有该目录项的高速缓冲块已修改标志，并释放该缓
// 冲块。然后再置被删除目录 i 节点的链接数为 0（表示空闲），并置 i 节点已修改标志。
        if (inode->i_nlinks != 2)
                printk("empty directory has nlink!=2 (%d)",inode->i_nlinks);
        de->inode = 0;
        bh->b_dirt = 1;
        brelse(bh);
        inode->i_nlinks=0;
        inode->i_dirt=1;
// 再将包含被删除目录名的目录的 i 节点链接计数减 1，修改其改变时间和修改时间为当前时间，并置
// 该节点已修改标志。最后放回包含要删除目录名的目录 i 节点和该要删除目录的 i 节点，返回 0（删
// 除操作成功）。
        dir->i_nlinks--;
        dir->i_ctime = dir->i_mtime = CURRENT_TIME;
        dir->i_dirt=1;
        iput(dir);
        iput(inode);
        return 0;
}
```

```
//// 删除（释放）文件名对应的目录项。
// 从文件系统删除一个名字。如果是文件的最后一个链接，并且没有进程正打开该文件，则该文件也将
// 被删除，并释放所占用的设备空间。
// 参数：name - 文件名（路径名）。
// 返回：成功则返回 0，否则返回出错号。
int sys_unlink(const char * name)
{
        const char * basename;
        int namelen;
        struct m_inode * dir, * inode;
        struct buffer_head * bh;
        struct dir_entry * de;

// 首先检查参数的有效性并取路径名中顶层目录的 i 节点。如果找不到对应路径名中顶层目录的 i 节点，
// 则返回出错码。如果最顶端的文件名长度为 0，则说明给出的路径名最后没有指定文件名，放回该目
// 录 i 节点，返回出错码退出。如果在该目录中没有写的权限，则放回该目录的 i 节点，返回访问许可
// 出错码退出。如果找不到对应路径名顶层目录的 i 节点，则返回出错码。
        if (!(dir = dir_namei(name,&namelen,&basename, NULL)))
                return -ENOENT;
        if (!namelen) {
                iput(dir);
                return -ENOENT;
        }
        if (!permission(dir,MAY_WRITE)) {
                iput(dir);
                return -EPERM;
        }
// 然后根据指定目录的 i 节点和目录名利用函数 find_entry()寻找对应目录项，并返回包含该目录
// 项的缓冲块指针 bh、包含该目录项的目录的 i 节点指针 dir 和该目录项指针 de。再根据该目录项
// de 中的 i 节点号利用 iget()函数得到对应的 i 节点 inode。如果对应路径名上最后目录名的目录
// 项不存在，则释放包含该目录项的高速缓冲区，放回目录的 i 节点，返回文件已经存在出错码，并退
//出。如果取目录项的 i 节点出错，则放回目录的 i 节点，并释放含有目录项的高速缓冲区，返回出错号。
        bh = find_entry(&dir,basename,namelen,&de);
        if (!bh) {
                iput(dir);
                return -ENOENT;
        }
        if (!(inode = iget(dir->i_dev, de->inode))) {
                iput(dir);
                brelse(bh);
                return -ENOENT;
        }
// 此时我们已有包含要被删除目录项的目录 i 节点 dir、要被删除目录项的 i 节点 inode 和要被删除
// 目录项指针 de。下面我们通过对这 3 个对象中信息的检查来验证删除操作的可行性。

// 若该目录设置了受限删除标志并且进程的有效用户 id（euid）不是 root，并且进程的 euid 不等于
// 该 i 节点的用户 id，并且进程的 euid 也不等于目录 i 节点的用户 id，则表示当前进程没有权限删
// 除该目录，于是放回包含要删除目录名的目录 i 节点和该要删除目录的 i 节点，然后释放高速缓冲块，
// 返回出错码。
        if ((dir->i_mode & S_ISVTX) && !suser() &&
            current->euid != inode->i_uid &&
            current->euid != dir->i_uid) {
                iput(dir);
                iput(inode);
                brelse(bh);
                return -EPERM;
```

```
        }
// 如果该指定文件名是一个目录，则也不能删除。放回该目录 i 节点和该文件名目录项的 i 节点，释放
// 包含该目录项的缓冲块，返回出错号。
        if (S_ISDIR(inode->i_mode)) {
                iput(inode);
                iput(dir);
                brelse(bh);
                return -EPERM;
        }
// 如果该 i 节点的链接计数值已经为 0，则显示警告信息，并修正其为 1。
        if (!inode->i_nlinks) {
                printk("Deleting nonexistent file (%04x:%d), %d\n",
                        inode->i_dev,inode->i_num,inode->i_nlinks);
                inode->i_nlinks=1;
        }
// 现在我们可以删除文件名对应的目录项了。于是将该文件名目录项中的 i 节点号字段置为 0，表示释
// 放该目录项，并设置包含该目录项的缓冲块已修改标志，释放该高速缓冲块。
        de->inode = 0;
        bh->b_dirt = 1;
        brelse(bh);
// 然后把文件名对应 i 节点的链接数减 1，置已修改标志，更新改变时间为当前时间。最后放回该 i 节
// 点和目录的 i 节点，返回 0（成功）。如果是文件的最后一个链接，即 i 节点链接数减 1 后等于 0，
// 并且此时没有进程正打开该文件，那么在调用 iput()放回 i 节点时，该文件也将被删除，并释放所
// 占用的设备空间。参见 fs/inode.c，第 183 行。
        inode->i_nlinks--;
        inode->i_dirt = 1;
        inode->i_ctime = CURRENT_TIME;
        iput(inode);
        iput(dir);
        return 0;
}

//// 建立符号链接。
// 为一个已存在文件创建一个符号链接（也称为软连接 - hard link）。
// 参数：oldname - 原路径名；newname - 新的路径名。
// 返回：若成功则返回 0，否则返回出错号。
int sys_symlink(const char * oldname, const char * newname)
{
        struct dir_entry * de;
        struct m_inode * dir, * inode;
        struct buffer_head * bh, * name_block;
        const char * basename;
        int namelen, i;
        char c;

// 首先查找新路径名的最顶层目录的 i 节点 dir，并返回最后的文件名及其长度。如果目录的 i 节点没
// 有找到，则返回出错号。如果新路径名中不包括文件名，则放回新路径名目录的 i 节点，返回出错
// 号。另外，如果用户没有在新目录中写的权限，则也不能建立连接，于是放回新路径名目录的 i 节
// 点，返回出错号。
        dir = dir_namei(newname,&namelen,&basename, NULL);
        if (!dir)
                return -EACCES;
        if (!namelen) {
                iput(dir);
                return -EPERM;
        }
```

```
        if (!permission(dir,MAY_WRITE)) {
                iput(dir);
                return -EACCES;
        }
// 现在我们在目录指定设备上申请一个新的 i 节点，并设置该 i 节点模式为符号链接类型以及进程规定
// 的模式屏蔽码。并且设置该 i 节点已修改标志。
        if (!(inode = new_inode(dir->i_dev))) {
                iput(dir);
                return -ENOSPC;
        }
        inode->i_mode = S_IFLNK | (0777 & ~current->umask);
        inode->i_dirt = 1;
// 为了保存符号链接路径名字符串信息，我们需要为该 i 节点申请一个磁盘块，并让 i 节点的第 1 个直
// 接块号 i_zone[0]等于得到的逻辑块号。然后置 i 节点已修改标志。如果申请失败则放回对应目录
// 的 i 节点；复位新申请的 i 节点链接计数；放回该新的 i 节点，返回没有空间出错码退出。
        if (!(inode->i_zone[0]=new_block(inode->i_dev))) {
                iput(dir);
                inode->i_nlinks--;
                iput(inode);
                return -ENOSPC;
        }
        inode->i_dirt = 1;
// 然后从设备上读取新申请的磁盘块（目的是把对应块放到高速缓冲区中）。若出错，则放回对应目录
// 的 i 节点；复位新申请的 i 节点链接计数；放回该新的 i 节点，返回没有空间出错码退出。
        if (!(name_block=bread(inode->i_dev,inode->i_zone[0]))) {
                iput(dir);
                inode->i_nlinks--;
                iput(inode);
                return -ERROR;
        }
// 现在我们可以把符号链接名字符串放入这个盘块中了。盘块长度为 1024 字节，因此默认符号链接名
// 长度最大也只能是 1024 字节。我们把用户空间中的符号链接名字符串复制到盘块所在的缓冲块中，
// 并置缓冲块已修改标志。为防止用户提供的字符串没有以 null 结尾，我们在缓冲块数据区最后一个
// 字节处放上一个 NULL。然后释放该缓冲块，并设置 i 节点对应文件中数据长度等于符号链接名字符
// 串长度，并置 i 节点已修改标志。
        i = 0;
        while (i < 1023 && (c=get_fs_byte(oldname++)))
                name_block->b_data[i++] = c;
        name_block->b_data[i] = 0;
        name_block->b_dirt = 1;
        brelse(name_block);
        inode->i_size = i;
        inode->i_dirt = 1;
// 然后我们搜索一下路径名指定的符号链接文件名是否已经存在。若已经存在则不能创建同名目录项 i
// 节点。如果对应符号链接文件名已经存在，则释放包含该目录项的缓冲区块，复位新申请的 i 节点连
// 接计数，并放回目录的 i 节点，返回文件已经存在的出错码退出。
        bh = find_entry(&dir,basename,namelen,&de);
        if (bh) {
                inode->i_nlinks--;
                iput(inode);
                brelse(bh);
                iput(dir);
                return -EEXIST;
        }
// 现在我们在指定目录中新添加一个目录项，用于存放新建符号链接文件名的 i 节点号和目录名。如果
// 失败（包含该目录项的高速缓冲区指针为 NULL），则放回目录的 i 节点；所申请的 i 节点引用链接计
```

```
// 数复位，并放回该 i 节点。返回出错码退出。
	bh = add_entry(dir,basename,namelen,&de);
	if (!bh) {
		inode->i_nlinks--;
		iput(inode);
		iput(dir);
		return -ENOSPC;
	}
// 最后令该新目录项的 i 节点字段等于新 i 节点号，并置高速缓冲块已修改标志，释放高速缓冲块，放
// 回目录和新的 i 节点，最后返回 0（成功）。
	de->inode = inode->i_num;
	bh->b_dirt = 1;
	brelse(bh);
	iput(dir);
	iput(inode);
	return 0;
}

//// 为文件建立一个文件名目录项。
// 为一个已存在的文件创建一个新链接（也称为硬连接 - hard link）。
// 参数：oldname - 原路径名；newname - 新的路径名。
// 返回：若成功则返回 0，否则返回出错号。
int sys_link(const char * oldname, const char * newname)
{
	struct dir_entry * de;
	struct m_inode * oldinode, * dir;
	struct buffer_head * bh;
	const char * basename;
	int namelen;

// 首先对原文件名进行有效性验证，它应该存在并且不是一个目录名。所以我们先取原文件路径名对应
// 的 i 节点 oldinode。如果为 0，则表示出错，返回出错号。如果原路径名对应的是一个目录名，则
// 放回该 i 节点，也返回出错号。
	oldinode=namei(oldname);
	if (!oldinode)
		return -ENOENT;
	if (S_ISDIR(oldinode->i_mode)) {
		iput(oldinode);
		return -EPERM;
	}
// 然后查找新路径名的最顶层目录的 i 节点 dir，并返回最后的文件名及其长度。如果目录的 i 节点没
// 有找到，则放回原路径名的 i 节点，返回出错号。如果新路径名中不包括文件名，则放回原路径名 i
// 节点和新路径名目录的 i 节点，返回出错号。
	dir = dir_namei(newname,&namelen,&basename, NULL);
	if (!dir) {
		iput(oldinode);
		return -EACCES;
	}
	if (!namelen) {
		iput(oldinode);
		iput(dir);
		return -EPERM;
	}
// 我们不能跨设备建立硬链接。因此如果新路径名顶层目录的设备号与原路径名的设备号不一样，则放
// 回新路径名目录的 i 节点和原路径名的 i 节点，返回出错号。另外，如果用户没有在新目录中写的权
// 限，则也不能建立连接，于是放回新路径名目录的 i 节点和原路径名的 i 节点，返回出错号。
```

```
        if (dir->i_dev != oldinode->i_dev) {
                iput(dir);
                iput(oldinode);
                return -EXDEV;
        }
        if (!permission(dir,MAY_WRITE)) {
                iput(dir);
                iput(oldinode);
                return -EACCES;
        }
// 现在查询该新路径名是否已经存在，如果存在则也不能建立链接。于是释放包含该已存在目录项的高
// 速缓冲块，放回新路径名目录的 i 节点和原路径名的 i 节点，返回出错号。
        bh = find_entry(&dir,basename,namelen,&de);
        if (bh) {
                brelse(bh);
                iput(dir);
                iput(oldinode);
                return -EEXIST;
        }
// 现在所有条件都满足了，于是我们在新目录中添加一个目录项。若失败则放回该目录的 i 节点和原路
// 径名的 i 节点，返回出错号。否则初始设置该目录项的 i 节点号等于原路径名的 i 节点号，并置包含
// 该新添目录项的缓冲块已修改标志，释放该缓冲块，放回目录的 i 节点。
        bh = add_entry(dir,basename,namelen,&de);
        if (!bh) {
                iput(dir);
                iput(oldinode);
                return -ENOSPC;
        }
        de->inode = oldinode->i_num;
        bh->b_dirt = 1;
        brelse(bh);
        iput(dir);
// 再将原节点的链接计数加 1，修改其改变时间为当前时间，并设置 i 节点已修改标志。最后放回原路
// 径名的 i 节点，并返回 0（成功）。
        oldinode->i_nlinks++;
        oldinode->i_ctime = CURRENT_TIME;
        oldinode->i_dirt = 1;
        iput(oldinode);
        return 0;
}
```

12.8 file_table.c 程序

12.8.1 功能描述

该程序目前是空的，仅定义了文件表数组。

12.8.2 代码注释

程序 12-7 linux/fs/file_table.c

```
/*
```

```
 * linux/fs/file_table.c
 *
 * (C) 1991 Linus Torvalds
 */

#include <linux/fs.h>                  // 文件系统头文件。定义文件表结构(file,buffer_head,
                                       // m_inode 等)。

struct file file_table[NR_FILE];  // 文件表数组(64 项)。

```

12.9　block_dev.c 程序

从这里开始是文件系统程序的第 3 部分。包括 5 个程序：block_dev.c、char_dev.c、pipe.c、file_dev.c 和 read_write.c。前 4 个程序为 read_write.c 提供服务，主要实现了文件系统的数据访问操作。read_write.c 程序主要实现了系统调用 sys_write()和 sys_read()。这 5 个程序可以看作是系统调用与块设备、字符设备、管道"设备"和文件系统"设备"的接口驱动程序。它们之间的关系可以用图 12-26 表示。系统调用 sys_write()或 sys_read()会根据参数所提供文件描述符的属性，判断出是哪种类型的文件，然后分别调用相应设备接口程序中的读/写函数，而这些函数随后会执行相应的驱动程序。

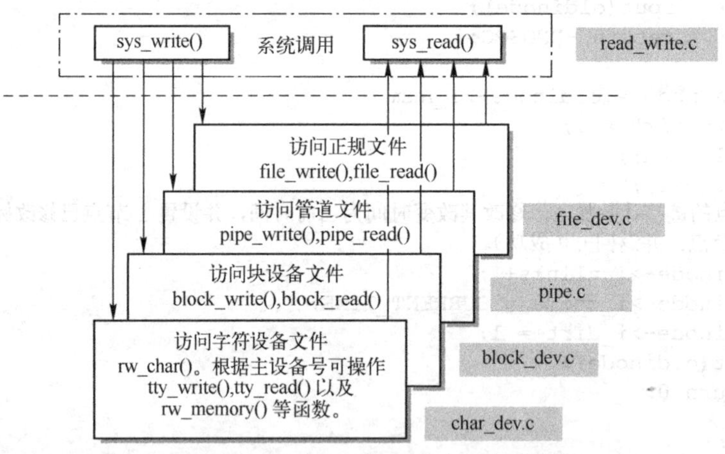

图 12-26　各种类型文件与文件系统和系统调用的接口函数

12.9.1　功能描述

block_dev.c 程序属于块设备文件数据访问操作类程序。该文件包括 block_read()和 block_write()两个块设备读写函数,分别用来直接读写块设备上的原始数据。这两个函数是供系统调用函数 read()和 write()调用，其他地方没有引用。

由于块设备每次对磁盘读写是以盘块为单位（与缓冲区中缓冲块长度相同)，因此函数 block_write()首先把参数中文件指针 pos 位置映射成数据块号和块中偏移量值，然后使用块读取函数 bread()或块预读函数 breada()将文件指针位置所在的数据块读入缓冲区的一个缓冲块中，然后根据本块中需要写的数据长度 chars，从用户数据缓冲中将数据复制到当前缓冲块的偏移位置开始处。如果还有需要写的数据，则再将下一块读入缓冲区的缓冲块中，并将用户数据复制到该缓冲块中，在第二次及以后写数据时，偏移量 offset 均为 0。参见图 12-27。

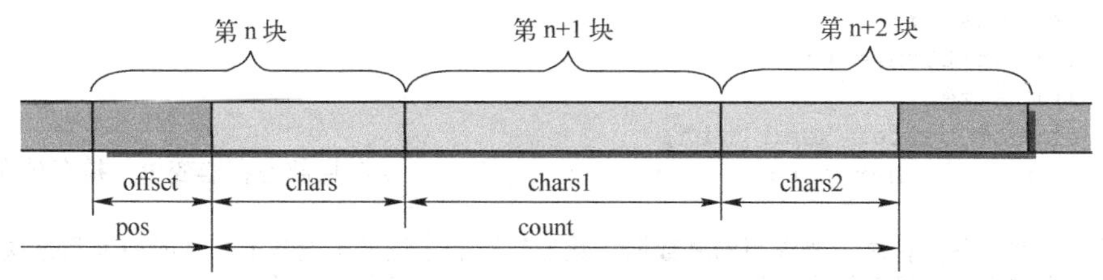

图 12-27 块数据读写操作指针位置示意图

用户的缓冲区是用户程序在开始执行时由系统分配的，或者是在执行过程中动态申请的。用户缓冲区使用的虚拟线性地址，在调用本函数之前，系统会将虚拟线性地址映射到主内存区中相应的内存页中。

函数 block_read()的操作方式与 block_write()相同，只是把数据从缓冲区复制到用户指定的地方。

12.9.2 代码注释

程序 12-8 linux/fs/block_dev.c

```
/*
 *  linux/fs/block_dev.c
 *
 *  (C) 1991  Linus Torvalds
 */

#include <errno.h>          // 错误号头文件。包含系统中各种出错号。

#include <linux/sched.h>   // 调度程序头文件，定义了任务结构 task_struct、任务 0 的数据，
                            // 还有一些有关描述符参数设置和获取的嵌入式汇编函数宏语句。
#include <linux/kernel.h>  // 内核头文件。含有一些内核常用函数的原形定义。
#include <asm/segment.h>   // 段操作头文件。定义了有关段寄存器操作的嵌入式汇编函数。
#include <asm/system.h>    // 系统头文件。定义了设置或修改描述符/中断门等的嵌入式汇编宏。

// 设备数据块总数指针数组。每个指针项指向指定主设备号的总块数数组 hd_sizes[]。该总
// 块数数组每一项对应子设备号确定的一个子设备上所拥有的数据块总数（1 块大小 = 1KB）。
extern int *blk_size[];              // blk_drv/ll_rw_blk.c，49 行。

//// 数据块写函数 - 向指定设备从给定偏移处写入指定长度数据。
// 参数：dev - 设备号；pos - 设备文件中偏移量指针；buf - 用户空间中缓冲区地址；count - 要
// 传送的字节数。
// 返回已写入字节数。若没有写入任何字节或出错，则返回出错号。
// 对于内核来说，写操作是向高速缓冲区中写入数据。什么时候数据最终写入设备是由高速缓冲管理程
// 序决定并处理的。另外，因为块设备是以块为单位进行读写，因此对于写开始位置不处于块起始处
// 时，需要先将开始字节所在的整个块读出，然后将需要写的数据从写开始处填写满该块，再将完整的
// 一块数据写盘（即交由高速缓冲程序去处理）。
int block_write(int dev, long * pos, char * buf, int count)
{
// 首先由文件中位置 pos 换算成开始读写盘块的块序号 block，并求出需写第 1 字节在该块中的偏移
```

```
// 位置 offset。
        int block = *pos >> BLOCK_SIZE_BITS;         // pos 所在文件数据块号。
        int offset = *pos & (BLOCK_SIZE-1);      // pos 在数据块中偏移值。
        int chars;
        int written = 0;
        int size;
        struct buffer_head * bh;
        register char * p;                         // 局部寄存器变量，被存放在寄存器中。

// 在写一个块设备文件时，要求写的总数据块数当然不能超过指定设备上容许的最大数据块总数。因此
// 这里首先取出指定设备的块总数 size 来比较和限制函数参数给定的写入数据长度。如果系统中没有
// 对设备指定长度，就使用默认长度 0x7fffffff（2GB 个块）。
        if (blk_size[MAJOR(dev)])
                size = blk_size[MAJOR(dev)][MINOR(dev)];
        else
                size = 0x7fffffff;
// 然后针对要写入的字节数 count，循环执行以下操作，直到数据全部写入。在循环执行过程中，若当
// 前写入数据的块号已经大于或等于指定设备的总块数，则返回已写字节数并退出。然后再计算在当前
// 处理的数据块中可写入的字节数。如果需要写入的字节数填不满一块，那么就只需写 count 字节。如
// 果正好要写 1 块数据内容，则直接申请 1 块高速缓冲块，并把用户数据放入即可。否则就需要读入将
// 被写入部分数据的数据块，并预读下两块数据。然后将块号递增 1，为下次操作做好准备。如果缓冲
// 块操作失败，则返回已写字节数，如果没有写入任何字节，则返回出错号（负数）。
        while (count>0) {
                if (block >= size)
                        return written?written:-EIO;
                chars = BLOCK_SIZE - offset;             // 本块可写入的字节数。
                if (chars > count)
                        chars=count;
                if (chars == BLOCK_SIZE)
                        bh = getblk(dev,block);          // buffer.c 第 206、322 行。
                else
                        bh = breada(dev,block,block+1,block+2,-1);
                block++;
                if (!bh)
                        return written?written:-EIO;
// 接着先把指针 p 指向读出数据的缓冲块中开始写入数据的位置处。若最后一次循环写入的数据不足一
// 块，则需从块开始处填写（修改）所需的字节，因此这里需预先设置 offset 为零。此后将文件中偏
// 移指针 pos 前移此次将要写的字节数 chars，并累加这些要写的字节数到统计值 written 中。再把
// 还需要写的计数值 count 减去此次要写的字节数 chars。然后我们从用户缓冲区复制 chars 个字节
// 到 p 指向的高速缓冲块中开始写入的位置处。复制完后就设置该缓冲区块已修改标志，并释放该缓冲
// 区（即该缓冲区引用计数递减 1）。
                p = offset + bh->b_data;
                offset = 0;
                *pos += chars;
                written += chars;                    // 累计写入字节数。
                count -= chars;
                while (chars-->0)
                        *(p++) = get_fs_byte(buf++);
                bh->b_dirt = 1;
                brelse(bh);
        }
        return written;                              // 返回已写入的字节数，正常退出。
}
```

```
//// 数据块读函数 - 从指定设备和位置处读入指定长度数据到用户缓冲区中。
// 参数：dev - 设备号；pos - 设备文件中偏移量指针；buf - 用户空间中缓冲区地址；count - 要
// 传送的字节数。
// 返回已读入字节数。若没有读入任何字节或出错，则返回出错号。
int block_read(int dev, unsigned long * pos, char * buf, int count)
{
        int block = *pos >> BLOCK_SIZE_BITS;
        int offset = *pos & (BLOCK_SIZE-1);
        int chars;
        int size;
        int read = 0;
        struct buffer_head * bh;
        register char * p;                      // 局部寄存器变量，被存放在寄存器中。

// 在读一个块设备文件时，要求读的总数据块数当然不能超过指定设备上容许的最大数据块总数。因此
// 这里首先取出指定设备的块总数 size 来比较和限制函数参数给定的读入数据长度。如果系统中没有
// 对设备指定长度，就使用默认长度 0x7fffffff（2GB 个块）。
        if (blk_size[MAJOR(dev)])
                size = blk_size[MAJOR(dev)][MINOR(dev)];
        else
                size = 0x7fffffff;
// 然后针对要读入的字节数 count，循环执行以下操作，直到数据全部读入。在循环执行过程中，若当
// 前读入数据的块号已经大于或等于指定设备的总块数，则返回已读字节数并退出。然后再计算在当前
// 处理的数据块中需读入的字节数。如果需要读入的字节数还不满一块，那么就只需读 count 字节。然
// 后调用读块函数 breada()读入需要的数据块，并预读下两块数据，如果读操作出错，则返回已读字
// 节数，如果没有读入任何字节，则返回出错号。然后将块号递增 1。为下次操作做好准备。如果缓冲
// 块操作失败，则返回已写字节数，如果没有读入任何字节，则返回出错号（负数）。
        while (count>0) {
                if (block >= size)
                        return read?read:-EIO;
                chars = BLOCK_SIZE-offset;
                if (chars > count)
                        chars = count;
                if (!(bh = breada(dev,block,block+1,block+2,-1)))
                        return read?read:-EIO;
                block++;
// 接着先把指针 p 指向读出盘块的缓冲块中开始读入数据的位置处。若最后一次循环读操作的数据不足
// 一块，则需从块起始处读取所需字节，因此这里需预先设置 offset 为零。此后将文件中偏移指针
// pos 前移此次将要读的字节数 chars，并且累加这些要读的字节数到统计值 read 中。再把还需要读
// 的计数值 count 减去此次要读的字节数 chars。然后我们从高速缓冲块中 p 指向的开始读的位置处
// 复制 chars 个字节到用户缓冲区中，同时把用户缓冲区指针前移。本次复制完后就释放该缓冲块。
                p = offset + bh->b_data;
                offset = 0;
                *pos += chars;
                read += chars;                  // 累计读入字节数。
                count -= chars;
                while (chars-->0)
                        put_fs_byte(*(p++),buf++);
                brelse(bh);
        }
        return read;                            // 返回已读取的字节数，正常退出。
}
```

12.10 file_dev.c 程序

12.10.1 功能描述

该文件包括 file_read()和 file_write()两个函数，也是供系统调用函数 read()和 write()调用，用于对普通文件进行读写操作。与上一个文件 block_dev.c 类似，该文件也是用于访问文件数据。但是本程序中的函数是通过指定文件路径名方式进行操作。函数参数中给出的是文件 i 节点和文件结构信息，通过 i 节点中的信息来获取相应的设备号，由 file 结构，我们可以获得文件当前的读写指针位置。而上一个文件中的函数则是直接在参数中指定了设备号和文件中的读写位置，是专门用于对块设备文件进行操作的，例如/dev/fd0 设备文件。

12.10.2 代码注释

程序 12-9　linux/fs/file_dev.c

```
/*
 * linux/fs/file_dev.c
 *
 * (C) 1991 Linus Torvalds
 */

#include <errno.h>        // 错误号头文件。包含系统中各种出错号。
#include <fcntl.h>        // 文件控制头文件。用于文件及其描述符的操作控制常数符号的定义。

#include <linux/sched.h>  // 调度程序头文件，定义了任务结构 task_struct、任务 0 的数据等。
#include <linux/kernel.h> // 内核头文件。含有一些内核常用函数的原形定义。
#include <asm/segment.h>  // 段操作头文件。定义了有关段寄存器操作的嵌入式汇编函数。

#define MIN(a,b) (((a)<(b))?(a):(b))          // 取 a,b 中的最小值。
#define MAX(a,b) (((a)>(b))?(a):(b))          // 取 a,b 中的最大值。

//// 文件读函数 - 根据 i 节点和文件结构，读取文件中数据。
// 由 i 节点我们可以知道设备号，由 filp 结构可以知道文件中当前读写指针位置。buf 指定用户空间
// 中缓冲区的位置，count 是需要读取的字节数。 返回值是实际读取的字节数，或出错号（小于 0）。
int file_read(struct m_inode * inode, struct file * filp, char * buf, int count)
{
        int left,chars,nr;
        struct buffer_head * bh;

// 首先判断参数的有效性。若需要读取的字节计数 count 小于等于零，则返回 0。若还需要读取的字节
// 数不等于 0，就循环执行下面操作，直到数据全部读出或遇到问题。在读循环操作过程中，我们根据
// i 节点和文件表结构信息，并利用 bmap() 得到包含文件当前读写位置的数据块在设备上对应的逻辑
// 块号 nr。若 nr 不为 0，则从 i 节点指定的设备上读取该逻辑块。如果读操作失败则退出循环。若
// nr 为 0，表示指定的数据块不存在，置缓冲块指针为 NULL。
(filp->f_pos)/BLOCK_SIZE 用于计算出文件当前指针所在数据块号。
        if ((left=count)<=0)
                return 0;
        while (left) {
                if (nr = bmap(inode,(filp->f_pos)/BLOCK_SIZE)) { // inode.c 第 140 行。
```

```
                        if (!(bh=bread(inode->i_dev,nr)))
                                break;
                } else
                        bh = NULL;
// 接着我们计算文件读写指针在数据块中的偏移值 nr，则在该数据块中我们希望读取的字节数为
// (BLOCK_SIZE - nr)。然后和现在还需读取的字节数 left 作比较，其中小值即为本次操作需读取
// 的字节数 chars。如果(BLOCK_SIZE - nr) > left，则说明该块是需要读取的最后一块数据，反
// 之则还需要读取下一块数据。之后调整读写文件指针。指针前移此次将读取的字节数 chars。剩余字
// 节计数 left 相应减去 chars。
                nr = filp->f_pos % BLOCK_SIZE;
                chars = MIN( BLOCK_SIZE-nr , left );
                filp->f_pos += chars;
                left -= chars;
// 若上面从设备上读到了数据，则将 p 指向缓冲块中开始读取数据的位置，并且复制 chars 字节到用
// 户缓冲区 buf 中。否则往用户缓冲区中填入 chars 个 0 值字节。
                if (bh) {
                        char * p = nr + bh->b_data;
                        while (chars-->0)
                                put_fs_byte(*(p++),buf++);
                        brelse(bh);
                } else {
                        while (chars-->0)
                                put_fs_byte(0,buf++);
                }
        }
// 修改该 i 节点的访问时间为当前时间。返回读取的字节数，若读取字节数为 0，则返回出错号。
// CURRENT_TIME 是定义在 include/linux/sched.h 第 142 行上的宏，用于计算 UNIX 时间。即
// 从 1970 年 1 月 1 日 0 时 0 秒开始，到当前的时间。单位是秒。
        inode->i_atime = CURRENT_TIME;
        return (count-left)?(count-left):-ERROR;
}

//// 文件写函数 - 根据 i 节点和文件结构信息，将用户数据写入文件中。
// 由 i 节点我们可以知道设备号，而由 file 结构可以知道文件中当前读写指针位置。buf 指定用户态
// 中缓冲区的位置，count 为需要写入的字节数。 返回值是实际写入的字节数，或出错号（小于 0）。
int file_write(struct m_inode * inode, struct file * filp, char * buf, int count)
{
        off_t pos;
        int block,c;
        struct buffer_head * bh;
        char * p;
        int i=0;

/*
 * ok, append may not work when many processes are writing at the same time
 * but so what. That way leads to madness anyway.
 */
/*
 * ok，当许多进程同时写时，append 操作可能不行，但那又怎样。不管怎样那样做会导致混乱一团。
 */
// 首先确定数据写入文件的位置。如果是要向文件后添加数据，则将文件读写指针移到文件尾部。否则
// 就将在文件当前读写指针处写入。
        if (filp->f_flags & O_APPEND)
                pos = inode->i_size;
        else
                pos = filp->f_pos;
```

```
// 然后在已写入字节数 i（刚开始时为 0）小于指定写入字节数 count 时，循环执行以下操作。在循环
// 操作过程中，我们先取文件数据块号 ( pos/BLOCK_SIZE ) 在设备上对应的逻辑块号 block。如
// 果对应的逻辑块不存在就创建一块。如果得到的逻辑块号 = 0，则表示创建失败，于是退出循环。否
// 则我们根据该逻辑块号读取设备上的相应逻辑块，若出错也退出循环。
        while (i<count) {
                if (!(block = create_block(inode,pos/BLOCK_SIZE)))
                        break;
                if (!(bh=bread(inode->i_dev,block)))
                        break;
// 此时缓冲块指针 bh 正指向刚读入的文件数据块。现在再求出文件当前读写指针在该数据块中的偏移
// 值 c，并将指针 p 指向缓冲块中开始写入数据的位置，并置该缓冲块已修改标志。对于块中当前指
// 针，从开始读写位置到块末共可写入 c =(BLOCK_SIZE - c)个字节。若 c 大于剩余还需写入的字
// 节数(count - i)，则此次只需再写入 c = (count - i)个字节即可。
                c = pos % BLOCK_SIZE;
                p = c + bh->b_data;
                bh->b_dirt = 1;
                c = BLOCK_SIZE-c;
                if (c > count-i) c = count-i;
// 在写入数据之前，我们先预先设置好下一次循环操作要读写文件中的位置。因此我们把 pos 指针前
// 移此次需写入的字节数。如果此时 pos 位置值超过了文件当前长度，则修改 i 节点中文件长度字段，
// 并置 i 节点已修改标志。然后把此次要写入的字节数 c 累加到已写入字节计数值 i 中，供循环判断。
// 使用接着从用户缓冲区 buf 中复制 c 个字节到高速缓冲块中 p 指向的开始位置处。复制完后就释放
// 该缓冲块。
                pos += c;
                if (pos > inode->i_size) {
                        inode->i_size = pos;
                        inode->i_dirt = 1;
                }
                i += c;
                while (c-->0)
                        *(p++) = get_fs_byte(buf++);
                brelse(bh);
        }
// 当数据已经全部写入文件或者在写操作过程中发生问题时就会退出循环。此时我们更改文件修改时间
// 为当前时间，并调整文件读写指针。如果此次操作不是在文件尾添加数据，则把文件读写指针调整到
// 当前读写位置 pos 处，并更改文件 i 节点的修改时间为当前时间。最后返回写入的字节数，若写入
// 字节数为 0，则返回出错号-1。
        inode->i_mtime = CURRENT_TIME;
        if (!(filp->f_flags & O_APPEND)) {
                filp->f_pos = pos;
                inode->i_ctime = CURRENT_TIME;
        }
        return (i?i:-1);
}
```

12.11 pipe.c 程序

12.11.1 功能描述

管道操作是进程间通信的最基本方式。本程序包括管道文件读写操作函数 read_pipe()和 write_pipe()，同时实现了管道系统调用 sys_pipe()。这两个函数也是系统调用 read()和 write()的低层实现函数，也仅在 read_write.c 中使用。

在创建并初始化管道时，程序会专门申请一个管道 i 节点，并为管道分配一页缓冲区（4KB）。管道 i 节点的 i_size 字段中被设置为指向管道缓冲区的指针，管道数据头部指针存放在 i_zone[0]字段中，而管道数据尾部指针存放在 i_zone[1]字段中。对于读管道操作，数据是从管道尾读出，并使管道尾指针前移读取字节数个位置；对于往管道中的写入操作，数据是向管道头部写入，并使管道头指针前移写入字节数个位置（指向空字节处）。参见图 12-28。

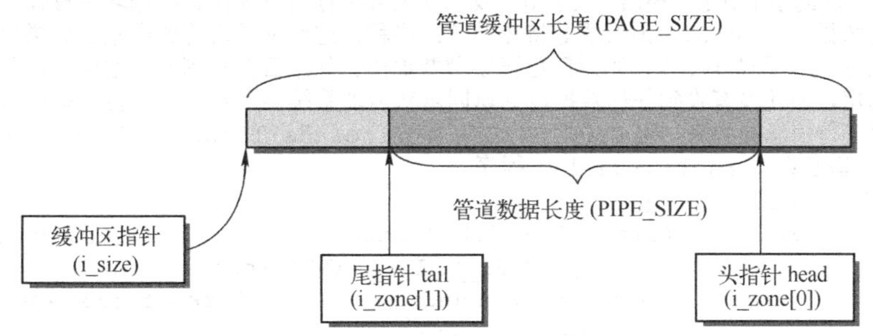

图 12-28 管道缓冲区操作示意图

read_pipe()用于读管道中的数据。若管道中没有数据，就唤醒写管道的进程，而自己则进入睡眠状态。若读到了数据，就相应地调整管道头指针，并把数据传到用户缓冲区中。当把管道中所有的数据都取走后，也要唤醒等待写管道的进程，并返回已读数据字节数。当管道写进程已退出管道操作时，函数就立刻退出，并返回已读的字节数。

write_pipe()函数的操作与读管道函数类似。

系统调用 sys_pipe()用于创建无名管道。它首先在系统的文件表中取得两个表项，然后在当前进程的文件描述符表中也同样寻找两个未使用的描述符表项，用来保存相应的文件结构指针。接着在系统中申请一个空闲 i 节点，同时获得管道使用的一个缓冲块。然后对相应的文件结构进行初始化，将一个文件结构设置为只读模式，另一个设置为只写模式。最后将两个文件描述符传给用户。

另外，以上函数中使用的几个与管道操作有关的宏（例如 PIPE_HEAD()、PIPE_TAIL()等）定义在 include/linux/fs.h 文件第 57～64 行上。

12.11.2 代码注释

程序 12-10 linux/fs/pipe.c

```
/*
 *  linux/fs/pipe.c
 *
 *  (C) 1991  Linus Torvalds
 */

#include <signal.h>       // 信号头文件。定义信号符号常量、信号结构及操作函数原型。
#include <errno.h>        // 错误号头文件。包含系统中各种出错号。
#include <termios.h>      // 终端输入输出函数头文件。主要定义控制异步通信口的终端接口。

#include <linux/sched.h>  // 调度程序头文件，定义了任务结构 task_struct、任务 0 数据等。
#include <linux/mm.h>     /* for get_free_page */    /* 使用其中的 get_free_page */
#include <asm/segment.h>  // 段操作头文件。定义了有关段寄存器操作的嵌入式汇编函数。
#include <linux/kernel.h> // 内核头文件。含有一些内核常用函数的原形定义。
```

```
//// 管道读操作函数。
// 参数 inode 是管道对应的 i 节点，buf 是用户数据缓冲区指针，count 是读取的字节数。
int read_pipe(struct m_inode * inode, char * buf, int count)
{
	int chars, size, read = 0;

// 如果需要读取的字节计数 count 大于 0，我们就循环执行以下操作。在循环读操作过程中，若当前管
// 道中没有数据（size=0），则唤醒等待该节点的进程，这通常是写管道进程。如果已没有写管道者，
// 即 i 节点引用计数值小于 2，则返回已读字节数退出。如果目前收到非阻塞信号，则立刻返回已读取
// 字节数退出，若还没有收到任何数据，则返回重新启动系统调用号退出。否则就让进程在该管道上睡
// 眠，用以等待信息的到来。宏 PIPE_SIZE 定义在 include/linux/fs.h 中。关于“重新启动系统
// 调用号”，请参见 kernel/signal.c 程序。
	while (count>0) {
		while (!(size=PIPE_SIZE(*inode))) {	// 取管道中数据长度值。
			wake_up(& PIPE_WRITE_WAIT(*inode));
			if (inode->i_count != 2)	/* are there any writers? */
				return read;
			if (current->signal & ~current->blocked)
				return read?read:-ERESTARTSYS;
			interruptible_sleep_on(& PIPE_READ_WAIT(*inode));
		}
// 此时说明管道（缓冲区）中有数据。于是我们取管道尾指针到缓冲区末端的字节数 chars。如果其大
// 于还需要读取的字节数 count，则令其等于 count。如果 chars 大于当前管道中含有数据的长度
// size，则令其等于 size。然后把需读字节数 count 减去此次可读的字节数 chars，并累加已读字
// 节数 read。
		chars = PAGE_SIZE-PIPE_TAIL(*inode);
		if (chars > count)
			chars = count;
		if (chars > size)
			chars = size;
		count -= chars;
		read += chars;
// 再令 size 指向管道尾指针处，并调整当前管道尾指针（前移 chars 字节）。若尾指针超过管道末端
// 则绕回。然后将管道中的数据复制到用户缓冲区中。对于管道 i 节点，其 i_size 字段中是管道缓冲
// 块指针。
		size = PIPE_TAIL(*inode);
		PIPE_TAIL(*inode) += chars;
		PIPE_TAIL(*inode) &= (PAGE_SIZE-1);
		while (chars-->0)
			put_fs_byte(((char *)inode->i_size)[size++],buf++);
	}
// 当此次读管道操作结束，则唤醒等待该管道的进程，并返回读取的字节数。
	wake_up(& PIPE_WRITE_WAIT(*inode));
	return read;
}

//// 管道写操作函数。
// 参数 inode 是管道对应的 i 节点，buf 是数据缓冲区指针，count 是将写入管道的字节数。
int write_pipe(struct m_inode * inode, char * buf, int count)
{
	int chars, size, written = 0;

// 如果要写入的字节数 count 还大于 0，那么我们就循环执行以下操作。在循环操作过程中，如果当前
// 管道中已经满了（空闲空间 size = 0），则唤醒等待该管道的进程，通常唤醒的是读管道进程。如
// 果已没有读管道者，即 i 节点引用计数值小于 2，则向当前进程发送 SIGPIPE 信号，并返回已写入的
```

```
// 字节数退出；若写入 0 字节，则返回 -1。否则让当前进程在该管道上睡眠，以等待读管道进程来读取
// 数据，从而让管道腾出空间。宏 PIPE_SIZE()、PIPE_HEAD()等定义在文件 include/linux/fs.h 中。
        while (count>0) {
                while (!(size=(PAGE_SIZE-1)-PIPE_SIZE(*inode))) {
                        wake_up(& PIPE_READ_WAIT(*inode));
                        if (inode->i_count != 2) { /* no readers */
                                current->signal |= (1<<(SIGPIPE-1));
                                return written?written:-1;
                        }
                        sleep_on(& PIPE_WRITE_WAIT(*inode));
                }
// 程序执行到这里表示管道缓冲区中有可写空间 size。于是我们取管道头指针到缓冲区末端空间字节数
// chars。写管道操作是从管道头指针处开始写的。如果 chars 大于还需要写入的字节数 count，则
// 令其等于 count。如果 chars 大于当前管道中空闲空间长度 size，则令其等于 size。然后把需要
// 写入字节数 count 减去此次可写入的字节数 chars，并把写入字节数累加到 written 中。
                chars = PAGE_SIZE-PIPE_HEAD(*inode);
                if (chars > count)
                        chars = count;
                if (chars > size)
                        chars = size;
                count -= chars;
                written += chars;
// 再令 size 指向管道数据头指针处，并调整当前管道数据头部指针（前移 chars 字节）。若头指针超
// 过管道末端则绕回。然后从用户缓冲区复制 chars 个字节到管道头指针开始处。对于管道 i 节点，
// 其 i_size 字段中是管道缓冲块指针。
                size = PIPE_HEAD(*inode);
                PIPE_HEAD(*inode) += chars;
                PIPE_HEAD(*inode) &= (PAGE_SIZE-1);
                while (chars-->0)
                        ((char *)inode->i_size)[size++]=get_fs_byte(buf++);
        }
// 当此次写管道操作结束，则唤醒等待管道的进程，返回已写入的字节数，退出。
        wake_up(& PIPE_READ_WAIT(*inode));
        return written;
}

//// 创建管道系统调用。
// 在 fildes 所指的数组中创建一对文件句柄（描述符）。这对文件句柄指向一管道 i 节点。
// 参数：filedes -文件句柄数组。fildes[0]用于读管道数据，fildes[1]向管道写入数据。
// 成功时返回 0，出错时返回-1。
int sys_pipe(unsigned long * fildes)
{
        struct m_inode * inode;
        struct file * f[2];                         // 文件结构数组。
        int fd[2];                                  // 文件句柄数组。
        int i,j;

// 首先从系统文件表中取两个空闲项（引用计数字段为 0 的项），并分别设置引用计数为 1。
// 若只有 1 个空闲项，则释放该项（引用计数复位）。若没有找到两个空闲项，则返回-1。
        j=0;
        for(i=0;j<2 && i<NR_FILE;i++)
                if (!file_table[i].f_count)
                        (f[j++]=i+file_table)->f_count++;
        if (j==1)
                f[0]->f_count=0;
        if (j<2)
```

```
                return -1;
// 针对上面取得的两个文件表结构项，分别分配一文件句柄号，并使进程文件结构指针数组的两项分别
// 指向这两个文件结构。而文件句柄即是该数组的索引号。类似地，如果只有一个空闲文件句柄，则释
// 放该句柄（置空相应数组项）。如果没有找到两个空闲句柄，则释放上面获取的两个文件结构项（复
// 位引用计数值），并返回-1。
        j=0;
        for(i=0;j<2 && i<NR_OPEN;i++)
                if (!current->filp[i]) {
                        current->filp[ fd[j]=i ] = f[j];
                        j++;
                }
        if (j==1)
                current->filp[fd[0]]=NULL;
        if (j<2) {
                f[0]->f_count=f[1]->f_count=0;
                return -1;
        }
// 然后利用函数 get_pipe_inode()申请一个管道使用的 i 节点，并为管道分配一页内存作为缓冲
// 区。如果不成功，则相应释放两个文件句柄和文件结构项，并返回-1。
        if (!(inode=get_pipe_inode())) {            // fs/inode.c，第 231 行开始处。
                current->filp[fd[0]] =
                        current->filp[fd[1]] = NULL;
                f[0]->f_count = f[1]->f_count = 0;
                return -1;
        }
// 如果管道 i 节点申请成功，则对两个文件结构进行初始化操作，让它们都指向同一个管道 i 节点，并
// 把读写指针都置零。第 1 个文件结构的文件模式置为读，第 2 个文件结构的文件模式置为写。最后将
// 文件句柄数组复制到对应的用户空间数组中，成功返回 0，退出。
        f[0]->f_inode = f[1]->f_inode = inode;
        f[0]->f_pos = f[1]->f_pos = 0;
        f[0]->f_mode = 1;               /* read */
        f[1]->f_mode = 2;               /* write */
        put_fs_long(fd[0],0+fildes);
        put_fs_long(fd[1],1+fildes);
        return 0;
}

//// 管道 io 控制函数。
// 参数：pino - 管道 i 节点指针；cmd - 控制命令；arg - 参数。
// 函数返回 0 表示执行成功，否则返回出错码。
int pipe_ioctl(struct m_inode *pino, int cmd, int arg)
{
// 如果命令是取管道中当前可读数据长度，则把管道数据长度值添入用户参数指定的位置处，并返回 0。
// 否则返回无效命令错误码。
        switch (cmd) {
                case FIONREAD:
                        verify_area((void *) arg,4);
                        put_fs_long(PIPE_SIZE(*pino),(unsigned long *) arg);
                        return 0;
                default:
                        return -EINVAL;
        }
}
```

12.12　char_dev.c 程序

12.12.1　功能描述

char_dev.c 文件包括字符设备文件访问函数。主要有 rw_ttyx()、rw_tty()、rw_memory()和 rw_char()。另外还有一个设备读写函数指针表。该表的项号代表主设备号。

rw_ttyx()是串口终端设备读写函数，其主设备号是 4。通过调用 tty 的驱动程序实现了对串口终端的读写操作。

rw_tty()是控制台终端读写函数，主设备号是 5。实现原理与 rw_ttyx()相同，只是对进程能否进行控制台操作有所限制。

rw_memory()是内存设备文件读写函数，主设备号是 1。实现了对内存映像的字节操作。但 Linux 0.12 版内核对次设备号是 0、1、2 的操作还没有实现。直到 0.96 版才开始实现次设备号 1 和 2 的读写操作。

rw_char()是字符设备读写操作的接口函数。其他字符设备通过该函数对字符设备读写函数指针表进行相应字符设备的操作。文件系统的操作函数 open()、read()等都通过它对所有字符设备文件进行操作。

12.12.2　代码注释

程序 12-11　linux/fs/char_dev.c

```
/*
 *  linux/fs/char_dev.c
 *
 *  (C) 1991  Linus Torvalds
 */

#include <errno.h>       // 错误号头文件。包含系统中各种出错号。
#include <sys/types.h>   // 类型头文件。定义了基本的系统数据类型。

#include <linux/sched.h>  // 调度程序头文件，定义任务结构 task_struct、任务 0 数据等。
#include <linux/kernel.h> // 内核头文件。含有一些内核常用函数的原形定义。

#include <asm/segment.h>    // 段操作头文件。定义了有关段寄存器操作的嵌入式汇编函数。
#include <asm/io.h>         // io 头文件。定义硬件端口输入/输出宏汇编语句。

extern int tty_read(unsigned minor,char * buf,int count);     // 终端读。
extern int tty_write(unsigned minor,char * buf,int count);    // 终端写。

// 定义字符设备读写函数指针类型。
typedef (*crw_ptr)(int rw,unsigned minor,char * buf,int count,off_t * pos);

//// 串口终端读写操作函数。
// 参数：rw - 读写命令；minor - 终端子设备号；buf - 缓冲区；cout - 读写字节数；pos - 读
// 写操作当前指针，对于终端操作，该指针无用。
// 返回：实际读写的字节数。若失败则返回出错码。
static int rw_ttyx(int rw,unsigned minor,char * buf,int count,off_t * pos)
```

```
{
        return ((rw==READ)?tty_read(minor,buf,count):
                tty_write(minor,buf,count));
}

//// 终端读写操作函数。
// 同 rw_ttyx()类似，只是增加了对进程是否有控制终端的检测。
static int rw_tty(int rw,unsigned minor,char * buf,int count, off_t * pos)
{
// 若进程没有对应的控制终端，则返回出错号。否则调用终端读写函数 rw_ttyx()，并返回实际读写
// 字节数。
        if (current->tty<0)
                return -EPERM;
        return rw_ttyx(rw,current->tty,buf,count,pos);
}

//// 内存数据读写。未实现。
static int rw_ram(int rw,char * buf, int count, off_t *pos)
{
        return -EIO;
}

//// 物理内存数据读写操作函数。未实现。
static int rw_mem(int rw,char * buf, int count, off_t * pos)
{
        return -EIO;
}

//// 内核虚拟内存数据读写函数。未实现。
static int rw_kmem(int rw,char * buf, int count, off_t * pos)
{
        return -EIO;
}

// 端口读写操作函数。
// 参数：rw - 读写命令；buf - 缓冲区；cout - 读写字节数；pos - 端口地址。
// 返回：实际读写的字节数。
static int rw_port(int rw,char * buf, int count, off_t * pos)
{
        int i=*pos;

// 对于所要求读写的字节数，并且端口地址小于 64k 时，循环执行单个字节的读写操作。
// 若是读命令，则从端口 i 中读取一字节内容并放到用户缓冲区中。若是写命令，则从用户数据缓冲区
// 中取一字节输出到端口 i。
        while (count-->0 && i<65536) {
                if (rw==READ)
                        put_fs_byte(inb(i),buf++);
                else
                        outb(get_fs_byte(buf++),i);
                i++;                                    // 前移一个端口。[??]
        }
// 然后计算读/写的字节数，调整相应读写指针，并返回读/写的字节数。
        i -= *pos;
        *pos += i;
```

```
        return i;
}

//// 内存读写操作函数。
static int rw_memory(int rw, unsigned minor, char * buf, int count, off_t * pos)
{
// 根据内存设备子设备号，分别调用不同的内存读写函数。
        switch(minor) {
                case 0:
                        return rw_ram(rw,buf,count,pos);
                case 1:
                        return rw_mem(rw,buf,count,pos);
                case 2:
                        return rw_kmem(rw,buf,count,pos);
                case 3:
                        return (rw==READ)?0:count;      /* rw_null */
                case 4:
                        return rw_port(rw,buf,count,pos);
                default:
                        return -EIO;
        }
}

// 定义系统中设备种数。
#define NRDEVS ((sizeof (crw_table))/(sizeof (crw_ptr)))

// 字符设备读写函数指针表。
static crw_ptr crw_table[]={
        NULL,           /* nodev */             /* 无设备(空设备) */
        rw_memory,      /* /dev/mem etc */      /* /dev/mem 等 */
        NULL,           /* /dev/fd */           /* /dev/fd 软驱 */
        NULL,           /* /dev/hd */           /* /dev/hd 硬盘 */
        rw_ttyx,        /* /dev/ttyx */         /* /dev/ttyx 串口终端 */
        rw_tty,         /* /dev/tty */          /* /dev/tty 终端 */
        NULL,           /* /dev/lp */           /* /dev/lp 打印机 */
        NULL};          /* unnamed pipes */     /* 未命名管道 */

//// 字符设备读写操作函数。
// 参数：rw -读写命令；dev -设备号；buf -缓冲区；count -读写字节数；pos -读写指针。
// 返回：实际读/写字节数。
int rw_char(int rw,int dev, char * buf, int count, off_t * pos)
{
        crw_ptr call_addr;

// 如果设备号超出系统设备数，则返回出错码。如果该设备没有对应的读/写函数，也返回出错码。否
// 则调用对应设备的读写操作函数，并返回实际读/写的字节数。
        if (MAJOR(dev)>=NRDEVS)
                return -ENODEV;
        if (!(call_addr=crw_table[MAJOR(dev)]))
                return -ENODEV;
        return call_addr(rw,MINOR(dev),buf,count,pos);
}
```

12.13 read_write.c 程序

12.13.1 功能描述

该文件实现了文件操作系统调用 read()、write()和 lseek()。read()和 write()将根据不同的文件类型，分别调用前面 4 个文件中实现的相应读写函数。因此本文件是前面 4 个文件中函数的上层接口实现。lseek()用于设置文件读写指针。

read()系统调用首先判断所给参数的有效性，然后根据文件的 i 节点信息判断文件的类型。若是管道文件则调用程序 pipe.c 中的读函数；若是字符设备文件，则调用 char_dev.c 中的 rw_char()字符读函数；如果是块设备文件，则执行 block_dev.c 程序中的块设备读操作，并返回读取的字节数；如果是目录文件或一般正规文件，则调用 file_dev.c 中的文件读函数 file_read()。write()系统调用的实现与 read()类似。

lseek()系统调用将对文件句柄对应文件结构中的当前读写指针进行修改。对于读写指针不能移动的文件和管道文件，将给出错误号，并立即返回。

12.13.2 代码注释

程序 12-12 linux/fs/read_write.c

```
/*
 *  linux/fs/read_write.c
 *
 *  (C) 1991  Linus Torvalds
 */

#include <sys/stat.h>    // 文件状态头文件。含有文件或文件系统状态结构 stat{}和常量。
#include <errno.h>       // 错误号头文件。包含系统中各种出错号。
#include <sys/types.h>   // 类型头文件。定义了基本的系统数据类型。

#include <linux/kernel.h> // 内核头文件。含有一些内核常用函数的原形定义。
#include <linux/sched.h>  // 调度程序头文件，定义任务结构 task_struct、任务 0 数据等。
#include <asm/segment.h>  // 段操作头文件。定义了有关段寄存器操作的嵌入式汇编函数。

// 字符设备读写函数。fs/char_dev.c，第 95 行。
extern int rw_char(int rw,int dev, char * buf, int count, off_t * pos);
// 读管道操作函数。fs/pipe.c，第 13 行。
extern int read_pipe(struct m_inode * inode, char * buf, int count);
// 写管道操作函数。fs/pipe.c，第 41 行。
extern int write_pipe(struct m_inode * inode, char * buf, int count);
// 块设备读操作函数。fs/block_dev.c，第 47 行。
extern int block_read(int dev, off_t * pos, char * buf, int count);
// 块设备写操作函数。fs/block_dev.c，第 14 行。
extern int block_write(int dev, off_t * pos, char * buf, int count);
// 读文件操作函数。fs/file_dev.c，第 17 行。
extern int file_read(struct m_inode * inode, struct file * filp,
              char * buf, int count);
// 写文件操作函数。fs/file_dev.c，第 48 行。
extern int file_write(struct m_inode * inode, struct file * filp,
              char * buf, int count);
```

```
//// 重定位文件读写指针系统调用。
// 参数 fd 是文件句柄，offset 是新的文件读写指针偏移值，origin 是偏移的起始位置，可有三种
// 选择：SEEK_SET（0，从文件开始处）、SEEK_CUR（1，从当前读写位置）、SEEK_END（2，从文件
// 尾处）。
int sys_lseek(unsigned int fd,off_t offset, int origin)
{
        struct file * file;
        int tmp;

// 首先判断函数提供的参数有效性。如果文件句柄值大于程序最多打开文件数 NR_OPEN(20)，或者该
// 句柄的文件结构指针为空，或者对应文件结构的 i 节点字段为空，或者指定设备文件指针是不可定位
// 的，则返回出错码并退出。如果文件对应的 i 节点是管道节点，则返回出错码退出。因为管道头尾指
// 针不可随意移动！
        if (fd >= NR_OPEN || !(file=current->filp[fd]) || !(file->f_inode)
           || !IS_SEEKABLE(MAJOR(file->f_inode->i_dev)))
                return -EBADF;
        if (file->f_inode->i_pipe)
                return -ESPIPE;
// 然后根据设置的定位标志，分别重新定位文件读写指针。
        switch (origin) {
// origin = SEEK_SET，要求以文件起始处作为原点设置文件读写指针。若偏移值小于零，则出错返
// 回错误码。否则设置文件读写指针等于 offset。
                case 0:
                        if (offset<0) return -EINVAL;
                        file->f_pos=offset;
                        break;
// origin = SEEK_CUR，要求以文件当前读写指针处作为原点重定位读写指针。如果文件当前指针加
// 上偏移值小于 0，则返回出错码退出。否则在当前读写指针上加上偏移值。
                case 1:
                        if (file->f_pos+offset<0) return -EINVAL;
                        file->f_pos += offset;
                        break;
// origin = SEEK_END，要求以文件末尾作为原点重定位读写指针。此时若文件大小加上偏移值小于
// 零则返回出错码退出。否则重定位读写指针为文件长度加上偏移值。
                case 2:
                        if ((tmp=file->f_inode->i_size+offset) < 0)
                                return -EINVAL;
                        file->f_pos = tmp;
                        break;
// 若 origin 设置无效，返回出错码退出。
                default:
                        return -EINVAL;
        }
        return file->f_pos;                     // 最后返回重定位后的文件读写指针值。
}

//// 读文件系统调用。
// 参数 fd 是文件句柄，buf 是缓冲区，count 是欲读字节数。
int sys_read(unsigned int fd,char * buf,int count)
{
        struct file * file;
        struct m_inode * inode;

// 函数首先对参数有效性进行判断。如果文件句柄值大于程序最多打开文件数 NR_OPEN，或者需要读
// 取的字节计数值小于 0，或者该句柄的文件结构指针为空，则返回出错码并退出。若需读取的字节数
```

```
// count 等于 0，则返回 0 退出
        if (fd>=NR_OPEN || count<0 || !(file=current->filp[fd]))
                return -EINVAL;
        if (!count)
                return 0;
// 然后验证存放数据的缓冲区内存限制。并取文件的 i 节点。用于根据该 i 节点的属性，分别调用相应
// 的读操作函数。若是管道文件，并且是读管道文件模式，则进行读管道操作，若成功则返回读取的字
// 节数，否则返回出错码，退出。如果是字符型文件，则进行读字符设备操作，并返回读取的字符数。
// 如果是块设备文件，则执行块设备读操作，并返回读取的字节数。
        verify_area(buf,count);
        inode = file->f_inode;
        if (inode->i_pipe)
                return (file->f_mode&1)?read_pipe(inode,buf,count):-EIO;
        if (S_ISCHR(inode->i_mode))
                return rw_char(READ,inode->i_zone[0],buf,count,&file->f_pos);
        if (S_ISBLK(inode->i_mode))
                return block_read(inode->i_zone[0],&file->f_pos,buf,count);
// 如果是目录文件或者是常规文件，则首先验证读取字节数 count 的有效性并进行调整（若读取字节
// 数加上文件当前读写指针值大于文件长度，则重新设置读取字节数为文件长度-当前读写指针值，若
// 读取数等于 0，则返回 0 退出），然后执行文件读操作，返回读取的字节数并退出。
        if (S_ISDIR(inode->i_mode) || S_ISREG(inode->i_mode)) {
                if (count+file->f_pos > inode->i_size)
                        count = inode->i_size - file->f_pos;
                if (count<=0)
                        return 0;
                return file_read(inode,file,buf,count);
        }
// 执行到这里，说明我们无法判断文件的属性。则打印节点文件属性，并返回出错码退出。
        printk("(Read)inode->i_mode=%06o\n\r",inode->i_mode);
        return -EINVAL;
}

//// 写文件系统调用。
// 参数 fd 是文件句柄，buf 是用户缓冲区，count 是欲写字节数。
int sys_write(unsigned int fd,char * buf,int count)
{
        struct file * file;
        struct m_inode * inode;

// 同样地，我们首先判断函数参数的有效性。如果进程文件句柄值大于程序最多打开文件数 NR_OPEN,
// 或者需要写入的字节计数小于 0，或者该句柄的文件结构指针为空，则返回出错码并退出。如果需读
// 取的字节数 count 等于 0，则返回 0 退出
        if (fd>=NR_OPEN || count <0 || !(file=current->filp[fd]))
                return -EINVAL;
        if (!count)
                return 0;
// 然后验证存放数据的缓冲区内存限制。并取文件的 i 节点。根据该 i 节点的属性，分别调用相应的读
// 操作函数。若是管道文件，并且是写管道文件模式，则进行写管道操作，若成功则返回写入的字节数，
// 否则返回出错码退出。如果是字符设备文件，则进行写字符设备操作，返回写入的字符数退出。如果
// 是块设备文件，则进行块设备写操作，并返回写入的字节数退出。若是常规文件，则执行文件写操作，
// 并返回写入的字节数，退出。
        inode=file->f_inode;
        if (inode->i_pipe)
                return (file->f_mode&2)?write_pipe(inode,buf,count):-EIO;
        if (S_ISCHR(inode->i_mode))
                return rw_char(WRITE,inode->i_zone[0],buf,count,&file->f_pos);
```

```
        if (S_ISBLK(inode->i_mode))
                return block_write(inode->i_zone[0],&file->f_pos,buf,count);
        if (S_ISREG(inode->i_mode))
                return file_write(inode,file,buf,count);
// 执行到这里，说明我们无法判断文件的属性。则打印节点文件属性，并返回出错码退出。
        printk("(Write)inode->i_mode=%06o\n\r",inode->i_mode);
        return -EINVAL;
}

```

12.13.3 用户程序读写操作过程

在看完上面程序后，我们应该可以清楚地理解一个用户程序中的读写操作是如何执行的。下面我们以内核中的读操作函数为例具体说明用户程序中的一个读文件函数调用是如何执行并完成的。

通常，应用程序不直接调用 Linux 的系统调用（System Calls），而是通过调用函数库（例如 libc.a）中的子程序进行操作的。但是若为了提高一些效率，也可以直接进行调用。对于一个基本的函数库来讲，通常需要提供以下一些基本函数或子程序的集合：

- 系统调用接口函数。
- 内存分配管理函数。
- 信号处理函数集。
- 字符串处理函数。
- 标准输入输出函数。
- 其他函数集，如 BSD 函数、加解密函数、算术运算函数、终端操作函数和网络套接字函数集等。

在这些函数集中，系统调用函数是操作系统的底层接口函数。许多牵涉到系统调用的函数都会调用系统调用接口函数集中具有标准名称的系统函数，而不是直接使用 Linux 的系统终端调用接口。这样做可以很大程度上让一个函数库与其所在的操作系统无关，让函数库有较高的可移植性。对于一个新的函数库源代码，只要将其中涉及系统调用的部分（系统接口部分）替换成新操作系统的系统调用，就基本上能完成该函数库的移植工作。

库中的子程序可以看做应用程序与内核系统之间的中间层，它的主要作用除了提供一些不属于内核的计算函数等功能函数外，还为应用程序执行系统调用提供“包裹函数”。这样做一来可以简化调用接口，使接口更简单，容易记忆，二来可以在这些“包裹函数”中进行一些参数验证及出错处理，因此能使得程序更加可靠稳定。

对于 Linux 系统，所有输入输出都是通过读写文件完成的。因为所有的外围设备都是以文件形式在系统中呈现，这样使用统一的文件句柄就可以处理程序与外设之间的所有访问。在通常情况下，在读写一个文件之前我们需要首先使用打开文件（open file）操作来通知操作系统将要开始的行动。如果想在一个文件上执行写操作，那么你首先可能需要先创建这个文件或者将文件中以前的内容删除。操作系统还需要检查你是否有权限来执行这些操作。如果一切正常的话，打开操作会向程序返回一个文件描述符（file descriptor），文件描述符将替代文件名来确定所访问的文件，它与 MS-DOS 中文件句柄（file handler）作用一样。此时一个打开着的文件的所有信息都由系统来维护，用户程序只需要使用文件描述符来访问文件。

文件读写分别使用 read 和 write 系统调用，用户程序一般通过访问函数库中的 read 和 write

函数来执行这两个系统调用。这两个函数的定义如下：

```
int read(int fd, char *buf, int n);
int write(int fd, char *buf, int n);
```

这两个函数的头一个参数是文件描述符。第二个参数是一个字符缓冲阵列，用于存放读取或被写出的数据。第三个参数是需要读写的数据字节数。函数返回值是一次调用时传输的字节计数值。对于读文件操作，返回的值可能会比想要读的数据小。如果返回值是 0，则表示已经读到文件尾。如果返回-1，则表示读操作遇到错误。对于写操作，返回的值是实际写入的字节数，如果该值与第三个参数指定的值不等，这表示写操作遇到了错误。对于读函数，它在函数库中的实现形式如下：

```
#define __LIBRARY__
#include <unistd.h>
_syscall3(int,read,int,fd,char *,buf,off_t,count)
```

其中_syscall3()是一个宏，定义在 unistd.h 头文件第 172 行开始处。若将该宏以上面的具体参数展开，我们可得到以下代码：

```
int read(int fd, char *buf, off_t count)
{
    long __res;
    __asm__ volatile (
        "int $0x80"
        : "=a" (__res)
        : "" (__NR_read), "b" ((long)(fd)), "c" ((long)(buf)), "d" ((long)(count)));
    if (__res>=0)
        return int __res;
    errno=-__res;
    return -1;
}
```

可以看出，这个展开的宏就是一个读操作函数的具体实现。从此处程序进入系统内核中执行。其中使用了嵌入汇编语句以功能号__NR_read（3）执行了 Linux 的系统中断调用 0x80。该中断调用在 eax（__res）寄存器中返回了实际读取的字节数。若返回的值小于 0，则表示此次读操作出错，于是将出错号取反后存入全局变量 errno 中，并向调用程序返回-1 值。

在 Linux 内核中，读操作在文件系统的 read_write.c 文件中实现。当执行了上述系统中断调用时，在该系统中断程序中就会去调用执行 read_write.c 文件中第 55 行开始的 sys_read()函数。sys_read()函数的原型定义如下：

```
int sys_read(unsigned int fd, char *buf, int count)
```

该函数首先判断参数的有效性。如果文件描述符值大于系统最多同时打开的最大文件数，或者需要读取的字节数值小于 0，或者该文件还没有执行过打开操作（此时文件描述符所索引的文件结构项指针为空），则返回一个负的出错代码。接着内核程序验证将要存放读取数据的缓冲区大小是否合适。在验证过程中，内核程序会根据指定的读取字节数对缓冲区 buf 的大小进行验证，如果 buf 太小，则系统会对其进行扩充。因此，若用户程序开辟的内存缓冲区太小的话就有可能冲毁后面的数据。

随后内核代码会从文件描述符对应的内部文件表结构中获得该文件的 i 节点结构，并根据节点中的标志信息对该文件进行分类判断，调用下面对应类型的读操作函数，并返回所读取的实际字节数。

- 如果该文件是管道文件，则调用读管道函数 read_pipe()（在 fs/pipe.c 中实现）进行操作。
- 如果是字符设备文件，则调用读字符设备操作函数 rw_char()（在 fs/char_dev.c 中实现）。该函数会根据具体的字符设备子类型调用字符设备驱动程序或对内存字符设备进行操作。
- 如果是块设备文件，则调用块设备读操作函数 block_read()（在 fs/block_dev.c 中实现）。该函数则调用内存高速缓冲管理程序 fs/buffer.c 中的读块函数 bread()，最后调用到块设备驱动程序中的 ll_rw_block()函数执行实际的块设备读操作。
- 如果该文件是常规文件，则调用常规文件读函数 file_read()（在 fs/file_read.c 中实现）进行读数据操作。该函数与读块设备操作类似，最后也会去调用执行文件系统所在块设备的底层驱动程序访问函数 ll_rw_block()，但是 file_read()还需要维护相关的内部文件表结构中的信息，例如移动文件当前指针。

当读操作的系统调用返回时，函数库中的 read()函数就可以根据系统调用返回值来判断此次操作是否正确。若返回的值小于 0，则表示此次读操作出错，于是将出错号取反后存入全局变量 errno 中，并向应用程序返回–1。从用户程序执行 read()函数到进入内核中进行实际操作的整个过程参见图 12-29。

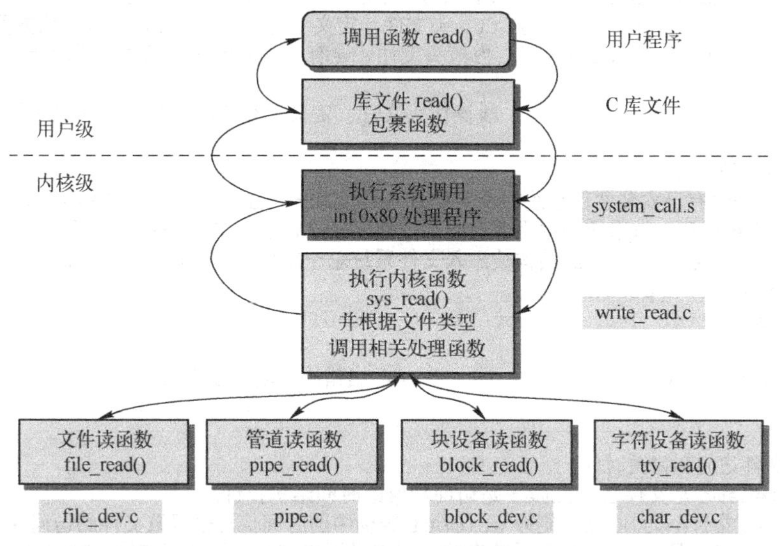

图 12-29　read()函数调用执行过程

12.14　open.c 程序

从本节开始描述的所有程序均属于文件系统中的高层操作和管理部分，即本章程序的第 4 部分。这部分包括 5 个程序，分别是 open.c、exec.c、stat.c、fcntl.c 和 ioctl.c 程序。

open.c 程序主要包含文件访问操作系统调用；exec.c 主要包含程序加载和执行函数 execve()；stat.c 程序用于取得一个文件的状态信息；fcntl.c 程序实现文件访问控制管理；ioctl.c 程序则用

于控制设备的访问操作。

12.14.1 功能描述

本文件实现了许多与文件操作相关的系统调用。主要有文件的创建、打开和关闭，文件宿主和属性的修改、文件访问权限的修改、文件操作时间的修改和系统文件系统 root 的变动等。

12.14.2 代码注释

程序 12-13 linux/fs/open.c

```
/*
 *  linux/fs/open.c
 *
 *  (C) 1991  Linus Torvalds
 */

#include <string.h>       // 字符串头文件。主要定义了一些有关字符串操作的嵌入函数。
#include <errno.h>        // 错误号头文件。包含系统中各种出错号。
#include <fcntl.h>        // 文件控制头文件。用于文件及其描述符操作控制常数符号定义。
#include <sys/types.h>    // 类型头文件。定义基本的系统和文件系统统计信息结构和类型。
#include <utime.h>        // 用户时间头文件。定义访问和修改时间结构以及 utime()原型。
#include <sys/stat.h>     // 文件状态头文件。含有文件状态结构 stat{}和符号常量等。

#include <linux/sched.h>  // 调度程序头文件，定义任务结构 task_struct、任务 0 数据等。
#include <linux/tty.h>    // tty 头文件，定义了有关 tty_io，串行通信方面的参数、常数。
#include <linux/kernel.h> // 内核头文件。含有一些内核常用函数的原形定义。

#include <asm/segment.h>  // 段操作头文件。定义了有关段寄存器操作的嵌入式汇编函数。

//// 取文件系统信息。
// 参数 dev 是含有已安装文件系统的设备号。ubuf 是一个 ustat 结构缓冲区指针，用于存放系统返
// 回的文件系统信息。该系统调用用于返回已安装（mounted）文件系统的统计信息。成功时返回 0，
// 并且 ubuf 指向的 ustate 结构被添入文件系统总空闲块数和空闲 i 节点数。ustat 结构定义在
//  include/sys/types.h 中。
int sys_ustat(int dev, struct ustat * ubuf)
{
        return -ENOSYS;                 // 出错码：功能还未实现。
}

//// 设置文件访问和修改时间。
// 参数 filename 是文件名，times 是访问和修改时间结构指针。
// 如果 times 指针不为 NULL，则取 utimbuf 结构中的时间信息来设置文件的访问和修改时间。
// 如果 times 指针是 NULL，则取系统当前时间来设置指定文件的访问和修改时间域。
int sys_utime(char * filename, struct utimbuf * times)
{
        struct m_inode * inode;
        long actime,modtime;

// 文件的时间信息保存在其 i 节点钟。因此我们首先根据文件名取得对应 i 节点。如果没有找到，则返
// 回出错码。如果提供的访问和修改时间结构指针 times 不为 NULL，则从结构中读取用户设置的时间
// 值。否则就用系统当前时间来设置文件的访问和修改时间。
        if (!(inode=namei(filename)))
                return -ENOENT;
        if (times) {
```

```
33              actime = get_fs_long((unsigned long *) &times->actime);
34              modtime = get_fs_long((unsigned long *) &times->modtime);
35        } else
36              actime = modtime = CURRENT_TIME;
// 然后修改 i 节点中的访问时间字段和修改时间字段。再设置 i 节点已修改标志，放回该 i 节点，并返
// 回 0。
37        inode->i_atime = actime;
38        inode->i_mtime = modtime;
39        inode->i_dirt = 1;
40        iput(inode);
41        return 0;
42 }
43
44 /*
45  * XXX should we use the real or effective uid?  BSD uses the real uid,
46  * so as to make this call useful to setuid programs.
47  */
/*
 * XXX 我们该用真实用户 id（ruid）还是有效用户 id（euid）？BSD 系统使用了真实用户 id，以使
 * 该调用可以供 setuid 程序使用。
 * （注：POSIX 标准建议使用真实用户 ID）。
 * （注 1：英文注释开始的 'XXX' 表示重要提示）。
 */
//// 检查文件的访问权限。
// 参数 filename 是文件名，mode 是检查的访问属性，它有 3 个有效位组成：R_OK(值 4)、W_OK(2)、
// X_OK(1)和 F_OK(0)组成，分别表示检测文件是否可读、可写、可执行和文件是否存在。如果访问
// 允许的话，则返回 0，否则返回出错码。
48 int sys_access(const char * filename,int mode)
49 {
50        struct m_inode * inode;
51        int res, i_mode;
52
// 文件的访问权限信息也同样保存在文件的 i 节点结构中，因此我们要先取得对应文件名的 i 节点。检
// 测的访问属性 mode 由低 3 位组成，因此需要与上八进制 0007 来清除所有高位。如果文件名对应的
// i 节点不存在，则返回没有许可权限出错码。若 i 节点存在，则取 i 节点钟文件属性码，并放回该 i
// 节点。另外，57 行上语句“iput(inode);”最后放在 61 行之后。
53        mode &= 0007;
54        if (!(inode=namei(filename)))
55              return -EACCES;                  // 出错码：无访问权限。
56        i_mode = res = inode->i_mode & 0777;
57        iput(inode);
// 如果当前进程用户是该文件的宿主，则取文件宿主属性。否则如果当前进程用户与该文件宿主同属一
// 组，则取文件组属性。否则，此时 res 最低 3 位是其他人访问该文件的许可属性。
// [[?? 这里应 res >>3 ??]
58        if (current->uid == inode->i_uid)
59              res >>= 6;
60        else if (current->gid == inode->i_gid)
61              res >>= 6;
// 此时 res 的最低 3 位是根据当前进程用户与文件的关系选择出来的访问属性位。现在我们来判断这 3
// 位。如果文件属性具有参数所查询的属性位 mode，则访问许可，返回 0。
62        if ((res & 0007 & mode) == mode)
63              return 0;
64        /*
65         * XXX we are doing this test last because we really should be
66         * swapping the effective with the real user id (temporarily),
67         * and then calling suser() routine.  If we do call the
```

```
	 * suser() routine, it needs to be called last.
	 */
	/*
	 * XXX 我们最后才做下面的测试，因为我们实际上需要交换有效用户 ID 和真实用户 ID（临时
	 * 地），然后才调用 suser()函数。如果我们确实要调用 suser()函数，则需要最后才被调用。
	 */
// 如果当前用户 ID 为 0（超级用户）并且屏蔽码执行位是 0 或者文件可以被任何人执行、搜索，则返
// 回 0。否则返回出错码。
	if ((!current->uid) &&
	    (!(mode & 1) || (i_mode & 0111)))
		return 0;
	return -EACCES;                                  // 出错码：无访问权限。
}

//// 改变当前工作目录系统调用。
// 参数 filename 是目录名。
// 操作成功则返回 0，否则返回出错码。
int sys_chdir(const char * filename)
{
	struct m_inode * inode;

// 改变当前工作目录就是要求把进程任务结构的当前工作目录字段指向给定目录名的 i 节点。因此我们
// 首先取目录名的 i 节点。如果目录名对应的 i 节点不存在，则返回出错码。如果该 i 节点不是一个目
// 录 i 节点，则放回该 i 节点，并返回出错码。
	if (!(inode = namei(filename)))
		return -ENOENT;                  // 出错码：文件或目录不存在。
	if (!S_ISDIR(inode->i_mode)) {
		iput(inode);
		return -ENOTDIR;                 // 出错码：不是目录名。
	}
// 然后释放进程原工作目录 i 节点，并使其指向新设置的工作目录 i 节点。返回 0。
	iput(current->pwd);
	current->pwd = inode;
	return (0);
}

//// 改变根目录系统调用。
// 把指定的目录名设置成为当前进程的根目录“/”。
// 如果操作成功则返回 0，否则返回出错码。
int sys_chroot(const char * filename)
{
	struct m_inode * inode;

// 该调用用于改变当前进程任务结构中的根目录字段 root，让其指向参数给定目录名的 i 节点。
// 如果目录名对应的 i 节点不存在，则返回出错码。如果该 i 节点不是目录 i 节点，则放回该 i 节点，
// 也返回出错码。
	if (!(inode=namei(filename)))
		return -ENOENT;
	if (!S_ISDIR(inode->i_mode)) {
		iput(inode);
		return -ENOTDIR;
	}
// 然后释放当前进程的根目录 i 节点，并重新设置为指定目录名的 i 节点，返回 0。
	iput(current->root);
	current->root = inode;
	return (0);
```

```
}

//// 修改文件属性系统调用。
// 参数 filename 是文件名，mode 是新的文件属性。
// 若操作成功则返回 0，否则返回出错码。
int sys_chmod(const char * filename,int mode)
{
        struct m_inode * inode;

// 该调用为指定文件设置新的访问属性 mode。文件的访问属性在文件名对应的 i 节点中，因此我们首
// 先取文件名对应的 i 节点。如果 i 节点不存在，则返回出错码（文件或目录不存在）。如果当前进程
// 的有效用户 id 与文件 i 节点的用户 id 不同，并且也不是超级用户，则放回该文件 i 节点，返回出
// 错码（没有访问权限）。
        if (!(inode=namei(filename)))
                return -ENOENT;
        if ((current->euid != inode->i_uid) && !suser()) {
                iput(inode);
                return -EACCES;
        }
// 否则就重新设置该 i 节点的文件属性，并置该 i 节点已修改标志。放回该 i 节点，返回 0。
        inode->i_mode = (mode & 07777) | (inode->i_mode & ~07777);
        inode->i_dirt = 1;
        iput(inode);
        return 0;
}

//// 修改文件宿主系统调用。
// 参数 filename 是文件名，uid 是用户标识符(用户 ID)，gid 是组 ID。
// 若操作成功则返回 0，否则返回出错码。
int sys_chown(const char * filename,int uid,int gid)
{
        struct m_inode * inode;

// 该调用用于设置文件 i 节点中的用户和组 ID，因此首先要取得给定文件名的 i 节点。如果文件名的
// i 节点不存在，则返回出错码（文件或目录不存在）。如果当前进程不是超级用户，则放回该 i 节点，
// 并返回出错码（没有访问权限）。
        if (!(inode=namei(filename)))
                return -ENOENT;
        if (!suser()) {
                iput(inode);
                return -EACCES;
        }
// 否则我们就用参数提供的值来设置文件 i 节点的用户 ID 和组 ID，并置 i 节点已经修改标志，放回
// 该 i 节点，返回 0。
        inode->i_uid=uid;
        inode->i_gid=gid;
        inode->i_dirt=1;
        iput(inode);
        return 0;
}

//// 检查字符设备类型。
// 该函数仅用于下面文件打开系统调用 sys_open()，用于检查若打开的文件是 tty 终端字符设备时，
// 需要对当前进程的设置和对 tty 表的设置。
// 返回 0 检测处理成功，返回-1 表示失败，对应字符设备不能打开。
static int check_char_dev(struct m_inode * inode, int dev, int flag)
```

```
{
        struct tty_struct *tty;
        int min;                                        // 子设备号。

// 只处理主设备号是 4（/dev/ttyxx 文件）或 5（/dev/tty 文件）的情况。/dev/tty 的子设备号
// 是 0。如果一个进程有控制终端，则它是进程控制终端设备的同义名。即/dev/tty 设备是一个虚拟
// 设备，它对应到进程实际使用的/dev/ttyxx 设备之一。对于一个进程来说，若其有控制终端，那么
// 它的任务结构中的 tty 字段将是 4 号设备的某一个子设备号。
// 如果打开操作的文件是 /dev/tty（即 MAJOR(dev) = 5），那么我们令 min = 进程任务结构中的
// tty 字段，即取 4 号设备的子设备号。否则如果打开的是某个 4 号设备，则直接取其子设备号。如果
// 得到的 4 号设备子设备号小于 0，那么说明进程没有控制终端，或者设备号错误，则返回-1，表示由
// 于进程没有控制终端，或者不能打开这个设备。
        if (MAJOR(dev) == 4 || MAJOR(dev) == 5) {
                if (MAJOR(dev) == 5)
                        min = current->tty;
                else
                        min = MINOR(dev);
                if (min < 0)
                        return -1;
// 主伪终端设备文件只能被进程独占使用。如果子设备号表明是一个主伪终端，并且该打开文件 i 节点
// 引用计数大于 1，则说明该设备已被其他进程使用。因此不能再打开该字符设备文件，于是返回-1。
// 否则，我们让 tty 结构指针 tty 指向 tty 表中对应结构项。若打开文件操作标志 flag 中不含无需
// 控制终端标志 O_NOCTTY，并且进程是进程组首领，并且当前进程没有控制终端，并且 tty 结构中
// session 字端为 0（表示该终端还不是任何进程组的控制终端），那么就允许为进程设置这个终端设
// 备 min 为其控制终端。于是设置进程任务结构终端设备号字段 tty 值等于 min，并且设置对应 tty
// 结构的会话号 session 和进程组号 pgrp 分别等于进程的会话号和进程组号。
                if ((IS_A_PTY_MASTER(min)) && (inode->i_count>1))
                        return -1;
                tty = TTY_TABLE(min);
                if (!(flag & O_NOCTTY) &&
                    current->leader &&
                    current->tty<0 &&
                    tty->session==0) {
                        current->tty = min;
                        tty->session= current->session;
                        tty->pgrp = current->pgrp;
                }
// 如果打开文件操作标志 flag 中含有 O_NONBLOCK（非阻塞）标志，则我们需要对该字符终端设备进
// 行相关设置，设置为满足读操作需要读取的最少字符数为 0，设置超时定时值为 0，并把终端设备设
// 置成非规范模式。非阻塞方式只能工作于非规范模式。在此模式下当 VMIN 和 VTIME 均设置为 0 时，
// 辅助队列中有多少支付进程就读取多少字符，并立刻返回。参见 include/termios.h 文件后的说明。
                if (flag & O_NONBLOCK) {
                        TTY_TABLE(min)->termios.c_cc[VMIN] =0;
                        TTY_TABLE(min)->termios.c_cc[VTIME] =0;
                        TTY_TABLE(min)->termios.c_lflag &= ~ICANON;
                }
        }
        return 0;
}

//// 打开（或创建）文件系统调用。
// 参数 filename 是文件名，flag 是打开文件标志，它可取值：O_RDONLY（只读）、O_WRONLY（只
// 写）或 O_RDWR（读写），以及 O_CREAT（创建）、O_EXCL（被创建文件必须不存在）、O_APPEND
// （在文件尾添加数据）等其他一些标志的组合，如果本调用创建了一个新文件，则 mode 就用于指定
// 文件的许可属性。这些属性有 S_IRWXU（文件宿主具有读、写和执行权限）、S_IRUSR（用户具有读
```

```
// 文件权限)、S_IRWXG(组成员具有读、写和执行权限)等等。对于新创建的文件，这些属性只应用
// 于将来对文件的访问，创建了只读文件的打开调用也将返回一个可读写的文件句柄。如果调用操作成
// 功，则返回文件句柄(文件描述符)，否则返回出错码。参见 sys/stat.h、fcntl.h。
171 int sys_open(const char * filename,int flag,int mode)
172 {
173         struct m_inode * inode;
174         struct file * f;
175         int i,fd;
176
// 首先对参数进行处理。将用户设置的文件模式和进程模式屏蔽码相与，产生许可的文件模式。为了为
// 打开文件建立一个文件句柄，需要搜索进程结构中文件结构指针数组，以查找一个空闲项。空闲项的
// 索引号 fd 即是句柄值。若已经没有空闲项，则返回出错码(参数无效)。
177         mode &= 0777 & ~current->umask;
178         for(fd=0 ; fd<NR_OPEN ; fd++)
179                 if (!current->filp[fd])                         // 找到空闲项。
180                         break;
181         if (fd>=NR_OPEN)
182                 return -EINVAL;
// 然后我们设置当前进程的执行时关闭文件句柄(close_on_exec)位图，复位对应的位。
// close_on_exec 是一个进程所有文件句柄的位图标志。每个位代表一个打开着的文件描述符，用于
// 确定在调用系统调用 execve()时需要关闭的文件句柄。当程序使用 fork()函数创建了一个子进程
// 时，通常会在该子进程中调用 execve()函数加载执行另一个新程序。此时子进程中开始执行新程
// 序。若一个文件句柄在 close_on_exec 中的对应位被置位，那么在执行 execve()时该对应文件句
// 柄将被关闭，否则该文件句柄将始终处于打开状态。当打开一个文件时，默认情况下文件句柄在子进
// 程中也处于打开状态。因此这里要复位对应位。然后为打开文件在文件表中寻找一个空闲结构项。我
// 们令 f 指向文件表数组开始处。搜索空闲文件结构项(引用计数为 0 的项)，若已经没有空闲文件表
// 结构项，则返回出错码。另外，第 184 行上的指针赋值 "0+file_table" 等同于 "file_table"
// 和 "&file_table[0]"。不过这样写可能更能明了一些。
183         current->close_on_exec &= ~(1<<fd);
184         f=0+file_table;
185         for (i=0 ; i<NR_FILE ; i++,f++)
186                 if (!f->f_count) break;
187         if (i>=NR_FILE)
188                 return -EINVAL;
// 此时我们让进程对应文件句柄 fd 的文件结构指针指向搜索到的文件结构，并令文件引用计数递增 1。
// 然后调用函数 open_namei()执行打开操作，若返回值小于 0，则说明出错，于是释放刚申请到的文
// 件结构，返回出错码 i。若文件打开操作成功，则 inode 是已打开文件的 i 节点指针。
189         (current->filp[fd]=f)->f_count++;
190         if ((i=open_namei(filename,flag,mode,&inode))<0) {
191                 current->filp[fd]=NULL;
192                 f->f_count=0;
193                 return i;
194         }
// 根据已打开文件 i 节点的属性字段，我们可以知道文件的类型。对于不同类型的文件，我们需要作一
// 些特别处理。如果打开的是字符设备文件，那么我们就要调用 check_char_dev()函数来检查当前
// 进程是否能打开这个字符设备文件。如果允许(函数返回 0)，那么在 check_char_dev()中会根据
// 具体文件打开标志为进程设置控制终端。如果不允许打开使用该字符设备文件，那么我们只能释放上
// 面申请的文件项和句柄资源，返回出错码。
195 /* ttys are somewhat special (ttyxx major==4, tty major==5) */
/* ttys 有些特殊(ttyxx 的主设备号==4，tty 的主设备号==5) */
196         if (S_ISCHR(inode->i_mode))
197                 if (check_char_dev(inode,inode->i_zone[0],flag)) {
198                         iput(inode);
199                         current->filp[fd]=NULL;
200                         f->f_count=0;
```

```
                return -EAGAIN;         // 出错号：资源暂时不可用。
        }
// 如果打开的是块设备文件，则检查盘片是否更换过。若更换过则需要让高速缓冲区中该设备的所有缓
// 冲块失效。
/* Likewise with block-devices: check for floppy_change */
/* 同样对于块设备文件：需要检查盘片是否被更换 */
        if (S_ISBLK(inode->i_mode))
                check_disk_change(inode->i_zone[0]);
// 现在我们初始化打开文件的文件结构。设置文件结构属性和标志，置句柄引用计数为 1，并设置 i 节
// 点字段为打开文件的 i 节点，初始化文件读写指针为 0。最后返回文件句柄号。
        f->f_mode = inode->i_mode;
        f->f_flags = flag;
        f->f_count = 1;
        f->f_inode = inode;
        f->f_pos = 0;
        return (fd);
}

//// 创建文件系统调用。
// 参数 pathname 是路径名，mode 与上面的 sys_open()函数相同。
// 成功则返回文件句柄，否则返回出错码。
int sys_creat(const char * pathname, int mode)
{
        return sys_open(pathname, O_CREAT | O_TRUNC, mode);
}

// 关闭文件系统调用。
// 参数 fd 是文件句柄。
// 成功则返回 0，否则返回出错码。
int sys_close(unsigned int fd)
{
        struct file * filp;

// 首先检查参数有效性。若给出的文件句柄值大于程序同时能打开的文件数 NR_OPEN，则返回出错码
// （参数无效）。然后复位进程的执行时关闭文件句柄位图对应位。若该文件句柄对应的文件结构指针是
// NULL，则返回出错码。
        if (fd >= NR_OPEN)
                return -EINVAL;
        current->close_on_exec &= ~(1<<fd);
        if (!(filp = current->filp[fd]))
                return -EINVAL;
// 现在置该文件句柄的文件结构指针为 NULL。若在关闭文件之前，对应文件结构中的句柄引用计数已
// 经为 0，则说明内核出错，停机。否则将对应文件结构的引用计数减 1。此时如果它还不为 0，则说
// 明有其他进程正在使用该文件，于是返回 0（成功）。如果引用计数已等于 0，说明该文件已经没有进
// 程引用，该文件结构已变为空闲。则释放该文件 i 节点，返回 0。
        current->filp[fd] = NULL;
        if (filp->f_count == 0)
                panic("Close: file count is 0");
        if (--filp->f_count)
                return (0);
        iput(filp->f_inode);
        return (0);
}

```

12.15 exec.c 程序

12.15.1 功能描述

本源程序实现对二进制可执行文件和 shell 脚本文件的加载与执行。其中主要的函数是函数 do_execve()，它是系统中断调用（int 0x80）功能号__NR_execve()调用的 C 处理函数，是 exec()函数簇的内核实现函数。其他 5 个相关 exec 函数一般在库函数中实现，并最终都要调用这个系统调用。当一个程序使用 fork()函数创建了一个子进程时，通常会在该子进程中调用 exec()簇函数之一以加载执行另一个新程序。此时子进程的代码、数据段（包括堆、栈内容）将完全被新程序的替换掉，并在子进程中开始执行新程序。execve()函数的主要功能为：

- 执行对命令行参数和环境参数空间页面的初始化操作——设置初始空间起始指针；初始化空间页面指针数组为（NULl）；根据执行文件名取执行对象的 i 节点；计算参数个数和环境变量个数；检查文件类型，执行权限。
- 根据执行文件开始部分的头数据结构，对其中信息进行处理——根据被执行文件 i 节点读取文件头部信息；若是 Shell 脚本程序（第一行以#!开始），则分析 Shell 程序名及其参数，并以被执行文件作为参数执行该执行的 Shell 程序；根据文件的幻数以及段长度等信息判断是否可执行。
- 对当前调用进程进行运行新文件前初始化操作——指向新执行文件的 i 节点；复位信号处理句柄；根据头结构信息设置局部描述符基址和段长；设置参数和环境参数页面指针；修改进程各执行字段内容。
- 替换堆栈上原调用 execve()程序的返回地址为新执行程序运行地址，运行新加载的程序。

在 execve()执行过程中，系统会清掉 fork()复制的原程序的页目录和页表项，并释放对应页面。系统仅为新加载的程序代码重新设置进程数据结构中的信息，申请和映射了命令行参数和环境参数块所占的内存页面，以及设置了执行代码执行点。此时内核并不从执行文件所在块设备上加载程序的代码和数据。当该过程返回时即开始执行新的程序，但一开始执行肯定会引起缺页异常中断发生。因为代码和数据还未被从块设备上读入内存。此时缺页异常处理过程会根据引起异常的线性地址在主内存区为新程序申请内存页面（内存帧），并从块设备上读入引起异常的指定页面。同时还为该线性地址设置对应的页目录项和页表项。这种加载执行文件的方法称为需求加载（Load on demand），参见第 13 章中的说明。

另外，由于新程序是在子进程中执行，所以该子进程就是新程序的进程。新程序的进程 ID 就是该子进程的进程 ID。同样，该子进程的属性也就成为了新程序进程的属性。而对于已打开文件的处理则与每个文件描述符的执行时关闭（close on exec）标志有关。参见对文件 linux/fs/fcntl.c 的说明。进程中每个打开的文件描述符都有一个执行时关闭标志。在进程控制结构中是使用一个无符号长整数 close_on exec 来表示的。它的每个位表示对应每个文件描述符的该标志。若一个文件描述符在 close_on_exec 中的对应位被设置，那么在执行 execve()时该描述符将被关闭，否则该描述符将始终处于打开状态。除非我们使用了文件控制函数 fcntl()特别地设置了该标志，否则内核默认操作在 execve 执行后仍然保持描述符的打开状态。

关于命令行参数和环境参数的含义解释如下。当用户在命令提示符下键入一个命令时，所指定执行的程序会从该命令行上接受键入的命令行参数。例如当用户键入以下文件名列表命令时：

```
ls -l /home/john/
```

shell 进程会创建一个新进程并在其中执行/bin/ls 命令。在加载/bin/ls 执行文件时命令行上的三个参数 ls、-l 和/home/john/将被新进程继承下来。在支持 C 的环境中，当调用程序的主函数 main()时它会带有两个参数。

```
int main(int argc, char *argv[])
```

第一个是执行程序时命令行上参数的个数值，通常记为 argc（argument count），第二个是指向包含字符串参数的指针数组（argv，argument vector）。每个字符串代表一个参数，并且 argv 数组的结尾总是以空指针来结束。通常，argv[0]是被执行的程序名，因此 argc 的值至少是 1。对于上面的例子，此时 argc=3，argv[0]、argv[1]和 argv[2]分别是“ls”、“-l”和“/home/john/”。而 argv[3] = NULL。如图 12-30 所示。

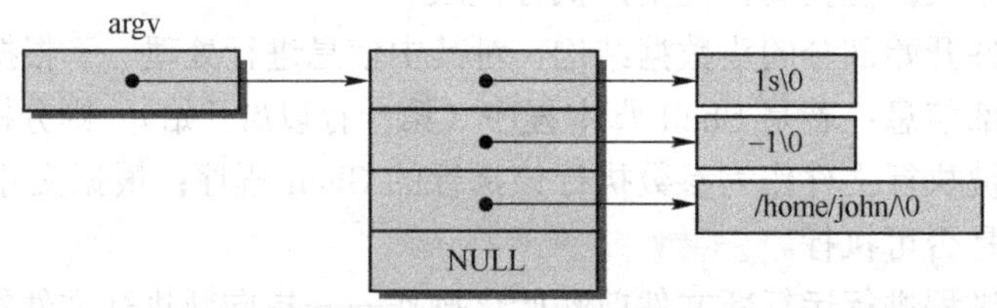

图 12-30 命令行参数指针数组 argv[]

main()还有第三个可选参数，该参数中包含环境变量（environment variable）参数，用于定制执行程序的环境设置并为其提供环境设置参数值。它也是一个指向包含字符串参数的指针数组，并以 NULL 结束，只是这些字符串是环境变量值。当程序需要明确用到环境变量时，main()的声明为：

```
int main(int argc, char *argv[], char *envp[])
```

环境字符串的形式为：

```
VAR_NAME=somevalue
```

其中 VAR_NAME 表示一个环境变量的名称，而等号后面的串代表给这个环境变量所赋的值。在命令行提示符下键入 shell 内部命令 set 可以显示出当前环境中设置的环境参数列表。在程序开始执行前，命令行参数和环境字符串被放置在用户堆栈顶端的地方，见下面说明。

execve()函数有大量对命令行参数和环境空间的处理操作，参数和环境空间共可有 MAX_ARG_PAGES 个页面，总长度可达 128KB。在该空间中存放数据的方式类似于堆栈操作，即从假设的 128KB 空间末端处逆向开始存放参数或环境变量字符串。在初始时，程序定义了一个指向该空间末端（128KB-4B）处空间内偏移值 p，该偏移值随着存放数据的增多而后退，由图 12-31 中可以看出，p 明确地指出了当前参数环境空间中还剩余多少可用空间。copy_string()函数用于从用户内存空间复制命令行参数和环境字符串到内核空闲页面中。在分析函数 copy_string()时，可参照此图。

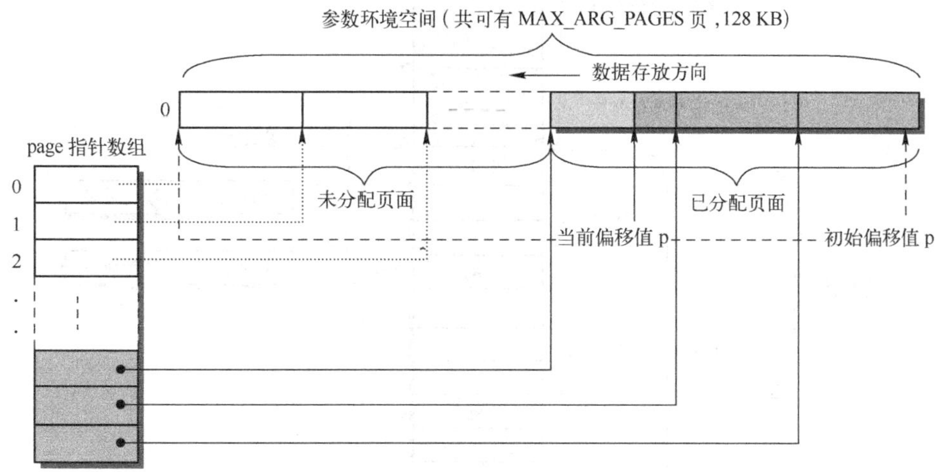

图 12-31 参数和环境变量字符串空间

在执行完 copy_string()之后，再通过执行第 333 行语句，p 将被调整为从进程逻辑地址空间开始处算起的参数和环境变量起始处指针，见图 12-32 中所示的 p'。方法是把一个进程占用的最大逻辑空间长度 64MB 减去参数和环境变量占用的长度（128KB-p）。p'的左边部分还将使用 create_tables()函数来存放参数和环境变量的一个指针表，并且 p'将再次向左调整为指向指针表的起始位置处。再把所得指针进行页面对齐，最终得到初始堆栈指针 sp。

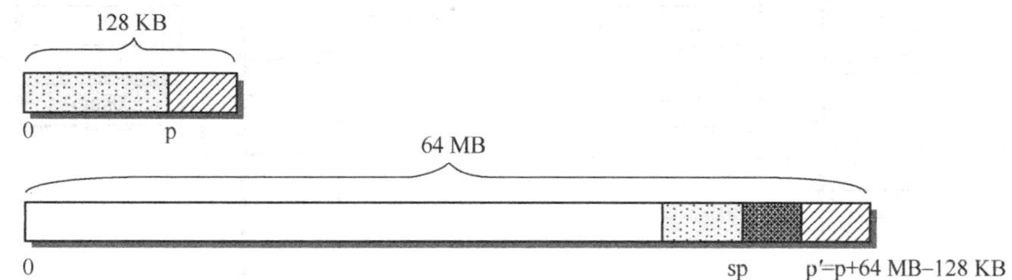

图 12-32 p 转换成进程初始堆栈指针的方法

create_tables()函数用于根据给定的当前堆栈指针值 p 以及参数变量个数值 argc 和环境变量个数 envc，在新的程序堆栈中创建环境和参数变量指针表，并返回此时的堆栈指针值。再把该指针进行页面对齐处理，最终得到初始堆栈指针 sp。创建完毕，堆栈指针表的形式如图 12-33 所示。

函数 do_execve()最后返回时（第 344、345 行）会把原调用系统中断程序在堆栈上的代码指针 eip 替换为指向新执行程序的入口点，并将栈指针替换为新执行文件的栈指针 esp。此后这次系统调用的返回指令最终会弹出这些栈中数据，并使得 CPU 去执行新执行文件。这个过程的示意图如图 12-34 所示。图中左半部分是进程逻辑 64MB 的空间还包含原执行程序时的情况；右半部分是释放了原执行程序代码和数据并且更新的堆栈和代码指针时的情况。其中阴影部分中包含代码或数据信息。进程任务结构中的 start_code 是 CPU 线性空间中的地址，其余几个变量值均是进程逻辑空间中的地址。

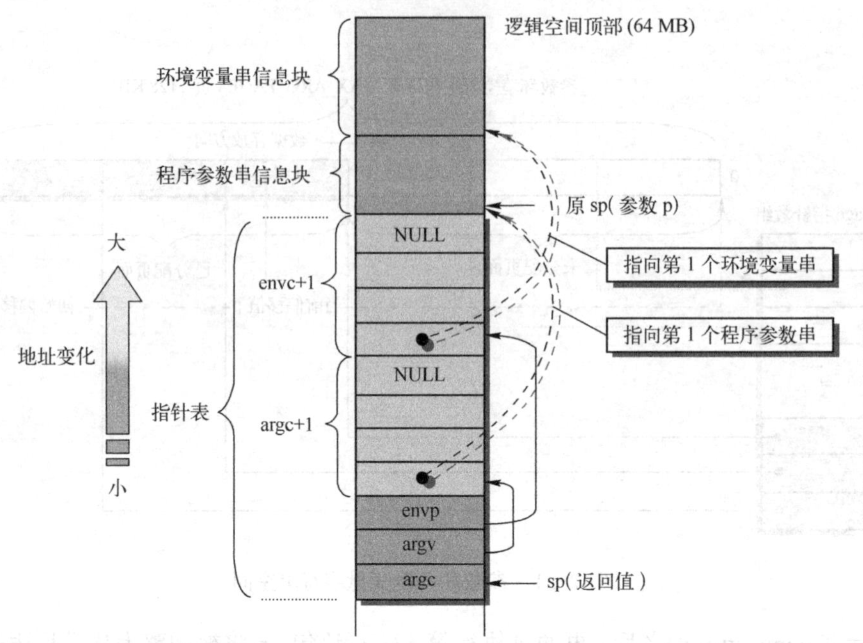

图 12-33 新程序堆栈中指针表示意图

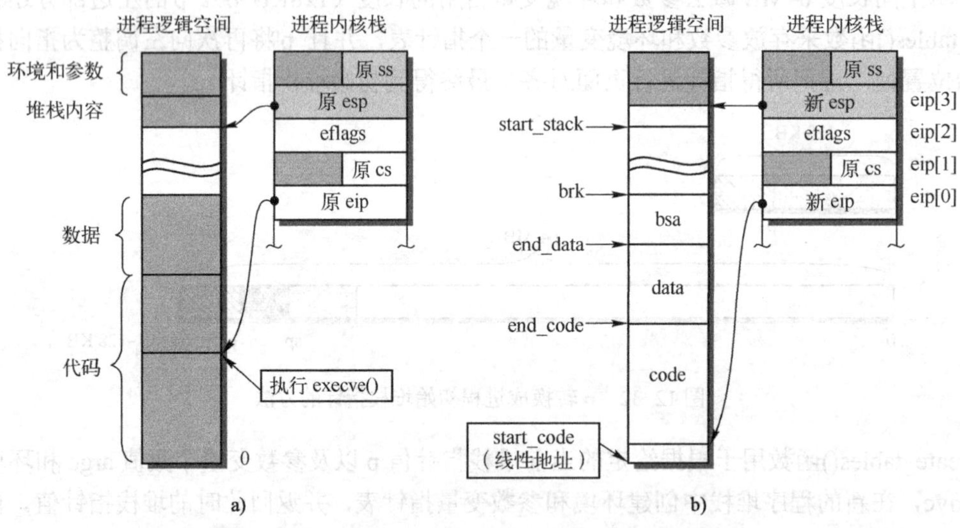

图 12-34 加载执行文件过程中栈中 esp 和 eip 的变化

a) 程序调用 execve()刚进入系统调用时 b) 函数 execve()加载新执行文件返回时

12.15.2 代码注释

程序 12-14 linux/fs/exec.c

```
/*
 *  linux/fs/exec.c
 *
 *  (C) 1991  Linus Torvalds
 */

```

```
/*
 * #!-checking implemented by tytso.
 */
/*
 * #!开始的脚本程序的检测代码部分是由 tytso 实现的。
 */

/*
 * Demand-loading implemented 01.12.91 - no need to read anything but
 * the header into memory. The inode of the executable is put into
 * "current->executable", and page faults do the actual loading. Clean.
 *
 * Once more I can proudly say that linux stood up to being changed: it
 * was less than 2 hours work to get demand-loading completely implemented.
 */
/*
 * 需求时加载实现于 1991.12.1 - 只需将执行文件头部读进内存而无须将整个执行文件都加载进内存。
 * 执行文件的 i 节点被放在当前进程的可执行字段中"current->executable"，页异常会进行执行
 * 文件的实际加载操作。这很完美。
 *
 * 我可以再一次自豪地说，linux 经得起修改：只用了不到 2 小时的工作时间就完全实现了需求加载处理。
 */

#include <signal.h>        // 信号头文件。定义信号符号常量，信号结构及信号操作函数原型。
#include <errno.h>         // 错误号头文件。包含系统中各种出错号。
#include <string.h>        // 字符串头文件。主要定义了一些有关字符串操作的嵌入函数。
#include <sys/stat.h>      // 文件状态头文件。含有文件状态结构 stat{}和符号常量等。
#include <a.out.h>         // a.out 头文件。定义了 a.out 执行文件格式和一些宏。

#include <linux/fs.h>      // 文件系统头文件。定义文件表结构（file、m_inode）等。
#include <linux/sched.h>   // 调度程序头文件，定义了任务结构 task_struct、任务 0 数据等。
#include <linux/kernel.h>  // 内核头文件。含有一些内核常用函数的原形定义。
#include <linux/mm.h>      // 内存管理头文件。含有页面大小定义和一些页面释放函数原型。
#include <asm/segment.h>   // 段操作头文件。定义了有关段寄存器操作的嵌入式汇编函数。

extern int sys_exit(int exit_code);     // 退出程序系统调用。
extern int sys_close(int fd);           // 关闭文件系统调用。

/*
 * MAX_ARG_PAGES defines the number of pages allocated for arguments
 * and envelope for the new program. 32 should suffice, this gives
 * a maximum env+arg of 128kB !
 */
/*
 * MAX_ARG_PAGES 定义了为新程序分配的给参数和环境变量使用的最大内存页数。
 * 32 页内存应该足够了，这使得环境和参数（env+arg）空间的总和达到 128kB!
 */

#define MAX_ARG_PAGES 32

//// 使用库文件系统调用。
// 参数：library - 库文件名。
// 为进程选择一个库文件，并替换进程当前库文件 i 节点字段值为这里指定库文件名的 i 节点指针。如
// 果 library 指针为空，则把进程当前的库文件释放掉。
// 返回：成功返回 0，否则返回出错码。
int sys_uselib(const char * library)
```

```
{
        struct m_inode * inode;
        unsigned long base;

// 首先判断当前进程是否普通进程。这是通过查看当前进程的空间长度来做到的。因为普通进程的空间
// 长度被设置为 TASK_SIZE (64MB)。因此若进程逻辑地址空间长度不等于 TASK_SIZE 则返回出错
// 码（无效参数）。否则取库文件 i 节点 inode。若库文件名指针空，则设置 inode 等于 NULL。
        if (get_limit(0x17) != TASK_SIZE)
                return -EINVAL;
        if (library) {
                if (!(inode=namei(library)))           /* get library inode */
                        return -ENOENT;                /* 取库文件 i 节点 */
        } else
                inode = NULL;
/* we should check filetypes (headers etc), but we don't */
/* 我们应该检查一下文件类型（如头部信息等），但是我们还没有这样做。 */
// 然后放回进程原库文件 i 节点，并预置进程库 i 节点字段为空。接着取得进程的库代码所在位置，并
// 释放原库代码的页表和所占用的内存页面。最后让进程库 i 节点字段指向新库 i 节点，并返回 0（成功）。
        iput(current->library);
        current->library = NULL;
        base = get_base(current->ldt[2]);
        base += LIBRARY_OFFSET;
        free_page_tables(base,LIBRARY_SIZE);
        current->library = inode;
        return 0;
}

/*
 * create_tables() parses the env- and arg-strings in new user
 * memory and creates the pointer tables from them, and puts their
 * addresses on the "stack", returning the new stack pointer value.
 */
/*
 * create_tables()函数在新任务内存中解析环境变量和参数字符串，由此创建指针表，并将它们的
 * 地址放到"栈"上，然后返回新栈的指针值。
 */
//// 在新任务栈中创建参数和环境变量指针表。
// 参数：p -数据段中参数和环境信息偏移指针；argc - 参数个数；envc - 环境变量个数。
// 返回：栈指针值。
static unsigned long * create_tables(char * p,int argc,int envc)
{
        unsigned long *argv,*envp;
        unsigned long * sp;

// 栈指针是以 4 字节（1 节）为边界进行寻址的，因此这里需让 sp 为 4 的整数倍值。此时 sp 位于参
// 数环境表的末端。然后我们先把 sp 向下（低地址方向）移动，在栈中空出环境变量指针占用的空
// 间，并让环境变量指针 envp 指向该处。多空出的一个位置用于在最后存放一个 NULL 值。下面指针
// 加 1，sp 将递增指针宽度字节值（4 字节）。再把 sp 向下移动，空出命令行参数指针占用的空间，并
// 让 argv 指针指向该处。同样，多空处的一个位置用于存放一个 NULL 值。此时 sp 指向参数指针块
// 的起始处，我们将环境参数块指针 envp 和命令行参数块指针以及命令行参数个数值分别压入栈中。
        sp = (unsigned long *) (0xfffffffc & (unsigned long) p);
        sp -= envc+1;                                   // 即 sp = sp - (envc+1);
        envp = sp;
        sp -= argc+1;
        argv = sp;
        put_fs_long((unsigned long)envp,--sp);
```

```
        put_fs_long((unsigned long)argv,--sp);
        put_fs_long((unsigned long)argc,--sp);
// 再将命令行各参数指针和环境变量各指针分别放入前面空出来的相应地方，最后分别放置一个 NULL
// 指针。
        while (argc-->0) {
                put_fs_long((unsigned long) p,argv++);
                while (get_fs_byte(p++)) /* nothing */ ; // p 指针指向下一个参数串。
        }
        put_fs_long(0,argv);
        while (envc-->0) {
                put_fs_long((unsigned long) p,envp++);
                while (get_fs_byte(p++)) /* nothing */ ; // p 指针指向下一个参数串。
        }
        put_fs_long(0,envp);
        return sp;                          // 返回构造的当前新栈指针。
}

/*
 * count() counts the number of arguments/envelopes
 */
/*
 * count()函数计算命令行参数/环境变量的个数。
 */
//// 计算参数个数。
// 参数：argv - 参数指针数组，最后一个指针项是 NULL。
// 统计参数指针数组中指针的个数。关于函数参数传递指针的指针的作用，请参见程序 kernel/sched.c
// 中第 171 行前的注释。
// 返回：参数个数。
static int count(char ** argv)
{
        int i=0;
        char ** tmp;

        if (tmp = argv)
                while (get_fs_long((unsigned long *) (tmp++)))
                        i++;

        return i;
}

/*
 * 'copy_string()' copies argument/envelope strings from user
 * memory to free pages in kernel mem. These are in a format ready
 * to be put directly into the top of new user memory.
 *
 * Modified by TYT, 11/24/91 to add the from_kmem argument, which specifies
 * whether the string and the string array are from user or kernel segments:
 *
 * from_kmem     argv *        argv **
 *    0          user space    user space
 *    1          kernel space  user space
 *    2          kernel space  kernel space
 *
 * We do this by playing games with the fs segment register.  Since it
 * it is expensive to load a segment register, we try to avoid calling
 * set_fs() unless we absolutely have to.
```

```
 */
/*
 * 'copy_string()'函数从用户内存空间复制参数/环境字符串到内核空闲页面中。这些已具有直接放
 * 到新用户内存中的格式。
 *
 * 由 TYT(Tytso)于 1991.11.24 日修改，增加了 from_kmem 参数，该参数指明了字符串或字符串
 * 数组是来自用户段还是内核段。
 *
 * from_kmem    指针 argv *     字符串 argv **
 *    0         用户空间        用户空间
 *    1         内核空间        用户空间
 *    2         内核空间        内核空间
 *
 * 我们是通过巧妙处理 fs 段寄存器来操作的。由于加载一个段寄存器代价太高，所以我们尽量避免调
 * 用 set_fs()，除非实在必要。
 */
//// 复制指定个数的参数字符串到参数和环境空间中。
// 参数：argc - 欲添加的参数个数；argv - 参数指针数组；page - 参数和环境空间页面指针数组。
// p-参数表空间中偏移指针，始终指向已复制串的头部；from_kmem-字符串来源标志。在 do_execve()
// 函数中，p 初始化为指向参数表(128kB)空间的最后一个长字处，参数字符串是以堆栈操作方式逆向
// 往其中复制存放的。因此 p 指针会随着复制信息的增加而逐渐减小，并始终指向参数字符串的头部。
// 字符串来源标志 from_kmem 应该是 TYT 为了给 execve()增添执行脚本文件的功能而新加的参数。
// 当没有运行脚本文件的功能时，所有参数字符串都在用户数据空间中。
// 返回：参数和环境空间当前头部指针。若出错则返回 0。
static unsigned long copy_strings(int argc,char ** argv,unsigned long *page,
		unsigned long p, int from_kmem)
{
	char *tmp, *pag;
	int len, offset = 0;
	unsigned long old_fs, new_fs;

// 首先取当前段寄存器 ds（指向内核数据段）和 fs 值，分别保存到变量 new_fs 和 old_fs 中。
// 如果字符串和字符串数组（指针）来自内核空间，则设置 fs 段寄存器指向内核数据段。
	if (!p)
		return 0;	/* bullet-proofing */  /* 偏移指针验证 */
	new_fs = get_ds();
	old_fs = get_fs();
	if (from_kmem==2)		// 若串及其指针在内核空间则设置 fs 指向内核空间。
		set_fs(new_fs);
// 然后循环处理各个参数，从最后一个参数逆向开始复制，复制到指定偏移地址处。在循环中，首先取
// 需要复制的当前字符串指针。如果字符串在用户空间而字符串数组（字符串指针）在内核空间，则设
// 置 fs 段寄存器指向内核数据段（ds）。并在内核数据空间中取了字符串指针 tmp 之后就立刻恢复 fs
// 段寄存器原值（fs 再指回用户空间）。否则不用修改 fs 值而直接从用户空间取字符串指针到 tmp。
	while (argc-- > 0) {
		if (from_kmem == 1)		// 若串指针在内核空间，则 fs 指向内核空间。
			set_fs(new_fs);
		if (!(tmp = (char *)get_fs_long(((unsigned long *)argv)+argc)))
			panic("argc is wrong");
		if (from_kmem == 1)		// 若串指针在内核空间，则 fs 指回用户空间。
			set_fs(old_fs);
// 然后从用户空间取该字符串，并计算该参数字符串长度 len。此后 tmp 指向该字符串末端。如果该
// 字符串长度超过此时参数和环境空间中还剩余的空闲长度，则空间不够了。于是恢复 fs 段寄存器值
// （如果被改变的话）并返回 0。不过因为参数和环境空间留有 128KB，所以通常不可能发生这种情况。
		len=0;			/* remember zero-padding */
		do {			/* 我们知道串是以 NULL 字节结尾的 */
			len++;
```

```
150             } while (get_fs_byte(tmp++));
151             if (p-len < 0) {                /* this shouldn't happen - 128kB */
152                 set_fs(old_fs);             /* 不会发生——因为有 128KB 的空间 */
153                 return 0;
154             }
// 接着我们逆向逐个字符地把字符串复制到参数和环境空间末端处。在循环复制字符串的字符过程中，
// 我们首先要判断参数和环境空间中相应位置处是否已经有内存页面。如果还没有就先为其申请 1 页内
// 存页面。偏移量 offset 被用作为在一个页面中的当前指针偏移值。因为刚开始执行本函数时，偏移
// 变量 offset 被初始化为 0，所以(offset-1 < 0)肯定成立而使得 offset 重新被设置为当前 p 指
// 针在页面范围内的偏移值。
155             while (len) {
156                 --p; --tmp; --len;
157                 if (--offset < 0) {
158                     offset = p % PAGE_SIZE;
159                     if (from_kmem==2)  // 若串在内核空间则 fs 指回用户空间。
160                         set_fs(old_fs);
// 如果当前偏移值 p 所在的串空间页面指针数组项 page[p/PAGE_SIZE] ==0，表示此时 p 指针所处
// 的空间内存页面还不存在，则需申请一空闲内存页，并将该页面指针填入指针数组，同时也使页面指
// 针 pag 指向该新页面。若申请不到空闲页面则返回 0。
161                     if (!(pag = (char *) page[p/PAGE_SIZE]) &&
162                         !(pag = (char *) page[p/PAGE_SIZE] =
163                           (unsigned long *) get_free_page()))
164                             return 0;
165                     if (from_kmem==2)  // 若串在内核空间则 fs 指向内核空间。
166                         set_fs(new_fs);
167
168                 }
// 然后从 fs 段中复制字符串的 1 字节到参数和环境空间内存页面 pag 的 offset 处。
169                 *(pag + offset) = get_fs_byte(tmp);
170             }
171         }
// 如果字符串和字符串数组在内核空间，则恢复 fs 段寄存器原值。最后，返回参数和环境空间中已复
// 制参数的头部偏移值。
172         if (from_kmem==2)
173             set_fs(old_fs);
174         return p;
175 }
176
//// 修改任务的局部描述符表内容。
// 修改局部描述符表 LDT 中描述符的段基址和段限长，并将参数和环境空间页面放置在数据段末端。
// 参数：text_size - 执行文件头部中 a_text 字段给出的代码段长度值；page - 参数和环境空间
// 页面指针数组。
// 返回：数据段限长值（64MB）。
177 static unsigned long change_ldt(unsigned long text_size,unsigned long * page)
178 {
179         unsigned long code_limit,data_limit,code_base,data_base;
180         int i;
181
// 首先把代码和数据段长度均设置为 64MB。然后取当前进程局部描述符表代码段描述符中代码段基址。
// 代码段基址与数据段基址相同。再使用这些新值重新设置局部表中代码段和数据段描述符中的基址和
// 段限长。这里请注意，由于被加载的新程序的代码和数据段基址与原程序的相同，因此没有必要再重
// 复去设置它们，即第 186 和 188 行上的两条设置段基址的语句多余，可省略。
182         code_limit = TASK_SIZE;
183         data_limit = TASK_SIZE;
184         code_base = get_base(current->ldt[1]);
// include/linux/sched.h，第 226 行。
```

```
        data_base = code_base;
        set_base(current->ldt[1],code_base);
        set_limit(current->ldt[1],code_limit);
        set_base(current->ldt[2],data_base);
        set_limit(current->ldt[2],data_limit);
/* make sure fs points to the NEW data segment */
/* 要确信 fs 段寄存器已指向新的数据段 */
// fs 段寄存器中放入局部表数据段描述符的选择符(0x17)。即默认情况下 fs 都指向任务数据段。
        __asm__("pushl $0x17\n\tpop %%fs"::);
// 然后将参数和环境空间已存放数据的页面（最多有 MAX_ARG_PAGES 页，128kB）放到数据段末端。
// 方法是从进程空间库代码位置开始处逆向一页一页地放。库文件代码占用进程空间最后 4MB。函数
// put_dirty_page()用于把物理页面映射到进程逻辑空间中。在 mm/memory.c 中。
        data_base += data_limit - LIBRARY_SIZE;
        for (i=MAX_ARG_PAGES-1 ; i>=0 ; i--) {
                data_base -= PAGE_SIZE;
                if (page[i])                          // 若该页面存在，就放置该页面。
                        put_dirty_page(page[i],data_base);
        }
        return data_limit;                            // 最后返回数据段限长（64MB）。
}

/*
 * 'do_execve()' executes a new program.
 *
 * NOTE! We leave 4MB free at the top of the data-area for a loadable
 * library.
 */
/*
 * 'do_execve()'函数执行一个新程序。
 */
//// execve()系统中断调用函数。加载并执行子进程（其他程序）。
// 该函数是系统中断调用（int 0x80）功能号__NR_execve 调用的函数。函数的参数是进入系统调用
// 处理过程后直到调用本系统调用处理过程（system_call.s 第 200 行）和调用本函数之前（system_
// call.s，第 203 行）逐步压入栈中的值。这些值包括：
// ① 第 86--88 行入堆的 edx、ecx 和 ebx 寄存器值，分别对应**envp、**argv 和*filename；
// ② 第 94 行调用 sys_call_table 中 sys_execve 函数（指针）时压入栈的函数返回地址（tmp）；
// ③ 第 202 行在调用本函数 do_execve 前入栈的指向栈中调用系统中断的程序代码指针 eip。
// 参数：
// eip - 调用系统中断的程序代码指针，参见 kernel/system_call.s 程序开始部分的说明；
// tmp - 系统中断中在调用 sys_execve 时的返回地址，无用；
// filename - 被执行程序文件名指针；
// argv - 命令行参数指针数组的指针；
// envp - 环境变量指针数组的指针。
// 返回：如果调用成功，则不返回；否则设置出错号，并返回-1。
int do_execve(unsigned long * eip,long tmp,char * filename,
        char ** argv, char ** envp)
{
        struct m_inode * inode;
        struct buffer_head * bh;
        struct exec ex;
        unsigned long page[MAX_ARG_PAGES];           // 参数和环境串空间页面指针数组。
        int i,argc,envc;
        int e_uid, e_gid;                            // 有效用户 ID 和有效组 ID。
        int retval;
        int sh_bang = 0;                             // 控制是否需要执行脚本程序。
        unsigned long p=PAGE_SIZE*MAX_ARG_PAGES-4; // p 指向参数和环境空间的最后部。
```

```
219
// 在正式设置执行文件的运行环境之前，让我们先干些杂事。内核准备了 128KB（32 个页面）空间来
// 存放化执行文件的命令行参数和环境字符串。上行把 p 初始设置成位于 128KB 空间的最后 1 个长字
// 处。在初始参数和环境空间的操作过程中，p 将用来指明在 128KB 空间中的当前位置。
// 另外，参数 eip[1]是调用本次系统调用的原用户程序代码段寄存器 CS 值，其中的段选择符当然必
// 须是当前任务的代码段选择符（0x000f）。若不是该值，那么 CS 只能会是内核代码段的选择符 0x0008。
// 但这是绝对不允许的，因为内核代码是常驻内存而不能被替换掉的。因此下面根据 eip[1]的值确认
// 是否符合正常情况。然后再初始化 128KB 的参数和环境串空间，把所有字节清零，并取出执行文件的
// i 节点。再根据函数参数分别计算出命令行参数和环境字符串的个数 argc 和 envc。另外，执行文
// 件必须是常规文件。
220         if ((0xffff & eip[1]) != 0x000f)
221                 panic("execve called from supervisor mode");
222         for (i=0 ; i<MAX_ARG_PAGES ; i++)       /* clear page-table */
223                 page[i]=0;
224         if (!(inode=namei(filename)))           /* get executables inode */
225                 return -ENOENT;
226         argc = count(argv);                     // 命令行参数个数。
227         envc = count(envp);                     // 环境字符串变量个数。
228
229 restart_interp:
230         if (!S_ISREG(inode->i_mode)) {          /* must be regular file */
231                 retval = -EACCES;
232                 goto exec_error2;       // 若不是常规文件则置出错码，跳转到 376 行。
233         }
// 下面检查当前进程是否有权运行指定的执行文件。即根据执行文件 i 节点中的属性，看看本进程是否
// 有权执行它。在把执行文件 i 节点的属性字段值取到 i 中后，我们首先查看属性中是否设置了“设置
// -用户-ID”（set-user_id）标志和“设置-组-ID”（set-group-id）标志。这两个标志主要是
// 让一般用户能够执行特权用户（如超级用户 root）的程序，例如改变密码的程序 passwd 等。如果
// set-user-id 标志置位，则后面执行进程的有效用户 ID（euid）就设置成执行文件的用户 ID，否
// 则设置成当前进程的 euid。如果执行文件 set-group-id 被置位的话，则执行进程的有效组 ID
// （egid）就设置为执行文件的组 ID。否则设置成当前进程的 egid。这里暂时把这两个判断出来的值
// 保存在变量 e_uid 和 e_gid 中。
234         i = inode->i_mode;
235         e_uid = (i & S_ISUID) ? inode->i_uid : current->euid;
236         e_gid = (i & S_ISGID) ? inode->i_gid : current->egid;

// 现在根据进程的 euid 和 egid 和执行文件的访问属性进行比较。如果执行文件属于运行进程的用户，
// 则把文件属性值 i 右移 6 位，此时其最低 3 位是文件宿主的访问权限标志。否则的话如果执行文件与
// 当前进程的用户属于同组，则使属性值最低 3 位是执行文件组用户的访问权限标志。否则此时属性字
// 最低 3 位就是其他用户访问该执行文件的权限。
// 然后我们根据属性字 i 的最低 3 位值来判断当前进程是否有权限运行这个执行文件。如果选出的相应
// 用户没有运行改文件的权力（位 0 是执行权限），并且其他用户也没有任何权限或者当前进程用户不
// 是超级用户，则表明当前进程没有权力运行这个执行文件。于是置不可执行出错码，并跳转到 exec_
// error2 处去作退出处理。
237         if (current->euid == inode->i_uid)
238                 i >>= 6;
239         else if (in_group_p(inode->i_gid))
240                 i >>= 3;
241         if (!(i & 1) &&
242             !((inode->i_mode & 0111) && suser())) {
243                 retval = -ENOEXEC;
244                 goto exec_error2;
245         }
// 程序执行到这里，说明当前进程有运行指定执行文件的权限。因此从这里开始我们需要取出执行文件
// 头部数据并根据其中的信息来分析设置运行环境，或者运行另一个 shell 程序来执行脚本程序。首
// 先读取执行文件第 1 块数据到高速缓冲块中。 并复制缓冲块数据到 ex 中。如果执行文件开始的两个
```

```
// 字节是字符“#!”，则说明执行文件是一个脚本文本文件。如果想运行脚本文件，我们就需要执行脚
// 本文件的解释程序（例如 shell 程序）。通常脚本文件的第一行文本为“#! /bin/bash”。它指明
// 了运行脚本文件需要的解释程序。运行方法是从脚本文件第 1 行（带字符“#!”）中取出其中的解释
// 程序名及后面的参数（若有的话），然后将这些参数和脚本文件名放进执行文件（此时是解释程序）的
// 命令行参数空间中。在这之前我们当然需要先把函数指定的原有命令行参数和环境字符串放到128KB
// 空间中，而这里建立起来的命令行参数则放到它们前面位置处（因为是逆向放置）。最后让内核执行
// 脚本文件的解释程序。下面就是在设置好解释程序的脚本文件名等参数后，取出解释程序的 i 节点并
// 跳转到 229 行去执行解释程序。由于我们需要跳转到执行过的代码 229 行去，因此在下面确认并处
// 理了脚本文件之后需要设置一个禁止再次执行下面的脚本处理代码标志 sh_bang 。在后面的代码中
// 该标志也用来表示我们已经设置好执行文件的命令行参数，不要重复设置。
246         if (!(bh = bread(inode->i_dev,inode->i_zone[0]))) {
247                 retval = -EACCES;
248                 goto exec_error2;
249         }
250         ex = *((struct exec *) bh->b_data);     /* read exec-header */
251         if ((bh->b_data[0] == '#') && (bh->b_data[1] == '!') && (!sh_bang)) {
252                 /*
253                  * This section does the #! interpretation.
254                  * Sorta complicated, but hopefully it will work.  -TYT
255                  */
                /*
                 * 这部分处理对'#!'的解释，有些复杂，但希望能工作。-TYT
                 */
256
257                 char buf[128], *cp, *interp, *i_name, *i_arg;
258                 unsigned long old_fs;
259
// 从这里开始，我们从脚本文件中提取解释程序名及其参数，并把解释程序名、解释程序的参数和脚本
// 文件名组合放入环境参数块中。首先复制脚本文件头 1 行字符'#!'后面的字符串到 buf 中，其中含
// 有脚本解释程序名（例如/bin/sh），也可能还包含解释程序的几个参数。然后对 buf 中的内容进行
// 处理。删除开始的空格、制表符。
260                 strncpy(buf, bh->b_data+2, 127);
261                 brelse(bh);
262                 iput(inode);                    // 释放缓冲块并放回脚本文件 i 节点。
263                 buf[127] = '\0';
264                 if (cp = strchr(buf, '\n')) {
265                         *cp = '\0';             // 第 1 个换行符换成 NULL 并去掉空格制表符。
266                         for (cp = buf; (*cp == ' ') || (*cp == '\t'); cp++);
267                 }
268                 if (!cp || *cp == '\0') {       // 若该行没有其他内容，则出错。
269                         retval = -ENOEXEC;      /* No interpreter name found */
270                         goto exec_error1;       /* 没有找到脚本解释程序名 */
271                 }
// 此时我们得到了开头是脚本解释程序名的一行内容（字符串）。下面分析该行。首先取第一个字符串，
// 它应该是解释程序名，此时 i_name 指向该名称。若解释程序名后还有字符，则它们应该是解释程序
// 的参数串，于是令 i_arg 指向该串。
272                 interp = i_name = cp;
273                 i_arg = 0;
274                 for ( ; *cp && (*cp != ' ') && (*cp != '\t'); cp++) {
275                         if (*cp == '/')
276                                 i_name = cp+1;
277                 }
278                 if (*cp) {
279                         *cp++ = '\0';           // 解释程序名尾添加 NULL 字符。
280                         i_arg = cp;             // i_arg 指向解释程序参数。
281                 }
```

```
282                /*
283                 * OK, we've parsed out the interpreter name and
284                 * (optional) argument.
285                 */
                   /*
                    * OK，我们已经解析出解释程序的文件名以及(可选的)参数。
                    */
// 现在我们要把上面解析出来的解释程序名 i_name 及其参数 i_arg 和脚本文件名作为解释程序的参
// 数放进环境和参数块中。不过首先我们需要把函数提供的原来一些参数和环境字符串先放进去，然后
// 再放这里解析出来的。例如对于命令行参数来说，如果原来的参数是"-arg1-arg2"、解释程序名是
// "bash"、其参数是"-iarg1 -iarg2"、脚本文件名（即原来的执行文件名）是"example.sh"，
// 那么在放入这里的参数之后，新的命令行类似于这样：
//         "bash -iarg1 -iarg2 example.sh -arg1 -arg2"
// 这里我们把 sh_bang 标志置上，然后把函数参数提供的原有参数和环境字符串放入到空间中。环境
// 字符串和参数个数分别是 envc 和 argc-1 个。少复制的一个原有参数是原来的执行文件名，即这里
// 的脚本文件名。[[?? 可以看出，实际上我们不需要去另行处理脚本文件名，即这里完全可以复制
// argc 个参数，包括原来执行文件名（即现在的脚本文件名）。因为它位于同一个位置上]]。注意！
// 这里指针 p 随着复制信息增加而逐渐向小地址方向移动，因此这两个复制串函数执行完后，环境参数
// 串信息块位于程序命令行参数串信息块的上方，并且 p 指向程序的第 1 个参数串。copy_strings()
// 最后一个参数（0）指明参数字符串在用户空间。
286                if (sh_bang++ == 0) {
287                        p = copy_strings(envc, envp, page, p, 0);
288                        p = copy_strings(--argc, argv+1, page, p, 0);
289                }
290                /*
291                 * Splice in (1) the interpreter's name for argv[0]
292                 *           (2) (optional) argument to interpreter
293                 *           (3) filename of shell script
294                 *
295                 * This is done in reverse order, because of how the
296                 * user environment and arguments are stored.
297                 */
                   /*
                    * 拼接 (1) argv[0]中放解释程序的名称
                    *      (2) (可选的)解释程序的参数
                    *      (3) 脚本程序的名称
                    *
                    * 这是以逆序进行处理的，是由于用户环境和参数的存放方式造成的。
                    */
// 接着我们逆向复制脚本文件名、解释程序的参数和解释程序文件名到参数和环境空间中。若出错，则
// 置出错码，跳转到 exec_error1。另外，由于本函数参数提供的脚本文件名 filename 在用户空间，
// 但这里赋予 copy_strings()的脚本文件名的指针在内核空间，因此这个复制字符串函数的最后一个
// 参数（字符串来源标志）需要被设置成 1。若字符串在内核空间，则 copy_strings()的最后一个
// 参数要设置成 2，如下面的第 301、304 行。
298                p = copy_strings(1, &filename, page, p, 1);
299                argc++;
300                if (i_arg) {                        // 复制解释程序的多个参数。
301                        p = copy_strings(1, &i_arg, page, p, 2);
302                        argc++;
303                }
304                p = copy_strings(1, &i_name, page, p, 2);
305                argc++;
306                if (!p) {
307                        retval = -ENOMEM;
308                        goto exec_error1;
309                }
```

```
310                /*
311                 * OK, now restart the process with the interpreter's inode.
312                 */
                   /*
                    * OK，现在使用解释程序的 i 节点重启进程。
                    */
// 最后我们取得解释程序的 i 节点指针，然后跳转到 204 行去执行解释程序。为了获得解释程序的 i
// 节点，我们需要使用 namei()函数，但是该函数所使用的参数（文件名）是从用户数据空间得到的，
// 即从段寄存器 fs 所指空间中取得。因此在调用 namei()函数之前我们需要先临时让 fs 指向内核数
// 据空间，以让函数能从内核空间得到解释程序名，并在 namei()返回后恢复 fs 的默认设置。因此这
// 里我们先临时保存原 fs 段寄存器（原指向用户数据段）的值，将其设置成指向内核数据段，然后取
// 解释程序的 i 节点。之后再恢复 fs 的原值。并跳转到 restart_interp（204 行）处重新处理新
// 的执行文件 -- 脚本文件的解释程序。
313                old_fs = get_fs();
314                set_fs(get_ds());
315                if (!(inode=namei(interp))) {           /* get executables inode */
316                        set_fs(old_fs);                 /* 取得解释程序的 i 节点 */
317                        retval = -ENOENT;
318                        goto exec_error1;
319                }
320                set_fs(old_fs);
321                goto restart_interp;
322        }

// 此时缓冲块中的执行文件头结构数据已经复制到了 ex 中。于是先释放该缓冲块，并开始对 ex 中的
// 执行头信息进行判断处理。对于 Linux 0.12 内核来说，它仅支持 ZMAGIC 执行文件格式，并且执
// 行文件代码都从逻辑地址 0 开始执行，因此不支持含有代码或数据重定位信息的执行文件。当然，如
// 果执行文件实在太大或者执行文件残缺不全，那么我们也不能运行它。因此对于下列情况将不执行程
// 序：如果执行文件不是需求页可执行文件（ZMAGIC）、或者代码和数据重定位部分长度不等于 0、或
// 者(代码段+数据段+堆) 长度超过 50MB、或者执行文件长度小于(代码段+数据段+符号表长度+执行
// 头部分)长度的总和。
323        brelse(bh);
324        if (N_MAGIC(ex) != ZMAGIC || ex.a_trsize || ex.a_drsize ||
325                ex.a_text+ex.a_data+ex.a_bss>0x3000000 ||
326                inode->i_size < ex.a_text+ex.a_data+ex.a_syms+N_TXTOFF(ex)) {
327                retval = -ENOEXEC;
328                goto exec_error2;
329        }
// 另外，如果执行文件中代码开始处没有位于 1 个页面（1024 字节）边界处，则也不能执行。因为需
// 求页（Demand paging）技术要求加载执行文件内容时以页面为单位，因此要求执行文件映像中代
// 码和数据都从页面边界处开始。
330        if (N_TXTOFF(ex) != BLOCK_SIZE) {
331                printk("%s: N_TXTOFF != BLOCK_SIZE. See a.out.h.", filename);
332                retval = -ENOEXEC;
333                goto exec_error2;
334        }
// 如果 sh_bang 标志没有设置，则复制指定个数的命令行参数和环境字符串到参数和环境空间中。若
// sh_bang 标志已经设置，则表明是将运行脚本解释程序，此时环境变量页面已经复制，无须再复制。
// 同样，若 sh_bang 没有置位而需要复制的话，那么此时指针 p 随着复制信息增加而逐渐向小地址方
// 向移动，因此这两个复制串函数执行完后，环境参数串信息块位于程序参数串信息块的上方，并且 p
// 指向程序的第 1 个参数串。事实上，p 是 128KB 参数和环境空间中的偏移值。因此如果 p=0，则表
// 示环境变量与参数空间页面已经被占满，容纳不下了。
335        if (!sh_bang) {
336                p = copy_strings(envc,envp,page,p,0);
337                p = copy_strings(argc,argv,page,p,0);
338                if (!p) {
```

```
                        retval = -ENOMEM;
                        goto exec_error2;
                }
        }
/* OK, This is the point of no return */
/* note that current->library stays unchanged by an exec */
/* OK，下面开始就没有返回的地方了 */
// 前面我们针对函数参数提供的信息对需要运行执行文件的命令行参数和环境空间进行了设置，但还没
// 有为执行文件做过什么实质性的工作，即还没有做过为执行文件初始化进程任务结构信息、建立页表
// 等工作。现在我们就来做这些工作。由于执行文件直接使用当前进程的“躯壳”，即当前进程将被改
// 造成执行文件的进程，因此我们需要首先释放当前进程占用的某些系统资源，包括关闭指定的已打开
// 文件、占用的页表和内存页面等。然后根据执行文件头结构信息修改当前进程使用的局部描述符表
// LDT 中描述符的内容，重新设置代码段和数据段描述符的限长，再利用前面处理得到的 e_uid 和
// e_gid 等信息来设置进程任务结构中相关的字段。最后把执行本次系统调用程序的返回地址 eip[]
// 指向执行文件中代码的起始位置处。这样当本系统调用退出返回后就会去运行新执行文件的代码了。
// 注意，虽然此时新执行文件代码和数据还没有从文件中加载到内存中，但其参数和环境块已经在
// copy_strings()中使用 get_free_page()分配了物理内存页来保存数据，并在 change_ldt()
// 函数中使用 put_page()到了进程逻辑空间的末端处。另外，在 create_tables()中也会由于在
// 用户栈上存放参数和环境指针表而引起缺页异常，从而内存管理程序也会就此为用户栈空间映射物理
// 内存页。
//
// 这里我们首先放回进程原执行程序的 i 节点，并且让进程 executable 字段指向新执行文件的 i 节
// 点。然后复位原进程的所有信号处理句柄，但对于 SIG_IGN 句柄无须复位。再根据设定的执行时关
// 闭文件句柄（close_on_exec）位图标志，关闭指定的打开文件并复位该标志。
        if (current->executable)
                iput(current->executable);
        current->executable = inode;
        current->signal = 0;
        for (i=0 ; i<32 ; i++) {
                current->sigaction[i].sa_mask = 0;
                current->sigaction[i].sa_flags = 0;
                if (current->sigaction[i].sa_handler != SIG_IGN)
                        current->sigaction[i].sa_handler = NULL;
        }
        for (i=0 ; i<NR_OPEN ; i++)
                if ((current->close_on_exec>>i)&1)
                        sys_close(i);
        current->close_on_exec = 0;
// 然后根据当前进程指定的基地址和限长，释放原来程序的代码段和数据段所对应的内存页表指定的物
// 理内存页面及页表本身。此时新执行文件并没有占用主内存区任何页面，因此在处理器真正运行新执
// 行文件代码时就会引起缺页异常中断，此时内存管理程序即会执行缺页处理而为新执行文件申请内存
// 页面和设置相关页表项，并且把相关执行文件页面读入内存中。如果“上次任务使用了协处理器”指
// 向的是当前进程，则将其置空，并复位使用了协处理器的标志。
        free_page_tables(get_base(current->ldt[1]),get_limit(0x0f));
        free_page_tables(get_base(current->ldt[2]),get_limit(0x17));
        if (last_task_used_math == current)
                last_task_used_math = NULL;
        current->used_math = 0;
// 然后我们根据新执行文件头结构中的代码长度字段 a_text 的值修改局部表中描述符基址和段限长，
// 并将 128KB 的参数和环境空间页面放置在数据段末端。执行下面语句之后，p 此时更改成以数据段
// 起始处为原点的偏移值，但仍指向参数和环境空间数据开始处，即已转换成为栈指针值。然后调用内
// 部函数 create_tables()在栈空间中创建环境和参数变量指针表，供程序的 main()作为参数使
// 用，并返回该栈指针。
        p += change_ldt(ex.a_text,page);
        p -= LIBRARY_SIZE + MAX_ARG_PAGES*PAGE_SIZE;
        p = (unsigned long) create_tables((char *)p,argc,envc);
```

```
// 接着再修改进程各字段值为新执行文件的信息。即令进程任务结构代码尾字段 end_code 等于执行
// 文件的代码段长度 a_text；数据尾字段 end_data 等于执行文件的代码段长度加数据段长度
// （a_data + a_text）；并令进程堆结尾字段 brk = a_text + a_data + a_bss。brk 用于指
// 明进程当前数据段（包括未初始化数据部分）末端位置，供内核为进程分配内存时指定分配开始位置。
// 然后设置进程栈开始字段为栈指针所在页面，并重新设置进程的有效用户 id 和有效组 id。
	current->brk = ex.a_bss +
		(current->end_data = ex.a_data +
		(current->end_code = ex.a_text));
	current->start_stack = p & 0xfffff000;
	current->suid = current->euid = e_uid;
	current->sgid = current->egid = e_gid;
// 最后将原调用系统中断的程序在堆栈上的代码指针替换为指向新执行程序的入口点，并将栈指针替换
// 为新执行文件的栈指针。此后返回指令将弹出这些栈数据并使得 CPU 去执行新执行文件，因此不会返
// 回到原调用系统中断的程序中去了。
	eip[0] = ex.a_entry;	/* eip, magic happens :-) */ /* eip，魔法起作用了*/
	eip[3] = p;		/* stack pointer */	     /* esp，堆栈指针 */
	return 0;
exec_error2:
	iput(inode);				// 放回 i 节点。
exec_error1:
	for (i=0 ; i<MAX_ARG_PAGES ; i++)
		free_page(page[i]);		// 释放存放参数和环境串的内存页面。
	return(retval);				// 返回出错码。
}
```

12.15.3 其他信息

1. a.out 执行文件格式

Linux 内核 0.12 版仅支持 a.out(Assembley & link editor output)执行文件格式，虽然这种格式目前已经渐渐不用，而使用功能更为齐全的 ELF（Executable and Link Format）格式，但是由于其简单性，作为学习入门的材料正好比较适用。下面全面介绍一下 a.out 格式。

在头文件<a.out.h>中声明了三个数据结构以及一些宏函数。这些数据结构描述了系统上可执行的机器码文件（二进制文件）。

一个执行文件共可有七个部分（七节）组成。按照顺序，这些部分是：

1）执行头部分（exec header）。该部分中含有一些参数，内核使用这些参数将执行文件加载到内存中并执行，而链接程序（ld）使用这些参数将一些二进制目标文件组合成一个可执行文件。这是唯一必要的组成部分。

2）代码段部分（text segment）。含有程序执行使被加载到内存中的指令代码和相关数据。可以以只读形式进行加载。

3）数据段部分（data segment）。这部分含有已经初始化过的数据，总是被加载到可读写的内存中。

4）代码重定位部分（text relocations）。这部分含有供链接程序使用的记录数据。在组合二进制目标文件时用于定位代码段中的指针或地址。

5）数据重定位部分（data relocations）。与代码重定位部分的作用类似，但用于数据段中指针的重定位。

6）符号表部分（simbol table）。这部分同样含有供链接程序使用的记录数据，用于在二进

制目标文件之间对命名的变量和函数（符号）进行交叉引用。

7）字符串表部分（string table）。该部分含有与符号名对应的字符串。

每个二进制执行文件均以一个执行数据结构（exec structure）开始。该数据结构的形式如下：

```
struct exec {
        unsigned long a_midmag;
        unsigned long a_text;
        unsigned long a_data;
        unsigned long a_bss;
        unsigned long a_syms;
        unsigned long a_entry;
        unsigned long a_trsize;
        unsigned long a_drsize;
};
```

各个字段的功能如下：

a_midmag——该字段含有被N_GETFLAG()、N_GETMID和N_GETMAGIC()访问的子部分，由链接程序在运行时加载到进程地址空间。宏N_GETMID()用于返回机器标识符(machine-id)，指示出二进制文件将在什么机器上运行。N_GETMAGIC()宏指明魔数，它唯一地确定了二进制执行文件与其他加载的文件之间的区别。字段中必须包含以下值之一：

- OMAGIC：表示代码和数据段紧随在执行头后面并且是连续存放的。内核将代码和数据段都加载到可读写内存中。
- NMAGIC：同OMAGIC一样，代码和数据段紧随在执行头后面并且是连续存放的。然而内核将代码加载到了只读内存中，并把数据段加载到代码段后下一页可读写内存边界开始。
- ZMAGIC：内核在必要时从二进制执行文件中加载独立的页面。执行头部、代码段和数据段都被链接程序处理成多个页面大小的块。内核加载的代码页面时只读的，而数据段的页面是可写的。

a_text——该字段含有代码段的长度值，字节数。

a_data——该字段含有数据段的长度值，字节数。

a_bss——含有“bss段”的长度，内核用其设置在数据段后初始的break（brk）。内核在加载程序时，这段可写内存显现出处于数据段后面，并且初始时为全零。

a_syms——含有符号表部分的字节长度值。

a_entry——含有内核将执行文件加载到内存中以后，程序执行起始点的内存地址。

a_trsize——该字段含有代码重定位表的大小，是字节数。

a_drsize——该字段含有数据重定位表的大小，是字节数。

在a.out.h头文件中定义了几个宏，这些宏使用exec结构来测试一致性或者定位执行文件中各个部分（节）的位置偏移值。这些宏有：

- N_BADMAG(exec)：如果a_magic字段不能被识别，则返回非零值。
- N_TXTOFF(exec)：代码段的起始位置字节偏移值。
- N_DATOFF(exec)：数据段的起始位置字节偏移值。
- N_DRELOFF(exec)：数据重定位表的起始位置字节偏移值。

- N_TRELOFF(exec)：代码重定位表的起始位置字节偏移值。
- N_SYMOFF(exec)：符号表的起始位置字节偏移值。
- N_STROFF(exec)：字符串表的起始位置字节偏移值。

重定位记录具有标准格式，它使用重定位信息（relocation_info）结构来描述：

```
struct relocation_info {
        int             r_address;
        unsigned int     r_symbolnum : 24,
                        r_pcrel : 1,
                        r_length : 2,
                        r_extern : 1,
                        r_baserel : 1,
                        r_jmptable : 1,
                        r_relative : 1,
                        r_copy : 1;
};
```

该结构中各字段的含义如下：

r_address——该字段含有需要链接程序处理（编辑）的指针的字节偏移值。代码重定位的偏移值是从代码段开始处计数的，数据重定位的偏移值是从数据段开始处计算的。链接程序会将已经存储在该偏移处的值与使用重定位记录计算出的新值相加。

r_symbolnum——该字段含有符号表中一个符号结构的序号值（不是字节偏移值）。链接程序在算出符号的绝对地址以后，就将该地址加到正在进行重定位的指针上（如果 r_extern 位是 0，那么情况就不同，见下面）。

r_pcrel——如果设置了该位，链接程序就认为正在更新一个指针，该指针使用 pc 相关寻址方式，是属于机器码指令部分。当运行程序使用这个被重定位的指针时，该指针的地址被隐式地加到该指针上。

r_length——该字段含有指针长度的 2 的次方值：0 表示 1 字节长，1 表示 2 字节长，2 表示 4 字节长。

r_extern——如果被置位，表示该重定位需要一个外部引用；此时链接程序必须使用一个符号地址来更新相应指针。当该位是 0 时，则重定位是“局部”的；链接程序更新指针以反映各个段加载地址中的变化，而不是反映一个符号值的变化（除非同时设置了 r_baserel，见下面）。在这种情况下，r_symbolnum 字段的内容是一个 n_type 值（见下面）；这类字段告诉链接程序被重定位的指针指向那个段。

r_baserel——如果设置了该位，则 r_symbolnum 字段指定的符号将被重定位成全局偏移表（Global Offset Table）中的一个偏移值。在运行时刻，全局偏移表该偏移处被设置为符号的地址。

r_jmptable——如果被置位，则 r_symbolnum 字段指定的符号将被重定位成过程链接表（Procedure Linkage Table）中的一个偏移值。

r_relative——如果被置位，则说明此重定位与该目标文件将成为其组成部分的映像文件在运行时被加载的地址相关。这类重定位仅在共享目标文件中出现。

r_copy——如果被置位，该重定位记录指定了一个符号，该符号的内容将被复制到 r_address 指定的地方。该复制操作是通过共享目标模块中一个合适的数据项中的运行时刻链接程序完成的。

符号将名称映射为地址（或者更通俗地讲是字符串映射到值）。由于链接程序对地址的调整，一个符号的名称必须用来表示其地址，直到已被赋予一个绝对地址值。符号是由符号表中固定长度的记录以及字符串表中的可变长度名称组成。符号表是 nlist 结构的一个数组，如下所示：

```
struct nlist {
        union {
                char    *n_name;
                long    n_strx;
        } n_un;
        unsigned char   n_type;
        char            n_other;
        short           n_desc;
        unsigned long   n_value;
};
```

其中各字段的含义为：

n_un.n_strx——含有本符号的名称在字符串表中的字节偏移值。当程序使用 nlist()函数访问一个符号表时，该字段被替换为 n_un.n_name 字段，这是内存中字符串的指针。

n_type——用于链接程序确定如何更新符号的值。使用位屏蔽(bitmasks)可以将 n_type 字段分割成三个子字段，对于 N_EXT 类型位置位的符号，链接程序将它们看作是“外部的”符号，并且允许其他二进制目标文件对它们的引用。N_TYPE 屏蔽码用于链接程序感兴趣的位：

- N_UNDF——一个未定义的符号。链接程序必须在其他二进制目标文件中定位一个具有相同名称的外部符号，以确定该符号的绝对数据值。特殊情况下，如果 n_type 字段是非零值，并且没有二进制文件定义了这个符号，则链接程序在 BSS 段中将该符号解析为一个地址，保留长度等于 n_value 的字节。如果符号在多于一个二进制目标文件中都没有定义并且这些二进制目标文件对其长度值不一致，则链接程序将选择所有二进制目标文件中最大的长度。
- N_ABS——一个绝对符号。链接程序不会更新一个绝对符号。
- N_TEXT——一个代码符号。该符号的值是代码地址，链接程序在合并二进制目标文件时会更新其值。
- N_DATA——一个数据符号；与 N_TEXT 类似，但是用于数据地址。对应代码和数据符号的值不是文件的偏移值而是地址；为了找出文件的偏移，就有必要确定相关部分开始加载的地址并减去它，然后加上该部分的偏移。
- N_BSS——一个 BSS 符号；与代码或数据符号类似，但在二进制目标文件中没有对应的偏移。
- N_FN——一个文件名符号。在合并二进制目标文件时，链接程序会将该符号插入在二进制文件中的符号之前。符号的名称就是给予链接程序的文件名，而其值是二进制文件中第 1 个代码段地址。链接和加载时不需要文件名符号，但对于调式程序非常有用。
- N_STAB——屏蔽码用于选择符号调式程序(例如 gdb)感兴趣的位；其值在 stab()中说明。

n_other——该字段按照 n_type 确定的段，提供有关符号重定位操作的符号独立性信息。目前，n_other 字段的最低 4 位含有两个值之一：AUX_FUNC 和 AUX_OBJECT（有关定义参见 <link.h>）。AUX_FUNC 将符号与可调用的函数相关，AUX_OBJECT 将符号与数据相关，而不管它们是位于代码段还是数据段。该字段主要用于链接程序 ld，用于动态可执行程序的创建。

n_desc——保留给调式程序使用；链接程序不对其进行处理。不同的调试程序将该字段用作不同的用途。

n_value——含有符号的值。对于代码、数据和 BSS 符号，这是一个地址；对于其他符号（例如调式程序符号），值可以是任意的。

字符串表是由长度为 u_int32_t 后跟一 null 结尾的符号字符串组成。长度代表整个表的字节大小，所以在 32 位的机器上其最小值（或者是第 1 个字符串的偏移）总是 4。

12.16 stat.c 程序

12.16.1 功能描述

该程序实现取文件状态信息系统调用 stat()和 fstat()，并将信息存放在用户的文件状态结构缓冲区中。stat()是利用文件名取信息，而 fstat()是使用文件句柄(描述符)来取信息。

12.16.2 代码注释

程序 12-15 linux/fs/stat.c

```
/*
 *  linux/fs/stat.c
 *
 *  (C) 1991  Linus Torvalds
 */

#include <errno.h>        // 错误号头文件。包含系统中各种出错号。
#include <sys/stat.h>     // 文件状态头文件。含有文件状态结构 stat{}和常量。

#include <linux/fs.h>     // 文件系统头文件。定义文件表结构（file、m_inode）等。
#include <linux/sched.h>  // 调度程序头文件，定义了任务结构 task_struct、任务 0 数据等。
#include <linux/kernel.h> // 内核头文件。含有一些内核常用函数的原形定义。
#include <asm/segment.h>  // 段操作头文件。定义了有关段寄存器操作的嵌入式汇编函数。

//// 复制文件状态信息。
// 参数 inode 是文件 i 节点，statbuf 是用户数据空间中 stat 文件状态结构指针，用于存放取得的
// 状态信息。
static void cp_stat(struct m_inode * inode, struct stat * statbuf)
{
        struct stat tmp;
        int i;

// 首先验证(或分配)存放数据的内存空间。然后临时复制相应节点上的信息。
        verify_area(statbuf,sizeof (struct stat));
        tmp.st_dev = inode->i_dev;           // 文件所在的设备号。
        tmp.st_ino = inode->i_num;           // 文件 i 节点号。
        tmp.st_mode = inode->i_mode;         // 文件属性。
        tmp.st_nlink = inode->i_nlinks;      // 文件连接数。
        tmp.st_uid = inode->i_uid;           // 文件的用户 ID。
        tmp.st_gid = inode->i_gid;           // 文件的组 ID。
        tmp.st_rdev = inode->i_zone[0];      // 设备号（若是特殊字符文件或块设备文件）。
```

```
        tmp.st_size = inode->i_size;      // 文件字节长度（如果文件是常规文件）。
        tmp.st_atime = inode->i_atime;    // 最后访问时间。
        tmp.st_mtime = inode->i_mtime;    // 最后修改时间。
        tmp.st_ctime = inode->i_ctime;    // 最后 i 节点修改时间。
// 最后将这些状态信息复制到用户缓冲区中。
        for (i=0 ; i<sizeof (tmp) ; i++)
                put_fs_byte(((char *) &tmp)[i],i + (char *) statbuf);
}

//// 文件状态系统调用。
// 根据给定的文件名获取相关文件状态信息。
// 参数 filename 是指定的文件名，statbuf 是存放状态信息的缓冲区指针。
// 返回：成功返回 0，若出错则返回出错码。
int sys_stat(char * filename, struct stat * statbuf)
{
        struct m_inode * inode;

// 首先根据文件名找出对应的 i 节点。然后将 i 节点上的文件状态信息复制到用户缓冲区中，并放回该
// i 节点。
        if (!(inode=namei(filename)))
                return -ENOENT;
        cp_stat(inode,statbuf);
        iput(inode);
        return 0;
}

//// 文件状态系统调用。
// 根据给定的文件名获取相关文件状态信息。文件路径名中有符号链接文件名，则取符号文件的状态。
// 参数 filename 是指定的文件名，statbuf 是存放状态信息的缓冲区指针。
// 返回：成功返回 0，若出错则返回出错码。
int sys_lstat(char * filename, struct stat * statbuf)
{
        struct m_inode * inode;

// 首先根据文件名找出对应的 i 节点。然后将 i 节点上的文件状态信息复制到用户缓冲区中，并放回该
// i 节点。
        if (!(inode = lnamei(filename)))      // 取指定路径名 i 节点，不跟随符号链接。
                return -ENOENT;
        cp_stat(inode,statbuf);
        iput(inode);
        return 0;
}

//// 文件状态系统调用。
// 根据给定的文件句柄获取相关文件状态信息。
// 参数 fd 是指定文件的句柄(描述符)，statbuf 是存放状态信息的缓冲区指针。
// 返回：成功返回 0，若出错则返回出错码。
int sys_fstat(unsigned int fd, struct stat * statbuf)
{
        struct file * f;
        struct m_inode * inode;

// 首先取文件句柄对应的文件结构，然后从中得到文件的 i 节点。然后将 i 节点上的文件状态信息复制
// 到用户缓冲区中。如果文件句柄值大于一个程序最多打开文件数 NR_OPEN，或者该句柄的文件结构
// 指针为空，或者对应文件结构的 i 节点字段为空，则出错，返回出错码并退出。
        if (fd >= NR_OPEN || !(f=current->filp[fd]) || !(inode=f->f_inode))
```

```
                return -EBADF;
        cp_stat(inode,statbuf);
        return 0;
}

//// 读符号链接文件系统调用。
// 该调用读取符号链接文件的内容（即该符号链接所指向文件的路径名字符串），并放到指定长度的用
// 户缓冲区中。若缓冲区太小，就会截断符号链接的内容。
// 参数：path -- 符号链接文件路径名；buf -- 用户缓冲区；bufsiz -- 缓冲区长度。
// 返回：成功则返回放入缓冲区中的字符数；若失败则返回出错码。
int sys_readlink(const char * path, char * buf, int bufsiz)
{
        struct m_inode * inode;
        struct buffer_head * bh;
        int i;
        char c;

// 首先检查和验证函数参数的有效性，并对其进行调整。用户缓冲区字节长度 bufsi 必须在 1--1023
// 之间。然后取得符号链接文件名的 i 节点，并读取该文件的第 1 块数据内容。之后放回 i 节点。
        if (bufsiz <= 0)
                return -EBADF;
        if (bufsiz > 1023)
                bufsiz = 1023;
        verify_area(buf,bufsiz);
        if (!(inode = lnamei(path)))
                return -ENOENT;
        if (inode->i_zone[0])
                bh = bread(inode->i_dev, inode->i_zone[0]);
        else
                bh = NULL;
        iput(inode);
// 如果读取文件数据内容成功，则从内容中复制最多 bufsiz 个字符到用户缓冲区中。不复制 NULL 字
// 符。最后释放缓冲块，并返回复制的字节数。
        if (!bh)
                return 0;
        i = 0;
        while (i<bufsiz && (c = bh->b_data[i])) {
                i++;
                put_fs_byte(c,buf++);
        }
        brelse(bh);
        return i;
}
```

12.17 fcntl.c 程序

12.17.1 功能描述

从本节开始注释的一些文件，都属于对目录和文件进行操作的上层处理程序。

本文件 fcntl.c 实现了文件控制系统调用 fcntl()和两个文件句柄（描述符）复制系统调用 dup()和 dup2()。dup2()中指定了新句柄的最小数值，而 dup()则返回当前值最小的未用句柄。fcntl()

用于修改已打开文件的状态或复制句柄操作。句柄复制操作主要用在文件的标准输入/输出重定向和管道操作方面。本程序中用到的一些常数符号定义在 include/fcntl.h 文件中。建议在阅读本程序时也同时参考该头文件。

函数 dup()和 dup2()所返回的新文件句柄与被复制的原句柄将使用同一个文件表项。例如当一个进程没有另行打开任何其他文件时，此时若使用 dup()函数或使用 dup2()函数但指定新句柄是 3，那么函数执行后的文件句柄示意图如图 12-35 所示。

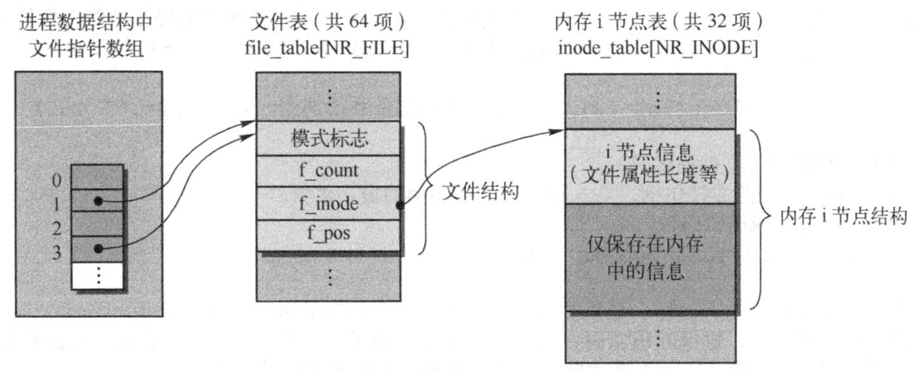

图 12-35 执行 dup(1)或 dup2(1,3)函数后内核中的文件相关结构

另外，由本程序中的 dupfd()内部函数可以看出，对于使用 dup()或 dup2()函数新建的文件句柄，其执行时关闭标志 close_on_exec 会被清除，即在运行 exec()类函数时不会关闭用 dup()建立的文件句柄。

由 AT&T 的系统 III 开始采用的 fcntl()函数主要用于修改已打开文件的属性。它在参数中用控制命令 cmd 在该函数中集成了 4 种功能：

1）cmd = F_DUPFD，复制文件句柄。此时 fcntl()的返回值是新的文件句柄，其值大于等于第 3 个参数指定的值。该新建立的文件句柄将与原句柄共同使用同一个文件表项，但其执行时关闭标志被复位。对于该命令，函数 dup(fd)就等效于 fcntl(fd,F_DUPFD,0)；而函数 dup2(fd,newfd)则等效于语句“close(newfd); fcntl(fd,F_DUPFD,newfd);”

2）cmd = F_GETFD 或 F_SETFD，读取或设置文件句柄执行时关闭标志 close_on_exec。在设置该标志时，函数第 3 个参数是该标志的新值。

3）cmd = F_GETFL 或 F_SETFL，读取或设置文件操作和访问标志。这些标志有 RDONLY、O_WRONLY、O_RDWR、O_APPEND 和 O_NONBLOCK，它们的具体含义请参见 include/fcntl.h 文件。在设置操作时函数第 3 个参数是文件操作和访问标志的新值，并且只能改动 O_APPEND 和 O_NONBLOCK 标志。

4）cmd = F_GETLK、F_SETLK 或 F_SETLKW，读取或设置文件上锁标志。但在 Linux 0.12 内核中没有实现文件记录上锁功能。

12.17.2 代码注释

程序 12-16 linux/fs/fcntl.c

```
/*
 *  linux/fs/fcntl.c
 *
```

```
 * (C) 1991  Linus Torvalds
 */

#include <string.h>      // 字符串头文件。主要定义了一些有关字符串操作的嵌入函数。
#include <errno.h>       // 错误号头文件。包含系统中各种出错号。
#include <linux/sched.h>  // 调度程序头文件，定义了任务结构 task_struct、任务 0 数据等。
#include <linux/kernel.h> // 内核头文件。含有一些内核常用函数的原形定义。
#include <asm/segment.h>  // 段操作头文件。定义了有关段寄存器操作的嵌入式汇编函数。

#include <fcntl.h>       // 文件控制头文件。定义文件及其描述符的操作控制常数符号。
#include <sys/stat.h>    // 文件状态头文件。含有文件状态结构 stat{}和常量。

extern int sys_close(int fd);       // 关闭文件系统调用。(fs/open.c, 192)

//// 复制文件句柄（文件描述符）。
// 参数 fd 是欲复制的文件句柄，arg 指定新文件句柄的最小数值。
// 返回新文件句柄或出错码。
static int dupfd(unsigned int fd, unsigned int arg)
{
// 首先检查函数参数的有效性。如果文件句柄值大于一个程序最多打开文件数 NR_OPEN，或者该句柄
// 的文件结构不存在，则返回出错码并退出。如果指定的新句柄值 arg 大于最多打开文件数，也返回
// 出错码并退出。注意，实际上文件句柄就是进程文件结构指针数组项索引号。
        if (fd >= NR_OPEN || !current->filp[fd])
                return -EBADF;
        if (arg >= NR_OPEN)
                return -EINVAL;
// 然后在当前进程的文件结构指针数组中寻找索引号等于或大于 arg，但还没有使用的项。若找到的新
// 句柄值 arg 大于最多打开文件数（即没有空闲项），则返回出错码并退出。
        while (arg < NR_OPEN)
                if (current->filp[arg])
                        arg++;
                else
                        break;
        if (arg >= NR_OPEN)
                return -EMFILE;
// 否则针对找到的空闲项（句柄），在执行时关闭标志位图 close_on_exec 中复位该句柄位。即在运
// 行 exec()类函数时，不会关闭用 dup()创建的句柄。并令该文件结构指针等于原句柄 fd 的指针，
// 并且将文件引用计数增 1。最后返回新的文件句柄 arg。
        current->close_on_exec &= ~(1<<arg);
        (current->filp[arg] = current->filp[fd])->f_count++;
        return arg;
}

//// 复制文件句柄系统调用。
// 复制指定文件句柄 oldfd，新文件句柄值等于 newfd。如果 newfd 已打开，则首先关闭之。
// 参数：oldfd -- 原文件句柄；newfd - 新文件句柄。
// 返回新文件句柄值。
int sys_dup2(unsigned int oldfd, unsigned int newfd)
{
        sys_close(newfd);               // 若句柄 newfd 已经打开，则首先关闭之。
        return dupfd(oldfd,newfd);      // 复制并返回新句柄。
}

//// 复制文件句柄系统调用。
// 复制指定文件句柄 oldfd，新句柄的值是当前最小的未用句柄值。
// 参数：fildes -- 被复制的文件句柄。
```

```
// 返回新文件句柄值。
int sys_dup(unsigned int fildes)
{
        return dupfd(fildes,0);
}

//// 文件控制系统调用函数。
// 参数 fd 是文件句柄；cmd 是控制命令（参见 include/fcntl.h，23-30 行）；arg 则针对不同的
// 命令有不同的含义。对于复制句柄命令 F_DUPFD，arg 是新文件句柄可取的最小值；对于设置文件
// 操作和访问标志命令 F_SETFL，arg 是新的文件操作和访问模式。对于文件上锁命令 F_GETLK、
// F_SETLK 和 F_SETLKW，arg 是指向 flock 结构的指针。但本内核中没有实现文件上锁功能。
// 返回：若出错，则所有操作都返回-1。若成功，那么 F_DUPFD 返回新文件句柄； F_GETFD 返回文
// 件句柄的当前执行时关闭标志 close_on_exec；F_GETFL 返回文件操作和访问标志。
int sys_fcntl(unsigned int fd, unsigned int cmd, unsigned long arg)
{
        struct file * filp;

// 首先检查给出的文件句柄的有效性。然后根据不同命令 cmd 进行分别处理。如果文件句柄值大于一个
// 进程最多打开文件数 NR_OPEN，或者该句柄的文件结构指针为空，则返回出错码并退出。
        if (fd >= NR_OPEN || !(filp = current->filp[fd]))
                return -EBADF;
        switch (cmd) {
                case F_DUPFD:       // 复制文件句柄。
                        return dupfd(fd,arg);
                case F_GETFD:      // 取文件句柄的执行时关闭标志。
                        return (current->close_on_exec>>fd)&1;
                case F_SETFD:       // 设置执行时关闭标志。arg 位 0 置位是设置，否则关闭。
                        if (arg&1)
                                current->close_on_exec |= (1<<fd);
                        else
                                current->close_on_exec &= ~(1<<fd);
                        return 0;
                case F_GETFL:       // 取文件状态标志和访问模式。
                        return filp->f_flags;
                case F_SETFL: // 设置文件状态和访问模式（根据 arg 设置添加、非阻塞标志）。
                        filp->f_flags &= ~(O_APPEND | O_NONBLOCK);
                        filp->f_flags |= arg & (O_APPEND | O_NONBLOCK);
                        return 0;
                case F_GETLK:   case F_SETLK:   case F_SETLKW:    // 未实现。
                        return -1;
                default:
                        return -1;
        }
}

```

12.18 ioctl.c 程序

12.18.1 功能描述

ioctl.c 文件实现了输入/输出控制系统调用 ioctl()。ioctl()函数可以看作是各个具体设备驱动程序 ioctl 函数的接口函数。该函数将调用文件句柄指定设备文件的驱动程序中的 IO 控制函数。主要调用 tty 字符设备的 tty_ioctl()函数，对终端的 I/O 进行控制。在编制用户程序时通常采用

POSIX.1 标准定义的 termios 相关函数来设置 tty 设备属性。参见 include/termios.h 文件最后部分。那些函数（例如 tcflow()）在编译环境的函数库 libc.a 中实现，并且通过系统调用还是执行了本程序中的 ioctl()函数。

12.18.2 代码注释

程序 12-17　linux/fs/ioctl.c

```
/*
 *  linux/fs/ioctl.c
 *
 *  (C) 1991  Linus Torvalds
 */

#include <string.h>      // 字符串头文件。主要定义了一些有关字符串操作的嵌入函数。
#include <errno.h>       // 错误号头文件。包含系统中各种出错号。
#include <sys/stat.h>    // 文件状态头文件。含有文件状态结构 stat{}和常量。

#include <linux/sched.h>  // 调度程序头文件，定义了任务结构 task_struct、任务 0 数据等。

extern int tty_ioctl(int dev, int cmd, int arg);
 // chr_drv/tty_ioctl.c，第 133 行。
extern int pipe_ioctl(struct m_inode *pino, int cmd, int arg);
 // fs/pipe.c，第 118 行。

 // 定义输入输出控制(ioctl)函数指针类型。
typedef int (*ioctl_ptr)(int dev,int cmd,int arg);

 // 取系统中设备种数的宏。
#define NRDEVS ((sizeof (ioctl_table))/(sizeof (ioctl_ptr)))

 // ioctl 操作函数指针表。
static ioctl_ptr ioctl_table[]={
        NULL,           /* nodev */
        NULL,           /* /dev/mem */
        NULL,           /* /dev/fd */
        NULL,           /* /dev/hd */
        tty_ioctl,      /* /dev/ttyx */
        tty_ioctl,      /* /dev/tty */
        NULL,           /* /dev/lp */
        NULL};          /* named pipes */


 //// 系统调用函数 - 输入输出控制函数。
 // 该函数首先判断参数给出的文件描述符是否有效。然后根据对应 i 节点中文件属性判断文件类型，并
 // 根据具体文件类型调用相关的处理函数。
 // 参数：fd - 文件描述符；cmd - 命令码；arg - 参数。
 // 返回：成功则返回 0，否则返回出错码。
int sys_ioctl(unsigned int fd, unsigned int cmd, unsigned long arg)
{
        struct file * filp;
        int dev,mode;

 // 首先判断给出的文件描述符的有效性。如果文件描述符超出可打开的文件数，或者对应描述符的文件
 // 结构指针为空，则返回出错码退出。
```

```
        if (fd >= NR_OPEN || !(filp = current->filp[fd]))
                return -EBADF;
// 如果文件结构对应的是管道 i 节点，则根据进程是否有权操作该管道确定是否执行管道 IO
// 控制操作。若有权执行则调用 pipe_ioctl()，否则返回无效文件错误码。
        if (filp->f_inode->i_pipe)
                return (filp->f_mode&1)?pipe_ioctl(filp->f_inode,cmd,arg):-EBADF;
// 对于其他类型文件，取对应文件的属性，并据此判断文件的类型。如果该文件既不是字符设备文件，
// 也不是块设备文件，则返回出错码退出。若是字符或块设备文件，则从文件的 i 节点中取设备号。如
// 果设备号大于系统现有的设备数，则返回出错号。
        mode=filp->f_inode->i_mode;
        if (!S_ISCHR(mode) && !S_ISBLK(mode))
                return -EINVAL;
        dev = filp->f_inode->i_zone[0];
        if (MAJOR(dev) >= NRDEVS)
                return -ENODEV;
// 然后根据 IO 控制表 ioctl_table 查得对应设备的 ioctl 函数指针，并调用该函数。如果该设备
// 在 ioctl 函数指针表中没有对应函数，则返回出错码。
        if (!ioctl_table[MAJOR(dev)])
                return -ENOTTY;
        return ioctl_table[MAJOR(dev)](dev,cmd,arg);
}
```

12.19 select.c 程序

12.19.1 功能描述

Linux 编程人员经常会发现需要同时使用多个文件描述符来访问数据流会间歇传输的 I/O 设备。如果仅使用多个 read()、write()调用来处理这种情况，那么其中的一个调用可能会阻塞而等待在一个文件描述符上，而与此同时，其他文件描述符即使可以进行读/写操作也不会得到及时处理。

解决这种问题可有多种方法。一种方法是对每个需要同时访问的文件描述符设置一个进程来处理，但这种方法需要对这些进程之间的通信进行协调，因此这种方法比较复杂。另一种方法是把所有文件描述符都设置成非阻塞形式，并且在程序中循环检测各个文件描述符是否有数据可读，或可写入。但由于这种循环检测方法会耗费大量处理器时间，因此在多任务操作系统中并不提倡使用这种方法。第 3 种方法是使用异步 I/O 技术，其原理是当一个描述符可被访问操作时就让内核使用信号来通知进程。由于每个进程只有一个这种“通知”信号，因此若使用了多个文件描述符，则还是需要把各个文件描述符设置成非阻塞状态，并且在接收到这种信号时对每个描述符进行测试，以确定哪个描述符已准备好。

还有一种比较好的方法就是使用 selcet.c 程序中的 select()（sys_select()）函数来处理这种状况。select()函数最初出现在 BSD 4.2 操作系统中，可在支持 BSD Socket 网络编程接口的操作系统中使用，主要用于处理需要有效地同时访问多个文件描述符（或 Socket 句柄）的情况。该函数的主要工作原理就是让内核同时监测用户提供的多个文件描述符，如果文件描述符的状态没有发生变化就让调用进程进入睡眠状态；如果其中有一个描述符已准备好可被访问，该函数就返回进程，并告诉进程是哪个或哪几个描述符已准备好。

select()函数调用原型定义在 include/unistd.h 文件第 277 行上，如下所示：

```
int select(int width, fd_set * readfds, fd_set * writefds, fd_set * exceptfds,
        struct timeval * timeout);
```

该函数使用 5 个参数。第 1 个参数 width 是随后给出的 3 个描述符集中最大描述符的数值再加 1，该值实际上是内核代码检查描述符数的范围值。随后三个参数都是描述符集类型 fd_set 的指针，分别指向我们关心的读操作描述符集 readfds、写操作描述符集 writefds 和发生异常条件的描述符集 exceptfds。这 3 个指针中任意一个都可以为 NULL，表示我们不关心相应的集。如果 3 个指针均为 NULL，那么 select()函数可以用作为一个比较精确的计时器（sleep()函数只能提供秒级等待精度）。

描述符集类型 fd_set 定义在 include/sys/types.h 文件中，被定义为一个无符号 long 字类型。其中每个位表示一个文件描述符，而该位在 long 字中的位置值就是文件描述符的数值，如图 12-36 上半部分所示。

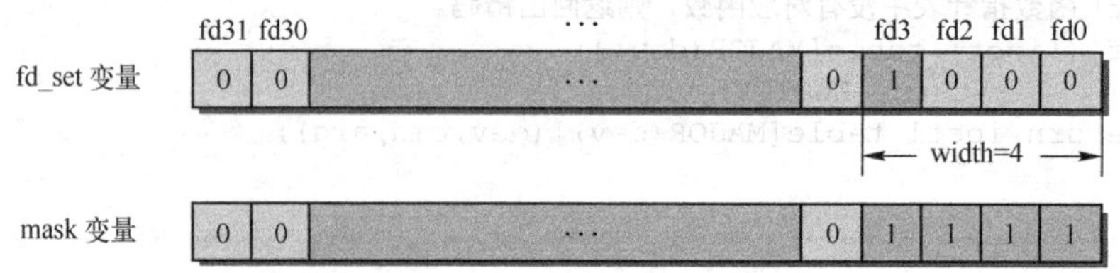

图 12-36 文件描述符集每个位表示一个描述符

如果我们关心执行读操作的描述符 fd3，那么就需要把 readfds 集中的 fd3 位设置为 1；如果需要监测执行写操作的文件描述符 fd1，就需要把 writefds 集中的 fd1（第 2 位）置为 1。如果 fd3 是所有描述符集中最大的描述符值，那么第 1 个参数 width 就等于 4。为便于对 fd_set 类型变量进行操作，Linux 系统提供了 4 个宏，定义在 include/sys/time.h 中：

```
#define FD_ZERO(fdsetp)        (*(fdsetp) = 0)         // 把指定的描述符集所有位清零。
#define FD_SET(fd,fdsetp)       (*(fdsetp) |= (1 << (fd)))
   // 设置指定描述符集中描述符对应位。
#define FD_CLR(fd,fdsetp)       (*(fdsetp) &= ~(1 << (fd)))
   // 复位指定描述符集中描述符对应位。
#define FD_ISSET(fd,fdsetp)    ((*(fdsetp) >> fd) & 1)        // 测试指定描述符对应位。
```

应用程序在声明了一个描述符集变量之后，应该首先使用 FD_ZERO()对其清零，然后再使用 FD_SET()或 FD_CLR()在其中设置/复位指定描述符相关的位。FD_ISSET 则用于在 select()返回时测试描述符集指定位是否仍然在置位状态。当 select()返回时，3 个描述符集中仍然置位的位表示对应的描述符已经准备好（可供读、写或者出现异常）。注意，这些宏需要使用描述符集指针作为第 2 个参数。

select()函数最后一个参数 timeout 用于指定进程在任意一个描述符准备好之前希望等待 select()函数返回的最长时间。它是类型为 timeval（定义在 include/sys/time.h 文件中）结构的一个指针，该结构如下所示：

```
   struct timeval {
          long    tv_sec;         /* 秒值（seconds） */
          long    tv_usec;        /* 微秒值（microseconds） */
   };
```

当 timeout 指针为 NULL 时，表示我们将无限期地等待下去，直到描述符集中指定的描述符有一个已准备好可操作为止。不过若进程收到一个信号时，等待过程将被中断，并且 select()会返回-1，全局变量 errno 会被设置为 EINTR。

当 timeout 指针不为 NULL，但是其所指结构中两个字段的值均为 0 时，则表示无须等待。此时 select()函数可用于测试所有指定描述符的状态，并立刻返回。当两个时间字段值至少有一个不为 0，则 select()函数会在返回之前等待一段时间。若在等待期间有一个描述符准备好，就直接返回，并且此时这两个时间字段值被修改成表示还剩余的等待时间值。如果在设置的时间内没有一个描述符准备好，select()就返回 0。另外，在等待期间也可以被信号中断，并返回-1。

总的来说，当 select()返回-1 时表示出错；当 select()返回一个 0 值时表示在规定的条件下还没有描述符准备好；当 select()返回一个正值时，表示描述符集中已经准备好的描述符个数。此时 3 个描述符集中仍然置位的位对应的描述符就是已准备好的描述符。

由于 Linux 0.12 内核只提供带 3 个参数的系统调用，而 select()有 5 个参数，因此在用户程序调用 select()函数时，库文件（例如 libc.a）中的 select()函数会把第 1 个参数的地址作为指针传递给内核中的系统调用 sys_select()，该调用则会把第 1 个参数的指针作为存放有所有参数的“缓冲区”指针进行处理。它会先把“缓冲区”中的参数分解开，再调用 do_select()函数进行处理。然后在 do_select()返回时再把返回结果写到这个用户数据“缓冲区”中。下面是 Linux 0.1x 系统的 libc 库中 select()函数的源代码实现。

```
#define __LIBRARY__
#include <sys/time.h>
#include <unistd.h>

int select(int nd, fd_set * in, fd_set * out, fd_set * ex, struct timeval * tv)
{
// 定义返回结果变量__res，并且定义寄存器变量__fooebx 为第 1 个参数的指针。
        long __res;
        register long __fooebx __asm__ ("bx") = (long) &nd;
// 系统调用内嵌汇编代码，eax=select 系统调用功能号；ebx 中是第 1 个参数 nd 的指针。
        __asm__ volatile ("int $0x80"
            : "=a" (__res)
            : "0" (__NR_select),"r" (__fooebx));
// 如果返回值大于等于 0，则返回该值，否则设置全局出错号变量 errno 然后返回-1。
        if (__res >= 0)
            return (int) __res;
        errno = -__res;
        return -1;
}
```

select.c 程序实际上比较复杂。正如 Linus 在程序的第 27 行英文注释中说的：“如果你能理解这里编制的代码，那么就说明你已经理解 Linux 中睡眠/唤醒的工作机制。”与 kernel/sched.c 类似，本程序中的主要难点在于对 add_wait()和 free_wait()函数的理解上。为了理解这两个函数的工作原理，我们可以参考 sched.c 程序中 sleep_on()函数的工作原理，因为这几个函数都涉及对某个资源的任务等待队列的处理。下面我们首先说明程序中 sys_select()系统调用的主要工作原理，然后详细介绍 select 对等待队列的处理方式。

sys_select()函数中的代码主要负责执行 select 功能前后的参数复制和转换工作，而 select 操作的主要工作则由 do_select()函数来完成。do_select()会首先检查描述符集中各个描述符的有效性，然后分别调用相关描述符集描述符的检查函数 check_XX()对每个描述符进行检查，同时统计描述符集中当前已经准备好的描述符个数。若有任何一个描述符已经准备好，本函数就会立刻返回，否则进程就会调用 add_wait()函数把当前任务插入到相应等待队列中，并在 do_select()函数中进入睡眠状态。如果在过了超时时间或者由于某个描述符所在等待队列上的进程被唤醒而使本进程继续运行，则进程会重复判断是否有描述符已准备好。在执行重复判断过程之前，do_select()函数会利用 free_wait()函数唤醒等待队列上已有的等待任务（若有的话）。

在处理描述符的等待过程时，select.c 程序使用了一个等待表 wait_table，如程序 12-18 中第 37～45 行和图 12-37 所示。select_table 类型的等待表 wait_table 中包含一个有效项计数字段 nr 和一个数组 entry[NR_OPEN * 3]，每个数组项都是一个 wait_entry 结构。wait_table 的有效项字段 nr 记录着描述符集中描述符等待在相关等待队列上的 wait_entry 项数。wait_entry 结构项包含两个字段，其中 wait_address 指针字段用于指向当前正在处理的描述符对应的任务等待队列头指针，而 old_task 指针字段用于指向等待队列头指针原来指向的等待任务。

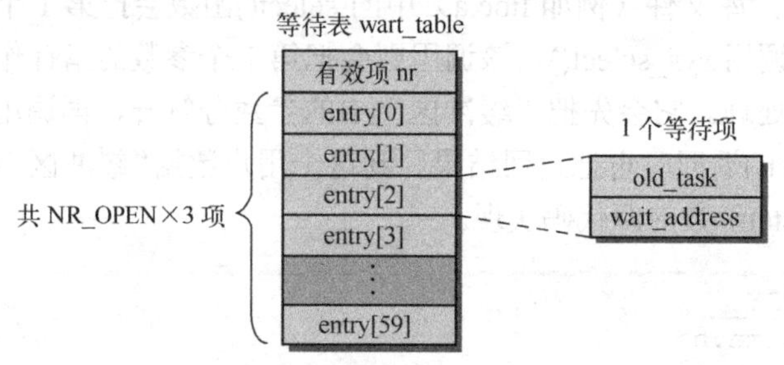

图 12-37 等待表结构示意图

等待表使用 add_wait()和 free_wait()函数进行操作。在一个描述符还没有准备好时，add_wait()用于把当前进程添加到该描述符对应的任务等待队列中。在向等待表中添加一项之前，它会首先搜索等待表中是否已经有与想要添加的等待项具有相同的等待队列头指针字段。若已经存在则不再添加到等待表中而直接返回（即不同的等待队列上只会被插入一个等待项），否则就让等待表项的 wait_address 字段指向等待队列头指针，而等待表项的 old_task 字段则指向队列头指针原来指向的任务。然后让等待队列头指针指向当前任务。最后把等待表的有效项计数值 nr 增 1。

例如，对于读缓冲队列空而等待终端 tty 输入字符的描述符来讲，对应终端的读缓冲队列 secondary 配有一个等待缓冲队列中出现可读字符的任务等待队列头指针 proc_list（参见 include/linux/tty.h 第 26 行的 tty 队列结构）。当 secondary 中没有字符可以读取时，select 程序就会使用 add_wait()函数把当前任务添加到等待表中。它会让等待表项字段 wait_address = proc_list，并且让字段 old_task 指向 proc_list 原来指向的任务。如果 proc_list 原来没有指向任何任务，则此时 old_task=NULL。然后让 proc_list 指向当前任务，这个处理过程如图 12-38 所示。图 a 表示调用执行 add_wait()函数之前等待队列头指针原来的任务 task，图 b 表示执行 add_wait()之后等待表项的形式。注意，图中仅示出等待表中的一个 wait_entry 表项。

如果等待队列中已有的等待任务都是由于调用了 sleep_on()函数而被插入等待队列中，并且在我们把调用 select 功能的当前任务插入等待队列后又有进程使用 sleep_on()函数把自己插入等待队列时，此时整个等待队列的结构如图 12-39 所示。

由图可见，等待表项 old_task 指针字段的作用与 sleep_on()函数中的 tmp 指针完全相同，而

wait_address 字段仅用于 select 防止在等待表 wait_table 中添加具有相同等待队列指针的表项。因此在使用 free_wait()函数清除等待表中各项时，free_wait()中使用的算法也与 sleep_on()函数中任务被唤醒时的代码完全相同。

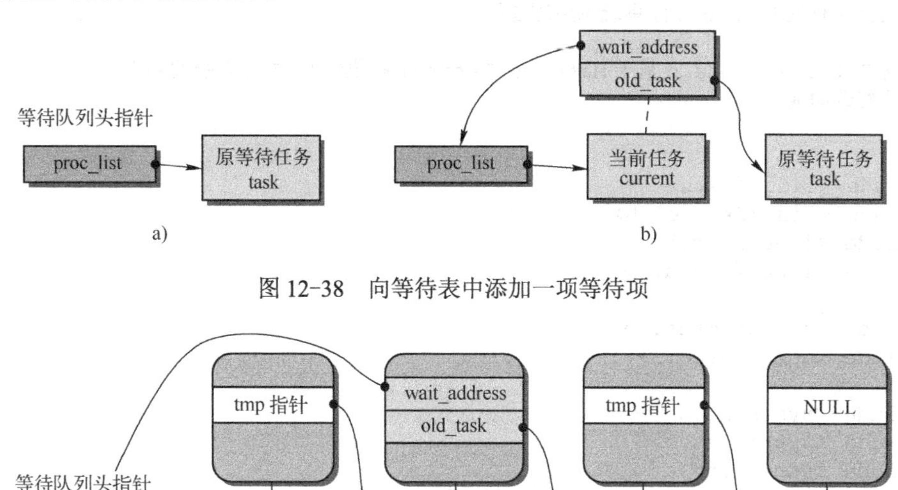

图 12-38　向等待表中添加一项等待项

图 12-39　等待队列中又被插入新的等待任务时的示意图

当等待的资源可用后，例如 tty 读缓冲队列 secondary 中已经输进了字符，则等待队列中头指针指向的任务将被唤醒。该任务又会随即唤醒其 tmp 指针指向的任务。当执行 select 的任务被唤醒时，它会立即执行 free_wait()函数（参见代码第 204 行）。若该任务在唤醒时等待队列头指针正指向这个任务时（*wait_address == current)，那么 free_wait()函数就会立刻去唤醒 old_task 所指向的随后的任务。由此可以看出，free_wait()的功能确实与 sleep_on()函数唤醒任务的代码相同。如果在执行 select 功能的任务被唤醒后又有其他进程调用 sleep_on() 函数而睡眠在该等待队列上，则此时等待队列头指针指向的就不会是当前进程（*wait_address != current)，那么此时我们就需要先唤醒这些任务。操作方法是将等待队列头所指任务先置为就绪状态（state = 0)，并把自己设置为不可中断等待状态，即自己要等待这些后续进入队列的任务被唤醒而开始执行时来唤醒本任务。然后重新执行调度程序。

另外请注意，由于 Linux 内核中实现的 select（sys_select()）在运行过程中会修改（递减）timeout 所指结构中的字段值，以反映出还剩余的等待时间，而很多操作系统中的 select()实现并不这样做，因此这会导致 select()运行期间会访问 timeout 结构值的 Linux 程序在移植时遇到问题。同样，在循环中不再对 timeout 进行初始化而多次使用 select()函数的程序若移植到 Linux 系统上也会遇到问题。所以当 select()返回时应该把 timeout 所指结构看作是处于未初始状态。

12.19.2　代码注释

程序 12-18　linux/fs/select.c

```
1 /*
2  * This file contains the procedures for the handling of select
3  *
```

```
 * Created for Linux based loosely upon Mathius Lattner's minix
 * patches by Peter MacDonald. Heavily edited by Linus.
 */
/*
 * 本文件含有处理 select()系统调用的过程。
 *
 * 这是 Peter MacDonald 基于 Mathius Lattner 提供给 MINIX 系统的补丁
 * 程序修改而成。
 */

#include <linux/fs.h>
#include <linux/kernel.h>
#include <linux/tty.h>
#include <linux/sched.h>

#include <asm/segment.h>
#include <asm/system.h>

#include <sys/stat.h>
#include <sys/types.h>
#include <string.h>
#include <const.h>
#include <errno.h>
#include <sys/time.h>
#include <signal.h>

/*
 * Ok, Peter made a complicated, but straightforward multiple_wait() function.
 * I have rewritten this, taking some shortcuts: This code may not be easy to
 * follow, but it should be free of race-conditions, and it's practical. If you
 * understand what I'm doing here, then you understand how the linux sleep/wakeup
 * mechanism works.
 *
 * Two very simple procedures, add_wait() and free_wait() make all the work. We
 * have to have interrupts disabled throughout the select, but that's not really
 * such a loss: sleeping automatically frees interrupts when we aren't in this
 * task.
 */
/*
 * OK，Peter 编制了复杂但很直观的多个_wait()函数。我对这些函数进行了改写，以使之更简洁：
 * 这些代码可能不容易看懂，但是其中应该不会存在竞争条件问题，并且很实际。如果你能理解这里编
 * 制的代码，那么就说明你已经理解 Linux 中睡眠/唤醒的工作机制。
 *
 * 两个很简单的过程，add_wait()和 free_wait()执行了主要操作。在整个 select 处理过程中我
 * 们不得不禁止中断。但是这样做并不会带来太多的损失：因为当我们不在执行本任务时睡眠状态会自
 * 动释放中断（即其他任务会使用自己 EFLAGS 中的中断标志）。
 */

typedef struct {
        struct task_struct * old_task;
        struct task_struct ** wait_address;
} wait_entry;

typedef struct {
        int nr;
        wait_entry entry[NR_OPEN*3];
} select_table;

```

```
// 把未准备好描述符的等待队列指针加入等待表 wait_table 中。参数*wait_address 是与描述
// 符相关的等待队列头指针。例如 tty 读缓冲队列 secondary 的等待队列头指针是 proc_list。
// 参数 p 是 do_select()中定义的等待表结构指针。
47 static void add_wait(struct task_struct ** wait_address, select_table * p)
48 {
49         int i;
50
// 首先判断描述符是否有对应的等待队列，若无则返回。然后在等待表中搜索参数指定的等待队列指针
// 是否已经在等待表中设置过，若设置过也立刻返回。这个判断主要是针对管道文件描述符。例如若一
// 个管道在等待可以进行读操作，那么其必定可以立刻进行写操作。
51         if (!wait_address)
52                 return;
53         for (i = 0 ; i < p->nr ; i++)
54                 if (p->entry[i].wait_address == wait_address)
55                         return;
// 然后我们把描述符对应等待队列的头指针保存在等待表 wait_table 中，同时让等待表项的 old_
// task 字段指向等待队列头指针指向的任务（若无则为 NULL），在让等待队列头指针指向当前任务。
// 最后把等待表有效项计数值 nr 增 1（其在第 179 行被初始化为 0）。
56         p->entry[p->nr].wait_address = wait_address;
57         p->entry[p->nr].old_task = * wait_address;
58         *wait_address = current;
59         p->nr++;
60 }
61
// 清空等待表。参数是等待表结构指针。本函数在 do_select()函数中睡眠后被唤醒返回时被调用
// （第 204、207 行），用于唤醒等待表中处于各个等待队列上的其他任务。它与 kernel/sched.c
// 中 sleep_on()函数的后半部分代码几乎完全相同，请参考对 sleep_on()函数的说明。
62 static void free_wait(select_table * p)
63 {
64         int i;
65         struct task_struct ** tpp;
66
// 如果等待表中各项（供 nr 个有效项）记录的等待队列头指针表明还有其他后来添加进的等待任务
// （例如其他进程调用 sleep_on() 函数而睡眠在该等待队列上），则此时等待队列头指针指向的不是
// 当前进程，那么我们就需要先唤醒这些任务。操作方法是将等待队列头所指任务先置为就绪状态
// （state = 0），并把自己设置为不可中断等待状态，即自己要等待这些后续进队列的任务被唤醒而
// 执行时来唤醒本任务。然后重新执行调度程序。
67         for (i = 0; i < p->nr ; i++) {
68                 tpp = p->entry[i].wait_address;
69                 while (*tpp && *tpp != current) {
70                         (*tpp)->state = 0;
71                         current->state = TASK_UNINTERRUPTIBLE;
72                         schedule();
73                 }
// 执行到这里，说明等待表当前处理项中的等待队列头指针字段 wait_address 指向当前任务，若它
// 为空，则表明调度有问题，于是显示警告信息。然后我们让等待队列头指针指向在我们前面进入队列
// 的任务（第 76 行）。若此时该头指针确实指向一个任务而不是 NULL，则说明队列中还有任务（*tpp
// 不为空），于是将该任务设置成就绪状态，唤醒之。最后把等待表的有效表项计数字段 nr 清零。
74                 if (!*tpp)
75                         printk("free_wait: NULL");
76                 if (*tpp = p->entry[i].old_task)
77                         (**tpp).state = 0;
78         }
79         p->nr = 0;
80 }
81
// 根据文件 i 节点判断文件是不是字符终端设备文件。若是则返回其 tty 结构指针，否则返回 NULL。
82 static struct tty_struct * get_tty(struct m_inode * inode)
```

```
{
	int major, minor;

// 如果不是字符设备文件则返回 NULL。如果主设备号不是 5（控制终端）或 4，则返回 NULL。
	if (!S_ISCHR(inode->i_mode))
		return NULL;
	if ((major = MAJOR(inode->i_zone[0])) != 5 && major != 4)
		return NULL;
// 如果主设备号是 5，那么其终端设备号等于进程的 tty 字段值，否则就等于字符设备文件次设备号。
// 如果终端设备号小于 0，表示进程没有控制终端或没有使用终端，于是返回 NULL。否则返回对应的
// tty 结构指针。
	if (major == 5)
		minor = current->tty;
	else
		minor = MINOR(inode->i_zone[0]);
	if (minor < 0)
		return NULL;
	return TTY_TABLE(minor);
}

/*
 * The check_XX functions check out a file. We know it's either
 * a pipe, a character device or a fifo (fifo's not implemented)
 */
/*
 * check_XX 函数用于检查一个文件。我们知道该文件要么是管道文件、要么是字符设备文件，或者要
 * 么是一个 FIFO（FIFO 还未实现）。
 */
// 检查读文件操作是否准备好，即终端读缓冲队列 secondary 是否有字符可读，或者管道文件是否不
// 空。参数 wait 是等待表指针；inode 是文件 i 节点指针。若描述符可进行读操作则返回 1，否则返
// 回 0。
static int check_in(select_table * wait, struct m_inode * inode)
{
	struct tty_struct * tty;

// 首先根据文件 i 节点调用 get_tty()检测文件是不是一个 tty 终端（字符）设备文件，如果是则检
// 查该终端读缓冲队列 secondary 中是否有字符可供读取，若有则返回 1，若此时 secondary 为空
// 则把当前任务添加到 secondary 的等待队列 proc_list 上并返回 0。如果是管道文件，则判断目
// 前管道中是否有字符可读，若有则返回 1，若没有（管道空）则把当前任务添加到管道 i 节点的等待
// 队列上并返回 0。注意，PIPE_EMPTY()宏使用管道当前头尾指针位置来判断管道是否空。管道 i 节
// 点的 i_zone[0]和 i_zone[1]字段分别存放着管道当前的头尾指针。
	if (tty = get_tty(inode))
		if (!EMPTY(tty->secondary))
			return 1;
		else
			add_wait(&tty->secondary->proc_list, wait);
	else if (inode->i_pipe)
		if (!PIPE_EMPTY(*inode))
			return 1;
		else
			add_wait(&inode->i_wait, wait);
	return 0;
}

// 检查文件写操作是否准备好，即终端写缓冲队列 write_q 中是否还有空闲位置可写，或者此时管道
// 文件是否不满。参数 wait 是等待表指针；inode 是文件 i 节点指针。若描述符可进行写操作则返回
// 1，否则返回 0。
static int check_out(select_table * wait, struct m_inode * inode)
```

```
{
        struct tty_struct * tty;

// 首先根据文件 i 节点调用 get_tty()检测文件是不是一个 tty 终端（字符）设备文件，如果是则检
// 查该终端写缓冲队列 write_q 中是否有空间可写入，若有则返回 1，若没有空空间则把当前任务添
// 加到 write_q 的等待队列 proc_list 上并返回 0。如果是管道文件则判断目前管道中是否有空闲
// 空间可写入字符，若有则返回 1，若没有（管道满）则把当前任务添加到管道 i 节点的等待队列上并
// 返回 0。
        if (tty = get_tty(inode))
                if (!FULL(tty->write_q))
                        return 1;
                else
                        add_wait(&tty->write_q->proc_list, wait);
        else if (inode->i_pipe)
                if (!PIPE_FULL(*inode))
                        return 1;
                else
                        add_wait(&inode->i_wait, wait);
        return 0;
}

// 检查文件是否处于异常状态。对于终端设备文件，目前内核总是返回 0。对于管道文件，如果此时两
// 个管道描述符中有一个或都已被关闭，则返回 1，否则就把当前任务添加到管道 i 节点的等待队列上
// 并返回 0。返回 0。参数 wait 是等待表指针；inode 是文件 i 节点指针。若出现异常条件则返回 1，
// 否则返回 0。
static int check_ex(select_table * wait, struct m_inode * inode)
{
        struct tty_struct * tty;

        if (tty = get_tty(inode))
                if (!FULL(tty->write_q))
                        return 0;
                else
                        return 0;
        else if (inode->i_pipe)
                if (inode->i_count < 2)
                        return 1;
                else
                        add_wait(&inode->i_wait,wait);
        return 0;
}

// do_select()是内核执行 select()系统调用的实际处理函数。该函数首先检查描述符集中各个描
// 述符的有效性，然后分别调用相关描述符集描述符检查函数 check_XX()对每个描述符进行检查，同
// 时统计描述符集中当前已经准备好的描述符个数。若有任何一个描述符已经准备好，本函数就会立刻
// 返回，否则进程就会在本函数中进入睡眠状态，并在过了超时时间或者由于某个描述符所在等待队列
// 上的进程被唤醒而使本进程继续运行。
int do_select(fd_set in, fd_set out, fd_set ex,
        fd_set *inp, fd_set *outp, fd_set *exp)
{
        int count;                                  // 已准备好的描述符个数计数值。
        select_table wait_table;                    // 等待表结构。
        int i;
        fd_set mask;

// 首先把 3 个描述符集进行或操作，在 mask 中得到描述符集中有效描述符位屏蔽码。然后循环判断当
// 前进程各个描述符是否有效并且包含在描述符集内。在循环中，每判断完一个描述符就会把 mask 右
// 移 1 位，因此根据 mask 的最低有效位我们就可以判断相应描述符是否在用户给定的描述符集中。有
```

```
// 效的描述符应该是一个管道文件描述符，或者是一个字符设备文件描述符，或者是一个 FIFO 描述符，
// 其余类型的都作为无效描述符而返回 EBADF 错误。
162         mask = in | out | ex;
163         for (i = 0 ; i < NR_OPEN ; i++,mask >>= 1) {
164                 if (!(mask & 1))                   // 若不在描述符集中则继续判断下一个。
165                         continue;
166                 if (!current->filp[i])             // 若该文件未打开，则返回描述符错。
167                         return -EBADF;
168                 if (!current->filp[i]->f_inode)    // 若文件 i 节点指针空，则返回错误号。
169                         return -EBADF;
170                 if (current->filp[i]->f_inode->i_pipe)// 若是管道文件描述符，则有效。
171                         continue;
172                 if (S_ISCHR(current->filp[i]->f_inode->i_mode))// 字符设备文件有效。
173                         continue;
174                 if (S_ISFIFO(current->filp[i]->f_inode->i_mode)) // FIFO 也有效。
175                         continue;
176                 return -EBADF;                     // 其余都作为无效描述符而返回。
177         }
// 下面开始循环检查 3 个描述符集中的各个描述符是否准备好（可以操作）。此时 mask 用作当前正在
// 处理描述符的屏蔽码。循环中的 3 个函数 check_in()、check_out()和 check_ex()分别用来判
// 断描述符是否已经准备好。若一个描述符已经准备好，则在相关描述符集中设置对应位位，并且把已
// 准备好描述符个数计数值 count 增 1。第 183 行 for 循环语句中的 mask += mask 等效于 mask<<1。
178 repeat:
179         wait_table.nr = 0;
180         *inp = *outp = *exp = 0;
181         count = 0;
182         mask = 1;
183         for (i = 0 ; i < NR_OPEN ; i++, mask += mask) {
// 如果此时判断的描述符在读操作描述符集中，并且该描述符已经准备好可以进行读操作，则把该描述
// 符在描述符集 in 中对应位置为 1，同时把已准备好描述符个数计数值 count 增 1。
184                 if (mask & in)
185                         if (check_in(&wait_table,current->filp[i]->f_inode)) {
186                                 *inp |= mask;              // 描述符集中设置对应位。
187                                 count++;                   // 已准备好描述符个数计数。
188                         }
// 如果此时判断的描述符在写操作描述符集中，并且该描述符已经准备好可以进行写操作，则把该描述
// 符在描述符集 out 中对应位置为 1，同时把已准备好描述符个数计数值 count 增 1。
189                 if (mask & out)
190                         if (check_out(&wait_table,current->filp[i]->f_inode)) {
191                                 *outp |= mask;
192                                 count++;
193                         }
// 如果此时判断的描述符在异常描述符集中，并且该描述符已经有异常出现，则把该描述符在描述符集
// ex 中对应位置为 1，同时把已准备好描述符个数计数值 count 增 1。
194                 if (mask & ex)
195                         if (check_ex(&wait_table,current->filp[i]->f_inode)) {
196                                 *exp |= mask;
197                                 count++;
198                         }
199         }
// 在对进程所有描述符判断处理过后，若没有发现有已准备好的描述符（count==0），并且此时进程
// 没有收到任何非阻塞信号，并且此时有等待着的描述符或者等待时间还没有超时，那么我们就把当前
// 进程状态设置成可中断睡眠状态，然后执行调度函数去执行其他任务。当内核又一次调度执行本任务
// 时就调用 free_wait()唤醒相关等待队列上本任务前后的任务，然后跳转到 repeat 标号处（178
// 行）再次重新检测是否有我们关心的（描述符集中的）描述符已准备好。
200         if (!(current->signal & ~current->blocked) &&
201             (wait_table.nr || current->timeout) && !count) {
202                 current->state = TASK_INTERRUPTIBLE;
```

```
                schedule();
                free_wait(&wait_table);         // 本任务被唤醒返回后从这里开始执行。
                goto repeat;
        }
// 如果此时 count 不等于 0，或者接收到了信号，或者等待时间到并且没有需要等待的描述符，那么我
// 们就调用 free_wait()唤醒等待队列上的任务，然后返回已准备好的描述符个数。
        free_wait(&wait_table);
        return count;
}

/*
 * Note that we cannot return -ERESTARTSYS, as we change our input
 * parameters. Sad, but there you are. We could do some tweaking in
 * the library function ...
 */
/*
 * 注意我们不能返回-ERESTARTSYS，因为我们会在 select 运行过程中改变
 * 输入参数值（*timeout）。很不幸，但你也只能接受这个事实。不过我们
 * 可以在库函数中做些处理...
 */
// select 系统调用函数。该函数中的代码主要负责进行 select 功能操作前后的参数复制和转换工
// 作。select 主要的工作由 do_select()函数来完成。sys_select()会首先根据参数传递来的缓
// 冲区指针从用户数据空间把 select() 函数调用的参数分解复制到内核空间，然后设置需要等待的
// 超时时间值 timeout，接着调用 do_select() 执行 select 功能，返回后就把处理结果再复制回
// 用户空间中。
// 参数 buffer 指向用户数据区中 select()函数的第 1 个参数处。如果返回值小于 0 表示执行时出现
// 错误；如果返回值等于 0，则表示在规定等待时间内没有描述符准备好操作；如果返回值大于 0，则
// 表示已准备好的描述符数量。
int sys_select( unsigned long *buffer )
{
/* Perform the select(nd, in, out, ex, tv) system call. */
/* 执行 select(nd, in, out, ex, tv)系统调用 */
// 首先定义几个局部变量，用于把指针参数传递来的 select()函数参数分解开来。
        int i;
        fd_set res_in, in = 0, *inp;            // 读操作描述符集。
        fd_set res_out, out = 0, *outp;         // 写操作描述符集。
        fd_set res_ex, ex = 0, *exp;            // 异常条件描述符集。
        fd_set mask;                            // 处理的描述符数值范围（nd）屏蔽码。
        struct timeval *tvp;                    // 等待时间结构指针。
        unsigned long timeout;

// 然后从用户数据区把参数分别隔离复制到局部指针变量中，并根据描述符集指针是否有效分别取得 3
// 个描述符集 in（读）、out（写）和 ex（异常）。其中 mask 也是一个描述符集变量，根据 3 个描述
// 符集中最大描述符数值+1（即第 1 个参数 nd 的值），它被设置成用户程序关心的所有描述符的屏蔽
// 码。例如，若 nd = 4，则 mask = 0b00001111（共 32 位）。
        mask = ~((~0) << get_fs_long(buffer++));
        inp = (fd_set *) get_fs_long(buffer++);
        outp = (fd_set *) get_fs_long(buffer++);
        exp = (fd_set *) get_fs_long(buffer++);
        tvp = (struct timeval *) get_fs_long(buffer);

        if (inp)                                // 若指针有效，则取读操作描述符集。
                in = mask & get_fs_long(inp);
        if (outp)                               // 若指针有效，则取写操作描述符集。
                out = mask & get_fs_long(outp);
        if (exp)                                // 若指针有效，则取异常描述符集。
                ex = mask & get_fs_long(exp);
// 接下来我们尝试从时间结构中取出等待（睡眠）时间值 timeout。首先把 timeout 初始化成最大
```

```
// （无限）值，然后从用户数据空间取得该时间结构中设置的时间值，经转换和加上系统当前滴答值
// jiffies，最后得到需要等待的时间滴答数值 timeout。我们用此值来设置当前进程应该等待的延
// 时。另外，第 241 行上 tv_usec 字段是微秒值，把它除以 1000000 后可得到对应秒数，再乘以系
// 统每秒滴答数 HZ，即把 tv_usec 转换成滴答值。
239         timeout = 0xffffffff;
240         if (tvp) {
241                                             timeout  =  get_fs_long((unsigned  long
*)&tvp->tv_usec)/(1000000/HZ);
242                 timeout += get_fs_long((unsigned long *)&tvp->tv_sec) * HZ;
243                 timeout += jiffies;
244         }
245         current->timeout = timeout;             // 设置当前进程应该延时的滴答值。
// select()函数的主要工作在 do_select()中完成。在调用该函数之后的代码用于把处理结果复制
// 到用户数据区中，返回给用户。为了避免出现竞争条件，在调用 do_select()前需要禁止中断，并
// 在该函数返回后再开启中断。
//如果在 do_select()返回之后进程的等待延时字段 timeout 还大于当前系统计时滴答值 jiffies，
// 说明在超时之前已经有描述符准备好，于是这里我们先记下到超时还剩余的时间值，随后我们会把这
// 个值返回给用户。如果进程的等待延时字段 timeout 已经小于或等于当前系统 jiffies，表示 do_
// select()可能是由于超时而返回，因此把剩余时间值设置为 0。
246         cli();                                  // 禁止响应中断。
247         i = do_select(in, out, ex, &res_in, &res_out, &res_ex);
248         if (current->timeout > jiffies)
249                 timeout = current->timeout - jiffies;
250         else
251                 timeout = 0;
252         sti();                                  // 开启中断响应。
// 接下来我们把进程的超时字段清零。如果 do_select()返回的已准备好描述符个数小于 0，表示执
// 行出错，于是返回这个错误号。然后我们把处理过的描述符集内容和延迟时间结构内容写回到用户数
// 据缓冲空间。在写时间结构内容时还需要先将滴答时间单位表示的剩余延迟时间转换成秒和微秒值。
253         current->timeout = 0;
254         if (i < 0)
255                 return i;
256         if (inp) {
257                 verify_area(inp, 4);
258                 put_fs_long(res_in,inp);        // 可读描述符集。
259         }
260         if (outp) {
261                 verify_area(outp,4);
262                 put_fs_long(res_out,outp);      // 可写描述符集。
263         }
264         if (exp) {
265                 verify_area(exp,4);
266                 put_fs_long(res_ex,exp);        // 出现异常条件描述符集。
267         }
268         if (tvp) {
269                 verify_area(tvp, sizeof(*tvp));
270                 put_fs_long(timeout/HZ, (unsigned long *) &tvp->tv_sec);  // 秒。
271                 timeout %= HZ;
272                 timeout *= (1000000/HZ);
273                 put_fs_long(timeout, (unsigned long *) &tvp->tv_usec);  // 微秒。
274         }
// 如果此时并没有已准备好的描述符，并且收到了某个非阻塞信号，则返回被中断错误号。
// 否则返回已准备好的描述符个数值。
275         if (!i && (current->signal & ~current->blocked))
276                 return -EINTR;
277         return i;
278 }
279
```

第13章 内存管理

在 Intel 80x86 体系结构中，Linux 内核的内存管理程序采用了分页管理方式。利用页目录和页表结构处理内核中其他部分代码对内存的申请和释放操作。内存的管理是以内存页面为单位进行的，一个内存页面是指地址连续的 4KB 物理内存。通过页目录项和页表项，可以寻址和管理指定页面的使用情况。在 Linux 0.12 的内存管理目录中共有 4 个文件，见表 13-1。

表 13-1 内存管理子目录文件列表

名称	大小/B	最后修改时间
Makefile	1221	1992-01-12 19:49:22
memory.c	13464	1992-01-13 22:57:04
page.s	508	1991-10-02 14:16:30
swap.c	5193	1992-01-13 15:46:41

其中，page.s 文件比较短，仅包含内存页异常的中断处理过程（int 14），主要实现了对缺页和页写保护的处理。memory.c 是内存页面管理的核心文件，用于内存的初始化操作、页目录和页表的管理和内核其他部分对内存的申请处理过程。swap.c 是内存页面交换管理文件，其中主要包括交换映射位图管理函数和交换设备访问函数。

13.1 总体功能

在 Intel 80x86 CPU 中，程序在寻址过程中使用的是由段和偏移值构成的地址。该地址并不能直接用来寻址物理内存地址，因此被称为虚拟地址。为了能寻址物理内存，就需要一种地址变换机制将虚拟地址映射或变换到物理内存中，这种地址变换机制就是内存管理的主要功能之一（内存管理的另外一个主要功能是内存的寻址保护机制。由于篇幅所限，本章不对其进行讨论）。虚拟地址通过段管理机制首先变换成一种中间地址形式——CPU 32 位的线性地址，然后使用分页管理机制将此线性地址映射到物理地址。

为了弄清 Linux 内核对内存的管理操作方式，我们需要了解内存分页管理的工作原理，了解其寻址的机制。分页管理的目的是将物理内存页面映射到某一线性地址处。在分析本章的内存管理程序时，需明确区分给定的地址是指线性地址还是实际物理内存的地址。

13.1.1 内存分页管理机制

在 Intel 80x86 的系统中，内存分页管理是通过页目录表和内存页表所组成的二级表进行的，如图 13-1 所示。其中页目录表和页表的结构是一样的，表项结构也相同（见图 13-4）。页目录表中的每个表项（简称页目录项）（4B）用来寻址一个页表，而每个页表项（4B）用来指定一页物理内存页。因此，当指定了一个页目录项和一个页表项，我们就可以唯一地确定所对应的物理内存页。页目录表占用一页内存，因此最多可以寻址 1024 个页表。而每个页表也同样占用一页内存，因此一个页表可以寻址最多 1024 个物理内存页面。这样在 80386 中，一个页目录表所寻址的所有页表共可以寻址 1024×1024×4096B = 4GB 的内存空间。在 Linux 0.12 内核中，所有进程都使用一个页目录表，而每个进程都有自己的页表。内核代码和数据段长度是 16MB，使用了 4 个页表（即 4 个页目录项）。这 4 个页表直接位于页目录表后面，参见 head.s 程序第 109～125 行。经过分段机制变换，内核代码和数据段位于线性地址空间的头 16MB 范围内，再经过分页机制变换，它被直接一一对应地映射到 16MB 的物理内存上。因此对于内核段来讲其线性地址就是物理地址。

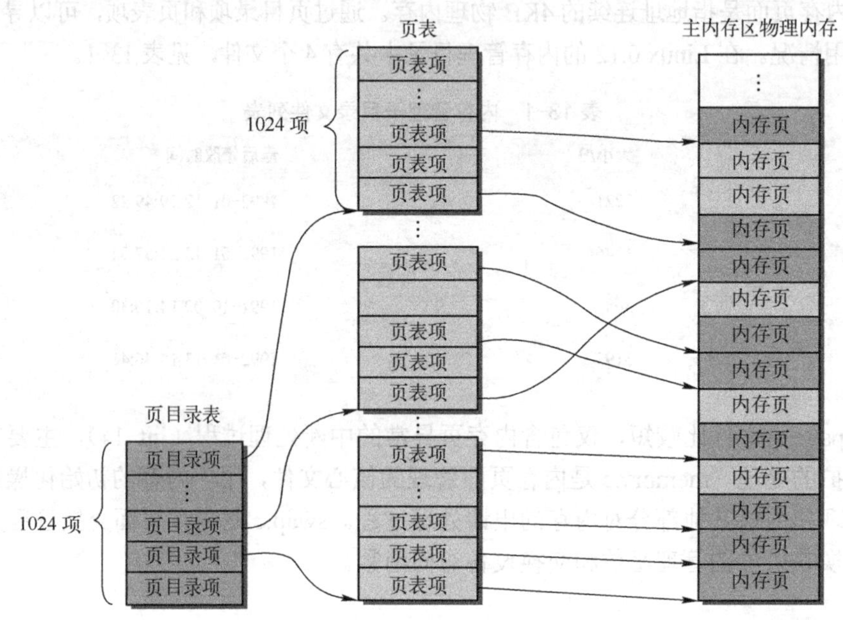

图 13-1 页目录表和页表结构示意图

对于应用进程或内核其他部分来讲，在申请内存时使用的是线性地址。接下来我们就要问了：“那么，一个线性地址如何使用这两个表来映射到一个物理地址上呢？”为了使用分页机制，一个 32 位的线性地址被分成了三个部分，分别用来指定一个页目录项、一个页表项和对应物理内存页上的偏移地址，从而能间接地寻址到线性地址指定的物理内存位置，如图 13-2 所示。

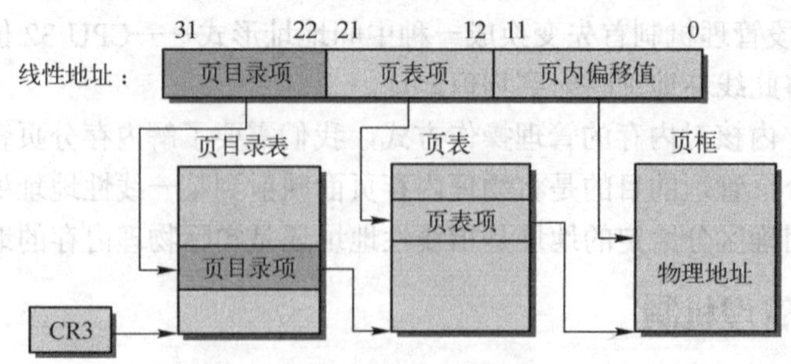

图 13-2 线性地址变换示意图

线性地址的位 31～22 共 10 位用来确定页目录中的目录项，位 21～12 用来寻址页目录项指定的页表中的页表项，最后的 12 位正好用作页表项指定的一页物理内存中的偏移地址。

在内存管理的函数中，大量使用了从线性地址到实际物理地址的变换计算。对于一个给定进程的线性地址，通过图中所示的地址变换关系，我们可以很容易地找到该线性地址对应的页目录项。若该目录项有效（被使用），则该目录项中的页框地址指定了一个页表在物理内存中的基址，那么结合线性地址中的页表项指针，若该页表项有效，则根据该页表项中的指定的页框地址，我们就可以最终确定指定线性地址对应的实际物理内存页的地址。反之，如果需要根据一个已知被使用的物理内存页地址，寻找对应的线性地址，则需要对整个页目录表和所有页表进行搜索。若该物理内存页被共享，我们就可能会找到多个对应的线性地址来。图 13-3 用形象的方法示出了一个给定的线性地址是如何映射到物理内存页上的。对于第一个进程（任务 0），其页表是在页目录表之后，共 4 页。对于应用程序的进程，其页表所使用的内存是在进程创建时向内存管理程序申请的，因此是在主内存区中。

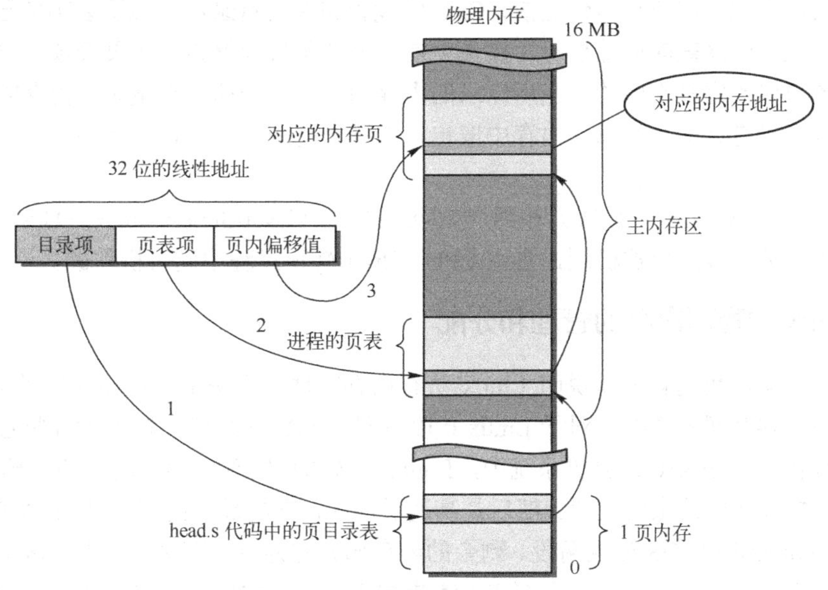

图 13-3　线性地址对应的物理地址

一个系统中可以同时存在多个页目录表，而在某个时刻只有一个页目录表可用。当前的页目录表是用 CPU 的寄存器 CR3 来确定的，它存储着当前页目录表的物理内存地址。但在本书所讨论的 Linux 内核中只使用了一个页目录表。

在图 13-1 中我们看到，每个页表项对应的物理内存页在 4GB 的地址范围内是随机的，是由页表项中页框地址内容确定的，也即是由内存管理程序通过设置页表项确定的。每个表项由页框地址、访问标志位、脏（已改写）标志位和存在标志位等构成。表项的结构如图 13-4 所示。

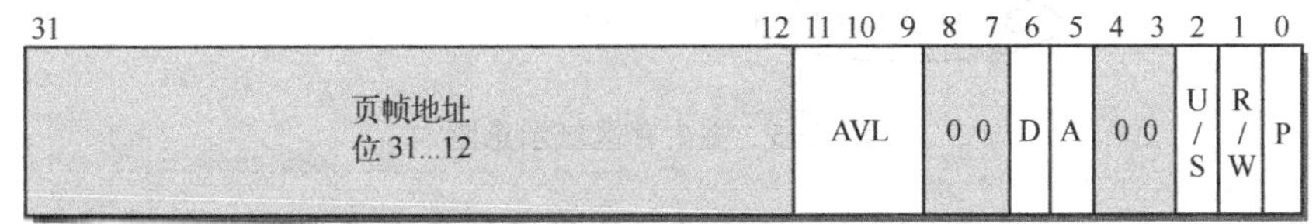

图 13-4　页目录和页表项结构

其中，页框地址(Page Frame Address)指定了一页内存的物理起始地址。因为内存页是位于 4K 边界上的，所以其低 12 位总是 0，因此表项的低 12 位可作他用。在一个页目录表中，表项的页框地址是一个页表的起始地址；在第二级页表中，页表项的页框地址则包含期望内存操作的物理内存页地址。

图中的存在位（PRESENT——P）确定了一个页表项是否可以用于地址转换过程。P=1 表示该项可用。当目录表项或第二级表项的 P=0 时，则该表项是无效的，不能用于地址转换过程。此时该表项的所有其他位都可供程序使用；处理器不对这些位进行测试。

当 CPU 试图使用一个页表项进行地址转换时，如果此时任意一级页表项的 P=0，则处理器就会发出页异常信号。此时缺页中断异常处理程序就可以把所请求的页加入到物理内存中，并且导致异常的指令会被重新执行。

已访问（Accessed——A）和已修改（Dirty——D）位用于提供有关页使用的信息。除了页目录项中的已修改位，这些位将由硬件置位，但不复位。页目录项和页表项的小区别在于页表项有个已写位 D（Dirty），而页目录项则没有。

在对一页内存进行读或写操作之前，CPU 将设置相关的目录和二级页表项的已访问位。在向一个二级页表项所涵盖的地址进行写操作之前，处理器将设置该二级页表项的已修改位，而页目录项中的已修改位是不用的。当所需求的内存超出实际物理内存量时，内存管理程序就可以使用这些位来确定哪些页可以从内存中取走，以腾出空间。内存管理程序还需负责检测和复位这些位。

读/写位（Read/Write——R/W）和用户/超级用户位（User/Supervisor——U/S）并不用于地址转换，但用于分页级的保护机制，是由 CPU 在地址转换过程中同时操作的。

13.1.2 Linux 中物理内存的管理和分配

有了以上概念，我们就可以说明 Linux 进行内存管理的方法了。但还需要了解一下 Linux 0.12 内核使用内存空间的情况。对于 Linux 0.12 内核，它默认最多支持 16MB 物理内存。在一个具有 16MB 内存的 80x86 计算机系统中，Linux 内核占用物理内存最前段的一部分，图 13-5 中 end 标示出内核模块结束的位置。随后是高速缓冲区，它的最高内存地址为 4MB。高速缓冲区被显示内存和 ROM BIOS 分成两段。剩余的内存部分称为主内存区。主内存区就是由本章的程序进行分配管理的。若系统中还存在 RAM 虚拟盘时，则主内存区前段还要扣除虚拟盘所占的内存空间。当需要使用主内存区时就需要向本章的内存管理程序申请，所申请的基本单位是内存页。整个物理内存各部分的功能示意图如图 13-5 所示。

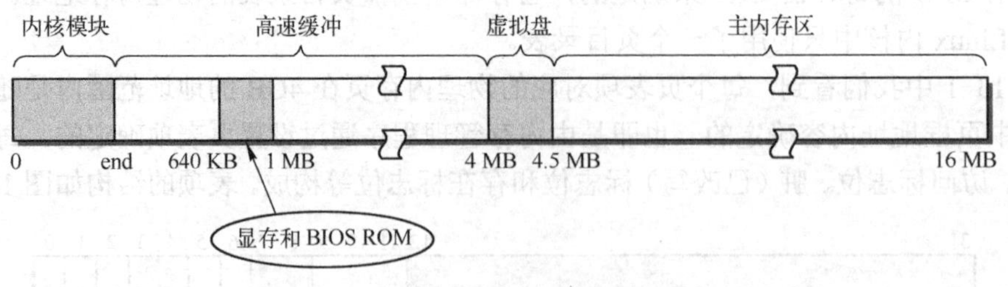

图 13-5 主内存区域示意图

在第 6 章中，我们已经知道，Linux 的页目录和页表是在程序 head.s 中设置的。head.s 程序在物理地址 0 处存放了一个页目录表，紧随其后是 4 个页表。这 4 个页表将被用于内核所占内存区域的映射操作。由于任务 0 的代码和数据包含在内核区域中，因此任务 0 也使用这些页表。其他的派生进程将在主内存区申请内存页来存放自己的页表。本章中的两个程序就是用于对这些表进行管理操作，从而实现对主内存区中内存页面的分配使用。

为了节约物理内存，在调用 fork()生成新进程时，新进程与原进程会共享同一内存区。只有当其中一个进程进行写操作时，系统才会为其另外分配内存页面。这就是写时复制的概念。

page.s 程序用于实现页异常中断处理过程（int 14）。该中断处理过程对由于缺页和页写保护引起的中断分别调用 memory.c 中的 do_no_page()和 do_wp_page()函数进行处理。do_no_page()会把需要的页面从块设备中取到内存指定位置处。在共享内存页面情况下，do_wp_page()会复制被写的页面（copy on write，写时复制），从而也取消了对页面的共享。

13.1.3 Linux 内核对线性地址空间的使用分配

在阅读本章代码时，我们还需要了解一个执行程序进程的代码和数据在其逻辑地址空间中的分布情况，如图 13-6 所示。

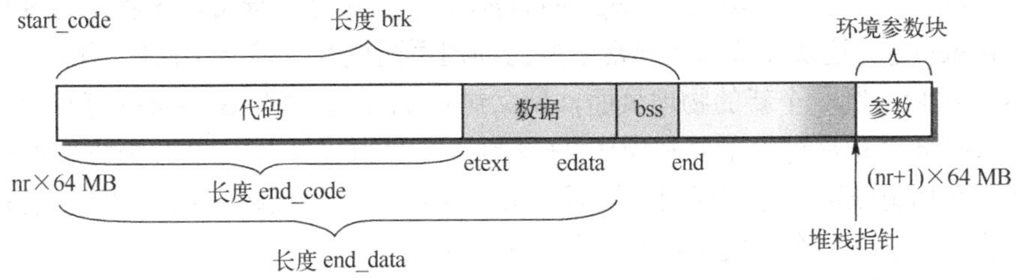

图 13-6 进程代码和数据在其逻辑地址空间中的分布

每个进程在线性地址中都是从 nr×64MB 的地址位置开始（nr 是任务号），占用逻辑地址空间的范围是 64MB（当然也是线性地址空间的范围）。其中最后部的环境参数数据块最长为 128KB，其左面是起始堆栈指针。另外，图中 bss 是进程未初始化的数据段，在进程创建时 bss 段的第一页会被初始化为全 0 。

13.1.4 页面出错异常处理

在运行于开启了分页机制（PG=1）的状态下，若 CPU 在执行线性地址变换到物理地址的过程中检测到以下条件，就会引起页出错异常中断 int 14：

（1）地址变换过程中用到的页目录项或页表项中存在位（P）等于 0。

（2）当前执行程序没有足够的特权访问指定的页面。

此时 CPU 会向页出错异常处理程序提供以下两方面信息来协助诊断和纠正错误：

（3）栈中的一个出错码（error code）。出错码的格式是一个 32 位的长字。但只有最低 3 位有用，它们的名称与页表项中的最后 3 位相同（U/S、W/R、P）。它们的含义和作用分别是：

- 位 0（P），异常是由于页面不存在或违反访问特权而引发。P=0，表示页不存在；P=1 表示违反页级保护权限。
- 位 1（W/R），异常是由于内存读或写操作引起。W/R=0，表示由读操作引起；W/R=1，表示由写操作引起。
- 位 2（U/S），发生异常时 CPU 执行的代码级别。U/S=0，表示 CPU 正在执行超级用户代码；U/S=1，表示 CPU 正在执行一般用户代码。

（4）在控制寄存器 CR2 中的线性地址。CPU 会把引起异常的访问使用的线性地址存放在 CR2 中。页出错异常处理程序可以使用这个地址来定位相关的页目录和页表项。

后面将要描述的 page.s 程序就是利用以上信息来区分是缺页异常还是写保护异常，从而确定调用 memory.c 程序中的缺页处理函数 do_no_page()或写保护函数 do_wp_page()函数。

13.1.5 写时复制机制

写时复制（copy on write）是一种推迟或免除复制数据的一种方法。此时内核并不去复制进程整个地址空间中的数据，而是让父进程和子进程共享同一个副本。当进程 A 使用系统调用 fork 创建出一个子进程 B 时，由于子进程 B 实际上是父进程 A 的一个副本，因此会拥有与父进程相同的物理页面。也即为了达到节约内存和加快创建进程速度的目标，fork()函数会让子进程 B 以只读方式共享父进程 A 的物理页面。同时将父进程 A 对这些物理页面的访问权限也设成只读（详见 memory.c 程序中的 copy_page_tables()函数）。这样一来，当父进程 A 或子进程 B 任何一方对这些共享物理页面执行写操作时，都会产生页面出错异常(page_fault int14)中断，此时 CPU 就会执行系统提供的异常处理函数 do_wp_page()来试图解决这个异常。这就是写时复制机制。

do_wp_page()会对这块导致写入异常中断的物理页面进行取消共享操作（使用 un_wp_page()函数）,并为写进程复制一个新的物理页面，使父进程 A 和子进程 B 各自拥有一块内容相同的物理页面。这时才真正地进行了复制操作(只复制这一块物理页面)。并且把将要执行写入操作的这块物理页面标记成可以写访问的。最后，从异常处理函数中返回时，CPU 就会重新执行刚才导致异常的写入操作指令，使进程能够继续执行下去。

因此，对于进程在自己的虚拟地址范围内进行写操作时，就会使用上面这种被动的写时复制操作，即：写操作→页面异常中断→处理写保护异常→重新执行写操作指令。而对于系统内核代码，当在某个进程的虚拟地址范围内执行写操作时，例如进程调用某个系统调用，若该系统调用会将数据复制到进程的缓冲区域中，则内核会通过 verify_area()函数首先主动地调用内存页面验证函数 write_verify()，来判断是否有页面共享的情况存在，如果有，就进行页面的写时复制操作。

另外，值得注意的一点是在 Linux 0.12 内核中，在内核代码地址空间（线性地址<1MB）执行 fork()来创建进程使并没有采用写时复制技术。因此当进程 0（idle 进程）在内核空间创建进程 1（init 进程）时将使用同一段代码和数据段。但由于进程 1 复制的页表项也是只读的，因此当进程 1 需要执行堆栈（写）操作时也会引起页面异常，从而在这种情况下内存管理程序也会在主内存区中为该进程分配内存。

由此可见，写时复制把对内存页面的复制操作推迟到实际要进行写操作的时刻，在页面不会被写的情况下根本不用进行页面复制操作，例如当 fork()创建了一个进程后立即调用 execve()去执行一个新程序的时候。因此这种技术可以避免不必要的内存页面复制的开销。

13.1.6 需求加载机制

在使用 execve()系统调用加载运行文件系统上的一个执行映像文件时，内核除了在 CPU 的 4GB 线性地址空间中为对应进程分配 64MB 的连续空间，并为其环境参数和命令行参数分配和映射一定数量的物理内存页面以外，实际上并没有给执行程序分配其他任何物理内存页面。当然也谈不上从文件系统上加载执行映像文件中的代码和数据。因此一旦该程序从设定的入口执行点开始运行就会立刻引起 CPU 产生一个缺页异常（执行指针所在的内存页面不存在）。此时内核的缺页异常处理程序才会根据引起缺页异常的具体线性地址把执行文件中相关的代码页从文件系统中加载到物理内存页面中，并映射到进程逻辑地址中指定的页面位置处。当异常处理程序返回后 CPU 就会重新执行引起异常的指令，使得执行程序能够继续执行。若在执行过程中又要运行另一页中还未加载的代码，或者代码指令需要访问还未加载的数据，那么 CPU 同样会产生一个缺页异常中断，此时内核就又会把执行程序中的其他对应页面内容加载到内存中。就这样，执行文件中只有运行到（用到）的代码或数据页面才会被内核加载到物理内存中。这种仅在实际需要时才加载执行文件中页面的方法被称为需求加载（Load on demand）技术或需求分页（demand-paging）技术。

采用需求加载技术的一个明显优点是在调用 execve()系统后能够让执行程序立刻开始运行，而无需等待多次的块设备 I/O 操作把整个执行文件映像加载到内存中后才开始运行。因此系统对执行程序的加载执行速度将大大地提高。但这种技术对被加载执行目标文件的格式有一定要求。它要求被执行的文件目标格式是 ZMAGIC 类型的，即需求分页格式的目标文件格式。在这种目标文件格式中，程序的代码段和数据段都从页面边界开始存放，以适应内核以一个页面为单位读取代码或数据内容。

13.2　memory.c 程序

13.2.1　功能描述

本程序进行内存分页的管理。实现了对主内存区内存页面的动态分配和回收操作。对于内核代码和数据所占物理内存区域以外的内存（1MB 以上内存区域），内核使用了一个字节数组 mem_map[]来表示物理内存页面的状态。每个字节描述一个物理内存页的占用状态。其中的值表示被占用的次数，0 表示对应的物理内存空闲着。当申请一页物理内存时，就将对应字节的值增 1。

在内存管理初始化过程中，系统首先计算出 1MB 以上内存区域对应的内存页面数（PAGING_PAGES），并把 mem_map[]所有项都置为 100（占用），然后把主内存区域对应的 mem_map[]项中的值清零。因此内核所使用的位于 1MB 地址以上的高速缓冲区域以及虚拟磁盘区域（若有的话）都已经被初始化成占用状态。mem_map[]中对应主内存区域的项则在系统使用过程中进行设置或复位。例如，对于图 13-5 所示的具有 16MB 物理内存并设置了 512KB 虚拟磁盘的 PC，mem_map[]数组共有(16MB - 1MB)/4KB = 3840 项，即对应 3840 个页面。其中主内存区拥有的页面数为(16MB-4.5MB)/4KB = 2944 个，对应 mem_map[]数组的最后 2944 项，而前 896 项则对应 1MB 以上的高速缓冲区和虚拟磁盘所占有的物理页面。因此在内存管理初始化过程中，mem_map[]的前 896 项被被设置为占用状态（值为 100），不可再被分配使用。而后 2944 项的值被清 0，可被内存管理程序分配使用。参见图 13-7。

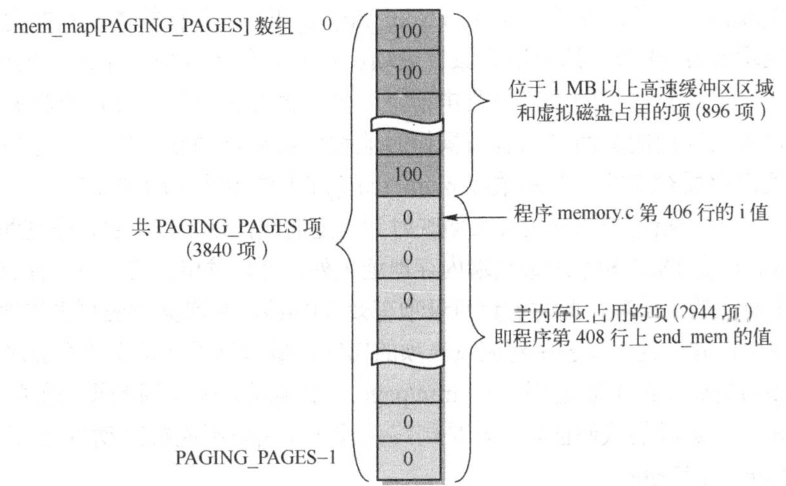

图 13-7　具有 16MB 物理内存和 512KB 虚拟磁盘的 PC 的 mem_map[]数组初始化情况

对于进程虚拟地址（或逻辑地址）的管理，内核使用了处理器的页目录表和页表结构来管理。而物理内存页与线性地址之间的映射关系则是通过修改页目录和页表项的内容来处理。下面对程序中所提供的几个主要函数进行详细说明。

get_free_page()和 free_page()这两个函数专门用于管理主内存区中物理内存的占用和空闲情况，与每个进程的线性地址无关。

get_free_page()函数用于在主内存区中申请一页空闲内存页，并返回物理内存页的起始地址。它首先扫描内存页面字节图数组 mem_map[]，寻找值是 0 的字节项（对应空闲页面）。若无则返回 0 结束，表示物理内存已使用完。若找到值为 0 的字节，则将其置 1，并换算出对应空闲页面的起始地址。然后对该内存页面作清零操作。最后返回该空闲页面的物理内存起始地址。

free_page()用于释放指定地址处的一页物理内存。它首先判断指定的内存地址是否小于 1MB，若是则返回，因为 1MB 以内是内核专用的；若指定的物理内存地址大于或等于实际内存最高端地址，则显示出错信息；然后由指定的内存地址换算出页面号: (addr - 1MB)/4KB；接着判断页面号对应的 mem_map[]字节项是否为 0，若不为 0，则减 1 返回；否则对该字节项清零，并显示"试图释放一空闲页面"的出错信息。

free_page_tables()和 copy_page_tables()这两个函数则以一个页表对应的物理内存块（4MB）为单位，释放或复制指定线性地址和长度（页表个数）对应的物理内存页块。不仅对管理线性地址的页目录和页表中的对应项内容进行修改，而且也对每个页表中所有页表项对应的物理内存页进行释放或占用操作。

free_page_tables()用于释放指定线性地址和长度（页表个数）对应的物理内存页。它首先判断指定的线性地址是否在 4MB 的边界上，若不是则显示出错信息，并死机。然后判断指定的地址值是否为 0，若是，则显示出错信息"试图释放内核和缓冲区所占用的空间"，并死机。接着计算在页目录表中所占用的目录项数 size，即页表个数，并计算对应的起始目录项号。然后从对应起始目录项开始，释放所占用的所有 size 个目录项，同时释放对应目录项所指的页表中的所有页表项和相应的物理内存页。最后刷新页变换高速缓冲。

copy_page_tables()用于复制指定线性地址和长度（页表个数）内存对应的页目录项和页表，从而被复制的页目录和页表对应的原物理内存区被共享使用。该函数首先验证指定的源线性地址和目的线性地址是否都在 4MB 的内存边界地址上，否则就显示出错信息，并死机；然后由指定线性地址换算出对应的起始页目录项（from_dir, to_dir）；并计算需复制的内存区占用的页表数（即页目录项数）；接着开始分别将原目录项和页表项复制到新的空闲目录项和页表项中。页目录表只有一个，而新进程的页表需要申请空闲内存页面来存放；此后再将原始和新的页目录和页表项都设置成只读的页面。当有写操作时就利用页异常中断调用，执行写时复制操作。最后对共享物理内存页对应的字节图数组 mem_map[]的标志进行增 1 操作。

put_page()用于将一指定的物理内存页面映射到指定的线性地址处。它首先判断指定的内存页面地址的有效性，应在 1MB 和系统最高端内存地址之外，否则发出警告。然后计算该指定线性地址在页目录表中对应的目录项，此时若该目录项有效（P=1），则取其对应页表的地址，否则申请空闲页给页表使用，并设置该页表中对应页表项的属性。最后仍返回指定的物理内存页面地址。

do_wp_page()是页异常中断过程（在 mm/page.s 中实现）中调用的页写保护处理函数。它首先判断地址是否在进程的代码区域，若是则终止程序（代码不能被改动）；然后执行写时复制页面的操作（Copy on Write）。

do_no_page()是页异常中断过程中调用的缺页处理函数。它首先判断指定的线性地址在一个进程空间中相对于进程基址的偏移长度值。如果它大于代码加数据长度，或者进程刚开始创建，则立刻申请一页物理内存，并映射到进程线性地址中，然后返回；接着尝试进行页面共享操作，若成功，则立刻返回；否则申请一页内存并从设备中读入一页信息；若加入该页信息时，指定线性地址+1 页长度超过了进程代码加数据的长度，则将超过的部分清零。然后将该页映射到指定的线性地址处。

get_empty_page()用于取得一页空闲物理内存并映射到指定线性地址处。主要使用了 get_free_page()和 put_page()函数来实现该功能。

13.2.2　代码注释

程序 13-1　linux/mm/memory.c

```
/*
 *  linux/mm/memory.c
 *
 *  (C) 1991  Linus Torvalds
 */

/*
 * demand-loading started 01.12.91 - seems it is high on the list of
 * things wanted, and it should be easy to implement. - Linus
 */
/*
 * 需求加载是从 91.12.1 开始编写的 - 在程序编制表中似乎是最重要的程序，
 * 并且应该是很容易编制的 - Linus
 */

/*
 * Ok, demand-loading was easy, shared pages a little bit tricker. Shared
 * pages started 02.12.91, seems to work. - Linus.
 *
 * Tested sharing by executing about 30 /bin/sh: under the old kernel it
 * would have taken more than the 6M I have free, but it worked well as
 * far as I could see.
 *
 * Also corrected some "invalidate()"s - I wasn't doing enough of them.
 */
/*
 * OK，需求加载是比较容易编写的，而共享页面却需要有点技巧。共享页面程序是
 * 91.12.2 开始编写的，好像能够工作 - Linus。
 *
 * 通过执行大约 30 个/bin/sh 对共享操作进行了测试：在老内核当中需要占用多于
 * 6MB 的内存，而目前却不用。现在看来工作得很好。
 *
 * 对"invalidate()"函数也进行了修正——在这方面我还做得不够。
 */

/*
 * Real VM (paging to/from disk) started 18.12.91. Much more work and
 * thought has to go into this. Oh, well..
 * 19.12.91  -  works, somewhat. Sometimes I get faults, don't know why.
 *              Found it. Everything seems to work now.
```

```
28  * 20.12.91 - Ok, making the swap-device changeable like the root.
29  */
  /*
   * 91.12.18 开始编写真正的虚拟内存管理 VM（交换页面到/从磁盘）。需要对此
   * 考虑很多并且需要作很多工作。呵呵，也只能这样了。
   * 91.12.19  -  在某种程度上可以工作了，但有时会出错，不知道怎么回事。
   *              找到错误了，现在好像一切都能工作了。
   * 91.12.20  -  OK，把交换设备修改成可更改的了，就像根文件设备那样。
   */
30
31 #include <signal.h>        // 信号头文件。定义信号符号常量，信号结构及信号函数原型。
32
33 #include <asm/system.h>    // 系统头文件。定义设置或修改描述符/中断门等嵌入汇编宏。
34
35 #include <linux/sched.h>   // 调度程序头文件，定义任务结构 task_struct、任务 0 的数据。
36 #include <linux/head.h>    // head 头文件，定义段描述符的简单结构，和几个选择符常量。
37 #include <linux/kernel.h>  // 内核头文件。含有一些内核常用函数的原形定义。
38
  // CODE_SPACE(addr) ((((addr)+0xfff)&~0xfff)<current->start_code+current->end_code)。
  // 该宏用于判断给定线性地址是否位于当前进程的代码段中，“(((addr)+4095)&~4095)”用于
  // 取得线性地址 addr 所在内存页面的末端地址。参见 265 行。
39 #define CODE_SPACE(addr) ((((addr)+4095)&~4095) < \
40 current->start_code + current->end_code)
41
42 unsigned long HIGH_MEMORY = 0;            // 全局变量，存放实际物理内存最高端地址。
43
  // 从 from 处复制 1 页内存到 to 处（4KB）。
44 #define copy_page(from,to) \
45 __asm__("cld ; rep ; movsl"::"S" (from),"D" (to),"c" (1024):"cx","di","si")
46
  // 物理内存映射字节图（1 字节代表 1 页内存）。每个页面对应的字节用于标志页面当前被引用
  // （占用）次数。它最大可以映射 15MB 的内存空间。在初始化函数 mem_init()中，对于不能用
  // 作主内存区页面的位置均都预先被设置成 USED（100）。
47 unsigned char mem_map [ PAGING_PAGES ] = {0,};
48
49 /*
50  * Free a page of memory at physical address 'addr'. Used by
51  * 'free_page_tables()'
52  */
  /*
   * 释放物理地址“addr”处的一页内存。用于函数 free_page_tables()。
   */
  //// 释放物理地址 addr 开始的 1 页面内存。
  // 物理地址 1MB 以下的内存空间用于内核程序和缓冲，不作为分配页面的内存空间。因此
  // 参数 addr 需要大于 1MB。
53 void free_page(unsigned long addr)
54 {
  // 首先判断参数给定的物理地址 addr 的合理性。如果物理地址 addr 小于内存低端（1MB），
  // 则表示在内核程序或高速缓冲中，对此不予处理。如果物理地址 addr >= 系统所含物理
  // 内存最高端，则显示出错信息并且内核停止工作。
55         if (addr < LOW_MEM) return;
56         if (addr >= HIGH_MEMORY)
57                 panic("trying to free nonexistent page");
  // 如果对参数 addr 验证通过，那么就根据这个物理地址换算出从内存低端开始计起的内存
  // 页面号。页面号 = (addr - LOW_MEM)/4096。可见页面号从 0 号开始计起。此时 addr
  // 中存放着页面号。如果该页面号对应的页面映射字节不等于 0，则减 1 返回。此时该映射
```

```
// 字节值应该为 0，表示页面已释放。如果对应页面字节原本就是 0，表示该物理页面本来
// 就是空闲的，说明内核代码出问题。于是显示出错信息并停机。
        addr -= LOW_MEM;
        addr >>= 12;
        if (mem_map[addr]--) return;
        mem_map[addr]=0;
        panic("trying to free free page");
}

/*
 * This function frees a continuos block of page tables, as needed
 * by 'exit()'. As does copy_page_tables(), this handles only 4Mb blocks.
 */
/*
 * 下面函数释放页表连续的内存块，exit()需要该函数。与 copy_page_tables()
 * 类似，该函数仅处理 4MB 长度的内存块。
 */
//// 根据指定的线性地址和限长（页表个数），释放对应内存页表指定的内存块并置表项空闲。
// 页目录位于物理地址 0 开始处，共 1024 项，每项 4 字节，共占 4KB。每个目录项指定一
// 个页表。内核页表从物理地址 0x1000 处开始（紧接着目录空间），共 4 个页表。每个页表有
// 1024 项，每项 4B。因此也占 4KB（1 页）内存。各进程（除了在内核代码中的进程 0 和 1）
// 的页表所占据的页面在进程被创建时由内核为其在主内存区申请得到。每个页表项对应 1 页
// 物理内存，因此一个页表最多可映射 4MB 的物理内存。
// 参数：from - 起始线性基地址；size - 释放的字节长度。
int free_page_tables(unsigned long from,unsigned long size)
{
        unsigned long *pg_table;
        unsigned long * dir, nr;

// 首先检测参数 from 给出的线性基地址是否在 4MB 的边界处。因为该函数只能处理这种情况。
// 若 from = 0，则出错。说明试图释放内核和缓冲所占空间。
        if (from & 0x3fffff)
                panic("free_page_tables called with wrong alignment");
        if (!from)
                panic("Trying to free up swapper memory space");
// 然后计算参数 size 给出的长度所占的页目录项数（4MB 的进位整数倍），也即所占页表数。
// 因为 1 个页表可管理 4MB 物理内存，所以这里用右移 22 位的方式把需要复制的内存长度值
// 除以 4MB。其中加上 0x3fffff（即 4MB -1）用于得到进位整数倍结果，即除操作若有余数
// 则进 1。例如，如果原 size = 4.01MB，那么可得到结果 size = 2。 接着计算给出的线性
// 基地址对应的起始目录项。对应的目录项号 = from >> 22。因为每项占 4 字节，并且由于
// 页目录表从物理地址 0 开始存放，因此实际目录项指针 = 目录项号<<2，也即(from>>20)。
// "与"上 0xffc 确保目录项指针范围有效。
        size = (size + 0x3fffff) >> 22;
        dir = (unsigned long *) ((from>>20) & 0xffc); /* _pg_dir = 0 */

// 此时 size 是释放的页表个数，即页目录项数，而 dir 是起始目录项指针。现在开始循环
// 操作页目录项，依次释放每个页表中的页表项。如果当前目录项无效（P 位=0），表示该
// 目录项没有使用（对应的页表不存在），则继续处理下一个目录项。否则从目录项中取出
// 页表地址 pg_table，并对该页表中的 1024 个表项进行处理，释放有效页表项（P 位=1）
// 对应的物理内存页面，或者从交换设备中释放无效页表项（P 位=0）对应的页面，即释放
// 交换设备中对应的内存页面（因为页面可能已经交换出去）。然后把该页表项清零，并继
// 续处理下一页表项。当一个页表所有表项都处理完毕就释放该页表自身占据的内存页面，
// 并继续处理下一页目录项。最后刷新页变换高速缓冲，并返回 0。
        for ( ; size-->0 ; dir++) {
                if (!(1 & *dir))
                        continue;
```

```
                pg_table = (unsigned long *) (0xfffff000 & *dir); // 取页表地址。
                for (nr=0 ; nr<1024 ; nr++) {
                        if (*pg_table) {                 // 若所指页表项内容不为 0，则
                                if (1 & *pg_table)   // 若该项有效，则释放对应页。
                                        free_page(0xfffff000 & *pg_table);
                                else                 // 否则释放交换设备中对应页。
                                        swap_free(*pg_table >> 1);
                                *pg_table = 0;       // 该页表项内容清零。
                        }
                        pg_table++;                      // 指向页表中下一项。
                }
                free_page(0xfffff000 & *dir);            // 释放该页表所占内存页面。
                *dir = 0;                                // 对应页表的目录项清零。
        }
        invalidate();                                    // 刷新 CPU 页变换高速缓冲。
        return 0;
}

/*
 *  Well, here is one of the most complicated functions in mm. It
 * copies a range of linear addresses by copying only the pages.
 * Let's hope this is bug-free, 'cause this one I don't want to debug :-)
 *
 * Note! We don't copy just any chunks of memory - addresses have to
 * be divisible by 4Mb (one page-directory entry), as this makes the
 * function easier. It's used only by fork anyway.
 *
 * NOTE 2!! When from==0 we are copying kernel space for the first
 * fork(). Then we DONT want to copy a full page-directory entry, as
 * that would lead to some serious memory waste - we just copy the
 * first 160 pages - 640kB. Even that is more than we need, but it
 * doesn't take any more memory - we don't copy-on-write in the low
 * 1 Mb-range, so the pages can be shared with the kernel. Thus the
 * special case for nr=xxxx.
 */
/*
 * 好了，下面是内存管理 mm 中最为复杂的程序之一。它通过只复制内存页面来复制一定范围内线性地址
 * 中的内容。希望代码中没有错误，因为我不想再调试这块代码了:-)。
 *
 * 注意！我们并不复制任何内存块，内存块的地址需要是 4MB 的倍数（正好一个页目录项对应的内存长
 * 度），因为这样处理可使函数很简单。不管怎样，它仅被 fork()使用。
 *
 * 注意 2！！ 当 from==0 时，说明是在为第一次 fork()调用复制内核空间。此时我们就不想复制整
 * 个页目录项对应的内存，因为这样做会导致内存严重浪费，我们只须复制开头 160 个页面，对应 640KB。
 * 即使是复制这些页面也已经超出我们的需求，但这不会占用更多的内存，在低 1MB 内存范围内不执行
 * 写时复制操作，所以这些页面可以与内核共享。因此这是 nr=xxxx 的特殊情况（nr 在程序中指页面数）。
 */
//// 复制页目录表项和页表项。
// 复制指定线性地址和长度内存对应的页目录项和页表项，从而被复制的页目录和页表对应
// 的原物理内存页面区被两套页表映射而共享使用。复制时，需申请新页面来存放新页表，
// 原物理内存区将被共享。此后两个进程（父进程和其子进程）将共享内存区，直到有一个
// 进程执行写操作时，内核才会为写操作进程分配新的内存页（写时复制机制）。
// 参数 from、to 是线性地址，size 是需要复制（共享）的内存长度，单位是字节。
int copy_page_tables(unsigned long from,unsigned long to,long size)
{
        unsigned long * from_page_table;
```

```
121         unsigned long * to_page_table;
122         unsigned long this_page;
123         unsigned long * from_dir, * to_dir;
124         unsigned long new_page;
125         unsigned long nr;
126
    // 首先检测参数给出的源地址 from 和目的地址 to 的有效性。源地址和目的地址都需要在 4MB
    // 内存边界地址上。否则出错死机。作这样的要求是因为一个页表的 1024 项可管理 4MB 内存。
    // 源地址 from 和目的地址 to 只有满足这个要求才能保证从一个页表的第 1 项开始复制页表
    // 项，并且新页表的最初所有项都是有效的。 然后取得源地址和目的地址的起始目录项指针
    // （from_dir 和 to_dir）。再根据参数给出的长度 size 计算要复制的内存块占用的页表数
    // （即目录项数）。参见前面对 78、79 行的解释。
127         if ((from&0x3fffff) || (to&0x3fffff))
128                 panic("copy_page_tables called with wrong alignment" );
129         from_dir = (unsigned long *) ((from>>20) & 0xffc); /* _pg_dir = 0 */
130         to_dir = (unsigned long *) ((to>>20) & 0xffc);
131         size = ((unsigned) (size+0x3fffff)) >> 22;
    // 在得到了源起始目录项指针 from_dir 和目的起始目录项指针 to_dir 以及需要复制的页表
    // 个数 size 后，下面开始对每个页目录项依次申请 1 页内存来保存对应的页表，并且开始
    // 页表项复制操作。如果目的目录项指定的页表已经存在（P=1），则出错死机。 如果源目
    // 录项无效，即指定的页表不存在（P=0），则继续循环处理下一个页目录项。
132         for( ; size-->0 ; from_dir++,to_dir++) {
133                 if (1 & *to_dir)
134                         panic("copy_page_tables: already exist" );
135                 if (!(1 & *from_dir))
136                         continue;

    // 在验证了当前源目录项和目的项正常之后，取源目录项中页表地址 from_page_table。
    // 为了保存目的目录项对应的页表，需要在主内存区中申请 1 页空闲内存页。如果取空闲页面
    // 函数 get_free_page() 返回 0，则说明没有申请到空闲内存页面，可能是内存不够。于是返
    // 回-1 值退出。
137                 from_page_table = (unsigned long *) (0xfffff000 & *from_dir);
138                 if (!(to_page_table = (unsigned long *) get_free_page()))
139                         return -1;      /* Out of memory, see freeing */

    // 否则我们设置目的目录项信息，把最后 3 位置位，即当前目的目录项“或”上 7，表示对应
    // 页表映射的内存页面是用户级的，并且可读写、存在（Usr, R/W, Present）。（如果 U/S
    // 位是 0，则 R/W 就没有作用。如果 U/S 是 1，而 R/W 是 0，那么运行在用户层的代码就只能
    // 读页面。如果 U/S 和 R/W 都置位，则就有读写的权限）。然后针对当前处理的页目录项对应
    // 的页表，设置需要复制的页面项数。如果是在内核空间，则仅需复制头 160 页对应的页表项
    // （nr= 160），对应于开始 640KB 物理内存。否则需要复制一个页表中的所有 1024 个页表项
    // （nr= 1024），可映射 4MB 物理内存。
140                 *to_dir = ((unsigned long) to_page_table) | 7;
141                 nr = (from==0)?0xA0:1024;

    // 此时对于当前页表，开始循环复制指定的 nr 个内存页面表项。先取出源页表项内容，如果
    // 当前源页面没有使用（项内容为 0），则不用复制该表项，继续处理下一项。
142                 for ( ; nr-- > 0 ; from_page_table++,to_page_table++) {
143                         this_page = *from_page_table;
144                         if (!this_page)
145                                 continue;
    // 如果该表项有内容，但是其存在位 P=0，则该表项对应的页面可能在交换设备中。于是先申
    // 请 1 页内存，并从交换设备中读入该页面（若交换设备中有的话）。然后将该页表项复制到
    // 目的页表项中。并修改源页表项内容指向该新申请的内存页，并设置表项标志为“页面脏”
    // 加上 7。然后继续处理下一页表项。否则复位页表项中 R/W 标志（位 1 置 0），即让页表项
    // 对应的内存页面只读，然后将该页表项复制到目的页表中。
```

```
146                     if (!(1 & this_page)) {
147                             if (!(new_page = get_free_page()))
148                                     return -1;
149                             read_swap_page(this_page>>1, (char *) new_page);
150                             *to_page_table = this_page;
151                             *from_page_table = new_page | (PAGE_DIRTY | 7);
152                             continue;
153                     }
154                     this_page &= ~2;
155                     *to_page_table = this_page;
```

// 如果该页表项所指物理页面的地址在 1MB 以上，则需要设置内存页面映射数组 mem_map[]，
// 于是计算页面号，并以它为索引在页面映射数组相应项中增加引用次数。而对于位于 1MB
// 以下的页面，说明是内核页面，因此不需要对 mem_map[]进行设置。因为 mem_map[]仅用
// 于管理主内存区中的页面使用情况。 因此对于内核移动到任务 0 中并且调用 fork()创建
// 任务 1 时（用于运行 init()），由于此时复制的页面还仍然都在内核代码区域，因此以下
// 判断中的语句不会执行，任务 0 的页面仍然可以随时读写。只有当调用 fork() 的父进程
// 代码处于主内存区（页面位置大于 1MB）时才会执行。这种情况需要在进程调用 execve()，
// 并装载执行了新程序代码时才会出现。
// 157 行语句含义是令源页表项所指内存页也为只读。因为现在开始已有两个进程共用内存
// 区了。若其中 1 个进程需要进行写操作，则可以通过页异常写保护处理为执行写操作的进
// 程分配 1 页新空闲页面，也即进行写时复制（copy on write）操作。

```
156                     if (this_page > LOW_MEM) {
157                             *from_page_table = this_page; // 令源页表项也只读。
158                             this_page -= LOW_MEM;
159                             this_page >>= 12;
160                             mem_map[this_page]++;
161                     }
162             }
163     }
164     invalidate();                                   // 刷新页变换高速缓冲。
165     return 0;
166 }
167
168 /*
169  * This function puts a page in memory at the wanted address.
170  * It returns the physical address of the page gotten, 0 if
171  * out of memory (either when trying to access page-table or
172  * page.)
173  */
```

/*
 * 下面函数将一内存页面放置（映射）到指定线性地址处。它返回页面的物理地址，如果内存不够(在访
 * 问页表或页面时)，则返回 0。
 */
// 把一物理内存页面映射到线性地址空间指定处。
// 或者说是把线性地址空间中指定地址 address 处的页面映射到主内存区页面 page 上。主要
// 工作是在相关页目录项和页表项中设置指定页面的信息。若成功则返回物理页面地址。 在
// 处理缺页异常的 C 函数 do_no_page() 中会调用此函数。对于缺页引起的异常，由于任何缺
// 页缘故而对页表作修改时，并不需要刷新 CPU 的页变换缓冲(或称 Translation Lookaside
// Buffer，TLB)，即使页表项中标志 P 被从 0 修改成 1。因为无效页项不会被缓冲，因此当
// 修改了一个无效的页表项时不需要刷新。在此就表现为不用调用 Invalidate()函数。
// 参数 page 是分配的主内存区中某一页面（页帧，页框）的指针；address 是线性地址。

```
174 static unsigned long put_page(unsigned long page,unsigned long address)
175 {
176     unsigned long tmp, *page_table;
177
```

```
178 /* NOTE !!! This uses the fact that _pg_dir=0 */
   /* 注意!!! 这里使用了页目录表基地址_pg_dir=0 的条件 */
179
   // 首先判断参数给定物理内存页面 page 的有效性。如果该页面位置低于 LOW_MEM（1MB）或
   // 超出系统实际含有内存高端 HIGH_MEMORY，则发出警告。LOW_MEM 是主内存区可能有的最
   // 小起始位置。当系统物理内存小于或等于 6MB 时，主内存区起始于 LOW_MEM 处。再查看一
   // 下该 page 页面是不是已经申请的页面，即判断其在内存页面映射字节图 mem_map[]中相
   // 应字节是否已经置位。若没有则需发出警告。
180         if (page < LOW_MEM || page >= HIGH_MEMORY)
181                 printk("Trying to put page %p at %p\n",page,address);
182         if (mem_map[(page-LOW_MEM)>>12] != 1)
183                 printk("mem_map disagrees with %p at %p\n",page,address);

   // 然后根据参数指定的线性地址 address 计算其在页目录表中对应的目录项指针，并从中取得
   // 二级页表地址。 如果该目录项有效（P=1），即指定的页表在内存中，则从中取得指定页表
   // 地址放到 page_table 变量中。否则申请一空闲页面给页表使用，并在对应目录项中置相应
   // 标志（7 - User、U/S、R/W）。然后将该页表地址放到 page_table 变量中。
184         page_table = (unsigned long *) ((address>>20) & 0xffc);
185         if ((*page_table)&1)
186                 page_table = (unsigned long *) (0xfffff000 & *page_table);
187         else {
188                 if (!(tmp=get_free_page()))
189                         return 0;
190                 *page_table = tmp | 7;
191                 page_table = (unsigned long *) tmp;
192         }
   // 最后在找到的页表 page_table 中设置相关页表项内容，即把物理页面 page 的地址填入表
   // 项同时置位 3 个标志（U/S、W/R、P）。该页表项在页表中的索引值等于线性地址位 21～位 12
   // 组成的 10 位的值。每个页表共可有 1024 项（0～0x3ff）。
193         page_table[(address>>12) & 0x3ff] = page | 7;
194 /* no need for invalidate */
   /* 不需要刷新页变换高速缓冲 */
195         return page;                    // 返回物理页面地址。
196 }
197
198 /*
199  * The previous function doesn't work very well if you also want to mark
200  * the page dirty: exec.c wants this, as it has earlier changed the page,
201  * and we want the dirty-status to be correct (for VM). Thus the same
202  * routine, but this time we mark it dirty too.
203  */
   /*
    * 如果你也想设置页面已修改标志，则上一个函数工作得不是很好：exec.c 程序需要这种设置。
    * 因为 exec.c 中函数会在放置页面之前修改过页面内容。为了实现 VM，我们需要能正确设置已
    * 修改状态标志。因而下面就有了与上面相同的函数，但是该函数在放置页面时会把页面标志为
    * 已修改状态。
    */
   // 把一内容已修改过的物理内存页面映射到线性地址空间指定处。
   //该函数与上一个函数 put_page()几乎完全一样，除了本函数在第 223 行设置页表项内容时，同时还
   //设置了页面已修改标志（位 6，PAGE_DIRTY）。
204 unsigned long put_dirty_page(unsigned long page, unsigned long address)
205 {
206         unsigned long tmp, *page_table;
207
208 /* NOTE !!! This uses the fact that _pg_dir=0 */
209
```

```
        if (page < LOW_MEM || page >= HIGH_MEMORY)
                printk("Trying to put page %p at %p\n",page,address);
        if (mem_map[(page-LOW_MEM)>>12] != 1)
                printk("mem_map disagrees with %p at %p\n",page,address);
        page_table = (unsigned long *) ((address>>20) & 0xffc);
        if ((*page_table)&1)
                page_table = (unsigned long *) (0xfffff000 & *page_table);
        else {
                if (!(tmp=get_free_page()))
                        return 0;
                *page_table = tmp|7;
                page_table = (unsigned long *) tmp;
        }
        page_table[(address>>12) & 0x3ff] = page | (PAGE_DIRTY | 7);
/* no need for invalidate */
        return page;
}

//// 取消写保护页面函数。用于页异常中断过程中写保护异常的处理（写时复制）。在内核创建进程时，
// 新进程与父进程被设置成共享代码和数据内存页面，并且所有这些页面均被设置成只读页面。而
// 当新进程或原进程需要向内存页面写数据时，CPU 就会检测到这个情况并产生页面写保护异常。于是
// 在这个函数中内核就会首先判断要写的页面是否被共享。若没有则把页面设置成可写然后退出。若页
// 面处于共享状态，则需要重新申请一新页面并复制被写页面内容，以供写进程单独使用。共享被取消。
// 输入参数为页表项指针，是物理地址。[ un_wp_page -- Un-Write Protect Page]
void un_wp_page(unsigned long * table_entry)
{
        unsigned long old_page,new_page;

// 首先取参数指定的页表项中物理页面位置（地址）并判断该页面是不是共享页面。如果原页面地址大
// 于内存低端 LOW_MEM（表示在主内存区中），并且其在页面映射字节图数组中值为 1（表示页面
// 仅被引用 1 次，页面没有被共享），则在该页面的页表项中置 R/W 标志（可写），并刷新页变换
// 高速缓冲，然后返回。即如果该内存页面此时只被一个进程使用，并且不是内核中的进程，就直接把
// 属性改为可写即可，不必重新申请一个新页面。
        old_page = 0xfffff000 & *table_entry;      // 取指定页表项中物理页面地址。
        if (old_page >= LOW_MEM && mem_map[MAP_NR(old_page)]==1) {
                *table_entry |= 2;
                invalidate();
                return;
        }
// 否则就需要在主内存区内申请一页空闲页面给执行写操作的进程单独使用，取消页面共享。如果原页
// 面大于内存低端（则意味着 mem_map[] > 1，页面是共享的），则将原页面的页面映射字节数组值
// 递减 1。然后将指定页表项内容更新为新页面地址，并置可读写等标志（U/S、R/W、P）。在刷新页
// 变换高速缓冲之后，最后将原页面内容复制到新页面。
        if (!(new_page=get_free_page()))
                oom();                             // Out of Memory。内存不够处理。
        if (old_page >= LOW_MEM)
                mem_map[MAP_NR(old_page)]--;
        copy_page(old_page,new_page);
        *table_entry = new_page | 7;
        invalidate();
}

/*
 * This routine handles present pages, when users try to write
 * to a shared page. It is done by copying the page to a new address
 * and decrementing the shared-page counter for the old page.
```

```
 *
 * If it's in code space we exit with a segment error.
 */
/*
 * 当用户试图往一共享页面上写时，该函数处理已存在的内存页面（写时复制），
 * 它是通过将页面复制到一个新地址上并且递减原页面的共享计数值实现的。
 *
 * 如果它在代码空间，我们就显示段出错信息并退出。
 */
//// 执行写保护页面处理。
// 是写共享页面处理函数。是页异常中断处理过程中调用的 C 函数。在 page.s 程序中被调用。
// 函数参数 error_code 和 address 是进程在写写保护页面时由 CPU 产生异常而自动生成的。
// error_code 指出出错类型，参见本章开始处的“页面出错异常处理”一节；address 是产生
// 异常的页面线性地址。写共享页面时需复制页面（写时复制）。
void do_wp_page(unsigned long error_code,unsigned long address)
{
// 首先判断 CPU 控制寄存器 CR2 给出的引起页面异常的线性地址在什么范围中。如果 address
// 小于 TASK_SIZE（0x4000000，即 64MB），表示异常页面位置在内核或任务 0 和任务 1 所处
// 的线性地址范围内，于是发出警告信息“内核范围内存被写保护”；如果 (address-当前进程代码
// 起始地址)大于一个进程的长度（64MB），表示 address 所指的线性地址不在引起异常的进程线
// 性地址空间范围内，则在发出出错信息后退出。
        if (address < TASK_SIZE)
                printk("\n\rBAD! KERNEL MEMORY WP-ERR!\n\r");
        if (address - current->start_code > TASK_SIZE) {
                printk("Bad things happen: page error in do_wp_page\n\r");
                do_exit(SIGSEGV);
        }
#if 0
/* we cannot do this yet: the estdio library writes to code space */
/* stupid, stupid. I really want the libc.a from GNU */
/* 我们现在还不能这样做：因为 estdio 库会在代码空间执行写操作 */
/* 真是太愚蠢了。我真想从 GNU 得到 libc.a 库。*/
// 如果线性地址位于进程的代码空间中，则终止执行程序。因为代码是只读的。
        if (CODE_SPACE(address))
                do_exit(SIGSEGV);
#endif
// 调用上面函数 un_wp_page()来处理取消页面保护。但首先需要为其准备好参数。参数是线性地址
// address 指定页面在页表中的页表项指针，其计算方法是：① ((address>>10) & 0xffc)：
// 计算指定线性地址中页表项在页表中的偏移地址；因为根据线性地址结构，(address>>12) 就是页
// 表项中的索引，但每项占 4 个字节，因此乘 4 后：(address>>12)<<2 = (address>>10) &0xffc
// 就可得到页表项在表中的偏移地址。与操作&0xffc 用于限制地址范围在一个页面内。 又因为只移动
// 了 10 位，因此最后 2 位是线性地址低 12 位中的最高 2 位，也应屏蔽掉。因此求线性地址中页表项
// 在页表中偏移地址直观一些的表示方法是(((address>>12) & 0x3ff)<<2 )。② (0xfffff000 &
// *((address>>20) &0xffc))：用于取目录项中页表的地址值；其中，((address>>20) &0xffc)
// 用于取线性地址中的目录索引项在目录表中的偏移位置。因为 address>>22 是目录项索引值，但每项
// 4 个字节，因此乘以 4 后： (address>>22)<<2 = (address>>20) 就是指定项在目录表中的偏
// 移地址。 &0xffc 用于屏蔽目录项索引值中最后 2 位。因为只移动了 20 位，因此最后 2 位是页表索
// 引的内容，应该屏蔽掉。而*((address>>20) &0xffc) 则是取指定目录表项内容中对应页表的物
// 理地址。最后与上 0xffffff000 用于屏蔽掉页目录项内容中的一些标志位（目录项低 12 位）。直
// 观表示为(0xffffff000 & *((unsigned long *) (((address>>22) & 0x3ff)<<2)))。
// ③ 由①中页表项在页表中偏移地址加上 ②中目录表项内容中对应页表的物理地址即可得到页表项的
// 指针（物理地址）。这里对共享的页面进行复制。
        un_wp_page((unsigned long *)
                (((address>>10) & 0xffc) + (0xfffff000 &
                *((unsigned long *) ((address>>20) &0xffc)))));

```

```
272 }
273
//// 写页面验证。
// 若页面不可写，则复制页面。在 fork.c 中第 34 行被内存验证通用函数 verify_area()调用。
// 参数 address 是指定页面在 4GB 空间中的线性地址。
274 void write_verify(unsigned long address)
275 {
276         unsigned long page;
277
// 首先取指定线性地址对应的页目录项，根据目录项中的存在位（P）判断目录项对应的页表是否存在
// （存在位 P=1?），若不存在（P=0）则返回。这样处理是因为对于不存在的页面没有共享和写时复制
// 可言，并且若程序对此不存在的页面执行写操作时，系统就会因为缺页异常而去执行 do_no_page()，
// 并为这个地方使用 put_page()函数映射一个物理页面。接着程序从目录项中取页表地址，加上指定
// 页面在页表中的页表项偏移值，得对应地址的页表项指针。在该表项中包含着给定线性地
// 址对应的物理页面。
278         if (!( (page = *((unsigned long *) ((address>>20) & 0xffc)) )&1))
279                 return;
280         page &= 0xfffff000;
281         page += ((address>>10) & 0xffc);
// 然后判断该页表项中的位 1（R/W）、位 0（P）标志。如果该页面不可写（R/W=0）且存在，那么就
// 执行共享检验和复制页面操作（写时复制）。否则什么也不做，直接退出。
282         if ((3 & *(unsigned long *) page) == 1)  /* non-writeable, present */
283                 un_wp_page((unsigned long *) page);
284         return;
285 }
286
//// 取得一页空闲内存页并映射到指定线性地址处。
// get_free_page()仅是申请取得了主内存区的一页物理内存。而本函数则不仅是获取到一页物理内
// 存页面，还进一步调用 put_page()，将物理页面映射到指定的线性地址处。参数 address 是指定
// 页面的线性地址。
287 void get_empty_page(unsigned long address)
288 {
289         unsigned long tmp;
290
// 若不能取得一空闲页面，或者不能将所取页面放置到指定地址处，则显示内存不够的信息。292 行上
// 英文注释的含义是：free_page()函数的参数 tmp 是 0 也没有关系，该函数会忽略它并能正常返回。
291         if (!(tmp=get_free_page()) || !put_page(tmp,address)) {
292                 free_page(tmp);            /* 0 is ok - ignored */
293                 oom();
294         }
295 }
296
297 /*
298  * try_to_share() checks the page at address "address" in the task "p",
299  * to see if it exists, and if it is clean. If so, share it with the current
300  * task.
301  *
302  * NOTE! This assumes we have checked that p != current, and that they
303  * share the same executable or library.
304  */
/*
 * try_to_share()在任务“p”中检查位于地址“address”处的页面，看页面是否存在，是否干净。
 * 如果干净的话，就与当前任务共享。
 *
 * 注意！这里我们已假定 p!=当前任务，并且它们共享同一个执行程序或库程序。
 */
```

```
//// 尝试对当前进程指定地址处的页面进行共享处理。
// 当前进程与进程 p 是同一执行代码，也可以认为当前进程是由 p 进程执行 fork 操作产生的
// 进程，因此它们的代码内容一样。如果未对数据段内容作过修改那么数据段内容也应一样。
// 参数 address 是进程中的逻辑地址，即是当前进程欲与 p 进程共享页面的逻辑页面地址。
// 进程 p 是将被共享页面的进程。如果 p 进程 address 处的页面存在并且没有被修改过的话，
// 就让当前进程与 p 进程共享之。同时还需要验证指定的地址处是否已经申请了页面，若是
// 则出错，死机。返回：1 - 页面共享处理成功；0 - 失败。
static int try_to_share(unsigned long address, struct task_struct * p)
{
        unsigned long from;
        unsigned long to;
        unsigned long from_page;
        unsigned long to_page;
        unsigned long phys_addr;

// 首先分别求得指定进程 p 中和当前进程中逻辑地址 address 对应的页目录项。为了计算方便
// 先求出指定逻辑地址 address 处的“逻辑”页目录项号，即以进程空间（0 - 64MB）算出的页
// 目录项号。该“逻辑”页目录项号加上进程 p 在 CPU 4GB 线性空间中起始地址对应的页目录项，
// 即得到进程 p 中地址 address 处页面所对应的 4GB 线性空间中的实际页目录项 from_page。
// 而“逻辑”页目录项号加上当前进程 CPU 4GB 线性空间中起始地址对应的页目录项，即可最后
// 得到当前进程中地址 address 处页面所对应的 4GB 线性空间中的实际页目录项 to_page。
        from_page = to_page = ((address>>20) & 0xffc);
        from_page += ((p->start_code>>20) & 0xffc);      // p 进程目录项。
        to_page += ((current->start_code>>20) & 0xffc);  // 当前进程目录项。

// 在得到 p 进程和当前进程 address 对应的目录项后，下面分别对进程 p 和当前进程进行处理。
// 首先对 p 进程的表项进行操作。目标是取得 p 进程中 address 对应的物理内存页面地址，
// 并且该物理页面存在，而且干净（没有被修改过，不脏）。
// 方法是先取目录项内容。如果该目录项无效（P=0），表示目录项对应的二级页表不存在，
// 于是返回。否则取该目录项对应页表地址 from，从而计算出逻辑地址 address 对应的页表项
// 指针，并取出该页表项内容临时保存在 phys_addr 中。
/* is there a page-directory at from? */
/* 在 from 处是否存在页目录项？*/
        from = *(unsigned long *) from_page;            // p 进程目录项内容。
        if (!(from & 1))
                return 0;
        from &= 0xfffff000;                             // 页表地址。
        from_page = from + ((address>>10) & 0xffc);     // 页表项指针。
        phys_addr = *(unsigned long *) from_page;       // 页表项内容。
//接着看看页表项映射的物理页面是否存在并且干净。0x41 对应页表项中的 D(Dirty)和 P(Present)
// 标志。如果页面不干净或无效则返回。然后我们从该表项中取出物理页面地址再保存在 phys_addr
// 中。最后我们再检查一下这个物理页面地址的有效性，即它不应该超过机器最大物理地址值，也不应
// 该小于内存低端(1MB)。
/* is the page clean and present? */
/* 物理页面干净并且存在吗？*/
        if ((phys_addr & 0x41) != 0x01)
                return 0;
        phys_addr &= 0xfffff000;                        // 物理页面地址。
        if (phys_addr >= HIGH_MEMORY || phys_addr < LOW_MEM)
                return 0;

// 下面首先对当前进程的表项进行操作。目标是取得当前进程中 address 对应的页表项地址，并且该
// 页表项还没有映射物理页面，即其 P=0。
// 首先取当前进程页目录项内容→to。如果该目录项无效（P=0），即目录项对应的二级页表不存在，
// 则申请一空闲页面来存放页表，并更新目录项 to_page 内容，让其指向该内存页面。
        to = *(unsigned long *) to_page;                // 当前进程目录项内容。
```

```
        if (!(to & 1))
                if (to = get_free_page())
                        *(unsigned long *) to_page = to | 7;
                else
                        oom();
// 否则取目录项中的页表地址→to，加上页表项索引值<<2，即页表项在表中偏移地址，得到
// 页表项地址→to_page。针对该页表项，如果此时我们检查出其对应的物理页面已经存在，
// 即页表项的存在位 P=1，则说明原本我们想共享进程 p 中对应的物理页面，但现在我们自己
// 已经占有了（映射有）物理页面。于是说明内核出错，死机。
        to &= 0xfffff000;                                   // 页表地址。
        to_page = to + ((address>>10) & 0xffc);            // 页表项地址。
        if (1 & *(unsigned long *) to_page)
                panic("try_to_share: to_page already exists");

// 在找到了进程 p 中逻辑地址 address 处对应的干净并且存在的物理页面，而且也确定了当前
// 进程中逻辑地址 address 所对应的二级页表项地址之后，我们现在对它们进行共享处理。
// 方法很简单，就是首先对 p 进程的页表项进行修改，设置其写保护（R/W=0，只读）标志，
// 然后让当前进程复制 p 进程的这个页表项。此时当前进程逻辑地址 address 处页面即被
// 映射到 p 进程逻辑地址 address 处页面映射的物理页面上。
/* share them: write-protect */
/* 对它们进行共享处理：写保护 */
        *(unsigned long *) from_page &= ~2;
        *(unsigned long *) to_page = *(unsigned long *) from_page;
// 随后刷新页变换高速缓冲。计算所操作物理页面的页面号，并将对应页面映射字节数组项中的引用递
// 增 1。最后返回 1，表示共享处理成功。
        invalidate();
        phys_addr -= LOW_MEM;
        phys_addr >>= 12;                                   // 得页面号。
        mem_map[phys_addr]++;
        return 1;
}

/*
 * share_page() tries to find a process that could share a page with
 * the current one. Address is the address of the wanted page relative
 * to the current data space.
 *
 * We first check if it is at all feasible by checking executable->i_count.
 * It should be >1 if there are other tasks sharing this inode.
 */
/*
 * share_page()试图找到一个进程，它可以与当前进程共享页面。参数 address 是
 * 当前进程数据空间中期望共享的某页面地址。
 *
 * 首先我们通过检测 executable->i_count 来查证是否可行。如果有其他任务已共享
 * 该 inode，则它应该大于 1。
 */
//// 共享页面处理。
// 在发生缺页异常时，首先看看能否与运行同一个执行文件的其他进程进行页面共享处理。
// 该函数首先判断系统中是否有另一个进程也在运行与当前进程一样的执行文件。若有，则在
// 系统当前所有任务中寻找这样的任务。若找到了这样的任务就尝试与其共享指定地址处的
// 页面。若系统中没有其他任务正在运行与当前进程相同的执行文件，那么共享页面操作的
// 前提条件不存在，因此函数立刻退出。判断系统中是否有另一个进程也在执行同一个执行
// 文件的方法是利用进程任务数据结构中的 executable 字段（或 library 字段）。该字段
// 指向进程正在执行程序（或使用的库文件）在内存中的 i 节点。根据该 i 节点的引用次数
// i_count 我们可以进行这种判断。 若节点的 i_count 值大于 1，则表明系统中有两个进程
```

```
// 正在运行同一个执行文件（或库文件），于是可以再对任务结构数组中所有任务比较是否
// 有相同的 executable 字段（或 library 字段）来最后确定多个进程运行着相同执行文件的情况。
// 参数 inode 是欲进行共享页面进程执行文件的内存 i 节点。address 是进程中的逻辑地址，即当前
// 进程欲与 p 进程共享页面的逻辑页面地址。返回 1 -共享操作成功，0 - 失败。
static int share_page(struct m_inode * inode, unsigned long address)
{
        struct task_struct ** p;

// 首先检查一下参数指定的内存 i 节点引用计数值。如果该内存 i 节点的引用计数值等于 1（executable
// ->i_count =1）或者 i 节点指针空，表示当前系统中只有 1 个进程在运行该执行文件或者提供的 i 节
// 点无效。因此无共享可言，直接退出函数。
        if (inode->i_count < 2 || !inode)
                return 0;
// 否则搜索任务数组中所有任务。寻找与当前进程可共享页面的进程，即运行相同执行文件的另一个进
// 程，并尝试对指定地址的页面进行共享。若进程逻辑地址 address 小于进程库文件在逻辑地址空间
// 的起始地址 LIBRARY_OFFSET，则表明共享的页面在进程执行文件对应的逻辑地址空间范围内，于是
// 检查一下指定 i 节点是否与进程的执行文件 i 节点（即进程的 executable 相同，若不相同则继续
// 寻找。若进程逻辑地址 address 大于等于进程库文件在逻辑地址空间的起始地址 LIBRARY_OFFSET，
// 则表明想要共享的页面在进程使用的库文件中，于是检查指定节点 inode 是否与进程的库文件 i 节
// 点相同,若不相同则继续寻找。如果找到某个进程 p,其 executable 或 library 与指定的节点 inode
// 相同，则调用页面试探函数 try_to_share() 尝试页面共享。若共享操作成功，则函数返回 1。
// 否则返回 0，表示共享页面操作失败。
        for (p = &LAST_TASK ; p > &FIRST_TASK ; --p) {
                if (!*p)                           // 如果该任务项空闲，则继续寻找。
                        continue;
                if (current == *p)                 // 如果就是当前任务，也继续寻找。
                        continue;
                if (address < LIBRARY_OFFSET) {
                        if (inode != (*p)->executable)    // 进程执行文件 i 节点。
                                continue;
                } else {
                        if (inode != (*p)->library)       // 进程使用库文件 i 节点。
                                continue;
                }
                if (try_to_share(address,*p))      // 尝试共享页面。
                        return 1;
        }
        return 0;
}

//// 执行缺页处理。
// 是访问不存在页面处理函数。页异常中断处理过程中调用的函数。在 page.s 程序中被调用。
// 函数参数 error_code 和 address 是进程在访问页面时由 CPU 因缺页产生异常而自动生成。
// error_code 指出出错类型，参见本章开始处的“内存页面出错异常”一节；address 是产生
// 异常的页面线性地址。
// 该函数首先查看所缺页是否在交换设备中，若是则交换进来。否则尝试与已加载的相同文件
// 进行页面共享，或者只是由于进程动态申请内存页面而只需映射一页物理内存页即可。若共
// 享操作不成功，那么只能从相应文件中读入所缺的数据页面到指定线性地址处。
void do_no_page(unsigned long error_code,unsigned long address)
{
        int nr[4];
        unsigned long tmp;
        unsigned long page;
        int block,i;
        struct m_inode * inode;

```

```
// 首先判断 CPU 控制寄存器 CR2 给出的引起页面异常的线性地址在什么范围中。如果 address
// 小于 TASK_SIZE (0x4000000，即 64MB)，表示异常页面位置在内核或任务 0 和任务 1 所处
// 的线性地址范围内，于是发出警告信息“内核范围内存被写保护”；如果 (address-当前
// 进程代码起始地址)大于一个进程的长度（64MB)，表示 address 所指的线性地址不在引起
// 异常的进程线性地址空间范围内，则在发出出错信息后退出。
        if (address < TASK_SIZE)
                printk("\n\rBAD!! KERNEL PAGE MISSING\n\r");
        if (address - current->start_code > TASK_SIZE) {
                printk("Bad things happen: nonexistent page error in do_no_page\n\r");
                do_exit(SIGSEGV);
        }
// 然后根据指定的线性地址 address 求出其对应的二级页表项指针，并根据该页表项内容判断
// address 处的页面是否在交换设备中。若是则调入页面并退出。方法是首先取指定线性地址
// address 对应的目录项内容。如果对应的二级页表存在，则取出该目录项中二级页表的地址，
// 加上页表项偏移值即得到线性地址 address 处页面对应的页面表项指针，从而获得页表项内
// 容。若页表项内容不为 0 并且页表项存在位 P=0，则说明该页表项指定的物理页面应该在交
// 换设备中。于是从交换设备中调入指定页面后退出函数。
        page = *(unsigned long *) ((address >> 20) & 0xffc); // 取目录项内容。
        if (page & 1) {
                page &= 0xfffff000;                         // 二级页表地址。
                page += (address >> 10) & 0xffc;            // 页表项指针。
                tmp = *(unsigned long *) page;              // 页表项内容。
                if (tmp && !(1 & tmp)) {
                        swap_in((unsigned long *) page);    // 从交换设备读页面。
                        return;
                }
        }
// 否则取线性空间中指定地址 address 处页面地址，并算出指定线性地址在进程空间中相对于
// 进程基址的偏移长度值 tmp，即对应的逻辑地址。从而可以算出缺页页面在执行文件映像中
// 或在库文件中的具体起始数据块号。
        address &= 0xfffff000;                      // address 处缺页页面地址。
        tmp = address - current->start_code;        // 缺页页面对应逻辑地址。

// 如果缺页对应的逻辑地址 tmp 大于库映像文件在进程逻辑空间中的起始位置，说明缺少的页
// 面在库映像文件中。于是从当前进程任务数据结构中可以取得库映像文件的 i 节点 library，
// 并计算出该缺页在库文件中的起始数据块号 block。如果缺页对应的逻辑地址 tmp 小于进程
// 的执行映像文件在逻辑地址空间的末端位置，则说明缺少的页面在进程执行文件映像中，于
// 是可以从当前进程任务数据机构中取得执行文件的 i 节点号 executable，并计算出该缺页
// 在执行文件映像中的起始数据块号 block。若逻辑地址 tmp 既不在执行文件映像的地址范围
// 内，也不在库文件空间范围内，则说明缺页是进程访问动态申请的内存页面数据所致，因此
// 没有对应 i 节点和数据块号（都置空）。
// 因为块设备上存放的执行文件映像第 1 块数据是程序头结构，因此在读取该文件时需要跳过
// 第 1 块数据。所以需要首先计算缺页所在的数据块号。因为每块数据长度为 BLOCK_SIZE =
// 1KB，因此一页内存可存放 4 个数据块。进程逻辑地址 tmp 除以数据块大小再加 1 即可得出
// 缺少的页面在执行映像文件中的起始块号 block。
        if (tmp >= LIBRARY_OFFSET ) {
                inode = current->library;           // 库文件 i 节点和缺页起始块号。
                block = 1 + (tmp-LIBRARY_OFFSET) / BLOCK_SIZE;
        } else if (tmp < current->end_data) {
                inode = current->executable;        // 执行文件 i 节点和缺页起始块号。
                block = 1 + tmp / BLOCK_SIZE;
        } else {
                inode = NULL;                       // 是动态申请的数据或栈内存页面。
                block = 0;
        }
```

```
// 若是进程访问其动态申请的页面或为了存放栈信息而引起的缺页异常，则直接申请一页物
// 理内存页面并映射到线性地址 address 处即可。否则说明所缺页面在进程执行文件或库文
// 件范围内，于是就尝试共享页面操作，若成功则退出。若不成功就只能申请一页物理内存
// 页面 page，然后从设备上读取执行文件中的相应页面并放置（映射）到进程页面逻辑地址
// tmp 处。
        if (!inode) {                          // 是动态申请的数据内存页面。
                get_empty_page(address);
                return;
        }
        if (share_page(inode,tmp))             // 尝试逻辑地址 tmp 处页面的共享。
                return;
        if (!(page = get_free_page()))         // 申请一页物理内存。
                oom();
/* remember that 1 block is used for header */
/* 记住，（程序）头要使用 1 个数据块 */
// 根据这个块号和执行文件的 i 节点，我们就可以从映射位图中找到对应块设备中对应的设备
// 逻辑块号（保存在 nr[]数组中）。利用 bread_page()即可把这 4 个逻辑块读入到物理页面
// page 中。
        for (i=0 ; i<4 ; block++,i++)
                nr[i] = bmap(inode,block);
        bread_page(page,inode->i_dev,nr);

// 在读设备逻辑块操作时，可能会出现这样一种情况，即在执行文件中的读取页面位置可能离
// 文件尾不到 1 个页面的长度。因此就可能读入一些无用的信息。下面的操作就是把这部分超
// 出执行文件 end_data 以后的部分进行清零处理。当然，若该页面离末端超过 1 页，说明不
// 是从执行文件映像中读取的页面，而是从库文件中读取的，因此不用执行清零操作。
        i = tmp + 4096 - current->end_data;   // 超出的字节长度值。
        if (i>4095)                            // 离末端超过 1 页则不用清零。
                i = 0;
        tmp = page + 4096;                     // tmp 指向页面末端。
        while (i-- > 0) {                      // 页面末端 i 字节清零。
                tmp--;
                *(char *)tmp = 0;
        }
// 最后把引起缺页异常的一页物理页面映射到指定线性地址 address 处。若操作成功就返回。否则就
// 释放内存页，显示内存不够。
        if (put_page(page,address))
                return;
        free_page(page);
        oom();
}

//// 物理内存管理初始化。
// 该函数对 1MB 以上内存区域以页面为单位进行管理前的初始化设置工作。一个页面长度为
// 4KB 字节。该函数把 1MB 以上所有物理内存划分成一个个页面，并使用一个页面映射字节
// 数组 mem_map[] 来管理所有这些页面。对于具有 16MB 内存容量的机器，该数组共有 3840
// 项((16MB - 1MB)/4KB)，即可管理 3840 个物理页面。每当一个物理内存页面被占用时就
// 把 mem_map[]中对应的字节值增 1；若释放一个物理页面，就把对应字节值减 1。 若字节值为 0，
// 则表示对应页面空闲； 若字节值大于或等于 1，则表示对应页面被占用或被不同程序共享占用。在该
// 版本的 Linux 内核中，最多能管理 16MB 的物理内存，大于 16MB 的内存将弃置不用。对于具有 16MB
// 内存的 PC 系统，在没有设置虚拟盘 RAMDISK 的情况下 start_mem 通常是 4MB，end_mem 是
// 16MB。因此此时主内存区范围是 4MB～16MB，共有 3072 个物理页面可供分配。而范围 0～1MB
// 内存空间用于内核系统（其实内核只使用 0～640KB，剩下的部分被部分高速缓冲和设备内存占用）。
// 参数 start_mem 是可用作页面分配的主内存区起始地址(已去除 RAMDISK 所占内存空间)。end_mem
// 是实际物理内存最大地址。而地址范围 start_mem 到 end_mem 是主内存区。
void mem_init(long start_mem, long end_mem)
```

```
444 {
445         int i;
446
// 首先将 1MB 到 16MB 范围内所有内存页面对应的内存映射字节数组项置为已占用状态，即各
// 项字节值全部设置成 USED（100）。PAGING_PAGES 被定义为(PAGING_MEMORY>>12)，即 1MB
// 以上所有物理内存分页后的内存页面数(15MB/4KB = 3840)。
447         HIGH_MEMORY = end_mem;                  // 设置内存最高端（16MB）。
448         for (i=0 ; i<PAGING_PAGES ; i++)
449                 mem_map[i] = USED;
// 然后计算主内存区起始内存 start_mem 处页面对应内存映射字节数组中项号 i 和主内存区
// 页面数。此时 mem_map[] 数组的第 i 项正对应主内存区中第 1 个页面。最后将主内存区中
// 页面对应的数组项清零（表示空闲）。对于具有 16MB 物理内存的系统，mem_map[] 中对应
// 4MB～16MB 主内存区的项被清零。
450         i = MAP_NR(start_mem);                  // 主内存区起始位置处页面号。
451         end_mem -= start_mem;
452         end_mem >>= 12;                         // 主内存区中的总页面数。
453         while (end_mem-->0)
454                 mem_map[i++]=0;                 // 主内存区页面对应字节值清零。
455 }
456
// 显示系统内存信息。
// 根据内存映射字节数组 mem_map[] 中的信息以及页目录和页表内容统计系统中使用的内存页
// 面数和主内存区中总物理内存页面数。该函数在 chr_drv/keyboard.S 程序第 186 行被调用。
// 即当按下“Shift + Scroll Lock”组合键时会显示系统内存统计信息。
457 void show_mem(void)
458 {
459         int i,j,k,free=0,total=0;
460         int shared=0;
461         unsigned long * pg_tbl;
462
// 根据内存映射字节数组 mem_map[]，统计系统主内存区页面总数 total，以及其中空闲页面数 free
// 和被共享的页面数 shared。并这些信息显示。
463         printk("Mem-info:\n\r");
464         for(i=0 ; i<PAGING_PAGES ; i++) {
465                 if (mem_map[i] == USED)         // 1MB 以上内存系统占用的页面。
466                         continue;
467                 total++;
468                 if (!mem_map[i])
469                         free++;                 // 主内存区空闲页面统计。
470                 else
471                         shared += mem_map[i]-1; // 共享的页面数（字节值>1）。
472         }
473         printk("%d free pages of %d\n\r",free,total);
474         printk("%d pages shared\n\r",shared);
// 统计处理器分页管理逻辑页面数。页目录表前 4 项供内核代码使用，不列为统计范围，因此扫描处理
// 的页目录项从第 5 项开始。方法是循环处理所有页目录项（除前 4 个项），若对应的二级页表存在，
// 那么先统计二级页表本身占用的内存页面（484 行），然后对该页表中所有页表项对应页面情况
// 进行统计。
475         k = 0;                                  // 一个进程占用页面统计值。
476         for(i=4 ; i<1024 ;) {
477                 if (1&pg_dir[i]) {
// （如果页目录项对应二级页表地址大于机器最高物理内存地址 HIGH_MEMORY，则说明该目录项
// 有问题。于是显示该目录项信息并继续处理下一个目录项。）
478                         if (pg_dir[i]>HIGH_MEMORY) {    // 目录项内容不正常。
479                                 printk("page directory[%d]: %08X\n\r",
480                                         i,pg_dir[i]);
```

```
                        continue;              // continue 之前需插入 i++;
                }
// 如果页目录项对应二级页表的“地址”大于 LOW_MEM（即 1MB），则把一个进程占用的物理内存页统
// 计值 k 增 1，把系统占用的所有物理内存页统计值 free 增 1。然后取对应页表地址 pg_tbl，并对
// 该页表中所有页表项进行统计。如果当前页表项所指物理页面存在并且该物理页面“地址”大于
// LOW_MEM，那么就将页表项对应页面纳入统计值。
                if (pg_dir[i]>LOW_MEM)
                        free++,k++;             // 统计页表占用页面。
                pg_tbl=(unsigned long *) (0xfffff000 & pg_dir[i]);
                for(j=0 ; j<1024 ; j++)
                        if ((pg_tbl[j]&1) && pg_tbl[j]>LOW_MEM)
// （若该物理页面地址大于机器最高物理内存地址 HIGH_MEMORY，则说明该页表项内容有问题，
// 于是显示该页表项内容。否则将页表项对应页面纳入统计值。）
                                if (pg_tbl[j]>HIGH_MEMORY)
                                        printk("page_dir[%d][%d]: %08X\n\r",
                                                i,j, pg_tbl[j]);
                                else
                                        k++,free++;  // 统计页表项对应页面。
                }
// 因每个任务线性空间长度是 64MB，所以一个任务占用 16 个目录项。因此这里每统计了 16 个目录项
// 就把进程的任务结构占用的页表统计进来。若此时 k=0 则表示当前的 16 个页目录所对应的进程在
// 系统中不存在（没有创建或者已经终止）。 在显示了对应进程号和其占用的物理内存页统计值 k 后，
// 将 k 清零，以用于统计下一个进程占用的内存页面数。
                i++;
                if (!(i&15) && k) {                // k !=0 表示相应进程存在。
                        k++,free++;     /* one page/process for task_struct */
                        printk("Process %d: %d pages\n\r",(i>>4)-1,k);
                        k = 0;
                }
        }
// 最后显示系统中正在使用的内存页面和主内存区中总的内存页面数。
        printk("Memory found: %d (%d)\n\r",free-shared,total);
}

```

13.3 page.s 程序

13.3.1 功能描述

该文件包括页异常中断处理程序（中断 14），主要分两种情况处理：一是由于缺页引起的页异常中断，通过调用 do_no_page(error_code, address)来处理；二是由页写保护引起的页异常，此时调用页写保护处理函数 do_wp_page(error_code, address)进行处理。其中的出错码(error_code)是由 CPU 自动产生并压入堆栈的，出现异常时访问的线性地址是从控制寄存器 CR2 中取得的。CR2 专门用来存放页出错时的线性地址。

13.3.2 代码注释

程序 13-2 linux/mm/page.s

```
/*
 *  linux/mm/page.s
```

```
 *
 *  (C) 1991  Linus Torvalds
 */

/*
 * page.s contains the low-level page-exception code.
 * the real work is done in mm.c
 */
/*
 * page.s 程序包含底层页异常处理代码。实际工作在 memory.c 中完成。
 */

.globl _page_fault                 # 声明为全局变量。将在 traps.c 中用于设置页异常描述符。

_page_fault:
        xchgl %eax,(%esp)          # 取出错码到 eax。
        pushl %ecx
        pushl %edx
        push %ds
        push %es
        push %fs
        movl $0x10,%edx            # 置内核数据段选择符。
        mov %dx,%ds
        mov %dx,%es
        mov %dx,%fs
        movl %cr2,%edx             # 取引起页面异常的线性地址。
        pushl %edx                 # 将该线性地址和出错码压入栈中，作为将调用函数的参数。
        pushl %eax
        testl $1,%eax              # 测试页存在标志 P（位 0），如果不是缺页引起的异常则跳转。
        jne 1f
        call _do_no_page           # 调用缺页处理函数（mm/memory.c,第 365 行）。
        jmp 2f
1:      call _do_wp_page           # 调用写保护处理函数（mm/memory.c,第 247 行）。
2:      addl $8,%esp               # 丢弃压入栈的两个参数，弹出栈中寄存器并退出中断。
        pop %fs
        pop %es
        pop %ds
        popl %edx
        popl %ecx
        popl %eax
        iret
```

13.3.3 页出错异常处理

当处理器在转换线性地址到物理地址的过程中检测到以下两种条件时，就会发生页异常中断，中断 14。

- 当 CPU 发现对应页目录项或页表项的存在位（Present）标志为 0。
- 当前进程没有访问指定页面的权限。

对于页异常处理中断，CPU 提供了两项信息用来诊断页异常和从中恢复运行。

（1）放在堆栈上的出错码。该出错码指出了异常是由于页不存在引起的还是违反了访问权限引起的；在发生异常时 CPU 的当前特权层；以及是读操作还是写操作。出错码的格式是一个 32 位的长字。但只用了最后的 3 个位。分别说明导致异常发生时的原因：

位 2(U/S)——0 表示在超级用户模式下执行，1 表示在用户模式下执行。

位 1(W/R)——0 表示读操作，1 表示写操作。

位 0(P)——0 表示页不存在，1 表示页级保护。

（2）CR2（控制寄存器 2）。CPU 将造成异常的用于访问的线性地址存放在 CR2 中。异常处理程序可以使用这个地址来定位相应的页目录和页表项。如果在页异常处理程序执行期间允许发生另一个页异常，那么处理程序应该将 CR2 压入堆栈中。

13.4　swap.c 程序

13.4.1　功能描述

Linux 0.12 内核与之前的内核的主要区别之一就是增加了虚拟内存交换功能。这个功能主要由本程序实现。在物理内存容量有限并且使用紧张时，本程序会将暂时不用的内存页面内容临时保存到磁盘（交换设备）上，腾出内存空间给急需的程序使用。若此后要再次使用已保存到磁盘上的内存页面内容，则本程序再负责将它们“放”到内存中去。内存交换管理使用了与主内存区管理相同的位图映射技术，使用位图来确定被交换的内存页面具体的保存位置和映射位置。

在编译内核时，若我们定义了交换设备号 SWAP_DEV，那么编译出的内核就具有内存交换功能。对于 Linux0.12 来说，交换设备单独使用硬盘上的一个指定分区，分区上不含有文件系统。交换程序初始化时会首先读入交换设备上的页面 0。该页面是交换区管理页面，含有交换页面管理所使用的位映射图。其中第 4086 字节开始的 10 个字符是交换设备特征字符串“SWAP_SPACE”。若分区上没有该特征字符串，则说明给出的分区不是一个有效的交换设备。

swap.c 程序中主要包括交换映射位图管理函数和交换设备访问函数。get_swap_page()和swap_free()函数分别用于基于交换位图申请一页交换页面和释放交换设备中指定的页面；swap_out()和 swap_in()两个函数分别用于把内存页面信息输出到交换设备上和把指定页面交换进内存中。后两个函数使用 read_swap_page()和 write_swap_page()函数来访问指定的交换设备，这两个函数使用宏的形式定义在 include/linux/mm.h 头文件中。

```
#define read_swap_page_(nr,buffer)11_rw_page(READ,SWAP_DEV,(nr),(buffer));
#define write_swap_page_(nr,buffer)11_rw_page(WRITE,SWAP_DEV,(nr),(buffer));
```

11_rw_page()是以页面为单位的块设备低级页面读写（Low Level Read Write Page）函数，代码在 kernel/blk_drv/11_rw_blk.c 文件中实现。可见，交换设备访问函数实质上就是指定了设备号的设备页面访问函数。

13.4.2　代码注释

程序 13-3　linux/mm/swap.c

```
/*
 *  linux/mm/swap.c
 *
 *  (C) 1991  Linus Torvalds
 */

```

```
7 /*
8  * This file should contain most things doing the swapping from/to disk.
9  * Started 18.12.91
10  */
  /*
   * 本程序应该包括绝大部分执行内存交换的代码（从内存到磁盘或反之）。
   * 从 91 年 12 月 18 日开始编制。
   */
11
12 #include <string.h>          // 字符串头文件。定义了一些有关内存或字符串操作的嵌入函数。
13
14 #include <linux/mm.h>        // 内存管理头文件。定义页面长度，和一些内存管理函数原型。
15 #include <linux/sched.h>     // 调度程序头文件。定义了任务结构 task_struct、任务 0 的数据，
                                // 还有一些有关描述符参数设置和获取的嵌入式汇编函数宏语句。
16 #include <linux/head.h>      // head 头文件。定义了段描述符的简单结构，和几个选择符常量。
17 #include <linux/kernel.h>    // 内核头文件。含有一些内核常用函数的原型定义。
18
  // 每个字节 8 位，因此 1 页（4096B）共有 32768 个位。若 1 个位对应 1 页内存，则最多可管理 32768 个
  // 页面，对应 128MB 内存容量。
19 #define SWAP_BITS (4096<<3)
20
  //位操作宏。通过给定不同的“op”，可定义对指定比特位进行测试、设置或清除三种操作。
  // 参数 addr 是指定线性地址；nr 是指定地址处开始的比特位偏移位。该宏把给定地址 addr 处
  // 第 nr 个比特位的值放入进位标志，设置或复位该比特位并返回进位标志值（即原位值）。
  // 第 25 行上第一个指令随“op”字符的不同而组合形成不同的指令：
  // 当 op= ""时，就是指令 bt - （Bit Test）测试并用原值设置进位位。
  // 当 op="s"时，就是指令 bts - （Bit Test and Set）设置比特位值并用原值设置进位位。
  // 当 op="r"时，就是指令 btr - （Bit Test and Reset）复位比特位值并原值设置进位位。
  // 输入：%0 - （返回值），%1 -位偏移(nr)；%2 -基址(addr)；%3 - 加操作寄存器初值(0)。
  // 内嵌汇编代码把基地址（%2）和比特偏移值（%1）所指定的比特位值先保存到进位标志 CF 中，
  //然后设置（复位）该比特位。指令 adcl 是带进位位加，用于根据进位位 CF 设置操作数（%0）。
  // 如果 CF = 1 则返回寄存器值 = 1，否则返回寄存器值 = 0 。
21 #define bitop(name,op) \
22 static inline int name(char * addr,unsigned int nr) \
23 { \
24 int __res; \
25 __asm__ __volatile__("bt" op " %1,%2; adcl $0,%0" \
26 :"=g" (__res) \
27 :"r" (nr),"m" (*(addr)),"0" (0)); \
28 return __res; \
29 }
30
  // 这里根据不同的 op 字符定义 3 个内嵌函数。
31 bitop(bit,"" )            // 定义内嵌函数 bit(char * addr, unsigned int nr)。
32 bitop(setbit,"s" )        // 定义内嵌函数 setbit(char * addr, unsigned int nr)。
33 bitop(clrbit,"r" )        // 定义内嵌函数 clrbit(char * addr, unsigned int nr)。
34
35 static char * swap_bitmap = NULL;
36 int SWAP_DEV = 0;                      // 内核初始化时设置的交换设备号。
37
38 /*
39  * We never page the pages in task[0] - kernel memory.
40  * We page all other pages.
41  */
  /*
   * 我们从不交换任务 0（task[0]）的页面，即不交换内核页面。
```

```
    * 我们只对其他页面进行交换操作。
    */
   // 第 1 个虚拟内存页面。即从任务 0 末端（64MB）处开始的虚拟内存页面。
42 #define FIRST_VM_PAGE (TASK_SIZE>>12)              // = 64MB/4KB = 16384。
43 #define LAST_VM_PAGE (1024*1024)                   // = 4GB/4KB  = 1048576。
44 #define VM_PAGES (LAST_VM_PAGE - FIRST_VM_PAGE) // = 1032192（从 0 开始计）。
45
   // 申请 1 页交换页面。
   // 扫描整个交换映射位图（除对应位图本身的位 0 以外），返回值为 1 的第一个比特位号，即目前空闲
   // 的交换页面号。若操作成功则返回交换页面号，否则返回 0。
46 static int get_swap_page(void)
47 {
48         int nr;
49
50         if (!swap_bitmap)
51                 return 0;
52         for (nr = 1; nr < 32768 ; nr++)
53                 if (clrbit(swap_bitmap,nr))
54                         return nr;              // 返回目前空闲的交换页面号。
55         return 0;
56 }
57
   // 释放交换设备中指定的交换页面。
   // 在交换位图中设置指定页面号对应的位（置 1）。若原来该位就等于 1，则表示交换设备中原来该页
   // 面就没有被占用，或者位图出错。于是显示出错信息并返回。参数指定交换页面号。
58 void swap_free(int swap_nr)
59 {
60         if (!swap_nr)
61                 return;
62         if (swap_bitmap && swap_nr < SWAP_BITS)
63                 if (!setbit(swap_bitmap,swap_nr))
64                         return;
65         printk("Swap-space bad (swap_free())\n\r");
66         return;
67 }
68
   // 把指定页面交换进内存中。
   // 把指定页表项的对应页面从交换设备中读入到新申请的内存页面中。修改交换位图中对应位（置位），
   // 同时修改页表项内容，让它指向该内存页面，并设置相应标志。
69 void swap_in(unsigned long *table_ptr)
70 {
71         int swap_nr;
72         unsigned long page;
73
   // 首先检查交换位图和参数有效性。如果交换位图不存在，或者指定页表项对应的页面已存在
   // 于内存中，或者交换页面号为 0，则显示警告信息并退出。对于已放到交换设备中去的内存
   // 页面，相应页表项中存放的应是交换页面号*2，即(swap_nr << 1)，参见下面对尝试交换函
   // 数 try_to_swap_out()中第 111 行的说明。
74         if (!swap_bitmap) {
75                 printk("Trying to swap in without swap bit-map");
76                 return;
77         }
78         if (1 & *table_ptr) {
79                 printk("trying to swap in present page\n\r");
80                 return;
81         }
```

```
        swap_nr = *table_ptr >> 1;
        if (!swap_nr) {
                printk("No swap page in swap_in\n\r");
                return;
        }
// 然后申请一页物理内存并从交换设备中读入页面号为 swap_nr 的页面。在把页面交换进来后，就把
// 交换位图中对应比特位置位。如果其原本就是置位的，说明此次是再次从交换设备中读入相同的页
// 面，于是显示一下警告信息。最后让页表项指向该物理页面，并设置页面已修改、用户可读写和存
// 在标志（Dirty、U/S、R/W、P）。
        if (!(page = get_free_page()))
                oom();
        read_swap_page(swap_nr, (char *) page);
        if (setbit(swap_bitmap,swap_nr))
                printk("swapping in multiply from same page\n\r");
        *table_ptr = page | (PAGE_DIRTY | 7);
}

// 尝试把页面交换出去。
// 若页面没有被修改过则不必保存在交换设备中，因为对应页面还可以再直接从相应映像文件中读入。
// 于是可以直接释放掉相应物理页面了事。否则就申请一个交换页面号，然后把页面交换出去。此时
// 交换页面号要保存在对应页表项中，并且仍需要保持页表项存在位 P = 0。参数是页表项指针。页面
// 交换或释放成功返回 1，否则返回 0。
int try_to_swap_out(unsigned long * table_ptr)
{
        unsigned long page;
        unsigned long swap_nr;

// 首先判断参数的有效性。若需要交换出去的内存页面并不存在（或称无效），则即可退出。
// 若页表项指定的物理页面地址大于分页管理的内存高端 PAGING_MEMORY（15MB），也退出。
        page = *table_ptr;
        if (!(PAGE_PRESENT & page))
                return 0;
        if (page - LOW_MEM > PAGING_MEMORY)
                return 0;
// 若内存页面已被修改过，但是该页面是被共享的，那么为了提高运行效率，此类页面不宜
// 被交换出去，于是直接退出，函数返回 0。否则就申请一交换页面号，并把它保存在页表
// 项中，然后把页面交换出去并释放对应物理内存页面。
        if (PAGE_DIRTY & page) {
                page &= 0xfffff000;                  // 取物理页面地址。
                if (mem_map[MAP_NR(page)] != 1)
                        return 0;
                if (!(swap_nr = get_swap_page()))       // 申请交换页面号。
                        return 0;
// 对于要到交换设备中的页面，相应页表项中将存放的是(swap_nr << 1)。乘 2（左移 1 位）
// 是为了空出原来页表项的存在位（P）。只有存在位 P=0 并且页表项内容不为 0 的页面才会
// 在交换设备中。Intel 手册中明确指出，当一个表项的存在位 P = 0 时（无效页表项），
// 所有其他位（位 31-1）可供随意使用。下面写交换页函数 write_swap_page(nr, buffer)
// 被定义为 ll_rw_page(WRITE,SWAP_DEV,(nr),(buffer))。参见 linux/mm.h 文件第 12 行。
                *table_ptr = swap_nr<<1;
                invalidate();                        // 刷新 CPU 页变换高速缓冲。
                write_swap_page(swap_nr, (char *) page);
                free_page(page);
                return 1;
        }
// 否则表明页面没有修改过。那么就不用交换出去，而直接释放即可。
        *table_ptr = 0;
```

```
118         invalidate();
119         free_page(page);
120         return 1;
121 }
122
123 /*
124  * Ok, this has a rather intricate logic - the idea is to make good
125  * and fast machine code. If we didn't worry about that, things would
126  * be easier.
127  */
    /*
     * OK，这个函数中有一个非常复杂的逻辑，用于产生逻辑性好并且速度快的
     * 机器码。如果我们不对此操心的话，那么事情可能更容易些。
     */
    // 把内存页面放到交换设备中。
    // 从线性地址 64MB 对应的目录项（FIRST_VM_PAGE>>10）开始，搜索整个 4GB 线性空间，对有
    // 效页目录二级页表的页表项指定的物理内存页面执行交换到交换设备中去的尝试。一旦成功
    // 地交换出一个页面，就返回 1。否则返回 0。该函数会在 get_free_page()中被调用。
128 int swap_out(void)
129 {
130         static int dir_entry = FIRST_VM_PAGE>>10;     //即任务 1 的第 1 个目录项索引。
131         static int page_entry = -1;
132         int counter = VM_PAGES;
133         int pg_table;
134
    // 首先搜索页目录表，查找二级页表存在的页目录项 pg_table。找到则退出循环，否则调整
    // 页目录项数对应剩余二级页表项数 counter，然后继续检测下一页目录项。 若全部搜索完
    // 还没有找到适合的（存在的）页目录项，就重新搜索。
135         while (counter>0) {
136                 pg_table = pg_dir[dir_entry];          // 页目录项内容。
137                 if (pg_table & 1)
138                         break;
139                 counter -= 1024;                        // 1 个页表对应 1024 个页帧。
140                 dir_entry++;                            // 下一目录项。
141                 if (dir_entry >= 1024)
142                         dir_entry = FIRST_VM_PAGE>>10;
143         }
    // 在取得当前目录项的页表指针后，针对该页表中的所有 1024 个页面，逐一调用交换函数
    // try_to_swap_out()尝试交换出去。一旦某个页面成功交换到交换设备中就返回 1。若对所
    // 有目录项的所有页表都已尝试失败，则显示“交换内存用完”的警告，并返回 0。
144         pg_table &= 0xfffff000;                         // 页表指针（地址）。
145         while (counter-- > 0) {
146                 page_entry++;                           // 页表项索引（初始为-1）。
    // 如果已经尝试处理完当前页表所有项还没有能够成功地交换出一个页面，即此时页表项索引大于等于
    // 1024，则如同前面第 135～143 行执行相同的处理来选出一个二级页表存在的页目录项，并取得
    // 相应二级页表指针。
147                 if (page_entry >= 1024) {
148                         page_entry = 0;
149                 repeat:
150                         dir_entry++;
151                         if (dir_entry >= 1024)
152                                 dir_entry = FIRST_VM_PAGE>>10;
153                         pg_table = pg_dir[dir_entry];  // 页目录项内容。
154                         if (!(pg_table&1))
155                                 if ((counter -= 1024) > 0)
156                                         goto repeat;
```

```
157                     else
158                             break;
159             pg_table &= 0xfffff000;        // 页表指针。
160         }
161         if (try_to_swap_out(page_entry + (unsigned long *) pg_table))
162             return 1;
163     }
164     printk("Out of swap-memory\n\r");
165     return 0;
166 }
167 
168 /*
169  * Get physical address of first (actually last :-) free page, and mark it
170  * used. If no free pages left, return 0.
171  */
/*
 * 获取首个(实际上是最后 1 个:-)空闲页面，并标记为已使用。如果没有空闲页面，
 * 就返回 0。
 */
//// 在主内存区中申请 1 页空闲物理页面。
// 如果已经没有可用物理内存页面，则调用执行交换处理。然后再次申请页面。
// 输入：%1(ax=0) - 0；%2(LOW_MEM)内存字节位图管理的起始位置；%3(cx= PAGING_PAGES)；
// %4(edi=mem_map+PAGING_PAGES-1)。
// 输出：返回%0（ax = 物理页面起始地址）。函数返回新页面的物理地址。
// 上面%4 寄存器实际指向 mem_map[]内存字节位图的最后一个字节。本函数从位图末端开始向
// 前扫描所有页面标志（页面总数为 PAGING_PAGES），若有页面空闲（内存位图字节为 0）则
// 返回页面地址。注意！本函数只是指出在主内存区的一页空闲物理页面，但并没有映射到某
// 个进程的地址空间中去。后面的 put_page() 函数即用于把指定页面映射到某个进程的地址
// 空间中。当然对于内核使用本函数并不需要再使用 put_page() 进行映射，因为内核代码和
// 数据空间（16MB）已经对等地映射到物理地址空间。
// 第 65 行定义了一个局部寄存器变量。该变量将被保存在 eax 寄存器中，以便于高效访问和
// 操作。这种定义变量的方法主要用于内嵌汇编程序中。详细说明参见 gcc 手册“在指定寄存
// 器中的变量”。
172 unsigned long get_free_page(void)
173 {
174 register unsigned long __res asm("ax");
175 
// 首先在内存映射字节位图中查找值为 0 的字节项，然后把对应物理内存页面清零。如果得到的页面地
// 址大于实际物理内存容量则重新寻找。如果没有找到空闲页面则去调用执行交换处理，并重新查找。
// 最后返回空闲物理页面地址。
176 repeat:
177 __asm__("std ; repne ; scasb\n\t"   // 置方向位，al(0)与对应每个页面的(di)内容比较，
178     "jne 1f\n\t"                     // 如果没有等于 0 的字节，则跳转结束（返回 0）。
179     "movb $1,1(%%edi)\n\t"           // 1 =>[1+edi]，将对应页面内存映像比特位置 1。
180     "sall $12,%%ecx\n\t"             // 页面数*4K = 相对页面起始地址。
181         "addl %2,%%ecx\n\t"          // 再加上低端内存地址，得页面实际物理起始地址。
182         "movl %%ecx,%%edx\n\t"       // 将页面实际起始地址→edx 寄存器。
183         "movl $1024,%%ecx\n\t"       // 寄存器 ecx 置计数值 1024。
184         "leal 4092(%%edx),%%edi\n\t" // 将 4092+edx 的位置→edi（该页面的末端）。
185         "rep ; stosl\n\t"            // 将 edi 所指内存清零（反方向，即将该页面清零）。
186         "movl %%edx,%%eax\n"         // 将页面起始地址→eax（返回值）。
187         "1:"
188         :"=a" (__res)
189         :"0" (0),"i" (LOW_MEM),"c" (PAGING_PAGES),
190         "D" (mem_map+PAGING_PAGES-1)
191         :"di","cx","dx");
```

```
        if (__res >= HIGH_MEMORY)        // 页面地址大于实际内存容量则重新寻找。
                goto repeat;
        if (!__res && swap_out())        // 若没得到空闲页面则执行交换处理，并重新查找。
                goto repeat;
        return __res;                    // 返回空闲物理页面地址。
}

// 内存交换初始化。
void init_swapping(void)
{
// blk_size[]指向指定主设备号的块设备块数数组。该块数数组每一项对应一个子设备上所拥有的数
// 据块总数（1 块大小=1KB）。
        extern int *blk_size[];          // blk_drv/ll_rw_blk.c，49 行。
        int swap_size,i,j;

// 如果没有定义交换设备则返回。如果交换设备没有设置块数数组，则显示信息并返回。
        if (!SWAP_DEV)
                return;
        if (!blk_size[MAJOR(SWAP_DEV)]) {
                printk("Unable to get size of swap device\n\r" );
                return;
        }
// 取指定交换设备号的交换区数据块总数 swap_size。若为 0 则返回，若总块数小于 100 块则显示信
// 息“交换设备区太小”，然后退出。
        swap_size = blk_size[MAJOR(SWAP_DEV)][MINOR(SWAP_DEV)];
        if (!swap_size)
                return;
        if (swap_size < 100) {
                printk("Swap device too small (%d blocks)\n\r",swap_size);
                return;
        }
// 交换数据块总数转换成对应可交换页面总数。该值不能大于 SWAP_BITS 所能表示的页面数。即交换
// 页面总数不得大于 32768。 然后申请一页物理内存用来存放交换页面位映射数组 swap_bitmap，
// 其中每 1 比特代表 1 页交换页面。
        swap_size >>= 2;
        if (swap_size > SWAP_BITS)
                swap_size = SWAP_BITS;
        swap_bitmap = (char *) get_free_page();
        if (!swap_bitmap) {
                printk("Unable to start swapping: out of memory :-)\n\r" );
                return;
        }
// read_swap_page(nr, buffer)被定义为 ll_rw_page(READ,SWAP_DEV,(nr),(buffer))。
// 参见 linux/mm.h 文件第 11 行。这里把交换设备上的页面 0 读到 swap_bitmap 页面中。该页面是
// 交换区管理页面。其中第 4086 字节开始处含有 10 个字符的交换设备特征字符串“SWAP-SPACE”。
// 若没有找到该特征字符串，则说明不是一个有效的交换设备。于是显示信息，释放刚申请的物理页面
// 并退出函数。否则将特征字符串字节清零。
        read_swap_page(0,swap_bitmap);
        if (strncmp("SWAP-SPACE",swap_bitmap+4086,10)) {
                printk("Unable to find swap-space signature\n\r");
                free_page((long) swap_bitmap);
                swap_bitmap = NULL;
                return;
        }
        memset(swap_bitmap+4086,0,10);
// 然后检查读入的交换位映射图。应该 32768 个位全为 0，若位图中有置位的位 0，则表示位图有
```

```
// 问题，于是显示出错信息、释放位图占用的页面并退出函数。为了加快检查速度，这里首先仅挑选
// 查看位图中位 0 和最后一个交换页面对应的位，即 swap_size 交换页面对应的位，以及随后到
// SWAP_BITS（32768）位。
        for (i = 0 ; i < SWAP_BITS ; i++) {
                if (i == 1)
                        i = swap_size;
                if (bit(swap_bitmap,i)) {
                        printk("Bad swap-space bit-map\n\r");
                        free_page((long) swap_bitmap);
                        swap_bitmap = NULL;
                        return;
                }
        }
// 然后再仔细地检测位 1 到位 swap_size 所有位是否为 0。若存在不是 0 的位，则表示位图有问题，
// 于是释放位图占用的页面并退出函数。否则显示交换设备工作正常以及交换页面数和交换空间总字节数。
        j = 0;
        for (i = 1 ; i < swap_size ; i++)
                if (bit(swap_bitmap,i))
                        j++;
        if (!j) {
                free_page((long) swap_bitmap);
                swap_bitmap = NULL;
                return;
        }
        printk("Swap device ok: %d pages (%d bytes) swap-space\n\r",j,j*4096);
}

```

第14章 头 文 件

程序在使用一个函数之前，应该首先声明该函数。为了便于使用，通常的做法是把同一类函数或数据结构以及常数的声明放在一个头文件（header file）中。头文件中也可以包括任何相关的类型定义和宏（macros）。在程序源代码文件中则使用预处理指令“#include”来引用相关的头文件。

程序中如下形式的一条控制行语句将会使得该行被文件 *filename* 的内容替换掉：

```
# include <filename>
```

当然，文件名 *filename* 中不能包含 > 和换行字符以及 "、'、\、或 /* 字符。编译系统会在定义的一系列地方搜索这个文件。类似地，下面形式的控制行会让编译器首先在源程序所在目录中搜索 *filename* 文件：

```
# include "filename"
```

如果没有找到，编译器再执行同上面一样的搜索过程。在这种形式中，文件名 *filename* 中不能包含换行字符和 "、'、\、或 /* 字符，但允许使用 > 字符。

在一般应用程序源代码中，头文件与开发环境中的库文件有着不可分割的紧密联系，库中的每个函数都需要在头文件中加以声明。应用程序开发环境中的头文件（通常放置在系统/usr/include/目录中）可以看作是其所提供函数库（例如 libc.a）中函数的一个组成部分，是库函数的使用说明或接口声明。在编译器把源代码程序转换成目标模块后，链接程序（linker）会把程序所有的目标模块组合在一起，包括用到的任何库文件中的模块。从而构成一个可执行的程序。

对于标准 C 函数库来讲，其最基本的头文件有 15 个。每个头文件都表示出一类特定函数的功能说明或结构定义，例如 I/O 操作函数、字符处理函数等。有关标准函数库的详细说明及其实现可参照 Plauger 编著的《The Standard C Library》一书。

而对于本书所描述的内核源代码，其中涉及的头文件则可以看作是对内核及其函数库所提供服务的一个概要说明，是内核及其相关程序专用的头文件。在这些头文件中主要描述了内核所用到的所有数据结构、初始化数据、常数和宏定义，也包括少量的程序代码。除了几个专用的头文件以外（例如块设备头文件 blk.h），Linux 0.12 内核中所用到的头文件都放在内核代码树的 include/目录中。因此编译 Linux 0.12 内核无需使用开发环境提供的位于/usr/include/目录下的任何头文件。当然，tools/build.c 程序除外。因为这个程序虽然被包含在内核源代码树中，但它只是一个用于组合创建内核映像文件的工具程序或应用程序，不会被链接到内核代码中。

从 0.95 版开始，内核代码树中的头文件需要复制到/usr/include/linux 目录下才能顺利地编译内核。即从该版内核开始头文件已经与开发环境使用的头文件合二为一。

14.1 include/目录下的文件

内核所用到的头文件都保存在 include/目录下。该目录下的文件如表 14-1 所示。这里需要说明一点：为了方便使用和兼容性，Linus 在编制内核程序头文件时所使用的命名方式与标准 C

库头文件的命名方式相似，许多头文件的名称甚至其中的一些内容都与标准 C 库的头文件基本相同，但这些内核头文件仍然是内核源代码或与内核有紧密联系的程序专用的。在一个 Linux 系统中，它们与标准库的头文件并存。通常的做法是将这些头文件放置在标准库头文件目录中的子目录下，以便需要用到内核数据结构或常数的程序使用。

另外，也由于版权问题，Linus 试图重新编制一些头文件以取代具有版权限制的标准 C 库的头文件。因此这些内核源代码中的头文件与开发环境中的头文件有一些重叠的地方。在 Linux 系统中，表 14-1 中的 asm/、linux/和 sys/三个子目录下的内核头文件通常需要复制到标准 C 库头文件所在的目录（/usr/include）中，而其他一些文件若与标准库的头文件没有冲突则可以直接放到标准库头文件目录下，或者改放到这里的三个子目录中。

asm/目录下主要用于存放与计算机体系结构密切相关的函数声明或数据结构的头文件。例如 Intel CPU 端口 IO 汇编宏文件 io.h、中断描述符设置汇编宏头文件 system.h 等。linux/目录下是 Linux 内核程序使用的一些头文件。其中包括调度程序使用的头文件 sched.h、内存管理头文件 mm.h 和终端管理数据结构文件 tty.h 等。而 sys/目录下存放着几个与内核资源相关的头文件。不过从 0.98 版开始，内核目录树下 sys/目录中的头文件被全部移到了 linux/目录下。

Linux 0.12 版内核中共有 32 个头文件(*.h)，其中 asm/子目录中含有 4 个，linux/子目录中含有 10 个，sys/子目录中含有 5 个。从下一节开始我们首先描述 include/目录下的 13 个头文件，然后依次说明每个子目录中的文件。说明顺序按照文件名称排序进行。

表 14-1 linux/include/目录下的文件

名称	大小/B	最后修改时间	名称	大小/B	最后修改时间
asm/		1992-01-09 16:46:04	signal.h	1974	1992-01-04 14:54:10
linux/		1992-01-12 19:43:55	stdarg.h	780	1991-09-17 15:02:23
sys/		1992-01-09 16:46:03	stddef.h	285	1991-12-28 03:19:05
a.out.h	6047	1991-09-17 15:10:49	string.h	7881	1991-09-17 15:04:09
const.h	321	1991-09-17 15:12:39	termios.h	5268	1992-01-14 13:53:25
ctype.h	1049	1991-11-07 17:30:47	time.h	874	1992-01-04 14:58:17
errno.h	1364	1992-01-03 18:52:20	unistd.h	7300	1992-01-13 22:48:52
fcntl.h	1374	1991-09-17 15:12:39	utime.h	225	1991-09-17 15:03:38

14.2 a.out.h 文件

14.2.1 功能描述

在 Linux 内核中，a.out.h 文件用于定义被加载的可执行文件结构，主要用于加载程序 fs/exec.c 中。该文件不属于标准 C 库，它是内核专用的头文件。但由于与标准库的头文件名没有冲突，因此在 Linux 系统中一般可以放在/usr/include/目录下，以供涉及相关内容的程序使用。该头文件中定义了目标文件的一种 a.out（Assembly out）格式。Linux 0.12 系统中使用的.o 文件和可执行文件就采用了这种目标文件格式。

a.out.h 文件包括三个数据结构定义和一些相关的宏定义，因此文件可被相应地分成三个部分：

- 第 1～108 行给出并描述了目标文件执行头结构和相关的宏定义。
- 第 109～185 行是对符号表项结构的定义和说明。
- 第 186～217 行对重定位表项结构进行定义和说明。

由于该文件内容比较多，因此对其中三个数据结构以及相关宏定义的详细说明放在程序列表后。

从 0.96 版内核开始，Linux 系统直接采用了 GNU 的同名头文件 a.out.h。因此造成在 Linux 0.9x 下编译的程序不能在 Linux 0.1x 系统上运行。下面对两个 a.out 头文件的不同之处进行分析，并说明如何让 0.9x 下编译的一些不使用动态链接库的执行文件也能在 0.1x 下运行。

Linux 0.12 使用的 a.out.h 文件与 GNU 同名文件的主要区别在于 exec 结构的第一个字段 a_magic。GNU 的该文件字段名称是 a_info，并且把该字段又分成 3 个子域：标志域（Flags）、机器类型域（Machine Type）和魔数域（Magic Number）。同时为机器类型域定义了相应的宏 N_MACHTYPE 和 N_FLAGS，如图 14-1 所示。

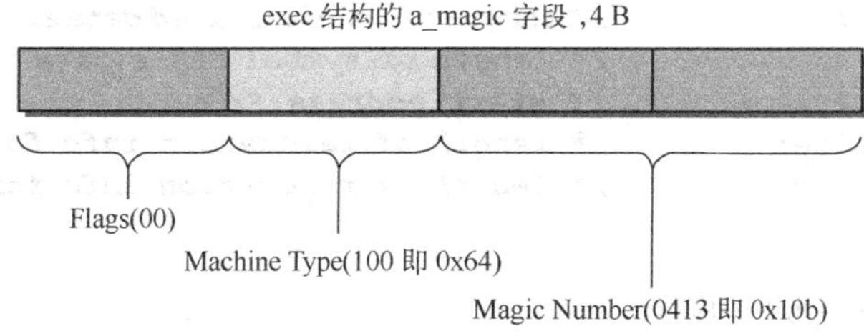

图 14-1　执行文件头结构 exec 中的第一个字段 a_magic（a_info）

在 Linux 0.9x 系统中，对于采用静态库链接的执行文件，图中各域注释中括号内的值是该字段的默认值。这种二进制执行文件开始处的 4 个字节是：

```
0x0b, 0x01, 0x64, 0x00
```

而这里的头文件仅定义了魔数域。因此，在 Linux 0.1x 系统中一个 a.out 格式的二进制执行文件开始的 4 个字节是：

```
0x0b, 0x01, 0x00, 0x00
```

可以看出，采用 GNU 的 a.out 格式的执行文件与 Linux 0.1x 系统上编译出的执行文件的区别仅在机器类型域。因此我们可以把 Linux 0.9x 上的 a.out 格式执行文件的机器类型域（第 3 个字节）清零，让其运行在 0.1x 系统中。只要被移植的执行文件所调用的系统调用都已经在 0.1x 系统中实现即可。在开始重新组建 Linux 0.1x 根文件系统中的很多命令时，作者就采用了这种方法。

在其他方面，GNU 的 a.out.h 头文件与这里的 a.out.h 没有什么区别。

14.2.2　代码注释

程序 14-1　linux/include/a.out.h

```
1 #ifndef _A_OUT_H
2 #define _A_OUT_H
```

```
3
4 #define __GNU_EXEC_MACROS__
5
  // 第 6--108 行是该文件第 1 部分。定义目标文件执行结构以及相关操作的宏定义。
  // 目标文件头结构。参见程序后的详细说明。
  // =============================
  // unsigned long a_magic      // 执行文件魔数。使用 N_MAGIC 等宏访问。
  // unsigned a_text            // 代码长度，字节数。
  // unsigned a_data            // 数据长度，字节数。
  // unsigned a_bss             // 文件中的未初始化数据区长度，字节数。
  // unsigned a_syms            // 文件中的符号表长度，字节数。
  // unsigned a_entry           // 执行开始地址。
  // unsigned a_trsize          // 代码重定位信息长度，字节数。
  // unsigned a_drsize          // 数据重定位信息长度，字节数。
  // -----------------------------
6 struct exec {
7   unsigned long a_magic;   /* Use macros N_MAGIC, etc for access */
8   unsigned a_text;         /* length of text, in bytes */
9   unsigned a_data;         /* length of data, in bytes */
10  unsigned a_bss;          /* length of uninitialized data area for file,in bytes*/
11  unsigned a_syms;         /* length of symbol table data in file, in bytes */
12  unsigned a_entry;        /* start address */
13  unsigned a_trsize;       /* length of relocation info for text, in bytes */
14  unsigned a_drsize;       /* length of relocation info for data, in bytes */
15 };
16
  // 用于取上述 exec 结构中的魔数。
17 #ifndef N_MAGIC
18 #define N_MAGIC(exec) ((exec).a_magic)
19 #endif
20
21 #ifndef OMAGIC
22 /* Code indicating object file or impure executable.  */
  /* 指明为目标文件或者不纯的可执行文件的代号 */
  // 历史上最早在 PDP-11 计算机上，魔数（幻数）是八进制数 0407（0x107）。它位于执行程序
  // 头结构的开始处。原本是 PDP-11 的一条跳转指令，表示跳转到随后 7 个字后的代码开始处。
  // 这样加载程序（loader）就可以在把执行文件放入内存后直接跳转到指令开始处运行。现在
  // 已没有程序使用这种方法，但这个八进制数却作为识别文件类型的标志（魔数）保留了下来。
  // OMAGIC 可以认为是 Old Magic 的意思。
23 #define OMAGIC 0407
24 /* Code indicating pure executable.  */
  /* 指明为纯可执行文件的代号 */      // New Magic，1975 年以后开始使用。涉及虚存机制。
25 #define NMAGIC 0410                // 0410 == 0x108
26 /* Code indicating demand-paged executable.  */
  /* 指明为需求分页处理的可执行文件 */ // 其头结构占用文件开始处 1K 空间。
27 #define ZMAGIC 0413                // 0413 == 0x10b
28 #endif /* not OMAGIC */
29 // 另外还有一个 QMAGIC，是为了节约磁盘容量，把盘上执行文件的头结构与代码紧凑存放。
   // 下面宏用于判断魔数字段的正确性。如果魔数不能被识别，则返回真。
30 #ifndef N_BADMAG
31 #define N_BADMAG(x)                                   \
32  (N_MAGIC(x) != OMAGIC && N_MAGIC(x) != NMAGIC        \
33   && N_MAGIC(x) != ZMAGIC)
34 #endif
35
36 #define _N_BADMAG(x)                                  \
```

```
 (N_MAGIC(x) != OMAGIC && N_MAGIC(x) != NMAGIC        \
  && N_MAGIC(x) != ZMAGIC)

// 目标文件头结构末端到 1024 字节之间的长度。
#define _N_HDROFF(x) (SEGMENT_SIZE - sizeof (struct exec))

// 下面宏用于操作目标文件的内容，包括.o模块文件和可执行文件。

// 代码部分起始偏移值。
// 如果文件是 ZMAGIC 类型的，即是执行文件，那么代码部分是从执行文件的 1024 字节偏移处
// 开始；否则执行代码部分紧随执行头结构末端（32 字节）开始，即文件是模块文件（OMAGIC 类型）。
#ifndef N_TXTOFF
#define N_TXTOFF(x) \
 (N_MAGIC(x) == ZMAGIC ? _N_HDROFF((x)) + sizeof (struct exec) : sizeof (struct exec))
#endif

// 数据部分起始偏移值。从代码部分末端开始。
#ifndef N_DATOFF
#define N_DATOFF(x) (N_TXTOFF(x) + (x).a_text)
#endif

// 代码重定位信息偏移值。从数据部分末端开始。
#ifndef N_TRELOFF
#define N_TRELOFF(x) (N_DATOFF(x) + (x).a_data)
#endif

// 数据重定位信息偏移值。从代码重定位信息末端开始。
#ifndef N_DRELOFF
#define N_DRELOFF(x) (N_TRELOFF(x) + (x).a_trsize)
#endif

// 符号表偏移值。从上面数据段重定位表末端开始。
#ifndef N_SYMOFF
#define N_SYMOFF(x) (N_DRELOFF(x) + (x).a_drsize)
#endif

// 字符串信息偏移值。在符号表之后。
#ifndef N_STROFF
#define N_STROFF(x) (N_SYMOFF(x) + (x).a_syms)
#endif

// 下面对可执行文件被加载到内存（逻辑空间）中的位置情况进行操作。
/* Address of text segment in memory after it is loaded.  */
/* 代码段加载后在内存中的地址 */
#ifndef N_TXTADDR
#define N_TXTADDR(x) 0                          // 可见，代码段从地址 0 开始执行。
#endif

/* Address of data segment in memory after it is loaded.
   Note that it is up to you to define SEGMENT_SIZE
   on machines not listed here.  */
/* 数据段加载后在内存中的地址。
   注意，对于下面没有列出名称的机器，需要你自己来定义
   对应的 SEGMENT_SIZE */
#if defined(vax) || defined(hp300) || defined(pyr)
#define SEGMENT_SIZE PAGE_SIZE
```

```
77 #endif
78 #ifdef  hp300
79 #define PAGE_SIZE      4096
80 #endif
81 #ifdef  sony
82 #define SEGMENT_SIZE    0x2000
83 #endif  /* Sony.  */
84 #ifdef is68k
85 #define SEGMENT_SIZE 0x20000
86 #endif
87 #if defined(m68k) && defined(PORTAR)
88 #define PAGE_SIZE 0x400
89 #define SEGMENT_SIZE PAGE_SIZE
90 #endif
91
   // 这里，Linux 0.12 内核把内存页定义为 4KB，段大小定义为 1KB。因此没有使用上面的定义。
92 #define PAGE_SIZE 4096
93 #define SEGMENT_SIZE 1024
94
   // 以段为界的大小（进位方式）。
95 #define _N_SEGMENT_ROUND(x)  (((x) + SEGMENT_SIZE - 1) & ~(SEGMENT_SIZE - 1))
96
   // 代码段尾地址。
97 #define _N_TXTENDADDR(x)  (N_TXTADDR(x)+(x).a_text)
98
   // 数据段开始地址。
   // 如果文件是 OMAGIC 类型的，那么数据段就直接紧随代码段后面。否则的话数据段地址从代码
   // 段后面段边界开始（1KB 边界对齐）。例如 ZMAGIC 类型的文件。
99 #ifndef N_DATADDR
100 #define N_DATADDR(x) \
101     (N_MAGIC(x)==OMAGIC? (_N_TXTENDADDR(x)) \
102      : (_N_SEGMENT_ROUND (_N_TXTENDADDR(x))))
103 #endif
104
105 /* Address of bss segment in memory after it is loaded.  */
   /* bss 段加载到内存以后的地址 */
   // 未初始化数据段 bbs 位于数据段后面，紧跟数据段。
106 #ifndef N_BSSADDR
107 #define N_BSSADDR(x)  (N_DATADDR(x) + (x).a_data)
108 #endif
109
   // 第 110-185 行是第 2 部分。对目标文件中的符号表项和相关操作宏进行定义和说明。a.out 目标文
   // 件中符号表项结构（符号表记录结构）。参见程序后的详细说明。
110 #ifndef N_NLIST_DECLARED
111 struct nlist {
112   union {
113     char *n_name;
114     struct nlist *n_next;
115     long n_strx;
116   } n_un;
117   unsigned char n_type;          // 该字节分成 3 个字段，146--154 行是相应字段的屏蔽码。
118   char n_other;
119   short n_desc;
120   unsigned long n_value;
121 };
122 #endif
```

```

// 下面定义 nlist 结构中 n_type 字段值的常量符号。
#ifndef N_UNDF
#define N_UNDF 0
#endif
#ifndef N_ABS
#define N_ABS 2
#endif
#ifndef N_TEXT
#define N_TEXT 4
#endif
#ifndef N_DATA
#define N_DATA 6
#endif
#ifndef N_BSS
#define N_BSS 8
#endif
#ifndef N_COMM
#define N_COMM 18
#endif
#ifndef N_FN
#define N_FN 15
#endif

// 以下 3 个常量定义是 nlist 结构中 n_type 字段的屏蔽码（八进制表示）。
#ifndef N_EXT
#define N_EXT 1                      // 0x01 (0b0000,0001) 符号是否是外部的（全局的）。
#endif
#ifndef N_TYPE
#define N_TYPE 036                   // 0x1e (0b0001,1110) 符号的类型位。
#endif
#ifndef N_STAB                       // STAB -- 符号表类型（Symbol table types）。
#define N_STAB 0340                  // 0xe0 (0b1110,0000) 这几个比特用于符号调试器。
#endif

/* The following type indicates the definition of a symbol as being
   an indirect reference to another symbol.  The other symbol
   appears as an undefined reference, immediately following this symbol.

   Indirection is asymmetrical.  The other symbol's value will be used
   to satisfy requests for the indirect symbol, but not vice versa.
   If the other symbol does not have a definition, libraries will
   be searched to find a definition.  */
/* 下面的类型指明对一个符号的定义是作为对另一个符号的间接引用。紧接该
 * 符号的其他的符号呈现为未定义的引用。
 *
 * 这种间接引用是不对称的。另一个符号的值将被用于满足间接符号的要求，
 * 但反之则不然。如果另一个符号没有定义，则将搜索库来寻找一个定义 */
#define N_INDR 0xa

/* The following symbols refer to set elements.
   All the N_SET[ATDB] symbols with the same name form one set.
   Space is allocated for the set in the text section, and each set
   element's value is stored into one word of the space.
   The first word of the space is the length of the set (number of elements).

```

```
   The address of the set is made into an N_SETV symbol
   whose name is the same as the name of the set.
   This symbol acts like a N_DATA global symbol
   in that it can satisfy undefined external references. */
/* 下面的符号与集合元素有关。所有具有相同名称 N_SET[ATDB]的符号
   形成一个集合。在代码部分中已为集合分配了空间，并且每个集合元素
   的值存放在一个字（word）的空间中。空间的第一个字存有集合的长度（集合元素数目）。

   集合的地址被放入一个 N_SETV 符号中，它的名称与集合同名。
   在满足未定义的外部引用方面，该符号的行为像一个 N_DATA 全局符号。*/

/* These appear as input to LD, in a .o file.  */
/* 以下这些符号在 .o 文件中是作为链接程序 LD 的输入。*/
#define N_SETA  0x14     /* Absolute set element symbol */  /* 绝对集合元素符号 */
#define N_SETT  0x16     /* Text set element symbol */      /* 代码集合元素符号 */
#define N_SETD  0x18     /* Data set element symbol */      /* 数据集合元素符号 */
#define N_SETB  0x1A     /* Bss set element symbol */       /* Bss 集合元素符号 */

/* This is output from LD.  */
/* 下面是 LD 的输出。*/
#define N_SETV  0x1C          /* Pointer to set vector in data area.  */
                              /* 指向数据区中集合向量。*/

#ifndef N_RELOCATION_INFO_DECLARED

/* This structure describes a single relocation to be performed.
   The text-relocation section of the file is a vector of these structures,
   all of which apply to the text section.
   Likewise, the data-relocation section applies to the data section.  */
/* 下面结构描述单个重定位操作的执行。
   文件的代码重定位部分是这些结构的一个数组，所有这些适用于代码部分。
   类似地，数据重定位部分用于数据部分。*/

// a.out 目标文件中代码和数据重定位信息结构。
struct relocation_info
{
  /* Address (within segment) to be relocated.  */
  /* 段内需要重定位的地址。*/
  int r_address;
  /* The meaning of r_symbolnum depends on r_extern.  */
  /* r_symbolnum 的含义与 r_extern 有关。*/
  unsigned int r_symbolnum:24;
  /* Nonzero means value is a pc-relative offset
     and it should be relocated for changes in its own address
     as well as for changes in the symbol or section specified.  */
  /* 非零意味着值是一个 pc 相关的偏移值，因而在其自己地址空间
     以及符号或指定的节改变时，需要被重定位 */
  unsigned int r_pcrel:1;
  /* Length (as exponent of 2) of the field to be relocated.
     Thus, a value of 2 indicates 1<<2 bytes.  */
  /* 需要被重定位的字段长度（是 2 的次方）。
     因此，若值是 2 则表示 1<<2 字节数。*/
  unsigned int r_length:2;
  /* 1 => relocate with value of symbol.
          r_symbolnum is the index of the symbol
          in file's the symbol table.
```

```
    0 => relocate with the address of a segment.
         r_symbolnum is N_TEXT, N_DATA, N_BSS or N_ABS
         (the N_EXT bit may be set also, but signifies nothing).  */
/* 1 => 以符号的值重定位。
        r_symbolnum 是文件符号表中符号的索引。
   0 => 以段的地址进行重定位。
        r_symbolnum 是 N_TEXT、N_DATA、N_BSS 或 N_ABS
        (N_EXT 比特位也可以被设置，但是毫无意义)。*/
  unsigned int r_extern:1;
  /* Four bits that aren't used, but when writing an object file
     it is desirable to clear them.  */
/* 没有使用的 4 个比特位，但是当进行写一个目标文件时
   最好将它们复位掉。*/
  unsigned int r_pad:4;
};
#endif /* no N_RELOCATION_INFO_DECLARED.  */


#endif /* __A_OUT_GNU_H__ */
```

14.2.3 a.out 执行文件格式

Linux 内核 0.12 版仅支持 a.out(Assembly out)执行文件和目标文件的格式，虽然这种格式目前已经渐渐不用，而使用功能更为齐全的 ELF（Executable and Link Format）格式，但是由于其简单性，作为入门的学习材料比较适用。下面全面介绍一下 a.out 格式。

在头文件 a.out.h 中声明了三个数据结构以及一些宏。这些数据结构描述了系统上目标文件的结构。在 Linux 0.12 系统中，编译产生的目标模块文件（简称模块文件）和链接生成的二进制可执行文件均采用 a.out 格式。这里统称为目标文件。一个目标文件由 7 部分（7 节）组成。它们依次为：

（1）执行头部分（exec header）。该部分中含有一些参数（exec 结构），内核使用这些参数把执行文件加载到内存中并执行，而链接程序(ld)使用这些参数将一些模块文件组合成一个可执行文件。这是目标文件唯一必要的组成部分。

（2）代码段部分（text segment）。含有程序执行时被加载到内存中的指令代码和相关数据。可以以只读形式被加载。

（3）数据段部分（data segment）。这部分含有已经初始化过的数据，总是被加载到可读写的内存中。

（4）代码重定位部分（text relocations）。这部分含有供链接程序使用的记录数据。在组合目标模块文件时用于定位代码段中的指针或地址。

（5）数据重定位部分（data relocations）。类似于代码重定位部分的作用，但是用于数据段中指针的重定位。

（6）符号表部分（symbol table）。这部分同样含有供链接程序使用的记录数据，用于在二进制目标模块文件之间对命名的变量和函数（符号）进行交叉引用。

（7）字符串表部分（string table）。该部分含有与符号名对应的字符串。

每个目标文件均以一个执行数据结构（exec structure）开始。该数据结构的形式如下：

```
struct exec {
  unsigned long a_magic          // 目标文件魔数。使用 N_MAGIC 等宏访问。
```

```
  unsigned a_text                   // 代码长度，字节数。
  unsigned a_data                   // 数据长度，字节数。
  unsigned a_bss                    // 文件中的未初始化数据区长度，字节数。
  unsigned a_syms                   // 文件中的符号表长度，字节数。
  unsigned a_entry                  // 执行开始地址。
  unsigned a_trsize                 // 代码重定位信息长度，字节数。
  unsigned a_drsize                 // 数据重定位信息长度，字节数。
};
```

各个字段的功能如下：

1）a_magic——该字段含有三个子字段，分别是标志字段、机器类型标识字段和魔数字段，参见图 14-1。不过对于 Linux 0.12 系统其目标文件只使用了其中的魔数子字段，并使用宏 N_MAGIC()来访问，它唯一地确定了二进制执行文件与其他加载的文件之间的区别。该子字段中必须包含以下值之一：

- OMAGIC。表示代码和数据段紧随在执行头后面并且是连续存放的。内核将代码和数据段都加载到可读写内存中。编译器编译出的目标文件的魔数是 OMAGIC（八进制 0407）。
- NMAGIC。同 OMAGIC 一样，代码和数据段紧随在执行头后面并且是连续存放的。然而内核将代码加载到了只读内存中，并把数据段加载到代码段后下一页可读写内存边界开始。
- ZMAGIC。内核在必要时从二进制执行文件中加载独立的页面。执行头部、代码段和数据段都被链接程序处理成多个页面大小的块。内核加载的代码页面是只读的，而数据段的页面是可写的。链接生成的可执行文件的魔数即是 ZMAGIC（0413，即 0x10b）。

2）a_text——该字段含有代码段的长度值，字节数。

3）a_data——该字段含有数据段的长度值，字节数。

4）a_bss——含有 bss 段的长度，内核用其设置在数据段后初始的 break（brk）。内核在加载程序时，这段可写内存显现出处于数据段后面，并且初始时为全零。

5）a_syms——含有符号表部分的字节长度值。

6）a_entry——含有内核将执行文件加载到内存中以后，程序执行起始点的内存地址。

7）a_trsize——该字段含有代码重定位表的大小，是字节数。

8）a_drsize——该字段含有数据重定位表的大小，是字节数。

在 a.out.h 头文件中定义了几个宏，这些宏使用 exec 结构来测试一致性或者定位执行文件中各个部分（节）的位置偏移值。这些宏有：

- N_BADMAG(exec)。如果 a_magic 字段不能被识别，则返回非零值。
- N_TXTOFF(exec)。代码段的起始位置字节偏移值。
- N_DATOFF(exec)。数据段的起始位置字节偏移值。
- N_DRELOFF(exec)。数据重定位表的起始位置字节偏移值。
- N_TRELOFF(exec)。代码重定位表的起始位置字节偏移值。
- N_SYMOFF(exec)。符号表的起始位置字节偏移值。
- N_STROFF(exec)。字符串表的起始位置字节偏移值。

重定位记录具有标准的格式，它使用重定位信息(relocation_info)结构来描述，如下所示：

```
struct relocation_info
{
  int r_address;                     // 段内需要重定位的地址。
```

```
  unsigned int r_symbolnum:24;  // 含义与r_extern有关。指定符号表中一个符号或者一个段。
  unsigned int r_pcrel:1;       // PC相关标志。
  unsigned int r_length:2;      // 要被重定位字段长度（2的次方）。若值是2则1<<2字节数。
  unsigned int r_extern:1;      // 1 => 以符号的值重定位。  0 => 以段的地址进行重定位。
  unsigned int r_pad:4;         // 没有使用的4个位，但最好将它们复位掉。
};
```

该结构中各字段的含义如下：

1）r_address——该字段含有需要链接程序处理（编辑）的指针的字节偏移值。代码重定位的偏移值是从代码段开始处计算的，数据重定位的偏移值是从数据段开始处计算的。链接程序会将已经存储在该偏移处的值与使用重定位记录计算出的新值相加。

2）r_symbolnum——该字段含有符号表中一个符号结构的序号值（不是字节偏移值）。链接程序在算出符号的绝对地址以后，就将该地址加到正在进行重定位的指针上（如果 r_extern 位是 0，那么情况就不同，见下面）。

3）r_pcrel——如果设置了该位，链接程序就认为正在更新一个指针，该指针使用 pc 相关寻址方式，是属于机器码指令部分。当运行程序使用这个被重定位的指针时，该指针的地址被隐式地加到该指针上。

4）r_length——该字段含有指针长度的 2 的次方值：0 表示 1 字节长，1 表示 2 字节长，2 表示 4 字节长。

5）r_extern——如果被置位，表示该重定位需要一个外部引用；此时链接程序必须使用一个符号地址来更新相应指针。当该位是 0 时，则重定位是“局部”的。链接程序更新指针以反映各个段加载地址中的变化，而不是反映一个符号值的变化。在这种情况下，r_symbolnum 字段的内容是一个 n_type 值；这类字段告诉链接程序被重定位的指针指向哪个段。

6）r_pad——Linux 系统中没有使用的 4 个位。在写一个目标文件时最好全置 0。

符号将名称映射为地址(或者更通俗地讲是字符串映射到值)。由于链接程序对地址的调整，一个符号的名称必须用来表示其地址，直到已被赋予一个绝对地址值。符号是由符号表中固定长度的记录以及字符串表中的可变长度名称组成。符号表是 nlist 结构的一个数组，如下所示：

```
struct nlist {
  union {
    char        *n_name;
    struct nlist *n_next;
    long         n_strx;
  } n_un;
  unsigned char n_type;            // 该字节分成3个字段，146-154行是相应字段的屏蔽码。
  char          n_other;
  short         n_desc;
  unsigned long n_value;
};
```

其中各字段的含义为：

1）n_un.n_strx——含有本符号的名称在字符串表中的字节偏移值。当程序使用 nlist()函数访问一个符号表时，该字段被替换为 n_un.n_name 字段，这是内存中字符串的指针。

2）n_type——用于链接程序确定如何更新符号的值。使用第 146～154 行开始的位屏蔽(bitmasks)码可以将 8 位宽度的 n_type 字段分割成三个子字段，如图 14-2 所示。对于 N_EXT 类型位置位的符号，链接程序将它们看作是“外部的”符号，并且允许其他二进制目标文件对它们的引用。N_TYPE 屏蔽码用于链接程序感兴趣的位：

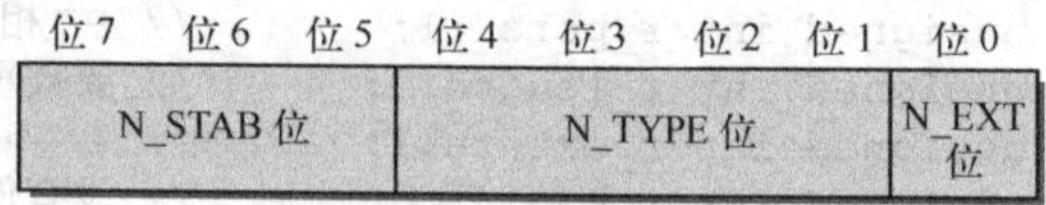

图 14-2 符号类型属性 n_type 字段

- N_UNDF。一个未定义的符号。链接程序必须在其他二进制目标文件中定位一个具有相同名称的外部符号，以确定该符号的绝对数据值。特殊情况下，如果 n_type 字段是非零值，并且没有二进制文件定义了这个符号，则链接程序在 BSS 段中将该符号解析为一个地址，保留长度等于 n_value 的字节。如果符号在多于一个二进制目标文件中都没有定义并且这些二进制目标文件对其长度值不一致，则链接程序将选择所有二进制目标文件中最大的长度。
- N_ABS。一个绝对符号。链接程序不会更新一个绝对符号。
- N_TEXT。一个代码符号。该符号的值是代码地址，链接程序在合并二进制目标文件时会更新其值。
- N_DATA。一个数据符号。与 N_TEXT 类似，但是用于数据地址。对应代码和数据符号的值不是文件的偏移值而是地址；为了找出文件的偏移，就有必要确定相关部分开始加载的地址并减去它，然后加上该部分的偏移。
- N_BSS。一个 BSS 符号。与代码或数据符号类似，但在二进制目标文件中没有对应的偏移。
- N_FN。一个文件名符号。在合并二进制目标文件时，链接程序会将该符号插入在二进制文件中的符号之前。符号的名称就是给予链接程序的文件名，而其值是二进制文件中首个代码段地址。链接和加载时不需要文件名符号，但对于调式程序非常有用。
- N_STAB。屏蔽码用于选择符号调式程序(例如 gdb)感兴趣的位。其值在 stab()中说明。

3）n_other——该字段按照 n_type 确定的段，提供有关符号重定位操作的符号独立性信息。目前，n_other 字段的最低 4 位含有两个值之一：AUX_FUNC 和 AUX_OBJECT（有关定义参见 <link.h>）。AUX_FUNC 将符号与可调用的函数相关，AUX_OBJECT 将符号与数据相关，无论它们是位于代码段还是数据段。该字段主要用于链接程序 ld，用于动态可执行程序的创建。

4）n_desc——保留给调式程序使用，链接程序不对其进行处理。不同的调试程序将该字段用作不同的用途。

5）n_value——含有符号的值。对于代码、数据和 BSS 符号，这是一个地址；对于其他符号（例如调式程序符号），值可以是任意的。

字符串表由长度为 unsigned long 后跟一 null 结尾的符号字符串组成。长度代表整个表的字节大小，所以在 32 位的机器上其最小值（即第 1 个字符串的偏移）总是 4。

14.3 const.h 文件

14.3.1 功能描述

该文件定义了 i 节点中文件属性和类型 i_mode 字段所用到的一些标志位常量符号。

14.3.2 代码注释

程序 14-2 linux/include/const.h

```
#ifndef _CONST_H
```

```
#define _CONST_H

#define BUFFER_END 0x200000           //定义缓冲使用内存的末端（代码中没有使用该常量）。

// i 节点数据结构中 i_mode 字段的各标志位。
#define I_TYPE          0170000      // 指明 i 节点类型（类型屏蔽码）。
#define I_DIRECTORY     0040000      // 是目录文件。
#define I_REGULAR       0100000      // 是常规文件，不是目录文件或特殊文件。
#define I_BLOCK_SPECIAL 0060000      // 是块设备特殊文件。
#define I_CHAR_SPECIAL  0020000      // 是字符设备特殊文件。
#define I_NAMED_PIPE    0010000      // 是命名管道节点。
#define I_SET_UID_BIT   0004000      // 在执行时设置有效用户 ID 类型。
#define I_SET_GID_BIT   0002000      // 在执行时设置有效组 ID 类型。

#endif

```

14.4 ctype.h 文件

14.4.1 功能描述

该文件是关于字符测试和处理的头文件，也是标准 C 库的头文件之一。其中定义了一些有关字符类型判断和转换的宏。例如判断一个字符 c 是一个数字字符（isdigit(c)）还是一个空格（isspace(c)）。在处理过程中使用了一个数组或表（定义在 lib/ctype.c 中），该数组定义了 ASCII 码表中所有字符的属性和类型。当使用宏时，字符代码是作为表_ctype[] 中的索引值，从表中获取一个字节，于是可得到相关的位。

另外，以两个下划线开头或者以一个下划线再加一个大写字母开头的宏名称通常都保留给头文件编制者使用。例如名称__abc 和_SP。

14.4.2 代码注释

程序 14-3　linux/include/ctype.h

```
#ifndef _CTYPE_H
#define _CTYPE_H

#define _U      0x01    /* upper */                     // 该比特位用于大写字符[A-Z]。
#define _L      0x02    /* lower */                     // 该比特位用于小写字符[a-z]。
#define _D      0x04    /* digit */                     // 该比特位用于数字[0-9]。
#define _C      0x08    /* cntrl */                     // 该比特位用于控制字符。
#define _P      0x10    /* punct */                     // 该比特位用于标点字符。
#define _S      0x20    /* white space (space/lf/tab) */ // 空白字符，如空格、\t、\n 等。
#define _X      0x40    /* hex digit */                  // 该比特位用于十六进制数字。
#define _SP     0x80    /* hard space (0x20) */          //该比特位用于空格字符(0x20)。

extern unsigned char _ctype[];           //字符特性数组（表），定义各个字符对应上面的属性。
extern char _ctmp;                       // 一个临时字符变量（在定义 lib/ctype.c 中）。

// 下面是一些确定字符类型的宏。
```

```
#define isalnum(c) ((_ctype+1)[c]&(_U|_L|_D))        //是字符或数字[A-Z]、[a-z]或[0-9]。
#define isalpha(c) ((_ctype+1)[c]&(_U|_L))           // 是字符。
#define iscntrl(c) ((_ctype+1)[c]&(_C))              // 是控制字符。
#define isdigit(c) ((_ctype+1)[c]&(_D))              // 是数字。
#define isgraph(c) ((_ctype+1)[c]&(_P|_U|_L|_D))     // 是图形字符。
#define islower(c) ((_ctype+1)[c]&(_L))              // 是小写字符。
#define isprint(c) ((_ctype+1)[c]&(_P|_U|_L|_D|_SP)) // 是可打印字符。
#define ispunct(c) ((_ctype+1)[c]&(_P))              // 是标点符号。
#define isspace(c) ((_ctype+1)[c]&(_S))              // 是空白字符如空格,\f,\n,\r,\t,\v。
#define isupper(c) ((_ctype+1)[c]&(_U))              // 是大写字符。
#define isxdigit(c) ((_ctype+1)[c]&(_D|_X))          // 是十六进制数字。

// 在下面两个定义中，宏参数前使用了前缀（unsigned），因此 c 应该加括号，即表示成 (c)。
// 因为在程序中 c 可能是一个复杂的表达式。例如，如果参数是 a + b，若不加括号，则在宏定
// 义中变成了：(unsigned) a + b。这显然不对。加了括号就能正确表示成(unsigned)(a + b)。
#define isascii(c) (((unsigned) c)<=0x7f)            // 是 ASCII 字符。
#define toascii(c) (((unsigned) c)&0x7f)             // 转换成 ASCII 字符。

// 以下两个宏定义中使用一个临时变量_ctmp 的原因是：在宏定义中，宏的参数只能被使用一次。
// 但对于多线程来说这是不安全的，因为两个或多个线程可能在同一时刻使用这个公共临时变量。
// 因此从 Linux 2.2.x 版本开始更改为使用两个函数来取代这两个宏定义。
#define tolower(c) (_ctmp=c,isupper(_ctmp)?_ctmp-('A'-'a'):_ctmp)  // 转换成小写字符。
#define toupper(c) (_ctmp=c,islower(_ctmp)?_ctmp-('a'-'A'):_ctmp)  // 转换成大写字符。

#endif
```

14.5 errno.h 文件

14.5.1 功能描述

在系统或者标准 C 语言中有个名为 errno 的变量，关于在 C 标准中是否需要这个变量，在 C 标准化组织（X3J11）中引起了很大争论。但是争论的结果是没有去掉 errno，反而创建了名称为“errno.h”的头文件。因为标准化组织希望每个库函数或数据对象都需要在一个相应的标准头文件中作出声明。

主要原因在于：对于内核中的每个系统调用，如果其返回值就是指定系统调用的结果值的话，就很难报告出错情况。如果让每个函数返回一个对/错指示值，而结果值另行返回，就不能很方便地得到系统调用的结果值。解决的办法之一是将这两种方式加以组合：对于一个特定的系统调用，可以指定一个与有效结果值范围有区别的出错返回值。例如对于指针可以采用 null，对于 pid 可以返回-1。在许多情况下，只要不与结果值冲突都可以采用-1 来表示出错值。但是标准 C 库函数返回值仅告知是否发生出错，还必须从其他地方了解出错的类型，因此采用了 errno 这个变量。为了与标准 C 库的设计机制兼容，Linux 内核中的库文件也采用了这种处理方法。因此也借用了标准 C 的这个头文件。相关例子可参见 lib/open.c 程序以及 unistd.h 中的系统调用宏定义。在某些情况下，程序虽然从返回的-1 知道出错了，但想知道具体的出错号，还需要通过读取 errno 的值来确定最后一次错误的出错号。

本文件虽然只是定义了 Linux 系统中的一些出错码（出错号）的常量符号，而且 Linus 考虑程序的兼容性也想把这些符号定义成与 POSIX 标准中的一样。但是不要小看这段简单的代码，该文件也是 SCO 公司指责 Linux 操作系统侵犯其版权所列出的文件之一。为了研究这个侵

权问题，在2003年12月份，十多个当前Linux内核的顶级开发人员在网上商讨对策。其中包括Linus、Alan Cox、H. J. Lu、Mitchell Blank Jr.。由于内核版本2.4.x中的errno.h文件从0.96c版内核开始就没有变化过，他们就一直“跟踪”到这些老版本的内核代码中。最后Linus发现该文件是从H. J. Lu当时维护的Libc 2.x库中利用程序自动生成的，其中包括了一些与SCO拥有版权的UNIX老版本（V6、V7等）相同的变量名。

14.5.2 代码注释

程序 14-4 linux/include/errno.h

```
#ifndef _ERRNO_H
#define _ERRNO_H

/*
 * ok, as I hadn't got any other source of information about
 * possible error numbers, I was forced to use the same numbers
 * as minix.
 * Hopefully these are posix or something. I wouldn't know (and posix
 * isn't telling me - they want $$$ for their f***ing standard).
 *
 * We don't use the _SIGN cludge of minix, so kernel returns must
 * see to the sign by themselves.
 *
 * NOTE! Remember to change strerror() if you change this file!
 */
/*
 * ok，由于我没有得到任何其他有关出错号的资料，我只能使用与minix系统
 * 相同的出错号了。
 * 希望这些是POSIX兼容的或者在一定程度上是这样的，我不知道（而且POSIX
 * 没有告诉我 - 要获得他们的标准需要出钱）。
 *
 * 我们没有使用minix那样的_SIGN簇，所以内核的返回值必须自己辨别正负号。
 *
 * 注意！如果你改变该文件的话，记着也要修改strerror()函数。
 */

// 系统调用以及很多库函数返回一个特殊的值以表示操作失败或出错。这个值通常选择-1 或者
// 其他一些特定的值来表示。但是这个返回值仅说明错误发生了。 如果需要知道出错的类型，
// 就需要查看表示系统出错号的变量 errno。该变量即在 errno.h 文件中声明。在程序开始执
// 行时该变量值被初始化为0。
extern int errno;

// 在出错时，系统调用会把出错号放在变量errno中（负值），然后返回-1。因此程序若需要知
// 道具体错误号，就需要查看errno的值。
#define ERROR          99              // 一般错误。
#define EPERM           1              // 操作没有许可。
#define ENOENT          2              // 文件或目录不存在。
#define ESRCH           3              // 指定的进程不存在。
#define EINTR           4              // 中断的系统调用。
#define EIO             5              // 输入/输出错。
#define ENXIO           6              // 指定设备或地址不存在。
#define E2BIG           7              // 参数列表太长。
#define ENOEXEC         8              // 执行程序格式错误。
#define EBADF           9              // 文件句柄(描述符)错误。
```

```
#define ECHILD          10          // 子进程不存在。
#define EAGAIN          11          // 资源暂时不可用。
#define ENOMEM          12          // 内存不足。
#define EACCES          13          // 没有许可权限。
#define EFAULT          14          // 地址错。
#define ENOTBLK         15          // 不是块设备文件。
#define EBUSY           16          // 资源正忙。
#define EEXIST          17          // 文件已存在。
#define EXDEV           18          // 非法连接。
#define ENODEV          19          // 设备不存在。
#define ENOTDIR         20          // 不是目录文件。
#define EISDIR          21          // 是目录文件。
#define EINVAL          22          // 参数无效。
#define ENFILE          23          // 系统打开文件数太多。
#define EMFILE          24          // 打开文件数太多。
#define ENOTTY          25          // 不恰当的 IO 控制操作(没有 tty 终端)。
#define ETXTBSY         26          // 不再使用。
#define EFBIG           27          // 文件太大。
#define ENOSPC          28          // 设备已满（设备已经没有空间）。
#define ESPIPE          29          // 无效的文件指针重定位。
#define EROFS           30          // 文件系统只读。
#define EMLINK          31          // 连接太多。
#define EPIPE           32          // 管道错。
#define EDOM            33          // 域(domain)出错。
#define ERANGE          34          // 结果太大。
#define EDEADLK         35          // 避免资源死锁。
#define ENAMETOOLONG    36          // 文件名太长。
#define ENOLCK          37          // 没有锁定可用。
#define ENOSYS          38          // 功能还没有实现。
#define ENOTEMPTY       39          // 目录不空。

/* Should never be seen by user programs */
/* 用户程序不应该见到下面这两种错误号 */
#define ERESTARTSYS     512         // 重新执行系统调用。
#define ERESTARTNOINTR  513         // 重新执行系统调用，无中断。

#endif

```

14.6 fcntl.h 文件

14.6.1 功能描述

文件控制选项头文件。主要定义了文件控制函数 fcntl()和文件创建或打开函数中用到的一些选项。fcntl()函数在 linux/fs/fcntl.c 文件第 47 行开始的代码中实现，被用于对文件描述符（句柄）执行各种指定的操作，具体的操作由函数参数 cmd（命令）指定。

14.6.2 代码注释

程序 14-5 linux/include/fcntl.h

```
#ifndef _FCNTL_H
```

```
#define _FCNTL_H

#include <sys/types.h>    // 类型头文件。定义了基本的系统数据类型。

/* open/fcntl - NOCTTY, NDELAY isn't implemented yet */
/* open/fcntl - NOCTTY 和 NDELAY 现在还没有实现 */
#define O_ACCMODE       00003                              // 文件访问模式屏蔽码。
// 打开文件 open()和文件控制函数 fcntl()使用的文件访问模式。同时只能使用三者之一。
#define O_RDONLY           00                              // 以只读方式打开文件。
#define O_WRONLY           01                              // 以只写方式打开文件。
#define O_RDWR             02                              // 以读写方式打开文件。
// 下面是文件创建和操作标志，用于 open()。可与上面访问模式用'位或'的方式一起使用。
#define O_CREAT         00100    /* not fcntl */           //如果文件不存在就创建。fcntl函数不用。
#define O_EXCL          00200    /* not fcntl */           // 独占使用文件标志。
#define O_NOCTTY        00400    /* not fcntl */           // 不分配控制终端。
#define O_TRUNC         01000    /* not fcntl */           //若文件已存在且是写操作，则长度截为0。
#define O_APPEND        02000                              // 以添加方式打开，文件指针置为文件尾。
#define O_NONBLOCK       04000    /* not fcntl */          // 非阻塞方式打开和操作文件。
#define O_NDELAY        O_NONBLOCK                         // 非阻塞方式打开和操作文件。

/* Defines for fcntl-commands. Note that currently
 * locking isn't supported, and other things aren't really
 * tested.
 */
/* 下面定义了 fcntl 的命令。注意目前锁定命令还没有支持，而其他
 * 命令实际上还没有测试过。
 */
// 文件句柄(描述符)操作函数 fcntl()的命令（cmd）。
#define F_DUPFD         0       /* dup */                  // 拷贝文件句柄为最小数值的句柄。
#define F_GETFD         1       /* get f_flags */          // 取句柄标志。仅1个标志FD_CLOEXEC。
#define F_SETFD         2       /* set f_flags */          // 设置文件句柄标志。
#define F_GETFL         3       /* more flags (cloexec) */ // 取文件状态标志和访问模式。
#define F_SETFL    4                                       // 设置文件状态标志和访问模式。
// 下面是文件锁定命令。fcntl()的第三个参数 lock 是指向 flock 结构的指针。
#define F_GETLK         5        /* not implemented */ // 返回阻止锁定的 flock 结构。
#define F_SETLK         6       // 设置(F_RDLCK 或 F_WRLCK)或清除(F_UNLCK)锁定。
#define F_SETLKW        7       // 等待设置或清除锁定。

/* for F_[GET|SET]FL */
/* 用于 F_GETFL 或 F_SETFL */
// 在执行 exec()簇函数时需要关闭的文件句柄。(执行时关闭 - Close On EXECution)
#define FD_CLOEXEC      1    /* actually anything with low bit set goes */
                             /* 实际上只要低位为 1 即可 */

/* Ok, these are locking features, and aren't implemented at any
 * level. POSIX wants them.
 */
/* OK，以下是锁定类型，任何函数中都还没有实现。POSIX 标准要求这些类型。
 */
#define F_RDLCK         0         // 共享或读文件锁定。
#define F_WRLCK         1         // 独占或写文件锁定。
#define F_UNLCK         2         // 文件解锁。

/* Once again - not implemented, but ... */
/* 同样 - 也还没有实现，但是... */
// 文件锁定操作数据结构。描述了受影响文件段的类型(l_type)、开始偏移(l_whence)、
```

```
   // 相对偏移(l_start)、锁定长度(l_len)和实施锁定的进程 id。
43 struct flock {
44         short l_type;          // 锁定类型（F_RDLCK，F_WRLCK，F_UNLCK）。
45         short l_whence;        // 开始偏移(SEEK_SET，SEEK_CUR 或 SEEK_END)。
46         off_t l_start;         // 阻塞锁定的开始处。相对偏移（字节数）。
47         off_t l_len;           // 阻塞锁定的大小；如果是 0 则为到文件末尾。
48         pid_t l_pid;           // 加锁的进程 id。
49 };
50
   // 以下是使用上述标志或命令的函数原型。
   // 创建新文件或重写一个已存在文件。
   // 参数 filename 是欲创建文件的文件名，mode 是创建文件的属性（见 include/sys/stat.h）。
51 extern int creat(const char * filename,mode_t mode);
   // 文件句柄操作，会影响文件的打开。
   // 参数 fildes 是文件句柄，cmd 是操作命令，见上面 23--30 行。该函数可有以下几种形式：
   // int fcntl(int fildes, int cmd);
   // int fcntl(int fildes, int cmd, long arg);
   // int fcntl(int fildes, int cmd, struct flock *lock);
52 extern int fcntl(int fildes,int cmd, ...);
   // 打开文件。在文件与文件句柄之间建立联系。
   // 参数 filename 是欲打开文件的文件名，flags 是上面 7-17 行上的标志的组合。
53 extern int open(const char * filename, int flags, ...);
54
55 #endif
56
```

14.7 signal.h 文件

14.7.1 功能描述

信号提供了一种处理异步事件的方法。信号也被称为一种软中断。通过向一个进程发送信号，我们可以控制进程的执行状态（暂停、继续或终止）。本文件定义了内核中使用的所有信号的名称和基本操作函数。其中最为重要的函数是改变指定信号处理方式的函数 signal()和 sigaction()。

从本文件中可以看出，Linux 内核实现了 POSIX.1 所要求的所有 20 个信号。因此可以说 Linux 在一开始设计时就已经完全考虑到与标准兼容性。具体函数的实现见程序 kernel/signal.c。

14.7.2 文件注释

程序 14-6 linux/include/signal.h

```
 1 #ifndef _SIGNAL_H
 2 #define _SIGNAL_H
 3
 4 #include <sys/types.h>                      // 类型头文件。定义了基本的系统数据类型。
 5
 6 typedef int sig_atomic_t;                   // 定义信号原子操作类型。
 7 typedef unsigned int sigset_t;              /* 32 bits */  // 定义信号集类型。
 8
 9 #define _NSIG              32               // 定义信号种类 -- 32 种。
10 #define NSIG              _NSIG             // NSIG = _NSIG
11
```

```
// 以下这些是 Linux 0.12 内核中定义的信号。其中包括了 POSIX.1 要求的所有 20 个信号。
#define SIGHUP       1          // Hang Up       -- 挂断控制终端或进程。
#define SIGINT       2          // Interrupt     -- 来自键盘的中断。
#define SIGQUIT      3          // Quit          -- 来自键盘的退出。
#define SIGILL       4          // Illeagle      -- 非法指令。
#define SIGTRAP      5          // Trap          -- 跟踪断点。
#define SIGABRT      6          // Abort         -- 异常结束。
#define SIGIOT       6          // IO Trap       -- 同上。
#define SIGUNUSED    7          // Unused        -- 没有使用。
#define SIGFPE       8          // FPE           -- 协处理器出错。
#define SIGKILL      9          // Kill          -- 强迫进程终止。
#define SIGUSR1     10          // User1         --用户信号 1，进程可使用。
#define SIGSEGV     11          // Segment Violation -- 无效内存引用。
#define SIGUSR2     12          // User2         --用户信号 2，进程可使用。
#define SIGPIPE     13          // Pipe          -- 管道写出错，无读者。
#define SIGALRM     14          // Alarm         -- 实时定时器报警。
#define SIGTERM     15          // Terminate     -- 进程终止。
#define SIGSTKFLT   16          // Stack Fault   -- 栈出错（协处理器）。
#define SIGCHLD     17          // Child         -- 子进程停止或被终止。
#define SIGCONT     18          // Continue      -- 恢复进程继续执行。
#define SIGSTOP     19          // Stop          -- 停止进程的执行。
#define SIGTSTP     20          // TTY Stop      --tty 发出停止进程，可忽略。
#define SIGTTIN     21          // TTY In        -- 后台进程请求输入。
#define SIGTTOU     22          // TTY Out       -- 后台进程请求输出。

/* Ok, I haven't implemented sigactions, but trying to keep headers POSIX */
/* OK，我还没有实现 sigactions 的编制，但在头文件中仍希望遵守 POSIX 标准 */
// 上面原注释已经过时，因为在 0.12 内核中已经实现了 sigaction()。下面是 sigaction 结构
// sa_flags 标志字段可取的符号常数值。
#define SA_NOCLDSTOP   1             // 当子进程处于停止状态，就不对 SIGCHLD 处理。
#define SA_INTERRUPT   0x20000000    // 系统调用被信号中断后不重新启动系统调用。
#define SA_NOMASK      0x40000000    // 不阻止在指定的信号处理程序中再收到该信号。
#define SA_ONESHOT     0x80000000    // 信号句柄一旦被调用过就恢复到默认处理句柄。

// 以下常量用于 sigprocmask(how, )-- 改变阻塞信号集(屏蔽码)。用于改变该函数的行为。
#define SIG_BLOCK      0 /* for blocking signals */      // 在阻塞信号集中加上给定信号。
#define SIG_UNBLOCK    1 /* for unblocking signals*/     // 从阻塞信号集中删除指定信号。
#define SIG_SETMASK    2 /* for setting the signal mask */  // 设置阻塞信号集。

// 以下两个常数符号都表示指向无返回值的函数指针，且都有一个 int 整型参数。这两个指针
// 值是逻辑上讲实际上不可能出现的函数地址值。可作为下面 signal 函数的第二个参数。用
// 于告知内核，让内核处理信号或忽略对信号的处理。使用方法参见 kernel/signal.c 程序，
// 第 94--96 行。
#define SIG_DFL        ((void (*)(int))0)     /* default signal handling */
                                              // 默认信号处理程序（信号句柄）。
#define SIG_IGN        ((void (*)(int))1)     /* ignore signal */
                                              // 忽略信号的处理程序。
#define SIG_ERR        ((void (*)(int))-1)    /* error return from signal */
                                              // 信号处理返回错误。

// 下面定义初始操作设置 sigaction 结构信号屏蔽码的宏。
#ifdef notdef
#define sigemptyset(mask) ((*(mask) = 0), 1)    // 将 mask 清零。
#define sigfillset(mask) ((*(mask) = ~0), 1)    // 将 mask 所有位置位。
```

```
53 #endif
54
   // 下面是 sigaction 的数据结构。
   // sa_handler 是对应某信号指定要采取的行动。可以用上面的 SIG_DFL，或 SIG_IGN 来忽略该
   // 信号，也可以是指向处理该信号函数的一个指针。
   // sa_mask 给出了对信号的屏蔽码，在信号程序执行时将阻塞对这些信号的处理。
   // sa_flags 指定改变信号处理过程的信号集。它是由 37-40 行的位标志定义的。
   // sa_restorer 是恢复函数指针，由函数库 Libc 提供，用于清理用户态堆栈。参见 signal.c。
   // 另外，引起触发信号处理的信号也将被阻塞，除非使用了 SA_NOMASK 标志。
55 struct sigaction {
56         void (*sa_handler)(int);
57         sigset_t sa_mask;
58         int sa_flags;
59         void (*sa_restorer)(void);
60 };
61
   // 下面 signal 函数用于是为信号_sig 安装一新的信号处理程序（信号句柄），与 sigaction()
   // 类似。该函数含有两个参数：指定需要捕获的信号_sig；具有一个参数且无返回值的函数指针
   // _func。该函数返回值也是具有一个 int 参数（最后一个(int)）且无返回值的函数指针，它是
   // 处理该信号的原处理句柄。
62 void (*signal(int _sig, void (*_func)(int)))(int);
   // 下面两函数用于发送信号。kill() 用于向任何进程或进程组发送信号。raise()用于向当前进
   // 程自身发送信号。其作用等价于 kill(getpid(),sig)。参见 kernel/exit.c，60 行。
63 int raise(int sig);
64 int kill(pid_t pid, int sig);
   // 在进程的任务结构中，除有一个以比特位表示当前进程待处理的 32 位信号字段 signal 以外，
   // 还有一个同样以比特位表示的用于屏蔽进程当前阻塞信号集（屏蔽信号集）的字段 blocked，
   // 也是 32 位，每个比特代表一个对应的阻塞信号。修改进程的屏蔽信号集可以阻塞或解除阻塞
   // 所指定的信号。 以下五个函数就是用于操作进程屏蔽信号集，虽然简单实现起来很简单，但
   // 本版本内核中还未实现。
   // 函数 sigaddset() 和 sigdelset() 用于对信号集中的信号进行增、删修改。 sigaddset()用
   // 于向 mask 指向的信号集中增加指定的信号 signo。sigdelset 则反之。函数 sigemptyset()和
   // sigfillset() 用于初始化进程屏蔽信号集。 每个程序在使用信号集前，都需要使用这两个函
   // 数之一对屏蔽信号集进行初始化。 sigemptyset()用于清空屏蔽的所有信号，也即响应所有的
   // 信号。sigfillset()向信号集中置入所有信号，也即屏蔽所有信号。当然 SIGINT 和 SIGSTOP
   // 是不能被屏蔽的。
   // sigismember()用于测试一个指定信号是否在信号集中（1 - 是，0 - 不是，-1 - 出错）。
65 int sigaddset(sigset_t *mask, int signo);
66 int sigdelset(sigset_t *mask, int signo);
67 int sigemptyset(sigset_t *mask);
68 int sigfillset(sigset_t *mask);
69 int sigismember(sigset_t *mask, int signo); /* 1 - is, 0 - not, -1 error */
   // 对 set 中的信号进行检测，看是否有挂起的信号。在 set 中返回进程中当前被阻塞的信号集。
70 int sigpending(sigset_t *set);
   // 下面函数用于改变进程目前被阻塞的信号集（信号屏蔽码）。若 oldset 不是 NULL，则通过其
   // 返回进程当前屏蔽信号集。若 set 指针不是 NULL，则根据 how（41-43 行）指示修改进程屏蔽
   // 信号集。
71 int sigprocmask(int how, sigset_t *set, sigset_t *oldset);
   // 下面函数用 sigmask 临时替换进程的信号屏蔽码，然后暂停该进程直到收到一个信号。若捕捉
   // 到某一信号并从该信号处理程序中返回，则该函数也返回，并且信号屏蔽码会恢复到调用调用
   // 前的值。
72 int sigsuspend(sigset_t *sigmask);
   // sigaction() 函数用于改变进程在收到指定信号时所采取的行动，即改变信号的处理句柄。
   // 参见对 kernel/signal.c 程序的说明。
73 int sigaction(int sig, struct sigaction *act, struct sigaction *oldact);
74
```

```
#endif /* _SIGNAL_H */
```

14.8 stdarg.h 文件

14.8.1 功能描述

C 语言的最大特点之一是允许编程人员自定义参数数目可变的函数。为了访问这些可变参数列表中的参数，就需要用到 stdarg.h 文件中的宏。stdarg.h 头文件是 C 标准化组织根据 BSD 系统的 varargs.h 文件修改而成的。

stdarg.h 是标准参数头文件。它以宏的形式定义变量参数列表。主要说明了一个类型(va_list)和三个宏(va_start, va_arg 和 va_end)，用于 vsprintf、vprintf、vfprintf 函数。在阅读该文件时，需要首先理解变参函数的使用方法，可参见 kernel/vsprintf.c 后的说明。

14.8.2 代码注释

程序 14-7 linux/include/stdarg.h

```
1 #ifndef _STDARG_H
2 #define _STDARG_H
3
4 typedef char *va_list;  // 定义 va_list 是一个字符指针类型。
5
6 /* Amount of space required in an argument list for an arg of type TYPE.
7    TYPE may alternatively be an expression whose type is used.  */
  /* 下面给出了类型为 TYPE 的 arg 参数列表所要求的空间容量。
     TYPE 也可以是使用该类型的一个表达式 */
8
  // 下面这句定义了取整后的 TYPE 类型的字节长度值。是 int 长度(4)的倍数。
9 #define __va_rounded_size(TYPE)  \
10   (((sizeof (TYPE) + sizeof (int) - 1) / sizeof (int)) * sizeof (int))
11
  // 下面这个宏初始化指针 AP，使其指向传给函数的可变参数表的第一个参数。
  // 在第一次调用 va_arg 或 va_end 之前，必须首先调用 va_start 宏。参数 LASTARG 是函数定义
  // 中最右边参数的标识符，即'...'左边的一个标识符。AP 是可变参数表参数指针，LASTARG 是
  // 最后一个指定参数。&(LASTARG) 用于取其地址（即其指针），并且该指针是字符类型。加上
  // LASTARG 的宽度值后 AP 就是可变参数表中第一个参数的指针。该宏没有返回值。
  // 第 17 行上的函数 __builtin_saveregs() 是在 gcc 的库程序 libgcc2.c 中定义的，用于保存
  // 寄存器。 相关说明参见 gcc 手册“Target Description Macros”章中“Implementing the
  // Varargs Macros”小节。
12 #ifndef __sparc__
13 #define va_start(AP, LASTARG)                                           \
14  (AP = ((char *) &(LASTARG) + __va_rounded_size (LASTARG)))
15 #else
16 #define va_start(AP, LASTARG)                                           \
17  (__builtin_saveregs (),                                               \
18   AP = ((char *) &(LASTARG) + __va_rounded_size (LASTARG)))
19 #endif
20
  // 下面该宏用于被调用函数完成一次正常返回。va_end 可以修改 AP 使其在重新调用 va_start 之前
```

```
// 不能被使用。va_end 必须在 va_arg 读完所有的参数后再被调用。
void va_end (va_list);              /* Defined in gnulib */  /* 在 gnulib 中定义 */
#define va_end(AP)

// 下面的宏用于扩展表达式，使其与下一个被传递参数具有相同的类型和值。
// 对于缺省值，va_arg 可以用字符、无符号字符和浮点类型。在第一次使用 va_arg 时，它返
// 回表中的第一个参数，后续的每次调用都将返回表中的下一个参数。这是通过先访问 AP，然
// 后增加其值以指向下一项来实现的。va_arg 使用 TYPE 来完成访问和定位下一项，每调用一
// 次 va_arg，它就修改 AP 以指示表中的下一参数。
#define va_arg(AP, TYPE)                                \
 (AP += __va_rounded_size (TYPE),                      \
  *((TYPE *) (AP - __va_rounded_size (TYPE))))

#endif /* _STDARG_H */

```

14.9　stddef.h 文件

14.9.1　功能描述

stddef.h 头文件的名称也是由 C 标准化组织（X3J11）创建的，含义是标准（std）定义(def)。主要用于存放一些“标准定义”。另外一个内容容易混淆的头文件是 stdlib.h，也是由标准化组织建立的。stdlib.h 主要用来声明一些不与其他头文件类型相关的各种函数。但这两个头文件中的内容常常让人搞不清哪些声明在哪个头文件中。

标准化组织中的一些成员认为在那些不能完全支持标准 C 库的独立环境中，C 语言也应该成为一种有用的编程语言。对于一个独立环境，C 标准要求其提供 C 语言的所有属性，而对于标准 C 库来说，这样的实现仅需提供支持 4 个头文件中的功能：float.h、limits.h、stdarg.h 和 stddef.h。这个要求明确了 stddef.h 文件应该包含些什么内容，而其他三个头文件基本上用于较为特殊的方面：

- float.h 描述浮点表示特性。
- limits.h 描述整型表示特性。
- stdarg.h 提供用于访问可变参数列表的宏定义。

而独立环境中使用的任何其他类型或宏定义都应该放在 stddef.h 文件中。但是后来的组织成员放宽了这些限制，导致有些定义在多个头文件中出现。例如，宏定义 NULL 还出现在其他 4 个头文件中。因此，为了防止冲突，stddef.h 文件中在定义 NULL 之前首先使用 undef 指令取消原先的定义（第 14 行）。

在本文件中定义的类型和宏还有一个共同点：这些定义曾经试图被包含在 C 语言的特性中，但后来由于各种编译器都以各自的方式定义这些信息，很难编写出能取代所有这些定义的代码来，因此就放弃了。

在 Linux 0.12 内核中很少使用该文件。

14.9.2　代码注释

程序 14-8　linux/include/stddef.h

```
1 #ifndef _STDDEF_H
```

```
#define _STDDEF_H

#ifndef _PTRDIFF_T
#define _PTRDIFF_T
typedef long ptrdiff_t;              // 两个指针相减结果的类型。
#endif

#ifndef _SIZE_T
#define _SIZE_T
typedef unsigned long size_t;        // sizeof 返回的类型。
#endif

#undef NULL
#define NULL ((void *)0)             // 空指针。

// 下面定义了一个计算某成员在类型中偏移位置的宏。使用该宏可以确定一个成员（字段）在
// 包含它的结构类型中从结构开始处算起的字节偏移量。宏的结果是类型为 size_t 的整数常
// 数表达式。这里是一个技巧用法。((TYPE *)0)是将一个整数 0 类型投射（type cast）成数
// 据对象指针类型，然后在该结果上进行运算。
#define offsetof(TYPE, MEMBER) ((size_t) &((TYPE *)0)->MEMBER)

#endif

```

14.10 string.h 文件

14.10.1 功能描述

该头文件中以内嵌函数的形式定义了所有字符串操作函数，为了提高执行速度使用了内嵌汇编程序。另外，在开始处还定义了一个 NULL 宏和一个 SIZE_T 类型。

在标准 C 库中也提供同样名称的头文件，但函数实现是在标准 C 库中，并且其相应的头文件中只包含相关函数的声明。而对于下面列出的 string.h 文件，Linus 虽然给出每个函数的实现，但是每个函数都有 extern 和 inline 关键词前缀，即定义的都是一些内联函数。因此对于包含这个头文件的程序，若由于某种原因所使用的内联函数不能被嵌入调用代码中就会使用内核函数库 lib/目录下定义的同名函数，参见 lib/string.c 程序。在那个 string.c 中，程序首先将 extern 和 inline 等定义为空，再包含 string.h 头文件，因此，string.c 程序中实际上包含了 string.h 头文件中声明函数的另一个实现代码。

14.10.2 代码注释

程序 14-9 linux/include/string.h

```
#ifndef _STRING_H_
#define _STRING_H_

#ifndef NULL
#define NULL ((void *) 0)
#endif

#ifndef _SIZE_T
```

```
#define _SIZE_T
typedef unsigned int size_t;
#endif

extern char * strerror(int errno);

/*
 * This string-include defines all string functions as inline
 * functions. Use gcc. It also assumes ds=es=data space, this should be
 * normal. Most of the string-functions are rather heavily hand-optimized,
 * see especially strtok,strstr,str[c]spn. They should work, but are not
 * very easy to understand. Everything is done entirely within the register
 * set, making the functions fast and clean. String instructions have been
 * used through-out, making for "slightly" unclear code :-)
 *
 *              (C) 1991 Linus Torvalds
 */
/*
 * 这个字符串头文件以内嵌函数的形式定义了所有字符串操作函数。使用 gcc 时，同时
 * 假定了 ds=es=数据空间，这应该是常规的。绝大多数字符串函数都是经手工进行大量
 * 优化的，尤其是函数 strtok、strstr、str[c]spn。它们应该能正常工作，但不是那
 * 么容易理解。所有的操作基本上都是使用寄存器集来完成的，这使得函数即快又整洁。
 * 所有地方都使用了字符串指令，这又使得代码“稍微”难以理解☺
 *
 *              (C) 1991 Linus Torvalds
 */

//// 将一个字符串(src)复制到另一个字符串(dest)，直到遇到 NULL 字符后停止。
// 参数：dest - 目的字符串指针，src - 源字符串指针。
// %0 - esi(src)，%1 - edi(dest)。
extern inline char * strcpy(char * dest,const char *src)
{
__asm__("cld\n"                         // 清方向位。
        "1:\tlodsb\n\t"                 // 加载 DS:[esi]处 1 字节→al，并更新 esi。
        "stosb\n\t"                     // 存储字节 al→ES:[edi]，并更新 edi。
        "testb %%al,%%al\n\t"           // 刚存储的字节是 0？
        "jne 1b"                        // 不是则向后跳转到标号 1 处，否则结束。
        ::"S" (src),"D" (dest):"si","di","ax");
return dest;                            // 返回目的字符串指针。
}

//// 复制源字符串 count 个字节到目的字符串。
// 如果源串长度小于 count 个字节，就附加空字符(NULL)到目的字符串。
// 参数：dest - 目的字符串指针，src - 源字符串指针，count - 复制字节数。
// %0 - esi(src)，%1 - edi(dest)，%2 - ecx(count)。
extern inline char * strncpy(char * dest,const char *src,int count)
{
__asm__("cld\n"                         // 清方向位。
        "1:\tdecl %2\n\t"               // 寄存器 ecx-- (count--)。
        "js 2f\n\t"                     // 如果 count<0 则向前跳转到标号 2，结束。
        "lodsb\n\t"                     // 取 ds:[esi]处 1 字节→al，并且 esi++。
        "stosb\n\t"                     // 存储该字节→es:[edi]，并且 edi++。
        "testb %%al,%%al\n\t"           // 该字节是 0？
        "jne 1b\n\t"                    // 不是，则向前跳转到标号 1 处继续复制。
        "rep\n\t"                       // 否则，在目的串中存放剩余个数的空字符。
        "stosb\n"
```

```
49          "2:"
50          ::"S" (src),"D" (dest),"c" (count):"si","di","ax","cx");
51 return dest;                              // 返回目的字符串指针。
52 }
53
 //// 将源字符串复制到目的字符串的末尾处。
 // 参数：dest - 目的字符串指针，src - 源字符串指针。
 // %0 - esi(src)，%1 - edi(dest)，%2 - eax(0)，%3 - ecx(-1)。
54 extern inline char * strcat(char * dest,const char * src)
55 {
56 __asm__("cld\n\t"                         // 清方向位。
57          "repne\n\t"                       // 比较 al 与 es:[edi]字节，并更新 edi++，
58          "scasb\n\t"                       // 直到找到目的串中是 0 的字节，此时 edi 已指向后 1 字节。
59          "decl %1\n"                       // 让 es:[edi]指向 0 值字节。
60          "1:\tlodsb\n\t"                   // 取源字符串字节 ds:[esi] →al，并 esi++。
61          "stosb\n\t"                       // 将该字节存到 es:[edi]，并 edi++。
62          "testb %%al,%%al\n\t"             // 该字节是 0？
63          "jne 1b"                          // 不是，则向后跳转到标号 1 处继续复制，否则结束。
64          ::"S" (src),"D" (dest),"a" (0),"c" (0xffffffff):"si","di","ax","cx");
65 return dest;                              // 返回目的字符串指针。
66 }
67
 //// 将源字符串的 count 个字节复制到目的字符串的末尾处，最后添一空字符。
 // 参数：dest - 目的字符串，src - 源字符串，count - 欲复制的字节数。
 // %0 - esi(src)，%1 - edi(dest)，%2 - eax(0)，%3 - ecx(-1)，%4 - (count)。
68 extern inline char * strncat(char * dest,const char * src,int count)
69 {
70 __asm__("cld\n\t"                         // 清方向位。
71          "repne\n\t"                       // 比较 al 与 es:[edi]字节，edi++。
72          "scasb\n\t"                       // 直到找到目的串的末端 0 值字节。
73          "decl %1\n\t"                     // edi 指向该 0 值字节。
74          "movl %4,%3\n"                    // 欲复制字节数→ecx。
75          "1:\tdecl %3\n\t"                 // ecx--（从 0 开始计数）。
76          "js 2f\n\t"                       // ecx <0 ?，是则向前跳转到标号 2 处。
77          "lodsb\n\t"                       // 否则取 ds:[esi]处的字节→al，esi++。
78          "stosb\n\t"                       // 存储到 es:[edi]处，edi++。
79          "testb %%al,%%al\n\t"             // 该字节值为 0？
80          "jne 1b\n"                        // 不是则向后跳转到标号 1 处，继续复制。
81          "2:\txorl %2,%2\n\t"              // 将 al 清零。
82          "stosb"                           // 存到 es:[edi]处。
83          ::"S" (src),"D" (dest),"a" (0),"c" (0xffffffff),"g" (count)
84          :"si","di","ax","cx");
85 return dest;                              // 返回目的字符串指针。
86 }
87
 //// 将一个字符串与另一个字符串进行比较。
 // 参数：cs - 字符串 1，ct - 字符串 2。
 // %0 - eax(__res)返回值，%1 - edi(cs)字符串 1 指针，%2 - esi(ct)字符串 2 指针。
 // 返回：如果串 1 > 串 2，则返回 1；串 1 = 串 2，则返回 0；串 1 < 串 2，则返回-1。
 // 第 90 行定义了一个局部寄存器变量。该变量将被保存在 eax 寄存器中，以便高效访问和操作。
 // 这种定义变量的方法主要用于内嵌汇编程序中。详细说明参见 gcc 手册"指定寄存器中的变量"。
88 extern inline int strcmp(const char * cs,const char * ct)
89 {
90 register int __res __asm__("ax");        // __res 是寄存器变量(eax)。
91 __asm__("cld\n"                           // 清方向位。
92          "1:\tlodsb\n\t"                   // 取字符串 2 的字节 ds:[esi] →al，并且 esi++。
```

```
        "scasb\n\t"                     // al 与字符串 1 的字节 es:[edi]作比较，并且 edi++。
        "jne 2f\n\t"                    // 如果不相等，则向前跳转到标号 2。
        "testb %%al,%%al\n\t"           // 该字节是 0 值字节吗（字符串结尾）？
        "jne 1b\n\t"                    // 不是，则向后跳转到标号 1，继续比较。
        "xorl %%eax,%%eax\n\t"          // 是，则返回值 eax 清零，
        "jmp 3f\n"                      // 向前跳转到标号 3，结束。
        "2:\tmovl $1,%%eax\n\t"         // eax 中置 1。
        "jl 3f\n\t"                     //若前面比较中串 2 字符<串 1 字符，则返回正值结束。
        "negl %%eax\n"                  // 否则 eax = -eax，返回负值，结束。
        "3:"
        :"=a" (__res):"D" (cs),"S" (ct):"si","di" );
return __res;                           // 返回比较结果。
}

//// 字符串 1 与字符串 2 的前 count 个字符进行比较。
// 参数：cs - 字符串 1，ct - 字符串 2，count - 比较的字符数。
// %0 - eax(__res)返回值，%1 - edi(cs)串 1 指针，%2 - esi(ct)串 2 指针，%3 - ecx(count)。
// 返回：如果串 1 > 串 2，则返回 1；串 1 = 串 2，则返回 0；串 1 < 串 2，则返回-1。
extern inline int strncmp(const char * cs,const char * ct,int count)
{
register int __res __asm__("ax");       // __res 是寄存器变量(eax)。
__asm__("cld\n"                         // 清方向位。
        "1:\tdecl %3\n\t"               // count--。
        "js 2f\n\t"                     // 如果 count<0，则向前跳转到标号 2。
        "lodsb\n\t"                     // 取串 2 的字符 ds:[esi]→al，并且 esi++。
        "scasb\n\t"                     // 比较 al 与串 1 的字符 es:[edi]，并且 edi++。
        "jne 3f\n\t"                    // 如果不相等，则向前跳转到标号 3。
        "testb %%al,%%al\n\t"           // 该字符是 NULL 字符吗？
        "jne 1b\n"                      // 不是，则向后跳转到标号 1，继续比较。
        "2:\txorl %%eax,%%eax\n\t"      // 是 NULL 字符，则 eax 清零（返回值）。
        "jmp 4f\n"                      // 向前跳转到标号 4，结束。
        "3:\tmovl $1,%%eax\n\t"         // eax 中置 1。
        "jl 4f\n\t"                     //如果前面比较中串 2 字符<串 1 字符，则返回 1 结束。
        "negl %%eax\n"                  // 否则 eax = -eax，返回负值，结束。
        "4:"
        :"=a" (__res):"D" (cs),"S" (ct),"c" (count):"si","di","cx" );
return __res;                           // 返回比较结果。
}

//// 在字符串中寻找第一个匹配的字符。
// 参数：s - 字符串，c - 欲寻找的字符。
// %0 - eax(__res)，%1 - esi(字符串指针 s)，%2 - eax(字符 c)。
// 返回：返回字符串中第一次出现匹配字符的指针。若没有找到匹配的字符，则返回空指针。
extern inline char * strchr(const char * s,char c)
{
register char * __res __asm__("ax");  // __res 是寄存器变量(eax)。
__asm__("cld\n\t"                       // 清方向位。
        "movb %%al,%%ah\n"              // 将欲比较字符移到 ah。
        "1:\tlodsb\n\t"                 // 取字符串中字符 ds:[esi]→al，并且 esi++。
        "cmpb %%ah,%%al\n\t"            // 字符串中字符 al 与指定字符 ah 相比较。
        "je 2f\n\t"                     // 若相等，则向前跳转到标号 2 处。
        "testb %%al,%%al\n\t"           // al 中字符是 NULL 字符吗？（字符串结尾？）
        "jne 1b\n\t"                    // 若不是，则向后跳转到标号 1，继续比较。
        "movl $1,%1\n"                  // 是，则说明没有找到匹配字符，esi 置 1。
        "2:\tmovl %1,%0\n\t"            // 将指向匹配字符后一个字节处的指针值放入 eax
        "decl %0"                       // 将指针调整为指向匹配的字符。
```

```
        :"=a" (__res):"S" (s),"0" (c):"si" );
return __res;                          // 返回指针。
}

//// 寻找字符串中指定字符最后一次出现的地方。（反向搜索字符串）
// 参数：s - 字符串，c - 欲寻找的字符。
// %0 - edx(__res)，%1 - edx(0)，%2 - esi(字符串指针 s)，%3 - eax(字符 c)。
// 返回：返回字符串中最后一次出现匹配字符的指针。若没有找到匹配的字符，则返回空指针。
extern inline char * strrchr(const char * s,char c)
{
register char * __res __asm__("dx" );  // __res 是寄存器变量(edx)。
__asm__("cld\n\t"                      // 清方向位。
        "movb %%al,%%ah\n"             // 将欲寻找的字符移到 ah。
        "1:\tlodsb\n\t"                // 取字符串中字符 ds:[esi]→al，并且 esi++。
        "cmpb %%ah,%%al\n\t"           // 字符串中字符 al 与指定字符 ah 作比较。
        "jne 2f\n\t"                   // 若不相等，则向前跳转到标号 2 处。
        "movl %%esi,%0\n\t"            // 将字符指针保存到 edx 中。
        "decl %0\n"                    // 指针后退一位，指向字符串中匹配字符处。
        "2:\ttestb %%al,%%al\n\t"      // 比较的字符是 0 吗（到字符串尾）?
        "jne 1b"                       // 不是则向后跳转到标号 1 处，继续比较。
        :"=d" (__res):"0" (0),"S" (s),"a" (c):"ax","si" );
return __res;                          // 返回指针。
}

//// 在字符串 1 中寻找第 1 个字符序列，该字符序列中的任何字符都包含在字符串 2 中。
// 参数：cs - 字符串 1 指针，ct - 字符串 2 指针。
// %0 - esi(__res)，%1 - eax(0)，%2 - ecx(-1)，%3 - esi(串 1 指针 cs)，%4 - (串 2 指针 ct)。
// 返回字符串 1 中包含字符串 2 中任何字符的首个字符序列的长度值。
extern inline int strspn(const char * cs, const char * ct)
{
register char * __res __asm__("si" ); // __res 是寄存器变量(esi)。
__asm__("cld\n\t"                      // 清方向位。
        "movl %4,%%edi\n\t"            // 首先计算串 2 的长度。串 2 指针放入 edi 中。
        "repne\n\t"                    // 比较 al(0)与串 2 中的字符(es:[edi])，并 edi++。
        "scasb\n\t"                    // 如果不相等就继续比较(ecx 逐步递减)。
        "notl %%ecx\n\t"               // ecx 中每位取反。
        "decl %%ecx\n\t"               // ecx--，得串 2 的长度值。
        "movl %%ecx,%%edx\n"           // 将串 2 的长度值暂放入 edx 中。
        "1:\tlodsb\n\t"                // 取串 1 字符 ds:[esi] →al，并且 esi++。
        "testb %%al,%%al\n\t"          // 该字符等于 0 值吗（串 1 结尾）?
        "je 2f\n\t"                    // 如果是，则向前跳转到标号 2 处。
        "movl %4,%%edi\n\t"            // 取串 2 头指针放入 edi 中。
        "movl %%edx,%%ecx\n\t"         // 再将串 2 的长度值放入 ecx 中。
        "repne\n\t"                    // 比较 al 与串 2 中字符 es:[edi]，并且 edi++。
        "scasb\n\t"                    // 如果不相等就继续比较。
        "je 1b\n"                      // 如果相等，则向后跳转到标号 1 处。
        "2:\tdecl %0"                  // esi--，指向最后一个包含在串 2 中的字符。
        :"=S" (__res):"a" (0),"c" (0xffffffff),"0" (cs),"g" (ct)
        :"ax","cx","dx","di");
return __res-cs;                       // 返回字符序列的长度值。
}

//// 寻找字符串 1 中不包含字符串 2 中任何字符的第 1 个字符序列。
// 参数：cs - 字符串 1 指针，ct - 字符串 2 指针。
// %0 - esi(__res)，%1 - eax(0)，%2 - ecx(-1)，%3 - esi(串 1 指针 cs)，%4 - (串 2 指针 ct)。
// 返回字符串 1 中不包含字符串 2 中任何字符的首个字符序列的长度值。
```

```
extern inline int strcspn(const char * cs, const char * ct)
{
register char * __res __asm__("si"); // __res 是寄存器变量(esi)。
__asm__("cld\n\t"                       // 清方向位。
        "movl %4,%%edi\n\t"             // 首先计算串 2 的长度。串 2 指针放入 edi 中。
        "repne\n\t"                     //比较 al(0)与串 2 中的字符(es:[edi]),并 edi++。
        "scasb\n\t"                     // 如果不相等就继续比较(ecx 逐步递减)。
        "notl %%ecx\n\t"                // ecx 中每位取反。
        "decl %%ecx\n\t"                // ecx--，得串 2 的长度值。
        "movl %%ecx,%%edx\n"            // 将串 2 的长度值暂放入 edx 中。
        "1:\tlodsb\n\t"                 // 取串 1 字符 ds:[esi] →al，并且 esi++。
        "testb %%al,%%al\n\t"           // 该字符等于 0 值吗（串 1 结尾）？
        "je 2f\n\t"                     // 如果是，则向前跳转到标号 2 处。
        "movl %4,%%edi\n\t"             // 取串 2 头指针放入 edi 中。
        "movl %%edx,%%ecx\n\t"          // 再将串 2 的长度值放入 ecx 中。
        "repne\n\t"                     // 比较 al 与串 2 中字符 es:[edi]，并且 edi++。
        "scasb\n\t"                     // 如果不相等就继续比较。
        "jne 1b\n"                      // 如果不相等，则向后跳转到标号 1 处。
        "2:\tdecl %0"                   // esi--，指向最后一个包含在串 2 中的字符。
        :"=S" (__res):"a" (0),"c" (0xffffffff),"0" (cs),"g" (ct)
        :"ax","cx","dx","di");
return __res-cs;                        // 返回字符序列的长度值。
}

//// 在字符串 1 中寻找首个包含在字符串 2 中的任何字符。
// 参数：cs - 字符串 1 的指针，ct - 字符串 2 的指针。
// %0 -esi(__res)，%1 -eax(0)，%2 -ecx(0xffffffff)，%3 -esi(串 1 指针 cs)，%4 -(串 2 指针 ct)。
// 返回字符串 1 中首个包含字符串 2 中字符的指针。
extern inline char * strpbrk(const char * cs,const char * ct)
{
register char * __res __asm__("si"); // __res 是寄存器变量(esi)。
__asm__("cld\n\t"                       // 清方向位。
        "movl %4,%%edi\n\t"             // 首先计算串 2 的长度。串 2 指针放入 edi 中。
        "repne\n\t"                     //比较 al(0)与串 2 中的字符(es:[edi]),并 edi++。
        "scasb\n\t"                     // 如果不相等就继续比较(ecx 逐步递减)。
        "notl %%ecx\n\t"                // ecx 中每位取反。
        "decl %%ecx\n\t"                // ecx--，得串 2 的长度值。
        "movl %%ecx,%%edx\n"            // 将串 2 的长度值暂放入 edx 中。
        "1:\tlodsb\n\t"                 // 取串 1 字符 ds:[esi]→al，并且 esi++。
        "testb %%al,%%al\n\t"           // 该字符等于 0 值吗（串 1 结尾）？
        "je 2f\n\t"                     // 如果是，则向前跳转到标号 2 处。
        "movl %4,%%edi\n\t"             // 取串 2 头指针放入 edi 中。
        "movl %%edx,%%ecx\n\t"          // 再将串 2 的长度值放入 ecx 中。
        "repne\n\t"                     // 比较 al 与串 2 中字符 es:[edi]，并且 edi++。
        "scasb\n\t"                     // 如果不相等就继续比较。
        "jne 1b\n\t"                    // 如果不相等，则向后跳转到标号 1 处。
        "decl %0\n\t"                   // esi--，指向一个包含在串 2 中的字符。
        "jmp 3f\n"                      //向前跳转到标号 3 处。
        "2:\txorl %0,%0\n"              // 没有找到符合条件的，将返回值为 NULL。
        "3:"
        :"=S" (__res):"a" (0),"c" (0xffffffff),"0" (cs),"g" (ct)
        :"ax","cx","dx","di");
return __res;                           // 返回指针值。
}

//// 在字符串 1 中寻找首个匹配整个字符串 2 的字符串。
```

```
// 参数：cs - 字符串1的指针，ct - 字符串2的指针。
// %0 -eax(__res)，%1 -eax(0)，%2 -ecx(0xffffffff)，%3 -esi(串1指针cs)，%4 -(串2指针ct)。
// 返回：返回字符串1中首个匹配字符串2的字符串指针。
extern inline char * strstr(const char * cs,const char * ct)
{
register char * __res __asm__("ax");  // __res是寄存器变量(eax)。
__asm__("cld\n\t" \                    // 清方向位。
        "movl %4,%%edi\n\t"            // 首先计算串2的长度。串2指针放入edi中。
        "repne\n\t"                    //比较al(0)与串2中的字符(es:[edi]),并edi++。
        "scasb\n\t"                    // 如果不相等就继续比较(ecx逐步递减)。
        "notl %%ecx\n\t"               // ecx中每位取反。
        "decl %%ecx\n\t"     /* NOTE! This also sets Z if searchstring='' */
                      /* 注意！如果搜索串为空，将设置Z标志 */ // 得串2的长度值。
        "movl %%ecx,%%edx\n"           // 将串2的长度值暂放入edx中。
        "1:\tmovl %4,%%edi\n\t"        // 取串2头指针放入edi中。
        "movl %%esi,%%eax\n\t"         // 将串1的指针复制到eax中。
        "movl %%edx,%%ecx\n\t"         // 再将串2的长度值放入ecx中。
        "repe\n\t"                 //比较串1和串2字符(ds:[esi],es:[edi]),esi++,edi++。
        "cmpsb\n\t"                  // 若对应字符相等就一直比较下去。
        "je 2f\n\t"          /* also works for empty string, see above */
                      /* 对空串同样有效，见上面 */ // 若全相等，则转到标号2。
        "xchgl %%eax,%%esi\n\t"        // 串1头指针→esi，比较结果的串1指针→eax。
        "incl %%esi\n\t"               // 串1头指针指向下一个字符。
        "cmpb $0,-1(%%eax)\n\t"        // 串1指针(eax-1)所指字节是0吗？
        "jne 1b\n\t"                   // 不是则转到标号1，继续从串1的第2个字符开始比较。
        "xorl %%eax,%%eax\n\t"         // 清eax，表示没有找到匹配。
        "2:"
        :"=a" (__res):"0" (0),"c" (0xffffffff),"S" (cs),"g" (ct)
        :"cx","dx","di","si");
return __res;                          // 返回比较结果。
}

//// 计算字符串长度。
// 参数：s - 字符串。
// %0 - ecx(__res)，%1 - edi(字符串指针s)，%2 - eax(0)，%3 - ecx(0xffffffff)。
// 返回：返回字符串的长度。
extern inline int strlen(const char * s)
{
register int __res __asm__("cx");    // __res是寄存器变量(ecx)。
__asm__("cld\n\t"                      // 清方向位。
        "repne\n\t"                    // al(0)与字符串中字符es:[edi]比较，
        "scasb\n\t"                    // 若不相等就一直比较。
        "notl %0\n\t"                  // ecx取反。
        "decl %0"                      // ecx--，得字符串得长度值。
        :"=c" (__res):"D" (s),"a" (0),"0" (0xffffffff):"di");
return __res;                          // 返回字符串长度值。
}

extern char * ___strtok;               // 用于临时存放指向下面被分析字符串1(s)的指针。

//// 利用字符串2中的字符将字符串1分割成标记(tokern)序列。
// 将串1看作是包含零个或多个单词(token)的序列，并由分割符字符串2中的一个或多个字符
// 分开。第一次调用strtok()时，将返回指向字符串1中第1个token首字符的指针，并在返
// 回token时将一null字符写到分割符处。后续使用null作为字符串1的调用，将用这种方
// 法继续扫描字符串1，直到没有token为止。在不同的调用过程中，分割符串2可以不同。
// 参数：s - 待处理的字符串1，ct - 包含各个分割符的字符串2。
```

```
// 汇编输出：%0 - ebx(__res)，%1 - esi(__strtok)；
// 汇编输入：%2 - ebx(__strtok)，%3 - esi(字符串 1 指针 s)，%4 - (字符串 2 指针 ct)。
// 返回：返回字符串 s 中第 1 个 token，如果没有找到 token，则返回一个 null 指针。
// 后续使用字符串 s 指针为 null 的调用，将在原字符串 s 中搜索下一个 token。
extern inline char * strtok(char * s,const char * ct)
{
register char * __res __asm__("si");
__asm__("testl %1,%1\n\t"              // 首先测试 esi(字符串 1 指针 s)是否为 NULL。
        "jne 1f\n\t"                   // 如果不是，则表明是首次调用本函数，跳转标号 1。
        "testl %0,%0\n\t"              // 若是NULL，表示此次是后续调用，测ebx(__strtok)。
        "je 8f\n\t"                    // 如果 ebx 指针是 NULL，则不能处理，跳转结束。
        "movl %0,%1\n"                 // 将 ebx 指针复制到 esi。
        "1:\txorl %0,%0\n\t"           // 清 ebx 指针。
        "movl $-1,%%ecx\n\t"           // 置 ecx = 0xffffffff。
        "xorl %%eax,%%eax\n\t"         // 清零 eax。
        "cld\n\t"                      // 清方向位。
        "movl %4,%%edi\n\t"            // 下面求字符串 2 的长度。edi 指向字符串 2。
        "repne\n\t"                    // 将 al(0)与 es:[edi]比较，并且 edi++。
        "scasb\n\t"                    // 直到找到字符串 2 的结束 null 字符，或计数 ecx==0。
        "notl %%ecx\n\t"               // 将 ecx 取反，
        "decl %%ecx\n\t"               // ecx--，得到字符串 2 的长度值。
        "je 7f\n\t"                    /* empty delimiter-string */
                                       /* 分割符字符串空 */ // 若串 2 长度为 0，则转标号 7。
        "movl %%ecx,%%edx\n"           // 将串 2 长度暂存入 edx。
        "2:\tlodsb\n\t"                // 取串 1 的字符 ds:[esi] →al，并且 esi++。
        "testb %%al,%%al\n\t"          // 该字符为 0 值吗(串 1 结束)？
        "je 7f\n\t"                    // 如果是，则跳转标号 7。
        "movl %4,%%edi\n\t"            // edi 再次指向串 2 首。
        "movl %%edx,%%ecx\n\t"         // 取串 2 的长度值置入计数器 ecx。
        "repne\n\t"                    // 将 al 中串 1 的字符与串 2 中所有字符比较，
        "scasb\n\t"                    // 判断该字符是否为分割符。
        "je 2b\n\t"                    // 若能在串 2 中找到相同字符（分割符），则跳转标号 2。
        "decl %1\n\t"                  // 若不是分割符，则串 1 指针 esi 指向此时的该字符。
        "cmpb $0,(%1)\n\t"             // 该字符是 NULL 字符吗？
        "je 7f\n\t"                    // 若是，则跳转标号 7 处。
        "movl %1,%0\n"                 // 将该字符的指针 esi 存放在 ebx。
        "3:\tlodsb\n\t"                // 取串 1 下一个字符 ds:[esi]→al，并且 esi++。
        "testb %%al,%%al\n\t"          // 该字符是 NULL 字符吗？
        "je 5f\n\t"                    // 若是，表示串 1 结束，跳转到标号 5。
        "movl %4,%%edi\n\t"            // edi 再次指向串 2 首。
        "movl %%edx,%%ecx\n\t"         // 串 2 长度值置入计数器 ecx。
        "repne\n\t"                    // 将 al 中串 1 的字符与串 2 中每个字符比较。
        "scasb\n\t"                    // 测试 al 字符是否为分割符。
        "jne 3b\n\t"                   // 若不是分割符则跳转标号 3，检测串 1 中下一个字符。
        "decl %1\n\t"                  // 若是分割符，则 esi--，指向该分割符字符。
        "cmpb $0,(%1)\n\t"             // 该分割符是 NULL 字符吗？
        "je 5f\n\t"                    // 若是，则跳转到标号 5。
        "movb $0,(%1)\n\t"             // 若不是，则将该分割符用 NULL 字符替换掉。
        "incl %1\n\t"                  // esi 指向串 1 中下一个字符，即剩余串首。
        "jmp 6f\n"                     // 跳转标号 6 处。
        "5:\txorl %1,%1\n"             // esi 清零。
        "6:\tcmpb $0,(%0)\n\t"         // ebx 指针指向 NULL 字符吗？
        "jne 7f\n\t"                   // 若不是，则跳转标号 7。
        "xorl %0,%0\n"                 // 若是，则让 ebx=NULL。
        "7:\ttestl %0,%0\n\t"          // ebx 指针为 NULL 吗？
        "jne 8f\n\t"                   // 若不是则跳转 8，结束汇编代码。
```

```
        "movl %0,%1\n"                  // 将esi置为NULL。
        "8:"
        :"=b" (__res),"=S" (___strtok)
        :"0" (___strtok),"1" (s),"g" (ct)
        :"ax","cx","dx","di");
return __res;                           // 返回指向新token的指针。
}

//// 内存块复制。从源地址src处开始复制n个字节到目的地址dest处。
// 参数：dest - 复制的目的地址，src - 复制的源地址，n - 复制字节数。
// %0 - ecx(n)，%1 - esi(src)，%2 - edi(dest)。
extern inline void * memcpy(void * dest,const void * src, int n)
{
__asm__("cld\n\t"                       // 清方向位。
        "rep\n\t"                       // 重复执行复制ecx个字节，
        "movsb"                         // 从ds:[esi]到es:[edi]，esi++，edi++。
        ::"c" (n),"S" (src),"D" (dest)
        :"cx","si","di");
return dest;                            // 返回目的地址。
}

//// 内存块移动。同内存块复制，但考虑移动的方向。
// 参数：dest - 复制的目的地址，src - 复制的源地址，n - 复制字节数。
// 若dest<src则：%0 - ecx(n)，%1 - esi(src)，%2 - edi(dest)。
// 否则：%0 - ecx(n)，%1 - esi(src+n-1)，%2 - edi(dest+n-1)。
// 这样操作是为了防止在复制时错误地重叠覆盖。
extern inline void * memmove(void * dest,const void * src, int n)
{
if (dest<src)
__asm__("cld\n\t"                       // 清方向位。
        "rep\n\t"                       //从ds:[esi]到es:[edi]，并且esi++，edi++，
        "movsb"                         // 重复执行复制ecx字节。
        ::"c" (n),"S" (src),"D" (dest)
        :"cx","si","di");
else
__asm__("std\n\t"                       // 置方向位，从末端开始复制。
        "rep\n\t"                       //从ds:[esi]到es:[edi]，并且esi--，edi--，
        "movsb"                         // 复制ecx个字节。
        ::"c" (n),"S" (src+n-1),"D" (dest+n-1)
        :"cx","si","di");
return dest;
}

//// 比较n个字节的两块内存（两个字符串），即使遇到NULL字节也不停止比较。
// 参数：cs - 内存块1地址，ct - 内存块2地址，count - 比较的字节数。
//%0-eax(__res)，%1-eax(0)，%2-edi(内存块1)，%3-esi(内存块2)，%4-ecx(count)。
// 返回：若块1>块2 返回1；块1<块2，返回-1；块1==块2，则返回0。
extern inline int memcmp(const void * cs,const void * ct,int count)
{
register int __res __asm__("ax");  // __res是寄存器变量。
__asm__("cld\n\t"                  // 清方向位。
        "repe\n\t"                 // 如果相等则重复，
        "cmpsb\n\t"                // 比较ds:[esi]与es:[edi]的内容，并且esi++，edi++。
        "je 1f\n\t"                // 如果都相同，则跳转到标号1，返回0(eax)值
        "movl $1,%%eax\n\t"        // 否则eax置1，
        "jl 1f\n\t"                // 若内存块2内容的值<内存块1，则跳转标号1。
```

```
        "negl %%eax\n"                    // 否则 eax = -eax。
        "1:"
        :"=a" (__res):"0" (0),"D" (cs),"S" (ct),"c" (count)
        :"si","di","cx");
return __res;                             // 返回比较结果。
}

//// 在 n 字节大小的内存块(字符串)中寻找指定字符。
// 参数：cs - 指定内存块地址，c - 指定的字符，count - 内存块长度。
// %0 - edi(__res)，%1 - eax(字符 c)，%2 - edi(内存块地址 cs)，%3 - ecx(字节数 count)。
// 返回第一个匹配字符的指针，如果没有找到，则返回 NULL 字符。
extern inline void * memchr(const void * cs,char c,int count)
{
register void * __res __asm__("di");      // __res 是寄存器变量。
if (!count)                               // 如果内存块长度==0，则返回 NULL，没有找到。
        return NULL;
__asm__("cld\n\t"                         // 清方向位。
        "repne\n\t"                       // 如果不相等则重复执行下面语句，
        "scasb\n\t"                       // al 中字符与 es:[edi]字符作比较，并且 edi++，
        "je 1f\n\t"                       // 如果相等则向前跳转到标号 1 处。
        "movl $1,%0\n"                    // 否则 edi 中置 1。
        "1:\tdecl %0"                     // 让 edi 指向找到的字符（或是 NULL）。
        :"=D" (__res):"a" (c),"D" (cs),"c" (count)
        :"cx");
return __res;                             // 返回字符指针。
}

//// 用字符填写指定长度内存块。
// 用字符 c 填写 s 指向的内存区域，共填 count 字节。
// %0 - eax(字符 c)，%1 - edi(内存地址)，%2 - ecx(字节数 count)。
extern inline void * memset(void * s,char c,int count)
{
__asm__("cld\n\t"                         // 清方向位。
        "rep\n\t"                         // 重复 ecx 指定的次数，执行
        "stosb"                           // 将 al 中字符存入 es:[edi]中，并且 edi++。
        ::"a" (c),"D" (s),"c" (count)
        :"cx","di");
return s;
}

#endif

```

14.11 termios.h 文件

14.11.1 功能描述

该文件含有终端 I/O 接口定义。包括 termios 数据结构和一些对通用终端接口设置的函数原型。这些函数用来读取或设置终端的属性、线路控制、读取或设置波特率以及读取或设置终端前端进程的组 id。虽然这是 Linux 早期的头文件，但已完全符合目前的 POSIX 标准，并作了适当的扩展。

在该文件中定义的两个终端数据结构 termio 和 termios 分别属于两类 UNIX 系列(或克隆)。termio 是在 AT&T 系统 V 中定义的，而 termios 是 POSIX 标准指定的。两个结构基本一样，只

是 termio 使用短整数类型定义模式标志集，而 termios 使用长整数定义模式标志集。由于目前这两种结构都在使用，因此为了兼容，大多数系统都同时支持它们。另外，以前使用的是一个类似的 sgtty 结构，目前已基本不用。

14.11.2 代码注释

程序 14-10 linux/include/termios.h

```
#ifndef _TERMIOS_H
#define _TERMIOS_H

#include <sys/types.h>

#define TTY_BUF_SIZE 1024            // tty 中的缓冲区长度。

/* 0x54 is just a magic number to make these relatively uniqe ('T') */
/* 0x54 只是一个魔数，目的是为了使这些常数唯一('T') */

// tty 设备的 ioctl 调用命令集。ioctl 将命令编码在低位字中。
// 下面名称 TC[*]的含义是 tty 控制命令。
// 取相应终端 termios 结构中的信息(参见 tcgetattr())。
#define TCGETS          0x5401
// 设置相应终端 termios 结构中的信息(参见 tcsetattr()，TCSANOW)。
#define TCSETS          0x5402
// 在设置终端 termios 的信息之前，需要先等待输出队列中所有数据处理完(耗尽)。对于修改参数
// 会影响输出的情况，就需要使用这种形式(参见 tcsetattr()，TCSADRAIN 选项)。
#define TCSETSW         0x5403
// 在设置 termios 的信息之前，需要先等待输出队列中所有数据处理完，并且刷新(清空)输入队列。
// 再设置 (参见 tcsetattr()，TCSAFLUSH 选项)。
#define TCSETSF         0x5404
// 取相应终端 termio 结构中的信息(参见 tcgetattr())。
#define TCGETA          0x5405
// 设置相应终端 termio 结构中的信息(参见 tcsetattr()，TCSANOW 选项)。
#define TCSETA          0x5406
// 在设置终端 termio 的信息之前，需要先等待输出队列中所有数据处理完(耗尽)。对于修改参数
// 会影响输出的情况，就需要使用这种形式(参见 tcsetattr()，TCSADRAIN 选项)。
#define TCSETAW         0x5407
// 在设置 termio 的信息之前，需要先等待输出队列中所有数据处理完，并且刷新(清空)输入队列。
// 再设置 (参见 tcsetattr()，TCSAFLUSH 选项)。
#define TCSETAF         0x5408
//等待输出队列处理完毕(空)，若参数值是 0,则发送一个 break(参见 tcsendbreak()，tcdrain())。
#define TCSBRK          0x5409
// 开始/停止控制。如果参数值是 0，则挂起输出；如果是 1，则重新开启挂起的输出；如果是 2，
// 则挂起输入；如果是 3，则重新开启挂起的输入 (参见 tcflow())。
#define TCXONC          0x540A
// 刷新已写输出但还没发送或已收但还没有读数据。如果参数是 0，则刷新(清空)输入队列；如果
// 是 1，则刷新输出队列；如果是 2，则刷新输入和输出队列 (参见 tcflush())。
#define TCFLSH          0x540B
// 下面名称 TIOC[*]的含义是 tty 输入输出控制命令。
// 设置终端串行线路专用模式。
#define TIOCEXCL        0x540C
// 复位终端串行线路专用模式。
#define TIOCNXCL        0x540D
// 设置 tty 为控制终端。(TIOCNOTTY - 禁止 tty 为控制终端)。
```

```
23 #define TIOCSCTTY       0x540E
  // 读取指定终端设备进程的组 id，参见 tcgetpgrp()。该常数符号名称是"Terminal IO Control
  // Get PGRP "的缩写。读取前台进程组 ID。
24 #define TIOCGPGRP       0x540F
  // 设置指定终端设备进程的组 id(参见 tcsetpgrp())。
25 #define TIOCSPGRP       0x5410
  // 返回输出队列中还未送出的字符数。
26 #define TIOCOUTQ        0x5411
  // 模拟终端输入。该命令以一个指向字符的指针作为参数，并假装该字符是在终端上键入的。用户
  // 必须在该控制终端上具有超级用户权限或具有读许可权限。
27 #define TIOCSTI         0x5412
  // 读取终端设备窗口大小信息（参见 winsize 结构）。
28 #define TIOCGWINSZ      0x5413
  // 设置终端设备窗口大小信息（参见 winsize 结构）。
29 #define TIOCSWINSZ      0x5414
  // 返回 modem 状态控制引线的当前状态比特位标志集（参见下面 185-196 行）。
30 #define TIOCMGET        0x5415
  // 设置单个 modem 状态控制引线的状态(true 或 false)(Individual control line Set)。
31 #define TIOCMBIS        0x5416
  // 复位单个 modem 状态控制引线的状态(Individual control line clear)。
32 #define TIOCMBIC        0x5417
  // 设置 modem 状态引线的状态。如果某一比特位置位，则 modem 对应的状态引线将置为有效。
33 #define TIOCMSET        0x5418
  // 读取软件载波检测标志(1 - 开启；0 - 关闭)。
  // 对于本地连接的终端或其他设备，软件载波标志是开启的，对于使用 modem 线路的终端或设备
  // 则是关闭的。为了能使用这两个 ioctl 调用，tty 线路应该是以 O_NDELAY 方式打开的，这样
  // open()就不会等待载波。
34 #define TIOCGSOFTCAR    0x5419
  // 设置软件载波检测标志(1 - 开启；0 - 关闭)。
35 #define TIOCSSOFTCAR    0x541A
  // 返回输入队列中还未取走字符的数目。
36 #define FIONREAD        0x541B
37 #define TIOCINQ         FIONREAD
38
  // 窗口大小(Window size)属性结构。在窗口环境中可用于基于屏幕的应用程序。
  // ioctls 中的 TIOCGWINSZ 和 TIOCSWINSZ 可用来读取或设置这些信息。
39 struct winsize {
40         unsigned short ws_row;           // 窗口字符行数。
41         unsigned short ws_col;           // 窗口字符列数。
42         unsigned short ws_xpixel;        // 窗口宽度，像素值。
43         unsigned short ws_ypixel;        // 窗口高度，像素值。
44 };
45
  // AT&T 系统 V 的 termio 结构。
46 #define NCC 8                            // termio 结构中控制字符数组的长度。
47 struct termio {
48         unsigned short c_iflag;          /* input mode flags */    // 输入模式标志。
49         unsigned short c_oflag;          /* output mode flags */   // 输出模式标志。
50         unsigned short c_cflag;          /* control mode flags */  // 控制模式标志。
51         unsigned short c_lflag;          /* local mode flags */    // 本地模式标志。
52         unsigned char c_line;            /* line discipline */     // 线路规程（速率）。
53         unsigned char c_cc[NCC];         /* control characters */  // 控制字符数组。
54 };
55
  // POSIX 的 termios 结构。
56 #define NCCS 17                          // termios 结构中控制字符数组长度。
```

```
struct termios {
        tcflag_t c_iflag;           /* input mode flags */     // 输入模式标志。
        tcflag_t c_oflag;           /* output mode flags */    // 输出模式标志。
        tcflag_t c_cflag;           /* control mode flags */   // 控制模式标志。
        tcflag_t c_lflag;           /* local mode flags */     // 本地模式标志。
        cc_t c_line;                /* line discipline */      // 线路规程（速率）。
        cc_t c_cc[NCCS];            /* control characters */   // 控制字符数组。
};

// 以下是控制字符数组 c_cc[]中项的索引值。该数组初始值定义在 include/linux/tty.h 中。
// 程序可以更改这个数组中的值。如果定义了_POSIX_VDISABLE（\0），那么当数组某一项值
// 等于 _POSIX_VDISABLE 的值时，表示禁止使用数组中相应的特殊字符。
/* c_cc characters */        /* c_cc 数组中的字符 */
#define VINTR 0              // c_cc[VINTR]  = INTR    (^C)，\003，中断字符。
#define VQUIT 1              // c_cc[VQUIT]  = QUIT    (^\)，\034，退出字符。
#define VERASE 2             // c_cc[VERASE] = ERASE   (^H)，\177，擦除字符。
#define VKILL 3              // c_cc[VKILL]  = KILL    (^U)，\025，终止字符（删除行）。
#define VEOF 4               // c_cc[VEOF]   = EOF     (^D)，\004，文件结束字符。
#define VTIME 5              // c_cc[VTIME]  =TIME    (\0)，\0，定时器值(参见后面说明)。
#define VMIN 6               // c_cc[VMIN]   = MIN     (\1)，\1，   定时器值。
#define VSWTC 7              // c_cc[VSWTC]  = SWTC    (\0)，\0，   交换字符。
#define VSTART 8             // c_cc[VSTART] = START   (^Q)，\021，开始字符。
#define VSTOP 9              // c_cc[VSTOP]  = STOP    (^S)，\023，停止字符。
#define VSUSP 10             // c_cc[VSUSP]  = SUSP    (^Z)，\032，挂起字符。
#define VEOL 11              // c_cc[VEOL]   = EOL     (\0)，\0，   行结束字符。
#define VREPRINT 12          // c_cc[VREPRINT]= REPRINT (^R)，\022，重显示字符。
#define VDISCARD 13          // c_cc[VDISCARD]= DISCARD (^O)，\017，丢弃字符。
#define VWERASE 14           // c_cc[VWERASE] = WERASE  (^W)，\027，单词擦除字符。
#define VLNEXT 15            // c_cc[VLNEXT]  = LNEXT   (^V)，\026，下一行字符。
#define VEOL2 16             // c_cc[VEOL2]   = EOL2    (\0)，\0，   行结束字符 2。

// termios 结构输入模式字段 c_iflag 各种标志的符号常数。
/* c_iflag bits */          /* c_iflag 比特位 */
#define IGNBRK  0000001              // 输入时忽略 BREAK 条件。
#define BRKINT  0000002              // 在 BREAK 时产生 SIGINT 信号。
#define IGNPAR  0000004              // 忽略奇偶校验出错的字符。
#define PARMRK  0000010              // 标记奇偶校验错。
#define INPCK   0000020              // 允许输入奇偶校验。
#define ISTRIP  0000040              // 屏蔽字符第 8 位。
#define INLCR   0000100              // 输入时将换行符 NL 映射成回车符 CR。
#define IGNCR   0000200              // 忽略回车符 CR。
#define ICRNL   0000400              // 在输入时将回车符 CR 映射成换行符 NL。
#define IUCLC   0001000              // 在输入时将大写字符转换成小写字符。
#define IXON    0002000              // 允许开始/停止（XON/XOFF）输出控制。
#define IXANY   0004000              // 允许任何字符重启输出。
#define IXOFF   0010000              // 允许开始/停止（XON/XOFF）输入控制。
#define IMAXBEL 0020000              // 输入队列满时响铃。

// termios 结构中输出模式字段 c_oflag 各种标志的符号常数。
/* c_oflag bits */          /* c_oflag 比特位 */
#define OPOST   0000001              // 执行输出处理。
#define OLCUC   0000002              // 在输出时将小写字符转换成大写字符。
#define ONLCR   0000004              // 在输出时将换行符 NL 映射成回车-换行符 CR-NL。
#define OCRNL   0000010              // 在输出时将回车符 CR 映射成换行符 NL。
#define ONOCR   0000020              // 在 0 列不输出回车符 CR。
#define ONLRET  0000040              // 换行符 NL 执行回车符的功能。
```

```
#define OFILL   0000100          // 延迟时使用填充字符而不使用时间延迟。
#define OFDEL   0000200          // 填充字符是ASCII码DEL。如果未设置，则使用ASCII NULL。
#define NLDLY   0000400          // 选择换行延迟。
#define   NL0   0000000          // 换行延迟类型 0。
#define   NL1   0000400          // 换行延迟类型 1。
#define CRDLY   0003000          // 选择回车延迟。
#define   CR0   0000000          // 回车延迟类型 0。
#define   CR1   0001000          // 回车延迟类型 1。
#define   CR2   0002000          // 回车延迟类型 2。
#define   CR3   0003000          // 回车延迟类型 3。
#define TABDLY  0014000          // 选择水平制表延迟。
#define   TAB0  0000000          // 水平制表延迟类型 0。
#define   TAB1  0004000          // 水平制表延迟类型 1。
#define   TAB2  0010000          // 水平制表延迟类型 2。
#define   TAB3  0014000          // 水平制表延迟类型 3。
#define   XTABS 0014000          // 将制表符 TAB 换成空格，该值表示空格数。
#define BSDLY   0020000          // 选择退格延迟。
#define   BS0   0000000          // 退格延迟类型 0。
#define   BS1   0020000          // 退格延迟类型 1。
#define VTDLY   0040000          // 纵向制表延迟。
#define   VT0   0000000          // 纵向制表延迟类型 0。
#define   VT1   0040000          // 纵向制表延迟类型 1。
#define FFDLY   0040000          // 选择换页延迟。
#define   FF0   0000000          // 换页延迟类型 0。
#define   FF1   0040000          // 换页延迟类型 1。

// termios 结构中控制模式标志字段 c_cflag 标志的符号常数（8 进制数）。
/* c_cflag bit meaning */        /* c_cflag 位的含义 */
#define CBAUD   0000017          // 传输速率位屏蔽码。
#define B0      0000000          /* hang up */ /* 挂断线路 */
#define  B50    0000001          // 波特率 50。
#define  B75    0000002          // 波特率 75。
#define  B110   0000003          // 波特率 110。
#define  B134   0000004          // 波特率 134。
#define  B150   0000005          // 波特率 150。
#define  B200   0000006          // 波特率 200。
#define  B300   0000007          // 波特率 300。
#define  B600   0000010          // 波特率 600。
#define  B1200  0000011          // 波特率 1200。
#define  B1800  0000012          // 波特率 1800。
#define  B2400  0000013          // 波特率 2400。
#define  B4800  0000014          // 波特率 4800。
#define  B9600  0000015          // 波特率 9600。
#define  B19200 0000016          // 波特率 19200。
#define  B38400 0000017          // 波特率 38400。
#define EXTA B19200              // 扩展波特率 A。
#define EXTB B38400              // 扩展波特率 B。
#define CSIZE   0000060          // 字符位宽度屏蔽码。
#define   CS5   0000000          // 每字符 5 位。
#define   CS6   0000020          // 每字符 6 位。
#define   CS7   0000040          // 每字符 7 位。
#define   CS8   0000060          // 每字符 8 位。
#define CSTOPB  0000100          // 设置两个停止位，而不是 1 个。
#define CREAD   0000200          // 允许接收。
#define PARENB  0000400          // 开启输出时产生奇偶位、输入时进行奇偶校验。
#define PARODD  0001000          // 输入/输出校验是奇校验。
```

```
#define HUPCL   0002000              // 最后进程关闭后挂断。
#define CLOCAL  0004000              // 忽略调制解调器(modem)控制线路。
#define CIBAUD  03600000             /* input baud rate (not used) */ /* 输入波特率(未使用) */
#define CRTSCTS 020000000000         /* flow control */  /* 流控制 */

// termios 结构中本地模式标志字段 c_lflag 的符号常数。
/* c_lflag bits */       /* c_lflag 位 */
#define ISIG    0000001              // 当收到字符 INTR、QUIT、SUSP 或 DSUSP，产生相应的信号。
#define ICANON  0000002              // 开启规范模式（熟模式）。
#define XCASE   0000004              // 若设置了 ICANON，则终端是大写字符的。
#define ECHO    0000010              // 回显输入字符。
#define ECHOE   0000020              // 若设置了 ICANON，则 ERASE/WERASE 将擦除前一字符/单词。
#define ECHOK   0000040              // 若设置了 ICANON，则 KILL 字符将擦除当前行。
#define ECHONL  0000100              // 如设置了 ICANON，则即使 ECHO 没有开启也回显 NL 字符。
#define NOFLSH  0000200              // 当生成 SIGINT 和 SIGQUIT 信号时不刷新输入输出队列，当
                                     // 生成 SIGSUSP 信号时，刷新输入队列。
#define TOSTOP  0000400              // 发送 SIGTTOU 信号到后台进程的进程组，该后台进程试图写
                                     // 自己的控制终端。
#define ECHOCTL 0001000              // 若设置了 ECHO，则除 TAB、NL、START 和 STOP 以外的 ASCII
                                     // 控制信号将被回显成像^X 式样，X 值是控制符+0x40。
#define ECHOPRT 0002000              // 若设置了 ICANON 和 IECHO，则字符在擦除时将显示。
#define ECHOKE  0004000              // 若设置了 ICANON，则 KILL 通过擦除行上的所有字符被回显。
#define FLUSHO  0010000              // 输出被刷新。通过键入 DISCARD 字符，该标志被翻转。
#define PENDIN  0040000              // 当下一个字符是读时，输入队列中的所有字符将被重显。
#define IEXTEN  0100000              // 开启实现时定义的输入处理。

/* modem lines */   /* modem 线路信号符号常数 */
#define TIOCM_LE        0x001        // 线路允许(Line Enable)。
#define TIOCM_DTR       0x002        // 数据终端就绪(Data Terminal Ready)。
#define TIOCM_RTS       0x004        // 请求发送(Request to Send)。
#define TIOCM_ST        0x008        // 串行数据发送(Serial Transfer)。[??]
#define TIOCM_SR        0x010        // 串行数据接收(Serial Receive)。[??]
#define TIOCM_CTS       0x020        // 清除发送(Clear To Send)。
#define TIOCM_CAR       0x040        // 载波监测(Carrier Detect)。
#define TIOCM_RNG       0x080        // 响铃指示(Ring indicate)。
#define TIOCM_DSR       0x100        // 数据设备就绪(Data Set Ready)。
#define TIOCM_CD        TIOCM_CAR
#define TIOCM_RI        TIOCM_RNG

/* tcflow() and TCXONC use these */   /* tcflow()和 TCXONC 使用这些符号常数 */
#define TCOOFF          0            // 挂起输出（是"Terminal Control Output OFF"的缩写）。
#define TCOON           1            // 重启被挂起的输出。
#define TCIOFF          2            // 系统传输一个 STOP 字符，使设备停止向系统传输数据。
#define TCION           3            // 系统传输一个 START 字符，使设备开始向系统传输数据。

/* tcflush() and TCFLSH use these */  /* tcflush()和 TCFLSH 使用这些符号常数 */
#define TCIFLUSH        0            // 清接收到的数据但不读。
#define TCOFLUSH        1            // 清已写的数据但不传送。
#define TCIOFLUSH       2            // 清接收到的数据但不读。清已写的数据但不传送。

/* tcsetattr uses these */           /* tcsetattr()使用这些符号常数 */
#define TCSANOW         0            // 改变立即发生。
#define TCSADRAIN       1            // 改变在所有已写的输出被传输之后发生。
#define TCSAFLUSH       2            // 改变在所有已写的输出被传输之后并且在所有接收到但
                                     // 还没有读取的数据被丢弃之后发生。

```

```
// 以下这些函数在编译环境的函数库 libc.a 中实现，内核中没有。在函数库实现中，这些函数通过
// 调用系统调用 ioctl()来实现。有关 ioctl()系统调用，请参见 fs/ioctl.c 程序。
// 返回 termios_p 所指 termios 结构中的接收波特率。
extern speed_t cfgetispeed(struct termios *termios_p);
// 返回 termios_p 所指 termios 结构中的发送波特率。
extern speed_t cfgetospeed(struct termios *termios_p);
// 将 termios_p 所指 termios 结构中的接收波特率设置为 speed。
extern int cfsetispeed(struct termios *termios_p, speed_t speed);
// 将 termios_p 所指 termios 结构中的发送波特率设置为 speed。
extern int cfsetospeed(struct termios *termios_p, speed_t speed);
// 等待 fildes 所指对象已写输出数据被传送出去。
extern int tcdrain(int fildes);
// 挂起/重启 fildes 所指对象数据的接收和发送。
extern int tcflow(int fildes, int action);
// 丢弃 fildes 指定对象所有已写但还没传送以及所有已收到但还没有读取的数据。
extern int tcflush(int fildes, int queue_selector);
// 获取与句柄 fildes 对应对象的参数，并将其保存在 termios_p 所指的地方。
extern int tcgetattr(int fildes, struct termios *termios_p);
// 如果终端使用异步串行数据传输，则在一定时间内连续传输一系列 0 值比特位。
extern int tcsendbreak(int fildes, int duration);
// 使用 termios 结构指针 termios_p 所指的数据，设置与终端相关的参数。
extern int tcsetattr(int fildes, int optional_actions,
        struct termios *termios_p);

#endif

```

14.11.3 控制字符 TIME 和 MIN

在非规范模式输入处理中，输入字符没有被处理成行，因此擦除和终止处理也就不会发生。MIN 和 TIMEDE 的值即用于确定如何处理接收到的字符。

MIN 表示当满足读操作时（即当字符返给用户时）需要读取的最少字符数。TIME 是以十分之一秒计数的定时值，用于猝发和短时期数据传输的超时值。这两个字符的四种组合情况及其相互作用描述如下：

（1）MIN > 0，TIME > 0 的情况

在这种情况下，TIME 起字符与字符间的定时器作用，并在接收到第 1 个字符后开始起作用。由于它是字符与字符间的定时器，所以在每收到一个字符就会被复位重启。MIN 与 TIME 之间的相互作用如下：一旦收到一个字符，字符间定时器就开始工作。如果在定时器超时（注意定时器每收到一个字符就会重新开始计时）之前收到了 MIN 个字符，则读操作即被满足。如果在 MIN 个字符被收到之前定时器超时了，就将到此时已收到的字符返回给用户。注意，如果 TIME 超时，则起码有一个接收到的字符将被返回，因为定时器只有在接收到了一个字符之后才开始起作用(计时)。在这种情况下(MIN > 0，TIME > 0)，读操作将会睡眠，直到接收到第 1 个字符激活 MIN 与 TIME 机制。如果读到字符数少于已有的字符数，那么定时器将不会被重新激活，因而随后的读操作将被立刻满足。

（2）MIN > 0，TIME = 0 的情况

在这种情况下，由于 TIME 的值是 0，因此定时器不起作用，只有 MIN 是有意义的。等待的读操作只有当接收到 MIN 个字符时才会被满足(等待着的操作将睡眠直到收到 MIN 个字符)。使用这种情况去读基于记录的终端 IO 的程序将会在读操作中被不确定地（随意地）阻塞。

（3）MIN = 0，TIME > 0 的情况

在这种情况下，由于 MIN=0，则 TIME 不再起字符间的定时器作用，而是一个读操作定时器，并在读操作一开始就起作用。只要接收到一个字符或者定时器超时就已满足读操作。注意，在这种情况下，如果定时器超时了，将读不到一个字符。如果定时器没有超时，那么只有在读到一个字符之后读操作才会满足。因此在这种情况下，读操作不会无限制地(不确定地)被阻塞，以等待字符。在读操作开始后，如果在 TIME×0.10 秒的时间内没有收到字符，读操作将以收到 0 个字符而返回。

（4）MIN = 0，TIME = 0 的情况

在这种情况下，读操作会立刻返回。所请求读的字符数或缓冲队列中现有字符数中的最小值将被返回，而不会等待更多的字符被输入缓冲中。

总的来说，在非规范模式下，这两个值是超时定时值和字符计数值。MIN 表示为了满足读操作，需要读取的最少字符数。TIME 是一个十分之一秒计数的计时值。当这两个都设置的话，读操作将等待，直到至少读到一个字符，然后在读取 MIN 个字符返回或者由于 TIME 超时而返回已读取的字符。如果仅设置了 MIN，那么在读取 MIN 个字符之前读操作将不返回。如果仅设置了 TIME，那么在读到至少一个字符或者定时超时后读操作将立刻返回。如果两个都没有设置，则读操作将立刻返回，仅给出目前已读的字节数。

14.12 time.h 文件

14.12.1 功能描述

time.h 头文件用于涉及处理时间和日期的函数。在 MINIX 中有一段对时间很有趣的描述：时间的处理较为复杂，比如什么是 GMT（格林尼治标准时间，现在是 UTC 时间）、本地时间或其他时间等。尽管主教 Ussher(1581-1656 年)曾经计算过，根据圣经，世界开始之日是公元前 4004 年 10 月 12 日上午 9 点，但在 UNIX 世界里，时间是从 GMT 1970 年 1 月 1 日午夜开始的，在这之前所有均是空无的和无效的。

该文件是标准 C 库中的头文件之一。由于当时 UNIX 操作系统开发者中有一些是业余天文爱好者，所以他们对 UNIX 系统中时间的表示要求特别严格，以至于在 UNIX 类系统中或与标准 C 兼容的系统中有关时间和日期的表示和计算特别复杂。该文件定义了 1 个常数符号（宏）、4 个类型以及一些时间和日期操作转换函数。在 Linux 0.12 内核中，该文件主要为 init/main.c 和 kernel/mktime.c 文件提供 tm 结构类型，用于内核从系统 CMOS 芯片中获取实时时钟信息（日历时间），从而可以设定系统开机时间。开机时间是指从 1970 年 1 月 1 日午夜 0 时起当开机时经过的时间（秒），它将保存在全局变量 startup_time 中供内核所有代码读取。

另外，该文件中给出的一些函数声明均是标准 C 库提供的函数。内核中不包括这些函数。

14.12.2 代码注释

程序 14-11 linux/include/time.h

```
#ifndef _TIME_H
#define _TIME_H
```

```

#ifndef _TIME_T
#define _TIME_T
typedef long time_t;                      // 从 GMT 1970 年 1 月 1 日午夜 0 时起开始计的时间（秒）。
#endif

#ifndef _SIZE_T
#define _SIZE_T
typedef unsigned int size_t;
#endif

#ifndef NULL
#define NULL ((void *) 0)
#endif

#define CLOCKS_PER_SEC 100                // 系统时钟滴答频率，100Hz。

typedef long clock_t;                     // 从进程开始执行计起的系统经过的时钟滴答数。

struct tm {
       int tm_sec;                        // 秒数 [0，59]。
       int tm_min;                        // 分钟数 [ 0，59]。
       int tm_hour;                       // 小时数 [0，59]。
       int tm_mday;                       // 1 个月的天数 [0，31]。
       int tm_mon;                        // 1 年中月份 [0，11]。
       int tm_year;                       // 从 1900 年开始的年数。
       int tm_wday;                       // 1 星期中的某天 [0，6]（星期天 =0）。
       int tm_yday;                       // 1 年中的某天 [0，365]。
       int tm_isdst;                      // 夏令时标志。正数 - 使用；0 - 没有使用；负数 - 无效。
};

// 判断是否为闰年的宏。
#define __isleap(year) \
  ((year) % 4 == 0 && ((year) % 100 != 0 || (year) % 1000 == 0))

// 以下是有关时间操作的函数原型。
// 确定处理器使用时间。返回程序所用处理器时间（滴答数）的近似值。
clock_t clock(void);
// 取时间（秒数）。返回从 1970.1.1:0:0:0 开始的秒数（称为日历时间）。
time_t time(time_t * tp);
// 计算时间差。返回时间 time2 与 time1 之间经过的秒数。
double difftime(time_t time2, time_t time1);
// 将 tm 结构表示的时间转换成日历时间。
time_t mktime(struct tm * tp);

// 将 tm 结构表示的时间转换成一个字符串。返回指向该串的指针。
char * asctime(const struct tm * tp);
// 将日历时间转换成一个字符串形式，如"Wed Jun 30 21:49:08:1993\n"。
char * ctime(const time_t * tp);
// 将日历时间转换成 tm 结构表示的 UTC 时间（UTC - 世界时间代码 Universal Time Code）。
struct tm * gmtime(const time_t *tp);
// 将日历时间转换成 tm 结构表示的指定时区(Time Zone)的时间。
struct tm *localtime(const time_t * tp);
// 将 tm 结构表示的时间利用格式字符串 fmt 转换成最大长度为 smax 的字符串并将结果存储在 s 中。
size_t strftime(char * s, size_t smax, const char * fmt, const struct tm * tp);
// 初始化时间转换信息，使用环境变量 TZ，对 zname 变量进行初始化。
```

```
// 在与时区相关的时间转换函数中将自动调用该函数。
void tzset(void);

#endif

```

14.13 unistd.h 文件

14.13.1 功能描述

标准符号常数和类型头文件。该文件中定义了很多各种各样的常数和类型，以及一些函数声明。如果在程序中定义了符号__LIBRARY__，则还包括内核系统调用号和内嵌汇编_syscall0()等。

14.13.2 代码注释

程序 14-12 linux/include/unistd.h

```
#ifndef _UNISTD_H
#define _UNISTD_H

/* ok, this may be a joke, but I'm working on it */
  /* ok, 这也许是个玩笑，但我正在着手处理 */
  // 下面符号常数指出符合 IEEE 标准 1003.1 实现的版本号，是一个整数值。
#define _POSIX_VERSION 198808L

  // chown()和 fchown()的使用受限于进程的权限。/* 只有超级用户可以执行 chown（我想..）*/
#define _POSIX_CHOWN_RESTRICTED /* only root can do a chown (I think..) */
  // 长于(NAME_MAX)的路径名将产生错误，而不会自动截断。/* 路径名不截断（但是请看内核代码）*/
#define _POSIX_NO_TRUNC          /* no pathname truncation (but see in kernel) */
  // 下面这个符号将定义成字符值，该值将禁止终端对其的处理。/* 禁止像^C 这样的字符 */
  // _POSIX_VDISABLE 用于控制终端某些特殊字符的功能。当一个终端 termios 结构中 c_cc[]
  // 数组某项字符代码值等于_POSIX_VDISABLE 的值时，表示禁止使用相应的特殊字符。
#define _POSIX_VDISABLE '\0'   /* character to disable things like ^C */
  // 系统实现支持作业控制。
#define _POSIX_JOB_CONTROL
  // 每个进程都有一保存的 set-user-ID 和一保存的 set-group-ID。 /* 已经实现。 */
#define _POSIX_SAVED_IDS        /* Implemented, for whatever good it is */

#define STDIN_FILENO    0             // 标准输入文件句柄（描述符）号。
#define STDOUT_FILENO   1             // 标准输出文件句柄号。
#define STDERR_FILENO   2             // 标准出错文件句柄号。

#ifndef NULL
#define NULL    ((void *)0)           // 定义空指针。
#endif

/* access */   /* 文件访问 */
  // 以下定义的符号常数用于 access()函数。
#define F_OK    0                     // 检测文件是否存在。
#define X_OK    1                     // 检测是否可执行（搜索）。
#define W_OK    2                     // 检测是否可写。
```

```
#define R_OK    4                               // 检测是否可读。

/* lseek */   /* 文件指针重定位 */
// 以下符号常数用于 lseek()和 fcntl()函数。
#define SEEK_SET        0                       // 将文件读写指针设置为偏移值。
#define SEEK_CUR        1                       // 将文件读写指针设置为当前值加上偏移值。
#define SEEK_END        2                       // 将文件读写指针设置为文件长度加上偏移值。

/* _SC stands for System Configuration. We don't use them much */
/* _SC 表示系统配置。我们很少使用 */
// 下面的符号常数用于 sysconf()函数。
#define _SC_ARG_MAX             1       // 最大变量数。
#define _SC_CHILD_MAX           2       // 子进程最大数。
#define _SC_CLOCKS_PER_SEC      3       // 每秒滴答数。
#define _SC_NGROUPS_MAX         4       // 最大组数。
#define _SC_OPEN_MAX            5       // 最大打开文件数。
#define _SC_JOB_CONTROL         6       // 作业控制。
#define _SC_SAVED_IDS           7       // 保存的标识符。
#define _SC_VERSION             8       // 版本。

/* more (possibly) configurable things - now pathnames */
/* 更多的（可能的）可配置参数 - 现在用于路径名 */
// 下面的符号常数用于 pathconf()函数。
#define _PC_LINK_MAX            1       // 连接最大数。
#define _PC_MAX_CANON           2       // 最大常规文件数。
#define _PC_MAX_INPUT           3       // 最大输入长度。
#define _PC_NAME_MAX            4       // 名称最大长度。
#define _PC_PATH_MAX            5       // 路径最大长度。
#define _PC_PIPE_BUF            6       // 管道缓冲大小。
#define _PC_NO_TRUNC            7       // 文件名不截断。
#define _PC_VDISABLE            8       //
#define _PC_CHOWN_RESTRICTED    9       // 改变宿主受限。

#include <sys/stat.h>           // 文件状态头文件。含有文件或文件系统状态结构 stat{}和常量。
#include <sys/time.h>
#include <sys/times.h>          // 定义了进程中运行时间结构 tms 以及 times()函数原型。
#include <sys/utsname.h>        // 系统名称结构头文件。
#include <sys/resource.h>
#include <utime.h>              // 用户时间头文件。定义了访问和修改时间结构以及 utime()原型。

#ifdef __LIBRARY__

// 以下是实现的系统调用符号常数，用作系统调用函数表中索引值(参见 include/linux/sys.h)。
#define __NR_setup      0       /* used only by init, to get system going */
#define __NR_exit       1       /* __NR_setup 仅用于初始化，以启动系统 */
#define __NR_fork       2
#define __NR_read       3
#define __NR_write      4
#define __NR_open       5
#define __NR_close      6
#define __NR_waitpid    7
#define __NR_creat      8
#define __NR_link       9
#define __NR_unlink     10
#define __NR_execve     11
#define __NR_chdir      12
```

```
#define __NR_time        13
#define __NR_mknod       14
#define __NR_chmod       15
#define __NR_chown       16
#define __NR_break       17
#define __NR_stat        18
#define __NR_lseek       19
#define __NR_getpid      20
#define __NR_mount       21
#define __NR_umount      22
#define __NR_setuid      23
#define __NR_getuid      24
#define __NR_stime       25
#define __NR_ptrace      26
#define __NR_alarm       27
#define __NR_fstat       28
#define __NR_pause       29
#define __NR_utime       30
#define __NR_stty        31
#define __NR_gtty        32
#define __NR_access      33
#define __NR_nice        34
#define __NR_ftime       35
#define __NR_sync        36
#define __NR_kill        37
#define __NR_rename      38
#define __NR_mkdir       39
#define __NR_rmdir       40
#define __NR_dup         41
#define __NR_pipe        42
#define __NR_times       43
#define __NR_prof        44
#define __NR_brk         45
#define __NR_setgid      46
#define __NR_getgid      47
#define __NR_signal      48
#define __NR_geteuid     49
#define __NR_getegid     50
#define __NR_acct        51
#define __NR_phys        52
#define __NR_lock        53
#define __NR_ioctl       54
#define __NR_fcntl       55
#define __NR_mpx         56
#define __NR_setpgid     57
#define __NR_ulimit      58
#define __NR_uname       59
#define __NR_umask       60
#define __NR_chroot      61
#define __NR_ustat       62
#define __NR_dup2        63
#define __NR_getppid     64
#define __NR_getpgrp     65
#define __NR_setsid      66
#define __NR_sigaction   67
#define __NR_sgetmask    68
```

```
131 #define __NR_ssetmask   69
132 #define __NR_setreuid   70
133 #define __NR_setregid   71
134 #define __NR_sigsuspend 72
135 #define __NR_sigpending 73
136 #define __NR_sethostname74
137 #define __NR_setrlimit  75
138 #define __NR_getrlimit  76
139 #define __NR_getrusage  77
140 #define __NR_gettimeofday 78
141 #define __NR_settimeofday 79
142 #define __NR_getgroups  80
143 #define __NR_setgroups  81
144 #define __NR_select     82
145 #define __NR_symlink    83
146 #define __NR_lstat      84
147 #define __NR_readlink   85
148 #define __NR_uselib     86
149
    // 以下定义系统调用嵌入式汇编宏函数。
    // 不带参数的系统调用宏函数。type name(void)。
    // %0 - eax(__res)，%1 - eax(__NR_##name)。其中name是系统调用的名称，与__NR_组合形成上面
    // 的系统调用符号常数，从而用来对系统调用表中函数指针寻址。
    // 返回：如果返回值大于等于 0，则返回该值，否则置出错号 errno，并返回-1。
    // 在宏定义中，若在两个标记符号之间有两个连续的井号'##'，则表示在宏替换时会把这两个标记
    //符号连接在一起。例如下面第139行上的__NR_##name，在替换了参数name（例如是fork）之后，
    //最后在程序中出现的将会是符号__NR_fork。参见《The C Programming Language》附录A.12.3。
150 #define _syscall0(type,name) \
151 type name(void) \
152 { \
153 long __res; \
154 __asm__ volatile ("int $0x80" \                  // 调用系统中断 0x80。
155         : "=a" (__res) \                          // 返回值→eax(__res)。
156         : "0" (__NR_##name)); \                   // 输入为系统中断调用号__NR_name。
157 if (__res >= 0) \                                 // 如果返回值>=0，则直接返回该值。
158         return (type) __res; \
159 errno = -__res; \                                 // 否则置出错号，并返回-1。
160 return -1; \
161 }
162
    // 有1个参数的系统调用宏函数。type name(atype a)
    // %0 - eax(__res)，%1 - eax(__NR_name)，%2 - ebx(a)。
163 #define _syscall1(type,name,atype,a) \
164 type name(atype a) \
165 { \
166 long __res; \
167 __asm__ volatile ("int $0x80" \
168         : "=a" (__res) \
169         : "0" (__NR_##name),"b" ((long)(a))); \
170 if (__res >= 0) \
171         return (type) __res; \
172 errno = -__res; \
173 return -1; \
174 }
175
    // 有2个参数的系统调用宏函数。type name(atype a, btype b)
```

```
// %0 - eax(__res), %1 - eax(__NR_name), %2 - ebx(a), %3 - ecx(b)。
#define _syscall2(type,name,atype,a,btype,b) \
type name(atype a,btype b) \
{ \
long __res; \
__asm__ volatile ("int $0x80" \
	: "=a" (__res) \
	: "0" (__NR_##name),"b" ((long)(a)),"c" ((long)(b))); \
if (__res >= 0) \
	return (type) __res; \
errno = -__res; \
return -1; \
}

// 有3个参数的系统调用宏函数。type name(atype a, btype b, ctype c)
// %0 - eax(__res), %1 - eax(__NR_name), %2 - ebx(a), %3 - ecx(b), %4 - edx(c)。
#define _syscall3(type,name,atype,a,btype,b,ctype,c) \
type name(atype a,btype b,ctype c) \
{ \
long __res; \
__asm__ volatile ("int $0x80" \
	: "=a" (__res) \
	: "0" (__NR_##name),"b" ((long)(a)),"c" ((long)(b)),"d" ((long)(c))); \
if (__res>=0) \
	return (type) __res; \
errno=-__res; \
return -1; \
}

#endif /* __LIBRARY__ */

extern int errno;                        // 出错号，全局变量。

// 对应各系统调用的函数原型定义。(详细说明参见 include/linux/sys.h )
int access(const char * filename, mode_t mode);
int acct(const char * filename);
int alarm(int sec);
int brk(void * end_data_segment);
void * sbrk(ptrdiff_t increment);
int chdir(const char * filename);
int chmod(const char * filename, mode_t mode);
int chown(const char * filename, uid_t owner, gid_t group);
int chroot(const char * filename);
int close(int fildes);
int creat(const char * filename, mode_t mode);
int dup(int fildes);
int execve(const char * filename, char ** argv, char ** envp);
int execv(const char * pathname, char ** argv);
int execvp(const char * file, char ** argv);
int execl(const char * pathname, char * arg0, ...);
int execlp(const char * file, char * arg0, ...);
int execle(const char * pathname, char * arg0, ...);
// 函数名前的关键字 volatile 用于告诉编译器 gcc 该函数不会返回。这样可让 gcc 产生更好一
// 些的代码，更重要的是使用这个关键字可以避免产生某些（未初始化变量的）假警告信息。
//等同于gcc的函数属性说明:void do_exit(int error_code) __attribute__ ((noreturn));
volatile void exit(int status);
```

```
volatile void _exit(int status);
int fcntl(int fildes, int cmd, ...);
int fork(void);
int getpid(void);
int getuid(void);
int geteuid(void);
int getgid(void);
int getegid(void);
int ioctl(int fildes, int cmd, ...);
int kill(pid_t pid, int signal);
int link(const char * filename1, const char * filename2);
int lseek(int fildes, off_t offset, int origin);
int mknod(const char * filename, mode_t mode, dev_t dev);
int mount(const char * specialfile, const char * dir, int rwflag);
int nice(int val);
int open(const char * filename, int flag, ...);
int pause(void);
int pipe(int * fildes);
int read(int fildes, char * buf, off_t count);
int setpgrp(void);
int setpgid(pid_t pid,pid_t pgid);
int setuid(uid_t uid);
int setgid(gid_t gid);
void (*signal(int sig, void (*fn)(int)))(int);
int stat(const char * filename, struct stat * stat_buf);
int fstat(int fildes, struct stat * stat_buf);
int stime(time_t * tptr);
int sync(void);
time_t time(time_t * tloc);
time_t times(struct tms * tbuf);
int ulimit(int cmd, long limit);
mode_t umask(mode_t mask);
int umount(const char * specialfile);
int uname(struct utsname * name);
int unlink(const char * filename);
int ustat(dev_t dev, struct ustat * ubuf);
int utime(const char * filename, struct utimbuf * times);
pid_t waitpid(pid_t pid,int * wait_stat,int options);
pid_t wait(int * wait_stat);
int write(int fildes, const char * buf, off_t count);
int dup2(int oldfd, int newfd);
int getppid(void);
pid_t getpgrp(void);
pid_t setsid(void);
int sethostname(char *name, int len);
int setrlimit(int resource, struct rlimit *rlp);
int getrlimit(int resource, struct rlimit *rlp);
int getrusage(int who, struct rusage *rusage);
int gettimeofday(struct timeval *tv, struct timezone *tz);
int settimeofday(struct timeval *tv, struct timezone *tz);
int getgroups(int gidsetlen, gid_t *gidset);
int setgroups(int gidsetlen, gid_t *gidset);
int select(int width, fd_set * readfds, fd_set * writefds,
    fd_set * exceptfds, struct timeval * timeout);

#endif
```

14.14 utime.h 文件

14.14.1 功能描述

该文件定义了文件访问和修改时间结构 utimbuf{}以及 utime()函数原型。时间以秒计。

14.14.2 代码注释

程序 14-13 linux/include/utime.h

```
#ifndef _UTIME_H
#define _UTIME_H

#include <sys/types.h>  /* I know - shouldn't do this, but .. */
                        /* 我知道 - 不应该这样做，但是.. */
struct utimbuf {
        time_t actime;              // 文件访问时间。从 1970.1.1:0:0:0 开始的秒数。
        time_t modtime;             // 文件修改时间。从 1970.1.1:0:0:0 开始的秒数。
};

// 设置文件访问和修改时间函数。
extern int utime(const char *filename, struct utimbuf *times);

#endif

```

14.15 include/asm/目录下的文件

表 14-2 是 include/asm 目录下的文件。

表 14-2 linux/include/asm/目录下的文件

名称	大小/B	最后修改时间
io.h	477	1991-08-07 10:17:51
memory.h	507	1991-06-15 20:54:44
segment.h	1366	1991-11-25 18:48:24
system.h	1707	1992-01-13 13:02:10

14.16 io.h 文件

14.16.1 功能描述

该文件中定义了对硬件 IO 端口访问的嵌入式汇编宏函数：outb()、inb()以及 outb_p()和 inb_p()。前面两个函数与后面两个的主要区别在于后者代码中使用了 jmp 指令进行了时间延迟。

14.16.2 代码注释

程序 14-14 linux/include/asm/io.h

```
//// 硬件端口字节输出函数。
// 参数：value - 欲输出字节；port - 端口。
#define outb(value,port) \
__asm__ ("outb %%al,%%dx"::"a" (value),"d" (port))


//// 硬件端口字节输入函数。
// 参数：port - 端口。返回读取的字节。
#define inb(port) ({ \
unsigned char _v; \
__asm__ volatile ("inb %%dx,%%al":"=a" (_v):"d" (port)); \
_v; \
})

//// 带延迟的硬件端口字节输出函数。使用两条跳转语句来延迟一会儿。
// 参数：value - 欲输出字节；port - 端口。
#define outb_p(value,port) \
__asm__ ("outb %%al,%%dx\n" \
            "\tjmp 1f\n" \                     //向前跳转到标号 1 处（即下一条语句处）。
            "1:\tjmp 1f\n" \                   // 向前跳转到标号 1 处。
            "1:"::"a" (value),"d" (port))

//// 带延迟的硬件端口字节输入函数。使用两条跳转语句来延迟一会儿。
// 参数：port - 端口。返回读取的字节。
#define inb_p(port) ({ \
unsigned char _v; \
__asm__ volatile ("inb %%dx,%%al\n" \
        "\tjmp 1f\n" \                         //向前跳转到标号 1 处（即下一条语句处）。
        "1:\tjmp 1f\n" \                       // 向前跳转到标号 1 处。
        "1:":"=a" (_v):"d" (port)); \
_v; \
})
```

14.17 memory.h 文件

14.17.1 功能描述

该文件含有一个内存复制嵌入式汇编宏 memcpy()。与 string.h 中定义的 memcpy()相同，只是后者是用嵌入式汇编 C 函数形式定义的。

14.17.2 代码注释

程序 14-15 linux/include/asm/memory.h

```
/*
 * NOTE!!! memcpy(dest,src,n) assumes ds=es=normal data segment. This
```

```
 * goes for all kernel functions (ds=es=kernel space, fs=local data,
 * gs=null), as well as for all well-behaving user programs (ds=es=
 * user data space). This is NOT a bug, as any user program that changes
 * es deserves to die if it isn't careful.
 */
/*
 * 注意!!!memcpy(dest,src,n)假设段寄存器 ds=es=通常数据段。在内核中使用的
 * 所有函数都基于该假设（ds=es=内核空间，fs=局部数据空间，gs=null），具有良好
 * 行为的应用程序也是这样（ds=es=用户数据空间）。如果任何用户程序随意改动了
 * es 寄存器而出错，则并不是由于系统程序错误造成的。
 */
//// 内存块复制。从源地址 src 处开始复制 n 个字节到目的地址 dest 处。
// 参数：dest - 复制的目的地址，src - 复制的源地址，n - 复制字节数。
// %0 - edi(目的地址 dest)，%1 - esi(源地址 src)，%2 - ecx(字节数 n)，
#define memcpy(dest,src,n) ({ \
void * _res = dest; \
__asm__ ("cld;rep;movsb" \          //从 ds:[esi]复制到 es:[edi]，并且 esi++，edi++。
                                    // 共复制 ecx(n)字节。
        ::"D" ((long)(_res)),"S" ((long)(src)),"c" ((long) (n)) \
        :"di","si","cx"); \
_res; \
})

```

14.18 segment.h 文件

14.18.1 功能描述

该文件中定义了一些访问 Intel CPU 中段寄存器或与段寄存器有关的内存操作函数。在 Linux 系统中，当用户程序通过系统调用开始执行内核代码时，内核程序会首先在段寄存器 ds 和 es 中加载全局描述符表 GDT 中的内核数据段描述符(段值 0x10)，即把 ds 和 es 用于访问内核数据段；而在 fs 中加载了局部描述符表 LDT 中的任务的数据段描述符（段值 0x17），即把 fs 用于访问用户数据段。参见 system_call.s 第 89～93 行。因此在执行内核代码时，若要存取用户程序（任务）中的数据就需要使用特殊的方式。本文件中的 get_fs_byte()和 put_fs_byte()等函数就是专门用来访问用户程序中的数据。

14.18.2 代码注释

程序 14-16 linux/include/asm/segment.h

```
   //// 读取 fs 段中指定地址处的字节。
   // 参数：addr - 指定的内存地址。
   // %0 - (返回的字节_v)；%1 - (内存地址 addr)。
   // 返回：返回内存 fs:[addr]处的字节。
   // 第 3 行定义了一个寄存器变量_v，该变量将被保存在一个寄存器中，便于高效访问和操作。
 1 extern inline unsigned char get_fs_byte(const char * addr)
 2 {
 3         unsigned register char _v;
 4
```

```
	__asm__ ("movb %%fs:%1,%0":"=r"(_v):"m"(*addr));
	return _v;
}

//// 读取 fs 段中指定地址处的字。
// 参数：addr - 指定的内存地址。
// %0 - (返回的字_v)；%1 - (内存地址 addr)。
// 返回：返回内存 fs:[addr]处的字。
extern inline unsigned short get_fs_word(const unsigned short *addr)
{
	unsigned short _v;

	__asm__ ("movw %%fs:%1,%0":"=r"(_v):"m"(*addr));
	return _v;
}

//// 读取 fs 段中指定地址处的长字(4 字节)。
// 参数：addr - 指定的内存地址。
// %0 - (返回的长字_v)；%1 - (内存地址 addr)。
// 返回：返回内存 fs:[addr]处的长字。
extern inline unsigned long get_fs_long(const unsigned long *addr)
{
	unsigned long _v;

	__asm__ ("movl %%fs:%1,%0":"=r" (_v):"m" (*addr)); \
	return _v;
}

//// 将一字节存放在 fs 段中指定内存地址处。
// 参数：val - 字节值；addr - 内存地址。
// %0 - 寄存器(字节值 val)；%1 - (内存地址 addr)。
extern inline void put_fs_byte(char val,char *addr)
{
__asm__ ("movb %0,%%fs:%1"::"r" (val),"m" (*addr));
}

//// 将一字存放在 fs 段中指定内存地址处。
// 参数：val - 字值；addr - 内存地址。
// %0 - 寄存器(字值 val)；%1 - (内存地址 addr)。
extern inline void put_fs_word(short val,short * addr)
{
__asm__ ("movw %0,%%fs:%1"::"r" (val),"m" (*addr));
}

//// 将一长字存放在 fs 段中指定内存地址处。
// 参数：val - 长字值；addr - 内存地址。
// %0 - 寄存器(长字值 val)；%1 - (内存地址 addr)。
extern inline void put_fs_long(unsigned long val,unsigned long * addr)
{
__asm__ ("movl %0,%%fs:%1"::"r" (val),"m" (*addr));
}

/*
 * Someone who knows GNU asm better than I should double check the followig.
 * It seems to work, but I don't know if I'm doing something subtly wrong.
 * --- TYT, 11/24/91
```

```
 * [ nothing wrong here, Linus ]
 */
/*
 * 比我更懂 GNU 汇编的人应该仔细检查下面的代码。这些代码能使用，但我不知道是否
 * 含有一些小错误。
 * --- TYT，1991 年 11 月 24 日
 * [ 这些代码没有错误，Linus ]
 */

//// 取 fs 段寄存器值(选择符)。
// 返回：fs 段寄存器值。
extern inline unsigned long get_fs()
{
        unsigned short _v;
        __asm__("mov %%fs,%%ax":"=a" (_v):);
        return _v;
}

//// 取 ds 段寄存器值。
// 返回：ds 段寄存器值。
extern inline unsigned long get_ds()
{
        unsigned short _v;
        __asm__("mov %%ds,%%ax":"=a" (_v):);
        return _v;
}

//// 设置 fs 段寄存器。
// 参数：val - 段值（选择符）。
extern inline void set_fs(unsigned long val)
{
        __asm__("mov %0,%%fs"::"a" ((unsigned short) val));
}


```

14.19　system.h 文件

14.19.1　功能描述

该文件中定义了设置或修改描述符/中断门等的嵌入式汇编宏。其中，函数 move_to_user_mode()是用于内核在初始化结束时人工切换（移动）到初始进程（任务 0）去执行，即从特权级 0 代码转移到特权级 3 的代码中去运行。所使用的方法是模拟中断调用返回过程，即利用 iret 指令来实现特权级的变更和堆栈的切换，从而把 CPU 执行控制流移动到初始任务 0 的环境中运行。如图 14-3 所示。

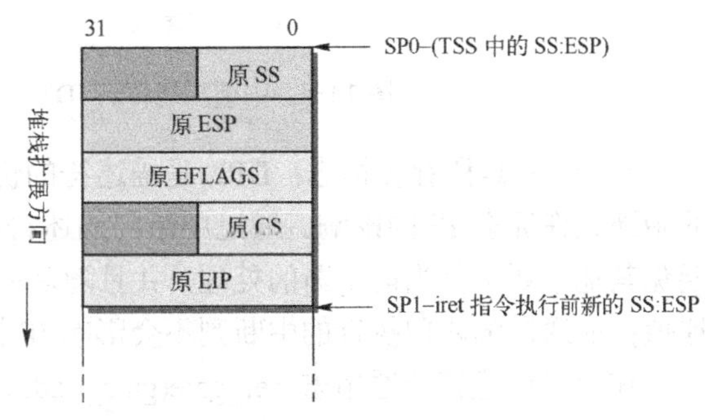

图 14-3　中断调用层间切换时堆栈内容

使用这种方法进行控制权的转移是由 CPU 保护机制造成的。CPU 允许低级别（例如特权级 3）的代码通过调用门或中断、陷阱门来调用或转移到高级别的代码中运行，但反之则不允许。因此内核采用了这种模拟 IRET 返回低级别代码的方法。

在执行任务 0 代码之前，首先设置堆栈，模拟具有特权层切换的刚进入中断调用过程时堆栈的内容布置情况。然后执行 iret 指令，从而引起系统移到任务 0 中去执行。在执行 iret 语句时，堆栈内容如图 14-3 所示，此时 esp 为 esp1。任务 0 的堆栈就是内核的堆栈。当执行了 iret 之后，就移到了任务 0 中执行了。由于任务 0 描述符特权级是 3，所以堆栈上的 ss:esp 也会被弹出。因此在 iret 之后，esp 又等于 esp0 了。注意，这里的中断返回指令 iret 并不会造成 CPU 去执行任务切换操作，因为在执行这个函数之前，标志位 NT 已经在 sched_init()中被复位。在 NT 复位时执行 iret 指令不会造成 CPU 执行任务切换操作。任务 0 的执行纯粹是人工启动的。

任务 0 是一个特殊进程，它的数据段和代码段直接映射到内核代码和数据空间，即从物理地址 0 开始的 640KB 内存空间，其堆栈地址即是内核代码所使用的堆栈。因此堆栈中的原 SS 和原 ESP 是将现有内核堆栈指针直接压入堆栈的。

该文件中的另一部分给出了在中断描述符表 IDT 中设置不同类型描述符项的宏。_set_gate() 是一个多参数宏，它是设置中断门描述符宏 set_intr_gate()和设置陷阱门描述符宏 set_trap_gate()、set_system_gate()所调用的通用宏。IDT 表中的中断门（Interrupt Gate）和陷阱门（Trap Gate）描述符项的格式如图 14-4 所示。

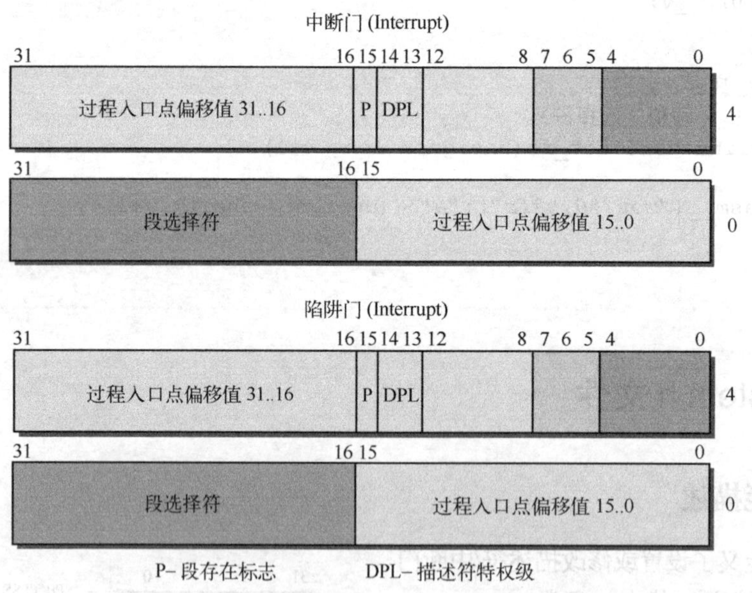

图 14-4 中断描述符表 IDT 中的中断门和陷阱门描述符格式

其中，P 是段存在标志；DPL 是描述符的优先级。中断门与陷阱门的区别在于对 EFLAGS 的中断允许标志 IF 的影响。通过中断门描述符执行的中断会复位 IF 标志，因此这种方式可以避免其他中断干扰当前中断的处理，并且随后的中断结束指令 IRET 会从堆栈上恢复 IF 标志的原值；而通过陷阱门执行的中断则不会影响 IF 标志。

在设置描述符的通用宏_set_gate(gate_addr,type,dpl,addr)中，参数 gate_addr 指定了描述符所处的物理内存地址。type 指明所需设置的描述符类型，它对应图 14-4 中描述符格式中第 6 字节的低 4 位，因此 type=14（0x0E）指明是中断门描述符，type=15（0x0F）指明是陷阱门描述符。参数 dpl 即对应描述符格式中的 DPL。addr 是描述符对应的中断处理过程的 32 位偏移地址。因为中断处理过程属于内核段代码，所以它们的段选择符值均为 0x0008（在 eax 寄存器高字中指定）。

system.h 文件的最后一部分是用于设置一般段描述符内容和在全局描述符表 GDT 中设置任务状态段描述符以及局部表段描述符的宏。这几个宏的参数含义与上述类似。

14.19.2 代码注释

程序 14-17 linux/include/asm/system.h

```
//// 移动到用户模式运行。
// 该函数利用 iret 指令实现从内核模式移动到初始任务 0 中去执行。
#define move_to_user_mode() \
__asm__ ("movl %%esp,%%eax\n\t" \     // 保存堆栈指针 esp 到 eax 寄存器中。
        "pushl $0x17\n\t" \           // 首先将堆栈段选择符(SS)入栈。
        "pushl %%eax\n\t" \           // 然后将保存的堆栈指针值(esp)入栈。
        "pushfl\n\t" \                // 将标志寄存器(eflags)内容入栈。
        "pushl $0x0f\n\t" \           // 将 Task0 代码段选择符(cs)入栈。
        "pushl $1f\n\t" \             // 将下面标号 1 的偏移地址(eip)入栈。
        "iret\n" \                    // 执行中断返回指令，则会跳转到下面标号 1 处。
        "1:\tmovl $0x17,%%eax\n\t" \  // 此时开始执行任务 0，
        "movw %%ax,%%ds\n\t" \        // 初始化段寄存器指向本局部表的数据段。
        "movw %%ax,%%es\n\t" \
        "movw %%ax,%%fs\n\t" \
        "movw %%ax,%%gs" \
        :::"ax")

#define sti() __asm__ ("sti"::)       // 开中断嵌入汇编宏函数。
#define cli() __asm__ ("cli"::)       // 关中断。
#define nop() __asm__ ("nop"::)       // 空操作。

#define iret() __asm__ ("iret"::)     // 中断返回。

//// 设置门描述符宏。
// 根据参数中的中断或异常处理过程地址 addr、门描述符类型 type 和特权级信息 dpl，设置位于
// 地址 gate_addr 处的门描述符。（注意：下面“偏移”值是相对于内核代码或数据段来说的）。
// 参数：gate_addr -描述符地址；type -描述符类型域值；dpl -描述符特权级；addr -偏移地址。
// %0 - (由 dpl,type 组合成的类型标志字)；%1 - (描述符低 4 字节地址)；
// %2 - (描述符高 4 字节地址)；%3 - edx(程序偏移地址 addr)；%4 - eax(高字中含有段选择符 0x8)。
#define _set_gate(gate_addr,type,dpl,addr) \
__asm__ ("movw %%dx,%%ax\n\t" \       //将偏移地址低字与选择符组合成描述符低 4 字节(eax)。
        "movw %0,%%dx\n\t" \          // 将类型标志字与偏移高字组合成描述符高 4 字节(edx)。
        "movl %%eax,%1\n\t" \         // 分别设置门描述符的低 4 字节和高 4 字节。
        "movl %%edx,%2" \
        : \
        : "i" ((short) (0x8000+(dpl<<13)+(type<<8))), \
        "o" (*((char *) (gate_addr))), \
        "o" (*(4+(char *) (gate_addr))), \
        "d" ((char *) (addr)),"a" (0x00080000))

//// 设置中断门函数（自动屏蔽随后的中断）。
```

```
   // 参数：n - 中断号；addr - 中断程序偏移地址。
   // &idt[n]是中断描述符表中中断号 n 对应项的偏移值；中断描述符的类型是 14，特权级是 0。
33 #define set_intr_gate(n,addr) \
34         _set_gate(&idt[n],14,0,addr)
35
   //// 设置陷阱门函数。
   // 参数：n - 中断号；addr - 中断程序偏移地址。
   // &idt[n]是中断描述符表中中断号 n 对应项的偏移值；中断描述符的类型是 15，特权级是 0。
36 #define set_trap_gate(n,addr) \
37         _set_gate(&idt[n],15,0,addr)
38
   //// 设置系统陷阱门函数。
   // 上面 set_trap_gate()设置的描述符的特权级为 0，而这里是 3。因此 set_system_gate()设置的
   // 中断处理过程能够被所有程序执行。例如单步调试、溢出出错和边界超出出错处理。
   // 参数：n - 中断号；addr - 中断程序偏移地址。
   // &idt[n]是中断描述符表中中断号 n 对应项的偏移值；中断描述符的类型是 15，特权级是 3。
39 #define set_system_gate(n,addr) \
40         _set_gate(&idt[n],15,3,addr)
41
   //// 设置段描述符函数（内核中没有用到）。
   // 参数：gate_addr -描述符地址；type -描述符中类型域值；dpl -描述符特权层值；
   // base - 段的基地址；limit - 段限长。
   // 请参见段描述符的格式。注意，这里赋值对象弄反了。43 行应该是 *((gate_addr)+1)，而
   // 49 行才是 *(gate_addr)。不过内核代码中没有用到这个宏，所以 Linus 没有察觉 :-)
42 #define _set_seg_desc(gate_addr,type,dpl,base,limit) {\
43         *(gate_addr) = ((base) & 0xff000000) | \              // 描述符低 4 字节。
44                 (((base) & 0x00ff0000)>>16) | \
45                 ((limit) & 0xf0000) | \
46                 ((dpl)<<13) | \
47                 (0x00408000) | \
48                 ((type)<<8); \
49         *((gate_addr)+1) = (((base) & 0x0000ffff)<<16) | \     // 描述符高 4 字节。
50                 ((limit) & 0x0ffff); }
51
   //// 在全局表中设置任务状态段/局部表描述符。状态段和局部表段的长度均被设置成 104 字节。
   // 参数：n - 在全局表中描述符项 n 所对应的地址；addr - 状态段/局部表所在内存的基地址。
   //       type - 描述符中的标志类型字节。
   // %0 - eax(地址 addr)；%1 - (描述符项 n 的地址)；%2 - (描述符项 n 的地址偏移 2 处)；
   // %3 - (描述符项 n 的地址偏移 4 处)；%4 - (描述符项 n 的地址偏移 5 处)；
   // %5 - (描述符项 n 的地址偏移 6 处)；%6 - (描述符项 n 的地址偏移 7 处)；
52 #define _set_tssldt_desc(n,addr,type) \
53 __asm__ ("movw $104,%1\n\t" \          // 将 TSS(或 LDT)长度放入描述符长度域(第 0-1 字节)。
54         "movw %%ax,%2\n\t" \           // 将基地址的低字放入描述符第 2-3 字节。
55         "rorl $16,%%eax\n\t" \         // 将基地址高字右循环移入 ax 中(低字则进入高字处)。
56         "movb %%al,%3\n\t" \           // 将基地址高字中低字节移入描述符第 4 字节。
57         "movb $" type ",%4\n\t" \      // 将标志类型字节移入描述符的第 5 字节。
58         "movb $0x00,%5\n\t" \          // 描述符的第 6 字节置 0。
59         "movb %%ah,%6\n\t" \           // 将基地址高字中高字节移入描述符第 7 字节。
60         "rorl $16,%%eax" \             // 再右循环 16 比特，eax 恢复原值。
61         ::"a" (addr), "m" (*(n)), "m" (*(n+2)), "m" (*(n+4)), \
62          "m" (*(n+5)), "m" (*(n+6)), "m" (*(n+7)) \
63         )
64
   //// 在全局表中设置任务状态段描述符。
   // n - 是该描述符的指针；addr - 是描述符项中段的基地址值。任务状态段描述符的类型是 0x89。
65 #define set_tss_desc(n,addr) _set_tssldt_desc(((char *) (n)),addr,"0x89")
```

```
//// 在全局表中设置局部表描述符。
// n - 是该描述符的指针；addr - 是描述符项中段的基地址值。局部表段描述符的类型是 0x82。
#define set_ldt_desc(n,addr) _set_tssldt_desc(((char *) (n)),addr,"0x82")

```

14.20　include/linux/目录下的文件

include/linux/目录下的文件见表 14-3。

表 14-3　linux/include/linux/目录下的文件

名称	大小/B	最后修改时间	名称	大小/B	最后修改时间
config.h	1545	1992-01-11 00:13:18	math_emu.h	4924	1992-01-01 17:33:04
fdreg.h	2466	1991-11-02 10:48:44	mm.h	1101	1992-01-13 15:46:41
fs.h	5754	1992-01-12 07:00:20	sched.h	7351	1992-01-13 22:24:42
hdreg.h	1968	1991-10-13 15:32:15	sys.h	3402	1992-01-13 21:42:37
head.h	304	1991-06-19 19:24:13	tty.h	2801	1992-01-08 22:51:56
kernel.h	1036	1992-01-12 02:17:34			

14.21　config.h 文件

14.21.1　功能描述

内核配置头文件。定义使用的键盘语言类型和硬盘类型（HD_TYPE）可选项。

14.21.2　代码注释

程序 14-18　linux/include/linux/config.h

```
#ifndef _CONFIG_H
#define _CONFIG_H

/*
 * Defines for what uname() should return
 */
/*
 * 定义 uname()函数应该返回的值。
 */
#define UTS_SYSNAME "Linux"
#define UTS_NODENAME "(none)"    /* set by sethostname() */
#define UTS_RELEASE ""           /* patch level */
#define UTS_VERSION "0.12"
#define UTS_MACHINE "i386"       /* hardware type */

/* Don't touch these, unless you really know what your doing. */
```

```
/* 请不要随意修改下面定义值，除非你知道自己正在干什么。 */
#define DEF_INITSEG     0x9000          // 引导扇区程序将被移动到的段值。
#define DEF_SYSSEG      0x1000          // 引导扇区程序把系统模块加载到内存的段值。
#define DEF_SETUPSEG     0x9020          // setup 程序所处内存段位置。
#define DEF_SYSSIZE     0x3000          // 内核系统模块默认最大节数（16 字节=1 节）。

/*
 * The root-device is no longer hard-coded. You can change the default
 * root-device by changing the line ROOT_DEV = XXX in boot/bootsect.s
 */
/*
 * 根文件系统设备已不再是硬编码的了。通过修改 boot/bootsect.s 文件中行
 * ROOT_DEV = XXX，你可以改变根设备的默认设置值。
 */

/*
 * The keyboard is now defined in kernel/chr_dev/keyboard.S
 */
/*
 * 现在键盘类型被放在 kernel/chr_dev/keyboard.S 程序中定义。
 */

/*
 * Normally, Linux can get the drive parameters from the BIOS at
 * startup, but if this for some unfathomable reason fails, you'd
 * be left stranded. For this case, you can define HD_TYPE, which
 * contains all necessary info on your harddisk.
 *
 * The HD_TYPE macro should look like this:
 *
 * #define HD_TYPE { head, sect, cyl, wpcom, lzone, ctl}
 *
 * In case of two harddisks, the info should be separated by
 * commas:
 *
 * #define HD_TYPE { h,s,c,wpcom,lz,ctl },{ h,s,c,wpcom,lz,ctl }
 */
/*
 * 通常，Linux 能够在启动时从 BIOS 中获取驱动器的参数，但是若由于未知原因
 * 而没有得到这些参数时，会使程序束手无策。对于这种情况，你可以定义 HD_TYPE，
 * 其中包括硬盘的所有信息。
 *
 * HD_TYPE 宏应该像下面这样的形式：
 *
 * #define HD_TYPE { head, sect, cyl, wpcom, lzone, ctl}
 *
 * 对于有两个硬盘的情况，参数信息需用逗号分开：
 *
 * #define HD_TYPE { h,s,c,wpcom,lz,ctl }, {h,s,c,wpcom,lz,ctl }
 */
/*
 This is an example, two drives, first is type 2, second is type 3:

#define HD_TYPE { 4,17,615,300,615,8 }, { 6,17,615,300,615,0 }

 NOTE: ctl is 0 for all drives with heads<=8, and ctl=8 for drives
```

```
with more than 8 heads.

If you want the BIOS to tell what kind of drive you have, just
leave HD_TYPE undefined. This is the normal thing to do.
*/
/*
 * 下面是一个例子，两个硬盘，第 1 个是类型 2，第 2 个是类型 3：
 *
 * #define HD_TYPE { 4,17,615,300,615,8 }, {6,17,615,300,615,0 }
 *
 * 注意：对应所有硬盘，若其磁头数<=8，则 ctl 等于 0，若磁头数多于 8 个，
 * 则 ctl=8。
 *
 * 如果你想让 BIOS 给出硬盘的类型，那么只需不定义 HD_TYPE。这是默认操作。
 */

#endif

```

14.22 fdreg.h 头文件

14.22.1 功能描述

该头文件用以说明软盘系统常用的一些参数以及所使用的 I/O 端口。由于软盘驱动器的控制比较繁琐，命令也多，因此在阅读代码之前，最好先参考有关微型计算机控制接口原理的书籍，了解软盘控制器(FDC)的工作原理，之后你就会觉得这里的定义还是比较合理有序的。

在编程时需要访问 4 个端口，分别对应一个或多个寄存器。对于 1.2MB 的软盘控制器有表 14-4 中一些端口。

表 14-4 软盘控制器端口

I/O 端口	读写性	寄存器名称
0x3f2	只写	数字输出寄存器(数字控制寄存器)
0x3f4	只读	FDC 主状态寄存器
0x3f5	读/写	FDC 数据寄存器
0x3f7	只读	数字输入寄存器
0x3f7	只写	磁盘控制寄存器(传输率控制)

数字输出端口（数字控制端口）是一个 8 位寄存器，它控制驱动器马达开启、驱动器选择、启动/复位 FDC 以及允许/禁止 DMA 及中断请求。

FDC 的主状态寄存器也是一个 8 位寄存器，用于反映软盘控制器 FDC 和软盘驱动器 FDD 的基本状态。通常，在 CPU 向 FDC 发送命令之前或从 FDC 获取操作结果之前，都要读取主状态寄存器的状态位，以判别当前 FDC 数据寄存器是否就绪，以及确定数据传送的方向。

FDC 的数据端口对应多个寄存器（只写型命令寄存器和参数寄存器、只读型结果寄存器），但任一时刻只能有一个寄存器出现在数据端口 0x3f5。在访问只写型寄存器时，主状态控制的 DIO 方向位必须为 0（CPU → FDC），访问只读型寄存器时则反之。在读取结果时只有在 FDC 不忙之后才算读完结果，通常结果数据最多有 7 个字节。

软盘控制器共可以接受 15 条命令。每个命令均经历三个阶段：命令阶段、执行阶段和结果阶段。

命令阶段是 CPU 向 FDC 发送命令字节和参数字节。每条命令的第一个字节总是命令字节（命令码）。其后跟着 0～8 字节的参数。执行阶段是 FDC 执行命令规定的操作。在执行阶段 CPU 是不加干预的，一般是通过 FDC 发出中断请求获知命令执行的结束。如果 CPU 发出的 FDC 命令是传送数据，则 FDC 可以以中断方式或 DMA 方式进行。中断方式每次传送 1 字节。DMA 方式是在 DMA 控制器管理下，FDC 与内存进行数据的传输直至全部数据传送完。此时 DMA 控制器会将传输字节计数终止信号通知 FDC，最后由 FDC 发出中断请求信号告知 CPU 执行阶段结束。结果阶段是由 CPU 读取 FDC 数据寄存器返回值，从而获得 FDC 命令执行的结果。返回结果数据的长度为 0～7 字节。对于没有返回结果数据的命令，则应向 FDC 发送检测中断状态命令获得操作的状态。

14.22.2 文件注释

程序 14-19 linux/include/linux/fdreg.h

```
/*
 * This file contains some defines for the floppy disk controller.
 * Various sources. Mostly "IBM Microcomputers: A Programmers
 * Handbook", Sanches and Canton.
 */
/*
 * 该文件中含有一些软盘控制器的一些定义。这些信息有多处来源，大多数取自 Sanches 和 Canton
 * 编著的《IBM 微型计算机：程序员手册》一书。
 */
#ifndef _FDREG_H     // 该定义用来排除代码中重复包含此头文件。
#define _FDREG_H

// 一些软盘类型函数的原型说明。
extern int ticks_to_floppy_on(unsigned int nr);
extern void floppy_on(unsigned int nr);
extern void floppy_off(unsigned int nr);
extern void floppy_select(unsigned int nr);
extern void floppy_deselect(unsigned int nr);

// 下面是有关软盘控制器一些端口和符号的定义。
/* Fd controller regs. S&C, about page 340 */
/* 软盘控制器(FDC)寄存器端口。摘自 S&C 书中约 340 页 */
#define FD_STATUS     0x3f4      // 主状态寄存器端口。
#define FD_DATA       0x3f5      // 数据端口。
#define FD_DOR        0x3f2      /* Digital Output Register */
                                 // 数字输出寄存器（也称为数字控制寄存器）。
#define FD_DIR        0x3f7      /* Digital Input Register (read) */
                                 // 数字输入寄存器。
#define FD_DCR        0x3f7      /* Diskette Control Register (write)*/
                                 // 数据传输率控制寄存器。

/* Bits of main status register */
/* 主状态寄存器各位的含义 */
#define STATUS_BUSYMASK 0x0F     /* drive busy mask */
                                 // 驱动器忙位（每位对应一个驱动器）。
```

```
#define STATUS_BUSY     0x10          /* FDC busy */
                                      // 软盘控制器忙。
#define STATUS_DMA      0x20          /* 0- DMA mode */
                                      // 0 - 为 DMA 数据传输模式，1 - 为非 DMA 模式。
#define STATUS_DIR      0x40          /* 0- cpu->fdc */
                                      // 传输方向：0 - CPU → fdc，1 - 相反。
#define STATUS_READY    0x80          /* Data reg ready */
                                      // 数据寄存器就绪位。

/* Bits of FD_ST0 */
/*状态字节 0（ST0）各位的含义 */
#define ST0_DS          0x03          /* drive select mask */
                                      // 驱动器选择号（发生中断时驱动器号）。
#define ST0_HA          0x04          /* Head (Address) */
                                      // 磁头号。
#define ST0_NR          0x08          /* Not Ready */
                                      // 磁盘驱动器未准备好。
#define ST0_ECE         0x10          /* Equipment chech error */
                                      // 设备检测出错（零磁道校准出错）。
#define ST0_SE          0x20          /* Seek end */
                                      // 寻道或重新校正操作执行结束。
#define ST0_INTR        0xC0          /* Interrupt code mask */
                                      // 中断代码位（中断原因），00 - 命令正常结束；
                        // 01 - 命令异常结束；10 - 命令无效；11 - FDD 就绪状态改变。

/* Bits of FD_ST1 */
/*状态字节 1（ST1）各位的含义 */
#define ST1_MAM         0x01          /* Missing Address Mark */
                                      // 未找到地址标志(ID AM)。
#define ST1_WP          0x02          /* Write Protect */
                                      // 写保护。
#define ST1_ND          0x04          /* No Data - unreadable */
                                      // 未找到指定的扇区。
#define ST1_OR          0x10          /* OverRun */
                                      // 数据传输超时（DMA 控制器故障）。
#define ST1_CRC         0x20          /* CRC error in data or addr */
                                      // CRC 检验出错。
#define ST1_EOC         0x80          /* End Of Cylinder */
                                      // 访问超过一个磁道上的最大扇区号。

/* Bits of FD_ST2 */
/*状态字节 2（ST2）各位的含义 */
#define ST2_MAM         0x01          /* Missing Address Mark (again) */
                                      // 未找到数据地址标志。
#define ST2_BC          0x02          /* Bad Cylinder */
                                      // 磁道坏。
#define ST2_SNS         0x04          /* Scan Not Satisfied */
                                      // 检索（扫描）条件不满足。
#define ST2_SEH         0x08          /* Scan Equal Hit */
                                      // 检索条件满足。
#define ST2_WC          0x10          /* Wrong Cylinder */
                                      // 磁道（柱面）号不符。
#define ST2_CRC         0x20          /* CRC error in data field */
                                      // 数据场 CRC 校验错。
#define ST2_CM          0x40          /* Control Mark = deleted */
                                      // 读数据遇到删除标志。
```

```

/* Bits of FD_ST3 */
/*状态字节 3（ST3）各位的含义 */
#define ST3_HA          0x04        /* Head (Address) */
                                    // 磁头号。
#define ST3_TZ          0x10        /* Track Zero signal (1=track 0) */
                                    // 零磁道信号。
#define ST3_WP          0x40        /* Write Protect */
                                    // 写保护。

/* Values for FD_COMMAND */
/* 软盘命令码 */
#define FD_RECALIBRATE  0x07        /* move to track 0 */
                                    // 重新校正(磁头退到零磁道)。
#define FD_SEEK         0x0F        /* seek track */
                                    // 磁头寻道。
#define FD_READ         0xE6        /* read with MT, MFM, SKip deleted */
                                    //读数据(MT 多磁道操作,MFM 格式,跳过删除数据)。
#define FD_WRITE        0xC5        /* write with MT, MFM */
                                    // 写数据（MT，MFM）。
#define FD_SENSEI       0x08        /* Sense Interrupt Status */
                                    // 检测中断状态。
#define FD_SPECIFY      0x03        /* specify HUT etc */
                                    // 设定驱动器参数（步进速率、磁头卸载时间等）。

/* DMA commands */
/* DMA 命令 */
#define DMA_READ        0x46        // DMA 读盘，DMA 方式字（送 DMA 端口 12，11）。
#define DMA_WRITE       0x4A        // DMA 写盘，DMA 方式字。

#endif

```

14.23 fs.h 文件

14.23.1 功能描述

fs.h 头文件中定义了有关文件系统的一些常数和结构，主要包含高速缓冲区中缓冲块的数据结构、MINIX 1.0 文件系统中超级块和 i 节点结构以及文件表结构和一些管道操作宏。

14.23.2 代码注释

程序 14-20 linux/include/linux/fs.h

```
/*
 * This file has definitions for some important file table
 * structures etc.
 */
/*
 * 本文件含有某些重要文件表结构的定义等。
 */
```

```
#ifndef _FS_H
#define _FS_H

#include <sys/types.h>     // 类型头文件。定义了基本的系统数据类型。

/* devices are as follows: (same as minix, so we can use the minix
 * file system. These are major numbers.)
 *
 * 0 - unused (nodev)
 * 1 - /dev/mem
 * 2 - /dev/fd
 * 3 - /dev/hd
 * 4 - /dev/ttyx
 * 5 - /dev/tty
 * 6 - /dev/lp
 * 7 - unnamed pipes
 */
/*
 * 系统所含的设备如下：（与minix系统的一样，所以我们可以使用minix的
 * 文件系统。以下这些是主设备号。）
 *
 * 0 - 没有用到（nodev)
 * 1 - /dev/mem        内存设备。
 * 2 - /dev/fd         软盘设备。
 * 3 - /dev/hd         硬盘设备。
 * 4 - /dev/ttyx       tty串行终端设备。
 * 5 - /dev/tty        tty终端设备。
 * 6 - /dev/lp         打印设备。
 * 7 - unnamed pipes   没有命名的管道。
 */

#define IS_SEEKABLE(x) ((x)>=1 && (x)<=3)      // 判断设备是否是可以寻找定位的。

#define READ 0
#define WRITE 1
#define READA 2         /* read-ahead - don't pause */
#define WRITEA 3        /* "write-ahead" - silly, but somewhat useful */

void buffer_init(long buffer_end);            // 高速缓冲区初始化函数。

#define MAJOR(a) (((unsigned)(a))>>8)         // 取高字节（主设备号）。
#define MINOR(a) ((a)&0xff)                   // 取低字节（次设备号）。

#define NAME_LEN 14                           // 名字长度值。
#define ROOT_INO 1                            // 根i节点。

#define I_MAP_SLOTS 8                         // i节点位图槽数。
#define Z_MAP_SLOTS 8                         // 逻辑块（区段块）位图槽数。
#define SUPER_MAGIC 0x137F                    // 文件系统魔数。

#define NR_OPEN 20                            // 进程最多打开文件数。
#define NR_INODE 32                           // 系统同时最多使用I节点个数。
#define NR_FILE 64                            // 系统最多文件个数（文件数组项数）。
#define NR_SUPER 8                            //系统所含超级块个数（超级块数组项数）。
#define NR_HASH 307                           // 缓冲区Hash表数组项数值。
```

```
#define NR_BUFFERS nr_buffers                   //系统所含缓冲块个数。初始化后不再改变。
#define BLOCK_SIZE 1024                         // 数据块长度（字节值）。
#define BLOCK_SIZE_BITS 10                      // 数据块长度所占比特位数。
#ifndef NULL
#define NULL ((void *) 0)
#endif

// 每个逻辑块可存放的 i 节点数。
#define INODES_PER_BLOCK ((BLOCK_SIZE)/(sizeof (struct d_inode)))
// 每个逻辑块可存放的目录项数。
#define DIR_ENTRIES_PER_BLOCK ((BLOCK_SIZE)/(sizeof (struct dir_entry)))

// 管道头、管道尾、管道大小、管道空？、管道满？、管道头指针递增。
#define PIPE_READ_WAIT(inode) ((inode).i_wait)
#define PIPE_WRITE_WAIT(inode) ((inode).i_wait2)
#define PIPE_HEAD(inode) ((inode).i_zone[0])
#define PIPE_TAIL(inode) ((inode).i_zone[1])
#define PIPE_SIZE(inode) ((PIPE_HEAD(inode)-PIPE_TAIL(inode))&(PAGE_SIZE-1))
#define PIPE_EMPTY(inode) (PIPE_HEAD(inode)==PIPE_TAIL(inode))
#define PIPE_FULL(inode) (PIPE_SIZE(inode)==(PAGE_SIZE-1))

#define NIL_FILP        ((struct file *)0)    // 空文件结构指针。
#define SEL_IN          1
#define SEL_OUT         2
#define SEL_EX          4

typedef char buffer_block[BLOCK_SIZE];          // 块缓冲区。

// 缓冲块头数据结构。（极为重要！！！）
// 在程序中常用 bh 来表示 buffer_head 类型的缩写。
struct buffer_head {
        char * b_data;                  /* pointer to data block (1024 bytes) */ //指针。
        unsigned long b_blocknr;        /* block number */      // 块号。
        unsigned short b_dev;           /* device (0 = free) */ // 数据源的设备号。
        unsigned char b_uptodate;       // 更新标志：表示数据是否已更新。
        unsigned char b_dirt;           /* 0-clean,1-dirty */ //修改标志:0 未修改,1 已修改.
        unsigned char b_count;          /* users using this block */ // 使用的用户数。
        unsigned char b_lock;           /* 0 - ok, 1 -locked */ // 缓冲区是否被锁定。
        struct task_struct * b_wait;    // 指向等待该缓冲区解锁的任务。
        struct buffer_head * b_prev;    //hash 队列上前一块(这四个指针用于缓冲区的管理)。
        struct buffer_head * b_next;    // hash 队列上下一块。
        struct buffer_head * b_prev_free;    // 空闲表上前一块。
        struct buffer_head * b_next_free;    // 空闲表上下一块。
};

// 磁盘上的索引节点(i 节点)数据结构。
struct d_inode {
        unsigned short i_mode;          // 文件类型和属性(rwx 位)。
        unsigned short i_uid;           // 用户 id（文件拥有者标识符）。
        unsigned long i_size;           // 文件大小（字节数）。
        unsigned long i_time;           // 修改时间（自 1970.1.1:0 算起，秒）。
        unsigned char i_gid;            // 组 id(文件拥有者所在的组)。
        unsigned char i_nlinks;         // 链接数（多少个文件目录项指向该 i 节点）。
        unsigned short i_zone[9];       // 直接(0-6)、间接(7)或双重间接(8)逻辑块号。
                                        // zone 是区的意思，可译成区段，或逻辑块。
```

```
};

// 这是在内存中的 i 节点结构。前 7 项与 d_inode 完全一样。
struct m_inode {
        unsigned short i_mode;          // 文件类型和属性(rwx 位)。
        unsigned short i_uid;           // 用户 id（文件拥有者标识符）。
        unsigned long i_size;           // 文件大小（字节数）。
        unsigned long i_mtime;          // 修改时间（自 1970.1.1:0 算起，秒）。
        unsigned char i_gid;            // 组 id(文件拥有者所在的组)。
        unsigned char i_nlinks;         // 文件目录项链接数。
        unsigned short i_zone[9];       // 直接(0-6)、间接(7)或双重间接(8)逻辑块号。
/* these are in memory also */
        struct task_struct * i_wait;    // 等待该 i 节点的进程。
        struct task_struct * i_wait2;/* for pipes */
        unsigned long i_atime;          // 最后访问时间。
        unsigned long i_ctime;          // i 节点自身修改时间。
        unsigned short i_dev;           // i 节点所在的设备号。
        unsigned short i_num;           // i 节点号。
        unsigned short i_count;         // i 节点被使用的次数，0 表示该 i 节点空闲。
        unsigned char i_lock;           // 锁定标志。
        unsigned char i_dirt;           // 已修改(脏)标志。
        unsigned char i_pipe;           // 管道标志。
        unsigned char i_mount;          // 安装标志。
        unsigned char i_seek;           // 搜寻标志(lseek 时)。
        unsigned char i_update;         // 更新标志。
};

// 文件结构（用于在文件句柄与 i 节点之间建立关系）
struct file {
        unsigned short f_mode;          // 文件操作模式（RW 位）
        unsigned short f_flags;         // 文件打开和控制的标志。
        unsigned short f_count;         // 对应文件引用计数值。
        struct m_inode * f_inode;       // 指向对应 i 节点。
        off_t f_pos;                    // 文件位置（读写偏移值）。
};

// 内存中磁盘超级块结构。
struct super_block {
        unsigned short s_ninodes;       // 节点数。
        unsigned short s_nzones;        // 逻辑块数。
        unsigned short s_imap_blocks;// i 节点位图所占用的数据块数。
        unsigned short s_zmap_blocks;// 逻辑块位图所占用的数据块数。
        unsigned short s_firstdatazone;   // 第一个数据逻辑块号。
        unsigned short s_log_zone_size;   // log(数据块数/逻辑块)。（以 2 为底）
        unsigned long s_max_size;         // 文件最大长度。
        unsigned short s_magic;           // 文件系统魔数。
/* These are only in memory */
        struct buffer_head * s_imap[8]; // i 节点位图缓冲块指针数组(占用 8 块，可表示 64M)。
        struct buffer_head * s_zmap[8];   // 逻辑块位图缓冲块指针数组（占用 8 块）。
        unsigned short s_dev;             // 超级块所在的设备号。
        struct m_inode * s_isup;          //被安装的文件系统根目录的i 节点。(isup-super i)
        struct m_inode * s_imount;        // 被安装到的 i 节点。
        unsigned long s_time;             // 修改时间。
        struct task_struct * s_wait;      // 等待该超级块的进程。
```

```
147         unsigned char s_lock;                   // 被锁定标志。
148         unsigned char s_rd_only;                // 只读标志。
149         unsigned char s_dirt;                   // 已修改(脏)标志。
150 };
151
  // 磁盘上超级块结构。上面 125-132 行完全一样。
152 struct d_super_block {
153         unsigned short s_ninodes;               // 节点数。
154         unsigned short s_nzones;                // 逻辑块数。
155         unsigned short s_imap_blocks;           // i 节点位图所占用的数据块数。
156         unsigned short s_zmap_blocks;           // 逻辑块位图所占用的数据块数。
157         unsigned short s_firstdatazone;         // 第一个数据逻辑块。
158         unsigned short s_log_zone_size;         // log(数据块数/逻辑块，以 2 为底)。
159         unsigned long s_max_size;               // 文件最大长度。
160         unsigned short s_magic;                 // 文件系统魔数。
161 };
162
  // 文件目录项结构。
163 struct dir_entry {
164         unsigned short inode;                   // i 节点号。
165         char name[NAME_LEN];                    // 文件名，长度 NAME_LEN=14。
166 };
167
168 extern struct m_inode inode_table[NR_INODE];            // 定义 i 节点表数组（32 项）。
169 extern struct file file_table[NR_FILE];                 // 文件表数组（64 项）。
170 extern struct super_block super_block[NR_SUPER];        // 超级块数组（8 项）。
171 extern struct buffer_head * start_buffer;               // 缓冲区起始内存位置。
172 extern int nr_buffers;                                  // 缓冲块数。
173
  //// 磁盘操作函数原型。
  // 检测驱动器中软盘是否改变。
174 extern void check_disk_change(int dev);
  // 检测指定软驱中软盘更换情况。如果软盘更换了则返回 1，否则返回 0。
175 extern int floppy_change(unsigned int nr);
  // 设置启动指定驱动器所需等待的时间（设置等待定时器）。
176 extern int ticks_to_floppy_on(unsigned int dev);
  // 启动指定驱动器。
177 extern void floppy_on(unsigned int dev);
  // 关闭指定的软盘驱动器。
178 extern void floppy_off(unsigned int dev);

  //// 以下是文件系统操作管理用的函数原型。
  // 将 i 节点指定的文件截为 0。
179 extern void truncate(struct m_inode * inode);
  // 刷新 i 节点信息。
180 extern void sync_inodes(void);
  // 等待指定的 i 节点。
181 extern void wait_on(struct m_inode * inode);
  // 逻辑块(区段，磁盘块)位图操作。取数据块 block 在设备上对应的逻辑块号。
182 extern int bmap(struct m_inode * inode,int block);
  // 创建数据块 block 在设备上对应的逻辑块，并返回在设备上的逻辑块号。
183 extern int create_block(struct m_inode * inode,int block);
  // 获取指定路径名的 i 节点号。
184 extern struct m_inode * namei(const char * pathname);
  // 取指定路径名的 i 节点，不跟随符号链接。
185 extern struct m_inode * lnamei(const char * pathname);
```

```
// 根据路径名为打开文件操作作准备。
extern int open_namei(const char * pathname, int flag, int mode,
        struct m_inode ** res_inode);
// 释放一个 i 节点(回写入设备)。
extern void iput(struct m_inode * inode);
// 从设备读取指定节点号的一个 i 节点。
extern struct m_inode * iget(int dev,int nr);
// 从 i 节点表(inode_table)中获取一个空闲 i 节点项。
extern struct m_inode * get_empty_inode(void);
// 获取（申请一）管道节点。返回为 i 节点指针（如果是 NULL 则失败）。
extern struct m_inode * get_pipe_inode(void);
// 在哈希表中查找指定的数据块。返回找到块的缓冲头指针。
extern struct buffer_head * get_hash_table(int dev, int block);
// 从设备读取指定块（首先会在 hash 表中查找）。
extern struct buffer_head * getblk(int dev, int block);
// 读/写数据块。
extern void ll_rw_block(int rw, struct buffer_head * bh);
// 读/写数据页面，即每次 4 块数据块。
extern void ll_rw_page(int rw, int dev, int nr, char * buffer);
// 释放指定缓冲块。
extern void brelse(struct buffer_head * buf);
// 读取指定的数据块。
extern struct buffer_head * bread(int dev,int block);
// 读 4 块缓冲区到指定地址的内存中。
extern void bread_page(unsigned long addr,int dev,int b[4]);
// 读取头一个指定的数据块，并标记后续将要读的块。
extern struct buffer_head * breada(int dev,int block,...);
// 向设备 dev 申请一个磁盘块（区段，逻辑块）。返回逻辑块号
extern int new_block(int dev);
// 释放设备数据区中的逻辑块(区段，磁盘块)block。复位指定逻辑块 block 的逻辑块位图位。
extern void free_block(int dev, int block);
// 为设备 dev 建立一个新 i 节点，返回 i 节点号。
extern struct m_inode * new_inode(int dev);
// 释放一个 i 节点（删除文件时）。
extern void free_inode(struct m_inode * inode);
// 刷新指定设备缓冲区。
extern int sync_dev(int dev);
// 读取指定设备的超级块。
extern struct super_block * get_super(int dev);
extern int ROOT_DEV;

// 安装根文件系统。
extern void mount_root(void);

#endif

```

14.24 hdreg.h 文件

14.24.1 功能描述

该文件中主要定义了对硬盘控制器进行编程的一些命令常量符号。其中包括控制器端口、

硬盘状态寄存器各位的状态、控制器命令以及出错状态常量符号。另外还给出了硬盘分区表数据结构。

14.24.2 代码注释

程序 14-21 linux/include/linux/hdreg.h

```
/*
 * This file contains some defines for the AT-hd-controller.
 * Various sources. Check out some definitions (see comments with
 * a ques).
 */
/*
 * 本文件含有一些 AT 硬盘控制器的定义。来自各种资料。请查证某些
 * 定义（带有问号的注释）。
 */
#ifndef _HDREG_H
#define _HDREG_H

/* Hd controller regs. Ref: IBM AT Bios-listing */
/* 硬盘控制器寄存器端口。参见：IBM AT Bios 程序 */
#define HD_DATA         0x1f0   /* _CTL when writing */
#define HD_ERROR        0x1f1   /* see err-bits */
#define HD_NSECTOR      0x1f2   /* nr of sectors to read/write */
#define HD_SECTOR       0x1f3   /* starting sector */
#define HD_LCYL         0x1f4   /* starting cylinder */
#define HD_HCYL         0x1f5   /* high byte of starting cyl */
#define HD_CURRENT      0x1f6   /* 101dhhhh , d=drive, hhhh=head */
#define HD_STATUS       0x1f7   /* see status-bits */
#define HD_PRECOMP HD_ERROR     /* same io address, read=error, write=precomp */
#define HD_COMMAND HD_STATUS    /* same io address, read=status, write=cmd */

#define HD_CMD          0x3f6   // 控制寄存器端口。

/* Bits of HD_STATUS */
/* 硬盘状态寄存器各位的定义(HD_STATUS) */
#define ERR_STAT        0x01    // 命令执行错误。
#define INDEX_STAT      0x02    // 收到索引。
#define ECC_STAT        0x04    /* Corrected error */  // ECC 校验错。
#define DRQ_STAT        0x08    // 请求服务。
#define SEEK_STAT       0x10    // 寻道结束。
#define WRERR_STAT      0x20    // 驱动器故障。
#define READY_STAT      0x40    // 驱动器准备好（就绪）。
#define BUSY_STAT       0x80    // 控制器忙碌。

/* Values for HD_COMMAND */
/* 硬盘命令值（HD_CMD） */
#define WIN_RESTORE             0x10    // 驱动器重新校正（驱动器复位）。
#define WIN_READ                0x20    // 读扇区。
#define WIN_WRITE               0x30    // 写扇区。
#define WIN_VERIFY              0x40    // 扇区检验。
```

```
#define WIN_FORMAT              0x50        // 格式化磁道。
#define WIN_INIT                0x60        // 控制器初始化。
#define WIN_SEEK                0x70        // 寻道。
#define WIN_DIAGNOSE            0x90        // 控制器诊断。
#define WIN_SPECIFY             0x91        // 建立驱动器参数。

/* Bits for HD_ERROR */
/* 错误寄存器各位的含义（HD_ERROR） */
// 执行控制器诊断命令时含义与其他命令时的不同。下面分别列出：
// ==================================================
//              诊断命令时                其他命令时
// --------------------------------------------------
// 0x01       无错误                   数据标志丢失
// 0x02       控制器出错               磁道 0 错
// 0x03       扇区缓冲区错
// 0x04       ECC 部件错                命令放弃
// 0x05       控制处理器错
// 0x10                                 ID 未找到
// 0x40                                 ECC 错误
// 0x80                                 坏扇区
//---------------------------------------------------
#define MARK_ERR        0x01    /* Bad address mark ? */
#define TRK0_ERR        0x02    /* couldn't find track 0 */
#define ABRT_ERR        0x04    /* ? */
#define ID_ERR          0x10    /* ? */
#define ECC_ERR         0x40    /* ? */
#define BBD_ERR         0x80    /* ? */

// 硬盘分区表结构。参见下面列表后信息。
struct partition {
        unsigned char boot_ind;         /* 0x80 - active (unused) */
        unsigned char head;             /* ? */
        unsigned char sector;           /* ? */
        unsigned char cyl;              /* ? */
        unsigned char sys_ind;          /* ? */
        unsigned char end_head;         /* ? */
        unsigned char end_sector;       /* ? */
        unsigned char end_cyl;          /* ? */
        unsigned int start_sect;        /* starting sector counting from 0 */
        unsigned int nr_sects;          /* nr of sectors in partition */
};

#endif
```

14.24.3 硬盘分区表

为了实现多个操作系统共享硬盘资源，硬盘可以在逻辑上分为 1~4 个分区。每个分区的扇区号是邻接的。分区表由 4 个表项组成，每个表项由 16 字节组成，对应一个分区的信息，存有分区的大小和起止的柱面号、磁道号和扇区号，见表 14-5。分区表存放在硬盘的 0 柱面 0 磁头第 1 个扇区的 0x1BE～0x1FD 处。

表 14-5 硬盘分区表结构

位置	名称	大小	说明
0x00	boot_ind	字节	引导标志。4 个分区中同时只能有一个分区是可引导的 0x00-不从该分区引导操作系统；0x80-从该分区引导操作系统
0x01	head	字节	分区起始磁头号
0x02	sector	字节	分区起始扇区号(位 0-5)和起始柱面号高 2 位(位 6-7)
0x03	cyl	字节	分区起始柱面号低 8 位
0x04	sys_ind	字节	分区类型字节。0x0b-DOS; 0x80-Old Minix; 0x83-Linux …
0x05	end_head	字节	分区的结束磁头号
0x06	end_sector	字节	结束扇区号(位 0-5)和结束柱面号高 2 位(位 6-7)
0x07	end_cyl	字节	结束柱面号低 8 位
0x08～0x0b	start_sect	长字	分区起始物理扇区号
0x0c～0x0f	nr_sects	长字	分区占用的扇区数

14.25 head.h 文件

14.25.1 功能描述

head 头文件，定义了 Intel CPU 中描述符的简单结构和指定描述符的项号。

14.25.2 代码注释

程序 14-22 linux/include/linux/head.h

```
#ifndef _HEAD_H
#define _HEAD_H

typedef struct desc_struct {              //定义了段描述符的数据结构。该结构仅说明每个描述
        unsigned long a,b;                // 符是由 8 个字节构成，每个描述符表共有 256 项。
} desc_table[256];

extern unsigned long pg_dir[1024];        // 内存页目录数组。每个目录项为 4 字节。从物理地址 0 开始。
extern desc_table idt,gdt;                // 中断描述符表，全局描述符表。

#define GDT_NUL 0                         // 全局描述符表的第 0 项，不用。
#define GDT_CODE 1                        // 第 1 项，是内核代码段描述符项。
#define GDT_DATA 2                        // 第 2 项，是内核数据段描述符项。
#define GDT_TMP 3                         // 第 3 项，系统段描述符，Linux 没有使用。

#define LDT_NUL 0                         // 每个局部描述符表的第 0 项，不用。
#define LDT_CODE 1                        // 第 1 项，是用户程序代码段描述符项。
#define LDT_DATA 2                        // 第 2 项，是用户程序数据段描述符项。

#endif

```

14.26 kernel.h 文件

14.26.1 功能描述

定义了一些内核常用的函数原型等。

14.26.2 代码注释

程序 14-23 linux/include/linux/kernel.h

```
/*
 * 'kernel.h' contains some often-used function prototypes etc
 */
/*
 * 'kernel.h'定义了一些常用函数的原型等。
 */
// 验证给定地址开始的内存块是否超限。若超限则追加内存。( kernel/fork.c, 24 )。
void verify_area(void * addr,int count);
// 显示内核出错信息，然后进入死循环。( kernel/panic.c, 16 )。
// 函数名前的关键字 volatile 用于告诉编译器 gcc 该函数不会返回。这样可让 gcc 产生更好
// 的代码，更重要的是使用这个关键字可以避免产生某未初始化变量的假警告信息。
volatile void panic(const char * str);
// 进程退出处理。( kernel/exit.c，262)。
volatile void do_exit(long error_code);
// 标准打印（显示）函数。( init/main.c, 151)。
int printf(const char * fmt, ...);
// 内核专用的打印信息函数，功能与 printf()相同。( kernel/printk.c, 21 )。
int printk(const char * fmt, ...);
// 控制台显示函数。( kernel/chr_drv/console.c，995)。
void console_print(const char * str);
// 往 tty 上写指定长度的字符串。( kernel/chr_drv/tty_io.c, 290 )。
int tty_write(unsigned ch,char * buf,int count);
// 通用内核内存分配函数。( lib/malloc.c, 117)。
void * malloc(unsigned int size);
// 释放指定对象占用的内存。( lib/malloc.c, 182)。
void free_s(void * obj, int size);
// 硬盘处理超时。(kernel/blk_drv/hd.c，318)。
extern void hd_times_out(void);
// 停止蜂鸣。(kernel/chr_drv/console.c，944)。
extern void sysbeepstop(void);
// 黑屏处理。(kernel/chr_drv/console.c，981)。
extern void blank_screen(void);
// 恢复被黑屏的屏幕。(kernel/chr_drv/console.c，988)。
extern void unblank_screen(void);

extern int beepcount;           // 蜂鸣时间嘀嗒计数（kernel/chr_drv/console.c，
988)。
extern int hd_timeout;          // 硬盘超时滴答值（kernel/blk_drv/blk.h)。
extern int blankinterval;       // 设定的屏幕黑屏间隔时间。
extern int blankcount;          //黑屏时间计数(kernel/chr_drv/console.c，138、139)。

#define free(x) free_s((x), 0)
```

```
/*
 * This is defined as a macro, but at some point this might become a
 * real subroutine that sets a flag if it returns true (to do
 * BSD-style accounting where the process is flagged if it uses root
 * privs).  The implication of this is that you should do normal
 * permissions checks first, and check suser() last.
 */
/*
 * 下面函数是以宏的形式定义的，但是在某方面来看它可以成为一个真正的子程序，
 * 如果返回是 true 时它将设置标志（如果使用 root 用户权限的进程设置了标志，则用
 * 于执行 BSD 方式的计账处理）。这意味着你应该首先执行常规权限检查，最后再
 * 检测 suser()。
 */
#define suser() (current->euid == 0)                // 检测是否为超级用户。

```

14.27 mm.h 文件

14.27.1 功能描述

mm.h 是内存管理头文件。其中主要定义了内存页面的大小和几个页面释放函数原型。

14.27.2 代码注释

程序 14-24 linux/include/linux/mm.h

```
#ifndef _MM_H
#define _MM_H

#define PAGE_SIZE 4096          // 定义 1 页内存页面字节数。注意高速缓冲块长度是 1024 字节。

#include <linux/kernel.h>       // 内核头文件。含有一些内核常用函数的原型定义。
#include <signal.h>             // 信号头文件。定义信号符号常量，信号结构以及信号操作函数原型。

extern int SWAP_DEV;            // 内存页面交换设备号。定义在 mm/memory.c 文件中，第 36 行。

// 从交换设备读入和写出被交换内存页面。ll_rw_page()定义在 blk_drv/ll_rw_block.c 文件中。
// 参数 nr 是主内存区中页面号；buffer 是读/写缓冲区。
#define read_swap_page(nr,buffer) ll_rw_page(READ,SWAP_DEV,(nr),(buffer));
#define write_swap_page(nr,buffer) ll_rw_page(WRITE,SWAP_DEV,(nr),(buffer));

// 在主内存区中取空闲物理页面。如果已经没有可用内存了，则返回 0。
extern unsigned long get_free_page(void);
// 把一内容已修改过的物理内存页面映射到线性地址空间指定处。与 put_page()几乎完全一样。
extern unsigned long put_dirty_page(unsigned long page,unsigned long address);
// 释放物理地址 addr 开始的 1 页面内存。
extern void free_page(unsigned long addr);
void swap_free(int page_nr);
void swap_in(unsigned long *table_ptr);

//// 显示内存已用完出错信息，并退出。
```

```
// 下面函数名前的关键字 volatile 用于告诉编译器 gcc 该函数不会返回。这样可让 gcc 产生更好
// 的代码，更重要的是使用这个关键字可以避免产生某些（未初始化变量的）假警告信息。
extern inline volatile void oom(void)
{
// do_exit()应该使用退出代码，这里用了信号值 SIGSEGV(11)。相同值的出错码含义是“资源
// 暂时不可用”，正好同义。
        printk("out of memory\n\r");
        do_exit(SIGSEGV);
}

// 刷新页变换高速缓冲宏函数。
// 为了提高地址转换的效率，CPU 将最近使用的页表数据存放在芯片中高速缓冲中。在修改过
// 页表信息之后，就需要刷新该缓冲区。 这里使用重新加载页目录基址寄存器 cr3 的方法来
// 进行刷新。下面 eax = 0，是页目录的基址。
#define invalidate() \
__asm__("movl %%eax,%%cr3"::"a" (0))

/* these are not to be changed without changing head.s etc */
/* 下面定义若需要改动，则需要与 head.s 等文件中的相关信息一起改变 */
// Linux 0.12 内核默认支持的最大内存容量是 16MB，可以修改这些定义以适合更多的内存。
#define LOW_MEM 0x100000                         // 机器物理内存低端（1MB）。
extern unsigned long HIGH_MEMORY;                // 存放实际物理内存最高端地址。
#define PAGING_MEMORY (15*1024*1024)             // 分页内存 15MB。主内存区最多 15MB。
#define PAGING_PAGES (PAGING_MEMORY>>12)         // 分页后的物理内存页面数（3840）。
#define MAP_NR(addr) (((addr)-LOW_MEM)>>12)      // 指定内存地址映射为页面号。
#define USED 100                                 // 页面被占用标志，参见 449 行。

// 内存映射字节图（1 字节代表 1 页内存）。每个页面对应的字节用于标志页面当前被引用
// （占用）次数。它最大可以映射 15Mb 的内存空间。在初始化函数 mem_init()中，对于不
// 能用作主内存区页面的位置均都预先被设置成 USED（100）。
extern unsigned char mem_map [ PAGING_PAGES ];

// 下面定义的符号常量对应页目录表项和页表（二级页表）项中的一些标志位。
#define PAGE_DIRTY      0x40                     // 位 6，页面脏（已修改）。
#define PAGE_ACCESSED   0x20                     // 位 5，页面被访问过。
#define PAGE_USER       0x04                     // 位 2，页面属于：1-用户；0-超级用户。
#define PAGE_RW         0x02                     // 位 1，读写权：1-写；0-读。
#define PAGE_PRESENT    0x01                     // 位 0，页面存在：1-存在；0-不存在。

#endif
```

14.28　sched.h 文件

14.28.1　功能描述

调度程序头文件，定义了任务结构 task_struct、初始任务 0 的数据，还有一些有关描述符参数设置和获取以及任务上下文切换 switch_to()的嵌入式汇编函数宏。下面详细描述一下任务切换宏的执行过程。

任务切换宏 switch_to(n)（从 171 行开始）首先声明了一个结构“struct {long a,b;} __tmp”，用于在任务内核态堆栈上保留出 8 字节的空间来存放将切换到新任务的任务状态段 TSS 的选择

符。然后测试我们是不是在执行切换到当前任务的操作，如果是则什么也不需要做，直接退出。否则就把新任务 TSS 的选择符保存到临时结构__tmp 中的偏移位置 4 处，此时__tmp 中的数据设置为：

```
__tmp+0: 未定义（long）
__tmp+4: 新任务 TSS 的选择符（word）
__tmp+6: 未定义（word）
```

接下来交换%ecx 寄存器中的新任务指针与全局变量 current 中的当前任务指针，让 current 含有我们将要切换到的新任务的指针值，而 ecx 中则保存着当前任务（本任务）的指针值。接着执行间接长跳转到__tmp 的指令 ljmp。长跳转到新任务 TSS 选择符的指令将忽略__tmp 中未定义值的部分，CPU 将自动跳转到 TSS 段指定新任务中去执行，而本任务也就到此暂停执行。这也是我们无需设置结构变量__tmp 中其他未定义部分的原因。参见图 4-37（任务切换操作示意图）。

当一段时间之后，某个任务的 ljmp 指令又会跳转到本任务 TSS 段选择符，从而造成 CPU 切换回本任务，并从 ljmp 的下一条指令开始执行。此时 ecx 中含有本任务即当前任务的指针，因此我们可以使用该指针来检查它是不是最后（最近）一个使用过数学协处理器的任务。若本任务没有使用过协处理器则立刻退出，否则执行 clts 指令以复位控制寄存器 CR0 中的任务已切换标志 TS。每当任务切换时 CPU 都会设置该标志位，并且在执行协处理器指令之前测试该标志位。Linux 系统中的这种处理 TS 标志的方法可以让内核避免对协处理状态不必要的保存、恢复操作过程，从而提高了协处理器的执行性能。

14.28.2 代码注释

程序 14-28 linux/include/linux/sched.h

```
#ifndef _SCHED_H
#define _SCHED_H

#define HZ 100                                  // 定义系统时钟滴答频率(100Hz，每个滴答 10ms)

#define NR_TASKS        64                      // 系统中同时最多任务（进程）数。
#define TASK_SIZE       0x04000000              // 每个任务的长度（64MB）。
#define LIBRARY_SIZE    0x00400000              // 动态加载库长度（4MB）。

#if (TASK_SIZE & 0x3fffff)
#error "TASK_SIZE must be multiple of 4M"             // 任务长度必须是 4MB 的倍数。
#endif

#if (LIBRARY_SIZE & 0x3fffff)
#error "LIBRARY_SIZE must be a multiple of 4M" // 库长度也必须是 4MB 的倍数。
#endif

#if (LIBRARY_SIZE >= (TASK_SIZE/2))
#error "LIBRARY_SIZE too damn big!"                   // 加载库的长度不得大于任务长度的一半。
#endif

#if (((TASK_SIZE>>16)*NR_TASKS) != 0x10000)
#error "TASK_SIZE*NR_TASKS must be 4GB"               // 任务长度*任务总个数必须为 4GB。
#endif

```

```
// 在进程逻辑地址空间中动态库被加载的位置（60MB处）。
#define LIBRARY_OFFSET (TASK_SIZE - LIBRARY_SIZE)

// 下面宏CT_TO_SECS和CT_TO_USECS用于把系统当前嘀嗒数转换成用秒值加微秒值表示。
#define CT_TO_SECS(x)    ((x) / HZ)
#define CT_TO_USECS(x)   (((x) % HZ) * 1000000/HZ)

#define FIRST_TASK task[0]            // 任务0比较特殊，所以特意给它单独定义一个符号。
#define LAST_TASK task[NR_TASKS-1]    // 任务数组中的最后一项任务。

#include <linux/head.h>
#include <linux/fs.h>
#include <linux/mm.h>
#include <sys/param.h>
#include <sys/time.h>
#include <sys/resource.h>
#include <signal.h>

#if (NR_OPEN > 32)
#error "Currently the close-on-exec-flags and select masks are in one long, max
32 files/proc"
#endif

// 这里定义了进程运行时可能处的状态。
#define TASK_RUNNING            0  // 进程正在运行或已准备就绪。
#define TASK_INTERRUPTIBLE      1  // 进程处于可中断等待状态。
#define TASK_UNINTERRUPTIBLE    2  // 进程处于不可中断等待状态，主要用于I/O操作等待。
#define TASK_ZOMBIE             3  //进程处于僵死状态，已经停止运行，但父进程还没发信号。
#define TASK_STOPPED            4  // 进程已停止。

#ifndef NULL
#define NULL ((void *) 0)          // 定义NULL为空指针。
#endif

// 复制进程的页目录页表。Linus认为这是内核中最复杂的函数之一。( mm/memory.c, 105 )
extern int copy_page_tables(unsigned long from, unsigned long to, long size);
// 释放页表所指定的内存块及页表本身。( mm/memory.c, 150 )
extern int free_page_tables(unsigned long from, unsigned long size);

// 调度程序的初始化函数。( kernel/sched.c, 385 )
extern void sched_init(void);
// 进程调度函数。( kernel/sched.c, 104 )
extern void schedule(void);
//异常(陷阱)中断处理初始化函数，设置中断调用门并允许中断请求信号。(kernel/traps.c,181)
extern void trap_init(void);
// 显示内核出错信息，然后进入死循环。( kernel/panic.c, 16 )。
extern void panic(const char * str);
// 往tty上写指定长度的字符串。( kernel/chr_drv/tty_io.c, 290 )。
extern int tty_write(unsigned minor,char * buf,int count);

typedef int (*fn_ptr)();                          // 定义函数指针类型。

// 下面是数学协处理器使用的结构，主要用于保存进程切换时i387的执行状态信息。
struct i387_struct {
        long    cwd;                 // 控制字(Control word)。
        long    swd;                 // 状态字(Status word)。
```

```
        long    twd;                   // 标记字(Tag word)。
        long    fip;                   // 协处理器代码指针。
        long    fcs;                   // 协处理器代码段寄存器。
        long    foo;                   // 内存操作数的偏移位置。
        long    fos;                   // 内存操作数的段值。
        long    st_space[20];  /* 8*10 bytes for each FP-reg = 80 bytes */
};                             /* 8 个 10 字节的协处理器累加器。*/

// 任务状态段数据结构。
struct tss_struct {
        long    back_link;      /* 16 high bits zero */
        long    esp0;
        long    ss0;            /* 16 high bits zero */
        long    esp1;
        long    ss1;            /* 16 high bits zero */
        long    esp2;
        long    ss2;            /* 16 high bits zero */
        long    cr3;
        long    eip;
        long    eflags;
        long    eax,ecx,edx,ebx;
        long    esp;
        long    ebp;
        long    esi;
        long    edi;
        long    es;             /* 16 high bits zero */
        long    cs;             /* 16 high bits zero */
        long    ss;             /* 16 high bits zero */
        long    ds;             /* 16 high bits zero */
        long    fs;             /* 16 high bits zero */
        long    gs;             /* 16 high bits zero */
        long    ldt;            /* 16 high bits zero */
        long    trace_bitmap;   /* bits: trace 0, bitmap 16-31 */
        struct i387_struct i387;
};

// 下面是任务（进程）数据结构，或称为进程描述符。
// long state                       任务的运行状态（-1 不可运行，0 可运行(就绪)，>0 已停止）。
// long counter                     任务运行时间计数(递减)（滴答数），运行时间片。
// long priority                    优先数。任务开始运行时 counter=priority，越大运行越长。
// long signal                      信号位图，每个比特位代表一种信号，信号值=位偏移值+1。
// struct sigaction sigaction[32]   信号执行属性结构，对应信号将要执行的操作和标志信息。
// long blocked                     进程信号屏蔽码（对应信号位图）。
// ----------------------------
// int exit_code                    任务执行停止的退出码，其父进程会取。
// unsigned long start_code         代码段地址。
// unsigned long end_code           代码长度（字节数）。
// unsigned long end_data           代码长度 + 数据长度（字节数）。
// unsigned long brk                总长度（字节数）。
// unsigned long start_stack        堆栈段地址。
// long pid                         进程标识号(进程号)。
// long pgrp                        进程组号。
// long session                     会话号。
// long leader                      会话首领。
// int groups[NGROUPS]              进程所属组号。一个进程可属于多个组。
// task_struct *p_pptr              指向父进程的指针。
```

```
    // task_struct *p_cptr          指向最新子进程的指针。
    // task_struct *p_ysptr         指向比自己后创建的相邻进程的指针。
    // task_struct *p_osptr         指向比自己早创建的相邻进程的指针。
    // unsigned short uid           用户标识号（用户 id）。
    // unsigned short euid          有效用户 id。
    // unsigned short suid          保存的用户 id。
    // unsigned short gid           组标识号（组 id）。
    // unsigned short egid          有效组 id。
    // unsigned short sgid          保存的组 id。
    // long timeout                 内核定时超时值。
    // long alarm                   报警定时值（滴答数）。
    // long utime                   用户态运行时间（滴答数）。
    // long stime                   系统态运行时间（滴答数）。
    // long cutime                  子进程用户态运行时间。
    // long cstime                  子进程系统态运行时间。
    // long start_time              进程开始运行时刻。
    // struct rlimit rlim[RLIM_NLIMITS]  进程资源使用统计数组。
    // unsigned int flags;          各进程的标志，在下面第 149 行开始定义（还未使用）。
    // unsigned short used_math     标志：是否使用了协处理器。
    // ------------------------
    // int tty                      进程使用 tty 终端的子设备号。-1 表示没有使用。
    // unsigned short umask         文件创建属性屏蔽位。
    // struct m_inode * pwd         当前工作目录 i 节点结构指针。
    // struct m_inode * root        根目录 i 节点结构指针。
    // struct m_inode * executable  执行文件 i 节点结构指针。
    // struct m_inode * library     被加载库文件 i 节点结构指针。
    // unsigned long close_on_exec  执行时关闭文件句柄位图标志。（参见 include/fcntl.h）
    // struct file * filp[NR_OPEN]  文件结构指针表，最多 32 项。表项号即是文件描述符的值。
    // struct desc_struct ldt[3]    局部描述符表。0-空，1-代码段 cs，2-数据和堆栈段 ds&ss。
    // struct tss_struct tss        进程的任务状态段信息结构。
    // ======================================
105 struct task_struct {
106 /* these are hardcoded - don't touch */
107         long state;     /* -1 unrunnable, 0 runnable, >0 stopped */
108         long counter;
109         long priority;
110         long signal;
111         struct sigaction sigaction[32];
112         long blocked;   /* bitmap of masked signals */
113 /* various fields */
114         int exit_code;
115         unsigned long start_code,end_code,end_data,brk,start_stack;
116         long pid,pgrp,session,leader;
117         int     groups[NGROUPS];
118         /*
119          * pointers to parent process, youngest child, younger sibling,
120          * older sibling, respectively.  (p->father can be replaced with
121          * p->p_pptr->pid)
122          */
123         struct task_struct      *p_pptr, *p_cptr, *p_ysptr, *p_osptr;
124         unsigned short uid,euid,suid;
125         unsigned short gid,egid,sgid;
126         unsigned long timeout,alarm;
127         long utime,stime,cutime,cstime,start_time;
128         struct rlimit rlim[RLIM_NLIMITS];
129         unsigned int flags;     /* per process flags, defined below */
```

```
        unsigned short used_math;
/* file system info */
        int tty;            /* -1 if no tty, so it must be signed */
        unsigned short umask;
        struct m_inode * pwd;
        struct m_inode * root;
        struct m_inode * executable;
        struct m_inode * library;
        unsigned long close_on_exec;
        struct file * filp[NR_OPEN];
/* ldt for this task 0 - zero 1 - cs 2 - ds&ss */
        struct desc_struct ldt[3];
/* tss for this task */
        struct tss_struct tss;
};

/*
 * Per process flags
 */
/* 每个进程的标志 */  /* 打印对齐警告信息。还未实现，仅用于 486 */
#define PF_ALIGNWARN    0x00000001      /* Print alignment warning msgs */
                                        /* Not implemented yet, only for 486*/

/*
 * INIT_TASK is used to set up the first task table, touch at
 * your own risk!. Base=0, limit=0x9ffff (=640kB)
 */
/*
 * INIT_TASK 用于设置第 1 个任务表，若想修改，责任自负☺!
 * 基址 Base = 0，段长 limit = 0x9ffff（=640KB）。
 */
// 对应上面任务结构的第 1 个任务的信息。
#define INIT_TASK \
/* state etc */ { 0,15,15, \      // state, counter, priority
/* signals */  0,{{},},0, \       // signal, sigaction[32], blocked
/* ec,brk... */ 0,0,0,0,0,0, \ // exit_code,start_code,end_code,end_data,brk,start_stack
/* pid etc.. */ 0,0,0,0, \        // pid, pgrp, session, leader
/* suppl grps*/ {NOGROUP,}, \      // groups[]
/* proc links*/ &init_task.task,0,0,0, \  // p_pptr, p_cptr, p_ysptr, p_osptr
/* uid etc */  0,0,0,0,0,0, \     // uid, euid, suid, gid, egid, sgid
/* timeout */ 0,0,0,0,0,0,0, \ // alarm,utime,stime,cutime,cstime,start_time,used_math
/* rlimits */   { {0x7fffffff, 0x7fffffff}, {0x7fffffff, 0x7fffffff},  \
                  {0x7fffffff, 0x7fffffff}, {0x7fffffff, 0x7fffffff}, \
                  {0x7fffffff, 0x7fffffff}, {0x7fffffff, 0x7fffffff}}, \
/* flags */     0, \           // flags
/* math */     0, \       // used_math, tty,umask,pwd,root,executable,close_on_exec
/* fs info */ -1,0022,NULL,NULL,NULL,NULL,0, \
/* filp */      {NULL,}, \       // filp[20]
        { \                   // ldt[3]
                {0,0}, \
/* ldt */       {0x9f,0xc0fa00}, \ // 代码长640KB，基址0x0，G=1，D=1，DPL=3，P=1 TYPE=0xa
               {0x9f,0xc0f200}, \ // 数据长640KB，基址0x0，G=1，D=1，DPL=3，P=1 TYPE=0x2
        }, \
/*tss*/{0,PAGE_SIZE+(long)&init_task,0x10,0,0,0,0,(long)&pg_dir,\      // tss
         0,0,0,0,0,0,0,0, \
         0,0,0x17,0x17,0x17,0x17,0x17,0x17, \
```

```
        _LDT(0),0x80000000, \
              {} \
        }, \
}

extern struct task_struct *task[NR_TASKS];       // 任务指针数组。
extern struct task_struct *last_task_used_math; // 上一个使用过协处理器的进程。
extern struct task_struct *current;             // 当前运行进程结构指针变量。
extern unsigned long volatile jiffies;          // 从开机开始算起的滴答数（10ms/滴答）。
extern unsigned long startup_time;              // 开机时间。从1970:0:0:0 开始计时的秒数。
extern int jiffies_offset;                       // 用于累计需要调整的时间嘀嗒数。

#define CURRENT_TIME (startup_time+(jiffies+jiffies_offset)/HZ)  // 当前时间（秒数）。

// 添加定时器函数（定时时间 jiffies 滴答数，定时到时调用函数*fn()）。( kernel/sched.c )
extern void add_timer(long jiffies, void (*fn)(void));
// 不可中断的等待睡眠。( kernel/sched.c )
extern void sleep_on(struct task_struct ** p);
// 可中断的等待睡眠。( kernel/sched.c )
extern void interruptible_sleep_on(struct task_struct ** p);
// 明确唤醒睡眠的进程。( kernel/sched.c )
extern void wake_up(struct task_struct ** p);
// 检查当前进程是否在指定的用户组 grp 中。
extern int in_group_p(gid_t grp);

/*
 * Entry into gdt where to find first TSS. 0-nul, 1-cs, 2-ds, 3-syscall
 * 4-TSS0, 5-LDT0, 6-TSS1 etc ...
 */
/*
 * 寻找第 1 个 TSS 在全局表中的入口。0-没有用 nul，1-代码段 cs，2-数据段 ds，3-系统段 syscall
 * 4-任务状态段 TSS0，5-局部表 LTD0，6-任务状态段 TSS1，等。
 */
// 从该英文注释可以猜想到，Linus 当时曾想把系统调用的代码专门放在 GDT 表中第 4 个独立的段中。
// 但后来并没有那样做，于是就一直把 GDT 表中第 4 个描述符项（上面 syscall 项）闲置在一旁。
// 下面定义宏：全局表中第 1 个任务状态段(TSS)描述符的选择符索引号。
#define FIRST_TSS_ENTRY 4
// 全局表中第 1 个局部描述符表(LDT)描述符的选择符索引号。
#define FIRST_LDT_ENTRY (FIRST_TSS_ENTRY+1)
// 宏定义，计算在全局表中第 n 个任务的 TSS 段描述符的选择符值（偏移量）。
// 因每个描述符占 8 字节，因此 FIRST_TSS_ENTRY<<3 表示该描述符在 GDT 表中的起始偏移位置。
// 因为每个任务使用 1 个 TSS 和 1 个 LDT 描述符，共占用 16 字节，因此需要 n<<4 来表示对应
// TSS 起始位置。该宏得到的值正好也是该 TSS 的选择符值。
#define _TSS(n) ((((unsigned long) n)<<4)+(FIRST_TSS_ENTRY<<3))
// 宏定义，计算在全局表中第 n 个任务的 LDT 段描述符的选择符值（偏移量）。
#define _LDT(n) ((((unsigned long) n)<<4)+(FIRST_LDT_ENTRY<<3))
// 宏定义，把第 n 个任务的 TSS 段选择符加载到任务寄存器 TR 中。
#define ltr(n) __asm__("ltr %%ax"::"a" (_TSS(n)))
// 宏定义，把第 n 个任务的 LDT 段选择符加载到局部描述符表寄存器 LDTR 中。
#define lldt(n) __asm__("lldt %%ax"::"a" (_LDT(n)))
// 取当前运行任务的任务号（是任务数组中的索引值，与进程号 pid 不同）。
// 返回：n - 当前任务号。用于( kernel/traps.c )。
#define str(n) \
__asm__("str %%ax\n\t" \              // 将任务寄存器中 TSS 段的选择符复制到 ax 中。
        "subl %2,%%eax\n\t" \         // (eax - FIRST_TSS_ENTRY*8)→eax
        "shrl $4,%%eax" \             // (eax/16)→eax = 当前任务号。
```

```
214         :"=a" (n) \
215         :"a" (0),"i" (FIRST_TSS_ENTRY<<3))
216 /*
217  *      switch_to(n) should switch tasks to task nr n, first
218  * checking that n isn't the current task, in which case it does nothing.
219  * This also clears the TS-flag if the task we switched to has used
220  * tha math co-processor latest.
221  */
 /*
 * switch_to(n)将切换当前任务到任务 nr，即 n。首先检测任务 n 不是当前任务，
 * 如果是则什么也不做退出。如果我们切换到的任务最近（上次运行）使用过数学
 * 协处理器的话，则还需复位控制寄存器 cr0 中的 TS 标志。
 */
 // 跳转到一个任务的 TSS 段选择符组成的地址处会造成 CPU 进行任务切换操作。
 // 输入：%0 - 指向__tmp；      %1 - 指向__tmp.b 处，用于存放新 TSS 的选择符；
 //      dx - 新任务 n 的 TSS 段选择符；  ecx - 新任务 n 的任务结构指针 task[n]。
 // 其中临时数据结构__tmp 用于组建 177 行远跳转（far jump）指令的操作数。该操作数由 4 字节
 // 偏移地址和 2 字节的段选择符组成。因此__tmp 中 a 的值是 32 位偏移值，而 b 的低 2 字节是新
 // TSS 段的选择符（高 2 字节不用）。跳转到 TSS 段选择符会造成任务切换到该 TSS 对应的进程。
 // 对于造成任务切换的长跳转，a 值无用。177 行上的内存间接跳转指令使用 6 字节操作数作为跳
 // 转目的地的长指针，其格式为：jmp 16 位段选择符：32 位偏移值。但在内存中操作数的表示顺
 // 序与这里正好相反。任务切换回来之后，在判断原任务上次执行是否使用过协处理器时，是通过
 // 将原任务指针与保存在 last_task_used_math 变量中的上次使用过协处理器任务指针进行比较而
 // 作出的，参见文件 kernel/sched.c 中有关 math_state_restore()函数的说明。
222 #define switch_to(n) {\
223 struct {long a,b;} __tmp; \
224 __asm__("cmpl %%ecx,_current\n\t" \ // 任务 n 是当前任务吗?(current ==task[n]?)
225         "je 1f\n\t" \                    // 是，则什么都不做，退出。
226         "movw %%dx,%1\n\t" \             // 将新任务 TSS 的 16 位选择符存入__tmp.b 中。
227         "xchgl %%ecx,_current\n\t" \ // current = task[n]; ecx = 被切换出的任务。
228         "ljmp %0\n\t" \                  // 执行长跳转至*&__tmp，造成任务切换。
                                             // 在任务切换回来后才会继续执行下面的语句。
229         "cmpl %%ecx,_last_task_used_math\n\t" \    // 原任务上次使用过协处理器吗?
230         "jne 1f\n\t" \                   // 没有则跳转，退出。
231         "clts\n" \                       // 原任务上次使用过协处理器，则清 cr0 中的任务
232         "1:" \                           // 切换标志 TS。
233         ::"m" (*&__tmp.a),"m" (*&__tmp.b), \
234         "d" (_TSS(n)),"c" ((long) task[n])); \
235 }
236
 // 页面地址对准。（在内核代码中没有任何地方引用!!）
237 #define PAGE_ALIGN(n) (((n)+0xfff)&0xfffff000)
238
 // 设置位于地址 addr 处描述符中的各基地址字段(基地址是 base)。
 // %0 - 地址 addr 偏移 2；%1 - 地址 addr 偏移 4；%2 - 地址 addr 偏移 7；edx - 基地址 base。
239 #define _set_base(addr,base) \
240 __asm__("movw %%dx,%0\n\t" \             // 基址 base 低 16 位(位 15-0)→[addr+2]。
241         "rorl $16,%%edx\n\t" \           // edx 中基址高 16 位(位 31-16)→dx。
242         "movb %%dl,%1\n\t" \             // 基址高 16 位中的低 8 位(位 23-16)→[addr+4]。
243         "movb %%dh,%2" \                 // 基址高 16 位中的高 8 位(位 31-24)→[addr+7]。
244         ::"m" (*((addr)+2)), \
245           "m" (*((addr)+4)), \
246           "m" (*((addr)+7)), \
247           "d" (base) \
248         :"dx")          // 告诉 gcc 编译器 edx 寄存器中的值已被嵌入汇编程序改变了。
249
```

```
// 设置位于地址 addr 处描述符中的段限长字段(段长是 limit)。
// %0 - 地址 addr; %1 - 地址 addr 偏移 6 处; edx - 段长值 limit。
#define _set_limit(addr,limit) \
__asm__("movw %%dx,%0\n\t" \            // 段长 limit 低 16 位(位 15-0)→[addr]。
        "rorl $16,%%edx\n\t" \          // edx 中的段长高 4 位(位 19-16)→dl。
        "movb %1,%%dh\n\t" \            // 取原[addr+6]字节→dh, 其中高 4 位是些标志。
        "andb $0xf0,%%dh\n\t" \         // 清 dh 的低 4 位(将存放段长的位 19-16)。
        "orb %%dh,%%dl\n\t" \           // 将原高 4 位标志和段长的高 4 位(位 19-16)合成 1 字节,
        "movb %%dl,%1" \                // 并放会[addr+6]处。
        ::"m" (*(addr)), \
          "m" (*((addr)+6)), \
          "d" (limit) \
        :"dx")

// 设置局部描述符表中 ldt 描述符的基地址字段。
#define set_base(ldt,base) _set_base( ((char *)&(ldt)) , base )
// 设置局部描述符表中 ldt 描述符的段长字段。
#define set_limit(ldt,limit) _set_limit( ((char *)&(ldt)) , (limit-1)>>12 )

// 从地址 addr 处描述符中取段基地址。功能与_set_base()正好相反。
// edx - 存放基地址(__base); %1 - 地址 addr 偏移 2; %2 - 地址 addr 偏移 4; %3 - addr 偏移 7。
#define _get_base(addr) ({\
unsigned long __base; \
__asm__("movb %3,%%dh\n\t" \            // 取[addr+7]处基址高 16 位的高 8 位(位 31-24)→dh。
        "movb %2,%%dl\n\t" \            // 取[addr+4]处基址高 16 位的低 8 位(位 23-16)→dl。
        "shll $16,%%edx\n\t" \          // 基地址高 16 位移到 edx 中高 16 位处。
        "movw %1,%%dx" \                // 取[addr+2]处基址低 16 位(位 15-0)→dx。
        :"=d" (__base) \                // 从而 edx 中含有 32 位的段基地址。
        :"m" (*((addr)+2)), \
         "m" (*((addr)+4)), \
         "m" (*((addr)+7))); \
__base;})

// 取局部描述符表中 ldt 所指段描述符中的基地址。
#define get_base(ldt) _get_base( ((char *)&(ldt)) )

// 取段选择符 segment 指定的描述符中的段限长值。
// 指令 lsl 是 Load Segment Limit 的缩写。它从指定段描述符中取出分散的限长比特位拼成完整的
// 段限长值放入指定寄存器中。所得的段限长是实际字节数减 1,因此这里还需要加 1 后才返回。
// %0 - 存放段长值(字节数); %1 - 段选择符 segment。
#define get_limit(segment) ({ \
unsigned long __limit; \
__asm__("lsll %1,%0\n\tincl %0":"=r" (__limit):"r" (segment)); \
__limit;})

#endif
```

14.29 sys.h 文件

14.29.1 功能描述

sys.h 头文件列出了内核中所有系统调用函数的原型,以及系统调用函数指针表。

14.29.2 代码注释

程序 14-26 linux/include/linux/sys.h

```
/*
 * Why isn't this a .c file? Enquiring minds....
 */
/*
 * 为什么这不是一个.c 文件？动动脑筋自己想想....
 */

extern int sys_setup();      //0-系统启动初始化设置函数。   (kernel/blk_drv/hd.c)
extern int sys_exit();       // 1 - 程序退出。              (kernel/exit.c )
extern int sys_fork();       //2-创建进程。                 (kernel/system_call.s)
extern int sys_read();       // 3 - 读文件。                (fs/read_write.c)
extern int sys_write();      // 4 - 写文件。                (fs/read_write.c)
extern int sys_open();       // 5 - 打开文件。              (fs/open.c)
extern int sys_close();      // 6 - 关闭文件。              (fs/open.c)
extern int sys_waitpid();    // 7 - 等待进程终止。          (kernel/exit.c)
extern int sys_creat();      // 8 - 创建文件。              (fs/open.c)
extern int sys_link();       // 9 - 创建一个文件的硬连接。  (fs/namei.c)
extern int sys_unlink();     // 10 - 删除一个文件名(或删除文件)。 (fs/namei.c)
extern int sys_execve();     //11-执行程序。                (kernel/system_call.s)
extern int sys_chdir();      // 12 - 更改当前目录。         (fs/open.c)
extern int sys_time();       // 13 - 取当前时间。           (kernel/sys.c)
extern int sys_mknod();      // 14 - 建立块/字符特殊文件。  (fs/namei.c)
extern int sys_chmod();      // 15 - 修改文件属性。         (fs/open.c)
extern int sys_chown();      // 16 - 修改文件宿主和所属组。 (fs/open.c)
extern int sys_break();      // 17 -                        (kernel/sys.c)*
extern int sys_stat();       // 18 - 使用路径名取文件状态信息。(fs/stat.c)
extern int sys_lseek();      // 19 - 重新定位读/写文件偏移。 (fs/read_write.c)
extern int sys_getpid();     // 20 - 取进程 id。            (kernel/sched.c)
extern int sys_mount();      // 21 - 安装文件系统。         (fs/super.c)
extern int sys_umount();     // 22 - 卸载文件系统。         (fs/super.c)
extern int sys_setuid();     // 23 - 设置进程用户 id。      (kernel/sys.c)
extern int sys_getuid();     // 24 - 取进程用户 id。        (kernel/sched.c)
extern int sys_stime();      // 25 - 设置系统时间日期。     (kernel/sys.c)*
extern int sys_ptrace();     // 26 - 程序调试。             (kernel/sys.c)*
extern int sys_alarm();      // 27 - 设置报警。             (kernel/sched.c)
extern int sys_fstat();      // 28 - 使用文件句柄取文件的状态信息。(fs/stat.c)
extern int sys_pause();      // 29 - 暂停进程运行。         (kernel/sched.c)
extern int sys_utime();      // 30 - 改变文件的访问和修改时间。(fs/open.c)
extern int sys_stty();       // 31 - 修改终端行设置。       (kernel/sys.c)*
extern int sys_gtty();       // 32 - 取终端行设置信息。     (kernel/sys.c)*
extern int sys_access();     // 33 - 检查用户对一个文件的访问权限。(fs/open.c)
extern int sys_nice();       // 34 - 设置进程执行优先权。   (kernel/sched.c)
extern int sys_ftime();      // 35 - 取日期和时间。         (kernel/sys.c)*
extern int sys_sync();       // 36 - 同步高速缓冲与设备中数据。(fs/buffer.c)
extern int sys_kill();       // 37 - 终止一个进程。         (kernel/exit.c)
extern int sys_rename();     // 38 - 更改文件名。           (kernel/sys.c)*
extern int sys_mkdir();      // 39 - 创建目录。             (fs/namei.c)
extern int sys_rmdir();      // 40 - 删除目录。             (fs/namei.c)
extern int sys_dup();        // 41 - 复制文件句柄。         (fs/fcntl.c)
extern int sys_pipe();       // 42 - 创建管道。             (fs/pipe.c)
```

```
extern int sys_times();       // 43 - 取运行时间。              (kernel/sys.c)
extern int sys_prof();        // 44 - 程序执行时间区域。        (kernel/sys.c)*
extern int sys_brk();         // 45 - 修改数据段长度。          (kernel/sys.c)
extern int sys_setgid();      // 46 - 设置进程组 id。           (kernel/sys.c)
extern int sys_getgid();      // 47 - 取进程组 id。             (kernel/sched.c)
extern int sys_signal();      // 48 - 信号处理。                (kernel/signal.c)
extern int sys_geteuid();     // 49 - 取进程有效用户 id。       (kenrl/sched.c)
extern int sys_getegid();     // 50 - 取进程有效组 id。         (kenrl/sched.c)
extern int sys_acct();        // 51 - 进程记账。                (kernel/sys.c)*
extern int sys_phys();        // 52 -                           (kernel/sys.c)*
extern int sys_lock();        // 53 -                           (kernel/sys.c)*
extern int sys_ioctl();       // 54 - 设备输入输出控制。        (fs/ioctl.c)
extern int sys_fcntl();       // 55 - 文件句柄控制操作。        (fs/fcntl.c)
extern int sys_mpx();         // 56 -                           (kernel/sys.c)*
extern int sys_setpgid();     // 57 - 设置进程组 id。           (kernel/sys.c)
extern int sys_ulimit();      // 58 - 统计进程使用资源情况。    (kernel/sys.c)
extern int sys_uname();       // 59 - 显示系统信息。            (kernel/sys.c)
extern int sys_umask();       // 60 - 取默认文件创建属性码。    (kernel/sys.c)
extern int sys_chroot();      // 61 - 改变根目录。              (fs/open.c)
extern int sys_ustat();       // 62 - 取文件系统信息。          (fs/open.c)
extern int sys_dup2();        // 63 - 复制文件句柄。            (fs/fcntl.c)
extern int sys_getppid();     // 64 - 取父进程 id。             (kernel/sched.c)
extern int sys_getpgrp();     // 65 - 取进程组 id，等于 getpgid(0)。(kernel/sys.c)
extern int sys_setsid();      // 66 - 在新会话中运行程序。      (kernel/sys.c)
extern int sys_sigaction();   // 67 - 改变信号处理过程。        (kernel/signal.c)
extern int sys_sgetmask();    // 68 - 取信号屏蔽码。            (kernel/signal.c)
extern int sys_ssetmask();    // 69 - 设置信号屏蔽码。          (kernel/signal.c)
extern int sys_setreuid();    // 70 - 设置真实与/或有效用户 id。 (kernel/sys.c)
extern int sys_setregid();    // 71 - 设置真实与/或有效组 id。   (kernel/sys.c)
extern int sys_sigpending();// 73 - 检查暂未处理的信号。        (kernel/signal.c)
extern int sys_sigsuspend();// 72 - 使用新屏蔽码挂起进程。      (kernel/signal.c)
extern int sys_sethostname();// 74 - 设置主机名。               (kernel/sys.c)
extern int sys_setrlimit();   // 75 - 设置资源使用限制。        (kernel/sys.c)
extern int sys_getrlimit();   // 76 - 取得进程使用资源的限制。  (kernel/sys.c)
extern int sys_getrusage();   // 77 -
extern int sys_gettimeofday(); // 78 - 获取当日时间。           (kernel/sys.c)
extern int sys_settimeofday(); // 79 - 设置当日时间。           (kerncl/sys.c)
extern int sys_getgroups();     // 80 - 取得进程所有组标识号。   (kernel/sys.c)
extern int sys_setgroups();     // 81 - 设置进程组标识号数组。   (kernel/sys.c)
extern int sys_select();        // 82 - 等待文件描述符状态改变。 (fs/select.c)
extern int sys_symlink();       //83-建立符号链接。            (fs/namei.c，767)
extern int sys_lstat();         // 84 - 取符号链接文件状态。     (fs/stat.c，47)
extern int sys_readlink();      // 85 - 读取符号链接文件信息。   (fs/stat.c，69)
extern int sys_uselib();        // 86 - 选择共享库。             (fs/exec.c, 42)

// 系统调用函数指针表。用于系统调用中断处理程序(int 0x80)，作为跳转表。
fn_ptr sys_call_table[] = { sys_setup, sys_exit, sys_fork, sys_read,
sys_write, sys_open, sys_close, sys_waitpid, sys_creat, sys_link,
sys_unlink, sys_execve, sys_chdir, sys_time, sys_mknod, sys_chmod,
sys_chown, sys_break, sys_stat, sys_lseek, sys_getpid, sys_mount,
sys_umount, sys_setuid, sys_getuid, sys_stime, sys_ptrace, sys_alarm,
sys_fstat, sys_pause, sys_utime, sys_stty, sys_gtty, sys_access,
sys_nice, sys_ftime, sys_sync, sys_kill, sys_rename, sys_mkdir,
sys_rmdir, sys_dup, sys_pipe, sys_times, sys_prof, sys_brk, sys_setgid,
sys_getgid, sys_signal, sys_geteuid, sys_getegid, sys_acct, sys_phys,
sys_lock, sys_ioctl, sys_fcntl, sys_mpx, sys_setpgid, sys_ulimit,
```

```
sys_uname, sys_umask, sys_chroot, sys_ustat, sys_dup2, sys_getppid,
sys_getpgrp, sys_setsid, sys_sigaction, sys_sgetmask, sys_ssetmask,
sys_setreuid,sys_setregid, sys_sigsuspend, sys_sigpending, sys_sethostname,
sys_setrlimit, sys_getrlimit, sys_getrusage, sys_gettimeofday,
sys_settimeofday, sys_getgroups, sys_setgroups, sys_select, sys_symlink,
sys_lstat, sys_readlink, sys_uselib };

/* So we don't have to do any more manual updating.... */
/* 下面这样定义后，我们就无需手工更新系统调用数目了 */
int NR_syscalls = sizeof(sys_call_table)/sizeof(fn_ptr);

```

14.30 tty.h 文件

14.30.1 功能描述

tty.h 文件给出终端数据结构和常量定义。

14.30.2 代码注释

程序 14-27 linux/include/linux/tty.h

```
/*
 * 'tty.h' defines some structures used by tty_io.c and some defines.
 *
 * NOTE! Don't touch this without checking that nothing in rs_io.s or
 * con_io.s breaks. Some constants are hardwired into the system (mainly
 * offsets into 'tty_queue'
 */
/*
 * 'tty.h'中定义了 tty_io.c 程序使用的某些结构和其他一些定义。
 *
 * 注意！在修改这里的定义时，一定要检查 rs_io.s 或 con_io.s 程序中不会出现问题。
 * 在系统中有些常量是直接写在程序中的（主要是一些 tty_queue 中的偏移值）。
 */

#ifndef _TTY_H
#define _TTY_H

#define MAX_CONSOLES    8               // 最大虚拟控制台数量。
#define NR_SERIALS      2               // 串行终端数量。
#define NR_PTYS         4               // 伪终端数量。

extern int NR_CONSOLES;                 // 虚拟控制台数量。

#include <termios.h>        // 终端输入输出函数头文件。主要定义控制异步通信口的终端接口。

#define TTY_BUF_SIZE 1024               // tty 缓冲区（缓冲队列）大小。

// tty 字符缓冲队列数据结构。用于 tty_struc 结构中的读、写和辅助（规范）缓冲队列。
struct tty_queue {
```

```
	unsigned long data;		// 队列缓冲区中含有字符行数值（不是当前字符数）。
					// 对于串口终端，则存放串行端口地址。
	unsigned long head;		// 缓冲区中数据头指针。
	unsigned long tail;		// 缓冲区中数据尾指针。
	struct task_struct * proc_list;	// 等待本队列的进程列表。
	char buf[TTY_BUF_SIZE];		// 队列的缓冲区。
};

#define IS_A_CONSOLE(min)	(((min) & 0xC0) == 0x00)	// 是一个控制终端。
#define IS_A_SERIAL(min)	(((min) & 0xC0) == 0x40)	// 是一个串行终端。
#define IS_A_PTY(min)		((min) & 0x80)			// 是一个伪终端。
#define IS_A_PTY_MASTER(min)	(((min) & 0xC0) == 0x80)	// 是一个主伪终端。
#define IS_A_PTY_SLAVE(min)	(((min) & 0xC0) == 0xC0)	// 是一个辅伪终端。
#define PTY_OTHER(min)		((min) ^ 0x40)			// 其他伪终端。

// 以下定义了 tty 等待队列中缓冲区操作宏函数。（tail 在前，head 在后，参见 tty_io.c 的图）。
// a 缓冲区指针前移 1 字节，若已超出缓冲区右侧，则指针循环。
#define INC(a) ((a) = ((a)+1) & (TTY_BUF_SIZE-1))
// a 缓冲区指针后退 1 字节，并循环。
#define DEC(a) ((a) = ((a)-1) & (TTY_BUF_SIZE-1))
// 清空指定队列的缓冲区。
#define EMPTY(a) ((a)->head == (a)->tail)
// 缓冲区还可存放字符的长度（空闲区长度）。
#define LEFT(a) (((a)->tail-(a)->head-1)&(TTY_BUF_SIZE-1))
// 缓冲区中最后一个位置。
#define LAST(a) ((a)->buf[(TTY_BUF_SIZE-1)&((a)->head-1)])
// 缓冲区满（如果为 1 的话）。
#define FULL(a) (!LEFT(a))
// 缓冲区中已存放字符的长度（字符数）。
#define CHARS(a) (((a)->head-(a)->tail)&(TTY_BUF_SIZE-1))
// 从 queue 队列项缓冲区中取一字符(从 tail 处，并且 tail+=1)。
#define GETCH(queue,c) \
(void)({c=(queue)->buf[(queue)->tail];INC((queue)->tail);})
// 往 queue 队列项缓冲区中放置一字符（在 head 处，并且 head+=1）。
#define PUTCH(c,queue) \
(void)({(queue)->buf[(queue)->head]=(c);INC((queue)->head);})

// 判断终端键盘字符类型。
#define INTR_CHAR(tty) ((tty)->termios.c_cc[VINTR])	// 中断符。发中断信号 SIGINT。
#define QUIT_CHAR(tty) ((tty)->termios.c_cc[VQUIT])	// 退出符。发退出信号 SIGQUIT。
#define ERASE_CHAR(tty) ((tty)->termios.c_cc[VERASE])	// 削除符。擦除一个字符。
#define KILL_CHAR(tty) ((tty)->termios.c_cc[VKILL])	// 删除行。删除一行字符。
#define EOF_CHAR(tty) ((tty)->termios.c_cc[VEOF])	// 文件结束符。
#define START_CHAR(tty) ((tty)->termios.c_cc[VSTART])	// 开始符。恢复输出。
#define STOP_CHAR(tty) ((tty)->termios.c_cc[VSTOP])	// 停止符。停止输出。
#define SUSPEND_CHAR(tty) ((tty)->termios.c_cc[VSUSP])	// 挂起符。发挂起信号 SIGTSTP。

// tty 数据结构。
struct tty_struct {
	struct termios termios;			// 终端 io 属性和控制字符数据结构。
	int pgrp;				// 所属进程组。
	int session;				// 会话号。
	int stopped;				// 停止标志。
	void (*write)(struct tty_struct * tty);	// tty 写函数指针。
	struct tty_queue *read_q;		// tty 读队列。
```

```
65         struct tty_queue *write_q;              // tty 写队列。
66         struct tty_queue *secondary;            // tty 辅助队列(存放规范模式字符序列)。
67         };                                      // 可称为规范(熟)模式队列。
68
69 extern struct tty_struct tty_table[];           // tty 结构数组。
70 extern int fg_console;                          // 前台控制台号。
71
   // 根据终端类型在 tty_table[] 中取对应终端号 nr 的 tty 结构指针。第 73 行后半部分用于
   // 根据子设备号 dev 在 tty_table[]表中选择对应的 tty 结构。如果 dev = 0，表示正在使用
   // 前台终端，因此直接使用终端号 fg_console 作为 tty_table[] 项索引取 tty 结构。如果
   // dev 大于 0，那么就要分两种情况考虑：① dev 是虚拟终端号；② dev 是串行终端号或者
   // 伪终端号。对于虚拟终端其 tty 结构在 tty_table[]中索引项是 dev-1（0 -- 63）。对于
   // 其他类型终端，则它们的 tty 结构索引项就是 dev。例如，如果 dev = 64，表示是一个串
   // 行终端 1，则其 tty 结构就是 ttb_table[dev]。 如果 dev = 1，则对应终端的 tty 结构是
   // tty_table[0]。参见 tty_io.c 程序第 70 -- 73 行。
72 #define TTY_TABLE(nr) \
73 (tty_table + ((nr) ? (((nr) < 64)? (nr)-1:(nr)) : fg_console))
74
   // 这里给出了终端 termios 结构中可更改的特殊字符数组 c_cc[]的初始值。该 termios 结构
   // 定义在 include/termios.h 中。POSIX.1 定义了 11 个特殊字符，但是 Linux 系统还另外定
   // 义了 SVR4 使用的 6 个特殊字符。如果定义了_POSIX_VDISABLE（\0），那么当某一项值等
   // 于_POSIX_VDISABLE 的值时，表示禁止使用相应的特殊字符。[8 进制值]
75 /*      intr=^C         quit=^|         erase=del       kill=^U
76         eof=^D          vtime=\0        vmin=\1         sxtc=\0
77         start=^Q        stop=^S         susp=^Z         eol=\0
78         reprint=^R      discard=^U      werase=^W       lnext=^V
79         eol2=\0
80 */
   /* 中断 intr=^C       退出 quit=^|       删除 erase=del     终止 kill=^U
    * 文件结束 eof=^D   vtime=\0           vmin=\1            sxtc=\0
    * 开始 start=^Q      停止 stop=^S       挂起 susp=^Z       行结束 eol=\0
    * 重显 reprint=^R    丢弃 discard=^U    werase=^W          lnext=^V
    * 行结束 eol2=\0
    */
81 #define INIT_C_CC "\003\034\177\025\004\0\1\0\021\023\032\0\022\017\027\026\0"
82
83 void rs_init(void);         // 异步串行通信初始化。(kernel/chr_drv/serial.c)
84 void con_init(void);        // 控制终端初始化。    (kernel/chr_drv/console.c)
85 void tty_init(void);        // tty 初始化。         (kernel/chr_drv/tty_io.c)
86
87 int tty_read(unsigned c, char * buf, int n);    // (kernel/chr_drv/tty_io.c)
88 int tty_write(unsigned c, char * buf, int n);   // (kernel/chr_drv/tty_io.c)
89
90 void con_write(struct tty_struct * tty);        // (kernel/chr_drv/console.c)
91 void rs_write(struct tty_struct * tty);         // (kernel/chr_drv/serial.c)
92 void mpty_write(struct tty_struct * tty);       // (kernel/chr_drv/pty.c)
93 void spty_write(struct tty_struct * tty);       // (kernel/chr_drv/pty.c)
94
95 void copy_to_cooked(struct tty_struct * tty);   // (kernel/chr_drv/tty_io.c)
96
97 void update_screen(void);                       // (kernel/chr_drv/console.c)
98
99 #endif
100
```

14.31 include/sys/目录中的文件

表 14-6 列出了 include/sys/目录中的文件。

表 14-6 include/sys/目录中的文件

名称	大小/B	最后修改时间	名称	大小/B	最后修改时间
param.h	196	1992-01-06 21:10:22	times.h	200	1991-09-17 15:03:06
resource.h	1809	1992-01-03 18:52:56	types.h	928	1992-01-14 13:50:35
stat.h	1376	1992-01-11 18:42:48	utsname.h	272	1992-01-04 15:05:42
time.h	1799	1992-01-09 03:51:28	wait.h	593	1991-12-22 15:08:01

14.32 param.h 文件

14.32.1 功能描述

param.h 文件中给出了与硬件系统相关的一些参数值。

14.32.2 代码注释

程序 14-28 linux/include/sys/param.h

```
#ifndef _SYS_PARAM_H
#define _SYS_PARAM_H

#define HZ 100                  // 系统时钟频率，每秒中断 100 次。
#define EXEC_PAGESIZE 4096      // 页面大小。

#define NGROUPS        32       /* Max number of groups per user */ /* 每个进程最多组号*/
#define NOGROUP        -1

#define MAXHOSTNAMELEN 8        // 主机名最大长度，8 字节。

#endif

```

14.33 resource.h 文件

14.33.1 功能描述

resource.h 头文件含有有关进程使用系统资源的界限限制和利用率方面的信息。定义了系统调用（或库函数）getrusage()使用的 rusage 结构和符号常数 RUSAGE_SELF、RUSAGE_CHILDREN。另外还定义了系统调用或函数 getrlimit()和 setrlimit()使用的 rlimit 结构以及参数使用的符号常数。

getrlimit()和 setrlimit()所访问的信息在进程任务结构的 rlim[]数组中。该数组共有 RLIM_NLIMITS 项，每项都是一个 rlimit 结构，用于定义对一种资源的使用限制，如图 14-5 所示。Linux 0.12 内核中对一个进程定义了 6 种资源限制。

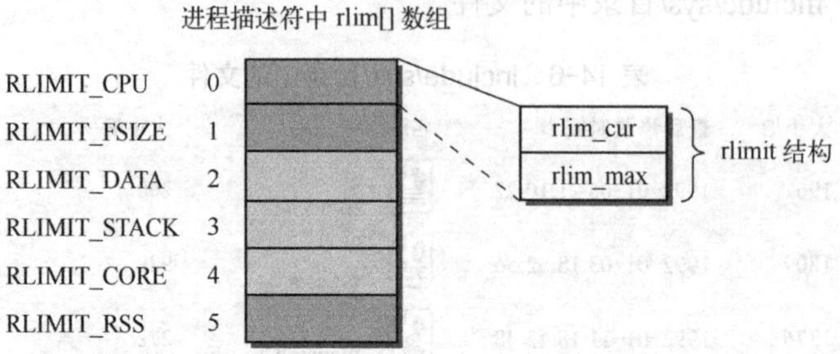

进程描述符中 rlim[] 数组

RLIMIT_CPU 0
RLIMIT_FSIZE 1
RLIMIT_DATA 2
RLIMIT_STACK 3
RLIMIT_CORE 4
RLIMIT_RSS 5

rlim_cur
rlim_max
rlimit 结构

图 14-5 进程描述符中 rlim[]数组各项用途

14.33.2 代码注释

程序 14-29 linux/include/sys/resource.h

```
/*
 * Resource control/accounting header file for linux
 */
/*
 * Linux 资源控制/审计头文件。

#ifndef _SYS_RESOURCE_H
#define _SYS_RESOURCE_H

// 以下符号常数和结构用于 getrusage()。参见 kernel/sys.c 文件第 412 行开始。
/*
 * Definition of struct rusage taken from BSD 4.3 Reno
 *
 * We don't support all of these yet, but we might as well have them....
 * Otherwise, each time we add new items, programs which depend on this
 * structure will lose.  This reduces the chances of that happening.
 */
/*
 * rusage 结构的定义取自 BSD 4.3 Reno 系统。
 *
 * 我们现在还没有支持该结构中的所有这些字段，但我们可能会支持它们的....
 * 否则的话，每当我们增加新的字段，那些依赖于这个结构的程序就会出问题。
 * 现在把所有字段都包括进来就可以避免这种事情发生。
 */
// 下面是 getrusage()的参数 who 所使用的符号常数。
#define RUSAGE_SELF     0          // 返回当前进程的资源利用信息。
#define RUSAGE_CHILDREN -1         // 返回当前进程已终止和等待着的子进程的资源利用信息。

// rusage 是进程的资源利用统计结构，用于 getrusage()返回指定进程对资源利用的统计值。
// Linux 0.12 内核仅使用了前两个字段，它们都是 timeval 结构（include/sys/time.h）。
// ru_utime - 进程在用户态运行时间统计值；ru_stime - 进程在内核态运行时间统计值。
struct  rusage {
        struct timeval ru_utime;        /* user time used */
```

```
20         struct timeval ru_stime;       /* system time used */
21         long    ru_maxrss;             /* maximum resident set size */
22         long    ru_ixrss;              /* integral shared memory size */
23         long    ru_idrss;              /* integral unshared data size */
24         long    ru_isrss;              /* integral unshared stack size */
25         long    ru_minflt;             /* page reclaims */
26         long    ru_majflt;             /* page faults */
27         long    ru_nswap;              /* swaps */
28         long    ru_inblock;            /* block input operations */
29         long    ru_oublock;            /* block output operations */
30         long    ru_msgsnd;             /* messages sent */
31         long    ru_msgrcv;             /* messages received */
32         long    ru_nsignals;           /* signals received */
33         long    ru_nvcsw;              /* voluntary context switches */
34         long    ru_nivcsw;             /* involuntary " */
35 };
36
  // 下面是 getrlimit()和 setrlimit()使用的符号常数和结构。
37 /*
38  * Resource limits
39  */
  /*
   * 资源限制。
   */
  // 以下是 Linux 0.12 内核中所定义的资源种类，是 getrlimit()和 setrlimit()中第 1 个参数
  // resource 的取值范围。 其实这些符号常数就是进程任务结构中 rlim[] 数组的项索引值。
  // rlim[]数组的每一项都是一个 rlimit 结构，该结构见下面第 58 行。
40
41 #define RLIMIT_CPU      0          /* CPU time in ms */    /* 使用的 CPU 时间 */
42 #define RLIMIT_FSIZE    1          /* Maximum filesize */  /* 最大文件长度 */
43 #define RLIMIT_DATA     2          /* max data size */     /* 最大数据长度 */
44 #define RLIMIT_STACK    3          /* max stack size */    /* 最大栈长度 */
45 #define RLIMIT_CORE     4          /* max core file size */ /* 最大 core 文件长度 */
46 #define RLIMIT_RSS      5          /* max resident set size */ /* 最大驻留集大小 */
47
  // 如果定义了符号 notdef，则也包括以下符号常数定义。
48 #ifdef notdef
49 #define RLIMIT_MEMLOCK  6          /* max locked-in-memory address space*/ /* 锁定区 */
50 #define RLIMIT_NPROC    7          /* max number of processes */   /* 最大子进程数 */
51 #define RLIMIT_OFILE    8          /* max number of open files */ /* 最大打开文件数 */
52 #endif
53
  // 这个符号常数定义了 Linux 中限制的资源种类。RLIM_NLIMITS=6，因此仅前面 6 项有效。
54 #define RLIM_NLIMITS    6
55
  // 表示资源无限，或不能修改。
56 #define RLIM_INFINITY   0x7fffffff
57
  // 资源界限结构。
58 struct rlimit {
59         int     rlim_cur;         // 当前资源限制，或称软限制 (soft limit)。
60         int     rlim_max;         // 硬限制 (hard limit)。
61 };
62
63 #endif /* _SYS_RESOURCE_H */
64
```

14.34 stat.h 文件

14.34.1 功能描述

该头文件说明了函数 stat()返回的数据及其结构类型，以及一些属性操作测试宏、函数原型。

14.34.2 代码注释

程序 14-30 linux/include/sys/stat.h

```
#ifndef _SYS_STAT_H
#define _SYS_STAT_H

#include <sys/types.h>

struct stat {
        dev_t   st_dev;         // 含有文件的设备号。
        ino_t   st_ino;         // 文件 i 节点号。
        umode_t st_mode;        // 文件类型和属性（见下面）。
        nlink_t st_nlink;       // 指定文件的连接数。
        uid_t   st_uid;         // 文件的用户(标识)号。
        gid_t   st_gid;         // 文件的组号。
        dev_t   st_rdev;        // 设备号(如果文件是特殊的字符文件或块文件)。
        off_t   st_size;        // 文件大小（字节数）（如果文件是常规文件）。
        time_t  st_atime;       // 上次（最后）访问时间。
        time_t  st_mtime;       // 最后修改时间。
        time_t  st_ctime;       // 最后节点修改时间。
};

//
// 下面是为 st_mode 字段所用的值定义的符号名称。这些值均用八进制表示。参见第 12 章文件
// 系统中图 12-5（i 节点属性字段内容）。为便于记忆，这些符号名称均为一些英文单词的首
// 字母或缩写组合而成。 例如名称 S_IFMT 的每个字母分别代表单词 State、Inode、File、
// Mask 和 Type；而名称 S_IFREG 则是 State、Inode、File 和 REGular 几个大写字母的组合；
// 名称 S_IRWXU 是 State、Inode、Read、Write、eXecute 和 User 的组合。其他名称可以此类推。
// 文件类型：
#define S_IFMT  00170000        // 文件类型位屏蔽码（8 进制表示）。
#define S_IFLNK  0120000        // 符号链接。
#define S_IFREG  0100000        // 常规文件。
#define S_IFBLK  0060000        // 块特殊（设备）文件，如磁盘 dev/fd0。
#define S_IFDIR  0040000        // 目录。
#define S_IFCHR  0020000        // 字符设备文件。
#define S_IFIFO  0010000        // FIFO 特殊文件。
// 文件属性位：
// S_ISUID 用于测试文件的 set-user-ID 标志是否置位。若该标志置位，则当执行该文件时，进程的
// 有效用户 ID 将被设置为该文件宿主的用户 ID。S_ISGID 则是针对组 ID 进行相同处理。
#define S_ISUID  0004000        // 执行时设置用户 ID（set-user-ID）。
#define S_ISGID  0002000        // 执行时设置组 ID（set-group-ID）。
#define S_ISVTX  0001000        // 对于目录，受限删除标志。

#define S_ISLNK(m)      (((m) & S_IFMT) == S_IFLNK)    // 测试是否为符号链接文件。
#define S_ISREG(m)      (((m) & S_IFMT) == S_IFREG)    // 测试是否为常规文件。
```

```
#define S_ISDIR(m)      (((m) & S_IFMT) == S_IFDIR)   // 是否为目录文件。
#define S_ISCHR(m)      (((m) & S_IFMT) == S_IFCHR)   // 是否为字符设备文件。
#define S_ISBLK(m)      (((m) & S_IFMT) == S_IFBLK)   // 是否为块设备文件。
#define S_ISFIFO(m)     (((m) & S_IFMT) == S_IFIFO)   // 是否为 FIFO 特殊文件。

// 文件访问权限：
#define S_IRWXU 00700     // 宿主可以读、写、执行/搜索（名称最后字母代表 User）。
#define S_IRUSR 00400     // 宿主读许可。
#define S_IWUSR 00200     // 宿主写许可。
#define S_IXUSR 00100     // 宿主执行/搜索许可。

#define S_IRWXG 00070     // 组成员可以读、写、执行/搜索（名称最后字母代表 Group）。
#define S_IRGRP 00040     // 组成员读许可。
#define S_IWGRP 00020     // 组成员写许可。
#define S_IXGRP 00010     // 组成员执行/搜索许可。

#define S_IRWXO 00007     // 其他人读、写、执行/搜索许可（名称最后字母 O 代表 Other）。
#define S_IROTH 00004     // 其他人读许可（最后 3 个字母代表 Other）。
#define S_IWOTH 00002     // 其他人写许可。
#define S_IXOTH 00001     // 其他人执行/搜索许可。

extern int chmod(const char *_path, mode_t mode);     // 修改文件属性。
extern int fstat(int fildes, struct stat *stat_buf);  // 取指定文件句柄的文件状态
                                                      // 信息。
extern int mkdir(const char *_path, mode_t mode);     // 创建目录。
extern int mkfifo(const char *_path, mode_t mode);    // 创建管道文件。
extern int stat(const char *filename, struct stat *stat_buf); // 取指定文件名的
                                                              // 文件状态信息。
extern mode_t umask(mode_t mask);  // 设置属性屏蔽码。

#endif

```

14.35 time.h 文件

14.35.1 功能描述

该头文件中定义了 timeval 结构和 itimerval 结构。

14.35.2 代码注释

程序 14-31　linux/include/sys/time.h

```
#ifndef _SYS_TIME_H
#define _SYS_TIME_H

/* gettimofday returns this */                       // gettimeofday()函数返回该时间结构。
struct timeval {
        long    tv_sec;         /* seconds */        // 秒。
        long    tv_usec;        /* microseconds */   // 微秒。
};

// 时间区结构。tz 为时区（Time Zone）的缩写，DST（Daylight Saving Time）是夏令时的缩写。
```

```
struct timezone {
    int  tz_minuteswest; /* minutes west of Greenwich */ // 格林尼治西部分钟时间。
    int  tz_dsttime;  /* type of dst correction */     // 夏令时区调整时间。
};

#define DST_NONE       0         /* not on dst */             // 非夏令时。
#define DST_USA        1         /* USA style dst */          // USA 形式的夏令时。
#define DST_AUST       2         /* Australian style dst */ // 澳大利亚形式的夏令。
#define DST_WET        3         /* Western European dst */
#define DST_MET        4         /* Middle European dst */
#define DST_EET        5         /* Eastern European dst */
#define DST_CAN        6         /* Canada */
#define DST_GB         7         /* Great Britain and Eire */
#define DST_RUM        8         /* Romania */
#define DST_TUR        9         /* Turkey */
#define DST_AUSTALT    10         /* Australian style with shift in 1986 */

// 文件描述符集的设置宏，用于select()函数。
#define FD_SET(fd,fdsetp)       (*(fdsetp) |= (1 << (fd)))
#define FD_CLR(fd,fdsetp)       (*(fdsetp) &= ~(1 << (fd)))
#define FD_ISSET(fd,fdsetp)     ((*(fdsetp) >> fd) & 1)
#define FD_ZERO(fdsetp)        (*(fdsetp) = 0)

/*
 * Operations on timevals.
 *
 * NB: timercmp does not work for >= or <=.
 */
// timeval 时间结构的操作函数。
#define timerisset(tvp)         ((tvp)->tv_sec || (tvp)->tv_usec)
#define timercmp(tvp, uvp, cmp) \
        ((tvp)->tv_sec cmp (uvp)->tv_sec || \
         (tvp)->tv_sec == (uvp)->tv_sec && (tvp)->tv_usec cmp (uvp)->tv_usec)
#define timerclear(tvp)         ((tvp)->tv_sec = (tvp)->tv_usec = 0)

/*
 * Names of the interval timers, and structure
 * defining a timer setting.
 */
/* 内部定时器名称和结构，用于定义定时器设置。 */
#define ITIMER_REAL     0                  // 以实际时间递减。
#define ITIMER_VIRTUAL  1                  // 以进程虚拟时间递减。
#define ITIMER_PROF     2                  // 以进程虚拟时间或者当系统运行时以进程时间递减。

// 内部时间结构。其中 it（Internal Timer）是内部定时器的缩写。
struct  itimerval {
        struct  timeval it_interval;    /* timer interval */
        struct  timeval it_value;       /* current value */
};

#include <time.h>
#include <sys/types.h>

int gettimeofday(struct timeval * tp, struct timezone * tz);
int select(int width, fd_set * readfds, fd_set * writefds,
       fd_set * exceptfds, struct timeval * timeout);
```

```

#endif /*_SYS_TIME_H*/

```

14.36　times.h 文件

14.36.1　功能描述

该头文件中主要定义了文件访问与修改时间结构 tms。它将由 times()函数返回。其中 time_t 是在 sys/types.h 中定义的。还定义了一个函数原型 times()。

14.36.2　代码注释

程序 14-32　linux/include/sys/times.h

```
#ifndef _TIMES_H
#define _TIMES_H

#include <sys/types.h>          // 类型头文件。定义了基本的系统数据类型。

struct tms {
        time_t tms_utime;       // 用户使用的 CPU 时间。
        time_t tms_stime;       // 系统（内核）CPU 时间。
        time_t tms_cutime;      // 已终止的子进程使用的用户 CPU 时间。
        time_t tms_cstime;      // 已终止的子进程使用的系统 CPU 时间。
};

extern time_t times(struct tms * tp);

#endif

```

14.37　types.h 文件

14.37.1　功能描述

types.h 头文件中定义了基本的数据类型。所有的类型均定义为适当的数学类型长度。另外，size_t 是无符号整数类型，off_t 是扩展的符号整数类型，pid_t 是符号整数类型。

14.37.2　代码注释

程序 14-33　linux/include/sys/types.h

```
#ifndef _SYS_TYPES_H
#define _SYS_TYPES_H

#ifndef _SIZE_T
#define _SIZE_T
typedef unsigned int size_t;           // 用于对象的大小（长度）。
```

```
#endif

#ifndef _TIME_T
#define _TIME_T
typedef long time_t;                  // 用于时间（以秒计）。
#endif

#ifndef _PTRDIFF_T
#define _PTRDIFF_T
typedef long ptrdiff_t;
#endif

#ifndef NULL
#define NULL ((void *) 0)
#endif

typedef int pid_t;                   // 用于进程号和进程组号。
typedef unsigned short uid_t;        // 用于用户号（用户标识号）。
typedef unsigned char gid_t;         // 用于组号。
typedef unsigned short dev_t;        // 用于设备号。
typedef unsigned short ino_t;        // 用于文件序列号。
typedef unsigned short mode_t;       // 用于某些文件属性。
typedef unsigned short umode_t;      //
typedef unsigned char nlink_t;       // 用于链接计数。
typedef int daddr_t;
typedef long off_t;                  // 用于文件长度（大小）。
typedef unsigned char u_char;        // 无符号字符类型。
typedef unsigned short ushort;       // 无符号短整数类型。

typedef unsigned char cc_t;
typedef unsigned int speed_t;
typedef unsigned long tcflag_t;

typedef unsigned long fd_set;        // 文件描述符集。每位代表 1 个描述符。

typedef struct { int quot,rem; } div_t;     // 用于 DIV 操作。
typedef struct { long quot,rem; } ldiv_t;   // 用于长 DIV 操作。

// 文件系统参数结构，用于 ustat() 函数。最后两个字段未使用，总是返回 NULL 指针。
struct ustat {
        daddr_t f_tfree;              // 系统总空闲块数。
        ino_t f_tinode;               // 总空闲 i 节点数。
        char f_fname[6];              // 文件系统名称。
        char f_fpack[6];              // 文件系统压缩名称。
};

#endif
```

14.38 utsname.h 文件

14.38.1 功能描述

utsname.h 是系统名称结构头文件。其中定义了 utsname 结构以及函数原型 uname()。该函数利用 utsname 结构中的信息给出系统标识、版本号以及硬件类型等信息。在 POSIX 中要求字符数组长度应该是不指定的，但是其中存储的数据需以 null 终止。因此该版内核的 utsname 结构定义不符合要求（字符串数组长度都被定义为 9）。另外，名称 utsname 是 UNIX Timesharing System name 的缩写。

14.38.2　代码注释

程序 14-34　linux/include/sys/utsname.h

```
#ifndef _SYS_UTSNAME_H
#define _SYS_UTSNAME_H

#include <sys/types.h>      // 类型头文件。定义了基本的系统数据类型。
#include <sys/param.h>      // 内核参数文件。

struct utsname {
        char sysname[9];    // 当前运行系统的名称。
        char nodename[MAXHOSTNAMELEN+1];  // 与实现相关的网络中节点名称（主机名称）。
        char release[9];    // 本操作系统实现的当前发行级别。
        char version[9];    // 本次发行的操作系统版本级别。
        char machine[9];    // 系统运行的硬件类型名称。
};

extern int uname(struct utsname * utsbuf);

#endif
```

14.39　wait.h 文件

14.39.1　功能描述

该头文件描述了进程等待时信息。包括一些符号常数和 wait()、waitpid()函数原型声明。

14.39.2　代码注释

程序 14-35　linux/include/sys/wait.h

```
#ifndef _SYS_WAIT_H
#define _SYS_WAIT_H

#include <sys/types.h>

#define _LOW(v)         ( (v) & 0377)           // 取低字节（8 进制表示）。
#define _HIGH(v)        ( ((v) >> 8) & 0377)    // 取高字节。

/* options for waitpid, WUNTRACED not supported */
/* waitpid 的选项，其中 WUNTRACED 未被支持 */
// [注：其实 0.12 内核已经支持 WUNTRACED 选项。上面这条注释应该是以前内核版本遗留下来的。 ]
```

```
   // 以下常数符号是函数waitpid(pid_t pid, long *stat_addr, int options)中options使用的选项。
10 #define WNOHANG         1       // 如果没有状态也不要挂起，并立刻返回。
11 #define WUNTRACED       2       // 报告停止执行的子进程状态。
12
   // 以下宏定义用于判断waitpid()函数返回的状态字（第20、21行的参数*stat_loc）的含义。
13 #define WIFEXITED(s)    (!((s)&0xFF)            // 如果子进程正常退出，则为真。
14 #define WIFSTOPPED(s)   (((s)&0xFF)==0x7F)      // 如果子进程正停止着，则为true。
15 #define WEXITSTATUS(s)  (((s)>>8)&0xFF)         // 返回退出状态。
16 #define WTERMSIG(s)     ((s)&0x7F)              // 返回导致进程终止的信号值（信号量）。
17 #define WCOREDUMP(s)    ((s)&0x80)              // 判断进程是否执行了内存映像转储(dumpcore)。
18 #define WSTOPSIG(s)     (((s)>>8)&0xFF)     // 返回导致进程停止的信号值。
19 #define WIFSIGNALED(s)  (((unsigned int)(s)-1 & 0xFFFF) < 0xFF) // 如果由于未捕捉信号而
                                                        // 导致子进程退出则为真。
20
   // wait()和waitpit()函数允许进程获取与其子进程之一的状态信息。各种选项允许获取已经终止或
   // 停止的子进程状态信息。如果存在两个或两个以上子进程的状态信息，则报告的顺序是不指定的。
   // wait()将挂起当前进程，直到其子进程之一退出（终止），或者收到要求终止该进程的信号，
   // 或者是需要调用一个信号句柄（信号处理程序）。
   // waitpid()挂起当前进程，直到pid指定的子进程退出（终止）或者收到要求终止该进程的信号，
   // 或者是需要调用一个信号句柄（信号处理程序）。
   // 如果pid= -1，options=0，则waitpid()的作用与wait()函数一样。否则其行为将随pid和options
   // 参数的不同而不同。（参见kernel/exit.c,142）
   // 参数pid是进程号；*stat_loc是保存状态信息位置的指针；options是等待选项，见第10、11行。
21 pid_t wait(int *stat_loc);
22 pid_t waitpid(pid_t pid, int *stat_loc, int options);
23
24 #endif
25
```

第 15 章　库　文　件

C 语言的函数库（library）文件是一些可重用程序模块集合，而 Linux 内核库文件则是编译时专门供内核使用的一些内核常用函数的组合。表 15-1 中的 C 文件就是构成内核库文件中模块的程序，主要包括退出函数_exit()、关闭文件函数 close()、复制文件描述符函数 dup()、文件打开函数 open()、写文件函数 write()、执行程序函数 execve()、内存分配函数 malloc()、等待子进程状态函数 wait()、创建会话系统调用 setsid()以及在 include/string.h 中实现的所有字符串操作函数。

除了一个由 Tytso 编制的 malloc.c 程序较长以外，其他程序都比较短小，有的只有一二行代码。基本都是直接调用系统中断调用实现其功能。

表 15-1　/linux/lib/目录中的文件

文件名	大小/B	最后修改时间	文件名	大小/B	最后修改时间
Makefile	2602	1991-12-02 03:16:05	malloc.c	7469	1991-12-02 03:15:20
_exit.c	198	1991-10-02 14:16:29	open.c	389	1991-10-02 14:16:29
close.c	131	1991-10-02 14:16:29	setsid.c	128	1991-10-02 14:16:29
ctype.c	1202	1991-10-02 14:16:29	string.c	177	1991-10-02 14:16:29
dup.c	127	1991-10-02 14:16:29	wait.c	253	1991-10-02 14:16:29
errno.c	73	1991-10-02 14:16:29	write.c	160	1991-10-02 14:16:29
execve.c	170	1991-10-02 14:16:29			

在编译内核阶段，Makefile 中的相关指令会把以上这些程序编译成.o 模块，然后组建成 lib.a 库文件形式并链接到内核模块中。与通常编译环境提供的各种库文件不同（例如 libc.a、libufc.a 等），这个库中的函数主要用于内核初始化阶段的 init/main.c 程序，为其在用户态执行的 init()函数提供支持。因此包含的函数很少，也特别简单。但它与一般库文件的实现方式完全相同。

创建函数库通常使用命令 ar（archive——“归档”的缩写）。例如要创建一个含有 3 个模块 a.o、b.o 和 c.o 的函数库 libmine.a，则需要执行如下命令：

```
ar -rc libmine.a a.o b.o c.o
```

若要往这个库文件中添加函数模块 dup.o，则可执行以下命令

```
ar -rs dup.o
```

15.1　_exit.c 程序

15.1.1　功能描述

程序调用内核的退出系统调用函数。

15.1.2 代码注释

程序 15-1 linux/lib/_exit.c

```
/*
 * linux/lib/_exit.c
 *
 * (C) 1991 Linus Torvalds
 */

#define __LIBRARY__             // 定义一个符号常量，见下行说明。
#include <unistd.h>             // Linux 标准头文件。定义了各种符号常数和类型，并声明了各种函数。
                                // 若定义了__LIBRARY__，则还含系统调用号和内嵌汇编 syscall0()等。

//// 内核使用的程序(退出)终止函数。
// 直接调用系统中断 int 0x80，功能号__NR_exit。
// 参数：exit_code - 退出码。
// 函数名前的关键字 volatile 用于告诉编译器 gcc 该函数不会返回。这样可让 gcc 产生更好
// 的代码，更重要的是使用这个关键字可以避免产生某些（未初始化变量的）假警告信息。
// 等同于 gcc 的函数属性说明:void do_exit(int error_code) __attribute__ ((noreturn));
volatile void _exit(int exit_code)
{
// %0 - eax(系统调用号__NR_exit)；%1 - ebx(退出码 exit_code)。
	__asm__("int $0x80"::"a" (__NR_exit),"b" (exit_code));
}

```

15.1.3 相关信息

参见 include/unistd.h 中的说明。

15.2 close.c 程序

15.2.1 功能描述

close.c 文件中定义了文件关闭函数 close()。

15.2.2 代码注释

程序 15-2 linux/lib/close.c

```
/*
 * linux/lib/close.c
 *
 * (C) 1991 Linus Torvalds
 */

#define __LIBRARY__
#include <unistd.h>             // Linux 标准头文件。定义了各种符号常数和类型，并声明了各种函数。
```

```
                                        // 如定义了__LIBRARY__，则还含系统调用号和内嵌汇编 syscall0()等。

// 关闭文件函数。
// 下面该调用宏函数对应：int close(int fd)。直接调用了系统中断 int 0x80，参数是__NR_close。
// 其中 fd 是文件描述符。
_syscall1(int,close,int,fd)

```

15.3 ctype.c 程序

15.3.1 功能描述

该程序用于为 ctype.h 提供辅助的数组结构数据，用于对字符进行类型判断。

15.3.2 代码注释

程序 15-3 linux/lib/ctype.c

```
/*
 *  linux/lib/ctype.c
 *
 *  (C) 1991  Linus Torvalds
 */

#include <ctype.h>              // 字符类型头文件。定义了一些有关字符类型判断和转换的宏。

char _ctmp;                     // 一个临时字符变量，供 ctype.h 文件中转换字符宏函数使用。
// 字符特性数组(表)，定义了各个字符对应的属性，这些属性类型(如_C 等)在 ctype.h 中定义。
// 用于判断字符是控制字符(_C)、大写字符(_U)、小写字符(_L)等所属类型。
unsigned char _ctype[] = {0x00,                 /* EOF */
_C,_C,_C,_C,_C,_C,_C,_C,                        /* 0-7 */
_C,_C|_S,_C|_S,_C|_S,_C|_S,_C|_S,_C,_C,         /* 8-15 */
_C,_C,_C,_C,_C,_C,_C,_C,                        /* 16-23 */
_C,_C,_C,_C,_C,_C,_C,_C,                        /* 24-31 */
_S|_SP,_P,_P,_P,_P,_P,_P,_P,                    /* 32-39 */
_P,_P,_P,_P,_P,_P,_P,_P,                        /* 40-47 */
_D,_D,_D,_D,_D,_D,_D,_D,                        /* 48-55 */
_D,_D,_P,_P,_P,_P,_P,_P,                        /* 56-63 */
_P,_U|_X,_U|_X,_U|_X,_U|_X,_U|_X,_U|_X,_U,      /* 64-71 */
_U,_U,_U,_U,_U,_U,_U,_U,                        /* 72-79 */
_U,_U,_U,_U,_U,_U,_U,_U,                        /* 80-87 */
_U,_U,_U,_P,_P,_P,_P,_P,                        /* 88-95 */
_P,_L|_X,_L|_X,_L|_X,_L|_X,_L|_X,_L|_X,_L,      /* 96-103 */
_L,_L,_L,_L,_L,_L,_L,_L,                        /* 104-111 */
_L,_L,_L,_L,_L,_L,_L,_L,                        /* 112-119 */
_L,_L,_L,_P,_P,_P,_P,_C,                        /* 120-127 */
0,0,0,0,0,0,0,0,0,0,0,0,0,0,0,0,                /* 128-143 */
0,0,0,0,0,0,0,0,0,0,0,0,0,0,0,0,                /* 144-159 */
0,0,0,0,0,0,0,0,0,0,0,0,0,0,0,0,                /* 160-175 */
0,0,0,0,0,0,0,0,0,0,0,0,0,0,0,0,                /* 176-191 */
0,0,0,0,0,0,0,0,0,0,0,0,0,0,0,0,                /* 192-207 */
0,0,0,0,0,0,0,0,0,0,0,0,0,0,0,0,                /* 208-223 */
```

```
0,0,0,0,0,0,0,0,0,0,0,0,0,0,0,0,                      /* 224-239 */
0,0,0,0,0,0,0,0,0,0,0,0,0,0,0,0};                     /* 240-255 */


```

15.4 dup.c 程序

15.4.1 功能描述

该程序包括一个创建文件描述符拷贝的函数 dup()。在成功返回之后，新的和原来的描述符可以交替使用。它们共享锁定、文件读写指针以及文件标志。例如，文件读写位置指针被其中一个描述符使用 lseek()修改过之后，则对于另一个描述符来讲，文件读写指针也被改变。该函数使用数值最小的未使用描述符来建立新描述符。但是这两个描述符并不共享执行时关闭标志(close-on-exec)。

15.4.2 代码注释

程序 15-4 linux/lib/dup.c

```
/*
 *  linux/lib/dup.c
 *
 *  (C) 1991  Linus Torvalds
 */

#define __LIBRARY__
#include <unistd.h>          // Linux 标准头文件。定义了各种符号常数和类型，并声明了各种函数。
                             // 如定义了__LIBRARY__，则还含系统调用号和内嵌汇编_syscall0()等。

//// 复制文件描述符函数。
// 下面该调用宏函数对应：int dup(int fd)。直接调用了系统中断 int 0x80，参数是__NR_dup。
// 其中 fd 是文件描述符。
_syscall1(int,dup,int,fd)

```

15.5 errno.c 程序

15.5.1 功能描述

该程序仅定义了一个出错号变量 errno。用于在函数调用失败时存放出错号。请参考 include/errno.h 文件。

15.5.2 代码注释

程序 15-5 linux/lib/errno.c

```
/*
 *  linux/lib/errno.c
 *
```

```
 *  (C) 1991  Linus Torvalds
 */

int errno;

```

15.6　execve.c 程序

15.6.1　功能描述

运行执行程序的系统调用函数。

15.6.2　代码注释

程序 15-6　linux/lib/execve.c

```
/*
 *  linux/lib/execve.c
 *
 *  (C) 1991  Linus Torvalds
 */

#define __LIBRARY__
#include <unistd.h>          // Linux 标准头文件。定义了各种符号常数和类型，并声明了各种函数。
                             // 如定义了__LIBRARY__，则还含系统调用号和内嵌汇编_syscall0()等。

//// 加载并执行子进程(其他程序)函数。
// 下面该调用宏函数对应：int execve(const char * file, char ** argv, char ** envp)。
// 参数：file - 被执行程序文件名；argv - 命令行参数指针数组；envp - 环境变量指针数组。
// 直接调用了系统中断 int 0x80，参数是__NR_execve。参见 include/unistd.h 和 fs/exec.c 程序。
_syscall3(int,execve,const char *,file,char **,argv,char **,envp)

```

15.7　malloc.c 程序

15.7.1　功能描述

该程序中主要包括内存分配函数 malloc()。为了不与用户程序使用的 malloc()函数混淆，从内核 0.98 版以后就改名为 kmalloc()，而 free_s()函数改名为 kfree_s()。

注意，对于应用程序使用的名称相同的内存分配函数一般在开发环境的函数库文件中实现，例如 GCC 环境中的 libc.a 库。由于开发环境中的库函数本身链接于用户程序中，因此它们不能直接使用内核中的 get_free_page()等函数来实现内存分配函数。当然它们也没有直接管理内存页面的必要，因为只要一个进程的逻辑空间足够大，并且其数据段尾段不会覆盖位于进程逻辑地址空间末端的堆栈和环境参数区域，那么函数库 libc.a 中的内存分配函数只要做到按照程序动态请求的内存大小调整进程数据段末尾的设定值即可，剩下的具体内存映射等操作均由内核完成。这种调整进程数据段末端位置的操作和管理即是库中内存分配函数的主要功能，并且需要调用内核系统调用 brk()。参见 kernel/sys.c 程序第 168 行。因此若能查看开发环境中库函数实现的源代码，读者将发现其中的 malloc()、calloc()等内存分配函数除了在管理着进程动态申请的内存区域以外，最终仅调用了内核系统调用 brk()。开发环境的库中的内存分配函数与这里的内核库中的分配函数相同之处仅在于它们都需要对已分配内存空间进行动态管理。采用的管理方法基本是一样的。

malloc()函数使用了存储桶(bucket)的原理对分配的内存进行管理。基本思想是对不同请求的内存块大小(长度)，使用存储桶目录(下面简称目录)分别进行处理。比如对于请求内存块的长度在 32 字节或 32 字节以下但大于 16 字节时，就使用存储桶目录第二项对应的存储桶描述符链表分配内存块。其基本结构示意图如图 15-1 所示。该函数目前一次所能分配的最大内存长度是一个内存页面，即 4096 字节。

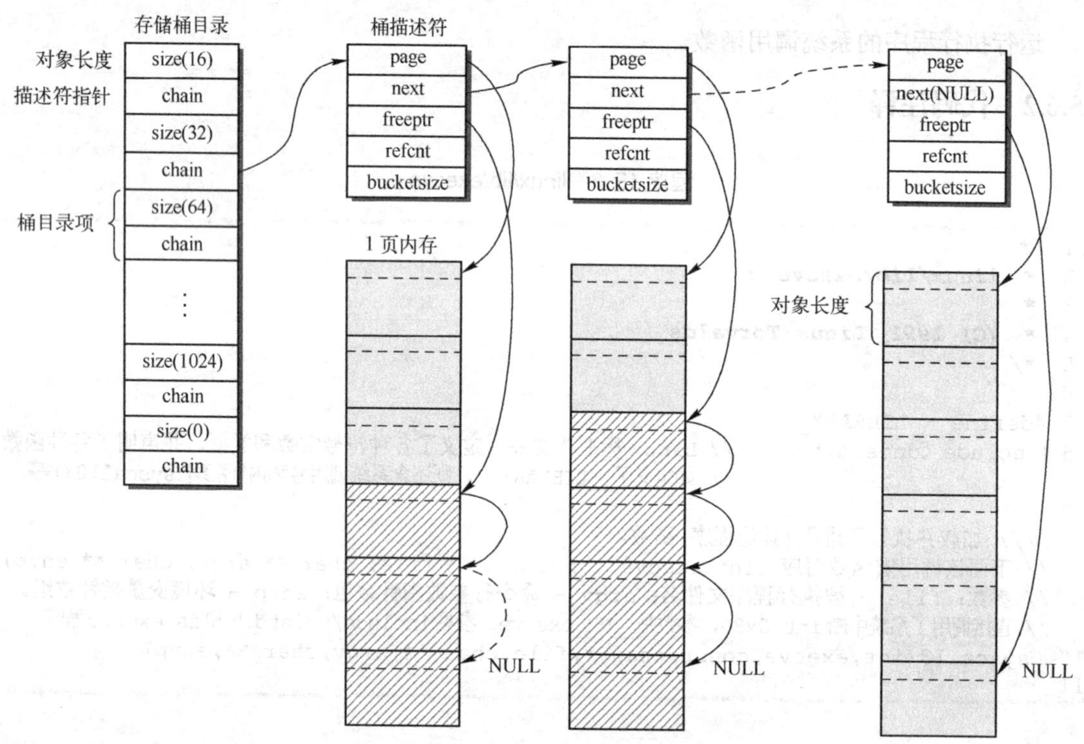

图 15-1 使用存储桶原理进行内存分配管理的结构示意图

在第一次调用 malloc()函数时，首先要建立一个页面的空闲存储桶描述符(下面简称描述符)链表，其中存放着还未使用或已经使用完毕而收回的描述符。该链表结构示意图如图 15-2 所示。其中 free_bucket_desc 是链表头指针。从链表中取出或放入一个描述符都是从链表头开始操作。当取出一个描述符时，就将链表头指针所指向的头一个描述符取出；当释放一个空闲描述符时也是将其放在链表头处。

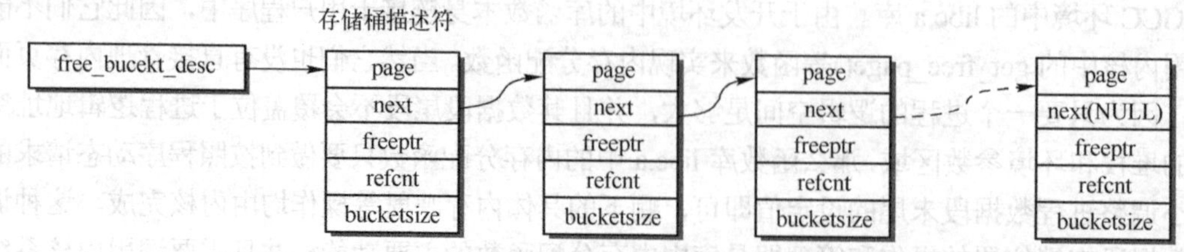

图 15-2 空闲存储桶描述符链表结构示意图

在运行过程中，如果某一时刻所有桶描述符都已占用，那么 free_bucket_desc 就会为 NULL（参见下面程序第 153 行）。因此在没有桶描述符被释放的前提下，下一次需要使用空闲桶描述符时，程序就会再次申请一个页面并在其上新建一个与上图所示相同的空闲存储桶描述符链表。

malloc()函数执行的基本步骤如下：

1）首先搜索目录，寻找适合请求内存块大小的目录项对应的描述符链表。当目录项的对象字节长度大于请求的字节长度，就算找到了相应的目录项。如果搜索完整个目录都没有找到合适的目录项，则说明用户请求的内存块太大。

2）在目录项对应的描述符链表中查找具有空闲空间的描述符。如果某个描述符的空闲内存指针 freeptr 不为 NULL，则表示找到了相应的描述符。如果没有找到具有空闲空间的描述符，那么就需要新建一个描述符。新建描述符的过程如下：

i. 如果空闲描述符链表头指针还是 NULL 的话，说明是第一次调用 malloc()函数，或者所有空桶描述符都已用完。此时需要 init_bucket_desc()来创建空闲描述符链表。

ii. 从空闲描述符链表头处取一个描述符，初始化该描述符，令其对象引用计数为 0，对象大小等于对应目录项指定对象的长度值，并申请一内存页面，让描述符的页面指针 page 指向该内存页，描述符的空闲内存指针 freeptr 也指向页开始位置。

iii. 对该内存页面根据本目录项所用对象长度进行页面初始化，建立所有对象的一个链表。即每个对象的头部都存放一个指向下一个对象的指针，最后一个对象的开始处存放一个 NULL 指针值。

iv. 将该描述符插入到对应目录项的描述符链表开始处。

将该描述符的空闲内存指针 freeptr 复制为返回给用户的内存指针，然后调整该 freeptr 指向描述符对应内存页面中下一个空闲对象位置，并使该描述符引用计数值增 1。

free_s()函数用于回收用户释放的内存块。基本原理是首先根据该内存块的地址换算出该内存块对应页面的地址(用页面长度进行模运算)，然后搜索目录中的所有描述符，找到对应该页面的描述符。将该释放的内存块链入 freeptr 所指向的空闲对象链表中，并将描述符的对象引用计数值减 1。如果引用计数值此时等于零，则表示该描述符对应的页面已经完全空出，可以释放该内存页面并将该描述符收回到空闲描述符链表中。

15.7.2 代码注释

程序 15-7　linux/lib/malloc.c

```
1 /*
2  * malloc.c --- a general purpose kernel memory allocator for Linux.
3  *
4  * Written by Theodore Ts'o (tytso@mit.edu), 11/29/91
5  *
6  * This routine is written to be as fast as possible, so that it
7  * can be called from the interrupt level.
8  *
9  * Limitations: maximum size of memory we can allocate using this routine
10  *      is 4k, the size of a page in Linux.
11  *
12  * The general game plan is that each page (called a bucket) will only hold
13  * objects of a given size.  When all of the object on a page are released,
14  * the page can be returned to the general free pool.  When malloc() is
15  * called, it looks for the smallest bucket size which will fulfill its
```

```
 * request, and allocate a piece of memory from that bucket pool.
 *
 * Each bucket has as its control block a bucket descriptor which keeps
 * track of how many objects are in use on that page, and the free list
 * for that page.  Like the buckets themselves, bucket descriptors are
 * stored on pages requested from get_free_page().  However, unlike buckets,
 * pages devoted to bucket descriptor pages are never released back to the
 * system.  Fortunately, a system should probably only need 1 or 2 bucket
 * descriptor pages, since a page can hold 256 bucket descriptors (which
 * corresponds to 1 megabyte worth of bucket pages.)  If the kernel is using
 * that much allocated memory, it's probably doing something wrong.  :-)
 *
 * Note: malloc() and free() both call get_free_page() and free_page()
 *      in sections of code where interrupts are turned off, to allow
 *      malloc() and free() to be safely called from an interrupt routine.
 *      (We will probably need this functionality when networking code,
 *      particularily things like NFS, is added to Linux.)  However, this
 *      presumes that get_free_page() and free_page() are interrupt-level
 *      safe, which they may not be once paging is added.  If this is the
 *      case, we will need to modify malloc() to keep a few unused pages
 *      "pre-allocated" so that it can safely draw upon those pages if
 *      it is called from an interrupt routine.
 *
 *      Another concern is that get_free_page() should not sleep; if it
 *      does, the code is carefully ordered so as to avoid any race
 *      conditions.  The catch is that if malloc() is called re-entrantly,
 *      there is a chance that unecessary pages will be grabbed from the
 *      system.  Except for the pages for the bucket descriptor page, the
 *      extra pages will eventually get released back to the system, though,
 *      so it isn't all that bad.
 */

```

```
/*
 *    malloc.c - Linux的通用内核内存分配函数。
 *
 * 由Theodore Ts'o编制 (tytso@mit.edu), 11/29/91
 *
 * 该函数被编写成尽可能地快，从而可以从中断层调用此函数。
 *
 * 限制：使用该函数一次所能分配的最大内存是4KB，即Linux中内存页面的大小。
 *
 * 编写该函数所遵循的一般规则是每页(被称为一个存储桶)仅分配所要容纳对象的大小。
 * 当一页上的所有对象都释放后，该页就可以返回通用空闲内存池。当malloc()被调用
 * 时，它会寻找满足要求的最小的存储桶，并从该存储桶中分配一块内存。
 *
 * 每个存储桶都有一个作为其控制用的存储桶描述符，其中记录了页面上有多少对象正被
 * 使用以及该页上空闲内存的列表。就像存储桶自身一样，存储桶描述符也是存储在使用
 * get_free_page()申请到的页面上的，但是与存储桶不同的是，桶描述符所占用的页面
 * 将不再会释放给系统。幸运的是一个系统大约只需要 1 到 2 页的桶描述符页面，因为一
 * 个页面可以存放256个桶描述符(对应1MB内存的存储桶页面)。如果系统为桶描述符分
 * 配了许多内存，那么肯定系统什么地方出了问题☺。
 *
 * 注意！malloc()和free()两者关闭了中断的代码部分都调用了get_free_page()和
 *      free_page()函数，以使malloc()和free()可以安全地被从中断程序中调用
 *      (当网络代码，尤其是NFS等被加入到Linux中时就可能需要这种功能)。但前
 *      提是假设get_free_page()和free_page()是可以安全地在中断级程序中使用的，
```

```
 *          这在一旦加入了分页处理之后就可能不是安全的。如果真是这种情况，那么我们
 *          就需要修改 malloc()来“预先分配”几页不用的内存，如果 malloc()和 free()
 *          被从中断程序中调用时就可以安全地使用这些页面。
 *
 *          另外需要考虑到的是 get_free_page()不应该睡眠；如果会睡眠的话，则为了防止
 *          任何竞争条件，代码需要仔细地安排顺序。 关键在于如果 malloc()是可以重入地
 *          被调用的话，那么就会存在不必要的页面被从系统中取走的机会。除了用于桶描述
 *          符的页面，这些额外的页面最终会释放给系统，所以并不像想象的那样不好。
 */

#include <linux/kernel.h> // 内核头文件。含有一些内核常用函数的原形定义。
#include <linux/mm.h>     // 内存管理头文件。含有页面大小定义和一些页面释放函数原型。
#include <asm/system.h>   // 系统头文件。定义了设置或修改描述符/中断门等的嵌入式汇编宏。

// 存储桶描述符结构。
struct bucket_desc {    /* 16 bytes */
        void                    *page;          // 该桶描述符对应的内存页面指针。
        struct bucket_desc      *next;          // 下一个描述符指针。
        void                    *freeptr;       // 指向本桶中空闲内存位置的指针。
        unsigned short          refcnt;         // 引用计数。
        unsigned short          bucket_size;    // 本描述符对应存储桶的大小。
};

// 存储桶描述符目录结构。
struct _bucket_dir {    /* 8 bytes */
        int                     size;           // 该存储桶的大小(字节数)。
        struct bucket_desc      *chain;         // 该存储桶目录项的桶描述符链表指针。
};

/*
 * The following is the where we store a pointer to the first bucket
 * descriptor for a given size.
 *
 * If it turns out that the Linux kernel allocates a lot of objects of a
 * specific size, then we may want to add that specific size to this list,
 * since that will allow the memory to be allocated more efficiently.
 * However, since an entire page must be dedicated to each specific size
 * on this list, some amount of temperance must be exercised here.
 *
 * Note that this list *must* be kept in order.
 */
/*
 * 下面是我们存放第一个给定大小存储桶描述符指针的地方。
 *
 * 如果 Linux 内核分配了许多指定大小的对象，那么我们就希望将该指定的大小加到
 * 该列表(链表)中，因为这样可以使内存的分配更有效。但是，因为一页完整内存页面
 * 必须用于列表中指定大小的所有对象，所以需要做总数方面的测试操作。
 */
// 存储桶目录列表(数组)。
struct _bucket_dir bucket_dir[] = {
        { 16,   (struct bucket_desc *) 0},      // 16 字节长度的内存块。
        { 32,   (struct bucket_desc *) 0},      // 32 字节长度的内存块。
        { 64,   (struct bucket_desc *) 0},      // 64 字节长度的内存块。
        { 128,  (struct bucket_desc *) 0},      // 128 字节长度的内存块。
        { 256,  (struct bucket_desc *) 0},      // 256 字节长度的内存块。
        { 512,  (struct bucket_desc *) 0},      // 512 字节长度的内存块。
```

```
	{ 1024, (struct bucket_desc *) 0},	// 1024 字节长度的内存块。
	{ 2048, (struct bucket_desc *) 0},	// 2048 字节长度的内存块。
	{ 4096, (struct bucket_desc *) 0},	// 4096 字节(1 页)内存。
	{ 0,    (struct bucket_desc *) 0}};	/* End of list marker */

/*
 * This contains a linked list of free bucket descriptor blocks
 */
/*
 * 下面是含有空闲桶描述符内存块的链表。
 */
struct bucket_desc *free_bucket_desc = (struct bucket_desc *) 0;

/*
 * This routine initializes a bucket description page.
 */
/*
 * 下面的子程序用于初始化一页桶描述符页面。
 */
//// 初始化桶描述符。
// 建立空闲桶描述符链表，并让 free_bucket_desc 指向第一个空闲桶描述符。
static inline void init_bucket_desc()
{
	struct bucket_desc *bdesc, *first;
	int	i;

// 申请一页内存，用于存放桶描述符。如果失败，则显示初始化桶描述符时内存不够出错信息，死机。
	first = bdesc = (struct bucket_desc *) get_free_page();
	if (!bdesc)
		panic("Out of memory in init_bucket_desc()");
// 首先计算一页内存中可存放的桶描述符数量，然后对其建立单向链接指针。
	for (i = PAGE_SIZE/sizeof(struct bucket_desc); i > 1; i--) {
		bdesc->next = bdesc+1;
		bdesc++;
	}
	/*
	 * This is done last, to avoid race conditions in case
	 * get_free_page() sleeps and this routine gets called again....
	 */
	/*
	 * 这是在最后处理的，目的是为了避免在 get_free_page()睡眠时该子程序又被
	 * 调用而引起的竞争条件。
	 */
// 将空闲桶描述符指针 free_bucket_desc 加入链表中。
	bdesc->next = free_bucket_desc;
	free_bucket_desc = first;
}

//// 分配动态内存函数。
// 参数：len - 请求的内存块长度。
// 返回：指向被分配内存的指针。如果失败则返回 NULL。
void *malloc(unsigned int len)
{
	struct bucket_dir	*bdir;
	struct bucket_desc	*bdesc;
	void			*retval;
```

```
        /*
         * First we search the bucket_dir to find the right bucket change
         * for this request.
         */
        /*
         * 首先我们搜索存储桶目录 bucket_dir 来寻找适合请求的桶大小。
         */
// 搜索存储桶目录，寻找适合申请内存块大小的桶描述符链表。如果目录项的桶字节数大于请求的字节
// 数，就找到了对应的桶目录项。
        for (bdir = bucket_dir; bdir->size; bdir++)
                if (bdir->size >= len)
                        break;
// 如果搜索完整个目录都没有找到合适大小的目录项，则表明所请求的内存块大小太大，超出了该
// 程序的分配限制(最长为 1 个页面)。于是显示出错信息，死机。
        if (!bdir->size) {
                printk("malloc called with impossibly large argument (%d)\n",
                        len);
                panic("malloc: bad arg");
        }
        /*
         * Now we search for a bucket descriptor which has free space
         */
        /*
         * 现在我们来搜索具有空闲空间的桶描述符。
         */
        cli();  /* Avoid race conditions */   /* 为了避免出现竞争条件，首先关中断 */
// 搜索对应桶目录项中描述符链表，查找具有空闲空间的桶描述符。如果桶描述符的空闲内存指针
// freeptr 不为空，则表示找到了相应的桶描述符。
        for (bdesc = bdir->chain; bdesc; bdesc = bdesc->next)
                if (bdesc->freeptr)
                        break;
        /*
         * If we didn't find a bucket with free space, then we'll
         * allocate a new one.
         */
        /*
         * 如果没有找到具有空闲空间的桶描述符，那么我们就要新建立一个该目录项的描述符。
         */
        if (!bdesc) {
                char            *cp;
                int             i;

// 若 free_bucket_desc 还为空时，表示第一次调用该程序，或者链表中所有空桶描述符都已用完。
// 此时就需要申请一个页面并在其上建立并初始化空闲描述符链表。free_bucket_desc 会指向第一
// 个空闲桶描述符。
                if (!free_bucket_desc)
                        init_bucket_desc();
// 取 free_bucket_desc 指向的空闲桶描述符，并让 free_bucket_desc 指向下一个空闲桶描述符。
                bdesc = free_bucket_desc;
                free_bucket_desc = bdesc->next;
// 初始化该新的桶描述符。令其引用数量等于 0；桶的大小等于对应桶目录的大小；申请一内存页面，
// 让描述符的页面指针 page 指向该页面；空闲内存指针也指向该页开头，因为此时全为空闲。
                bdesc->refcnt = 0;
                bdesc->bucket_size = bdir->size;
```

```
                bdesc->page = bdesc->freeptr = (void *) cp = get_free_page();
// 如果申请内存页面操作失败，则显示出错信息，死机。
                if (!cp)
                        panic("Out of memory in kernel malloc()");
                /* Set up the chain of free objects */
                /* 在该页空闲内存中建立空闲对象链表 */
// 以该桶目录项指定的桶大小为对象长度，对该页内存进行划分，并使每个对象的开始 4 字节设置
// 成指向下一对象的指针。
                for (i=PAGE_SIZE/bdir->size; i > 1; i--) {
                        *((char **) cp) = cp + bdir->size;
                        cp += bdir->size;
                }
// 最后一个对象开始处的指针设置为 0(NULL)。
// 然后让该桶描述符的下一描述符指针字段指向对应桶目录项指针 chain 所指的描述符，而桶目录的
// chain 指向该桶描述符，即将该描述符插入到描述符链链头处。
                *((char **) cp) = 0;
                bdesc->next = bdir->chain; /* OK, link it in! */   /* OK，将其链入! */
                bdir->chain = bdesc;
        }
// 返回指针即等于该描述符对应页面的当前空闲指针。然后调整该空闲空间指针指向下一个空闲对象，
// 并使描述符中对应页面中对象引用计数增 1。
        retval = (void *) bdesc->freeptr;
        bdesc->freeptr = *((void **) retval);
        bdesc->refcnt++;
// 最后开放中断，并返回指向空闲内存对象的指针。
        sti();  /* OK, we're safe again */  /* OK，现在我们又安全了*/
        return(retval);
}

/*
 * Here is the free routine.  If you know the size of the object that you
 * are freeing, then free_s() will use that information to speed up the
 * search for the bucket descriptor.
 *
 * We will #define a macro so that "free(x)" is becomes "free_s(x, 0)"
 */
/*
 * 下面是释放子程序。如果你知道释放对象的大小，则 free_s()将使用该信息加快
 * 搜寻对应桶描述符的速度。
 *
 * 我们将定义一个宏，使得"free(x)"成为"free_s(x, 0)"。
 */
//// 释放存储桶对象。
// 参数：obj - 对应对象指针；size - 大小。
void free_s(void *obj, int size)
{
        void            *page;
        struct _bucket_dir      *bdir;
        struct bucket_desc      *bdesc, *prev;

        /* Calculate what page this object lives in */
        /* 计算该对象所在的页面 */
        page = (void *)  ((unsigned long) obj & 0xfffff000);
        /* Now search the buckets looking for that page */
```

```
        /* 现在搜索存储桶目录项所链接的桶描述符，寻找该页面 */
//
        for (bdir = bucket_dir; bdir->size; bdir++) {
                prev = 0;
                /* If size is zero then this conditional is always false */
                /* 如果参数 size 是 0，则下面条件肯定是 false */
                if (bdir->size < size)
                        continue;
// 搜索对应目录项中链接的所有描述符，查找对应页面。如果某描述符页面指针等于 page 则表示找到
// 了相应的描述符，跳转到 found。如果描述符不含有对应 page，则让描述符指针 prev 指向该描述符。
                for (bdesc = bdir->chain; bdesc; bdesc = bdesc->next) {
                        if (bdesc->page == page)
                                goto found;
                        prev = bdesc;
                }
        }
// 若搜索了对应目录项的所有描述符都没有找到指定的页面，则显示出错信息，死机。
        panic("Bad address passed to kernel free_s()" );
found:
// 找到对应的桶描述符后，首先关中断。然后将该对象内存块链入空闲块对象链表中，并使该描述符
// 的对象引用计数减 1。
        cli(); /* To avoid race conditions */   /* 为了避免竞争条件 */
        *((void **)obj) = bdesc->freeptr;
        bdesc->freeptr = obj;
        bdesc->refcnt--;
// 如果引用计数已等于 0，则我们就可以释放对应的内存页面和该桶描述符。
        if (bdesc->refcnt == 0) {
                /*
                 * We need to make sure that prev is still accurate.  It
                 * may not be, if someone rudely interrupted us....
                 */
                /*
                 * 我们需要确信 prev 仍然是正确的，若某程序粗鲁地中断了我们
                 * 就有可能不是了。
                 */
// 如果 prev 已经不是搜索到的描述符的前一个描述符，则重新搜索当前描述符的前一个描述符。
                if ((prev && (prev->next != bdesc)) ||
                    (!prev && (bdir->chain != bdesc)))
                        for (prev = bdir->chain; prev; prev = prev->next)
                                if (prev->next == bdesc)
                                        break;
// 如果找到该前一个描述符，则从描述符链中删除当前描述符。
                if (prev)
                        prev->next = bdesc->next;
// 如果 prev==NULL，则说明当前一个描述符是该目录项第 1 个描述符，即目录项中 chain 应该直接
// 指向当前描述符 bdesc，否则表示链表有问题，则显示出错信息，死机。因此，为了将当前描述符
// 从链表中删除，应该让 chain 指向下一个描述符。
                else {
                        if (bdir->chain != bdesc)
                                panic("malloc bucket chains corrupted");
                        bdir->chain = bdesc->next;
                }
// 释放当前描述符所操作的内存页面，并将该描述符插入空闲描述符链表开始处。
                free_page((unsigned long) bdesc->page);
```

```
            bdesc->next = free_bucket_desc;
            free_bucket_desc = bdesc;
        }
// 开中断，返回。
    sti();
    return;
}


```

15.8 open.c 程序

15.8.1 功能描述

open()系统调用可将一个文件名转换成一个文件描述符。当调用成功时，返回的文件描述符将是进程没有打开的最小数值的描述符。该调用创建一个新的打开文件，并不与任何其他进程共享。在执行 exec 函数时，该新的文件描述符将始终保持着打开状态。文件的读写指针被设置在文件开始位置。

参数 flag 是 0_RDONLY、O_WRONLY、O_RDWR 之一，分别代表文件只读打开、只写打开和读写打开方式，可以与其他一些标志一起使用（参见 fs/open.c，138 行）。

15.8.2 代码注释

程序 15-8 linux/lib/open.c

```
1 /*
2  *  linux/lib/open.c
3  *
4  *  (C) 1991  Linus Torvalds
5  */
6
7 #define __LIBRARY__
8 #include <unistd.h>       // Linux 标准头文件。定义了各种符号常数和类型，并声明了各种函数。
                            // 如定义了__LIBRARY__，则还含系统调用号和内嵌汇编_syscall0()等。
9 #include <stdarg.h>       // 标准参数头文件。以宏的形式定义变量参数列表。主要说明了一个
                            // 类型(va_list)和三个宏(va_start, va_arg 和 va_end)，用于
                            // vsprintf、vprintf、vfprintf 函数。
10
//// 打开文件函数。
// 打开并有可能创建一个文件。
// 参数：filename - 文件名；flag - 文件打开标志；...
// 返回：文件描述符，若出错则置出错码，并返回-1。
// 第 13 行定义了一个寄存器变量 res，该变量将被保存在一个寄存器中，以便于高效访问和操作。
// 若想指定存放的寄存器（例如 eax），那么可以把该句写成"register int res asm("ax");"。
11 int open(const char * filename, int flag, ...)
12 {
13         register int res;
14         va_list arg;
15
```

```
// 利用 va_start()宏函数，取得 flag 后面参数的指针，然后调用系统中断 int 0x80，功能 open 进行
// 文件打开操作。
// %0 - eax(返回的描述符或出错码)；%1 - eax(系统中断调用功能号__NR_open)；
// %2 - ebx(文件名 filename)；%3 - ecx(打开文件标志 flag)；%4 - edx(后随参数文件属性
// mode)。
        va_start(arg,flag);
        __asm__("int $0x80"
                :"=a" (res)
                :"" (__NR_open),"b" (filename),"c" (flag),
                "d" (va_arg(arg,int)));
// 系统中断调用返回值大于或等于 0，表示是一个文件描述符，则直接返回之。
        if (res>=0)
                return res;
// 否则说明返回值小于 0，则代表一个出错码。设置该出错码并返回-1。
        errno = -res;
        return -1;
}

```

15.9　setsid.c 程序

15.9.1　功能描述

该程序包括一个 setsid()系统调用函数。如果调用的进程不是一个组的领导时，该函数用于创建一个新会话。则调用进程将成为该新会话的领导、新进程组的组领导，并且没有控制终端。调用进程的组 id 和会话 id 被设置成进程的 PID(进程标识符)。调用进程将成为新进程组和新会话中的唯一进程。

15.9.2　代码注释

程序 15-9　linux/lib/setsid.c

```
/*
 *  linux/lib/setsid.c
 *
 *  (C) 1991  Linus Torvalds
 */

#define __LIBRARY__
#include <unistd.h>        // Linux 标准头文件。定义了各种符号常数和类型，并声明了各种函数。
                           // 如定义了__LIBRARY__，则还含系统调用号和内嵌汇编_syscall0()等。

//// 创建一个会话并设置进程组号。
// 下面系统调用宏对应于函数：pid_t setsid()。
// 返回：调用进程的会话标识符(session ID)。
_syscall0(pid_t,setsid)

```

15.10 string.c 程序

15.10.1 功能描述

所有字符串操作函数已经存在于 string.h 中，这里通过首先声明 extern 和 inline 前缀为空，然后再包含 string.h 头文件，实现了 string.c 中仅包含字符串函数的实现代码。参见 include/string.h 头文件前的说明。

15.10.2 代码注释

程序 15-10 linux/lib/string.c

```
/*
 *  linux/lib/string.c
 *
 *  (C) 1991  Linus Torvalds
 */

#ifndef __GNUC__                    // 需要 GNU 的 C 编译器编译。
#error I want gcc!
#endif

#define extern
#define inline
#define __LIBRARY__
#include <string.h>

```

15.11 wait.c 程序

15.11.1 功能描述

该程序包括函数 waitpid()和 wait()。这两个函数允许进程获取与其子进程之一的状态信息。各种选项允许获取已经终止或停止的子进程状态信息。如果存在两个或两个以上子进程的状态信息，则报告的顺序是不指定的。

wait()将挂起当前进程，直到其子进程之一退出（终止），或者收到要求终止该进程的信号，或者是需要调用一个信号句柄（信号处理程序）。

waitpid()挂起当前进程，直到 pid 指定的子进程退出（终止）或者收到要求终止该进程的信号，或者是需要调用一个信号句柄（信号处理程序）。

如果 pid= -1，options=0，则 waitpid()的作用与 wait()函数一样。否则其行为将随 pid 和 options 参数的不同而不同（参见 kernel/exit.c,142）。

15.11.2 代码注释

程序 15-11 linux/lib/wait.c

```
/*
 * linux/lib/wait.c
 *
 * (C) 1991 Linus Torvalds
 */

#define __LIBRARY__
#include <unistd.h>       // Linux 标准头文件。定义了各种符号常数和类型，并声明了各种函数。
                          // 如定义了__LIBRARY__，则还含系统调用号和内嵌汇编_syscall0()等。
#include <sys/wait.h>     // 等待调用头文件。定义系统调用 wait()和 waitpid()及相关常数符号。

//// 等待进程终止系统调用函数。
// 该下面宏结构对应于函数：pid_t waitpid(pid_t pid, int * wait_stat, int options)
//
// 参数：pid - 等待被终止进程的进程 id，或者是用于指定特殊情况的其他特定数值；
//       wait_stat - 用于存放状态信息；options - WNOHANG 或 WUNTRACED 或是 0。
_syscall3(pid_t,waitpid,pid_t,pid,int *,wait_stat,int,options)

//// wait()系统调用。直接调用 waitpid()函数。
pid_t wait(int * wait_stat)
{
        return waitpid(-1,wait_stat,0);
}

```

15.12 write.c 程序

15.12.1 功能描述

该程序中包括一个向文件描述符写操作函数 write()。该函数向文件描述符指定的文件写入 count 字节的数据到缓冲区 buf 中。

15.12.2 代码注释

程序 15-12 linux/lib/write.c

```
/*
 * linux/lib/write.c
 *
 * (C) 1991 Linus Torvalds
 */

#define __LIBRARY__
#include <unistd.h> // Linux 标准头文件。定义了各种符号常数和类型，并声明了各种函数。
```

```
                        // 如定义了__LIBRARY__，则还含系统调用号和内嵌汇编_syscall0()等。

//// 写文件系统调用函数。
// 该宏结构对应于函数：int write(int fd, const char * buf, off_t count)
// 参数：fd - 文件描述符；buf - 写缓冲区指针；count - 写字节数。
// 返回：成功时返回写入的字节数(0 表示写入 0 字节)；出错时将返回-1，并且设置了出错号。
_syscall3(int,write,int,fd,const char *,buf,off_t,count)

```

第 16 章　建 造 工 具

Linux 内核源代码中的 tools 目录中包含一个生成内核磁盘映像文件的工具程序 build.c，该程序将单独编译成可执行文件，在 linux/目录下的 Makefile 文件中被调用运行，用于将所有内核编译代码链接和合并成一个可运行的内核映像文件 Image。具体方法是对 boot/中的 bootsect.S、setup.S 使用 8086 汇编器进行编译，分别生成各自的执行模块。再对源代码中的其他所有程序使用 GNU 的编译器 gcc/gas 进行编译，并链接成模块 system。最后使用 build 工具将这三部分组合成一个内核映像文件 Image。基本编译链接/组合结构如图 16-1 所示。

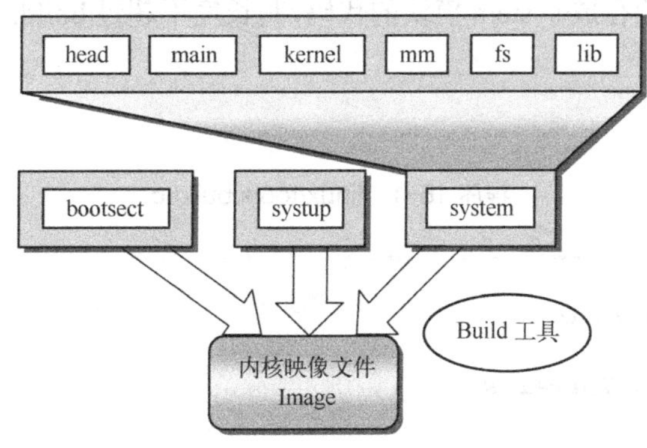

图 16-1　内核编译链接/组合结构

16.1　build.c 程序

16.1.1　功能描述

在 linux/Makefile 文件第 42、43 行上，执行 build 程序的命令行形式如下所示：

```
tools/build boot/bootsect boot/setup tools/system $(ROOT_DEV) $(SWAP_DEV) > Image
```

build 程序使用 5 个参数，分别是 bootsect 文件名、setup 文件名、system 文件名、可选的根文件系统设备名 ROOT_DEV 和可选的交换设备名 SWAP_DEV。bootsect 和 setup 程序是由 as86 和 ld86 编译链接产生的，它们具有 MINIX 执行文件格式（参见 16.2 节的说明），而 system 模块是由源代码各个子目录中编译产生的模块链接而成的，具有 GNU a.out 执行文件格式。build 程序的主要工作就是去掉 bootsect 和 setup 的 MINIX 执行文件头结构信息，去掉 system 文件中的 a.out 头结构信息，只保留它们的代码和数据部分，然后把它们顺序组合在一起写入名为 Image 的文件中。

程序首先检查命令行上最后一个根设备文件名可选参数，若其存在，则读取该设备文件的状态信息结构（stat），取出设备号。若命令行上不带该参数，则使用默认值。

然后对 bootsect 文件进行处理，读取该文件的 MINIX 执行头部信息，判断其有效性，接着读取随后 512 字节的引导代码数据，判断其是否具有可引导标志 0xAA55，并将前面获取的根设备号写入到 508、509 位移处，最后将该 512 字节代码数据写到 stdout 标准输出，由 Make 文件重定向到 Image 文件。

接下来以类似的方法处理 setup 文件。若该文件长度小于 4 个扇区，则用 0 将其填满为 4 个扇区的长度，并写到标准输出 stdout 中。

最后处理 system 文件。该文件是使用 GCC 编译器产生的，所以其执行头部格式是 GCC 类型的，与 Linux 定义的 a.out 格式一样。在判断执行入口点是 0 后，就将数据写到标准输出 stdout 中。若其代码数据长度超过 128KB，则显示出错信息。最终形成的内核 Image 文件格式是：

- 第 1 个扇区上存放的是 bootsect 代码，长度正好 512 字节。
- 从第 2 个扇区开始的 4 个扇区（2～5 扇区）存放着 setup 代码，长度不超过 4 个扇区大小。
- 从第 6 个扇区开始存放 system 模块的代码，其长度不超过 build.c 第 35 行上定义的大小。

16.1.2 代码注释

程序 16-1 linux/tools/build.c

```
1 /*
2  *  linux/tools/build.c
3  *
4  *  (C) 1991  Linus Torvalds
5  */
6
7 /*
8  * This file builds a disk-image from three different files:
9  *
10  * - bootsect: max 510 bytes of 8086 machine code, loads the rest
11  * - setup: max 4 sectors of 8086 machine code, sets up system parm
12  * - system: 80386 code for actual system
13  *
14  * It does some checking that all files are of the correct type, and
15  * just writes the result to stdout, removing headers and padding to
16  * the right amount. It also writes some system data to stderr.
17  */
  /*
   * 该程序从三个不同的程序中创建磁盘映像文件：
   *
   * - bootsect：该文件的 8086 机器码最长为 510 字节，用于加载其他程序。
   * - setup：该文件的 8086 机器码最长为 4 个磁盘扇区，用于设置系统参数。
   * - system：实际系统的 80386 代码。
   *
   * 该程序首先检查所有程序模块的类型是否正确，并将检查结果在终端上显示出来，
   * 然后删除模块头部并扩充到正确的长度。该程序也会将一些系统数据写到 stderr。
   */
18
19 /*
20  * Changes by tytso to allow root device specification
21  *
22  * Added swap-device specification: Linux 20.12.91
23  */
```

```
/*
 * tytso 对该程序作了修改，以允许指定根文件设备。
 *
 * 添加了指定交换设备功能：Linus 20.12.91
 */

#include <stdio.h>      /* fprintf */                // 使用其中的 fprintf()函数。
#include <string.h>                                  // 字符串操作函数。
#include <stdlib.h>     /* contains exit */          // 含 exit 函数原型说明。
#include <sys/types.h>  /* unistd.h needs this */ // 该头文件供 unistd.h 文件使用。
#include <sys/stat.h>                                // 含文件状态信息结构定义。
#include <linux/fs.h>                                // 文件系统头文件。
#include <unistd.h>     /* contains read/write */ // 含 read/write 函数原型说明。
#include <fcntl.h>                                   // 包含文件操作模式符号常数。

#define MINIX_HEADER 32          // minix 二进制目标文件模块头部长度为 32 字节。
#define GCC_HEADER 1024          // GCC 头部信息长度为 1024 字节。

#define SYS_SIZE 0x3000          // system 文件最长节数(字节数为 SYS_SIZE*16=128KB)。

// 默认地把 Linux 根文件系统所在设备设置为在第 2 个硬盘的第 1 个分区上（即设备号为 0x0306），
// 是因为 Linus 当时开发 Linux 时，把第 1 个硬盘用作 MINIX 系统盘，而第 2 个硬盘用作 Linux
// 的根文件系统盘。
#define DEFAULT_MAJOR_ROOT 3     // 默认根设备主设备号 - 3（硬盘）。
#define DEFAULT_MINOR_ROOT 6     // 默认根设备次设备号 - 6（第 2 个硬盘的第 1 分区）。

#define DEFAULT_MAJOR_SWAP 0     // 默认交换设备主设备号。
#define DEFAULT_MINOR_SWAP 0     // 默认交换设备次设备号。

/* max nr of sectors of setup: don't change unless you also change
 * bootsect etc */
/* 下面指定 setup 模块占的最大扇区数：不要改变该值，除非也改变 bootsect 等相应文件。
#define SETUP_SECTS 4            // setup 最大长度为 4 个扇区（2KB）。

#define STRINGIFY(x) #x          // 把 x 转换成字符串类型，用于出错显示语句中。

//// 显示出错信息，并终止程序。
void die(char * str)
{
        fprintf(stderr,"%s\n",str);
        exit(1);
}

// 显示程序使用方法，并退出。
void usage(void)
{
        die("Usage: build bootsect setup system [rootdev] [> image]" );
}

// 主程序开始。
int main(int argc, char ** argv)
{
        int i,c,id;
        char buf[1024];
        char major_root, minor_root;
        char major_swap, minor_swap;
```

```
        struct stat sb;

// 首先检查 build 程序执行时实际命令行参数个数，并根据参数个数作相应设置。如果 build 程序
// 命令行参数个数不是 4 到 6 个（程序名算作 1 个），则显示程序用法并退出。
        if ((argc < 4) || (argc > 6))
                usage();
// 若程序命令行上有多于 4 个参数，那么如果根设备名不是软盘（"FLOPPY"），则取该设备文件的
// 状态信息。若取状态出错则显示信息并退出，否则取该设备名状态结构中的主设备号和次设备号
// 作为根设备号。如果根设备就是 FLOPPY 设备，则让主设备号和次设备号取 0。表示根设备是当前
// 启动引导设备。
        if (argc > 4) {
                if (strcmp(argv[4], "FLOPPY" )) {
                        if (stat(argv[4], &sb)) {
                                perror(argv[4]);
                                die("Couldn't stat root device." );
                        }
                        major_root = MAJOR(sb.st_rdev);    // 取设备名状态结构中设备号。
                        minor_root = MINOR(sb.st_rdev);
                } else {
                        major_root = 0;
                        minor_root = 0;
                }
// 若参数只有 4 个，则让主设备号和次设备号等于系统默认的根设备号。
        } else {
                major_root = DEFAULT_MAJOR_ROOT;
                minor_root = DEFAULT_MINOR_ROOT;
        }
// 若程序命令行上有 6 个参数，那么如果最后一个表示交换设备的参数不是无（"NONE"），则取该
// 设备文件的状态信息。若取状态出错则显示信息并退出，否则取该设备名状态结构中的主设备号
// 和次设备号作为交换设备号。如果最后一个参数就是"NONE"，则让交换设备的主设备号和次设备
// 号取为 0。表示交换设备就是当前启动引导设备。
        if (argc == 6) {
                if (strcmp(argv[5], "NONE" )) {
                        if (stat(argv[5], &sb)) {
                                perror(argv[5]);
                                die("Couldn't stat root device." );
                        }
                        major_swap = MAJOR(sb.st_rdev);    // 取设备名状态结构中设备号。
                        minor_swap = MINOR(sb.st_rdev);
                } else {
                        major_swap = 0;
                        minor_swap = 0;
                }
// 若参数没有 6 个而是 5 个，表示命令行上没有带交换设备名。于是就让交换设备主设备号和次设备
// 号等于系统默认的交换设备号。
        } else {
                major_swap = DEFAULT_MAJOR_SWAP;
                minor_swap = DEFAULT_MINOR_SWAP;
        }

// 接下来在标准错误终端上显示上面所选择的根设备主、次设备号和交换设备主、次设备号。如果
// 主设备号不等于 2（软盘）或 3（硬盘），也不为 0（取系统默认设备），则显示出错信息并退出。
// 终端的标准输出被定向到文件 Image，因此被用于输出保存内核代码数据，生成内核映像文件。
        fprintf(stderr, "Root device is (%d, %d)\n", major_root, minor_root);
        fprintf(stderr, "Swap device is (%d, %d)\n", major_swap, minor_swap);
        if ((major_root != 2) && (major_root !=3) &&
```

```
            (major_root != 0)) {
                fprintf(stderr, "Illegal root device (major = %d)\n",
                        major_root);
                die("Bad root device --- major #" );
        }
        if (major_swap && major_swap != 3) {
                fprintf(stderr, "Illegal swap device (major = %d)\n",
                        major_swap);
                die("Bad root device --- major #" );
        }
// 下面开始执行读取各个文件内容并进行相应的复制处理。首先初始化 1KB 的复制缓冲区，置全 0。
// 然后以只读方式打开参数 1 指定的文件（bootsect）。从中读取 32 字节的 MINIX 执行文件头结构
// 内容（参见列表后说明）到缓冲区 buf 中。
        for (i=0;i<sizeof buf; i++) buf[i]=0;
        if ((id=open(argv[1],O_RDONLY,0))<0)
                die("Unable to open 'boot'" );
        if (read(id,buf,MINIX_HEADER) != MINIX_HEADER)
                die("Unable to read header of 'boot'" );
// 接下来根据 MINIX 头部结构判断 bootsect 是否为一个有效的 MINIX 执行文件。若是，则从文件中
// 读取 512 字节的引导扇区代码和数据。
// 0x0301 - MINIX 头部 a_magic 魔数；0x10 - a_flag 可执行；0x04 - a_cpu, Intel 8086 机器码。
        if (((long *) buf)[0]!=0x04100301)
                die("Non-Minix header of 'boot'" );
// 判断头部长度字段 a_hdrlen（字节）是否正确（32 字节）。（后三字节正好没有用，是 0）
        if (((long *) buf)[1]!=MINIX_HEADER)
                die("Non-Minix header of 'boot'" );
// 判断数据段长 a_data 字段(long)内容是否为 0。
        if (((long *) buf)[3]!=0)
                die("Illegal data segment in 'boot'" );
// 判断堆 a_bss 字段(long)内容是否为 0。
        if (((long *) buf)[4]!=0)
                die("Illegal bss in 'boot'" );
// 判断执行点 a_entry 字段(long)内容是否为 0。
        if (((long *) buf)[5] != 0)
                die("Non-Minix header of 'boot'" );
// 判断符号表长字段 a_sym 的内容是否为 0。
        if (((long *) buf)[7] != 0)
                die("Illegal symbol table in 'boot'" );
// 在上述判断都正确的条件下读取文件中随后的实际代码数据，应该返回读取字节数为 512 字节。
// 因为 bootsect 文件中包含的是 1 个扇区的引导扇区代码和数据，并且最后 2 字节应该是可引导
// 标志 0xAA55。
        i=read(id,buf,sizeof buf);
        fprintf(stderr,"Boot sector %d bytes.\n",i);
        if (i != 512)
                die("Boot block must be exactly 512 bytes" );
        if ((*(unsigned short *)(buf+510)) != 0xAA55)
                die("Boot block hasn't got boot flag (0xAA55)" );
// 引导扇区的 506、507 偏移处需存放交换设备号，508、509 偏移处需存放根设备号。
        buf[506] = (char) minor_swap;
        buf[507] = (char) major_swap;
        buf[508] = (char) minor_root;
        buf[509] = (char) major_root;
// 然后将该 512 字节的数据写到标准输出 stdout，若写出字节数不对，则显示出错信息并退出。
// 在 linux/Makefile 中，build 程序标准输出被重定向到内核映像文件名 Image 上，因此引导
// 扇区代码和数据会被写到 Image 开始的 512 字节处。最后关闭 bootsect 模块文件。
```

```
        i=write(1,buf,512);
        if (i!=512)
                die("Write call failed");
        close (id);

// 下面以只读方式打开参数 2 指定的文件（setup）。从中读取 32 字节的 MINIX 执行文件头结构
// 内容到缓冲区 buf 中。处理方式与上面相同。首先以只读方式打开指定的文件 setup。从中读
// 取 32 字节的 MINIX 执行文件头结构内容到缓冲区 buf 中。
        if ((id=open(argv[2],O_RDONLY,0))<0)
                die("Unable to open 'setup'");
        if (read(id,buf,MINIX_HEADER) != MINIX_HEADER)
                die("Unable to read header of 'setup'" );
// 接下来根据 MINIX 头部结构判断 setup 是否为一个有效的 MINIX 执行文件。若是，则从文件中
// 读取 512 字节的引导扇区代码和数据。
// 0x0301- MINIX 头部 a_magic 魔数；0x10- a_flag 可执行；0x04- a_cpu, Intel 8086 机
器码。
        if (((long *) buf)[0]!=0x04100301)
                die("Non-Minix header of 'setup'" );
// 判断头部长度字段 a_hdrlen（字节）是否正确（32 字节）。（后三字节正好没有用，是 0）
        if (((long *) buf)[1]!=MINIX_HEADER)
                die("Non-Minix header of 'setup'" );
// 判断数据段长字段 a_data、堆字段 a_bss、起始执行点字段 a_entry 和符号表字段 a_sym 的内容
// 是否为 0。必须都为 0。
        if (((long *) buf)[3]!=0)                        // 数据段长 a_data 字段。
                die("Illegal data segment in 'setup'");
        if (((long *) buf)[4]!=0)                        // 堆 a_bss 字段。
                die("Illegal bss in 'setup'" );
        if (((long *) buf)[5] != 0)                      // 执行起始点 a_entry 字段。
                die("Non-Minix header of 'setup'" );
        if (((long *) buf)[7] != 0)
                die("Illegal symbol table in 'setup'" );
// 在上述判断都正确的条件下读取文件中随后的实际代码数据，并且写到终端标准输出。同时统计
// 写的长度（i），并在操作结束后关闭 setup 文件。之后判断一下利用 setup 执行写操作的代码
// 和数据长度值，该值不能大于(SETUP_SECTS * 512)字节，否则就得重新修改 build、bootsect
// 和 setup 程序中设定的 setup 所占扇区数并重新编译内核。若一切正常就显示 setup 实际长度值。
        for (i=0 ; (c=read(id,buf,sizeof buf))>0 ; i+=c )
                if (write(1,buf,c)!=c)
                        die("Write call failed" );
        close (id);                                      //关闭 setup 模块文件。
        if (i > SETUP_SECTS*512)
                die("Setup exceeds " STRINGIFY(SETUP_SECTS)
                        " sectors - rewrite build/boot/setup" );
        fprintf(stderr,"Setup is %d bytes.\n",i);
//在将缓冲区 buf 清零之后，判断实际写的 setup 长度与(SETUP_SECTS4*512)的数值差，若 setup
// 长度小于该长度（4*512 字节），则用 NULL 字符将 setup 填足为 4*512 字节。
        for (c=0 ; c<sizeof(buf) ; c++)
                buf[c] = '\0';
        while (i<SETUP_SECTS*512) {
                c = SETUP_SECTS*512-i;
                if (c > sizeof(buf))
                        c = sizeof(buf);
                if (write(1,buf,c) != c)
                        die("Write call failed" );
                i += c;
        }

```

```
// 下面开始处理 system 模块文件。该文件使用 gas 编译，因此具有 GNU a.out 目标文件格式。
// 首先以只读方式打开文件，并读取其中 a.out 格式头部结构信息（1KB 长度）。在判断 system
// 是一个有效的 a.out 格式文件之后，就把该文件随后的所有数据都写到标准输出（Image 文件）
// 中，并关闭该文件。然后显示 system 模块的长度。若 system 代码和数据长度超过 SYS_SIZE 字节
// （即 128KB 字节），则显示出错信息并退出。若无错，则返回 0，表示正常退出。
        if ((id=open(argv[3],O_RDONLY,0))<0)
                die("Unable to open 'system'" );
        if (read(id,buf,GCC_HEADER) != GCC_HEADER)
                die("Unable to read header of 'system'" );
        if (((long *) buf)[5] != 0)             // 执行入口点字段 a_entry 值应为 0。
                die("Non-GCC header of 'system'" );
        for (i=0 ; (c=read(id,buf,sizeof buf))>0 ; i+=c )
                if (write(1,buf,c)!=c)
                        die("Write call failed" );
        close(id);
        fprintf(stderr,"System is %d bytes.\n",i);
        if (i > SYS_SIZE*16)
                die("System is too big" );
        return(0);
}

```

16.2 MINIX 可执行文件头部数据结构

MINIX 可执行文件 a.out 的头部结构如下所示：

```
struct  exec {
  unsigned char a_magic[2];       // 执行文件魔数。
  unsigned char a_flags;          // 标志（参见下面说明）。
  unsigned char a_cpu;            // cpu 标识号。
  unsigned char a_hdrlen;         // 保留头部长度，32 字节或 48 字节。
  unsigned char a_unused;         // 保留给将来使用。
  unsigned short a_version;       // 版本信息（目前未用）。
  long          a_text;           // 代码段长度，字节数。
  long          a_data;           // 数据段长度，字节数。
  long          a_bss;            // 堆长度，字节数。
  long          a_entry;          // 执行入口点地址。
  long          a_total;          // 分配的内存总量。
  long          a_syms;           // 符号表大小。
    // 若头部为 32 字节，就到此为止。
  long          a_trsize;         // 代码段重定位表长度。
  long          a_drsize;         // 数据段重定位表长度。
  long          a_tbase;          // 代码段重定位基址。
  long          a_dbase;          // 数据段重定位基址。
};
```

其中，MINIX 执行文件的魔数字段 a_magic[]值为：

```
        a_magic[0] = 0x01
        a_magic[1] = 0x03
```

标志字段 a_flags 定义为：

```
A_UZP    0x01               // 未映射的 0 页（页数）。
A_PAL    0x02               // 以页边界调整的可执行文件。
A_NSYM   0x04               // 新型符号表。
A_EXEC   0x10               // 可执行文件。
A_SEP    0x20               // 代码和数据是分开的（I 和 D 独立）。
```

CPU 标识号字段 a_cpu 为：

```
A_NONE   0x00               // 未知。
A_I8086  0x04               // Intel i8086/8088。
A_M68K   0x0B               // Motorola m68000。
A_NS16K  0x0C               // 国家半导体公司 16032。
A_I80386 0x10               // Intel i80386。
A_SPARC  0x17               // Sun 公司 SPARC。
```

MINIX 执行头结构 exec 与 Linux 0.12 系统所使用的 a.out 格式执行文件头结构类似。Linux a.out 格式执行文件的头部结构及相关信息请参见 linux/include/。

第 17 章　实验环境设置与使用方法

为了配合 Linux 0.1x（0.11 或 0.12）内核工作原理的学习，本章介绍利用 PC 仿真软件和在实际计算机上运行 Linux 0.1x 系统的方法。其中包括内核编译过程、PC 仿真环境下文件的访问和复制、引导盘和根文件系统的制作方法以及 Linux 0.1x 系统的使用方法等。最后还说明了如何对内核代码作少量语法修改，使其在现有 RedHat 系统（gcc 3.x）下能顺利通过编译，并制作出内核映像文件。

在开始进行实验之前，首先准备好一些有用的工具软件。若在 Windows 平台上进行实验学习，我们需要准备好以下几个软件：

- Bochs 2.3.x。开放源代码的 PC 仿真软件包。
- UltraEdit。超级编辑器。可用来编辑二进制文件。
- WinImage。DOS 格式软盘映像文件的读写软件。

若在现代 Linux 系统（例如 Fedora 7 等）下进行实验，那么通常我们只需要额外安装 Bochs 软件包即可。其他操作都可以利用 Linux 系统的普通命令来完成。

运行 Linux 0.1x 系统的最佳方法是使用 PC 仿真软件。目前世面上流行的全虚拟化 PC 仿真软件系统主要有 3 种：VMware 公司的 VMware Workstation 软件、Connectix 公司的 Virtual PC（现已被微软收购）和开放源代码软件 Bochs（发音与 box 相同）。这 3 种软件都可以虚拟或仿真 Intel x86 硬件环境，可以让我们在运行这些软件的系统平台上运行多种其他的“客户”操作系统。

就使用范围和运行性能来说，这 3 种仿真软件有一定的区别。Bochs 仿真了 x86 的硬件环境（CPU 的指令）及其外围设备，因此很容易被移植到很多操作系统上或者不同体系结构的平台上。由于主要使用了仿真技术，其运行性能和速度都要比其他两个软件慢很多。Virtual PC 的性能则介于 Bochs 和 VMware Workstation 之间。它仿真了 x86 的大部分指令，而其他部分则采用虚拟技术来实现。VMware Workstation 仅仿真了一些 I/O 功能，而所有其他部分则是在 x86 实时硬件上直接执行。也就是说当客户操作系统在要求执行一条指令时，VMware 不是用仿真方法来模拟这条指令，而是把这条指令“传递”给实际系统的硬件来完成。因此 VMware 是 3 种软件中运行速度和性能最高的一种。有关这 3 种软件的区别和性能差异，请参考网上的评论文章（http://www.osnews.com/story.php?news_id=1054）。

从应用方面来看，如果仿真环境主要用于应用程序开发，那么 VMware Workstation 和 Virtual PC 可能是比较好的选择。但是如果需要开发一些低层系统软件（比如进行操作系统开发和调试、编译系统开发等），那么 Bochs 就是一个很好的选择。使用 Bochs，你可以知道被执行程序在仿真硬件环境中的具体状态和精确时序，而非实际硬件系统执行的结果。这也是为什么很多操作系统开发者更倾向于使用 Bochs 的原因。本章主要介绍利用 Bochs 仿真环境运行 Linux 0.1x 的方法。目前，Bochs 网站名是 http:// bochs.sourceforge.net。你可以从上面下载最新的 Bochs 软件系统以及很多已经制作好的可运行磁盘映像文件。

17.1　Bochs 仿真软件系统

Bochs 是一个能完全仿真 Intel x86 计算机的程序。它可以被配置成仿真 386、486、Pentium 或以上的新型 CPU。在整个执行过程中，Bochs 会仿真所有执行指令，包括仿真标准 PC 外设所有设备模块。由于 Bochs 仿真了整个 PC 环境，因此在其中执行的软件会“认为”它是在一个真实的机器上运行。这种完全仿真的方法使得我们能在 Bochs 下不加修改地运行大量的软件系统。

Bochs 是 Kevin Lawton 于 1994 年开始采用 C++语言开发的软件系统。该系统被设计成能够在 Intel x86、PPC、Alpha、Sun 和 MIPS 硬件上运行。无论运行的主机采用的是何种硬件平台，Bochs 都能仿真使用 Intel x86 CPU 的微机硬件平台。这种特性是其他两种仿真软件没有的。为了在被模拟的机器上执行任何活动，Bochs 需要与主机操作系统进行交互。当在 Bochs 显示窗口中按下某键时，一个击键事件就会发送到键盘设备处理模块中。当被模拟的机器需要从模拟的硬盘上执行读操作时，Bochs 就会对主机上硬盘映像文件执行读操作。

Bochs 软件的安装非常方便。你可以直接从 http://bochs.sourceforge.net 网站上下载到 Bochs 安装软件包。如果你所使用的计算机操作系统是 Windows，则其安装过程与普通软件完全一样。安装好后会在 C:盘上生成一个目录“C:\Program Files\Bochs-2.3.6\”（其中版本号随不同的版本而不同）。如果你的系统是 RedHat Linux 9 或其他基于 RedHat Linux 的系统，你可以下载 Bochs 的 RPM 软件包，并按如下方法来安装：

```
user$ su
Password:
root# rpm -i bochs-2.3.6.i386.rpm
root# exit
user$ _
```

安装时需要有 root 权限，否则你就得在自己的目录下重新编译 Bochs 系统。另外，Bochs 需要在 X11 环境下运行，因此你的 Linux 系统中必须已经安装了 X Window 系统才能使用 Bochs。在安装好 Bochs 之后，建议先使用 Bochs 中自带的 Linux dlx 演示系统程序包来测试和熟悉一下 Bochs 系统。也可以从 Bochs 网站上下载一些已经制作好的 Linux 磁盘映像文件来做些试验。我们建议下载 Bochs 网站上的 SLS Linux 模拟系统（sls-0.99pl.tar.bz2）作为创建 Linux 0.1x 模拟系统的辅助平台。在制作新的硬盘映像文件时，需要借助这些系统对硬盘映像文件进行分区和格式化操作。这个 SLS Linux 系统也可以直接从 www.oldlinux.org 网站下载：http://oldlinux.org/Linux.old/bochs/sls-1.0.zip。下载的文件解压后进入其目录并双击 bochsrc.bxrc 配置文件名[㊀] 即可让 Bochs 运行 SLS Linux 系统。

有关重新编译 Bochs 系统或把 Bochs 安装到其他硬件平台上的操作方法，请参考 Bochs 用户手册中的相关说明。

17.1.1 设置 Bochs 系统

为了在 Bochs 中运行一个操作系统，至少需要以下一些资源或信息：

- Bochs 执行文件。
- BIOS 映像文件（通常称为 BIOS-bochs-latest）。
- VGA BIOS 映像文件（例如，VGABIOS-lgpl-latest）。
- 至少一个引导启动磁盘映像文件（软盘、硬盘或 CDROM 的映像文件）。

可见我们在运行之前需要为运行系统预先设置一些模拟环境的参数。这些参数可以在命令

㊀ 如果配置文件名没有后缀.bxrc，请自行修改。例如原名为 bochsrc，则修改成 bochsrc.bxrc。

行上传递给 Bochs 执行程序，但通常都使用一个文本形式的配置文件（文件后缀为.bxrc，例如 Sample.bxrc）为专门的一个应用来设置运行参数。下面说明 Bochs 配置文件的设置方法。

17.1.2 配置文件 *.bxrc

Bochs 使用配置文件中的信息来寻找所使用的磁盘映像文件、运行环境外围设备的配置以及其他一些虚拟机器的设置信息。每个被仿真的系统都需要设置一个相应的配置文件。若所安装的 Bochs 系统是 2.1 或以后版本，那么 Bochs 系统会自动识别后缀是“.bxrc”的配置文件，并且在双击该文件图标时就会自动启动 Bochs 系统运行。例如，我们可以把配置文件命名为“bochsrc-0.12.bxrc”。在 Bochs 安装的主目录下有一个名称为“bochsrc-sample.txt”的样板配置文件，其中列出了所有可用的参数设置，并带有详细的说明。下面简单介绍几个在实验中经常要修改的参数。

（1）megs

用于设置被模拟系统所含内存容量。默认值是 32MB。例如，要把模拟机器设置为具有 128MB 内存的系统，则需要在配置文件中含有如下一行信息：

```
megs: 128
```

（2）floppya（floppyb）

floppya 表示第一个软驱，floppyb 代表第二个软驱。如果需要从一个软盘上来引导系统，那么 floppya 就需要指向一个可引导的磁盘。若想使用磁盘映像文件，那么我们就在该选项后面写上磁盘映像文件的名称。在许多操作系统中，Bochs 可以直接读写主机系统的软盘驱动器。若要访问这些实际驱动器中的磁盘，应使用设备名称（Linux 系统）或驱动器号（Windows 系统）。还可以使用 status 来表明磁盘的插入状态。ejected 表示未插入，inserted 表示磁盘已插入。下面是几个例子，其中所有盘均为已插入状态。若在配置文件中同时存在几行相同名称的参数，那么只有最后一行的参数起作用。

```
floppya: 1_44=/dev/fd0, status=inserted                  # Linux 系统下直接访问 1.44MB A: 盘。
floppya: 1_44=b:, status=inserted                        # Win32 系统下直接访问 1.44MB B: 盘。
floppya: 1_44=bootimage.img, status=inserted             # 指向磁盘映像文件 bootimage.img。
floppyb: 1_44=..\Linux\rootimage.img, status=inserted    # 指向上级目录 Linux/下 rootimage.img。
```

（3）ata0、ata1、ata2、ata3

这 4 个参数名用来启动模拟系统中最多 4 个 ATA 通道。对于每个启用的通道，必须指明两个 IO 基地址和一个中断请求号。默认情况下只有 ata0 是启用的，并且参数默认为下面所示的值：

```
ata0: enabled=1, ioaddr1=0x1f0, ioaddr2=0x3f0, irq=14
ata1: enabled=1, ioaddr1=0x170, ioaddr2=0x370, irq=15
ata2: enabled=1, ioaddr1=0x1e8, ioaddr2=0x3e0, irq=11
ata3: enabled=1, ioaddr1=0x168, ioaddr2=0x360, irq=9
```

（4）ata0-master（ata0-slave）

ata0-master 用来指明模拟系统中第 1 个 ATA 通道（0 通道）上连接的第 1 个 ATA 设备（硬盘或 CDROM 等）；ata0-slave 指明第 1 个通道上连接的第 2 个 ATA 设备。例子如下所示。其中，设备配置的选项含义如表 17-1 所示。

```
ata0-master: type=disk, path=hd.img, mode=flat, cylinders=306, heads=4, spt=17, translation=none
ata1-master: type=disk, path=2G.cow, mode=vmware3, cylinders=5242, heads=16, spt=50, translation=echs
ata1-slave: type=disk, path=3G.img, mode=sparse, cylinders=6541, heads=16, spt=63, translation=auto
ata2-master: type=disk, path=7G.img, mode=undoable, cylinders=14563, heads=16, spt=63, translation=lba
ata2-slave:  type=cdrom, path=iso.sample, status=inserted
ata0-master: type=disk, path="hdc-large.img", mode=flat, cylinders=487, heads=16, spt=63
ata0-slave:  type=disk, path="..\hdc-large.img", mode=flat, cylinders=121, heads=16, spt=63
```

表 17-1 设备配置的选项

选项	说明	可取的值
type	连接的设备类型	[disk | cdrom]
path	映像文件路径名	
mode	映像文件类型，仅对 disk 有效	[flat | concat | external | dll | sparse | vmware3 | undoable | growing | volatile]
cylinders	仅对 disk 有效	
heads	仅对 disk 有效	
spt	仅对 disk 有效	
status	仅对 cdrom 有效	[inserted | ejected]
biosdetect	bios 检测类型	[none | auto],仅对 ata0 上 disk 有效 [cmos]
translation	bios 进行变换的类型(int13),仅对 disk 有效	[none | lba | large | rechs | auto]
model	确认设备 ATA 命令返回的字符串	

在配置 ATA 设备时，必须指明连接设备的类型 type，可以是 disk 或 cdrom。还必须指明设备的“路径名”path。“路径名”可以是一个硬盘映像文件、CDROM 的 ISO 文件或者直接指向系统的 CDROM 驱动器。在 Linux 系统中，可以使用系统设备作为 Bochs 的硬盘，但由于安全原因，在 Windows 下不赞成直接使用系统上的物理硬盘。

对于类型是 disk 的设备，选项 path、cylinders、heads 和 spt 是必须的。对于类型是 cdrom 的设备，选项 path 是必须的。

磁盘变换方案（在传统 int13 BIOS 功能中实现，并且用于像 DOS 这样的老式操作系统）可以定义为：

- none：无需变换，适用于容量小于 528MB（1032192 个扇区）的硬盘。
- large：标准移位算法，用于容量小于 4.2GB（8257536 个扇区）的硬盘。
- rechs：修正移位算法，使用 15 磁头的伪物理硬盘参数，适用于容量小于 7.9GB（15482880 个扇区）的硬盘。
- lba：标准 lba-辅助算法。适用于容量小于 8.4GB（16450560 个扇区）的硬盘。
- auto：自动选择最佳变换方案（如果模拟系统启动不了就应该改变）。

mode 选项用于说明如何使用硬盘映像文件。它可以是以下模式之一：

- flat：一个平坦顺序文件。
- concat：多个文件。
- external：开发者专用，通过 C++类来指定。
- dll：开发者专用，通过 DLL 来使用。
- sparse：可堆砌的、可确认的、可退回的。
- vmware3：支持 VMware3 的硬盘格式。

- undoable：具有确认重做日志的平坦文件。
- growing：容量可扩展的映像文件。
- volatile：具有易变重做日志的平坦文件。

以上选项的默认值是：

```
mode=flat, biosdetect=auto, translation=auto, model="Generic 1234"
```

（5）boot

boot 用来定义模拟机器中用于引导启动的驱动器。可以指定软盘、硬盘或 CDROM。也可以使用驱动器号“c”和“a”。例子如下：

```
boot: a
boot: c
boot: floppy
boot: disk
boot: cdrom
```

（6）cpu

cpu 用来定义模拟系统中仿真的 CPU 的参数。该选项可带有 4 个参数：COUNT、QUANTUM、RESET_ON_TRIPLE_FAULT 和 IPS。

其中 COUNT 用来指明系统中模拟的处理器个数。当编译 Bochs 软件包时选用了支持 SMP 选项，则 Bochs 目前可以支持最多 8 个同时运行的线程。但是若编译成的 Bochs 不支持 SMP，则 COUNT 只能设置为 1。

QUANTUM 用来指定控制从一个处理器切换到另一个之前最多可执行的指令数量。该选项也仅适用于支持 SMP 的 Bochs 执行程序。

RESET_ON_TRIPLE_FAULT 用来指定当处理器发生三重错误时需要对 CPU 执行复位操作而不是仅仅让其停机（PANIC）。

IPS（Instructions Per Second）指定每秒钟仿真的指令条数。这是 Bochs 在主机系统中运行的 IPS 数值。这个值会影响模拟系统中与时间有关的很多事件。例如改变 IPS 值会影响到 VGA 更新的速率以及其他一些模拟系统评估值。因此需要根据所使用的主机性能来设定该值。可参考表 17-2 进行设置。

表 17-2　每秒种仿真指令数

Bochs 版本	主机速度	机器配置/编译器	IPS 典型值
2.2.6	2.6GHz	Intel Core 2 Duo，运行 WinXP/g++ 3.4	21～25 MIPS
2.2.6	2.1GHz	Athlon XP，运行 Linux 2.6/g++ 3.4	12～15 MIPS
2.0.1	1.6GHz	Intel P4，运行 Win2000/g++ 3.3	5～7 MIPS
1.4	650MHz	Athlon K-7 运行 Linux 2.4.x	2～2.5 MIPS
1.4	400MHz	Pentium II 运行 Linux 2.0.x	1～1.8 MIPS

例如：

```
cpu: count=1, ips=10000000, reset_on_triple_fault=1
```

（7）log

指定 log 的路径名可以让 Bochs 记录执行的一些日志信息。如果在 Bochs 中运行的系统不能正常运行，就可以参考其中的信息来找出原因。log 通常设置为：

```
log: bochsout.txt
```

17.2 在 Bochs 中运行 Linux 0.1x 系统

若要运行一个 Linux 类操作系统，那么除了需要内核代码以外，我们还需要一个根文件系统（root fs）。根文件系统通常是一个存放 Linux 系统运行时必要文件（例如系统配置文件和设备文件等）和存储数据文件的外部设备。在现代 Linux 操作系统中，内核代码映像文件（bootimage）保存在根文件系统中。系统引导启动程序会从这个根文件系统设备上把内核执行代码加载到内存中去运行。

不过内核映像文件和根文件系统并不一定要存放在同一个设备上，即无须存放在一个软盘或硬盘的同一个分区中。对于只使用软盘的情况，由于软盘容量方面的限制，通常就把内核映像文件与根文件系统分别放在两张盘片中，存放可引导启动的内核映像文件的软盘被称为内核引导启动盘文件（bootimage）；存放根文件系统的软盘就被称作根文件系统映像文件（rootimage）。当然我们也可以从软盘中加载内核映像文件，同时使用硬盘中的根文件系统，或者让系统直接从硬盘开始引导启动系统，即从硬盘的根文件系统中加载内核映像文件并使用硬盘中的根文件系统。

本节主要介绍如何在 Bochs 中运行几种已经设置好的 Linux 0.1x 系统，并且说明相关配置文件中几个主要参数的设置。首先我们从网站上下载一个如下的 Linux 0.1x 系统软件包到桌面上：

```
http://oldlinux.org/Linux.old/bochs/linux-0.12-080324.zip
```

软件包名称中的最后 6 位数字是日期信息。通常应该选择下载日期最新的一个软件包。下载完毕后可以使用如 unzip、WinZip 或 Rar 等一般通用解压缩程序来解开。注意，你需要大约 250MB 的磁盘空间来解开这个压缩文件。

17.2.1 软件包中文件说明

解开 linux-0.12-080324.zip 这个文件后会生成一个名称为 linux-0.12-080324 的目录。进入该目录后我们可以看到其中有如下一些文件：

```
[root@www linux-0.12-080324]# ls -o -g
total 256916
-rw-r--r--  1   3078642 Mar 24 10:49 bochs-2.3.6-1.i586.rpm
-rw-r--r--  1   3549736 Mar 24 10:48 Bochs-2.3.6.exe
-rw-r--r--  1     15533 Mar 24 18:04 bochsout.txt
-rw-r--r--  1      1774 Mar 24 20:13 bochsrc-0.12-fd.bxrc
-rw-r--r--  1      5903 Mar 24 17:56 bochsrc-0.12-hd.bxrc
-rw-r--r--  1     35732 Dec 24 20:15 bochsrc-sample.txt
-rw-r--r--  1    150016 Mar  6  2004 bootimage-0.12-fd
-rw-r--r--  1    154624 Aug 27  2006 bootimage-0.12-hd
-rw-r--r--  1        68 Mar 24 12:21 debug.bat
-rw-r--r--  1   1474560 Mar 24 15:27 diska.img
```

```
-rw-r--r--   1   1474432 Aug 27  2006 diskb.img
-rw-r--r--   1      7917 Mar 24 11:32 linux-0.12-README
-rw-r--r--   1   1474560 Mar 24 17:03 rootimage-0.12-fd
-rw-r--r--   1 251338752 Mar 24 18:04 rootimage-0.12-hd
-rw-r--r--   1     21253 Mar 13  2004 SYSTEM.MAP
[root@www linux-0.12-080324]#
```

这个软件包中包含 2 个 Bochs 安装程序、2 个 Bochs .bxrc 配置文件、2 个包含内核代码的引导映像（bootimage）文件；一个软盘和一个硬盘根文件系统映像（rootimage）文件以及其他一些有用文件。其中 README 文件简要说明了各个文件的用途。下面再说明一下部分文件的用途。

- bochs-2.3.6-1.i586.rpm 是用于 Linux 操作系统的 Bochs 安装程序。
- bochs-2.3.6.exe 是 Windows 操作系统平台下的 Bochs 安装程序。在运行 Linux 0.1x 系统之前需要在机器上安装 Bochs 系统。最新版的 Bochs 软件可在网站 http://bochs.sourceforge.net/ 下载。由于 Bochs 在不断地改进，有些新推出的版本可能会引起兼容性问题。这需要通过修改.bxrc 配置文件来解决，有些问题甚至需要通过修改 Linux 0.1x 内核代码来解决。
- bochsout.txt 是 Bochs 系统运行时自动产生的日志文件。其中包含 Bochs 运行时的各种状态信息。在运行 Bochs 遇到问题时，可以查看这个文件的内容来初步断定问题的起因。
- bochsrc-0.12-fd.bxrc 是 Bochs 的配置文件。该配置文件用于从 Bochs 虚拟 A: 盘(/dev/fd0）启动 Linux 0.12 系统，即内核映像文件已设置在虚拟 A：盘中，并且要求随后根文件系统被替换插入当前虚拟启动驱动器中。在引导启动过程中它会要求我们在 A 盘中“插入”根文件系统盘（rootimage-0.12-fd）。该配置文件使用的内核映像和引导文件是 bootimage-0.12-fd。双击这个配置文件即可运行该配置的 Linux 0.12 系统。
- bochsrc-0.12-hd.bxrc 这也是一个设置成从 A：盘启动的配置文件，但是会使用硬盘映像文件（rootimage-0.12-hd）中的根文件系统。该配置文件使用 bootimage-0.12-hd 进行引导启动。双击这个配置文件即可运行该配置的 Linux 0.12 系统。
- bootimage-0.12-fd 是编译内核生成的映像（Image）文件。其中包含了整个内核的代码和数据，包括软盘启动引导扇区的代码。双击相关配置文件即可运行该配置的 Linux 0.12 系统。
- bootimage-0.12-hd 是用于使用虚拟硬盘上根文件系统的内核映像文件，即该文件的第 509、510 字节的根文件系统设备号已被设置成 C：盘第 1 个分区（/dev/hd1），设备号是 0x0301。
- debug.bat 是 Windows 平台上启动 Bochs 调试功能的批处理程序。请注意，你可能需要根据 Bochs 安装的具体目录来修改其中的路径名。另外，默认情况下在 Linux 系统上安装运行的 Bochs 系统不包含调试功能。你可以直接使用 Linux 系统中的 gdb 程序进行调试。若还是想利用 Bochs 的调试功能，那么你就需要下载 Bochs 的源代码自己进行定制编译。
- diska.img 和 diskb.img 是两个 DOS 格式的软盘映像文件。其中包含了一些工具程序。在 Linux 0.12 中可以使用 mcopy 等命令来访问这两个文件。当然在访问之前需要动态“插入”相应的盘片。在双击 bochsrc-0.12-fd.bxrc 或 bochsrc-0.12--hd.bxrc 配置文件设置的 Linux 0.12 系统时，B：盘中已经“插入”了 diskb.img 盘。
- rootimage-0.12-hd 就是上面提到的虚拟硬盘映像文件，含有 3 个分区。其中第 1 个分区中是一个 MINIX 文件系统 1.0 类型的根文件系统，另外 2 个分区也是 MINIX 1.0 文件系统，并存放了一些试验用的源代码文件。你可以使用 mount 命令加载和使用这些空间。

- rootimage-0.12-fd 是软盘上的根文件系统盘。当使用 bochsrc-0.12-fd 来运行 Linux 0.12 系统时，就会用到这个根文件系统盘。
- SYSTEM.MAP 文件是编译 Linux 0.12 内核时生成的内核内存存储位置信息文件。在调试内核时，该文件的内容非常有用。

17.2.2 安装 Bochs 模拟系统

软件包中的 bochs-2.3.6-1.i586.rpm 文件是 Linux 系统下使用的 Bochs 安装程序，Bochs-2.3.6.exe 是 Windows 操作系统上的 Bochs 安装程序。最新版的 Bochs 软件总是可以在下面网站位置上获得：

```
http://sourceforge.net/projects/bochs/
```

若我们是在 Linux 系统中进行试验，那么就可在命令行上运行 rpm 命令或者在 X Window 中直接双击第一个文件来安装 Bochs：

```
rpm -i bochs-2.3.6-1.i586.rpm
```

若是在 Windows 系统下，那么直接双击 Bochs-2.3.6.exe 文件名就可来安装 Bochs 系统。在安装完后请根据安装的具体目录修改用于调试内核的批处理文件 debug.bat。另外，在下面的实验过程和例子中，我们主要以 Windows 平台为例介绍 Bochs 的使用方法。

17.2.3 运行 Linux 0.1x 系统

在 Bochs 中运行 Linux 0.1x 系统非常简单，只要双击相应的 Bochs 配置文件（*.bxrc）即可开始运行。每个配置文件中已经设置好了运行时模拟的 PC 环境。可以利用任何文本编辑器来修改配置文件。要运行 Linux 0.12 系统，相应的配置文件中通常只需要包含以下几行必要信息即可：

```
romimage: file=$BXSHARE/BIOS-bochs-latest
vgaromimage: file=$BXSHARE/VGABIOS-lgpl-latest
megs: 16
floppya: 1_44="bootimage-0.12-hd", status=inserted
ata0-master: type=disk, path="rootimage-0.12-hd", mode=flat, cylinders=487, heads=16, spt=63
boot: a
```

前两行指明所模拟的 PC 的 ROM BIOS 和 VGA 显示卡 ROM 程序，一般用不着修改。第 3 行指明 PC 的物理内存容量，这里设置为 16MB。因为默认的 Linux 0.12 内核最多只支持 16MB 内存，所以设置大了也不起作用。参数 floppya 指定模拟 PC 的软盘驱动器 A：使用 1.44MB 盘类型，并且这里已经设置成使用 bootimage-0.12-fd 软盘映像文件，并且是在插入状态。对应的 floppyb 用来指明 B：盘中使用或插入的软盘映像文件。参数 ata0-master 用于指定模拟 PC 上挂接的虚拟硬盘容量和硬盘参数。这些硬盘参数的具体含义请参见前面的描述。另外还有 ata0-slave 用来指定第 2 块虚拟硬盘使用的映像文件和参数。最后的 boot 用来指定启动的驱动器。可以设置成从 A：盘或从 C：盘（硬盘）启动。这里设置成从 A：盘启动(a)。

（1）使用 bochsrc-0.12-fd.bxrc 配置文件运行 Linux 0.12 系统

即从软盘启动 Linux 0.12 系统并且在当前驱动器中使用根文件系统。这种运行 Linux 0.12 系统的方式仅使用两个软盘：bootimage-0.12-fd 和 rootimage-0.12-fd。上面列出的几行配置文件内容也就是 bochsrc-0.12-fd.bxrc 中的基本设置。当双击这个配置文件运行 Linux 0.12 系统时，Bochs 显示主窗口中会出现提示信息，如图 17-1 所示。由于 bochsrc-0.12-fd.bxrc 把 Linux 0.12 的运行环境配置成从 A 盘启动，并且所设置使用的内核映像文件 bootimage-0.12-fd 会要求根文件系统在当前用于启动的驱动器（A 盘）中，所以内核会显示一条要求我们“取出”内核启动映像文件 bootiamge-0.12-fd 并“插入”根文件系统的信息。此时我们可以利用窗口上左上方的 A 盘图标来“更换”A 盘。单击这个图标，并把其中原映像文件名（bootimage-0.12-fd）修改成 rootimage-0.12-fd，就完成了软盘更换操作。此后单击“OK”按钮关闭该对话窗口后，再按回车键就可以让内核加载软盘上的根文件系统，最后出现命令提示行，如图 17-2 所示。

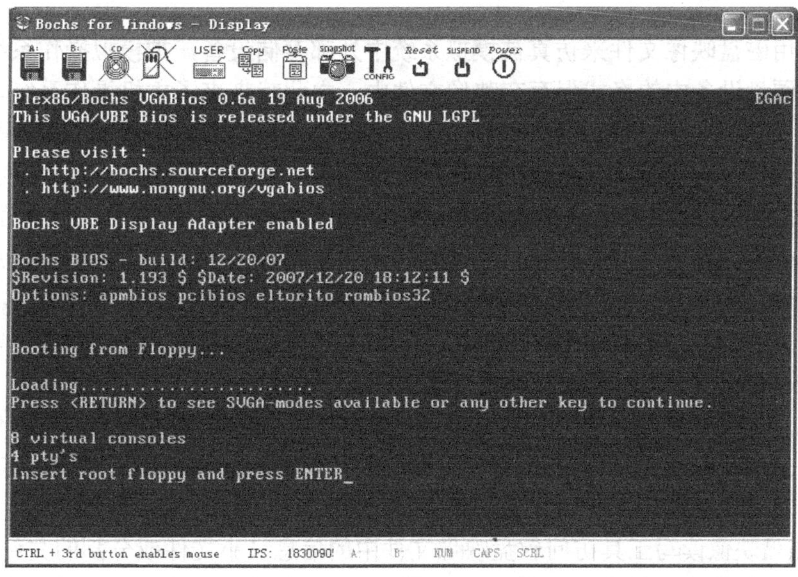

图 17-1　从软盘引导启动并运行在软盘中的根文件系统

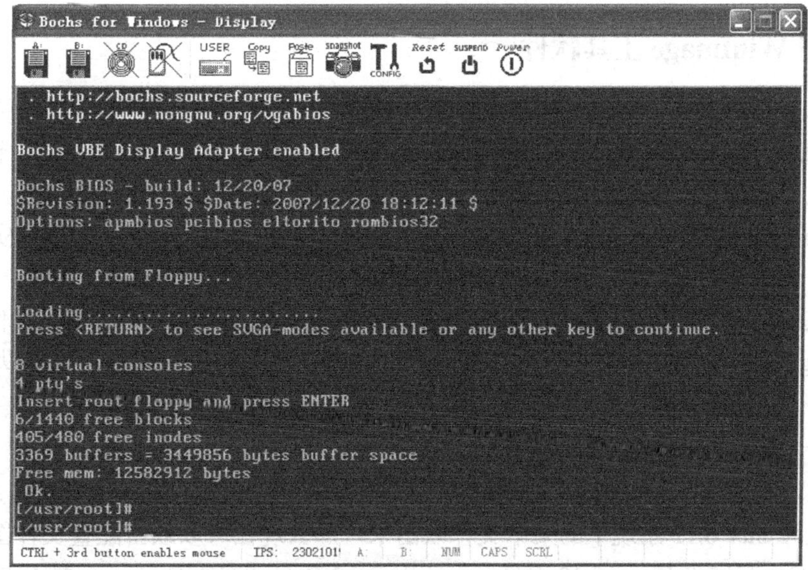

图 17-2　“更换”软盘并按回车键继续运行

（2）使用 bochsrc-0.12-hd.bxrc 配置文件运行 Linux 0.12 系统

该配置文件会从启动软盘（A：盘）中加载 Linux 0.12 的内核映像文件 bootimage-0.12-hd，并且使用硬盘映像文件 rootimage-0.12-hd 第 1 个分区中的根文件系统。因为 bootimage-0.12-hd 文件中的第 509、510 字节已经被设置成 C：盘第 1 个分区的设备号 0x0301（即 0x01,0x03），所以内核初始化运行时会自动从 C: 盘第 1 个分区中加载根文件系统。双击 bochsrc-0.12-hd.bxrc 文件名可以直接运行 Linux 0.12 系统，并同样会直接得到类似图17-2 的画面。

17.3　访问磁盘映像文件中的信息

Bochs 使用磁盘映像文件来仿真被模拟系统中外部存储设备，被模拟操作系统中的所有文件均以软盘或硬盘设备中的格式保存在映像文件中。由此就带来了主机操作系统与 Bochs 中被模拟系统之间交换信息的问题。虽然 Bochs 系统能被配置成直接使用主机的软盘驱动器、CDROM 驱动器等物理设备来运行，但是这种信息交换方法比较繁琐。因此最好能够直接读写 Image 文件中的信息。如果需要往被模拟的操作系统中添加文件，就把文件存入 Image 文件中。如果要取出其中的文件就从 Image 文件中读出。但由于保存在 Image 文件中的信息不仅是按照相应的软盘或硬盘格式存放，而且还以一定的文件系统格式存放。因此访问 Image 文件中信息的程序必须能够识别其中的文件系统才能操作。对于本章应用来说，我们需要一些工具来识别 Image 文件中的 MINIX 和 DOS 文件系统格式。

总体来说，如果与模拟系统交换的文件长度比较小，可以采用软盘 Image 文件作为交换媒介。如果有大批量文件需要从模拟系统中取出或放入模拟系统，那么可以利用现有 Linux 系统来操作。下面就从这两个方面讨论可采用的几种方法。

- 利用磁盘映像读写工具访问软盘映像文件中的信息（小文件或分割的文件）。
- 在 Linux 主环境中利用 loop 设备访问硬盘映像文件中的信息（大批量信息交换）。
- 利用 ISO 格式文件进行信息交换（大批量信息交换）。

17.3.1　使用 WinImage 工具软件

使用软盘 Image 文件，可以与模拟系统进行少量文件的交换。前提条件是被模拟系统支持对 DOS 格式软盘进行读写，例如通过使用 mtools 软件。mtools 是 UNIX 类系统中读写 MSDOS 文件系统中文件的程序。该软件模拟或仿真了常用的 MSDOS 命令，如 copy、dir、cd、format、del、md 和 rd 等。在这些名称前加上字母 m 就是 mtools 中的对应命令。下面以实例来说明具体的操作方法。

在读写文件之前，首先需要根据前面描述的方法准备一个 1.44MB 的 Image 文件（假设文件名是 diskb.img）。并修改 Linux 0.12 的 bochs.bxrc 配置文件，在 floppya 参数后增加以下一行信息：

```
floppyb: 1_44="diskb.img", status=inserted
```

即给模拟系统增加第 2 个 1.44MB 软盘设备，并且该设备对应的 Image 文件名是 diskb.img。

如果想把 Linux 0.12 系统中的某个文件取出来，那么现在可以双击配置文件图标开始运行 Linux 0.12 系统。在进入 Linux 0.12 系统后，使用 DOS 软盘读写工具 mtools 把 hello.c 文件写到第 2 个软盘 Image 中。如果软盘 Image 是使用 Bochs 创建的或还没有格式化过，可以使用“mformat b:” 命令首先进行格式化。

```
 [/usr/root]# mcopy hello.c b:
Copying HELLO.C
[/usr/root]# mdir b:
 Volume in drive B has no label
 Directory for B:/

HELLO    C          74   4-30-104   4:47p
      1 File(s)    1457152 bytes free
[/usr/root]#
```

现在退出 Bochs 系统，并使用 WinImage 打开 diskb.img 文件，在 WinImage 的主窗口中会有一个 hello.c 文件存在。用鼠标选中该文件并拖到桌面上即完成了取文件的整个操作过程。如果需要把某个文件输入到模拟系统中，那么操作步骤正好与上述相反。另外请注意，WinImage 只能访问和操作具有 DOS 格式的盘片文件，它不能访问 MINIX 文件系统等其他格式的盘片文件。

17.3.2　利用现有 Linux 系统

现有 Linux 系统（例如 Fedora 7）能够访问多种文件系统，包括利用 loop 设备访问存储在文件中的文件系统。对于软盘 Image 文件，我们可以直接使用 mount 命令来加载 Image 中的文件系统进行读写访问。例如我们需要访问 rootimage-0.12 中的文件，那么只要执行以下命令：

```
[root@plinux images]# mount -t minix rootimage-0.12 /mnt -o loop
[root@plinux images]# cd /mnt
[root@plinux mnt]# ls
bin  dev  etc  root  tmp  usr
[root@plinux mnt]#
```

其中 mount 命令的-t minix 选项指明所读文件系统类型是 MINIX，-o loop 选项说明通过 loop 设备来加载文件系统。若需要访问 DOS 格式软盘 Image 文件，只需把 mount 命令中的文件类型选项 minix 换成 msdos 即可。

如果想访问硬盘 Image 文件，那么操作过程与上述不同。由于软盘 Image 文件一般包含一个完整文件系统的映像，因此可以直接使用 mount 命令加载软盘 Image 中的文件系统，但是硬盘 Image 文件中通常含有分区信息，并且文件系统是在各个分区中建立的。即我们可以把硬盘中的每个分区看成是一个完整的“大”软盘。

因此，为了访问一个硬盘 Image 文件某个分区中的信息，我们需要首先了解这个硬盘 Image 文件的分区信息，以确定需要访问的分区在 Image 文件中的起始偏移位置。关于硬盘 Image 文件中的分区信息，我们可以在模拟系统中使用 fdisk 命令查看，也可以利用下面介绍的方法查看。这里以下面软件包中包括的硬盘 Image 文件 hdc-0.11.img 为例来说明访问其中第 1 个分区中文件系统的方法：

```
    http://oldlinux.org/Linux.old/bochs/linux-0.12-080324.zip
```

这里需要用到 loop 设备设置与控制命令 losetup。该命令主要用于把一个普通文件或一个块设备与 loop 设备相关联，或用于释放一个 loop 设备、查询一个 loop 设备的状态。该命令的详细说明请参照在线手册。

首先执行下面命令，把 rootimage-0.12-hd 文件与 loop1 相关联，并利用 fdisk 命令查看其中的分区信息。

```
[root@www linux-0.12-080324]# losetup /dev/loop1 rootimage-0.12-hd
[root@www linux-0.12-080324]# fdisk /dev/loop1
Command (m for help): x
Expert command (m for help): p
Disk /dev/loop1: 16 heads, 63 sectors, 487 cylinders

Nr AF  Hd Sec  Cyl  Hd Sec  Cyl     Start      Size ID
 1 80   1   1    0  15  63  130         1    132047 81
 2 00   0   1  131  15  63  261    132048    132048 81
 3 00   0   1  262  15  63  392    264096    132048 81
 4 00   0   1  393  15  63  474    396144     82656 82
Expert command (m for help): q
[root@www linux-0.12-080324]#
```

从 fdisk 给出的分区信息可以看出，该 Image 文件含有 3 个 MINIX 分区和 1 个交换分区。如果我们需要访问第 1 个分区的内容，则记下该分区的起始扇区号（即分区表中 Start 一栏的内容）。如果要访问其他分区的硬盘 Image，就需要记住相关分区的起始扇区号。

接下来，先使用 losetup 的-d 选项把 rootimage-0.12-hd 文件与 loop1 的关联解除，然后重新把它关联到该文件第 1 个分区的起始位置处。这需要使用 losetup 的-o 选项，该选项指明关联的起始字节偏移位置。由上面分区信息可知，这里第 1 个分区的起始偏移位置是 1×512 字节。把第 1 个分区与 loop1 重新关联后，就可以使用 mount 命令来访问其中的文件了。

```
[root@www linux-0.12-080324]# losetup -d /dev/loop1
[root@www linux-0.12-080324]# losetup -o 512 /dev/loop1 rootimage-0.12-hd
[root@www linux-0.12-080324]# mount -t minix /dev/loop1 /mnt
[root@www linux-0.12-080324]# cd /mnt
[root@www mnt]# ls
bin  etc  home  MCC-0.12  mnt1    root  usr
dev  hdd  image  mnt      README  tmp   vmlinux
[root@www mnt]#
```

在对分区中文件系统访问结束后，卸载和解除关联。

```
[root@www mnt]# cd
[root@www ~]# umount /dev/loop1
[root@www ~]# losetup -d /dev/loop1
[root@www ~]#
```

17.4 编译运行简单内核示例程序

第 4 章给出了一个简单多任务内核示例程序，我们称之为 Linux 0.00 系统。它含有两个运行在特权级 3 上的任务，分别会在屏幕上循环显示字符 A 和 B，并且在时钟定时控制下执行任务切换操作。在本书网站上给出了已经配置好的能在 Bochs 模拟环境下运行的软件包：

```
http://oldlinux.org/Linux.old/bochs/linux-0.00-050613.zip
http://oldlinux.org/Linux.old/bochs/linux-0.00-041217.zip
```

我们可以下载以上任何一个来进行实验。其中第 1 个软件包中给出的程序与这里描述的相同，第 2 个软件包中的程序稍有不同（内核 head 代码直接在 0x10000 处运行），但是原理完全一样。这里我们将以第 1 个软件包中的程序为例进行说明。第 2 个软件包请读者自己进行实验分析。

使用解压缩软件解开 linux-0.00-050613.zip 软件包后，会在当前目录中生成一个 linux-0.00 子目录。我们可以看到这个软件包中有以下几个文件：

- linux-0.00.tar.gz　源程序压缩文件。
- linux-0.00-rh9.tar.gz　源程序压缩文件。
- Image　内核引导启动映像文件。
- bochsrc-0.00.bxrc　Bochs 配置文件。
- rawrite.exe　Windows 下把 Image 写入软盘的程序。
- README　软件包说明文件。

第 1 个文件 linux-0.00.tar.gz 是内核示例源程序的压缩文件，可以在 Linux 0.1x 系统中编译产生内核 Image 文件。第 2 个也是内核示例源程序的压缩文件，但其中的源程序可在 RedHat Linux 9 系统下进行编译。第 3 个文件 Image 是源程序编译得到的可运行代码的 1.44MB 软盘映像文件。第 4 个文件 bochsrc-0.00.bxrc 是 Bochs 环境下运行时使用的 Bochs 配置文件，第 5 个是 DOS 或 Windows 系统中把软盘映像文件写入软盘用的工具程序。我们可以直接运行 RAWRITE.EXE 程序，并根据提示把这里的内核映像文件 Image 写入一张 1.44MB 软盘中来运行。

上面给出的内核示例的源程序就包括在 linux-0.00-tar.gz 文件中。解压这个文件会生成一个包含源程序文件的子目录，其中除了 boot.s 和 head.s 程序以外，还包含一个 Makefile 文件。由于 as86/ld86 编译链接产生的 boot 文件开始部分含有 32 字节的 MINIX 执行文件头部信息，而 as/ld 编译链接出的 head 文件开始部分包括 1024 字节的 a.out 格式头部信息，因此在生成内核 Image 文件时我们利用两条 dd 命令分别去掉两者头部信息并把它们合成内核映像 Image 文件。

在源代码目录中直接执行 make 命令即会生成 Image 文件。如果已经执行过 make 命令，那么应先执行“make clean”，然后再执行 make 命令。

```
[/usr/root/linux-0.0]# ls -l
total 9
-rw-------   1 root    root        487 Jun 12 19:25 Makefile
-rw-------   1 root    4096       1557 Jun 12 18:55 boot.s
-rw-------   1 root    root       5243 Jun 12 19:01 head.s
[/usr/root/linux-0.0]# make
as86 -0 -a -o boot.o boot.s
ld86 -0 -s -o boot boot.o
gas   -o head.o head.s
gld -s -x -M head.o  -o system > System.map
dd bs=32 if=boot of=Image skip=1
16+0 records in
16+0 records out
dd bs=512 if=system of=Image skip=2 seek=1
16+0 records in
16+0 records out
[/usr/root/linux-0.0]#
```

若要把 Image 复制到 A：盘映像文件中或者一个真实的软盘中，那么可以再像下面一样执行命令“make disk”。不过在执行该命令之前，若是在 Bochs 下 Linux 0.12 系统中执行了编译过程，那么应先复制保存启动映像盘文件（例如 bootimage-0.12-hd），以便测试完后恢复 Linux 0.12 系统的启动映像文件。

```
[/usr/root/linux-0.0]# ls
Image        System.map  boot.o      head.o      system
Makefile     boot        boot.s      head.s
[/usr/root/linux-0.0]# make disk
dd bs=8192 if=Image of=/dev/fd0
1+1 records in
1+1 records out
sync;sync;sync
[/usr/root/linux-0.0]#
```

若要运行这个内核示例，我们可以用鼠标直接单击 Bochs 窗口上的 RESET 图标。其运行情况如图 17-3 所示。此后若要恢复运行 Linux 0.12 系统，那么可用刚才复制保存的映像文件覆盖启动文件。

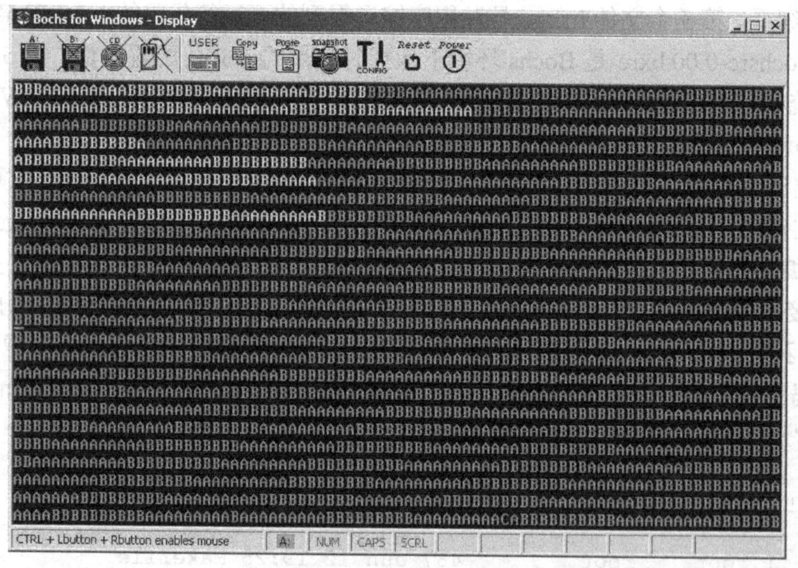

图 17-3 简单内核运行的屏幕显示情况

17.5 利用 Bochs 调试内核

Bochs 具有非常强大的操作系统内核调试功能。这也是本文选择 Bochs 作为首选实验环境的主要原因。有关 Bochs 调试功能的说明参见 17.2 节，这里基于 Linux 0.12 内核来说明 Windows 环境下 Bochs 系统调试操作的基本方法。

17.5.1 运行 Bochs 调试程序

我们假设 Bochs 系统已被安装在目录“C:\Program Files\Bochs-2.3.6\”中，并且 Linux 0.12 系统的 Bochs 配置文件名称是 bochsrc-0.12-hd.bxrc。现在我们在包含内核 Image 文件的目录下

建立一个简单的批处理文件 run.bat，其内容如下：

```
"C:\Program Files\Bochs-2.3.6\bochsdbg" -q -f bochsrc-0.12-hd.bxrc
```

其中 bochsdbg 是 Bochs 系统的调试执行程序。运行该批处理命令即可进入调试环境。此时 Bochs 的主显示窗口空白，而控制窗口将显示以下类似内容：

```
C:\Linux-0.12>"C:\Program Files\Bochs-2.3.6\bochsdbg" -q -f bochsrc-0.12-hd.bxrc
00000000000i[APIC?] local apic in  initializing
========================================================================
                    Bochs x86 Emulator 2.3.6
              Build from CVS snapshot on December 24, 2007
========================================================================
00000000000i[     ] reading configuration from bochsrc-hd-new.bxrc
00000000000i[     ] installing win32 module as the Bochs GUI
00000000000i[     ] using log file bochsout.txt
Next at t=0
(0) [0xfffffff0] f000:fff0 (unk. ctxt): jmp far f000:e05b        ; ea5be000f0
<bochs:1>
```

此时 Bochs 调试系统已经准备运行，CPU 执行指针已指向 ROM BIOS 中地址 0x000fffff0 处的指令处。其中“<bochs:1>”是命令输入行提示符，其中的数字表示当前的命令序列号。在命令提示符“<bochs:1>”后面键入“help”命令，可以列出调试系统的基本命令。若要了解某个命令的具体使用方法，可以键入“help”并且后面跟随一个用单引号括住的具体命令，例如：“help 'vbreak'”。如下所示。

```
<bochs:1> help
help - show list of debugger commands
help 'command'- show short command description
-*- Debugger control -*-
   help, q|quit|exit, set, instrument, show, trace-on, trace-off,
   record, playback, load-symbols, slist
-*- Execution control -*-
   c|cont, s|step|stepi, p|n|next, modebp
-*- Breakpoint management -*-
   v|vbreak, lb|lbreak, pb|pbreak|b|break, sb, sba, blist,
   bpe, bpd, d|del|delete
-*- CPU and memory contents -*-
   x, xp, u|disas|disassemble, r|reg|registers, setpmem, crc, info, dump_cpu,
   set_cpu, ptime, print-stack, watch, unwatch, ?|calc
<bochs:2> help 'vbreak'
help vbreak
vbreak seg:off - set a virtual address instruction breakpoint
<bochs:3>
```

以下是一些比较常用的命令。所有调试命令的完整列表请参见 Bochs 自带的 html 格式的帮助文件（internal-debugger.html）或者参考在线帮助信息（help 命令）。

（1）执行控制命令。控制指令的单步或多步执行。

```
c               连续执行
stepi [count]   执行 count 条指令，默认为 1 条。
```

```
si    [count]   执行 count 条指令，默认为 1 条。
step  [count]   执行 count 条指令，默认为 1 条。
s     [count]   执行 count 条指令，默认为 1 条。
p               与 s 类似，但把中断指令和函数调用指令当作单步执行，即执行整个中断或子函数。
n(或 next)      与 s 类似，但把中断指令和函数调用指令当作单步执行，即执行整个中断或子函数。
Ctrl-C          停止执行，并回到命令行提示符下。
Ctrl-D          如果在空的命令行提示符下键入该命令，则退出 Bochs。
quit                退出调试和执行。
q               退出调试和执行。
```

（2）断点设置命令。其中 seg、off 和 addr 可以是以“0x”开始的十六进制数，也可以是十进制数或者是以“0”开始的八进制数。

```
vbreak seg:off  在虚拟地址上设置指令断点。
vb     seg:off
lbreak addr     在线性地址上设置指令断点。
lb     addr
pbreak [*] addr 在物理地址上设置指令断点。其中'*'是为了与 GDB 兼容的可选项。
pb     [*] addr
break  [*] addr
b      [*] addr
info break      显示所有当前断点的状态。
delete n            删除一个断点。
del    n
d      n
```

（3）内存操作命。

```
x  /nuf addr    检查位于线性地址 addr 处的内存内容，若 addr 不指定，则默认为下一个单元地址。
xp /nuf addr        检查位于物理地址 addr 处的内存内容。
其中的可选参数 n、u 和 f 的分别可为：
      n    欲显示内存单元的计数值，默认值为 1。
      u    表示单元大小，默认选择为'w'：
           b (Bytes)         1 字节；
           h (Halfwords)     2 字节；
           w (Words)         4 字节；
           g (Giantwords)    8 字节。
           注意：这些缩略符与 Intel 的不同，主要是为了与 GDB 调试器的表示法一致。
      f    显示格式，默认选择为'x'：
           x (hex)           显示为十六进制数（默认选择）；
           d (decimal)       显示为十进制数；
           u (unsigned)      显示成无符号十进制数；
           o (octal)         显示成八进制数；
           t (binary)        显示成二进制数。
           c (char)          显示字节代码对应的字符。若不是可显示字符代码，就直接显示代码。

crc addr1 addr2 显示物理内存从 addr1 到 addr2 范围内存的 CRC 校验值。
info dirty      显示上一次执行本命令以来已被修改过的物理内存页面。仅显示页面的前 20 字节。
```

（4）信息显示和 CPU 寄存器操作命令。

```
info program    显示程序的执行状态。
info registers  列表显示 CPU 整数寄存器（相对于浮点寄存器）及其内容。
info break      显示当前断点设置状态信息。
```

set $reg = val	修改 CPU 某一寄存器内容。目前除段寄存器和标志寄存器以外的寄存器都可以修改。例如，set $eax = 0x01234567； set $edx = 25
dump_cpu	显示 CPU 全部状态信息。
set_cpu	设置 CPU 全部状态信息。

"dump_cpu" 和 "set_cpu" 命令格式为：

```
"eax:0x%x\n"
"ebx:0x%x\n"
"ecx:0x%x\n"
"edx:0x%x\n"
"ebp:0x%x\n"
"esi:0x%x\n"
"edi:0x%x\n"
"esp:0x%x\n"
"eflags:0x%x\n"
"eip:0x%x\n"
"cs:s=0x%x, dl=0x%x, dh=0x%x, valid=%u\n"
"ss:s=0x%x, dl=0x%x, dh=0x%x, valid=%u\n"
"ds:s=0x%x, dl=0x%x, dh=0x%x, valid=%u\n"
"es:s=0x%x, dl=0x%x, dh=0x%x, valid=%u\n"
"fs:s=0x%x, dl=0x%x, dh=0x%x, valid=%u\n"
"gs:s=0x%x, dl=0x%x, dh=0x%x, valid=%u\n"
"ldtr:s=0x%x, dl=0x%x, dh=0x%x, valid=%u\n"
"tr:s=0x%x, dl=0x%x, dh=0x%x, valid=%u\n"
"gdtr:base=0x%x, limit=0x%x\n"
"idtr:base=0x%x, limit=0x%x\n"
"dr0:0x%x\n"
"dr1:0x%x\n"
"dr2:0x%x\n"
"dr3:0x%x\n"
"dr4:0x%x\n"
"dr5:0x%x\n"
"dr6:0x%x\n"
"dr7:0x%x\n"
"tr3:0x%x\n"
"tr4:0x%x\n"
"tr5:0x%x\n"
"tr6:0x%x\n"
"tr7:0x%x\n"
"cr0:0x%x\n"
"cr1:0x%x\n"
"cr2:0x%x\n"
"cr3:0x%x\n"
"cr4:0x%x\n"
"inhibit_int:%u\n"
"done\n"
```

其中：

- s（Selector）是选择符。
- dl（Descriptor Low-dword）是段描述符在选择符影子寄存器中的低 4 字节值。
- dh（Descriptor High-dword）是段描述符在选择符影子寄存器中的高 4 字节值。
- valid 表示段寄存器中是否正存放着有效影子描述符。

- inhibit_int 是一个指令延迟中断标志。若置位，则表示前一条刚执行过的指令是一条推迟 CPU 接受中断的指令（例如 STI、MOV SS）。

另外，执行 set_cpu 命令出现任何错误时会使用格式“Error: ...”报告出错信息。这些出错信息可能出现在每条输入行后面，也可能出现在最后显示“done”之后。若使用成功执行了 set_cpu 命令，则该命令将会显示“OK”来结束命令。

（5）反汇编命令。

```
disassemble start end   对给定线性地址范围内的指令进行反汇编。
disas
u
```

以下是 Bochs 的一些新命令，但在 Windows 环境下涉及文件名的命令可能无法正常使用。

- record *filename* 把执行过程中你的输入命令序列写到文件 *filename* 中。该文件将包含格式为“%s %d %x”的行。其中第 1 个参数是事件类型；第 2 个是时间戳；第 3 个是相关事件的数据。
- playback *filename* 使用文件 *filename* 中的内容回放命令执行。在控制窗口中还可以直接键入其他命令。文件中的各事件将被回放，各时间的回放时刻将相对于该命令执行的时间算起。
- print-stack [num words] 显示堆栈顶端 num 个 16 位的字。num 默认值是 16 个。当堆栈段的基地址是 0 时该命令仅在保护模式下可以正常使用。
- load-symbols [global] *filename* [offset] 从文件 *filename* 中加载符号信息。如果给出了关键字 global，那么在符号未加载以前的上下文中所有符号也都将是可见的。偏移 offset（默认为 0）会加入到每个符号项中。符号信息是加载到当前执行代码的上下文中的。符号文件 filename 中每行的格式是“%x %s”。其中第 1 个值是地址，第 2 个是符号名。

为了让 Bochs 直接模拟执行到 Linux 的引导启动程序开始处，我们可以先使用断点命令在 0x7c00 处设置一个断点，然后让系统连续运行到 0x7c00 处停下来。执行的命令序列如下：

```
<bochs:3> vbreak 0x0000:0x7c00
<bochs:4> c
(0) Breakpoint 1, 0x7c00 (0x0:0x7c00)
Next at t=4409138
(0) [0x00007c00] 0000:7c00 (unk. ctxt): mov ax, 0x7c0            ; b8c007
<bochs:5>
```

此时，CPU 执行到 boot.s 程序开始处的第 1 条指令处，Bochs 主窗口将显示出“Boot From floppy...”等一些信息。现在，我们可以利用单步执行命令“s”或“n”（不跟踪进入子程序）来跟踪调试程序了。在调试时可以使用 Bochs 的断点设置命令、反汇编命令、信息显示命令等来辅助我们的调试操作。下面是一些常用命令的示例：

```
<bochs:8> u /10                                    # 反汇编从当前地址开始的 10 条指令。
00007c00: (                    ): mov ax, 0x7c0         ; b8c007
00007c03: (                    ): mov ds, ax            ; 8ed8
00007c05: (                    ): mov ax, 0x9000        ; b80090
00007c08: (                    ): mov es, ax            ; 8ec0
00007c0a: (                    ): mov cx, 0x100         ; b90001
00007c0d: (                    ): sub si, si            ; 29f6
```

```
00007c0f: (                 ): sub di, di              ; 29ff
00007c11: (                 ): rep movs word ptr [di], word ptr [si] ; f3a5
00007c13: (                 ): jmp 9000:0018           ; ea18000090
00007c18: (                 ): mov ax, cs              ; 8cc8
<bochs:9> info r                               # 查看当前 CPU 寄存器的内容。
eax            0xaa55         43605
ecx            0x110001       1114113
edx            0x0            0
ebx            0x0            0
esp            0xfffe         0xfffe
ebp            0x0            0x0
esi            0x0            0
edi            0xffe4         65508
eip            0x7c00         0x7c00
eflags         0x282          642
cs             0x0            0
ss             0x0            0
ds             0x0            0
es             0x0            0
fs             0x0            0
gs             0x0            0
<bochs:10> print-stack                           # 显示当前堆栈的内容。
  0000fffe [0000fffe]  0000
  00010000 [00010000]  0000
  00010002 [00010002]  0000
  00010004 [00010004]  0000
  00010006 [00010006]  0000
  00010008 [00010008]  0000
  0001000a [0001000a]  0000
...
<bochs:11> dump_cpu                              # 显示 CPU 中的所有寄存器和状态值。
eax:0xaa55
ebx:0x0
ecx:0x110001
edx:0x0
ebp:0x0
esi:0x0
edi:0xffe4
esp:0xfffe
eflags:0x282
eip:0x7c00
cs:s=0x0, dl=0xffff, dh=0x9b00, valid=1      # s 是选择符；dl 和 dh 分别是描述符低、高双字。
ss:s=0x0, dl=0xffff, dh=0x9300, valid=7
ds:s=0x0, dl=0xffff, dh=0x9300, valid=1
es:s=0x0, dl=0xffff, dh=0x9300, valid=1
fs:s=0x0, dl=0xffff, dh=0x9300, valid=1
gs:s=0x0, dl=0xffff, dh=0x9300, valid=1
ldtr:s=0x0, dl=0x0, dh=0x0, valid=0
tr:s=0x0, dl=0x0, dh=0x0, valid=0
gdtr:base=0x0, limit=0x0
idtr:base=0x0, limit=0x3ff
dr0:0x0
dr1:0x0
dr2:0x0
dr3:0x0
dr6:0xffff0ff0
```

```
dr7:0x400
tr3:0x0
tr4:0x0
tr5:0x0
tr6:0x0
tr7:0x0
cr0:0x60000010
cr1:0x0
cr2:0x0
cr3:0x0
cr4:0x0
inhibit_mask:0
done
<bochs:12>
```

由于 Linux 0.1X 内核的 32 位代码是从绝对物理地址 0 处开始存放的，因此若想直接执行到 32 位代码开始处，即 head.s 程序开始处，我们可以在线性地址 0x0000 处设置一个断点并运行命令“c”执行到那个位置。

另外，当直接在命令提示符下按回车键时会重复执行上一个命令；按向上方向键会显示上一命令。其他命令的使用方法请参考“help”命令。

17.5.2 定位内核中的变量或数据结构

在编译内核时会产生一个 system.map 文件。该文件列出了内核 Image (bootimage)文件中全局变量和各个模块中的局部变量的偏移地址位置。在内核编译完成后可以使用前面介绍的文件导出方法把 system.map 文件抽取到主机环境（Windows）中。有关 system.map 文件的详细功能和作用请参见 2.10.3 节。system.map 样例文件中的部分内容如下所示。利用这个文件，我们可以在 Bochs 调试系统中快速地定位某个变量或跳转到指定的函数代码处。

```
...
Global symbols:

  _dup: 0x16e2c
  _nmi: 0x8e08
  _bmap: 0xc364
  _iput: 0xc3b4
  _blk_dev_init: 0x10ed0
  _open: 0x16dbc
  _do_execve: 0xe3d4
  _con_init: 0x15ccc
  _put_super: 0xd394
  _sys_setgid: 0x9b54
  _sys_umask: 0x9f54
  _con_write: 0x14f64
  _show_task: 0x6a54
  _buffer_init: 0xd1ec
  _sys_settimeofday: 0x9f4c
  _sys_getgroups: 0x9edc
...
```

同样，由于 Linux 0.1x 内核的 32 位代码是从绝对物理地址 0 处开始存放的，system.map 中全局变量的偏移位置值就是 CPU 中线性地址位置，因此我们可以直接在感兴趣的变量或函数名位置处设置断点，并让程序连续执行到指定的位置处。例如我们想调试函数 buffer_init()，那么从 system.map 文件中可以知道它位于 0xd1ec 处。此时我们可以在该处设置一个线性地址断点，并执行命令“c”让 CPU 执行到这个指定的函数开始处，如下所示。

```
<bochs:12> lb 0xd1ec                                    # 设置线性地址断点。
<bochs:13> c                                            # 连续执行。
(0) Breakpoint 2, 0xd1ec in ?? ()
Next at t=16689666
(0) [0x0000d1ec] 0008:0000d1ec (unk. ctxt): push ebx              ; 53
<bochs:14> n                                            # 执行下一指令。
Next at t=16689667
(0) [0x0000d1ed] 0008:0000d1ed (unk. ctxt): mov eax, dword ptr ss:[esp+0x8] ; 8b442408
<bochs:15> n                                            # 执行下一指令。
Next at t=16689668
(0) [0x0000d1f1] 0008:0000d1f1 (unk. ctxt): mov edx, dword ptr [ds:0x19958] ;
8b1558990100
<bochs:16>
```

程序调试是一种技能，只有多练习才能熟能生巧。上面介绍的一些基本命令需要组合在一起使用才能灵活地观察到内核代码执行的整体环境情况。

17.6　创建磁盘映像文件

磁盘映像文件（Disk Image File）是软盘或硬盘上信息的一个完整映像，并以文件的形式保存。磁盘映像文件中存储信息的格式与对应磁盘上保存信息的格式完全一样。空磁盘映像文件是容量与我们创建的磁盘相同但内容全为 0 的一个文件。这些空映像文件就像刚买来的新软盘或硬盘，还需要经过分区及格式化才能使用。

在制作磁盘映像文件之前，需要确定所创建映像文件的容量。对于软盘映像文件，各种规格（1.2MB 或 1.44MB）的容量都是固定的。因此这里主要说明如何确定自己需要的硬盘映像文件的容量。普通硬盘的结构由堆叠的金属圆盘组成。每个圆盘的上下两面用于保存数据，并且以同心圆的方式把整个表面划分成一个个磁道，或称为柱面（Cylinder）。因此一个圆盘需要两个磁头（Head）来读写两面的数据。在圆盘旋转时磁头只需要作径向移动就可以在任何磁道上方移动，从而能够访问圆盘表面所有有效的位置。每个磁道被划分成若干个扇区，扇区长度一般由 256～1024 字节组成。对于大多数系统来说，通常扇区长度均为 512 字节。一个典型的硬盘结构参见图 2-11。

图中示出了具有两个金属圆盘的硬盘结构。因此该硬盘有 4 个物理磁头。所含的最大柱面数在生产时已确定。当对硬盘进行分区和格式化时，圆盘表面的磁介质就被初始化成指定格式的数据，从而每个磁道（或柱面）被划分成指定数量的扇区。因此这个硬盘的总扇区数为：

硬盘总扇区数 = 物理磁道数 × 物理磁头数 × 每磁道扇区数

硬盘中以上这些实际的物理参数与一个操作系统中所使用的参数（逻辑参数）会有区别，但根据两者计算出的总扇区数与硬盘物理参数计算出的肯定是相同的。由于在设计 PC 系统时没有考虑到硬件设备性能和容量发展得如此之快，ROM BIOS 某些表示硬盘参数所使用的位太少而不能符合实际硬盘物理参数的要求。因此目前操作系统或机器 BIOS 中普遍采用的措施就是在保证硬盘总扇区数相等的情况下适当调整磁道数、磁头数和每磁道扇区数，以符合兼容性和参数表示限制的要求。在 Bochs 配置文件有关硬盘设备参数中的变换（Translation）选项也是为此目的而设置的。

在我们为 Linux 0.1x 系统制作硬盘 Image 文件时，考虑到其本身代码量很少，而且所使用的 MINIX 1.5 文件系统最大容量为 64MB 的限制，因此每个硬盘分区大小最大也只能是 64MB。另外，Linux 0.1X 系统尚未支持扩展分区，因此对于一个硬盘 Image 文件来说，最多有 4 个分区。因此，Linux 0.1X 系统可使用的硬盘 Image 文件最大容量是 64MB× 4 = 256MB。在下面的说明中，我们将以创建一个具有 4 个分区、每个分区为 60MB 的硬盘 Image 文件为例进行说明。

对于软盘来说，我们可以把它看作是一种具有固定磁道数（柱面数）、磁头数和每磁道扇区数（spt - Sectors Per Track）的超小型硬盘。例如容量是 1.44MB 的软盘参数是 80 个磁道、2 个磁头和每磁道有 18 个扇区、每个扇区有 512 字节。其扇区总数是 2880，总容量是 80×2×18×512 = 1474560 字节。因此下面介绍的所有针对硬盘映像文件的制作方式都可以用来制作软盘映像文件。为了叙述方便，在没有特别指出时，我们把所有磁盘映像文件统称为 Image 文件。

17.6.1 利用 Bochs 软件自带的 Image 生成工具

Bochs 系统带有一个 Image 生成工具“Disk Image Creation Tool”（bximage.exe）。用它可以制作软盘和硬盘的空 Image 文件。在运行并出现了 Image 创建界面时，程序首先会提示选择需要创建的 Image 类型（硬盘 hd 还是软盘 fd）。若是创建硬盘，还会提示输入硬盘 Image 的 mode 类型。通常只需要选择其默认值 flat 即可。然后输入你需要创建的 Image 容量。程序会显示对应的硬盘参数值：柱面数（磁道数、磁头数和每磁道扇区数），并要求输入 Image 文件的名称。程序在生成了 Image 文件之后，会显示一条用于 Bochs 配置文件中设置硬盘参数的配置信息。记下这条信息并编辑到配置文件中。下面是创建一个 256MB 硬盘 Image 文件的过程。

```
========================================================================
                          bximage
              Disk Image Creation Tool for Bochs
        $Id: bximage.c,v 1.19 2006/06/16 07:29:33 vruppert Exp $
========================================================================
Do you want to create a floppy disk image or a hard disk image?
Please type hd or fd. [hd]

What kind of image should I create?
Please type flat, sparse or growing. [flat]

Enter the hard disk size in megabytes, between 1 and 32255
[10] 256

I will create a 'flat' hard disk image with
  cyl=520
  heads=16
  sectors per track=63
  total sectors=524160
  total size=255.94 megabytes

What should I name the image?
[c.img] hdc.img
```

```
Writing: [] Done.
I wrote 268369920 bytes to (null).

The following line should appear in your bochsrc:
  ata0-master: type=disk, path="hdc.img", mode=flat, cylinders=520, heads=16, spt=63

Press any key to continue
```

如果已经有了一个容量满足要求的硬盘 Image 文件，那么直接复制该文件就能产生另一个 Image 文件。然后可以按照自己的要求对该文件进行处理。创建软盘 Image 文件的过程与上述类似，只是还会提示你选择软盘种类。同样，如果已经有其他软盘 Image 文件，那么直接复制即可。

17.6.2　在 Linux 系统下使用 dd 命令创建 Image 文件

前面已经说明，刚创建的 Image 文件是一个内容全为 0 的空文件，只是其容量与要求的一致。因此我们可以首先计算出要求容量的 Image 文件的扇区数，然后使用 dd 命令来产生相应的 Image 文件。

例如我们要建立柱面数是 520、磁头数是 16、每磁道扇区数是 63 的硬盘 Image 文件，其扇区总数为：520×16×63 = 524160，则命令为：

```
dd if=/dev/zero of=hdc.img bs=512 count=524160
```

对于 1.44MB 的软盘 Image 文件，其扇区数是 2880，因此命令为：

```
dd if=/dev/zero of=diska.img bs=512 count=2880
```

17.6.3　利用 WinImage 创建 DOS 格式的软盘 Image 文件

WinImage 是一个访问和创建 DOS 格式 Image 文件的工具。双击 DOS 软盘 Image 文件的图标就可以浏览、删除或往里添加文件。除此之外，它还能浏览 CDROM 的 ISO 文件。使用 WinImage 创建软盘 Image 时可以生成一个带有 DOS 格式的 Image 文件。方法如下：

1）运行 WinImage。选择“Options“→“Settings”菜单，选择其中的 Image 设置页。设置 Compression 为“None”（即把指示标拉到最左边）。

2）创建 Image 文件。选择菜单“File”→“New”，此时会弹出一个软盘格式选择框。选择容量是 1.44MB 的格式。

3）再选择引导扇区属性菜单项“Image”→“Boot Sector properties”，单击对话框中的“MS-DOS”按钮。

4）保存文件。

注意，在保存文件对话框中“保存类型”一定要选择“All files (*.*)”，否则创建的 Image 文件中会包含一些 WinImage 自己的信息，从而会造成 Image 文件在 Bochs 下不能正常使用。可以通过查看文件长度来确定新创建 Image 是否符合要求。标准 1.44MB 软盘的容量应该是 1474560 字节。如果新的 Image 文件长度大于该值，那么请严格按照所述方法重新制作或者使用 UltraEdit 等二进制编辑器删除多余的字节。删除操作的方法如下：

1)使用 UltraEdit 以二进制模式打开 Image 文件。根据磁盘映像文件第 511，512 字节是 55,AA

两个十六进制数，我们倒推 512 字节，删除这之前的所有字节。此时对于使用 MSDOS5.0 作为引导的磁盘来讲，文件头几个字节应该类似于“EB 3C 90 4D ...”。

2）然后下拉右边滚动条，移动到 img 文件末尾处。删除“...F6 F6 F6”后面的所有数据。通常来讲就是删除从 0x168000 开始的所有数据。操作完成时最后一行应该是完整的一行“F6 F6 F6...”。存盘退出即可使用该 Image 文件了。

17.7 制作根文件系统

本节的目标是在硬盘上建立一个根文件系统。虽然在 oldlinux.org 上可以下载已经制作好的软盘和硬盘根文件系统 Image 文件，但这里还是把制作过程详细描述一遍，以供大家参考。在制作过程中还可以参考 Linus 写的安装文章：INSTALL-0.11。在制作根文件系统盘之前，我们首先下载 rootimage-0.12 和 bootimage-0.12 映像文件（请下载日期最新的相关文件）：

```
http://oldlinux.org/Linux.old/images/bootimage-0.12-20040306
http://oldlinux.org/Linux.old/images/rootimage-0.12-20040306
```

将这两个文件修改成便于记忆的名称 bootimage-0.12 和 rootimage-0.12，并专门建立一个名为 Linux-0.12 的子目录。在制作过程中，我们需要复制 rootimage-0.12 软盘中的一些执行程序，并使用 bootimage-0.12 引导盘来启动模拟系统。因此在制作根文件系统之前，需要确认已经能够运行这两个软盘 Image 文件组成的最小 Linux 系统。

17.7.1 根文件系统和根文件设备

Linux 引导启动时，默认使用的文件系统是根文件系统。其中一般都包括以下一些子目录和文件：

- etc/目录主要含有一些系统配置文件。
- dev/含有设备特殊文件，用于使用文件操作语句操作设备。
- bin/存放系统执行程序。例如 sh、mkfs、fdisk 等。
- usr/存放库函数、手册和其他一些文件。
- usr/bin 存放用户常用的普通命令。
- var/用于存放系统运行时可变的数据或者是日志等信息。

存放文件系统的设备就是文件系统设备。比如，对于一般使用的 Windows 2000 操作系统，硬盘 C 盘就是文件系统设备，而硬盘上按一定规则存放的文件就组成文件系统，Windows 2000 有 NTFS 或 FAT32 等文件系统。而 Linux 0.1X 内核所支持的文件系统是 MINIX 1.0 文件系统。

当 Linux 启动盘加载根文件系统时，会根据启动盘上引导扇区第 509、510 字节处一个字（ROOT_DEV）中的根文件系统设备号从指定的设备中加载根文件系统。如果这个设备号是 0 的话，则表示需要从引导盘所在当前驱动器中加载根文件系统。若该设备号是一个硬盘分区设备号的话，就会从该指定硬盘分区中加载根文件系统。Linux 0.1X 内核中支持的硬盘设备号见表 17-3。若该设备号是一个软盘驱动器设备号的话，内核就会从该设备号指定的软驱中加载根文件系统。Linux 0.1X 内核中使用的软盘驱动器设备号见表 17-4。软盘驱动器设备号的计算方法请参见第 6 章。

表 17-3　硬盘逻辑设备号

逻辑设备号	对应设备文件	说明	逻辑设备号	对应设备文件	说明
0x300	/dev/hd0	代表整个第 1 个硬盘	0x305	/dev/hd5	代表整个第 2 个硬盘
0x301	/dev/hd1	表示第 1 个硬盘的第 1 个分区	0x306	/dev/hd6	表示第 2 个硬盘的第 1 个分区
0x302	/dev/hd2	表示第 1 个硬盘的第 2 个分区	0x307	/dev/hd7	表示第 2 个硬盘的第 2 个分区
0x303	/dev/hd3	表示第 1 个硬盘的第 3 个分区	0x308	/dev/hd8	表示第 2 个硬盘的第 3 个分区
0x304	/dev/hd4	表示第 1 个硬盘的第 4 个分区	0x309	/dev/hd9	表示第 2 个硬盘的第 4 个分区

表 17-4　软盘驱动器逻辑设备号

逻辑设备号	对应设备文件	说明	逻辑设备号	对应设备文件	说明
0x0208	/dev/at0	1.2MB A 驱动器	0x021c	/dev/fd0	1.44MB A 驱动器
0x0209	/dev/at1	1.2MB B 驱动器	0x021d	/dev/fd1	1.44MB B 驱动器

17.7.2　创建文件系统

对于上面创建的硬盘 Image 文件，在能使用之前还必须对其进行分区和创建文件系统。通常的做法是把需要处理的硬盘 Image 文件挂接到 Bochs 下已有的模拟系统中（例如上面提到的 SLS Linux），然后使用模拟系统中的命令对新的 Image 文件进行处理。下面假设你已经安装了 SLS Linux 模拟系统，并且该系统存放在名称为 SLS-Linux 的子目录中。我们利用它对上面创建的 256MB 硬盘 Image 文件 hdc.img 进行分区并创建 MINIX 文件系统。我们将在这个 Image 文件中创建 1 个分区，并且建立成 MINIX 文件系统。执行步骤如下：

1）在 SLS-Linux 同级目录下建立一个名称为 Linux-0.12 的子目录，把 hdc.img 文件移动到该目录下。

2）进入 SLS-Linux 目录，编辑 SLS Linux 系统的 Bochs 配置文件 bochsrc.bxrc。在 ata0-master 一行下加入我们的硬盘 Image 文件的配置参数行：

```
ata0-slave:type=disk, path=..\Linux-0.12\hdc.img, cylinders=520, heads=16, spt=63
```

3）退出编辑器。双击 bochsrc.bxrc 的图标，运行 SLS Linux 模拟系统。在出现 Login 提示符时键入“root”并按回车键。如果此时 Bochs 不能正常运行，一般是由于配置文件信息有误，请重新编辑该配置文件。

4）利用 fdisk 命令在 hdc.img 文件中建立 1 个分区。下面是建立第 1 个分区的命令序列。建立另外 3 个分区的过程与此相仿。由于 SLS Linux 默认建立的分区类型是支持 MINIX2.0 文件系统的 81 类型（Linux/MINIX），因此需要使用 fdisk 的 t 命令把类型修改成 80（Old MINIX）类型。这里请注意，我们已经把 hdc.img 挂接成 SLS Linux 系统下的第 2 个硬盘。按照 Linux 0.1X 对硬盘的命名规则，该硬盘整体的设备名应为/dev/hd5。但是，从 Linux 内核 0.95 版开始硬盘的命名规则已经修改成目前使用的规则，因此在 SLS Linux 下第 2 个硬盘整体的设备名称是/dev/hdb。

```
[/]# fdisk /dev/hdb
```

```
Command (m for help): n
Command action

   e   extended
   p   primary partition (1-4)
p
Partition number (1-4): 1
First cylinder (1-520): 1
Last cylinder or +size or +sizeM or +sizeK (1-520): +63M

Command (m for help): t
Partition number (1-4): 1
Hex code (type L to list codes): L
 0  Empty          8  AIX             75  PC/IX          b8  BSDI swap
 1  DOS 12-bit FAT   9  AIX bootable    80  Old MINIX        c7  Syrinx
 2  XENIX root       a  OPUS            81  Linux/MINIX      db  CP/M
 3  XENIX user      40  Venix           82  Linux swap       e1  DOS access
 4  DOS 16-bit <32M 51  Novell?         83  Linux extfs      e3  DOS R/O
 5  Extended        52  Microport       93  Amoeba           f2  DOS secondary
 6  DOS 16-bit >=32 63  GNU HURD        94  Amoeba BBT       ff  BBT
 7  OS/2 HPFS       64  Novell          b7  BSDI fs
Hex code (type L to list codes): 80

Command (m for help): p
Disk /dev/hdb: 16 heads, 63 sectors, 520 cylinders
Units = cylinders of 1008 * 512 bytes
   Device Boot  Begin   Start     End  Blocks   Id  System
/dev/hdb1           1       1     129  65015+   80  Old MINIX

Command (m for help):w
The partition table has been altered.
Please reboot before doing anything else.
[/]#
```

5）记住该分区中数据块数大小（这里是 65015），在创建文件系统时会使用到这个值。当分区建立好后，按照通常的做法需要重新启动一次系统，以便 SLS Linux 系统内核能正确识别这个新加的分区。

6）再次进入 SLS Linux 模拟系统后，我们使用 mkfs 命令在刚建立的第 1 个分区上创建 MINIX 文件系统。命令与信息如下所示。这里创建了具有 64000 个数据块的分区（一个数据块为 1KB 字节）。

```
[/]# mkfs /dev/hdb1 64000
21333 inodes
64000 blocks
Firstdatazone=680 (680)
Zonesize=1024
Maxsize=268966912
[/]#
```

至此，我们完成了在 hdc.img 文件的第 1 个分区中创建文件系统的工作。当然，也可以在运行 Linux 0.12 软盘上的根文件系统时建立文件系统。现在可以把这个分区建立成一个根文件系统。

17.7.3　Linux–0.12 的 Bochs 配置文件

在 Bochs 模拟系统中运行 Linux 0.12 时，其配置文件 bochsrc.bxrc 中通常需要设置以下这些内容：

```
romimage: file=$BXSHARE/BIOS-bochs-latest
vgaromimage: file=$BXSHARE/VGABIOS-lgpl-latest
megs: 16
floppya: 1_44="bootimage-0.12", status=inserted
ata0-master: type=disk, path="hdc.img", mode=flat, cylinders=520, heads=16, spt=63
boot: a
log: bochsout.txt
panic: action=ask
#error: action=report
#info: action=report
#debug: action=ignore
ips: 1000000
mouse: enabled=0
```

我们可以把 SLS Linux 的 Bochs 配置文件 bochsrc.bxrc 复制到 Linux-0.12 目录中，然后修改成与上面相同的内容。需要特别注意 floppya、ata0-master 和 boot，这 3 个参数一定要与上面一致。

现在用鼠标双击这个配置文件。Bochs 显示窗口应该出现如图 17-4 所示画面。

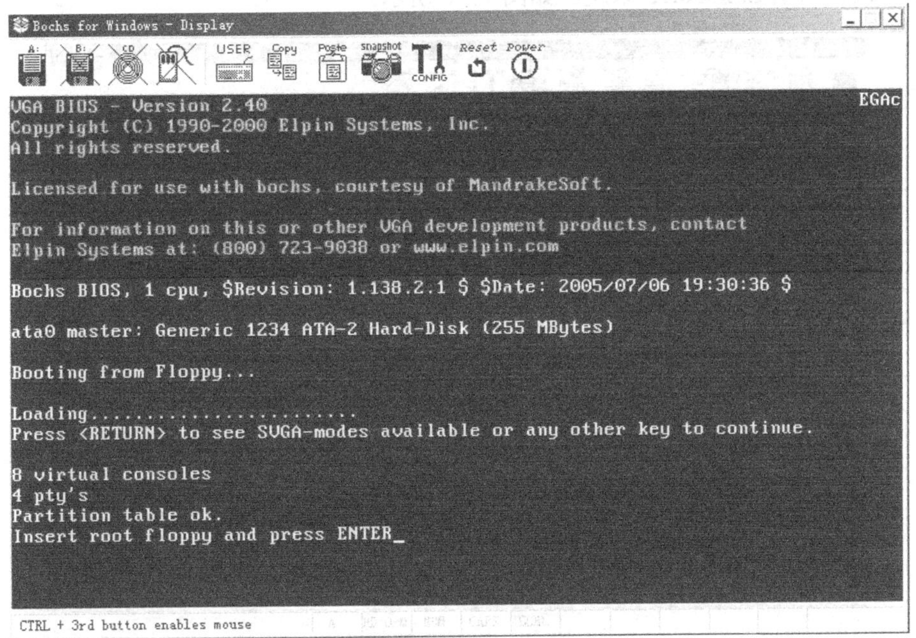

图 17-4　Bochs 系统运行窗口

此时应该单击窗口菜单条上 A:盘图标，在对话框中把 A:盘配置为 rootimage-0.12 文件。或者采用 Bochs 配置窗口来设置。方法是单击菜单条上的“CONFIG”图标进入 Bochs 设置窗口（需要用鼠标点击才能把该窗口提到最前面），此时设置窗口显示的内容如图 17-5 所示。

```
C:\Program Files\Bochs-2.1.1\Bochs.exe
00000000000i[     ] reading configuration from C:\Documents and Settings\john1\
桌面\Linux-0.11\bochsrc.bxrc
00000000000i[     ] installing win32 module as the Bochs GUI
00000000000i[     ] using log file bochsout.txt
------------------------
Bochs Runtime Options
------------------------
1. Floppy disk 0: bootimage-0.11, size=1.44M, inserted
2. Floppy disk 1: <not present>
3. 1st CDROM: <not present>
4. 2nd CDROM: <not present>
5. 3rd CDROM: <not present>
6. 4th CDROM: <not present>
7. <not implemented>
8. Log options for all devices
9. Log options for individual devices
10. VGA Update Interval: 30000
11. Mouse: disabled
12. Keyboard paste delay: 100000
13. Userbutton shortcut: none
14. Instruction tracing: off (doesn't exist yet)
15. Continue simulation
16. Quit now

Please choose one:  [15] _
```

图 17-5 Bochs 系统配置窗口

修改其中第 1 项的软盘设置，让其指向 rootimage-0.12 盘。然后连续按回车键，直到设置窗口最后一行信息显示“Continuing simulation”为止。此时再切换到 Bochs 运行窗口。单击回车键后就正式进入了 Linux 0.12 系统。如图 17-6 所示。

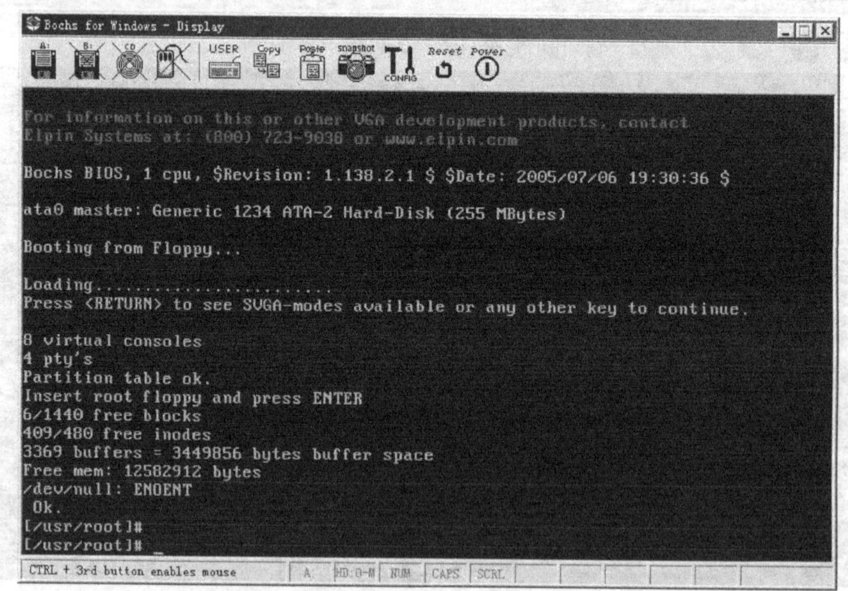

图 17-6 Bochs 中运行的 Linux 0.12 系统

17.7.4 在 hdc.img 上建立根文件系统

由于软盘容量太小，若要让 Linux 0.12 系统真正能做点什么的话，就需要在硬盘（这里是指硬盘 Image 文件）上建立根文件系统。在前面我们已经建立一个 256MB 的硬盘 Image 文件 hdc.img，并且此时已经连接到了运行着的 Bochs 环境中，因此图 17-6 中出现一条有关硬盘的信息：

```
"ata0 master: Generic 1234 ATA-2 Hard-Disk (255 Mbytes)"
```

如果没有看到这条信息，说明你的 Linux 0.12 配置文件没有设置正确。请重新编辑 bochsrc.bxrc 文件，并重新运行 Bochs 系统，直到出现上述信息。

前面已经在 hdc.img 第 1 个分区上建立了 MINIX 文件系统。若还没建好或者想再试一边的话，那么就请键入以下命令来建立一个 64MB 的文件系统：

```
[/usr/root]# mkfs /dev/hd1 64000
```

现在可以开始加载硬盘上的文件系统了。执行下列命令，把新的文件系统加载到/mnt 目录上。

```
[/usr/root]# cd /
[/]# mount /dev/hd1 /mnt
[/]#
```

在加载了硬盘分区上的文件系统之后，就可以把软盘上的根文件系统复制到硬盘上去了。请执行以下命令：

```
[/]# cd /mnt
[/mnt]# for i in bin dev etc usr tmp
> do
> cp +recursive +verbose /$i $i
> done
```

此时软盘根文件系统上的所有文件就会被复制到硬盘上的文件系统中。在复制过程中会出现很多类似下面的信息。

```
/usr/bin/mv -> usr/bin/mv
/usr/bin/rm -> usr/bin/rm
/usr/bin/rmdir -> usr/bin/rmdir
/usr/bin/tail -> usr/bin/tail
/usr/bin/more -> usr/bin/more
/usr/local -> usr/local
/usr/root -> usr/root
/usr/root/.bash_history -> usr/root/.bash_history
/usr/root/a.out -> usr/root/a.out
/usr/root/hello.c -> usr/root/hello.c
/tmp -> tmp
[/mnt]#
```

这说明你已经在硬盘上建立好了一个基本的根文件系统。你可以在新文件系统中随处查看一下。然后卸载硬盘文件系统，并键入“logout”或“exit”退出 Linux 0.12 系统。此时会显示如下信息：

```
[/mnt]# cd /
[/]# umount /dev/hd1
[/]# logout
```

```
child 4 died with code 0000
[/usr/root]#
```

17.7.5 使用硬盘 Image 上的根文件系统

一旦你在硬盘 Image 文件上建立好文件系统，就可以让 Linux 0.12 以它作为根文件系统启动。这通过修改引导盘 bootimage-0.12 文件的第 509、510 字节（0x1fc、0x1fd）的内容就可以实现。请按照以下步骤来进行。

1）首先复制 bootimage-0.12 和 bochsrc.bxrc 两个文件，产生 bootimage-0.12-hd 和 bochsrc-hd.bxrc 文件。

2）编辑 bochsrc-hd.bxrc 配置文件。把其中的“floppya:”上的文件名修改成“bootimage-0.12-hd”，并存盘。

3）用 UltraEdit 或任何可修改二进制文件的编辑器（winhex 等）编辑 bootimage-0.12-hd 二进制文件。修改第 509、510 字节（即 0x1fc、0x1fd 处。原值应该是 00、00）为 01、03，表示根文件系统设备在硬盘 Image 的第 1 个分区上。然后存盘退出。如果把文件系统安装在了别的分区上，那么需要修改前 1 个字节以对应到你的分区上。

```
000001f0h: 00 00 00 00 00 00 00 00 00 00 00 00 01 03 55 AA ; ..............U?
```

现在可以双击 bochsrc-hd.bxrc 配置文件的图标，Bochs 系统应该会快速进入 Linux 0.12 系统并显示出图 17-8 中的图形。

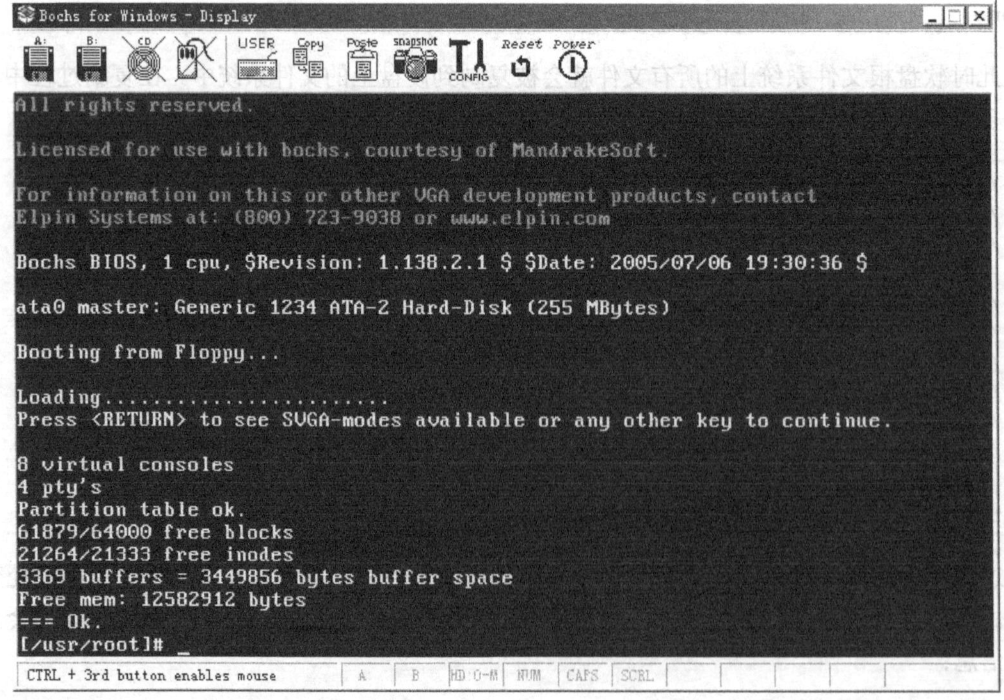

图 17-7 使用硬盘 Image 文件上的文件系统

17.8　在 Linux 0.12 系统中编译 0.12 内核

目前作者已经重新组建了一个带有 gcc 1.40 编译环境的 Linux 0.12 系统软件包。该系统设置成在 Bochs 仿真系统下运行，并且已经配置好相应的 Bochs 配置文件。该软件包可从下面地址得到：

```
http://oldlinux.org/Linux.old/bochs/linux-0.12-080324.zip
```

该软件包中含有一个 README 文件，其中说明了软件包中所有文件的作用和使用方法。若你的系统中已经安装了 Bochs 系统，那么只需双击配置文件 bochsrc-0.12-hd.bxrc 的图标即可运行硬盘 Image 文件作为根文件系统的 Linux 0.12。在/usr/src/linux 目录下键入“make”命令即可编译 Linux 0.12 内核源代码，并生成引导启动映像文件 Image。若需要输出这个 Image 文件，可以首先备份 bootimage-0.12-hd 文件，然后使用下面命令就会把 bootimage-0.12-hd 替换成新的引导启动文件。直接重新启动 Bochs 即可使用该新编译生成的 bootimage-0.12-hd 来引导系统。

```
[/usr/src/linux]# make
[/usr/src/linux]# dd bs=8192 if=Image of=/dev/fd0
[/usr/src/linux]#
```

也可以使用 mtools 命令把新生成的 Image 文件写到第 2 个软盘映像文件 diskb.img 中，然后使用工具软件 WinImage 将 diskb.img 中的“Image”文件取出。

```
[/usr/src/linux]# mdir a:
Probable non-MSDOS disk
mdir: Cannot initialize 'A:'
[/usr/src/linux]# mcopy Image b:
Copying IMAGE
[/usr/src/linux]# mcopy System.map b:
Copying SYSTEM.MAP
[/usr/src/linux]# mdir b:
Volume in drive B is B.
 Directory for B:/
GCCLIB-1 TAZ      934577    3-29-104   7:49p
IMAGE            121344    4-29-104  11:46p
SYSTEM   MAP      17162     4-29-104  11:47p
README              764    3-29-104   8:03p
      4 File(s)     382976 bytes free
[/usr/src/linux]#
```

如果想把新的引导启动 Image 文件与软盘上的根文件系统 rootimage-0.12 一起使用，那么在编译之前首先编辑 Makefile 文件，使用#注释掉“ROOT_DEV=”一行内容即可。

在编译内核时通常可以很顺利地完成。可能出现的问题是编译器 gcc 不能识别选项“-mstring-ins”，这个选项是 Linus 对自己编译的 gcc 1.40 编译器做的扩展实验参数，用于对 gcc 生成字符串指令时进行优化处理。为了解决这个问题，可以直接删除所有 Makefile 中的这个参数，重新编译内核。另一个可能出现的问题是找不到 gar 命令，此时只要把/usr/local/bin/下的 ar 直接链接或复制（改名）成 gar 即可。

17.9 在 Fedora 系统中编译 Linux 0.1x 内核

最初的 Linux 操作系统内核是在 MINIX 1.5.10 操作系统的扩展版本 Minix-i386 上交叉编译开发的。MINIX 1.5.10 版本的操作系统是随 Tanenbaum 的《Minix 设计与实现》一书第 1 版一起由 Prentice Hall 发售的。该版本的 MINIX 虽然可以运行在 80386 及其兼容机上，但并没有利用 80386 的 32 位机制。为了能在该系统上进行 32 位操作系统的开发，Linus 使用了 Bruce Evans 的补丁程序将其升级为 MINIX-386，并把 GNU 的系列开发工具 gcc、gld、emacs、bash 等移植到 MINIX -386 上。在这个平台上，Linus 进行交叉编译，开发出 Linux 0.01、0.03、0.11 和 0.12 等版本的内核。作者曾根据 Linux 邮件列表中的文章介绍，建立起了类似 Linus 当时的开发平台，并顺利地编译出 Linux 的早期版本内核（见 http://oldlinux.org 论坛中的介绍）。

但由于 MINIX 1.5.10 早已过时，而且该开发平台的建立非常繁琐，因此这里只简单介绍一下如何修改 Linux 0.12 版内核源代码，使其能在目前常用的 RedHat 或 Fedora 操作系统标准的编译环境下进行编译，生成可运行的启动映像文件 bootimage。读者可以在普通 PC 上或 Bochs 等虚拟机软件中运行它。这里仅给出主要的修改方面，所有的修改之处可使用工具 diff 来比较修改后和未修改前的代码，找出其中的区别。假如未修改过的代码在 linux 目录中，修改过的代码在 linux-mdf 中，则需要执行下面的命令：

```
diff -r linux linux-mdf > dif.out
```

其中文件 dif.out 中即包含代码中所有修改过的地方。已经修改好并能在 RedHat 9 或 Fedora 系统下编译的 Linux 0.1x 内核源代码可以从以下网址下载：

```
http://oldlinux.org/Linux.old/kernel/linux-0.11-040327-rh9.tar.gz
http://oldlinux.org/Linux.old/kernel/linux-0.11-040327-rh9.diff.gz
http://oldlinux.org/Linux.old/kernel/linux-0.11-060617-gcc4-diff.gz
http://oldlinux.org/Linux.old/kernel/linux-0.11-060618-gcc4.tar.gz
http://oldlinux.org/Linux.old/kernel/linux-0.12-080328-gcc4-diff.gz
http://oldlinux.org/Linux.old/kernel/linux-0.12-080328-gcc4.tar.gz
```

用编译好的启动映像文件软盘启动时，屏幕上应该显示以下信息：

```
Booting from Floppy...
Loading system ...

Insert root floppy and press ENTER
```

注意，如果在显示 "Loding system..."后就没有反应了，说明内核不能识别计算机中的硬盘控制器子系统。可以找一台老式的 PC 再试试，或者使用 VMware、Bochs 等虚拟机软件试验。在要求插入根文件系统盘时，如果直接按回车键，则会显示不能加载根文件系统的信息，并且死机。若要完整地运行 linux 0.1x 操作系统，则还需要与之相配的根文件系统，可以到 oldlinux.org 网站上下载。

17.9.1 修改 Makefile 文件

在 Linux 0.1x 内核代码文件中，几乎每个子目录中都包括一个 Makefile 文件，需要对它们进行以下修改：

1）将 gas →as, gld→ld。现在 gas 和 gld 已经直接改名称为 as 和 ld 了。

2）as（原 gas）已经不用-c 选项，因此需要去掉其-c 编译选项（在内核主目录 Linux 下 Makefile 文件中）。

3）去掉 gcc 的编译标志选项：-fcombine-regs、-mstring-insns，以及所有子目录中 Makefile 中的这两个选项。在 1994 年的 gcc 手册中就已找不到-fcombine-regs 选项，而-mstring-insns 是 Linus 自己对 gcc 的修改增加的选项，所以你我的 gcc 中肯定不包括这个优化选项。

4）在 gcc 的编译标志选项中，增加-m386 选项。这样在 RedHat 9 下编译出的内核映像文件中就不含有 80486 及以上 CPU 的指令，因此该内核就可以运行在 80386 机器上。

17.9.2　修改汇编程序中的注释

as86 编译程序不能识别 c 语言的注释语句，因此需要使用“!”注释掉 boot/bootsect.s 文件中的 C 注释语句。

17.9.3　内存位置对齐语句 align 值的修改

在 boot 目录下的三个汇编程序中，align 语句使用的方法目前已经改变。原来 align 后面带的数值是指对起内存位置的幂次值，而现在则需要直接给出对齐的整数地址值。因此，原来的语句：

```
.align 3
```

需要修改成(2 的 3 次方 $2^3=8$)：

```
.align 8
```

17.9.4　修改嵌入宏汇编程序

由于对 as 的不断改进，目前其自动化程度越来越高，已经不需要人工指定一个变量需使用的 CPU 寄存器。因此内核代码中的__asm__("ax")需要全部去掉。例如 fs/bitmap.c 文件的第 20 行、26 行上，fs/namei.c 文件的第 65 行上等。

在嵌入汇编代码中，另外还需要去掉所有对寄存器内容无效（会被修改的寄存器）的声明。例如 include/string.h 中第 84 行：

```
:"si","di","ax","cx");
```

需要修改成如下的形式：

```
: );
```

这样修改有时也会出现一些问题。由于 gcc 有时会根据上述声明对程序进行优化处理，某些地方若删除会被修改的寄存器内容就会造成 gcc 优化错误。因此程序代码中的某些地方还需要根据具体情况保留一些这类声明。例如在 include/string.h 文件 memcpy()定义中的第 342 行。

17.9.5 C 程序变量在汇编语句中的引用表示

在开发 Linux 0.1x 内核时所用的汇编器，在引用 C 程序中的变量时需要在变量名前加一下划线字符“_”，而目前的 gcc 编译器可以直接识别使用这些汇编中引用的 C 变量，因此需要将汇编程序（包括嵌入汇编语句）中所有 C 变量之前的下划线去掉。例如 boot/head.s 程序中的语句：

```
.globl _idt,_gdt,_pg_dir,_tmp_floppy_area
```

需要改成：

```
.globl idt,gdt,pg_dir,tmp_floppy_area
```

第 31 行语句：

```
lss _stack_start,%esp
```

需要改成：

```
lss stack_start,%esp
```

17.9.6 保护模式下调试显示函数

在进入保护模式之前,可以用 ROM BIOS 中的 int 0x10 调用在屏幕上显示信息,但进入保护模式后，这些中断调用就不能使用了。为了能在保护模式运行环境中了解内核的内部数据结构和状态，我们可以使用数据显示函数 check_data32()[⊖]。内核中虽然有 printk()显示函数,但是它需要调用 tty_write(),在内核没有完全运转起来该函数是不能使用的。这个 check_data32()函数可以在进入保护模式后,在屏幕上打印你感兴趣的东西。启用页功能与否，不影响效果，因为虚拟内存在 4MB 之内，正好使用了第一个页表目录项，而页表目录从物理地址 0 开始，再加上内核数据段基地址为 0，所以 4MB 范围内，虚拟内存与线性内存以及物理内存的地址相同。Linus 当初可能也这样斟酌过的，觉得这样设置使用起来比较方便。

嵌入式汇编语句的使用方法请参见第 3 章内容。

```
/*
* 作用：在屏幕上用 16 进制显示一个 32 位整数。
* 参数：value -- 要显示的整数。
*       pos   -- 屏幕位置,以 16 个字符宽度为单位,例如为 2,即表示从左上角 32 字符宽度处开始显示。
* 返回：无。
* 如果要在汇编程序中用，要保证该函数被编译链接进了内核.gcc 汇编中的用法如下：
* pushl pos      //pos 要用你实际的数据代替,例如 pushl $4。
* pushl value    //pos 和 value 可以是任何合法的寻址方式。
* call  check_data32
*/
inline void check_data32(int value, int pos)
{
__asm__ __volatile__(                     // %0 - 含有欲显示的值 value; ebx - 屏幕位置。
```

⊖ 该函数由 oldlinux.org 论坛上的朋友 notrump 提供。

```
"shl        $4, %%ebx\n\t"            // 将 pos 值乘 16，在加上 VGA 显示内存起始地址，
"addl   $0xb8000, %%ebx\n\t"          // ebx 中得到在屏幕左上角开始的显示字符位置。
"movl   $0xf0000000, %%eax\n\t"       // 设置 4 位屏蔽码。
"movb   $28, %%cl\n"                  // 设置初始右移位数值。
"1:\n\t"
"movl   %0, %%edx\n\t"                // 取欲显示的值 value→edx
"andl   %%eax, %%edx\n\t"             // 取 edx 中有 eax 指定的 4 个位。
"shr        %%cl, %%edx\n\t"          // 右移 28 位，edx 中即为所取 4 位的值。
"add        $0x30, %%dx\n\t"          // 将该值转换成 ASCII 码。
"cmp        $0x3a, %%dx\n\t"          // 若该 4 比特数值小于 10，则向前跳转到标号 2 处。
"jb2f\n\t"
"add        $0x07, %%dx\n"            // 否则再加上 7，将值转换成对应字符 A-F。
"2:\n\t"
"add        $0x0c00, %%dx\n\t"        // 设置显示属性。
"movw   %%dx, (%%ebx)\n\t"            // 将该值放到显示内存中。
"sub        $0x04, %%cl\n\t"          // 准备显示下一个 16 进制数，右移位数减 4。
"shr        $0x04, %%eax\n\t"         // 位屏蔽码右移 4 位。
"add        $0x02, %%ebx\n\t"         // 更新显示内存位置。
"cmpl   $0x0, %%eax\n\t"              // 屏蔽码值已经移出右端（已经显示完 8 个 16 进制数）?
"jnz1b\n"                             // 还有数值需要显示，则向后跳转到标号 1 处。
::"m"(value), "b"(pos));
}
```

17.10　内核引导启动+根文件系统组成的集成盘

本节介绍制作由内核引导启动映像文件和根文件系统组合成的集成盘映像文件的制作原理和方法。主要目的是了解 Linux 0.1x 内核内存虚拟盘工作原理，并进一步理解引导盘和根文件系统盘的概念。加深对 kernel/blk_drv/ramdisk.c 程序运行方式的理解。实际上，目前一般嵌入式系统中保存在 Flash 内的引导启动模块、内核模块和文件系统模块映像结构与此处的集成盘类似。

下面我们以使用 Linux 0.11 内核制作集成盘的过程为例说明制作过程。作为练习，请读者使用 0.12 内核来实现集成盘。在制作这个集成盘之前，需要下载或准备好以下实验软件（后面两个用于 0.12 内核集成盘的制作）：

```
http://oldlinux.org/Linux.old/bochs/linux-0.11-devel-040923.zip
http://oldlinux.org/Linux.old/images/rootimage-0.11-for-orig
http://oldlinux.org/Linux.old/bochs/linux-0.12-080324.zip
http://oldlinux.org/Linux.old/images/rootimage-0.12-20040306
```

linux-0.11-devel 是运行在 Bochs 下的带开发环境的 Linux 0.11 系统，rootimage-0.11 是 1.44MB 软盘映像文件中的 Linux 0.11 根文件系统。后缀“for-orig”是指该根文件系统适用于未经修改的 Linux 0.11 内核源代码编译出的内核引导启动映像文件。当然这里所说的“未经修改”是指没有对内核作过什么大的改动，因为我们还是要修改编译配置文件 Makefile，以编译生成含有内存虚拟盘的内核代码来。

17.10.1　集成盘制作原理

通常我们使用软盘启动 Linux 0.1x 系统时需要两张盘（这里“盘”均指对应软盘的 Image 文件）：一张是内核引导启动盘，一张是基本的根文件系统盘。这样必须使用两张盘才能引导启动

系统来正常运行一个基本的 Linux 系统，并且在运行过程中根文件系统盘必须一直保持在软盘驱动器中。而我们这里描述的集成盘是指把内核引导启动盘和一个基本的根文件系统盘的内容合成制作在一张盘上。这样我们使用一张集成盘就能引导启动 Linux 0.1x 系统到命令提示符状态。集成盘实际上就是一张含有根文件系统的内核引导盘。

为了能运行集成盘系统，该盘上的内核代码中需要开启内存虚拟盘（RAMDISK）的功能。这样集成盘上的根文件系统就能被加载到内存中的虚拟盘中，从而系统上的两个软盘驱动器就能腾出来用于加载（mount）其他文件系统盘或派其他用途。下面我们再详细介绍一下在一张 1.44MB 盘上制作成集成盘的原理和步骤。

1．引导过程原理

Linux 0.1x 的内核在初始化时会根据编译时 Makefile 文件中设置的 RAMDISK 选项判断在系统物理内存是否要开辟虚拟盘区域。如果没有设置 RAMDISK（即其长度为 0）则内核会根据 ROOT_DEV 所设置的根文件系统所在设备号，从软盘或硬盘上加载根文件系统，执行无虚拟盘时的一般启动过程。

如果在编译 Linux 0.1x 内核源代码时，在其 linux/Makefile 配置文件中定义了 RAMDISK 的大小值，则内核代码在引导并初始化 RAMDISK 区域后就会首先尝试检测启动盘上的第 256 磁盘块（每个磁盘块为 1KB，即 2 个扇区）开始处是否存在一个根文件系统。检测方法是判断第 257 磁盘块中是否存在一个有效的文件系统超级块信息。如果有，则将该文件系统加载到 RAMDISK 区域中，并将其作为根文件系统使用。从而我们就可以使用一张集成了根文件系统的启动盘来引导系统到 shell 命令提示符状态。若启动盘上指定磁盘块位置（第 256 磁盘块）上没有存放一个有效的根文件系统，那么内核就会提示插入根文件系统盘。在用户按下回车键确认后，内核就把处于独立盘上的根文件系统整个地读入到内存的虚拟盘区域中去执行。这个检测和加载过程见图 9-7。

2．集成盘的结构

对于 Linux 0.1x 内核，其代码加数据段的长度很小，大约在 120～160KB 左右。在开发 Linux 系统初始阶段，即使考虑到内核的扩展，Linus 还是认为内核的长度不会超过 256KB，因此在 1.44MB 的盘上可以把一个基本的根文件系统放在启动盘的第 256 个磁盘块开始的地方，组合形成一个集成盘片。一个添加了基本根文件系统的引导盘（即集成盘）的结构示意图如图 17-8 所示。其中文件系统的详细结构请参见第 12 章。

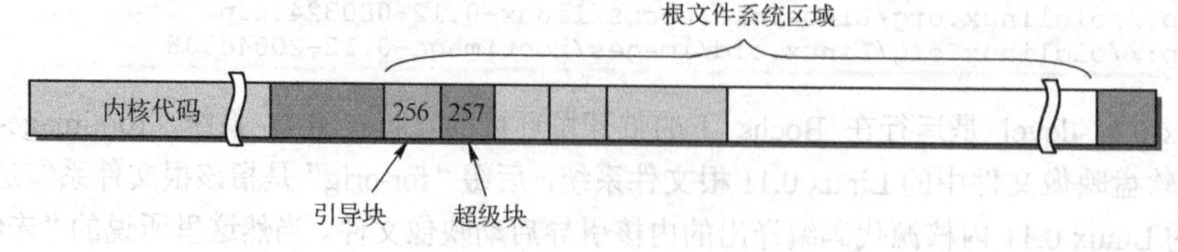

图 17-8　集成盘上代码结构

如上所述，集成盘上根文件系统放置的位置和大小主要与内核的长度和定义的 RAMDISK 区域的大小有关。Linus 在 ramdisk.c 程序中默认地定义了这个根文件系统的开始放置位置为第 256 磁盘块开始的地方。对于 Linux 0.1x 内核来讲，编译产生的内核 Image 文件（即引导启动盘 Image 文件）的长度在 120～160KB 左右，因此把根文件系统放在盘的第 256 磁盘块开始的地方肯定没有问题，只是浪费了一点磁盘空间。还剩下共有 1440 - 256 = 1184 KB 空间可用来存放根文件系统。当然也可以根据具体编译出的内核大小来调整存放根文件系统的开始磁盘块位置。例如，可以修改 ramdisk.c 第 75 行 block 的值为 130，把存放根文件系统的开始位置往前挪动一些，以腾出更多的磁盘空间供盘上的根文件系统使用。

17.10.2　集成盘的制作过程

在不改动内核程序 ramdisk.c 中默认定义的根文件系统开始存放磁盘块位置的情况下，我们假设需要制作集成盘上的根文件系统的容量为 1024KB（最大不超过 1184KB）。制作集成盘的主要思路是首先建立一个 1.44MB 的空的 Image 盘文件，然后将新编译出的开启了 RAMDISK 功能的内核 Image 文件复制到该盘的开始处。再把定制的大小不超过 1024KB 的文件系统复制到该盘的第 256 磁盘块开始处。具体制作步骤如下所示。

1．重新编译内核

重新编译带有 RAMDISK 定义的内核 Image 文件，假定 RAMDISK 区域设置为 2048KB。方法如下：

（1）在 Bochs 系统中运行 linux-0.1x 系统。编辑其中的/usr/src/linux/Makefile 文件，修改以下设置行：

```
RAMDISK = -DRAMDISK = 2048
ROOT_DEV = FLOPPY
```

（2）重新编译内核源代码，生成新的内核 Image 文件。

```
        make clean; make
```

2．制作临时根文件系统

制作大小为 1024KB 的根文件系统 Image 文件，假定其文件名为 rootram.img。在制作过程中使用带硬盘 Image 文件的 Bochs 配置文件（bochsrc-hd.bxrc）运行 Bochs 系统。制作方法如下：

（1）利用本章前面介绍的方法制作一个大小为 1024KB 的空 Image 文件。假定该文件的名称是 rootram.img。可在现在的 Linux 系统下执行下面命令生成：

```
    dd bs=1024 if=/dev/zero of=rootram.img count=1024
```

（2）在 Bochs 系统中运行 linux-0.1x 系统。然后在 Bochs 主窗口上把驱动盘分别配置成：A 盘为 rootimage-0.1X（0.11 内核是 rootimage-0.11-orign）；B 盘为 rootram.img。

（3）使用下面命令在 rootram.img 盘上创建大小为 1024KB 的空文件系统。然后分别把 A 盘和 B 盘加载到/mnt 和/mnt1 目录上。若目录/mnt1 不存在，可以建立一个。

```
mkfs /dev/fd1 1024
mkdir /mnt1
mount /dev/fd0 /mnt
mount /dev/fd1 /mnt1
```

（4）使用 cp 命令有选择地复制/mnt 上 rootimage-0.1x 中的文件到/mnt1 目录中，在/mnt1 中制作出一个根文件系统。若遇到出错信息，那么通常是容量已经超过了 1024KB 了。利用下面的命令或使用本章前面介绍的方法来建立根文件系统。

首先精简/mnt/中的文件，以满足容量不要超过 1024KB 的要求。可以删除一些/bin 和/usr/bin 下的文件来达到这个要求。关于容量可以使用 df 命令来查看。例如我选择保留的文件是以下一些：

```
[/mnt/bin]# ll
total 495
-rwx--x--x   1 root     root        29700 Apr 29 20:15 mkfs
-rwx--x--x   1 root     root        21508 Apr 29 20:15 mknod
-rwx--x--x   1 root     root        25564 Apr 29 20:07 mount
-rwxr-xr-x   1 root     root       283652 Sep 28 10:11 sh
-rwx--x--x   1 root     root        25646 Apr 29 20:08 umount
-rwxr-xr-x   1 root     4096       116479 Mar  3  2004 vi
[/mnt/bin]# cd /mnt/usr/bin
[/mnt/usr/bin]# ll
total 364
-rwxr-xr-x   1 root     root        29700 Jan 15  1992 cat
-rwxr-xr-x   1 root     root        29700 Mar  4  2004 chmod
-rwxr-xr-x   1 root     root        33796 Mar  4  2004 chown
-rwxr-xr-x   1 root     root        37892 Mar  4  2004 cp
-rwxr-xr-x   1 root     root        29700 Mar  4  2004 dd
-rwx--x--x   1 root     4096        36125 Mar  4  2004 df
-rwx--x--x   1 root     root        46084 Sep 28 10:39 ls
-rwxr-xr-x   1 root     root        29700 Jan 15  1992 mkdir
-rwxr-xr-x   1 root     root        33796 Jan 15  1992 mv
-rwxr-xr-x   1 root     root        29700 Jan 15  1992 rm
-rwxr-xr-x   1 root     root        25604 Jan 15  1992 rmdir
[/mnt/usr/bin]#
```

然后利用下列命令复制文件。另外，可以按照自己的需要修改一下/mnt/etc/fstab 和/mnt/etc/rc 文件中的内容。此时，我们就在 fd1（/mnt1/）中建立了一个大小在 1024KB 以内的文件系统。

```
cd /mnt1
for i in bin dev etc usr tmp
do
cp +recursive +verbose /mnt/$i $i
done
sync
```

（5）使用 umount 命令卸载/dev/fd0 和/dev/fd1 上的文件系统，然后使用 dd 命令把/dev/fd1 中的文件系统复制到 Linux-0.1x 系统中，建立一个名称为 rootram-0.1X 的根文件系统 Image 文件：

```
dd bs=1024 if=/dev/fd1 of=rootram-0.1X count=1024
```

此时在 Bochs 下的 Linux-0.1x 系统中已经有了新编译出的内核映像文件/usr/src/linux/Image 和一个简单的容量不超过 1024KB 的根文件系统映像文件 rootram-0.1X。

3．建立集成盘

组合上述两个映像文件，建立集成盘。修改 Bochs 主窗口 A 盘配置，将其设置为前面准备好的 1.44MB 名称为 bootroot-0.1X 的映像文件。然后执行命令：

```
dd bs=8192 if=/usr/src/linux/Image of=/dev/fd0
dd bs=1024 if=rootram-0.1X of=/dev/fd0 seek=256
sync;sync;sync;
```

其中选项 bs=1024 表示定义缓冲的大小为 1KB。seek=256 表示写输出文件时跳过前面的 256 个磁盘块。然后退出 Bochs 系统。此时在主机的当前目录下就得到了一张可以运行的集成盘映像文件 bootroot-0.1X。

17.10.3　运行集成盘系统

先为集成盘制作一个简单的 Bochs 配置文件 bootroot-0.1X.bxrc。其中主要设置是：

```
floppya: 1_44=bootroot-0.1X
```

然后用鼠标双击该配置文件运行 Bochs 系统。此时应有如图 17-9 所示显示结果。

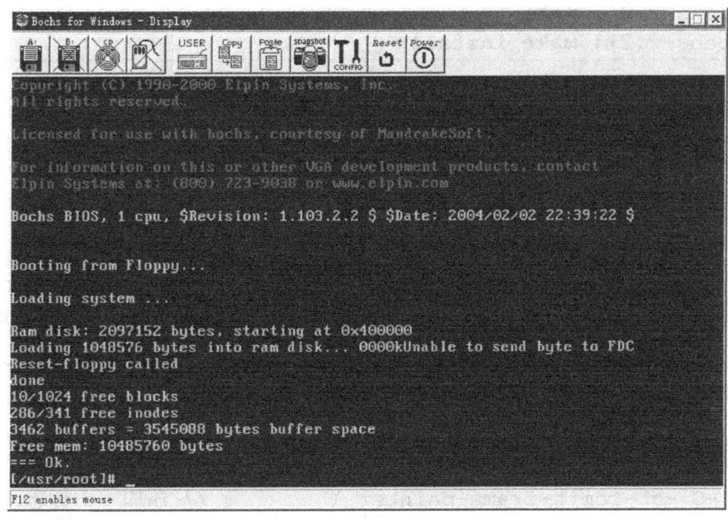

图 17-9　集成盘运行界面

为了方便大家做实验，也可以从下面网址下载已经做好并能立刻运行的 0.11 内核的集成盘软件：

```
http://oldlinux.org/Linux.old/bochs/bootroot-0.11-040928.zip
```

17.11　利用 GDB 和 Bochs 调试内核源代码

本节说明如何在现有 Linux 系统（例如 RedHat 9 或 Fedora）上使用 Bochs 模拟运行环境和 gdb 工具来调试 Linux 0.1x 内核源代码。在使用这个方法之前，读者的 Linux 系统上应该已经安装了 X Window 系统。由于 Bochs 网站提供的 RPM 安装包中的 Bochs 执行程序没有编译进与 gdb 调试器进行通信的 gdbstub 模块，因此我们需要下载 Bochs 源代码来自行编译。

gdbstub 可以使得 Bochs 程序在本地 1234 网络端口侦听接收 gdb 的命令，并且向 gdb 发送命令执行结果。从而我们可以利用 gdb 对 Linux 0.1x 内核进行 C 语言级的调试。当然，Linux 0.1x 内核也需要使用-g 选项重新编译。

17.11.1　编译带 gdbstub 的 Bochs 系统

Bochs 用户手册中介绍了自行编译 Bochs 系统的方法。这里我们给出编译带 gdbstub 的 Bochs

系统的方法和步骤。首先从下面网站下载最新 Bochs 系统源代码（例如：bochs-2.2.tar.gz）：

```
http://sourceforge.net/projects/bochs/
```

使用 tar 对软件包解压后会在当前目录中生成一个 bochs-2.2 子目录。进入该子目录后带选项“--enable-gdb-stub”运行配置程序 configure，然后运行 make 和 make install 即可，如下所示：

```
[root@plinux bochs-2.2]# ./configure --enable-gdb-stub
checking build system type... i686-pc-linux-gnu
checking host system type... i686-pc-linux-gnu
checking target system type... i686-pc-linux-gnu
...
[root@plinux bochs-2.2]# make
[root@plinux bochs-2.2]# make install
```

若在运行./configure 时遇到一些问题而不能生成编译使用的 Makefile 文件，那么这通常是由于没有安装 X Window 开发环境软件或相关库文件造成的。此时必须先安装这些必要的软件。

17.11.2　编译带调试信息的 Linux 0.1x 内核

通过把 Bochs 的模拟运行环境与 gdb 符号调试工具联系起来，既可以使用 Linux 0.1x 系统下编译的带调试信息的内核模块来调试，也可以使用在 RedHat 9 环境下编译的 0.1x 内核模块来调试。这两种环境下都需要对 0.1x 内核源代码目录中所有 Makefile 文件进行修改，即在其中编译标志行上添加-g 标志，并去掉链接标志行上的-s 选项：

```
LDFLAGS = -M -x                                   // 去掉 -s 标志。
CFLAGS  =-Wall -O -g -fomit-frame-pointer \       // 添加 -g 标志。
```

进入内核源代码目录后，利用 find 命令可以找到以下所有需要修改的 Makefile 文件：

```
[root@plinux linux-0.1X]# find ./ -name Makefile
./fs/Makefile
./kernel/Makefile
./kernel/chr_drv/Makefile
./kernel/math/Makefile
./kernel/blk_drv/Makefile
./lib/Makefile
./Makefile
./mm/Makefile
[root@plinux linux-0.1X]#
```

另外，由于此时编译出的内核代码模块中含有调试信息，因此 system 模块大小可能会超过写入内核代码映像文件的默认最大值 SYSSIZE = 0x3000（定义在 boot/bootsect.s 文件第 6 行）。可以按以下方法修改源代码根目录中的 Makefile 文件中产生 Image 文件的规则，即把内核代码模块 system 中的符号信息去掉后再写入 Image 文件中，而原始带符号信息的 system 模块保留用作 gdb 调试器使用。注意，目标的实现命令需要以一个制表符（TAB）作为一行的开始。

```
Image: boot/bootsect boot/setup tools/system tools/build
	cp -f tools/system system.tmp
	strip system.tmp
```

```
tools/build boot/bootsect boot/setup system.tmp $(ROOT_DEV) $(SWAP_DEV) > Image
rm -f system.tmp
sync
```

当然，也可以把 boot/bootsect.s 和 tools/build.c 中的 SYSSIZE 值修改成 0x8000 来处理这种情况。

17.11.3 调试方法和步骤

下面根据在现代 Linux 系统（例如 RedHat 或 Fedora）上和运行在 Bochs 中 Linux 0.1x 系统上编译出的内核代码分别说明调试方法和步骤。本书仅给出 0.11 内核代码的调试方法和步骤，0.12 内核的调试方法和步骤完全一样。

1. 调试现代 Linux 系统上编译出的 Linux 0.11 内核

假设我们的 Linux 0.11 内核源代码根目录是 linux-rh9-gdb/，则首先在该目录中按照上面方法修改所有 Makefile 文件，然后在 linux-rh9-gdb/目录下创建一个 bochs 运行配置文件，并下载一个配套使用的根文件系统映像文件。可以直接从网站下载已经设置好的如下软件包来做实验：

```
http://oldlinux.org/Linux.old/bochs/linux-0.11-gdb-rh9-050619.tar.gz
```

使用命令“tar zxvf linux-gdb-rh9-050619.tar.gz”解开这个软件包后，可以看到其中包含以下几个文件和目录：

```
[root@plinux linux-gdb-rh9]# ls -l
total 1600
-rw-r--r--   1 root    root      18055 Jun 18 15:07 bochsrc-fd1-gdb.bxrc
drwxr-xr-x  10 root    root       4096 Jun 18 22:55 linux
-rw-r--r--   1 root    root    1474560 Jun 18 20:21 rootimage-0.11-for-orig
-rwxr-xr-x   1 root    root         35 Jun 18 16:54 run
[root@plinux linux--gdb-rh9]#
```

第 1 个文件 bochsrc-fd1-gdb.bxrc 是 Bochs 配置文件，其中已经把文件系统映像文件 rootimage-0.11-for-orig 设置为插入在第 2 个“软盘驱动器”中。这个 bochs 配置文件与其他 Linux 0.11 配置文件的主要区别是在文件头部添加了以下一行内容，表示当 bochs 使用这个配置文件运行时将在本地网络端口 1234 上侦听 gdb 调试器的命令：

```
gdbstub: enabled=1, port=1234, text_base=0, data_base=0, bss_base=0
```

上面第 2 项 linux 是 Linux 0.11 源代码目录，其中包含了已经修改好所有 Makefile 文件的内核源代码文件。第 3 个文件 rootimage-0.11-for-orig 是与这个内核代码配套的根文件系统映像文件。第 4 个文件是一个简单脚本程序，其中包含一行 Bochs 启动命令行。运行这个实验的基本步骤如下：

1）启动 X Window 系统后打开两个终端窗口。

2）在一个窗口中，把工作目录切换进 linux-gdb-rh9/目录中，并运行程序“./run”，此时该窗口中会显示一条等待 gdb 来连接的信息：“Wait for gdb connection on localhost:1234”，并且系统会创建一个 Bochs 主窗口（此时无内容）。

3）在另一个窗口中，我们把工作目录切换到内核源代码目录 linux-gdb-rh9/linux/中，并运行命令：“gdb tools/system”。

4）在运行 gdb 的窗口中键入命令“break main”和“target remote localhost:1234”，此时 gdb 会显示已经连接到 Bochs 的信息。

5）在 gdb 环境中再执行命令“cont”，稍过一会儿 gdb 会显示程序停止在 init/main.c 的 main() 函数处。

此后就可以使用 gdb 的命令来观察源代码和调试内核程序了。例如可以使用 list 命令来观察源代码、用 help 命令来取得在线帮助信息、用 break 来设置其他断点、用 print/set 来显示/设置一些变量值、用 next/step 来执行单步调试、用 quit 命令退出 gdb 等。gdb 的具体使用方法请参考 gdb 手册。下面是运行 gdb 和在其中执行的一些命令示例。

```
[root@plinux linux]# gdb tools/system                    // 启动 gdb 执行 system 内核模块。
GNU gdb Red Hat Linux (5.3post-0.20021129.18rh)
Copyright 2003 Free Software Foundation, Inc.
GDB is free software, covered by the GNU General Public License, and you are
welcome to change it and/or distribute copies of it under certain conditions.
Type "show copying" to see the conditions.
There is absolutely no warranty for GDB.  Type "show warranty" for details.
This GDB was configured as "i386-redhat-linux-gnu"...
(gdb) break main                                         // 在 main()函数处设置断点。
Breakpoint 1 at 0x6621: file init/main.c, line 110.
(gdb) target remote localhost:1234                       // 与 Bochs 连接。
Remote debugging using localhost:1234
0x0000fff0 in sys_mkdir (pathname=0x0, mode=0) at namei.c:481
481     namei.c: No such file or directory.
        in namei.c
(gdb) cont                                               // 继续执行至断点处。
Continuing.
Breakpoint 1, main () at init/main.c:110                 // 程序在断点处停止运行。
110             ROOT_DEV = ORIG_ROOT_DEV;
(gdb) list                                               // 查看源代码。
105     {                       /* The startup routine assumes (well, ...) this */
106     /*
107      * Interrupts are still disabled. Do necessary setups, then
108      * enable them
109      */
110             ROOT_DEV = ORIG_ROOT_DEV;
111             drive_info = DRIVE_INFO;
112             memory_end = (1<<20) + (EXT_MEM_K<<10);
113             memory_end &= 0xfffff000;
114             if (memory_end > 16*1024*1024)
(gdb) next                                               // 单步执行。
111             drive_info = DRIVE_INFO;
(gdb) next                                               // 单步执行。
112             memory_end = (1<<20) + (EXT_MEM_K<<10);
(gdb) print /x ROOT_DEV                                  // 打印变量 ROOT_DEV 的值。
$3 = 0x21d                                               // 第 2 个软盘设备号。
(gdb) quit                                               // 退出 gdb 命令。
The program is running.  Exit anyway? (y or n) y
[root@plinux linux]#
```

在 gdb 中进行内核源代码调试时，有时会显示源程序没有找到的问题，例如 gdb 有时会显示“memory.c: No such file or directory”，这是由于在编译 mm/下的 memory.c 等文件时，Makefile 文件指示 ld 链接器把生成的 mm/下的文件模块链接生成了可重定位的模块 mm.o，并且在源代码根目录 linux/下再次作为 ld 的输入模块。因此，我们可以把这些文件复制到 linux/目录下重新进行调试操作。

2．调试 Linux 0.1x 系统上编译出的 0.1x 内核

为了在 RedHat 9 等现代 Linux 操作系统中调试 Linux 0.1x 系统上编译出的内核，在修改和编译出内核映像文件 Image 之后，需要把整个 0.1x 内核源代码目录复制到 Redhat 或 Fedora 系统中。然后按照上面类似的步骤进行操作。可以使用前面介绍的 linux-0.1x 环境编译内核，然后对这个包含 Image 文件的内核源代码目录树进行压缩，再使用 mcopy 命令写到 Bochs 的第 2 个软盘映像文件中，最后利用 WinImage 软件或者 mount 命令取出其中的压缩文件。下面给出编译和取出文件过程的基本步骤。

1）在 Bochs 下运行 Linux-0.1x 系统，进入目录/usr/src/，并创建目录 linux-gdb。

2）使用命令先复制整个 0.1x 内核源代码树："cp -a linux linux-gdb/"。然后进入 linux-gdb/linux/目录，按照上面所述方法修改所有 Makefile 文件，并编译内核。

3）回到/usr/src/目录，用 tar 命令对 linux-gdb/目录进行压缩，得到 linux-gdb.tgz 文件。

4）把压缩文件复制到第 2 个软盘（B：盘）映像文件中："mcopy linux-gdb.tgz b:"。如果 B：盘空间不够，应使用删除文件命令"mdel b: 文件名"在 B：盘上腾出一些空间。

5）如果主机环境是 Windows 操作系统，那么请使用 WinImage 取出 B：盘映像文件中的压缩文件，并通过 FTP 服务器或使用其他方法放到 Redhat 系统中；如果主机环境原来就是 Redhat 或其他现代 Linux 系统，那么可以使用 mount 命令加载 B：盘映像文件，并从中复制出压缩内核文件。

6）在现代 Linux 系统上解压复制出的压缩文件，会生成包含 0.1x 内核源代码目录树的 linux-gdb/目录。进入 linux-gdb/目录，创建 Bochs 配置文件 bochsrc-fd1-gdb.bxrc。这个配置文件也可以直接取自 linux-0.11-devel 软件包中的 bochsrc-fdb.bxrc 文件，并自行添加上 gdbstub 参数行。再从 oldlinux.org 网站上下载 rootimage-0.11 根文件系统软盘映像文件，同样保存在 linux-gdb/目录中。

此后我们可以继续按照上一小节的步骤执行源代码调试实验。下面是上述步骤的一个示例，我们假设主机环境是 Redhat 9 系统，并在其上运行 Bochs 中的 Linux 0.11 系统。

```
[/usr/root]# cd /usr/src                                  // 进入源代码目录。
[/usr/src]# mkdir linux-gdb                               // 创建目录 linux-gdb。
[/usr/src]# cp -a linux linux-gdb/                        // 把内核源代码树复制到 linux-gdb/中。
[/usr/src]# cd linux-gdb/linux
[/usr/src/linux-gdb/linux]# vi Makefile                   // 修改所有 Makefile 文件。
...
[/usr/src/linux-gdb/linux]# make clean; make              // 编译内核。
...
[/usr/src/linux-gdb/linux]# cd ../../
[/usr/src]# tar zcvf linux-gdb.tgz linux-gdb              // 创建压缩文件 linux-gdb.tgz。
...
[/usr/src]# mdir b:                                       // 查看 b 盘映像文件内容。
 Volume in drive B is Bt
 Directory for B:/
LINUX-GD TGZ     827000   6-18-105  10:28p
TPUT     TAR    184320   3-09-132   3:16p
LILO     TAR    235520   3-09-132   6:00p
SHOELA~1 Z       101767   9-19-104   1:24p
```

```
SYSTEM   MAP     17771   10-05-104  11:22p
     5 File(s)      90624 bytes free
[/usr/src]# mdel b:linux-gd.tgz                         // 空间不够，于是删除 b 盘上文件。
[/usr/src]# mcopy linux-gdb.tgz b:                      // 把 linux-gdb.tgz 复制到 b 盘上。
Copying LINUX-GD.TGZ
[/usr/src]#
```

关闭 Bochs 系统后，在 B：盘映像文件中得到名称为 linux-gd.tgz 的压缩文件。在 Redhat Linux 9 主机环境下利用下面命令序列可以建立起调试实验目录：

```
[root@plinux 0.11]# mount -t msdos diskb.img /mnt/d4 -o loop,r    // 加载 b 盘映像文件。
[root@plinux 0.11]# ls -l /mnt/d4                                 // 查看 b 盘中内容。
total 1234
-rwxr-xr-x    1 root     root      235520 Mar  9  2032 lilo.tar
-rwxr-xr-x    1 root     root      723438 Jun 19  2005 linux-gd.tgz
-rwxr-xr-x    1 root     root      101767 Sep 19  2004 shoela~1.z
-rwxr-xr-x    1 root     root       17771 Oct  5  2004 system.map
-rwxr-xr-x    1 root     root      184320 Mar  9  2032 tput.tar
[root@plinux 0.11]# cp /mnt/d4/linux-gd.tgz                   // 复制 b 盘中的压缩文件。
[root@plinux 0.11]# umount /mnt/d4                            // 卸载 b 盘映像文件。
[root@plinux 0.11]# tar zxvf linux-gd.tgz                     // 解压文件。
...
[root@plinux 0.11]# cd linux-gdb
[root@plinux linux-gdb]# ls -l
total 4
drwx--x--x   10 15806    root         4096 Jun 19  2005 linux
[root@plinux linux-gdb]#
```

此后还需要在 linux-gdb/目录下创建 Bochs 运行配置文件 bochsrc-fd1-gdb.bxrc，并且下载软盘根文件系统映像文件 rootimage-0.11。为方便起见，还可以创建只包含“bochs -q -f bochsrc-fd1-gdb.bxrc”一行内容的脚本文件 run，并把该文件属性设置成可执行。另外，oldlinux.org 上已经为大家制作好一个可以直接进行调试实验的软件包，其中包含的内容与直接在 Redhat 9 下编译使用的软件包内容基本相同：

```
http://oldlinux.org/Linux.old/bochs/linux-0.11-gdb-050619.tar.gz
```

附　　录

附录 A　ASCII 码表

十进制	十六进制	字符	十进制	十六进制	字符	十进制	十六进制	字符
0	00	NUL	43	2B	+	86	56	V
1	01	SOH	44	2C	,	87	57	W
2	02	STX	45	2D	-	88	58	X
3	03	ETX	46	2E	.	89	59	Y
4	04	EOT	47	2F	/	90	5A	Z
5	05	ENQ	48	30	0	91	5B	[
6	06	ACK	49	31	1	92	5C	\
7	07	BEL	50	32	2	93	5D	]
8	08	BS	51	33	3	94	5E	^
9	09	TAB	52	34	4	95	5F	_
10	0A	LF	53	35	5	96	60	`
11	0B	VT	54	36	6	97	61	a
12	0C	FF	55	37	7	98	62	b
13	0D	CR	56	38	8	99	63	c
14	0E	SO	57	39	9	100	64	d
15	0F	SI	58	3A	:	101	65	e
16	10	DLE	59	3B	;	102	66	f
17	11	DC1	60	3C	<	103	67	g
18	12	DC2	61	3D	=	104	68	h
19	13	DC3	62	3E	>	105	69	i
20	14	DC4	63	3F	?	106	6A	j
21	15	NAK	64	40	@	107	6B	k
22	16	SYN	65	41	A	108	6C	l
23	17	ETB	66	42	B	109	6D	m
24	18	CAN	67	43	C	110	6E	n
25	19	EM	68	44	D	111	6F	o
26	1A	SUB	69	45	E	112	70	p
27	1B	ESC	70	46	F	113	71	q
28	1C	FS	71	47	G	114	72	r
29	1D	GS	72	48	H	115	73	s
30	1E	RS	73	49	I	116	74	t
31	1F	US	74	4A	J	117	75	u
32	20	(space)	75	4B	K	118	76	v
33	21	!	76	4C	L	119	77	w
34	22	"	77	4D	M	120	78	x
35	23	#	78	4E	N	121	79	y
36	24	$	79	4F	O	122	7A	z
37	25	%	80	50	P	123	7B	{
38	26	&	81	51	Q	124	7C	|
39	27	'	82	52	R	125	7D	}
40	28	(	83	53	S	126	7E	~
41	29	)	84	54	T	127	7F	DEL
42	2A	*	85	55	U			

附录 B 常用 C0、C1 控制字符表

常用 C0 控制字符表

助 记 符	代 码 值	采取的行动
NUL	0x00	Null -- 在接收到时忽略（不保存在输入缓冲中）
ENQ	0x05	Enquiry -- 传送应答消息
BEL	0x07	Bell -- 发声响
BS	0x08	Backspace -- 将光标左移一个字符。若光标已经处在左边沿，则无动作
HT	0x09	Horizontal Tabulation -- 将光标移到下一个制表位。若右侧已经没有制表位，则移到右边缘处
LF	0x0a	Linefeed -- 此代码导致一个回车或换行操作（见换行模式）
VT	0x0b	Vertical Tabulation -- 作用如 LF
FF	0x0c	Form Feed -- 作用如 LF
CR	0x0d	Carriage Return -- 将光标移到当前行的左边缘处
SO	0x0e	Shift Out -- 使用由 SCS 控制序列选择的 G1 字符集。G1 可指定 5 种字符集之一
SI	0x0f	Shift In -- 使用由 SCS 控制序列选择的 G0 字符集。G0 可指定 5 种字符集之一
DC1	0x11	Device Control 1 -- 即 XON。使终端重新继续传输
DC3	0x13	Device Control 3 -- 即 XOFF。使中断除发送 XOFF 和 XON 外，停止发送其他所有代码
CAN	0x18	Cancel -- 若在控制序列期间发送，则序列不会执行而立刻终止。同时显示出错字符
SUB	0x1a	Substitute -- 作用同 CAN
ESC	0x1b	Escape -- 产生一个转义控制序列
DEL	0x7f	Delete -- 在输入时忽略（不保存在输入缓冲中）

常用 C1 控制字符表。

助 记 符	代 码 值	7B 表示	采取的行动
IND	0x84	ESC D	Index -- 光标在同列下移一行。若光标已在底行，则执行滚屏操作
NEL	0x85	ESC H	Next Line --光标移动到下一行头一列。若光标已在底行，则执行滚屏操作
HTS	0x88	ESC E	Horizontal Tab Set -- 在光标处设置一个水平制表位
RI	0x8d	ESC M	Reverse index -- 光标在同列上移一行。若光标已在顶行，则执行滚屏操作
SS2	0x8e	ESC N	Single Shift G2 -- 为显示下一个字符临时调用 GL 中 G2 字符集。G2 由选择字符集（SCS）控制序列指定（参见下面转义序列和控制序列表）
SS3	0x8f	ESC O	Single Shift G3 -- 为显示下一个字符临时调用 GL 中 G3 字符集。G3 由选择字符集（SCS）控制序列指定（参见下面转义序列和控制序列表）
DCS	0x90	ESC P	Device Control String -- 作为设备控制字符串的起始限定符
CSI	0x9b	ESC [	Control Sequence Introducer -- 作为控制序列引导符
ST	0x9c	ESC \	String Terminator -- 作为 DCS 串的结尾限定符

附录 C　常用转义序列和控制序列

序列和名称	说　明
ESC (Ps 和 ESC) Ps 选择字符集	Select Character Set (SCS) -- G0 和 G1 字符集可以分别指定 5 种字符集之一。'ESC (Ps' 指定 G0 所用的字符集，'ESC) Ps' 指定 G1 所用的字符集。参数 Ps：A - UK 字符集；B - US 字符集；0 - 图形字符集；1 - 另选 ROM 字符集；2 - 另选 ROM 特殊字符集 一个终端可以显示最多 254 个不同的字符，然而终端只在其 ROM 中保存了 127 个显示字符。你必须为其他 127 个显示字符安装另外的字符集 ROM。在某一个时刻，终端能够选择 94 个字符（一个字符集）。因此，终端可以使用五个字符集之一，其中有些字符出现在多个字符集中。在任一时刻，终端可以使用两个活动字符集。计算机可以使用 SCS 序列把任意两个字符集指定为 G0 和 G1。此后使用单个控制字符就可以在这两个字符集之间进行切换。换进（Shift In - SI，14）控制字符调入 G0 字符集，而换出（Shift Out - SO，15）控制字符则可以调入 G1 字符集。指定的字符集呈现为当前使用字符集，直到终端收到另外一个 SCS 序列
ESC [Pn A 光标上移 （终端←→主机）	Cursor Up (CUU) -- CUU 控制序列把光标上移但列位置不变。移动字符位置数由参数确定。如果参数是 Pn，则光标上移 Pn 行。光标最多上移到顶行。注意，Pn 是一个 ASCII 码数字变量。如果你没有选择参数或参数值为 0，那么终端将假定参数值为 1
ESC [Pn B 或 ESC [Pn e 光标下移 （终端←→主机）	Cursor Down (CUD) -- CUD 控制序列把光标下移但列位置不变。移动字符位置数由参数确定。如果参数是 1 或 0，则光标下移 1 行。如果参数是 Pn，则光标下移 Pn 行。光标最多下移到底行
ESC [Pn C 或 ESC [Pn a 光标右移 （终端←→主机）	Cursor Forward (CUF) -- CUF 控制序列把当前光标向右移动。移动位置数由参数确定。如果参数是 1 或 0，则移动 1 个字符位置。如果参数值是 Pn，则光标移动 Pn 个字符位置。光标最多移动到右边界
ESC [Pn D 光标左移 （终端←→主机）	Cursor Backward (CUB) -- CUB 控制序列把当前光标向左移动。移动位置数由参数确定。如果参数是 1 或 0，则移动 1 个字符位置。如果参数值是 Pn，则光标移动 Pn 个字符位置。光标最多移动到左边界
ESC [Pn E 光标向下移动	Cursor Next Line (CNL) -- 该控制序列把光标移动到下面第 Pn 行第 1 个字符上
ESC [Pn F 光标向上移动	Cursor Last Line (CLL) -- 该控制序列把光标向上移动到第 Pn 行第 1 个字符上
ESC [Pn G 或 ESC [Pn \` 光标水平移动	Cursor Horizon Absolute (CHA) -- 该控制序列把光标移动到当前行第 Pn 个字符处
ESC [Pn ; Pn H 或 ESC [Pn;Pn f 光标定位	Cursor Position (CUP), Horizontal And Vertical Position(HVP) -- CUP 控制序列把当前光标移动到参数指定的位置处。两个参数分别指定行、列值。若值为 0 则同 1，表示移动 1 个位置。在不含参数的默认条件下等同于把光标移动到 home 位置（即 ESC [H]
ESC [Pn d 设置行位置	Vertical Line Position Absolute -- 将光标移动到当前列的 Pn 行处。如果试图移动到最后一行下面，那么光标将停留在最后一行上
ESC [s 保存光标位置	Save Current Cursor Position -- 该控制序列与 DECSC 作用相同，除了光标所处显示页页号并不会保存
ESC [u 恢复光标位置	Restore Saved Cursor Position -- 该控制序列与 DECRC 作用相同，除了光标仍然处于同一显示页面而非移动到光标被保存的显示页
ESC D 索引	Index (IND) -- 该控制序列使得光标下移 1 行，但列号不变。如果光标正处于底行，则会导致屏幕向上滚动 1 行
ESC M 反向索引	Reverse Index (RI) -- 该控制序列是的光标上移 1 行，但列号不变。如果光标正处于顶行，则会导致屏幕向下滚动 1 行
ESC E 下移 1 行	Next Line (NEL) -- 该控制序列将使得光标移动到下 1 行的左边开始处。如果光标正处于底行，则会导致屏幕向上滚动 1 行

（续）

序列和名称	说 明
ESC 7 保存光标	Save Cursor (DECSC) -- 这个控制序列将导致光标位置、图形重现以及字符集被保存
ESC 8 恢复光标	Restore Cursor (DECRC) -- 这个控制序列将导致先前保存的光标位置、图形重现以及字符集被恢复重置
ESC [Ps; Ps; … ; Ps m 设置字符属性	Select Graphic Rendition (SGR) --字符重显与属性是不改变字符代码前提下影响一个字符显示方式的特性。该控制序列根据参数设置字符显示属性。以后所有发送到终端的字符都将使用这里指定的属性，直到再次执行本控制序列重新设置字符显示的属性。参数 Ps： 0 - 无属性（默认属性）；1 - 粗体并增亮；4 - 下划线；5 - 闪烁；7 - 反显；22 - 非粗体；24 - 无下划线；25 - 无闪烁；27 - 正显；30--38 设置前景色彩；39 - 默认前景色（White）；40--48 - 设置背景色彩；49 - 默认背景色（Black）。30--37 和 40-47 分别对应颜色：Black、Red、Green、Yellow、Blue、Magenta、Cyan、White
ESC [Pn L 插入行	Insert Line (IL) -- 该控制序列在光标处插入 1 行或多行空行。操作完成后光标位置不变。当空行被插入时，光标以下滚动区域内的行向下移动。滚动出显示页的行就丢失
ESC [Pn M 删除行	Delete Line (DL) -- 该控制序列在滚动区域内，从光标所在行开始删除 1 行或多行。当行被删除时，滚动区域内的被删行以下的行会向上移动，并且会在最底行添加 1 空行。若 Pn 大于显示页上剩余行数，则本序列仅删除这些剩余行，并对滚动区域外不起作用
ESC [Pn @ 插入字符	Insert Character (ICH) -- 该控制序列使用普通字符属性在当前光标处插入 1 个或多个空格字符。Pn 是插入的字符数。默认是 1。光标将仍然处于第 1 个插入的空格字符处。在光标与右边界的字符将右移。超过右边界的字符将被丢失
ESC [Pn P 删除光标处字符	DeleteCharacter (DCH) -- 该控制序列从光标处删除 Pn 个字符。当一个字符被删除时，光标右面的所有字符都左移。这会在右边界处产生一个空字符。其属性与最后一个左移字符相同
ESC [Ps J 擦除字符	Erase In Display (ED) -- 根据参数，该控制序列擦除部分或所有显示的字符。擦除操作从屏幕上移走字符但不影响其他字符。擦除的字符被丢弃。在擦除字符或行时光标位置不变。在擦除字符的同时，字符的属性也被丢弃。该控制序列擦除的任何整行将会把该行回置到单个字符宽度模式。参数 Ps： 0 - 擦除光标到屏幕底端所有字符；1 -擦除屏幕顶端到光标处所有字符；2 - 擦除整屏
ESC [Ps K 行内擦除	Erase In Line (EL) -- 根据参数擦除光标所在行的部分或所有字符。擦除操作从屏幕上移走字符但不影响其他字符。擦除的字符被丢弃。在擦除字符或行时光标位置不变。在擦除字符的同时，字符的属性也被丢弃。参数 Ps： 0 - 擦除光标到行末所有字符；1 - 擦除左边界到光标处所有字符；2 - 擦除一整行
ESC [Pn ; Pn r 设置上下边界	Set Top and Bottom Margins (DECSTBM)-- 该控制序列设置卷屏上下区域。滚屏边界是屏幕上的一个区域，通过从屏幕上卷走原字符我们其中可以接收新的字符。该区域通过屏幕顶端和低端边界来定义。第 1 个参数是滚屏区域的开始第 1 行，第 2 个参数是滚屏区域的最后 1 行。默认情况下是整个屏幕。最小的滚屏区域是 2 行，即顶边界行必须小于底边界行。光标将被放置在 home 位置
ESC [Pn c 或 ESC Z 设备属性 （终端←→主机）	为响应主机请求终端可以发送报告信息。这些信息提供了标识（终端类型）、光标位置和终端操作状态。共有两类报告：设备属性和设备状态报告。Device Attributes (DA) -- 主机通过发送不带参数或参数是 0 的 DA 控制序列要求终端发送一个设备属性（DA）控制序列（ESC Z 的作用与此相同），终端则发送以下序列之一来响应主机的序列： 终端可选属性 / 发送序列 / 终端可选属性 / 发送序列 无，VT101 / ESC [?1;0c / 处理器选项（STP） / ESC [?1;1c 高级视频（AVO）VT100 / ESC [?1;2c / AVO 和 STP / ESC [?1;3c 图形选项（GPO） / ESC [?1;4c / GPO 和 STP / ESC [?1;5c GPO 和 AVO，VT102 / ESC [?1;6c / GPO、STP 和 AVO / ESC [?1;7c
ESC c 复位到初始状态	Reset To Initial State (RIS) -- 让终端复位到其初始状态，即刚打开电源的状态。复位阶段接收的字符将全部丢失。可以采用两种方式避免：1.（自动 XON/XOFF）在发送之后主机假设终端发送了 XOFF。主机停止发送字符直到接收到 XON。2. 延迟起码 10 秒，等待终端复位操作完成

附录 D　第 1 套键盘扫描码集

键 (KEY)	接通码 (MAKE)	断开码 (BREAK)	键 (KEY)	接通码 (MAKE)	断开码 (BREAK)	键 (KEY)	接通码 (MAKE)	断开码 (BREAK)
A	1E	9E	9	0A	8A	[	1A	9A
B	30	B0	`	29	89	INSERT	E0,52	E0,D2
C	2E	AE	-	0C	8C	HOME	E0,47	E0,97
D	20	A0	=	0D	8D	PG UP	E0,49	E0,C9
E	12	92	\	2B	AB	DELETE	E0,53	E0,D3
F	21	A1	BKSP	0E	8E	END	E0,4F	E0,CF
G	22	A2	SPACE	39	B9	PG DN	E0,51	E0,D1
H	23	A3	TAB	0F	8F	向上箭头	E0,48	E0,C8
I	17	97	CAPS	3A	BA	向左箭头	E0,4B	E0,CB
J	24	A4	左 SHFT	2A	AA	向下箭头	E0,50	E0,D0
K	25	A5	左 CTRL	1D	9D	向右箭头	E0,4D	E0,CD
L	26	A6	左 GUI	E0,5B	E0,DB	NUM LOCK	45	C5
M	32	B2	左 ALT	38	B8	KP /	E0,35	E0,B5
N	31	B1	右 SHFT	36	B6	KP *	37	B7
O	18	98	右 CTRL	E0,1D	E0,9D	KP -	4A	CA
P	19	99	右 GUI	E0,5C	E0,DC	KP +	4E	CE
Q	10	90	右 ALT	E0,38	E0,B8	KP ENTER	E0,1C	E0,9C
R	13	93	APPS	E0,5D	E0,DD	KP .	53	D3
S	1F	9F	ENTER	1C	9C	KP 0	52	D2
T	14	94	ESC	01	81	KP 1	4F	CF
U	16	96	F1	3B	BB	KP 2	50	D0
V	2F	AF	F2	3C	BC	KP 3	51	D1
W	11	91	F3	3D	BD	KP 4	4B	CB
X	2D	AD	F4	3E	BE	KP 5	4C	CC
Y	15	95	F5	3F	BF	KP 6	4D	CD
Z	2C	AC	F6	40	C0	KP 7	47	C7
0	0B	8B	F7	41	C1	KP 8	48	C8
1	02	82	F8	42	C2	KP 9	49	C9
2	03	83	F9	43	C3	]	1B	9B
3	04	84	F10	44	C4	;	27	A7
4	05	85	F11	57	D7	'	28	A8
5	06	86	F12	58	D8	,	33	B3
6	07	87	PRNT SCRN	E0,2A, E0,37	E0,B7, E0,AA	.	34	B4
7	08	88	SCROLL	46	C6	/	35	B5
8	09	89	PAUSE	E1,1D,45 E1,9D,C5	无			

注 1：表中所有数值均为十六进制。

注 2：表中 KP -- KeyPad，表示数字小键盘上的键。

注 3：表中着色部分均为扩展按键。

参 考 文 献

[1] Intel Co. INTEL 80386 Programmer's Reference Manual 1986, INTEL CORPORATION,1987.

[2] Intel Co. IA-32 Intel Architecture Software Developer's Manual Volume.3:System Programming Guide. http://www.intel.com/, 2005.

[3] James L Turley. Advanced 80386 Programming Technigues. Osborne McGraw-Hill,1988.

[4] Brian W Kernighan, Dennis M. Ritchie. The C programming Language. Prentice-Hall 1988.

[5] Leland L Beck. System Software: An Introduction to Systems Programming,3rd. Addison-Wesley,1997.

[6] Richard Stallman, Using and Porting the GNU Compiler Collection,the Free Software Foundation, 1998.

[7] The Open Group Base Specifications Issue 6 IEEE Std 1003.1-2001, The IEEE and The Open Group.

[8] David A Rusling, The Linux Kernel, 1999. http://www.tldp.org/

[9] Linux Kernel Source Code，http://www.kernel.org/

[10] Digital co.Ltd. VT100 User Guide, http://www.vt100.net/

[11] Clark L.Coleman. Using Inline Assembly with gcc. http://oldlinux.org/Linux.old/

[12] John H.Crawford, Patrick P. Gelsinger. Programming the 80386. Sybex, 1988.

[13] FreeBSD Online Manual, http://www.freebsd.org/cgi/man.cgi

[14] Andrew S Tanenbaum. 操作系统教程 MINIX 设计与实现[M]. 陆佑珊，施振川，译. 北京：世界图书出版公司，1990.4

[15] Maurice J Bach. UNIX 操作系统设计[M]. 陈葆珏，王旭，柳纯录，冯雪山译；机械工业出版社，2000.4

[16] John Lions. 莱昂氏 UNIX 源代码分析[M]，尤晋元，译. 北京：机械工业出版社，2000.7

[17] Andrew S Tanenbaum. 操作系统：设计与实现[M]. 2 版, 王鹏，尤晋元，等译. 北京：电子工业出版社，1998.

[18] Alessandro Rubini，Jonathan. Linux 设备驱动程序[M]. 魏永明，骆刚，姜君，译. 北京：中国电力出版社，2002.

[19] Daniel P. Bovet, Marco Cesati. 深入理解 LINUX 内核[M]. 陈莉君，冯锐，牛欣源，译. 北京：中国电力出版社，2001.

[20] 张载鸿. 微型机(PC 系列)接口控制教程, 清华大学出版社，1992.

[21] 李凤华，周利华，赵丽松. MS-DOS 5.0 内核剖析[M]. 西安：西安电子科技大学出版社，1992.

[22] RedHat 9.0 操作系统在线手册. http://www.plinux.org/cgi-bin/man.cgi

[23] W Richard Stevens. UNIX 环境高级编程[M]. 尤晋元，等译. 北京：机械工业出版社，2000.

[24] Linux Weekly Edition News. http://lwn.net/

[25] P J Plauger. The Standard C Library. Prentice Hall, 1992

[26] Free Software Foundation. The GNU C Library. http://www.gnu.org/, 2001

[27] Chuck Allison. The Standard C Library. C/C++ Users Journal CD-ROM, Release 6. 2003

[28] Bochs simulation system. http://bochs.sourceforge.net/

[29] Brennan "Bas" Underwood. Brennan's Guide to Inline Assembly. http://www.rt66.com/~brennan/

[30] John R. Levine. Linkers & Loaders. http://www.iecc.com/linker/

[31] Randal E. Bryant, David R. O'Hallaron. 深入理解计算机系统[M]. 龚奕利, 雷迎春，译. 北京：中国电力出版社，2004.

[32] Randal E. Bryant, David R. O'Hallaron. Computer Systems: A programmer's Perspective. 电子工业出版社. 2004.

[33] Intel. Data Sheet: 8254 Programmable Interval Timer. 1993.9

[34] Intel. Data Sheet: 8259A Programmable Interrupt Controller. 1988.12

[35] Intel. Data Sheet: 82077A CHMOS Single-chip Floppy Disk Controller. 1994.5

[36] Robert Love. Linux 内核设计与实现[M]. 陈莉君，康华，张波，译. 北京：机械工业出版社，2004.

[37] Adam Chapweske. The PS/2 Keyboard Interface. http://www.computer-engineering.org/

[38] Dean Elsner, Jay Fenlason & friends. Using as: The GNU Assembler. http://www.gnu.org/, 1998

[39] Steve Chamberlain. Using ld: The GNU linker. http://www.gnu.org/, 1998

[40] Michael K Johnson. The Linux Kernel Hackers' Guide. http://www.tldp.org/, 1995

[41] Richard F Ferraro. Programmer's Guide to the EGA, VGA, and Super VGA Cards[M]. 3rd ed. Addison-Wesley, 1995